首钢国际工程公司成立揭牌仪式

首钢国际工程公司设计的首钢迁钢4000m³高炉

务商

R FROM ORE TO STEEL

Iron-making

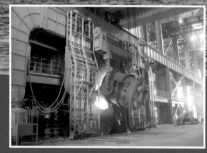

炼钢　Steel-making

轧钢　Steel-rolling

程工程技术服务商

钢铁全流程工程技术服

ENGINEERING PROVIDE

焦化　Coking

烧结　Sintering

球团　Pelletizing

炼铁

首钢国际工程公司是钢铁全流

首钢国际工程公司设计的京唐钢铁厂5500m³高炉

首钢国际工程公司设计的京唐钢铁厂550m²烧结机

首钢国际工程公司设计的川威年产140万吨6m捣固式焦炉

首钢国际工程公司设计的首钢迁钢210t转炉

E OF STEEL

夹

总体设计的首钢京唐钢铁厂
Shougang Jingtang Iron and Steel Plant, overall designed by BSIET

◆ 我国一次性建设规模最大、运行系统最全、装备水平最高、工艺技术最先进、生产流程最高效、节能减排和
环境保护效果最好的钢铁项目

Iron and steel project in China with largest scale in one construction, most complete operating system, highest equipment level, most advanced technology, highest efficient process, best result of energy saving, reduction of emission and environmental protection

◆ 我国第一个利用天然深水港条件、通过围海造地靠海建设的大型钢铁联合企业

The first large scale iron and steel complex in China which utilizes the condition of natural deep harbour and is constructed by the coast and marine reclamation land

◆ 我国第一个运用动态有序的精准设计体系建设的新一代钢铁厂

The first new generation iron and steel plant in China constructed by dynamic orderly precision design system

◆ 我国第一个集中应用大型装备和国内外先进技术建设的钢铁厂

The first iron and steel plant in China to densely use large equipment and advanced technologies at home and abroad

◆ 具有21世纪国际先进水平的精品板材生产基地、循环经济和自主创新的示范基地

A production base for prime plate with international level, a demonstration plant for independent innovation and circulating economy demonstration base

唐钢铁厂引领绿色钢铁未来

LEADING THE GREEN FUTUF

引领绿色 钢铁未

首钢国际工程公司总体设计的首钢京

首钢国际工程公司设计的昆明80万吨棒材生产线

首钢国际工程公司设计的首钢一线材轧机关键设备国产化

首钢国际工程公司设计的首秦4300mm中板轧机生产线

首钢国际工程公司设计的京唐钢铁厂2250mm热轧生产线

首钢国际工程公司设计的京唐钢铁厂 2250mm 热轧加热炉

首钢国际工程公司设计的京唐钢铁厂 4×1.25 万 m³/d 低温多效海水淡化装置

首钢国际工程公司主要资质

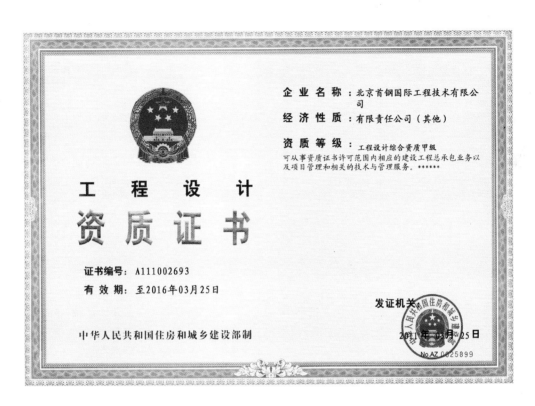

经中华人民共和国住房和城乡建设部批准获工程设计综合资质甲级

经中华人民共和国科技部批准认定为国家高新技术企业

荣誉证书

北京市科学技术奖

为表彰在推动科学技术进步、对首都经济建设和社会发展作出贡献的集体和个人，特颁此证，以资鼓励。

获奖项目：首钢京唐钢铁厂工程技术创新

获奖等级：壹等奖

获奖单位：首钢总公司、中国钢研科技集团有限公司、首钢京唐钢铁联合有限责任公司、北京首钢国际工程技术有限公司、北京首钢建设集团有限公司、北京首钢自动化信息技术有限公司、北京首钢机电有限公司

二〇一一年十一月

NO. 2010材-1-002

中国钢铁工业协会　中国金属学会

冶金科学技术奖

证书

为表彰对推动中国冶金行业科技进步做出突出贡献的中国公民和组织，特颁此证，以资鼓励。

获奖项目： 首钢高炉高风温技术研究

获奖单位： 北京首钢国际工程技术有限公司

获奖等级： 壹等奖

获奖时间： 贰零壹壹年

No: 2011-200-1-4

2011 年 9 月

中国钢铁工业协会　中国金属学会

冶金科学技术奖

证书

为表彰对推动中国冶金行业科技进步做出突出贡献的中国公民和组织，特颁此证，以资鼓励。

获奖项目： 首钢京唐 5500m² 高炉煤气全干法脉冲布袋除尘技术

获奖单位： 北京首钢国际工程技术有限公司

获奖等级： 贰等奖

获奖时间： 贰零壹壹年

No: 2011-207-2-1

2011 年 9 月

首钢国际工程公司部分获奖项目

荣誉证书

北京市科学技术奖

为表彰在推动科学技术进步、对首都经济建设和社会发展作出贡献的集体和个人，特颁此证，以资鼓励。

获奖项目：首钢迁钢新建板材工程工艺技术装备自主集成创新

获奖等级：壹等奖

获奖单位：首钢总公司、北京首钢国际工程技术有限公司、首钢迁安钢铁有限责任公司

二〇〇八年十二月

NO. 2007工-1-001

中国钢铁工业协会　中国金属学会
冶金科学技术奖
证书

为表彰对推动中国冶金行业科技进步做出突出贡献的中国公民和组织，特颁此证，以资鼓励。

获奖项目： $2 \times 500 m^2$ 烧结厂工艺及设备创新设计与应用

获奖单位： 北京首钢国际工程技术有限公司

获奖等级： 壹等奖

获奖时间： 贰零壹壹年

2011 年 9 月

No： 2011-206-1-1

中国钢铁工业协会　中国金属学会
冶金科学技术奖
证书

为表彰对推动中国冶金行业科技进步做出突出贡献的中国公民和组织，特颁此证，以资鼓励。

获奖项目： 首秦现代化钢铁厂新技术集成与自主创新

获奖单位： 北京首钢设计院

获奖等级： 贰等奖

获奖时间： 贰零零陆年

2006 年 8 月

No： 2006-123-2-1

首钢国际工程公司先进的技术手段

高炉全系统三维设计

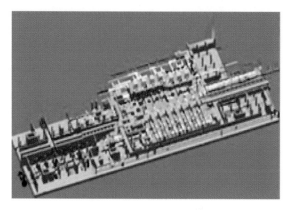

轧钢工程三维管网设计

干熄焦系统干熄槽三维设计

210t RH精炼炉三维设计

烧结厂三维设计

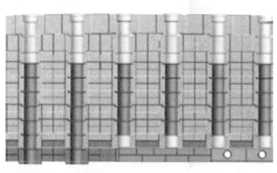

焦炉炉体三维设计

首钢国际工程公司先进的技术手段

地下管网三维设计

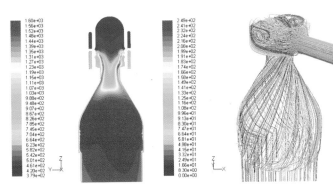

热风炉温度场、流场等计算

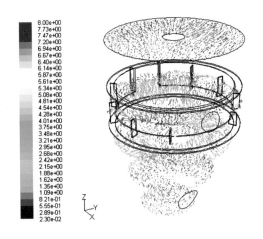

干法除尘流场仿真计算

自主开发的热风炉燃烧计算程序

利用软件建模模拟产品加热过程

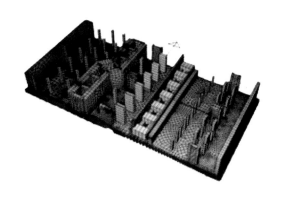

大型热轧箱型设备基础有限元计算

热风炉冷态实验室

热风炉热态实验室

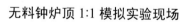

无料钟炉顶 1:1 模拟实验现场

球团工艺实验室

冶金工程设计研究与创新

——北京首钢国际工程技术有限公司成立四十周年
暨改制五周年科技论文集

（1973～2013）

能源环境、建筑结构等综合工程

北京首钢国际工程技术有限公司　编

北　京

冶金工业出版社

2013

内 容 简 介

《冶金工程设计研究与创新》对北京首钢国际工程技术有限公司四十年来坚持"科技引领、创新驱动"的发展理念，开展技术创新、方法创新工程设计的实践历程，进行了回顾与总结。书中重点精选了首钢国际工程公司近十年撰写的有代表性的技术论文，重点总结了各专业技术的历史、现状及发展。

本书介绍能源环境、建筑结构等综合工程方面工艺及设备关键技术的研究与创新成果，包括工业炉工程技术、电气与自动化工程技术、动力工程技术、土建与建筑工程技术、总图与运输工程技术以及三维动态模拟仿真设计技术、科技管理理论在工程设计中的应用等部分。冶金与材料工程方面同时另册出版。

本书可供从事工程设计、工程咨询、钢铁企业技术改造和生产运行工作的相关人员阅读参考，也可为高等院校的教学人员、科研院所的研发人员提供参考。

图书在版编目(CIP)数据

冶金工程设计研究与创新：北京首钢国际工程技术有限公司成立四十周年暨改制五周年科技论文集. 能源环境、建筑结构等综合工程/北京首钢国际工程技术有限公司编. —北京：冶金工业出版社，2013.2
ISBN 978-7-5024-6202-4

Ⅰ.①冶… Ⅱ.①北… Ⅲ.①冶金工业—设计—文集 Ⅳ.① TF-53

中国版本图书馆 CIP 数据核字 (2013) 第 038415 号

出 版 人 谭学余
地 址 北京北河沿大街嵩祝院北巷 39 号，邮编 100009
电 话 (010) 64027926 电子信箱 yjcbs@cnmip.com.cn
责任编辑 刘小峰 曾 媛 美术编辑 彭子赫 版式设计 孙跃红
责任校对 王永欣 责任印制 牛晓波
ISBN 978-7-5024-6202-4
冶金工业出版社出版发行；各地新华书店经销；北京百善印刷厂印刷
2013 年 2 月第 1 版，2013 年 2 月第 1 次印刷
210mm×297mm；52.5 印张；8 彩页；1727 千字；812 页
300.00 元

冶金工业出版社投稿电话：**(010)64027932** 投稿信箱：**tougao@cnmip.com.cn**
冶金工业出版社发行部 电话：**(010)64044283** 传真：**(010)64027893**
冶金书店 地址：北京东四西大街 46 号(100010) 电话：**(010)65289081(兼传真)**
(本书如有印装质量问题，本社发行部负责退换)

序

改革开放以来，我国钢铁工业取得了长足发展，为国民经济持续、稳定、快速发展做出了重要贡献，但目前也面临着能源、资源约束不断强化，土地、环境压力日益增大和原、燃料价格、产品价格体系的急剧变化等许多新的矛盾和问题，转变发展方式和走可持续发展道路已成为我国钢铁工业重大而又紧迫的任务。科技创新是驱动钢铁工业科学发展的重要力量。优化工艺流程技术，构建"高效率、低成本、清洁化、高效益"的生产体系，推动信息化、工业化的高度融合，通过不断研发"高性能、长寿命、易加工、绿色化"的先进钢铁材料，推进钢铁产品升级换代，是钢铁工业创新驱动发展的着力点。

首钢国际工程公司是伴随着中国钢铁工业和首钢的发展而壮大的综合性设计咨询和工程服务的企业，首钢国际工程公司在 20 世纪 70~80 年代就建设了我国第一个无料钟炉顶、富氧喷煤、铜冷却壁、高温长寿热风炉的大型高炉和第一个氧气顶吹转炉炼钢厂；进入 21 世纪以来，又成功地参与设计、建设了首钢迁钢、首钢首秦和首钢京唐钢铁厂，构建了我国新一代钢铁制造流程工程化技术集成的实践平台，建设了以重化工为核心的循环经济创新示范基地、科学发展的示范工厂。几十年来，首钢国际工程公司坚持"科技引领、创新驱动"的发展理念，积极探索和实践"以理念创新为指导、技术创新为基础、方法创新为支撑"的自主创新模式，取得了数百项拥有自主知识产权的科技成果，为推进我国钢铁工业科技进步做出了重要的贡献。

首钢国际工程公司自1973年成立，至今已经走过了四十年的奋斗历程，在迎来她四十华诞之际，编撰出版的《冶金工程设计研究与创新》一书，是对首钢国际工程公司四十年工程设计取得成就的回顾和总结，相信该书对工程设计、工程咨询、钢铁厂的技术改造和生产运行会有所帮助或启发，也可以为高等院校的教学、科研院所的研发工作提供参考。

中国工程院院士　殷瑞钰

2013 年 2 月 6 日于北京

科技引领　创新驱动
——铸就首钢国际工程公司四十年发展辉煌

1973 年 2 月，北京首钢国际工程技术有限公司前身——首钢设计院成立，2008 年 2 月，北京首钢设计院完成改制，北京首钢国际工程技术有限公司正式成立。2011 年 3 月，首钢国际工程公司获得国家住房和城乡建设部颁发的最高工程设计资质——工程设计综合资质甲级，成为北京市首家获此资质的设计单位，2011 年 11 月获得国家高新技术企业认定。

四十年栉风沐雨、沧桑巨变，中国钢铁工业发生了翻天覆地的变化，中国钢铁产量连续 16 年居世界之首，成为世界钢铁大国。四十年间，首钢走过了从小到大、从大到强的创新发展历程，钢产量由 179 万吨/年增加到 3000 万吨/年，为中国钢铁工业和首都经济社会发展做出了巨大贡献。

伴随着首钢的发展壮大，首钢国际工程公司走过四十年风雨历程，设计建设了北京地区、首秦、迁钢、京唐等钢铁生产基地，基于循环经济理念建设的首钢京唐工程项目成为新一代可循环钢铁制造流程示范工程，引领了中国钢铁工业科学发展和技术进步的方向。四十年间，首钢国际工程公司在首钢科技创新、技术进步、产业升级、搬迁调整、战略发展过程中，承担了重要的历史使命和责任，完成了数百项科技创新、技术改造、工程设计和工程建设工作，成为首钢科技创新发展的引领者和开拓者。

抚今追昔，透过首钢国际工程公司四十年自强不息、拼搏奋进、励精图治、敢为人先的创新发展历程，可以清晰地认识到，科技引领、创新驱动是企业提升竞争力和实现可持续发展的不竭动力。

一、自力更生、艰苦创业——奠定坚实基础

首钢 1919 年建厂，经历了解放前 30 年，解放后 30 年，改革开放 30 年，走过了从无到有、从小到大、从大到强的非凡发展之路，目前已发展成为在国内外具有广泛影响力的特大型国有企业集团。

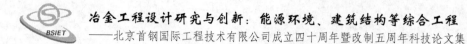

新中国成立后，首钢奋发图强、艰苦创业，1964年设计建设的我国第一座30t氧气顶吹转炉，结束了首钢有铁无钢的历史，开创了我国氧气顶吹转炉炼钢技术的先河，成为中国钢铁工业科技进步的里程碑。随后，建成了集采矿、烧结、焦化、炼铁、炼钢、轧钢为一体的钢铁联合企业，成为全国十大钢铁生产基地之一，为新中国经济社会建设和发展发挥了重要作用。20世纪60年代，为节约焦炭、降低炼铁成本，首钢率先开展高炉喷煤工业试验，在当时的技术条件下，自主开发、设计、建设了高炉喷煤制粉装置。1964年4月，首钢1号高炉（576m³）喷煤装置投产，实现了一次试车成功，攻克了煤粉爆炸关键技术难题，在国内率先实现了高炉喷煤工业化应用。1966年首钢1号高炉煤比达到279kg/t，创造了当时高炉喷煤的世界纪录，首钢高炉喷煤技术达到当时国际领先水平，得到了欧美、日本等钢铁工业发达国家的高度认同。20世纪80年代，首钢高炉喷煤技术还输出到欧美等国家和地区。

1973年2月，为适应首钢的快速发展，首都钢铁公司设计处与北京冶金设计公司合并，成立了首都钢铁公司设计院，一个以钢铁企业为依托的企业设计院由此诞生，在首钢扩大产能、科技进步、技术改造、产业升级中发挥了无可替代的重要作用，先后承担了首钢采矿、选矿、烧结、炼铁、炼钢、轧钢等所有工程设计任务，从最初的技术改造、设计完善到单体工程设计，老一代工程技术人员用铅笔、算盘、计算尺、丁字尺等设计工具，在图板上描绘着首钢发展的宏图，无私地奉献着青春和智慧。

1. 自主创新、设计首钢2号高炉

20世纪70年代末期，中国改革开放，首钢奋勇争先。之后30年，既是首钢快速发展的重要时期，也是首钢设计院快速发展壮大的重要时期。为了提高钢铁产量，实现快速发展，1978年，首钢决定对2号高炉（516m³）进行扩容大修改造，首钢设计院承担全部工程设计任务。1979年12月，新2号高炉建成投产，高炉有效容积扩大到1327m³，采用了自主设计开发的无料钟炉顶、顶燃式热风炉、胶带机上料、喷煤、电动炉前设备、矩阵可编程计算机控制等37项国内外先进的新技术。该工程1985年荣获国家科技进步一等奖。首钢2号高炉是中国第一座采用无料钟炉顶设备的大型高炉，是世界上第一座将顶燃式热风炉实现成功工业生产的大型高炉，已成为中国高炉炼铁技术发展史上具有重要意义的里程碑。

首钢2号高炉设计建设，依靠自主创新、设计、制造，并全面实现国产化。高炉无料钟炉顶设备开发之初，国外技术壁垒、技术封锁，工程设计人员凭借对国外先进技术的敏锐洞察，从国外外文期刊上收集有关无料钟炉顶设备的少许资料和照片，设计开发了中国第一个无料钟炉顶设备，将首钢自主开发的蜗轮蜗杆传动技术应用于无料钟炉顶设备，应用杠杆原理实现了布料溜槽的悬挂与固定，设计开发了布料溜槽旋转齿轮箱、C 型布料溜槽、换向装料漏斗、中心喉管、下密封阀箱等关键设备，成为具有首钢特色的无料钟炉顶技术，并成功应用于 2 号高炉。80 年代，无料钟炉顶技术发明人莱吉尔来首钢参观，仔细核查首钢发明的无料钟炉顶设备，由衷地称赞首钢在自主创新、开发无料钟炉顶设备方面所取得的成就。

20 世纪 70 年代末期，随着高炉生产技术进步，高炉风温由不足 800~900℃逐渐提高到 1200~1250℃，传统的内燃式热风炉技术缺陷日渐凸显，热风炉寿命大幅度缩短，成为制约提高风温和高炉生产的关键环节。为克服内燃式和外燃式热风炉的诸多技术缺陷，首钢从 70 年代初期开始研究顶燃式热风炉技术，首钢设计院参与研发，并承担全部工程设计任务。1970 年，首钢在 23m³ 的实验高炉上设计开发了 3 座不同类型的小型顶燃式热风炉进行工业试验。试验和生产实践表明，顶燃式热风炉完全可以满足高炉高风温的要求，燃烧期拱顶温度在 1400~1450℃，烟气温度可以控制在 450℃以下，送风温度长期保持在 1180~1230℃，最高风温达到了 1275℃。尽管顶燃式热风炉小型工业化试验获得成功，但要推广应用到 1000m³ 的大型高炉上仍需攻克众多技术难关，特别是要开发出适用于大型顶燃式热风炉的大能量短焰燃烧器，要保证煤气在热风炉拱顶有限的空间内完全燃烧，这是顶燃式热风炉技术的成败关键。另外，工艺布置、管道设置、孔口设计、检修更换等诸多技术难题都是制约顶燃式热风炉实现大型化的关键环节。在 2 号高炉设计中，基于小型顶燃式热风炉设计开发、工业试验、生产实践所取得的成功经验，根据大型顶燃式热风炉特点，进行了卓有成效的科技创新。4 座顶燃式热风炉采用矩形布置工艺，设置了用于混风的中心竖管替代了外燃式热风炉的混风室，采用合理的工艺参数和设计结构，应用自主开发的基于气流切割、交叉混合的大能量短焰燃烧器，使顶燃式热风炉技术在大型高炉上得到成功应用。

2. 消化吸收国外技术，自主设计首钢第二炼钢厂

首钢设计院承担的首钢第二炼钢厂工程，1987 年投产，主要技术装备包括：2 座 210t 转炉，2 座吹氩站，具有吹氩、调温、合金微调、喂丝功能；2 台 8 流小方坯连铸机，浇铸断面为 120mm×120mm，1 台 2 流板坯连铸机，浇铸断面为 220mm×1400mm、220mm×1540mm，2 条模铸线；1994 年 9 月 3 号转炉建成投产，形成"三吹二"模式，1993 年至 1996 年，又先后投产 3 台 8 流方坯连铸机，浇铸断面为 120mm×120mm、140mm×140mm，增建 1 台吹氩站。1995 年产钢 342.874 万吨，连铸比 93.74%，1996 年 1~7 月实际产钢 201.97 万吨，连铸比 92%，1996 年 7 月第 5 台方坯连铸机投产，连铸生产能力与转炉炼钢生产量基本匹配，1996 年 8 月，转炉配小方坯开始实现全连铸生产，1996 年 8

月至 1997 年 10 月生产连铸坯 435.25 万吨，连铸比 100%，方坯产量占 81.01%，主要生产钢种有低合金钢、普通碳素钢、优质碳素结构钢、合金焊丝钢等。其多项技术经济指标达到国内先进水平，取得了显著经济效益，成为当时国内最大的全连铸生产厂，也成为引进消化吸收国外先进技术的典型工程。

3. 继承创新，系统集成，全面完成首钢技术升级任务

20 世纪 90 年代初，首钢为了尽早实现年产钢铁 800 万吨的目标，对炼铁、炼钢等钢铁生产流程系统进行了大规模的新建、扩建和技术改造，由首钢设计院承担全部工程设计。1990 年 6 月，进行 2 号高炉（1327m³）扩容大修、改造方案设计、初步设计和施工图设计。于 1991 年 5 月投产，容积由原来的 1327m³ 扩大到 1726m³，采用 23 项具有国内外先进水平的新技术、新工艺、新设备和新材料，达到 90 年代国际先进水平。

为提高高炉产量、强化高炉生产、促进高炉顺行，研究开发矮胖型高炉内型，2 号高炉高径比（高炉有效高度与炉腰直径之比）达到 2.495，是当时国内外同级别高炉中最为矮胖的高炉之一，为研究矮胖型高炉生产实践进行了有益的技术探索并积累了经验。同时为延长高炉寿命，实现高效长寿，2 号高炉采用了软水密闭循环冷却技术，炉腹至炉身下部高热负荷区采用了双排水管球墨铸铁冷却壁，炉缸炉底率先采用由美国引进热压小块炭砖 NMA。

通过对无料钟炉顶设备进行大型化研究与创新，料罐容积由 20m³ 扩大到 30m³，中心喉管、布料溜槽等采用新型耐磨材料，开发了具备多环布料功能的料流调节控制系统，满足高炉炉料分布控制要求。通过对顶燃式热风炉进行设计优化和技术创新，采用了加热面积更大的 7 孔格子砖，高温区域采用莫来石—硅线石格子砖，使热风炉加热面积在炉壳不更换的条件下提高了 13.8%，开发了顶燃式热风炉大功率短焰燃烧器，热风炉孔口采用组合砖技术，技术水平进一步提高。

为减少高炉出铁场占地、实现紧凑型工艺布置，自主设计和建造了我国第一个投入工业生产应用的圆形出铁场。自主设计、制造了当时国内外最大吨位的环形桥式起重机（30/5t），可以在圆形出铁场内实现全方位作业；自主设计开发了液压泥炮、液压开口机、吊盖机、铁水摆动流槽等出铁场机械设备，使出铁场操作达到机械化水平。

首钢 2 号高炉大修改造投产后，4 号、3 号和 1 号高炉也先后进行了扩容大修改造，首钢设计院承担全部工程设计任务，分别于 1992 年 5 月、1993 年 6 月和 1994 年 8 月投产，高炉容积分别扩大到 2100m³、2536m³ 和 2536m³，首钢 4 座高炉总容积由原来的 4139m³ 扩大到 8898m³，高炉总容积扩大了一倍以上。在高炉实现大型化的同时，通过设计研究和技术创新，在高炉上料、炉料分布控制、长寿、高风温、富氧喷煤等关键工艺单元，创新开发了无中继站直接上料、大型无料钟炉顶设备及多环布料技术、高炉综合长寿技术、大型顶燃式热风炉、圆形出铁场及炉前设备、长距离输煤、多管路喷煤等 20 余项炼铁新技术。

在首钢炼铁系统扩大产能、技术升级的同时，为提高炼钢产能，1991 年 7 月建设首钢三炼钢厂，首钢设计院承担全部工程设计任务。结合当时国内外炼钢连铸技术发展状况和首钢二炼钢厂的设计建设及生产实践，制定了铁水预处理、转炉冶炼、钢水精炼、连铸"四位一体"的工艺技术路线，生产规模为 300 万吨/年。设计建设 3 座 80t 转炉、4 台 8 流方坯连铸机和 1 台单流板坯连铸机，采用全连铸生产模式；在国内首次采用 100t 级中型转炉与 8 流方坯连铸机的配套设计，借鉴首钢大型转炉配 8 流方坯连铸机及对直弧形方坯铸机的生产经验，对直弧形 8 流方坯连铸机进行了创新设计，投产后生产水平、铸坯质量等达到国内先进水平，标志着首钢在大型冶金成套设备的设计制造方面上升到新的水平；为实现炼钢—连铸—轧钢的高效化生产和流程紧凑化，利用辊道将方坯和板坯直接输送到第三线材厂和中厚板厂，通过机械化运输方式实现了连铸与轧钢工序之间的紧凑型工艺界面衔接。

在首钢轧钢生产系统改建、扩建过程中，首钢设计院承担全部工程设计任务，先后完成了首钢二线材厂、中板厂、三线材厂、型材厂工程项目，主要装备虽以引进国外二手设备为主，但工艺及装备技术达到了国内领先水平，通过消化、吸收国外设备图纸资料，在设计中配套完善，测绘研究等，克服重重困难，逐渐积累起线棒材轧钢工艺及装备技术。1986 年小型切分主交导槽等技术开发获冶金科技成果二等奖和北京市科技进步一等奖，1987 年首钢第二线材厂工程设计获北京市第三次优秀设计三等奖，1991 年首钢二线材后部工序改造措施获北京市第五次优秀设计二等奖。完成的首钢第三线材厂工程项目，主要技术装备包括：热送热装生产线、大型步进式加热炉、13 架粗中轧机、4 条高速生产线和钩式运输机、液压自动压实机、打捆机、称量装置、卸卷机等。生产过程全部采用计算机控制，成品轧制速度达到 80m/s，是当时国内规模最大、年产量最高、工艺技术先进、自动化控制达到国际水平的现代化工厂，1995 年获冶金部第七届优秀设计二等奖。

在首钢焦化生产系统改建、扩建过程中，首钢设计院承担全部工程设计任务。1990 年完成首钢原 4×25 孔、索尔维废热式、2.5m 1 号焦炉拆除及新建 4×50 孔、6.0m 顶装式焦炉工程设计，与德国斯蒂尔—奥托公司合作，采用德国 6.7m 顶装式焦炉四大机车装备技术及焦炉焦侧除尘技术，自行设计、消化移植到 6.0m 顶装式焦炉上；采用的螺旋给料装煤车和焦炉焦侧除尘是国内领先技术，对中国焦化厂重点治理焦炉的烟尘污染起了积极的推动作用。完成首钢 3 号焦炉原地大修工程，由 4×71 孔、煤气侧入式、4.0m 焦炉改造为 4×61 孔、4.3m 下喷式 58-Ⅱ型焦炉，吸取 6.0m 顶装式焦炉成功经验，消化吸收德国 6.7m 顶装式焦炉四大机车装备技术和焦炉焦侧除尘技术，并成功应用于生产。该项目 1993 年获北京市第六届优秀设计一等奖。1998 年，完成首钢焦化厂 4×50 孔、6.0m 顶装式 1 号焦炉建设，配套建设一套处理能力 65t/h 的干熄焦工程设计，在国内首次应用干熄焦技术获得成功。

4. 科技创新综合实力显著增强

在首钢扩大再生产向 1000 万吨/年迈进的过程中，首钢国际工程公司前身首钢设计院承担了全部工程设计，人员规模、技术能力进一步发展壮大；1973 年建院到 1983 年起步阶段，主要从事首钢内部设计管理和技术改造项目；1983 年首钢在全国大型企业中率先实行承包制，基建规模空前扩大，首钢设计院进入了快速发展期，设计队伍迅速壮大，到 1995 年底，先后完成了新建、扩建、技术改造、环保、能源、民建等工程项目 3714 个，积累了丰富的经验，培育了一批工程技术人才，创造了数百项国内领先技术。

伴随着首钢的发展，首钢国际工程公司前身首钢设计院建立了冶金工厂设计门类齐全的主工艺专业和相关公辅专业，具备了钢铁制造流程单工序、单装置的工程设计能力，初步具备了钢铁制造全流程的工程设计能力；采用了制图仪手工绘图，初步在小范围开始推广应用计算机二维绘图，设计方法和效率有了一定提高。

至 1995 年，申请专利总计 25 项，其中，申请国家发明专利 5 项、国家实用新型专利 20 项；从 1978 年"75 吨吊车电子称系统"获全国科技大会奖开始，至 1995 年，获省部级以上科技成果奖总计 101 项，其中，获国家级科技成果奖 16 项，省部级科技成果奖 85 项；1988 年《设计通讯》创刊，至 1995 年，总计出版发行 32 期，结合工程设计进行系统总结，科技创新综合实力有了较大提高。

二、科技引领、创新驱动——科技创新综合实力全面提升

1996 年至今，伴随着首钢从高速扩张转为维持简单再生产，再到北京申办奥运成功，首钢全面实施"搬迁调整、一业多地"发展战略；首钢设计院也经历了艰难调整期、探索发展期、快速提升期、改制转型期四个阶段，从主要围绕首钢内部市场，到不仅围绕首钢内部市场，同时面向国内和国外市场，再到实施"走出去"战略，在完成好首钢内部项目的基础上，全面面向国内、国外市场，科技创新综合实力得到全面提升。

1. 首秦工程——冶金工程的艺术品

承担的首秦工程项目，主要装备有：2 台 150m² 烧结机、1 条 200 万吨/年链算机—回

转窑球团生产线、1 座 1200m³ 高炉、1 座 1780m³ 高炉、3 座 100t 转炉、3 台单流高效板坯连铸机、1 套 4300mm 宽厚板轧机等，建设规模：钢 260 万吨/年、宽厚板 180 万吨/年。

自主创新、集成创新设计的先进技术包括：

（1）研究设计全密封互联网络式原料场、整体式全封闭多功能联合料仓、一站式多功能全封闭原料集散中心工艺技术，彻底消除了粉尘无组织排放，占地面积大幅减少，降低上亿元投资及生产运营成本，减少能耗、物耗和保护生态环境；

（2）创新设计集约型烧结工艺系统，降低能耗，减少污染并大幅降低建设和生产成本；

（3）创新设计大高炉煤气全干法低压脉冲布袋除尘及干式煤气余压发电工艺技术，在国内大型高炉首次应用，使我国大型高炉在节能、环保方面向前迈进一大步；

（4）研究设计助燃空气预热与高风温无燃烧室顶燃式热风炉结合技术，高炉风温更高；

（5）研究设计螺旋法水渣处理工艺技术，渣处理效果、环保效果更好；

（6）研究设计高炉炉体冷却全软水分段控制工艺技术，可适应高炉不同部位冷却强度要求，节水效果更好；

（7）研发在线脱硫扒渣一体化工艺技术，可加快工艺节奏，提高生产效率；

（8）研发转炉干式蒸汽密封技术，可进一步减少水耗；

（9）研发钢包全程吹氩搅拌技术，可提高冶炼洁净度、使钢种冶炼品质更高；

（10）研究设计多功能铁水倒罐、脱硫扒渣运输专利技术配合铁水倒罐站及脱硫站一体化工艺技术，缩短了铁水倒罐与脱硫扒渣时间，减少了温降和铁损，减少了工厂占地面积；

（11）研发集成化给排水系统工艺技术，实现钢铁厂水重复利用率达到 97% 以上，吨钢新水消耗 2.11m³，所有废水处理后全部回用，基本达到全厂废水"零"排放的世界先进水平；

（12）研发钢铁厂循环水源热泵空调系统技术，可有效利用钢铁厂余热、提高经济效益。

首秦工程项目被国外专家誉为冶金工程的艺术品，获省部级科技成果 10 项，其中，首秦现代化钢铁厂新技术集成与自主创新获北京市科技进步二等奖和冶金科技进步二等奖、首秦金属材料有限公司联合钢厂工程设计获全国优秀设计铜奖、首秦 4300mm 宽厚板轧机工程设计获全国优秀设计银奖。

2. 新建板材生产基地——首钢迁钢工程

承担的首钢迁钢工程项目，主要装备有：6座55孔6m焦炉、3套15MW干熄焦发电、1台360m^{2}烧结机、2条320万吨/年链箅机—回转窑球团生产线、2座2650m^{3}高炉、1座4000m^{3}高炉、5座210t转炉、2台8流方坯连铸机、4台2流板坯连铸机、1套2160mm热连轧机组、1套1580mm热连轧机组、1套1450mm酸洗冷轧联合机组、4套20辊可逆冷轧机组及配套的退火机组、3座活性石灰套筒窑、5套制氧机组等配套设施。建设规模：钢坯800万吨/年，钢材800万吨/年。

自主创新、集成创新设计的先进技术包括：

（1）集成创新高炉折返紧凑式无集中称量站直接上料新工艺，可减少炉料倒运、降低炉料破损率；

（2）自主创新大型高炉国产无料钟炉顶及长寿布料溜槽系统、密封溜槽水冷系统、计算机模型控制布料技术，可进一步提高炉顶设备寿命和高炉布料精准度；

（3）自主研究开发一系列高炉长寿高效综合技术，采用了长寿高炉的数字化仿真设计技术，高炉设计寿命15年以上；

（4）优化圆形出铁场设计，提高炉前机械化水平；

（5）集成创新高风温长寿技术，进一步提高热风炉寿命，提高风温；

（6）优化螺旋法渣处理工艺，渣处理效果、环保效果更好；

（7）自主创新的紧凑型长距离高炉喷煤技术，系统布置更紧凑，降低投资和能耗；

（8）自主设计研发的大型高炉煤气干法除尘技术，提高节能效果；

（9）自行设计、开发大型炼钢装备技术，以210t大型转炉设备为代表，自主开发、集成了一系列炼钢设备；

（10）合作开发副枪自动化炼钢技术，优化集成双工位LF炉、多功能RH精炼装置和具有国际领先水平的板坯连铸机，实现了全自动化炼钢、全自动化浇钢、浇注平台无人值守，产品质量达到或接近国际先进水平；

（11）集成创新多功能废钢准备和运输工艺与设备，加快生产节奏，提高生产效率；

（12）2160mm热连轧机成功集成应用可逆式R1、R2轧机、无芯移送附带保温装置的热卷箱等技术，提高了精轧机轧制稳定性，提高了轧制精度，降低了精轧机主传动装机容量，缩短了轧线长度，提高了金属收得率，降低了冷却水消耗，提高了钢带的表面质量；

（13）国内首次自主完成大型热连轧箱型设备基础设计，解决了超大型混凝土地下结构计算和设计问题，建立了一套完整的计算模型，有效地解决了地下混凝土结构的渗漏问题，成功地解决了设备基础总沉降量和差异沉降量的控制问题，达到国际先进水平。

首钢迁钢工程项目获省部级科技成果 16 项，其中，首钢迁钢新建板材工程工艺技术装备自主集成创新获北京市科技进步一等奖、首钢迁钢 210t 转炉炼钢自动化成套技术获冶金科技进步一等奖、首钢迁钢 400 万吨/年钢铁厂炼铁及炼钢一期工程设计获全国优秀设计铜奖、首钢迁钢 400 万吨/年钢铁厂炼铁及炼钢二期工程设计获全国优秀设计银奖。

3. 首钢京唐工程——新一代可循环钢铁制造流程示范工程

承担的首钢京唐工程项目是我国目前钢铁项目中一次性建设规模最大、运行系统最全、装备水平最高、工艺技术最先进、生产流程最高效、节能减排和环境保护效果最好的项目。一期建设规模 970 万吨/年钢，为汽车、机电、石油、家电、建筑及结构、机械制造等行业提供热轧、冷轧、热镀锌、彩涂等高端精品板材产品。

首钢国际工程公司作为京唐项目的总体设计单位，完成了从战略论证、建厂选址、规划布局和总体建设方案的编制到项目内、外部条件的落实以及相互关系的协调等前期工作，并在总体负责设计组织和方案优化的同时，完成了 $500m^2$ 烧结机、年产 400 万吨带式焙烧机球团生产线、$5500m^3$ 高炉、2250mm 和 1580mm 热轧、全厂公辅及总图运输系统的设计工作，占工程总体设计任务量的百分之六十以上。

京唐项目试投产以来，生产稳定顺行，各项指标在短期内均基本达到设计要求，充分体现了"科技含量高、经济效益好、资源消耗低、环境污染少、人力资源得到充分发挥"的新型工业化道路的要求。自主创新、集成、设计的先进技术包括：

（1）装备大型、技术先进。采用了目前中国最大、国际上为数不多的一系列大型装备，包括 7.63m 焦炉、260t/h 干熄焦、$500m^2$ 烧结机、$5500m^3$ 高炉、300t 转炉、2150mm 板坯连铸机、2250mm 热带轧机、2230mm 冷带轧机等，这些大型装备构成了高效率、低成本的生产运行系统。

采用了当今国内外先进技术 220 余项，采用新工艺、新技术、新设备、新材料进行系统集成，体现了 21 世纪钢铁工业科技发展新水平。

（2）自主创新、国产化高。走"立足原始创新、推进集成创新、强化引进吸收再创新"的自主创新道路。在确保技术先进的前提下，最大限度地提高设备国产化比重和冶金装备制造水平。该项目总体设备国产化率占总重量的 90% 以上，占总价值的 61% 以上。

（3）布局紧凑、流程优化。以构建新一代钢铁制造流程为目标，总图布置实现最大限度地紧凑、高效、顺畅、美观，实现物质流、能源流和信息流的"三流合一"，实现工序间物料运输无折返、无迂回、不落地和不重复。

原料场和成品库紧靠码头布置，实现了原料和成品最短距离的接卸和发运；高炉到炼钢的运输距离只有 900m；炼钢到热轧实现了工艺零距离衔接；1580mm 热轧成品库紧靠 1700mm 冷轧原料库，实现了流程的紧凑型布局；吨钢占地为 $0.9m^2$，达到国际先进水平。

（4）循环经济、环境友好。实现了企业内外部物质、能量的循环。在内部，充分利用生产过程中的余热、余压、余汽、废水、含铁物质和固体废弃物等，基本实现废水、固废零排放，铁元素资源 100％回收利用，各项技术经济指标均达到国际先进水平。在外部，每年可提供 1800 万吨浓盐水用于制盐，330 万吨高炉水渣、转炉钢渣、粉煤灰等用于建筑原料；同时回收处理消化大量废塑料等社会废弃物。

首钢京唐工程项目成为新一代可循环钢铁制造流程示范工程，已获得省部级科技成果 53 项，其中，获冶金行业和北京市科技进步奖 15 项、冶金行业全国优秀工程设计 19 项、获中国企业新纪录 12 项、首钢京唐钢铁联合有限责任公司一期原料及冶炼（烧结、焦化、炼铁、炼钢）工程获国家优质工程金质奖、首钢京唐钢铁厂 1 号 $5500m^3$ 高炉工程设计获全国优秀设计金奖。

4. 建立"从工厂化设计向实现产品功能性设计转变"的技术研发新理念

首钢国际工程公司通过研究国际一流工程公司发展规律认识到，传统的工厂化设计在工程技术领域的竞争力将减弱，提出"从工厂化设计向实现产品功能性设计转变"的技术研发新理念，引导企业发展从规模的扩张到核心竞争力提升转变。"实现产品功能性设计转变"要求技术人员在设计过程中，要更加关注通过生产工艺技术的优化来提高产品性能和质量，要更加关注通过关键生产设备的创新和国产化来降低工程投资和生产成本，要更加关注通过生产流程的优化来实现产品的节能环保。

按照"实现产品功能性设计转变"的技术创新理念，首钢国际工程公司 2008 年专门成立了设备开发成套部，建立了热风炉、无料钟炉顶、烧结球团、自动化等工程实验室，形成了公司、专业室两级课题研发体系，并与科研单位、高校广泛开展技术合作，先后成功开发了无料钟炉顶、干法除尘、顶燃式热风炉、海水淡化、6.0m 捣固式焦炉等领先的专利技术并成功应用。2012 年 6 月，公司研发的双排式热轧钢卷托盘运输专有技术成功签约韩国浦项热轧工程，用一流的技术敲开了国际一流企业的大门，并主编、参编了高炉煤气全干法除尘、烧结余热回收利用、海水淡化和干熄焦等国家级设计标准。

5. 科技创新综合实力得到全面提升

从 1996 年 5 月开始，首钢设计院分立为具有独立法人资格的首钢全资子公司；2003 年 9 月，与日本新日铁公司合资组建北京中日联节能环保工程技术有限公司；2003 年 11 月，与比利时 CMI 公司合资组建北京考克利尔冶金工程技术有限公司；2007 年 1 月，整体辅业改制工作全面启动；2008 年 2 月，北京首钢设计院完成辅业改制，正式成立北京首钢国际工程技术有限公司，注册资本 1.5 亿元；2009 年 12 月，重组贵州水钢设计院，成立贵州首钢国际工程公司；2010 年 11 月，重组山西长钢设计院，成立山西首钢国际工程公司；2011 年 3 月 25 日，经中华人民共和国住房和城乡建设部批准获工程设计综合资质甲级；2011 年 11 月 21 日，经中华人民共和国科技部批准，认定为国家高新技术企业。

伴随着首钢实施"搬迁调整、一业多地"发展战略，首钢国际工程公司科技创新综合实力从逐步提高到全面提升；冶金工厂设计相关专业门类的主工艺专业、公辅专业不断完善；钢铁制造流程单工序、单装置、钢铁制造全流程的工程设计综合能力达到国内先进水平、部分领域达到领先水平；运用现代钢铁制造流程工程设计理念开展冶金工程设计，首钢京唐工程成为新一代可循环钢铁制造流程示范工程；设计方法从全面推广应用计算机二维设计绘图，到逐步推广应用计算机三维设计绘图，并结合工程项目、研究开发课题有重点地开展三维动态模拟仿真设计，设计方法和效率不断提高。

从 1996 年至 2008 年改制前，申请专利总计 88 项，其中，申请国家发明专利 20 项、国家实用新型专利 68 项；获省部级以上科技成果奖总计 109 项，其中，获国家级科技成果奖 9 项、省部级科技成果奖 100 项；《设计通讯》又出版发行总计 26 期；从 2003 年开始，科研项目作为科技开发课题立项，实施课题负责制，科技开发项目管理体制逐步走入正轨，至 2007 年总计有 188 项课题立项，攻克了一批冶金行业关键技术难题，科技创新综合实力又有了更大的提高。

2008 年改制后至今，申请专利总计 172 项，其中，申请国家发明专利 65 项、国家实用新型专利 107 项，发明专利数量占总数量 38%，专利申请数量和质量得到进一步提高；获省部级以上科技成果奖总计 120 项，其中，获国家级科技成果奖 8 项、省部级科技成果奖 112 项，科技成果推广应用取得显著成效；改制后《设计通讯》更名为《工程与技术》，期刊质量和行业影响力进一步提高，又新出版发行总计 10 期；2008 年至今，总计又有 197 项课题立项，科研项目继续作为科技开发课题立项，实施课题负责制，进一步完善科技开发项目管理体制，2010 年完成"十二五"技术开发支撑战略规划，科技开发项目有了更加明确的方向和目标，又攻克了一批冶金行业关键共性技术难题，科技创新综合实力得到全面提升。

三、科技引领、创新驱动——铸就更大的辉煌

回首四十多年的历程，首钢国际工程公司全体员工始终以一种"开放、创新、求实、自强"的精神，求生存、谋发展，不仅从以首钢内部项目为主到走向外部市场，而且开始在国际市场上崭露头角；不仅实现了技术水平的全面提升，而且在业内率先开展工程总承

包；不仅为企业的未来奠定良好的基石，而且为员工的发展提供了广阔的舞台，培养了一批冶金行业专家级人才。与 SMS、西门子、VAI、达涅利公司等多家世界知名公司保持着良好的合作关系，并多次开展大型工程联合设计。

四十年磨一剑，四十年铸辉煌。首钢国际工程公司熔炼了"开放、创新、求实、自强"的企业精神，逐渐实现了由简单的修、配、改设计向工程公司的转变和跨越，发展为集技术咨询、工程设计、工程总承包、工程监理于一体，经营范围涉及冶金、民用建筑、市政、环保、电力等领域，可承担国内外大、中型钢铁联合企业设计和工程总承包。具有涉外经营权和对外承包工程经营资格。社会影响力、认知度全面提升，连续多年获北京市"守信企业"称号，先后获得全国建筑业企业工程总承包先进企业、全国优秀勘察设计院、中国企业新纪录优秀创造单位、全国冶金建设优秀企业等殊荣。取得国家住房和城乡建设部颁发的工程设计综合资质甲级，取得国家科技部高新技术企业认定。

展望未来，信心满怀，"创新只有起点、创新没有止境"！首钢国际工程公司将秉承科技引领、创新驱动——铸就更大的辉煌。

1. 主业做强做大，成为国际一流的冶金工程公司

"源自百年首钢，服务世界钢铁"。首钢国际工程公司以"提升钢铁企业品质、推进冶金技术进步"为使命；奉行"开放、创新、求实、自强"的企业精神和"以人为本、以诚取信"的经营理念；践行"敢于承诺、兑现承诺，为用户提供增值"的服务理念。

积极参与社会公益事业，践行企业公民的责任与义务；实现企业与员工共荣、与客户共赢、与社会和谐共存，引领绿色钢铁未来。

科技管理以"完善创新体系、提升创新能力、满足用户需求、追求技术领先、实现跨越发展"为指导方针；科技开发项目以"先进性与实用性并举、技术开发与技术储备并行、技术开发与成果转化并重"为原则，以工程项目和市场需求引导科技开发项目立项，以科技开发项目研究提升工程项目的技术水平和市场竞争力，实现冶金行业关键技术和共性技术的突破；秉承科技引领、创新驱动，打造首钢国际工程公司成为国际一流的冶金工程公司。

2. 兼顾多元化发展，成为综合实力强、国际影响力大的国际型工程公司

（1）首钢国际工程公司总体发展目标是成为投资多元化、经营国际化、管理科学化，综合能力强、国际影响力大的国际型工程公司；

（2）发展节能环保技术，如冶金煤气干法除尘技术、海水淡化技术、固体废弃物处理技术、工业建筑节能环保技术等；

（3）发展园区规划设计，如新首钢高端产业综合服务区规划实施方案的研究与应用等；

（4）发展居住建筑和公共建筑设计，如体育建筑设计、办公建筑设计、居住建筑设计、钢结构建筑设计等；

（5）北京设计产业示范基地公共技术平台建设——钢铁工业工程设计实验平台建设；

（6）构建以政府为主导、市场为导向、企业为主体、"产、学、研、用"有机结合的技术创新体系，实现系统创新、协同创新。推动企业技术中心、工程研究中心、工程技术研究中心、重点实验室、博士后流动站的建设。

随着经济全球化的形成，未来任何产品的竞争，虽然最终是通过产品的质量、性能、成本、服务等因素表现出来，但追溯其根源，将会深层次地延伸到产品的设计层面，任何产品决定其竞争力的质量、性能、成本、服务等要素都是通过产品的设计来体现，也就是说设计是产品竞争力的起点。工程系统主要包括价值、科学、技术、管理四方面基本要素，工程设计创新是技术要素和非技术要素的集成创新！其综合创新要求程度更高。

因此，在未来的市场竞争中，设计是决定产品竞争力的根源要素。

我们关注项目工程设计对项目成败的决定性意义，我们更关注设计工作对一个企业、一个行业、一个国家未来发展的战略作用和意义。

设计面向未来！

设计引领未来！

战略设计引领战略未来！

《冶金工程设计研究与创新》一书是首钢国际工程公司四十年技术实践与理想追求的真实写照，通过对首钢国际工程公司冶金工程设计系统的回顾与总结，折射出了首钢国际工程公司全体员工"开放、创新、求实、自强"的精神，体现了首钢国际工程公司全体员工为中国冶金工程设计事业挥洒汗水、倾注心血、无私奉献的高尚品格。

谨以此书献给首钢国际工程公司四十华诞！

感谢首钢总公司、各相关协作单位及领导给予首钢国际工程公司的大力支持！

感谢老一代冶金工程技术人员对首钢国际工程公司冶金工程事业的无私奉献！

感谢各界朋友对首钢国际工程公司的支持与帮助！

向耕耘奉献的首钢国际工程公司全体员工致敬！

北京首钢国际工程技术有限公司董事长、总经理：何巍

目　录

电气与自动化工程技术

建筑技术 ……………………………………………………………………… (540)

总图与运输工程技术

总图与运输工程技术综述 ……………………………………………… (607)

总图与运输工程专项技术 ………………………………………………… (626)

三维动态模拟仿真设计技术

科技管理理论与应用

附录

工业炉工程技术

● 工业炉工程技术综述
● 工业炉工程专项技术

➤ **工业炉工程技术综述**

首钢国际工程公司工业炉专业技术历史回顾、现状与展望

苗为人

（北京首钢国际工程技术有限公司，北京 100043）

摘　要：多年以来，首钢国际工程公司工业炉专业以打造首钢工业炉品牌为己任，通过一系列高水平的工程实践，不仅掌握了当今钢铁行业工业炉的大批先进工艺和技术，逐渐形成了自己的技术优势和丰富的管理经验。首钢国际工程公司工业炉以领先的技术为基础、优质的产品为保证、顾客的满意为目标，将专业化技术服务贯穿于项目建设的全过程，最终和客户实现共赢，在行业中和集团内树立了"首钢工业炉"的品牌。

关键词：加热炉；环形炉；转底炉；蓄热式燃烧；节能；热送热装

1　引言

在钢铁厂工程设计中，首钢国际工程公司工业炉专业与其他专业一起构成了钢铁全流程设计的工艺设备体系。首钢国际工程公司工业炉专业的业务范围是钢铁流程中的各类加热炉、热轧后成材的退火、正火、淬火、回火等各式热处理炉及冷轧生产中各个工序的热处理炉的工艺设备设计，以及与热能及热工有关的其他各类工业炉工艺及设备设计。近些年工业炉专业又致力于"用转底炉处理钢铁厂固废技术"的研发和推广之中。同时，工业炉专业也利用其自身专业优势，开发了许多新产品，在提升技术竞争力的同时也获得了广泛的市场，为用户提供了增值服务，为用户赢得了经济效益、环境效益和社会效益。

"宝剑锋从磨砺出，梅花香自苦寒来"。多年以来，工业炉专业以打造首钢工业炉品牌为己任，先后出色完成了首钢精品棒材、首钢精品线材、迁钢2160热轧、京唐2250热轧、首钢特宇热度锌、京唐1580热轧、迁钢1580热轧、高温硅钢加热炉、电磁感应炉、长钢、贵钢、通钢及其他重点项目的工业炉设计项目；圆满完成首钢精品棒材、首钢精品线材、长钢棒材、京唐2250热轧保温炉、迁钢硅钢高温环形退火炉总承包（EPC）建设任务。通过这些高水平的工程实践，工业炉专业不仅掌握了当今钢铁厂工业炉的大批先进工艺和技术，丰富了专业科室的总包管理经验，逐渐形成了自己的设计特色技术优势，而且在行业中和集团内树立了"首钢工

业炉"的品牌。目前，首钢国际工程公司工业炉专业已发展为集工业炉开发、设计、技术总成、工程总承包（EPC）于一体的专业化事业部，拥有了多项专利和许多领先的优势技术，特别是在步进梁式大型板坯加热炉、高温硅钢加热炉（HSRF）、高温硅钢环形退火炉（SRAF）、电磁感应加热炉（ISF）和转底炉（SRHF）等技术领域具有国内领先的优势。

2　工业炉专业的发展历程

工业炉专业是伴随首钢的发展，伴随着首钢国际工程公司的发展而成长，同样经历了整合创建、发展壮大、调整提升、改制转型等阶段，现已发展成首钢国际工程公司的一个专业事业部。

1973年之前，首都钢铁公司设计处就有工业炉专业。

1973年2月，首都钢铁公司设计处与北京冶金设计公司合并，成立首钢公司设计院时，工业炉专业隶属轧钢设计科的工业炉组。

1992年7月，工业炉专业隶属首钢设计总院轧钢部工业炉科。

1995年7月，北京首钢设计院成立工业炉设计室。

1996年5月，北京首钢设计院注册成立，正式分立为具有独立法人资格的首钢全资子公司，工业炉专业隶属北京首钢设计院工业炉设计室。工业炉设计室与全院一起开始进入社会市场，并在全国勘察设计行业率先开展工程总承包业务，服务领域逐步实现从首钢拓展到国内，并延伸到国际市场。

2008年2月，北京首钢设计院完成辅业改制，

注册成立北京首钢国际工程技术有限责任公司，工业炉专业隶属北京首钢国际工程技术有限责任公司工业炉事业部。改制后，工业炉事业部与全公司一起全面面向市场，投资方式从国有全资公司转变为国有控股的多元投资企业，经营方式从设计为主转变为以工程总承包为主的工程公司，服务范围从以首钢为主的企业院转变为面向全球客户。

目前，工业炉事业部总人数为 32 人，其中教授级高工 1 人，高级工程师 7 人，工程师 12 人，助理工程师 12 人。人员以中青年为主体，平均年龄 35 岁，基本上是毕业于冶金系统各高等院校的热能工程和冶金机械专业，有着扎实的理论基础。经过工程项目的历练，年轻人在老专家、师傅的带领下，技术水平和管理能力方面均有了长足的发展，已经成为事业部的生力军。

3 工业炉专业技术的发展

技术的发展离不开工程的支撑。多年以来，工业炉专业通过课题研发和工程实践积累，形成了以"高效蓄热式燃烧技术"、"大型步进梁式加热炉"、"高温硅钢加热炉（HSRF）"、"高温硅钢环形退火炉（SRAF）"和"转底炉（RHF）"等技术为代表的优势技术。

3.1 大型步进梁式加热炉技术

首钢迁钢 2160 热轧 250t/h 步进梁式加热炉，是一项技术要求最严格、装备水平最高、自动化程度最现代化的大型加热炉，也是工业炉专业独立承担的一项产量规模最大的加热炉。工业炉事业部认真组织，精准设计，精心打造 250t/h 步进梁式加热炉，工程技术人员多次外出考察学习，通过期刊和网络等各种渠道，收集当今大型板坯加热炉的先进工艺、技术，邀请国内知名工业炉专家审查方案，确保了工艺的先进性、合理性。特别是在设计过程中，勇于开拓、不断创新，将高效热装热送、长行程装钢机、步进机械分段技术、步进梁交错技术、耐热滑块"千鸟足"布置技术、空煤气双预热、间拔控制、脉冲燃烧、计算机二级最佳化控制等先进技术应用于加热炉设计，并取得了很好的使用效果。针对迁钢 2160 热轧的 1 号、2 号加热炉烧嘴为原装进口设备，价格昂贵的实际，工业炉专业专门组织公关小组对该烧嘴进行研发、改进和试验，成功地将研发成果应用于 3 号炉，同样取得了很好的使用效果。目前该低 NO_x 调焰烧嘴已被国家专利局授予实用新型专利，形成了首钢自己的知识产权，使首钢又增添了一项节能减排新技术、新产品。通过进一步研发，工业炉专业又将该低 NO_x 调焰烧嘴成功地应用于首钢第一线材厂加热炉天然气改造项目中，同样取得了温度均匀、调节灵活、节约燃料、减少钢坯氧化、降低 NO_x 的良好效果。

工业炉专业在同行业中率先应用 Bentley/PSDS 实现了迁钢 2160 热轧加热炉三维可视化设计，在计算机上实现了预装配、模拟演示、受力分析、优化结构及各种干涉检查，将设计缺陷消除在施工图设计阶段，大大提高了设计质量，迁钢 2160 热轧加热炉也由此成为了全国首座三维可视化大型步进梁式加热炉。

随后，设计建设了首钢京唐 2250 热轧 350 t/h 步进梁式加热炉、首钢迁钢 1580 热轧 270 t/h 步进梁式加热炉、高温硅钢加热炉、电磁感应炉、首钢京唐 1580 热轧 300 t/h 步进梁式加热炉等项目，都取得了圆满的成功，得到用户好评，并使得我们的"大型步进式加热炉技术"日益成熟。

迁钢 1580 热轧 3 号高温硅钢加热炉的技术总负责、顺利投产和运行良好，标志着我们在"大型步进式加热炉"方面上了一个大的台阶，我们打破了中冶赛迪的垄断，具有了完成"顶尖级加热炉"的能力；迁钢 1580 热轧电磁感应加热炉的技术总负责顺利投产和运行良好，标志着我们又增加了一个具有竞争力的品牌产品。

3.2 高效蓄热式燃烧技术

高效蓄热式燃烧技术是设计院工业炉事业部精心打造的另一项工业炉品牌技术，拥有多项实用新型技术专利及科研成果。工业炉专业也是国内最早开始研发并成功应用高效蓄热燃烧技术的单位之一，其国家实用新型专利蓄热式烧嘴、换向阀等非标设备先后在首钢中厚板、首钢型材、西昌棒材、云南德胜棒材加热炉应用，以及在迁钢 1580 热轧、京唐 1580 热轧、京唐 2250 热轧、长钢棒材加热炉等多条生产线加热炉上成功应用，并有多个项目获奖。

设计院事业部在西昌新钢业公司棒材厂 100t/h 空煤气双蓄热加热炉、首钢中厚板厂 1 号、2 号加热炉蓄热式改造等项目中，采用了多项新型专利技术及科研成果，使加热炉燃烧系统运行可靠、炉压稳定、产量达标，加热炉单耗、氧化烧损、NO_x 排放等各项关键指标均达到同类加热炉的先进水平。

工业炉专业撰写的《双蓄热式燃烧技术在西昌棒材厂的优化与应用》一文在 2006 年全国冶金能源与热能综合利用学术会议上被评为优秀论文，并获一等奖，这些成绩充分展现了工业炉专业在蓄热式燃烧技术上的深厚实力。

迁钢 1580、京唐 1580、京唐 2250 热轧加热炉采用了蓄热式燃烧技术，都取得了很好的效果。特别是迁钢 1580 热轧高温硅钢加热炉，创造性地采用了"高温硅钢步进梁式板坯加热炉采用蓄热式和预热式组合式加热的方法"，获得了多项国家发明和实用新型专利，其运行指标达到国际领先水平。

长钢棒材 180t/h 步进梁式加热炉采用了空煤气双蓄热系统，研发应用采用扁火焰、高温低氧、超低 NO_x 空、煤气上下组合式双蓄热烧嘴技术、"集散"轮序换向控制技术、自动排渣装置及方法等综合技术，自投产以后，满足了不同钢种装、出炉温度要求，各项指标达到设计要求，达到国内先进水平，具有很好的推广应用价值。

3.3 硅钢高温环形退火炉（SRHF）技术

取向硅钢是电力、电子工业中不可缺少的重要软磁功能材料，具有高磁感、低铁损特性。其由于生产工艺复杂、制造技术严格、制造工序长和影响性能因素多，一直是钢铁工业中的顶尖产品，更被誉为"轧钢艺术品"。

取向硅钢高温退火最早使用罩式炉，为了解决传统罩式炉退火周期长、生产效率低的问题，研发设计了高温环形炉，使得环形炉与罩式炉的有机结合体，解决了取向硅钢高温连续退火生产效率低的问题，成为取向硅钢发展的新方向。

根据首钢总公司和迁钢公司的决定，为完成普通取向硅钢与高磁感取向硅钢的高温退火，迁钢冷轧建造 2 座高温硅钢环形退火炉（SRAF-1，SRAF-2）。高温硅钢环形退火炉装备水平高，技术难度大，工艺繁杂，工业炉事业部在完成技术交流、合作设计、图纸转化的基础上，对相关技术课题进行研究，成功实施了高温硅钢环形退火炉为高温硅钢环形炉项目的总承包（EPC），积累了大量的设计、建设和生产经验，为打造首钢国际工程公司的高温硅钢环形退火炉品牌，进一步开拓国内外市场奠定了基础。

该环形炉中径为 46.4 m，外径为 60 m，能同时处理 100 卷带钢，内外侧墙共设置 130 个烧嘴。该炉采用全过程保护气氛供给系统，集高温、氮气/氢气保护气氛、精确加热、精确冷却于一体，为世界先进的硅钢退火装置。该高温环形炉是整个取向工艺处理中的重要工序之一。该种环形炉优化了本世纪前期的连退与环形炉炉型及工艺，使得取向硅钢在罩式连续退火成为现实，全世界范围内也仅有几家大型钢厂具备这种生产能力。

迁钢高温环形炉项目技术含量高、装备水平高、质量要求高，项目团队精心组织，克服了工序交叉繁杂、施工难度大等困难，保证了工程实施的高效率、高质量和高水平。高温环形炉一次试车顺利生产出了符合国际标准的高磁感取向硅钢，实现了迁钢硅钢产品"质"的提升，为进一步提高迁钢硅钢产品综合竞争力和市场影响力发挥了重要作用，也标志着首钢国际工程公司的技术实力又一次提升。

3.4 转底炉处理钢铁厂固废技术

工业炉专业始终将创新技术、研发新工艺、开发新产品作为品牌建设的重要一环。经过近十年的不断学习、摸索以及对外交流合作，工业炉专业掌握了治理含铁尘泥用转底炉工艺技术，并将其作为今后几年进军市场的主打产品。该工艺可将钢铁生产所排放的炼钢 OG 泥、炼铁高炉灰、烧结除尘灰等含铁尘泥有效的回收利用，在实现减排的同时，有效回收了锌、铁等有用资源，从而大大降低了炼铁成本，具有很好的经济效益和环境效益。该合作项目的实施使工业炉室在转底炉直接还原工艺上掌握了一整套国际先进技术，为今后迁钢、首秦、京唐大厂类似项目的实施做好了充足的技术储备。

迁钢转底炉项目采取自卸式带盖翻斗汽车以散装模式将各类粉尘运至恒新造粒生产线，由改扩建后的恒新转底炉原料制备生产线对转底炉 30 万吨/年原料进行称重配料、混匀、存储；制备好的原料由管式皮带运至转底炉受料仓。进入受料仓的原料由皮带经过黏结剂配料仓按一定比例配加黏结剂后进入润磨机研磨，而后由皮带机输送至中间料仓，再经过圆盘造球机将原料制成含碳球团（以下称"生球"）。生球经链箅机干燥后形成"干球"，再经称重皮带称重后，供给转底炉上料设备振动布料机。干球由振动布料机均匀装入转底炉（RHF）中，随着炉底的转动，干球依次经过加热段、还原一段、还原二段和还原三段，干球中的氧化铁在高温及特定气氛下迅速被加热、还原为金属铁；锌被气化进入烟气；还原后的 DRI 球（以下称"成品球或 DRI 球"）经螺旋出料机从炉内排出，进入成品球冷却系统。经冷却筒喷淋冷却后的 DRI 球，由斗式提升机输送至成品球存储藏；再由汽车运输至高炉上料皮带。成品球到达高炉上料皮带，经筛分后，成品球直接进高炉料仓供高炉使用，筛下物随高炉返料返回烧结系统。燃料（天然气、焦炉煤气、混合煤气均可）和助燃空气通过烧嘴进入炉内燃烧。燃烧废气逆向流动，最后从加料口处的排烟口排出；含有大量粉尘和锌蒸气的高温烟气由烟道排出，经过沉降室、余热锅炉、热交换、旋风除尘器和布袋除尘后由引风机从烟囱排入大气。在这过程中，烟气余热被余热锅炉和换热器所回收，含锌粉尘在布袋除尘等处得以回收。

3.5 其他专业技术和产品

除了上面几项专业技术以外，工业炉专业还在棒线材加热炉模拟仿真技术、热轧板坯加热炉模拟仿真技术、硅钢高温环形退火炉模拟仿真技术、加热炉二级燃烧控制技术、间拔燃烧控制技术、数字化脉冲燃烧技术、无氧化辊底炉中厚板热处理技术、取向硅钢高温步进梁式加热炉、长行程装钢机、大型步进梁式加热炉、、取向硅钢高温电磁感应加热炉、取向硅钢连续常化退火炉、取向硅钢连续拉伸平整炉、取向硅钢连续脱碳退火炉、悬臂辊道侧进侧出步进梁式加热炉出料端的自动排渣装置及方法，并自主研发出新型高温硅钢加热炉液态出渣装置、单蓄热燃烧装置、低 NO_x 调焰烧嘴、电动滑道式保温炉、蓄热式换热器、蓄热式烧嘴三通换向阀等专利产品。

4 工业炉专业工程技术获奖情况

这些年经过工业炉全体员工的不懈努力，由工业炉专业负责完成的项目也获得了多项荣誉奖励，这些荣誉是对工业炉专业工作的肯定，也是无形的鞭策，激励工业炉专业向更高的目标前进。近 10 年来工业炉专业获奖项目列举如下：

型材厂三车间加热炉蓄热式燃烧改造项目获 2003 年度首钢科技进步三等奖；

首钢中板厂 120t/h 蓄热式加热炉（2 座）获 2004 年冶金科学技术一等奖，获 2005 年国家科技进步二等奖，获冶金行业部级优秀工程设计三等奖和国家高效节能加热炉研制一等奖；

首钢富路仕彩涂板工程设计（烘烤炉 3 座）获 2006 年度冶金行业部级优秀工程设计二等奖；

首钢精品棒材生产线 140t/h 步进梁式加热炉工程（1 座）获 2007 年获冶金行业部级优秀设计三等奖；

迁钢公司 2160mm 热轧 250t/h 大型步进梁式加热炉工程（4 座）获 2007 年获冶金行业部级优秀设计一等奖；

首钢热镀锌生产线设计（退火炉 2 座）获 2009 年冶金行业部级优秀设计一等奖；

山西中阳钢厂二高线 120t/h 步进梁式加热炉工程（1 座）获 2009 年冶金行业部级优秀设计三等奖；

京唐公司 2250mm 热轧 350t/h 大型步进梁式加热炉工程（4 座）获 2010 年冶金行业部级优秀设计一等奖；

迁钢公司 1580mm 蓄热、预热结合步进梁式加热炉工程（共 3 座，其中 1 座 150t/h 高温硅钢加热炉，2 座 270t/h 碳钢加热炉）获 2011 年冶金行业部级优秀设计一等奖，并获 2011 年度首钢科技进步三等奖；

京唐公司 1580mm 热轧 300t/h 蓄热、预热结合步进梁式加热炉工程获 2012 年冶金行业部级优秀设计一等奖；

水钢棒（线）材生产线工程 180t/h 步进梁式加热炉工程（2 座）获 2012 年冶金行业优秀工程总承包一等奖；

研发的低氮氧化物混合煤气调焰燃烧装置获 2009 年度首钢科技进步三等奖；

首钢迁钢 1580mm 热轧大型蓄热式板坯加热炉设计研究与应用获 2011 年度首钢科技进步三等奖。

5 工业炉专业专利技术拥有情况

支撑工业炉品牌战略的一项更重要的工作是技术研发工作。工业炉专业多年来在技术研发方面投注了大量心血，先后获得国家发明和实用新型专利二十多项，还有若干项专利正在申报中。这些专利的申请，无疑为工业炉专业品牌战略的建设打下了坚实的技术基础。主要专利列举如下：

蓄热式烧嘴三通换向阀；

油-汽换向式油腔；

蓄热式换热装置；

低氮氧化物混合煤气调焰燃烧装置；

单蓄热式燃烧装置；

液态出渣高温硅钢步进梁式板坯加热炉采用蓄热和预热组合式加热的方法；

一种新型液态出渣高温取向硅钢步进梁式板坯加热炉；

一种液态出渣高温取向硅钢步进梁式板坯加热炉；

一种新型高温硅钢加热炉液态出渣装置；

一种新型高温硅钢加热炉液态出渣装置及方法；

一种电动滑盖式全纤维取向硅钢连铸坯保温炉；

一种高温取向硅钢电磁感应加热炉板坯升降设备；

一种高温取向硅钢电磁感应加热炉炉床；

一种高温取向硅钢电磁感应加热炉炉台；

一种高温取向硅钢电磁感应加热炉耐热合金和陶瓷复合式压头；

多流股二级燃烧、高温低氧、低 NO_x 组合式蓄热烧嘴；

悬臂辊道侧进侧出步进梁式加热炉出料端的自动排渣装置及方法；

悬臂辊道侧进侧出步进梁式加热炉出料端的自

动排渣装置；

一种适用低热值高炉煤气加热特种钢的方法；

一种适用不同煤气热值双蓄热加热坯料方法；

一种新型的步进底式加热炉炉床耐热结构；

一种应在带保护气体连续退火炉炉体上防爆孔装置；

一种带视镜的观察孔；

一种环形炉炉体钢结构立柱活动柱脚结构装置。

每项专利的取得都是设计人员在摸索中创新、研发的结果，是对专业技术的发展和延伸。

6 工业炉专业的拼搏精神

炉火纯青、孜孜以求。这是炉子专业多年以来默默坚持的信条。

炉火纯青，说的是炉子专业要通过自身的拼搏在专业技术方面苦练内功、不断提高，达到炉火纯青的地步。孜孜以求，是炉子专业拼搏精神的集中体现，是实现炉火纯青目标的保证，是要通过对技术不知疲倦地探求来实现技术的创新、服务的升级和管理的超越，为客户提供增值服务，让用户获得最大的经济效益、环境效益和社会效益。

千里之行始于足下。工业炉专业的发展是经历过坎坷的，正是在这种拼搏精神的鼓舞下，工业炉人孜孜以求，实现了自我的救赎和超越，特别是近十年以来，工业炉专业从濒临解散的悬崖边上一步一个脚印走上了健康成长的康庄大道。

人才是发展的动力。工业炉专业结合自身的人力资源特点，充分发挥以老带新，以新创新的人才战略，给年轻人创造锻炼机会，促进年轻人的成长。这样的成长不仅限于技术上，更向管理层面延伸。回首这多年的发展，工业炉专业已涌现出一批既具有成熟的专业知识又具有丰富的管理经验的青年人才，他们已经成长为工业炉专业发展的生力军，即

将肩负工业炉专业再创辉煌的重任。

7 工业炉专业的发展展望

根据《钢铁工业"十二五"发展规划》及市场情况，工业炉事业部谋划了工业炉专业发展规划，明确了工业炉产品近期定位在"六大技术"：

（1）大型步进式加热炉技术（含硅钢高温炉、电磁感应炉）；

（2）冷轧硅钢高温环形退火炉技术；

（3）高温蓄热式燃烧技术；

（4）特殊钢加热技术；

（5）转底炉粉尘治理脱锌技术；

（6）辊底式、钟罩式、台车式炉热处理技术。

以满足精品钢、特殊钢、电工钢加热制度为目标，深入研究各个钢种的加热工艺和温度制度，研发适合品种钢、特殊钢生产的加热炉和热处理炉；以节能减排为中心，开发工业炉新技术，追求整体优化，实现优质、高产、低能耗、无公害的要求；以冶金工业为主业，以钢铁技术为支持，研发具有市场前景各种加热炉和热处理炉技术，同时向环保产业、钢铁产品深加工等产业发展和延伸。

加快产品功能性研究为重点，为"走出去"战略实施提供技术支撑。强化科技开发和业务建设，提高技术水平和能力，要通过干一批工程，掌握一批技术，培养一批人才，树立一批品牌，开辟一片市场。有针对性地下大工夫开发新技术、新产品，打精品战略，创拳头产品，以增强技术实力和市场竞争力。"首钢国际工业炉"将以领先的技术为基础、优质的产品为保证、顾客的满意为目标，将专业化服务贯穿于项目建设的全过程，最终和客户共赢。未来五年将使"首钢国际工业炉"打造成为国内著名工业炉供应商，为客户提供更为优质的工业炉产品。

轧钢加热炉技术的历史发展、现状及展望

苗为人　陈迪安　李春生　侯俊达　寒军强　王惠家

（北京首钢国际工程技术有限公司，北京 100043）

摘　要：在国家节能、钢铁产业结构调整、淘汰落后产能的政策引导下，近年来我国轧钢技术发展很快，新建或改建的轧钢生产线不断增加。本文剖析了几台典型的、当今最先进的轧钢加热炉的平面布置、炉型、燃烧系统和自动化控制，以简述轧钢加热炉的技术现状和发展趋势。

关键词：平面布置；炉型；蓄热式燃烧；自动化控制；热装热送

Summary Steel Rolling Heating Furnace Technology Present Situation and Trend of Development

Miao Weiren　Chen Di'an　Li Chunsheng　Hou Junda　Jian Junqiang　Wang Huijia

(Beijing Shougang International Engineering Technology Co., Ltd., Beijing 100043)

Abstract: In the national energy conservation and the steel and iron industrial structure adjustment and the elimination falls the after-birth to be able under the policy guidance, our country rolled steel the technological development is very quick in recent years, newly built or the reconstruction steel rolling production line increased unceasingly.This article analyzed several typical, now the most advanced steel rolling heating furnace plane arrangement, the construction of furnace, the combustion system and the automated control, summarizes the steel rolling heating furnace technical present situation and the trend of development.

Key words: plane arrangement; the construction of furnace; regeneration type burning; automated control; the hot attire delivers hotly

1 引言

钢铁工业是工业领域的基础产业，轧钢生产是钢铁工业生产过程中一个重要环节。在钢铁生产能耗结构中，轧钢工序仅占总能耗的 10%~15%，轧钢加热炉是轧钢系统的主要耗能设备，占轧钢工序能耗的 60%~70%。因此，轧钢工序的节能重点是轧钢加热炉节能。随着轧钢产能的提高，轧钢加热炉数量增长迅速，据统计目前轧钢加热炉数量逾千座。

技术先进、经济合理、安全适用是轧钢加热炉设计及生产的基本要求，强化节能减排是加热炉设计及生产实践科学发展观、建设资源节约型、环境友好型社会的时代要求。近十几年来，轧钢加热炉新技术层出不穷，其发展趋势是向大型化、高效化、

高质量、低污染、自动化、人性化、新炉型等方向发展。本文剖析了几台典型的、当今最先进的轧钢加热炉的平面布置、炉型、燃烧系统和自动化控制，以简述轧钢加热炉的技术现状和发展趋势。

2 几台典型的、先进的轧钢加热炉

首钢战略性结构调整与搬迁调整，给首钢国际工程技术公司工业炉事业部带来了绝佳的发展机遇，他们以打造首钢工业炉品牌为己任，出色完成了首钢精品棒材、首钢精品线材、迁钢 2160mm 热轧、京唐 2250mm 热轧、迁钢 1580mm 热轧、京唐 1580mm 热轧、水钢精品棒材、水钢精品线材、长钢精品棒材、长钢精品线材、通钢精品棒材、贵钢精品线材等项目的加热炉设计。通过这些高水平的

工程实践，工业炉事业部掌握了当今钢铁厂工业炉的大批先进工艺和技术，并逐渐形成了自己的设计特色，目前已发展为集工业炉开发、设计、技术总成、工程总承包于一体的专业化事业部，拥有了多项专利和许多领先的优势技术。

2.1 首钢迁钢公司 2160mm 热轧 1~4 号加热炉

首钢迁钢 2160mm 热轧项目 4 座 250t/h 加热炉以混合煤气为燃料、汽化冷却、常规燃烧技术的大型步进梁式加热炉，其加热钢种主要是优质碳素钢、低合金钢、X100 管线钢和汽车板等。为提高加热炉热送、热装率，加热炉上料辊道与连铸铸机直接相连。采用长行程装钢机装料以及步进机械分段技术，调节加热炉产量和出钢节奏，使加热炉起到了匹配连铸→热轧节奏和缓冲生产的作用，生产组织灵活。烧嘴采用间拔控制技术，提高坯料加热质量。配备完善的一、二级自动控制系统，实现炼钢→连铸→热轧生产一体化管理。加热炉技术规格参数见表 1，工程效果图如图 1、图 2 所示。

表 1 迁钢 2160mm 热轧加热炉技术规格参数

加热炉形式	大型板坯加热炉；长行程、出料机装、出料；汽化冷却
燃料介质	混合煤气，2300×4.18kJ/Nm³
供热方式	空气、煤气双预热，空气预热温度：500℃，煤气预热温度：300℃
坯料规格	230mm×1350mm×10500mm
烧嘴形式	上均热段上：平火焰烧嘴；其他各段：超低 NO_x 长火焰调焰烧嘴
加热钢种	普碳钢、优质碳素钢、低合金钢、X100 管线钢和汽车板等
产量	冷装：250t/h；热装：320 t/h
加热炉尺寸	加热炉有效长 41100mm；加热炉内宽 11100mm

2.2 首钢京唐钢铁公司 2250mm 热轧 1~4 号蓄热式加热炉

首钢京唐钢铁联合有限责任公司 2250mm 热带轧机主要生产碳素结构钢、锅炉及压力容器用钢、造船用钢、管线用钢、耐候钢、桥梁用钢、IF 钢、双相（DP）、多相（MP）及相变诱导塑性（TRIP）和孪晶诱导塑性钢（Twip）、超微细晶粒等高强钢等品种带钢卷。其生产规模为 550 万吨/年；为此配备四座小时产量 350t/h 的加热炉，是国内最大产量加热炉之一。该炉采用长行程装钢机热装作业，热装率可达到 90%，采用低 NO_x 调焰烧嘴。加热炉技术规格参数见表 2，工程效果图如图 3、图 4 所示。

图 1 迁钢 2160mm 热轧加热炉效果图

图 3 京唐 2250mm 热轧加热炉效果图

2.3 首钢迁钢公司 1580mm 热轧 2 座 270t/h 蓄热式加热炉

首钢迁安钢铁有限责任公司配套完善 1580mm 热轧工程 2 座 270t/h 加热炉以混合煤气为燃料、汽化冷却、空气单蓄热和煤气预热组合式燃烧技术的大型步进梁式加热炉，其加热钢种主要是优质低合金钢、耐候钢、集装箱板、管线钢、高牌号无取向硅钢等。加热炉采用蓄热和预热组合式燃烧技术、

图 2 迁钢 2160mm 热轧加热炉效果图

图 4　京唐 2250mm 热轧加热炉效果图

表 2　京唐 2250mm 热轧加热炉技术规格参数

加热炉形式	大型板坯加热炉；长行程装、出料机装、取料；汽化冷却
燃料介质	混合煤气，2000×4.18kJ/Nm³
供热方式	空气、煤气预热，空气预热温度≥500℃，煤气预热温度≥250℃
坯料规格	230mm×1400mm×11000mm
烧嘴形式	上均热段上：平火焰烧嘴；其余供热段：大调节比、低 NOₓ 调焰烧嘴
加热钢种	碳素结构钢、锅炉及压力容器用钢、造船用钢、管线用钢、耐候钢、桥梁用钢、双相（DP）等
产量	350t/h
加热炉尺寸	加热炉有效长 50900mm；加热炉内宽 11700mm

三流股宽火焰超低 NOₓ 蓄热烧嘴技术、蓄热排烟系统"抽吸比"控制技术、煤气热值在线检测和分段残氧在线检测等检测技术、蓄热烧嘴全分散换向技术、蓄热烧嘴低负荷时序"间拔"控制技术、支撑梁汽化冷却技术、坯料炉内"梅花"定位技术、优化加热的二级控制系统等综合技术，提高了其整体技术工艺水平、装备水平、自动化控制水平，经过多年的生产实践，其运行指标达到国际先进水平。加热炉技术规格参数见表 3，工程效果图如图 5、图 6 所示。

图 5　迁钢 1580mm 热轧加热炉效果图

图 6　迁钢 1580mm 热轧加热炉效果图

表 3　迁钢 1580mm 热轧加热炉技术规格参数

加热炉形式	大型板坯加热炉；长行程装、出料机装、出料；水梁冷却；汽化冷却
燃料介质	混合煤气，2300×4.18kJ/Nm³
供热方式	煤气预热、空气蓄热与预热结合，煤气预热温度≥250℃，空气蓄热温度≥1000℃
烧嘴形式	上均热段上：平火焰烧嘴；其余供热段：空气单蓄热式烧嘴
坯料规格	(8000~10500) mm×(800~1470) mm×230mm（单排）；(4500~5000) mm×(800~1470) mm×230mm（双排）
加热钢种	优质碳素结构钢、低合金结构钢、桥梁用结构钢、汽车大梁用钢、高牌号无取向硅钢等
产量	270t/h（普碳钢）；220t/h（无取向硅钢）
加热炉尺寸	加热炉有效长 43600mm；加热炉内宽 11100mm

2.4　迁钢公司 1580mm 热轧 150t/h 高温硅钢液态排渣蓄热式加热炉

首钢迁安钢铁有限责任公司配套完善 1580mm 热轧工程 1 座 150t/h 加热炉以混合煤气为燃料、空气单蓄热、预热和煤气预热组合式燃烧技术的大型在线液态排渣步进梁式加热炉，该炉主要用于加热高温出炉板坯（取向硅钢如 HIB 和高温出炉的 CGO），但也能加热低温出炉板坯（如碳素钢等）。在高温硅钢加热炉上采用蓄热式燃烧技术，在国内属于首创。采用坯料无间隙装钢技术、高温段在线液态排渣技术，取向硅钢周期加热量达 12000t。同时采用三流股宽火焰超低 NOₓ 蓄热烧嘴技术、蓄热排烟系统"抽吸比"控制技术、煤气热值在线检测和分段残氧在线检测等检测技术、蓄热烧嘴全分散换向技术、蓄热烧嘴低负荷时序"间拔"控制技术、坯料炉内"梅花"定位技术、优化加热的二级控制系统等综合技术，提高了其整体技术工艺水平、装备水平、自动化控制水平，经过多年的生产实践，其运行指标达到国际先进水平。加热炉技术规格参数见表 4，工程效果图如图 7、图 8 所示。

图7 迁钢1580mm热轧高温炉效果图

图8 迁钢1580mm热轧高温炉效果图

表4 迁钢1580mm热轧高温硅钢炉技术规格参数

加热炉形式	大型板坯加热炉；长行程装、出料机装、出料；水梁冷却：水冷
燃料介质	混合煤气，2700×4.18kJ/Nm³
供热方式	煤气预热、空气蓄热与预热结合，煤气预热温度≥250℃，空气蓄热温度≥1000℃
烧嘴形式	上均热段、二加上下：常规烧嘴；其余供热段：空气单蓄式烧嘴
坯料规格	(8000~10500)mm×(800~1470)mm×230mm（普碳坯）；9600mm×1100mm×230mm（HIB硅钢坯）
加热钢种	高牌号取向硅钢、低合金结构钢、桥梁用结构钢、汽车大梁用钢、集装箱板等
产量	150 t/h(取向硅钢)；220t/h(无取向硅钢)；270t/h(普碳钢)
加热炉尺寸	加热炉有效长43600mm；加热炉内宽11100mm

2.5 首钢京唐钢铁公司1580mm热轧1~4号蓄热式加热炉

首钢京唐钢铁联合有限责任公司1580mm热带轧机主要生产热轧带钢，配置三座步进梁式加热炉（1、2、3号炉），主要用于生产普碳钢和船板及管线钢，每座加热炉的额定加热能力为300t/h(冷坯、标准坯、普碳钢)，每座加热炉均能实现冷装和热装。同时预留了4号加热炉位置，为将来发展留有必要

的空间。加热炉燃烧系统采用国际先进的蓄热式燃烧技术和装置，在此基础上又采用了余热回收技术，进一步降低燃料消耗。加热炉设置长行程装钢机，最大限度地缓冲了连铸和轧钢之间的节奏差异，将紧凑的工艺流程体现得更加完美。通过此工程，也真正实践了循环经济和低碳、环保的绿色钢铁理念。加热炉技术规格参数见表5，工程效果图如图9、图10所示。

图9 京唐1580mm热轧高温炉效果图

图10 京唐1580mm热轧高温炉效果图

表5 京唐1580mm热轧高温硅钢炉技术规格参数

加热炉形式	大型板坯加热炉；长行程、出料机装、取料；汽化冷却
燃料介质	混合煤气，2000×4.18kJ/Nm³
供热方式	煤气预热、空气蓄热与预热结合，煤气预热温度≥250℃，空气蓄热温度≥1000℃
坯料规格	长尺:230mm×850~1650mm×9000~11000mm；短尺:4500~5300mm
烧嘴形式	上均热段上：平火焰烧嘴，下均热段上：调焰烧嘴，其余供热段：低NOₓ蓄热式烧嘴
加热钢种	碳素结构钢、锅炉及压力容器用钢、造船用钢、管线用钢、桥梁用钢、超微细晶粒等高强钢等
产量	冷装：300t/h；热装：380 t/h
加热炉尺寸	加热炉有效长44870mm；加热炉内宽11700mm

2.6 首钢精品棒材140t/h步进梁式加热炉

为满足不同钢种的加热工艺要求，采用两段步进梁式加热炉，即沿炉长方向在炉子靠出料端总炉长三分之一处将步进梁分为两段。当组织生产时，两段步进梁可采用相同步距，同步驱动；也可采用不同步距，各自单独动作，以用于更换不同的钢种和规格；采用炉内悬臂辊道侧进侧出，以减少散热损失、改善操作环境和实现紧凑布置。用行程可调的齐钢机将入炉钢坯推齐，并将其推至固定梁预定位置上；炉子加热段采用炉顶平焰烧嘴和炉侧调焰烧嘴供热，均热段采用炉顶平焰烧嘴和端部直焰烧嘴供热；在车间布置许可的条件下尽可能延长炉子并按节能炉型加热炉配置不供热的预热段（即所谓"余热回收段"），以充分利用高温烟气预热入炉的冷料，降低排烟温度。加热炉技术规格参数见表6，工程效果图如图11、图12所示。

图11 首钢精棒140t/h加热炉效果图

图12 首钢精棒140t/h加热炉效果图

表6 首钢精棒140t/h加热炉技术规格参数

加热炉形式	上下加热步进梁分段式加热炉；悬臂辊侧进侧出；汽化冷却
燃料介质	混合煤气，2000×4.18kJ/Nm³
供热方式	空气、煤气预热，空气预热温度≥500℃
坯料规格	160mm×160mm×10000mm，200mm×200mm×10000mm
烧嘴形式	均、加热段上部用平焰烧嘴，均、加热段下部用调焰烧嘴
加热钢种	优碳钢、合结钢、齿轮钢、弹簧钢、轴承钢等
产量	140t/h
加热炉尺寸	加热炉有效长28830mm；加热炉内宽10788mm

2.7 水钢精品棒材180t/h加热炉

该项目加热炉适应热装热送，适应快节奏，高自动化的要求，最终实现全自动出钢、单根出钢周期37秒以内，小时出钢数达到了97根，充分满足了快速轧制的要求。采用了新型国家发明专利技术——出料端自动排渣装置。加热炉技术规格参数见表7，工程效果图如图13、图14所示。

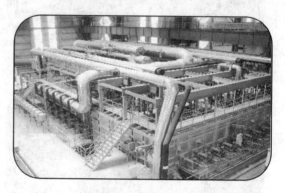

图13 水钢精棒180t/h加热炉效果图

图14 水钢精棒180t/h加热炉效果图

表7 水钢精棒180t/h加热炉技术规格参数

加热炉形式	悬臂辊道侧进侧出；水梁冷却方式：水冷
燃料介质	高焦转混合煤气，2200×4.18kJ/Nm³
供热方式	空气预热，预热温度≥500℃
坯料规格	150mm×150mm×12000mm
加热钢种	普碳钢、优质碳素结构钢及低合金钢等
产量	180t/h
加热炉尺寸	加热炉有效长24000mm；加热炉内宽12800mm

2.8 长钢精品棒材180t/h加热炉

首钢高强度机械制造用钢生产线加热炉的主要生产品种为轴承钢、弹簧钢以及其他合金钢种。该加热炉加热的钢坯断面尺寸较大，而且加热钢种多，钢坯加热温度控制要求高，采用两段步进梁式加热炉，即沿炉长方向在炉子靠出料端总炉长三分之一处将步进梁分为两段，以用于满足不同的钢种频繁变化的加热要求,采用空气单预、设置合理、简单及有效的炉型结构,配备先进、高效、可靠的电控及仪表控制系统。该加热炉于2005年8月投产,使用效果得到了业主的一致好评。加热炉技术规格参数见表8,工程效果图如图15、图16所示。

图15　长钢精棒180t/h加热炉效果图

图16　长钢精棒180t/h加热炉效果图

表8　长钢精棒180t/h加热炉技术规格参数

加热炉形式	棒材加热炉;侧进侧出;水冷
燃料介质	混合煤气,750×4.18kJ/Nm³
供热方式	空气、煤气双蓄热,空气、煤气预热温度≥1000℃
坯料规格	150mm×150mm×12000mm
烧嘴形式	全炉:上下组合蓄热式烧嘴
产量	180t/h
加热炉尺寸	加热炉有效长28000mm;加热炉内宽12644mm

3 轧钢步进式加热炉技术现状

　　加热炉作为轧钢厂中的重要热能设备,其功能主要把板坯加热成温度均匀的热坯,且能满足高质量轧制要求。1967年4月,由美国美兰德公司设计的第一座步进梁式加热炉问世,同年5月,由日本中外炉公司为日本名古屋钢铁厂设计的步进梁式加热炉正式投产。从此,确定了其在连续式加热炉的中流砥柱的地位,之后国内也纷纷研究设计或引

进步进梁式加热炉,随着钢铁企业的发展和产品质量的需求,步进式加热炉在很多新建轧钢厂安家落户。因为步进式炉与推钢式炉相比较具有许多优点,例如:加热灵活,炉长不受限制;在炉长一定的情况下,炉内钢坯数目可以改变;对于不利于推钢的细长坯料、圆棒、弯曲坯料等均可在步进式炉内加热;加热质量好,氧化烧损小、脱碳少;钢温比较均匀,一般没有划伤;操作方便,易与轧制节奏匹配;可以准确地控制炉内坯料的位置,便于实现自动化操作等。

　　20世纪70年代以后,步进炉开始逐步取代推钢式轧钢加热炉。从武钢1700mm到宝钢2050mm热轧加热炉的建成,标志着我国热轧加热炉进入到了大型或特大型的时代,这个时期的大型加热炉都是由国外引进的,加热炉的结构形式较传统。由于燃烧关键设备烧嘴的特性,采用的还是轴向加热,炉型复杂、操作环境恶劣。随着烧嘴技术的研发,火焰的长度逐渐加大,炉型曲线也向简单实用方向发展;蓄热式燃烧技术不断发展和成熟;采用水冷却,钢坯的"黑印"较大;耐热滑轨的材质、布置还都有局限性,钢坯的加热质量存在不足。钢坯热送热装技术越来越得到重视,长行程装钢机应运而生;步进机械轮距加大;步进梁的布置和间距越来越向节能方向发展;随着耐火材料行业的发展,加热炉的砌筑向着复合结构方向发展,逐步减小厚度并节能;汽化冷却技术逐渐成熟,继而代替水冷系统;加热炉的控制自动化水平越来越高。

　　近二十年来,近随着热工热能技术的发展,也随着机械、材料、控制技术的发展,当今世界的轧钢加热炉整体技术水平、装备水平、控制水平日益提升,国内许多加热炉已达到国际先进水平。本文中介绍的几台典型的加热炉,其技术、装备、控制水平均达到国内先进或国际先进水平。

　　当今轧钢步进式加热炉普遍具有如下主要新技术特点:

　　(1)采用热送热装技术。棒线材加热炉热装温度可达400~800℃;板坯加热炉的热装温度可达600~800℃;板坯加热炉的直接热装温度可达800~950℃直接装炉。

　　(2)设计节能型的加热炉炉型,配置不供热的预热段,以充分利用高温段烟气预热入炉的冷料,降低排烟温度。

　　(3)在加热炉烟道上设置空气预热器、煤气换热器,回收出炉烟气带走的热量,节约燃料,降低板坯的单位热耗。空气预热器是带插入件的金属管状预热器,预热温度约550℃、煤气换热器是高效

对流管状换热器，预热温度约300℃。

（4）采用蓄热式燃烧技术，实现了极限余热回收，空气和煤气均可以在燃烧前预热至1000℃以上，提高了余热利用率；降低能源消耗，同时保证了钢铁企业自产低热值煤气（高炉煤气、转炉煤气及混合煤气）的有效利用。

（5）炉底水梁和立柱采用优化设计，设计大跨度的炉底梁立柱结构，采取合理的支承梁及其立柱的配置，力求减少管底比，并采用双重绝热包扎，以减少冷却管的吸热损失和冷却水的用量。

（6）采用高合金的耐热垫块，双块"千鸟足"布置方式，以减少水管黑印，同时也达到了不因减小板坯断面温差而延长均热时间，从而达到减少了燃料消耗的目的。

（7）炉内支承梁及其立柱采用汽化冷却，利用汽化产生的高压蒸汽并网使用，以充分利用废热，降低生产成本。

（8）采取高温耐火可塑料整体捣制的炉顶和复合层炉墙结构，保证加热炉有较长的使用寿命。同时，加强加热炉砌体的绝热，减少散热损失。

（9）合理配置加热炉两侧窥视孔、操作炉门及检修炉门，结构设计做到开启灵活，关闭严密，减少炉气外逸和冷风吸入造成的热损失。

（10）加热炉采用二级燃烧、低NO_x调焰烧嘴，火焰无明显高温区，温度场均匀。

（11）烧嘴间拔控制。除均热段外，其余各个供热段每个烧嘴均可实现间拔控制，燃烧控制系统根据热负荷的变化情况，通、断工作烧嘴数量，保证每个烧嘴在额定工况工作，烧嘴火焰特性好，炉内温度场更均匀，提高坯料加热质量。

（12）配备完善的基础自动化控制系统和二级控制系统，自动化程度高。确保严格的空燃比和合理的炉压等控制，实现了全自动化控制，实现了燃耗降低到最小的最佳化控制。

4 轧钢步进式加热炉发展趋势

4.1 大型化

随着轧钢技术的发展，以最大限度地节约能源、降低生产成本、提高产品质量、减少投资等问题成为人们关注和研究的重点。轧机大型化、高速化也对加热炉提出了大型化的要求，主要表现在加热炉加热能力大大提高，以适应轧机生产产量。

对于高速线材生产线，随着轧机轧制速度的提高，加热炉产量由100t/h向120t/h或更高发展。如水钢公司高速线材厂生产线120t/h步进式加热炉，

有效尺寸为20m×12m；对于两线或四线轧制生产线，加热炉产量已到200~220t/h或更高，如首钢第三高速线材厂生产线220t/h步进式加热炉，有效尺寸为28m×16m。

对于棒材生产线，随着切分轧制技术的发展，加热炉产量由150t/h向180t/h或更高发展。如水钢公司棒材厂生产线180t/h步进式加热炉，有效尺寸为24m×12m；长钢公司棒材厂生产线180t/h步进式加热炉，有效尺寸为28m×12m。

对于热轧宽带钢生产线，随着轧机新技术的发展和卷重的提高，加热炉产量多为200t/h以上。如宝钢公司2050mm热轧生产线4台350t/h步进式加热炉，有效尺寸为50m×12m；迁钢公司2160mm热轧生产线4台250t/h步进式加热炉，有效尺寸为40.6m×10.5m；迁钢公司1580mm热轧生产线4台270t/h步进式加热炉，有效尺寸为43.6m×10.5m；京唐公司2250mm热轧生产线4台350t/h步进式加热炉，有效尺寸为50.9m×11m；京唐公司1580mm热轧生产线4台300t/h步进式加热炉，有效尺寸为44.87m×11m。

4.2 高效化

轧钢加热炉的高效化主要体现在节能降耗，提高加热炉效率方面。轧钢生产线炉区平面布置的合理与否直接影响生产操作以及工艺的连续性，加热炉炉型的选择直接关系到板坯加热质量的好坏，燃烧系统和自动化控制直接关系。

4.2.1 热装热送

热装热送是轧钢系统最应推广的节能技术，每提高入炉钢坯温度100℃，可以降低加热炉燃耗约$8×10^4$kJ/t，降低轧钢工序能耗2.7kgce/t。热装热送技术的节能效果的重要参数是热装热送率和热装温度。采用一般热送热装工艺时可节能30%，采用直接热送热装工艺可节能60%，再采用直接轧制工艺时可节能70%~80%。采用热送热装可提高加热炉产量，缩短加热时间，减少钢坯氧化烧损，降低建设投资和生产成本，同时可提高产品质量和成材率。加热炉要适应炼钢—连铸—连轧短流程工艺要求，灵活适用热装热送，缩短钢坯在炉时间，降低氧化烧损，要从工艺要求、炉型结构、燃烧系统、仪表及电气自动控制系统等方面综合考虑。

对于棒线材生产线热送热装，加热炉要考虑如下特点：

（1）钢坯入炉温度高，一般在500℃左右，高的能达到约800℃。这样需要更好的调节控制炉温，在加热炉的入料炉门外都设置钢坯温度检测装置，

实现钢坯入炉温度跟踪；入炉钢坯氧化铁皮多，需要在入炉端悬臂辊道下设置排渣装置。

（2）由于连铸线与轧线的节奏不匹配，在连续热送热装过程中，加热炉内会出现装钢空位，这样需要设置分段式步进梁。

（3）热送热装对炼钢、连铸、轧线这三者之间的流程管理、在线物料跟踪都提出了很高的要求，要求自动化程度高、物流管理控制严格。

长钢公司棒材厂生产线、水钢公司棒材厂生产线、水钢公司高速线材厂生产线均实现了热装热送，其效果良好。水钢棒材和高速线材生产线与转炉炼钢厂的连铸机成一定夹角相邻，分别采用了输送辊道组合成带弧形弯的热送线，实现了转炉炼钢厂的连铸机与棒线材轧机的直接对接，从而实现了热送热装。虽然热送线比较长，但是钢坯到达加热炉入料炉门前的平均温度达到了700℃。

对于热轧带钢生产线热送热装，加热炉要考虑如下特点：

（1）适应热送热装，生产灵活，可以最大限度地提高热装率，容易调节在最佳状态下运行，降低燃料消耗，可确保轧机的机时产量。

（2）设置专门用于直接热装的加热炉。可以避免冷、热钢坯混合装炉，便于 CCR 、HCR 、DHCR 分别装炉，可将订货合同集约化以便组织大批量的热装生产。

（3）采用长行程装钢机装料。可以调节加热炉产量和出钢节奏，使加热炉起到了匹配连铸—热轧节奏和缓冲生产的作用，生产组织灵活。

（4）烧嘴的调节比大。由于热装，加热炉的热负荷波动较大，所以配备了调节比较大的烧嘴。

（5）烟气余热的高回收率。特别是对于直接热装的加热炉，炉尾排烟一般为850~1000℃，因此应充分考虑烟气余热的回收利用。

（6）自动化控制水平高。不但加热炉热工控制水平高，而且加热炉的过程控制水平也高，以保证炼钢—连铸—热轧生产一体化管理的实现。

迁钢2160mm热轧生产线、迁钢1580mm热轧生产线、京唐2250mm热轧生产线、京唐1580mm热轧生产线均实现了热装热送，其效果良好。尤其是京唐2250mm热轧生产线热装温度达850℃以上，热装率达80%以上。

4.2.2 高效蓄热式燃烧技术

蓄热式燃烧技术是一项燃料燃烧领域新技术，集高效节能和低污染排放两大显著优点于一体，受到世界科学界和工业界的广泛关注。近年在我国推广、应用迅速，是国内目前普遍推广的环保节能新技术。蓄热式燃烧技术对比传统加热技术实现了余热极限回收，空气和煤气均可以在燃烧前预热至1000℃以上，提高了热能利用率，降低能源消耗，同时保证了钢铁企业自产低热值煤气（高炉煤气、转炉煤气及混合煤气）的有效利用。在能源紧张，高热值煤气不足，燃料价格不断上涨的严峻形式下，大力开发和应用蓄热式燃烧技术成为迫切的需要。

蓄热式燃烧装置由三个主要部件组成：蓄热式烧嘴、蓄热体和换向阀。蓄热体起蓄热和放热作用，当高温炉气通过蓄热体时，蓄热体吸收高温烟气的热量，并把热量蓄积起来。换向后，低温气体通过蓄热体时，蓄热体放热，把热量传给低温气体，使之预热至高温。

作为蓄热燃烧系统核心装置之一的蓄热体，对其性能有较高的要求，即其透热深度要小(壁薄)、比表面积要大、材料的比热容要大、导热系数要高、耐热震及抗氧化性要高以及高温耐压强度要高等。

迁钢1580mm热轧生产线、京唐2250mm热轧生产线、京唐1580mm热轧生产线、水钢棒材生产线均采用了蓄热式燃烧技术，使用效果良好。

4.2.3 数字化脉冲燃烧技术

脉冲燃烧控制采用的是一种间断燃烧的方式，使用脉宽调制技术，通过调节燃烧时间的占空比（通断比）实现加热炉的温度控制。燃料流量可通过压力调整预先设定，烧嘴一旦工作，就处于满负荷状态，保证烧嘴燃烧时的燃气出口速度不变。当需要升温时，烧嘴燃烧时间加长，间断时间减小；需要降温时，烧嘴燃烧时间减小，间断时间加长。

脉冲燃烧控制的主要优点为：

（1）传热效率高，大大降低能耗；

（2）可提高炉内温度场的均匀性；

（3）无需在线调整，即可实现燃烧气氛的精确控制；

（4）可提高烧嘴的负荷调节比；

（5）系统简单可靠，造价低；

（6）减少 NO_x 的生成。

4.2.4 汽化冷却技术

加热炉步进梁的冷却方式经历了由工业水直流敞开循环到强制循环汽化冷却，实现了软水闭路循环，这一演进过程体现了冷却技术的发展。汽化冷却系统由两大部分组成：循环系统和给水除氧系统。由于其采用经化学处理的除氧软水为冷却介质，排除了水管中结垢的可能性；大幅提高水温并利用水的汽化潜热，其产生的蒸汽可以二次利用，降低了加热炉能耗且减少了水的消耗，提高了炉子的热效率和延长了水梁的寿命，使加热炉生产的经济性大为提高。

4.3 高质量

提高加热炉产品的加热炉质量，需要从如下几个方面深入研究：

（1）加热炉进一步研究适应品种钢的加热制度。以满足精品钢、特殊钢、电工钢加热制度为目标，深入研究各个钢种的加热工艺和温度制度，有些品种不适合热装热送，导致热装热送率低，这也是目前轧钢工序能耗提高的主要因素。为此，要研究哪些品种适合热装，哪些品种不合适热装，可热装热送的合适温度为多少；要研究加热炉出钢温度、各段加热温度和加热时间等参数是加热制度的关键参数，不同品种加热时间和加热制度的研究，实现品种钢加热制度的优化。

（2）提高钢坯加热均匀性。从加热工艺、炉型、燃烧系统、燃烧装置等方面意见表优化。

（3）减少氧化烧损。影响氧化烧损的主要因素有钢坯加热时间、出钢温度和炉内氧气氛。须进一步研究各因素与氧化烧损量的关系，通过优化操作技术将氧化烧损降至最低。

4.4 低污染

要降低加热炉的污染，须从以下几方面着手：

（1）加热炉进一步节能减排，实现燃料消耗最小化，即可达到污染排放最小化；

（2）加热炉进一步开展低 NO_x 烧嘴的研制和推广应用；

（3）减少噪声，特别是做好减低鼓风机噪声和采取好消音措施。

4.5 自动化

随着加热炉生产工艺的不断完善和优化以及加热炉生产工业自动化水平的提高和计算机技术应用的不断普及，随着钢铁工业的大型化和自动化技术的发展；深入研究轧钢加热炉热过程的控制及应用计算机技术实现优化烧钢的计算机控制，不论从轧钢生产过程节能降耗、提高产品质量和产量方面看，还是从轧钢加热炉在钢铁工业生产中的地位看，都有着十分重要的现实意义：

（1）进一步研究和推广应用燃烧控制系统，其功能主要包括常规燃烧控制、蓄热式烧嘴换向控制、间拔控制、数字脉冲控制、解耦控制、模糊控制等；炉膛压力控制、煤气流量前馈控制、自学习控制、预测控制；汽化冷却系统汽包水位控制等。

（2）进一步研究和推广应用过程控制计算机系统，其功能主要包括：轧制计划数据处理；钢坯核对、跟踪及跟踪修正（入口侧板坯跟踪、炉内板坯位置跟踪、出炉侧板坯跟踪、炉内板坯位置修正）、加热炉设定（装钢机设定、出钢机设定、步进梁运转设定、加热炉炉温设定、待轧设定、停炉设定）；数学模型、班管理、报表系统、人机接口（L2 HMI）、系统间通信等。

迁钢 1580 加热炉燃烧控制采用 DCS 系统，集中控制、所有的函数以及过程变量之间的关系采用连续功能块模式，控制系统采用双冗余控制方式，系统更为安全可靠、操作简便、调试维护方便，对其蓄热式燃烧系统进行了有效控制，使用效果十分理想。

4.6 人性化

加热炉的人性化体现在以下几方面：

（1）加热炉平面布置、设备布局合理，实现物流顺畅、操作维修方便，使炉区从上到下都有一个宽敞、通风、人性化的生产、操作、维护环境。

（2）简约的炉型结构。随着加热炉烧嘴技术以及燃烧控制技术的发展，加热炉炉型结构由传统轴向供热的曲线炉型过渡到侧向供热的简约箱型结构，烧嘴操作区环境温度大幅度降低，加热炉造价显著降低。

（3）人性化 HMI 操作界面。随着加热炉控制技术的发展，不但在控制系统的功能进行了完善和优化，在操作界面上把美术、艺术等文化元素融入到 HMI 操作画面上，使操作画面更加美观、丰富。

（4）智能化控制系统。加热炉控制系统由传统一级基础自动化系统已经发展到二级计算机过程控制时代，实现无人值守智能烧钢，自动生产报表，对生产过程中出现的报警信号，在自动声光报警的同时，自动弹出故障处理方案，供维护专家进行决策。

（5）自动出渣。在板带生产线加热炉设计时，水封槽端头直接伸到上料冲渣沟，从水封槽刮出来的干渣直接刮到上料冲渣沟；在棒、线材生产线加热炉设计时，在出料端溜槽下方设置自动水冲渣装置，将坯料出炉过程中产生的钢渣，集中收集，然后冲到出料端轧线渣沟内。加热炉设计采用自动出渣方式，实现车间钢渣集中回收，实现集约化管理，降低工人劳动强度。

（6）一键式点火。传统加热炉设计点火烘炉多采用木材加柴油或烘炉管手动点火方式，点火程序不规范，没有自动连锁功能，容易出现大的人员伤亡和设备损伤，这在一些钢厂加热炉点火过程中屡有发生，而加热炉采用"一键式点火"方式，所有点火必备条件进行自动连锁，一旦点火过程中某一条件没有达到设定值条件，点火控制程序自动切断煤气管路，同时自动启动 N_2 吹扫系统，确保系统安全可靠，只有当所有点火烘炉必备条件满足，点火控制安装按照拟定好的逻辑进行逐一控制，实现"一键式"自动点火。

4.7　新炉型及综合节能

随着轧钢加热炉技术发展，不但在加热炉炉型结构、燃烧器、燃烧控制技术、余热回收技术等方面取得了重大的技术突破，与此同时在加热工艺制度以及方法上有了重大的突破，具体体现在以下几个方面：

（1）电磁感应加热技术。传统生产高牌号取向硅钢加热工艺路线是，取向硅钢坯料以 ≥250℃热装温度进行热装，然后在专门的高温硅钢加热炉内进行加热，加热到约 1380℃出炉，在炉时间一般在 5h 以上，坯料在 1400℃高温段内均热 2h 以上，坯料在炉内氧化烧损率在 4%以上，此时产生大量的液态渣，加热炉运行一段时间就因为钢渣的堆积不得不停炉清渣，影响产量，20 世纪 90 年代，随着在线液态出渣高温硅钢加热炉引进到我国，虽然加热炉周期加热量由 5000t 提高到 10000t，但是高温硅钢加热炉存在建设成本高、氧化烧损率高、加热质量差、产品性能不稳定、停炉清渣量大、耐火材料损耗大、作业率低等一系列难题。随着科研技术水平的进步，在日本三菱株式会社率先研发电磁感应加热技术生产高牌号取向硅钢，取得巨大的成功，2009 年国内的首钢、武钢开始引进此项技术，目前已经投入使用。电磁感应工艺路线是，坯料取向硅钢坯料以 ≥250℃热装温度热装进入传统常规加热炉加热到 1200℃后出炉，经高压水除鳞以及粗轧 R1 轧制一道次后温度降到约 1100℃，然后离线装入设置在粗轧 R1 和 R2 之间电磁感应炉内加热到约 1380℃出炉，然后出炉进入轧机进行轧制，坯料在充满 N_2 保护性气氛中加热，整个加热时间约 50min，由此可见采用电磁感应加热炉技术生产取向硅钢由以下几个优点：

1）坯料以 1200℃出炉，因此加热炉炉区无需专门设置造价昂贵在线液态出渣高温硅钢加热炉；

2）坯料在 N_2 氛围中加热，在高温段停炉时间大幅降低，因此坯料氧化烧损率由 4%以上降到 1%以下；

3）出炉坯料温度均匀性好，晶相组织好，产品质量能够提高两个等级，同时轧制时边裂小，成材率高；

4）由于加热炉区无需设置在线液态出渣高温硅钢加热炉，因此耐火材料的消耗量、停炉清渣量大幅降低，加热炉作业率提高 1 倍，有显著的经济效益和社会效益。

（2）综合节能技术的研发和应用。随着加热炉节能技术发展，新建或改造加热炉项目其节能技术的选择已经成为一个全新的课题。节能技术的选择必须考虑工艺及燃料条件、加热钢种以及质量要求、操作维护、使用寿命、一次性投资成本、运行和维护费用等诸多因素，目前钢厂综合节能技术主要体现在以下几点：

1）高预热温度空、煤气双预热技术+余热锅炉技术。一般在旧有加热炉的改造项目上受炉区操作维护空间的限制，一般采用空气预热 550℃，煤气预热到 300℃，在煤气预热器后设置余热锅炉产生蒸汽供厂区其他用户使用，最终烟气以 150℃排到大气，实现烟气余热极限回收。

2）富氧燃烧技术。在众多节能技术中，富氧燃烧由于能够提高加热炉的产量、降低燃料的燃点、提高火焰的辐射加热能力、减少排烟量等优点，得到了节能工作者的大力推荐，但是由于氧气资源、钢的氧化烧损、技术经济和 NO_x 等方面的原因，目前还没有在工业炉上广泛应用。

3）多晶纤维模块+辐射高温涂料技术。随着陶瓷纤维材料的技术进步，出现了温度等级在 1600℃的多晶陶瓷纤维，粘贴在加热炉耐火层表面，大幅降低炉体热损失，同时在其表面喷涂辐射高温涂料技术，提高坯料综合传热系数，强化加热，缩短坯料在炉时间，有显著的节能效果。

4）全热滑块技术。采用全热滑块，以减少钢坯黑印，同时达到不因减少断面温差而延长均热时间，从而减少了燃料消耗。

5　结论

在国家节能、钢铁产业结构调整、淘汰落后产能的政策引导下，近年来我国轧钢技术发展很快，新建或改造的轧钢生产线不断增加，轧钢加热炉朝着大型化、高效化、长寿命、节能环保、智能化、人性化、新炉型等方向发展，具体体现在：

（1）向大型化、集约化发展；

（2）步进炉、蓄热炉替代推钢炉；

（3）汽化冷却替代水冷技术；

（4）热装热送技术普遍应用；

（5）新技术、新材料得到应用；

（6）控制技术向更加智能化、最佳化过程计算控制方向发展。

参考文献

[1] 陈迪安, 苗为人. 250t/h 步进梁式加热炉间拔燃烧控制技术[J]. 工业炉, 2007, 29(5): 18~20.

[2] 陈迪安, 苗为人. 首钢 250t/h 步进梁式加热炉燃烧控制技术[J]. 冶金能源, 2007, 26(5): 59~62.

[3] 李春生, 苗为人. 首钢迁钢 2160 热轧加热炉工程设计[J]. 冶金能源, 2007, 26(6): 35~38.

[4] 陈迪安, 高文葆. 大型蓄热式步进梁式板坯加热炉技术在首钢迁钢 1580mm 热轧工程中的研究和应用[N]. 世界金属导报, 2011-08-09(8).

[5] 陈迪安, 高文葆. 首钢迁钢 1580mm 热轧工程步进梁式加热炉技术方案优化分析与选择[N]. 世界金属导报, 2011-07-26(8).

[6] 张延平. 迁钢公司热轧板坯加热炉温度均匀性测试研究[J]. 首钢科技, 2009, 2: 18~22.

[7] 秦建超, 陈玉龙. 蓄热式烧嘴在宝钢 2050 热轧 2 号加热炉的应用[C]. 蓄热式高温空气燃烧技术论文集, 2009, 1(1): 301~309.

➤ **工业炉工程专项技术**

大型在线液态出渣高温硅钢加热炉设计研究和应用

陈迪安[1] 李春生[1] 苗为人[1] 余 威[2] 刘志民[2]

(1. 北京首钢国际工程技术有限公司，北京 100043;
2. 首钢迁安钢铁有限责任公司，迁安 064404)

摘 要：蓄热式燃烧技术具有高效、节能的优点，但将蓄热燃烧技术应用于加热高牌号取向硅钢大型在线液态出渣高温硅钢加热炉还没有先例，高温硅钢加热炉作为热轧硅钢生产线上高能耗设备，其燃烧系统的选择和确定已成为一个新的课题，加热炉供热方式的选择必须考虑工艺、燃料条件、加热钢种以及质量要求、操作维护、使用寿命、一次性投资成本、运行和维护费用等诸多因素。本文详细介绍迁钢 1580mm 热轧生产线高温硅钢加热炉先进炉型结构、蓄热和预热组合式燃烧技术、在线液态排渣技术、蓄热排烟系统"抽吸比"控制技术、蓄热烧嘴低负荷时序"间拔"控制等综合技术，不但提高了钢坯加热质量、降低了燃料消耗和污染物排放，同时高温硅钢加热炉周期加热量由 5000t 提高到 11000t。

关键词：蓄热式燃烧；抽吸比；在线液态排渣；"间拔"控制技术

Large-scale Online Liquid Slag Design Study and Application of High Temperature Silicon Steel Furnace

Chen Di'an[1] Li Chunsheng[1] Miao Weiren[1] Yu Wei[2] Liu Zhimin[2]

(1. Beijing Shougang International Engineering Technology Co., Ltd., Beijing 100043;
2. Shougang Qian'an Iron and Steel Co., Ltd., Qian'an 064404)

Abstract: Regenerative combustion technology has high efficiency, energy-saving advantages, but which is applied to a large online liquid high-grade oriented silicon steel heating furnace is no precedent, high temperature silicon steel heating furnace as hot-rolled silicon steel production line with high energy consumption equipment, combustion system selection and determination has become a new topic ,the furnace heating mode selection process, fuel conditions, heating steels and quality requirements, operation and maintenance, service life, the one-time investment costs, operation and maintenance costs, and many other factors must be considered. This paper describes Qiangang 1580mm HSM production line of high-temperature silicon steel heating furnace the the advanced furnace structure, regenerative and preheat modular combustion technology, online exhaust slagging technology, regenerative exhaust system suction than control technology, regenerative burner low load timing "pull" control and other integrated technologies, not only to improve the quality of billet heating, reduce fuel consumption and pollutant emissions, while the high-temperature silicon steel heating furnace cycles plus heat is from 5000t to 11000t.

Key words: regenerative combustion; suction than; online slagging; "thinned out" control technology

1 引言

随着钢铁行业的快速发展，提高产品质量，利用钢铁企业现有附产煤气、节约能源、保护环境已成共识。蓄热高温燃烧技术作为一种选择，越来越得到广泛的应用。蓄热式燃烧技术具有高效、节能的优点，其 NOx 的排放得到有效控制，能较大限度的回收利用钢铁企业附产煤气和降低轧钢加热工序能耗，减少企业附产煤气的放散和 NOx 的排放，从而减少环境污染。在日本、美国及欧洲等发达国家已得到广泛应用，在我国蓄热燃烧技术在小型的棒材、线材加热炉和钢包烘烤炉上已经得到了大量应用，将蓄热燃烧技术应用于加热高牌号取向硅钢大型在线液态出渣高温硅钢加热炉还是一个全新的课题。日本钢管公司（NKK）于 1996 年在福山制铁所第一热轧车间 3 号加热炉上把蓄热燃烧技术全面应用于大型连续加热炉，在世界上首次解决了低 NOx 燃烧和节能之间的矛盾。在我国新建热轧带钢硅钢生产线，在线液态出渣大型高温硅钢板坯加热炉作为生产线上高能耗设备，其燃烧系统的选择和确定已成为一个新的课题，加热炉供热方式的选择必须考虑工艺、燃料条件、加热钢种以及质量要求、操作维护、使用寿命、一次性投资成本、运行和维护费用等诸多因素。大型板坯高温硅钢加热炉由于其具有的高炉温、大型化、自动化等特点，在全面应用蓄热燃烧技术时，必须解决一些关键技术的问题，主要包括：

（1）就高温硅钢加热炉高炉温特性，如何应用蓄热式燃烧技术；

（2）高温硅钢加热炉的炉型和蓄热烧嘴的最佳化布置；

（3）高温硅钢加热炉如何提高周期加热量；

（4）蓄热烧嘴燃烧和排烟两种工作状态下，能量流的平衡；

（5）炉膛压力控制难度大，效果不太理想；

（6）蓄热体寿命短，炉子检修频率高。

因此，在迁钢 1580mm 热轧硅钢生产线高温硅钢加热炉必须研究开发应用新的技术，应用好蓄热式燃烧技术同时，必须保证高温硅钢加热炉高效、顺行、低耗、长寿命运行。

2　工艺概述

首钢迁安钢铁有限责任公司配套完善 2 号热轧硅钢生产线年产热轧钢卷为 280 万吨/年，其中取向硅钢产量为 20 万吨/年，为满足加热的需要，车间设置 2 座 270t/h 低温蓄热加热炉和 2 座 150t/h 高温硅钢加热炉，其中低温蓄热加热炉只能加热低温出炉板坯，如碳素钢、低合金钢、耐候钢、高牌号无取向硅钢等，也能加热低温出炉的取向硅钢；高温硅钢加热炉用于加热高温出炉板坯（取向硅钢如 HIB 和高温出炉的 CGO），但也能加热低温出炉板

坯（如碳素钢等）。为保证硅钢≥150℃的温装要求，在板坯库设 9 座保温炉存放硅钢坯。

3　高温硅钢炉的特性研究

取向硅钢要求出炉温度高到约 1400℃，板坯加热到 1400℃时会出现两种现象，一是板坯出现蠕变弯曲；二是产生大量液态渣。基于以上特点，高温硅钢加热炉设计上采取如下措施满足取向硅钢加热的要求：

（1）由于硅钢高温下强度低，在加热炉水梁布置、垫块大小等方面均采取了优化设计，保证板坯悬臂小，垫块压痕小。炉内高温段水梁间距不大于 900mm，悬臂量控制在 150～350mm，适应硅钢的加热。

（2）加热炉设备能达到最高设定温度 1430℃，炉内耐火炉衬的设计按照最大设定温度 1450℃考虑，这样既能保证机械强度又能达到良好的绝热性能，同时又有良好的抗渣性能。

（3）采用液态出渣系统，实现在线最大限度地出渣，使硅钢连续生产周期较长，提高周期加热量。

（4）取向硅钢钢坯入炉时，采用无间隙装钢工艺，防止钢坯高温段坯料上表面液态氧化铁流到水梁以及立柱，形成结瘤，坯料在炉内步进过程中跑偏增大，影响步进机械正常运行。

（5）高温段活动梁立柱设计成"伞"形保护结构，防止坯料下表面产生的液态渣顺着立柱下流，在活动梁立柱炉底开孔处结瘤，影响步进机械正常运行。

4　加热炉燃烧系统方案研究

随着加热炉燃烧技术的发展，大型在线液态出渣高温硅钢加热炉燃烧系统的选择和确定已成为一个新的课题，加热炉供热方式的选择必须考虑工艺及燃料条件、加热钢种以及质量要求、操作维护、使用寿命、一次性投资成本、运行和维护费用等诸多因素，迁钢 1580mm 热轧高温硅钢加热炉最终蓄热和预热组合式余热回收技术，是基于实际煤气条件、取向硅钢的炉温制度以及工程一次性投资费用等，确保燃烧技术的先进性、可靠性以及合理性。

4.1　几种燃烧方式计算数据比较

不同燃烧方式节能差别主要体现在排烟损失上，通过一些基本理论计算数据，可以更清楚地看出几种燃烧方式的差别，以下是计算的一些基础条件。

煤气热值：11300kJ/Nm³；

炉膛温度：1280℃；

炉尾温度：700℃（蓄热），800℃（常规）；

炉温系数：0.7；

空气过剩系数：1.05；

1250℃时钢的平均热焓：854kJ/kg。

由此可以得出各种情况下炉子的理论炉温、排烟温度、排烟损失以及单位热耗等理论计算数据，详见表1。

表1　几种燃烧方式的计算数据比较

序号	空气预热方式	煤气预热方式	空气预热温度/℃	煤气预热温度/℃	理论炉温/℃	排烟温度/℃	排烟损失/%	单位热耗/GJ·t⁻¹
1	换热器	不预热	550	0	1358	400	21	1.40
2	换热器	换热器	550	300	1424	350	17	1.33
3	蓄热式	不预热	1000	0	1547	329	16.7	1.32
4	蓄热式	换热器	1000	300	1607	200	12.25	1.21
5	蓄热式	蓄热式	1000	1000	1811	150	7.8	1.14

4.2　煤气预热方式的选择

结合迁钢的煤气条件，空气采用蓄热方式已成为共识，从表1中的数据也不难看出，需要选择只在煤气的预热方式上，煤气采用蓄热式的单耗是最低的，但存在以下几方面问题：

（1）加热炉入炉高牌号取向硅钢，由于其导热系数较小、低温塑性较差，只有当温度达到600℃以上时钢的塑性和强度才会提高，所以必须防止600℃以下由于加热速度太快而造成的热应力内裂或断裂，预热段炉气温度在600~800℃之间。因此加热炉必须设置一定长度预热段，一部分烟气在预热段对硅钢坯料进行低温缓慢加热，因此采用双蓄热燃烧方式不合适。

（2）燃烧系统复杂，对换向阀的要求更高，故障率相对提高，而且，煤气系统上设备故障的处理需要停炉作业，对生产影响更大。

（3）由于煤气呈还原性气氛，烟气中的 Fe_2O_3 飞屑会被还原成 FeO，更容易与蓄热体耐火材料黏结，影响正常使用。

（4）工程一次性投资和操作维护费用更高，操作维护量大，且不方便。

由此可见，在迁钢1580mm热轧工程高温硅钢加热炉建设，考虑其加热钢种特殊性、系统复杂性和可靠性以及燃料的节约性，煤气采用换热器预热方式更为合适。

4.3　高温硅钢炉炉型结构设计研究和应用

首钢迁钢 1580mm 热轧高温硅钢加热炉的设计，根据当前国家的环保政策要求、国内高温硅钢加热炉炉型的发展方向以及在运行维护过程中的存在的问题，研发如下炉型结构：

（1）采用端部装料和端部出料方式。

（2）二加下和均热下采用侧向低 NO_x 调焰烧嘴，二加上和均热段上采用平焰烧嘴供热，炉膛高度低，形成温度均匀的辐射面，炉温均匀，炉膛升温快，板坯加热质量好，火焰不直接冲刷炉料，其余供热段采用低 NO_x 蓄热烧嘴侧向供热，氧化烧率低。具体布置见表2。

表2　高温硅钢加热炉炉型结构和烧嘴配置

项目	均热段	二加热段	一加热段	预热段	火封段
上部供热	平焰烧嘴辐射供热	平焰烧嘴辐射供热	蓄热烧嘴侧向供热	蓄热烧嘴侧向供热	
下部供热	调焰烧嘴侧向供热	调焰烧嘴侧向供热	蓄热烧嘴侧向供热	蓄热烧嘴侧向供热	平焰烧嘴辐射供热

（3）为了适应硅钢加热，均热段下部炉膛高度高，同时为实施液态出渣技术，均热下全部采用大调节比、低 NO_x 调焰烧嘴供热。在烧嘴设计方面采用新技术，确保炉宽方向的炉温均匀，同时有效降低了燃烧产物中 NO_x 的含量，改善了环境条件。

（4）二加下、均热段下部设置液态出渣系统，炉底两侧分别设置6个液体出渣口，在每个出渣口的端部使用火封烧嘴来保证液态渣在渣口通道内不会凝固，液态渣流出后，经粒化装置粒化，落入粒化槽，最后通过冲渣水冲入出炉辊道下的铁皮沟内。

（5）全炉设 8+1=9 个供热段进行炉温自动控制：预热段上、下，一加上、下，二加上、下，均热段上、下以及火封供热段。

（6）在热回收段与预热段之间、预热段与一加之间、一加与二加之间设有底部隔墙，炉顶设置压下结构，将炉膛分割成室状结构，对炉内烟气进行扼流，以改善炉内传热和温度的分区控制。

（7）加热炉排烟系统采用蓄热排烟管道+炉尾烟道组合式，在加热炉各段蓄热排烟管和常规炉尾烟道上设置排烟调节阀，对炉内压力进行自动控制，同时炉压在线进行自学习控制，确保炉内微正压操作，减少板坯氧化烧损。

4.4　燃烧系统设计研究和应用

传统高温硅钢加热炉在燃烧技术普遍采用传统空、煤气双预热或空气单预热的余热回收技术，由于取向硅钢钢坯的出炉温度在 1380±10℃，燃料的发热值必须 ≥11700kJ/m³，才能保证坯料出钢温度。根据硅钢加热炉炉温制度、炉型特点以及先进燃烧技术适用性，在迁钢 1580mm 热轧高温硅钢加热炉采用空气单蓄热和预热以及煤气预热的组合式余热回收技术，虽然蓄热式燃烧技术在节能环保方面较传统的燃烧技术有无法比拟的技术优势，那么为什么第二加热段和均热段采取传统双预热燃烧技术而不采用蓄热式燃烧技术？主要基于以下几点考虑：

（1）高温硅钢加热炉第二加热段和均热段炉温达到 1400℃，由于烟气温度特高，蓄热箱体保温层必须设计的特别厚，保温层砌筑也由原先的金属锚固件改为高铝锚固砖锚固，箱体特别大，造价高；

（2）市场上也很难采购到能在 1400℃工况下连续工作的蓄热体；

（3）由于蓄热烧嘴体积庞大，占用炉外大量空间，因此在二加下和均热下布置不下液态排渣装置。

4.5　煤气预热、空气蓄热和预热组合式余热回收的加热方法

大型在线液态出渣高温硅钢板坯加热炉采用煤气预热、空气蓄热和预热组合式余热回收的加热方法，实现了在高温硅钢加热炉上采用蓄热燃烧技术，充分回收废气余热，有显著的节能效果，并大大降低了污染气体的排放，具有巨大的经济效益、环境效益和社会效益。其主要工艺流程如下：

加热所需板坯在入炉辊道上自动定位完毕后由装钢机托起板坯送入加热炉内，并根据板坯宽度自动控制装钢机的行程，使装入炉内的板坯与炉内前一块板坯保持 0mm(无间隙装钢)间隔。炉内步进梁通过上升→前进→下降→后退的循环运动，将板坯一步一步向前输送，板坯经过热回收段、各个加热段和均热段完成加热和均热过程，在这一过程中加热炉二级计算机控制系统根据从数据库调入的该板坯的原始数据自动生成加热工艺，自动设定和控制各段炉温，使板

坯到达出料端时加热到轧制工艺要求的温度。板坯到达由激光检测器控制的出钢位置后，托出机将其托出，放在出炉辊道上，然后由辊道输送到除鳞机进行除鳞，除鳞后送入轧机进行轧制。

其中板坯具体在炉内加热过程内容如下：

板坯通过步进梁由入炉端向出炉端步进，在步进过程中通过热回收段、预热段、第一加热段、第二加热段和均热段，根据各钢种加热工艺要求对每个加热段的加热温度进行控温，各段温度控制范围[1]见表3。

表 3　高温硅钢加热炉炉温控制范围　　（℃）

均热段	第二加热段	第一加热段	预热段
1150~1400	1200~1400	1150~1350	950~1250

根据取向硅钢加热工艺要求对每个加热段的加热温度进行控温，其中，预热段和第一加热段按炉膛实际温度控制投入相应的加热段的蓄热式烧嘴数量，自动燃烧系统将根据加热工艺要求的温度自动控制调节空气、煤气、烟气支管调节阀门，每个加热段对应有混合煤气支管、供风支管和排烟支管，通过调节支管上的调节阀实现混合煤气与供风的配比后（按流量计所测空气与煤气流量进行调配），送至蓄热式烧嘴前，选择各段蓄热式烧嘴投入后，助燃空气通过蓄热烧嘴的蓄热室被蓄热至 1000~1100℃后进入加热内，与预热的热煤气混合燃烧，实现板坯的加热，燃烧后产生的废气通过引风机的抽吸，烟气经由蓄热体时热量被吸收，从高温降至约 150℃，通过调节供风支管和排烟支管上的调节阀实现排烟烟气与供风的配比后（即抽吸比），烟气通过排烟管送至烟囱排出，加热炉两侧蓄热式烧嘴交替燃烧、排烟完成整个加热过程；另外，第二加热段、均热段和火封烧嘴段在加热高温出炉的取向硅钢期间，1400℃排烟温度以及炉两侧需要布置液态出渣口，不具备布置蓄热烧嘴条件，因此采用常规的空、煤气双预热模式。此部分供热段根据加热工艺要求的温度自动控制调节空气、煤气支管调节阀门，每个供热段对应有混合煤气支管、供风支管，通过调节支管上的调节阀实现混合煤气与供风的配比后（即空燃比），送至低 NO_x 调焰烧嘴前，实现板坯加热和液态出渣，燃烧产生的烟气通过炉尾烟道送至烟囱，排烟温度在 300℃，整个加热炉综合排烟温度在 200℃。

4.6　蓄热燃烧系统炉压、排烟温度控制策略研究和应用

近年来蓄热式燃烧技术在国内冶金行业得到广泛应用，在应用过程中表现最为突出三个问题[4,5]：

（1）炉压控制不稳定，炉压偏高，炉体门洞冒

火现象比较严重；

（2）排烟温度偏高或偏低，排烟温度不均匀；

（3）蓄热排烟系统自动化投入不进去，处于远距离手操状态。

以上三种现象出现，其实就是在蓄热燃烧系统中能量流没有实现平衡自动控制。由于蓄热燃烧管路系统复杂，占地面积和空间比较大，在各段排烟管道没有相应直管段长度满足设置流量孔板要求，因此各段排烟流量控制是由设在排烟管道上热电偶提供信号，如果在换向周期内如果排烟温度高了，各段排烟调节阀自动调小，但此时蓄热燃烧系统为保护排烟系统设备，自动执行超温强制换向，流量调节阀调节是否合适？只有等下一个换向周期检验，如果在换向周期内，各段排烟调节阀阀位开度偏小，各个段排烟温度偏低，容易造成"露点"腐蚀，影响排烟系统管道和设备的使用寿命，换向周期结束后，各段排烟调节阀自动调大，以适应下一个换向周期排烟温度控制要求。从以上控制调节阀控制策略来看，排烟温度偏高或偏低时，调节阀调节量大小反馈信号严重滞后，炉尾副烟道闸板根据炉压信号不断调节炉压，整个系统始终处于动荡无序状态，导致炉压高、波动范围大等上述现象，所以现在多数蓄热式加热炉排烟系统自动投入不进去，一致处于远距离手操状态。其实，蓄热燃烧系统从表象上看是温度平衡对应关系，蓄热燃烧系统整个燃烧和排烟过程其实是燃烧介质、蓄热体、烟气通过换向阀控制实现能量的传递，而燃烧介质、烟气本身有其热物理特性，那么不难看出蓄热燃烧系统的平衡关系是流量平衡关系。

迁钢 1580mm 热轧工程高温硅钢加热炉蓄热排烟控制系统上研发"抽吸比"控制技术，所谓"抽吸比"就是经过蓄热箱烟气量与进入蓄热箱燃烧介质量的比值，即各个供热段排烟管道上也设置流量孔板计量蓄热排烟量，"抽吸比"乘以各个供热段燃烧介质的计量值得出各个供热段排烟管道排烟量调节值。在排烟系统加入"抽吸比"控制参数后，蓄热排烟系统排烟量处于实时动态可控状态，燃料燃烧产生的富裕烟气通过炉尾副烟道闸板进行自动调节。同时蓄热烧嘴采用全分散时序换向，避免集中换向过程中炉压波动大。开发应用蓄热烧嘴全分散时序换向和"抽吸比"控制方法，解决上述几个问题。

4.7 时序"间拔"燃烧控制技术

蓄热烧嘴由于其功率相对较大，调节比小，没有配备中心风，因此在其低负荷工作时，其喷口速度非常低，火焰刚性差，燃气从喷口出来后沿炉墙上飘，导致出炉坯料温度温差大。采用时序"间拔"燃烧控制技术，根据加热炉热负荷情况相应切断各个供热段部分烧嘴，为避免各个供热段长度方向温度梯度过大以及保温待轧期间局部高温，各个供热段切断烧嘴位置按照预先设定好的模式进行时序"间拔"切换。图 1 所示为本项目时序"间拔"燃烧控制画面。

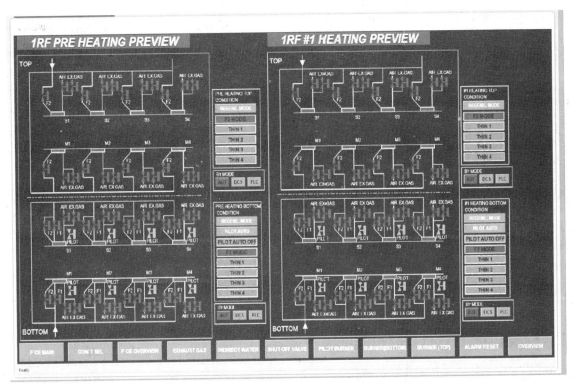

图 1　时序"间拔"燃烧控制画面

4.8 蓄热室堵塞甚至板结研究

在实际生产中，蓄热室的使用寿命直接影响到加热能力的发挥，严重时甚至导致停产。从国内多台加热炉现场问题分析和处理结果来看，蓄热室堵塞甚至板结现象产生主要有以下三个原因：

（1）煤气洁净度不够，含灰尘、焦油、水分以及杂质比较多；

（2）操作中排烟超温和蓄热室的二次燃烧现象发生；

（3）蓄热体材料理化指标差。

在迁钢 1580mm 热轧高温硅钢加热炉蓄热式燃烧技术应用上我们开发和应用如下技术措施避免上述现象发生：

（1）厂区供给加热炉煤气必须进行除尘、干燥，含尘量控制在 10mg/Nm³ 以下[2]；

（2）采用时序"间拔"燃烧控制技术、煤气热值在线检测技术以及各个供热段单独设置残氧分析仪，每个供热段单独实时进行"空燃比"自动修正，确保蓄热烧嘴的火焰刚性以及弱氧化性气氛，蓄热烧嘴超温时，采取强制换向控制技术，避免操作中排烟超温和蓄热室二次燃烧现象发生；

（3）采用含 $Al_2O_3 \geqslant 99\%$ 高铝蓄热球，其耐高温、低蠕变、抗渣侵以及热震稳定性能好。

设计开发应用以上三项技术后，蓄热室堵塞以及板结问题得到很好解决，图 2 所示为加热炉投产 1 年后，打开蓄热箱时蓄热球状态，从图中可以看出，蓄热球没有堵塞和板结现象，也没有蓄热球碎裂现象，只有上表层有轻微的灰尘，清洗一下可以装回蓄热箱继续使用。

图 2　投产 1 年后蓄热箱内小球状态

5　在线液态出渣系统设计研究和应用

取向硅钢板坯的加热工艺要求在炉时间长，加热炉高温段炉温高达 1380~1400℃，因此板坯表面的氧化铁皮易在炉内熔化成液态钢渣，生产一段时间当炉内钢渣达到一定量后，需要停炉进行人工入炉出渣，一般把前后两次停炉出渣期间炉子加热的板坯总量称为"周期轧制量"，以此来衡量硅钢加热炉的生产水平。武钢 1700 热轧厂 3 号加热炉是 20 世纪 70 年代从日本引进的，没有液态出渣装置，炉内有效容积只能容纳 5000t 左右取向硅钢板坯加热时产生的液体钢渣，即周期轧制量为 5000t[3]，这严重制约了热轧厂取向硅钢产量的提高。因此，在迁钢 1580 热轧 3 号高温硅钢加热炉设计采用在线液态排渣方式，在炉子加热段、均热段两侧侧墙底部设液态粒化出渣口、火封烧嘴等装置，进行在线液态出渣。液态出渣量占总渣量的 50%，其余在停炉后进行干出渣。

高温硅钢加热炉采用在线液态出渣方式有如下技术优势：

（1）既满足了硅钢加热，又减少了停炉检修次数，增加了生产时间，提高了高温加热炉的生产作业率，加热炉周期轧制量由 5000t 增加到 11000t，提高加热炉年加热能力；

（2）由于周期轧制量增加，降低了加热炉每次停炉降温、清渣、升温次数，降低燃料消耗，降低工人劳动强度，同时便于大规模生产组织；

（3）新增在线液态出渣系统形式简单、操作和检修方便、清渣容易。

6　结论

迁钢 1580mm 热轧生产线高温硅钢加热炉采用蓄热和预热组合式余热回收加热技术、在线液态排渣技术、蓄热排烟系统"抽吸比"控制技术、蓄热烧嘴低负荷时序"间拔"控制技术、三流股宽火焰超低 NO_x 蓄热烧嘴技术、煤气热值在线检测和分段残氧在线检测等综合技术，燃料节约率下降 14.7%，坯料出炉温度均匀性以及黑印温差明显改善，坯料在炉内氧化烧损率下降 0.2%，NO_x 排放量下降 50%，同时高温硅钢加热炉周期加热量由 5000t 提高到 11000t，取向硅钢产量提高 1 倍。在目前钢铁生产成本不断攀升的条件下，为企业创造了巨大的经济效益和显著的社会效益、环境效益。经过两年多的生产实践表明迁钢 1580mm 热轧生产线高温硅钢加热炉的整体技术工艺水平、装备水平、自动化控制水平达到国际先进水平。

迁钢 1580mm 热轧生产线在线液态排渣高温硅钢加热炉整体设计理念先进，工艺布局合理，对我国在线液态排渣高温硅钢加热炉综合技术应用提供借鉴，成为我国新建或改造在线液态排渣高温硅钢加热炉的典范和样板，具有较高的推广应用价值和广阔的推广应用前景。

参考文献

[1] 刘炤嵩. 取向硅钢加热工艺的改进[J]. 技术进步, 1986, 3(2): 38~39.

[2] 宋玲. 取向硅钢加热炉炉温偏低的原因分析和解决措施[J]. 武钢技术, 2004, 42(6): 9~11.

[3] 张茂杰. 硅钢加热炉新增液态出渣装置[J]. 轧钢, 2005, 8: 64~65.

[4] 孙艳萍. 蓄热式燃烧技术的工业应用[C]. 蓄热式高温空气燃烧技术论文集, 2008, 3(2): 280~283.

[5] 秦建超, 陈玉龙. 蓄热式烧嘴在宝钢2050热轧2号加热炉的应用[C]. 蓄热式高温空气燃烧技术论文集, 2009, 1(1): 301~309.

首钢迁钢取向硅钢高温环形退火炉工艺及技术

江 波　李春生　苗为人　解长举　蹇军强　王惠家　李洪斌

(北京首钢国际工程技术有限公司，北京 100043)

摘 要：本文介绍了取向硅钢在高温环形退火炉中的退火工艺，对取向硅钢高温环形炉的构成做了详细的介绍，并对其部分技术特点做了阐述。

关键词：取向硅钢；环形炉；氮氢保护；退火

Shougang Qiangang Annealing Furnace Process and Technology of Oriented Silicon Steel

Jiang Bo　Li Chunsheng　Miao Weiren　Xie Changju
Jian Junqiang　Wang Huijia　Li Hongbin

(Beijing Shougang International Engineering Technology Co., Ltd., Beijing 100043)

Abstract：This paper introduces the high temperature annealing process of oriented silicon steel, makes a detailed introduction to the composition of the high temperature rotary annealing furnace, and describes some technical characteristics of the rotary annealing furnace.

Key words：oriented silicon steel; rotary annealing furnace; N_2/H_2 atmosphere; annealing

1 引言

取向硅钢是电力、电子工业中不可缺少的重要软磁功能材料,具有高磁感、低铁损特性。其由于生产工艺复杂、制造技术严格、制造工序长和影响性能因素多,一直是钢铁工业中的顶尖产品 ,更被誉为"特钢艺术品"。在当今世界,伴随中国大规模的电力建设,国内取向硅钢市场广阔,同时对高性能取向硅钢的开发越来越迫切。而更高磁感、更低铁损一直以来都是取向硅钢生产的追求和目标[1]。

2 取向硅钢高温退火工艺

取向硅钢在涂 MgO 隔离层后需要进行高温退火，该高温退火工艺是获得低铁损、高磁感的重要环节。在升温过程中完成二次再结晶。高温退火时，钢中的（110）[001]晶粒发生异常长大吞食其他位向晶粒，使钢带具有单一（110）[001]位向的二次

再结晶组织[2]。同时高温退火也是表面处理过程，高温退火时 MgO 和 SiO_2 反应形成以 Mg_2SiO_4 为主的硅酸镁底层。

在高温退火阶段二次晶粒吞并残留的初次晶粒，使二次再结晶进一步完善，该阶段使用纯氢气氛，露点为–40℃左右，在二次再结晶完善的同时，进行脱硫和脱氮，净化钢质[3]。反应式为：$H_2+S=H_2S$，$2N+3H_2=2NH_3$。对于取向硅钢，一般高温退火的加热冷却曲线如图 1 所示。

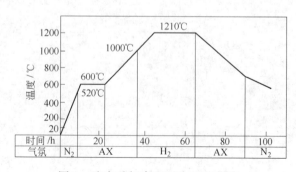

图 1　取向硅钢高温退火工艺曲线

3 取向硅钢高温环形退火炉

根据首钢总公司和迁钢公司的决定，为完成普通取向硅钢与高磁感取向硅钢的高温退火，迁钢冷轧建造两座高温硅钢环形退火炉（SRAF-1，SRAF-2）。高温硅钢环形退火炉装备水平高，技术难度大，工艺繁杂，两座环形炉的顺利投产，为打造首钢国际工程公司的高温硅钢环形退火炉品牌，进一步开拓国内外市场奠定了基础。

3.1 高温环形退火炉概况

首钢迁钢环形炉如图2所示，该环形炉中径为46.4m，外径为60m，能同时处理100卷带钢，台车分为50排，每排堆放2卷进行退火。单炉加热能力最大为11.27t/h。该高温环形炉上接DCL热处理工艺，下接FCL热处理工艺，是整个取向工艺处理中的重中之重。环形炉采用全世界最顶级的热处理工艺对取向硅钢进行退火处理，在全H₂状态下，退火温度达1250℃以上。该种环形炉优化了连续退火与环形炉炉型及工艺，使得取向硅钢在罩式连续退火成为现实，全世界范围内也仅有几家大型钢厂具备这种生产能力。

3.2 高温环形炉结构

迁钢高温环形退火炉炉体为轻型化结构，其断面图如图3所示。沿圆周方面共计分为加热保温段、冷却段，从入料炉门开始起，分别为预热段、保温段、冷却段，其结构分别如下。

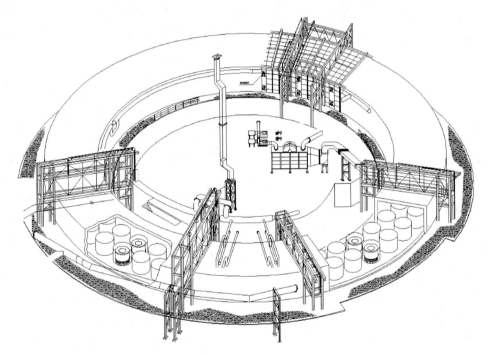

图2 高温环形退火炉总图

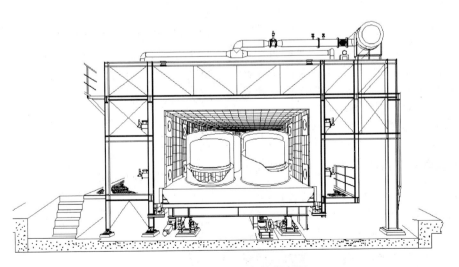

图3 高温环形退火炉断面图

预热与保温段：保护气氛为 Ax 气体。燃烧系统分成 5 个回路进行单独控制。烧嘴安装在炉墙的上部和下部，共安装 24 套，采用热空气型高速烧嘴。

二加与均热段：保护气氛为 Ax 与 H_2 气体。燃烧系统分 20 个单独控制回路。烧嘴安装在炉墙的上部和下部，共 76 套，采用空气高速烧嘴。

冷却段：保证取向硅钢从二次结晶退火温度逐渐冷却到所需出炉温度。该冷却区区域由 4 个独立的冷却区组成，保护气氛逐渐由 H_2 过渡到 N_2，在该冷却区域中间设置两个单独的中间门 B、C 门，采用 4 台冷却风机进行间接与直接冷却，保证钢卷较低的出炉温度。

环形炉炉体耐火材料主要由纤维类制品组成，上部台车耐火材料为特制高强度砖组成。炉体耐火材料由 1430℃的陶瓷纤维毯构成高温区工作面，1260℃陶瓷纤维毯应用于低温区与冷却区工作面。上部台车由 3 部分组成，最下层为底板耐火材料区，由纤维毯与硅钙板组成，中间层为耐火浇注料，最上层由莫来石高强度砖构成，耐火材料砌筑最上层表面平整度要求±1mm。

3.3 高温环形炉机械

环形炉台车由钢结构组成，能承受大载荷及热膨胀，按照上下台车分体结构设计。上部覆盖有耐火材料，采用双结构波纹钢板来阻挡内部气体泄漏。台车上面钢卷支撑和钢卷上料台均进行了特殊设计，台车可承载总重 4600 t。整个台车由内外 200 支撑辊支撑。上部台车由钢结构和耐火材料整体烘烤而成。整个台车采用液压驱动系统，共 4 套液压缸进行同步驱动。台车运行控制精度为±10mm 以内。

3.4 高温环形炉保护气氛供应

利用 4C 区域的开放空间，保护气体（N_2、H_2）通过环形炉中心送到旋转臂，通过旋转臂送至移动小车、耦合接头处，经环形炉炉底环形集管送至 50 组控制阀台。当更换 N_2/H_2 时，它们需在 50 组独立阀台内进行切换，再通过阀台与炉台之间的管道送至每个独立的炉台内。

3.5 高温环形炉电气及自控系统

环形炉供配电由 110kV 变电站提供 2 路 10kV 电源。10kV 高压配电系统保护与控制采用变电站微机综合保护系统。设计算机终端站一台，集保护、控制、监测于一体，并在 CRT 画面上可随时监控高压系统

的运行情况，以确保整个电力系统的可靠运行。

自控系统采用二级自动化进行控制。由 DCS 级和过程自动化 L2 级组成。基础自动化级控制系统由工程师站、操作员站、控制站、网络连接装置及打印机组成。过程自动化级控制系统由服务器、操作员站组成。DCS 控制系统，主要完成生产全过程的数据采集和初步处理，数据显示和记录，数据设定和生产操作，执行对生产过程的连续调节控制和逻辑顺序控制。

4 技术特点

（1）该环形炉为明火加热的高温退火炉，同时采用内罩将钢卷和火焰隔离，使保护气体在内罩内循环，而不泄漏，需要极高的制作及安装精度。

（2）台车耐火材料的处理，在充分考虑到耐火材料强度和隔热效果上，台车耐火材料的处理上采用比较复杂也比较有效的制作方法和分层处理。

（3）采用的特殊处理，可以满足台车在受热情况下的热膨胀，该炉在整个运行过程中，钢卷以中心轴为圆心在台车上进行圆周运动，台车以液压装置为驱动，并能准确的控制台车的运行速度和精度。并且在出现事故时，台车可以反向旋转。

（4）在保护气的密封处理上，采用砂封，同时采用辉光加热器来进一步的防止保护气体的泄漏。

（5）用先进的自动化控制，控制内罩中的气氛和保护气的量，来完成钢卷的退火处理，从而提高了退火效率。

（6）由于该环形炉设备直径大，变形大，制作及安装困难，为了不影响热态下环形炉变形不平衡，特在台车下部安装膨胀装置，并且对框架进行退火及预装配处理，保证各向安装精度控制在±15mm。

5 结论

迁钢冷轧工程环形炉项目目前已经投产运行，并于今年 7 月成功生产出高磁感取向 HiB 钢，截至目前，运行状况良好，各项指标均达到或优于设计指标。

参考文献

[1] 夏强强，李莉娟，程启杰，等. 取向硅钢生产工艺研究进展[J]. 材料导报，2010. 3(24): 85~86.

[2] 赵宇，何忠治. 取向硅钢二次再结晶机理研究的进展[J]. 钢铁研究学报，1991. 3(4): 79~80.

[3] [日] 板仓昭. 氮化铝在取向硅钢二次再结晶中的作用[C]. 2006 年第九届全国电工钢专业学术年会译文集，大连，2006.

首钢迁钢 2160 热轧加热炉工程设计

陈迪安[1]　李春生[1]　苗为人[1]　刘文田[1]　余　威[2]　刘志民[2]

(1. 北京首钢国际工程技术有限公司,北京 100043;

2.首钢迁钢公司热轧分厂,迁安 064404)

摘　要：热轧车间炉区平面布置的合理与否直接影响生产操作以及工艺的连续性,而加热炉炉型的选择直接关系到板坯加热质量的好坏。本文重点介绍具有 2160 热轧加热炉平面布置和炉型设计,以及其如何很好适应热装热送的装料制度。

关键词：热装热送；炉型；余热回收；燃料消耗；间拔控制技术

Project Design of the 2160 Rolling Mill in Shougang

Chen Di'an[1]　Li Chunsheng[1]　Miao Weiren[1]　Liu Wentian[1]　Yu Wei[2]　Liu Zhimin[2]

(1. Beijing Shougang International Engineering Technology Co., Ltd., Beijing 100043;

2. Shougang Qian'an Iron and Steel Company, Qian'an 064404)

Abstract：Whether hot rolling workshop stove area plane arrangement is reasonable or not, influence directly production operation as well as craft continuity, but choice of the heating furnact type relates directly the slab heating quality. This article introduces particularly the heating furnace plane arrangement and the heating furnace design of the 2160 rolling mill, as well as how to adapt the hot charge and delivery system.

Key words：the hot charge and hot delivery; the heating furnace type; the recycling of remaining heat; the consumption of fuel; the control technology of interval cutting off

1 引言

首钢迁钢 2160 热轧项目主要生产普碳钢、优质碳素钢、低合金钢、API-5L 管线钢等品种带钢卷。为适应炼钢—连铸—连轧短流程工艺要求,我们在炉区设置 3 台炉长相对较短的加热炉,灵活适应热装热送,缩短钢坯在炉时间,降低氧化烧损。

同类宽度板带加热炉为保证板坯长度方向的温度均匀性均设置纵向烧嘴供热,2160 热轧加热炉是国内继上钢一厂 1780 热轧加热炉后不设纵向烧嘴供热的厂家。为满足集中批量轧制和混合轧制生产的需要,加热炉需要经常转换生产模式,既有 DHCR→CCR→DHCR(直接热装→冷装→直接热装)、HCR→CCR→HCR(间接热装→冷装→间接热装)不同装钢模式的转换,又有双相钢、高强合金钢及碳钢等不同钢种加热的转换。因此,每座加热炉具有加热冷装坯料和不同入炉温度的热坯的工艺特点。

2 平面布置

在加热炉平面布置设计中,我们在总结经验的基础上,借鉴其他生产厂家的经验教训,使 2160 热轧加热炉炉区布局合理、物流顺畅、操作维修方便,使炉区从上到下都有一个宽敞、通风、人性化的生产操作环境。首钢迁钢 2160 热轧车间布置采用了代表现代钢铁生产工艺流程的炼钢—连铸—热轧工序三位一体的紧凑式布置。2 台连铸机板坯输出辊道和热轧轧制线及加热炉装炉辊道直接相连接,为实现高水平的热装生产（HCR）和直接热装生产（DHCR）,进而实现直接轧制（HDR）创造了良好的前提条件。

2.1 适应热装、生产灵活

（1）设置 3 台步进式加热炉，适应热送热装，生产灵活，可以最大限度地提高热装率，容易调节在最佳状态下运行，降低燃料消耗，可确保轧机的机时产量。

（2）设置专门用于直接热装的加热炉。可以避免冷、热钢坯混合装炉，便于 CCR 、HCR 、DHCR 分别装炉，可将订货合同集约化以便组织大批量的热装生产。

（3）采用长行程装钢机装料。可以调节加热炉产量和出钢节奏，使加热炉起到了匹配连铸—热轧节奏和缓冲生产的作用，生产组织灵活。

（4）采用烧嘴间拔控制技术。由于热装，加热炉的热负荷波动较大，采用烧嘴间拔控制技术使烧嘴在高负荷范围内工作，烧嘴喷出速度快，对炉膛烟气引射作用强烈，保证了炉宽方向温度均匀性。

（5）烟气余热的高回收率。采用空、煤气双预热，把空气预热到 550℃，煤气预热到 300℃，最大限度回收烟气余热。

（6）自动化控制水平高。不但加热炉热工控制水平高，而且加热炉的过程控制水平也高，以保证炼钢—连铸—热轧生产一体化管理的实现。

2.2 长行程装钢机

加热炉的装料方式是采用长行程装钢机装料，其主要功能为：

（1）采用 8m 长行程装料机，装钢臂行程可满足不同板坯的 3~5 个空位的要求，确保板坯直接热装操作，使加热炉具有一定的生产缓冲能力，起到匹配连铸—轧机生产能力的作用；

（2）采用长行程装料机，板坯在加热炉内得到缓冲的同时，板坯温度不会降低，可以避免加热炉供热制度的波动；

（3）采用长行程装料机，在直接热装时，缩短板坯在炉时间，提高产品质量；

（4）采用长行程装料机，在装钢时可以起到板坯纠偏的作用，当板坯停止位置相对于入炉辊道有偏斜时，启动纠偏机构纠偏之后，装钢臂升起，托起板坯，将其送入炉内近位或远位。

2.3 排烟系统

加热炉采用下排烟，即炉内燃烧生成物自炉尾侧下部的分烟道进入空气预热器、煤气预热器和烟道闸板后，在汇总经过总烟道引至车间外烟囱排出，烟囱出口直径为 5.2m，高度为 90m，采用两台加热炉共用一座烟囱的排烟方式，这套排烟系统具有以下优点：

（1）炉顶设备少，空、煤气换热器等大型设备没有占炉顶吊装检修空间；

（2）加热炉区厂房跟轧线厂房高度一致，投资费用低；

（3）操作检修空间大；

（4）不需要设置专门的炉顶设备吊装天车；

（5）车间采光通风好；

（6）炉子外观美观；

（7）采用两台炉子共用一座烟囱减少厂区烟囱数量，降低建烟囱的投资。

2.4 排渣系统

加热炉炉内掉进水封槽的氧化铁皮经过炉底刮渣爪，刮到加热炉的装料端。目前国内大型步进梁式加热炉水封槽出渣方式主要有以下三种：

（1）鞍钢 1780 加热炉装料端地下室设置集渣漏斗，通过水封槽刮出的渣，直接刮到渣斗，生产操作每班次清渣一次，正常生产各班清渣量大。

（2）梅钢 1422 加热炉在炉尾沿炉宽方向设置一个渣槽，从水封槽刮出来的渣全部落到这个渣槽里面，然后采用冲渣水把渣槽的渣冲到加热炉出料侧冲渣沟内。

（3）宝钢 1580 加热炉在水封槽下面设置皮带运输机，通过运输机运到炉子端头的渣斗里面。在实际生产过程中，采用刮渣机在分段处刮渣的，故障比较多，结构复杂。武钢 2250 加热炉水封槽出渣方式尽管简单，但受上料侧渣沟标高限制。

以上三种排渣方式存在排渣系统复杂、排渣劳动强度大等缺点，2160 热轧加热炉排渣系统设计采用在加热炉装料端渣沟侧壁上直接开洞，水封槽里面集的渣直接通过刮渣爪刮到料冲渣沟，然后通过冲渣水直接冲到漩流井，正常生产零清渣量，降低劳动强度。

2.5 余热回收系统

2160mm 热轧加热炉采用空、煤气双预热，通过加热炉炉尾排出热烟气，将助燃空气预热到 550℃，混合煤气预热到 300℃，最大限度回收烟气余热，提高加热炉燃料利用率。对于热空气和热煤气管道，根据管径的不同，分别采用内衬或外包扎的新型绝热结构，以减少热气体在输送过程中的散热损失，改善操作环境。

加热炉水梁立柱采用汽化冷却，炉底水梁及立柱采用汽化冷却具有以下优点：

（1）延长冷却构件寿命，减少加热炉事故；

（2）节约冷却水量，降低加热炉能耗；

（3）有效回收余热，产生的蒸汽可供使用；

（4）事故水塔容量小。

3 炉体设计

3.1 炉型选择

加热炉是用于轧前加热的全烧混合煤气的、带有汽化冷却装置、具有大调节比、低 NO_x 烧嘴、高效预热装置的步进梁式板坯连续加热炉。

加热炉为端部装、出料，均热段上采用全平焰炉顶，其余供热段采用两侧调焰烧嘴的炉型结构，具体结构如图 1 所示。

加热炉供热分第一加热段、第二加热段和均热段，每段分上部和下部供热，共六个炉温自动控制段。此外，在装料端还有一个不供热的预热段，在预热段和第一加热段之间设有炉顶压下和底部隔墙，对炉内烟气进行扰流，以改善预热段的传热。

第一加热段、第二加热段和均热段之间设底部和顶部隔墙，以便于分段调节炉温及炉压，并保证板坯上下加热的均匀性及炉宽方向炉温的均匀性。

加热炉采用下排烟。

3.2 加热炉的供热

混合煤气平火焰烧嘴使用在均热段炉顶。采用煤气平火焰烧嘴可使炉内的温度场、热流场、压力场分布均匀，炉气和炉顶的辐射能力强，钢坯加热质量好，减少氧化烧损，而且可降低炉膛空间，减少炉体投资，减少炉体热损失。在均热段采用平焰燃烧技术，可有效调整板坯在长度方向的温度均匀性，减少头尾温差对轧制质量的影响。

混合煤气侧向调焰烧嘴，带中心风，低 NO_x 型——使用在下均热段、上、下加热段侧向供热。带中心风、低 NO_x 型调焰烧嘴按分段燃烧法原理进行设计，是为了延长燃烧过程，降低火焰温度的高峰，以便减少 NO_x 的生成量。其中心风约占 3%~5%，

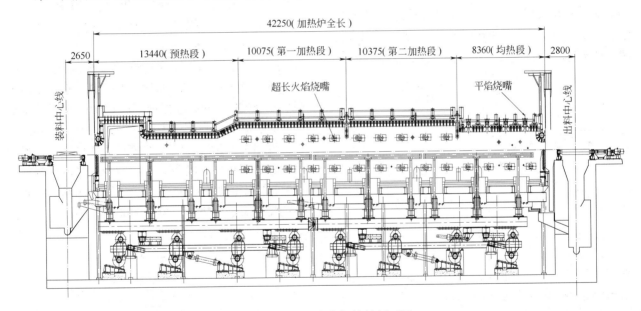

图 1　2160mm 热轧加热炉剖面图

一次风约占 20%~30%，二次风约占 80%~70%，通过调节调焰烧嘴火焰调节阀改变一次风与二次风比例来调节火焰长度。由于中心风技术的应用，烧嘴在低负荷工作时，既可以保证火焰长度和刚度，也可以得到最低的 NO_x 生产量。此次步进加热炉设计的侧部供热采用上面介绍的带中心风的低氧化氮调焰烧嘴。这在炉宽加大的情况下有利于板坯在加热过程中沿炉宽方向上的温度均匀性。

3.3 多晶莫来石贴面块和高温节能涂料的应用

为了减少加热炉工作过程中炉体散热损失，在加热炉耐火层内侧粘贴耐高温的多晶贴面块。高温

节能涂料是今年来国际上出现的一种新型节能材料，它比一般的远红外涂料更具有使用价值和经济价值。在轧钢加热炉内应用该涂料，在多晶莫来石贴面块表面形成一层致密的保护层，提高多晶莫来石的抗冲刷能力，提高炉壁的辐射系数，强化加热炉热交换，从而缩短钢坯加热时间，节约燃料消耗、延长炉子使用寿命。

3.4 水梁立柱、垫块及水封槽

3.4.1 水梁、立柱

水梁和立柱是炉内主要承重构件，由 20g 厚壁无缝钢管制成。水梁由两根圆形无缝钢管组成：立

柱为无缝钢管制成的双层套管。水梁与立柱通过三通接头连接在一起，并使立柱在加热炉工作状况下保持与水梁的垂直。

加热炉设有 4 根活动梁和 4 根固定梁（均热段5 根），支承梁的配置和断面的选择既是根据布料要求，避免热钢坯在双支点之间的垂度或单支点支撑时悬臂外伸的垂度不超过规定，又使钢坯两端不会撞在纵梁上而配置的。纵向支承梁用厚壁无缝钢管制作，由于采用大间距立柱，纵向支承梁采用双水管结构，用双层绝热包扎。

水梁和立柱是用无缝钢管制作的双层套管，水梁和立柱均采用汽化冷却。

水梁和立柱采用刚性焊接结构连接，立柱在安装时要考虑到纵向梁受热时的膨胀量，以使其在加热炉工作状态下保持与纵向梁的垂直受力。根据近年来的国外经验,在立柱根部做成可调的结构，便于安装时调节纵梁的水平标高。

为了减轻板坯下部与支承梁接触处的"黑印"，固定、活动梁在第二加热段和均热段交界处采用错开布置，前后不在一条直线上，具体结构如图 2 所示。

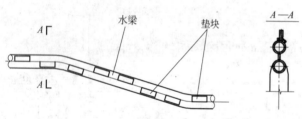

图 2 步进梁交错处水梁以及垫块布置图

3.4.2 垫块

垫块材质和结构根据不同加热区域而不同，高度不一，材质不一。在均热段和第二加热段，为有效消除黑印，垫块高度较高（100mm），垫块承受温度高，使用耐热性较好，材质为 Co50 垫块；在第一加热段垫块承受温度相应较低，采用材质为 Co20高度为 75mm 垫块；在预热段，垫块高度为 75mm，采用材质为 ZGCr25Ni20 垫块。

为减少黑印温差，提高板坯加热质量，垫块在水梁顶部采用"千鸟足"布置，详细结构如图 2 所示。

3.4.3 水封槽及刮渣机构

步进梁的立柱穿过炉底并固定在平移框架上。为了使活动立柱与炉底开孔处密封，在每列活动梁下部设有 1 条水封槽，并固定在平移框架上。

少量炉内板坯加热生成的氧化铁皮经炉底开口部进入水封槽，随步进梁的运动被固定在炉底钢结构上的刮板送至装料端的冲渣沟。

4 间拔控制技术

本次加热炉设计下部供热采用侧向烧嘴供热，为了解决加热炉在低负荷生产时保证炉宽方向的温度均匀性，我们采用侧烧嘴间拔控制技术，并在首钢迁钢热轧项目 250t/h 步进梁式加热炉得到了成功应用，并取得了良好的使用效果。

间拔燃烧控制采用的是一种间断切断侧部烧嘴燃烧方式，使用流量控制技术，根据加热炉二级控制模型最佳化控制模式，来设定加热炉各供热段的温度，加热炉一级基础自动化仪表系统根据二级温度设定值调节各段空、煤气流量。当加热炉低产时，各控制段需要的空、煤气流量相应降低，为了保证烧嘴火焰外形不变，因此各控制段需要切断部分烧嘴，各控制段侧部烧嘴需要间拔数量见式（1）：

$$n = \text{int}\left(n_1 - \frac{V_{段}/2}{V_{烧嘴}} \right) \qquad (1)$$

式中　　n——各控制段每侧要切断烧嘴数量；

n_1——各控制段每侧烧嘴数量；

$V_段$——各控制段流量；

$V_{烧嘴}$——侧烧嘴最大燃烧能力体积流量。

通过式（1）可知，烧嘴一旦工作，就处于高负荷状态(50%~100%)，保证烧嘴燃烧时火焰长度最长、最稳定，保证出炉板坯炉宽方向的温度均匀性。当需要增加产量时，需要的燃料消耗量增大，因此侧部需要间拔的烧嘴数量相应减少；当需要减小产量时，需要的燃料消耗量减少，因此侧部需要间拔的烧嘴数量相应增加。控制图如图 3 所示。

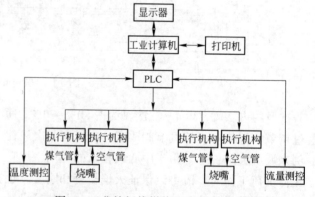

图 3 工业炉间拔燃烧温度控制示意图

间拔燃烧控制的主要优点为：

（1）传热效率高，大大降低能耗；

（2）可提高炉宽方向温度场的均匀性；

（3）通过在线调整实现炉内燃烧气氛的精确控制；

（4）可提高烧嘴的负荷调节比；

（5）系统简单可靠，造价低；

（6） 减少 NO_x 的生成；

（7） 通过间拔加热段烧嘴数量，控制不供热的热回收段的长度，尤其适应不锈钢加热工艺的需要，并有效回收烟气余热。

5 结论

2160 热轧加热炉炉区的平面布置能够灵活适应轧机、连铸的工作特性，起到连接连铸和轧机的纽带作用。加热炉采用不设纵向烧嘴供热，而采用平焰烧嘴和全侧向烧嘴供热方式，完全满足其复杂、多变加热工艺的要求。其独特的燃烧控制技术，在保证加热质量的同时，改善了操作环境，提高了加热效率，降低了混合煤气消耗。

参考文献

[1] 池桂兴. 工业炉节能技术[M]. 北京: 冶金工业出版社, 1994.
[2] 陆钟武. 火焰炉[M]. 北京: 冶金工业出版社, 1995.
[3] 王秉铨. 工业炉设计手册[M]. 北京: 机械工业出版社, 1996.
[4] 钢铁厂工业炉设计参考资料（上册）[M]. 北京: 冶金工业出版社, 1977.
[5] 钢铁厂工业炉设计参考资料（下册）[M]. 北京: 冶金工业出版社, 1977.

（原文发表于《冶金能源》2007 年第 6 期）

首钢京唐钢铁厂 2250mm 热轧工程步进式
加热炉设计特点

刘学民　苗为人

（北京首钢国际工程技术有限公司，北京 100043）

摘　要：特大型热轧加热炉区的平面布置和炉型选择是影响热轧车间布置和生产操作的关键，加热炉的烧嘴选型和供热分配是影响钢坯加热质量和节能的关键。重点介绍 2250mm 热轧工程加热炉的平面布置和炉型结构设计，以及烧嘴选型和供热分配，新技术应用和节能措施。

关键词：炉型结构；平面布置；供热分配；新技术应用；节能措施

Design Characteristics of the 2250mm Walking Beam Furnace at Rolling Mill in Shougang Jingtang Steel Plant

Liu Xuemin　Miao Weiren

(Beijing Shougang International Engineering Technology Co., Ltd., Beijing 100043)

Abstract：The plane disposal and furnace type choice of the oversize hot rolling workshop area, influence the rolling workshop arrangement and operation directly; the choice of burner type and the distribution of heat supply affect the slab quality and energy saving. The plane disposal, furnace type structure, burner type choice, distribution of heat supply, application of new technologies and the energy saving methods are introduced in this article.

Key words：furnace type structure; plane disposal; distribution of energy supply; application of new technology; energy saving methods

1　引言

首钢京唐钢铁厂 2250mm 热带轧机加热炉的设计依据循环经济理念，采用国际先进工艺装备，走科技含量高、经济效益好、资源消耗低、环境污染小的工业化道路，打造具有国际竞争力的精品品牌；能耗等技术经济指标达到国际先进水平。布局紧凑合理，工艺流程短捷顺畅，厉行节约，降低投资。

首钢京唐钢铁厂 2250mm 热带轧机生产规模为 550 万吨/年，设置 4 座步进梁式加热炉，每座加热炉的额定加热能力为 350t/h(冷坯)。每座加热炉均能实现冷装和热装。

加热炉以混合煤气为燃料，低发热值为 8380

kJ/m³，共设 8 个控制段。本加热炉设计遵循高产、优质、低耗、无公害以及生产操作自动化的工艺要求。加热炉及其主要附属机械设备液压、电控、仪控系统设计的技术措施能够保证实现生产可靠、指标先进、技术实用的原则。

2　主要技术条件

2250mm 工程加热炉设计要求为冷装 350t/h，燃料为混合煤气，低发热值为 8380 kJ/m³；板坯规格：230mm×850~2150mm×9000~11000mm；230mm×850~2150mm×4500~5300mm；最大重量为 40t，热装率 60%。

板坯出钢温度：　　　　　　1250±20℃

钢压炉底强度（标准坯）：655kg/(m³·h)

3 炉型选择

加热炉为端部装、出料，均热段上部炉顶采用全平焰烧嘴，其余供热段采用两侧调焰烧嘴的炉形结构。

加热炉供热分预热段、第一加热段、第二加热段和均热段，每段分上部和下部供热，共 8 个炉温自动控制段。此外，在装料端还有 1 个不供热的热回收段，各段之间设有炉顶压下和底部隔墙，对炉内烟气进行扼流，通过热工制度的控制，使各段区内形成自己独立的加热空间，以满足不同钢种和不同温度制度的要求，以及加热制度灵活多变的需要。此结构便于分段调节炉温及炉压，并保证板坯上下加热的均匀性及炉宽方向上炉温的均匀性。

4 炉区平面布置

首钢京唐钢铁厂 2250mm 热带轧机工程车间布置，采用了代表现代钢铁生产工艺流程、炼钢—连铸—热轧工序三位一体的紧凑式布置。两台连铸机板坯输出辊道和热轧轧制线及加热炉装炉辊道直接相连接，为实现高水平的热装生产创造了前提条件。

4 座加热炉均为端进、端出步进梁式连续加热炉。加热炉采用下排烟，即炉内燃烧生成物自炉尾侧下部的分烟道进入空气预热器和煤气预热器，汇总后经过烟道引至车间外烟囱排出。2 座加热炉共用 1 座烟囱，烟囱出口直径为 5.8m，高度为 100m。

炉内钢坯支撑梁采用汽化冷却，每座加热炉的汽包设置在两座加热炉之间的平台上。

每座加热炉共用 2 台助燃风机，布置在加热炉装料跨的地下空间。炉区设置两个吊装孔，充分考虑地下设备维修时的吊装作业。

加热炉的装料方式是采用长行程装钢机装料，出料方式是采用托出机出料。

5 炉型结构

提高炉气对炉内板坯的传热效率和保证炉宽方向上温度分布的均匀性是炉型和烧嘴选择与合理配置的前提。一般以煤气为燃料的大型板坯加热炉上部供热有三种方式，即顶部平焰烧嘴供热和轴向直焰烧嘴供热或侧部烧嘴供热。平焰烧嘴的优点是传热效率高，温度分布均匀，炉膛空间小，炉顶形状简单；缺点是炉顶烧嘴数量较多，煤气低压自动切断后，人工关闭烧嘴时操作比较麻烦。轴向直焰烧嘴的优点是烧嘴数量较少，操作简单；缺点是炉膛空间大，炉顶形状复杂。

首钢京唐钢铁厂 2250mm 热带轧机步进炉第二加

热段上部、第一加热段上部和预热段上部供热采用侧向供热，均热段上部供热全部采用平焰烧嘴（图1）。

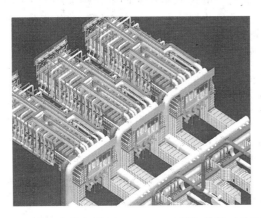

图 1 首钢京唐钢铁厂 2250mm 工程加热炉三维图

下部供热有两种供热方式，即轴向反向烧嘴供热与侧部调焰烧嘴供热，两种方式各有其优缺点。一般来说，采用轴向反向烧嘴供热的优点是：

（1）加热板坯长度方向温度均匀较好；

（2）在加热板坯宽度方向上供热分布受烧嘴前供风和燃料的条件影响较小；

（3）可减少下部滑轨黑印。

与侧部烧嘴供热相比，轴向反向烧嘴供热缺点是：

（1）下加热由于下烧嘴通道，炉底上部突出，使炉压不均匀；

（2）炉底上突出部分减少了加热炉供热有效长度；

（3）炉底上突出部分易堆积氧化铁皮，需经常清理；

（4）下部采用轴向烧嘴，炉型结构复杂，下加热高，致使造价高；

（5）下部轴向反向烧嘴通廊环境温度高，操作困难。

下部供热采用侧部调焰烧嘴供热优点是：

（1）炉下部结构简单；

（2）环境温度好；

（3）加热炉下加热深度较浅；

（4）烧嘴操作检修方便。

缺点是在炉宽方向上温度均匀性不如端部轴向烧嘴。

但是随着调焰烧嘴技术的发展，尤其是中心风技术的运用，即使加热炉在低产时也能保证火焰的长度和刚度。本设计决定下部供热采用侧部调焰烧嘴。

首钢京唐钢铁厂 2250mm 工程加热炉自装料端至出料端沿炉长方向上分为不供热的热回收段、预热段、第一加热段、第二加热段和均热段。采用全平顶结构。

6　加热炉炉底步进机构

步进炉的炉底机械是用来支撑加热炉平移框架和框架上的水梁立柱及炉内板坯，并使板坯在炉内沿炉长方向做步进移动的设备。

步进炉的炉底机械为斜坡滚轮、双层框架、大轮距结构。步进机械采用液压传动方式，提升装置采用斜坡滚轮，滚轮直径 1200mm，斜坡倾角为11.5°，设有纠偏装置。升降和水平运动平稳，因而运行可靠性高，安装调试方便，利于设备维修。

炉底的升降和平移框架均为分段连接结构，平移框架上安装有活动梁、水封等，下面安装有轨道、纠偏装置并与水平液压缸相连，炉底机械升降行程200mm，上升 15s，下降 15s，前进后退行程 650mm，前进 10s，后退 10s，步进周期 50s。

7　耐火材料

依据节能和长寿命原则，炉体、烟道及管道包扎全部采用复合结构，合理使用耐火材料，既经济、节能，寿命又长。炉顶采用高温耐火可塑料整体捣制和保温材料复合结构，炉墙采用浇注料和轻质砖和耐火纤维复合结构，保证加热炉有较长的使用寿命，同时加强加热炉砌体的绝热，减少散热损失。炉顶高温段内贴多晶莫来石纤维，增加辐射传热，并增加炉顶隔热，节约能源。

8　加热炉供热

8.1　烧嘴形式

（1）混合煤气平火焰烧嘴——用在均热段炉顶，采用煤气平火焰烧嘴可使炉内的温度场、热流场、压力场分布均匀，炉气和炉顶的辐射能力强，钢坯加热质量好，减少氧化烧损，而且可降低炉膛空间，减少炉体投资，减少炉体热损失。

（2）混合煤气侧向调焰烧嘴，带中心风，低NO_x型——用在下均热段、第二加热段上、下以及第一加热段上、下及预热段上、下的侧向供热。

带中心风、低NO_x型调焰烧嘴按分段燃烧法原理进行设计，是为了延长燃烧过程，降低火焰温度的高峰，以便减少NO_x的生成量。初期的低NO_x烧嘴，其中心风约占总风量的 20%~30%，外围风占80%~70%。通过实践在操作上逐渐增加中心风的比例，近年来的低NO_x烧嘴已找到恰当的比例，并且增加了中心供风。改进后的这种烧嘴既可以得到最低的NO_x生成量，也可以在最低流量下操作保持火焰具有良好的刚性。此次步进加热炉设计的侧部供热采用上面介绍的带中心风的低NO_x调焰烧嘴，这

在炉宽加大的情况下有利于板坯在加热过程中沿炉宽方向上的温度均匀性。

8.2　烧嘴供热能力

加热炉分为 8 个供热与温度控制段，除均热段炉顶采用平焰烧嘴外，其余各段均采用侧向调焰烧嘴。总供热能力为 472.5 GJ/h。

9　水梁及垫块

9.1　水梁

加热炉设有 4 根活动梁和 5 根固定梁（均热段 6 根），支承梁的配置和断面的选择既是根据布料要求，避免热钢坯在双支点之间的垂度或单支点支撑时悬臂外伸的垂度不超过规定，又是使钢坯两端不会撞在纵梁上而配置的。纵向支承梁用厚壁无缝钢管制作，由于采用大间距立柱，纵向支承梁采用双水管结构，用双层绝热包扎。

水梁和立柱是用无缝钢管制作的双层套管，均采用汽化冷却。

为减轻板坯下部与支承梁接触处的"黑印"，固定、活动梁采用错开布置，前后不在一条直线上。

加热炉的炉底水梁及立柱采用强制循环的汽化冷却，其主要优点为：

（1）延长冷却构件寿命，减少加热炉事故；

（2）节约冷却水量，降低加热炉能耗；

（3）有效回收余热，产生的蒸汽可供使用；

（4）事故水塔容量小；

（5）减少环境污染且占地少等优点。

9.2　垫块

垫块材质和结构根据不同加热区域而不同，高度不同，材质不同。在均热段和第二加热段，为有效消除黑印，垫块高度较高，垫块承受温度高，使用耐热性较好、材质为 Co50 的复合垫块；在第一加热段垫块承受温度相对较低，采用材质为 Co20 的复合垫块；在预热段，垫块高度降低，采用材质为 ZGCr25Ni20Si2 的垫块。

为减少黑印温差，提高板坯加热质量，垫块在水梁顶部两侧交错布置。

10　加热炉的新技术应用

在设计步进加热炉的主要结构、设备选型、平面布置时，借鉴了近年来设计轧钢加热炉的成功经验，博采众家之长，结合首钢实际，采用国内外先进、成熟的新技术，稳妥可靠的应用到 2250mm 热

轧步进加热炉的设计上：

（1）低 NO_x 烧嘴。采用日本新型烧嘴，火焰长，炉内混合，NO_x 低；

（2）空煤气双预热技术。空气预热到 450~500℃，煤气预热到 250~300℃，节能 20%。

（3）炉体复合保温结构。炉顶采用可塑料和两层隔热材料复合，高温段内粘贴多晶莫来石纤维块，再刷高温节能涂料；炉墙采用浇注料和两层隔热材料复合；炉底采用砌砖和隔热材料复合；水梁包扎采用耐火纤维和浇注料复合结构。

（4）水梁交错布置并分段。在高温段和低温段水梁根数不同；在炉长方向水梁分成 4 段。

（5）炉底梁采用汽化冷却技术。该技术的采用使得钢坯加热质量好，节能效果明显，还可以产蒸汽 6~20t/h。

（6）水梁高合金的耐热垫块。垫块采用高合金的耐热垫块，双块"千鸟足"布置方式，减少水梁与板坯接触处温差，钢坯受热均匀，消除黑印，提高板坯加热质量。

（7）热装热送。装炉温度 600℃，并采用长行程装钢机，缩短加热时间，提高加热炉产量，节能效果好。

（8）烧嘴间拔控制。除均热段外，每个烧嘴均可实现间拔控制，控制灵活，操作方便。

（9）自动化程度高。采用全自动化控制，炉膛温度控制采用具有"动态限幅带"的双交叉限幅控制，实现一、二级自动控制。

11　加热炉节能措施

（1）按节能炉型加热炉配置不供热的热回收段，以充分利用高温段烟气预热入炉的冷料，降低排烟温度。

（2）在加热炉烟道上设置空气预热器、煤气换热器，回收出炉烟气带走的热量，节约燃料，降低板坯的单位热耗。空气预热器是带插入件的金属管状预热器，预热温度 450~500℃、煤气换热器是高效对流管状换热器，预热温度 250~300℃。

（3）炉底水梁和立柱采用优化设计，设计大跨度的炉底梁立柱结构，采取合理的支承梁及其立柱的配置，力求减少管底比，并采用双重绝热包扎，以减少冷却管的吸热损失和冷却水用量。

（4）采用高合金的耐热垫块，双块"千鸟足"布置方式，以减少水管黑印，同时也达到了不因减小板坯断面温差而延长均热时间，从而减少了燃料消耗。

（5）炉内支承梁及其立柱采用汽化冷却，利用汽化产生的高压蒸汽并网使用，以充分利用废热，降低生产成本。

（6）采取高温耐火可塑料整体捣制的炉顶和复合层炉墙结构，保证加热炉有较长的使用寿命，同时加强加热炉砌体的绝热，减少散热损失。

（7）合理配置加热炉两侧窥视孔、操作炉门及检修炉门，结构设计做到开启灵活，关闭严密，减少炉气外逸和冷风吸入的热损失。

（8）配备完善的热工自动化控制系统，确保严格的空燃比和合理的炉压等控制，使热损失及燃耗降低到最小。

（9）加热炉采用了低 NO_x 烧嘴，NO_x 的排放量符合国家规定的排放标准。

（10）加热炉采用 100m 高烟囱，粉尘和 SO_2 排放浓度均符合《工业炉窑大气污染物排放标准》的规定。

（11）加热炉助燃风机置于地坑内，采取有效减震措施，并在风机入口安装消音器，可使车间内的噪声值不大于 85dB。

12　结语

自投产以来，加热炉步进机械、装钢机、出钢机、汽化冷却系统、空气换热器、煤气换热器、烧嘴及燃烧系统、炉体、水冷系统、液压系统、供风系统、自动化控制及检测系统等运行良好，新技术综合运用成功，单耗指标比设计指标降低约 10%。

首钢京唐钢铁厂 2250mm 工程加热炉设计采用了当今世界上所有加热炉的先进技术和节能措施，代表了大型板坯加热炉的发展方向，布局紧凑、合理，维修、操作方便；炉型结构节能、经济、寿命长；设备、材料选型先进、经济、合理、适用，具有向行业大力推广和值得借鉴的价值（图 2）。

图 2　首钢京唐钢铁厂 2250mm 工程加热炉实景照片

（原文发表于《工业炉》2011 年第 4 期）

蓄热和预热组合式燃烧技术在大型板坯加热炉上研究和应用

陈迪安[1]　李春生[1]　苗为人[1]　余　威[2]　刘志民[2]

(1. 北京首钢国际工程技术有限公司，北京 100043;
2. 首钢迁安钢铁有限责任公司，迁安 064404)

摘　要：蓄热和预热组合式燃烧技术在提高加热炉的出炉板坯长度方向温度均匀性方面与常规燃烧技术相比具有优势。本文结合首钢迁钢 1580 热轧 270t/h 蓄热式板坯加热炉项目，为提高出炉板坯温度均匀性、降低燃料消耗、降低氧化烧损，在供热方案、烧嘴选型和燃烧控制等方面进行分析和研究，确定的优化方案在实际运行中取得了良好的效果，有助于提高热轧产品质量及蓄热式燃烧技术的推广。

关键词：蓄热式燃烧；温度均匀性；氧化烧损；"间拔"控制技术

Research and Application of Regenerative and Preheat Modular Combustion Technology on a Large Slab Reheating Furnace

Chen Di'an[1]　Li Chunsheng[1]　Miao Weiren[1]　Yu Wei[2]　Liu Zhimin[2]

(1. Beijing Shougang International Engineering Technology Co., Ltd., Beijing 100043;
2. Shougang Qian'an Iron and Steel Co., Ltd., Qian'an 064404)

Abstract：The regenerative and preheat modular combustion technology had big advantage on discharged slab temperature uniformity than conventional combustion technology on reheating furnace. To improve the uniformity,based on analysis and research of heating proposal, burner selection and combustion control,the proposal made for the 270t/h reheating furnaces of Shougang Qiangang 1580 HSM got very good operation results. The ideas talked in this paper were helpful for improving slab temperature uinformity and quality, and prompting regenerative combustion technology.

Key words：regenerative and preheat modular combustion technology; temperature uniformity; slag loss; thinned out control technology

1　引言

随着钢铁行业的快速发展，提高产品质量，利用钢铁企业现有附产煤气、节约能源、保护环境已成共识。蓄热高温燃烧技术作为一种创新性燃烧技术，越来越得到广泛的应用，据不完全统计，2006~2010 年新上的热轧生产线，约 90%以上采用了该技术。蓄热式燃烧技术具有高效、节能的优点，其 NO_x 的排放也能有效控制，能较大限度的回收利用钢铁企业附产煤气和降低轧钢加热工序能耗，减少企业附产煤气的放散和 NO_x 的排放，从而减少环境污染。但加热炉是否选择蓄热燃烧技术，应从工厂实际条件、产品大纲和生产特点来考虑，而非"人云亦云"。在一定条件下，蓄热式燃烧技术的优点是常规燃烧技术所无法取代的。

首钢迁钢钢铁厂 1580mm 热轧工程，是首钢搬迁结构调整的重点工程之一，生产规模 280 万吨，于 2009 年年底投产。为满足钢坯加热的需要，设置了 4 座步进梁式加热炉。

2 板坯出炉温度均匀性研究

对于热轧加热炉的主要要求是控制炉内板坯的加热工艺即升温过程，这在总体上容易实现。但对于大型的板坯加热炉，由于炉膛宽、火焰组织难，在实际运行中存在着出炉板坯长度方向温度均匀性问题。如果待轧板坯长度方向温差大，则有以下影响：

（1）轧制后的同一钢带不同位置金属物理特性不同，产品性能差别特别大，钢带板形特别差；

（2）轧制时轧制力的变化大，增加轧机的控制难度，降低轧后产品的精度；

（3）为保证温度最低点能顺利轧制，必须提高整体出炉温度，炉内加热时的燃耗增加，氧化烧损加大。

所以，尽可能降低出炉板坯温差，提高板坯长度方向的温度均匀性，有利于提高产品质量和精度，延长轧机寿命，降低燃耗和钢坯在炉内氧化烧损，提高产品的质量。

2.1 常规加热炉出炉板坯温度均匀性研究

目前国内加热炉主流供热方式为除均热上布置平焰烧嘴外，其余供热段侧墙布置常规低 NO_x 调焰烧嘴（引进日本中外炉公司 SDF 型超低 NO_x 调焰烧嘴），这种供热方式系统简单，维护方便，但与轴向布置烧嘴相比难以控制炉宽方向的炉温分布和出炉板坯温度均匀性。

首钢迁钢热轧作业部 1 号生产线（2160mm）2007 年建成 3 座 250t/h 板坯加热炉。炉膛内宽 11.2m，均热段上部采用炉顶布置的平焰烧嘴，其余 5 个供热段采用侧向布置常规低 NO_x 调焰烧嘴，流量控制。投产后，出现板坯长度方向的温度分布呈现中间高、两端低的规律，且温差较大，详见文献[2]。对烧嘴进行了一系列改造后，中间温度高的情况有所好转，但整体的均匀性和分布规律仍未达到理想

的轧制工艺要求。文献[1]中提到的常规侧向燃烧加热炉也有出炉板坯温度均匀性问题，不同的是该例的板坯温度分布规律为中间低、两端高。

以上温度均匀性问题产生的主要原因是炉内两侧烧嘴的火焰匹配不好；火焰偏长则炉中间火焰重叠，导致板坯中间温度高；火焰短则板坯中间区域加热不足，导致中间温度低。而烧嘴的火焰长度，一方面与供热能力有关；另一方面是因为加热炉所用调焰烧嘴一般不具备与使用条件完全相同的开发条件，设计预期与实际表现总有一定差别，导致难以精确预测火焰特性，这是任何工业烧嘴无法回避的，也使得烧嘴侧墙布置时的两侧烧嘴的火焰匹配、炉宽方向温度分布和炉内板坯长度方向温度均匀性具有不可预测性，即使采用脉冲控制技术，也只规避了低流量下火焰短的问题，而无法从根本上解决这个问题。

2.2 蓄热式加热炉出炉板坯温度均匀性研究

近几年国内新建热轧大型板坯加热炉流供热方式为除均热上布置平焰烧嘴外，其余供热段侧墙布置 Bloom 的 1150 系列 Lumi-flame 低 NO_x 蓄热式烧嘴，采用该类型厂家有宝钢 1880 热轧、武钢 1580mm 热轧、梅钢 1780 热轧、太钢 2250 热轧等，通过对这几家调研，均存在出炉板坯中间温度高、两端温度低的"凸"型分布。虽然蓄热烧嘴是通过一对烧嘴周期性交替燃烧的方式给炉内板坯加热，单个蓄热烧嘴的能力相对常规加热炉烧嘴能力大一倍，蓄热烧嘴的火焰长度较常规烧嘴长，导致两侧烧嘴火焰在炉膛中心存在叠加现象，造成炉膛中间温度偏高，而烧嘴端部空气和煤气的混合不充分使得烧嘴端部的火焰温度偏低。另外炉墙会向外不停的传热，也造成靠近炉墙区域温度偏低，因此炉内温度场呈现中间高两端低的"凸"型分布，炉内温度场的分布情况会传递给板坯，从而造成板坯温度场成类似的分布，从过粗轧后温度如图 1 所示。

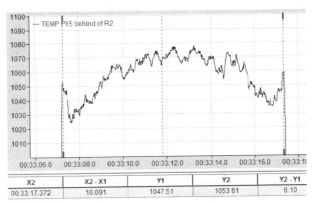

图 1 板坯 RT2 温度曲线

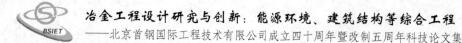

3 板坯加热炉燃烧系统选择研究

大型板坯加热炉燃烧系统的选择和确定已成为一个新的课题，选择烧嘴的供热方式必须考虑工艺及燃料条件、加热钢种以及质量要求、操作维护、使用寿命、一次性投资成本、运行和维护费用等诸多因素，迁钢1580热轧最终采用空气单蓄热，煤气换热器预热，上均热用平焰烧嘴的燃烧系统，是基于实际的煤气条件以及工程投资费用等，确保加热质量和产量的前提下，尽可能降低消耗等方面综合考虑的结果。

3.1 几种燃烧方式计算数据比较

不同的燃烧方式节能的差别主要体现在排烟损失上，通过一些基本的理论计算数据，可以更清楚地看出几种燃烧方式的差别，以下是计算的一些基础条件。

煤气热值：2300×4.18kJ/Nm³；

炉膛温度：1280℃；

炉尾温度：700℃（蓄热），800℃（常规）；

炉温系数：0.7；

空气过剩系数：1.05；

1250℃时钢的平均热焓：204×4.18kJ/kg。

可以得出各种情况下炉子的理论炉温、排烟温度、排烟损失以及单位热耗等理论计算数据，详见表1。

表1 几种燃烧方式的计算数据比较

序号	空气预热方式	煤气预热方式	空气预热温度/℃	煤气预热温度/℃	理论炉温/℃	排烟温度/℃	排烟损失/%	单位热耗/GJ·t⁻¹
1	换热器	不预热	550	0	1358	400	21	1.40
2	换热器	换热器	550	300	1424	350	17	1.33
3	蓄热式	不预热	1000	0	1547	329	16.7	1.32
4	蓄热式	换热器	1000	300	1607	230	12	1.21
5	蓄热式	蓄热式	1000	1000	1811	160	7.8	1.16

3.2 煤气预热方式的选择

随着全球气候变暖，海平面上升，人类生产现状越来越恶劣，节能减排的压力越来越大，结合迁钢的煤气条件，空气采用蓄热方式已成为共识，从表1中的数据也不难看出，需要选择煤气的预热方式，煤气采用蓄热式的单耗是最低的，但存在以下几个方面的问题：

（1）加热炉入炉钢种部分特殊钢，由于其导热系数较小、低温塑性较差，只有当温度达到600℃以上时钢的塑性和强度才会提高，所以必须防止600℃以下由于加热速度太快而造成的热应力内裂或断裂，预热段炉气温度在600~800℃之间。因此加热炉必须设置一定长度预热段，一部分烟气在预热段对硅钢坯料进行低温缓慢加热，因此加热炉采用双蓄热燃烧方式不合适。

（2）燃烧系统复杂，对换向阀的要求更高，故障率相对提高，而且，煤气系统上设备故障的处理需要停炉作业，对生产影响更大。

（3）混合煤气中甲烷高温分解易堵塞蓄热体，加上换向阀的泄露，都会使节能的效果大打折扣。

（4）由于煤气呈还原性气氛，烟气中的Fe_2O_3飞屑会被还原成FeO,更容易与蓄热体耐火材料黏

结，影响正常的使用。

（5）工程一次性投资和操作维护费用更高，操作维护量大，且不方便。

由此可见，在首钢迁钢1580mm热轧工程加热炉建设，考虑其加热特殊钢钢种、系统复杂性和可靠性以及燃料的节约性，煤气采用换热器预热方式更为合适。

4 IRSH型超低NO_x蓄热式烧嘴结构和运行特点

针对大型板坯加热炉配置蓄热烧嘴功率大，火焰长，容易在加热炉中间区域导致火焰叠加，出现出炉板坯中间温度高、两端温度低的"凸"型分布现状，迁钢1580热轧加热炉采用IRSH型超低NO_x蓄热烧嘴，该蓄热式烧嘴煤气分两股喷到炉内与空气混合，其火焰长度相当于一般蓄热烧嘴一半功率的火焰长度，有效避免大功率蓄热烧嘴火焰长，导致出炉板坯中间温度高、两端温度低的"凸"型分部的问题。

4.1 IRSH型超低NO_x蓄热烧嘴结构特点

IRSH型超低NO_x蓄热烧嘴是由主喷嘴组合、二次煤气喷管和点火烧嘴组成，具体外形如图2所示。

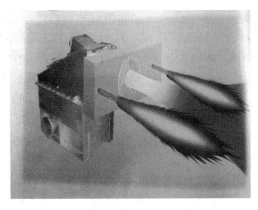

图2 IRSH超低NO$_x$蓄热烧嘴三维模型图

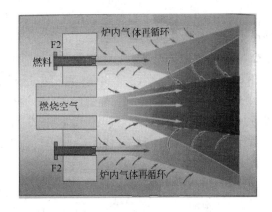

图3 IRSH型超低NO$_x$烧嘴燃烧机理示意图

IRSH型超低NO$_x$蓄热烧嘴的主要结构特点：

（1）一次煤气喷口F1用于烘炉或低于800℃炉温时运行，此时二次煤气喷口F2关闭；当炉温高于800℃时二次煤气喷口F2打开，分两股喷入炉内与空气混合燃烧，此时一次煤气喷口F1关闭。

（2）蓄热箱体积小。蓄热体采用纯度大于99%的氧化铝小球，稳定性和耐热冲击性非常好，蓄热能力强，用量少；加之蓄热箱壁隔热性能好，所以蓄热箱体积小，节省空间。

（3）独立的换向装置。采用3个快速开闭气动金属硬密封蝶阀分别作为煤气、空气和烟气的换向阀，其动作快速、准确，故障率低。

4.2 IRSH型超低NO$_x$蓄热烧嘴工作机理

IRSH型低NO$_x$蓄热烧嘴由空气蓄热箱、一次煤气喷嘴、二次煤气喷嘴、点火煤气喷嘴、蓄热体等组成。当助燃空气通过蓄热的蓄热体，蓄热体前一换向周期从烟气获得的热焓传递给助燃空气，将用于助燃的空气预热到1000℃以上，高温的空气经烧嘴砖高速喷入炉内，与一次煤气混合燃烧。当炉温超过800℃以上时，燃烧控制系统自动切断一次煤气（F1）的供给，同时自动切换到二次煤气（F2）喷嘴，二次煤气（F2）喷口分布在空气喷口两侧，从图3可知，二次煤气（F2）喷嘴和助燃空气一起高速喷入炉内，卷吸炉内烟气，实现燃料在贫氧（2%~20%）状态下燃烧，火焰没有明显的高温区。众所周知，燃料在燃烧过程中产生NO$_x$的条件如下：

（1）燃料在燃烧过程中燃烧区域氧气的浓度越大，燃烧产生的NO$_x$的浓度就越高，反之亦然；

（2）燃料在燃烧过程中火焰的温度越高，燃烧产生的NO$_x$的浓度就越高，两者成指数关系，反之亦然。

由以上两点可知，IRSH型低NO$_x$蓄热烧嘴从燃烧机理上抑制NO$_x$的产生，其燃烧机理如图3所示。

4.3 IRSH型超低NO$_x$蓄热烧嘴燃烧系统

IRSH型低NO$_x$蓄热烧嘴基本原理如图4所示，从鼓风机出来的常温空气由换向阀切换进入蓄热式燃烧器B后，在经过蓄热式燃烧器B（陶瓷球或蜂窝体等）时被加热，在极短时间内常温空气被加热到接近炉内温度（一般比炉温低50~100℃），被加热的高温热空气进入炉腔后，卷吸周围炉内的烟气开成一股含氧量大大低于21%的稀薄贫氧高温气流，同时往稀薄高温空气附近注入燃料（燃油或燃气），燃料在贫氧（2%~20%）状态下实现燃烧，与此同时，炉膛内燃烧后的热烟气经过另一个蓄热式燃烧器A排入大气，炉膛内高温热烟气通过蓄热式燃烧器A时，将显热储存在蓄热式燃烧器A内，然后以低于150℃的低温烟气经过换向阀排出。工作温度不高的换向阀以一定的频率进行切换，使两个蓄热式燃烧器处于蓄热与放热交替工作状态，从而达到节能和降低NO$_x$排放量等目的，常用的切换周期为60秒。

5 实际运行效果

迁钢1580热轧的3座270t/h加热炉于2009年12月份陆续投产，至今运行良好。烧嘴实际输出能力采用流量控制，烧嘴的火焰特性采用"间拔"控制，系统可以实现如下控制：

（1）点火烘炉或起炉阶段采用"一键式"点火，炉温升到800℃以后，蓄热烧嘴由F1模式自动切换到F2模式，阀组自动切换，无需人工干预；

（2）对于蓄热烧嘴，运行人员可以根据具体工况选择集中换向、交叉换向和分组延迟换向工作模式；

（3）所有侧烧嘴在低负荷时均可实现间拔或脉冲控制。

蓄热烧嘴由于其功率相对较大，调节比小，没有配备中心风，因此在其低负荷工作时，其喷口速度非常低，火焰刚性差，燃气从喷口出来后沿炉墙上飘，导致出炉坯料温度温差大。在低负荷采用一种简单实用的间拔控制模式，即通过关闭蓄热烧嘴前换向阀即可实现，无需增加任何硬件设施，其控制思路如下：如果一个段有 4 对烧嘴，运行在 100%~75%段额定负荷，4 对烧嘴全部运行；运行在 75%~50%，3 对烧嘴运行；运行在 50%~25%，2 对烧嘴运行；运行在低于 25%，1 对烧嘴运行；根据各段烧嘴数量依此类推。间拔的烧嘴可任意选择，根据加热炉热负荷情况相应切断各个供热段部分蓄热烧嘴，为避免各个供热段长度方向温度梯度过大以及保温待轧期间局部高温，各个供热段切断烧嘴位置按照预先设定好的模式进行时序"间拔"切换，图 5 是迁钢 1580 热轧加热炉时序"间拔"燃烧控制画面。

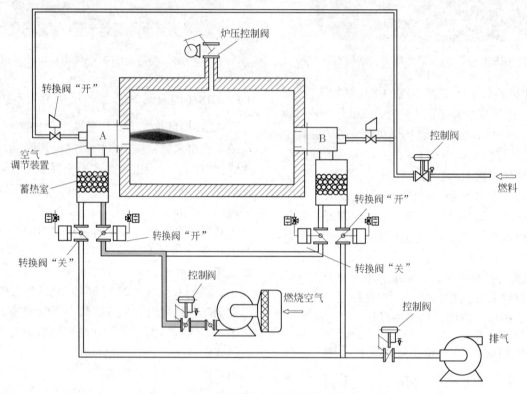

图 4　IRSH 型超低 NO_x 烧嘴燃烧系统流程图

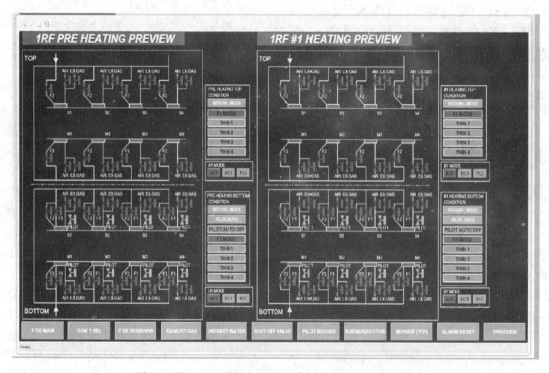

图 5　迁钢 1580 热轧加热炉时序"间拔"燃烧控制画面

5.1 燃耗和NOx的含量

迁钢 1580mm 热轧大型蓄热步进梁式板坯加热炉自 2009 年 12 月份竣工投产,经过 3 年多生产检验,加热炉采用空气蓄热至 1000℃和煤气采用预热器预热 300℃组合式燃烧技术,加热炉单位热耗为 1.16GJ/t,该指标达到国际先进水平,与迁钢 2160mm 热轧常规空、煤气双预热加热炉加热单耗 1.36 GJ/t 相比,燃料节约率在 14.7%,有明显的节能降耗效益,烟气中 NOx 含量经测定在 88.6mg/m³,远小于《工业企业大气污染排放标准》中规定的 NOx ≤ 150mg/m³。

5.2 板坯加热质量

迁钢 1580 热轧加热炉自 2009 年投产以来,前后做过三次埋偶实验,从埋偶实验来看坯料长度方向温差<10℃（如图 6、图 7 所示）、黑印温差<15℃（如图 8 所示）。埋偶实验同时,还做了小样烧损测试,三次埋偶实验平均烧损率为 0.67%。

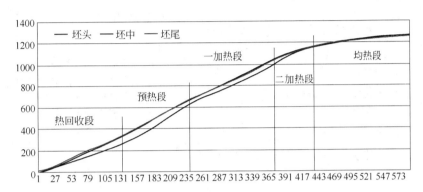

图 6 板坯长度方向温度曲线

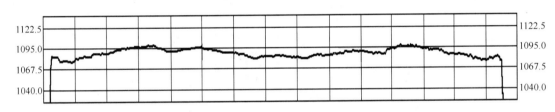

图 7 粗轧 RT2 温度曲线

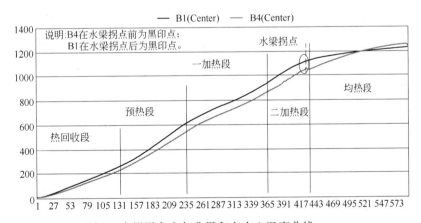

图 8 水梁黑印点与非黑印点中心温度曲线

5.3 蓄热小球使用状况

在实际生产中,蓄热体的使用寿命直接影响到加热能力的发挥,严重时甚至导致停产,迁钢 1580 热轧加热炉选用 Al2O3≥99%高铝小球,每年加热炉中修时,打开蓄热箱时蓄热球状态如图 9 所示,从图可以看出,蓄热球没有堵塞和板结现象,也没有蓄热球碎裂现象,只有上表层有轻微的灰尘,清洗

一下可以装回蓄热箱继续使用。

6 结论

迁钢 1580mm 热轧大型蓄热式板坯加热炉技术方案选择,是对当今国内外大型蓄热式板坯加热炉进行了总结和分析研究,结合迁钢 1580mm 热轧生产线工艺及燃料条件、加热钢种以及质量要求、操

图9　投产1年后蓄热箱内小球状态

作维护、使用寿命、一次性投资成本、运行和维护费用等诸多因素等进行了技术创新。在大型板坯加热炉上选择采用蓄热和预热组合式燃烧技术、三流股宽火焰超低 NO_x 蓄热烧嘴技术、蓄热排烟系统"抽吸比"控制技术、煤气热值在线检测和分段残氧在线监测等检测技术、蓄热烧嘴全分散换向技术、蓄热烧嘴低负荷时序"间拔"控制等综合技术在首钢迁钢1580mm 热轧生产线上应用，提高了其整体技术工艺水平、装备水平、自动化控制水平，经过 1 年的生产实践表明首钢迁钢 1580mm 热轧生产线大型蓄热式板坯加热炉的设计是合理的，技术水平达到国际先进水平。

迁钢 1580mm 热轧生产线大型蓄热式板坯加热炉整体设计理念先进，工艺布局合理，对我国大型板坯加热炉综合技术应用提供借鉴，成为我国新建或改造大型板坯加热炉的典范和样板，具有较高的推广应用价值和广阔的推广应用前景。

参考文献

[1] 曹大东. 空气单蓄热式燃烧技术在武钢加热炉上的应用[J]. 工业炉, 2009, 31(3): 22~24.

[2] 张延平. 迁钢公司热轧板坯加热炉温度均匀性测试研究[J]. 首钢科技, 2009, 2: 18~22.

[3] 孙艳萍. 蓄热式燃烧技术的工业应用[C]. 蓄热式高温空气燃烧技术论文集, 2008, 3(2): 280~283.

[4] 秦建超, 陈玉龙. 蓄热式烧嘴在宝钢 2050 热轧 2 号加热炉的应用[C]. 蓄热式高温空气燃烧技术论文集, 2009, 1(1): 301~309.

首钢高强度分段步进式加热炉的技术特点

陈国海　　苗为人　　戚开民

（北京首钢国际工程技术有限公司，北京 100043）

摘　要：本文简要介绍了分段步进式加热炉在炉型、主要设备、燃烧系统、控制系统方面的技术特点。

关键词：分段步进式；加热炉；节能

Technique of Shougang High–strength Walking–beam Subsection Furnace

Chen Guohai　Miao Weiren　Qi Kaimin

(Beijing Shougang International Engineering Technology Co., Ltd., Beijing 100043)

Abstract：Technique of walking-beam subsection furnace in the furnace profile, mostly equipment, combustion system and control system were briefly introduced in the paper.

Key words：walking-beam subsection furnace; heating furnace; energy-saving

1　引言

首钢高强度生产线年产 50 万吨精品棒材，是首钢实施产品结构调整的一项重要工程。该工程从 2004 年初开始进入项目的前期准备阶段，轧线部分引进奥钢联波密尼公司的整套技术。加热炉区部分由首钢国际工程公司负责总承包。

首钢高强度生产线配套采用侧进侧出上下加热分段步进梁式加热炉。2004 年 6 月份开始施工图设计，9 月初加热炉部分所有图纸全部发完，12 月底开始加热炉设备安装。2005 年 6 月 21 日正式点火烘炉，8 月 9 日加热炉正式出第一根红钢。

2　加热炉技术参数

炉型：侧进侧出分段步进梁式加热炉

加热炉有效面积：$28.96 \times 10 = 289.6 \text{m}^2$

加热能力：140t/h

加热坯料：180mm×180mm（200mm×200mm）×10000mm

加热钢种：优碳钢、冷镦钢、合结钢、齿轮钢、弹簧钢、轴承钢等

钢坯温度：装炉温度：常温；出炉温度：950~1050℃

出炉钢坯温度差：≤20℃（长度和截面方向）

燃料：混合煤气 $2000 \times 4.18 = 8360 \text{kJ/m}^3$

空气预热温度：450~500℃

装出料辊道中心距：28960mm

加热炉内宽：10788mm

加热炉全长：30488mm

加热炉外宽：11716mm

3　加热炉的基本设计思想和技术措施

钢坯断面尺寸较大，而且加热钢种多，钢坯加热温度控制要求高，这是本次加热炉设计中要考虑的几个重要基本点。综合考虑以上几个基本点，最终加热炉考虑采用侧进侧出上下两面加热分段步进梁式加热炉，配备先进、高效、可靠的电控及仪表控制系统。加热炉设计中主要采用的技术措施如下：

（1）采用合理、简单及有效的炉型结构。按照节能型炉子要求确定加热炉炉长，合理分布加热炉各段炉长。

（2）在炉子预热段与加热段、加热段与均热段之间炉底设置隔墙，炉顶设置压下，以便于单独控制各段炉温，并利于控制加热炉炉压。

（3）在加热的钢坯与水冷支撑梁之间，采用等高度而材质不同的耐热垫块，水梁在均热段及加热段之间断开并错位，这样既可以大大消除钢坯与支撑梁接触处的黑印、并缩小接触处和两个支撑梁间钢坯表面的温差，又可以缩小投资成本。

（4）在加热炉烟道上设置带插入件的金属管状空气预热器，将助燃空气预热到 450~500℃，以回收出炉烟气带走的热量，降低燃料消耗量。由于煤气是采用的高焦转混合煤气，含杂质比较多，因此没有采用煤气预热器。

（5）合理配置水冷支撑梁及立柱以减少水冷管的表面积。支撑梁及立柱采用耐火棉纤维毯及自流浇注料的双层绝热，水冷梁采用汽化冷却系统运行，这些都可以大大减少冷却水的吸热损失和冷却水的用量。

（6）加热炉炉墙和炉顶工作层采用低水泥浇注料整体浇注，根据不同温度段使用不同牌号的低水泥浇注料；采用高绝热性能的耐火纤维毡保温，炉顶表层再涂抹一层保温膏，使整个炉顶的密封性更加好，减少散热损失。炉内多晶莫来石贴面块和高温节能涂料的应用有效降低炉体散热，节约燃料，改善操作环境。

（7）炉底设置两套双轮斜轨式步进机构，各采用一对提升液压缸，整体采用一个平移液压缸，两套步进结构之间通过可以相对位移的装置进行连接，从而可以实现两套步进机构之间单独动作，又可以实现其同时动作，从而满足不同的钢种加热情况下的不同步进机械动作需求。该机构带有良好的升降框架和平移框架的定心装置，步进机构易于安装调整，维修量少，运行可靠。

4 坯料运行过程综述

加热炉坯料采用炼钢厂提供的连铸坯。经检查、清理后的合格连铸坯，由吊车从坯料堆放场吊运至步进式上料台架；再由步进式上料台架通过移钢小车移送到入炉辊道；钢坯在入炉辊道上完成测长、称重，合格钢坯由入炉辊道及炉内入料悬臂辊道送入加热炉，并控制辊道速度使钢坯按布料图在炉内装料悬臂辊道上准确定位；超长或弯曲过大等不合格的钢坯由废钢剔除机构剔出并收集后运走。然后对齐推钢机前进，将钢坯推齐并向前推一定距离，完成钢坯的沿炉长方向定位，对齐推钢机返回原位置。对齐推钢机行程由 PLC 根据钢坯布料图计算设定。

坯料入炉根据钢坯布料图完成沿炉宽方向和炉长方向的定位后，步进梁（两段步进梁同时）开始动作。首先提升液压缸推动提升框架下部 12 个滚轮沿斜轨向上运动，这时平移框架不动，提升框架上升，步进梁将坯料托起至上极限位置。然后，提升框架不动，平移液压缸牵引平移框架前进一个步距，最后以同样的方式完成下降和后退的动作。步进梁下降过程中，将钢坯放到固定梁上，步进梁在下位返回原始位置，完成一个步进动作。如此经多次循环，钢坯从装料端一步步移向出料端，同时完成其加热过程，根据坯料截面尺寸的不同，步进梁设计有两种步距，分别为 280mm 和 300mm。在轧线事故延迟，或因产量要求低，步进循环之间的间隔时间较长时，步进梁自动定位，保持与固定梁等高，此时坯料由所有水梁支撑，避免产生弯曲。另外，根据需要，步进梁可实现手动逆循环，将炉内坯料一步步从装料端退出炉外。

坯料到达出料端，步进梁将最前一块坯料自动放到出料悬臂辊上，打开出料炉门，高速启动出料悬臂辊道坯料出炉。

5 炉型

加热炉炉型结构如图 1 所示。

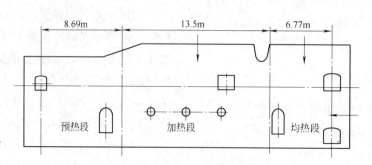

图 1　步进梁式加热炉炉型结构示意图

加热炉有效长度 28.96m，内宽 10.6m，加热炉沿炉长方向分预热段、加热段和均热段三部分，各段长度见图 1。其中预热段约占整个炉长的三分之一，这样可以较大限度的回收烟气中的预热。

在炉型设计中，预热段炉顶下压，预热段和加热段之间炉底设有隔墙防止热量从加热段直接辐射到预热段，降低烟气出炉温度，保护装料设备，减少设备维护。同时，可以造成在预热区的炉气循环是紊流的，使炉气和坯料之间进行良好的热交换，保证坯料在进入加热区之前的温度均匀。在加热段和均热之间设有炉顶无水冷压下梁和炉底隔墙，从而保证各段的炉温控制更加精确。

加热段下、均热段下部都采用 MQT 型带中心风的长火焰可调烧嘴，加热段下部采用侧部烧嘴供热，均热段下部采用端部烧嘴供热；上加热、上均热都采用 BMP 型平焰烧嘴。根据目前的最新烧嘴技术性能，在 10~12m 坯料的加热炉中，采用侧烧嘴也是完全能够满足钢坯加热的均匀性。

在烧嘴布置上，这种均热段、加热段上部全部采用平焰烧嘴，加热段下部侧烧，均热段下部端烧，这样既简化了炉型结构，使之更加合理有效；又可以使这种大方钢坯升温更加均匀，易于控制，满足其加热工艺要求；还可以减轻生产工人的操作和维修强度。

加热炉采用下排烟，在装料端墙下部设有 6 个排烟口，烟气由此排入炉外烟道，通过总集烟箱进入烟道。

6 加热炉主要设备

6.1 装料装置

加热炉的装料装置包括入炉悬臂辊道、炉内缓冲挡板和装料推钢机等设备。炉内装料辊道包括 8 支悬臂辊，由变速交流电机单独驱动。辊身为倒锥形，使钢坯靠近炉子端墙运行，在辊道上靠近端墙处带有辊环，可防止钢坯撞击端墙。辊身和辊轴采用内部设水流导管间接水冷却。

缓冲挡板为水冷弹簧式，安装在与装料炉门相对的炉墙上，其目的是为了防止在事故情况下，入炉钢坯冲撞炉墙，损坏炉衬。在入炉钢坯完成定位之后，由装料推钢机将坯料在装料辊道上推直，保证所有坯料从同一位置开始其加热过程。推钢机采用液压驱动，共 4 个推杆，推杆带有导向机构，且根据坯料截面大小的不同，其行程可以调节。

6.2 水梁和立柱

加热炉有 4 根固定梁(出料端为 5 根) 和 4 根活动梁，如图 2 所示。水梁的布置首先要保证指定长度范围坯料的装炉，同时考虑允许的坯料最大和最小外悬量以及合理的水梁间距。

水梁为双管设计，即用钢板将两根管连在一起，一上一下布置。水梁上焊有耐热合金垫块，低温段采用 ZGCr25Ni20 合金，高温段采用耐高温的 Co20 合金。水梁双管设计与单管设计相比，当惯性矩相

同时，管径大大减小，从而减轻水梁对坯料的遮蔽，减少加热黑印。研究发现，黑印的产生 85%是因为梁的遮蔽效应造成的，15%是由于坯料与水梁垫块间的接触。

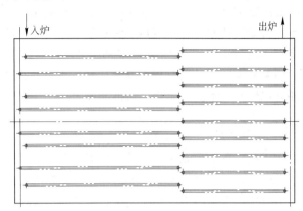

图 2　水梁布置示意图
————固定梁；·—·—·活动梁

步进水梁采用交错分段布置，加热段和预热段水梁一体，均热段水梁单独一体。在均热段，固定梁和活动梁等间距布置，在加热段和预热段水梁错位，即每根水梁与均热段水梁偏置 250~450mm 间距，这样在加热段由于梁的遮蔽造成的坯料冷区在均热段不再受到遮蔽，而离开加热段时坯料最热的区域在通过均热区时受到遮蔽。实际上，这也是减少黑印最好的方法。交错步进梁可使"黑印"温差降至 15~20℃。

固定梁和步进梁都由立柱支撑，固定梁立柱与炉底钢结构相连接，步进梁立柱则穿过炉底固定在平移框架上，炉底开孔采用水封。水梁和立柱由锅炉钢管制成，使用耐火浇注料和陶瓷毡双层绝热，其冷却方式采用汽化冷却。

6.3 步进机构

炉底设置两套双轮斜轨式步进机构，上层为平移框架，下层为提升框架；采用两对提升液压缸，一个平移液压缸驱动，两套平移框架和提升框架之间通过可以相对位移的装置进行连接。提升框架上下共有 12 对滚轮，沿炉宽方向分两列布置，下面的滚轮靠斜轨座支承，上面的滚轮支承平移框架。

为保证步进机构运动中的横向稳定性，每套步进机构设有 4 套定心装置，分为上定心和下定心。在步进梁前进或后退过程中，固定在平移框架上的上定心轮沿着固定在提升框架上的滑板滚动。下定心装置固定在底座上，滑板固定在提升框架上，在步进梁上升或下降过程中，滚轮沿着滑板滚动。这样无论是步进梁的升降还是进退，这 4 套定心装置都可以对步进梁的横向位移加以限定，防止坯料在

炉内跑偏。步进梁的上升行程和下降行程均为100mm，总升降行程200mm，前进和后退行程分为280mm、300mm两种。步进周期为40s。

步进机构采用全液压驱动。每套提升框架由2个液压缸驱动，两套平移框架统一由1个液压缸驱动。活动梁的水平及升降运动都是变速运动，从而实现钢坯与步进梁的"软接触"，即"轻拿轻放"，以减小梁的震动，从而避免梁及立柱的包扎材料和钢坯氧化铁皮脱落，并防止划伤钢坯表面。

6.4 出料装置

出料装置主要是指出料悬臂辊道。炉内共有9支出料辊道，其结构型式和装料悬臂辊道相同，只是出料悬臂辊道的辊身材质比装料悬臂辊道要好。

6.5 出渣系统

坯料加热过程中产生的氧化铁皮，少部分经由炉底开孔落入水封槽内，靠刮渣板自动刮向装料端，由于在装料端水封槽向上倾斜，形成干渣定期清理。同时在出料辊道下部炉底设有排渣口，定期排放此处落下的氧化铁皮。

7 加热炉燃烧系统

加热炉配有两台助燃风机，一用一备，由10kV电机直接驱动。风机入口设调节阀和消音器，使助燃空气压力可以调节，减少噪声。

为有效利用烟气中的余热，提高炉子热效率，在烟道内设置有金属管状换热器，将助燃空气预热到450~500℃。换热器的保护有两种措施：当换热器前烟气温度太高时，往烟道内掺入冷风，以降低烟气温度；在助燃空气温度过高的情况下，自动打开热风放散阀放散部分热风。

烧嘴布置见前述，加热炉燃料分配及烧嘴配置见表1。表中流量单位为m^3/h，压力单位为Pa。

表1 分段步进梁式加热炉燃料分配及烧嘴配置

序号	项目	计量单位	均热段		加热二段		加热一段		合计
			上部	下部	上部	下部	上部	下部	
1	燃料供热分配比	%	15	19	23	28	7	8	100
2	燃料分配量	m^3/h	3360	4256	5152	6272	1568	1792	22400
3	烧嘴个数	只	24	10	30	10	12	4	90
4	设计烧嘴燃烧能力	m^3/h	140	425.6	171.7	627.2	130.7	448	
5	烧嘴型式		平焰	调焰	平焰	调焰	平焰	调焰	
6	烧嘴安装位置		炉顶	端部	炉顶	侧部	炉顶	侧部	
7	配备烧嘴能力	m^3/h	200	650	250	800	200	650	
8	各段配备供热分配比	%	21.4	29	33.5	35.7	10.7	11.6	141.9
9	煤气压力	Pa	6000~8000						

8 控制系统

加热炉控制系统的上位机系统采用内置以SIEMENS 1613以太网卡，进行以太网网络通信。监控软件用的分别是三套西门子STEP 400和WINCC 5.1系统软件，分别监控炉区坯料运行系统，燃烧及炉温控制系统和加热炉汽化冷却控制系统。计算机操作系统为Windows2000。

8.1 炉区坯料运行系统

炉区坯料运行系统是指坯料从上料台架至出料炉门之间的所有炉区运行设备的连锁电气控制。既可以单个设备的手动顺序控制，又可以所有设备的连锁自动运行控制，可以实现炉区坯料运行的一键完成"装钢、出钢"操作。

8.2 燃烧及炉温控制系统

加热炉燃烧及炉温控制是采用基于PLC的控制系统，包括加热和燃烧控制系统(一级)及加热优化控制系统(二级)。一级控制系统回路控制理论包括：燃烧的双交叉限幅控制、相邻区域的主从控制、过剩空气的流量补偿、炉压的自动调节和前馈控制等。这些使炉子过程控制有了很大进步，从而降低燃料消耗，减少铁皮损失，提高产品质量。

8.3 汽化冷却控制系统

加热炉汽化冷却控制系统采用和加热炉基础自动化系统同一类型系统,亦即SIEMENS S7-300控制系统。主要包括以下控制功能：

（1）汽包水位自动调节。通过检测汽包蒸汽流量、汽包水位、汽包给水量进行汽包水位的三冲量调节，调节汽包给水量的大小使汽包水位保持在设定值要求的范围内。

（2）汽包蒸汽压力自动调节。检测汽包蒸汽压力，通过开关汽包蒸汽放散阀控制汽包压力在安全值范围内。

（3）软水箱水位自动调节。检测软水箱水位，控制软水箱入口给水调节阀的流量，稳定软水箱的水位在设定值的范围内。

（4）动力设备的启动采用连锁控制。一台断电的情况下另一台自动启动，两台都断电的情况下，柴油机泵（汽动泵）自动启动。

9 结语

从 2005 年 8 月份投入运行近三年以来，加热炉运行稳定，各项性能指标都达到了设计要求。2006 年 10 月份、2007 年 11 月份各进行了一次年度的停炉检修，通过对加热炉的检查，炉墙、炉顶基本上没有裂纹、脱落的情况；步进梁保温除了少量的裂纹外也是完全没有脱落的情况；装出料悬臂辊道除有三四个焊接的辊身卡块掉了外，其他部分完好。

参考文献

[1] 池桂兴. 工业炉节能技术[M]. 北京：冶金工业出版社，1994.

[2] 陆钟武. 火焰炉[M]. 北京：冶金工业出版社，1995.

[3] 钢铁厂工业炉设计参考资料[M]. 北京：冶金工业出版社，1977.

[4] 工业炉设计手册[M]. 北京：机械工业出版社，1977.

（原文发表于《四川冶金》2008 年第 6 期）

适用于热送热装的棒线材步进式加热炉的设计与应用

陈国海　苗为人

（北京首钢国际工程技术有限公司，北京　100043）

摘　要：节能减排是目前国内钢铁行业永恒的主题。在棒线材生产线中采用热装热送工艺可以大大减少加热炉的燃料消耗。本文以水钢棒线材生产线为例介绍了适用于热装热送的棒线材生产线步进式加热炉的平面布置、设计要点等。

关键词：节能减排；热装热送；步进式加热炉；余热回收

Design Applicable to Hot Transport and Hot Charge of the Bar and Wire & Rod Rolling Working–beam Furnace

Chen Guohai　Miao Weiren

(Beijing Shougang International Engineering Technology Co., Ltd., Beijing 100043)

Abstract：Energy saving and emission reduction is the eternal topic in local steel industry currently. The hot transport and hot charge can consumedly reduce fuel-consumeing in the bar and wire&rod rolling line. This article takes Shuigang the bar and wire & rod rolling line as the example，introduced to be applicable to hot transport and hot charge of the bar and wire & rod rolling working-beam furnace plane collocation, design important point etc.

Key words：energy saving and emission reduction; hot transport and hot charge; working-beam furnace; waste heat-collecting

1　引言

"十二五"期间，国家将通过实施能源消费总量控制，进一步加大节能减排力度，确保实现节能减排目标。对作为高能耗产业的钢铁行业而言，在这目前市场环境日益恶化，生产效益水平大幅下滑的态势下，探讨如何将节能减排的压力转化为促进企业转型发展的内在动力，对行业和企业都具有积极的现实意义。

在钢铁企业的热轧工序中，主要能源消耗集中在加热炉的煤气消耗，燃耗成本占了热轧工序成本的 1/3 左右，如何降低加热炉燃耗，成为了热轧厂节能降耗的重点工作，也是对当前国家"节能降耗"、"低碳经济"的有力响应。采用"热送热装"这一装炉工艺，就可以提高生产效率，提高生产节奏，大大减少加热炉的燃料消耗。首钢水城钢铁（集团）有限公司 500 万吨配套工程，新建精品棒材和高速线材两条生产线，年产量分别为 100 万吨/年和 50 万吨/年，两条生产线布置在同一个车间厂房内，统一管理。采用热装热送，棒线材生产线的入炉辊道线与炼钢生产线直接对接，配套建设一座 180t/h 和 120t/h 的步进式加热炉。

2　加热炉炉型选择

热送热装生产线的加热炉设计应适用于加热钢坯的热送热装。热送热装的钢坯加热炉需要考虑如下特点：（1）入炉钢坯的温度较高，一般在 500℃左右，高的能达到约 800℃；（2）由于连铸生产线与轧钢生产线的节奏难以达到完全匹配，在连续热送热装生产过程中，加热炉内会出现装钢空位；（3）热送热装对炼钢、连铸、轧线这三者之间的流程管理、在线物料跟踪都提出了很高的要求，要求自动化程度高、物流管理控制严格。

通过对以上因素的综合考虑，采用悬臂辊道侧进侧出上下加热的步进梁式加热炉可以很好的满足这些条件的要求。

3 工艺平面布置

热装热送线及加热炉区平面布置如图1所示。

从图1可以看出，精品棒材和高速线材生产线与转炉炼钢厂的连铸机成一定夹角，而且有一定的距离。在本工程中，精品棒材和高速线材分别采用了输送辊道组合成带弧形弯的热送线，实现了转炉炼钢厂的连铸机与棒线材轧机的直接对接，从而实现了热送热装。虽然热送线比较长，但是钢坯到达加热炉入料炉门前的平均温度也是能够达到约700℃。

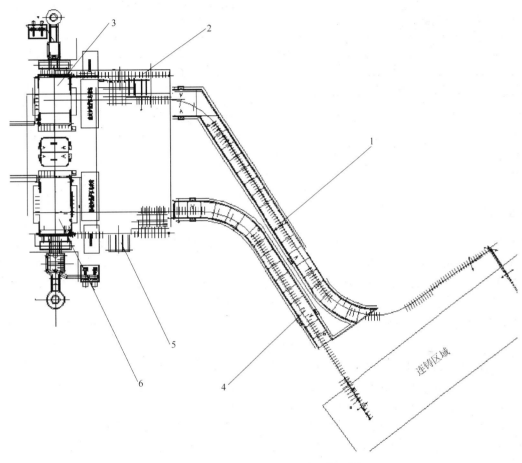

图1 热装热送线及加热炉区平面布置图
1—线材热送线；2—线材上料系统；3—线材加热炉；
4—棒材热送线；5—棒材上料系统；6—棒材加热炉

4 加热炉基本参数

加热炉的基本参数见表1。

5 加热炉设计技术特点

本加热炉采用上下加热步进梁式作为基本炉型，适用于热送热装。按照加热工艺要求，炉型结构、燃烧系统、仪表及电气自动控制系统等方面综合考虑，加热炉具有如下技术特点。

5.1 工艺设置

（1）钢坯热送热装时，钢坯入炉温度有一定程度区别，为了更好地调节控制炉温，从而控制空、煤气的供给量，在加热炉的入料炉门外都设置钢坯温度检测装置，实现钢坯入炉温度跟踪。

（2）钢坯从连铸车间直接通过热送线（辊）送至加热炉，热钢坯在热送线上一直都是直接与空气接触，在钢坯表面会产生一定量的氧化铁皮。而在钢坯进炉时，钢坯表面环境温度急剧的变化，钢坯表面氧化铁皮会出现部分脱落。因此，在入炉端悬臂辊道下设置排渣装置，可以直接将掉落的氧化铁皮排走，防止此处的氧化铁皮堆积，减少氧化铁皮被流动的炉气排入烟道内。

（3）热送热装钢坯入炉温度越高，造成加热炉排烟温度也越高，而且排烟温度变化大，因此在烟道换热器前面需要设置一个有更多富余风量的烟道掺冷风风机，并设置风量调节阀，以有效保护好烟道换热器。

表 1　加热炉基本参数

序号	项　目	数　值	
		精品棒材	高速线材
1	炉型	上、下供热全步进梁式加热炉	
2	用途	钢坯轧制前加热	
3	加热钢种	优质碳素结构钢、低合金钢、合金结构钢、弹簧钢、冷镦钢	
4	坯料规格/mm	150×150×12000	
5	加热炉产量/t·h^{-1}	180	120
6	有效炉长/mm	24000	19952
7	过钢炉底强度/kg·(m²·h)$^{-1}$	625	501.2
8	装出料方式	侧进侧出悬臂辊道装出料	
9	出钢周期/s	约37	约50
10	燃料种类及发热值/kJ·m^{-3}	混合煤气，2500	
11	空气预热温度/℃	约500	

5.2　炉型结构

（1）由于热送热装钢坯的表面温度低，内部温度高，钢坯在炉内均热时间可以适当缩短，因此在同等产量的情况下，炉底强度可以适当提高，加热炉有效长缩短。

（2）加热炉沿炉长方向分预热段、加热段、均热段，各段之间设置炉底隔墙及炉顶压下，可以较好的减少各段之间炉温的干扰，有利于实现分段炉温控制。预热段为不供热段；加热段为主要升温及加热段，70%~80%的热量供给都在这段；均热段主要是满足减小钢坯内外温差的要求，根据热送热装的入炉钢坯特点，均热段可以适当缩短，供热量也是可以减小的。

（3）设置大间距的步进梁立柱和双水管的纵梁结构，设有 5 根固定梁，4 根步进梁。均热段内的固定梁纵梁与加热段和预热段相错开，使钢坯在加热段受遮蔽的下表面到均热段完全暴露在纵梁之间的高温区，减少纵梁对加热钢坯下表面遮蔽形成"黑印"的影响，待钢坯在均热段纵梁上尚未形成新的明显"黑印"时出炉，保证了钢坯的温度均匀，炉底水梁纵梁上的滑块采用相邻两块之间的错位技术，可以更进一步降低炉底水梁形成的钢坯"黑印"温差。采用这种炉底水梁布置结构，可以更好的减少钢坯在炉时间，适用热送热装钢坯在炉加热时间短的特点。

（4）采用双轮斜轨式步进机构(13°斜轨)，升降框架和平移框架设有定心装置，钢坯的跑偏量控制在±20mm 以内(实际为±15mm)，2 个升降液压缸，1

个平移液压缸。提升液压缸采用外置内装置式线位移传感器，平移液压缸采用内置式线位移传感器，方便检修及维护。步进机构周期达到了31秒，出钢周期在 37 秒以内，满足了加热炉小时产量为 180t/h 的出钢速度要求，满足热送热装生产线节奏快，产量高的特点。

（5）出料端悬臂辊道下方炉底设置出料端自动排渣装置，通过此装置可以将钢坯在出料悬臂辊道上通过时掉落的渣全部自动冲至轧线沟。采用此自动排渣装置，可以大大减少操作工人劳动强度，降低车间废渣处理调度难度，清除加热炉区生产操作的安全隐患，改善炉区地坑的操作环境，是一种方便、简单、实用的自动排渣装置，如图 2 所示。

5.3　燃烧系统

（1）供热方式。加热炉六个温度控制段，即加热段上、下；均热段上左、上右、下左、下右，温度控制灵活。采用此种分段温度控制方式，可以很好的适用热送热装的入炉钢坯温度特性。均热段分左右，可以控制好钢坯的头尾供热量，从而控制好钢坯的头尾加热温度要求，满足轧制工艺要求。

（2）燃烧控制系统。加热炉设置六段燃烧控制系统，各段段管上设置流量测量及流量调节装置，设置压力检测装置。采用典型的"双交叉限幅控制系统"并带有动态修正功能的自动控制技术，通过空、煤气流量等配比的控制，实现钢坯加热炉的炉温需求，使得钢坯顺利出炉。

（3）换热器。采用了带插入件的高效金属管状换热器(二行程)，可以将助燃空气预热到500~550℃。

为防止事故状态换热器损坏，保护换热器，降低排烟温度，设计了一台稀释风机，以备事故状态向烟道内输送冷风，保护换热器。

（4）烟道闸板。采用了无水冷耐热钢(1Cr18Ni9Ti)旋转闸板，该闸板不存在漏水事故，轻便、灵活、可靠，检修维护量甚少，使用寿命长。

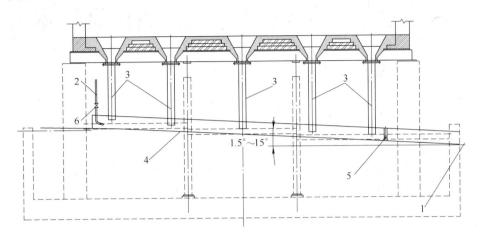

图2　出料端自动排渣装置

5.4　电气及仪表检测控制系统

（1）电气控制系统。加热炉配置高水平的电气控制系统，各设备之间安全连锁运行控制，实现钢坯在加热炉各设备上的安全平稳输送、可靠跟踪，可以在 HMI 画面上看到所有设备动作状态及钢坯的位置，适用热送热装生产工艺的稳定运行要求。

（2）仪表检测控制系统。包括压力、温度、流量的检测及调节控制。加热炉设置了炉温与燃烧比例自动控制；空气换热器前后烟气温度显示、超温报警及自动启动稀释风机；冷却水回水温度、压力测量、流量开关；热风温度测量、超温报警及自动放散；炉膛压力的自动控制；热风总管压力测量、自动控制；煤气总管压力测量、低压自动切断并自动氮气吹扫；冷却水压力测量，低压自动开启事故水；仪表气源压力低报警。六支段空气、煤气流量测量指示，并自动调节，煤气总管流量测量、各段累计并自动记录等。加热炉仪表检测项目齐全，控制项目完整，并设置相应的报警装置，保证了加热炉的安全、平稳运行。

6　结语

目前水钢棒线材加热炉已经运行一年多了，从运行效果来看，整体情况良好，操作工人劳动强度低，事故少，运行平稳、节能效果显著。

从本次工程的设计实例以及现场的运行实际情况来讲，适用于热送热装的棒线材步进式加热炉的设计主要是着重考虑入炉钢坯的温度特性，包括钢坯直接热装、间接热装、冷装这几种不同的入炉方式。通过考虑它们对加热炉运行过程中产生的差异，统筹综合考虑加热炉的工艺配置、炉型结构、燃烧系统配置、电气及仪表自动控制系统等方面，最终设计出能够较好适用于各种入炉方式的加热炉，满足生产的需要。

挖潜增效，降低运行成本，这是每一个钢铁企业会越来越重视的工作，节能效果显著的热送热装的棒线材生产工艺也将会越来越广泛地应用到钢铁企业的生产实际中来。因此，设计更加完善、更加优化、更加节能的适用于热送热装的棒线材生产线的步进式加热炉来，就是我们所需要认真研究的问题。我们正在以水钢棒线材加热炉为依托，借鉴原设计和实际运行情况，总结经验，推陈出新，使得加热炉更加适用热送热装棒线材生产线的工艺要求。

参考文献

[1] 池桂兴. 工业炉节能技术[M]. 北京: 冶金工业出版社, 1994.

[2] 陆钟武. 火焰炉[M]. 北京: 冶金工业出版社, 1995.

[3] 钢铁厂工业炉设计参考资料[M]. 北京: 冶金工业出版社, 1977.

[4] 工业炉设计手册[M]. 北京: 机械工业出版社, 1977.

250t/h 步进梁式加热炉间拔燃烧控制技术的应用

陈迪安[1]　苗为人[1]　余　威[2]　刘志民[2]

（1. 北京首钢国际工程技术有限公司，北京　100043；

2. 首钢迁钢公司热轧分厂，迁安　064404）

摘　要：本文介绍了一种新型工业炉燃烧控制技术——间拔燃烧控制技术，对其原理和优势进行了阐述，并对该技术在 2160 热轧加热炉上的应用情况作了详细的阐述。

关键词：间拔燃烧；切断控制；加热质量；燃料消耗

The Application of the Cutting off Control Technology of Walking Beam Heating Furnace

Chen Di'an[1]　Miao Weiren[1]　Yu Wei[2]　Liu Zhimin[2]

（1. Beijing Shougang International Engineering Technology Co., Ltd., Beijing 100043;

2. Shougang Qian'an Iron and Steel Company, Qian'an 064404）

Abstract：A new combustion technology for the industeial furnace called interval combution technology is introduced. The theory and advantage of this technology are expounded ,and its appliction in 250t/h walking beam heating furnace is also explained.

Key words：the cutting off combustion; the cutting off control; the heating quality; the consumption of fuel

1　引言

工业炉的燃烧控制水平直接影响到生产的各项指标，例如，产品质量、能源消耗等。目前国内的工业炉一般都采用连续燃烧控制的形式，即通过控制燃料、助燃空气流量的大小来使炉内的温度、燃烧气氛达到工艺要求。由于这种连续燃烧控制的方式往往受到烧嘴调节比等环节的制约，所以目前大多数工业炉的控制效果不佳，特别是加热炉在低负荷生产时，烧嘴火焰长度比较短，出炉钢坯中心温度低，温度均匀性差，满足不了轧机要求，同时也影响热轧卷的板型。因此提高炉气对炉内板坯的传热效率和保证炉宽方向上温度分布的均匀性是加热炉炉型和烧嘴选择与合理配置的前提。目前高档工业产品对炉内温度场的均匀性要求较高，对燃烧气氛的稳定可控性要求较高，使用传统的连续燃烧控制无法实现。随着宽断面、大容量的工业炉的出现，必须采用间拔燃烧控制技术才能控制炉内温度场的均匀性。

2　工业炉行业采用间拔燃烧的必要性

一般以煤气为燃料的大型板坯加热炉上部供热有三种方式，即顶部平焰烧嘴供热、轴向直焰烧嘴供热和侧部烧嘴供热，但是它们各有优缺点。平焰烧嘴的优点是传热效率高，温度分布均匀，炉膛空间小，炉顶形状简单；缺点是炉顶烧嘴数量较多，煤气低压自动切断后，人工关闭烧嘴时操作点比较多。轴向直焰烧嘴的优点是烧嘴数量较少，操作简单；缺点是炉膛空间大，炉顶形状复杂。侧部烧嘴的优点是炉型结构简单，烧嘴安装、检修方便；缺点是炉宽方向温度均匀性不及采用平焰烧嘴或轴向直焰烧嘴。对烧嘴性能和控制要求，必须要保证炉宽方向的温度均匀性。首钢 2160mm 热带轧机步进炉加热段上部供热采用侧向供热，均热段上部供热全部采用平焰烧嘴。

下加热、下均热段有两种供热方式，即轴向反向烧嘴供热与侧部调焰烧嘴供热，两种方式各有其优缺点。一般说来，采用轴向反向烧嘴供热，优点是：

（1）加热板坯长度方向温度均匀较好；

（2）在加热炉宽度方向上供热分布受烧嘴前供风和燃料的条件影响较小；

（3）可减少板坯下部滑轨黑印。

与侧部烧嘴供热相比，轴向反向烧嘴供热缺点是：

（1）下加热由于下烧嘴通道，炉底上部突出，使炉压不均匀；

（2）炉底上突出部分减少了加热炉供热有效长度；

（3）炉底上突出部分易堆积氧化铁皮，需经常清理；

（4）下部采用轴向反向烧嘴，炉型结构复杂，下加热高，致使造价高；

（5）下部轴向反向烧嘴通廊环境温度高，操作困难。

下部供热采用侧部调焰烧嘴供热优点是：

（1）炉下部结构简单；

（2）环境温度好；

（3）加热炉下加热深度较浅；

（4）烧嘴操作检修方便。

其缺点是：在加热炉低产时，由于烧嘴火焰长度变短，因此在炉宽方向上温度均匀性不如端部轴向烧嘴。

首钢迁钢 2160 热轧加热炉不设纵向烧嘴供热，而采用平焰烧嘴和全侧向烧嘴供热方式，为了解决加热炉在低负荷生产时保证炉宽方向的温度均匀性，我们采用侧烧嘴间拔控制技术，并在首钢迁钢热轧项目 250t/h 步进梁式加热炉得到了成功应用，并取得了良好的使用效果。

3　间拔燃烧控制的原理和优势

顾名思义，间拔燃烧控制采用的是一种间断切断侧部烧嘴燃烧方式，使用流量控制技术，根据加热炉二级控制模型最佳化控制模式，来设定加热炉各供热段的温度，加热炉一级基础自动化仪表系统根据二级温度设定值调节各段空、煤气流量。当加热炉低产时，各控制段需要的空、煤气流量相应降低，为了保证烧嘴火焰外形不变，因此各控制段需要切断部分烧嘴，各控制段侧部烧嘴需要间拔数量见式（1）：

$$n = \text{int}(n_1 - \frac{V_{段}/2}{V_{烧嘴}})\qquad（1）$$

式中　n——各控制段每侧要切断烧嘴数量；

　　　n_1——各控制段每侧烧嘴数量；

　　　$V_{段}$——各控制段流量；

　　　$V_{烧嘴}$——侧烧嘴最大燃烧能力体积流量。

通过式（1）可知，烧嘴一旦工作，就处于高负荷状态（50%~100%），保证烧嘴燃烧时火焰长度最长、最稳定，保证出炉板坯炉宽方向的温度均匀性。当需要增加产量时，需要的燃料消耗量增大，因此侧部需要间拔的烧嘴数量相应减少；当需要减小产量时，需要的燃料消耗量减少，因此侧部需要间拔的烧嘴数量相应增加。控制图如图 1 所示。

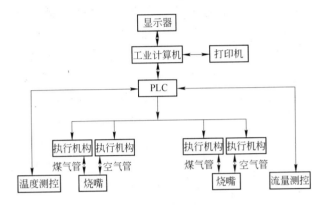

图 1　工业炉间拔燃烧温度控制示意图

间拔燃烧控制的主要优点为：

（1）传热效率高，大大降低能耗；

（2）可提高炉宽方向温度场的均匀性；

（3）通过在线调整实现炉内燃烧气氛的精确控制；

（4）可提高烧嘴的负荷调节比；

（5）系统简单可靠，造价低；

（6）减少 NO_x 的生成；

（7）通过间拔加热段烧嘴数量，控制不供热的热回收段的长度，尤其适应不锈钢加热工艺的需要，并有效回收烟气余热。

普通烧嘴的调节比一般为 4 左右，当烧嘴在高负荷工作时，燃气流速、火焰形状、热效率均可达到最佳状态，但当烧嘴流量接近其最小流量时，热负荷最小，燃气流速大大降低，火焰形状达不到要求，热效率急剧下降，普通烧嘴工作在高负荷流量 50% 以下时，上述各项指标距设计要求就有了较大的差距。间拔燃烧控制则不然，无论在何种情况下，烧嘴只有两种工作状态，一种是高负荷（50%~100%）工作，另一种是不工作，当加热炉各个供热段热负荷变化时，根据负荷变化相应调整各个段烧嘴工作状态进行温度调节，所以采用间拔燃烧可弥补烧嘴调节比低的缺陷，需要低产控制时仍能保证烧嘴工作在最佳燃烧状态。在使用烧嘴在高负荷工作时，燃气喷出速度快，使周围形成负压，将大量炉内烟气吸入火焰根部，并进行充分搅拌混合，延长了燃气和空气接触时间，火焰长度以及高温区拉长，减少 NO_x 的生成，增加了烟气与坯料的接触时间，从而提高了对流传热效率，另外，炉内烟气与燃气充分搅拌混合，使火焰温度与窑内烟气温度接近，提高窑内温度场的均匀性，减少高温火焰对坯料的直接热冲击，避免坯料局部过热、过烧，提高成品率，减少氧化烧损，有明显的经济效益。

燃烧气氛的调节是提高工业窑炉性能必不可少的一个环节，间拔控制技术是在传统的连续燃烧控制上增加嘴前切断阀，通过开关各控制段侧部烧嘴工作的数量来精确控制炉内的燃烧气氛。采用间拔燃烧控制方式，只要加热炉产量恒定，高负荷工作的烧嘴数量就恒定，烧嘴前切断阀工作频率比较低，因此系统工作稳定可靠。间拔控制即可以根据系统的实际情况采取全自动控制，也可以采取人工手动控制。

4 间拔燃烧控制技术在首钢迁钢热轧加热炉上的应用

为了适用大型宽炉宽加热炉对板坯长度方向温度均匀性以及不锈钢板坯低温缓慢加热的工艺要求，2160 加热炉在常规双交叉限幅控制加热炉六个供热段的基础上，辅以炉尾预热段，在第一加热段、第二加热段低负荷自动切断控制功能，即间拔燃烧控制，来实现第一加热段、第二加热段热负荷供热分配的控制要求。第一加热段和第二加热段烧嘴以及间拔阀布置情况：第一加热段上（J1）、下（J2）二段，两侧长度方向布置有五对烧嘴；其中各有四对烧嘴带间拔控制阀；第二加热段上（J3）、下（J4）二段，两侧长度方向布置有五对烧嘴；其中各有四对烧嘴带间拔控制阀。2160 热轧加热炉系统简图如图 2 所示。

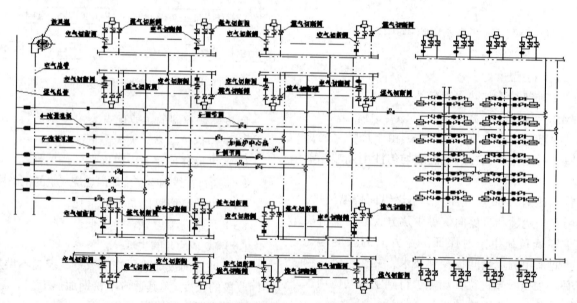

图 2　典型间拔燃烧系统管路简图

间拔控制技术可根据供热段的热负荷情况，分别对 J1、J2 段及 J3、J4 段部分烧嘴，进行切断控制。当热负荷低于某一值 Q_1 时，自动切断一对烧嘴，当热负荷继续低于某一值 Q_2 时，再自动切断一对烧嘴（负荷低于 50% 必须进行切断控制），直到该段关闭，以保证烧嘴始终处在正常要求的工作负荷（100%～40%）状态下使用。当加热炉处于低负荷生产时，为了保护切断的烧烧嘴不被炉膛高温烟气侵蚀氧化，我们只切断嘴前空、煤气支管阀门，中心风管道始终保持全开状态，以高流速向炉膛喷空气同时冷却烧嘴，烧嘴中心风的风量约占烧嘴额定燃烧风量的 3%～5%。

基于仪控双交叉限幅控制系统的间拔控制技术，使 J1~J4 四个供热段以混合煤气为控制基准来满足烧嘴额定工作负荷的需要量，确保了低温供热段的燃烧稳定。在确保该炉区炉宽方向温度场均匀分布的前提下，最大限度地优化了供热分配，可以灵活设定该区域的加热温度，尤其适用不锈钢板坯低温时缓慢加热工艺要求，控制精度高，操作的相应性以及灵活性得到充分的体现，确保了不锈钢板坯的加热质量；同时提高了加热效率，有效降低了燃料消耗。

加热炉燃烧间拔控制技术使加热炉二级燃烧最佳化控制得以实现，加热炉二级控制模型的控制思想是把坯料的加热曲线高温区段尽可能向加热炉出料端设定，让坯料在低温段吸收尽可能多的热量，最大限度降低排烟温度，提高加热炉的热效率，降低吨钢能耗，节约燃料，在加热炉没有二级燃烧模型和有二级燃烧控制模型加热炉曲线如图3所示。

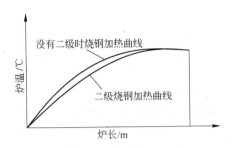

图3　有二级和没二级模型时钢坯加热曲线

间拔燃烧控制技术根据加热炉二级系统温度设定值控制各控制段空、煤气流量，并根据流量的变化控制各加热段需要间拔烧嘴的数量，而各加热段间拔烧嘴的规律是从装料端向出料端依次间拔，保持各加热段靠近出料端烧嘴高负荷燃烧，满足加热炉二级控制模型设定的温度曲线，使二级模型燃烧控制策略得以实现，并保证了烧钢质量。因此在加热炉低产或保温待轧时，烧嘴间拔控制技术保持炉宽方向的温度均匀性同时，改善了操作环境，提高了炉底面积利用率和加热效率，降低了燃料消耗。

5　结论

间拔燃烧作为一项新技术有着广阔的应用前景，在首钢迁钢热轧项目250t/h步进梁式加热炉上得到成功应用，对提高产品质量、降低燃耗、减少污染将发挥重大作用，是工业炉行业燃烧自动控制的一次革新，将成为未来工业炉燃烧控制技术发展的一个方向。

参考文献

[1] 池桂兴. 工业炉节能技术[M]. 北京：冶金工业出版社，1994.

[2] 陆钟武. 火焰炉[M]. 北京：冶金工业出版社，1995.

[3] 王秉铨. 工业炉设计手册[M]. 北京：机械工业出版社，1996.

[4] 钢铁厂工业炉设计参考资料（上册）[M]. 北京：冶金工业出版社，1977.

[5] 钢铁厂工业炉设计参考资料（下册）[M]. 北京：冶金工业出版社，1977.

（原文发表于《工业炉》2007年第5期）

首钢第一线材厂二车间加热炉节能环保改造工程设计

寒军强　　解长举

（北京首钢国际工程技术有限公司，北京　100043）

摘　要：本次环保改造工程的主要目的是对加热炉燃烧系统进行清洁燃料改造，将其燃料由原来的重油改为天然气，以降低加热炉烟气污染物排放，满足北京市环保要求。本次改造中应用了两项新技术，其一为低 NO_x 天然气调焰烧嘴，该设备已申请国家专利；其二为数字化脉冲燃烧技术；经改造后的加热炉已经运行两年多，在环保效果、加热质量、氧化烧损和操作维护等方面都有了很大提升，达到了预期目标。

关键词：加热炉；环保改造；低 NO_x 烧嘴；脉冲燃烧

Energy Conservation & Environmental Protection Renovation Project for the Reheating Furnace of No.2 Workshop in Shougang No.1 Wire Plant

Jian Junqiang　　Xie Changju

(Beijing Shougang International Engineering Technology Co., Ltd., Beijing 100043)

Abstract: The key purpose of this energy conservation & environmental renovation project is proceeding clear fuel modification for the combustion system of reheating furnace, the fuel is changed from heavy oil to natural gas, in order to reduce pollutant of reheating furnace fume, to meet the requirement of Beijing environmental protection. This renovation project used two new technology: one is low NO_x natural gas adjust flame burner, the equipment is application for patent/ the other one is numeralization impulse combustion technology; After renovation, the reheating furnace has been orperating for two years, it is obviously advanced in energy conservation & environmental protection effect, heat quality, oxidize burning loss and operation and maintenance and so on, and reached anticipation goal.

Key words: reheating furnace; environmental protection renovation; low-NO_x burner; impulse combustion

1　引言

随着国家对工业企业污染物排放量和排放浓度的标准越来越高，企业的环保工作面临的形式越来越严峻。开展技术改造工作是企业提高自身的市场竞争力具有十分重要的意义，也是促进我国工业经济又好又快健康发展的重要举措。

首钢一线材二车间步进式加热炉使用重油作为燃料。众所周知，重油是石油蒸馏后的残油，呈黑褐色（成分主要含碳 85%~90%、氢 10%~12%、灰分 0.02%~0.1%、硫 0.3%~3.5%），燃烧时存在烟尘和二氧化硫污染，对环境危害非常严重；为了迎接 2008 年北京奥运会，依照北京市环保要求，首钢总

公司决定对将第一线材厂二车间加热炉燃烧系统进行洁净燃料天然气改造。本工程应用了我公司最新获得的专利产品——"SGL 低 NO_x 调焰烧嘴"；并对其加热段下部烧嘴实施了脉冲数字化燃烧控制改造。这两项新技术的应用是此次节能环保改造的两大特点。

2　设计概述

2.1　设计依据及主要技术要求

我们的设计依据为首钢股份有限公司第一线材厂关于"首钢一线材厂加热炉改烧清洁燃料天然气燃烧系统改造工程"的设计委托书和多次技术交流

纪要。设计技术要求如下：

（1）加热炉排烟要达到北京市工业废气排放要求，符合《冶金、建材行业及其他工业炉窑大气污染物排放标准》（DB 11/237—2004）；

（2）按照120t/h进行加热炉燃烧系统配置，提高燃烧系统控制水平；

（3）现有炉型不变，加热区段划分不变，不破坏炉墙的整体结构，尽量不改变原有的空气管路；

（4）原加热炉烧嘴位置均不变，均热段、上加热端部烧嘴均保持烧嘴砖不变，将下加热侧烧嘴改为"SGL 低 NO_x 调焰烧嘴"；

（5）按现行六段控制方式实现全炉燃烧系统自动化控制，其中下加热两侧为脉冲燃烧控制；

（6）校核鼓风机、引风机和换热器；

（7）按规范要求配置相应燃气炉安全设备。

2.2 改造方案

根据设计要求我们制订了以下改造方案：

（1）拆除、改造内容。

重油管路和设施；

加热段下侧烧嘴前空气管路；

下加热烧嘴砖；

保留端烧嘴烧嘴砖，重新设计制作烧嘴壳体和喷枪。

（2）新增内容。

天然气供应系统；

天然气侧烧嘴；

吹扫放散系统；

增加天然气管路控制及检测设备等；

增加鼓风机变频控制装置；

增加侧烧嘴脉冲控制，增加嘴前空煤气自动切断阀若干；

重新设计、制作换热器；

新增燃气报警器。

2.3 改造后加热炉技术参数表

改造后的加热炉技术参数见表1。

表 1 改造后的加热炉技术性能表

序号	名 称	单位	用途或计算值
1	炉型		侧进侧出步进梁式炉
2	用途		轧制前钢坯加热
3	钢坯规格	mm	160×160×12000
4	加热钢种		碳素结构钢、优质碳素钢、低合金钢
5	钢坯加热温度	℃	950～1050
6	钢坯装料温度	℃	室温（20）

续表 1

序号	名 称	单位	用途或计算值
7	炉子额定产量	t/h	120
8	燃料种类		天然气
9	燃料低发热值	kJ/Nm³	8430×4.18
10	单位热耗	GJ/t	＜1.17
11	天然气耗量	Nm³/h	额定3984，最大4781
12	助燃空气耗量	Nm³/h	平均42000，最大47000
13	烟气量	Nm³/h	额定36474，最大43769
14	空气预热温度	℃	约500

3 主要工程内容

为了达到改造目标，我们对该加热炉燃料供给系统、烧嘴、空气换热器、空气系统、排烟系统和加热炉自动化、电气控制等系统均进行了不同程度的改造。

3.1 天然气系统

拆除原有重油供给管路，重新铺设天然气管路，为加热炉提供燃料。燃料按120t/h配置。天然气由调压站提供，沿原来的油管路支架引至厂房外一米处，接点压力10kPa，接点流量4780 m³/h。天然气总管设置切断阀、调节阀、盲板阀的操作。

加热炉分加热段上、下、均热段中上、中下、均热段侧上、侧下，共6个控制段，各段燃料分配见表2。

表 2 燃料分配表

位 置	最大流量/Nm³·h⁻¹	额定流量/Nm³·h⁻¹	最小流量/Nm³·h⁻¹	烧嘴数量	烧嘴额定流量/Nm³·h⁻¹
总管流量	4781	3984	1195		
加热上	1300	1084	325	8	135
加热下（脉冲）	1563	1303	391	10	130
均热中上	430	359	108	4	90
均热中下	526	438	131	4	110
均热侧上	430	359	108	4	90
均热侧下	526	438	131	4	110

3.2 烧嘴

加热炉设计能力为120t/h，实际生产中由于受到轧机能力限制，现在的产量为70~90t/h，导致燃烧系统工作负荷只有原设计的60%~75%，烧嘴大多也在此负荷工作，重油烧嘴流量太小时燃烧状况很不理想，为了确保单个烧嘴负荷率在烧嘴调节比范围内，所以改造前均热段仅开4个（共有8个）烧嘴，这就导致钢坯加热温度不均匀，影响钢坯加热质量。采用天然气为燃料，选用天然气调焰烧嘴，使得加热系统易于控制，钢坯加热质量得以提高。

3.2.1 侧烧嘴

侧烧嘴采用自主研发的"SGL 型超低 NOₓ 长火焰调焰烧嘴"，此烧嘴一改传统调焰烧嘴的一次风、二次风供给方式，使烧嘴在各项性能指标上都达到了先进水平，适合炉宽较大的大型加热炉侧部加热。

3.2.2 端烧嘴

考虑到炉型的特点和加热要求，并结合现场生产的经验，端部烧嘴全部采用火焰温度均匀的亚高速天然气直焰烧嘴。由于此次烧嘴改造时间短、工期较紧，所以对端部烧嘴及烧嘴砖全部利旧，只更换烧嘴的外部套管、喷枪和喷口砖。

3.3 换热器

改造前后空气换热器参数对比见表3。

表3　燃料为重油和天然气时换热器性能对比表

项　　目	单位	重（混）油时	天然气时
烟气量	Nm³/h	40995	43769
烟气温度	℃	约800	约800
预热空气量	m³/h	39138	39645
空气温度	℃	20	20
预热温度	℃	450	500
烟气侧阻力损失	Pa	100	139
空气侧阻力损失	Pa	1800	1308
换热面积	m²	700	610

现有换热器与改变燃料后换热器在性能方面存在较大差异，为了进一步节约能源、充分回收利用烟气余热，同时考虑到现有换热器已经使用了将近两年，重油烟气对换热器的腐蚀也非常严重，故此次改造我们对换热器进行重新设计制造和更换。

3.4 空气系统

由于此次燃料改造未调整原供热段分配，还是沿用以前的六段供热。所有空气管道、阀门等均利旧；另外，考虑到新换的天然气烧嘴空气接口法兰可能与原管道法兰不符，嘴前局部需要做变径处理。

对采用不同燃料时空气、烟气量的比较（设计参数）见表4。

表4　使用两种不同燃料时空气系统参数对比表

名　称	重油	天然气
热值	9095×4.18 kJ/kg	8430×4.18 kJ/m³
产量	120 t/h	
单耗	1.17 GJ/t	
燃料量	3693 kg/h	3984 Nm³/h
空气需要量	42026（11.38）m³/h	39645（9.95）m³/h

经与原鼓风机参数(表5)比较可知，原风机的压

力能满足燃料为天然气时的要求，但其风量大 6% 左右；综合考虑，风机可以利旧，但是考虑到节电、便于调节控制等因素，为风机增加变频装置；经比较，空气管路可以保留利旧。

表5　鼓风机参数表

数量	台	2（1用1备）
型号		9-26No12.5D；右旋：90°
风量	Nm³/h	46117~58695
风压	kPa	7728~15455
功率数	kW	250

3.5 排烟系统

排烟系统的引风机参数见表6。

表6　引风机参数表

数量	台	2
型号		Y4-73 No12D；左旋：90°
风量	Nm³/h	76040~104600
风压	kPa	2829~1961
功率数	kW	110

加热炉采用引风机强制排烟，烧重油时排烟量为 34163~40995m³/h，燃料为天然气时排烟量约为 36474~43769m³/h，比较两者相差小于 10%，所以引风机可以利旧。

3.6 加热炉自动化、电气控制

改造后新增以下功能和控制：

（1）压力、流量检测和记录，各燃气管路设置压力检测点；

（2）区段温度自动调节系统；

（3）脉冲控制功能，下加热 10 个烧嘴采用脉冲控制；

（4）天然气总管压力自动调节功能；

（5）增加天然气压力低、泄漏等声光报警工作；

（6）此次改造电气控制系统仅增加鼓风机采用变频控制装置。

4　新技术的应用

4.1 "SGL 低 NOₓ 调焰烧嘴"介绍

"SGL 低 NOₓ 调焰烧嘴"是专门针对较宽加热炉侧部供热而设计的一种长火焰、低氮氧化物排放、火焰长度可调的气体燃料燃烧装置，它的正常火焰长度可达到 5.5m，完全能够满足 12m 钢坯加热炉侧部供热，确保钢坯沿炉宽方向上的加热均匀性，其结构如图 1 所示。

该型号烧嘴专利号为 200620166522.X。

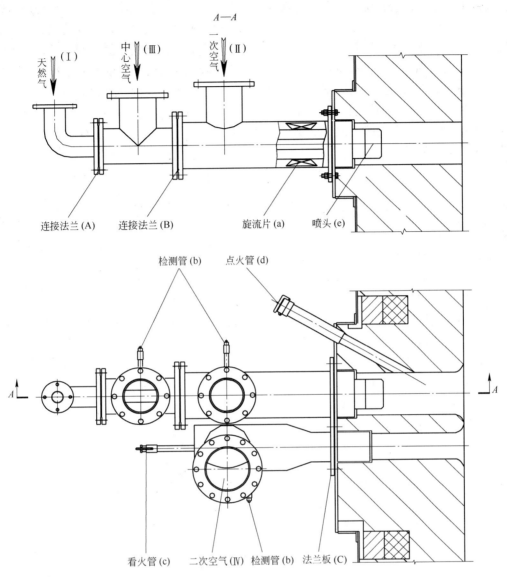

图 1 SGL 型低氮氧化物调焰烧嘴示意图

4.1.1 燃烧机理

"SGL 低 NO_x 调焰烧嘴"采用二级燃烧机理，所谓二级燃烧机理，就是通过控制两级供风的配比，使燃料经过一级燃烧和二次完全燃烧，延长燃料燃烧过程，增长火焰长度，避免火焰产生局部高温。该烧嘴的一次助燃空气和二次助燃空气从嘴前两个独立支管进入烧嘴，二次助燃空气在炉内与煤气边混合边燃烧，火焰长度增长，同时二次助燃空气高速喷入炉内时发生卷吸作用，一部分炉内烟气被卷吸到煤气燃烧区域，这样有效增长了火焰长度，能提高沿炉宽方向炉气温度均匀性，提高加热炉的加热效果。

4.1.2 低 NO_x 排放的实现

NO_x 的生成必须具备两个条件，一是足够高的温度，二是燃烧区域 O_2 的浓度。该采用二级燃烧方式，一次风在与煤气在炉内混合燃烧时，由于风量在 0~30% 范围调节，燃烧所需要的 O_2 不够；同时一次风旋转包裹着煤气高速喷入炉内，卷吸一部分烟气进入一次燃烧区域，因此燃料在一级燃烧区域内产生不完全燃烧，火焰中心温度得到有效降低，一般低于传统火焰中心温度 150℃左右，在此区域可以有效抑止 NO_x 的生成。在沿火焰长度方向上，二次风与主火焰在一起前进的同时发生卷吸作用，不断给一次燃烧区域供给空气，同时发生二次燃烧，这样避免燃烧区域氧气过剩，而且在延长火焰长度的同时使火焰的形状发生改变，实现了火焰温度均匀控制，增强了炉气的扰动，使炉内温度更加均匀，破坏了 NO_x 的产生条件，从而实现低 NO_x 排放。

4.1.3 烧嘴优点

此烧嘴具有以下优点：

火焰长度长，长度可达 5.5m，且刚性好；

NO$_x$ 排放低于 47ppm，较传统常规调焰烧嘴低 30~40ppm；

烧嘴维护简单、操作方便、维修量小。

SGL 型低氮氧化物调焰烧嘴具有特殊的喷口形式，所以原有的喷口砖必须更换。为了不破坏炉墙的完整性、保证施工进度，我们按照原有烧嘴砖外形和 SGL 烧嘴特殊喷口提前预制新烧嘴砖，安装时将旧烧嘴砖拆下换上新的。

4.2 脉冲控制介绍

加热炉加热段下部采用数字脉冲控制原理，对该段 5 对烧嘴进行控制。

4.2.1 脉冲燃烧控制机理

脉冲燃烧控制采用的是一种间断燃烧的方式，使用脉宽调制技术，通过调节燃烧时间的占空比（通断比）实现窑炉的温度控制。燃料流量可通过压力调整预先设定，每个烧嘴按照事先给定的开度和热量需求进行频谱开闭。所有烧嘴按照一定的时序依次点燃，因此烧嘴只有两种工作状态，一种是不工作，另一种是额定状态工作，保证烧嘴燃烧时的燃气出口速度不变，使烧嘴保持在最佳供热状态。当需要升温时，烧嘴燃烧时间加长，间断时间减小；需要降温时，烧嘴燃烧时间减小，间断时间加长。

烧嘴燃烧时间及延迟时间的计算说明如下：

假设脉冲周期为 T，工作组内脉冲烧嘴总数为 N，供热能力为 $P(\%)$，单个烧嘴燃烧时间为 t，烧嘴延迟燃烧时间为 T_p，则有：

$$t = TP$$
$$T_p = T(1-P)/(N-1)$$

该段共有 5 对烧嘴，分布在炉墙两侧，假定设定周期 $T = 120s$。当要求供热能力为 100% 时，5 对烧嘴处于全负荷工作状态，无停止和延迟时间；当供热要求供热能力为 80% 时，该段烧嘴顺序开关，在一个脉冲周期内每对烧嘴燃烧时间为 96s，停止时间为 24s，该段内烧嘴之间的延迟燃烧时间为 6s；当要求供热能力为 50% 时，在一个脉冲周期内烧嘴燃烧时间为 60s，停止时间为 60s，烧嘴之间的延迟时间为 15s。烧嘴工作原理时序图如图 2 所示。

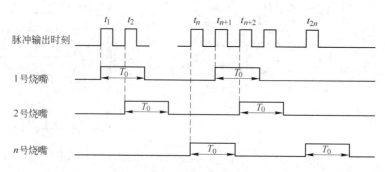

图 2　脉冲原理示意图

4.2.2 脉冲燃烧控制的主要优点

与传统连续燃烧控制相比，脉冲燃烧控制系统中参与控制的仪表大大减少，仅有温度传感器、控制器和执行器，省略了大量价格昂贵的流量、压力检测控制机构。脉冲燃烧控制的优点为：提高炉内温度场的均匀性，平均温差小于 11℃，保证加热质量，减少高温燃气对坯料的直接热冲击；提高传热效率；提高产品收得率；动态响应好；抗干扰能力强；高调节比，高达 5%~95%；减少 NO$_x$ 的生成，减少大气污染，利于环保。

5 投产后的使用情况

5.1 加热质量改善

经过改造后的加热炉在加热质量和操作方面都有了很大提高。

目前在加热 160×160×12000 硬线钢坯料时，在 R2 后测得坯料沿长度方向温差小于 10℃；黑印温差小于 5℃；氧化烧损降至 0.7% 以下，加热质量明显提高。

同时，设备维护量也大大减少。例如，以前烧重油时，由于重油燃烧温度高，导致出料端悬臂辊头经常被烧坏，但使用天然气做燃料后，这种状况大为改观；管路维护简单，以往烧重油时，有重油管路、伴热蒸汽管路和压缩空气管路，均需要经常维护，现在这些问题都不存在，大大减轻了操作工的劳动强度。

5.2 环境效益

加热炉改造后完全达到《冶金、建材行业及其他工业炉窑大气污染物排放标准》（DB 11/237—2004）中的 B 区、第 Ⅱ 时段标准的要求。

5.2.1 改造前污染物排放状况

废气：燃料为重油，实际产量 80~90t/h，废气排放量约为 26412 万 m³/a，其中 SO_2 排放量约为 120.26t/a，烟尘排放量约为 12.19t/a。

固体废渣：由于重油含有较多杂质，其燃烧产物中含有很大灰分，很大一部分附着在换热器换热管壁上，影响换热器效率，需要定期用压缩空气吹扫；另外，由于使用重油，其管路、烧嘴处常常出现漏油、结焦等现象，影响加热炉操作现场环境。

废水：由于燃料的特殊性质，其管路上需使用蒸汽伴热、管路需要蒸汽吹扫、烧嘴也需要压缩空气热雾化，蒸汽使用量约为 100kg/h，压缩空气用量 2000~3500m³/h。

5.2.2 改造后污染物排放状况

废气：燃料改为天然气，加热炉废气平均排放量 43769 m³/h，最大排放量 52522m³/h。天然气燃烧产物基本不含 SO_2 等污染成分，从而减少了 SO_2 排放约 120.26t/a。

固体废物：由于天然气燃烧产物绝大部分为 H_2O（以蒸汽形式排出）和 CO_2，所以改造后燃烧系统不产生任何固体废物，从而减少了烟尘排放量约为 12.19t/a。

废水：改造后的燃烧系统也无任何废水需要处理。

5.3 经济效益

吨钢成本比较见表7。

表7 吨钢成本比较

燃料	外购价	综合能耗	吨钢燃料成本	节约
重油	2600 元/t	37.89 kg/t	98.5 元/t	0
天然气	2.35 元/m³	38.8 m³/t	91.18 元/t	7.32 元/t

从表7数据来看，加热炉烧天然气后节约燃料运行成本约 7.4%，按年产量 40 万吨计算，一年可节约燃料成本约 300 万元。

6 结论

从加热炉投产到目前两年多时间的运行情况来看，污染物排放大大减少，环境效益显著；钢坯加热质量高、能耗低、自动化水平高、工人劳动操作简单方便等这些都可以说明本次加热炉改造是成功的，满足环保测评和轧制工艺要求，并最终获得了业主的一致好评。

由此可见，搞好企业环保工作，不但能够取得一定经济效益，同时能够取得巨大的环境效益。技术改造作为企业扩大再生产、更新改造、提高产品质量和技术含量的手段已成为提高国家综合国力的一种方式。本次改造的环保技术的成功运用，为今后类似项目取得好的效果提供技术支持和经验保障。

首钢第一线材厂二车间加热炉环保改造工程是钢铁厂加热炉节能减排改造的一个实例，是数字化脉冲燃烧控制技术和首钢自主知识产权"SGL 低 NO_x 调焰烧嘴"在首钢的又一次成功应用实例，为同类加热炉的改造提供了借鉴，丰富了我公司在加热炉环保改造方面的经验和业绩；另外，此次改造也为北京奥运会的成功召开做出了应有的贡献。

参考文献

[1] 工业炉设计手册[M]. 北京: 机械工业出版社, 2004.

[2] 钢铁厂工业炉设计参考资料[M]. 北京: 冶金工业出版社, 1977.

[3] 陆钟武. 火焰炉[M]. 北京: 冶金工业出版社, 1995.

[4] 苗为人, 陈迪安. 首钢迁钢2160热轧加热炉工程设计[J]. 冶金能源, 2007, (5).

[5] 苗为人, 陈迪安, 塞军强, 等. 低 NO_x 调焰烧嘴技术的转化与研发[J]. 设计通讯, 2007.

步进梁式加热炉液压配重系统的研发与实践

郭天锡　张彦滨　杨守志

(北京首钢国际工程技术有限公司，北京　100043)

摘　要：步进梁式加热炉是应用最广泛的轧钢加热炉，其步进机构是一种提升机械，受提升高度和空间的限制目前均无配重。本文阐述了一种由液压弹簧组成的配重系统，可将步进梁下降时重力做功的能量转换成压力能蓄存起来，在步进梁上升过程中作为辅助动力补充到系统中助推步进梁的提升。液压配重系统的投入降低了步进梁的提升载荷，同时节约大量的电能及备品备件消耗。对新建项目可减少建设投资，对已建成和生产的步进炉本文也提出了简单易行的技措改造方法。

关键词：步进梁；升降缸；配重缸；速度曲线；蓄能器

Walking Beam RHF Hydraulic Counterweight System Research and Practice

Guo Tianxi　Zhang Yanbin　Yang Shouzhi

(Beijing Shougang International Engineering Technology Co., Ltd., Beijing 100043)

Abstract：Walking beam RHF is the most widely applied furnace in rolling mill. It's walking beam is a kind of lifting machinery, owing to the restrictions of lifting height and space, it had no counterweight. This paper describes a hydraulic spring counterweight system. When walking beam drops gravity acting energy is converted into pressure energy and saved up at accumulator. In the course of walking beam rises, as auxiliary power it was added to the system to propel walking beam enhance. Hydraulic counterweight system put into reducing the loads of the enhancement of the walking beam, while saving a lot of energy and the consumption of spare parts. For new project it will be reduced the initial investment. For old we have given the improve methods simply and easy.

Key words：walking beam; lifting cylinder; counterweight cylinder; velocity curve; accumulator

1　引言

步进梁式加热炉是目前技术最先进，应用最广泛的轧钢加热炉。以其承载能力大，钢坯温度控制灵活，运行平稳可靠等优点在轧钢生产中发挥着重要作用。工作时，钢坯通过步进梁的上升—前进—下降—后退的循环动作完成输送和加热。步进梁的结构形式主要有连杆托轮式和斜轨式两种，前者已逐步淘汰，先进的、大型的步进炉均采用斜轨式。步进机构主要包括固定梁、步进梁、平移缸和升降缸。固定梁由多条纵梁组成，通过立柱与基础固定，在炉内用于承托钢坯。步进梁是一个双层框架，下层（升降）框架的上、下各有两列滚轮，下滚轮安放在基础的斜面导轨上，框架由左、右升降油缸支

撑，油缸动作时步进梁可沿斜轨升降。上滚轮托起上层（平移）框架，框架可随平移缸的伸缩前进后退。步进梁的上层框架插在固定梁多条纵梁的间隔中，可自由上升—前进—下降—后退。在步进梁上、下框架的两侧均装有导向轮，可防止步进梁在运动过程中跑偏。固定梁与步进梁在炉内的部分除装有绝热材料保护外，另有冷却水进行循环冷却。步进机构驱动液压系统的主泵装置和控制阀组，用于控制油缸的推（拉）力和速度，完成步进梁的动作循环。

2　步进梁工况分析

为满足产量和轧制节奏，步进梁的步进周期即步进梁的上升—前进—下降—后退速度有严格的要求。其加速度、减速度及速度拐点的设置均应精确

控制。步进梁的荷载大，惯量也大，工作时须缓启缓停，尤其是在升降过程中，步进梁从固定梁上取放钢坯时，更要轻托轻放。否则，将引起设备、管路的震动和冲击，损伤设备、钢坯表面和梁上的绝热材料。

图 1 所示为步进梁的"位移曲线图"，图中显示了步进梁的升程和步距，图 2 所示为步进梁的速度曲线图，即图 1 的展开图。其纵坐标表示速度 v (mm/s),横坐标表示时间 T (s),曲线下所包含的面积即是油缸的行程 S（mm）。在校准步进梁速度曲线时，主要是校准曲线上每一个拐点所对应的时间和速度，拐点位置变了，则速度曲线发生变化，步进梁的速度、加/减速度也随之发生变化。速度的调整

可通过比例阀放大器的电流输入信号来调定。需要保证的是步进梁在行进周期中的缓启缓停、轻托轻放，以及步进周期每一个阶段（升、降、进、退）要完成步进梁的升、降高度和步距。

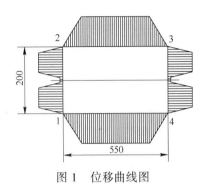

图 1　位移曲线图

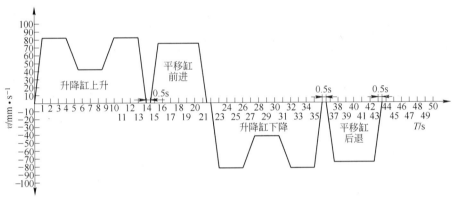

图 2　速度曲线图

步进梁的速度曲线也不是一成不变的，通常设计给定的周期是步进炉最大产能时的时间周期。如产能要求不高，可随时通过电气调整适当延长步进梁的既定周期，这样，对设备的运行和节约能耗都不无好处。

步进梁的荷载非常大，少则几百吨，多则一两千吨，在步进的动作循环中其最大出力在于升降缸将步进梁和钢坯托起的行程。由于荷载大，多采用 2 或 4 个高压大流量的升降油缸完成，而下降时由于重力，步进梁可自动回程，升降缸无须出力。前后平移所需的力也很小，这种工况使液压泵站的功率输出极不均衡，能耗超大，步进梁下降时重力做功的能量都变成了热量，未得到充分利用。

3　液压配重系统

众所周知，提升机械多有配重，如日常生活中的电梯、加热炉的炉门等。步进梁实质上也是一种提升机械且动作频繁，但没有配重。这种工况使液压驱动泵站的能源浪费极大。究其原因，主要是步进机构的升程小，空间受到限制，常规的配重不易

实施。如能设计一套有效可行的配重系统则可大大减小升降缸的荷载，降低并均衡液压泵站的功率，节约能源。从目前了解到的情况看，各个钢厂的步进炉，无论是鞍钢、武钢、宝钢等这样的大公司还是中小型钢厂均无配重使用。

针对以上情况，研发了一种带有配重的步进机构。其特点是在步进梁升降机构中配置了一组液压弹簧，弹簧由 2 个配重油缸和蓄能器组成。液压弹簧可将步进梁在下降时的能量以压力能的形式蓄存起来，当步进梁上升时作为辅助动力补充到系统中助推步进梁的抬升。该配重在下降时是背压，是阻尼，可使下降动作更加平稳；上升时是推力，可大大降低升降缸的出力因此可降低驱动液压泵站的功耗，此时节约的电能约 30%~50%，同时减少液压系统发热。

图 3 所示为带有液压配重系统的步进机构示意图。配重系统主要由配重缸 8、蓄能器 9 和补油装置 10 组成，配重缸的结构、行程、安装形式与原有的升降缸相同。步进梁上升时配重缸由蓄能器供油，下降时靠重力回程，同时为蓄能器蓄积能量。补油

装置由补油泵、油箱及压力继电器等组成。补油泵的功率仅 1kW，也较少使用，主要用于泄漏时保证配重系统的压力稳定。配重系统的压力可根据拟平衡的重量确定。补油泵的启、停由压力继电器控制。

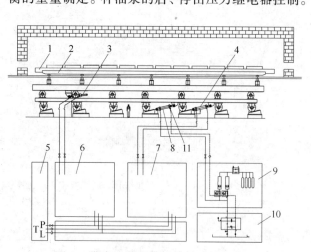

图 3　带有液压配重系统的步进机构

1—固定梁；2—步进梁；3—平移缸；4—升降缸；5—主泵装置；
6—平移阀组；7—升降阀组；8—配重缸；9—蓄能器；
10—补油装置；11—管路附件

配重系统工作时，随着步进梁的升、降周期进行着能量转换。上升时配重缸起助推作用，下降时起背压作用。

配重系统除补充泄漏外不需要增加新的动力，也无须特别的维护。

4　技术路线

对新建的步进炉可直接配置升降油缸和配重油缸，分配各自的提升荷载并确定系统压力。对已建成和生产的步进炉（以某钢厂 1580mm 热轧为例），可把原有 4 台升降缸中的 2 台直接改作配重缸使用。通过管路的切换，使其由液压泵站供油改为与蓄能器连接，机械设备无需改动。此方案简单易行、费用低，利用设备检修时间即可完成，对生产几无影响。视要求可通过油路的切换实现步进梁的"常规"和"配重"两种工作模式。

针对步进式加热炉步进机构的配重节能改造，其具体步骤如下：

（1）改造前准备。

1）将蓄能器 9 和补油装置 10 就近布置在炉底配重缸 8 附近；

2）将管路从蓄能器 9 敷设至配重缸 8，清洁后待用；

3）为蓄能器充气并调定气侧压力。

（2）改造及调试。

1）将升降油缸 4（原有）中的 2 个改作配重缸

8 使用。切断配重缸 8 与驱动液压系统的供、回油管路，将配重缸 8 的无杆腔与蓄能器 9 间的管路连接。有杆腔接补油油箱。

2）开启补油泵，调定蓄能器油侧压力及启、停压力设定值。

3）启动液压泵站（2 台工作泵即可）。

4）调整升降阀组 7 比例阀放大器的电流信号，校准步进梁的工艺速度曲线。

5　实施范例（以某钢厂 1580mm 热轧步进炉配重节能改造为例）

主要技术参数：

步进梁总荷载 $W = 1380t$（步进梁自重＋钢坯重量）

步进梁自重 $W = 580t$（包括水梁、冷却水等活动部分的重量）

荷载（钢坯最大重量）$W = 800t$

液压配重拟按步进梁总荷重的 40% 考虑

配重荷载 $W = 1380t × 40\% = 552t$

结构形式斜轨式，倾斜角为 $\alpha = 11.5°$

升程 200mm

有效行程 $200mm ÷ \sin 11.5° = 1003mm$

升降缸 $\phi 280 / \phi 200 \sim 1150$　2 台（原设计，有效行程 1003mm）

平移缸 $\phi 280 / \phi 200 \sim 700$　1 台（原设计，最大行程 550mm）

配重缸 $\phi 280 / \phi 200 \sim 1150$　2 台（由升降缸置换）

蓄能器 1400L　1 组　（新增）

步进周期 50 秒。上升、下降各 16 秒，前进、后退各 8 秒，每个动作间隔 0.5 秒

从表 1 可以看出，配重系统投入后，步进机构的固定梁 1、步进梁 2、平移缸 3、升降缸 4、液压泵站 5、平移阀组 6 和升降阀组 7 均保持不变与原设计相同。只是将原有的 4 个升降缸保留 2 个，另 2 个直接改作配重缸 8 使用。改造后，配重缸 8 的尺寸、结构和安装形式与升降缸 4 完全相同，仅油路做了调整。配重缸 8 和蓄能器 9、补油装置 10 等组成了一个新的配重液压系统。

工作中步进炉驱动液压系统和配重液压系统同时作用于步进梁。升降缸、平移缸由驱动液压系统供油，配重缸由蓄能器供油。配重缸采用随动设计，在步进梁"上升—前进—下降—后退"的动作循环中与升降缸始终同步，不介入因工艺要求而设定的速度控制。配重液压系统和驱动液压系统各自独立设置，互不干扰，可确保步进梁的工艺速度曲线不受影响。

补油装置 10 用于第一次对蓄能器油侧充液和补充系统泄漏。补油装置的启、停由压力继电器控制，油压低于下限时，补油泵启动补油；达到上限时，补油泵停止。配重缸 8 有杆腔油口处的管路附件 11 是一个三通呼吸器，其与油箱连接并与大气相通，可使泄漏油顺利排放，同时避免油箱的油被倒吸。

6　技术参数对比

步进炉配重节能改造技术参数的对比见表 1。

表 1　步进炉配重节能改造主要技术参数对比

项　目	改造前步进机构	配重式步进机构	备　注
升降缸规格	$\phi280/200\sim1150$；4 台	$\phi280/200\sim1150$；2 台（较原设计减少 2 台）	$v_{max}=85mm/s$
平移缸规格	$\phi280/200\sim700$；1 台	$\phi280/200\sim700$；1 台	$v_{max}=78.6mm/s$
配重缸规格	—	$\phi280/200\sim1150$；2 台（同升降缸）	v_{max}：随动（置换）
蓄能器	—	1400L，活塞蓄能器+气瓶	（新增）
补油泵	—	2L/min；16MPa；1 台	（新增）1 kW
驱动液压系统压力	16MPa	16 MPa	
配重液压系统缸压力		10.6 MPa	
升降缸工作面积	$615\times4=2460cm^2$	$615\times2=1230\ cm^2$	无杆腔
配重缸工作面积	—	$615\times2=1230\ cm^2$	无杆腔
升降缸流量 Q_{max}	$314\times4=1256L/min$	$314\times2=628\ L/min$	
液压站主泵	A4VSO250DR；5 台（4 用 1 备）	A4VSO250DR；3 台（2 用 1 备）	
主泵总流量	$370\times4=1480\ L/min$	$370\times2=740\ L/min$	
主泵电机	5 台（4 用 1 备）；$132\times4=528\ kW$	3 台（2 用 1 备）；$132\times2=264\ kW$	
循环泵电机	2 台（1 用 1 备）　30 kW	2 台（1 用 1 备）　15 kW	
油箱容积	10000L	5000L	

7　结语

从上表的分析对比中可以看出，其经济效益主要有三个方面：

（1）节电 1/3 以上，配重节能改造后，加热炉液压站的高压泵从 5 台（4 用 1 备）减至 3 台（2 用 1 备），每台泵的电机是 132kW，以每年工作 6800 小时计，即 $132\ kW\times2\times6800=1795200\ kW\cdot h$。粗算，每台炉子每年可节电近 180 万度，以 1580mm、2160mm 热轧厂为例，每个厂有 3~4 台步进炉，节能效果显著。

（2）备品备件消耗减少 1/3。由于减少 2 台泵组，相应的电机、高压泵、过滤器、控制阀组、各种阀门、软管等备品备件消耗均减少 1/3。

（3）设备投资节约 1/3。对于新建改建项目来说，步进炉有了配重，液压站的规模可大大减小，即泵的数量（或规格）、冷却器、过滤器的规格、管路、阀门的规格、油箱的容积及土建、电气的投入等全部减小。

本课题符合国家节能减排国策，以上三个方面的经济效益均直观可测。步进炉有了配重，功能未变，但初始建设成本大大减小，能源及备品备件的消耗大大降低，节能效果显著。技术改造在设备检修期间即可完成，对生产影响不大，投入也不多，技术改造的费用在几个月内可收回且长期受益。本项目为我公司自主研发，现已在首钢长钢的棒材加热炉上成功应用，运行近 1 年，效果良好。我国钢铁企业众多，步进式加热炉的数量成百上千。如能进一步推广，经济效益和社会效益将非常显著。

参考文献

[1] 成大先. 机械设计手册[M]. 北京：化学工业出版社，2006.

[2] 汪建业. 重型机械标准[M]. 昆明：云南科技出版社，2007.

[3] 液压活塞式蓄能器. HYDAC/SCHWERLL, 2010.

加热炉步进机械液压系统安全保护式液压阀台的研究与应用

郝志杰　　张彦滨

(北京首钢国际工程技术有限公司，北京　100043)

摘　要：本文针对加热炉步进机械液压系统，研究了一种带有安全保护功能的液压阀台，对步进式加热炉提升液压缸进行控制和安全保护。不但能够精确地控制提升液压缸按工艺要求的"V-T"曲线工作，而且能够避免因液压系统高压胶管爆裂而发生提升机械设备损毁，造成重大经济损失和人身伤亡事故。该成果成功应用于实际，经济和社会效益显著，具有重要的推广应用价值。

关键词：步进式加热炉；提升液压缸；高压胶管；液压阀台；压力继电器；安全保护

Hydraulic Valve Stand with Safety Protection Function for Furnace Hydraulic System Research and Development

Hao Zhijie　Zhang Yanbin

(Beijing Shougang International Engineering Technology Co., Ltd., Beijing 100043)

Abstract: One kind of hydraulic valve stand with safety protection function for furnace equipment used walking beam were researched and developed. In this valve stand, it can accurately control the lifting cylinder of walking beam with safety protection according to "V-T" curve based on the process requirement, the damage of walking beam and economy loss and person injure can be avoided when the high pressure hose crack. In practical application, it could be bring on prominent benefit on economy and society.

Key words: walking beam furnace; lifting cylinder; high pressure hose; hydraulic valve stand; pressure switch; safety protection

1　引言

本文涉及的"带有安全保护功能的液压阀台"已经向国家知识产权局申请了专利，专利号ZL201120092877.X。并且已经成功应用于首钢迁钢 2160mm 热轧机组和首钢京唐 2250mm 热轧机组项目上。

步进式加热炉在冶金行业轧钢中广泛使用，不论是大型的板带热轧机，还是较小的棒、线材轧机。轧钢工艺的第一道工序都是把冷钢坯放入加热炉里加热，达到工艺要求的轧制温度，然后输出钢坯，经传送辊道输送到第一架粗轧机及后面的机组进行

轧制。

钢坯加热炉有多种形式，步进式加热炉是一种目前被广泛采用的较先进的钢坯加热炉。它一般由炉体、步进机械、燃气输送设备、水冷却设备及配套检测仪表等组成。步进机械位于炉底，主要由"提升框架"及其提升液压缸和"平移框架"及其平移液压缸组成。根据炉子的大小，提升液压缸有两个或四个，布置在"提升框架"的两侧。它的作用是使"提升框架"及其置于其上的"平移框架"和钢坯作升降运动。平移液压缸通常设置一个，它的作用是沿水平方向推拉"平移框架"及其置于其上的钢坯。

按工艺要求，步进式加热炉的步进机械动作过程形成一个矩形，见图 1。

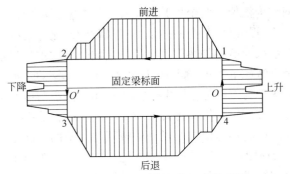

图1 加热炉步进机械矩形运动示意图

图1中标注的"上升"和"下降"是"提升框架"的动作，"前进"和"后退"是"平移框架"的动作，O-O'是固定梁（静梁）所处位置。数字1是"提升框架"上升行程的极限位置，数字2是"平移框架"前进行程的极限位置，数字3是"提升框架"下降行程的极限位置，数字4是"平移框架"后退行程的极限位置，即"提升框架"的原始位置。

推钢机从炉子入料侧把冷钢坯推入炉里，先放到静梁上。首先用提升液压缸推动"提升框架"，使"提升框架"和置于其上的"平移框架"一起升起，在经过静梁时"平移框架"托起冷钢坯，"提升框架"升至上极限位置1停下。接着是平移液压缸拉动"平移框架"及其置于其上的钢坯作水平移动，"平移框架"移动到前极限位置2停下。然后提升液压缸拉动"提升框架"下降，置于其上的"平移框架"及其钢坯一起下降，钢坯在经过静梁时被放到静梁上，而"提升框架"和"平移框架"一起继续下降，降至下极限位置3停下。接着是平移液压缸沿水平方向推动"平移框架"，"平移框架"回到原始位置4停下，等待下一轮动作。这样就完成了一个步进过程，钢坯前进了一步。如此循环下去，就使钢坯从加热炉的加料口开始，边前进边加热，直到钢坯走到加热炉出料口处，此时钢坯已被加热到工艺要求的温度，等待出炉。本文只涉及提升液压缸的控制与保护。

2 带有安全保护功能的液压阀台对步进式加热炉提升液压缸的控制

带有安全保护功能的液压阀台液压原理图如图2所示。

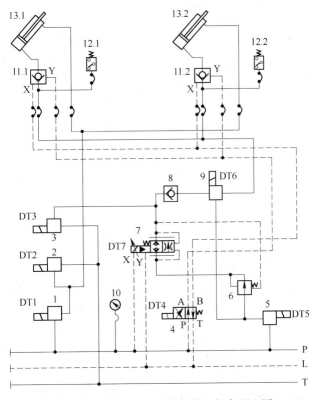

图2 带有安全保护功能的液压阀台原理图

1，2，3，5—电磁式二位通断阀；4—电磁换向阀；6—入口压力补偿器；7—比例阀；8—单向阀；9—电磁式三位通断阀；10—压力表；11—液控单向阀（2个）；12—压力继电器（2个）；13—提升液压缸（2个）；P—压油管；T—回油管；L—泄油管

该液压阀台能够准确地按工艺要求的"V—T"曲线控制提升液压缸的动作，并且做到在提升行程中从静梁上轻轻地托起钢坯，而在下降行程中又轻轻地把钢坯放到静梁上。

步进式加热炉提升液压缸的电控过程见表1。
提升液压缸的控制过程如下：

表1　带有安全保护功能的液压阀台电控表

工况	上升						
电磁铁	DT1	DT2	DT3	DT4	DT5	DT6	DT7
得失电	−	+	−	+	+	−	+
工况	下降						
电磁铁	DT1	DT2	DT3	DT4	DT5	DT6	DT7
得失电	+	−	+	+	−	+	+
工况	停止						
电磁铁	DT1	DT2	DT3	DT4	DT5	DT6	DT7
得失电	−	−	−	−	−	−	−

注："+"号表示阀的电磁铁得电；"−"号表示阀的电磁铁失电。

提升液压缸不论是上升过程还是下降过程，液压油都要先流经入口压力补偿器，然后流经比例阀。入口压力补偿器的作用是不论负载如何变化，都能使比例阀前后的压差始终保持不变，这样就能使比例阀始终按某一压差对应的流量曲线有规律地工作。而比例阀是在比例放大器上按工艺要求设定斜波曲线的，使输入电流（或电压）的参数与比例阀的输出流量有成正比的对应关系，按照工艺要求精确地控制提升液压缸的运动速度，并且在上升行程做到轻轻地把钢坯从静梁上托起，又能在下降行程做到把钢坯轻轻地放到静梁上。提升液压缸上升行程时，打开代号2和代号5的阀，关闭代号1、3、9的阀；在下降行程时打开代号1、3、9的阀，关闭代号2、5的阀。另外，不论上升行程还是下降行程，代号4的阀都处于得电状态，就会使代号11.1、11.2的阀保持打开状态。如果代号4的阀失电，则使代号11.1、11.2的阀关闭，就能锁住提升液压缸活塞腔，使得提升液压缸能够停在任意位置上，并且能够保持位置不变。

图1中"上升"和"下降"是提升液压缸的两个工况，运动曲线中斜线的斜率表示提升液压缸开始动作和结束动作时的加速度或负加速度。根据轧制节奏的要求，提升液压缸的"上升"和"下降"过程都有时间的限制。加速度和匀速运动的搭配，使提升液压缸在规定的时间内完成"上升"和"下降"过程。这种搭配可以设置 N 段，段数设置的原则是既要满足对升降动作时间上的要求，又要使升降动作过程平稳运行。提升液压缸的加速度和匀速运动的大小都是用比例阀控制的，给比例阀的比例电磁铁输入电流（或电压）的大小决定了比例阀输出流量的大小，也就决定了提升液压缸的加速度和速度。比例电磁铁的输入电流（或电压）的大小与比例阀的输出流量成正比。

3　带有安全保护功能的液压阀台对步进式加热炉提升液压缸的安全保护

步进式加热炉的"提升框架"是一个巨大的矩形

钢结构框架，两个提升液压缸布置在框架的两侧。置于"提升框架"上面的是"平移框架"，此外还有水冷系统及其待加热的钢坯等，它们全部的重量都是提升液压缸的工作载荷。以2160热轧带钢的步进式加热炉为例，提升总载荷多达1250t，总载荷由两个提升液压缸均摊。提升液压缸用高压矿物油推动，高压矿物油是由专门设计的液压站供给的，油压高达21MPa。代号11.1和12.1以及代号11.2和12.2分别组成2个液压阀块，又分别固定在两个提升液压缸13.1、13.2上，并且用钢管与液压缸接口连接。而液压阀块的另一端用高压胶管连接来自阀台的高压管路（图2）。在液压系统中高压胶管是一个薄弱环节，不论是由于安装的不规范，或者高压胶管本身的质量问题，还是未能按周期及时更换已达到使用寿命的高压胶管等诸多原因，高压胶管在21MPa的油压长期作用下可能发生爆裂。如果其中一个提升液压缸的高压胶管发生爆裂，则"提升框架"会因为一侧失去支撑而在载荷的作用下发生倾斜，"提升框架"被卡住，甚至导致钢结构变形。如果两个提升液压缸的高压胶管都发生了爆裂，因为此时代号11.1、11.2的阀还处于打开状态，则提升液压缸就会失控，"提升框架"及其置于其上的全部设备高速下滑。提升液压缸的行程有1150mm，不难想象，提升液压缸在 1250t 载荷的重力作用下高速下滑1150mm 的距离后，会使提升机械造成多么严重的损毁，而且还可能造成人员的伤亡。另外，由于此时全部液压阀仍处于工作状态，高压油就会从高压胶管的爆裂处大量跑掉，即污染了环境，又损失了大量的价格不菲的矿物油。还有，这种事故若没有及时发现，该液压站的油箱里的矿物油跑到一定程度，昂贵的工作泵吸入空气会发生"气蚀"而损坏，这样就造成一连串的经济损失。然而，使用了本文的带有安全保护功能的液压阀台以后，就能够杜绝发生这样的事故，从而避免了发生前面谈到的损失。

在带有安全保护功能的液压阀台中，起到安全保护作用的关键元件是代号11.1、11.2的液控单向阀和代号12.1、12.2的压力继电器（图2）。代号11.1、11.2是液压锁，代号12.1、12.2的压力继电器对液压锁发出指令信号。这里要特别强调，压力继电器的安装位置很重要，必须符合图2。该液压阀台起安全保护功能的工作原理如下：我们预先设定压力继电器的触点压力为接近 0MPa 的一个很低的压力值。提升液压缸在活塞腔进油时，提升液压缸的载荷最大，所以该侧的高压胶管发生爆裂的几率也最大。如果某一个提升液压缸或两个提升液压缸的高压胶管发生了爆裂，则对应的高压胶管之后的油压瞬间变为 0MPa 或接近 0MPa 的一个很低的油压,这就会引起压力继电器的触点动作,压力继电器把这一信号传送到 PLC 系统和操作台,于是 PLC 系统自动关闭液压阀台,代号 11.1、11.2 的液压锁自动关闭,锁住了提升液压缸的活塞腔的油路,就不会发生"提升框架"下滑,从而避免了提升机械因高速下滑而造成的损坏和可能发生的人员伤亡;而且自动关闭阀台后,比例阀停止供油,因此避免了高压油从高压胶管的爆裂处继续跑油。操作台收到事故信号后,能够及时派人处理事故。

4 带有安全保护功能的液压阀台可能产生的经济效益

仍以 2160 板带热轧的步进式加热炉为例,说明带有安全保护功能的液压阀台可能产生的经济效益。

步进式加热炉的炉体是一个长 42.25m,宽 11.2m,高 4.5m 的庞然大物,由耐火材料砌筑而成。其中还要安装相关的仪表、工业电视、输入燃料的喷嘴、水冷却等设备。而平移框架及其平移液压缸,提升框架及其提升液压缸,这些设备全部安装在炉体的下部,因此车间里的起重设备(例如天车)够不到它们。一旦发生如前面第 3 节里所描述的由于高压胶管发生爆裂而造成提升机械设备的严重损毁事故时,想要修理这些机械设备(它们重达 155 t)或重新安装,没有大型的起重设备是无法完成的。最坏的情况是不得不拆掉炉体及其安装其上的全部仪表、设备。待把损毁的机械设备修理好并重新安

装以后,再重新砌筑炉体,重新安装附属的全部仪表、设备。下面粗略地估算一下处理这种严重事故会造成的经济损失:

(1)直接损失:

1)砌炉耐火材料费:拆掉炉体所浪费的耐火材料和新砌筑炉体所需新耐火材料 550 万元/次×2=1100 万元。

2)炉底机械设备费:895 万元/套。

(2)间接损失(重新建炉耽误的生产时间折算的损失):

重新建炉及其烘炉需时,10 个月,即 7200h(小时)。

正常生产时炉子的产量,300t/h(连续生产制)。

则重新建炉及其烘炉所耽误的产量 300t/h × 7200h = 216 × 10^4t。

按现在钢材市场价 4900 元/t 计算价格,则总价为 4900 元/t × 216 × 10^4t = 105 亿元。

那么直接损失和间接损失的总和是 1995 万元+105 亿元 = 105.1995 亿元。

(3)结论:

以上数字说明,一旦发生高压胶管爆裂事故,将会损失 105.1995 亿元(还没有把建炉人工费、管理费及跑掉的液压油费用计算在内)。而使用了本文论述的"带有安全保护功能的液压阀台"就能避免造成如此巨大的损失,另外还避免了因大量跑油而造成环境的污染。这就是"带有安全保护功能的液压阀台"的价值所在。

首钢精品棒材加热炉特殊钢加热制度研究

李 文　苗为人　陈国海　戚开民

(北京首钢国际工程技术有限公司，北京 100043)

摘 要：以首钢精品棒材加热炉为基础，研究了精品棒材加热炉内特殊钢加热过程的加热制度，并给出几种特殊钢的加热曲线。

关键词：加热炉；特殊钢；加热制度

Study on Special–steel Heating System of Shougang Bar Mill Reheating Furnace

Li Wen　Miao Weiren　Chen Guohai　Qi Kaimin

(Beijing Shougang International Engineering Technology Co., Ltd., Beijing 100043)

Abstract：Based on Shougang bar mill reheating furnace, the heating systems of special steel in the furnace are studied, and several heating curves of steel slabs are given.

Key words：reheating furnace; special steel; heating system

1 引言

首钢高强度生产线年产 50 万吨精品棒材，是首钢实施产品结构调整的一项重要工程。该工程从 2004 年初开始进入项目的前期准备阶段，轧线部分引进奥钢联波密尼公司的整套技术。加热炉区部分由北京首钢国际工程技术有限公司设计并实施工程总承包。

首钢高强度生产线配套采用侧进侧出上下加热分段步进梁式加热炉。加热炉基本参数及钢坯参数见表 1。

表 1　首钢精品棒材加热炉及钢坯参数

项 目	内 容
炉型	侧进侧出分段步进梁式加热炉
炉底有效面积/m²	28.96×10=289.6
产量/t·h⁻¹	140
燃料种类及热值/kJ·m⁻³	混合煤气 8360
空气预热温度/℃	450~500
坯料规格/mm	180×180(200×200)×10000
钢种	优碳钢、冷镦钢、合结钢、齿轮钢、弹簧钢、轴承钢等
钢坯装炉温度/℃	20
钢坯出炉温度/℃	950~1050
出炉钢坯温度差/℃	≤20(长度和截面方向)

为达到节能降耗的目的，首钢精品棒材加热炉采用了如下技术措施[1]：

（1）在炉子预热段与加热段、加热段与均热段之间炉底设置隔墙，炉顶设置压下，以便于单独控制各段炉温，并利于控制加热炉炉压。

（2）在加热的钢坯与水冷支撑梁之间，采用等高度而材质不同的耐热垫块，水梁在均热段及加热段之间断开并错位。

（3）在加热炉烟道上设置带插入件的金属管状空气预热器，将助燃空气预热到 450~500℃，以回收出炉烟气带走的热量，降低燃料消耗量。

（4）合理配置水冷支撑梁及立柱以减少水冷管的表面积。支撑梁及立柱采用陶瓷纤维毯及自流浇注料的双层绝热，水冷梁采用汽化冷却系统运行，这些都可以大大减少冷却水的吸热损失和冷却水用量。

（5）加热炉炉墙和炉顶工作层根据不同温度段采用不同牌号的低水泥浇注料整体浇注，采用高绝热性能的耐火纤维毡保温，炉顶表层再涂抹一层保温膏，使整个炉顶的密封性更好，减少散热损失。炉内多晶莫来石贴面块和高温节能涂料的应用有效降低炉体散热，节约燃料，改善操作环境。

（6）炉底设置分段式、两套双轮斜轨式步进机构，各采用一对提升液压缸，整体采用一个平移液压缸，两套步进结构之间通过可以相对位移的装置进行连接，既可实现两套步进机构之间单独动作，又可实现其同时动作，从而满足不同钢种加热情况下的不同步进机械动作需求。该机构带有良好的升降框架和平移框架的定心装置，步进机构易于安装调整，维修量少，运行可靠。

2 加热炉数学模型

除以上 6 条节能技术措施外，加热炉的加热制度是否合理是影响钢坯加热质量好坏的重要因素[2]。本文以首钢精品棒材加热炉为对象，在详细分析其传热机理的基础上，建立炉内钢坯加热过程的二维传热数学模型，采用交替隐式格式的 TDMA 数值计算方法，开发出一套加热炉数值仿真程序，该程序可以模拟钢坯在炉内的加热过程，并给出各个钢种的加热曲线。

其中，数学模型包括炉膛传热数学模型、钢坯内部导热数学模型、炉膛热平衡数学模型、钢坯氧化脱碳数学模型和炉衬导热数学模型等。

2.1 基本假设

为对钢坯在炉内的加热过程进行较为客观的描述，需要将钢坯在炉内加热过程进行适当的简化[3]：

（1）炉温分布不随时间变化，认为炉膛内介质温度在所分区段内是均匀一致的，并且忽略沿炉长方向各个区段间的辐射换热。

（2）忽略沿钢坯长度方向(即炉宽方向)的导热。由于钢坯间隙放置，因此，可将钢坯的内部传热近

似认为无限长坯上、下及两侧四面受热的二维非稳态导热，并认为两侧面的受热条件相同。

（3）忽略钢坯表面的氧化铁皮对传热的影响。

（4）炉墙内表面及钢坯表面黑度视为常数。

（5）近似认为炉温与炉气温度相等。

2.2 钢坯二维导热模型

本文考虑了钢坯沿宽度和厚度方向的温度分布，认为钢坯是沿宽度方向对称，厚度方向不对称的二维非稳态导热，传热示意图如图 1 所示，其控制方程和定解条件如下。

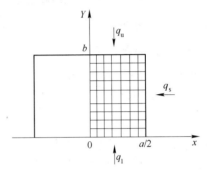

图 1 钢坯横截面网格划分

（1）控制方程

$$\rho c_p(t)\frac{\partial t}{\partial \tau} = \frac{\partial}{\partial x}\left[\lambda(t)\frac{\partial t}{\partial x}\right] + \frac{\partial}{\partial y}\left[\lambda(t)\frac{\partial t}{\partial y}\right] \quad (1)$$

（2）初始条件

$$\tau = 0 ; \quad 0 \leq x \leq \frac{a}{2} ; \quad 0 \leq y \leq b , \quad t(0,x,y) = t_0(x,y) \quad (2)$$

（3）边界条件

$$\tau > 0 ; \quad x = 0 ; \quad 0 \leq y \leq b , \quad \frac{\partial t}{\partial x} = 0 \quad (3)$$

$$\tau > 0 ; \quad x = \frac{a}{2} ; \quad 0 \leq y \leq b , \quad -\lambda(t)\frac{\partial t}{\partial x} = q_s \quad (4)$$

$$\tau > 0 ; \quad 0 \leq x \leq \frac{a}{2} ; \quad y = 0 , \quad -\lambda(t)\frac{\partial t}{\partial y} = q_l \quad (5)$$

$$\tau > 0 ; \quad 0 \leq x \leq \frac{a}{2} ; \quad y = b , \quad -\lambda(t)\frac{\partial t}{\partial y} = q_u \quad (6)$$

式中 ρ ——钢坯密度，kg/m³；

     $c_p(t)$ ——钢坯比热，kJ/(kg·℃)；

     $\lambda(t)$ ——钢坯导热系数，W/(m·℃)；

     a ——钢坯横断面宽度，m；

     b ——钢坯横断面高度，m；

     q_u ——钢坯上表面热流密度，W/m²；

     q_l ——钢坯下表面热流密度，W/m²；

     q_s ——钢坯侧表面热流密度，W/m²。

2.3 炉膛传热模型

研究炉内热交换的目的是确定钢坯表面的热流密度，为求解导热方程提供准确的边界条件。区域法、蒙特卡洛法等炉内热交换分析能够准确地预示炉气温度和钢坯温度分布，从而确定炉内最佳热工制度，但其计算量大，不适应在线控制要求[4]。本文采用导来辐射系数法，简化炉膛内部辐射换热，确定钢坯表面的热流密度。

q_u、q_1（W/m²）按下式确定：

$$q = kC_{gwm}\left[\left(\frac{T_g}{100}\right)^4 - \left(\frac{T_m}{100}\right)^4\right] \qquad (7)$$

式中　k——修正系数；

　　　T_g——炉气温度，K；

　　　T_m——钢坯表面温度，K；

　　　C_{gwm}——导来辐射系数，W/(m²·K⁴)，可按式（8）计算：

$$C_{gwm} = \frac{5.67\varepsilon_g\varepsilon_m[1+\varPhi_{wm}(1-\varepsilon_g)]}{\varepsilon_g+\varPhi_{wm}(1-\varepsilon_g)(\varepsilon_g+\varepsilon_m-\varepsilon_g\varepsilon_m)} \qquad (8)$$

式中　$\varPhi_{wm}$——炉衬对钢坯表面的角度系数，按式（9）计算；

　　　ε_m——钢坯表面黑度，计算时取常数 $\varepsilon_m=0.8$；

　　　ε_g——炉气黑度，按式（10）计算。

$$\varPhi_{wm} = \frac{L_m N_m}{2(H+B)-L_m N_m} \qquad (9)$$

式中　L_m——钢坯长度，m；

　　　N_m——钢坯排数；

　　　H——炉膛高度，m；

　　　B——炉膛宽度，m。

$$\varepsilon_g = \varepsilon_{CO_2} + 1.05\varepsilon_{H_2O} \qquad (10)$$

$$\varepsilon_{CO_2} = 7.17\times(p_{CO_2}S)^{\frac{1}{3}}/\sqrt{T_g} \qquad (11)$$

$$\varepsilon_{H_2O} = 7.17\times p_{H_2O}SS^{0.6}/T_g \qquad (12)$$

式中　ε_{CO_2}——CO_2 的黑度；

　　　ε_{H_2O}——H_2O 的黑度；

　　　p_{CO_2}——CO_2 的分压，atm；

　　　P_{H_2O}——H_2O 的分压，atm；

　　　S——平均射线行程，m，按下式计算：

$$S = 3.6\frac{HB}{2(H+B)} \qquad (13)$$

根据假设条件，可将钢坯两侧面边界热流（W/m²）按下述方法近似处理：

$$q_s = k(q_u + q_1) \qquad (14)$$

式中　k——试验系数，$0 < k \leqslant 0.5$。

2.4 钢坯氧化脱碳模型

在钢坯加热过程中，不可避免的会对钢坯表面造成氧化、脱碳。对于这些计算，国内外的学者们提出了各种比较经典的计算方法或经验公式。前苏联学者 Ю·Р·埃万斯[5]提出了钢坯表面氧化速度与表面温度之间关系的微分方程。

$$m = \left[k_{ox}\cdot\tau\cdot\exp\left(-\frac{Q}{R(t+273)}\right)\right]^{\frac{1}{2}} \qquad (15)$$

式中　k_{ox}，Q/R——参数，与多种因素有关，在计算中取 $k_{ox}=560000$，$Q/R=18000$；

　　　m——单位面积氧化量，kg/m²；

　　　τ——加热时间，s；

　　　t——加热温度，℃。

2.5 炉衬导热数学模型

炉衬包括炉墙和炉顶，其传热过程可按一维无限大平板导热计算，控制方程和定解条件如下。

（1）控制方程

$$\rho_w c_{pw}(t)\frac{\partial t_w}{\partial\tau} = \frac{\partial}{\partial x}\left[\lambda_w(t)\frac{\partial t_w}{\partial x}\right] \qquad (16)$$

（2）初始条件和边界条件

$$\tau=0；\ 0\leqslant x\leqslant X，\ t_w(0,x)=t_{w0}(x) \qquad (17)$$

$$\tau>0；\ x=0，\ -\lambda_w(t)\frac{\partial t_w}{\partial x}=q_w^0 \qquad (18)$$

$$\tau>0；\ x=X，\ -\lambda_w(t)\frac{\partial t_w}{\partial x}=q_w^X \qquad (19)$$

式中　ρ_w——炉衬密度，kg/m³；

　　　$c_{pw}(t)$——炉衬比热，J/(kg·K)；

　　　$\lambda_w(t)$——炉衬导热系数，W/(m·K)；

　　　q_w^0——炉衬内表面热流密度，W/m²；

　　　q_w^X——炉衬外表面热流密度，W/m²；

　　　t_{w0}——炉衬初始温度分布，K。

2.6 数学模型的数值求解

钢坯的离散化采用外节点法；材料的导热系数和比热等热物性参数采用线性插值法；钢坯导热数学模型采用二维交替隐式 TDMA 法对式（1）~式（6）联立求解；炉衬导热模型采用 TDMA 法对式（16）~式（19）联立求解。

3　精品棒材加热炉特殊钢加热制度

利用已建立的钢坯二维传热过程数学模型，开发了"步进梁式加热炉优化设计和数值仿真程序"。利用该程序可以动态模拟计算不同燃料、不同规格的钢坯在炉内的运行状况以及钢坯各典型点温度随加热时间的变化规律，确定对于不同钢种不同规格钢坯的加热曲线。

图2~图7所示分别为齿轮钢、弹簧钢、轴承钢、

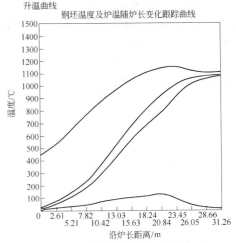

图2　A钢种炉温及钢坯温度曲线

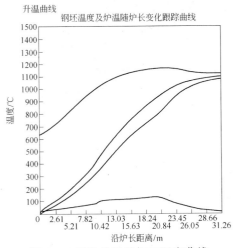

图3　B钢种炉温及钢坯温度曲线

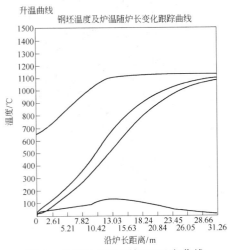

图4　C钢种炉温及钢坯温度曲线

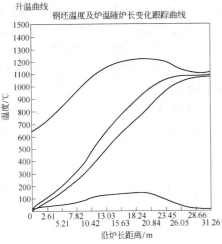

图5　D钢种炉温及钢坯温度曲线

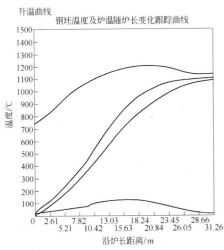

图6　E钢种炉温及钢坯温度曲线

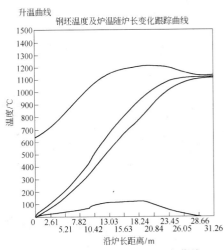

图7　F钢种炉温及钢坯温度曲线

合金结构钢、优质碳素钢和冷镦钢等在该加热炉内的加热曲线和钢坯升温曲线随炉长的变化情况。

4　结语

本文以首钢精品棒材加热炉为对象，在详细分析

其传热机理的基础上，建立炉内钢坯加热过程的二维传热数学模型，采用交替隐式格式的 TDMA 数值计算方法，开发出一套加热炉数值仿真程序。利用该仿真程序，模拟齿轮钢、弹簧钢、轴承钢、合金结构钢、优质碳素钢和冷镦钢等六种特殊钢在炉内的加热曲线。由于首钢精品棒材加热炉已经停产，本文给出的加热曲线有待实际生产的检验。

参考文献

[1] 苗为人,戚开民,陈国海.首钢精品棒材加热炉的设计特点[J].四川冶金,2006,6:11~15.

[2] 温治,夏德宏.轧钢加热炉计算机控制技术的现状与展望[J].金属世界,2002,4:3,18.

[3] 安月明.连续加热炉炉温优化控制中反馈策略的研究与在线应用[D].北京:北京科技大学，2007.

[4] 李文.保护性气氛辊底式热处理炉数学模型及其在线应用[D].北京:北京科技大学，2009.

[5] [苏]B.A.马科夫斯基. 高家锐译.加热炉控制算法[M].北京:冶金工业出版社,1985.

（原文发表于《工程与技术》2011 年第 2 期）

首钢中厚板厂1号加热炉蓄热式燃烧技术研究与应用

刘燕燕[1] 陈 军[2]

(1.北京首钢国际工程技术有限公司，北京 100043;
2.首钢中厚板轧钢厂，北京 100043)

摘 要：首钢中厚板轧钢厂1号加热炉蓄热式改造，采用了空气单蓄热式燃烧技术，研究开发了新型、高效、长寿型的空气单蓄热式烧嘴，改善了加热产量低、加热质量差、氧化烧损率高、燃烧不完全、燃料单耗高、烧嘴使用寿命低等问题。

关键词：蓄热式烧嘴；节能；长寿

Research & Application for Regenerative Combustion Used in Shougang Medium Plate Plant No.1 Reheating Furnace

Liu Yanyan[1] Chen Jun[2]

(1. Beijing Shougang International Engineering Technology Co., Ltd., Beijing 100043;
2. The Regenerative Rebuilding for Shougang Medium Plate Plant, Beijing 100043)

Abstract: The regenerative rebuilding for Shougang Medium Plate Plant No.1 reheating furnace used the air regenerative combustion technology. The new style, high efficiency, long-life air regenerative burner was researched and developed for solving the problems such as the low productivity, low reheating quality, high oxidizing burning loss, incomplete combustion, high fuel unit consumption, short burner useful time etc.

Key words: regenerative burner; energy conservation; long life

1 引言

首钢中厚板厂1号加热炉于1987年建成投产，加热能力为80t/h，经挖潜改造，加热能力提高到96t/h。加热炉总热耗为70千克标煤/吨以上，与国内较先进的加热炉相比，存在设备落后、产量低、单耗高、产品质量差、设备维修费用高等问题。

首钢中厚板厂作为首钢总公司产品结构调整的重点厂矿，为实现2005年100万吨钢材的奋斗目标，首钢总公司决定拟利用中修的机会，对首钢中厚板厂1号加热炉进行蓄热式燃烧技术改造。以提高1号加热炉产量，满足轧机生产要求，同时实现降低能源消耗，进行清洁化生产，适应首钢中厚板轧钢厂工艺升级改造整体需要。

2004年10月，首钢国际工程公司开始了蓄热式改造的方案设计，在广泛调研和总结国内外蓄热式烧嘴现状的基础上，对蓄热式燃烧技术进行了大量创新和研发，11月初首钢总公司组织了初步设计论证，2005年1月完成施工图设计，之后立即开始了设备加工、制造和施工、安装。

2005年4月22日，首钢中板厂1号蓄热式加热炉正式投产。投产后的当天，1号加热炉产量就达到了120t/h的额定产量(委托设计产量)。之后，高产时可达146t/h，比额定产量高出22%。该加热炉升温快，产量高；炉内温度均匀；炉压相对稳定；空煤气混合好，燃烧完全；火焰刚度强；蓄热式烧嘴和燃烧系统运行稳定；电控、仪控系统控制准确、运行良好。实现了高产、节能、减排的要求。

2 基本技术背景

2.1 蓄热式燃烧技术发展动态

蓄热式燃烧技术是一项效果显著的节能、环保新技术，近几年在国内外已普遍推广应用。从目前各个应用实例上看，第一种应用方式以坑道内置式的蓄热式加热炉为主要代表。该项技术将燃烧器与加热炉一体化，内置蓄热球，采用集中换向的方式。其特点是结构相对简单，阀门数量少。据有关资料介绍及生产实践看，此种方式存在着一定缺陷：（1）集中换向使空煤气以及炉膛压力波动大，自动控制实现困难；（2）换向阀与烧嘴喷口之间管道内残余煤气量比较多（部分资料介绍达到热耗的 3%），这部分煤气直接通过引风机排出；（3）炉墙内置蓄热体箱的方式要求加厚炉墙（1 米以上），同时对炉墙墙体材料要求高，尤其是抗裂性能；（4）内置蓄热球后造成清理灰渣困难；（5）集中供风和煤气的方式不利于各个喷口的流量均匀分布，存在偏流现象。由于上述问题，目前新建蓄热式加热炉一般不再建内置式结构的加热炉。根据蓄热式燃烧的实际使用情况，又开发了一种在加热炉上应用的改进型蓄热燃烧技术，即蓄热式烧嘴技术。这种技术将蓄热体外置并单独形成一个燃烧器，控制方式上同样分为了集中控制与分散控制两种形式。蓄热体外置后带来了结构布置灵活，维护检修方便等优点，同时无需增大炉墙的厚度，与传统炉墙结构基本相同，适合于旧炉改造及场地布置空间紧张的情况。通过深入研究，决定首钢中厚板轧钢厂 1 号加热炉上采用球体单蓄热式燃烧技术。

2.2 目前蓄热式燃烧技术普遍存在的问题

近 10 年来蓄热式燃烧技术得到长足发展，很多国家都在研究各种蓄热式烧嘴和高效蓄热式燃烧技术以及高风温燃烧技术。近年来国内蓄热式燃烧技术的研究和发展迅速，各种蓄热式加热炉不断涌现，但依然存在各种问题。现主要存在的问题有：

（1）加热炉产量逐渐下降，运行一段时间后，产量逐渐降低，经常停轧待温，严重影响轧钢生产的顺利进行。

（2）当煤气压力低时，空气、煤气混合不充分，燃烧不完全。

（3）排烟温度偏高或偏低，排烟温度不均匀。

（4）炉型结构较复杂，炉墙偏厚，对耐火材料的理化指标性能要求高，蓄热箱容易出现漏火现象，若炉墙出现问题，维修时间长。

（5）换向阀易出故障问题。

基于上述燃烧技术存在的问题，我们在中厚板轧钢厂 1 号加热炉蓄热式改造方案设计时，在合理确定加热炉炉型、供热制度、热量分配的基础上，决定采用与设计方案相适应的新型高效、长寿单蓄热式烧嘴。

3 蓄热式改造方案设计与研究

3.1 设计方案

3.1.1 炉型的选择

加热炉采用三段炉型结构，即由均热段、二加热段和一加热段组成，上、下加热可单独调节。各段蓄热室的供热能力调整灵活，可适应各种加热要求。装出料方式为端进、端出。首钢中厚板厂 1 号蓄热式加热炉炉体总图如图 1 所示。

3.1.2 加热炉助燃空气预热方式的确定

应用蓄热式燃烧技术，将空气预热至 1000℃ 左右，以满足炉温要求，且能长期稳定运行，同时应用该技术，排烟温度不大于 150℃，可大幅度降低能耗。本加热炉的助燃空气预热确定为蓄热式。

3.1.3 炉温制度

加热炉采用三段炉温控制制度，均热段炉温 1300~1250℃，二加热段炉温 1250~1100℃，一加热段炉温 1100~1000℃。

3.1.4 供热点分布及供热量分配

供热点分布：供热点分布在炉子两侧墙上。

供热量：按最大 120 t/h 计算，考虑中板加热温度高等因素，加热炉煤气耗量最大为 20160 m³/h。

供热量分配：均热段 25%，一加热段 40%，二加热段 35%。上加热和下加热供热比例为 40:60。

3.1.5 蓄热式烧嘴

根据以上方案及目前蓄热式燃烧技术普遍存在的问题，我们进行了深入的研究与分析，结合首钢中厚板厂的实际情况，在对整个蓄热式燃烧系统进行优化的基础上，我们认为蓄热式烧嘴结构是整个蓄热式燃烧系统的中心环节。其主要原因是：传统空气单蓄热式烧嘴的蓄热箱置于炉墙内，煤气管走侧部或上部或下部，造成空气、烟气容易短路，蓄热效率低和控制紊乱；空气、煤气混合不好，燃烧不完全；或煤气管走中心，煤气管完全置于高温环境中，寿命很短，一般 2~3 个月就需要更换。传统空气单蓄热式烧嘴不设烧嘴砖或设烧嘴砖而不是旋流，造成空、煤气不能充分混合，组织不好火焰形状，不能达到完全燃烧，不能满足加热工艺要求。

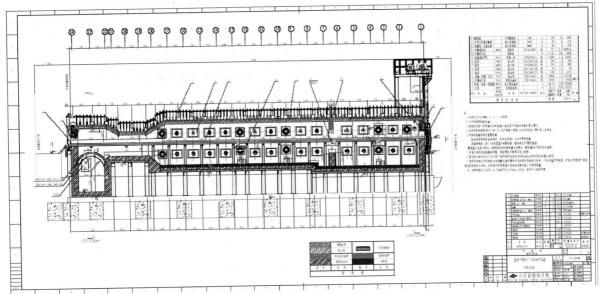

图 1   首钢中厚板厂 1 号蓄热式加热炉炉体总图

根据上述分析，我们决定创新研制一种适应设计方案的结构合理的高效、长寿空气单蓄热式燃烧装置，开展了新型蓄热箱、新型煤气喷管、新型烧嘴砖的研究。

3.2   技术研究内容

3.2.1   外挂耳式蓄热箱研究

蓄热式燃烧装置是由蓄热箱、气流通道、换向阀、管道、自动化控制等部分组成。当烟气通过时将热量传给蓄热体，使其温度升高进行蓄热；随后切断烟气通以预热气体，蓄热体将热量传给预热气体，使其温度降低，进行释热，然后再切断预热气体通以烟气，如此反复进行将烟气热量通过中间介质蓄热体传给预热气体。蓄热箱的结构形式对传热过程和使用寿命影响很大。为此，我们研究了外挂耳式蓄热箱。

所谓外挂耳式蓄热箱，其主要特征是：蓄热室为外挂式，空气通道分开走两边，像是两只"耳朵"，煤气流走中心。煤气流走中心，保证空、煤气的充分混合，即便是在煤气压力较低的情况下，空、煤气也能充分混合，达到完全燃烧；煤气和空气分开后没有串气的可能，安全性好，杜绝烟气走短路，检修方便；煤气管暴露在外面即外置式煤气喷管不受高温烘烤，使用寿命长，安装、检修方便。

外挂耳式蓄热箱在炉墙外面，气流呈上下互换方式流动，不在炉墙内，安装、检修方便。该结构彻底杜绝蓄热球装不满、烟气走短路、炉墙裂缝被蓄热球撑开、空气预热温度不高、炉膛温度低、加热能力不足等一系列问题。保证了可将助燃空气预热至 1000℃以上，降低燃料消耗，减少污染排放，实现了高效节能、减排。

外挂耳式蓄热箱结构如图 2、图 3 所示。

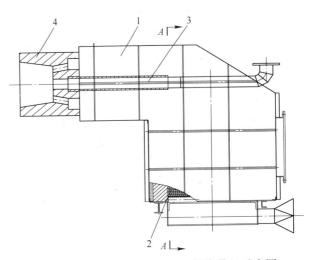

图 2   高效、长寿型单蓄热式燃烧装置示意图
1—蓄热箱；2—蓄热体；3—中心外置式煤气喷嘴；
4—旋流式烧嘴砖

3.2.2   组合式煤气喷管研究

煤气流走中心，保证空、煤气的充分混合，即便是在煤气压力较低的情况下，空、煤气也能充分混合，达到完全燃烧。为了实现煤气流走中心，且保证使用寿命，煤气中心喷管的结构和材质是关键环节。

所谓组合式煤气喷管，其主要特征是：煤气喷管由两部分材质组合而成，与烧嘴砖接触的高温段材质为碳化硅管，低温段为 1Cr18Ni9Ti 耐热钢材质。

中心煤气喷管不受高温烘烤，使用寿命长，一般可达 2 年以上，比传统的单蓄热烧嘴煤气喷管的寿命高 8~12 倍。

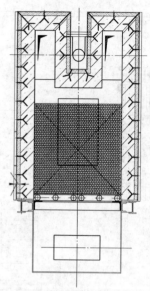

图3　高效、长寿型单蓄热式燃烧装置主喷嘴 A—A 剖视图

煤气和空气通道分开，煤气流走中心，保证了空、煤气的充分混合，即便是在煤气压力较低的情况下，空、煤气也能充分混合，达到完全燃烧。

组合式煤气喷管如图4所示。

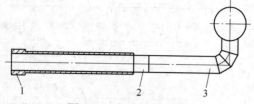

图4　组合式煤气喷管
1—碳化硅管；2—Cr25Ni20Si2；3—1Cr18Ni9Ti

3.2.3　旋流式烧嘴砖研究

烧嘴砖是燃料燃烧装置的重要组成部分。为了稳定燃烧过程、组织火焰形状以满足加热工艺要求，研究设置了旋流式烧嘴砖。

所谓旋流式烧嘴砖，其主要特征是：迷宫结构的旋流式烧嘴砖与外挂耳式蓄热箱的通道相连接；烧嘴砖是由耐高温耐火材料制成，且带有空气旋流通道。燃料在烧嘴砖内加热至着火温度，使其易点燃并迅速燃烧，成为高温点火源，稳定燃烧过程；此烧嘴砖能够组织良好的火焰形状，满足加热工艺要求，确保空、煤气进一步混合。

旋流式烧嘴砖如图5所示。

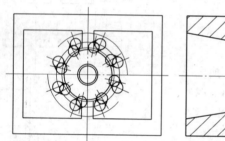

图5　高效、长寿型单蓄热式燃烧装置烧嘴砖示意图

4　生产实践与应用

首钢中厚板轧钢厂1号加热炉蓄热式燃烧技术改造项目，技术先进合理，实用可靠，投产后，加热炉产量就达到了120t/h的额定产量，高产时可达146t/h，比额定产量高出22%。该加热炉升温快，产量高；炉内温度均匀；炉压相对稳定；空、煤气混合好，燃烧完全；火焰刚度强；蓄热式燃烧系统运行稳定；电控、自控系统正常。经过两年多的运行，降低了能源消耗，提高了加热炉自动化控制，降低劳动强度，同时减少工业废气的排放，特别是烟气中 SO_2、NO_x 等有害气体排放，经济效益和环境效益显著。主要技术经济指标如下：

（1）改造后产量由96t/h提高到120t/h；

（2）改造后总热耗由70千克标煤/吨钢降至64千克标煤/吨钢，燃料单耗达到48千克标煤/吨钢以下；

（3）改造后钢坯温度均匀性≤29.5℃；

（4）改造后钢坯氧化烧损率由1.5%降低到1.1%；

（5）改造后空气预热到800~1000℃；

（6）改造后平均废气排放温度为≤150℃；

（7）改造后减少 SO_2、NO_x 的排放量。

5　结论

（1）首钢中厚板轧钢厂1号加热炉蓄热式改造项目，较好的利用了改造现场有限的空间，加热炉点火、运行及使用情况良好，设备可靠性、运行安全性等达到预期效果。

（2）外挂耳式蓄热箱在炉墙外面，安装、检修方便。该结构彻底杜绝蓄热球装不满、烟气走短路、炉墙裂缝被蓄热球撑开、空气预热温度不高、炉膛温度低、加热能力不足等一系列问题。保证了可将助燃空气预热至1000℃以上，降低燃料消耗，减少污染排放，实现了高产、节能、降耗、减排的目标。

（3）煤气和空气通道分开，煤气流走中心，保证了空、煤气的充分混合，即便是在煤气压力较低的情况下，空、煤气也能充分混合，达到完全燃烧。中心煤气管不受高温烘烤，使用寿命长，一般可达 2 年以上，比传统的单蓄热烧嘴煤气喷管的寿命高 8~12 倍。

（4）旋流式烧嘴砖带有空气旋流通道，使其易点燃并迅速燃烧，成为高温点火源，稳定燃烧过程，组织良好的火焰形状，以满足加热工艺要求，确保空、煤气完全混合、燃烧，实现了高效的要求。

参考文献

[1] 池桂兴.工业炉节能技术[M]. 北京: 冶金工业出版社, 1994.
[2] 陆钟武. 火焰炉[M]. 北京: 冶金工业出版社, 1995.
[3] 钢铁厂工业炉设计参考资料[M]. 北京: 冶金工业出版社, 1977.
[4] 工业炉设计手册[M]. 北京: 机械工业出版社, 2004.

（原文发表于《四川冶金》2009 年第 1 期）

低 NO_x 调焰烧嘴技术的转化与研发

寒军强　苗为人　陈迪安　戚开民　李春生　刘文田

(北京首钢国际工程技术有限公司，北京 100043)

摘　要：阐述了首钢迁钢 2160mm 热轧项目步进式加热炉 3 号炉用低 NO_x 调焰烧嘴的技术转化及研发工作。重点介绍了低 NO_x 调焰烧嘴的技术特点、如何利用二级燃烧机理实现 NO_x 排放、烧嘴转化的改进与工业热试验。

关键词：低 NO_x 排放；调焰烧嘴；二级燃烧

The Low-NO$_x$ Tune-flame Burner Technology's Conversion and Improvement

Jian Junqiang　Miao Weiren　Chen Di'an　Qi Kaimin　Li Chunsheng　Liu Wentian

(Beijing Shougang International Engineering Technology Co., Ltd., Beijing 100043)

Abstract：This paper described the Low-NO$_x$ Tune-Flame Burner technology's conversion and improvement in the Shougang Qiangang 2160mm hot mill project. It introduced the Low-NO$_x$ Tune-Flame Burner technology's characteristic, and how to reduce the NO$_x$ releasing used the two-stage combustion technology, and the burner conversion improvement and industrial thermal test.

Key words：low NO$_x$ release; flame adjustable burner; two-stage combustion technology

1　引言

环境与发展，是当今社会普遍关注的重大问题，保护环境是全人类的共同任务。中国也一直把环境保护作为一项基本国策，正日益受到各方面的重视，指出大气中的 NO_x 的含量过高，造成酸雨、破坏臭氧层等危害。因此有效地降低 NO_x 的排放，将大大改善我国的空气质量。

燃烧器是工业炉窑的心脏设备，也是工业 NO_x 排放的主要生产者，该文结合首钢迁钢 2160mm 热轧项目步进式加热炉 1 号、2 号炉引进的日本中外炉 SDF 系列低 NO_x 调焰烧嘴的特点，重点介绍对 3 号炉用 SGL 系列低 NO_x 调焰烧嘴技术的转化及研发工作。

2　研制 SGL 型低 NO_x 烧嘴的必要性

首钢迁钢热轧加热炉炉型结构新颖简单、工程造价低、操作维护方便，是国内继上钢一厂 1780mm 热轧加热炉以后加热炉不设纵向烧嘴供热的又一成功实例，该炉型决定了其必须采用火焰长度达到 5.5m 燃烧装置。目前国内烧嘴厂生产制造的 FHC 型烧嘴火焰最长只达到 5m 左右，满足不了设计要求。经过市场调研，日本中外炉公司给上钢一厂 1780mm 热轧加热炉供货的 SDF 型烧嘴使用效果良好，因此我们在首钢迁钢 2160mm 热轧项目步进式加热炉采用日本中外炉的 SDF 型烧嘴。

在引进 SDF 型烧嘴过程中，我们多次与日本中外炉专家进行技术交流，详细了解了烧嘴的使用性能和结构，并对 1 号、2 号加热炉运行维护过程中存在的问题进行详细记录和研究，例如，烧嘴结焦油后难以清理焦油；烧嘴接口执行日本标准，烧嘴备件难备；烧嘴造价高，花费大量外汇等。

由于引进中外炉 SDF 型烧嘴存在上述问题，在首钢迁钢 2160mm 热轧项目 3 号加热炉建设时，我们决定转化及研发该调焰烧嘴，利用首钢自身的技术储备和研发拥有自己知识产权的 SGL 型烧嘴，以实现首钢迁钢 2160mm 热轧项目 3 号加热炉的节能减排。

3　SDF 烧嘴介绍

日本中外炉公司是世界上著名的工业炉公司，设计、制造各种工业炉，技术、制造、研发实力很强。该公司研制、生产各种工业炉使用的烧嘴和燃烧系统，具有很好的业绩。采用日本中外炉公司最新研制的 SDF 型低 NO_x 烧嘴，从加热炉燃烧、加热角度讲，可以保证首钢迁钢热轧项目加热炉达到国际一流水平。

3.1　SDF 烧嘴结构

SDF 烧嘴是由主喷嘴组合和二次空气喷管组成。如图 1 所示，主喷嘴组合包括中心空气喷嘴 1、一次空气喷嘴 2 和燃料喷嘴 3 三部分，它们三者通过两对同心法兰 A、B 连接；一次空气喷嘴 2 和燃料喷嘴 3 之间设有旋流片 a，端头安装有由螺纹连接的耐热钢喷头 e；二次助燃空气喷管与主喷管分离，置于主喷管旁；主喷嘴组合和二次空气喷管 4 由法兰板 C 与炉墙钢板相连接；烧嘴砖与炉墙构成一体；一次空气喷嘴 2、燃料喷嘴 3 和二次助燃空气喷管 4 设有压力测量管 b；二次助燃空气喷管 4 端头设有火焰观测孔 c。这种燃烧装置结构体积小，结构简单，功能性强，安装方便，且使用寿命长。

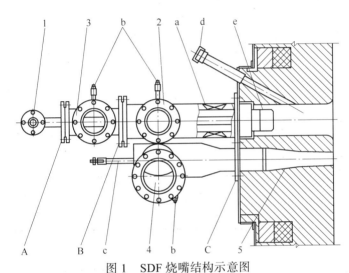

图 1　SDF 烧嘴结构示意图

1—中心空气喷嘴；2——次空气喷嘴；3—燃料喷嘴；4—二次空气喷管；5—炉墙烧嘴喷口通道；a—旋流片；b—压力测量管；c—火焰观测孔；d—点火孔；e—耐热钢喷头；A，B—同心法兰；C—法兰板

3.2　SDF 烧嘴性能参数

SDF 型低 NO_x 型调焰烧嘴按分段燃烧法原理进行设计，是为了延长燃烧过程，降低火焰温度的高峰，以便减少 NO_x 的生成量。其中心风约占 3%~5%，一次风约占 20%~30%，二次风约占 80%~70%，通过调节调焰烧嘴火焰调节阀改变一次风与二次风比例来调节火焰长度。由于中心风技术的应用，烧嘴在低负荷工作时，既可以保证火焰长度和刚度，也可以得到最低的 NO_x 产生量。此次步进加热炉设计的侧部供热采用上面介绍的带中心风的低氧化氮调焰烧嘴。这在炉宽加大的情况下有利于板坯在加热过程中沿炉宽方向上的温度均匀性。其性能参数见表 1。

3.3　燃烧机理及低 NO_x 排放的实现

3.3.1　燃烧机理

SDF 低 NO_x 调焰烧嘴采用二级燃烧机理，所谓二级燃烧机理，就是通过控制二次风的供给，使燃料经过一缺氧燃烧和二次完全燃烧，延长燃料燃烧过程，增长火焰长度，避免火焰产生局部高温。SDF 烧嘴的一次助燃空气和二次助燃空气从嘴前两个独立支管进入烧嘴，二次助燃空气在炉内与煤气边混合边燃烧，火焰长度增长，同时二次助燃空气高速喷入炉内时发生卷吸作用，一部分炉内烟气被卷吸到煤气燃烧区域，这样有效增长了火焰长度，能提高沿炉宽方向炉气温度均匀性，提高加热炉的加热效果。

3.3.2　低 NO_x 排放的实现

NO_x 的生成必须具备两个条件，一是足够高的温度，二是燃烧区域 O_2 的浓度。

SDF 低 NO_x 调焰烧嘴采用二级燃烧方式，一次风在与煤气在炉内混合燃烧时，由于风量在 0~30% 范围调节，燃烧所需要的 O_2 不够；同时一次风旋转包裹着煤气高速喷入炉内，卷吸一部分烟气进入一次燃烧区域，因此燃料在一级燃烧区域内产生不完全燃烧，火焰中心温度得到有效降低，一般低于传统火焰中心温度 150℃左右，在此区域可以有效抑制 NO_x 的生成。在沿火焰长度方向上，二次风与主火焰在一起前进的同时发生卷吸作用，不断给一次

燃烧区域供给空气，同时发生二次燃烧，这样不仅保证了燃料的完全燃烧，避免燃烧区域氧气过剩，而且在延长火焰长度的同时使火焰的形状发生改变，实现了火焰温度均匀控制，破坏了 NO_x 的产生条件，增强了炉气的扰动，使炉内温度更加均匀。

表 1 SDF 低 NO_x 调焰烧嘴基本参数

名　称	SDF-150	SDF-175	SDF-200A	SDF-200B	SDF-250
燃料	高、焦混合煤气				
热值/kcal·Nm⁻³	2344				
理论空气量/Nm³·Nm⁻³	2.299	2.299	2.299	2.299	2.299
比重量/kg·Nm⁻³	0.947	0.947	0.947	0.947	0.947
烧嘴功率/kW	1614	1954	2391	2273	2771
燃烧能力/kcal·h⁻¹	138.77×10⁴	168.01×10⁴	205.58×10⁴	195.43×10⁴	238.25×10⁴
燃料压力/kPa	4	4	4	4	4
燃料温度/℃	250~280	250~280	250~280	250~280	250~280
燃烧空气压力/kPa	4	4	4	4	4
燃烧空气温度/℃	450~500	450~500	450~500	450~500	450~500
中心风压力/kPa	4	4	4	4	4
中心风温度/℃	450~500	450~500	450~500	450~500	450~500
燃料流量（最大）/Nm³·h⁻¹	592	717	877	834	1019
燃烧空气流量/Nm³·h⁻¹	1357.5	1644.5	2011	1913	2337
中心风量（5%）/Nm³·h⁻¹	71.5	86.5	106	100	123
空气系数	1.05	1.05	1.05	1.05	1.05
炉内温度/℃	1300	1300	1300	1300	1300
调节比	1/10	1/10	1/10	1/10	
火焰长度/m	5.5~7.0	5.5~7.0	5.5~7.0	5.5~7.0	5.5~7.0
NO_x排放浓度/ppm	≤70	≤70	≤70	≤70	≤70

4 转化及研发中的几项工作

4.1 结构国产化

由于 SDF 低 NO_x 调焰烧嘴为日本制造，其所用的管件、法兰等均为日本标准，国内制造很不方便，为了能够在不影响烧嘴性能的前提下，实现 SDF 低 NO_x 调焰烧嘴的完全国产化，即能在国内设计、制作，并形成系列产品。我们在完全掌握了烧嘴的基本燃烧原理的同时对 SDF 低 NO_x 调焰烧嘴进行了大量研究；并根据 SDF 烧嘴的结构和材料，对烧嘴的各个部件进行了专业测绘；在得到第一手数据后，我们选用国内标准管件对 SDF 烧嘴的各个部件进行了替换，然后经过对流通面积、管道内空、煤气流速、流量、喷口流速等数据进行了仔细计算，并与 SDF 烧嘴的各项参数进行了对比，当两者差别较大时，我们就对替换关键进行更换，再计算，再对比，最终我们确定了一个最佳替换方案。实现了 SDF 烧嘴材料的完全国产化。我们将国产化后的烧嘴命名为 SGL 型低 NO_x 调焰烧嘴，形成系列后名称格式为："SGL-xxx"。

4.2 国产化后烧嘴性能

由于中日标准不同，烧嘴完全国产化后，不能保证 SGL 烧嘴所有参数与 SDF 烧嘴完全一样，这样我们对 SGL 系列烧嘴的基本参数进行了重新计算，计算结果见表2。

4.3 烧嘴转化与改进

在转化过程中，我们根据现场的实际状况，结合以往烧嘴的操作经验，为了达到维修方便、安装简单、经济耐用等目的，我们对烧嘴的结构进行了改进和优化，具体工作如下：

（1）由于现场使用的燃料为高、焦混合煤气，煤气成分复杂，经常会出现喷口结焦、结垢等现象，严重时会影响流通面积，影响火焰形状，所以要定期对烧嘴的喷口进行清理。为了便于清理工作的进行，尽可能缩短维修时间，我们将中心风喷管与燃料喷管的连接由原来的焊接改为法兰连接，这样在清理喷头时只需将其拆下抽出即可，不需将烧嘴整体拆下。

表2　SGL系列低NO$_x$调焰烧嘴基本参数

名　称	SGL-150	SGL-175	SGL-200A	SGL-200B	SGL-250
燃料	高焦混合煤气				
热值/kcal·Nm^{-3}	2344				
理论空气量/Nm^3·Nm^{-3}	2.299	2.299	2.299	2.299	2.299
比重量/kg·Nm^{-3}	0.947	0.947	0.947	0.947	0.947
烧嘴功率/kW	1626	1968	2500	2377	2898
燃烧能力/kcal·h^{-1}	139.80×10^4	169.21×10^4	214.95×10^4	204.38×10^4	249.17×10^4
燃料压力/kPa	4	4	4	4	4
燃料温度/℃	250~280	250~280	250~280	250~280	250~280
燃烧空气压力/kPa	4	4	4	4	4
燃烧空气温度/℃	450~500	450~500	450~500	450~500	450~500
中心风压力/kPa	4	4	4	4	4
中心风温度/℃	450~500	450~500	450~500	450~500	450~500
燃料流量（最大）/Nm^3·h^{-1}	596	722	917	872	1065
燃烧空气流量/Nm^3·h^{-1}	1371	1660	2108	2005	2450
中心风量（5%）/Nm^3·h^{-1}	68	83	105	100	122
空气系数	1.05	1.05	1.05	1.05	1.05
炉内温度/℃	1300	1300	1300	1300	1300
调节比	1/10	1/10	1/10	1/10	1/10
火焰长度/m	5.5~7.0	5.5~7.0	5.5~7.0	5.5~7.0	5.5~7.0
NO$_x$排放浓度/ppm	≤70	≤70	≤70	≤70	≤70

（2）另一方面，为了便于烧嘴喷头的清理与更换，我们将煤气喷头与喷管的连接形式由原来的焊接改为螺纹连接，这样一旦出现喷头堵塞、烧损变形等状况，只需将其拆下更换即可，不用整体更换烧嘴。这样不但可以减少备件投资，也缩短了检修时间。

（3）烧嘴砖在烧嘴安装时与炉墙一起浇注而成，其中烧嘴砖上二次空气喷口可以根据燃料及燃烧机理需要设计成不同形状，如月牙形、圆形、长方形等。

4.4　转化后烧嘴的工业热试

为了检验国产化后烧嘴的实际使用性能，决定在2号加热炉均热下第二个烧嘴(SDF-150)和二加上第二个烧嘴(SDF-200)的位置，安装上自行研制的（SGL-150和SGL-200）烧嘴，进行实际工况的试验。结合2号加热炉实际烘炉进度情况，2007年2月1日进行了烧嘴（SGL）实际工况的运行试验。

4.4.1　试验方案

（1）由于本次烧嘴试验配合2号加热炉烘炉同步进行，因此试验烧嘴阀门的初始开度按如下设定：一次空气开30°，二次空气开90°，中心空气开90°，混合煤气开15°。

（2）先开均热下西侧第2个烧嘴(试验烧嘴(SGL型))和均热下东侧第2个烧嘴(日本中外炉烧嘴(SDF型))，嘴前阀门开度大小按照步骤（1）设定。

（3）各个供热段空、煤气流量设定值按照加热炉烘炉细则设定。

（4）万一出现烧嘴燃烧不稳定的情况，可以将中心空气手动阀门关闭。

（5）在确认调焰烧嘴稳定燃烧以后，开始进行试验烧嘴嘴前阀门调节，观察火焰长度、刚度以及外形的参数。

4.4.2　试验结果

通过试验，可以得出如下试验结果：

（1）SGL型烧嘴实现了两级燃烧法的技术，能够有效降低燃烧产物中NO$_x$的含量。

（2）SGL型烧嘴具有良好的火焰紊流度和刚度。

（3）SGL型烧嘴具备大调节比性能。

（4）在小流量燃烧状态小火焰长度长、刚性好。在烧嘴前阀门开度为15°时，火焰长度达到4.6m；在嘴前煤气阀门开度为90°时，炉内火焰长度达到5.3m。

（5）SGL型烧嘴火焰平、直、长，炉宽方向上温度均匀。

图2所示为嘴前煤气阀门开度为15°时，SGL型烧嘴炉内火焰状况照片；图3所示为日本中外炉SDF型烧嘴的火焰状况照片。

通过试验观察和初步检测：SGL型烧嘴最大特点就是具有大调节比性能，在小流量燃烧状态下火焰长度长、刚性好，可以满足超宽板坯加热炉的加热要求。它采用特殊的供风技术，以保证炉膛宽度方向上的温度均匀。并且采用空气、混合煤气二次燃烧技术，减少NO_x生成，满足环保要求。

图2　SGL烧嘴炉内火焰状况

图3　SDF烧嘴炉内火焰状况

通过现场反复测量数据，不断分析摸索，得出火焰长度和刚度与嘴前空、煤气压力以及一次风、二次风开启度有很大关系：一次风的开启度与火焰长度成反比；在烘炉或低温(≤800℃)点火时一次风一定要打开，确保与二次风的比例关系(30%:70%)，使混合煤气充分燃烧；烧嘴前中心风压力要保持稳定，一般保持在4000kPa左右。图4所示为火焰长度与助燃风机压力变化趋势的关系。在此基础上总结烧嘴火焰调节控制要点。

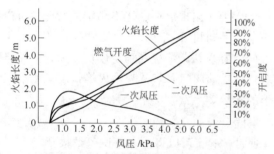

图4　火焰长度与烧嘴嘴前压力关系

通过试验和对比表明，首钢自主研发的SGL型烧嘴具有与日本中外炉SDF型烧嘴相同的燃烧机理和火焰特性。

5　经济、社会效益

5.1　直接经济效益

通过SDF烧嘴技术的国产化我们可以大大节约成本。日本中外炉公司的SDF烧嘴优点突出，但价格比国产烧嘴价格要高2倍。迁钢2160mm热轧项目步进式加热炉3号炉采用我们研发的SGL型烧嘴，国内生产制造，烧嘴总投资降低一倍，节约资金120万元。

5.2　间接经济效益

同时，通过此次烧嘴转化与研发，2160mm热轧项目厂的备件费也将大幅度降低，仅迁钢2160mm热轧项目加热炉侧部烧嘴的备品备件费就可降低2倍。并为曹妃甸工程和未来的市场奠定良好的基础，市场远景非常好。

5.3　社会效益

通过SDF烧嘴技术的转化形成了自主知识产权，有利于低NO_x技术在我国的更广泛应用，为有效地降低我国工业NO_x的排放量，改善空气质量做出贡献。目前，我们已打算将转化后的烧嘴制成系列产品，准备在首钢各厂及国内各大钢厂加热炉上进行推广和应用。

6　结论

SGL型烧嘴在首钢迁钢2160mm热轧项目步进式加热炉2号炉试验成功，标志着首钢集团在工业燃烧器研发能力方面迈上了一个新的台阶，提高了首钢集团在同行业的竞争力和影响力，具有良好的经济效益和社会效益。

（原文发表于《设计通讯》2007年第1期）

彩涂板生产线烘烤炉热平衡校核计算

陈迪安

(北京首钢国际工程技术有限公司，北京 100043)

摘 要：彩涂板生产线烘烤炉系统的热量的平衡与否，直接影响生产和产品的质量。整个烘烤工艺的自动控制核心就是如何把后燃烧系统产生的热量合理分配，那么热量平衡的计算自动控制设定值设定具有指导意义。本文详细介绍了烘烤炉热平衡的计算过程和方法。

关键词：热平衡；化学烘干炉；初涂烘烤炉；精涂烘烤炉；后燃烧系统；换热器

Heat Balance Checking Calculation of Color Coating Steel Production Line Baking Furnace

Chen Di'an

(Beijing Shougang International Engineering Technology Co., Ltd., Beijing 100043)

Abstract: The balance of color coating steel production line baking heat of the furnace system or not, directly affect the production and quality of the product. The core of the automatic control of the entire baking process is how the heat generated by the post-combustion system rational allocation, then the heat balance calculation automatic control setting set of guiding significance. This paper describes the process and the method of calculation of the heat balance of the baking furnace.

Key words: thermal equilibrium; chemical drying oven; the beginning of coated oven; the fine coated baking furnace; post-combustion systems; heat exchangers

1 引言

首钢已建一条年产 17 万吨的彩涂板生产线，此生产工艺采用美国 FATA HUNTER 公司的技术。根据生产工艺要求，全线要配置化学涂层烘干炉 1 座，形式相同的初涂烘烤炉和精涂烘烤炉各 1 座。为满足烘烤工艺和环保要求，3 台烘烤炉需要配备一套后燃烧系统，后燃烧系统所用燃料为焦炉煤气。

化学涂层烘干炉位于化学涂机后，其作用将涂在带钢表面钝化液中的水分除掉，确保带钢表面涂层的均匀性，为了充分利用后燃烧系统的烟气余热，化学涂层烘干炉采用来自后燃烧系统设置的 2 号金属换热器的温度为 650℃的热空气为烘干介质，烘干炉不配备其他热源。烘干炉设有循环风机和排烟风机各 1 台。循环风机将工艺热空气通过喷嘴喷向带钢表面，从而完成对带钢表面的烘干。排气风机将炉内的 VOC'S 的有害气体排出炉外并和两座烘烤炉排出的气体一道，经过 1 号换热器预热后送往后燃烧系统进行焚烧处理后，最终排入大气。

为确保经过烘烤炉后带钢表面涂层的质量，使带钢经过烘烤炉后其表面不受燃烧产物中粉尘的污染，烘烤炉采用不带辅助燃烧的全热风烘烤工艺，所用热风来自后燃烧系统内设置的金属预热器。每个烘烤炉分为 5 区，各区设炉外混合室 1 个，每个混合室设有热风供给装置，冷风供给装置及循环风机 1 台。各区内气体由循环风机吸出，在炉外混合室内通过加入不同量的热空气和冷空气达到工艺要求的温度后被重新送往炉内各区。混合后的热风经炉内喷嘴分别喷向带钢上下表面，完成对带钢表面涂层的烘烤。两座烘烤炉设有公用的供风系统。供风系统以来自涂漆室含有的有机挥发分的冷风作为烘烤工艺用风风源，因此大大减少了有害气体的排放量。

烘烤炉所用空气由涂漆室内经鼓风机被送入冷空气总管，然后被分成两部分，其中一部分被送往设置在后燃烧系统中的 2 号金属换热器，由 20℃左右被加热到 650℃后，作为工艺热风再分别送往化学涂层后的烘干炉、初涂烘烤炉和精涂烘烤炉；另一部分作为工艺冷风被直接送往初涂烘烤炉和精涂烘烤炉。两座烘烤炉的含有 VOC'S 废气的排出由 1 台共用的排气风机排出。初涂烘烤炉和精涂烘烤炉的炉内废气分别排至炉外后汇集到排气总管，与化学涂层烘干炉排出的废气集中后经排气风机输送到设置在后燃烧系统中的 1 号金属换热器，由 300℃左右被加热到 400

℃后，送往后燃烧系统进行焚烧处理。

　　经过 1 号换热器和 2 号换热器的焚烧烟气经过引风机进入 3 号换热器，进入 3 号换热器的热水由 77℃加热到 90℃，废气由 350℃降到 200℃以下排放，这样就充分利用烟气余热，省去建一个热水锅炉费用，并降低了环境污染。

　　烘干炉和烘烤炉排出的气体含有相当量的有毒有机可燃物，不允许直接排放，必须经过焚烧处理才能满足环保要求，后燃烧系统将排出气体进行预热不仅可以达到节能的目的，还可以起到降低污染的功效。工艺参数见工艺流程图（图 1）。

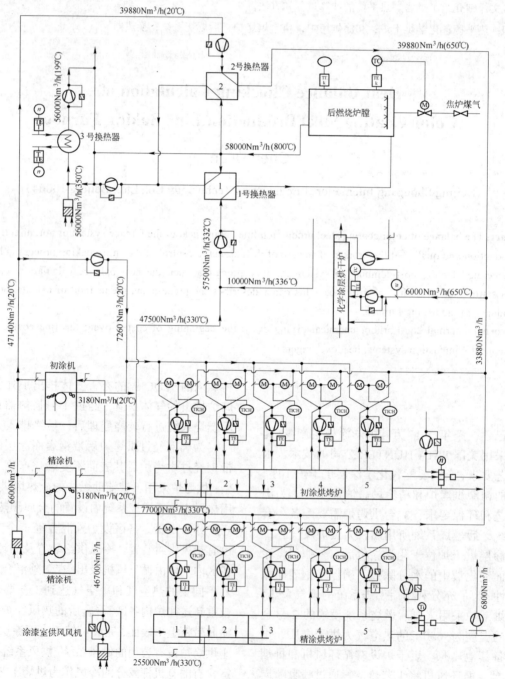

图 1　烘烤工艺布置图

2 化学烘烤炉热平衡

2.1 已知条件

产量：44086kg/h

化学炉排出的废气量：10000Nm³/h

废气温度：336℃

进入化学炉的热空气量：6000Nm³/h

热空气温度：650℃

吸入冷空气量：4000Nm³/h

冷空气温度：20℃

带钢入口温度：20℃

带钢出口温度：70℃

炉膛最高温度：400℃

2.2 热量收入

热空气带入的热焓：

$$Q_1=6000\times1.36365\times650=5318235kJ/h$$

冷空气带入的焓：

$$Q_2=4000\times1.2979\times20=103832\ kJ/h$$

2.3 热量支出

带钢吸热量：

$$Q_3=44068\times(33.5–12.56)=922784kJ/h$$

炉墙散热量：

炉墙传热热流密度：121W/m²

炉墙传热面积：128 m²

$$Q_4=\frac{128\times121\times3600}{1000}=55757kJ/h$$

废气带走热量：

$$Q_5=10000\times1.322\times336=4441920kJ/h$$

$$Q_1+Q_2\approx Q_3+Q_4+Q_5$$

3 初涂烘烤炉和精涂烘烤炉热平衡

3.1 已知条件

产量：44068t/h

两座烘烤炉排出的废气量：47500Nm³/h

排出废气温度：330℃

进入两座烘烤炉的热空气量：33880Nm³/h

热空气温度：650℃

吸入冷空气量：13620Nm³/h

冷空气温度：20℃

带钢入口温度：20℃

带钢出口温度：250℃

炉膛最高温度：450℃

3.2 热量收入

热空气带入的热焓：

$$Q_1=33880\times1.36365\times650=30030300kJ/h$$

冷空气带入的焓：

$$Q_2=13620\times1.2979\times20=353548\ kJ/h$$

3.3 热量支出

带钢吸热量：

$$Q_3=44068\times(134–12.56)\times2=10703236kJ/h$$

炉墙散热量：

炉墙热流密度：137W/m²

两座烘烤炉炉墙传热面积：1728m²

$$Q_4=\frac{1728\times137\times3600}{1000}=852250kJ/h$$

废气带走热量：

$$Q_5=47500\times1.3172\times300=18770100kJ/h$$

$$Q_1+Q_2\approx Q_3+Q_4+Q_5$$

4 换热器热工参数

4.1 废气换热器（1号换热器）

烟气最大流量:14500 Nm³/h

烟气入口温度:800℃

烟气出口温度:422℃

废气最大流量:58000 Nm³/h

废气入口温度:300℃

废气出口温度:400℃

4.2 空气换热器（2号换热器）

烟气最大流量:43500Nm³/h

烟气入口温度:800℃

烟气出口温度:158℃

空气最大流量:46000Nm³/h

空气入口温度:20℃

空气出口温度:650℃

4.3 热水换热器（3号换热器）

烟气入口温度：350℃

烟气出口温度：199℃

水最大流量：213.6m³/h

水入口温度：77℃

水出口温度：90℃

$$V = \frac{70528000 - 21930750}{15700} = 3095 Nm^3/h$$

5 整个系统需要的热量和需要补充焦炉煤气量

烘烤炉排的废气携带 VOC'S 的量为：769.5kg/h

VOC'S 的发热值：28500kJ/kg

VOC'S 的燃烧发热量：

$$769.5 \times 28500 = 21930750 kJ/h$$

系统产生的烟气量：$43500 + 14500 = 58000\ Nm^3/h$

烟气的热焓（即系统供热量）：

$$58000 \times 1.52 \times 800 = 70528000\ kJ/h$$

焦炉煤气的发热值：15700 kJ/Nm³

需要补充的焦炉煤气量

6 结语

从热平衡角度来看，所需焦炉煤气量与 FATA Hunter 公司所提出 $V = 3200 Nm^3/h$ 相差很小。整个系统的热量分配都满足子系统的热量平衡要求。高效率换热器的投入使用，充分回收烟气余热，提高热风温度，从生产运行来看，满足了工艺对热负荷的要求，与传统的直接利用烟气烘烤相比，不仅生产能力没有降低，而且提高了产品质量。系统的热量的平衡与否，直接影响生产和产品的质量。整个烘烤工艺的自动控制核心就是如何把后燃烧系统产生的热量合理分配，那么热量平衡的计算自动控制设定值设定具有指导意义。

（原文发表于《设计通讯》2003 年第 2 期）

首钢富路仕彩涂板生产线烘烤系统工程设计

陈迪安

（北京首钢国际工程技术有限公司，北京 100043）

摘　要：介绍了彩涂线涂漆烘烤炉、后燃烧系统的工作原理以及设计改进。

关键词：化学烘干炉；初涂烘烤炉；精涂烘烤炉；后燃烧系统；换热器

System Engineering Design of Shougang Group Color Coating Steel Production Line Baking

Chen Di'an

(Beijing Shougang International Engineering Technology Co., Ltd., Beijing 100043)

Abstract：The article introduces the painted line paint baking furnace, combustion system working principle and design improvement.

Key words：chemical drying oven; the beginning of coating baking oven; fine coated baking furnace; after combustion systems; heat exchangers

1　引言

首钢已建一条年产 17 万吨的彩涂板生产线，于 2003 年 8 月顺利试车投产，本生产线具体工艺参数如下：有效年工作时间 5506 小时，带钢宽 700~1300mm；带钢厚度 0.20~1.25mm；带钢参考规格 1300mm×0.6mm，理论小时产量 44086kg/h，初涂厚度：上层 7μm，底层 7μm，固体含量 40%；最大溶剂量：200dm³/h；终涂厚度：上层 22μm，固体含量 40%；涂料种类：polyester(多元酯)；最大溶剂量：410dm³/h；工艺段最大速度:120m/min；钢种：HDG 钢(90%),Cr 钢(10%)。

生产工艺为二涂二烘，即带钢在生产线上有 2 次涂敷，2 次烘烤（固化）。

彩色涂层钢板是以冷轧钢板或镀锌钢板为基板，经过表面预处理（脱酯、清洗、化学处理）以后在带钢表面涂上油漆（采用辊涂法），经过烘烤和冷却而制成的产品。

彩色图层钢板的主要的生产工序位：入口开卷 →带钢缝合→入口活套→碱洗→刷洗→碱洗→漂洗 →漂洗→漂洗→吹干→化学辊涂→烘干→初涂涂层 →初涂烘烤固化→初涂冷却→吹干→终涂涂层→终涂烘烤固化→热压花→终涂冷却→吹干→出口活套 →表面检测→出口卷取。其主要工艺为预处理、涂敷和烘烤。初涂烘烤炉和精涂烘烤炉作为涂料烘烤固化的设备，在彩涂板生产线上占有重要的地位。

根据生产工艺要求，全线需配置化学涂层烘干炉 1 座；形式相同的初涂烘烤炉和终涂烘烤炉各 1 座。为满足烘烤工艺要求，两座烘烤炉需配备一套后燃烧系统。具体烘烤工艺布置如图 1 所示。

2　主要热工设备工作原理及设计参数

2.1　化学烘干炉

化学烘干炉位于化学涂机后，其作用是将涂在带钢表面的钝化液中的水分除掉，并且确保带钢表面涂层的均匀性。考虑到生产线的布置及设备检修等因素,烘干炉采用立式结构。化学烘干炉采用来自后燃烧系统内设置的 2 号金属换热器温度 650℃的热空气为烘干介质，烘干炉不另配其他热源。烘干炉设有循环风机、排烟风机各 1 台。循环风机将

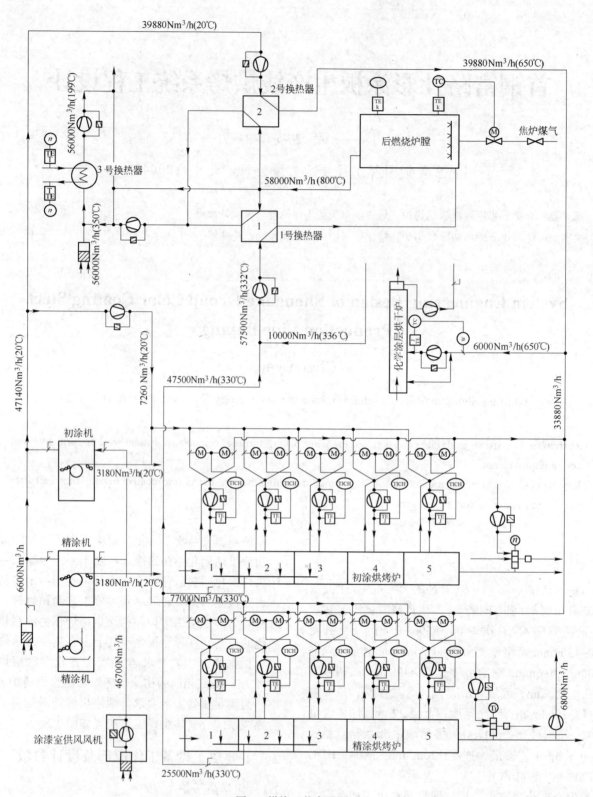

图1 烘烤工艺布置图

工艺热风（热空气和炉内抽出的部分低温热空气的混合气）通过管道送进炉内喷箱，并经过喷嘴喷向带钢表面，从而完成对带钢表面的烘干。排气风机将炉内含有 VOC'S 的有毒气体排出炉外并和烘烤炉排出的气体一道，经过1号金属换热器预热后进行焚烧处理，最终排入大气。

烘干炉炉长 8.6m，最高炉温 400℃，带钢入炉温度 20℃，带钢出炉温度 70℃，最大水分蒸发量 190dm³/h，烘干时间为 4.3 秒。

2.2 初涂烘烤炉和精涂烘烤炉

初涂烘烤炉和精涂烘烤炉分别位于初涂涂漆室

和精涂涂漆室后面,两座烘烤炉共用一套后燃烧系统。初涂烘烤炉和精涂烘烤炉的结构形式完全相同,全部为悬垂式,每座炉长为 50 m, 沿炉长方向分为 5 个温度控制区, 每区长 10m, 在每区设一个循环风机, 各区温度不大于 450℃。初涂炉与精涂炉带钢张力: 30N/mm²; 两座烘烤炉带钢出口出炉温度都为不大于 260℃; 初涂炉溶剂最大负荷为 200dm³/h, 精涂炉最大溶剂负荷为 410dm³/h; 烘烤时间为 25 秒。

为确保经过烘烤炉后带钢表面涂层的质量, 使带钢经过烘烤炉后其表面不受燃烧产物中粉尘的污染, 烘烤炉采用不带辅助燃烧的全热风烘烤工艺, 所用热风来自后燃烧系统内设置的金属预热器, 各温度控制区不设辅助燃烧器。烘烤炉各区设炉外混合室一个, 每个混合室设有热风供给装置, 冷风供给装置及循环风机一台。各区内气体由循环风机吸出, 在炉外混合室内通过加入不同量的热空气和冷空气达到工艺要求的温度后被重新送往炉内各区。混合后的热风经炉内喷嘴分别喷向带钢上下表面, 完成对带钢表面涂层的烘烤。两座烘烤炉设有公用的供风系统。供风系统来自涂漆室及混合室的含有机挥发分的冷风作为烘烤工艺用风风源, 因此大大减少了有害气体的排放量。烘烤炉所用空气由涂漆室内经鼓风机被送入冷空气总管, 然后被分成两部分, 其中一部分被送往设置在后燃烧系统中的 2 号金属换热器, 由 20℃左右被加热到 650℃后, 作为工艺热风再分别送往化学涂层后的烘干炉、初涂烘烤炉和精涂烘烤炉; 另一部分作为工艺冷风被直接送往初涂烘烤炉和精涂烘烤炉。两座烘烤炉的含有 VOC'S 废气由一台共用的排气风机排出。初涂烘烤炉和精涂烘烤炉的炉内废气分别排至炉外后汇集到排气总管, 与化学涂层烘干炉排出的废气集中后经排气风机到设置在后燃烧系统中的 1 号金属换热器, 由 300℃左右被加热到 400℃后, 被送往后燃烧系统进行焚烧处理。烘烤炉排出的气体含有相当量的有机可燃物, 将排出气体进行预热不仅可以达到节能的目的, 还有提高其燃烧温度的效果。

2.3 后燃烧系统

后燃烧系统的作用有两个, 其一是通过换热器产生烘烤炉和化学涂层后烘干炉所需要的热风; 其二是将从烘烤炉和化学涂层烘干炉内排出的含有 VOC'S 的有害气体进行焚烧处理, 确保被排放的气体清洁, 达到环保要求。后燃烧系统由燃烧室以及排烟系统等组成。燃烧系统包括烧嘴、厂房内煤气供给管道系统以及各种阀门、管道支架等。燃烧室

主要由耐火材料及钢结构组成。后燃烧系统设有一个焦煤气烧嘴, 用于后燃烧系统的炉温调节。后燃烧系统的燃料由两部分组成, 其中一部分为来自于烘烤炉废气中的有机可燃物, 其余为烧嘴补充的焦炉煤气。整个燃烧系统不设助燃风机, 焦炉煤气燃烧所需氧气全部来自于烘烤炉排出的废气。后燃烧系统最高炉温 800℃, 焚烧时间为 1 秒。后燃烧系统采用三个支烟道的并联排烟方式, 1 号、2 号金属换热器分别位于二个不同的支烟道内。后燃烧系统的烟气通过三个支烟道后进入烟囱。为了充分利用后燃烧系统烟气的余热, 在烟道后部设有水/气金属热交换器, 将水加热到所需温度并降低后燃烧系统的排烟温度。排烟系统主要包括主烟道, 旁通烟道, 换热器, 烟囱等三部分。主要设备有 1 号、2 号金属换热器、水/气金属换热器、排烟风机及烟道调节闸板。主烟道和旁通烟道由耐火材料及外部钢结构组成, 烟囱形式为钢制烟囱内衬隔热材料。

有害物质排放值: VOC'S ≤20mg/Nm³
CO ≤100mg/Nm³
NO_x ≤200mg/Nm³

3 管道系统

热工设备的管道系统包括烘烤炉排气管道系统; 烘烤炉冷空气管道系统; 烘烤炉热风管道; 化学涂层后烘干炉热风系统; 烘干炉排气管道系统以及 1 号金属换热器至后燃烧系统燃烧室的管道系统。各管道系统根据热工需要在其不同部位设有不同用途的各种手动及自动阀门及检测仪表。为了便于对风机的检查和维护在风机进、出口处设有必要的检修孔洞。考虑到热膨胀问题, 系统装有必要的防膨胀装置。

热工设备的管道系统设有必要的管道支架及托座, 并设有必要的检修平台。托座、支架及检修平台由普碳钢制成, 管道支架或生根于地坪、或生根于热工设备的支撑结构。

热工设备管道系统的设计充分考虑到了节能和环保, 65℃以上温度的管道采取了有效的节能措施。管道采用外包扎, 500℃以上温度的管道采用 304L 不锈钢, 包扎材料为, 内层 50mm 陶瓷纤维毯, 外层为 100mm 矿物棉; 65℃以下温度的管道选用普碳钢材料。

4 热工设备的主要控制、检测项目

初涂炉及精涂炉垂度控制
初涂炉及精涂炉出口带钢温度检测
初涂烘烤炉、精涂烘烤炉的各段温度自动控制

初涂烘烤炉、精涂烘烤炉的各段循环气体流量自动控制

初涂烘烤炉、精涂烘烤炉排放气体流量自动控制

初涂烘烤炉、精涂烘烤炉排烟温度监测

初涂烘烤炉、精涂烘烤炉循环气体压力自动控制

初涂炉及终涂炉 LEL 检测及连锁控制

初涂炉及终涂炉各温度区炉温控制

1 号换热器及 2 号换热器被预热介质温度控制

2 号换热器被预热介质压力控制

后燃烧器炉温控制及炉压控制

化学涂层后烘干炉炉温控制

5 烘烤工艺的改进

以往的彩涂板生产线，初涂烘烤炉、精涂烘烤炉热风循环加热方式为燃气直燃式加热。由于彩涂板的涂料烘烤固化过程中，要求环境气氛纯净、温度均匀等特殊要求，对燃气成分、压力、热值等公辅介质及烧嘴要求较高，一般只能采用经过处理的纯净的焦炉煤气、天然气等作为燃料。一方面彩涂板的产品质量难以保证；另一方面增加了设备投资和运行成本。

采用全热风烘烤工艺，纯净的气体通过热交换器，被间接加热后，进入炉区混合室兑入一定量的冷空气达到合适的温度后，经过喷嘴喷出，完成对带钢的烘烤。每个烘烤炉传动侧设 5 个循环风机和 5 个混合室。由供气管道和循环风机出口的热电偶检测各区进入喷箱的混合气体温度，通过温度信号控制混合室入口热空气和冷空气管道上调节阀开度。带钢出口温度(PMT)，由光学高温计测量并在 MMI 上显示。烘烤炉各区的压力由循环风机入口电动调节阀和排烟管上的闸阀控制。传统的有机挥发分(VOC'S)的浓度由排烟管路上的 VOC 分析仪检测，并在 MMI 上显示，本次设计在初涂烘烤炉和精涂烘烤炉的第 1、2、3 区分别安装 VOC 分析仪，并在 MMI 上显示，当 VOC'S 超标时进行一系列连锁控制，由于 VOC 分析仪安装在炉子本体上，缩短了响应时间，而且多点检测提高控制精度。烘烤炉的炉墙和炉顶采用了防爆设计保证烘烤炉的安全运行。

（原文发表于《设计通讯》2004 年第 1 期）

燃油蓄热式烧嘴在两座连续加热炉上的实践

刘恩思　　苗为人

（北京首钢国际工程技术有限公司，北京 100043）

摘　要：新型蓄热式燃烧技术能够最大限度地节约燃料、提高产量、降低成本，同时又减少了污染物的排放，是一种极有前途的新技术。通过先后两次在连续加热炉上的实践，使我们对燃油蓄热式烧嘴的性能有了进一步的了解，增强了信心，为该项技术在全炉的应用奠定了基础。

关键词：蓄热式燃烧；节能；降耗；提产

Practice of Fuel Regenerative Burner in Two Continuous Heating Furnace

Liu Ensi　　Miao Weiren

(Beijing Shougang International Engineering Technology Co., Ltd., Beijing 100043)

Abstract：New type of regenerative combustion technology can maximize saving fuel、increase production、reduce cost, at the same time reduce the emissions of pollutant, is one of the most promising new technology. Through continuous heating furnace has two times in practice, enabled us to fuel regenerative burner performance have a further understanding, enhancing the confidence for the technology in the application of the whole furnace laid a foundation.

Key words：regenerative combustion; energy saving; debase cost; enhance output

1　引言

我国工业炉窑是耗能大户，约占全国能耗的 1/4，但工业炉窑热效率的平均值很低，只有 30%左右，而以高温烟气形式排放的余热量约占总能耗量的 30%~50%。目前我国的余热资源回收率仅为 20%~30%，绝大部分都白白地排放掉了，这不仅浪费了宝贵的资源，而且污染了环境。

利用热回收装置回收烟气带走的余热，用来加热助燃空气和煤气，回收到炉子自身，是一种既节约燃料又可提高产量的好办法，而它的环境效益和社会效益更不可低估。

在所有的余热回收装置中，唯一可称其为全余热回收装置的，就是新型蓄热式装置。几十年来火焰炉技术有了很大进步，如炉型、烧嘴、换热器、新材料应用、大型化、自动化等，但没有哪一项技术比得上新型蓄热式技术，它已将炉膛废气热损失降到最低程度。在冶金工业的"18 项重大节能技术推广"

项目中，第 16 项是"加热炉综合节能技术"，在其中发出了"要加速开发蓄热式加热炉新技术"的号召。

相信在新的世纪，我国在蓄热式燃烧（高温空气燃烧）技术的实验研究和实际应用上会突飞猛进。

2　蓄热式烧嘴简介

利用蓄热室预热空气（或煤气）是一种传统的方式，自 1858 年发明以来一直沿用至今，如高炉（热风炉）、蓄热式均热炉、玻璃熔炉等。

一座炉至少有一对蓄热室，一个用于加热格子砖，一个用于预热助燃空气，经过一段时间进行换向，使整个系统得以连续运行。传统的蓄热介质采用的是耐火砖筑砌的砖格子，由于其单位体积的传热面积小，所以体积庞大、换向时间长达 30min 左右，废气排出温度较高，在 300~600℃。随着科技进步，蓄热室的小型化有突破性进展。20 世纪 80 年代初，英国开发了第一座填充球蓄热式炉。此后一些发达国家纷纷采用，这种技术的应用对象从玻璃熔化很快地扩大到铝的熔化、钢的加热、锻造和退火，以及钢带、钢管和铸件的热处理等。新型的蓄热介质有球状、片状、蜂窝状等，材质有黏土、高铝、碳化硅、铸铁等。新型蓄热体的单位体积的传热面积较砖格子增大了几百倍甚至上千倍，所以蓄热室体积大大缩小；换向时间缩短到只有几分钟甚至几十秒钟；废气排出温度不超过 200℃（比露点稍高）。有人称这种装置为全余热回收装置，即经过这种装置排出的废气已无再利用价值。由于炉膛废气流经蓄热室后的排出温度很低，所以用普碳钢制作烟道和换向装置成为可能。目前换向装置有两种。一种为两位五通阀，每座炉子至少安装 1 个阀组（只预热空气）；另一种为快速切断阀，每十个蓄热室的供风和排烟管道上各设置 1 个切断阀，一座炉子至少安装 4 个切断阀（或只在排烟管道上设换向阀，空气管道上设常开阀）。由于新型蓄热室体积的缩小，实现了蓄热媒体与烧嘴一体化，可安装在各种工业炉上，在旧有炉子上改造也很方便。由于被预热介质温度提高，燃料燃烧温度亦相应提高，传热强度的增加可使炉子的生产率提高 20%以上。另外还使低热值煤气（如高炉煤气）扩大了应用范围。由于换向燃烧的结果，使得整个炉温分布的均匀性大大提高，炉内温差大大减少，这对提高产品质量颇为有利。新型的蓄热式燃烧，还可大幅度减少 NO_x 的产生，有利于环境保护。由于生产率的提高，相应的炉子体积就可减少，又由于烟道烟囱简化，虽然蓄热式烧嘴本身贵一些，但总的设备投资费用还可减少 10%左右。新型蓄热式燃烧技术能够最大限度地节约燃料、提高产量、降低成本，同时又减少了污染物的排放，是一种极有前途的新技术。

3 蓄热式烧嘴在首钢带钢厂步进梁式加热炉上的实践

3.1 概述

首钢带钢厂大兴热带步进梁式加热炉的改造项目于 1997 年初实施。主要解决不能吃短坯料，产量不能适应轧机能力及一年多来运行使用中暴露出的一些问题。根据厂方的技术要求，我们先后做了多种方案进行比较。经与厂方反复讨论，最后确定了在原有加热炉基础不动的情况下进行有效改造，并同意在预热段安装一对蓄热式烧嘴进行试验，为将来加热炉进一步提高产量，降低能耗做准备。

3.2 原步进炉的主要参数

炉型：步进梁式加热炉

装出料方式：悬臂辊侧进、侧出
坯料尺寸：断面　120mm×120mm
　　　　　　　　150mm×150mm
　　　　　　　　170 mm×170 mm
　　　　　　　　165 mm×165 mm
　　　　　长度　2800~3600mm
额定产量：40t/h
坯料装、出温度：室温、1050~1150℃
燃料及热值：重油 9600×4.18kJ/kg
炉子尺寸：有效长 21000mm
　　　　　内宽 3944mm
预热段净空尺寸：上 860mm，下 2000 mm
空气顶热温度：400~450℃
空气预热器型式：带插入件金属管状
烧嘴型式：全热风低压空气雾化燃嘴
步进梁及固定梁数量：各 2 个
步进机构传动方式：液压
步进机构行程：水平 280mm，350mm；上升 90mm，下降 90mm
步进周期：36s

3.3 推荐的改造方案

推荐的改造方案如图 1 所示。

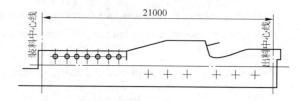

图 1　大兴步进炉扩产改造方案

在原炉预热段上部增加 7 对蓄热式烧嘴，每对烧嘴的燃烧能力为 30~40kg/h；在预热段和加热段之间增加隔墙。

改造特点：

（1）蓄热式烧嘴自成系统，原有烧嘴的燃烧废气走下部进原烟道，这样就不破坏原有燃烧系统和排烟系统；

（2）原有炉体基本不动，只将预热段炉顶稍作提高；

（3）炉子产量由 40t/h 增加到 60t/h，产量提高 33%；

（4）燃油量增加 280kg/h，只增加 16%。

该方案的优越性是很明显的，没有被采纳的主要原因就是燃油的蓄热式烧嘴在连续式加热炉上的应用在国内尚无先例。最终业主只同意在预热段安装一对进行试验。

3.4 实施的试验方案及试验情况

实施的试验方案如图2所示。

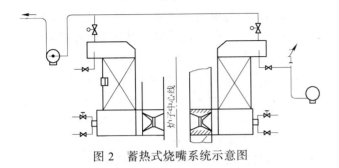

图2 蓄热式烧嘴系统示意图

（1）在炉墙两侧适当位置凿洞，安装烧嘴砖；

（2）为免碰圈梁，增加了一个200mm长的短节；

（3）油枪长度相应增加200mm；

（4）接排烟管道，引出厂房外。

原设计助燃用空气和引射排烟用空气出自同一风机，在系统中送风阀常开，仅控制排烟阀和油阀的开闭。如1号油阀开时，1号烟阀关；2号油阀关，2号烟阀开，反之亦然。

试验情况：

（1）由于联结了排烟管道，发现引射排烟能力不足，所以后来又增加了引风机。

（2）重油雾化情况欠佳。原设计的内混式油枪，重油压力按3kgf/cm²，蒸气压力按4kgf/cm²。而实际上车间蒸气压力仅1kgf/cm²左右，而且含水量特大、试验时重油压力与炉前的低压空气雾化烧嘴相同，只能维持在1kgf/cm²（1kgf/cm²=9.8kPa）左右，所以雾化得不好，后来改成了外混式油嘴，虽然稍有改善，但终不理想。

（3）蓄热式烧嘴不能自成系统，其喷出的火焰受均热段和加热段废气流的冲击后很快地拐弯，其火焰形状如图3所示。

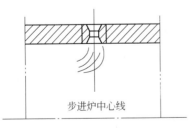

图3 火焰形状示意图

（4）关于重油换向阀。原选用的电磁阀，介质流通口径偏小，在结构上介质要进入衔铁与套筒的间隙中，使用时，由于重油较黏稠，致使换向后流通不畅，尤其在冬季就更加困难。后改用膜片式电磁阀，其优点是介质不与衔铁接触，但膜片的承压有限，使用寿命是个问题。

通过试验使我们感到，任何装置都有它的使用条件，按科学规律办，成功的机会就多。通过这次试验，使我们取得了宝贵的实践经验，从而增加了我们用好这项技术的信心。

4 蓄热式烧嘴（一对）在番禺市裕丰钢铁有限公司棒线材车间加热炉改造工程上的试用

4.1 概述

该车间现有燃油推钢式加热炉一座，原设计产量为35t/h，后增加了4个烧嘴，使该炉最大产量达到40t/h。该炉已成为车间欲进一步提高产量的主要限制环节，为此，决定对加热炉进行改造。

4.2 现加热炉主要技术性能指标

加热钢种：普碳钢

钢坯尺寸：120mm×120mm/150mm×150mm×3000mm

炉子有效尺寸：28000mm×3480mm

燃料：重油

烧嘴型式：低压空气雾化，JRS型

空气预热温度：约200℃

炉底管冷却方式：汽化冷却

4.3 改造内容

既要达到提高产量的目的（约50t/h），又要满足施工工期的限制（15天）。采取了一个切实有效、工程量小的改造方案，即炉子出料端加长1.5~2m（受出料条件限制）；加热段向预热段方向延长2m；重新设计换热器，使空气预热温度达到400℃以上；炉体钢结构、供风系统、供油系统、排烟系统做相应的改善。并在下加热端部（靠近出钢部位）设置了一对蓄热式烧嘴。

4.4 改造效果

（1）节能效果显著。空气预热温度由原不到200℃提高了150℃左右，仅此一项就可节能15%，燃油单耗由59kg/t降到49kg/t。

（2）改善了炉子加热条件，增加了烟囱的排烟能力。改造前，炉温到1300℃时烧嘴再增加能力，炉门、炉尾和烟囱均冒黑烟，炉温难再提高，炉子时常处于待热状态。改造后，炉温升高很快，在高产时，炉温经常控制在1400℃以上，同时消除了炉尾和烟囱冒黑烟现象。

（3）炉子产量有很大幅度提高。改前加热 8 寸锭，班产仅为 280t 左右，改后增加到 380t 左右。

（4）改善了环保条件。首先是消除了冒黑烟现象，另外，改前汽化冷却生产的多余蒸汽排放掉了，还造成噪声的污染。在这次改造中将这部分蒸汽用来引射烟气用，不仅增加了烟囱的抽力，还消除了噪声污染。

4.5 蓄热式烧嘴的设计、安装与试用

吸取前次教训、这次烧嘴布置在炉子下加热两侧，靠近端墙处；重油换向阀选用的是耐高温的气动活塞阀。

烧嘴的设计参数：

烧嘴能力：100kg/h

蓄热体形状：球、片

燃料：重油

油枪型式：高压外混式

雾化介质：蒸汽

油压：1~3kgf/cm²

蒸气压力：3~4kgf/cm²

压缩空气压力：2.5~4kgf/cm²

鼓风机压力：7000Pa

引风机压力：2500Pa

蓄热式烧嘴由鼓风机、引风机、换向阀、蓄热体、油枪、供风管路和排烟管路组成。

在试验中将推出机侧烧嘴编为 1 号，轧机侧编为 2 号，首先进行连锁试验，用蒸汽代替重油，开启鼓风机和引风机，先使 1 号箱排烟，经 2min 后，1 号箱温度升到 170℃，换向后，1 号箱进冷风，2 号箱排烟，经 2min 后，1 号箱温度由 170℃降至 50℃，2 号箱温度升到 200℃，……系统试验结束后，进行了燃烧重油试烧，现将结果综述如下：

换向时间设定在 2min，在炉温 1100℃时，排烟温度在 170~190℃之间变化；炉温在 1250~1300℃时，排烟温度在 100~220℃之间变化，当排烟温度超过设定温度时，能够提前自动换向……

总之，烧嘴在试烧过程中，设备运行正常，参数稳定，这套试验装置完全达到预期的试验效果。

5 结语

通过先后两次在连续加热炉上的实践，使我们对燃油蓄热式烧嘴的性能有了进一步的了解，增强了信心，为该项技术在全炉的应用奠定了基础，我们愿意与全国的同行们一道，为我国的节能与环保事业取得更大的进步而努力奋斗。

（原文发表于《设计通讯》2000 年第 2 期）

首钢秦皇岛中板厂推钢式加热炉设计

侯加林

(北京首钢国际工程技术有限公司，北京 100043)

摘　要：首钢秦皇岛中板厂的两座 80t 推钢式加热炉采用水平炉顶垂直压下的炉型、全侧烧重油燃烧器布置、全热滑轨、机械出钢等技术，具有加热质量好、加热能力大、热回收率高、自动化项目设计齐全、操作环境好、操作强度低等一系列优点，而且所用的全都材料、设备国产化。

关键词：平炉顶；全侧烧；全热滑轨；机械出钢

Design of Shougang Qinhuangdao Plate Plant Pusher Heating Furnace

Hou Jialin

(Beijing Shougang International Engineering Technology Co., Ltd., Beijing 100043)

Abstract：Shougang Qinhuangdao plate mill two 80t pusher steel furnace by using level top vertical pressure of furnace type, all side burning heavy oil burner arrangement, all hot slide rail, mechanical tapping technology, good heating quality, big heating capacity, high heat recovery rate, the automation project design is complete, the operation environment is good, operation and low intensity of a series of advantages, and the use of all materials equipment.

Key words：flat roof; whole side burn; all hot slide rail; mechanical tapping

1 引言

　　首钢秦皇岛中板厂的两座 80t 推钢式加热炉于 1992 年 3 月开始施工图设计，次年 3 月建成投产。该加热炉采用水平炉顶垂直压下的炉型、全侧烧重油燃烧器布置和全热滑轨、机械出钢等技术，投产后取得了良好的效果。

2 加热炉设计

　　秦皇岛中板厂主要设备是引进西班牙炉卷轧机二手设备。为与轧机能力相匹配，规划新设计两座推钢式连续加热炉（原国外厂使用的是 20 世纪 60 年代由法国斯坦卢拜公司设计的两座加热炉）。施工图设计中，考虑投产初期尚不能提供煤气的情况下，先以重油为燃料。为此，在上均热炉顶布置平焰煤气烧嘴的同时，与其他各段一样，布置侧烧重油的喷嘴，在投产时采用全侧烧。

　　轧机对加热环节的要求是：加热温度为 1150 ～ 1200℃，年工作时间 6500h，年产量 55 万吨。坯料中普碳钢占 81.8%，低合金钢占 18.2%。

　　根据各种规格坯料的产量分配，进行钢材加热计算。拟定的炉温曲线为：均热段 1250℃，加热段 1350℃，预热段 936℃（即加热段与预热段之间为 1100℃），炉尾 750℃。经计算的加热时间见表 1。

　　计算结果表明，在规定的 6500h 内需设两座加热炉完成 55 万吨钢坯的加热，小时产量应在 40～45t 之间。考虑到轧制损耗，小时产量应在 49～53t 之间。为调整加热制度，并考虑加热与轧制之间的协调，两座加热炉的额定产量均确定为 80t/h。

　　根据钢材加热计算和炉膛热交换计算，制定炉型尺寸。加热炉主要技术性能见表 2。

3 结构特点

3.1 全浇注炉衬

　　应用不定型耐火材料，其特点是：制造成本低、

表1 工作时间计算表

项 目	坯料尺寸/mm			
	150×750×2500	180×1000×2800	220×1400×2800	180×750×5500
年产量/万吨	3	7	25	20
小时产量/t	41.7	44.9	41.5	42.6
工作时间/h	719	1559	6053	4594
时间积算/h	13026			

表2 加热炉主要技术性能

序号	项 目		数 值				
1	额定加热能力/t·h⁻¹		80				
2	炉子尺寸/mm	全长	28300				
		有效长	27100				
		全宽	7548				
		内宽	6508				
3	有效炉底强度/kg·(m³·h)⁻¹		420				
4	单独热耗/kJ·kg⁻¹		1672				
5	重油热值/kJ·kg⁻¹		40546				
6	煤气热值/kJ·Nm⁻³		11495				
7	重油最大耗量/kg·h⁻¹		2706				
8	煤气最大耗量/Nm³·h⁻¹		2095				
9	热量分配	供热段	上均热（煤气）	上均热（重油）	下均热（重油）	上均热（重油）	下均热（重油）
		燃烧器型号	MP-150	QRF-200	QRF-200	QRF-200	QRF-200
		燃烧器数量/个	16	8	8	10	12
		供热量/kJ·b⁻¹	24×10⁶	24×10⁶	29×10⁶	36×10⁶	44×10⁶
		供热比/%	18	18	22	27	33
10	煤气接点压力/Pa		10000				
11	嘴前重油压力/MPa		0.05 ~ 0.3				
12	嘴前空气压力/Pa		7000				
13	空气预热温度/℃		450				
14	额定空气消耗量/Nm³·h⁻¹		27600				
15	冷却水耗量/m³·h⁻¹		400				
16	额定烟气量/Nm³·h⁻¹		41000				
17	烟气出炉温度/℃		750				
18	烟囱高度/m		80				
19	烟囱出口内径/m		2.7				

便于机械化施工，炉衬寿命长。但使用这种耐火材料后拆炉困难，且拆炉废料难以回收利用。

此次使用全浇注炉衬的具体结构是：炉顶280mm低水泥浇注料加120mm轻质低水泥浇注料；炉墙300mm低水泥浇注料加其他隔热材料；炉底为116mm铝镁浇注料加其他耐火材料和隔热材料。炉顶留设纵横交错的膨胀缝，间距2m。炉墙留设上下错开的垂直膨胀缝，间距1.8m。炉底和垂直压下部位不留膨胀缝。炉墙浇注料与隔热材料之间涂刷防水涂料，以防轻质隔热材料从尚未凝固的浇注料中吸取水分。

因浇注料施工时正逢冬季，故搅拌现场和浇注现场采用煤火保温，温度维持在5~10℃。低水泥浇注料的低温强度很高，一般24h左右即可拆模。

3.2 压下结构

加热炉炉顶设置压下结构，其作用是：划分上部炉膛空间，阻隔各控制段之间的热交换，减少分段调节时各段间的干扰，以利于各控制段分别实施炉温调节。压下结构有坡型、弧型和垂直型三种。其中垂直型压下结构具有占据空间小，吊挂形式简单的特点，但这种结构的工作环境较恶劣。

本设计压下结构的结构尺寸是：全高1320mm，厚350mm；下部设两根冷却水管，其直径为89mm。吊挂跨距为2.2m。水管外表面为100mm厚的增强浇注料，其间嵌砌黏土耐火砖。

3.3 机械出钢

在端出料大中型坯加热炉上采用机械出钢已成为发展趋势。采用机械出钢的加热炉，由于取消了出钢下滑道，可以使炉体下降，从而使天车轨面和厂房屋面的标高降低，制造出钢机要增加一部分投资，厂房降低又可以减少一部分投资，机械出钢的优点在于：减少热坯表面划伤；出钢噪声基本消失；出钢机水平动作和出料炉门升降动作联锁后，可以减少由于炉膛吸入冷风而引起的炉压失稳和降低热坯氧化烧损；避免炉门、出料杆和出料辊道出现撞击损伤。

在全热滑轨设计中，常将滑块与骑卡件分离，以避免滑块的热应力损坏，采用机械出钢，在出钢机将热坯托起时，由于坯料表面呈极度高温状态，往往托起滑块，造成滑块失落。这时就涉及到全热滑轨的结构问题。

出钢机的主要技术性能是：最大起升重量15t；最大起升高度250mm；最大水平行程4300mm；坯料升降时间为5s；工作周期为49s。每座加热炉设两台出钢机，每台出钢机电机功率为13kW。

3.4 热风管道

加热炉空气/燃料比例自动调节使用孔板流量计测量热风流量，孔板流量计要求其前后管道保持直管段的长度，不应小于15倍外径。本设计采用无内衬热风管道，减小管道外径，从而减小直管段长度下限，使管网得以在炉顶空间布置开来。管道外径≤720mm，介质压力在0.1MPa以下，壁厚6mm，材质Q235B。管道外包扎岩棉管壳作为绝热层，岩棉容重145kg/m³，厚30mm。保护层为镀锌薄板。

外保温热风管道的缺点是管道热膨量较大，管网中个别位置点可能会出现三维方向上均有位移的现象。为此设置了14个轴向内压式波形补偿器。投产后管网未出现热应力损坏现象，也未出现明显的管道位移。热风温度达到450℃时，保护层温度低于50℃。

4 使用效果

从整体上看，加热炉的使用效果是比较理想的。

4.1 加热质量

推钢式加热炉的加热质量一般不如步进式加热炉。加热不均匀的钢坯将阻碍轧制水平的发挥和钢材质量的提高。这两座推钢式炉的加热质量较好，肉眼观察不到热坯表面"黑印"，轧制中反映不出坯料温度不均匀的影响。

坯料在推钢式炉中加热时，是沿滑轨做直线运动的。坯料与滑轨的接触位置不但不能接受热辐射和热对流，而且从坯料高温部位传导而来的热量，还要向滑轨传导一部分。这种接触位置是不能改变的，在坯料被加热的过程中它总是料坯温度最低的部位，甚至出料时形成低温"黑印"。

设计中使用全热滑轨，并布满加热段和均热段，且获得成功。这种滑轨在高温状态下强度高，硬度大，导热少，有效地减少了坯料热量向纵管冷却水中的流失。将高温耐热合金材质的滑轨骑卡件与纵管焊接需使用不锈钢焊条，冬季施工中出现了焊缝遇冷脆裂现象。因此采用气焊预热、电焊焊接，焊后包扎保温的办法。投产时也出现了出料端个别滑块被粘落的现象，后在检修中把该部位滑块与骑卡件焊为一体。

合理的炉型和喷嘴布置形式，在炉型热交换中起重要的作用：

（1）水平炉顶与水平炉底形成料坯表面的平行面，形成平行大平板双面加热的上下炉膛空间。而上下炉膛各自的中间层，都是辐射源。上部炉膛的中间层位置是喷嘴中心线所在平面；下部炉膛喷嘴略低一些，但考虑到热气体上浮，中间层仍是炉气的最高温度分布面。这就成为典型的均匀分布热交换形式。炉壁成为积极的热交换媒介。

（2）恒定的炉膛断面形状维持了炉气的均匀流动，低压雾化重油火炬能很快汇入到均匀流场中。即使在炉气进入预热段，也由于炉膛断面收缩平缓，形不成破坏均匀流场的回流区或气流死角。

（3）使用的燃料是高号号重油，其炉气黑度很大，对组织均匀分布热交换制度是十分有利的。

（4）各供热段的划分明确，侧烧嘴布置均匀，对炉温曲线的调节十分有利。容易实现适合于各种不同规格材质坯料的不同的加热制度。

（5）全侧烧喷嘴布置的缺点是不易形成炉宽方向上的炉温均匀分布，这当然不利于形成坯长方向上的钢坯内部温度均匀分布。但是由于炉膛内宽尺寸不很大，更由于选用了供热能力较大的喷嘴，使这项缺点不明显。

（6）将来煤气供应正常，可以启用上均热段平焰烧嘴取代侧烧重油喷嘴，这时坯料表面在上均热段接受的热辐射将更均匀，将使加热质量得到进一步的提高。

4.2 换热效率

预热空气具有节约燃料，提高理论燃烧温度和改善燃烧过程的意义，换热效益的高低成为决定加热炉能源消耗量的重要因素。采用全热风重油燃烧器使进一步提高换热效率成为可能。

加热炉选用高风温全热风比例调节油喷嘴，允许最高风温 500℃，而一般热风喷嘴允许最高风温不超过 350℃。

本设计选用高效管状带插件换热器，四行程逆叉流布置。设计参数是烟气温度 750℃，空气由常温升至 450℃。此时的换热效率是：

$$\eta_{设计} = \frac{t_{抽风} - t_{空气}}{t_{烟气}} \times \frac{L_0}{V_0} = 54.7\%$$

实际使用中，烟气温度常达不到 750℃，热风温度不低于 420℃。由于设定风温选 450℃时将自动实施保护性放散，故风温在 430℃至 460℃之间。1993 年 12 月 15 日采集到的数据是：烟气温度 693℃，风温 460℃。此时的瞬时效率达到：

$$\eta_{此时} = \frac{460-0}{693} \times \frac{L_0}{V_0} = \frac{460}{693} \times \frac{11.38}{11.92} = 63.4\%$$

这个换热效率值是比较高的。

4.3 自动控制

设计中的自动控制项目包括：各项常规检测；四段炉温自动调节(包括空气/燃料比例自动调节和上均热段重油、煤气调节系统切换装置)；炉压自动调节；热风高温自动报警及放散；煤气低压自动报警及切断；炉壁高温摄像监视系统等。

上述控制项目能使加热炉实现稳定态加热情况下的炉温自动调节，而且预留了进一步编制数学模型，实现非稳定态加热情况下的钢坯加热计算机自动控制的前景。为实现早投产早见效益的经营方针，秦皇岛中板厂加热炉在自动控制项目尚未完成调试时投产了，使投产时的加热炉未能充分发挥出它的优越性，部分控制项目在生产中将陆续完成调试，全面投入有效的控制。

5 结语

首钢秦皇岛中板厂两座 80t/h 推钢式连续加热炉的使用效果表明，它们具有加热质量好、加热能力大、热回收率高、自动化项目设计齐全、操作环境好、操作强度低等一系列优点，而且所用的全都材料、设备国产化。从工程项目立项到工程投资仅用了一年。

（原文发表于《设计通讯》1994 年第 3 期）

首钢冷轧罩式退火炉区的工艺及设备设计

苗为人

(北京首钢国际工程技术有限公司，北京 100043)

摘　要：钢板在轧制过程中，由于冷变形而显著变硬，这就需要在罩式炉中进行再结晶退火，以消除加工硬化，增强塑性，使其力学性能、工艺性能及金相组织等，达到均匀一致，满足各部工序的标准规定和用户的要求。本文介绍了首钢冷轧罩式退火炉区的工艺及设备设计，并对将来技术改造提出合理化建议。

关键词：罩式炉；光亮退火；冷却

Technology and Equipment Design of
Cold-rolled Hood-type Annealing Furnace

Miao Weiren

(Beijing Shougang International Engineering Technology Co., Ltd., Beijing 100043)

Abstract：Steel plate in the rolling process, the cold deformation and significant harden, which requires the bell type furnace of recrystallization annealing, in order to eliminate processing degradation, the strongest plastic, make its mechanical properties, process performance and metallographic organization and so on, to achieve uniform. Meet each process of the standard and the user's requirement. This paper introduces the shougang cold-rolled bell type annealing furnace in process and equipment design, and to the future technical reform put forward reasonable suggestions.

Key words：bell-type furnace; bright annealing; cooling

1　引言

首钢冷轧厂的一期工程为年产 20 万吨的碳素钢薄板。其原料为热带卷，经过酸洗机组洗掉钢板表面的氧化铁皮，进入三机架轧机轧成所需要的钢板厚度。经过跨车送至罩式炉跨间，用罩式炉进行光亮退火。而后再进行平整、剪切、包装等。

钢板在轧制过程中，由于冷变形而显著变硬，这就需要在罩式炉中进行再结晶退火，以消除加工硬化，增强塑性，使其力学性能、工艺性能及金相组织等，达到均匀一致，满足各部工序的标准规定和用户的要求。

一期工程设计炉型为 185-510 型。加热罩 24 套，带有分流快速冷却装置的退火炉炉台 48 套，内罩 48 个，冷却罩 22 套，固定式最终冷却台 22 台，中间对流板 144 个，顶部对流板 48 个。

罩式炉区厂房为 36×240m，吊车轨面标高为18m。车间内还设有管道系统、通风系统、烟气排放系统及自控、电气、电讯、炉区运输设备。

罩式炉区由首钢设计总院与武汉钢铁设计研究院联合设计，首钢制造、安装。该罩式炉机组全部采用国产设备，装备水平与武钢冷轧厂现有水平相当，并采用宝钢冷轧厂罩式炉的部分先进技术。

2　主要技术性能参数

炉子的用途：冷轧钢卷光亮退火

热处理钢种：普通碳素钢、优质碳素钢

热处理带钢规格：厚度 0.48~3.0mm

宽度 650~1850mm

堆垛尺寸：最大外径 ϕ1850mm

最大高度 5100

内径 φ610mm

最大装炉量：80t

最高退火温度：750℃

加热罩生产能力约：2.2t/h

燃料及其热值：混合煤气，热值 7536kJ/m³

煤气最大消耗量：370m³/h

空气预热温度：约 300℃

保护气体成分：H₂：2%~5%，其余为 N₂，露

点为 -40℃

保护气体最大消耗量：30m³/h

冷却水消耗量：30m³/h

年工作时间：8000h

加热时间表，见表 1。

（1）带钢尺寸 1500mm×1.0mm。平均装炉量 34.5t，装炉系数 43%，3 个钢卷；

（2）带钢尺寸 1250mm×1.0mm，平均装炉量 27t，装炉系数 34%，3 个钢卷。

表 1 加热时间表

钢种	退火时间/h	退火卷心温度/℃	冷却时间/℃	冷却卷心温度/℃	装料及吹洗时间/h	总时间/h
带钢尺寸 1500mm×1.0mm，平均装炉量 34.5t，装炉系数 43%，3 个钢卷						
CQ	20	600	21	160	2	43
DQ	24	650	22	160	2	46
DDQ	23	690	24	160	2	54
带钢尺寸 1250mm×1.0mm，平均装炉量 27t，装炉系数 34%，3 个钢卷						
CQ	16	600	19	160	2	39
DQ	22	650	20	160	2	44
DDQ	25	690	22	160	2	49

注：CQ 为管板，DQ 为深冲板，DDQ 为特深冲板。

3 生产工艺简述及炉型选择

冷轧钢卷经过跨车运往罩式炉间，由吊车将钢卷吊至退火炉台上。每炉装 2~4 个钢卷，中间放对流板，扣上内罩，压紧密封装置。经密封检验合格后进行冷吹，再扣上加热罩。启动炉台循环风机，打开煤气阀门，点火加热。

为达到快速均匀的加热，内罩里的保护气通过炉台循环风机不断的循环，气流从内罩吸收热量，热流通过对流扳的缝隙将热量传给钢卷，一直到退火时间结束后关闭烧嘴，吊走加热罩。根据不同的钢种经一定时间的冷却，再扣上冷却罩。当底部热电偶温度达到 500℃之后接通分流快速冷却装置。当卷心温度冷却到 160℃；吊走冷却罩及内罩，将钢卷吊到冷却台上继续冷却。当钢卷冷却到 50℃时，用吊车将钢卷吊到过跨车上，送至平整前库堆存。

首钢冷轧罩式炉的设计、制造、安装全部国产化，适应了当前生产力的发展水平。其主要特点是：能满足多品种多规格带卷光亮退火的要求；分流快速冷却装置提高了炉台生产率，使罩台比降为 1:2；内罩采用橡胶密封，密封性好；空气预热可节能；具有较高的自控水平：退火温度自控、退火程序自控等。

4 罩式退火炉结构特点

罩式炉结构如图 1 所示。

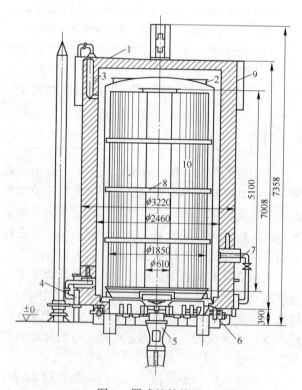

图 1 罩式炉结构图

1—外罩；2—内罩；3—空气预热器；4—煤气管道；5—循环风机；6—胶封；7—烧嘴；8—对流板；9—空气管道；10—钢卷

4.1 加热罩

加热罩的外壳是圆柱形钢结构,内衬耐火材料,带有加热设备、加热管道系统、排气罩等。

加热罩的内衬由116mm轻质黏土砖、232mm硅藻土砖、30mm岩棉组成。罩顶为一个轻型平盖,使用的是150mm厚的耐火纤维毡,采用平贴方式,用耐热螺钉螺帽固定在炉顶钢板上。整个盖子放圆形砖衬上,并用螺丝与横梁固定在一起。这种炉顶结构简单、较轻、制作方便。为防止烟气烧穿炉壁,从炉膛到外壳不能有缝隙。加热罩的总重量要尽量减轻。

在加热罩下部,分两层交错布置12个切线方向烧嘴,烧嘴中心线与内罩和砌体内侧的平均圆相切,以使燃烧废气成切线方向环绕内罩旋转,因而能对内罩进行均匀加热。

煤气是通过管道、煤气安全阀、煤气分配箱送到烧嘴入口处。空气通过加热罩上的燃烧风机送到空气分配箱,再经预器器到烧嘴。助燃风机性能:流量1250m³/h,压力3400Pa,功率2.2kW,转速2900r/min。烧嘴点火是用专门的点火棒在看火孔内进行。

当加热罩扣在炉台上,加热罩的煤气波纹管自动与供给每个炉台的车间煤气管道接通,并保证严密性。煤气安全阀安装在煤气入口处,当煤气低压时,安全阀会自动关闭。在加热罩上设有煤气和空气流量测量及调节装置。

在圆顶盖之下,圆筒壁的周围等距离配置12个废气出口,废气经过这些出口,流经换热器。在换热器上面的废气出口设置废气罩,将废气排至炉台旁的地下烟道。扣加热罩时,烟道口处带配重的切断阀自动打开,加热罩吊走后,带配重的切断阀又自动地把烟道口盖上。

4.2 炉台

炉台是用来承担钢卷、中间及顶部对流板、内罩等全部重量的。炉台的设计不但要考虑结构合理,而且要坚固耐用。炉台由钢结构焊接而成,外侧是一个环形水箱,通水以保证密封法兰上胶圈在允许的温度范围内工作。在圆形钢板上设置3排耐热钢管与工字钢构成的环形负荷支架。在支架周围填满隔热材料,以达到隔热目的。在支承梁采用了加工面。在支架上放有6片特殊铸造的分流盘,用于支承钢卷和使保护气体循环。在炉台法兰上,有一个O形环槽,O形橡胶密封圈嵌在槽里,将内罩法兰压在上面,并用6个压紧装置把内罩法兰压紧在炉台法兰上。

在炉台中心装有一个炉台循环风机。整个退火过程中,该风机在内罩中不断使保护气体循环,主要是

起热交换作用,以便缩短退火周期,提高加热均匀性。该风机叶轮为耐热钢制造,轴承用润滑脂润滑,并用水冷却。循环风机性能:风量20000m³/h,风压1470Pa,功率15kW,转速1500r/min,工作温度800℃。

4.3 分流快速冷却系统

在每个炉台下面均设有一个快速冷却装置。其目的是为了增加冷却能力,缩短冷却周期。该系统主要由分流风机、冷却器、连接管道和自控装置组成。

冷却器内部装有成排的翅片管。管子里通有冷却水,管间通循环保护气体。冷却时保护气体不断反复地被冷却。该冷却器面积117m²。

分流风机靠密封的电动机带动。风机和电机用同一个轴传动,电机带有一个单独的通风装置。该风机性能为:风量3600m³/h;风压3498Pa;功率7.5kW,转速2900r/min,最高温度50℃。

在保护气体管道上,设置有供气管的流量测量,供气管和排气管上的压力测量及指示,保护气体的自动供给及自动切断,保护气体自动排出或关闭,压力自动控制等装置。

冷却水管道上,设置有自动供水及自动切断,水流量测量、指示及自动控制,供水管道的压力指示,冷却器排水温度的测量和自动控制,冷却器漏水检测及事故声光报警,冷却器和炉台排水温度的检测指示,以及快速冷却装置的自动控制(节流阀、风机启动或关闭)等装置。

4.4 内罩

内罩也称保护罩。保护气体流动的空间与燃烧气体之间用内罩隔开,在加热时它把燃烧气体的热量传给保护气体,冷却时将保护气体的热量向外传出。内罩必须是密封的,耐高温不氧化,并且要尽可能轻。内罩结构如图2所示。

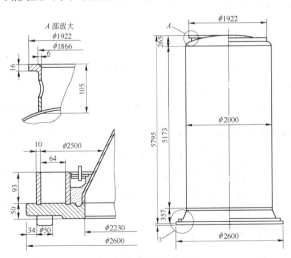

图2　内罩结构图

内罩材质为 1Cr18Ni12Ti，在底部焊有密封法兰盘。法兰盘底部是经机加工的密封平面，通过压紧装置压在炉台法兰的橡胶圈上，使内罩与外界绝对密封。

4.5 冷却罩

冷却罩是由钢板制成的圆柱形罩，用法兰环加强其结构。冷却罩上部内壁上每隔 120°焊有镰刀形的导向板，以保证罩子的顺利安放。冷却罩顶部装有一台轴流式风机。其性能为：流量 48230m³/h，风压 314Pa，功率 7.5kW，转速 750r/min。当加热罩吊走

以后，冷却罩罩在内罩上，顶部风机立即起动，通过空气对流，把热量放散。

4.6 对流板

为了提高加热速度和使钢卷加热均匀，在钢卷之间放置中间对流板，在卷垛顶部放上一块顶部对流板。这样可使加热时间大大缩短，各钢卷加热的均匀性也能得以改善（图3）。

由图3可以看出，采用对流板，与装料相当的不采用对流板的罩式炉相比，加热时间缩短约32%，加热效率提高44%，热耗降低23%。

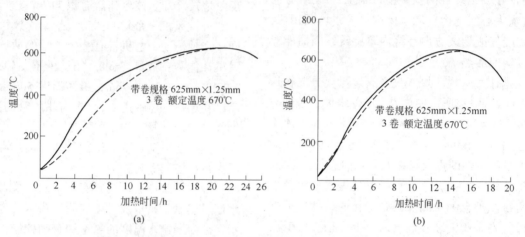

图3 不用对流板（a）和使用对流板（b）的温度变化情况

对流板的结构对退火效果起着重要作用，要求传热效果好，强度大，变形小，结构设计合理。

4.7 最终冷却台

固定式冷却台是在地平面以上装有带对流筋板的底板，下部装有一台带消音器的轴流风机，冷却用空气是通过地下通风道从厂房外引入的。轴流风机的性能是：风量 25200m³/h，风压 1140Pa，功率 15kW，转速 750r/min。

4.8 车间管道系统

该系统包括煤气、冷却水(供和排)、保护气(供和排)、废气等系统。48 座炉台分为两组，设有两台排烟机、两台排保护气风机和两座烟囱。排烟机性能：风量 42120m³/h，风压 931Pa，最高使用温度 300℃，功率 30kW，转速 1000r/min。保护气排放风机性能：风量 1800m³/h，风压 931~980Pa，最高使用温度 100℃，功率 2.2kW，转速 1480r/min。

5 电气自动接头

当加热罩和冷却罩放在炉台上时，电源自动接

通。在每个炉台旁设一个插座，共48套。每个加热罩上有一套插座，共24套，每个冷却罩上有一套插头，共22套。

在加热罩上电源项目有：

（1）助燃风机马达；

（2）加热罩放好后发出接通信号；

（3）煤气安全阀的限位开关；

（4）煤气-空气连接调节用伺服马达。

在冷却罩上的电源项目有：

（1）轴流风机马达；

（2）冷却罩放好后发出接通信号。

6 测量、控制和电讯装置

在罩式炉区设有一个 6×30m 的控制室，室内设有空调装置。

罩式炉机组采用计算机控制。每台炉子都设有温度测量、调节及记录；都设有退火程序的控制，包括预吹洗、吹洗、升温点火、退火、冷却、快冷、冷却等完整的退火过程。还设有传动装置及设备的安全控制，包括炉台循环风机、燃烧风机、冷却罩风机、快速冷却循环风机等安全保护。煤气低压安

全装置；冷却水流速控制；快速冷却循环系统过压控制，内罩压力的自动控制等项目。

罩式炉区设有对讲机 6 台；步话机 4 台；自动电话机 2 台；厂调度电话 1 台。

7　炉区运输设备

7.1　桥式吊车

炉区设有 50/10t 吊车两台，跨度为 34m。结构主要特点是主吊钩可以电动旋转、并与操作小车一起移动。

主钩用来吊运外罩及钢卷，配有两台 28t 自闭合带卷夹钳和 1 台 36t 自闭合夹钳。

副钩用来吊运内罩、冷却罩、对流板，配有 8 台 5t 三爪铰链式吊具。

36t 自闭合夹钳的最大开口度为 850mm，最小开口度为 190mm，行程为 660mm；28t 自闭合夹钳的最大开口度为 800mm，最小开口度为 140mm，行程为 660mm；三爪铰链式吊钳的开度范围为 ϕ1912~2842mm。

7.2　地面运输车

承担带卷运输任务的地面运输车，共设两台，由柴油机带动主发电机传动，自重 20t，承载重量 90t，功率 40kW，速度 1m/s，轨距 1435mm，总长 6500mm，装有缓冲器和制动装置。

8　几点说明和建议

（1）由于存在国内油雾发生器质量问题、厂区管网压缩空气压力问题，以及工程工期等问题，本次设计炉台循环风机未采用油雾润滑，而采用了润滑脂润滑；压紧装置未采用气动而采用手动压紧装置。将来方便的时候，可以进行改造。

（2）由于一期工程的钢卷尺寸较小，装炉系数较低，故产量也较低。将来若能有较大的钢卷，产量可以相应地提高。

（3）该罩式炉机组虽说在国内较先进，但与国外相比还有差距。奥地利 EBNER 工业炉公司研制的 HICON/H_2 型罩式炉及德国 LOI 炉子公司研制的 HPH 型罩式炉，采用全氢气作为保护气体、强对流、水气组合冷却等新技术，可进一步提高产量和质量，降低消耗，代表世界 20 世纪 80 年代冷轧罩式退火炉的新水平。今后我们也应该努力采用这方面的新技术。

（4）冷轧带钢的连续退火机组，产量更高，质量更好，占地面积最小，自动化水平可以更高，适用于专业化生产。今后在冷轧生产中，有条件时可以考虑上连续退火机组。

（原文发表于《设计通讯》1992 年增刊）

首钢中小型厂加热炉设计

刘学民　王汝芳　王　丰

(北京首钢国际工程技术有限公司，北京　100043)

摘　要：本文主要介绍了棒材厂推钢式加热炉的结构特点、技术参数、采用的新技术以及使用效果。

关键词：油气混烧；合金垫块；双预热；自动控制

Furnace Design in Shougang Middle–size and Small–size Factory

Liu Xuemin　Wang Rufang　Wang Feng

(Beijing Shougang International Engineering Technology Co., Ltd., Beijing 100043)

Abstract：In this paper, we mainly introduced the furnace structure characteristics, technology parameter, used new technology and effectiveness in bars plant.

Key words：gas and oil combined combustion; alloy pad; double preheating; automatically control

1 引言

首钢中小型厂由两个棒材车间组成，总的年生产能力为 150 万吨，为满足工艺生产要求，两车间各新配备了一座推钢式加热炉。每座炉子的小时产量均为 160t/h。

2 炉型结构特点

2.1 装出料方式

加热炉装料有两种型式，一种是端装料，一种是侧装料。对棒材厂长方坯原料，前者装料方式装料口结构复杂热损失大，因此，设计采用侧装料，其定位方式是在装料辊道中心的炉子侧墙上设有止挡装置。

加热炉出料也有端出和侧出两种方式，棒材厂加热炉采用的是侧出料，这既减少炉子的热损失，又减少坯料的热损失（由于坯料长而工艺布置上轧制速度很低的第一架轧机离炉子的出料口很近，当坯料头进入第一架轧机时，坯料尾部仍保留在炉内）。

2.2 炉内铁皮清除

为了减少坯料的加热黑印，加热炉均热段设置了均热床，为清除均热床的氧化铁皮和处理均热床上的拱钢等事故，在均热床两侧和端部设置了手动检修炉门，并在均热段端墙两侧设置了两套电动扒钢机。

2.3 供热方式

中小型厂加热炉坯料长，炉子宽，为使坯料长度方向加热均匀。除第二下加热采用侧加热外，其他各段均采用端加热的方式，为便于炉子的温度控制，在上加热各段间设有压下，下加热段各段间设置隔墙。

为满足轧制过程中对坯料温度要求，在炉子的均热段分成左、中、右三段控制。

3 炉子的主要技术性能参数

加热钢种：普通碳钢、低合金钢

坯料尺寸：140mm × 140mm × 12000mm

坯料入炉温度：常温

坯料出炉温度：1200~1250℃

燃料种类及热值：重油：$Q_低$= 40128kJ/kg；混合煤气：$Q_低$= 6688kJ/m^3

炉子尺寸：有效长度：24000mm；炉子内宽：12600mm

炉子额定产量：160t/h

单位热耗：1435kJ/kg

煤气耗量：34370m^3(纯烧煤气)

重油耗量：5720kg/h(纯烧重油)

空气最大耗量：67954m³/h

烟气最大量：81100m³/h

空气预热温度：450℃

煤气预热温度：280℃

冷却水耗量：690m³/h

烧嘴型式：重油、煤气两用

4 采用的主要新技术

中小型材加热炉工程设计，是本着以节能为中心，结合生产情况，尽可能为生产带来方便设计的，在设计中采用了一些新技术、新材料、新设备。

4.1 重油、煤气两用烧嘴的选用

根据首钢的燃料平衡，确定加热炉使用重油、煤气两种燃料，要求加热炉有煤气时烧煤气，煤气不足时用重油补充，无煤气时全部烧重油。针对这种情况，选用重油、煤气两用烧嘴，这样既可适应燃料的变化，又能满足生产要求。炉型曲线及供热方式能满足混烧要求。

4.2 空气、煤气双预热技术

加热炉为了充分利用烟气余热。通常延长炉子不供热的预热段，其目的是利用烟气预热钢坯，但炉子不能无限制延长，它受到工艺布置、推钢比以及投资的限制。因此，充分回收烟气带走的热量，再送到炉子中去，提高烟气热回收率，仍然是加热炉节约燃料的重要手段。

中小型材厂的加热炉由于预热段偏短，煤气的热值低，为最大限度地回收烟气余热，提高燃料温度，在排烟系统不仅配备 1 台带插件的金属管状换热器，而且还配备 1 台煤气金属换热器。

为充分地节约能源，除充分利用烟气余热，在加热炉设计中考虑炉子本身的严密性外，还应使炉子经常处于最佳工作状态，防止吸冷风或冒黑烟；同时对热空气、热煤气管道进行绝热保温。热空气总管采用内绝热保温，其余空气管道及煤气管道均采用新型硅酸盐材料进行外保温，此材料不仅使保温厚度变薄，而且施工方便，节能效果好。

4.3 采用大型预制块吊挂炉顶

目前，国内加热炉炉顶一般采用整体浇注和预制块吊挂两种结构型式，前者的优点是炉顶密封性好，寿命长，但存在明显的不足。如，冬季施工环境温度低，不利于脱模，延长了施工周期，在使用过程中一旦出现局部破坏，修理比较麻烦，大型加热炉炉顶

的吊挂砖吊点有几千个，施工过程中很难保证每个吊点受力均匀等。而后者虽然密封性不如前者，但具有施工不受季节限制，吊挂砖受力易于调整、便于更换等优点。经与生产厂协商，设计采用了预制块吊挂炉顶。

4.4 炉内滑轨的设计

加热炉内设有 10 条滑道，在均热段均热床上采用高温耐磨的电熔锆刚玉砖，其余处由水冷管和合金垫块组成，在靠近出料端推出机侧附加了一条短滑道，其目的是避免装短料时出现卡钢事故，为减少水冷管的热损失，水冷管采用双层绝热包扎。即靠水冷管表面包扎厚 10mm 耐火纤维，外层浇注耐火浇注料厚 50mm。

为消除钢坯在加热过程中所产生的水冷黑印和断面温差，而在水冷管上安装了热滑轨，热滑轨使用好坏，关键是滑轨的材质和结构形式。合金热垫块材质应具有极好高温强度、硬度、韧性和耐磨性以及高温抗蠕变性、抗氧化性和抗渣性。

合金垫块的型式可分为两类：一类是"骑卡式"，垫块本身由焊在水冷管上的另一组构件固定；另一类是垫块直接焊在水冷管上，前者垫块顶部温度高，易于更换，但寿命短。而后者的顶部温度较前者温度低，但垫块寿命长。设计中采用的型式是垫块直接焊在水冷管上，为了提高垫块顶部温度，减少坯料黑印，垫块与水冷管焊接处做了特殊处理。

5 热工仪表及炉子控制

加热炉选用Ⅲ型仪表控制，炉子分第一上加热段、第二上加热段、第一下加热段、第二下加热段、左均热段、中均热段、右均热段共七段控制。各段炉温自动控制，另外还设有炉压控制、热风放散、煤气快速切断等热工仪表。为了提高热效率，采用了氧化锆分析仪，以检测烟道中烟气的含氧量，实现炉子的低氧燃烧。中小型材厂一车间加热炉于 1994 年 4 月 10 日点火烘炉，5 月投产；二车间加热炉于 1994 年 6 月 17 日点火烘炉，7 月投产。投产以来，整个加热炉系统运行良好，设计中采用的新技术也得到了验证。由于转炉煤气热值不稳，只在均热段烧煤气，其他各段烧重油，重油燃烧效果良好，未出现冒黑烟现象。炉内滑转的合金垫块磨损小，寿命长，自投产以来还未换过。换热器的使用效果也较好。各项参数基本达到设计水平。投产一年多的时间看，设计中采用的新技术是成功的，效果是显著的，满足了用户的要求。

（原文发表于《北京节能》1996 年第 2 期）

30 万吨棒材车间步进梁式加热炉设计

刘学民

（北京首钢国际工程技术有限公司，北京 100043）

摘 要：本文主要介绍了棒材车间步进梁式加热炉的设计主要技术参数，炉型结构特点，步进机械采用新技术、材料和新设备以及主要的节能措施。

关键词：炉型曲线；供热方式；新技术；新材料；新设备；节能措施

Design of Walking Beam Furnace in 300 kt Bars Departments
Liu Xuemin

(Beijing Shougang International Engineering Technology Co., Ltd., Beijing 100043)

Abstract: In this paper, we mainly introduced the main technology parameter of walking beam furnace in bars department; furnace type structure characteristics; new technology, material, equipments and main energy saving methods used in walking mechanical.

Key words: furnace type curve; energy supply method; new technology; new material; new equipments; energy saving methods

1 引言

随着轧钢技术的进步，对钢坯断面的选择更趋合理，近年来新建或改建的棒材和线材车间所选用钢坯断面越来越大，多数已达 150mm×150mm，甚至有的已达 165mm×165mm。为保证钢坯加热温度的均匀性，大部分车间选用了步进式加热炉，其特点是产量高、钢坯加热质量好、能耗低、操作灵活、自动化控制水平高、便于全线钢坯跟踪，所以本车间选择了双面加热的步进梁式加热炉。

2 主要技术参数

用途：钢坯轧前加热

炉型：侧进、侧出步进梁式加热炉

钢坯尺寸：150mm×150mm×10000mm

加热钢种：普碳钢、优碳钢、低合金钢

钢坯入炉温度：20℃

钢坯出炉温度：1050~1150℃

生产能力：80t/h

燃料及低发热值：高炉、焦炉混合煤气 $Q_{低}=$

$7524kJ/m^3$

燃料消耗量：14460m³/h

空气需要量：25450 m³/h

烟气生成量：37310 m³/h

空气预热温度：450℃

步进机械参数：升降行程 200mm（±100mm,水平行程230mm 和 260mm，步进周期 40s）

炉子尺寸：有效长 15500mm，内宽 10600 mm；砌砖长 17310 mm，砌砖宽 11538mm

3 炉型结构特点

3.1 装、出料方式的确定

由于坯料较长，为了尽量减少散热口面积，所以采用侧装料、侧出料方式。为了保证钢坯在炉内运行过程中不跑偏，在装炉时，对钢坯进行炉宽及炉长方向定位。炉宽方向定位是:钢坯在炉外装炉辊道上被升降挡板挡住进行测长和称重，测得了钢坯的长度，参照钢坯装炉模型即可确定钢坯在炉内的准确定位。在炉内入料口对面有炉内升降挡板控制钢坯在炉内宽度方向的定位。炉长方向上的定位是靠装料端外部的液压推钢机来实现的。

钢坯出炉采用炉内悬臂辊道的较多，由于此处温度较高，悬臂辊道经常出现损坏现象，既麻烦又浪费。另外，悬臂辊道需通水冷却，对钢坯加热质量有影响，所以在设计时采用了出钢槽式（无水冷）结构推出机出料。这种方式结构简单，使用寿命长，保温均匀，加热质量好，节省投资。出钢槽上可同时有2~3根钢坯，便于出钢控制。

3.2 炉型曲线和供热方式

炉型曲线取决于供热方式和供热段数。具体如下：

（1）供热方式。供热方式对加热炉的热量供给、火焰组织、炉温控制和炉压控制极为重要。

由于燃料为混合煤气，所以本加热炉在炉顶采用全平焰烧嘴，在均热段下部采用端部(轴向)烧嘴、在加热段下部采用侧部调焰烧嘴的供热方式。

（2）炉型曲线。炉型曲线是实现既定的热工制度的重要条件。加热炉的热工制度包括钢坯的加热工艺制度、炉温制度、炉压制度及炉子供热制度。它们互相联系又互相制约。其中，炉温制度是主要且最活跃的因素，是制定炉压制度和供热制度的依据，是加热炉操作和控制的直观参数：

1）炉温制度、炉压制度和供热制度。由于炉子不是很长，采用了三段式炉温制度。分为均热段、加热段和不供热的预热段。它有意提高加热段温度，实行强化加热。允许钢坯心表有较大温差，然后进入炉温较低的均热段进行均热，缩小心表温差。在不供热的预热段，充分利用烟气余热加热钢坯，使烟气有较大的温降，减少能量消耗。炉压控制采用微正压控制，力求沿炉长方向炉压波动不大。炉子供热制度的原则是：有足够的均热段、合理的加热段和尽可能长的不供热的预热段。本炉供热分为加热段上、加热段下、均热段下、均热段上左、均热段上右共五段供热。为了在均热段炉宽方向上满足轧制的要求，分为二段控制。

2）炉型曲线炉顶采用了全平焰烧嘴，所以炉顶为全炉平顶结构。加热段与均热段上、下之间，加热段与预热段上、下之间分别设置隔墙，以利于各段之间的温度控制。

3.3 主要尺寸的确定

炉子主要尺寸指加热炉有效长度和炉内宽，依炉子加热能力和坯料长度而定。

炉子有效长度：

$$l=GL/P \tag{1}$$

式中　G——炉子小时产量，kg/h；

　　　L——坯料长度，m；

　　　P——有效炉底强度，一般 400~650 kg/(m^2·h)。

则计算得：$l = 14.55$m。

由于工艺布置的原因，装、出料辊道间距最小为15500mm，所以炉子有效长度取15500mm。

这时炉子的有效炉底强度为 516 kg/(m^2·h)。

炉子内宽　　　　　$B=L×2\delta$

式中　δ——坯料端部与炉墙之间的空隙，一般取150~300mm。

则计算得：$B = 10600$mm。

4 步进机械

4.1 结构特点

按步进机械升降机构结构形式可分为杠杆托辊式和斜坡滚轮式两种，各具特点。

4.1.1 杠杆托辊式

杠杆托辊式是借曲拐摆动托起框架，完成步进梁升降运动。曲拐顶部安装的托辊镶嵌在步进框架的导槽内，以防框架平移时跑偏。其特点如下：

（1）适合升降行程大的情况；

（2）单层框架，安装简便；

（3）制造曲拐的几何尺寸要求严格；

（4）防跑偏措施不力，易出现跑偏现象；

（5）设备重度大。

4.1.2 斜坡滚轮式

斜坡滚轮式是借滚轮在斜坡轨面上滚动，完成升降框架和步进梁升降运动。设有平移和升降双层框架，在框架对角线侧面4点，设有导向轮，以防止步进梁跑偏。其特点如下：

（1）适合于升降行程小的场合，否则升降油缸行程太大，斜坡太长；

（2）双层框架防跑偏设施好，跑偏量小；

（3）设备重量轻；

（4）斜坡轨道和滚轮安装难度大。

本设计中的步进机械采用斜坡滚轮式。

4.2 全液压驱动

步进机械的驱动采用全液压式，以伺服变量泵对步进梁的运动进行控制，实现钢坯在步进梁上轻拿轻放。步进梁的行程和周期：

（1）升降行程200mm，上、下各为100mm。

（2）水平行程根据钢坯断面和钢坯在炉内的坯距而定，一般坯距为钢坯厚度的 1.5 倍，考虑到原料的弯曲度较大，取步距为 230mm 和 260mm 两种。

（3）步进周期步进机械的步进周期应小于最短轧制周期，本炉为 40s。

（4）步进机械的动作功能。步进机械满足如下的动作功能，即正循环、逆循环、踏步、中间保持和步进等待等 5 种动作功能。

5 采用的新技术、新材料、新设备

（1）采用全炉顶平焰烧嘴新技术。

（2）下加热安装端烧嘴。

（3）炉膛各段之间设置隔墙。

这样，各段之间形成单独的燃烧空间，温度制度控制更加方便。平焰烧嘴使炉膛高度降低，增加了辐射传热，减少了散热面积，并使钢坯加热更加均匀，端部加热也使钢坯长度方向上温度更加均匀。

（4）出料端采用出钢槽，并采用新型出钢平台砖。

出钢槽的采用可使出钢更加灵活，可同时有 2~3 根钢坯在出钢槽上待出。生产上可据实际情况确定出哪根钢，并且推出机可实现横向移动。出钢槽还消除了钢坯因悬臂辊结构出现的水冷黑印，使钢坯心表温差减小。同时，用出钢槽比使用悬臂辊的寿命长，可减少检修次数，降低生产费用。新型出钢平台砖的使用更使得出钢槽技术得以广泛采用。出钢平台砖是应用不定形耐火材料最新技术成果，采用普通浇注法生产，产品具有高强、高密、耐磨、耐急冷急热、内外均匀的特点，其使用寿命比目前普遍使用的电熔锆刚玉砖提高 2~5 倍，其材质为铬刚玉。

（5）新型高温垫块的使用。

该炉内有四条活动梁，5 条固定梁，均为水冷管与合金垫块组成的热滑轨结构。为消除钢坯在加热过程中所产生的水冷黑印和断面温差，而在水冷管上安装了热滑轨，热滑轨使用的好坏关键是滑轨材质和结构形式。对热滑轨(合金垫块)的要求是：

1）有足够高的抗高温蠕变强度；

2）高的抗氧化-硫化-碳化性能；

3）显微组织的稳定性和耐磨蚀性；

4）抗热冲击性能以及必要的可焊性和可铸性。

另外，冶金质量显著影响滑轨的使用性能，因而也影响着加热钢坯的质量。

设计中采用了新型钴基合金垫块，在均热段和加热段、预热段均为不同的材质及高度和结构形式。这样，既可做到物尽其用，又可节约资金。垫块是直接与水管焊接，为提高垫块顶部温度，减少坯料黑印，垫块做成空心结构，这样既节省了材料，又提高了顶部温度。

（6）采用新型可靠的自流浇注料对水管进行绝热包扎。

自流浇注料是近两年才逐步发展起来的新型浇注料，又称第四代浇注料。由于其具有施工方便，整体性好，机械强度高，使用寿命长等优点，特别是在难于振动成形的部位使用，越来越受到青睐。

自流浇注料的最显著特点在于能在重力的作用下自行充实，不需要借助于机械振动来实现致密化。同一般浇注料和低水泥、超低水泥浇注料相比，自流浇注料具有优越的施工性能，极大地改善了施工环境和施工劳动强度。第二，这类材料不像低水泥、超低水泥浇注料那样，对加水量那么敏感，克服了低水泥、超低水泥浇注料施工时水分控制不当，而导致颗粒偏析的缺点。第三，具有与低水泥、超低水泥浇注料相当的优异的理化性能。第四，这类材料施工速度快，适于大批量用料部位的应用。第五，自流浇注料因具有极好的流动性，特别适于在振动设备很难应用，甚至无法应用的薄壁部位使用。因此，水梁包扎使用自流浇注料具有许多的优点。

6 主要节能措施

（1）采用了新型节能型燃烧设备，如平焰烧嘴、调焰烧嘴等。

（2）选择合理的活动梁、固定梁和断面形状、立柱间距，减少水冷面积。

（3）采用新型包扎材料及双层包扎对水管进行绝热。

（4）采用高效换热器，将助燃空气预热至 450℃以上，最大限度地利用烟气余热。

（5）设计中尽可能减少炉体上的开孔、开门数量和炉门尺寸。

（6）采用复合炉墙、炉顶、炉底，加强了绝热。

（7）热空气管道采用新型保温材料进行绝热包扎，保证绝热后温降不超过 0.5℃/m。

（8）最佳化控制。采用计算机和数学模型，按照理想的加热曲线对钢坯进行最佳化控制和燃料最佳化燃烧,以获得最好的加热质量和最低的能耗。

7 结语

随着轧钢技术的进步,加热钢坯断面越来越大,为保证钢坯加热温度的均匀性,大部分车间选用了步进梁式加热炉。本文介绍的 30 万吨棒材车间步进梁式加热炉的设计,介绍了主要技术参数,炉型结构特点,步进机械采用新技术、材料和新设备以及主要的节能措施。其效果是产量高、钢坯加热质量好、能耗低、操作灵活、自动化控制水平高,便于全线钢坯跟踪。随着加热炉技术的进一步发展,计算机的广泛应用和控制的最佳化,钢坯的加热质量会更好,能耗更低。

（原文发表于《设计通讯》1997 年第 2 期）

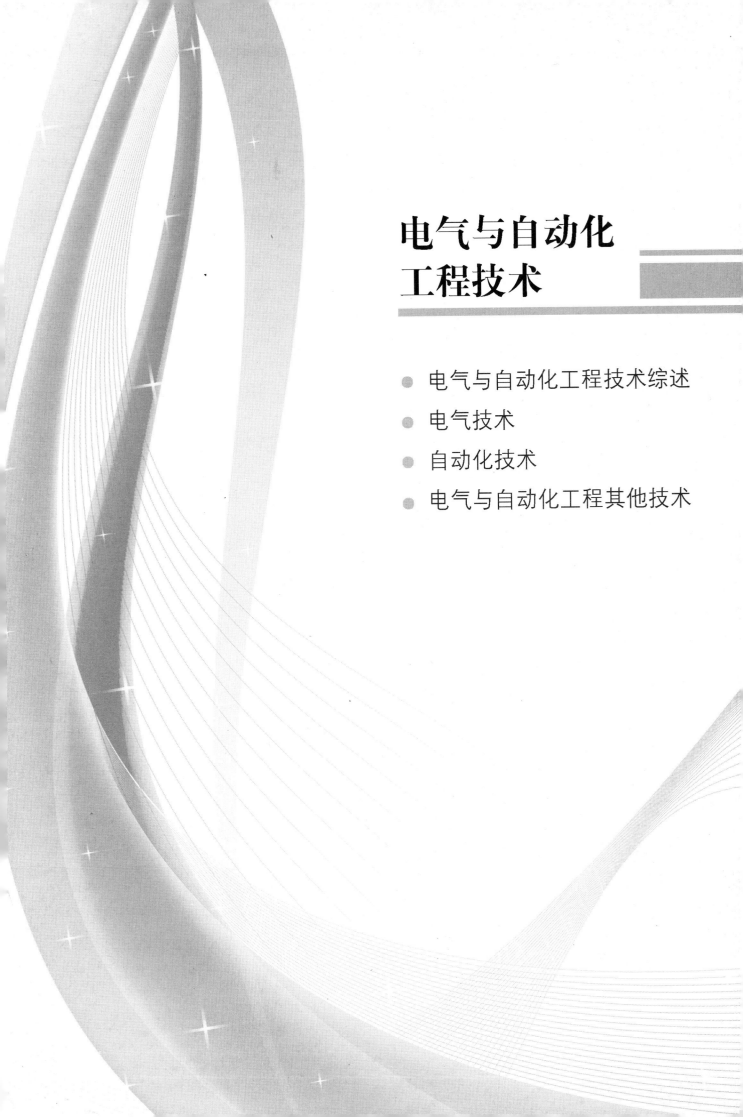

电气与自动化
工程技术

- 电气与自动化工程技术综述
- 电气技术
- 自动化技术
- 电气与自动化工程其他技术

➤ 电气与自动化工程技术综述

首钢国际工程公司电气与自动化专业技术历史回顾、现状与展望

宋道锋　刘　燕

(北京首钢国际工程技术有限公司，北京　100043)

摘　要：电气自动化室三电专业在历史上曾创造全国冶金行业 4 个第一。第一个在转炉上采用计算机管理；第一个在 300 小型棒材轧机上采用可控硅供电；第一个在烧结机上采用 DCS 分布式控制系统；第一个在高炉采用 PLC 可编程序控制器，创出了划时代的辉煌业绩。本文还介绍了三电专业占领市场的 11 项优势技术，并对今后工作提出了"提升、强化、打造、拓展"的发展思路。

关键词：三电专业；四个第一；十一项优势技术；发展思路

Review, Development and Prospect of Electric and Automation Major in BSIET

Song Daofeng　Liu Yan

(Beijing Shougang International Engineering Technology Co., Ltd., Beijing 100043)

Abstract: The Triple-Electric major of Electric and Automation Department has won 4 firsts during metallurgy industry all over the nation. It is the first that introduced computer management in converter, introduced thyristor power supply in 300 minitype stick rolling mill, introduced DCS distributed control system in agglomeration, introduced PLC in blast furnace, which completes an epochal splendentjob. The paper also gives a presentation of 11 advantages which helps the Triple-Electric specialty occupy the market, and poses a thought of "advance, aggrandize, manufacture, and develop".

Key words: the Triple-Electric major; 4 firsts; 11 advantages; development thoughts

1 引言

首钢国际工程公司三电专业，即供配电专业、电气传动专业和自动化专业，三个专业构成了电气自动化室的主体。目前三电专业共有 98 人，其中教授级高工 4 人，高级工程师 28 人，工程师 32 人，注册工程师 7 人，被聘为首钢技术专家 6 人，技术带头人 5 人。在人员构成中 35 岁以下年轻人占 70%，本科及本科以上学历占 92%。近几年来经过首钢搬迁工程的磨练、开拓国内外市场的付出，造就了一支勇于拼搏、无私奉献、技术精良的三电设计队伍。

三电专业经过 40 余年的发展，目前可提供三电各类工程的咨询、设计、系统集成、设备成套、编程调试、技术服务、交钥匙工程的一揽子全方位服务。

三电专业历经 40 余年的磨砺，积淀了从百万吨级到千万吨级大型钢铁企业三电系统的设计和总承包的丰富业绩和实践经验，并荣获多项国家、省、部级科技进步和优秀设计奖，拥有多项发明专利和专有技术，曾多次创造中国企业新纪录。

2 打造四个第一，创历史佳绩

从首钢 20 世纪 70 年代的设计处、80 年代的设

计院到 21 世纪的首钢国际工程公司，三电专业历经坎坷、饱受艰辛，有泪水、有喜悦、有付出、有收获、有追求、有梦想，为首钢总公司的发展、为首钢国际工程公司跨越式的前进做出了一份贡献。

三电专业的设计人员从 20 世纪 70 年代到进入 21 世纪，怀着一腔激情在首钢这片热土上尽情地挥洒着自己的青春，书写着新的篇章，创造了一个又一个的全国第一。

20 世纪 70 年代初期首钢一炼钢 15t 转炉进行技术升级改造，在改造设计中，当时设计院的前身——设计处三电人员破除迷信，解放思想，经过长期的调研和与现场操作人员、值班电工的昼夜"摸爬滚打"，在 15t 转炉的设计中采用了炼钢计算机管理。硬件用的是王安电脑，程序由三电设计人员编制，将钢水的化学成分化验结果输送到计算机中，进行下一炉钢的操作指导。在炼钢炉上采用计算机管理，是全国第一。

首钢 300 小型是 20 世纪 50 年代前苏联的援建项目，1963 年建成投产，是国内第一条棒材连轧生产线。其轧机的主传动是直流电机，供电装置是水银整流器和发电机电动机组。水银整流器里的水银易蒸发，有剧毒，对人体危害很大，为了保护值班电工和操作人员的健康，三电设计人员在 1974 年 300 小型的技术改造设计中甩掉了水银整流器和发电机组，采用了世界上刚刚问世不久的可控硅整流传动系统，控制系统是由三电人员设计的，与现代的直流可控硅系统相比，那时是模拟的、硬线的、分离式的，现在则是网络化、数字化、模块化的。在棒线材工程生产线主传动率先采用可控硅直流供电是全国第一。

1981 年首钢第一烧结厂环境污染治理技术改造，自动化专业在全国率先采用了分布式控制系统 DCS，硬件是从美国贝利公司引进新产品网络 90（即

N-90），应用软件是由自动化专业自己编制，全厂 3000 多个 I/O 点通过 5 个过程站进行采集，然后通过网络传输到控制中心，全车间实现了从精矿粉上料到烧结矿出料皮带的全线自动控制。用 OIU 控制屏取代了操作台，通过 OIU 画面的操作代替了远方的操作，减少了定员，减轻了劳动强度，一烧车间从此从一个脏、乱、差的车间变成了北京市的清洁化工厂。该工程曾获得了北京市和冶金部设计金奖。首次在冶金工厂采用分布式控制系统，是全国第一。

1982 年首钢二高炉移地大修改造，设计采用了 37 项新技术，其中有 12 项是三电专业的新技术。在这 12 项中最引人注目的是高炉本体、上料系统、热风炉采用了可编程序控制器莫迪康 584（即 M-584），硬件也是从美国引进，应用软件由传动专业和自动化专业共同编制，整个高炉控制系统 3400 I/O 点通过网络传输，主控制室集中控制，一改当时普遍采用的继电器逻辑控制，使高炉运行更加安全可靠。为此，冶金部曾在宝钢组织了学习班，传动和自动化专业在会上做了详细介绍，会上推广了首钢高炉 PLC 控制的经验，自此之后全国的高炉设计 PLC 控制普遍开花。在炼铁高炉上采用 PLC 控制，是全国第一。

三电专业创造了冶金行业的四个全国第一，流出了汗水，付出了艰辛，摘取了荣誉，收获了喜悦，为首钢的发展、为首钢的腾飞做出了一份贡献。

昔日的辉煌已是过去时，不断追求卓越，不断开拓进取，才是三电设计人员的品质和情怀。

3 开拓进取，再创辉煌

首钢国际工程三电专业经过四十余年的发展，特别是改制五年来服务首钢，面向全国，走向国际，开拓进取，再创辉煌。

表 1 为近几年来以三电专业为主体获奖项目表。

表 1 获奖项目表

序号	获奖项目	奖项名称	获奖时间
1	首钢京唐钢铁厂全厂供电系统设计	冶金行业全国优秀工程设计一等奖	2009 年
2	首钢迁钢自备电站（2×25MW）工程设计	冶金行业全国优秀工程设计一等奖	2006 年
3	首钢京唐能源管理中心工程设计	冶金行业全国优秀工程设计二等奖	2011 年
4	首钢迁钢 110kV 变电站工程设计	冶金行业全国优秀工程设计三等奖	2007 年
5	首钢 1 号、3 号高炉压差发电（TRT）工程设计	冶金行业全国优秀工程设计三等奖	2005 年
6	首钢厂区 110kV 电网改造工程设计	冶金行业全国优秀工程设计三等奖	2005 年
7	大型 LF 精炼炉动态无功补偿工程设计	冶金行业全国优秀工程设计三等奖	2006 年
8	首钢京唐信息化系统工程设计	冶金行业全国优秀软件二等奖	2010 年
9	宣钢 10 号高炉 TRT 工程	冶金行业全国优秀工程总承包三等奖	2010 年
10	首钢京唐钢铁公司能源管控系统	冶金科技进步二等奖	2011 年

序号	获奖项目	奖项名称	获奖时间
11	首钢1号、3号高炉干湿两用TRT压差发电技术	冶金科学技术三等奖	2005年
12	首钢1号、3号高炉干湿两用TRT压差发电技术	北京市科技进步三等奖	2005年
13	首钢1号、3号高炉煤气余压发电工程可研报告	北京市优秀工程咨询三等奖	2004年
14	首钢1号、3号高炉压差发电技术	第十一批中国企业新纪录（10月）	2006年
15	首钢京唐2250mm热轧主传动冷却风机采用节能风机	中国企业新纪录自主创新奖	2009年
16	首钢京唐2250热轧全线辅传动采用660V电压等级电机	中国企业新纪录自主创新奖	2009年
17	首钢京唐2250热轧全线不安装滤波装置和无功率补偿装置的研究和实践	中国企业新纪录自主创新奖	2009年

4 专有技术，创新驱动

技术创新是企业发展的原动力。提高企业核心竞争力的关键在于技术创新。三电专业以工程总承包为载体，不断强化自己的优势技术，逐渐形成了自己的专有技术。

4.1 大型钢铁厂供配电系统集成与设计

大型钢铁厂一次性建设规模大，产品与设备水平定位高，具有负荷量大、生产连续性强、用电性质复杂、对电网质量及供电可靠性要求高的特点。

针对以上特点，我们的优势技术是：

220kV、110kV采用先进的GIS组合电器，减少占地；

采用先进的综合保护技术及变电站综合自动化技术，提高供电的可靠性，实现变电站的无人化管理；

110kV直接深入负荷中心，减少电能损耗，节约投资；

大容量的自备电站采用110kV并网并作为一个独立电源点，提高供电可靠性、灵活性；

采用高阻抗变压器并结合电抗器限制短路电流；

所有谐波源就地治理，保证电能质量。

典型业绩：

首钢京唐供配电工程　　　　2008年投产

首钢迁钢供配电工程　　　　2006年投产

4.2 高炉TRT压差发电电气与自动化系统集成与设计

高炉炉顶煤气余压回收透平发电装置是目前国际上公认的冶金工厂二次能源回收装置。利用高炉炉顶煤气中的压力及热能经透平膨胀做功来驱动发电机发电。TRT发电既不消耗燃料，也不产生环境污染，发电成本低，是高炉冶炼工序的重大节能项目。

对于TRT发电，我们的优势技术是：

为提高TRT发电的效率，发电机组采用全发全供的并网方式。发电机不经过升压，采用10kV直接并网，使电能先在高炉区就地消耗，避免电能的反送，以减少损耗。

采用DCS分布式控制系统实现TRT的全自动启动、正常停机和紧急停机的自动控制，保证TRT机组安全高效运行，保证高炉顶压平稳正常。

根据炉顶压力不同，吨铁发电量可达20~40kW·h，如果高炉煤气采用干法除尘，发电量还可增加25%~30%左右，一般1000m³以上高炉炉顶压力大于0.12MPa，发电量7年即可回收投资。炉子越大，炉顶压力越高，投资回收期越短。

典型业绩：

首钢迁钢 2×2650m³+1×4000m³ 高炉 TRT 发电工程　　　　　　　　　2003年投产

首钢京唐 5500m³ 高炉 TRT 发电工程　　　　　　　　　　　　2009年投产

宣钢 2000m³ 高炉 TRT 发电工程　　　　　　　　　　　　2007年投产

印度 BIL 公司 1780m³ 高炉 TRT 发电工程　　　　　　　　　　　2011年投产

4.3 干熄焦发电（CDQ）电气自动化系统集成与设计

干熄焦技术是一项节能降耗的技术，是利用冷的惰性气体（燃烧后的废气）在干熄焦炉中与炽热红焦换热从而冷却红焦。吸收了红焦热量的惰性气体将热量传给干熄焦锅炉产生蒸汽，被冷却的惰性气体再由循环风机鼓入干熄炉冷却红焦，干熄焦锅炉产生的蒸汽或并入蒸汽管网或送去发电。

对于CDQ，我们的优势技术是：

采用全发全供的并网方式，避免电能反送，降低损耗；

采用DCS分布式控制系统，对于主蒸汽系统、减温减压对外供气系统、冷凝水系统、汽封系统、真空系统、润滑系统、汽机连锁系统采用网络化、数字化控制，通过调整干熄焦及汽轮机组系统的各项参数，保证CDQ机组安全高效运行；

采用大容量高速开关技术，限制短路电流以节省一次投资；

由于干熄焦能产生蒸汽（生产 5~6t 蒸汽需 1t 动力煤）并用于发电，避免了用煤发电对环境的污染，尤其是减少了 SO_2、CO_2 向大气排放对空气的污染，社会效益显著。

典型业绩：

包钢 5 号~10 号焦炉干熄工程 CDQ

2007 年投产

新余钢厂 155t/h、2×90t/h 干熄焦工程 CDQ

2009 年投产

首钢京唐 1×260t/h 干熄工程 CDQ

2011 年投产

印度 JSW 4×110t/h 干熄工程 CDQ

2011 年投产

重钢 240 万吨焦炉工程 CDQ

2011 年投产

4.4 烧结余热发电电气自动化系统集成与设计

钢铁企业烧结工序的能耗在上游工序中仅次于炼铁，居第二位，一般为企业总能耗的 9%~12%。我国烧结工序的能耗与先进的国家相比差距较大，每吨烧结矿的平均能耗是 20 千克标准煤，节能的潜力很大。

目前，国内烧结废气余热回收主要有三种方式，其中最主要的也是回收率最高的方式就是将废气通过余热锅炉产生蒸汽用于驱动汽轮机组发电，平均每吨烧结矿产生的烟气余热回收可发电 20kW·h。以迁钢 360m^2 烧结为例，配 9500kW 的发电机按每小时发电 5800kW 计算（机组自用电除外），全年发电 6600×10^{4}kW·h。节省电费 0.36 亿元，相当节省 2.75 万吨标准煤，既有经济效益又有社会效益。

对于烧结余热发电，我们的技术优势是：

为提高烧结预热发电的效率，烧结余热发电采用全发全供的并网方式，避免电能反送，以减少电能损耗；

采用 DCS 分布式控制系统对机组的启停、故障停车及各项技术参数进行网络化、数字化控制，保证机组安全高效运行。

典型业绩：

首钢矿业公司 360m^2 烧结工程   2011 年投产

4.5 燃气蒸汽联合循环发电电气自动化系统集成与设计

燃气蒸汽联合循环发电（CCPP）是利用钢铁厂产生的高炉煤气和焦炉蒸汽按一定比例混合，经过净化加压处理后，通过燃烧膨胀推动燃气轮机作功，从燃气透平中排出的乏气引至余热锅炉，产生高温

高压驱动汽轮机与燃气透平一起带动发电机发电。CCPP 以低热值高炉煤气及焦炉煤气为主要燃料，能大幅降低高炉放散煤气量，节能效果十分明显。

对于 CCPP，我们的技术优势是：

采用 DCS 分布式控制系统对燃气轮机、煤气压缩机、余热锅炉、蒸汽发电机、联合泵房、燃气系统进行了分散就地控制，功能分散，安全性提高；

发电机组采用发电机—变压器单元接线，设有恒电压、恒无功、自动调节系统，实现电压及功率因数的自动调节；

发电机设有差动、接地、过电流、过电压、过负荷、失磁等多项保护；

运行方式灵活，既可作为电源点向负荷供电也可作为调峰运行。

典型业绩：

首钢迁钢燃气蒸汽联合循环发电（CCPP）工程

2011 年投产

4.6 企业自备电站电气自动化系统集成与设计

自备电站是利用企业的富余煤气，通过锅炉产生蒸汽进行发电，对钢厂二次能源进行综合利用。自备电站既可作为电源点向用户供电，提高供电可靠性，又可通过调节汽轮机的蒸汽阀承担部分钢厂的冲击负荷，既是环保项目，又是钢铁厂重要的利润增长点。

对于钢铁厂自备站，我们的优势技术是：

采用 DCS 分布式控制设备对锅炉系统、汽机系统、公辅系统、电气系统进行数据的采集和处理、数据的显示和记录、设定值的计算和控制；

根据发电机的容量，发电机组采用发电机—变压器的单元接线升压并网或直接并网的接线方式。发电机设有自动励磁调节、自动电压调节、自动功率因数调节，设有启动、失磁、过电压、过电流、低频、逆功率等多项保护；

各子控制站、操作员站、工程师站、数据管理站全部采用光纤实现网络化。

典型业绩：

首钢迁钢自备电站   2006 年投产

首钢长治钢铁厂自备电站   2011 年投产

4.7 热轧钢卷双排式托盘运输电气自动化控制系统

目前，国际、国内热轧工厂的钢卷运输均采用运输链步进梁方式。双排式托盘运输方式是我公司的专利技术，其核心技术之一是两级计算机控制系统。通过 L1、L2 两级计算机控制实现"一键式"全自

动的运输功能，即钢卷从卷取机卸卷后实现转台方向、钢卷检查、打捆、喷号、称重、吊装点（入库位置）选择等全自动化控制。

对于托盘运输系统，我们的优势技术是：

钢卷全程跟踪。带卷从卷取机卸卷之后开始被跟踪直到带卷入库。在钢卷运输线上设置位置检测器，PLC 系统通过位置检测的检测信号分析判断带卷位置，并将位置信号实时地传输到二级自动化系统。

速度控制。L2 级发出指令给 L1 级，变频器接收来自 L1 级速度信号，结合位置检测返回 PLC 的信息，分区段进行启停和加减速的控制。

"一键式"全自动运输功能。托盘运输系统 L2 级不断地接收 L3 级发送的数据与命令，分析判断后发送指令给 L1 级，L1 级将执行情况返回给 L2 级，L2 级上传给 L3 级。整个系统无需人工干预，自动完成带卷的运输、喷号、称重、打捆、检查、卸卷点的选择等功能，"一键式"完成托盘的自动化运输。

典型业绩：

迁钢 1580mm 热轧托盘运输	2009 年投产
京唐 1580mm 热轧托盘运输	2010 年投产

4.8 轧钢加热炉自动化控制技术

加热炉是轧钢生产线中重要的加热设备，其工艺和自动化技术直接影响产品的质量、产量和能耗。

对于轧钢加热炉，我们的优势技术是：

自主研发了大型蓄热式加热炉自动控制系统，实现了全自动装钢出钢、全自动混装、双排料、梅花布料、板坯精确定位、自动燃烧控制，达到了"一键式"烧钢。

灵活的操作模式。根据工艺和生产要求可实现全自动模式、半自动模式、软启动模式（在 HMI 上实现）以及机旁启动模式（试车时采用），共四种模式可供选择。

通过 L1、L2 两级自动化系统可实现板坯头、尾温差小于 30℃，氧化烧损率小于 0.7%，出钢温度与目标温度偏差小于 10℃，能耗考核指标达到国内先进水平。

典型业绩：

云南楚雄棒材加热炉工程	2003 年投产
西昌新钢棒材加热炉工程	2004 年投产
首钢迁钢 1580mm 热轧加热炉工程	2009 年投产

4.9 轧钢棒线材工程电气自动化系统集成与设计

目前，国内棒线材电气传动系统 80%以上为采用直流传动，直流传动电机的效率低、能耗大，因为有碳刷维护工作量也大。自动化系统一般是工控机加 PLC 控制，对于一级半自动化系统，很多功能难以实现。

对于棒线材电气自动化系统，我们的优势技术是：

电气传动采用全交流、全数字、全网络，总节电 5%左右；

自动化控制采用两级计算机控制，为棒材轧机控冷控轧、TMPC 技术、低温轧制、切分轧制和线材轧机的散卷冷却、穿水冷却建立模型、改变产品的物理性能创造了条件。

典型业绩：

首钢长治 100 万吨棒材工程	2011 年投产
首钢贵钢高速线材工程	在建

4.10 宽厚板轧钢工程电气自动化系统集成与设计

宽厚板轧钢工程工艺流程复杂，单机容量大，目前国内主传动一般为国产同步电动机采用交交变频调速系统，辅传动采用异步电动机，除少数电机采用 1:1 变频以外，多数辊道电机采用带公共直流的变频调速系统。自动化系统分为两级计算机控制，L1 级为基础自动化级，L2 级为过程控制级，L3 级预留与整个炼钢、连铸生产管理计算机的接口。

对于宽厚板轧钢工程，我们的优势技术是：

立足国内，国内国际相结合的方式，对先进技术和设备采用点菜式引进的模式。通过集成创新，最大限度地发挥国内外技术优势为我所用。

电气传动采用全交流、全网络，实现模块化、智能化、数字化。

自动化系统以 Siemens 的 SLROLL 系统平台为主体，采用高性能 TDC 控制器多 CPU 结构，实现板形的厚度控制、板形控制、平直度控制、平面形状控制，进一步提高产品的质量性能。

典型业绩：

首钢 3500mm 宽厚板工程	2002 年投产
首秦 4300mm 宽厚板工程	2006 年投产

4.11 热轧工程电气自动化系统集成与设计

目前国内已投产的热带轧机约 60 余套，其供配电系统的变压器多采用两卷变压器。两卷变压器的缺点是介质系统需增加 6 台电力变压器、6 台 35kV 高压开关柜。6 台电力变压器的一次侧是重复容量，损耗增加。另外，已投产的热轧工程中，在 10kV 侧增加了滤波装置和无功补偿装置，使一次投资和年运行费增加。在自动化方面国内多采用三级计算机控制，L1 级为基础自动化级，L2 级为过程控制级，L3 级为生产管理级。

对于热轧工程电气自动化系统，我们的优势技术是：

供配电系统采用三卷有载调压变压器，取消了 6 台 35kV/10kV 电力变压器；

整个轧线供配电系统不安装 SVC（动态无功补偿装置）、FC（高次谐波滤波装置）和固定电容补偿装置；

全线采用 660V 电压等级的交流变频调速电机；

主电机冷却风机采用节能型变频调速风机；

粗轧主电室无天车设计，采用液压提升装置安装主电机；

主电室电气室和主厂房脱开 6m 设计。

采用以上专有技术后，大大降低了工程的一次投资，大大降低了年运行费，更加节省建筑面积，更加节能。

典型业绩：

首钢京唐 2250mm 热轧工程　2008 年 12 月投产
首钢迁钢 1580mm 热轧工程　2009 年 12 月投产
首钢京唐 1580mm 热轧工程　2010 年 3 月投产
包钢 2250mm 热轧工程　　　在建

5　展望

四十余年来，三电专业所经历的是一个不断解放思想、不断创新的过程，也是一个不断追求卓越的过程。面对新形势，面对钢铁工业的低谷和困难时期，三电专业下一步的发展思路是实施"提升、强化、打造、拓展"八字战略。

提升，即提升工作效率、提升业务水平。目前国际上一些大的电气公司之所以在世界范围能同时承揽多项大的电气工程，其关键因素就是工作效率高。三电专业提高工作效率的关键在于实现设计的标准化和模块化。大力推动标准化、模块化基础工作建设是一项重要工作。目前自动化专业已经整理出三十多项标准图，整理出多套模块图，电气传动和供电专业已着手整理球团、烧结、高炉、棒线材工程和 110kV 变电站的典型图，为提高工作效率迈出了可喜的一步。提升业务水平，打造一支技术精良的设计队伍已经经过几代人的不懈努力。提升业务水平、营造技术氛围、刻苦钻研、相互切磋、奋发向上已变成每个人的行动。我们将通过开展"专业化、职业化、正规化"的"三化"建设苦练内功，筑牢基础，不断提升三电专业的核心竞争力。

强化，即强化我们的核心技术。三电专业通过工程总承包积累了丰富的经验，下一步要通过工程总承包的服务模式作为载体，使我们的优势技术更强，弱势技术变为优势技术，以集成创新作为基点，进一步推动自主创新。

打造，即打造一支符合市场需求的能战能胜的高素质队伍。目前传动专业的现场设备调试，自动化专业的大型冶金工程自动化设备集成、现场编程调试、二级数学模型的攻关是当前市场竞争的关键。尽快实施"走出去，请进来"的人才战略，争取尽快有新突破。

拓展，即拓展业务范围。三电专业不仅仅是工厂设计，从设计中走出来，从工程咨询、工厂设计、编程调试、设备采购、现场服务到热负荷调试、投产运行，实现全方位服务。目前我们已积累了不少经验，我们将不断总结，不断完善。

三电专业在发展、在前进。在钢铁行业的新形势下，在"立足首钢、面向全国、走向世界"的征程中，在公司的领导下，我们定会克服困难，做出新的贡献。

电气自动化室打造自动化专业实践

刘　燕　任绍峰　马维理

(北京首钢国际工程技术有限公司，北京　100043)

摘　要：电气室自动化专业深入开展"专业化、职业化、正规化"建设，创新设计理念，打造自动化编程调试队伍。同时积极承揽公司分层能级项目，在自动化设计、设备采购、编程调试和施工组织等方面积累了丰富的经验，培养了一批优秀的复合型人才。

关键词：自动化；创新发展；设计；编程调试；分层能级

Electrical and Automation Section Makes Practice in Automation Discipline

Liu Yan　Ren Shaofeng　Ma Weili

(Beijing Shougang International Engineering Technology Co., Ltd., Beijing 100043)

Abstract：The paper presents that the electricity and automation section whose viewpoint of design is novelty, developed a activity about specialty, vocational, normalization, it make a procession to programme and debug. At the same time, it take on the item of hierarchical level in company, and gather experience for the design of automatic, the stock of equipment, programme, debug and organize the construction, the company bring up some excellent inter-disciplinary talent.

Key words：automation; innovation; design; programme and debug; hierarchical level

1　引言

近年来，在公司领导的正确领导下，首钢国际工程公司自动化专业持续深入开展"三化"建设，创新设计理念，打造自动化编程调试队伍，为公司的持续发展提供了自动化专业的有力支撑和可靠保证。

电气室牢固树立"人才是第一资源"的理念，用好人才，培养造就自动化专业人才。经过近年的发展，特别是改制 5 年来，自动化专业在创新设计能力的提升、编程调试队伍的建设、新技术的开发等方面有较大的进步。目前电气室自动化专业共有人员 33 人，其中高级工程师 9 人，硕士研究生 9 人，首钢专家和专业带头人 5 人，首钢优秀青年人才 5 人，35 岁以下年轻人占 75%，人员结构较为合理；同时还为公司管理部门输送多名复合型人才。

2　设计能力的全面提升

近年电气室自动化专业圆满完成了公司承揽的钢铁全流程自动化设计任务，包含从原料场、烧结机、焦化、干熄焦、球团、炼铁、炼钢、棒线材、大型热轧、大型冷轧和公辅设施的方案设计、初步设计和施工图设计。特别是近期圆满完成了首钢迁钢冷轧的设计任务，该项目涉及的生产线多、技术难度高、国内外合作设计的单位多，且时间紧、工作量大、设计质量要求高等特点；全面完成山西文水综合性钢厂设计任务；正在完成包钢 2250 热轧、首贵和京唐搬迁冷轧镀锌薄板厂项目等设计项目。经过近年的不懈努力和积累，电气室自动化专业完全具备独立完成首钢国际承揽的钢铁全流程的设计项目的能力。近年来，首钢国际自动化专业完成的主要设计项目如下。

（1）烧结和球团工程：

印度金斗公司烧结工程方案设计、施工图设计

河北钢铁集团宣钢公司3号、4号烧结机工程

川威集团威远钢铁有限公司钒资源综合利用项目烧结工程

文水海威钢铁有限公司新区300万吨/年钢铁厂项目烧结工程

印度布山烧结工程施工图设计

承德信通首承矿业公司球团工程初步设计、施工图设计

新余球团工程初步设计、施工图设计

太钢袁家村铁矿项目200万吨/年链算机—回转窑球团工程

宣钢100万吨链算机—回转窑大修改造工程

首秦龙汇200万吨/年氧化球团工程

内蒙古大中矿业股份有限公司120万吨/年球团工程

印度球团工程初步设计、施工图设计

巴西VSB公司136万吨/年球团工程

首钢通钢板石矿业公司链算机—回转窑生产线技术改造项目

（2）焦化工程：

首钢迁焦一期、二期、三期工程初步设计、施工图设计

霍州中冶焦化有限公司60万吨/年焦化工程施工图设计

印度布山公司85万吨/年焦化工程基本设计、施工图设计

印度金斗不锈钢公司85万吨/年焦化项目初步设计、施工图设计

贵州首黔资源开发有限公司200万吨/年焦化工程

武钢焦化厂干熄焦工程初步设计、施工图设计

首钢京唐干熄焦施工图设计

武钢焦化公司1号、2号焦炉干熄焦工程自动化初步设计、施工图设计

包钢焦化公司5号、6号、7号、8号、9号、10号焦炉干熄焦工程初步设计、施工图设计

济南信赢煤焦化有限公司150t/h干熄焦工程施工图设计

景德镇市开门子公司125t/h干熄焦工程

新昌南炼焦化工有限责任公司140t/h干熄焦工程

内江市博威新宇化工有限公司170t/h干熄焦工程

山西立恒钢铁股份有限公司190t/h干熄焦工程

（3）炼铁工程：

首秦1号、2号高炉干法除尘工程施工图设计

迁钢1号、2号、3号高炉干法除尘工程施工图设计

首钢京唐1号、2号高炉干法除尘工程施工图设计

济钢3号、重钢4号高炉和宣钢高炉干法除尘工程施工图设计

首秦非高炉冶炼技术项目可研设计

新余钢铁高炉方案设计、施工图设计

淮钢、湘钢、太钢高炉施工图设计

印度BIL公司1780m³高炉工程初步设计、施工图设计

华菱汽车板电工钢项目铁前系统改造工程初步设计、施工图设计

文水海威钢铁有限公司新区钢铁厂项目炼铁工程初步设计、施工图设计

宣钢炼铁系统技术改造工程初步设计、施工图设计

首钢通钢股份有限公司炼铁厂新2号高炉热风炉工程

贵钢高炉炼铁初步设计

（4）炼钢工程：

淮钢炼钢施工图设计

邢钢转炉大修、邢钢精品钢生产线工程方案设计、施工图设计

邢台钢铁有限责任公司1号连铸机大修项目初步设计、施工图设计

文水海威钢铁有限公司新区钢铁厂项目炼钢工程初步设计、施工图设计

霍邱铁矿深加工炼钢连铸工程设计

（5）轧钢工程：

首钢首秦4300mm轧机工程初步设计、施工图设计

首钢富路仕彩涂板公司热镀锌、彩涂工程初步设计、施工图设计

西昌新钢业有限责任公司棒材全连轧工程施工图设计

首钢高强度机械制造用钢生产线工程初步设计、施工图设计

首钢特宇板材公司热镀锌生产线工程施工图设计

首钢迁钢1580热轧加热炉、托盘运输自动化初步设计、施工图设计

首钢水钢线棒、线材轧线自动化初步设计、施工图设计

首钢迁钢冷轧非接触式供电重载运输车初步设计、施工图设计

首钢迁钢热轧酸洗机组初步设计、施工图设计

首钢京唐热轧横切机组工程初步设计、施工图设计

包钢新体系 2250mm 热连轧机组工程初步设计、施工图设计

首钢迁钢二冷轧工程初步设计、施工图设计

（6） 公辅系统等：

首钢迁钢制氧站一期、二期施工图设计

首钢迁钢自备电站施工图设计

首钢技术研究院科研基地工程初步设计、施工图设计

首钢迁钢冷轧配套公辅设施工程初步设计、施工图设计

越南（煤头）化肥项目空分空压单元工程施工图设计

首钢京唐钢铁厂海水淡化及配套发电机组初步设计、施工图设计

3 编程调试队伍建设和完成项目

经过近年的努力，特别是改制 5 年来，自动化编程调试队伍从无到有，并不断壮大。目前，电气室自动化专业具备全部的钢前项目的自主编程调试能力，包括原料场、烧结机、焦化、球团、炼铁、炼钢、连铸机和公辅设施的自动化系统集成和编程调试工作。拥有一支技术精湛、经验丰富的编程调试团队，形成了独特的技术优势。

电气室自动化专业自主研发设计的钢卷托盘运输系统自动控制、加热炉自动控制、高炉干法除尘、非接触式供电重载过跨车自动控制等，已成功应用于京唐、迁钢及韩国浦项等企业，在国内处于领先水平。还先后完成了水钢棒线材、水钢煤气加压站、京唐剪切中心、迁钢酸洗线、文水烧结机、文水高炉炼铁、文水转炉炼钢、通钢板石球团等及公辅设施的自动化的系统集成、设备供货、编程调试和现场服务等工作，受到好评。近年来，电气室完成与实施的主要成套供货、编程调试项目如下：

（1）首钢迁钢 2 号高炉干法除尘工程自动化编程调试；

（2）西昌新钢公司棒材全连轧工程加热炉自动化编程调试；

（3）太钢高炉系统编程调试；

（4）云南楚雄德胜棒材厂加热炉和邯钢加热炉汽化冷却系统自动化编程调试；

（5） 钢迁钢 1580 热轧加热炉和保温坑自动化设备供货、编程调试；

（6）首钢迁钢 1580、京唐 1580 热轧托盘自动化设备供货、编程调试；

（7）首钢水钢线棒材加热炉、水处理和煤气加压站自动化设备供货、编程调试；

（8）首钢迁钢冷轧非接触式供电重载运输车设备供货、自动化编程调试；

（9）江苏申特钢厂铁水脱硫项目编程调试；

（10）宣钢铁水脱硫项目编程调试；

（11）首钢水钢线、棒材轧线自动化设备供货、编程调试（与首自信合作完成）；

（12）首钢迁钢热轧酸洗机组自动化设备供货、编程调试（与西门子合作完成）；

（13）首钢京唐热轧横切机组自动化设备供货、编程调试（与西门子合作完成）；

（14）文水烧结、太钢球团自动化设备供货、编程调试（与承德博冠合作完成）；

（15）文水高炉炼铁、转炉炼钢等自动化设备供货、编程调试；

（16）通钢板石球团自动化设备供货、编程调试；

（17）川威球团自动化设备供货、编程调试；

（18）贵钢高线加热炉和水系统电气自动化供货、编程调试。

4 自动化专有技术和科技开发能力的提高

4.1 实验室建设

目前电气室拥有电气自动化实验室已完成 1 期建设，拥有 1 间实验室。该实验室以首钢、国际重点工程设计为载体，以信息化为平台，创新设计理念，打造首钢国际的品牌工程。自动化设计要坚持自主集成和持续创新，在设计中，采用新技术、新设备，大大提高设计的技术含量和经济性。

自动化实验室是电气自动化室科研管理和科研开发的载体，充分利用电气室现有技术储备和技术资源，广泛开展对外合作，大力开展应用性创新和集成创新的科研开发工作，提升并掌握钢铁工艺自动控制和信息化的核心技术，开发高效，实用的高附加值产品，服务于首钢国际的发展，并逐步开拓外部市场。目前已经完成和正在完成的公司科研项目有：托盘、加热炉自动化系统设计研究，高炉、球团、烧结应用软件开发与应用，连铸二冷水设计及动态控制工程化应用，热风炉二级控制技术的研究开发与应用，棒材一、二级控制技术的研究开发与应用，轧钢加热炉自动化二级控制技术的研究开

发与应用，棒线材轧钢生产飞剪传动与自动化控制技术的研发与应用等。

4.2 自动化先进技术或专有技术

4.2.1 大型高炉自动化系统先进技术

大型高炉自动化控制系统以 PLC 或 DCS、工业控制计算机构成，控制算法中采用先进算法，智能控制等控制技术，在高炉炉顶压力控制、炉顶布料自学习控制、热风炉燃烧控制、自动喷煤控制、全干法除尘控制等方面有很好的应用。与回路控制、能源计量能配套的流量、压力等信号的各类检测仪表配备齐全。

有完善的高炉仿真系统，可进行自动化系统的软硬件综合模拟集成测试，极大地缩短了软件调试时间。先进的高炉专家系统，由炉温控制、操作炉型管理、顺行控制、渣铁系统控制组成，控制项目有布料控制、煤气分布、压力损失、负荷平衡、风口参数等，对炉况的诊断有很好的效果。

高炉各个系统与控制室的通讯采用以太网的光纤环网将各个节点连接成一个信息整体，保证通讯系统的畅通和可靠。

4.2.2 宽厚板轧机自动化系统集成与设计

宽厚板轧机自动化系统多采用两级计算机控制，L1 级为基础自动化级，L2 级为过程控制级，L3 级多数预留，与整个炼钢、连铸全厂生产管理系统同步建设。

自动化二级系统数学模型采用物理模型加神经网络自适应，使工艺控制的精度和产品的质量进一步提高，自动化一级控制系统采用可编程序控制器以完成顺序控制、位置控制和速度控制，采用高性能控制器完成轧线的工艺控制功能，包括厚度、板形、平直度和平面形状的自动控制。控制系统满足工艺要求，实现板形的自动厚度控制、板形控制、平直度控制、平面形状控制，进一步提高产品的质量性能。

4.2.3 棒线材自动化系统集成与设计

棒线材自动化控制系统采用两级计算机控制，L1 级采用 PLC 控制，通过上位系统人机交互实现速度控制、位置控制、顺序控制；L2 级硬件采用服务器，并实现轧线跟踪、轧制程序的储存、轧制规程的管理、工艺数学模型的建立、打印报表等。

4.2.4 热轧自动化系统集成与设计

热轧自动化系统，国内多是采用三级计算机控制，L3 级为生产管理级，L2 级为过程控制级，L1 级为基础自动化级。在控制技术上采用了板带的厚度自动控制（AGC）、宽度自动控制（AWC）、终轧温度自动控制（FTC）、卷取温度自动控制（CTC）、精轧板形凸度和平直度自动控制（PCFC），装备了材料性能预板系统（MPPS）和表面质量检测系统。三级计算机控制，保证热轧产品质量的提高和可靠生产。

4.2.5 高端冷轧控制系统集成与设计

大型冷轧项目涉及生产线多、自动化技术难度高、国内外合作设计的单位多，设计质量要求高等特点，控制系统采用三级计算机控制，L3 级为生产管理级，L2 级为过程控制级，L1 级为基础自动化级。自动化系统，满足工艺要求，保证其生产技术达到先进水平，且节能增效。如钢卷在入口段、工艺段、出口段全程物料跟踪，钢卷温度自动检测和控制，处理炉自动燃烧技术，自动厚度和宽度控制等均达到了国际先进水平。

4.2.6 干熄焦综合自动化系统控制技术

全干法熄焦工艺是焦化工程中的环保节能措施，干熄焦控制技术最初由国外引进，通过我专业的自动化改造，在近几年的工程实践中已经形成了一套完整的控制系统的定型产品。干熄焦的控制系统采用仪电一体化的控制系统，整个干熄焦系统包括 CDQ 本体、发电站、除盐水站、环境除尘等系统。干熄焦本体和发电站采用西门子公司 PCS7 的冗余的 DCS 系统组成，DCS 系统采用冗余 CPU、冗余电源和冗余总线网络设计，系统分为主站和远程 I/O 站，主站下设远程 I/O 分站，主站和分站之间的通讯采用 PROFIBUS-DP 总线通讯，干熄焦的主系统和公辅系统通过标准以太网的光纤环网相连接。自动化控制系统由人机界面（HMI）进行控制和过程监视，同时，控制系统具有报警、报表打印、历史记录、事故追忆等功能。

干熄焦控制采用成熟、可靠、先进的技术，使建成的干熄焦装置在节能、环保和自动化控制、操作运营等方面达到国内干熄焦装置的先进水平。

4.2.7 高炉煤气干法除尘含尘量在线监测技术

高炉煤气干法除尘含尘量在线监测装置，从荒、净煤气总管和布袋除尘器各箱体、净煤气出口支管等处采集一次信号，在计算机中进行分析比较，进行实时显示，提供给操作人员监测判断。该系统由传感器、变送器、监视器等设备组成，具有数据补偿功能，可以实时显示高炉煤气含尘量、水分棒图及历史曲线。传感器装有本安防爆安全栅。

采用电荷感应原理。在流动粉体中，颗粒与颗粒，颗粒与管壁之间因摩擦、碰撞产生静电荷，形成静电场，其静电场的变化即可反映粉尘含量的变化，传感器及时检测到电荷量值并输出到变送器。同时达到了减轻工人劳动强度、改善操作环境的效果。

4.2.8 轧钢加热炉自动化控制技术

加热炉自动化控制系统采用二级计算机控制系统，分为基础自动化级和过程自动化级。同时预留同三级接口。基础自动化级主要由可编程序控制器（PLC）和HMI组成。基础自动化控制系统可分为若干套子系统，包括顺序控制系统（含入出炉辊道控制、板坯测长、测宽、装出钢机、装出料炉门、步进梁控制等）、燃烧控制系统（含炉膛温度控制、炉膛压力控制、烧嘴换向控制、排烟温度控制等）、汽化冷却控制系统。过程自动化级由服务器、过程控制模型软件包组成。过程控制系统主要由燃烧控制模型组成。

通过加热炉一、二级控制系统，可实现板坯的自动上料、自动装钢、炉内联动、自动调节空燃比燃烧控制、自动出钢等全自动控制。可实现板坯头、尾温差小于30℃，氧化烧损率小于0.7%，出钢温度与目标温度偏差小于10℃。

4.2.9 轧钢托盘运输自动化控制技术

热轧钢卷双排式托盘运输系统采用二级计算机控制系统，分为基础自动化级和过程自动化级，同时预留与三级的接口。过程自动化级由服务器、以太网光纤交换机及过程控制应用软件组成。主要功能包括跟踪区的划分与管理、被跟踪物件（托盘、钢卷）数据结构的创建与管理、二级跟踪系统同其他系统的通讯、二级数据库开发、HMI画面编制等。

基础自动化级主要由可编程序控制器（PLC）和HMI组成。系统可分为若干套子系统。基础自动化的主要内容如下：

带卷位置跟踪（同整条轧线跟踪系统相结合，在钢卷运输线上设置位置检测器，在运输线合理设置跟踪区，PLC系统通过位置检测器的检测信号，分析判断每卷钢的具体位置，并将位置信号实时传输到二级自动化系统）。

逻辑联锁；顺序控制；位置控制（结合带卷位置跟踪系统，根据生产实际情况，合理高效的控制带卷的运输路线，避免设备损坏、带卷碰撞等事故的发生）。

速度控制（结合变频调速技术，根据生产的实际情况，合理控制运输节奏，主要是根据生产工艺的有关参数经PLC计算给出合理的速度设定值，通过网络给变频调速装置）。

与主轧线卷取机、称重装置、打捆机、喷号机、钢卷检查站逻辑联锁（结合整条生产线的轧制节奏及各设备的实际工作情况，合理的控制每一个托盘和每一组辊道的动作情况，使之与各成套设备的动作协调有序，满足生产工艺要求；HMI画面编制；与二级自动化的数据通讯）等。

4.2.10 铁水脱硫自动化控制技术

脱硫站主要工艺设备包括供料系统、供气系统、喷吹系统、喷枪升降装置、测温取样系统、除尘阀门、扒渣机、铁水车及渣盘车等。

可编程控制器（PLC）为基础自动化控制核心，监测系统用于监控铁水预处理站的系统运行过程（脱硫系统、上料系统、铁水车系统等），可实时监控所有电控气动阀门的开关、喷枪位置、电液夹持器抱紧位置、铁水车的位置及各种变量的变化，并可生成变量的实时曲线、棒图、存盘数据浏览。系统由几个画面组成：系统总览画面、主操作画面、喷吹系统画面、喷枪系统画面、测温系统画面、系统报警画面、历史趋势画面等，使操作者方便的监控脱硫系统的运行。操作者可通过键盘和鼠标进行数据输入，操作系统运行，随时访问不同的画面，观察部件的运行情况。每个画面都有报警指示器（包括液压系统压力、油温、油位信号的显示），以交互方式通知操作者，并通过它直接访问系统报警画面。

4.2.11 非接触供电式重载运输车自动化控制技术

非接触供电式重载运输车自动化控制系统基于全自动设计理念，面向高度集约化的现代化生产线。该电控系统搭配非接触供电技术，使得重载运输车的全自动操作得以实现，降低了人员的劳动强度，显著提高了生产效率。该运输车的电控系统采用地面站—车载站联合控制模式。地面站和车载站间通过非接触通讯设备实现实时通讯。其中，车载站作为独立控制系统，可单独控制车体运行。同时，作为地面站的智能从站，可通过与地面站的联合控制，实现车体自动运行控制。根据控制要求，通过变频电机调节车体运动模式，从而达到生产目的。

系统软硬件历经各种复杂工况，运行稳定高效，自动化各项控制功能均得到实现，通过非接触通讯技术实现了运输车的本地、远程联合操作控制，满足物流运输的全自动无人值守运行的现代化生产要求，运行情况满足各项考核指标，极大地提高了物流运输的便捷性和稳定性。

4.3 学术交流和获奖情况

自动化专业人员多年钻研自动化前沿技术，特别是具有专利和国内领先水平的加热炉、托盘运输、大型高炉煤气全干法除尘、干熄焦、热轧和冷轧自动化控制系统，目前自动化专业已在《钢铁》、《冶金自动化》、《工程与技术》等国内知名的期刊发表多篇技术论文。近年来，员工应邀参加中国金属学会主办的会议和中国钢铁年会，与来自全国冶金战线上的科技工作者交流近年来冶金行业最新科技成果，扩大了首钢国际的影响。电气自动化专业获得了3项国家专利，该技术填补了相关冶金自动化领域的空白。

完成的设计项目，配合主体工艺专业，获得多项冶金行业优秀设计奖、首钢科技进步奖、北京市科技进步奖、行业新纪录等，为公司的持续发展提供了自动化专业的有力支撑和可靠保证，促进了公司核心竞争力的提升。

5 自动化专业的不足

自动化专业在轧钢项目的编程调试能力和冶金二级模型的建模方面存在差距。轧钢系统分大型冷、热轧，轧钢处理线和棒线材两大类。第一类（大型冷、热轧）自动化系统国内多以引进国外技术为主，核心技术多掌握在西门子、TEMIC和西马克等国际公司，以上自动化编程调试也不是首钢国际自动化专业的主攻方向。第二类（轧钢处理线和棒线材）自动化系统为首钢国际自动化专业的主攻方向，且目前国内类似的短平快项目较多，需要与外单位联合，共同完成编程调试工作。提升自动化专业轧钢处理线和棒线材编程调试能力的措施如下：在联合编程和项目实施的全过程中，电气自动化室选派年轻有潜力的人员全程跟进，学习、消化和吸收相关的知识，积累能力，尽快掌握其核心技术和提高编程能力。

自动化专业坚持有所为、有所不为的原则，持续发展才能解决前进中的问题。目前已完全具备独立完成首钢国际承揽的钢铁全流程的自动化设计任务的能力，具备独立完成钢前项目的系统集成和编程调试任务。电气自动化室自动化专业拟与首自信自动化专业协同发展，在本身欠缺的轧钢和冶金二级模型方面，共同合作，在同等市场条件下，首钢国际优先选择与首自信进行合作，共创未来，最大限度地发挥首钢集团的协同效应。

首钢国际要建设更具实力的国际型工程公司，迫切需要工艺设备与自动化双轮驱动。充分利用电气自动化室现有人员、技术储备和资源，广泛开展对外合作，提升并掌握钢铁工艺自动控制和信息化

的核心技术，自动化专业积极服务好公司"探索特色技术装备产业化，将优势技术固化于产品，形成特色技术装备，提升企业持续发展能力"的建设，并逐步开拓外部市场。

6 自动化专业中长期发展规划及措施

结合首钢国际自动化专业实际，研究解决思想观念的根本问题，超越就事论事，超越惯性思维，以更加强烈的危机感、紧迫感，更加良好的精神状态、更加精细化的管理。既要看到外部环境，更要看到与先进企业的差距，把立足点放在做好自己的工作上，敢于打破常规，完善措施，狠抓落实。

6.1 打造自动化团队领军人物

首钢国际要建设更具实力的国际型工程公司，自动化专业急需领军人物和高素质的自动化团队，目前我专业急需大批在各工序的集设计、编程调试、工程管理于一体的复合型人才。急需编程调试和服务人员（中等专业人才经过培训和几年的项目锻炼后，责任心强的才能够胜任）。

必须牢固树立"人才是第一资源"的理念，必须通过各种方法让自动化专业员工在自己的岗位上有所作为，能开拓事业，才能在社会上得到别人的尊敬，这样才能留住人才、凝聚人才。自动化专业人员最终目标是能够做方案、做报价，能对外谈判、能做高阶段设计、能做设备设计、施工图、控制系统设计、能编程、能调试、能写文档，能现场施工服务，还要有很强的沟通能力，业务能力得到全方位提高。

6.2 选择自动化专业发展的合作伙伴

借用优秀资源，整合资源。如果我们有这种能力，运用社会上高精尖人才和技术，能够整合，不一定为我所有，但能用他，那我们的影响力、实力，就不仅仅限于我们本身。电气自动化室拟选择知名公司和科研院所，发展成为我们的战略合作伙伴。在合作发展中提升自动化团队各方面的能力。与有专业特长的软件公司科研院所进行合作、与高校合作。产学研相结合（如浙江大学等）、优势互补；与有一定特长的软件公司或知名电气自动化公司合作。

6.3 打造自动化创新设计团队

自动化专业以首钢国际重点工程设计为载体，以管理精细化为途径，以信息化为平台，创新设计理念，打造首钢国际的品牌工程。自动化设计要坚

持自主集成和持续创新，在设计中，采用新技术、新设备，大大提高设计的技术含量和经济性。努力将自动化专业打造成自动化专业优秀工程设计的创新基地和团队。

细化常规设计，强化标准执行。在推进自动化、标准化、模块化，提升自动化快速反应能力的基础上，系统集成，形成电气自动化室统一的快速市场反应体系，提供有竞争力的报价方案和施工图设计成品。检验"三化"建设成果的有效方法是看所建立的制度、标准、模块等系统是否能很好的服务和快速响应市场报价体系的需要。

将自动化专业在设计中常常用到的设计图纸和资料标准化，这样的好处是避免了在设计图中的个人风格，大家分工完成的一套设计图纸的各个局部细节都采用同样的画图风格。通过深化"三化"建设，提供一个年轻人快速成才的途径。自动化专业拟整理出和实施的标准图和模块图册，供设计人员参考应用。

6.4 打造电气室自动化编程调试团队

自动化专业多年来钻研自动化前沿技术，特别是具有专利和国内领先水平的自动化托盘运输、加热炉、大型高炉煤气全干法除尘、干熄焦自动化系统，在上述工艺系统的自动化设计和编程调试等方面有很好的基础。

由点到面，再由面到点，即通过典型项目（迁钢托盘、加热炉项目）向综合性项目（水钢线棒、文水炼铁、炼钢、烧结等项目）过渡。针对大型综合项目中如冶金行业各流程中的难点（如线棒材的穿水冷却控制、高炉布料的专家系统等），积极寻找好的合作伙伴，进行引进或共同开发。以实现在未来 3~5 年内我专业具备冶金行业全流程的自动化软件编程调试能力。

编程调试团队建设：若完成上述计划需进一步加强软件编程调试队伍建设。在轧钢（含加热炉）、炼钢、炼铁、烧结（球团）、焦化（原料）、其他（横切、酸洗等配合设备成套）、水系统等自动化编程调试人员 30 人左右。同时要做到人员分工明确，通过工作实践、培训、与国外公司进行联合编程等途径提高团队整体实力，做到人尽其才、挖掘闪光点；提高团队意识和团队分析问题、解决问题的能力。

方法途径：珍惜每一个工程，力争将每个工程做成精品工程；跟踪了解国内外自动化发展水平及软硬件产品应用情况；对我们做过的设计项目和调试项目进行必要的回访，了解自动化软硬件的实际应用情况；有目的地对国内各大钢厂进行必要的考察，了解目前冶金行业各流程自动化水平及其应用情况；多考察自动化产品生产厂家，了解各类自动化产品的应用效果及整体发展趋势。

6.5 构建科技开发、成果转化基地

自动化专业是电气室科技开发的主力，充分利用首钢国际现有技术储备和技术资源，广泛开展对外合作，大力开展应用性创新和原始性创新的科研开发工作，提升并掌握钢铁工艺自动控制和信息化的核心技术，开发高效、实用的高附加值产品，服务于首钢国际建设与发展，并逐步开拓外部市场。努力构建自动化专业科研开发、创新成果转化基地。

针对具体项目，同工艺专业共同探讨控制思路和控制要点；注意将在实际调试过程中出现的问题及时反馈给工艺专业。服务公司探索特色技术装备产业化，将自动化的优势技术固化于产品，形成特色技术装备，打造产业化基地，提升企业持续发展能力。全面提升在自动化成套供货、系统集成方面的整体实力。

7 结语与致谢

电气室自动化专业的发展与进步，与公司和各兄弟部室领导的亲切关怀和帮助密不可分，与历届电气室领导克服压力、提升创新发展理念密不可分，与自动化专业人员积极拼搏、奋发有为、战胜困难、主动加压密不可分。在此深深感谢为自动化专业的发展付出辛勤劳动和汗水的所有同仁。衷心感谢宋道锋等专家的审阅和宝贵意见，感谢自动化专业李洪波、郑江涛、王华等提供的部分材料。

自动化专业结合首钢国际项目总承包的需要，尽快发展成为系统设计、硬件集成、软件编程、现场调试于一体的专业化队伍，全面进入自动化领域。力争再用 3~5 年的时间，将自动化设计、编程调试队伍扩大到 40 人，并能承接中大型工程的自动化系统集成工作。打造出一支高素质的自动化设计团队和编程调试团队，为公司的持续发展提供有力支撑和可靠保证。

热轧工程三电系统概述

宋道锋　刘　燕　吕冬梅

（北京首钢国际工程技术有限公司，北京　100043）

摘　要：本文对国内热连轧机供配电系统三种模式、传动系统交交变频调速和交直交变频调速两种调速方式进行分析对比；对自动化系统主要控制功能及 L1、L2 两级自动化的硬件配置、应用软件、数学模型进行概述。对首钢国际工程公司在热轧工程的三电设计优势和自主创新进行总结。

关键词：热连轧机；三电系统；自主创新

Triple–Electric System in Hot Strip Mill

Song Daofeng　　Liu Yan　　Lv Dongmei

(Beijing Shougang International Engineering Technology Co., Ltd., Beijing 100043)

Abstract：Making a analysis and contrast of 3 mode of power supply system in domestic hot strip mill and between traditional AC-AC converter and AC-DC-AC converter, making a summary of main control function in automation system and configuration software and mathematical model of L1 and L2. Making a summary of Triple-Electric design advantage and automation innovation of BSIET in the hot strip mill industry.

Key words：hot strip mill; Triple-Electric system; open innovation

1　引言

热轧带钢生产工艺是各种轧制工艺中生产效率最高的工艺，是钢铁联合企业中的重要工序，一大半物流要经过热轧工序。因此带钢生产工艺水平的提高，带钢轧制设备的技术进步，带钢生产线三电技术的发展，引起了人们广泛关注。

据统计，截至 2010 年底，我国建成投产的1450mm 以上的热带轧机共 60 套。在三电传动方面，国内自主集成的 13 套，与 Siemens 合作的 21 套，与 ABB 合作的 5 套，与 Tmeic 合作的 19 套，与 Alston合作的 1 套。另外，还有沙钢运行的二手设备 1 套。在自动化方面国内自主集成的 13 套，与西门子合作的25 套，与 Tmeic 合作的 20 套，与 VAI 合作的 2 套。

目前，首钢建成的热连轧机共 4 套。分别是首钢迁钢 2160mm 半连续热带轧机一套，年生产能力413 万吨，于 2006 年 12 月建成投产；首钢京唐2250mm 半连续热带轧机一套，年生产能力 550 万

吨，于 2008 年 12 月建成投产，如图 1、图 2 所示；

图 1　京唐 2250mm 热轧生产线

图 2　京唐 2250mm 热轧控制室

首钢迁钢 1580mm 半连续热带轧机一套，年生产能力 350 万吨，于 2009 年 12 月建成投产；首钢京唐 1580mm 半连续热带轧机一套，年生产能力 390 万吨，于 2010 年 3 月建成投产。

热连轧机的三电系统主要包括以下三个部分，一是供电系统，二是电气传动系统，三是自动化系统。下面仅就三电系统对国内热连轧的装备情况进行分析对比，并对北京首钢国际工程国内公司在热连轧工程的专有技术和设计优势进行总结。

2 三电系统

2.1 供配电

目前国内已投产的大型热带轧机工艺设备主要包括加热炉、高压水除鳞、压力定宽机（SSP）、可逆粗轧机(R1、R2 带立辊轧机 E1、E2)、切头剪(CS)、精轧机（F1~F7）、地下卷取机（DC1~DC3）及钢卷运输系统。以首钢京唐 2250mm 热连轧机为例，车间装机容量 242MW，最大的电机容量 10000kW，计算负荷 153.2MV·A。由于生产的连续性，工艺设备对供电系统的供电质量、供电可靠性、供电能力提出了苛刻的要求。

目前国内热带轧机的供配电系统大致有三种模式。

模式一：如图 3 所示。模式一的特点是采用三台两卷主变压器，两用一备，电压等级为 110kV/35kV，主传动整流变压器采用 35kV 供电，6 台 35kV/10kV 的电力变压器为辅传动和公辅设施供电。在 10kV 母线上设置 6 套高次谐波滤波装置（FC）。

模式二：如图 4 所示。模式二是从毗邻的 220kV 变电站取两路 35kV 电源为主传动整流变压器供电，辅传动和公辅设施通过 110kV/10kV 的 3 台电力变压器供电，设置了 12 套 FC 和固定电容补偿装置。

模式三：即首钢模式，如图 5 所示。首钢模式是采用三卷主变压器，两用一备，电压等级为 110kV/35kV/10kV，主辅传动整流变压器采用 35kV 供电，公辅设施采用 10kV 供电，全厂不设 FC 和固定电容补偿装置。

三种供配电模式的比较如下：

模式一比首钢模式多设 6 台 35kV/10kV 电力变压器，多 6 台 35kV 中压开关柜；模式二比首钢模式多 3 台 11kV/10kV 变压器，多 3 台 110kV GIS 高压组合柜。模式一和模式二与首钢模式比，电气设备的一次投资增大、损耗加大、年运行费用增加，同时建筑面积也增加。

模式一在 10kV 母线上增加 6 套 FC 装置，模式二在 10kV 母线上增加 12 套 FC 和固定电容补偿装置；首钢模式利用首钢国际的专有技术，在整个车间不设 FC 和固定电容补偿装置，既满足了 PCC 点（公共连接点）电能质量的要求，又节省了一次投资，节省了年运行费用和维护费用。例如，首钢迁钢的 1580mm 和首钢京唐的 2250mm、1580mm 热连轧就是如此。

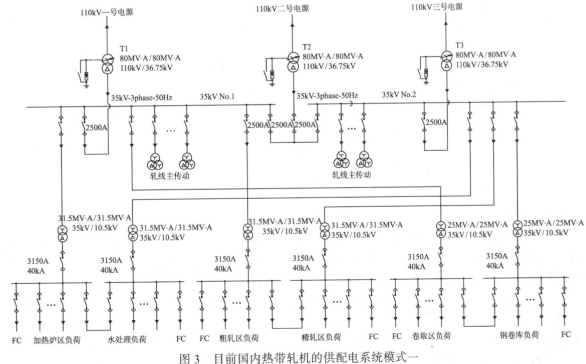

图 3　目前国内热带轧机的供配电系统模式一

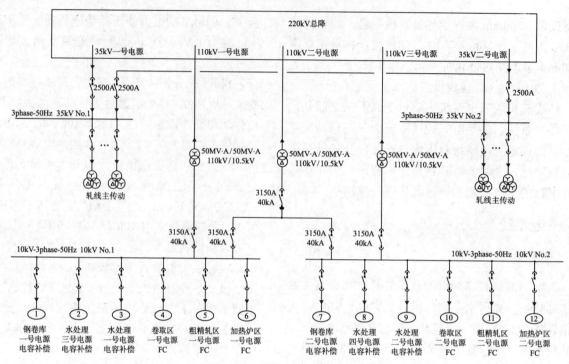

图4　目前国内热带轧机的供配电系统模式二

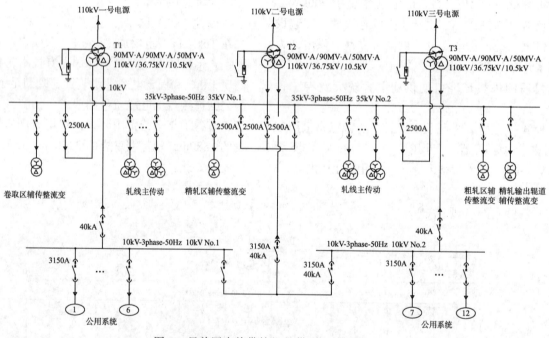

图5　目前国内热带轧机的供配电系统模式三

2.2　电气传动系统

目前热连轧机的电气传动系统分两大类三种模式。两大类即交流传动和直流传动。直流传动，即直流电机传动，通过可控硅装置调压调速。由于直流电机效率低、体积大、转动惯量大、维护工作量大，基本被交流变频调速电机所淘汰（后面不再叙述）。目前国内仅存的一套是沙钢1700mm热连轧机二手设备。三种模式即交交变频调速、交直交变频调速、直流可控硅调压调速。下面重点介绍前两种

模式。

2.2.1　交交变频调速

目前国内采用交交变频调速共34套，其中采用Siemens原装进口的21套，如鞍钢的2150mm、1700mm、1580mm热连轧，武钢的2250mm热连轧等。国内成套组装的13套，如攀钢的1450mm、重钢的1780mm和首钢迁钢的2160mm热连轧等。

国内成套，即功率柜采用国产元件，控制柜采用Simens的SIMADYN-D或TDC控制系统，功率柜由三台整流变压器供电，变频器采用星点连接，

同步电动机采用星形接线，电机的星形中点和变频器中点各自独立。原装进口的功率柜主回路的连接方式为公共交流母线进线方式，即采用一台整流变压器，三个独立的单相输出变频器，通过电抗器与交流公共母线相连接，三个单相输出变频器组成三相变频器，分别对应同步电动机的三相定子绕组，同步电动机的三相定子绕组采用开口星形接法。

2.2.2 交直交变频调速

目前热带轧机交流传动的发展趋势是交直交变频调速。据初步统计截至 2010 年已投产运行的有25 套，尤其是近几年大型钢铁企业新上的热轧线几乎全是交直交变频调速，如首钢迁钢的 1580mm，首钢京唐的 2250mm，1580mm；太钢、马钢、邯钢的 2250mm，以及本钢的 2350mm。交直交变频调速采用三电平、双 PWM、AFE 结构，功率因数接近于 1，谐波发生量极少。从公共电网上吸收清洁的交流电源，具有本征四象限能力，电动与发电状态可以实现平滑转换，具有 100%能量再生能力且无换相失败。此外还可以实现功率因数的调节和进行无功功率补偿等特点。

热轧采用的交直交变频装置热轧大致有三种型号：

（1）Tmeic 电气公司产品：TMD-70、TMD-50。TMD-70 的容量有 8MV·A、10MV·A，可以并联，最大可达 32MV·A，输入电压 3550V，输出电压3400V，过载能力 150% 60s，功率元件 IEGT，水冷；TMD-50 容量 6MV·A，输入电压 3550V，输出电压3400V，过载能力 150% 60s，功率元件 IGBT，水冷。

（2）Siemens 电气公司产品：SM150。SM150的容量有 9MV·A、10MV·A、11MV·A，可以并联，输入电压 3550V，输出电压 3400V，功率元件 IGCT，水冷。因为 IGCT 的额定电流即关断电流，装置的过载能力取决于直流母线上并联电容的容量。

（3）ABB 电气公司产品：ACS6000。ACS6000整流模块容量为 9~11MV·A，若并联运行，可达 33MV·A；逆变模块 9~11MV·A；根据电机容量不同可采用直流公共母线供电，但整流变压器必须采用 12相、18 相、24 相原边串联式。输入电压 3150V，输出电压 3250V，功率元件 IGCT，直接转矩控制，水冷。装置过载能力视直流母线上并联电容的容量而定。

2.2.3 交交变频与交直交变频调速方案的比较

交交变频与交直交变频两种调速方式从调速性能和调速范围上都能满足轧钢工艺的要求。这两种方式的优缺点分别如下：

（1）交交变频调速。优点：功率柜可以国产

化。采用国内的可控硅元件进行组装，相对价格比较便宜，就调速装置而言，一次投资较省。缺点：轧钢时无功冲击大、谐波电流大，对电网产生污染，需安装动态无功补偿装置（SVC）；装置功率因数低，一般整流变压器的容量是电机容量的 1.8~2.0 倍；变频器的输出电压较低（1650V），对同容量的电动机，相对交直交变频 3200V 电压，电流大，电缆选用截面积大，损耗也大。

（2）交直变频调速。优点：装置的功率因数高，接近于 1，谐波发生量极小，因此不用安装高次谐波滤波装置和固定电容补偿装置；由于功率因数较高，整流变压器的容量相对较小，一般按电动机容量的 1.2 倍选变压器；装置的输出电压高（3200V）、电流小，选用电缆的截面相对较小，可减少损耗，节省电缆的投资。缺点：装置需整机原装进口对运行所需的备品备件需长远考虑，装置的一次投资较大。根据以上所述，以京唐 2250mm 热轧为例，综合比较见表 1。

表 1 交交变频与交直交变频性能比较表

比较内容	交交变频（国内组装）	交直交变频（Tmeic）
技术性能	能满足轧钢要求	能满足轧钢要求
综合投资	100%	93.8%
对电网影响	需安装 SVC 装置	不需治理
电 耗	运行费高，年耗电 3341 万度	运行费低，损耗低，年耗电 2559 万度，相对交交变频节电 23.4%
占 地	变压器数量多，容量大，占地面积大；SVC 占地面积大	占地面积小
维护工作量	大	小

2.3 自动化系统

热轧自动化系统由三级计算机控制，即 L1 级基础自动化级，L2 级过程控制级，L3 级生产管理级组成。L1 级分联锁控制和工艺控制，联锁控制主要完成轧线设备的自动位置控制、速度控制、启停逻辑控制。工艺控制主要完成带卷的温度控制、厚度控制、宽度控制和板形控制。工艺控制对自动化控制设备的快速性、精确性要求严格。目前，国际著名公司能够用于工艺控制的高性能控制器有Siemens 公司的 TDC 控制系统、Tmeic 公司的 NV高性能控制器、GE 公司 Innovation 控制系统、ABB公司的 AC800PEC 控制系统、Ansaldo 公司的 Hipac控制系统、美国西屋的 WDPF 控制系统。

我国热轧生产线用的居多的是 Siemens 公司的TDC 和 Tmeic 公司 NV 控制器，占我国热轧自动化系统的五分之四还要多。Ansaldo 公司的 Hipac 系统

也有采用，如宝钢梅山钢厂新建 1780mm 热轧带钢生产线，于 2012 年 4 月份投产，由达涅利自动化公司提供，自投产半年多以来，也一直运行良好。

L2 级 Simens 公司一般采用与日本富士通合作生产的 Primergy 服务器，也有惠普 HP Proliant ML370 服务器；Tmeic 公司一般采用 Status 容错服务器。国内已投产的热轧生产线 Siemens 的做法是采用 5 台服务器，分别是粗轧区 1 台、精轧区 1 台、层流冷却 1 台、数据库 1 台、新产品开发和备用 1 台。Tmeic 公司的通常做法是采用 3 台服务器，分别是轧线工艺模型过程控制 1 台、数据库 1 台、新产品开发和备用 1 台。

2.3.1 热连轧机的主要控制功能

热轧生产线的自动化水平决定产品的质量，控制功能又决定自动化水平。热轧自动化最主要的控制功能有宽度自动控制（AWC）、厚度自动控制（AGC）、终轧温度自动控制（FTC）、卷取温度自动控制（CTC）和板形凸度、平直度自动控制（PCFC）。

（1）宽度自动控制（AWC）。近几年投产的热带轧机大部分都装备了定宽压力机（SSP）和粗轧机前的立辊轧机（E1、E2）。SSP 用来控制板坯的宽度，立辊轧机 AWC 做宽度修正，进行微调。过程计算机根据中间坯的厚度、宽度、温度、钢种以及终轧宽度目标值给出立辊轧机的开口度设定值，通过安装在立辊轧机后面的宽度计实现宽度检测值与设定值进行比较，对偏差值进行控制。值得注意的是，设定值计算时应通过数学模型计算出带钢在精轧机架间的张力对带钢宽度变化的影响。

（2）厚度自动控制（AGC）。AGC 技术是带钢控制最基本的技术。AGC 主要目标是在负荷状态下，动态的消除因扰动引起的辊缝变化，保证带钢在纵向上沿中心点的厚度偏差最小或控制在目标值范围之内。负荷状态下的扰动主要是轧机的弹跳，包括轧件的宽度、刚度变化产生的影响，其次是轧制过程中轧辊的偏心、热膨胀、油膜轴承等影响。AGC 从操作模式上分有相对 AGC 和绝对 AGC，从控制方式上分有 BISRA AGC、Monitor AGC 和 Guage Meter AGC。带钢轧制过程中，无论采用哪一种或哪几种 AGC，目的都是为了消除带钢出口厚度偏差。

（3）终轧温度控制（FTC）。FTC 是对精轧出口带钢的实际温度和目标温度的偏差值进行控制。终轧温度控制与精轧机轧制加速度和机架间冷却水阀的流量有关。根据设定计算模型预测的加速度基准值，调整机架间冷却水阀的流量以实现终轧温度

的目标值。在控制方式上有前馈控制（FF-FTC）和终轧温度的反馈控制（FB-FTC）两种方式。

（4）卷取温度控制（CTC）。CTC 通过控制精轧输出辊道上冷却阀门的开闭，把带钢从终轧温度冷却到规定的卷取温度。卷取温度计算时根据精轧出口速度、温度、厚度和材质实施冷却策略，对入口带钢进行设定计算。近年来，精轧机出口的带钢控制技术发展很快，尤其是超快冷技术（UFC）是一项用于控制带钢冷却的新技术，配合其他一些先进钢铁材料轧制的新技术，如铁素体区轧制双相钢、相变诱导塑性钢的轧制等，在轧制生产过程中，实现快速、准确的温度控制，以获得相应的相变组织。UFC 在国内已有应用的先例。目前京唐 2250mm 热轧已与东北大学 RAL 签订合同，预计 2013 年 5 月份投入运行。

（5）板形凸度平直度自动控制（PCFC）。PCFC 板形和平直度二级模型根据轧制成品的不同规格、不同材质、不同轧制力、不同轧辊条件给出工作辊横移的设定值和工作辊弯辊力的设定值，由精轧出口的多功能仪和平直度仪对带钢的板形进行连续测量，把实际测量值与设定值进行比较，对偏差值不断地进行控制，实现带钢板形和平直度的自动控制。同时通过二级模型自学习功能使板形达到目标值的要求。目前国内使用的板形模型有西马克公司的 PCFC 控制系统、Siemens 公司的 PFC 控制系统、Tmeic 公司的 GSM 控制系统、GE 公司 SSU 控制系统、三菱电机的 PCSU 控制系统。首钢京唐 2250mm 热轧由于西马克的 CVC^{plus} 技术和 PCFC 技术是捆绑式的，所以 Tmeic 的一、二级自动化系统中又增加了西马克自动化。

2.3.2 国内自动化情况

对于热轧自动化系统，从 L1、L2 级的硬件配置到应用软件，从技术设计到数学模型目前有三种模式。

（1）全面引进模式。即国外公司总承包、技术总负责，计算机硬件、软件和数学模型全部从国外引进，包括现场安装指导、编程调试、热负荷试车，直到产品质量验收合格、软硬件运行正常，才进行移交。这种模式占热轧生产线的 70%左右。

（2）外方总承包、中方分包模式。即关键数学模型国外引进，外方负责，中方对部分硬件和软件编程进行分包。如唐钢的 1580mm 不锈钢生产线，中方负责粗轧机、卷取机、运输链的 L1 级硬件设计、设备成套、软件编程、安装调试；负责精轧机换辊、侧导卫、机架间冷却的设计编程；负责主轧线的 HMI 画面的设计开发。再如首钢迁钢 2160mm 热轧生产

线，首钢独立承担了 49 个程序模块的编程和调试，同国外技术人员一起参加了全线的自动化调试，不仅为公司节省了外汇资金，而且锻炼了自己的技术队伍。

（3）硬件自主集成、软件国内自主开发模式。即国内单位总承包、技术总负责、L1 和 L2 级硬件自主集成、全部软件由国内自主设计和研发完成。采取这种形式的有莱钢的 1500mm，日照钢厂和首钢京唐的 1580mm，鞍钢、济钢的 1700mm 及北台钢厂的 1780mm 等十余条热轧生产线。

3 首钢国际工程公司"三电"设计的优势

首钢国际工程公司热轧工程"三电"设计具有自己研发的专有技术。这些专有技术已成功的应用在首钢迁钢 1580mm、首钢京唐的 1580mm 及 2250mm 热轧工程中，该三项工程均获得全国冶金系统优秀设计金奖。

专有技术主要有：

供配电系统采用三卷有载调压变压器，取消了 6 台 35kV/10kV 电力变压器；

整个热轧供配电系统不安装 SVC（动态无功补偿装置）、FC（高次谐波滤波装置）和固定电容补偿装置；

全线采用 660V 电压等级的交流电机；

主电机冷却风机采用节能型变频调速电机；

粗轧主电室无天车设计，采用液压提升装置安装主电机；

主电室电气室和主厂房脱开设计。

以上六项创新设计与常规设计比较，以京唐 2250mm 热轧工程为例，可节省工程投资 1977 万元，减少占地面积 5760m²，节省年运行费用 281 万元。

其次，首钢国际工程公司具有丰富的生产实践经验，以首钢为依托，服务首钢、面向全国、走向国际，有一支开拓进取、勇于拼搏的技术队伍。

4 结语

当前钢铁工业处于低谷和困难时期，为降低成本，提高产品的竞争力，对于热轧工程的供配电系统和传动系统，应把节能技术的研发放在重要位置。自动化系统模型自主研发，硬件自主集成，拓展国内交流与合作的空间，这是必然的发展趋势。希望在我国新一轮热轧"三电"系统的设计、设备集成、软件开发方面有更大的发展。

➤ **电气技术**

首钢京唐 2250mm 热连轧电气新技术的采用及技术创新

宋道锋　吕冬梅

（北京首钢国际工程技术有限公司，北京 100043）

摘　要：本文对京唐 2250mm 热连轧工程在供配电和传动领域采用的新技术进行研究，并对两项自主创新的新技术进行分析，对今后大型热连轧工程供配电设计和传动设备选型有一定参考。

关键词：主变压器；变频装置；660V 电机；液压提升设备；取消高次谐波滤波装置及电容补偿设备技术对策

Application and Innovation of New Electrical Technology in SGJT 2250mm HSM Project

Song Daofeng　Lv Dongmei

(Beijing Shougang International Engineering Technology Co., Ltd., Beijing 100043)

Abstract：In this paper, we've made research about the new technology applied in the field of power feed & distribution and drive system of 2250mm Hot Strip Mill (HSM), Shougang Jingtang United Iron & Steel Co., Ltd. (i.e. SGJT), and made analysis about the new technology of self-innovation, which will provide helpful reference in regarding to the design of power feed & distribution and the selection of drive equipment for large-scaled hot strip mill project in the future.

Key words：main transformer; frequency-converting device; motors of 660V; hydraulic lifting device; technical measures for canceling high-step harmonic filter device and capacitance-compensation device

1　引言

首钢京唐钢铁联合有限责任公司是国家"十一五"规划的重点建设项目，是由国家正式批准的一个大型、全新、临海建设的精品冷热带板材生产基地。其中 2250mm 热连轧生产线年产带卷 550 万吨，由北京首钢国际工程技术有限公司设计总负责。该工程采用了国内外多项新技术，关键的机械设备由 SMSD 设计并制造；电气自动化硬件设备，L1、L2 级的工艺控制模型及传动设备由 TMEIC 制造并技术负责；供配电、介质系统和全厂的工厂设计由北京首钢国际工程技术有限公司技术总负责。该工程建设工期 25 个月，于 2008 年 12 月 10 日建成投产。

供配电和电气传动专业设计在吸取了已投产的迁钢 2160mm 热连轧和秦中板 4300mm 宽厚板轧机成功经验的基础上，2250mm 热连轧在设计中又进一步优化。现仅就供配电和传动方面采用的新技术和技术创新进行总结。

2　新技术的采用

（1）　主变压器采用三卷的有载调压变压器。

目前在国内已投产的热连轧机其主变压器多采用两卷变压器，一般为 110/35kV，35kV 给主传动整流变压器供电，然后再由 35kV/10kV 为辅传动和介质系统供电。这种方案的缺点一是投资大，比三卷变压器的方案多六台 35/10kV 20MV·A 的电力变压器，多六台 35kV 高压开关柜；二是损耗大，35/10kV 六台单台变压器 35kV 侧是重复容量，损耗增加，年运行费增加；三是要增加六座 35/10kV 变压器室，占地加大，建筑面积加大。

在 2250mm 热连轧设计中经过调查研究，直接采用了 3 台 90MVA 110/35/10kV 的三卷变压器，采用该型式的变压器虽然节省了近千万元的投资，但在技术上要解决以下两个方面的技术难题：

1）三卷变压器绕组之间（110/35kV、110/10kV、35/10kV）阻抗的合理匹配问题，使之间的阻抗比即轧机工作时绕组间相互干扰降低到最小，又能使制造厂家的制造成本降低到最低。通过多方案比较和计算机仿真计算，确定变压器的短路阻抗 110/35kV 侧（对应 90MVA）U_d=8%，110/10kV（对应 50MVA）U_d=10.5%，35/10kV（对应 50MVA）U_d=6%。

2）在主变压器原副边之间，增加电气隔离层铁芯接地，使变压器原副边绕组中间的分布电容减少，有效地防止操作过电压对传动装置功率元件的损伤。

（2）轧线主传动全部采用双 PWM 控制 AFE（有功前端）结构的全数字大功率交直交变频装置。

2250mm 热连轧主传动主要包括 SSP（定宽压力机）、E1（立辊）、R1（二辊粗轧机）、E2（立辊）、R2（四辊粗轧机）、CS（切头剪）、F1~F7（精轧机）、DC（卷取机）的电机和主传动。其中 SSP、R1、R2、CS、F1~F7 采用了 TEMIC 电气公司生产的 TMD-70 双 PWM 控制的交直交变频器，工作电压 3300V，电气元件为 IEGT。IEGT 是一种新型的大功率电子器件，它兼有 IGBT 和 GTO 的双重优点，即开关特性工作频率高，相当于 IGBT，其功率容量相当于 GTO，而栅极驱动功率小，比 GTO 小两个数量级。由于电子发射区注入增强使器件的饱和压降进一步减小，仅为相同容量的 GTO 的 1/10，安全工作区宽。主传动的 E1、E2、DC 采用了 TMEIC 在日本市场推出不久的 TMD-50，输出电压 3300V 双 PWM 控制，其功率器件采用大功率高电压的 IGBT 绝缘门双极晶体管。

双 PWM 控制 AFE 结构的交直交变频器与常规的（整流部分采用二极管或晶闸管）单 PWM 控制的交直交变频器相比，其优点是此种变频器从公共电网上吸收清洁的交流电源，具有本征四象限能力，电动与发电状态可以实现平滑转换，具有 100% 能量再生能力并且无换相失败；此外还可以实现功率因数的调节和进行无功补偿等特点。

双 PWM 控制 AFE 结构的交直交变频器与循环变流器（交交变频）相比优点更多。交交变频器产生于 20 世纪 70 年代，采用的是第一代的功率器件——晶闸管，磁场定向矢量控制，轧钢时无功冲击大，高次谐波电流大，对电网的污染严重。电磁干扰、谐波污染、无功冲击引起的电压闪变被称之为

电力系统三大公害，必须有相应的治理措施，所以绝大部分世界级的电气公司已停止生产交交变频。而双 PWM 控制 AFE 结构的交直交变频器，最突出的优点是低能耗，低电磁和谐波干扰，轧钢时不发生无功冲击，不需任何补偿设备，顺应了 21 世纪经济发展人们对能源和环保的要求。

2250mm 热连轧全线共采用 30 套大功率全数字交直交变频设备，采用双 PWM 控制 AFE 结构的变频器在国内属首次，在技术装备上达到了国际先进水平。

（3）从加热炉入炉辊道到地下卷取机运输链所有辊道电机和辅传动电机全部采用 660V 电压等级的电机，从加热炉入炉辊道到地下卷取机运输链全线共有 1125 台电机，其中加热炉区 244 台，装机容量 7266kW，主轧线辊道电机和辅传动电机 881 台，装机容量 29000kW，全部采用变频调速，并且电机的端电压采用了 660V 电压等级。采用 660V 与 380V 电压等级技术经济比较如下：

序号	比较项目	380V 电机	660V 电机
1	电缆主材费用	100%	54%
2	低压断路器费用	100%	70%
3	变频器及变频器柜的费用（以 TEMIC 为例）	100%	110%
4	电机	100%	108%
5	年运行费	100%	59%

2250mm 热连轧工程电机电缆的费用占整个电气投资的比例很高，虽然变频器和电机的费用略有增加，但与电缆节省的投资相抵后，还节省投资 500 万元左右。

整个轧线采用 660V 电机性价比高，在国内尚属首次，也是一次尝试。实践证明，在大型连续生产的自动化生产线上，变频装置采用公共直流母线方式，逆变器采用 690V 电压等级，电机采用 660V 电压等级是一个既节约投资而又节能的优化方案。

（4）粗轧电机的安装采用液压提升装置，节省主电机室天车。

粗轧 4 台主电机安装采用了引进的液压提升装置，该装置的性能如下：

型号　　　　Model 43A
提升高度　3337mm 时　　提升重量 272t
提升高度　4442mm 时　　提升重量 253t
提升高度　5572mm 时　　提升重量 180t

本工程 R1、R2 电机共 4 台，外形尺寸和重量完全相同：

电机转子重量 96.7t；

定子重量 70t；

门型架顶梁重 5t×2=10t；

导链及钢丝绳重量约 2.4t；

总计 179.1t。

在安装电机时，最高提升高度 4442mm，允许提升重量 253t，完全满足电机整体吊装的安装要求。

粗轧电机采用液压提升装置是继秦中板 4300mm 宽厚板 2×8000kW 主电机液压提升安装的第二次采用，本次所选用的提升装置是从国外引进，性能更好，据悉安装一台主电机仅需 6~8 个小时，更加快捷。

采用液压提升装置的优点是：

1）省去 120t 的双梁天车一部，粗轧电气室省去吊车梁，节省大量投资；

2）由于不考虑吊车的行走，主电室可以设二层紧凑布置，节省了占地，节约了土建费用；

3）安装 R1、R2 主电机时间缩短为原来的 1/10，更加方便，更加快捷。

3 技术创新

（1）主辅传动及公用系统均未安装滤波装置和电容补偿装置，2250mm 热连轧工程主辅传动绝大部分负荷是从车间 110kV 变电站 35kV 母线上供电，只有 R1、R2、F1~F7 同步电动机励磁电源、加热炉区域的负荷、后部托盘运输负荷、水处理系统的负荷是 10kV 供电，为了节省工程投资、节约能源，减少建筑面积，减低维护工作量在 35kV 和 10kV 母线上均未安装滤波装置和电容补偿装置。

我们采取的主要措施是：

1）调整主变压器绕组阻抗，使主副绕组和两副边绕组在轧钢时相互电磁干扰最小；

2）将 TMD70 和 TMD50 共三十套变频器计 18 台，整流变压器短路阻抗由 15% 改为 18%；

3）所有接在 35kV 和 10kV 母线上整流变压器其结线组别相位差相互错开 30°电气角，从电源侧看等效十二相；

4）利用 AFE 结构的交直交变频器功率因数等于 1 和向电网可以发出容性无功的特性，补偿辅传动 TMD-10 变频器产生的感性无功。

采用上述措施后，110kV 车间总降 10kV 母线功率因数一段母线是 0.854，二段母线是 0.865，谐波电压总畸变率一段母线是 2.395%，二段母线是 2.16%；35kV 母线上功率因数一段母线是 0.99，二段母线是 0.99，谐波电压总畸变率一段母线是 2.35%，二段母线是 2.12%；110kV 母线上功率因数一段母线是 0.93，二段母线是 0.95，谐波电压总畸变率一段是 0.67%，二段是 0.60%，完全符合国家电网对电能质量的要求（见国标 GB1459—93）。

在整个 2250mm 热连轧工程中主辅传动及公用系统不安装滤波装置和固定补偿电容装置的设计，这在国内已投产和正在建设的冷热轧工程是不曾有过的。这项新技术的自主研发和技术创新处于国内领先水平。

（2）主电机的冷却采用节能风机。R1、R2、F1~F7 主电机的冷却风机共 44 台，其中 R1、R2 电机 16 台装机容量 592kW，F1~F7 电机 28 台装机容量 518kW。主电机冷却风机的选择是根据电机的效率按电机的发热量以不超过允许温升值来选择冷却风机的容量。但在实际运行中不管主电机的负荷是满载、过载还是空载，冷却风机都是同一个速度，用同一个风量，显然不合理。

为了节能、降低运行成本，本次设计选择了变频调速风机，即根据电机的 RMS 值（电机负载方均根值）通过二级数学模型，算出电机发热量，给出调速风机转速的设定值，然后再通过所采集的电机实际温度值及进出口风温的实际值对调速风机进行闭环控制。经初步推算，冷却风量有 20% 的节省空间，风量与电机转速成正比，功率与转速的三次方成正比，降低转速可以大幅地降低功率，年工作小时按 6500 小时考虑，每年可节电 360 万度，合 180 万元人民币，两年左右的时间可收回投资。

本主电机节能冷却风机的采用，目前在国内还是第一家。

4 结语

2250mm 热连轧在供配电和电气传动设计，采用了多项国内外的先进技术并进行了自主创新，体现了先进、可靠、节能的设计指导思想，在参与设计，制造，建设的各个单位的不懈努力下，经过 25 个月的奋战已于 2008 年 12 月 10 日建成投产。

（原文发表于《工程与技术》2009 年第 2 期）

首钢京唐 2250mm 热连轧工程供配电系统电网研究

宋道锋　吕冬梅

(北京首钢国际工程技术有限公司，北京 100043)

摘　要：本文介绍了首钢京唐 2250mm 热连轧机的供配电系统，对全厂用电负荷、短路电流、冲击负荷、谐波电流以及电压波动值进行了计算，对 2250mm 热轧工程供电可靠性、安全性以及供电质量进行了分析研究。

关键词：负荷计算；短路电流；冲击负荷；谐波电流；电压波动

Power Study of SGJT 2250mm HSM Project

Song Daofeng　Lv Dongmei

(Beijing Shougang International Engineering Technology Co., Ltd., Beijing 100043)

Abstract：In this paper, we introduce the power supply system of Shougang Jingtang United Iron & Steel Co., Ltd. (SGJT) 2250mm Hot Strip Mill(HSM); We calculate Electric Power demand, short circuit current, peak load, harmonics currents and voltage fluctuation, It's a study of reliability, security, quality of power supply for SGJT 2250mm HSM.

Key words：electric power demand calculation; short circuit current; peak load; harmonics current; voltage fluctuation

1　引言

首钢京唐钢铁有限责任公司是国家"十一五"规划的重点建设项目，是由国家正式批准的一个大型、全新、沿海建设的精品冷、热轧板材生产基地。其中 2250mm 热轧带钢生产线年产带卷 550 万吨。由首钢设计院设计总负责，采用了国内外多项先进技术，关键的机械设备由 SMSD 设计并制造。电气自动化 L1、L2 级的控制模型和硬件设备由 Tmeic 技术总负责，该工程建设工期 25 个月，预计 2008 年 11 月建成投产。

2250mm 热轧带钢生产线采用半连续布置，主传动设备由压力定宽机（SSP）、可逆式粗轧机（R1、R2 带立辊轧机 E1、E2）、切头剪（CS）、7 架精轧机（F1~F7）、3 台地下液压卷取机，全厂总装机容量为 242MW，容量最大的电机为精轧机 10 MW，以上主传动设备全部采用 AFE 结构（有源前端）的交直交变频调速装置，辅传动设备辊道电机采用可控硅整流带回馈制动的公共直流母线方式 1:N 的变频调速装置，少数传动设备（如 SSP 和 DC 夹送辊电机，R1、R2 压下电机等）采用 1:1 交直交变频调速装置，由以上装备水平对热轧车间供电系统的供电质量、供电可靠性、供电能力提出了苛刻的要求，下面将从四个方面对 2250mm 热连轧生产线的供电系统进行分析研究。

2　负荷计算

在基本设计阶段负荷计算一般都采用单位产品耗电量法，按国内的通常算法计算出来的是最大负荷。本工程在与 Tmeic 设计联络时，用该公司的计算程序计算出来的是平均负荷：

$$平均负荷 = \frac{产品吨耗电量 \times 年产量}{年工作小时}$$

按 Tmeic 的以下经验：

主传动 50kW·h/t

辅传动 60kW·h/t

其中：炉区 4kW·h/t

粗轧区 6kW·h/t

精轧区 10kW·h/t

卷取区 5kW·h/t

除鳞 15kW·h/t

水处理 20kW·h/t

产量按产品大纲要求 550 万吨

年工作小时按 SMSD 的工艺要求 6600h/a

数据代入上式，计算结果为：

$$P_a = \frac{110 \times 550}{6600} = 91.7\,\text{MW}$$

功率因数按 0.92 考虑：

$$S = 91.7/0.92 = 99.6\,\text{MV·A}$$

轧线的负荷率按 0.65 考虑：

$$S = 99.6/0.65 = 153.2\,\text{MV·A}$$

车间变压器为 3 台 90MV·A，按两用一备运行

方式考虑，变压器的负荷率：

$$K = (153.2/180) \times 100\% = 85\%$$

所以选三台 90MV·A 变压器完全满足在各种工况、各种运行方式下的安全供电要求。

3 短路电流计算

2250mm 热连轧工程供电系统短路电流计算为设备选型和继电保护的整定分别对 110kV 总降 35kV 母线、粗轧 10kV 配电室 10kV 母线、粗轧低压配电室 380V 母线三处的短路电流值进行了计算。

3.1 35kV 母线短路电流的计算

简化的供电系统，如图 1 所示。

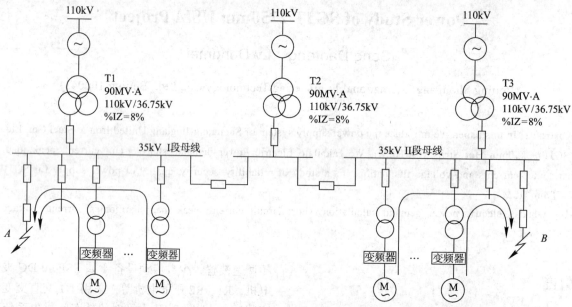

图 1　简化的供电系统

3.1.1　计算的前提条件

根据供电部门提供 110kV 侧短路容量：

最大运行方式：$S''_{d\,max} = 3970\,\text{MV·A}$

最小运行方式：$S''_{d\,min} = 2780\,\text{MV·A}$（按最大运行方式的 0.7 倍考虑）

根据全厂供电系统图，35kV 一段母线所带的负荷主要是定宽压力机（SSP）、E1E2（立辊）、R1R2（粗轧）、CS（切头剪）、F1F2（精轧），以上这些负荷当 35kV 母线突然短路时，因为它们采用交直交 AFE 结构的变频器供电，将向短路点释放短路电流，其值计算如下：

$$I_d = [(I_{R1}+I_{R2}+I_{F1}+I_{F2}+I_{SSP}+I_{CS}+I_{E1}+I_{E2}) \times 3.55/35] \times 2$$
$$= [(1700 \times 2 + 3400 \times 2 + 2720 + 2720 + 1700 + 1360 +$$

$1020 + 1020) \times 3.55/35] \times 2$
$= 4.21\text{kA}$

同样，二段母线所带的主要负荷主要是 F3~ F7（精轧）、DC1~DC3（地下卷取机）向短路点释放短路电流计算如下：

$$I_d = [(I_{F3}+I_{F4}+I_{F5}+I_{F6}+I_{F7}+I_{DC}) \times 3.55/35] \times 2$$
$$= [(2720 \times 5 + 510) \times 3.55/35] \times 2$$
$$= 2.86\text{ kA}$$

3.1.2　短路阻抗的计算

以 10MV·A 为基准值计算结果如下：

10MV·A 为基准值计算短路阻抗%IZ	
110kV 电源侧	10/3970=0.00252=0.252%
90MV·A 变压器	(10/90)×8%=0.889%
A 点的短路阻抗合计	0.252%+0.889%=1.141%

3.1.3 35kV I 段、II 段母线短路电流计算

（1） 35kV I 段母线 A 点短路电流：

$$I_{sdA} = \frac{10 \times 10^6 \times 100}{\sqrt{3} \times 35 \times 10^3 \times 1.141} = 14.46\text{kA}$$

考虑 I 段母线上电机的反馈电流，A 点的短路电流的最终计算结果：

$$I_{sdA} = 14.46\text{kA} + 4.21\text{kA} = 18.67\text{kA}$$

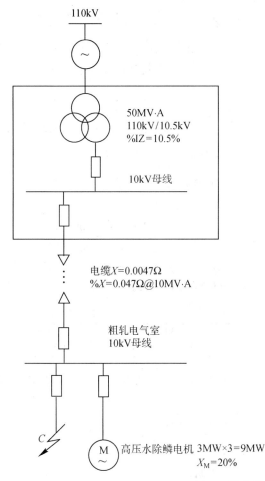

（2） 35kV II 段母线 B 点短路电流：

由 110kV 供电电源系统提供的短路电流值与 I 段母线 A 点相同，即 14.46kA，考虑 II 段母线上电机的反馈电流，B 点的短路电流的最终计算结果：

$$I_{sdB} = 14.46\text{kA} + 2.86\text{kA} = 17.32\text{kA}$$

3.2 10kV 侧短路电流的计算

简化的供电系统，如图 2 所示。

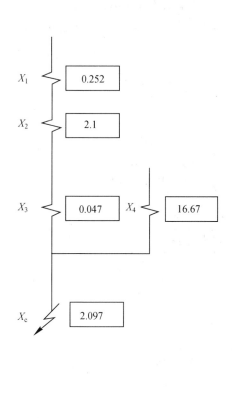

图 2 简化的供电系统图

短路阻抗的计算：

以 10MV·A 为基准容量进行短路阻抗的计算（%IZ）。

电源侧：

$$X_1 = \frac{10}{3970} = 0.00252 = 0.252\%$$

$$X_2 = \frac{10}{50} \times 10.5\% = 2.1\%$$

$$X_3 = 0.047\%$$

$$X_4 = \frac{10}{\dfrac{3 \times 3}{0.88 \times 0.85}} \times 20\% = 16.67\%$$

C 点短路阻抗：

$$X_c = \frac{1}{\dfrac{1}{0.252 + 2.1 + 0.047} + \dfrac{1}{16.67}} = 2.097\%$$

C 点短路电流的计算：

$$I_{sdC} = \frac{10 \times 10^6 \times 100}{\sqrt{3} \times 10 \times 10^3 \times 2.097} = 27.53\text{kA}$$

3.3 低压侧（400V）短路电流的计算

图 3 所示为简化的供电系统图，图 4 所示为阻抗等值电路图。

短路阻抗的计算：

以 10MV·A 为基准容量进行短路阻抗的计算（%IZ）。

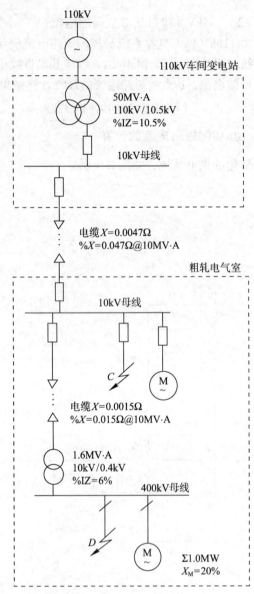

图 3　简化的供电系统图

110kV车间变电站

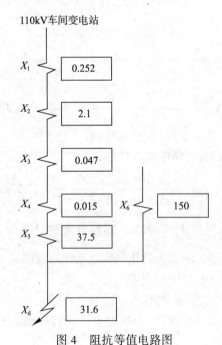

图 4　阻抗等值电路图

电源侧：

$$X_1 = \frac{10}{3970} = 0.00252 = 0.252\%$$

$$X_2 = \frac{10}{50} \times 10.5\% = 2.1\%$$

$$X_3 = 0.047\%$$

$$X_4 = 0.015\%$$

$$X_5 = \frac{10}{1.6} \times 6.5\% = 37.5\%$$

$$X_6 = \frac{10}{1.0} \times 20\% = \frac{10}{1.33} \times 20\% = 150\%$$
$$\overline{0.88 \times 0.85}$$

D 点短路阻抗 X_d（%）：

$$X_d = \cfrac{1}{\cfrac{1}{0.252+2.1+0.047+0.015+37.5} + \cfrac{1}{150}}$$

$$= \frac{1}{0.0316} = 31.6\%$$

即 D 点短路阻抗总值 X_d 为 31.6%。

D 点短路电流的计算：

$$I_{sdC} = \frac{10 \times 10^6 \times 100}{\sqrt{3} \times 0.4 \times 10^3 \times 31.6} = 45.67 \text{kA}$$

结论：短路电流计算按系统最大短路容量（3970MV·A）考虑，见表 1。

表 1　计算参数表

电压等级	变压器容量	短路点	短路阻抗（IZ%）	短路电流
35kV	90MV·A	A	1.411	I 段母线 18.67 kA
		B		II 段母线 17.32kA
10 kV	50MV·A	C	2.097	27.53 kA
400V	1.6MV·A	D	31.6	45.67 kA

说明：

（1）在进行 C 点短路电流计算时，短路点是选择在粗轧主电室，从 110kV 总降至粗轧主电室 10kV 电缆长度按 195m，截面按 3×120 考虑进行阻抗计算；

（2）C 点短路电流计算考虑了 3 台除鳞泵电机的反馈电流；

（3）在进行 D 点短路电流计算时，电力变压器的容量按 1.6MV·A，并且所有电机负荷不超过 1MW 反馈电流考虑。

4　谐波电流计算

热连轧机主辅传动不管是交交变频，还是交直交变频调速都要产生谐波。高次谐波引起的电压波形畸变率及注入系统的谐波电流若超过国标限值，对电网产生污染，就必须治理。本工程为了降低高次谐波的发生量采取了下列措施：

（1）调整了主变压器的绕组阻抗，将 10kV 对 35kV 和 110kV 绕组阻抗加大。因为接在 10kV 母线上的部分辅传动变频装置的整流单元采用的可控硅整流，轧钢时控制角不断变化，相对产生的谐波量最大。阻抗加大之后，一方面可以降低注入电力系统谐波电流的幅值，另一方面减少了对 35kV 侧主传动系统的干扰。

（2）将 TMD-70 和 TMD-50 共三十套变频器，计 18 台整流变压器的短路阻抗由 15%改为 18%。

（3）所有接在 35kV 和 10kV 母线上的变压器其接线组别相互错开 30°电气角，从电源侧方向看为等效十二相。

采取上述措施后，电压总谐波畸变率（THDu）和注入系统的谐波电流 I_H 计算结果见表 2 和表 3。

表 2　电压总谐波畸变率（THDu）的计算数据

THDu　　　n	10kV 母线（%）		35kV 母线（%）		110kV 母线（%）	
	I 段	II 段	I 段	II 段	I 段	II 段
$n < 25$	2.39	2.57	2.35	2.12	0.67	0.69
$n < 50$	2.88	2.16	2.84	2.53	0.78	0.60
国标 GB 14549—93	4.0（奇次 3.2）（偶次 1.6）		3.0（奇次 2.4）（偶次 1.2）		2.0（奇次 1.6）（偶次 0.8）	
结论	合格		合格		合格	

表 3　注入系统的谐波电流 I_H 的计算数据

电压　　I_H	5	7	11	13	17	19	23	25
110kV	6.128	2.193	5.306	3.929	0.687	0.998	1.713	0.525
国标 GB 14549—93	35.584	25.205	15.939	13.715	10.397	9.267	7.784	7.043
结论	合格							

说明：

（1）上述计算系统最小短路容量是按系统最大短路容量的 70%考虑。

（2）系统的公共连接点即 PCC 点定在车间 110kV 变电站的 110kV 母线上。

（3）由于 220kV 总降压变电站正在设计中，车间 110kV 变电站与总厂 220kV 的协议容量未签书面协议，待以后补办。

5　冲击负荷的计算

冲击负荷的计算主要包括有功冲击负荷和无功冲击负荷的计算。有功冲击负荷视系统容量的大小，主要会引起电网频率的变化，电力用户无补偿方案，只能是由电网自行解决。无功冲击会引起系统母线上电压波动和电压闪变，如果超过国家电网允许限值，用户必须采取补偿措施。

5.1　轧制表

从 SMSD 给出的若干个轧制表中选择出轧制负荷较大的几个典型的有代表性的轧制表进行计算。Tmeic 公司在设计联络时共选择七个轧制表，其中 R1 轧一个道次、R2 轧五个道次的三个，R1 轧三个道次、R2 轧三个道次的四个，本文中的计算值是以 SMSD 给出的轧制表为例。

5.2　冲击负荷时序图

图 5~图 7 所示为粗轧母线、精轧母线和辅传动冲击负荷时序图。

5.3　计算结果

10kV 侧、35kV 侧、110kV 侧有功冲击负荷和无功冲击负荷分别是：

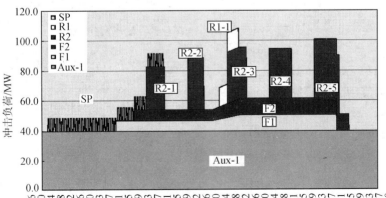

图 5　粗轧母线和辅传动冲击负荷时序图

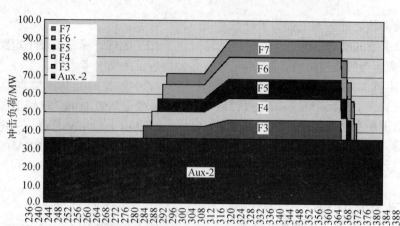

图 6　精轧母线和辅传动冲击负荷时序图

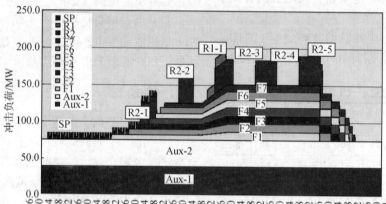

图 7　粗轧母线和精轧母线叠加后的冲击负荷时序图

10kV　Ⅰ段母线

有功负荷 $P = 35.6$MW

无功负荷 $Q = 21.7$Mvar　　$\cos\phi = 0.845$

Ⅱ段母线

有功负荷 $P = 33.2$MW

无功负荷 $Q = 19.3$Mvar　　$\cos\phi = 0.865$

35kV　Ⅰ段母线

有功冲击负荷 $P_{peak} = 72.6$MW

无功冲击负荷 $Q_{peak} = 2.7$Mvar　　$\cos\phi = 0.99$

Ⅱ段母线

有功冲击负荷 $P_{peak} = 56.1$MW

无功冲击负荷 $Q_{peak} = 2.1$Mvar　　$\cos\phi = 0.99$

110kV　Ⅰ段母线

有功冲击负荷 $P_{peak} = 108.2$MW

无功冲击负荷 $Q_{peak} = 2.7$Mvar　　$\cos\phi = 0.936$

Ⅱ段母线

有功冲击负荷 $P_{peak} = 89.3$MW

无功冲击负荷 $Q_{peak} = 2.1$Mvar　　$\cos\phi = 0.951$

从计算结果可以看出，10kV 负荷比较平稳，主要负荷是轧线介质系统、加热炉和托盘运输线的输

送辊道电机，因为没有冲击负荷，所以也就不存在电压波动和电压闪变的问题，不用采取任何补偿措施。

35kV 侧主要负荷是主传动电机，其变频调速装置是由于采用 AFE 结构（有源前端）功率因数接近于 1，所以也不存在无功冲击引起的电压波动，即便是接在 35kV 母线上有可控硅整流的辅传动，有一点点无功负荷，其影响也是微乎其微。

6　电压波动计算

从第 5 部分"冲击负荷的计算"结果得知，35kV 的负荷（以 Q354 轧制表为例）有功负荷冲击和无功负荷冲击对电网影响微乎其微，计算如下。

6.1　35kV 母线

Ⅰ段母线

$\Delta U_{t1} = P/10(\text{MV·A}) \times \%IR + Q/10(\text{MV·A}) \times \%IX$
$= 77.2/10 \times 0.0624 + 2.7/10 \times 1.2486$
$= 0.8\%$

Ⅱ段母线

$\Delta U_{t2} = P/10(\text{MV·A}) \times \%IR + Q/10(\text{MV·A}) \times \%IX$

$$=57.3/10×0.0624+2.1/10×1.2486$$
$$=0.6\%$$

6.2 110kV 母线

Ⅰ段母线

$$\Delta U_{t1}=P/10(MV·A)×\%IR+Q/10(MV·A)×\%IX$$
$$=112.8/10×0.0180+2.7/10×0.3597$$
$$=0.3\%$$

Ⅱ段母线

$$\Delta U_{t2}=P/10(MV·A)×\%IR+Q/10(MV·A)×\%IX$$
$$=90.5/10×0.0180+2.1/10×0.3597$$
$$=0.24\%$$

说明：公式中的%IR 按%IZ 的 20%考虑，%IZ 的计算值见第二部分"短路电流计算"。

结论：35kV 侧Ⅰ段母线电压波动值为 0.8%，Ⅱ段母线为 0.6%，110kV 侧Ⅰ段母线电压波动值为 0.3%，Ⅱ段母线为 0.24%，远远低于国标 GB12326—2000《电能质量　电压波动和电压闪变》的限值。

7　结语

2250mm 热连轧工程在供配电设计上采用了多项具有自主知识产权的新技术，体现了先进、可靠、节能的指导思想，体现了首钢人不断追求卓越的自主创新精神。

（原文发表于《工程与技术》2008 年第 1 期）

首秦高炉鼓风机配套高压交流大电机的启动设计

刘　燕　王凤阁　周　焱　胡国新

(北京首钢国际工程技术有限公司，北京　100043)

摘　要：本文介绍了首秦高炉鼓风机配套高压交流大电机的降压启动方式以及各种启动设备的特点，阐明了液态软启动装置的工作原理，指出了该装置的技术特点，为高压大电机启动设备的选择提供了参考依据。

关键词：电机启动；高压交流大功率电动机；液态软启动装置

The Shouqin Blast Furnace Blower Supporting High-voltage AC Motor Start Design

Liu Yan　Wang Fengge　Zhou Yan　Hu Guoxin

(Beijing Shougang International Engineering Technology Co., Ltd., Beijing 100043)

Abstract：This paper introduced the shouqin blast furnace blower supporting high-voltage AC motor reduced-voltage start and start device characteristics, clarifies the liquid soft start device's working principle, points out that the device technical characteristics, for high voltage motor starting equipment selection provides the reference.

Key words：motor start; high voltage AC motor; liquid soft start device

1　引言

高压交流大功率电动机直接启动会造成许多危害：如对电网造成电压的下降，影响共网其他设备的正常运行；再则会对电动机及所带的设备产生机械冲击，加速电动机的老化或机械的损坏。故大功率交流电动机一般采用软启动或降压启动方式。

2　大功率启动方式的种类及特点

目前大功率电机的启动方式主要有：串自耦变压器启动、串电抗器启动、液力耦合器调速、交流变频器启动及调速、固态软启动、液态软启动。

2.1　串自耦变压器启动

启动的机械特性较硬，启动电流较小，平均启动电磁转矩小，连续及频繁启动性能低。且抽头比较固定，难以保证电机的最佳启动性能。对工况变化不可能做到最佳的适应性调整。

2.2　串电抗器启动

串电抗器启动是过去采用比较多、较为传统的一种启动方式。启动时在主回路中串入电抗器，靠其电感作用限制启动电流，启动完毕后将电抗器切除。这种方式的启动特性也较硬，启动电流较大，工况适应性差，只能根据电机及负载参数制作，一次成形，参数不可调节。

2.3　液力耦合器

液力耦合器调速属低效无级启动及调速方式，在恒速电动机与被驱动机组间连接，通过调节液力耦合器内的油压来改变液力耦合器转差以实现启动与调速，具有调速范围大、调速平稳、无谐波污染、装置结构及控制线路简单、运行可靠、维护方便、可做成大容量等许多优点。但轴向安装尺寸大，大容量机组需设置油站，若液力耦合器出现故障，必须停机处理，在运行中存在滑差损耗，能耗大，尤其不适应恒速运行机组，无法对已安装机组进行改造。

2.4 交流变频器启动及调速

该方式为高效节能的启动和调速方式，它通过改变电机定子端的频率与电压以实现启动与调速，具有调速范围大、精度好、效率高、节能效果好、特性强等特点。但技术复杂，维护检修水平要求高，用于高压电动机启动，投资大，回收期长。

2.5 固态软启动

固态软启动装置（SMC）近年来随着电力电子技术迅速发展，其性能超群，采用微机智能控制，具有限流、限压、泵控等多种功能选择，保护安全，体积小，运行可靠。但高压尤其是 10kV 以上等级的制造单位少，造价高，投资回收期长。

2.6 液态软启动

液态软启动设备是近年来新开发出来的一种装置，适应于额定电压为 3～10 kV，频率为 50 Hz，大中型鼠笼式异步电动机或同步电动机的启动与保护，尤其适用于电网容量不足的工矿企业。该装置由控制柜、切换柜和液阻柜三部分组成，其启动时间、液态电阻阻值等参数可以根据现场工况随即调整。可以连续启动 3 次，启动后液阻自动切除。自动化程度高，价格仅为固态软启动装置的 1/6～1/8，不仅适用于新工程高压大功率电机的启动，也适合已有启动装置的改造。

3 首秦高炉鼓风机电机液态软启动设计

3.1 技术参数

首秦工程 1 号高炉鼓风机原配套的电机是哈尔滨电机厂生产的，由于电机运行时轴振问题发生跳闸，无法正常生产，因而改用西门子的电机来代替。2 台电机参数见表 1。

表 1　哈尔滨及西门子电机参数

参　数	哈尔滨电机	西门子电机
型　号	T14000-4/1800 凸极同步	10E1737-8AE02-Z 凸极同步
额定功率/kW	14000	15500
额定电压/kV	10	10
额定电流/A	926	926
功率因数	0.9（超前）	0.95（超前）
额定频率/Hz	50	50
额定转速 /r·min^{-1}	500	1500
效　率	97.5%	98.1%
极　数	4	4

续表 1

参　数	哈尔滨电机	西门子电机
满载时励磁电压/V	80.1	46
满载时励磁电流/A	452	1065
空载时励磁电压/V	32	21
空载时励磁电流/A	238	504
励磁方式	有刷	无刷
启动参数	启动转矩 3.0 倍 牵入转矩 2.2 倍 失步转矩 2.0 倍 启动电流 6~8 倍	1 倍电压时： 启动转矩 0.95 倍（限制） 启动电流 4.5 倍（限制） 启动时间 12s 0.67 倍电压时： 启动转矩 0.45 倍（限制） 启动电流 3.0 倍（限制） 启动时间 40s

由于首秦高炉鼓风机电机功率较大，在方案阶段也曾考虑过采用数字化控制系统的大功率变频启动装置，但考虑到投资、厂地、工期等诸多因素，该方案实现较为困难。经过进一步的计算、论证及有关资料信息的查询，柳钢 13500kW 高炉风机采用湖北追日电气设备有限公司研制生产的 GZYQ 高压交流电动机液态智能软启动装置于 2003 年 8 月 15 日带载启动一次成功。经过与追日公司的交流与仿真计算，GZYQ2-15000/10-YT 液态软启动装置完全能满足西门子 15500kW 同步电机的启动要求。电气主接线如图 1 所示。

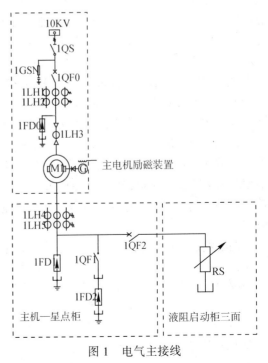

图 1　电气主接线

3.2 启动工作原理

在电机的定子回路中串接液体电阻，电机的启动过程中通过液阻柜中电极板的移动来均匀改变液体阻值的大小，且均匀地提高电机的端电压，减小对电网的冲击，电机转速随着电阻值的减小而平滑升高，当励磁柜中的检测设备检测到电机的转速达到电机额定转速的 90%（14000kW 电机）或 96%（15500kW 电机）时，发出投全压信号，液态软启动设备中的切换柜合闸，将液体电阻切除。同时电机星点短接，电机继续升速，当达到电机亚同步转速时，电机励磁柜投励，拉入同步运行。由于该装置的核心部分在电气一次主回路上，故设备维护量小，启动运行可靠。

3.3 启动过程

先合上电机启动断路器 1QF2，再合上电机运行断路器 1QF0，电机开始带液体电阻降压启动。当启动完毕后，星点短接柜中的 1QF1 断路器合闸，将电机星点短接。由于 1QF2 与 1QF1 设置了电气连锁，1QF1 合闸后，1QF2 自动断开，将液阻柜切除，电机进入正常运行状态。

4 首秦高炉鼓风机电机启动计算与实际启动数据

4.1 启动压降

根据相关理论电机启动时电动机端子电压应能保证生产机械要求的启动转矩，即 $U_{qd} \geqslant \sqrt{1.1 \times 0.3/0.95} = 0.589$（注：取 0.3 为鼓风机的静阻转矩相对值；0.95 为此西门子电机启动转矩相对值）。因此，电机在启动时要求电动机的端子电压相对值应大于 0.589。

电动机的额定容量为 $S_{ed} = 1.732 \times I_e \times U_e = 1.732 \times 960 \times 10 = 16.672 MV \cdot A$，高炉鼓风机的主电机启动电流为 3010 A，在此情况下的电动机的启动容量为 $S_{qd} = 1.732 \times 3010 \times 10 = 52.13 MV \cdot A$，忽略线路及无功部分作用的影响，此时 10kV 系统母线电压水平相对值为 $U_{qm} = 195/(195 + 52.13) = 0.789$（195 为系统最小短路容量值）此值与现场实测数据是一致的。

电动机在启动时，启动回路的额定输入容量为 $S_q = 1/(1/S_{qd} + R_s/U_{e2}) = 1/(1/52.13 + 0.38/102) = 43.51 MV \cdot A$（$R_s$ 为水电阻在电机启动时的起始值为 0.38Ω，启动完毕后阻值降为 0.15Ω）。

$U_{qd} = (U_{qm} S_q)/S_{qd} = 0.789 \times 43.51/52.13 = 0.659$；显然大于静阻转矩要求的电动机的电压水平相对值

0.589，可以保证生产机械要求的启动转矩。

4.2 启动时间

$$t_q = G_{D2} n^2/[365 P_{ed}(U_{qd}^2 \times m_{qp} - m_j)]$$

G_{D2} 为机组的总飞轮矩（转动惯量）t·m²；负载机械的转动惯量为 20t·m²，西门子电机的转动惯量为 1.1t·m²；电机功率 $P_{ed} = 15500kW$。

m_{qp} 为同步电动机平均启动转矩相对值，该值为 $1.1 m_{qd}$，m_{qd} 为电动机启动转矩相对值，西门子电机的该值为 0.65。

m_j 为机组静阻转矩相对值，此高炉鼓风机的负载静阻转矩相对值 $M_{zf}/M_e = 9870 N \cdot m/98683 N \cdot m = 0.1$。

由此计算得出：

$t_q = 21.1 \times 1500 \times 1500/[365 \times 15500(0.659 \times 0.659 \times 1.1 \times 0.65 - 0.1)] = 8.39/0.2105 = 39.85$ s

此值与电机实际启动时间 40s 基本一致。

4.3 实际启动数据

2004 年 6 月我们对 15500kW 电机进行了空载和带风机负载启动，启动情况如下：空载启动时：启动电流 1900A，启动时间：19s，启动压降 13%。带载启动时：启动电流 3010A，启动时间：39s，启动压降 21%。启动成功。

5 首秦高炉鼓风机电机采用液阻装置启动的技术特点

5.1 系统结构合理

10kV 系统结构及配置合理，尤其在电机启动方式与启动设备的选择上，采用液态软启动装置进行降压启动，科学、先进、合理。

5.2 稳定电网

降低了大电机启动过程中对电网的冲击，使首秦 110 kV 供电系统能够安全、稳定、可靠的运行。同时也使电机在启动过程中不产生过热现象，减缓了电机绕组绝缘老化过程，延长了电机的使用寿命。

5.3 首次使用

在国内 10 kV，14000 kW 以上高压大电机启动设计及应用中首次采用液态软启动装置进行降压启动。

5.4 节省投资

液态软启动装置价格低、维护方便、检修容易，节省了大量投资。

5.5 安全性

设置了过压、欠压、缺相、接地不良、启动超时保护，采取了严格的接地及避雷保护，并保证整个液态软启动产品的液阻箱体在启动开始前和结束后与高压电网分离。

5.6 液态电阻的可调整性

由于液态电阻可以很方便地根据不同的电机参数、负载特征现场调配适当的阻值，而且采用了 PLC 控制技术及电流闭环自动控制功能，整个启动过程可跟踪启动电流或启动转矩的变化，达到恒电流启动。

5.7 检测仪表的隔离性

液阻软启动装置设有一定数量的传感器，用于诸如启动电流、电阻液温度、浓度、液面高度等电量和非电量的检测和输出，同时作用到二次仪表或馈送到控制中心。

5.8 适应不同工况的能力强

在实际启动过程中，该启动设备先后对两台不同功率、不同参数的国内外电机进行了启动，均取得了满意的启动效果。

6 结论及需要注意的问题

首秦高炉鼓风机主电机采用液态软启动装置启动结果是令人满意的。特别是由于更换了主电机，各种参数都发生了很大变化，但是，该套软启动装置，厂家通过调整各项相关参数，仍较好地完成了电机的启动过程。如果当时设计采用变频器启动或自耦变压器等其他方式启动，遇到此种情况将是很难解决启动问题的。所造成的后果将是非常严重的，经济损失巨大。

关于电机启动过程需要注意的一些问题：如投全压和投励磁的时机，如果掌握不好有可能造成启动失败。这还要结合电机厂家提供的数据，合理选择投全压和投励磁时的转速值。

对于减少母线压降的问题，从计算结果和实际测量，母线压降在启动过程中还是偏大的。实际启动时需要将该母线上的重要负荷移到其他母线段。为了尽可能在启动过程中减少母线压降，应事先了解各母线段的系统短路容量值，应将电机接在系统短路容量尽可能大的母线段；同时应将风机阀门在允许的情况下尽可能的减为最小值（首秦高炉鼓风机的阀门开口度为 5.3°），以减少启动电流，降低母线压降，同时减少启动时间。

减少母线压降也可通过充分利用电机的最长允许的启动时间，加大液态软启动装置启动时的电阻值，降低电机的启动电流，但应满足使电机的端电压 U_{qd} 大于静阻转矩要求的电动机的电压水平相对值。

另外，液阻装置体积相对较大，液阻阻值的调整由大到小较为简单，而由小到大需要的调整时间较长，这会对工期要求比较严格的工程带来影响。这一点生产厂家还需要作进一步的改进。

（原文发表于《设计通讯》2006 年第 2 期）

热带轧机主传动交交变频与交直交变频调速系统的技术经济比较

刘芦陶

（北京首钢国际工程技术有限公司，北京 100043）

摘　要：本文以某工程热带轧机为例，对热带轧机主传动调速系统采用交交变频调速和交直交变频调速的优缺点进行比较，交直交变频调速系统将是今后热连轧机主传动变频调速系统的发展方向。

关键词：热带轧机；交交变频调速；交直交变频调速；主传动

Technical and Economic Eomparison of AC–AC and AC–DC–AC Frequency Control System in HSM Main–driver

Liu Lutao

(Beijing Shougang International Engineering Technology Co., Ltd., Beijing 100043)

Abstract：Some hot strip mill project for example, this article compared the AC-AC and AC-DC-AC frequency control system in hot strip mill main transmission. AC-DC-AC frequency control system is the development direction of hot strip mill main transmission frequency conversion system.

Key words：hot strip mill; AC-AC frequency conversion; AC-DC-AC frequency conversion; main-driver

1　引言

目前热带轧机主传动调速系统有三种方式：直流可控硅调速系统，交—交变频调速系统，交直交变频调速系统。直流可控硅调速系统因为直流电机电压低、电损耗大、维护量大、动静态性能差等缺点，在新上的工程中已基本不用了，正在运行的直流可控硅调速系统也在逐步淘汰。目前新上的热带轧机工程主传动调速系统为交交变频调速系统和交直交变频调速系统。通过国内调研和与国外电气商技术交流，在交交变频调速系统和交直交变频调速系统的经济技术比较上有一些体会，供大家参考。

2　交交变频调速系统和交直交变频调速系统主接线图

交交变频调速系统和交直交变频调速系统主接线图如图1、图2所示。

3　技术性能比较

技术性能比较见表1。

总体上讲，交交变频调速系统和交直交变频调速系统都能满足热带轧机主传动系统的要求。

4　一次投资比较

有比较意义的一次投资主要包括主传动电机、主传动变频器、整流变压器、动力电缆、静止型动态无功补偿装置（SVC）和谐波吸收装置（FC）的费用。

4.1　主传动电机与变频器投资

根据某工程招投标结果主传动电机与变频器投资见表2。

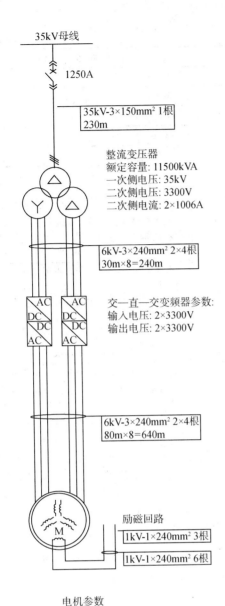

图 1 交直交变频器典型系统图

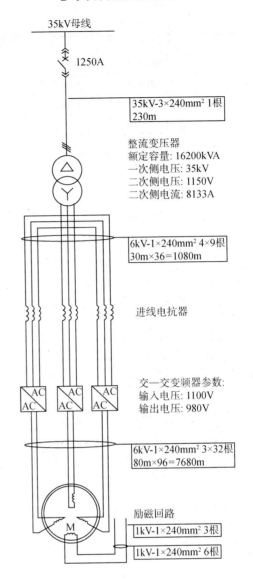

图 2 交交变频器典型系统图

表 1 技术性能比较（以某厂 2250mmHSM 为例）

序号	比较项目	交交变频	交直交变频
1	最高使用频率	24Hz（50Hz 电源时）	60Hz
2	电机最高电压	1650V	3200V
3	对电机极数要求	R1、R2 粗轧机采用 16 极电机,精轧机 F1~F5 采用 6 极电机。精轧机 F6、F7 必须使用 4 极电机才能满足速度要求,电机制造成本约增加 10%。	R1、R2 粗轧机采用 16 或 12 极电机,精轧机 F1~F7 使用 6 极电机即能满足速度要求,动态性能好
4	对电机直轴超瞬变电抗 X_d^* 的要求。	交交变频：R1、R2 粗轧机电机机械商要求 $X_d^* = 0.17$,国内制造的凸极式电机很难做到,一般为 $X_d^* = 0.19 \sim 0.21$ 之间,根据国外电气商的经验, X_d^* 值越高,整流变压器的二次侧电压则需相应提高,因此循环变流器的可控硅承受的反峰压值提高,同样元件使用在 $X_d^* = 0.17$ 比 $X_d^* = 0.19 \sim 0.21$ 电压储备系数减少,可靠性降低。 交直交变频：无特殊要求	

续表1

序号	比较项目	交交变频	交直交变频
5	速度控制精度	0.01%	0.01%
6	速度控制范围	0~100%	0~100%
7	速度响应	60rad/s	40rad/s
8	电流响应时间	10ms	10ms
9	冷却方式	空气冷却器	水冷却器
10	变频器功率因数	基速以下：0~0.6 基速以上：0.6~0.75	1
11	对电网的影响	对电网有很大的无功冲击和谐波电流输出。因此必需上静止型动态无功补偿装置（SVC），以提高电网的功率因数和吸收谐波电流。SVC装置占地面积约 2000~3000m²	1. 对电网没有无功冲击，并且还可以向电网发送容性无功，用于提高电网的功率因数。 2. 变频器产生的谐波电流是国标允许值的1/3，不用治理即可达标
12	动力电缆	由于电机电压低且中性点是开口的，动力电缆用量大	由于电机电压高，动力电缆用量少，是交交变频的1/4
13	整流变压器容量	整流变压器的容量是电机容量的 1.8~2.0 倍，容量相对较大	整流变压器的容量是电机容量的 1.15~1.2 倍，容量相对较小

表2　主传动电机与变频器投资比较表

比较项目	交交变频调速系统/万元	交直交变频调速系统/万元
主传动电机	48.29%	45.08%
主传动变频器	18.92%	36.22%
合计	67.21%	81.30%

表3　整流变压器投资比较表

比较项目	交交变频调速系统		交直交变频调速系统	
	电机容量/kW	变压器容量/kV·A	电机容量/kW	变压器容量/kV·A
R1 粗轧机	2×4750	2×9800	2×4750	11000
R2 粗轧机	2×9500	2×15000	2×9500	2×11500
F1~F7 精轧机	7×10000	7×16200	7×10000	7×11500
合计	98500	163000	98500	114500
变压器投资		8.57%		6.56%

4.2　整流变压器投资

交交变频调速系统整流变压器的容量是电机容量的 1.6~2.0 倍，交直交变频调速系统整流变压器的容量是电机容量的 1.15~1.2 倍，容量相对较小。具体投资计算见表3。

4.3　动力电缆投资

交交变频调速系统和交直交变频调速系统的动力电缆投资见表4。

表4　动力电缆投资比较表

比较项目	交交变频调速系统			交直交变频调速系统		
	电缆规格	长度/m	投资/%	电缆规格	长度/m	投资/%
R1 粗轧机	35kV-3×120	760		35kV-3×70	760	
	6kV-3×240	1320		6kV-3×240	840	
	6kV-1×240	6000				
R2 粗轧机	35kV-3×240	680		35kV-3×150	680	
	6kV-3×240	2160		6kV-3×240	1280	
	6kV-1×240	9600				
F1~F7 精轧机	35kV-3×240	1610		35kV-3×150	1610	
	6kV-3×240	7560		6kV-3×240	6160	
	6kV-1×240	53760				
小计	35kV-3×120	760		35kV-3×70	760	
	35kV-3×240	2290		35kV-3×150	2290	
	6kV-3×240	11040		6kV-3×240	8280	
	6kV-1×240	69360				
合计	主材费	83450			11330	
	敷设费					
总计			9.61			3.22

4.4 静止型动态无功补偿装置（SVC）和谐波吸收装置（FC）的费用

交交变频调速系统需要在 35kV 母线上安装静止型动态无功补偿装置（SVC），在 10kV 母线上安装谐波吸收装置（FC），才能消除交交变频调速系统对供电系统的无功冲击和谐波电流，而交直交变频调速系统则不需要安装 SVC 和 FC 即能达到国家标准。35kV 母线静止型动态无功补偿装置（SVC）及 10kV 母线谐波吸收装置（FC）投资见表 5。

表 5 SVC 和 FC 费用比较表

比较项目	交交变频调速系统		交直交变频调速系统	
	装置容量/Mvar	投资/%	装置容量/Mvar	投资
35kV SVC 装置	2×60		不用安装	无
10kV FC 装置	5×6		不用安装	无
土建建筑费用				无
合计		14.61		无

4.5 一次投资汇总

一次投资汇总比较见表 6。

表 6 一次投资汇总比较表

比较项目	交交变频调速系统/%	交直交变频调速系统/%
主传动电机费用	48.29	45.08
主传动变频器费用	18.92	36.22
整流变压器费用	8.57	6.56
动力电缆费用	9.61	3.22
动态无功补偿装置（SVC）和谐波吸收装置（FC）的费用	14.61	0
合计	100	91.08

5 运行费用比较

有比较意义的运行费用比较主要包括主传动电机、主传动变频器、整流变压器、动力电缆、静止型动态无功补偿装置（SVC）和谐波吸收装置（FC）的运行费用比较。

5.1 主传动电机及变频器功率损耗计算

交交变频调速系统主传动电机及变频器功率损耗计算见表 7。

交直交变频调速主传动电机及变频器功率损耗计算见表 8。

表 7 交交变频调速系统主传动电机及变频器功率损耗

序号	比较项目	R1 粗轧机	R2 粗轧机	F1~F7 精轧机	合计
1	电机数量	2	2	7	11
2	电机容量/kW	4750	9500	10000	98500
3	电机功率因数	0.994	0.995	0.998	
4	电机效率	0.93	0.97	0.977	
5	电机负荷系数	0.85	0.85	0.85	
6	电机损耗/kW	2×284	2×243	7×196	2426
7	变频器功率因数	0.78	0.78	0.78	
8	变频器效率	0.99	0.99	0.99	
9	变频器损耗/kW	2×56	2×107	7×112	1110

表 8 交直交变频调速主传动电机及变频器功率损耗

序号	比较项目	R1 粗轧机	R2 粗轧机	F1~F7 精轧机	合计
1	电机数量	2	2	7	11
2	电机容量/kW	4750	9500	10000	98500
3	电机功率因数	1	1	1	
4	电机效率	0.94	0.958	0.974	
5	电机负荷系数	0.85	0.85	0.85	
6	电机损耗/kW	2×242	2×339	7×221	2709
7	变频器功率因数	1	1	1	
8	变频器效率	0.989	0.989	0.989	
9	变频器损耗/kW	2×47	2×93	7×96	952

5.2 整流变压器功率损耗计算

交交变频调速系统主传动变压器功率损耗计算见表 9。

表 9 交交变频调速系统主传动变压器功率损耗

序号	比较项目	R1 粗轧机整流变	R2 粗轧机整流变	F1~F7 精轧机整流变	合计
1	数量	2	2	7	11
2	容量/kV·A	9800	15000	16200	163000
3	空载损耗/kW	9.1	14	15.1	
4	负载损耗/kW	62.4	91	98.2	
5	负荷系数	0.85	0.85	0.9	
6	总损耗/kW	2×54.2	2×79.6	7×94.6	929.8

交直交变频调速系统主传动变压器功率损耗计算见表10。

表10 交直交变频调速系统主传动变压器功率损耗

序号	比较项目	R1粗轧机整流变	R2粗轧机整流变	F1~F7精轧机整流变	合计
1	数 量	1	2	7	10
2	容量/kV·A	11000	11500	11500	114500
3	空载损耗/kW	9	10	10	

续表10

序号	比较项目	R1粗轧机整流变	R2粗轧机整流变	F1~F7精轧机整流变	合计
4	负载损耗/kW	74	78	78	
5	负荷系数	0.85	0.85	0.9	
6	总损耗/kW	1×62.5	2×66.4	7×73.2	707.7

5.3 动力电缆功率损耗计算

动力电缆功率损耗计算见表11。

表11 动力电缆功率损耗

序号	比较项目	电缆名称	交交变频调速系统损耗/kW	交直交变频调速系统损耗/kW
1	R1粗轧机	高压柜至整流变压器电缆	2×1.05	2×0.59
		整流变压器至变频器电缆	2×3.11	2×0.05
		变频器至电机电缆	2×4.4	2×1.14
2	R2粗轧机	高压柜至整流变压器电缆	2×1.52	2×1.11
		整流变压器至变频器电缆	2×4.89	2×1.1
		变频器至电机电缆	2×7.02	2×1.77
3	F1~F7精轧机	高压柜至整流变压器电缆	7×1.07	7×0.75
		整流变压器至变频器电缆	7×5.15	7×1.14
		变频器至电机电缆	7×7.4	7×1.88
	合　计		139.3	37.9

5.4 静止型动态无功补偿装置（SVC）功率损耗计算

交交变频调速系统主传动系统需要安装静止型动态无功补偿装置（SVC），损耗计算见表12。

表12 静止型动态无功补偿装置（SVC）功率损耗

序号	设备名称	容量/kvar	电损耗率	负荷率	电损耗/kW
1	电抗器	120000	0.0047	0.45	253.8
2	可控硅	120000	0.0028	0.45	151.2
3	电容器	120000	0.0046	1	552
合计（SVC）		120000			960

交直交变频调速系统主传动系统不需要安装静止型动态无功补偿装置（SVC），也不需要安装谐波吸收装置（FC），故电损耗为零。

5.5 10kV谐波吸收装置（FC）损耗计算

交交变频调速系统主传动系统除了需要安装静止型动态无功补偿装置（SVC）以外，还需要在加热炉电气室、粗轧电气室、精轧电气室、卷取电气室、成品精整电气室、水处理电气室的10kV母线上安装10kV谐波吸收装置（FC），兼做无功补偿，使10kV母线电网质量达到国家标准。损耗计算见表13。

表13 10kV谐波吸收装置（FC）功率损耗

序号	电气室名称	容量/kvar	电损耗率	负荷率	电损耗/kW
1	热炉电气室	6000	0.0093	1	55.8
2	粗轧电气室	6000	0.0093	1	55.8
3	精轧电气室	6000	0.0093	1	55.8
4	卷取电气室	4800	0.0093	1	44.6
5	成品库电气室	4800	0.0093	1	44.6
6	水处理电气室	4800	0.0093	1	44.6
合　计		32400			301.2

交直交变频调速系统主传动系统，由于交直交变频调速系统主传动系统本身不仅谐波可以直接达标，而且还可以向电网发出容性无功功率，完全可以补偿10kV母线上的感性无功功率，使整个热轧厂供电系统在110kV侧谐波和功率因数均达到国家标准。因此在10kV母线上无须再上谐波吸收装置（FC）或无功补偿装置。

5.6 交交变频调速系统主传系统与交直交变频调速系统主传系统运行损耗汇总（见表14）

交交变频调速系统主传系统年电损耗：

4605.1（kW）×6800（年计划生产时间）+1261.2（kW）×7600（年计划工作时间）=4089.98×10⁴（kW·h），折合4089.98×10⁴kW·h×0.5元/kW·h=2045万元。

表14 交交变频调速系统与交直交变频调速系统功率损耗汇总

序号	比较项目	交交变频调速系统损耗/kW	交直交变频调速系统损耗/kW
1	电动机电损耗	2426	2709
2	变频器电损耗	1110	952
3	变压器电损耗	929.8	707.7
4	动力电缆电损耗	139.3	37.9
	1~4项小计	4605.1	4406.6
	比例	100%	95.7%
5	35kV母线SVC电损耗	960	0
6	10kV母线FC电损耗	301.2	0
	5，6项小计	1261.2	0
	合计	5866.3	4406.6
	比例	100%	75.1%

交直交变频调速系统主传系统年电损耗：

4406.6（kW）×6800（年计划生产时间）=2996.5×10⁴（kW·h），折合2996.5×10⁴kW·h×0.5元/kW·h=1498万元。

交直交变频调速系统主传系统比交交变频调速系统主传系统年节约电费：2045万元–1498万元 = 547万元。

6 结论

一次性综合投资：交交变频设为100%，交直交变频则为91.08%。主要原因：（1）动态无功补偿装置（SVC）和电力电缆的一次费用在交交变频方案中占有很大比例；（2）近年来交直交变频器国外电气商的报价大幅降低。

年运行费：交交变频设为100%，交直交变频则为73.3%。从年运行费计算结果可以看出，交交变频与交直交变频本身的效率仅相差0.1%（以交直交变频元件IEGT为例），但35kV的SVC装置和10kV的FC装置的电损耗在交交变频方案占很大比例。

技术指标：在技术性能上，两个方案差别不大，但交交变频方案对主电机制造要求比较苛刻。

对电网造成的影响：交交变频方案要安装SVC补偿装置，并且必须是先产生有害的无功冲击之后，SVC补偿装置才能投入工作，对无功冲击进行补偿，死区时间为20ms。交直交变频方案由于采用有功前端结构，无论是对电网的无功冲击、功率因数，还是产生的谐波电流值，在不采取任何治理措施的情况下，均满足国标要求。特别是取消了SVC，不但彻底改变了人们一提到热带轧机就联想到对电网的无功冲击和谐波污染的观念，还可以对电网进行无功补偿，对热带轧机工程供电系统来讲是一次技术革命。

通过比较可以看出，交直交变频方案比交交变频方案在性能和投资上占有明显的优势，因此交直交变频调速系统将是今后热连轧机主传动变频调速系统的发展方向，因此国际上的著名电气商如ABB和Tmeic都已不生产交交变频调速系统了，Siemens公司虽然现在还在生产交交变频调速系统，但也同时生产交直交变频调速系统。由于国内电气商只能生产交—交变频调速系统，并且在价格上还具有一定的优势，部分备件可以国内解决，因此在国内一些企业特别是民营企业交交变频调速系统还有一定的市场。

（原文发表于《设计通讯》2007年第2期）

首钢迁钢 2160mm 热轧工程电气及
自动化系统技术概况

王凤阁　胡国新　王淑琴　宋道锋

（北京首钢国际工程技术有限公司，北京 100043）

摘　要：本文介绍了首钢 2160 热轧工程电气及自动化系统主要设施及重要设备的概况，全厂供配电设施、设备装机容量、主传动设备主要技术特点，轧线自动化技术水平及特殊仪表的应用情况。

关键词：2160 热轧；供配电；主传动；电气控制；轧线自动化；特殊仪表

A Survey of the Main Electrical and Automation Equipments in
2160mm Hot Strip Mill Project of Shougang Qiangang

Wang Fengge　Hu Guoxin　Wang Shuqin　Song Daofeng

(Beijing Shougang International Engineering Technology Co., Ltd., Beijing 100043)

Abstract：In this paper, the main electrical and automation equipments in 2160mm Hot Strip Mill Project, Qian'an Iron& Steel Co., Ltd., will be introduced in brief, as well as the power feeding system of the plant, the installation capacity, the technical characteristics of the main drives, the automation level of the mill line and the application of special instruments.

Key words：2160mm hot strip mill; power feeding; main drive; electrical control; automation of the mill line; special instrument

1　引言

首钢迁钢 2160mm 热轧工程为年产 400 万吨的热轧带钢厂，是目前世界上装备水平比较先进的一套热带轧机。电气及自动化设施主要包括车间供配电设备、动静态无功补偿及滤波设备、电气传动控制设备、基础自动化系统、设备监视控制系统以及检测设备等。其中，供配电设备大部采用合资生产的先进设备及进口元件，液压润滑等介质系统的MCC 设备采用了目前世界上先进的智能型低压开关柜，是由美国罗克韦尔公司生产的进口设备，同时由国内完成部分组装。粗精轧主传动控制系统采用西门子公司原装进口设备，精轧机功率单元为美国 GE 公司旧有设备进行利旧改造，粗轧机功率单元为国内自主制造。侧压机、卷取机主传动装置均

为引进西门子原装产品。全厂主轧线自动化系统为西门子公司技术总负责。整个工厂的电气及自动化技术装备均达到了目前国际先进水平。

全厂电气设备装机容量约为 $18×10^4$ kW，总电机台数约 1600 台套。

全厂有供电变压器 48 台，总装机容量为 $41.33×10^4$ kV·A。

全厂各区域电气设备的设置情况按工艺流程要求布置。设有 110/35kV 热轧变电所一个；加热炉区、粗轧区、精轧区、卷取区、平整分卷区及水系统各有一个大型电气室。

2　供配电系统设计的技术特点

（1）热轧车间变电所由三台带有载调压开关的 80MV·A 变压器供电，110kV 电源侧采用双母线

接线方式，充分保证了供电的可靠性、灵活性、安全性以及电能质量。

（2）车间采用 35kV、10kV、0.4kV 供电电压等级。主传动采用 35kV 供电电压等级，深入负荷中心，可降低线路损耗，提高运行经济效益。

（3）35kV 电压系统采用了国产动态无功补偿及滤波装置，能有效的对电压波动和波形畸变进行补偿和抑制。同时与国内厂家共同讨论研究、进行仿真计算，并由国内成套供货，从而使安装容量降低，因此比原西门子设计方案节省投资，约 500 万元人民币左右。

（4）车间 35kV 供电变压器及主传动整流变压器的一次接线均采用象鼻子接线方式，电流互感器放在变压器内，从而节省了 35kV 配电装置，简化现场安装过程。整流变压器一次侧内置电流互感器象鼻子接线装置整体性好，安装紧凑，减少占地面积。由于整流变压器一次侧内置电流互感器象鼻子接线装置具有封闭性能，可大大提高接线装置运行的安全性能，这在国内工程中还是第一次采用。

（5）35kV 高压开关柜采用新型 KYN60A-40.5(W)铠装移开式交流金属封闭开关设备。柜内断路器采用美国伊顿公司的原装进口真空断路器，可靠性高，技术先进。开关柜的手车可以采用手动和电动两种推进方式。推进机构为为滚珠丝杆推进机构，节省空间，操作平稳、准确灵活、省力。高压开关柜手车采用电动推进方式在国内属第一次。

（6）车间 35kV 及 10kV 的监控系统全部采用微机综合保护装置。通过数据采集与处理实现变电站安全监视和控制。微机监控系统采集的信息包括开关量（断路器、手车位置信号，继电保护及自动装置信号，以及设备运行状态等）、模拟量（电流、电压、有功、无功、功率因数、频率、主变温度）和电度量。采集到的数据经过系统的实时处理，用来更新数据库和送往上级调度中心，并为系统实现其他功能提供必要的信息。在各区域控制室内设有后台微机监控及报警设施。同时在 35kV 控制室还设置了大型模拟屏显示装置，以利于操作人员直观监视。

3 电气传动及控制系统技术特点

（1）粗轧 R1、R2 和精轧 F1～F6 主传动变频器为交交变频传动系统，采用西门子 SIMADYN 控制单元，速度外环采用 64 位 TDC 数字控制器，是西门子目前最先进的控制系统。其中 R1、R2 变频器的功率单元为首钢自行设计的具有光电触发功能的大功率传动装置。F1～F6 精轧主传动变频器功率

单元为美国 GE 公司的旧有设备进行光电触发改造后的大功率传动装置。采用光电触发可以降低线路干扰，提高设备运行的可靠性。压力定宽机变频器采用西门子原装进口交交变频调速装置。卷取机主传动、夹送辊、助卷辊的电机及变频器全部为西门子原装进口设备，变频器采用交直交调速系统。

（2）主轧线所有压下电机、辊道电机、板卷箱等辅传动设备全部采用西门子公司的 6SE70 全数字交流变频调速装置。对于容量大于 190kW 辅传动电机的电压全部为 660V，从而降低了电机的电流，减少了电能的损耗，同时也使电缆截面减小，节省工程投资。小容量电机电压均为 380V。为了合理平衡电能，减少电能损耗，提高运行效率，变频传动系统直流测均采用公共直流母线供电方式。

（3）粗轧 R1、R2 主电机为交流同步电机，由国内制造，采用侧面式背包风机冷却方式。电机功率：R1 两台为 3750kW，电机转速为 0～22.5/40 r/min。R2 两台电机功率为 7500kW，电机转速为 0～45/80r/min。R1 电机绕组并联可以为 R2 电机备用。精轧 F1～F6 主电机同样为交流同步电机，电机转子为国内制造，电机定子为美国 GE 公司提供的旧有设备进行改造。电机功率均为 8000kW。F1～F5 电机转速均为 0～140/330r/min。F6 电机转速为 0～160/400r/min。压力定宽机主电机 SSP 为交流异步机，由国内制造。电机功率为 4400kW，电机转速为 0～600r/min。E2 立辊主电机为同步电机，立式安装，国内制造。电机功率为 900kW，电机转速为 0～180/460r/min。由此可以看出，以上主电机均为国内制造，或对旧有设备进行改造，从而节省大量工程投资，同时也相应提高了国内的设计制造水平。而国内其他相继投产的类似的热轧厂其主电机大部分为原装进口设备。另外 2 台卷取机主电机均为交流同步电机，电机功率为 1200kW，电机转速为 0～400/1200r/min。两台夹送辊电机为 550kW，电机转速为 0～400/913r/min。

（4）车间内液压、润滑及通风系统、外围水系统等低压供配电及控制设备采用美国罗克韦尔公司的智能型低压配电柜。其主要由智能马达控制元件、DSA I/O 接口模块、软起动器、变频器、电力质量监控器、ControlLogix 可编程序控制器、MCC柜内置的现场通讯总线（DeviceNet）、与远程 I/O站通讯的 ControlNet 现场总线、后台计算机及 MCC监控软件组成。通过将硬件、软件、网络三者紧密地集成在一起，使其设计、安装、调试及修改各个环节变得简单、方便、快捷。

对于传统的 MCC 解决方案，只是实现对电机的集中控制和监视，但是与 PLC 系统的信号传输，需

要通过硬接线来实现，比如电机的启动、停止、手/自动切换、运行指示、故障指示等，所有的电缆都必须连接至 PLC 控制柜，系统的布线和接线非常繁琐，容易造成接线故障，不同信号的电缆间存在相互干扰的问题，影响工期及日后的维护。

在该项目中，粗轧、精轧和卷取的 PLC 控制柜放置在不同的控制室。MCC 柜在低压配电室。采用智能 MCC 柜的方案后，原有硬接线中 80% 的控制电缆均由现场总线来替代，即减少了工程投资，又极大的提高了系统的可靠性。采用智能 MCC 柜，可以方便的检测和纪录配电柜内各回路的电压、电流、有功功率、无功功率、kW·h 等电气参数，通过 DeviceNet 网络传至上位机。

（5）热轧水系统的轧机直接供水泵 1000kW 电机及轧机间接供水泵 355kW 电机 2 台，采用变频调速控制，通过改变电机速度，调节水量、水压，从而节约电能。

4　轧线自动化系统技术特点

（1）　主要硬件设施：轧线自动化系统分为基础自动化和过程自动化两大部分。基础自动化系统主要硬件设施有 39 台高性能的 TDC 控制设备、2 套 S7-300F PLC 设备、现场的远程 ET200 I/O 站（大约 4500 点左右）、各操作室内的 HMI 人机接口等。其中高性能的 TDC 控制设备分别为粗轧区通用控制系统、侧压机控制系统、R1 机架控制系统、R2 机架控制系统、E2 立辊控制系统、入/出口控制系统、精轧通用控制系统、F1~F6 机架控制系统、卷取机通用控制系统、卷取机工艺控制系统等。TDC 控制系统是目前西门子最先进的 PLC 控制设备，其中 CPU551 的运行速度是 SIMADYND 的 CPU PM6 的 2.5 倍。机架具有 64 位的背板总线，允许机架间模块快速数据交换，特别适用于液压缸等高速工艺设备控制。同时在 TDC 控制设备之间的数据交换采用了全局数据存储器 GDM 设备，通过光纤网通讯，通讯波特率达 620M。这也是西门子目前最先进的技术，可以极大的提高数据之间的传输速度及系统运行的稳定性。TDC 与服务器、人机接口 HMI 之间采用 100M 的高速光纤工业以太网进行通讯。TDC 与现场远程 I/O、下级传动装置及检测仪表等则采用西门子的 PROFIBUS-DP 网进行通讯。轧线自动化系统还设有 PDA 过程数据采集系统，它有三条通讯总线。一条是工业以太网，与服务器和上位机相连。一条是 PROFIBUS-DP 现场总线，与 S7 系统的 PLC 相连。另一条是 GDM 全局数据存储器与传动装置直接通讯，这样可以支持快速故障定位，及时准确

的进行故障诊断，对于生产作用很大。PDA 具有数据采集、数据显示、数据分析及数据记录等功能。通过以上多种通讯方式极大的提高了系统运行的可靠性、灵活性，同时减少了大量的控制电缆。2 套 S7-300F PLC 用于粗、精轧区急停系统，通过 PROFIBUS-DP 网与介质系统 PLC 进行数据通讯。过程自动化主要硬件设备就是服务器及工程师站的计算机等设备。主要有粗轧过程服务器、精轧过程服务器、冷却区过程服务器、备用/开发服务器及实际数据服务器共计 5 台。

（2）　软件系统：基础自动化软件控制功能主要包括顺序控制、位置控制、压力控制、速度控制、工艺控制等。其中工艺控制主要有：AWC 自动宽度控制、AGC 自动辊缝控制、SSC 短行程控制、WRB 工作辊弯辊控制、LC 活套控制、卷取机的踏步控制等。

过程自动化控制的主要功能及数学模型有：PDI 的提供和管理、材料跟踪、预计算、后计算、再计算、自适应、板形和平直度控制、温度控制、轧制节奏控制、板带温度模型、冷却模型、轧制策略、轧辊数据管理等。

5　主要测量仪表特点

（1）　安装于 F6 精轧机出口的 XRAY-厚度和横向凸度仪是主轧线上最重要的测量仪表。仪表的基本功能是：自我诊断和在线帮助；系统监视和显示；测量范围设定；I/O 信号的使用；输入历史时间列表；在线网络连接；输入输出模拟信号隔离；自动模式或手动模式设定数据；测量横向温度曲线等。控制用途主要用于 AGC 厚度自动控制反馈和自适应数学模型。测量厚度为 1.5~19.0 mm，测量宽度为 750~2150mm，适应温度为 800~1100℃。该仪表输出接口有 TCP/IP 通讯接口及 1~10V 的模拟量输入接口。

（2）　粗轧出口测宽和优化剪切仪：安装于粗轧机后。基本功能是二极管激光源三角测量技术，通过 CCD 摄像技术检测。控制用途为粗轧宽度反馈，用于数学模型的自适应及飞剪切头的长度计算。测量厚度为 20~40 mm，测量宽度为 750~2150mm，适应温度为 900~1100℃，速度小于 6m/s。该仪表同样有以太网 TCP/IP 通讯接口、RS232 接口及模拟量接口。

（3）　飞剪入口激光测速仪：安装于飞剪前，板卷箱出口后。基本功能是激光多普勒测速技术，用于飞剪跟踪的带钢速度反馈。测量范围与粗轧出口测宽和优化剪切仪基本相同。

（4）精轧机出口平直度仪和测宽仪：平直度仪基本功能是采用激光三角测量，测宽仪是采用二极管激光源三角测量技术，通过 CCD 摄像机检测。平直度仪主要用于带钢的平直度监控反馈和数学模型的自适应反馈，测宽仪主要用于精轧带钢宽度对数学模型的自适应反馈。

（5）在轧线上还装有大量的液压缸位置测量、轧制力检测、热金属检测器及高温计等。主要用于 AGC/DPC 反馈、数学模型自适应及轧线跟踪等。

6 结论

6.1 成果简介

（1）项目概况及技术方案：首钢迁钢 2160mm 热轧工程为年产 400 万吨的热轧带钢厂，是目前世界上装备水平十分先进的一套热带轧机。在 2160 施工现场，由于整流变压器容量很大，二次侧电流很大，需要的铜母排截面大，数量多，变压器室空间小，施工难度极大。把变压器接线方式由母排式改为框架式，动力电缆通过框架，直接接至变压器接线端子，取消了铜母排过渡。免除了铜母排的现场制作，降低了施工难度，节约了铜母排材料及安装时间，同时，减少了设备维护量。在以后的工程中大量的采用了此接线方式。

（2）解决了哪些问题：按照标准图册，变压器接线的安装方式为，在变压器室先安装好固定支架，然后分别制作高压及低压铜母排，把铜母排通过不同的排列和弯曲，固定在固定支架上，一端接

至变压器，另一端接至动力电缆。还需满足安全距离。在 2160 施工现场，主轧线整流变压器容量分别为 8700kV·A、9900kV·A 和 18000kV·A 等，二次侧电流很大，需要的铜母排截面大，数量多，需多片母排叠加；变压器室空间小，母排厚重，拐弯多，施工难度极大。2160 工程第一次把变压器接线的安装方式由母排式改为框架式，电缆通过框架固定，直接接至变压器接线端子，取消了铜母排过渡。免除了铜母排的现场制作，降低了施工难度，节约了铜母排材料及安装时间。

（3）应用效果：采用原有的母排式接线方式，平均一台变压器接线的安装制作时间需要两天，采用改进的框架式接线方式，平均一台变压器接线的安装制作时间仅一天就够了。对于迁钢 2160 工程，全线变压器约 50 台，节约安装时间一月余。同时，由于减少了母排接头，就减少了设备维护量。在后来的工程中也大量地采用了此种接线方式。采用此种方法，可减小施工难度，节约安装时间，加快施工进度，节约铜母排，减少设备维护量，是一种很实用的设计和施工方法，在以后的工程中大量地采用了此接线方式。

6.2 与国内外行业对比情况

节约安装时间 50%。同时，由于减少了母排接头，就减少了设备维护量。在后来的工程中也大量地采用了此种接线方式。采用此种方法，可减小施工难度，节约安装时间，加快施工进度，节约铜母排，减少设备维护量。

（原文发表于《设计通讯》2007 年第 1 期）

首钢迁钢热轧项目主厂房介质系统的电气控制

王淑琴　　王凤阁　　胡国新

（北京首钢国际工程技术有限公司，北京　100043）

摘　要：在 2160 热轧工程中主厂房介质系统——尤其是液压润滑系统的重要性是不言而喻的。从供电系统、MCC 系统、PLC 控制系统到急停系统我们都进行了全面的考虑。本文将对介质系统的电气设计做一简要介绍。

关键词：介质系统供电；智能 MCC 柜；PLC 控制系统；急停控制系统

The Electrical Design about Fluid System of the Plant in Hot Strip Mill Project of Shougang Qiangang

Wang Shuqin　　Wang Fengge　　Hu Guoxin

(Beijing Shougang International Engineering Technology Co., Ltd., Beijing 100043)

Abstract: The fluid system of the plant, especially the hydraulic and lubrication system, is vital in 2160mm Hot Strip Mill Project, Qian'an Iron & Steel Co., Ltd., which has been considered fully in the power feeding system, MCC system, PLC system and the emergency stop system. In this paper, the electrical design about the fluid system will be described briefly.

Key words: power feeding of fluid system; intelligent MCC cabinet; PLC system; emergency stop system

1　引言

在 2160 热轧车间介质系统主要包括液压站、润滑站、高压除鳞站、主电室通风、车间地下室通风、主电机通风等设备。液压润滑和通风系统的 MCC 柜及 PLC 柜分别放在粗轧区、精轧区及卷取区主电室内。通风系统的控制相对简单，与主轧线没有信号交换，只与消防系统连锁，当有消防报警时，通风系统停车，以防火灾蔓延。液压润滑系统直接参与轧线的生产，当液压润滑系统出现故障造成轧机液压压力不够时，轧机将停车。如不停车，有可能造成设备损坏。因此，介质系统在热轧项目中非常重要。高压除鳞系统自成一体，独立控制。与轧线没有信号交换。

介质系统的供电负荷应按二级考虑。全线介质系统设置两套 PLC 控制系统；现场设带 I/O 模块的机旁箱；急停系统分别受轧线急停及本站急停系统的控制。

2　供配电系统简介

介质系统的供电负荷应按二级考虑。双路电源同时供电，各带一半负荷，母联断开。当一路电源故障时，另一路电源能带起全部负荷。低压柜采用国际先进的智能型低压开关柜。大于等于 132kW 的电机采用软启动控制，润滑站润滑泵采用变频器控制。润滑站加热器为一组 380V 电阻，采用星—三角接线方式调整其容量大小，以适应不同季节对油箱油温加热的要求。各区域的用电负荷及供配电情况分别介绍如下：

（1）粗轧区。

粗轧区液压润滑系统包括液压站三座，分别为侧压机液压站、低压液压站、高压液压站；润滑站两座，分别为稀油润滑站、油膜轴承润滑站。由于该区域负荷容量较大，共设三台干式变压器，容量为 1250kV·A，分别放在粗轧区主电室地下室。三路电源均引自粗轧区高压配电室。三路电源同时供电，母联断开。当一路电源故障时，另两路电源能带起全部负荷。液压润滑站的低压配电柜共 31 台。

粗轧区通风系统与检修电源及传动柜辅助电源共设两台油浸变压器，容量为 1600kV·A，分别放在粗轧区主电室变压器室内。

粗轧区高压除鳞系统为高压电机，电源引自粗轧区高压配电室。

（2）精轧区。

精轧区由于线路较长，为避免压降过大，在主电室内设两个低压配电室，分别为精轧区的介质系统供电。

精轧区主电室 1 号低压配电室介质系统所带设备主要有：低压液压站、稀油润滑站、油膜轴承润滑站、检修电源。液压润滑站共设两台油浸变压器，容量为 1600kV·A，分别放在精轧区主电室变压器室内。两路电源均引自精轧区高压配电室。低压配电柜共 23 台。

精轧区主电室 2 号低压配电室介质系统所带设备主要有：高压液压站、主电机通风、传动柜辅助电源等。介质系统共设两台干式变压器，容量为 1600kV·A，分别放在精轧区主电室地下室内。两路电源均引自精轧区高压配电室。

精轧区高压除鳞系统为高压电机，电源引自精轧区高压配电室。

（3）卷取区。

卷取区液压润滑系统包括液压站、润滑站、液压油集中加油站、润滑油集中加油站、油膜润滑集中加油站、排废油站、油品配送站。液压润滑站共设两台油浸变压器，容量为 1600kV·A，分别放在卷取区主电室变压器室内。两路电源均引自精轧区高压配电室。液压润滑站的低压配电柜共 17 台。

卷取区通风系统与检修电源及传动柜辅助电源共设两台油浸变压器，容量为 1600kV·A，分别放在卷取区主电室变压器室内。

3 智能 MCC 柜及 PLC 控制系统简介

车间内介质系统低压供配电及控制设备采用了目前世界上先进的智能型低压开关柜，是美国罗克韦尔公司生产的进口设备。

对于传统的 MCC 解决方案，只是实现对电机的集中控制和监视，但是与 PLC 系统的信号传输，需要通过硬接线来实现，比如电机的启动、停止、手/自动切换、运行指示、故障指示等，所有的电缆都必须连接至 PLC 控制柜，系统的布线和接线非

常繁琐，容易造成接线故障，不同信号的电缆间存在相互干扰的问题，影响工期及日后的维护。智能型低压柜主要由智能马达控制元件、软启动器、变频器、电力质量监控器、ControlLogix 可编程序控制器及内置的通讯介质（DeviceNet）和 MCC 监视软件组成，将硬件、软件、网络三者紧密地集成在一起。简化了安装、调试和变更的各个环节，实现了 MCC 的实时监控和与全厂网络的紧密集成。

首钢迁钢 2160 热轧项目介质系统主要有粗轧区、精轧区和卷取区三部分组成，从控制系统来分，各分系统均包括：

（1）主 PLC 柜。粗轧区采用一套 ControlLogix 控制系统，精轧区和卷取区共用一套 ControlLogix 控制系统。ControlLogix 控制系统主要由 1756-L61 处理器、1756-CNB ControlNet 通讯模块、1756-ENBT 以太网通讯模块及 SST-PFB-CLX Profibus-DP 通讯模块组成，实现对 I/O 信号和 MCC 的任务处理。

（2）机旁控制箱。内置远程 I/O，由 1756 系列 I/O 组成，完成 I/O 信号的采集和处理。

（3）L2 系统。包括工程师站、HMI 服务器和 HMI 操作员站，安装有 RSLogix5000, RSView SE, RSLinx 软件，实现对所有 ControlLogix 控制器的编程组态、网络的规划以及现场设备状态的监视和控制。

从网络系统来分，使用三层网络结构：

信息网络层（EtherNet/IP），通过工业交换机将所有上位机和 ControlLogix 控制器均连接在 EtherNet/IP 网上，实现对系统的配置、数据采集和监控。通讯速率为 100M。

控制网络层（ControlNet），所有远程 I/O 站和 MCC 柜通过 ControlNet 和控制器站连接，通讯速率为 5M。

设备网络层（DeviceNet），MCC 柜内设备通过 DeviceNet 连接，通过 CN2DN 设备将 DeviceNet 转换位 ControlNet 连接到控制系统。DeviceNet 通讯速率为 512K。

该控制系统通过 ControlNet 网线实现 PLC 与 MCC 及远程 I/O 之间的通讯；通过 Profibus DP 网线实现 PLC 与西门子变频器之间的通讯；通过 EtherNet 网线实现 PLC 与现场 HMI 及 PLC 系统之间的通讯。

在智能柜 PLC 与西门子 PLC 之间的通讯问题上，在 ControlLogix 主控制系统与 TDC 控制系统之间增加了一套 S7-300 设备，通过 Profibus DP 网线实现 PLC 与 S7-300 之间的通讯，再通过 EtherNet 网

线实现智能柜 PLC 与西门子 PLC 之间的通讯。

4 智能 MCC 柜的特点

自动化集成智能 MCC 柜，其特点是：

（1）电气智能元件：热继电器采用 A-B E3 系列智能热继电器；软启动单元采用 A-B SMC 软启动器。DeviceNet 辅助起动模块采用 DSA 智能模块。柜内通过 DeviceNet 网线实现各电气元件的信号采集。马达的启动/停止由 PLC 通过 ControlNet 现场总线控制，也可以设置为设备就地控制。变频器单元采用西门子的 6SE7 系列变频器，由 PLC 通过 Profibus DP 现场总线控制。

（2）结构特点：柜体采用板框刚性结构，水平母线采用柜中心引入，垂直母线上下分布，扩大垂直母线的容量，减少发热量。

（3）网络通讯特点：MCC 柜内置 DeviceNet 总线，通过 DeviceNet 实现对软启动、断路器、继电器等设备进行参数设置、数据采集、控制等功能。用户可以将所需的现场设备连接到 DeviceNet 网络上，从而避免采用硬接线所需的时间和费用。采用 Rockwell 的智能 MCC 解决方案后，原有硬接线中 80% 由 DeviceNet/ControlNet 现场总线来替代。

控制器能够通过网络与远程 I/O 机架或现场设备进行通讯，网络类型包括 ControlNet、EtherNet、DeviceNet。

（4）控制系统采用模块化、可扩展设计以满足现场设备控制要求。

5 介质系统的急停

所有的机械和设备都有可能对人员造成伤害，因此，国家有关安全部门根据设备对人员的危害程度、发生危害的频率等参数对机械设备进行了评定，并对系统急停的种类进行了划分。

系统急停分为三类：

（1）0 级：直接切断执行机构的电源。

（2）1 级：有控制地进行停车，然后切断电源。

（3）2 级：有控制地进行停车，不切断电源。

介质系统只会对人员造成较小的危害，因此采用 1 级急停方式。即如果有危险发生，立即拍急停按钮，介质系统立即进行系统调整，相关阀顺序动作，电机停机，然后切断电源。由于急停系统很重要，关系到人员的生命安全，需要确保可靠。因此，急停系

统的信号交换需用硬线连接，以保证其可靠性。

2160 介质系统由两个 S7-300 子系统构成。当急停按钮按下时，同时向两个子系统发出急停信号，经过继电器扩点后，采用一对继电器接点串联的方式去切断各个电机回路。

当急停开关复位时，不能引起系统再启动。连锁保护设备的复位也不能引起危险的再发生。

当主轧线紧急停车时，液压润滑系统可以继续运行；当液压润滑系统紧急停车时，主轧线需立即停车，以保证轧机设备的安全。

6 现场问题及解决办法

油膜润滑系统及稀油润滑系统润滑泵均为变频调速电机，一用一备，油箱内埋有加热器。现场施工调试时发现，当轧线生产时，由于管路上油压的不断变化，为了保证油压在设定的压力范围内，润滑油泵变频器需不断调整速度给定。当电机转速下降时，由于变频器回路没有能量回馈装置，变频器的直流母线电压升高，变频器跳闸。为了避免变频器非正常跳闸，在变频器控制回路增加了制动单元和制动电阻。这样，不仅解决了降速时，直流母线电压升高问题，同时加快了电机停车速度。

在现场调试过程中发现在供电系统方面应该改进的是将来通风系统应与液压润滑系统分开，不放在一个 MCC 和 PLC 系统里。这样，可减少介质系统的信息量，加快数据传输速度。并且，如果通风系统出故障，不会影响液压润滑站的工作，保证主轧线的正常运行。

7 结语

在任何工程项目中，我们要合理地分配用电负荷，积极地采用先进设备和先进的设计理念。智能型低压柜主要由智能马达控制元件、可编程序控制器及内置的通讯介质和 MCC 监视软件组成，将硬件、软件、网络三者紧密地集成在一起。简化了安装、调试和变更的各个环节，实现了 MCC 的实时监控和与全厂网络的紧密集成。对于热轧工程这种需要先进控制系统的工程应采用智能柜。希望本工程中的设计经验和不足都能对将来的工程有所帮助。

参考文献

[1] 《钢铁企业电力设计手册》编委会. 钢铁企业电力设计手册 [M]. 北京: 冶金工业出版社, 1996.

（原文发表于《设计通讯》2007 年第 1 期）

首钢京唐 2250mm 热连轧辅传动电机
损坏原因分析及对策

宋道锋　　吕冬梅　　胡东峰

(北京首钢国际工程技术有限公司，北京 100043)

摘　要：首钢京唐钢铁公司 2250mm 热连轧工程投产不久，660V 变频器供电的鼠笼型感应电动机相继发生损坏，影响了车间的正常生产。故障现象多表现为定子线圈电源引入端匝间短路，致使定子过电流，电机损坏。通过现场分析，找出了故障原因，并结合工程案例提出了防止电机损坏的相应对策。

关键词：热轧传动电机；损坏现象；事故原因分析；应对策略

Analysis and Countermeasure to the Auxiliary Drive Motor Damage
Cause in Shougang Jingtang 2250mm HSM

Song Daofeng　　Lv Dongmei　　Hu Dongfeng

(Beijing Shougang International Engineering Technology Co., Ltd., Beijing 100043)

Abstract：Before long Shougang Jingtang Iron and Steel Company 2250mm hot strip mill project putting into operation, some cage induction motors supplied by the 660V inverter have been damaged, affecting the normal production of the workshop. Malfunction phenomenon mostly is the introduction of the end of the power of the stator coil interturn short circuit, resulting in a stator overcurrent and motor damage. According to the site analysis, the cause of the malfunction has been identified, and putting forward countermeasures to prevent motor damage bases on this case.

Key words：hot mill drive motor; damage phenomena; accident analysis; coping strategies

1　引言

首钢京唐钢铁公司 2250mm 热连轧工程投产不久，部分辅传动电机相继发生损坏故障。京唐公司为此多次召开事故分析会，查找原因。尽管损坏电机已经修复，正常生产，为避免今后类似故障的发生，现就事故现象、事故原因进行综合分析，并提出预防对策，以供今后其他工程参考借鉴。

2　故障现象

首钢 2250mm 热连轧工程于 2008 年 12 月 10 日建成投产，截止到 2009 年 3 月底，轧线部分辅传动电机相继发生损坏故障，损坏电机故障统计表详

见表 1。

表 1　损坏电机故障统计表

序号	损坏电机机械名称	数量	损坏次数	传动方式	电机技术参数
1	R2 工作辊换辊小车	1	1	1:1	90kW，620V，105A
2	R1 输入辊道电机	1	1	1:1	40kW，620V，59.2A
3	SSP 操作侧压下电机	1	2	1:1	440kW，660V，484A
4	R1 操作侧压下电机	1	1	1:1	350kW，660V，370A
5	R1 传动侧压下电机	1	1	1:1	350kW，660V，370A
6	精轧机除鳞入口夹送辊	1	1	1:1	50kW，660V，51.7A

电机损坏后从外观检查发现，除 SSP 压下电机的第一次损坏是 V 相和 W 相相间绝缘破坏，出现相间短路以外，其余电机和 SSP 压下电机的第二次损坏，均是定子线圈电源引入端部匝间短路，定子过电流所致。

3 故障分析

根据损坏电机的表观现象，经技术人员分析，主要原因是电机绝缘性能参数达不到用户要求，致使定子线圈出线端部匝间短路，造成电机损坏。

3.1 用户对电机制造的要求

损坏电机的供电电源均是日本 Tmeic 电气公司生产的 TMdrive-10 型变频器提供，该变频器其整流侧为反并联的双向可控硅，直流母线电压 990V，其逆变侧是双电平、IGBT 元件、PWM 控制、开关频率 1536Hz、输出额定电压 690V，根据 Tmeic 公司提供的图纸，变频器输出直接连接到电机定子绕组上，没有输出电抗器，因此电机定子绕组尤其是端部，应能承受连续出现的冲击电压。以下是日方对电机制造厂提出的技术要求：

3.1.1 对电机绝缘强度的要求

（1）承受相对相冲击电压 2310V（0-Peak）。

（2）承受相对地冲击电压 2310V（0-Peak）。

（3）承受绕组匝间冲击电压 1980V（0-Peak）。

（4）最大电压梯度 2310V。

（5）0~最大电压的上升时间 0.1~0.5μs dV/dt = 23100V/μs。

（6）定子绕组类型：叠绕式（推荐）。

（7）定子绕组材质：扁铜线（推荐）。

3.1.2 制造厂的出厂试验报告

根据电机厂提供的出厂试验报告，出厂试验共做八项：

（1）空载电流。

（2）空载损耗。

（3）堵转电流。

（4）堵转功率。

（5）振动值。

（6）绝缘电阻。

（7）耐压试验。

（8）绕组直流电阻。

其中电机制造厂出厂耐压试验一项，是按照 GB 755—2008/IEC 60034—1:2004《旋转电机 定额和性能》表 16 耐压试验第 2 项执行的。试验电压为 2320V/60S，即电机两倍的额定电压加 1000V、耐压试验 1 分钟。

表 16 给出的耐压试验值，在规程第 7.1 条中指出："电机的电源电压频率是 50Hz 或 60Hz"，"对用静止变流器供电的交流电动机、电压、频率和波形的规定均不使用，额定电压应按照协议规定"执行。显然电机制造厂提供的出厂试验报告，试验电压是按照普通工频电机要求做的，不适用变频电机的耐压试验。

3.1.3 电机的耐压水平

根据 GB/T 20161—2008/IEC TS60034—17:2006《变频器供电的笼型感应电动机应用导则》中第九条"绝缘结构的使用寿命"一节中指出，"与正弦波电源供电相比，变频器供电时电动机的绝缘结构要承受更高的介电应力。"还指出"在快速开关电压型变频器供电的情况下（正常是 IGBT）作用在匝间绝缘的电压梯度是重要的，特别是对接近电源引入处的线圈。绕组绝缘承受的介电应力应取决于变频器所产生的峰值电压、脉冲上升时间和频率，变频器和电动机之间连接线的特性和长度、绕组结构以及其他系统参数。"

根据 GB 755—2008/IEC 60034—1:2004《旋转电机 定额和性能》第七项第 5 条的要求，耐电压（峰值和梯度）水平："对于交流电动机，制造厂家应标明连续运行时的峰值电压和电压梯度的限值"。

据此用户在合同附件中明确提出了具体要求，但电机制造厂家未响应。

3.2 电机峰值电压的实际测量

2009 年 3 月 22 日，用户对电机的相电压峰值用示波器进行了测量，测量数据如下：

在辊道分配柜内，对 1:N 成组传动辊道电机相电压尖峰值测量，尖峰值电压为 1100~1200V。

对 1:1 R2 压下电机，在电机进线端对相电压尖峰值进行测量，尖峰值电压为 1400~1600V。

其测量值未超出合同附件要求。

3.3 故障处理结果

首钢京唐公司热轧部、设备部、设计院、变频器供货厂商、电机制造厂五方分析讨论后，对损坏电机故障的处理意见如下：

电机制造厂负责将电机返原厂修理，提高电机定子线圈端部绝缘，并整体灌封固化。

重新制造 R1、R2、SSP 操作侧及传动侧压下电机共 6 台，加强绝缘设计，定子线圈采用扁铜线成型绕组，作为生产备件。

故障电机返修后，重新投入生产运行，未再发生故障。

4 改进建议

4.1 加强电机绝缘，提高出厂耐压试验值

鉴于目前我国对变频电机的制造和试验规范尚未出台，只是按"用户协议要求做"。那么关于出厂耐压试验值多少才合适呢？2009 年 4 月，笔者参观了 ABB 公司的电机制造厂，就变频电机制造和试验进行了座谈。ABB 技术人员透露，热轧辅传动电机由于变频器的输出开关频率很高，电压变化率大，瞬间的峰值电压高，电机绕组绝缘和匝间绝缘应相应提高，出厂耐压试验的实验值，是按照四倍电机额定电压加 1000V 做的；建议在国家规范未出台之前，参考 ABB 电气公司的做法。

4.2 增加变频器输出电抗器抑制冲击电压的峰值

4.2.1 关于冲击电压的峰值

变频电机的供电电源是由变频器提供的。变频器 PWM 控制电压上升沿从变频器传导致电机终端时，产生一个反射电压波，这个反射电压波返回变频器，并感应出另一个反射波叠加在原始电压波上，从而在电压波前沿产生一个尖峰电压，如图 1 所示。

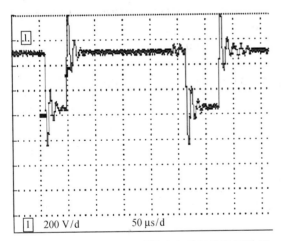

图 1　由于放射波在电压脉冲上引起的浪涌电压

尖峰电压的大小，一是取决于脉冲电压的上升时间，二是供电电缆的分布参数，过大的尖峰电压能将电机匝间绝缘破坏，尤其是线圈端部。而增加输出电抗器，可以抑制 dV/dt 的变化率，抵抗反射波叠加引起的过电压，还可以补偿电缆的容性效应引起的变频器发热。

4.2.2 关于输出电抗器

关于是否增加输出电抗器，各电气制造商的观点不一致，建议在签订合同技术附件时尊重电气制造商的意见。

（1）日本 Tmeic 电气公司。日本 Tmeic 电气公司认为，加强变频器电机的绝缘，是防止电机损坏的有效途径。增加输出电抗器，固然可以减少变频器产生的冲击电压尖峰值，但输出电抗器是有损耗的，从节能的观点不提倡。所以 Tmeic 公司设计的图纸，从不加输出电抗器。Tmeic 公司对电机绝缘承受冲击电压的要求见前所述。

（2）德国 Siemens 电气公司。选用德国 Siemens 电气公司生产的 Master drives 6SE70 和 S120 变频器时，变频器对电机绝缘承受的冲击电压电压变化率和供电距离是有严格要求的。

1）变频电机定子绕组的绝缘强度要求见表 2。

S120 系列变频器对变频电机电压变化率及能够承受的峰值端电压的要求如图 2 所示。

电抗器能承受的峰值电压：

>500~690V 电机　　　2200V

≤500V 电机　　　　　1470V

2）是否增加输出电抗器与变频的供电距离有关。由前所述，增加输出电抗器，一是抑制 dV/dt 的变化率，二是补偿电缆的电容效应引起的变频器发热。根据 Siemens 的变频器样本推荐，增加输出电抗器，是与供电距离和电缆的材质（屏蔽还是非屏蔽）相关联的，电抗器是 Siemens 的配套器件，在设计时应全面考虑。

表 2　变频电机绝缘强度表

变频器类型	绕组绝缘要求	>500~690V 电机典型电机的操作电压	>500~690V 电机典型电机的操作电压(瞬时)	≤500V 电机典型电机的操作电压	≤500V 电机典型电机的操作电压(瞬时)
Master drives 6SE70	相间绝缘	1930V	2350V	1120V	1363V
	相对地绝缘	1610 V	1960V	930 V	1130V
	匝间绝缘	900 V[①]	1095 V	550 V	670 V[①]
S120	相间绝缘	2250V	—	1500V	
	相对地绝缘	1500V	—	1100V	

① 6SE70 系列变频器对变频电机电压变化率及能够承受的峰值端电压的要求：>500~690V 电机　$dV/dt = 10kV/\mu s$　≤500V 电机　$dV/dt = 6kV/\mu s$.

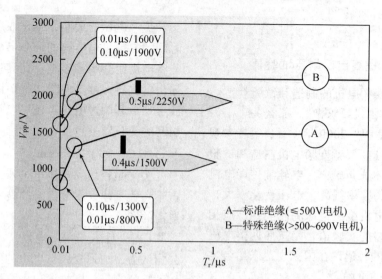

图 2   S120 系列变频器对电机绝缘的要求

（3） ABB 电气公司。选用 ABB 电气公司 ACS800 变频器时，不需要外设输出电抗器，因为该产品在逆变器输出模块，已配置磁环，限值 dV/dt 的变化率。ABB 公司生产的 ACS800 变频器，对供电距离的要求很严，其供电距离，是根据变频器电缆的单位长度电感值（H）和电容值（P.F），通过给出的计算公式计算出来的，供电距离越长对电缆的技术参数要求越苛刻，在工厂设计时一定要重视这一点。

5   结语

首钢京唐 2250mm 热轧工程虽然早已正常生产，但辅传动电机的多台故障提醒我们两点：一是

对电机制造厂制造变频电机的绝缘要求和出厂试验电压值不能迁就，尤其是在国标制造标准暂未出台之前的今天；二是工程设计时是否增加输出电抗器，一定要严格按电气商提供的产品样本进行设计。

在今后的工厂设计中，只要做到以上两点，电机损坏的故障就会避免。

参考文献

[1] 日本 Tmeic 电气公司：用于用户供货对辅传动电机制造的技术要求.

[2] 西门子（中国）有限公司：西门子传动方案在空冷电厂的应用.

[3] GB 20161—2008—T 变频器供电的笼型感应电动机应用导则.

[4] GB 755—2008 旋转电机　定额和性能.

（原文发表于《工程与技术》2012 年第 1 期）

武钢焦化公司1、2号焦炉干熄焦电气控制系统

陈 丽

（北京首钢国际工程技术有限公司，北京 100043）

摘 要：武钢焦化公司1、2号焦炉干熄焦项目包括新建1座140t/h干熄焦装置及1座6MW的背压式汽轮发电机电站。相应的配套设施有除盐水站、循环水站、CDQ环境除尘地面站、筛焦楼除尘地面站。该项目2004年初启动，目前电控设备已经进入安装调试阶段。由本文就电控系统供配系统设置、控制系统配置及主要传动调速设备设置进行介绍。

关键词：武钢；干熄焦；电控系统

Electrical Control System on Coke Dry Quenching of Oven Battery No.1 and No.2 of Wugang Coking Company

Chen Li

(Beijing Shougang International Engineering Technology Co., Ltd., Beijing 100043)

Abstract：The project of dry quenching of coke oven battery No.1 and No.2 of Wugang Coking Company include a new 140t/h dry quenching facility and a 6MW back pressure turbine generator. The relevant auxiliary facilities are consisted of desalting station, water recirculating station, CDQ environmental dedusting ground station and dedusting ground station for coke screening building. This project was started at the beginning of 2004. At the present, the electrical control equipment are being installed and commissioned. The arrangement of the distribution system for electrical control system, configuration of the control system and speed regulating equipment for the main drive are described in this article.

Key words：Wugang; CDQ; electrical control system

1 引言

干法熄焦是目前国外较广泛应用的一项节能技术，简称CDQ。干熄焦技术是利用冷的惰性气体（燃烧后的废气），在干熄炉中与赤热红焦换热从而冷却红焦。吸收了红焦热量的惰性气体将热量传给干熄焦锅炉产生蒸汽，被冷却的惰性气体再由循环风机鼓入干熄炉冷却红焦。干熄焦锅炉产生的蒸汽或并入厂内蒸汽管网或送去发电。

目前国内中型以上焦炉150余座，年生产焦炭6500多万吨，按产汽率0.45计算，可回收蒸汽2925万吨，若用于发电，年发电量可达$75×10^9$kW·h，价值33.7亿元。其他潜在效益则更大。可见干熄焦技术在国内新建和现有焦化厂的改造中将有很大的市场潜力。

武钢焦化公司1、2号焦炉干熄焦项目包括新建1座140t/h干熄焦装置及1座6MW的背压式汽轮发电机电站。为此，相应的配套设施有除盐水站、循环水站、CDQ环境除尘地面站、筛焦楼除尘地面站。该项目由首钢设计院与日本新日铁公司合资的北京中日联公司总包工程，2004年初启动，目前电控设备已经进入安装调试阶段。本文就电气系统配置、控制系统配置及主要传动调速设备设置进行介绍。

2 电气系统配置

2.1 系统负荷

该工程用电设备总的装机容量：6125kW。计

算有功功率 $P_{js} = 3368kW$。共设 159 台电动机；其中 10kV 电机 5 台，6kV 电机 1 台，最大功率电机为 CDQ 气体循环风机电机，功率为 1350kW。

6MW 背压式发电机电站运行方式为全年发电，按年运行 8280 小时计算，年发电量为 34.98×10^{6} kW·h。

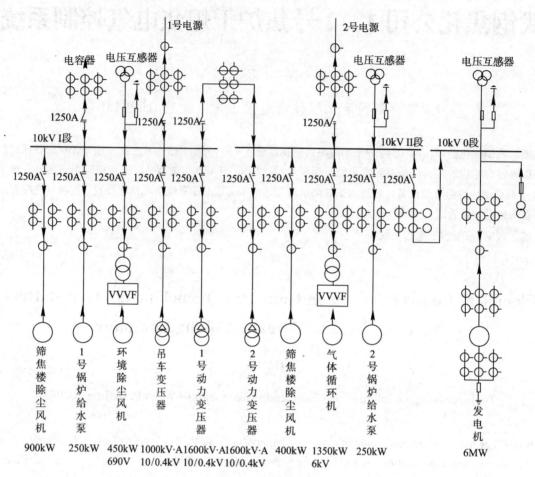

图 1 10kV 供电系统图

2.2 供配电系统

供电系统如图 1 所示。

由两路电源供电，10kV 高压供电方式采用单母线分段放射式供电，10kV 高压配电室设置在干熄焦主电楼一层。为节省占地，干熄焦 10kV 配电室、干熄焦 10/0.4kV 变电所、干熄焦本体及电站 MCC 室、干熄焦及电站控制室均设置在一座干熄焦主电楼内。

发电机在 10kV 高压配电系统的 II 段母线进行并网，在干熄焦电站正常发电后，干熄焦 10kV 系统 II 段母线将向现有焦南变电所 10kV 系统 II 段母线倒送电能。

干熄焦变配电室布置在主控楼内，内设三台电力变压器，两台 1600kV·A 10/0.4kV 动力变压器，一台 1000kV·A，10/0.4kV 提升机变压器。下设 6 个电气室 MCC，其主要供电范围有干熄焦本体工艺设备、焦运输系统、提升机系统、除盐水站、筛焦楼

除尘系统、干熄焦环境除尘及生活设施、电站等用电设备。

10kV 配电装置采用 KYN28 中置式开关柜，断路器选用 ZN73-10 永磁开关。低压配电设备为固定单元柜，内设电气元件为施耐德断路器 M、NS 系列，接触器 LC 系列，热继电器 LR 系列。

2.3 电力控制保护系统

10kV 系统为烟台东方电子微机综合自动化系统。系统设备配置纵向分为两层：站控层和间隔层。监控主站采用两台主机互为热备用工作方式，当工作主机故障时，备用主机自动提升为工作主机，实现无扰动切换。站控层：由监控主站构成，设在主控制室内，采用工业级以太网络结构。间隔层：由分散布置的微机综合保护装置构成，其中，发电机和联络线的综合保护装置分别集中组屏设在主控制室内，10kV 开关设备的综合保护装置分别放在各自的开关柜内。间隔层采用网络结构。系统完成对全

厂电气系统的控制、监视、测量、管理、记录和报警等功能。以太网与现场总线通过通信管理单元实现网络规约转换。可以对 10kV 线路、变压器、电动机、分段开关、电压互感器等设备进行保护、控制、测量和监控报警功能。完成监控系统对各设备四遥功能：遥信、遥测、遥控及遥调。

2.4 发电机控制和保护

发电机采用同轴交流无刷励磁系统，带励磁调节柜，满足自动与手动励磁调节及强励磁的要求，并有恒电压自动调节（AVR）与恒无功自动调节（AQR）系统，实现电压及功率因数自动调节。

并网同期点为干熄焦发电机出线断路器处、母联断路器处、联络线进线断路器处，设同期屏一块，选用微机自动准同期装置。联络线进线与上级变电站出线回路设置线路纵差保护。

发电机保护有纵差、复合电压闭锁过电流、过负荷、过电压、零序、失磁、低周、转子两点接地、逆功率等。

发电机有自动检测定子温度、风温、空冷器冷却水温、轴承温度，以及防止轴电压、轴电流的设施。

发电机的起动、运行、停机，均有严格的逻辑要求，采用 PLC 控制，逻辑功能、联锁保护由 PLC 软件编程实现。

3 控制系统配置

干熄焦本体、辅机室、干熄焦除尘地面站、电站附属设施、提升机控制系统均采用 PLC 分系统进行控制。主要设备的操作在机旁和集中均采用 PLC 系统控制，即：自动—PLC 系统控制，集中手动(HMI)—PLC 系统控制，机旁手动—PLC 系统控制，只有应急控制和提升机主干回路采用继电器控制。旋转焦罐单独采用原有电机车 PLC 系统增加远程 I/O 站进行控制。

主要的应急控制内容有：提升机的应急提升和走行电机的控制、提升机的急停，控制地点在提升机操作室的操作台进行；气体循环风机和提升机的急停在干熄焦控制室操作台进行；高压电机的急停在机旁操作。

工程自动化控制系统采用电气及仪表合一（E&I）冗余控制站及冗余总线的控制系统。E&I 控制系统由硬件系统和监控站构成，详细的构成如图 2。

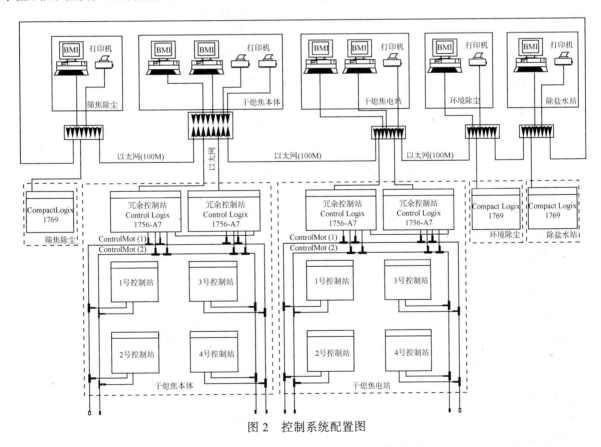

图 2　控制系统配置图

硬件系统：通过控制系统的输入模块接收工艺过程的各种参数检测仪表、各种检测器或电气设备状态信息，经过数字化处理由 CPU 按设定的程式进行数学运算和逻辑运算，并将运算结果通过输出模块输出给相应的执行元件对生产过程进行控制。同时硬件系统通过系统网络与过程自动化的设施相连，将所需的信息传送到过程自动化设备,并接受过程自动化设备发送过来的操作和管理信息。

监控站:通过人机界面综合监视硬件系统的所有信息,完成控制、显示、记录、数据处理、故障报警、报表输出的功能,并且可以按一定权限进行逻辑编程及参数修改等操作。

系统通过 ControlNet 网或 DeviceNet 连接远程 I/O。

表1 EI 系统的 DI/O、AI/O 清单

项目	CDQ	发电站	除盐水站	CDQ 除尘	筛焦楼除尘
DI	1080	200	284	50	50
DO	453	100	155	15	20
AI	137	130	72	24	48
AO	17		2	2	2

干熄焦本体工控机预留与 L2 和 L3 的软硬件接口,并支持 TCP/IP 协议。

EI 系统的 DI、DO、AI、AO 按分类预留 20% 容量。同时 4~20mA 模拟量输入信号设置信号隔离器。

3.1 干熄焦本体系统

本工程设有 1 套干熄焦 E&I 控制系统。该控制系统由 1 套美国 AB 产品 1756 ControlLogix PLC(冗余 CPU、冗余电源、冗余通讯)+ FLEX I/O 站及 ControlNet 双总线构成。其中 CPU 用户内存为 3.5MB。

主要的控制功能有:

装入系统(含吊车)联锁、控制,焦罐底部闸门与提升机联锁

焦炭排出系统联锁、控制

循环系统联锁、控制

锅炉系统联锁、控制

一次、二次除尘系统联锁、控制

斜烟道吸入空气量调节

循环气体旁通流量调节

干熄槽预存室压力调节

干熄槽预存室下、上、超高料位检测、联锁及料位运算

干熄槽温度检测、联锁

过热蒸汽温度、压力调节

锅炉汽包液位(±50mm)、给水流量、蒸汽流量三冲量的调节、联锁

锅炉给水流量联锁

锅炉汽包压力联锁

过热蒸汽放散压力调节、联锁

给水预热器给水温度调节

除氧器压力、液位调节、联锁

除盐水箱液位调节、联锁

循环气体 O_2、H_2、CO 含量在线检测

排焦速度检测、控制、联锁、料位运算、运输量及积累量,(排焦瞬时流量信号采用脉冲传送到 EI 系统)

排焦温度检测、联锁,旋转密封阀电机电流监视

循环气体流量检测、联锁,循环气体电机电流监视

CDQ 运行状态的监控、故障的显示、报警控制

3.2 干熄焦地面除尘系统

本工程设有 1 套筛焦楼除尘、1 套干熄焦除尘,共 2 套除尘系统用 E&I 控制系统。每套 E&I 控制系统由 1769 CompactLogix PLC + Compact I/O 站及 DeviceNet 总线构成。其中 CPU 用户内存为 750kB。

主要的控制功能有:

除尘器脉冲阀的顺序控制

输灰机的联锁顺序控制

灰仓的料位检测及报警

风机的联锁控制及停机

3.3 除盐水站系统

本工程设有 1 套除盐水站系统用 E&I 控制系统。该控制系统由 1 套 1769 CompactLogix PLC + Compact I/O 站及 DeviceNet 总线构成。其中 CPU 用户内存为 750kB。

主要的控制功能有:

除盐水压力的监控、联锁

除盐水流量测量、监控、联锁

除盐水电导率、温度测量和监控

水泵的联锁控制及停机

水池水位的测量、监控、联锁

3.4 干熄焦电站系统

在干熄焦装置正常生产下,尽量多发电,无论在任何情况下保证汽轮发电机组的安全和转速不超过允许范围,具有高度自动化程度。

本工程设有 1 套电站 E&I 控制系统。该控制系统由 1 套美国 AB 产品 1756 ControlLogix PLC(冗余 CPU、冗余电源、冗余通讯)+ FLEX I/O 站及 ControlNet 双总线构成。其中 CPU 用户内存为 3.5MB。

主要的控制功能有：

汽轮机的控制、联锁

机组的自动启动

机组的自动加速

机组的自动调节功率

机组的自动安全停机

主蒸气压力的修正、调节

主蒸气压力保护回路控制、联锁

轴封压力、轴封温度控制、联锁

减温减压装置出口蒸汽温度、压力调节

发电机及系统故障时的保护与自动报警

准同期自动并网

发电机电压、转数自动调节

机组故障自动联锁报警式跳闸

电能自动记录报表、自动打印

4 变频调速传动系统

本工程采用变频传动控制系统的设备有：干熄焦装入装置、提升机的主提升及主走行装置、气体循环风机、干熄焦除尘地面站风机。

4.1 装入装置电动缸变频传动控制系统

由于装入装置的重量较大、走行的定位精度要求很高、须尽量减少炉顶盖开启和关闭的时间，装入装置电动缸采用速度开环变频控制方式。炉顶盖开启时，电动缸以高速推动装入装置运行，当运行到减速位置时，转到低速运行，以便减小惯性，满足精确开启定位停止要求；炉顶盖关闭时，电动缸以高速拖动装入装置运行，当运行到减速位置时，转到低速运行，以便减小惯性，满足精确关闭定位停止要求。变频装置为日本安川变频器，与 PLC 系统信号采用点对点传输。

装入装置电动缸（变频专用）主要参数：

额定功率　　　　5.5kW

额定电压　　　　380V

额定转速　　　　950r/min

变频装置　　　　VS-G7-400 7.5 kW 16kV·A

4.2 提升机变频传动控制系统

根据干熄焦装置的运行周期、提升装置对速度的要求及走行的定位要求，干熄焦主提升机的提升及主走行主电机采用变频控制方式。提升及走行的变频控制系统均由设在主电机输出端的脉冲编码器构成速度反馈和具有矢量控制方式的变频器组成。同时提升机的提升和走行还分别设置了提升和走行应急电机，在主电机因各种情况不能正常工作时可由提升

机机械室内手动切换到应急电机，进行一次循环操作。变频器采用日本安川系列产品，变频器与 PLC 系统信号采用点对点传输。变频器入口设置输入电抗器，调速装置和电动机均为引进设备。

主要参数：

主提升系统

额定功率

FEK-BIKOW-400kW（安川变频专用）

额定电压　　　　380V

额定转速　　　　900/720r/min

提升变频器型号　VS-656DC5 400kW

　　　　　　　　DC660V 800A

　　　　　　　　VS-656H5 400kW 400V

主走行系统

额定功率　　　　FEK-BIKOW-75kW

　　　　　　　　安川（变频专用）

额定电压　　　　380V

额定转速　　　　980r/min

走行变频器型号　VS-656DC3 160kW 400V

　　　　　　　　VS-676H5 110kW 400V

4.3 气体循环风机电机变频传动控制系统

在干熄焦装置的烘炉升温、检修降温及由于其他原因造成焦炉和干熄焦装置减产时，需要对干熄焦装置的循环气体流量进行调节。从工艺设置来看，有两种调节方式：通过风机入口的流量挡板调节和风机电机进行变频控制调节，从节能的角度来看，一般采用后一种调节方式。

循环风机电机变频传动控制系统由降压移相变压器和 6kV 输出的变频器组成速度开环控制系统。变频器采用日本安川系列产品：

变频器型号　　　CIMR-HVSDX613C

　　　　　　　　1600kV·A 输入 10kV 输出 6kV

循环风机电机（变频专用）主要参数：

额定功率　　　　1350kW　150A

额定电压　　　　6kV

额定转速　　　　1480r/min

4.4 干熄焦除尘地面站风机电机变频传动控制系统

干熄焦装置每个工作周期内需要通过装入装置将炉顶盖打开把焦炭装入干熄槽内，焦炭装入完成后在将炉顶盖关闭，这是焦炭装入过程。在焦炭装入过程中，需要对这个过程产生的大量溢出含尘烟气进行除尘处理，由于含尘烟气占整个干熄焦除尘地面站风量的 50%，在装焦过程中，由干熄焦 EI 控制系统控变频装置使风机运行在高速状态，非装

焦过程由干熄焦 EI 控制系统控变频装置使风机运行在低速状态。因此采用变频控制的除尘风机对除尘系统的响应速度和节能方面有较明显的意义。

干熄焦除尘地面站风机电机变频传动控制系统由降压变压器和 690V 输出的变频器组成速度开环控制系统。

变频器为 ABB 产品：

变频器型号　　　　ACS800-07 450kW

干熄焦除尘地面站风机电机（变频专用）主要参数

额定功率　　　　450kW

额定电压　　　　690V

额定转速　　　　1470r/min

5　结语

通过对武钢干熄焦电控系统的设计和调试，使我们进一步认识到，为了保证高性能干熄焦工艺发挥最大效益，电气自动化系统需要在系统配置、设备选型、调速系统运行等方面进行深入研究。用过优化设计，达产运行中对电气参数的调整，使系统达到最佳运行状态。

（原文发表于《设计通讯》2005 年第 2 期）

首钢中厚板轧机现代化改造的主传动系统

宋道锋

（北京首钢国际工程技术有限公司，北京 100043）

摘 要：本文介绍了首钢中板厂 3300mm 轧机现代化改造工程主传动电机的技术参数，电机保护整定计算以及交交变频调速系统；同时还对轧钢过程中产生的高次谐波、电网电压波动轴系的扭振进行了分析计算，并提出了相应的治理措施。

关键词：同步电动机；交交变频装置；高次谐波；电压波动治理；扭振计算

The Main Drive System of the Modern Improvement in Shougang Mill for Medium and Heavy Plate

Song Daofeng

(Beijing Shougang International Engineering Technology Co., Ltd., Beijing 100043)

Abstract：The paper present the technical parameters of the main drive motor, the setting calculation to protect the motor, the system of adjust speed for A-A frequency converter in Shougang medium plate factory of the reconstructive work for 3300mm mill, meanwhile, analyse and calculate the torsion of ultraharmonics、grid fluctuate shafting, then manage the relevant measure to solve it.

Key words：synchronous motor; A-A frequency converter; ultraharmonics; manage fluctuation of voltage; torsional calculation

1 引言

首钢中板厂原 3300mm 中厚板轧机是 1986 年从美国 Ameo 公司引进的二手设备，1987 年 10 月建成投产。为了不断提高产品质量，中板厂进行了多次技术改造，包括主轧区、矫直区、冷床区及精整区。本次改造前中板厂的主要生产工艺设备有推钢式加热炉两座，加热能力分别为 75t/h 和 80t/h；二辊初轧机一架，轧辊尺寸为（1143mm×2286mm），电机功率为 3680kW，直流传动可控硅供电；四辊精轧机一架，轧辊尺寸为（914.4/1371.6mm×3300mm），电机功率为 2×3500kW，上下辊单独驱动，直流传动可控硅供电；四重式 11 辊矫直机一台，电机功率为 315kW，直流传动可控硅供电。另外，后部工序还有冷床、切头剪、圆盘剪、定尺剪等。以上设备除了冷床和矫直机外，均为二手设备。由于旧有设

备陈旧、生产品种单一、加之质量差、能耗大、成本高，所以产品缺乏市场竞争力。

面临加入 WTO 后的国内市场将要进行国际化竞争的新形势，针对我国目前现有中厚板轧机存在的问题和产品品种、规格及性能质量的现状，首钢中板厂于 2002 年 7 月 10 日正式开工，对原中厚板轧机进行现代化的升级技术改造。本次改造集成国内具有实力的设计、生产、科研、设备制造单位及其所掌握的先进技术，在充分利用现有设备和设施的基础上采用高精度轧制技术、平面形状控制技术（MAS 技术）控制轧制和控制冷却技术，先后历经七个月的时间于 2003 年 2 月 15 日建成投产。目前产量已达到设计能力水平，产品的性能、尺寸精度以及表面质量大幅度提高，为我国中厚板轧机的技术改造乃至新建都树起一个很好的典范。

中板厂的现代化升级技术改造在电气自动化方

面笔者试从两个方面进行总结。第一是主传动系统，第二是自动化控制系统。本文主要从应用的角度对主传动系统进行总结，重点介绍全数字大功率交交变频系统，对 7000kW 主电机的技术要求，静止式动态无功补偿装置 SVC 及轴系的扭振计算。

2 对 7000kW 主电机的技术要求及保护整定计算

两台 7000kW 的主电机是中厚板轧机的关键设备之一。电机是哈尔滨电机厂制造的。根据工艺要求，四辊精轧机的上下辊是单独驱动，上辊在前，下辊在后。

2.1 工艺专业对电机技术参数的要求

型式：交流调速同步电动机，凸极、卧式、可逆、双传动

电机的额定功率：7000kW

电机的额定电压：1500V（1500V/1540V，基速电压/高速电压）

额定电流：2808A

效率：>96%

功率因数：$\cos\varphi = 1$

频率：6.67 ~ 16Hz

极数：16P

电机转速：0 ~ 50/120r/min

相数：3 相

定子绕组结线方式：单 Y，6 出线

额定励磁电压：159V

额定励磁电流：595A，强励倍数 5.0

绝缘等级（定子／转子）：F/F，按 B 级温升考核

防护等级：IP44（滑环 IP23）

冷却方式：全封闭强迫通风

过载能力：当电机在基速时，115%连续运行，250%重复短时 60 秒，275%瞬时切断，能承受 600%机械冲击负荷

供电电源：采用交交变频装置供电，三相六脉冲，梯形波输出 0 ~ 18Hz

电机基速(−50 ~ +50r/min)反向时间≤2.5s；电机高速(−120 ~ +120 r/min)反向时间≤6s

轴向事故推力(4000kN，正常轴向推力<2000kN)

转动惯量：40610kg·m²（转子）+3250kg·m²（中间轴）

2.2 交交变频装置对电机技术参数的要求

首钢中厚板轧机 7000kW 电机主传动交交变频

装置对电机要求如下：

电机直轴超瞬变电抗 $X_d'' <0.2$（标幺值），因 X_d'' 过小电机会产生较大的短路力矩，X_d'' 过大会影响控制系统的响应速度。

由于变频器的输出电压波形为非正弦波，有较多的谐波含量，这些谐波中除含有特征谐波外，还有较丰富的旁频谐波，所以电机在设计时应充分注意高次谐波对电机带来的影响。

在电机结构设计时应充分考虑，由于抛钢咬钢冲击负荷可能造成的轴系扭振带来的尖峰冲击力矩的影响。

电机转子轴上配有编码器和超速开关，编码器的每转输出 1024 个脉冲，超速开关为离心式，硬线连接，在转速超过设定值时使电机无条件停车。

2.3 电机保护整定计算

定子过电流保护：额定电流 2808A，跳闸保护值 7000A。由于受万向接轴连轴结机械强度的影响，实际为 5616A。

定子过电压保护：最高运行电压 1540V，跳闸保护值 1575V。

励磁过电流保护：额定励磁电流 595A，最大工作电流 1200A，跳闸保护值 1462A。

超速保护：最高转速 120r/min，跳闸保护值 132r/min。

电机定子绝缘温度：允许温升 90℃，跳闸温度 140℃。

轴瓦温度：跳闸温度 75℃。

3 交交变频调速系统

首钢中厚板轧机 7000kW 电机主传动变频装置，其功率单元柜系采用美国 GE 公司为首钢 2160 热连轧 R2 轧机提供的库存设备，其控制系统采用 Siemens 公司的 SIMADYN-D 全数字控制系统。主传动单线系统图见图 1。

3.1 整流变压器

每套三相交交变频器由三台整流变压器供电，上、下辊主传动电机共 6 台整流变压器。上辊三台整流变压器采用 D/Y-11 结线，下辊三台整流变压器采用 D/D-12 结线，上、下辊变压器之间相互错开 300 电气角，使变频器从电源端看等效十二相整流，有效地抑制了进入电网的高次谐波。

为了使变频器免受变压器操作过电压及雷击的危害，在变压器高低压绕组之间设置电磁屏蔽，同

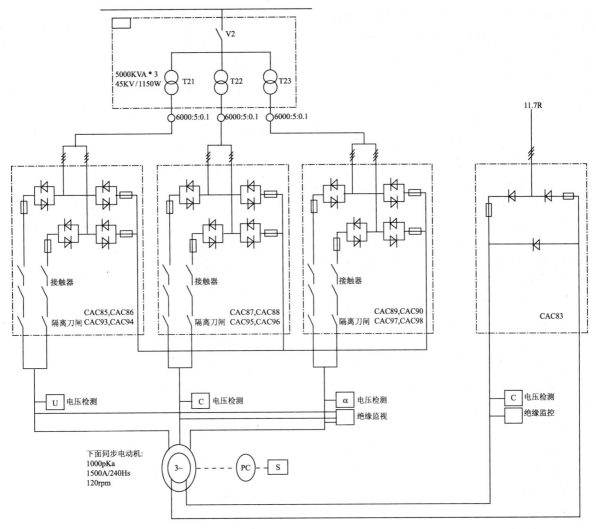

图1 主传动单线系统图

时在变压器的二次侧设置了静电感应过电压保护装置，有效地防止了原副绕组之间瞬间的过电压转移。

6台整流变压器技术参数如下：

额定容量：5000kV·A

次侧电压：35kV（2×2.5%）

二次侧电压：1150V

额定电流：82.5/2510A

阻抗电压：8.5%

冷却方式：油浸自冷

3.2 交交变频器

3.2.1 交交变频器主回路

如图1所示，每台7000kW电机采用3台整流变压器，每台变压器联结一组由正反桥组成的交交变频装置，其输出对应同步电动机的A、B、C三相中的一相，三相交交变频装置采用逻辑无环流三相有中点方式，输出端采用星点联结。电动机采用星形结线，星点和变频器的星点相互独立。

本系统中每台整流变压器所连接的交交变频装

置是用两套可逆全控桥整流装置并联组成的。功率柜额定输出电流2425A，过载能力225% 60s，额定输出电压1500V，每台电机共有6个功率柜组成一套交交变频装置。

每个功率柜中包括一套可逆全控桥、接触器、隔离刀闸、脉冲光电转换及放大环节和晶闸管全关断检测环节。可逆全控桥是变频器的功率部分，接触器和隔离刀闸用于分断和接通电机回路，脉冲光电转换及放大环节是将光脉冲信号转换成电脉冲触发信号控制晶闸管。晶闸管全关断检测环节是通过检测晶闸管两端管压降以确定晶闸管是否阻断，输出零电流信号供无环流切换逻辑使用。采用全关断检测零电流技术使逻辑无环流切换死区减少到1.1ms，电机电流由电流互感器检测。电机电压检测采用LEM电压传感器，电动机的定子和转子分别装有绝缘监视装置。

3.2.2 交交变频器的控制系统

为了节省投资，原方案是利用首钢库存的2160热连轧R2粗轧机，1994年从美国GE公司进口的功率柜和 CV-2000 控制系统，由于原控制系统的软件升级换代，经方案比较改为 Siemens 公司的 SIMADYN-D 系统，仅采用了原功率柜。

首钢中厚板轧机两台电机的交交变频装置各采用了一套 SIMADYN-D 控制系统。整个控制系统从硬件上分共分八个控制柜：

01 柜 02 柜分别安装上、下辊交交变频装置 SIMADYN-D 全数字控制系统的 5 个处理器，即 PM5、PS16、EP22、FT20G、PM5 处理器，按功能分分别是速度控制和启停逻辑控制、矢量变换控制、定子电流控制、转子电流控制、电机的保护。各处理器之间的数据传递由 C 总线和 L 总线完成。

03 柜为电源分配柜，所有电源首先送到该分配柜，然后分送到其他柜体。

04 柜和 06 柜为信号变换柜，主要完成电机电压和电流的采集。

05 柜和 07 柜完成相关外围信号的采集。SIMADYN-D 控制系统发出晶闸管电脉冲控制信号，经过装在该柜中的脉冲转换板完成电光转换，再通过光缆送到各功率柜。

08 柜为仪表柜，安装在值班室，屏面上装有 6 台温度巡检仪，显示上、下辊电机的定子温度、轴承温度和冷却风道的温度。同时还安装有电机电流表、速度表及主传动系统故障报警信号指示灯和蜂鸣器。

采用 SIMADYN-D 控制系统的特点是：能进行高速、动态信息处理，尤其适合实时控制系统，有很多种模板，用户可根据具体要求进行配置。

STRUC 编程软件提供了强大编程手段，同时还提供了功能多样的标准程序库及专用程序库，对这些子程序可直接调用。

4 静止式动态无功补偿装置 SVC

交交变频控制系统的工作原理是对晶闸管进行移相控制，所以电机的传动系统在运行中会产生大量的谐波电流。谐波电流中除了整数次特征谐波外还存在旁频。各次谐波电流如不治理将注入电网，超过国家允许标准，使供电电能质量下降，造成电网污染。另一方面在轧制过程中，特别是在三段轧制过程中总压下量的 60%～70% 是低于 800℃ 温度范围完成的，此时轧机大压下量的频繁咬钢、抛钢、冲击负荷是相当严重的。为消除无功冲击负荷造成的电压波动连同交交变频装置产生的谐波电流必须进行综合治理。即在 35kV 母线上安装 TCR+FC 的 SVC 装置，既补偿了基波的功率因数，又使电压波动及注入系统的谐波电流达到国家允许的标准。

4.1 SVC 容量的确定

与计算 SVC 容量相关的几个技术参数介绍如下。

35kV 侧主轧机的计算负荷：平均有功功率 $P = 9800kW$，平均无功功率 $Q = 7350kvar$。

最大无功冲击负荷：根据工艺专业提供的最繁重轧制程序下的轧制负荷表，通过计算出最大无功冲击负荷 $Q_{max} = 37.36Mvar$。

35kV 侧母线的短路容量：最大运行方式下 530MV·A，最小运行方式下 330MV·A。

PCC 点（公共连接点）：根据首钢内部供电部门的要求 PCC 点设在中板 35kV 母线上。

整流变压器结线方式：主传动两套交交变频器每套为 6 相与其供电的两组整流变压器为 D/Y-11 和 D/D-12 在电源侧组成 12 相整流。

基于以上几点，SVC 的容量确定如下：

TCR（相控电抗器）容量：33Mvar；

滤波器容量：

H3 6.619/10.50 Mvar（需用容量/安装容量）；

H5 9.283/14.70 Mvar（需用容量/安装容量）；

H7 5.17/8.40 Mvar（需用容量/安装容量）；

H11 11.512/18.90 Mvar（需用容量/安装容量）；

总计 52.5/32.58 Mvar（需用容量/安装容量）。

SVC 的单线系统图见图 2。

4.2 SVC 安装效果

SVC 装置是 2003 年 3 月初投入运行，尚未组织投入效果的测试，但从目前的值班人员反映效果是相当明显的。原设计 SVC 投入运行时应满足指标如下：

35kV 侧（即公共连接点)电压波动 1.65%，小于 2% 的国家电网要求；

35kV 侧注入系统的谐波电流各次均小于允许值（计算值从略）；

月平均功率因数 $\cos\varphi \geq 0.92$；

35kV 侧母线电压总畸变率 ≤1.2%，小于 3% 的国家电网要求。

5 轴系的扭振计算

所谓扭振就是旋转体在旋转方向产生的振动称之为扭转振动，简称扭振。产生的机理即轴系上负荷转矩突然增加或突然释放。在实际中，中板轧机的扭振因素是相当复杂的。7000kW 电机频繁的咬钢、抛钢，频繁地改变冲击负荷的幅值和电机的转矩，每轧一块钢电机频繁地正转、反转改变着方向，加之轧机的操作方式、传动轴系的弹性惯量分布、

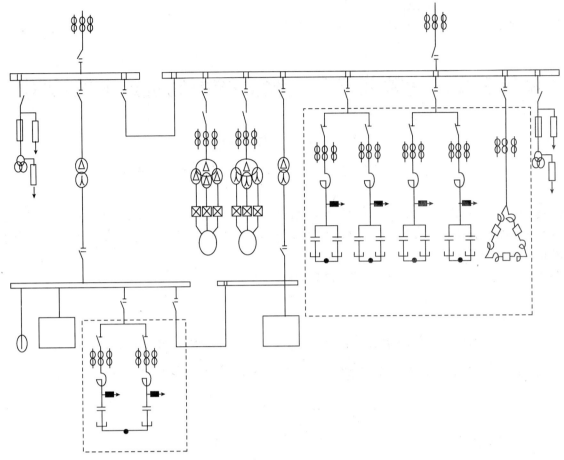

图 2　SVC 单线系统图

轧件的头部形状、轧制钢种、压下量、轧辊表面的摩擦系数等因素的影响均能导致轴系扭振，所以必须认真考虑这些因素进行计算，以防止严重扭振造成的危害。

根据哈尔滨电机厂提供的电机转动惯量和电机轴系图纸以及二重设计院提供的主传动系统结构图纸，经计算结果如下：

上轴系统：

$f_1 = 15.48$Hz，$f_2 = 75.68$Hz，$f_3 = 92.76$Hz，$f_2/f_1 = 4.89$，$f_3/f_2 = 1.23$，最大 $TAF = 1.46$

下轴系统：

$f_1 = 13.08$Hz，$f_2 = 36.31$Hz，$f_3 = 90.21$Hz，$f_4 = 92.29$Hz，$f_2/f_1 = 2.78$，$f_3/f_2 = 2.48$，$f_4/f_3 = 1.02$，最大 $TAF = 1.52$

耦合系统：

$f_1 = 7.37$Hz，$f_2 = 14.38$Hz，$f_3 = 35.78$Hz，$f_4 = 75.26$Hz，$f_2/f_1 = 1.95$，$f_3/f_2 = 2.49$，$f_4/f_3 = 2.10$，最大 $TAF = 1.23$

计算结果中：

TAF 为扭矩放大倍数。当轴系的负荷突然加大或迅速卸载时轴系因受激振而产生扭振，轴系内会出现很高的交变应力矩，在线性系统中 TAF 表示为尖峰力矩(T_{pcak})与平均力矩(T_{mcd})之此，即

$$TAF = T_{pcak}/T_{mcd}$$

f_1、f_2、f_3 为主传动系统前三阶固有频率。

结论：

上轴系统和下轴系统的 $f_2/f_1 = 2.78 \sim 4.89 > 2$。说明第一、第二阶固有频率比较远，满足 $f_2/f_1 > 2$ 的轧机设计原则，第二式基本符合 $f_3/f_2 > 1.25$ 的轧机设计原则，说明该频率对应振型对点反应的振幅影响较小；耦合系统也基本满足轧机设计原则，而且最大扭矩放大系数 TAF 值只有 $1.23 < 2.8$ 的要求。由此得知这台轧机的上、下轴系和耦合系统的配置是基本合理的。

6　结语

首钢中厚板轧机现代化技术改造以投资省、水平高、投产快，赢得国内许多冶金专家的好评。其主传动系统经过三个多月的生产考验，证明控制系统的精度完全满足工艺要求，设备运行安全、可靠，目前日产量已达 1700t，达到设计水平。

（原文发表于《设计通讯》2003 年第 2 期）

大功率交流变频装置在宣钢高线精轧机组上的应用

宋道锋

（北京首钢国际工程技术有限公司，北京 100043）

摘　要：本文介绍了宣钢高速线材精轧机采用国产的同步电动机和引进的负载换向变频器组成的主传动变频调速系统。同步电动机定子采用双绕组，相位错开 30°电气角，转子采用有刷励磁。重点对轧钢工艺及负载工程设计中注意的问题做简要介绍。

关键词：高速线材轧机；同步电动机；负载换向变频器

Application of Large Power AC/Frequency Converter for the Finishing Train of High Speed Wire Rod Mill in Xuangang

Song Daofeng

(Beijing Shougang International Engineering Technology Co., Ltd., Beijing 100043)

Abstract：The paper presents the frequency converter main drive system applied for the finishing train of high speed wire rod mill in Xuanhua Steel, consisting of synchronous motor manufactured domestically and large power load commutated frequency convcerter, which is imported abroad.The stator of synchronous motor adopts double windings,phase shift 30° electrical angle, its rotor is excited through brushes. Some special technical requirements for the motor manufacturing, arising from both steel rolling process and load commutated frequency converter are emphatically summarized; meanwhile, the philosophy of the load commutated frequency and its hardware configuration and the principal points in project engineering as well as, have been briefly introduced.

Key words：high speed wire rod mill; synchronous motor; load commutated frequency converter

1 引言

宣钢高速线材工程由北京首钢设计院总承包。从设计、设备采购、安装调试到试车投产历经一年零九个月的时间。从去年九月份开始已经达到年产 35 万吨的设计能力，以工期短、投资省、技术水平高，赢得了用户的赞誉。

该工程在电气自动化设计中采用了多项新技术，其中有：

（1） 整个轧线采用两级计算机控制、过程控制级完成全线速度设定，轧制程序的储存、全线轧件跟踪、打印报表等；基础自动化级完成全线速度级联控制，粗、中轧微张力控制，飞剪的剪切控制，活套控制等，整个轧线自动化水平高，达到了同类轧机国内先进水平。

（2） 采用网络控制。过程控制级采用工业以太网；基础自动化级采用现场总线即 Profibus-DP 网，大大节省了电缆和电缆的施工费用。

（3） 为消除直流传动非线性负载产生的高次谐波对电网造成的污染，采用了高次谐波滤波装置，使电网供电质量提高，达到了国家电网和地方供电局对高次谐波的治理标准。

（4） 在精轧机上采用了全数字大功率交流变频调速装置，配以国产的大型同步调速电动机，成为继唐钢、重钢高线之后的第三家，而且是应用最成功，事故率最少，调试时间最短、投产最快的一套轧机。

本文重点介绍全数字大功率交流变频调速装置，配以国内大型同步电动机的调速系统在高线精轧机上的设计和应用情况，以期在今后的同类设计中做以参考。

2 工艺概况

设计规模：年产 35 万吨高线无扭热轧盘条。

产品规格：$\phi 5.5 \sim 10.0$mm。

主要钢种：普碳钢、优质碳素钢、低合金钢等。

产品精度：$\phi 5.5 \sim 10.0$mm，± 0.15mm。

$\phi 10.5 \sim \phi 16.0$mm，± 0.20mm。

椭圆度不大于尺寸总偏差的 80%。

轧制速度：精轧机最高设计速度 113m/s，保证速度 85m/s($\phi 5.5$mm)。精轧机采用顶交型新型轧机，工艺要求精轧机驱动电机的速度快，调速精度高、调速范围大，要达到这样的工艺要求，采用常规的直流传动是很难实现的。

3 对精轧驱动电机的技术要求及技术参数

根据工艺要求精轧机主传动系统选用了西门子电气公司生产的负载换向变频器（以下简称 LCI）配以国内大型同步调速电机的调速方案。下面是设计院对电机制造厂家提出的一些技术要求和电机制造厂家能达到的一些技术参数。

3.1 技术要求

（1）对过载倍数的要求：

要求电机在 1.1 倍额定负载状态下长期运行。在周期内等效负载不超过额定负载时 1.6PN 运行 15s，间隔时间 15min。

（2）对电机直轴超瞬变电抗 X_d'' 及每相换向电抗 X_{cm} 的要求：

LCI 负载换向变频器由西门子电气公司成套提供，型号为 SIMOVERTS，为了保证变流系统对晶闸管换向的可靠性要求，西门子公司提出与 LCI 的配套电机必须满足 $X_d'' \leqslant 13.03\%$（50Hz 时标幺值）；每相换向电抗 $X_{cm} = 0.6 X_d'' \leqslant 7.818\%$（50Hz 时标幺值）而且由西门子公司派技术人员到厂家试验验收。

（3）对机械特性和性能的要求：

要求电机从传动端看电机的旋转方向为顺时针方向，允许反向点动。电机旋转部件的转动惯量为满足调速动态性能的要求，其 GD2 不大于 3.5t·m²；电机旋转部件能承受最高转速(1500r/min)1.2 倍的过速运行 2min，而不产生有害变形和损坏。

（4）对定子绝缘的要求：

由于对电机供电的装置是 LCI，考虑到晶闸管换流过压及电流变化率快的影响，将产生浪涌电压，此值与基波电压相叠加，使电机绝缘承受电压超过额定值，因此要求电机定子绕组绝缘按工作电压 6000V 设计，按 6000V 级考核。此外，由于浪涌电压的变化率较大，致使线卷各匝电压分布不均匀，特别是靠近电压输入端的线匝承受的电压较高，所以要求电机除加强对地绝缘外，还要加强匝间绝缘。

（5）对电机采用阻尼绕组的要求：

对于采用 LCI 供电的调速同步电动机来讲，增设阻尼绕组可减少换流重叠角，加速换向过程，提高动态响应的品质，所以要求本电机采用全阻尼绕组结构。从交直交电流型变频器供电的同步电动机运行机理上分析，电机是长期工作在两相通电，两相短路的交替工作状态，电机换流时相当于两相突然短路，对应的是超瞬变电抗，增加阻尼绕组就意味着加速换流过程，提高系统的动态品质。

（6）梯形波电流供电对电机结构设计的要求：

由于 LCI 的电流输出波形为梯形波，电动机中除基波外还存在一系列的奇次谐波对电机影响较大，使电机产生振动、噪声及附加损耗，因此电机结构设计要求采用双绕组且在定子空间上相互错开 30° 电气角。即把每对极下的电枢表面从原来的三相对称绕组的六个相带改为十二个相带，每个相带的空间距离由 60° 变为 30° 空间电气角，这样可以使 5、7、17、19 次谐波相互抵消，有效地克服电机电磁转矩的脉动使电机效率大大提高。

（7）对轧钢过程中电机转子轴向窜动的要求：

电机在轧钢过程中，难免会产生轴向推力，要求电机设计时采取相应防范措施。对本电机要求：一是在轴承端面浇有钨金并开有储油槽对产生的推力起阻尼作用，二是轴瓦与轴肩的间隙保证转子轴向窜动不大于±2mm。

（8）对电机外形尺寸的要求：

由于工艺位置尺寸受到限制，要求电机主轴中心至定子顶部不能超过 920mm，设计要求按 900mm 设计，电机的外形尺寸为长 4160mm，宽 2730mm，高 1800mm，总重量 30t。

（9）对电机温度的要求：

电机在额定负载时≤80K；1.1 倍额定负载时≤105K。要求在电机定子、轴承、进出风口、进出水口均埋有三线制 PT100 检测元件，其中定子 12 只（每相 2 只），两轴承、进出风、进出水各 1 只。

3.2 技术参数

电机技术参数如下：

电机型号：BPT5000-4

额定功率：5000kW

极数：4 极

相数：6(双 Y 移相 30°)

额定转速：1000r/min (0 ~ 1000 r/min 恒力矩调速)

最高转速：500r/min (1000 1500r/min 恒功率调速)

工作频率：33.3Hz(1000r/min) 50Hz (1500r/min)

额定电压：2250V(1000r/min) 2300V(1500r/min)

功率因数：0.9316(1000r/min) 0.9042(1500r/min)

效率：97.8 %（不含励磁损耗）

额定电流：708.8A(1000r/min)

714.2A(1500r/min)

绝缘等级：F/F

励磁方式：有刷励磁

励磁电压：54.6V(1000r/min) 50.2V(1500r/min)

励磁电流：313.9A(1000r/min)

288.9A(1500r/min)

1.6P 时励磁电压：81.2V(1000r/min)

75.5V(1500r/min)

1.6P 时励磁电流：467.3A(1000r/min)

434.2A(1500r/min)

1.6P 时定子电流：1153.8A(1000r/min)·

114A(1500r/min)

防护等级：IP54（集电环部分 IP23）

冷却方法：ICW37A86

安装方式：IM1001

4 全数字大功率变频调速装置的工作原理及其硬件配置

4.1 工作原理

宣钢高线精轧机主传动采用了德国西门子电气公司的 LCI 控制系统，主电机采用了国产的大型同步调速电机，由于同步电动机在旋转时能够产生反电势和晶闸管电流型变频器配合使用，逆变器不需强迫换流装置，因此这种系统简单，可做到大容量、高转速、价格相比采用 IGBT 三电平控制系统便宜得多。

在从西门子全套引进 LCI 中，功率单元整流器的晶闸管采用电源的交流电压换相，逆变器的晶闸管采用负载同步电动机定子反电势换向。LCI 输出电流的幅值由整流器控制、输出电流的频率由逆变器控制。在额定转速以下采用恒磁调压调频调速，在额定转速以上采用恒压弱磁调频调速。此外还可以实现强磁控制。

在同步电机刚刚起动，其转速低于额定转速10%时，由于电动机反电势较小，致使逆变器的负载换相不能正常工作，此时需要靠断续换向电路控制整流桥进入逆变状态，将直流耦合电压周期性地

反向，迫使直流耦合电流短时为零，从而使逆变器已导通的晶闸管恢复阻断能力，然后再控制整流器重新建立耦合电流，并触发逆变器下一对要导通的晶闸管从而实现强迫换相，当电动机转速升至超过额定转速 10%时，则自动切除断续换向电路转为负载换向。

整流器的控制方式采用速度环和电流环，类似直流传动。逆变器的控制方式采用矢量控制技术。在电机正常运行时逆变器通过同步电动机定子电压及电流实际值来确定转速实际值，当同步电机转速低于额定转速 10%时则采用脉冲发生器提供附加的转速实际值。

4.2 硬件组成

西门子电气公司的 SIMOVERTS 大功率变频装置其一次供电系统图如图 1 所示。从图 1 中可以看出该成套装置由下列主要设备组成。

（1）整流变压器

额定容量：7200kV·A

原边电压：10kV

副边电压：2×2.5kV

频率：50Hz

结线方式：Dd0/Dy11

阻抗电压：$U_d = 10\%$

（2）变频装置

型号：SIMOVERT S 65B1

输入电压：2×2500V

额定输出电压：2×2300V

额定输出电流：2×792A（110%负载运行时）

最大输出电流：2×1152A（160%负载 15s，间隔15min）

效率：99%

输出频率：0 ~ 100Hz

直流电抗器：额定电压 2×3000V (DC)

额定电流：2×1000A

电感值：2×7mH

过载能力：115%长期 160% 60s 干式、带铁心、户内自冷

（3）励磁装置

输出电压 54.6V，输出电流 313.9A。

电机：1.6 倍过载时输出电压 81.2V，输出电流467.3A

（4）自动化控制柜

自动化柜内控制单元采用 SIMADYND 全数字控制系统，它是一种可以自由组态的多微机系统，是变频装置控制系统的核心部件，通过它实现功率

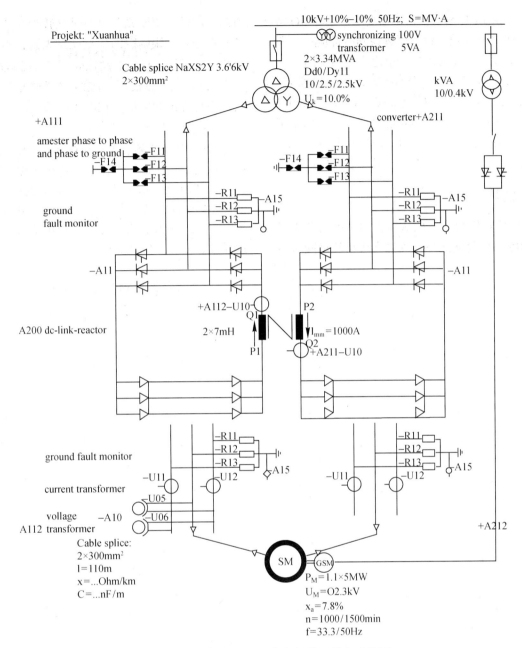

图 1   SIMOVERTS 大功率变频装置供电系统图

单元及励磁单元的各种高速开/闭环控制、运算、检测、监视、报警及诊断等功能。其全部功能均由基于图形组态的控制软件来实现，并由各微机按功能分类进行实时处理，控制采样时间小于 1ms。各微机之间以及微机与其他控制板之间均通过局部总线及通信总线进行内部高速数据通信。从控制单元到功率单元的触发及检测信号采用光电耦合技术，即采用光纤电缆及光电转换器件进行传输。

（5）应用软件

SIMOVERTS 应用软件由西门子电气公司提供。主要有监视、逻辑控制、操作员控制、通信控制、闭环控制及矢量控制等软件功能包，每个软件功能包均实现一定系统控制功能。

5   工程设计中应该注意的问题

（1）精轧变频调速装置毕竟是轧线上众多设备中的一台设备，变频器的输入输出通讯接口必须连接到整个自动化系统中去，这样才能实现整个轧线的协调控制。设计之初时忽略了这个问题，在现场调试时问题暴露出来，一是变频装置整流变压器的保护及整流变压器的高压进线开关哪些 I/O 点进 LCI 的控制系统，又输出哪些 I/O 点给变压器综合保护的微机控制和开关的起停控制？二是控制系统的通讯接口怎样与整个轧线的自动化系统相连？由谁家来连？三是主电机绕组、轴承的温度信号、进出风口、冷却水的温度信号，电机加热器的开关量信号进不进 LCI?如果进 LCI 怎样进?需不需要增加远程 I/O 站 ET200 类似以上问题在设备引进谈判时都应一一明确，免得设备运到现场，相互争论，影响工期。

（2） LCI 的支流电抗器体积庞大，柜内安装，需要通风，要求在土建基础上开有 1000mm×720mm 的孔，然后在孔上架设槽钢固定电抗器。现场施工发现西门子的设备、资料与工厂设计时间衔接不上，造成返工，在今后同类工程设计时应引起注意。

6 几点建议

（1） 精轧机同步电机从维护的角度应考虑采用无刷励磁。目前从国外引进的高线精轧机同步电动机全部是无刷励磁，只不过是转子有凸极式和隐极式之分。无刷励磁的优点就是无刷，不用检查碳刷和更换碳刷，减少了设备故障点。据调查， 目前国内三家大电机制造厂均能生产无刷励磁同步电动机. 而且都成功的应用在电力行业上。为什么冶金行业就不能用呢?

（2） LCI 变频装置建议国产化，LCI 的一次部件包括整流变压器、整流柜、电抗器柜、励磁柜完全可以利用国产元件组装，其自动化控制柜的核心部件 SIMADYND 从国外引进，这样可节约一次性投资 50%～60%，在今后的总承包工程中完全可以这样做，而且一定能做得更好。

（原文发表于《设计通讯》2002 年第 2 期）

变频调速在迁钢高炉炉前除尘风机上的应用

詹智萍　祝自凤　韩立新

（北京首钢国际工程技术有限公司，北京 100043）

摘　要：高炉系统的炉前除尘风机是高炉系统中必不可少的设备之一。实践证明，风机设备采用变频器调速可以节能 40%以上，而且操作方便、免维护、控制精度高。因此，在高炉系统中得到广泛的应用和推广。

关键词：除尘风机；变频调速；节能；推广

Application of Technology of Variable Frequency Speed Regulation to Cast House Dusting Fan in Qiangang BF

Zhan Zhiping　Zhu Zifeng　Han Lixin

(Beijing Shougang International Engineering Technology Co., Ltd., Beijing 100043)

Abstract: The cast house dusting fan is an indispensable equipment in blast furnace. As practice proved, adopting the technology of variable frequency speed regulation to drive fan can be more than 40% energy saving, further more it is easy to operate and maintenance free and with high-accuracy. Consequently, it is widely used and popularized in blast furnace.

Key words: dusting fan; variable frequency and speed regulation; energy saving; popularize

1 引言

当前全球经济发展过程中，有两条显著的相互交织的主线：能源和环境。能源工业作为国民经济的基础，对于社会、经济的发展和人民生活水平的提高都极为重要。在高速增长的经济环境下，中国能源工业面临经济增长与环境保护的双重压力。有资料表明，如果进行单位 GNP 能耗（吨标准煤/千美元）的比较，中国是瑞士的 14.4 倍，是美国的 4.6 倍。可见，对能源的有效利用在我国已经非常迫切。作为能源消耗大户的风机、水泵的用电量占工业用电的 60%以上，如果能在这个领域充分使用变频器进行变频无级调速，从而达到环保节能的目的，应该不愧为是一项兴国之策。

2 风机变频调速的基本原理

2.1 风机负载的特性

风机负载的机械特性具有二次方律特征，即转矩与转速的二次方成正比例关系。在低速时，由于流体的流速低，使得负载的转矩很小；随着电动机转速的增加，流速加快，负载转矩和功率就越来越大。

二次方律负载的机械特性和功率特性曲线如图 1 所示。

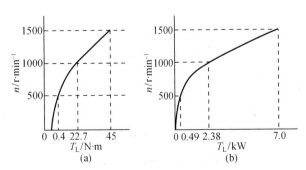

图 1　二次方律负载的机械特性和功率特性
(a) 机械特性; (b) 功率特性

负载转矩 T_L 和转速 n_L 之间的关系可用下式表示：

$$T_L \propto K_T n_L^2 \qquad (1)$$

根据负载的机械功率 P_L 和转矩 T_L、转速 n_L 之间的关系：

$$P_L = T_L n_L / 9550 \qquad (2)$$

则功率 P_L 和转速 n_L 之间的关系为：

$$P_L \propto K_P n_L^3 \qquad (3)$$

式（1）、式（2）、式（3）中，P_L、T_L 分别为电动机轴上的功率损耗和转矩损耗；K_T、K_P 分别为二次方律负载的转矩常数和功率常数。

可以看出，当被控对象所需风量减小时，采用变频器降低电机的转速 n_L，会使电动机的功耗大大降低。

2.2 变频调速原理

变频器是基于交—直—交电源变换原理，集电力、电子和计算机控制等技术于一身的综合性电气产品。变频器可根据控制对象的需要输出频率连续可调的交流电压。根据交流电动机原理，电动机转速如下所示：

同步转速：$n_0 = 60 f_1 / p$

异步转速：$n = n_0(1-s) = 60 f_1(1-s)/p$

式中 f_1——电机定子电源频率，Hz；

n_0——电动机同步转速，即旋转磁场转速，r/min；

p——电动机极对数；

s——电动机转差率。

当转差率 s 不变时，交流电动机的转速与电源的频率成正比关系。如果忽略定子压降的影响，异步电机的定子电压满足下面的关系式：

$$U_1 \approx E_1 = K_e f_1 \varphi_m$$

电动机的转矩 M(N·m)、最大转矩 M_m(N·m)、电磁功率 P(kW) 关系式如下：

$$M = k_m \varphi_m I_2 \cos\varphi_2$$
$$M_m = P m_1 U_{12} / [4\pi f_1(r_1 + \sqrt{r_{12} + X_{k2}})]$$
$$P = Mn / 9550$$

式中 E_1——定子感生电势，V；

K_e——电势常数；

f_1——定子电源频率，Hz；

p——定子极对数；

m_1——定子相数；

r_1——定子绕组电阻，Ω；

φ_m——主磁通最大值；

k_m——电机的转矩常数

I_2——转子电流，A；

X_k——电机短路电抗，Ω；

n——电机转速，r/min；

$\cos\varphi_2$——转子功率因数。

异步电动机变频调速，当频率较高时，由于 $X_k \gg r_1$，故忽略 r_1 的影响，则 $U_1/(f_1\sqrt{M_m})$ ＝常数；当频率较低时，由于 $r_1 \gg X_k$，故忽略 X_k 的影响，则 $U_2/(f_1 M_m)$ ＝常数。

电动机从额定转速向下调时，为了不使磁通增加，通常采用 U/f ＝常数的协调控制，为恒最大转矩调速。

电动机从额定转速向上调时，通常采用 $U/\sqrt{f_p}$ ＝常数的协调控制，为恒功率调速。

随着现代化技术的进步，功率器件也向大功率方向发展。高—高交流变频调速技术已经非常成熟，并进入实用化阶段。

3 除尘风机变频调速的设计

3.1 高炉工艺特点

首钢迁钢 1 号高炉为 2650 m^3，炉前除尘系统设置两台 900kW 的除尘风机，风机参数如下：

电机型号：YKK630-8

额定功率：900kW

定子电压：3kV(AC)

定子电流：196A

功率因数：0.83

额定转速：745r/(min·m)

生产过程中风机为一用一备。高炉平均每天出铁 12 次，每次（周期）为 2 小时，其中 65～70 分出铁，大量烟气产生，此时需炉前除尘风机高速运行；另 55～50 分为间歇，无烟气，除尘风机可停机（也可低速运转）。由此可见，在高炉系统炉前除尘风机上应用变频调速，在出铁间隔时间段可大大降低风机的轴功率，从而有效地节约了出铁间隔时间段的电力消耗。当风机启、停时，电机软启动软停止，可以减小其启动电流，从而提高其使用寿命，减少对电网的冲击。

3.2 变频器的容量

选择风机在某一转速下运行时，其阻转矩一般不会发生变化，只要转速不超过额定值，电动机也不会过载，一般变频器在出厂标注的额定容量都具有一定的余量，所以选择变频器容量与所驱动的电动机容量相同即可。根据炉前风机的参数，我们选用了 ABB 公司的 ACS1000 900kW 的中压变频器。

3.3 变频器的运行控制方式

风机采用变频调速控制后，操作人员可以通过调节安装在工作台上的按钮或电位器调节风机的转速，操作十分方便。变频器运行控制方式的选择，可依据风机在低速运行时，阻转矩很小，不存在低频时带不动负载的问题，故采用 V/F 控制方式即可。从节能的角度考虑，V/F 线可选最低的。

为什么 V/F 线可选得最低呢？如图 2 所示，曲线 0 是风机二次方律机械特性曲线，曲线 1 为电动机在 V/F 控制方式下转矩补偿为 0 时的有效负载线。当转速为 n_x 时，对应于曲线 0 的负载转矩为 T_{Lx}，对应于曲线 1 的有效转矩为 T_{Mx}。因此，在低频运行时，电动机的转矩与负载转矩相比，具有较大的余量。为了节能，变频器设置了若干低减 V/F 线，其有效转矩线如图 2 中的曲线 2 和曲线 3 所示。

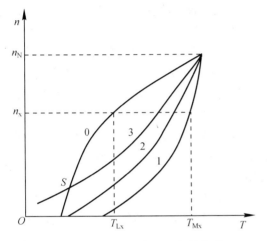

图 2　风机的机械特性和有效负载

在选择低减 V/F 线时，有时会发生难以起动的问题。如图 2 中的曲线 0 和曲线 3 相交于 S 点，在 S 点以下，电动机是难以起动的。为此，可采取以下措施：

（1）选择另一低减 V/F 线，例如曲线 2；

（2）适当加大起动频率。

在设置变频器的参数时，一定要看清变频器说明书上注明的 V/F 曲线在出厂时默认的补偿量，一般变频器出厂时设置为转矩补偿 V/F 曲线，即频率 $f_x = 0$ 时，补偿电压 U_x 为一定值，以适应低速时需要较大转矩的负载。但这种设置不适宜风机负载，因为风机低速时阻转矩很小，即使不补偿，电动机输出的电磁转矩也足以带动负载。为了节能，风机应采用负补偿的 V/F 曲线，这种曲线是在低速时减少电压 U_x，因此，也叫低减 V/F 曲线。

3.4　变频器的参数预置

（1）上限频率因为风机的机械特性具有二次方律特性，所以，当转速超过额定转速时，阻转矩将增大很多，容易使电动机和变频器处于过载状态。因此，上限频率 f_H 不应超过额定频率 f_N。

（2）下限频率从特性或工况来说，风机对下限频率 f_L 没有要求，但转速太低时，风量太小，在多数情况下无实际意义。一般可预置为 $f_L \geq 20Hz$。

（3）加、减速时间风机的惯性很大，加速时间过短，容易产生过电流；减速时间短，容易引起过电压。一般风机启动和停止的次数很少，启动时间和停止时间不会影响正常生产。所以加减速时间可以设置得长些，具体时间可根据风机的容量大小而定。通常是风机容量越大，加、减速时间设置越长。

（4）加、减速方式风机在低速时阻转矩很小，随着转速的升高，阻转矩增大得很快；反之，在停机开始时，由于惯性的原因，转速下降较慢。所以，加、减速方式以半 S 方式比较适宜。

（5）回避频率风机在较高速运行时，由于阻转矩较大，容易在某一转速下发生机械谐振。遇到机械谐振时，极易造成机械事故或设备损坏，因此，必须考虑设置回避频率。可采用试验的方法进行预置，即反复缓慢地在设定的频率范围内进行调节，观察产生谐振的频率范围，然后进行回避频率设置。

（6）启动前的直流制动为保证电动机在零速状态下启动，许多变频器具有"启动前的直流制动"功能设置。这是因为风机在停机后，其风叶常常因自然风处于反转状态，这时让风机启动，则电动机处于反接制动状态，会产生很大的冲击电流。为避免此类情况出现，要进行"启动前的直流制动"功能设置。

3.5　风机变频调速系统的系统图

一般情况下，风机采用正转控制，所以线路比较简单。但考虑到变频器一旦发生故障，为了能够保证正常的生产，需在工频也可以启动运行，故设计中增加了工频启动的控制回路。

在实际运用中，虽然电力系统为 10kV 系统，但是由于目前 10kV 变频器与 3kV 变频器价格存在很大差异，为了节约投资，我们选用了 3kV 的变频器及 3kV 交流电动机。图 3 所示为风机变频调速系统的系统图。图中 ZTS 为整流变压器，TM 为电力降压变压器。

从图中可以看出，两台风机互为备用，变频回

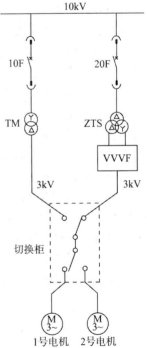

图 3　风机变频调速系统

路和工频回路也自由转换，这样大大增加了运行中的灵活性和可靠性。

4 节能效益比较

对于风机设备采用变频调速后的节能效果，可根据已知风机在不同控制方式下的流量与负载关系曲线及现场运行的负荷变化情况进行计算。

迁钢一号高炉炉前除尘系统设置两台风机，互为备用，电机为 3kV(AC)900kW，高炉按年生产天数 350d 计算，

每年高速运行时间：

$t_1 = 350(d)×24(h/d)×(65/60÷2) = 4550h$

每年停机时间：

$t_2 = 350(d)×24(h/d)×(55/60÷2) = 3850h$

采用了变频调速后，调速范围在 0 至同步转速 $n_0(0 \sim n_0)$，效率可达 98%~99%。风机停止时转速为 0，电机轴输出功率 P_2 为 0。按照 0.48 元/(kW·h)，负载率 80%计算，一年可节约电费：

$E = (P_1-P_2)t_2×0.48 = 900×0.8×3850×0.48$
$=133.1 万元$

一般来说，变频调速技术用于风机设备改造的投资，可以在一年左右的生产中全部节省回来。

5 变频调速技术的前景展望

目前，虽然国内变频调速系统的研究非常活跃，但是在产业化方面还不是很理想，市场的大部分还是被国外公司所占据。因此，为了加快国内变频调速系统的发展，就需要对国际变频调速技术的发展趋势和国内的市场需求有一个全面的了解。

由于交流电机控制理论不断发展，控制策略和控制算法也日益复杂。扩展卡尔曼滤波、FFT、状态观测器、自适应控制、人工神经网络等等均应用到了各种交流电机的矢量控制或直接转矩控制当中。因此，DSP 芯片在全数字化的高性能交流调速系统中找到施展身手的舞台。

目前，研究较多的大功率逆变电路有：多电平电压型逆变器、变压器耦合的多脉冲逆变器、交—交变频器、双馈交流变频调速系统。

在交流调速的研究与制造过程中，硬件的设计与组装占了相当大的比重。在近十年内，交流调速的制造业已经向发展中国家转移。对中国来说，这也是一个机遇，如果我们抓住这个机会，再利用本身的市场有利条件，有可能在我国形成交流调速系统的制造业中心，使我国工业上一个新的台阶。

6 投运效果

自 2000 年以来，我们先后在首钢 2 号高炉、湘钢 4 号高炉及迁钢 1 号高炉等的炉前除尘风机上运用了变频调速技术，已经收到显著的效果，实践证明，迁钢 1 号高炉自 2004 年 10 月投产以来，运行至今，充分体现出该装置的先进性，主要的特点如下：

（1）该装置性能稳定，工作可靠，操作简便，大大减轻了运行人员的劳动强度。

（2）变频调速实现了电机的软启动，风机可在 $0 \sim n_0$ 下运行，避免了以往在较大惯性负荷情况下，数倍于额定起动电流对电网和机械设备的冲击。

（3）提高了功率因数，功率因数在 0.95 以上。

（4）避免了风机长期在高速下运行对风机叶轮、轴承和密封件的磨损，有利于延长电机和风机的使用寿命。

（5）低输入谐波。

（6）该变频器大量节能，经济效益显著。

7 结语

在风机水泵类的控制上采用变频调速技术是一种理想的调速控制方式，不仅具有显著的节电效果，而且方便了操作，提高了设备效率，减少了设备维护、维修费用，较好地满足了生产工艺要求，经济效益十分明显。因此，《中华人民共和国节约能源法》第 39 条已把它列为重点技术推广项目。

参考文献

[1] 《钢铁企业电力设计手册》编委会. 钢铁企业电力设计手册[M]. 北京：冶金工业出版社，1996.
[2] 佟纯厚. 近代交流调速[M]. 北京：冶金工业出版社，1985.
[3] 佟纯厚. 风机水泵交流调速节能技术[M]. 北京：机械工业出版社，1985.
[4] 李永东，王长江. 交流电机数字控制系统[M]. 北京：机械工业出版社，1998.

（原文发表于《设计通讯》2006 年第 1 期）

中板主轧机调速系统的确定与设计

胡东峰[1]　　何志强[2]

(1. 北京首钢国际工程技术有限公司，北京 100043;
2. 冶金工业信息标准研究院，北京 100730)

摘　要：本文以实际工程为例，从设计的角度介绍了中板主轧机传动调速系统的应用、满足用户需求、主传动系统的合理设置与对策、系统最佳性价比等。本着科学和负责任的态度提出自己独到的分析和见解。

关键词：大型直流电机; 10kV 配电; 大功率晶闸管整流; 全数字调速; 谐波治理

The Confirmation and Design for the Peed Regulation of Medium Plate Mill

Hu Dongfeng[1]　　He Zhiqiang[2]

(1. Beijing Shougang International Engineering Technology Co., Ltd., Beijing 100043;
2. Metallurgy Industry Information Standard Research Institute, Beijing 100730)

Abstract：Based on the actual projects and from the design aspect, this documentation introduced Plate Mill Main Drive Frequency Control detailed in Application, Satisfaction for customer, Reasonable Configuration and Solution of Main Drive System, the System Optimum Performance-Price-Comparison etc., which expressed the unique analysis and understanding Responsibly and Scientifically.

Key words：large DC motor; 10kV power distribution; high-power thyristor rectifying; whole digital frequency control; harmonic disposal

1 引言

今天电力电子技术的发展成熟和应用，已使传统的调速技术发生了根本的改变，直流电机传动调速系统也较多地被交流电机传动的交交变频调速系统和交直交变频调速系统所取代。但是由于直流电机具有调速技术成熟等特点，非常适用于投资节约、技术经验丰富、具备成熟操作维护经验的企业。技术发展到今天，就传动系统设计思想而言，新技术的应用早已不是障碍。但如何为用户设计一套最佳最合理性价比的控制系统，才是设计者要突破的瓶颈和追求的终极目标。本文以越南某 3300mm 中板工程主轧机传动系统设计为例，从系统集成设计的角度，对该系统从供电、传动、调速、谐波治理等方面层层剖析，详解了如何设计建立和集成一个合理的控制系统。以下是本文的描述。

2 工程概述

越南 3300mm 中板厂为新建厂，初期年生产中板 35 万吨/年，远期发展规划 50 万吨/年。根据 ASTM 标准生产各种普碳钢、高强度低合金钢（HSLA），重点为一般强度造船板和高强度造船板。

该厂由轧钢车间和公辅设施构成。设备装机总容量为 39439kW，最大电机为主轧机上、下辊传动电机，根据越方要求采用直流电动机，电机功率为 2×5000kW。计算负荷：

$P_{js} = 2049kW$，$Q_{js} = 8641kvar$

$S_{js} = 22218kV·A$，$\cos\varphi = 0.92$

年耗电量：$31.5×10^6 kW·h$

由越方当地电力系统区域变电所提供两路独立

电源。

电气传动全部采用西门子公司全数字调速装置。直流主传动采用 SYMADYN D 及 SIMOREG K 6RA70 系列全数字调速装置，交流辅传动采用 6SE70 系列全数字矢量控制变频调速装置。

全线控制为基础自动化和过程自动化两级系统。所有直流和交流变频调速装置均配置 PROFIBUS 通讯网卡。PLC 与直流和交流变频调速装置之间的信息交换主要通过 PROFIBUS 网通讯实现，急停信号采用点对点硬线连接方式。

3 轧机主电机主要技术参数及要求

根据工艺要求，中板主轧机的上、下辊分别由两台 5000kW 直流电动机单独驱动，上辊在前，下辊在后。

3.1 工艺专业对电机技术参数的要求

型式：直流电动机，他励、卧式、可逆、双传动

额定功率：5000kW

额定转速：50/100r/min

额定电枢电压：DC900V

额定电枢电流：6035A

效率：>90.47%

过载能力：

基速：115%倍，长期运行；250%倍，持续时间 60s；275%倍，瞬时切断。

高速：160%倍，持续时间 60s；180%倍，持续时间 15s；200%倍，瞬时切断。

定转子均能承受 6 倍的额定力矩的故障力矩作用。

轴向事故推力±400t，正常轴向推力<±200t。

转动惯量：51200kg·m²

工作制：S9

3.2 直流调速装置对电机技术参数的要求

中板轧机 5000kW 直流电机主传动调速装置对电机要求如下：

在电机结构设计时应充分考虑，由于抛钢咬钢冲击负荷可能造成的轴系扭振带来的尖峰冲击力矩的影响。

电机转子轴上配有编码器和超速开关，编码器的每转输出 1024 个脉冲，超速开关为离心式，硬线连接，在转速超过设定值时使电机无条件停车。

4 主传动系统设计

中板主轧机具有往返轧制频率快、冲击负荷大、低速咬钢、高速轧制的特点。为了提高系统的可靠性、可维护性、实时性、改善控制性能，同时为了使整套系统的控制技术达到先进水平，实现最佳性价比。设计从 10kV 负荷合理分配、直流主传动和励磁供电、整流变压器选配、电气传动控制设备选择、系统集成、谐波治理等各方面进行了全面规划，完成了对电机的调速控制，包括电机的启停控制、实时监控、完成速度控制、电流控制和故障情况下传动系统的保护等功能，同时可完成主轴定位控制和双电机的负荷平衡功能等。

4.1 10kV 配电系统

考虑到中板主轧机传动系统冲击大、产生谐波源的特点，设计 10kV 高压配电系统时，采用单母线分段供电方式。I 段母线带主轧机传动负荷，包括主传动整流变压器、励磁变压器、同步变压器；II 段母线带轧机辅传动负荷、各区 MCC、高压水除鳞及公辅设施负荷。正常情况下母联打开，当一路电源故障时，合上母联，另一路可带全部负荷。10kV 高压配电系统为中性点不接地系统。

10kV 高压配电系统保护与控制采用了分散式微机监控保护系统。该系统设计算机终端一台，可随时监控高压系统的运行情况，以确保整个电力的可靠运行。系统具有完备的巡回检测、数据处理功能、报警处理功能等。

4.2 整流变压器

轧机主传动为上辊电机、下辊电机两台直流电机独立驱动，每台主电机均设一台 8000kV·A 10/0.9 kV/.9 kV D/d-12/y-11 $U_k = 7\%$ 三卷变压器。整流变压器为双副边绕组相位差 30º，二分裂方式制造。另一台整流变压器选用双副边绕组相位差±15º，则电力网可构成 24 相整流，电力网谐波将大大得到改善。直流侧角组和星组电枢整流回路设单独滤波电抗，直流侧采用快速开关。

考虑到供电可靠性、两台传动电机调速的一致性、同步性，节省建筑面积，两台电机的励磁回路共用一台 600kV·A 10/0.4kV 整流变压器供电，励磁变压器为双副边绕组三卷变压器。

4.3 主回路系统

主回路采用了大功率晶闸管风冷整流柜供电，电枢为晶闸管无环流可逆控制组成 12 相整流，有效

消除 5、7 次谐波。主回路系统采用的 TCP 系列大功率晶闸管变流柜，其优点为：采用并联风道技术，提高散热效果，有效地提高了功率柜的出力；且结构简单，便于维护。该系统输出能力大，过载能力强，耐冲击，大大提高了系统运行的可靠性；有效地降低生产运行成本。

整流变压器二次侧分别与大功率晶闸管整流装置连接。每台变压器的每组二次绕组分别使用两台整流柜，共使用四台整流器柜，形成 12 相整流电路。每台电机电枢主回路与四台主柜连接，并联供电。

保护电路为吸收变压器的浪涌过压，以及晶闸管换流时由变压器漏感而引起的振荡过电压等，在交直流侧加入高能压敏电阻及阻容吸收保护电路。共用 4 台吸收柜。

速度检测采用德国 HüBNER 公司的脉冲编码器。

由于主轧机电机的励磁较大，上辊电机和下辊电机励磁主回路分别选择一台西门子 6RA7085-6DS22-0(600A) 直流全数字装置作为励磁装置，进行励磁电流调节，实现消弱磁场和 EMF 控制。系统为共用进线变压器供电，进线电压 380V，直流输出电压可达 470V，励磁电压强迫系数 $k = 4$ 倍以上。励磁电流设定值按照 SIMADYN D 设定值计算指令，全数字励磁装置实现励磁电流闭环，内部配置 CBP 通讯模板，以实现 PROFIBUS-DP 数据通讯。电枢及励磁装置间的数据传输为网络通讯形式。

4.4 控制系统

控制系统采用德国西门子公司的 SIMADYN D 多处理器。SIMADYN D 为全功能实时处理数控系统，是一种可随意编程和设计的全数字模块化的多处理器 64 位机控制系统，能进行高速动态信息处理，以及对专门的控制系统进行调节和控制，适合于开环和闭环实时控制，适用于技术性能要求高的大功率闭路电气传动控制应用，是世界上先进的综合控制器。系统满足工业标准，具有多处理器、多任务、多编程语言的"三多"特点，广泛应用于传动、供电和自动化系统。

SYMADYN D 控制系统软件说明系统采用 STEP7，CFC，S7-SYS 图形化软件，该软件基于 WINDOWS 环境下运行。编辑软件包提供大量标准功能块，可实现数学运算、逻辑运算、变流控制、过程调节、输入输出及通讯功能。

SYMADYN D 控制系统实现的主要控制功能：

（1）传动起停控制及运行监控；

（2）速度控制；

（3）电枢电流控制；

（4）弱磁时的电压控制；

（5）励磁电流控制；

（6）主轴定位控制；

（7）负荷平衡控制；

（8）联网通讯接口；

（9）扭振控制。

4.5 联网通讯

SIMADYN D 控制系统提供多种通讯手段与其他设备、系统进行数据传输，包括控制装置与上位机间的通讯；控制装置之间的通讯以及与下位机间的数据传输等。

SIMADYN D 系统联网通讯功能，分为内部通讯及 SIMADYN D 与外部系统的通讯功能。SIMADYN D 系统之间的通讯主要有下辊与上辊控制系统之间的通讯，以下辊为主、上辊为从的主从通讯方式，采用光缆通讯，实现主传动系统之间的高速的数据交换，此通讯主要是为了上下辊之间的负荷平衡而设。SIMADYN D 与外围系统之间的通讯主要是指与基础自动化系统 PLC 之间的通讯，此通讯为 PROFIBUS-DP 网通讯，实现主传动系统与基础自动化系统 PLC 之间的数据交换。SIMADYN D 与操作面板 OP7 之间通过 PROFIBUS-MPI 网通讯，实现上下辊 SIMADYN D 系统与操作面板之间的数据通讯。

4.6 保护与操作系统

主电机操作顺序控制；

电枢回路开关操作及各辅助设备的起停控制；

与主传动有关的所有故障信号的检查与继电器保护。

继电器保护系统的设计原则为：

对于故障进行综合分类处理；

轻故障：系统报警；

次重故障：发出停车信号；

重故障：紧急停车，跳闸。

高压 10kV 合开关在高压室进行操作，高压 10kV 分开关可在控制柜及高压室分别进行；快速开关、紧急停车及各辅助设备的操作可在控制柜及 HMI 上分别进行。

操作面板 OP7 主要操作画面设置如下：

轧机速度、电枢电流、电枢电压、励磁电流

等动态显示；

　　主传动故障报警；

　　励磁主回路开关、直流快开、高压断路器等合闸/分闸状态显示；

　　励磁开关、快开等操作。

4.7 达到系统指标

静态速度控制精度：	< 0.1%
速度响应时间：	< 150ms
电流响应时间：	< 20ms
动态速降：	< 4%
双电枢电流平衡（最大电流差）：	< 5%

5 谐波治理措施

　　中板轧机用电设备单机容量大，其有功功率、无功功率变动的幅度、频率都较大，并重复周期性变化，轧制周期短，功率变化高，当轧机咬钢、加速、稳速轧制、抛钢生产过程中，除出现有功冲击负荷外，无功功率的变化也成冲击性。同时，轧机主传动两台 5000kW 直流电机均采用晶闸管变流装置供电，其非线性负荷将产生大量谐波，将引起电网电压波形畸变，对供配电系统及用电设备产生严重的危害。

　　中板轧机的辅传动系统是由 10kV 系统 Ⅱ段母线供电，该段母线安装了近 8000kW 的晶闸管变流装置，这些非线性负荷的谐波源，也会产生大量的谐波电流。

　　电气设计时经过分析，采取了以下应对措施：

　　（1）改善供电结构。将冲击大的轧机主传动负荷与其他供电负荷分别由不同的两段 10kV 母线供电，以减少冲击负荷的影响。

　　（2）为消除无功冲击负荷造成的电压闪变、电压波动和晶闸管变流装置产生的谐波电流及提高功率因数，同时考虑到越方的资金节约。采用了低压动态无功补偿系统（TSC）两套，分别接于主传动电机整流变压器二次侧，对动态无功冲击实现直接快速补偿。该系统补偿线性跟踪负载变化的特性好，响应时间为 20ms，完全满足主机 200～300ms 的动作时间。

　　（3）为消除谐波电流的影响，提高功率因数，减小供电变压器的容量，在接于其他供电负荷的 Ⅱ段 10kV 母线，还装设了静态谐波滤波装置（FC），抑制谐波影响，减少谐波危害。

　　通过上述措施，将使车间 10kV 系统功率因数达到 0.92 以上。

6 系统分析与对策

　　中板轧钢主传动电机由于其大容量低转速的要求，长期被直流电动机传动所垄断。由于直流电机存在着换向器、电刷等部件，使其在提高单机容量、过载能力以及简化维护等方面受到了限制，已不能满足轧钢机向大型化、高速化方面的发展。20 世纪 70 年代以后，随着电力电子技术、微电子技术以及现代控制理论的迅速发展，世界工业发达国家都投入大量人力、物力对交流变频轧钢机主传动进行研究。到目前，在世界上已有百台交流传动轧机投入工业应用，在工业发达国家新建 2000kW 以上的初轧机、中板轧机以及热、冷连轧机，无一例外地全部采用交流变频调速。在大功率传动领域已出现交流调速传动取代直流传动的趋势。交交变频调速对于大容量低速运转的生产机械，如轧钢机、矿井提升机是一种较为理想的传动方式，取代传统的直流调速将产生明显的经济效益。交流变频调速不仅具有直流传动同样优越的调速性能，还有单机不受限制，体积小，重量轻，转动惯量小，动态响应好，维护简单化，节约能源等许多优于直流传动的特点。

　　但是在越南 3300mm 中板厂项目中，轧钢主传动电机仍然选用了大型他励式直流电动机作为上辊和下辊电机，也说明了在特定的因素和条件下，采用直流电动机仍然不失为轧钢主传动电机的一种选择方式。在本项目中，正是由于越方资金的短缺、技术装备现状较落后、对大型电机及其传动技术发展的了解与掌握等因素的影响，决定了本项目主轧机传动电机采用了直流电动机。

7 结束语

　　越南 3300mm 中板电气主传动控制系统，虽然由于其固有的原因，不是当今最流行的调速控制系统。但作为科研设计人员其首要的原则就是为用户考虑，为用户服务，满足用户要求。直流电机虽然有缺陷，但在资金紧张的企业仍有一定的市场。更何况在技术发展的今天，设计一个最高性价比的控制系统才是技术人员追求的目标。

参考文献

[1] 《钢铁企业电力设计手册》编委会. 钢铁企业电力设计手册[M]. 北京: 冶金工业出版社, 1996.

[2] 李向欣. 大功率交交变频调速系统. 大功率交交变频调速系统及推广应用, 2004.

[3] 孙一康, 王京. 冶金过程自动化基础[M]. 北京: 冶金工业出版社, 2006.

（原文发表于《冶金信息导刊》2007 年第 4 期）

中压系统大电流高速开关技术应用

王凤阁　　吕冬梅

（北京首钢国际工程技术有限公司，北京 100043）

摘　要：本文对于 10kV，55kA 的大短路电流系统，提出了供配电设备的解决方案，从而减少了工程投资，降低了能耗，提高了系统运行的可靠性。

关键词：短路电流；快速开断；分断能力；系统可靠

Technical Application of High Curren High-speed Switch-gear in Medium-high Voltage System

Wang Fengge　　Lv Dongmei

(Beijing Shougang International Engineering Technology Co., Ltd., Beijing 100043)

Abstract：This article puts forward the solutions of distribution equipment for 10kV, 55kA high short current system, which reduces project investment and improves the reliability of the system operation.

Key words：short-circuit current; fast breaking; breaking capacity; system reliability

1　引言

越南 VINASHIN 3300mm 中厚板厂工程是首钢设计院承担的一项涉外工程，该工程的设计生产能力为年产 35 万吨的中厚板。在 2004 年 5 月期间，我们去越南进行工程的前期设计交流及考察。通过交流及越方向我们提供的电源系统的有关资料，我们了解到该工程越方提供的 10kV 电源系统是由越南国家电网及厂区发电厂提供的。其系统最大运行方式下的短路电流高达 55kA，最小运行方式下的短路电流为 28kA。

2　供电系统方案的选择

针对越方提供的 10kV 最大运行方式下的短路电流，选择高压开关柜是非常困难的。目前国内只有极少数开关柜厂家可以生产，但生产的开关柜是额定电流为 40kA，短路分断能力为 63kA 的开关柜，其价格每台开关柜约 40 万元人民币。对于我们大量使用的额定电流 1250A 分断电流 55kA 的开关柜基本不生产。若采用进口高压开关柜，价格更是不能

承受。在选择电缆考虑短路电流热稳定作用时，仍能保证电缆不被损坏，电缆截面也要相应增大很多，通过计算及查表，按短路电流假想时间为 0.2s，对于 55kA 的短路电流，所需电缆的最小截面要在 185mm² 以上。显然这样选择电缆是极不合理的，增大了工程的投资费用。另外，对于如此大的短路电流，考虑到满足动热稳定性要求，电流互感器的选择也是很困难的。

如果我们采用在进线柜前串入电抗器的方法降低系统短路电流，也就是以前常用的方案，虽然限制了短路电流，但不可避免地仍然存在下列问题：

（1）电抗器长期串联在供电系统中，系统正常运行时电抗器流过负荷电流，必然产生电能损耗，电抗值越大损耗越大，给企业造成很大的经济损失。

（2）正常运行时在电抗器上将产生电压降，这个电压降将随负荷变化，给调节供电电压质量造成困难。

（3）较大电机起动时，电抗器上的电压降会加剧，将影响其他负荷的运行。

（4）空心电抗器强大的漏磁场对混凝土的影响

及对通讯的干扰。楼板或基础混凝土中的钢筋在强大的漏磁场作用下，产生附加损耗，而且在长期的震动下，将使混凝土松软，影响混凝土基础和厂房的使用寿命。强大的漏磁场将使通讯系统及计算机监控系统受到严重干扰，甚至无法正常工作。

3 最终方案的确定及采用 FSR 的优点

3.1 最终方案的确定

显然以上所述两种供电方案都不是最佳方案。经过市场调研，我们了解到安徽凯立公司生产一种大容量快速开断装置，能很好地解决以上出现的问题。我们经过与有关研究设计人员的多次讨论研究，结合越南中厚板厂工程的具体情况，确定了越南中板工程的供电方案，如图 1 所示。

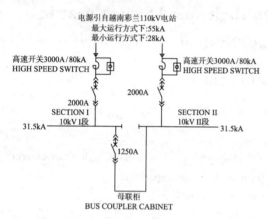

图 1 越南中厚板厂 10kV 配电系统供电示意图

如图 1 所示，高速开关也就是大容量快速开断装置，是与电抗器相并联，当系统正常运行时，FSR 将电抗器短路，电流通过快速开断装置，此时无电抗作用，也就不存在串入电抗器造成的不良作用。当系统发生短路时，快速开断装置在极短的时间内立即分断，使电抗器串入到供电系统中投入运行，将短路电流降低到允许值。由于时间很短，避免了长时间使用电抗器带来的难题，降低了系统的短路电流，有效地提高了供电质量。

3.2 大容量快速开关 FSR 及其特点

3.2.1 大容量高速开关装置（FSR）的简介

大容量快速开关结构简图如图 2 中虚线框所示，它由桥体 FS、熔断器 FU、非线性电阻 FR 和测控单元组成，简称 FSR，符号表示为 ——。

测控单元定期检测电流和电流变化率，短路时向桥体发出分断命令。但线路正常工作时，工作电流流经桥体通过。

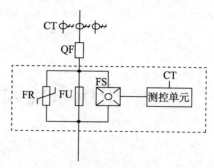

图 2 大容量快速开关 FSR 示意图

当系统发生短路、电流上升到 I_{limit} 时，测控单元通过检测 $\text{d}i/\text{d}t$ 判断出短路是否真正发生，经 0.1ms 时间 FS 开断，电流转入 FU 中，转入时在 FS 断口上产生的电压很低，不会燃起电弧，易于 FS 断口绝缘恢复，电流在 FU 中经 0.5ms 熔断，短路电流被截止在 I_P，FU 产生弧压将电流迫入 FR 中快速衰减。FS 的作用是通过线路总的额定电流；FU 的作用是限流截流，产生弧压。产生的弧压使非线性电阻导通。非线性电阻导通后吸收磁能，并把过电压限制在允许的 2.5 倍相电压之内，不会产生危害性过电压。额定电流大（可做到 12kA），开断能力强（240kA），截断电流时间短。FR 的作用是限制操作过电压，吸收磁场能量，减轻对 FU 的壳体压力，并快速将电流衰减至零，使电源提供能量最小。

大容量快速开关装置 FSR 的电路电流在 1ms 以内被截流，3ms 以内衰减到零，故障被完全切除。传统的短路器保护方式最快也要 75ms，至少为 FSR 的 25 倍。如图 3 所示。

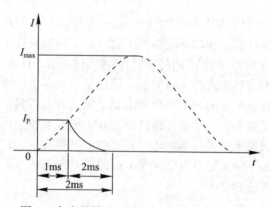

图 3 大容量快速开关 FSR 短路动作示意图

FSR 装置在设计上采用三个相同的独立工作的测控工作的测控部件，以"表决方式"判断故障的发生，提供了系统的可靠性。

3.2.2 大容量高速开关装置（FSR）的优点

FSR 是一种大容量的高速开关设备，它不但具有熔断器的快速性，更具有熔断器所不具有的承受大的额定电流的能力。它具有以下优点：

（1）FSR 具有其他电气设备无法比拟的优点，即大容量、快速性和限流性。

（2）开断方式与断路器有本质的区别为，其快速性是由其物理特性决定的，能在第一个大半波升起之前强行切断短路电流，截流时间不超过 1.5ms，截断电流只有短路电流峰值的 1/4~1/3。

（3）其限流性使得主机、变压器及断路器不再受短路电流峰值的冲击，避免了因几个周波大电流冲击而引起的电气设备的损坏。

（4）其限流性和快速性使得 I^2t 很小，可确保变压器不炸裂，且母排连接无须考虑动热稳定问题。

（5）解决了电网扩建带来的短路电流增加的难题。

（6）优化了配电设备联网工程的解决方案。

4 供电回路主要设备的选择计算

4.1 FSR 的设计参数

（1）额定电流：3000A

（2）额定电压：10.5kV

（3）动作电流：25kA（真空断路器开断电流：31.5kA）

（4）截流时间：0.919ms

（5）截止电流：22.2kA

（6）全开断时间：1.52ms

（7）短路分断电流：80kA

4.2 电抗器的选择

为了配合高压开关柜所能承受的短路分断电流，需要合理的选择电抗器的电抗值。这里我们按高压开关柜允许的短路分断电流能力为 31.5kA。考虑到为开关柜短路分断能力留有一定的余量，我们按短路电流为 25~28 kA，选择电抗器的电抗值。

电抗器的电抗值的计算（采用标幺值方法）：

基准容量 S_j = 100MV·A，基准电压 U_j = 10.5kV，基准电流 I_j = 5.5kA，系统最大短路电流 55 kA。

采用下列公式计算：

$$X_{ek}\% \geq [I_j/(Idy) - Xxt] \times \{I_{ek}U_j/(I_jU_{ek})\} \times 100$$

式中　Idy——短路电流的最大允许值 kA，取 25kA；

Xxt——电抗器前的系统电抗标幺值，5.5 kA/55 kA = 0.1；

I_{ek}——电抗器额定电流 kA，取 2.5 kA；

U_{ek}——电抗器额定电压 kV，取 10kV。

$$X_{ek}\% \geq [(5.5/25)-0.1] \times [2.5 \times 10.5/(5.5 \times 10)] \times 100$$
$$= 0.12 \times 0.047 \times 100$$
$$= 5.727$$

实际选取阻抗值为 6。

4.3 如采用电抗器串联在线路中，电抗器的能耗计算

三相电抗器有功损耗计算公式：

$$\Delta P_K = 3\Delta P_{eK}(I_{js}/I_{eK})^2$$

式中　ΔP_{eK}——额定电流电抗器一相中的有功损耗，kW，根据产品样本取 12.83kW；

I_{js}——流过电抗器的实际负荷电流，即计算电流，A；

I_{eK}——电抗器额定电流，A。

电抗器年电能损耗计算公式：

$$\Delta W = \Delta P_{eK}\tau$$

式中　τ——最大负荷小时数，h，取 7000h。

经计算，如果电抗器长期串联在线路中，电抗器一年的电能损耗为 1.44×10^5 kW·h。

5 结论

采用高速开关也就是大容量快速开断装置，是与电抗器相并联的供电方案。从设计上不仅解决了由于系统短路容量大引起 10kV 高压开关柜价格过高的问题，同时也解决了线路中长期串联电抗器所造成的能耗损失和不良影响，是一种切实可行的供电方案。注意问题，电抗器安装如采用母线出线方式，电抗器进线侧母线支持绝缘子的选择应按 55kA 考虑。

参考文献

[1] 《钢铁企业电力设计手册》编委会. 钢铁企业电力设计手册 [M]. 北京: 冶金工业出版社，1996.

（原文发表于《水电电气》2006 年 138 期）

电动鼓风机在高炉上的应用

孙靖宇

（北京首钢国际工程技术有限公司，北京 100043）

摘　要：本文通过对电动鼓风机的变频启动、继电保护、励磁系统的介绍，说明电动鼓风机在高炉上的应用具有高度的安全性、可靠的操作性。

关键词：同步电动机；变频启动；继电保护；无刷励磁

Application of Electric Fan in Blast Furnace Engineering

Sun Jingyu

(Beijing Shougang International Engineering Technology Co., Ltd., Beijing 100043)

Abstract：Inverter-starter, relay protect and non-brush excitation were discussed.It is safety and credibility operation to use the electric fan in the blast furnace engineering.

Key words：synchronous electromotor; inverter-starter; relay protect; non-brush excitation

1 引言

1992 年 5 月，首钢在 4 号高炉(2100m³)投运了一台 7000m³/min 的电动鼓风机，配套同步电动机容量为 36.14MW，取代了大修前由汽轮机驱动的高炉鼓风机。这项技术改造工程取得了节约能源、降低基建投资、改善功率因数等突出的经济效益，还因节省占地、改善环境、采用恒流起动实现对电网无冲击等，取得明显的社会效益。首钢又于 1993 年和 1994 年把这一技术措施推广应用到 3 号和 1 号高炉的大修改造工程中，陆续投入两台 36.14MW 同步电动机驱动的电动鼓风机。

随着高炉的大型化，大电力系统的形成，能源的合理使用，鼓风机静叶可调技术和大型同步电动机的变频起动技术的成熟，大型高炉炼铁鼓风机采用大型同步电动机驱动取代透平驱动，已成为当今世界炼铁装备发展的趋势。在即将建成的首钢京唐 5000m³ 高炉上，将采用 60MW 的大型同步机驱动 10000 m³/min 的鼓风机。

2 大型同步电动机驱动的电动鼓风机的特点

（1）鼓风机静叶可调技术的成熟，解决了大型电动鼓风机组调速在技术上的困难，使采用同步电动机驱动成为可能。

（2）设备简单，基建投资省。仅鼓风站就可大幅度节约投资，即使计入电厂相应增加的投资，其总建设费也有降低。

（3）尽管能量多转换一次，但电动鼓风机由高效率大型发电机组供电，其热效率仍较高。比汽动驱动大约节约能源 4% 左右。

（4）占地面积省，建设进度快。

（5）操作维护简单，调节性能好，易于实现自动化。

（6）大型同步电动机可补偿无功，显著改善钢铁厂功率因数。

（7）采用变压变频启动，成功地利用交—直—交变频器。平滑启动功率只需电动机功率的 25% 左右，从而避免了同步机异步启动时对电网的冲击。

（8）启动时间短。平滑的启动过程经过 200s 左右将加速到准同步速度，然后并入电网，拉入同步运行。

3 同步电动机的变频启动装置

3.1 系统接线及组成

同步电动机的变频启动采用高—低—高的接线方式，如图 1 所示。对于大型同步机来说，目前此接线是一种有效、经济而实用的方案。由变频启动系统、

励磁系统、消磁装置及启动变频变压器等组成。

（1）启动变频变压器

包括降压变压器（进线侧）和升压变压器（电机侧），起交流隔离作用，修正外界电压差值，与电网电压和电机电压有一个优化的匹配，有效控制短路电流。

（2）变频启动系统

同步电动机变频启动采用的是交—直—交电流型变频器，接线如图 1 所示。用来给定子绕组提供 0～50Hz 的变频电压和电流。

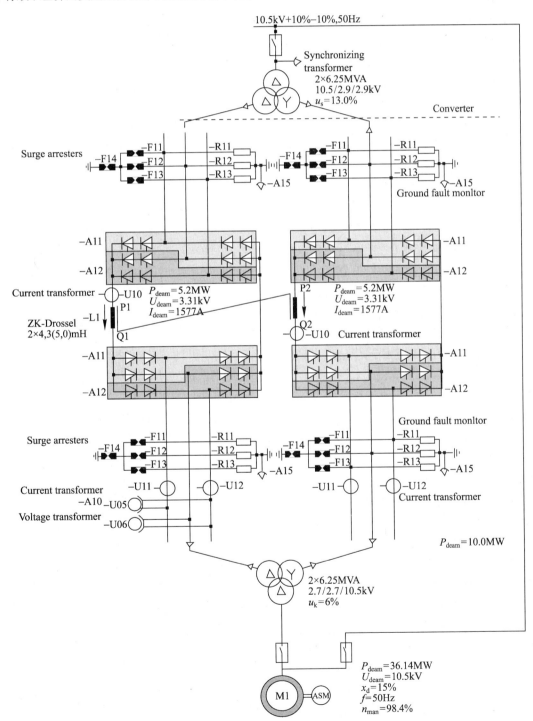

图 1　同步电机变频启动系统接线图

变频器及其功率部分主要包括：

1）进线侧的整流器和电机侧的逆变器，使用的都是6QC7全控三相桥；

2）晶闸管用光纤间接触发，每个晶闸管都有反馈信号；

3）直流环节的电抗器具有足够大的电感量，用以降低电流的波纹和限制电流变化率。

控制系统采用 SIMADYN D 控制系统，该系统是一个全数字化可自由配置带多微机系统，专门用于系统的计算和快速的开闭环控制。

（3）励磁系统用来监控整个启动过程，使电机与电网同步、并网，切工频后，负责提供转子励磁电流，并进行功率因数控制。

（4）消磁装置用来消除升压变压器的剩余磁势，为电机的下一次起动做准备。

3.2 同步电动机变频启动原理

同步电动机变频启动原理是采用交—直—交变频技术。变频设备为电流型，即在直流环节有一个较大电感的直流电抗器，既有滤波功能又能当逆变侧发生短路故障时，由于电抗器的存在，电流不会发生突变，而电流调节器会迅速响应，使整流电路的晶闸管触发角后移，电流将被限制在安全范围内。由于电源采用三相桥式整流电路，逆变器输出电流的谐波成分很大，会引起电机额外的发热和转矩的脉动。另外变频装置还会产生较大的共模电压，进而影响电机的绝缘。为解决上面问题，系统采用12脉冲整流技术。

在变频启动过程中，采用了直流脉动技术。同步电动机的转子中由于外加励磁电流，在转子转动时电机定子中将产生感应电势，当这个电势反向作用于逆变侧的晶闸管时，晶闸管会关断，利用这个电势就可实现逆变晶闸管的自然换相。但是在当电机转速很低时（5%ne以下），电机的定子电势很低，不能使晶闸管关断实现自然换相。为了解决这个问题，采用了直流脉动技术。也就是说电动机启动初期，电机转速低于5%ne期间，当逆变器的晶闸管需要换相时，设法使逆变器的电流降低到零，使逆变器的晶闸管暂时全部关断，然后将根据触发的顺序给应导通的晶闸管加上脉冲。恢复直流电流时，电流将按触发的顺序流经新导通的晶闸管，从而实现从一相到另一相的换相。由于逆变器晶闸管顺序导通，直流电流顺序地流过电动机定子的相应绕组，并产生合成磁场，这样绕组电流不断的变化必将在电机中产生一个旋转磁场，带动转子旋转，转子旋

转的速度由逆变器的触发周期确定，当电机转速达到5%ne以上时，电机定子产生的电势足够大时，逆变器的晶闸管采用自然换相，这样电机转子产生的启动转矩将使电机继续不断地提高转速，一直到95%ne时，电机将并网拉入同步（符合并网条件时）。变频器退出系统，从而实现同步电机的变频启动。

采用变频启动技术，必须在电机空载下启动并网。所需功率只有电机额定功率的25%左右，远远小于异步启动功率，所以对电网冲击很小。

如果在同步切换瞬间，由于电网压降原因造成电机失步而切换失败，变频器有能力在任何转速情况下，再次"抓住"电机，使之加速到同步，直至切换成功。

3.3 变频启动器的控制

变频启动 SIMADYN D 数字控制系统通过系统的开环和闭环控制来实现对变频启动过程的控制。

开环控制包括：电机速度≤5%额定转速时控制；开、合短路器的控制；压力、温度、各种保护连锁之间的逻辑控制。

闭环控制包括：电流控制与速度控制；系统的设计成带电流闭环控制的速度环控制，即双闭环系统；通过控制电源侧的整流器，电机流过相应的电流，以获得保持电机转矩所需的力矩。

4 同步电动机的继电保护

同步电动机设置的继电保护功能有差动保护、过/欠压保护、过流保护、过载保护、短路保护、不平衡保护、失步保护、接地保护、欠磁保护等。

对于同步电动机的电源设有重合闸的系统，还应增设逆功率保护。防止电源短时中断再恢复对同步电动机造成的非同步冲击。

5 同步电动机的励磁

电动鼓风机的同步电动机采用他励的无刷励磁，励磁电源取自380V低压工作电源，经低压变频器变为可调的交流电源输入到励磁机定子中，由于励磁机相当于一个旋转的变压器，转子感应出交流电，经嵌入在转子绕组的二极管整流，供给与励磁机同轴的同步机转子励磁电流。励磁机接线如图2所示。

励磁电流的控制方式有三种可供选择：励磁电流控制、功率因数控制、电压控制。同步电机起动时，选择的是励磁电流控制方式；并网后，选择的是功率因数控制方式或电压控制方式。

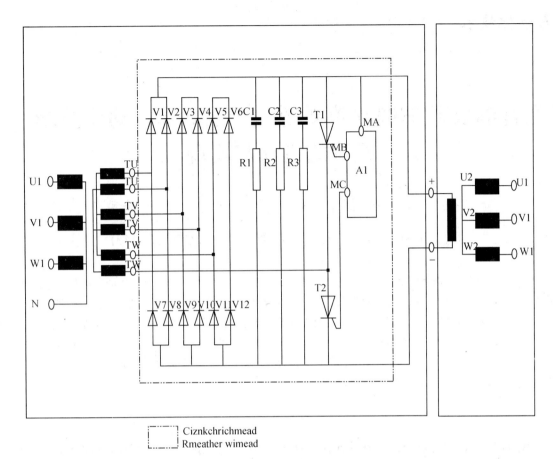

图 2　励磁机接线图

6　结语

　　电动鼓风机设备简单，操作维护方便，采用了成熟的变频启动、继电保护、无刷励磁等技术，增强了系统的可靠性，强有力地保障了高炉的安全、顺稳生产。

参考文献

[1] 《钢铁企业电力设计手册》编委会. 钢铁企业电力设计手册 [M]. 北京：冶金工业出版社，1996.
[2] 郭汝新. 设计通讯. 北京：北京首钢设计院，1995.

（原文发表于《工程与技术》2008 年第 1 期）

➤ **自动化技术**

首钢京唐5500m³高炉煤气干法除尘自动化控制系统的设计与实现

任绍峰　张福明　刘　燕　刘飞飞　周为民

（北京首钢国际工程技术有限公司，北京 100043）

摘　要：本文介绍了首钢京唐钢铁公司 1 号 5500m³ 高炉煤气干法除尘自动控制系统的结构和特点，以及自动化新技术在该系统中的应用。并针对类似工程在运行中出现的问题，对关键仪表的选型提出了改进意见，重点论述了料位计和含尘量在线监测系统的优化设计等。详细阐述了基于现场总线、可编程控制器、工业微机和工业以太网的综合自动化技术在该系统中的应用，以及高炉煤气全干式布袋除尘器自动控制的全过程。该自动控制系统结构合理，技术先进，已正常稳定运行，值得在特大型高炉煤气干法除尘中推广和借鉴。

关键词：干法除尘；自动控制系统；可编程控制器

The Innovative Design and Realization of Automation Control System for Shougang Jingtang 5500 m³ Blast Furnace Dry Dusting System

Ren Shaofeng　Zhang Fuming　Liu Yan　Liu Feifei　Zhou Weimin

(Beijing Shougang International Engineering Technology Co., Ltd., Beijing 100043)

Abstract：In this paper, we introduce the configuration of automation system for dry dusting system in Shougang Jingtang 5500m³ No.1 blast furnace. And we make suggestions concerning the selection of main instruments, considering the problems which have occurred in other similar projects for which those instruments are used. We emphasize on the optimum application of level sensing device and online monitoring system for dust content.We expound emphatically the application of integrated automatic technology based on field bus, PLC, industrial computer and Ethernet network. And automatic control process of dusting system in blast furnace etc.The control system has reasonable structure and advanced technology. It runs normally now, is worth promoting.

Key words：dry dedusting; automation control system; PLC

1 引言

高炉煤气干法除尘技术是 21 世纪高炉实现节能减排、清洁生产的重要技术创新，不仅可以显著降低炼铁生产过程的水消耗，而且可以提高二次能源的利用效率、减少环境污染。高炉煤气干法除尘可以使高炉煤气含尘量降低到 5mg/m³ 以下，煤气温度提高约 100℃且不含机械水，煤气热值提高约 210kJ/m³，提高炉顶煤气余压发电量 35%以上，因

此高炉煤气采用干法除尘已成为当今高炉炼铁技术的发展方向，也是国家钢铁行业当前首要推广"三干一电"（高炉煤气干法除尘、转炉煤气干法除尘、干熄焦和高炉煤气余压发电）节能技术中的一项，属于冶金工业的绿色环保技术。

本文重点论述自动控制系统的硬件、软件和监控系统的创新设计和在以往的实际生产中遇到的一些问题及相应采取的解决措施。比如：料位计采用分体式、耐高温并抗震的料位计；含尘量在线监测

传感器表面采用特殊涂敷材料的专利技术等。

2 自动化控制系统硬件创新设计

首钢京唐钢铁公司 1 号高炉煤气干法除尘系统要求采用具有高性能、高可靠性并经济实用的可编程控制器（PLC）。笔者在总结首钢首秦、首钢迁钢、济钢、重钢、宣钢高炉煤气干法除尘自动化控制系统的成功设计经验后，将首钢京唐 1 号高炉煤气干法除尘自动控制系统 PLC 招标后选用 AB 1756 系列可编程控制器，主机架选用 10 槽结构，CPU 选用 1756-L63 8M 模块，PLC 主机架与远程 I/O 通过 ControlNet 网相联。为进一步提高系统的可靠性，主 PLC 和 ControlNet 网络都采用冗余结构。本系统共有 1 个主 PLC 柜和多个远程 I/O 箱。PLC 与上位工控机采用标准工业以太网连接。上位系统共有 3 台工控机用于系统监控。

PLC 主机架与远程 I/O 和智能电气柜是通过 ControlNet 网相联的方式，节省大量电缆的同时也保证了信号的可靠性。

3 自动化控制系统软件和上位组态软件的优化设计

首钢京唐钢铁公司高炉煤气干法除尘自动化控制系统的上位机操作系统选用 Windows 2000 Professional 中文版。上位组态软件选用 9701-VWSTZHE。PLC 编程软件选用 9324-RLD300NX ZHE，其具有以下特点：

（1）支持多种操作系统平台：Windows NT/2000 等；

（2）符合 IEC 1131-3 标准的多种编程模式；

（3）强大的在线帮助功能，界面友好，信息量大，极大方便应用开发人员的使用；

（4）提供的软件存取保护，防止非法访问，安全、可靠。

4 自动化控制系统的先进技术

首钢京唐钢铁公司 1 号高炉煤气干法除尘工程设备包括换热器系统、布袋除尘系统、卸灰系统。自动化控制系统对其进行控制，是工程最重要的组成部分之一。

首钢京唐钢铁公司 1 号高炉煤气全干法除尘工艺流程图如图 1 所示。

4.1 换热器系统的自动控制

换热器系统中包括 3 个 DN2800 电动蝶阀、2 个 DN2800 眼睛阀和自动补水装置。

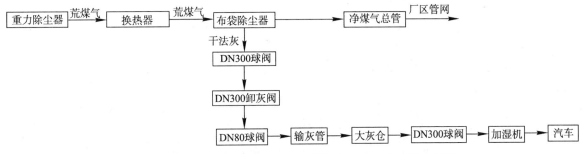

图 1　首钢京唐钢铁公司 1 号高炉煤气全干法除尘工艺流程图

3 个 DN2800 蝶阀启闭根据炉顶四点平均温度（t_1）、旋风除尘器前温度（t_2）及旋风除尘器后温度（t_3）三者之一进行控制，荒煤气总管温度只作显示而不参与控制。在显示器画面中，可手动选取 t_1、t_2、t_3 之一作为 3 个蝶阀的自动连锁控制参数，并在规定范围内输入。

自动方式时，当荒煤气总管温度大于 260℃或旋风除尘器后荒煤气温度大于 280℃的时候，程序会自动把换热器管道上的 2 号和 3 号 DN28200 蝶阀打开并在开到位后才关闭 1 号 DN2800 蝶阀；当旋风除尘器后荒煤气温度小于 250℃或者荒煤气总管温度小于 200℃的时候打开主管道 1 号 DN2800 蝶阀，并在开到位后才关闭 2 号和 3 号 DN2800 蝶阀。

生产时保证从旋风除尘器出口的煤气通向干法除尘系统的一条通道是打开的，不能同时关闭两条通道。

首钢京唐钢铁公司高炉煤气全干法除尘换热器系统流程图如图 2 所示。

4.2 脉冲反吹的自动控制

脉冲反吹系统是布袋除尘系统的关键，共 16 个箱体（包括大灰仓），除尘箱体每个箱体上 38(19+19)个脉冲阀，分两侧布置，大灰仓上 19 个脉冲阀。24V 直流电接通后第一个脉冲阀启动，接通时间 0.1~0.3s（时间间隔可调）。向一排滤袋喷射氮气，完成一排滤袋的反吹清灰，第一个脉冲阀喷吹后 5~20s 第二个脉冲阀动作（时间间隔

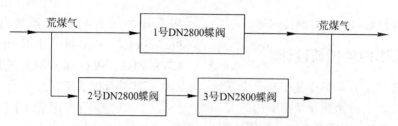

图 2　首钢京唐钢铁公司高炉煤气全干法除尘换热器系统流程图

可调），直到全部脉冲阀动作完毕，完成一个箱体的反吹工作，再自动进行第二个箱体的反吹，直至所有工作箱体（1~15 个）完成反吹。

若先关闭净煤气支管蝶阀反吹，称为离线反吹；也可以不关闭荒、净煤气蝶阀边过滤边反吹，称为在线反吹。全部操作由 PLC 完成。设计同时考虑离线反吹、在线反吹。

4.3　自动卸灰系统

通过对 2 个 DN150 电动球阀、2 个 DN100 电动球阀以及除尘器箱体上 15 个 DN300 球阀、15 个 DN300 放灰阀、15 个 DN80 球阀和 30 个仓壁振动器的控制，实现干法除尘系统的自动卸灰。当除尘

器箱体的灰位达到高灰位时开始卸灰，当达到低灰位时停止卸灰。每次只能操作一个箱体，如果运行中有 2 个或 2 个以上的箱体同时到达高灰位，这时需要人工干预选择，保证同一时间只能对一个或两个箱体进行卸灰，防止灰量过大，堵塞输灰管道。布袋除尘灰由气力输送至大灰仓。大灰仓的灰由罐车运输。

4.4　首钢京唐钢铁公司 1 号高炉煤气干法除尘上位监控系统

本系统有除尘器本体画面、大灰仓画面、历史曲线画面、系统报警及高炉指令画面等。所有重要的测量参数有自动记录曲线，并有历史记录。首钢京唐钢铁公司 1 号高炉煤气干法除尘主画面如图 3 所示。

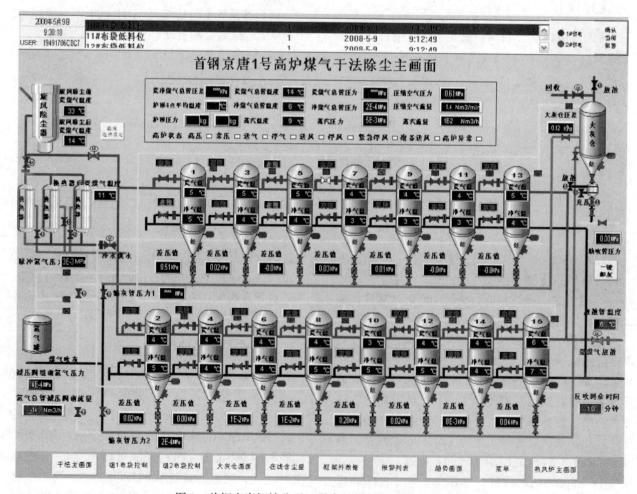

图 3　首钢京唐钢铁公司 1 号高炉煤气干法除尘主画面

5 关键仪表设备的改进

5.1 料位计

料位计性能优劣直接影响到干法除尘卸灰系统的稳定与否,该料位计选用分体式、耐高温并抗震的射频导纳料位计,消除了高温的除尘灰及仓壁振动器对料位计的影响,从而大大减少了料位计信号的误报,消除了卸灰系统不稳定的隐患。

5.2 含尘量在线监测系统

含尘量在线监测装置是检验高炉煤气干法除尘效果的重要检测设备,也是保证后续 TRT 系统和热风炉系统长期稳定运行的重要设备之一,本系统含尘量在线监测装置的传感器表面采用特殊涂敷材料,避免由于高炉煤气中含有水分导致传感器表面黏结灰尘,从而提高了装置的稳定性。

6 结语

为将首钢京唐钢铁公司建设成为能源循环型的钢铁联合企业,1 号 5500m³ 高炉采用全干式低压脉冲布袋除尘技术对高炉煤气进行除尘,取代原有湿法除尘系统,并实现全过程自动监控,有着明显的社会效益和经济效益。1 号高炉煤气干法除尘采用先进的自动控制系统后,与湿法除尘相比,全干法除尘系统有着明显的优越性,显著优点如下:

(1)节水且还可节约运行费用,省掉了湿法除尘建设大型的水洗塔和沉淀池等投资和占地,杜绝大量污泥、污水的产生及对环境的污染。

(2)全干法除尘工业在运行中通过脉冲反吹布袋除尘技术,能实现自动连续除尘,显著减少粉尘外排量,干的粉尘可充分回收。

(3)全干法系统排出的煤气压力损失小,温度高,比湿法高出约 100~170℃。经干法除尘后的煤气,热值高、水分低,煤气的理论燃烧温度高,应用领域扩大。热风炉采用干式热煤气可提高热风温度 50℃左右,相应降低炼铁焦比 8kg/tFe。同时,高炉煤气全干法除尘投资省、占地少、建设周期短、运行成本低。

首钢京唐钢铁公司 1 号 5500m³ 高炉煤气全干法除尘现已实现了远程集中监控,自动化控制系统稳定运行,这为推动我国特大型高炉向节能、环保、高效方向的发展做出了贡献。

参考文献

[1] 张福明. 现代大型高炉关键技术的研究与创新[J]. 工程与技术, 2008.

[2] 任绍峰, 马维理, 胡国新. 济钢 1750m³ 高炉煤气全干法除尘自动控制系统[C]. 中国计量协会冶金分会 2007 年会论文集, 2007.

(原文发表于《2009 年中国钢铁年会论文集》)

热轧加热炉二级控制模型的分析

刘　燕　王　勇　李洪波

(北京首钢国际工程技术有限公司，北京　100043)

摘　要：加热炉是轧线上最重要的设备之一。对加热炉实行过程控制的目的是：以最小的热耗，在轧制节奏要求的时刻，把入炉的板坯加热成满足轧线要求的目标温度，送到轧制线上。本文通过对具体工程实例的研究，简要介绍了加热炉过程控制系统的二级控制模型。

关键词：加热炉；二级控制模型；温度计算模型

Level-two Control Model Analysis on Hot Rolling Heating Furnace

Liu Yan　Wang Yong　Li Hongbo

(Beijing Shougang International Engineering Technology Co., Ltd., Beijing 100043)

Abstract：Heating furnace is one of the most important equipment on hot rolling line. The control purpose on heating furnace is, under minimal consumption and proper time, heat slabs to goal temperature and transmit them onto the rolling line. a brief discussion is made in the paper about Level-two control model of process control system of heating furnace.

Key words：heating furnace; level-two control model; temperature calculation model

1 引言

加热炉整个过程控制系统分为三级：一级直接和工艺设备打交道，主要采用 PLC 和 DCS 系统进行控制；二级采集来自一级的数据，负责向一级设备控制系统提供轧钢生产控制所需的设定数据，协调管理和更新数据参数，完成整个轧制流程的物料跟踪，进行生产过程的监控和统计分析；三级主要向二级下达生产作业计划，调整轧制顺序，组织生产排产。

其中二级是整个控制系统的核心，它主要包括轧制节奏的确定、区域温度的设定以及温度计算模型等。本文通过对首钢迁安钢铁有限责任公司 1580 热轧生产线加热炉的具体工程实例的研究，简要介绍一下加热炉过程控制系统的二级控制模型。

2 轧制节奏的确定

轧制节奏用于设定板坯出炉间隔，它根据板坯传输时间确定。如图 1 所示。

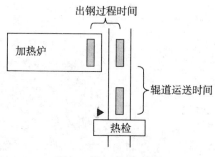

图 1　板坯传输时间

板坯传输时间=出钢过程时间+辊道运输时间

从下面的事件时刻计算板坯传输时间：

出钢机动作开始

出钢机动作完成

粗除鳞热检接通

出钢过程时间=出钢机动作完成时刻-出钢动作开始时刻

辊道运送时间=粗除鳞热检接通时刻-出钢机动作完成时刻

该工程采用三个平行的加热炉加热板坯，由于辊道运输距离不同，所以三个炉子的板坯辊道运输时间不同，根据路程最远板坯的传输时间制定轧制节奏。

3 加热炉区域的温度设定

整个加热炉分为以下 5 个区域：入炉段、预热段、1 号加热段、2 号加热段和均热段。如图 2 所示。由于入炉段没有加热烧嘴，故只需对预热段、1 号加热段、2 号加热段和均热段 4 个区域进行炉温设定。这 4 个区域又分为上部和下部加热两个部分。各个区域的温度设定方式不尽相同。

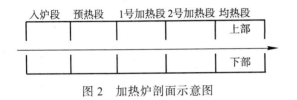

图 2 加热炉剖面示意图

3.1 均热段的炉温设定

均热段的温度设定值根据目标出炉温度最高的板坯进行计算，上部温度设定值计算公式为：

$$T_{SV-SZ-TOP} = T_{AIM} + T_{TOLERANCE}$$

式中，$T_{SV-SZ-TOP}$ 为均热段上部温度设定值；T_{AIM} 为板坯目标温度，此值由加热炉三级给定；$T_{TOLERANCE}$ 为偏差值，此值为常数。

下部温度设定值计算公式为：

$$T_{SV-SZ-BOT} = T_{SV-SZ-TOP} + T_{BIAS-SZ}$$

式中，$T_{SV-SZ-BOT}$ 为均热段下部温度设定值；$T_{BIAS-SZ}$ 为偏差值，此值为常数。

3.2 预热段的炉温设定

预热段上部的温度设定值计算公式为：

$$T_{SV-pHZ-TOP} = T_{PV-pHZ-TOP} + \Delta T_{C-pHZ}$$

式中，$T_{SV-pHZ-TOP}$ 为预热段上部温度设定值；$T_{PV-pHZ-TOP}$ 为预热段上部实际温度；ΔT_{C-pHZ} 为预热段修正温度，此值为常数。

下部温度设定值计算公式为：

$$T_{SV-pHZ-BOT} = T_{SV-pHZ-TOP} + T_{BIAS-pHZ}$$

式中，$T_{SV-pHZ-BOT}$ 为预热段下部温度设定值；$T_{BIAS-pHZ}$ 为预热段下部温度偏差值，此值为常数。

3.3 1 号加热段的炉温设定

1 号加热段温度设定值的方式与预热段相同。

3.4 2 号加热段的炉温设定

2 号预热段上部的温度设定值计算公式为：

$$T_{SV-2HZ-TOP} = T_{SV-SZ-TOP} + C_{COMP-TOP}$$

式中，$T_{SV-2HZ-TOP}$ 为 2 号加热段上部温度设定值；$T_{SV-SZ-TOP}$ 为均 2 号热段上部温度设定值；$C_{COMP-TOP}$ 为 2 号加热段温度补偿值，此值为常数。

预热段下部的温度设定值计算公式为：

$$T_{SV-2HZ-BOT} = T_{SV-SZ-BOT} + C_{COMP-BOT}$$

式中，$T_{SV-2HZ-BOT}$ 为 2 号加热段下部温度设定值；$T_{SV-SZ-BOT}$ 为均热段下部温度设定值；$T_{BIAS-pHZ}$ 为 2 号加热段下部温度偏差值，此值为常数。

4 加热炉温度计算模型

加热炉温度计算模型是整个二级控制系统的核心，它主要由物料温度模型、温度预测模型和温度自学习模型组成。通过这三个模型的计算，可以实现加热炉板坯加热的自动控制。

4.1 物料温度模型

这个功能使用模型公式计算板坯表面及内部温度。计算需要的信息通过输入参数传递，输入参数由一级控制系统提供。计算结果通过输出参数传递给一级控制系统。

板坯表面温度计算见式（1），参数如图 3 所示。板坯内部温度计算见式（2），参数如图 4 所示。

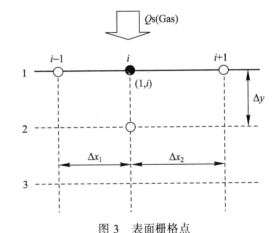

图 3 表面栅格点

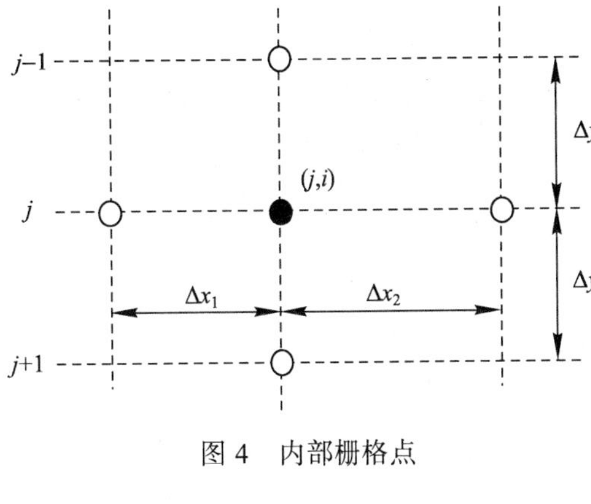

图 4 内部栅格点

板坯表面温度计算见式（1）和式（2），参数如图 2 所示：

$$H'_{(1,i)} = H_{(1,i)} + \frac{2k_d\Delta(t)}{\rho\Delta x_1\Delta x_2(\Delta x_1+\Delta x_2)}$$

$$\left[\Delta x_1\varphi_{(1,i+1)} + \Delta x_2\varphi_{(1,i-1)} - (\Delta x_1+\Delta x_2)\varphi_{(1,i)}\right] +$$

$$\frac{2k_d\Delta t}{\rho\Delta y^2}\left[\varphi_{(2,i)} + \frac{\Delta yQ_{s(1,i)}}{k_s} - \varphi_{(1,i)}\right]$$

$$（1）$$

其中，$Q_{s(1,i)} = 4.88\phi_{CG}\left[\left(\frac{\theta_g+273}{100}\right)^4 - \left(\frac{\theta_{(1,i)}+273}{100}\right)^4\right]$

式中，H 为焓；Δx 为 X 轴间距；Δy 为 Y 轴间距；Δt 为周期时间（传热时间）；θ_g 为炉气温度；θ 为网格点温度；φ 为网格点折算温度；k_d 为零维导热系数；ρ 为比重；ϕ_{CG} 为炉膛内体系的总辐射率；Q_s 为炉气辐射热流。

$$H'_{(j,i)} = H_{(j,i)} + \frac{2k_d\Delta(t)}{\rho\Delta x_1\Delta x_2(\Delta x_1+\Delta x_2)}$$

$$\left[\Delta x_1\varphi_{(j,i+1)} + \Delta x_2\varphi_{(j,i-1)} - (\Delta x_1+\Delta x_2)\varphi_{(j,i)}\right] +$$

$$\frac{2k_d\Delta t}{\rho\Delta y_1\Delta y_2(\Delta y_1+\Delta y_2)}$$

$$\left[\Delta y_1\varphi_{(j+1,i)} + \Delta y_2\varphi_{(j-1,i)} - (\Delta y_1+\Delta y_2)\varphi_{(j,i)}\right]$$

$$（2）$$

4.2　温度预测模型

此功能通过当前炉内板坯温度，预测出板坯在出炉点的温度。板坯移动到出炉点时的温度通过不断的模拟计算来预测。当前炉内板坯温度可以通过物料温度模型获得，板坯在炉内的位置可以通过计算板坯移动速度获得。计算板坯移动速度有两种方式。分别为：

（1）板坯出炉阶段移动速度计算

$$S_{SPEED-DISCHG(i)} = \Delta p/Pitch$$

其中

$$Pitch = t_{S-EX(i-1)} - t_{S-EX(i)}$$

式中，$S_{SPEED-DISCHG(i)}$ 为板坯出炉阶段移动速度；Δp

为板坯移动距离；$t_{S-EX(i)}$ 为上一块板坯到达出炉位置的时刻；$t_{S-EX(i-1)}$ 为该板坯到达出炉位置的时刻。

（2）固定周期内板坯移动速度计算

$$S_{SPEED-P-TIMER(i)} = (P_{SLAB(i)} - P_{SLAB(i-1)})/\Delta t$$

式中，$S_{SPEED-P-TIMER(i)}$ 为固定周期内板坯移动速度；$P_{SLAB(i)}$ 为板坯现在位置；$P_{SLAB(i-1)}$ 为板坯 Δt 时刻前的位置；Δt 为间隔时间。

这两种方式计算出板坯速度后，取两个速度的最大值作为板坯移动速度，从而可以计算出板坯在各个时刻的位置。通过不断模拟计算板坯在各个位置的温度，可以计算出板坯在出炉位置的温度。

4.3　温度自学习模型

这个模型使用炉内高温计测量值作为板坯实际温度值，通过计算温度值与实际温度值的比较来不断修正板坯温度计算值。这个功能主要是通过不断优化自学习系数 $C_{(n)}$ 来实现的。计算公式如下：

$$C_{(n)} = V_{(n)}^{ACT}/V_{(n)}^{CALC}；$$
$$C_{(n+1)} = C_{(n-1)} + G\times(C_{(n)}-C_{(n-1)})；$$
$$Correction\ value = C_{(n+1)} \times V_{(n+1)}^{CALC}$$

式中，$C_{(n)}$ 为此批板坯的计算系数；$C_{(n-1)}$ 为上一批板坯的计算系数；$C_{(n+1)}$ 为下一批板坯的计算系数；$V_{(n)}^{ACT}$ 为此批板坯的实际值；$V_{(n)}^{CALC}$ 为此批板坯的计算值；G 为自学习优化常数，此值为常量。

5　结束语

本文对加热炉的二级模型进行了一些初步的探讨，文中涉及到的一些常参数值主要通过现场加热炉板坯实际测试获得，而这些常参数值的确定也是二级模型能否成功的一个关键点。目前国内加热炉二级模型主要采用国外的产品，我们期盼通过业界人士的共同努力，早日实现加热炉二级模型国产化的目标。

参考文献

[1] 张凯举，邵诚. 钢铁工业加热炉先进控制技术及其发展[J]. 冶金自动化，2003(1)：11~15.

[2] 温治，夏德宏. 轧钢加热炉计算机控制技术的现状及展望[J]. 金属世界，2002(4)：5~6.

（原文发表于《工程与技术》2010 年第 1 期）

首钢京唐 2250 mm 热连轧机自动化控制系统的特点

宋道锋　　吕冬梅

（北京首钢国际工程技术有限公司，北京　100043）

摘　要：本文结合首钢京唐 2250mm 热连轧工程对其自动化系统的硬件配置及主要控制功能进行了分析，对国内热连轧机自动化系统的自主集成和控制模型的研发有一定的参考作用。

关键词：自动化系统配置；控制功能；材料性能预报；表面质量检测

The Characteristics of the Automation System of SGJT 2250mm HSM Project

Song Daofeng　　Lv Dongmei

(Beijing Shougang International Engineering Technology Co., Ltd., Beijing 100043)

Abstract：In this paper, we've made analysis about the hardware configuration and the main control function of the automation system of 2250mm Hot Strip Mill (HSM), Shougang Jingtang United Iron & Steel Co., Ltd. (i.e. SGJT), which will provide helpful reference in regarding to the self-integration of the automation system and the development of the control model for domestic HSM.

Key words：configuration of automation system; control function; performance forecasting of the finished-product; surface-quality inspection

1　引言

首钢京唐钢铁厂是国家"十一五"规划的重点项目，是由国家正式批准的一个大型、全新、沿海建设的精品冷、热轧板材生产基地。其中 2250mm 热连轧带钢生产线年产带卷 550 万吨。由北京首钢国际工程技术有限公司总负责，采用了国内外多项先进技术，关键的机械设备由 SMSD 设计并制造。电气自动化 L1、L2 级控制模型和硬件设备设计由 TMEIC 技术总负责。考虑到精轧机工作辊采用了 CVC（连续可变凸度）技术，带钢的凸度平直度控制（PCFC）分交给 SMSD 的自动化部承担，加热炉自动燃烧控制 L1、L2 以及全厂介质系统的控制则由国内自主集成。该工程建设工期 25 个月，于 2008 年 12 月建成投产。

2　车间设备组成及自动化系统的配置

（1）2250mm 热轧生产线采用半连续式布置，主传动设备由定宽压力机（SSP）、带立辊（E1E2）的可逆式粗轧机（R1R2）、切头剪（CS）、精轧机（F1~F7）、层流冷却、三台地下卷取机；后部工序配有托盘运输系统。全厂总装机容量 242MW，容量最大的电机为精轧机 10MW。主轧线自动化系统包括电气传动级（L0 级）、基础自动化级（L1 级）、过程控制级（L2 级）和生产管理级（L3 级）。本文重点介绍从加热炉出炉辊道至托盘运输入口部位自动化系统的特点及新技术的采用。

（2）L0 级主传动设备采用 AFE 结构（有功前端）的交直交变频调速系统，即由 Tmeic 提供的 TMD-70 和 TMD-50 组成；辅传动设备辊道电机采用可控硅整流带回馈制动的公共直流母线方式　1:N

的变频调速装置，少数传动设备采用 1:1 的交直交变频调速装置即 TMD-10；轧线仪表设有温度检测、宽度检测、轧制力检测、厚度检测、带钢凸度检测、平直度检测及带钢表面质量检测。

（3）L1 级采用 Tmeic 电气公司生产的 V 系列控制器硬件设备。V 系列控制器有 STC、S_3、C_3 三种规格。2250mm 热连轧工程全线共采用 STC 34 台，S_3 21 台和 C_3。STC 用于机架控制，主要完成带卷的温度、厚度、宽度和板形控制；S_3 用于顺序控制和主令控制，主要完成轧线设备的自动化位置控制、速度控制；C_3 用于 L1 和 L2 之间通讯。

（4）L2 级采用 PC 服务器 3 台，型号是美国生产的 Stratas/FT3300，具有双机热备功能。一台用于轧线工艺模型过程控制，一台用于在线数据库，一台用于新产品开发。L2 级主要完成材料跟踪、过程控制、参数设定和模型计算、质量数据收集与分析、操作指导、生产报表及数据通讯等任务。

（5）网络通讯系统。L1 和 L2 级、L2 和 L3 级之间通过以太网（TCP/IP 协议）进行通讯；L1 级之间通过 TC-NET100LAN 网进行通讯；L1 和 L0 级之间通过 TOSLINE-20 进行数据收集和快速通讯。

车间自动化配置简图如图 1 所示。

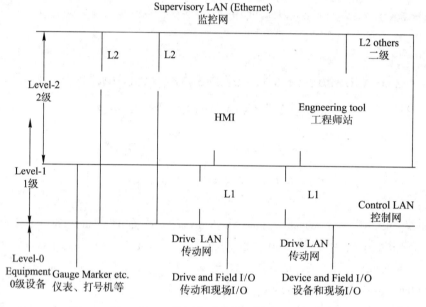

图 1　车间自动化配置简图

3　自动化系统主要控制功能

3.1　粗轧区的自动化控制功能

粗轧区立辊采用自动宽度控制（AWC）和板坯头尾短行程控制（SSC），粗轧机平辊采用电动+液压压下的辊缝位置控制（HGC），立辊和平辊之间采用微张力控制。

在与 Tmeic 的技术交流中，Tmeic 认为在粗轧区板坯较厚，采用自动厚度控制（AGC）对最终厚度目标值的实现作用不大，产品厚度目标值的实现关键还是在精轧区。

3.2　精轧区采用全液压压下和液压 AGC 控制

精轧 F1~F7 机架全部采用了液压摆辊缝的位置（HGC）控制和厚度自动控制（AGC）。

AGC 技术主要目标是在负荷状态下，动态地消除因扰动引起的辊缝变化，保证带钢在纵向上的厚差最小或控制在目标值范围之内。Tmeic 在精轧上采用了诸多形式的 AGC，从操作模式上采用了相对 AGC 和绝对 AGC；从控制方式上采用了 BISRA AGC，Monitor AGC 和 Guage Meter AGC。

相对 AGC 是以头部实际轧力作为基准轧制力，以头部实际轧制厚度作为基准厚度设定，又称锁定 AGC。

绝对 AGC 是以 L2 级预设定的轧制力作为基准轧制力，以目标厚度作为基准进行设定。

通常在热负试车阶段采用相对 AGC，取得一些基础数据之后正常生产时转为绝对 AGC。

BISRA AGC，液压 AGC 的基本方程是 BISRA AGC，是英国钢铁研究会提出的。

$$h = s + s(B, F) + A$$

式中　h——出口厚度，mm；

　　　s——辊缝，mm；

　　　B——钢板厚度，mm；

F——轧制力，kN；

$s(B, F)$——轧机弹性变形量，mm；

A——各种补偿的综合，mm。

Monitor AGC 即监控 AGC，通过安装在末机架 F7 后的测厚仪，将带钢厚度的实际值与带钢厚度的目标值进行比较，其偏差通过 L1 级自动化反馈到各机架的 AGC 控制系统中，以提高成品的厚度精度。

Gauge Meter AGC（GM AGC）即厚度计 AGC，为克服直接测厚 AGC 系统传递时间的滞后和检测困难（仅能在 F7 出口处安装测厚仪，不可能每一机架都安装），在 AGC 的控制过程中轧机被看作一台厚度计（Gauge meter），通过厚度方程和本机架所能测到的一些实际数据（如轧制力、辊缝值等），HAGC 通过调整轧机的辊缝以补偿由于负载引起的轧机弹跳变形和其他一些非线性因素。

由前所述，AGC 主要是克服负荷状态下的扰动。负荷状态下的扰动主要是轧机的弹跳，包括轧件的宽度，刚度变化产生的影响；其次是轧制过程中轧辊的偏心、热膨胀、油膜轴承等影响；本工程 AGC 自动化系统采用了以下补偿措施：

（1）轧机弹跳补偿；

（2）板宽补偿；

（3）轧辊偏心补偿；

（4）轧辊热膨胀补偿；

（5）轧辊磨损补偿；

（6）支撑辊油膜轴承油膜厚度变化补偿。

由于精轧机 AGC 采用了多种模式控制方式，而且又采用了多种形式补偿措施，使得带钢出口厚度的保证值在粗轧未采用 AGC 的情况下，其厚度保证指标能优于其他电气公司。

其保证值指标是：

带钢厚度	保证值
≤2mm	±22μm
≤4mm	±25μm
≤6mm	±0.70%h
≤12.7mm	±0.70%h　max±70μm
≤12.7mm	±0.70%h

3.3　终轧温度控制（FTC）

对精轧出口的带钢实际温度和目标温度的偏差值进行控制。终轧温度控制与精轧的轧制加速和机架间冷却水阀的流量有关，根据设定计算模型预测的加速度基准值，调整机架间冷却水阀的流量以实现终轧温度的目标值。

本工程在控制方式上采用了终轧温度的前馈控

制（FF-FTC）和终轧温度的反馈控制（FB-FTC），控制精度为±14℃。

3.4　卷取温度控制（CTC）

通过控制精轧输出辊道上冷却区阀门的开闭，把带钢从终轧温度冷却到规定的卷取温度。卷取温度计算是根据精轧出口速度、温度、厚度、宽度和材质实施冷却策略，对入口带钢进行设定计算。

实时控制是为了消除精轧带钢的温度、厚度和精轧速度变化引起的温度偏差。

本工程层流冷却段总长为 103.4m，设计最大水量为 17700m³/h，分为微调区和修正区，微调区冷却段数量 20 组，每组又分为四个小段；修正区冷却段数量 2 组，每组分为 8 个小段。

为了控制带钢宽度方向上层流冷却水的分布，防止带钢边部过度冷却，使带钢在宽度方向上温度均匀，在层流冷却的微调区设置了边部遮挡装置。本工程在设定计算和自学习中采用的模型有热辐射模型，空气/水/辊道对流模型，金属相变模型；在控制方式上采用了卷曲温度的前馈控制（FF-CTC）和反馈控制（FB-CTC），控制精度为±17℃。

3.5　精轧板形凸度和平直度控制（PCFC）

本工程采用了 SMSD 自动化部的精轧板形凸度和平直度控制，因其机械和控制同属一家公司。所以 PCFC 的数学模型和机械辊型设计结合得更加紧密。

3.5.1　精轧机组板型的控制设备

F1~F7 机架采用工作辊正弯辊，弯辊力 1500kN，弯辊缸同时作为工作辊平衡缸。

F1~F7 机架工作辊横移装置，横移量为±150mm，上工作辊磨成"S"形，下工作辊磨成倒"S"形。上下工作辊相对横移时产生辊缝凸度连续可变的效果，即所谓 CVC 技术。本工程采用了 CVC^{plus} 技术，较在其他同类轧机上所采取的 CVC 辊型曲线，带钢凸度的控制能力更强。

3.5.2　CVC^{plus} 辊型曲线模型

CVC 辊型曲线模型公式：

$$R(X) = a_0 + a_1x + a_2x^2 + a_3x^3$$

式中　　$R(X)$——轧辊半径，mm；

　　　　X——轧辊轴向位置，mm；

a_0, a_1, a_2, a_3——曲线常数。

CVC^{plus} 辊型曲线模型公式：

$$R(X) = a_0 + a_1x + a_2x^2 + a_3x^3 + a_4x^4 + a_5x^5$$

式中　　$R(X)$——轧辊半径，mm；

　　　　X——轧辊轴向位置，mm；

a_0, a_1, a_2, a_3, a_4, a_5——曲线常数。

从以上公式可以得出，CVC 工作辊辊型曲线最高为三次方的半径函数，而 CVC^{plus} 工作辊辊型曲线最高为五次方的半径函数，CVC^{plus} 带钢凸度的控制能力更强，较传统的 CVC 能力提高约 75%。

3.5.3 PCFC 的控制理念

SMSD 采用 PCFC 控制的基本理论是基于带钢在轧制工程中金属纵横向的流动比。在精轧前面机架轧制过程中，由于带钢较厚，其金属横向流动较

纵向流动比例要大（相对于轧制方向），所以对带钢的凸度控制不会影响带钢的平直度，要达到产品比例凸度目标值在前面机架控制是最佳的。在后面机架由于带钢较薄，在轧制过程中金属的纵向流动相对横向流动比例要大，对于平直度控制，只要控制保持各机架比例凸度不变，就能同时命中凸度和平直度的目标值。

图 2 所示为 SMSD 提供的金属流动与带钢厚度的关系曲线。

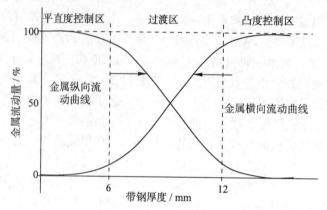

图 2　金属流动与带钢厚度的关系曲线

3.5.4 PCFC 控制

PCFC 控制原理图如图 3 所示。从图 3 可以看出，板形和平直度二级模型根据轧制成品的不同规格、不同材质、不同轧制力、不同轧辊条件给出 CVC

工作辊横移的设定值和工作辊弯辊力的设定值，由精轧出口的多功能仪和平直度仪对带钢的板形进行连续测量，把实际测量数据与板形的目标值进行比较，通过二级模型自学习功能使板形达到目标值

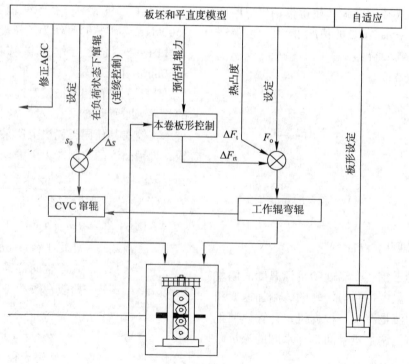

图 3　PCFC 控制原理图

的要求。

3.5.5 材料性能预报系统（MPPS）

热轧带钢质量的一个重要标准是用户要求的拉伸应力及屈服应力与试验值的公差。为了得到这些数据，通常的做法就是在成品卷上取样试验。

材料性能预报系统不需要取样试验，而是根据带钢的化学成分、实际轧制数据就能实时地来进行带钢的性能预报。

材料预报系统的数学模型需要输入的数据有：

（1）板坯的PDI数据（包括化学成分等）；

（2）板坯在加热炉中加热过程的温度/时间曲线；

（3）粗轧的每一轧制道次轧制力、变形系数；

（4）精轧的每一机架轧制力、变形系数；

（5）在精轧出口层流冷却每一区段的冷却规程。

MPS的使用的数学模型有：

（1）加热炉加热温度模型；

（2）轧制温度模型；

（3）轧制变形模型；

（4）冷却温度模型；

（5）冷却相变模型。

目前Tmeic所提供的材料性能预报系统是离线的，还不能实现在线控制和预报。

3.5.6 表面质量检测系统

由于热轧带钢生产线的温度高，速度快，无法通过人工进行表面质量检测。为了能够了解热轧带钢的表面质量情况，通常是采用打开带卷尾部抽查的方法，如发现表面质量采取相应措施，这种离线的检测方法，缺点是不能及时地反馈带卷的质量信息。

本工程为了克服上述缺点采用了德国Parsytec公司生产的在线表面质量检测仪，主要功能是：

（1）对带钢的上下表面能够在线的连续不断地检测带钢的表面缺陷；

（2）可以在带钢速度20m/s以下正常工作；

（3）检查带钢的宽度为2300mm；

（4）分辨率为0.5mm×1.0mm，质量缺陷的等级可以分10级，每一级又可分为若干子项，其检测的数据既可在线查看，又可存档备查。

表面质量检测分为"面阵CCD摄像机+频闪氙灯"和"线阵CCD摄像机+激光光源"两种，本工程采用的是前者，即多台频闪氙灯同时照射热轧带钢表面并通过多台面阵CCD摄像机同步采集带钢表面图像，面阵CCD摄像机通过帧扫描的方式采集图像，图像通过快速处理器对其进行实时的分析和处理，然后通过以太网发给轧线上数据库服务器，在数据库进行保存。同时质量检查站通过HMI对缺陷的检测结果进行显示，并对用户提供每一卷带钢的质量信息。

Parsytec在缺陷数据库中有830个缺陷样本，分类率为93%左右，缺陷的检出率为95%。

4　结束语

京唐2250mm热轧生产线自动化系统自2008年12月份投产以来，经历了冷试、热试的考验，现在朝着达产的目标前进。普遍认为该系统先进可靠，L1L2工艺模型成熟，调试时间短，达到了同类轧机的领先水平。

参考文献

[1] 京唐2250mm HSM Tmeic"电气公司电气自动化技术规格书".

[2] 京唐2250mm HSM SMSD"PCFC自动化控制技术规格书".

（原文发表于《工程与技术》2009年第2期）

首钢污水处理自动化控制系统设计与建设

周为民

（北京首钢国际工程技术有限公司，北京 100043）

摘　要：本文结合具体工程实例，简要介绍了首钢污水处理自动化控制系统从设计到编程、调试的整个过程，指出了过程中发现的问题，并对污水处理行业进行了展望。

关键词：污水处理；自动化控制系统；环境保护

Design and Construction about Automation Control System in Shougang Sewage Treatment Project

Zhou Weimin

(Beijing Shougang International Engineering Technology Co., Ltd., Beijing 100043)

Abstract：With the specific example of project, a brief discussion is made in the paper about design、programming and debugging in shougang sewage treatment project. The paper points out the prolems found during the process, and looks ahead the sewage treatment industry.

Key words：sewage treatment; automation control system; environment protection

1　引言

首钢污水处理工程是北京重点环保建设内容之一。其中污水处理自动化控制系统是工程最重要核心组成部分，它在广泛采用先进成熟的现代控制思想和高新技术的前提下，成功实现了污水处理全程自动化监控。工程投产近一年，稳定可靠、环保效果明显、取得显著的经济和社会效益，达到设计指标要求，为首钢的可持续发展和北京环保做出重大贡献。首钢在利用现代信息技术进行环境保护治理方面，达到国内一流先进水平。

2　首钢污水处理系统简介

根据工程工艺流程总体要求，首钢污水处理系统包括预处理、高密池、V 型滤池、加药间、回用水、污泥处理等部分，简述如下。

2.1　预处理

首钢污水经汇集后由引水总管渠送到预处理。

预处理包括进水总闸板（启闭机）井，汇入进水总渠后，总渠分 2 条支渠，都分别经过粗、细格栅机进行污垢杂物拦截后汇总由除油机除油再进入调节池，调节池基顶有 5 台潜水泵。

2.2　高密池（混合配水构筑物）

污水由预处理的调节池潜水泵提升到混合配水构筑物，在此实现比例配水，并投加相应药剂，搅拌混合反应后，分别进入三个高密度澄清池，经沉淀分离后，30%污水到达标后外排，其余70%污水再经后混凝进入 V 型池。

（1）混合配水构筑物。在回用线和排放线混合反应区分别有手/自动控制的快速搅拌机和原水 pH 值、原水 TAC 值、原水流量的显示；澄清池 A 在线选择，澄清池 B 在线选择，澄清池 C 在线选择。

（2）高密度澄清池。它集反应、澄清、浓缩为一体高效水处理，分为三个区：絮凝反应区、预沉—浓缩区、斜板分离区。设有 A、B、C 三座高密度澄清池，其中 A、B 两池为回用线，C 池为外排线。

絮凝反应区由快速搅拌区和无搅拌区组成，投入不同药剂的污水由混合配水构筑物进入高密度澄清池的絮凝反应区，在电动搅拌机的作用下发生絮凝反应。每个高密度澄清池（A、B、C）絮凝反应后进入预沉—浓缩区，它分上下两层，在搅拌器作用下锥型循环池上面用于回流，下面剩余污泥用于排放，锥型循环池高度可控，底部有刮泥机，剩余污泥刮入泥斗，由排泥泵送到泥处理系统；斜板分离区对水中残余物再次清除，A、B池的水送到后混凝池，搅拌处理后送 V 型滤池；C 池达标后外排。每个高密度澄清池（A、B、C）的电动设备如搅拌机、刮泥机、排泥泵及仪表等均在 MCC/CP200 柜中 PLC 控制。

2.3　V 型滤池

由高密度澄清池（A、B）处理的污水引到滤池配水渠，通过单池两个进水孔（其一孔由电动闸板自动开关）后，由堰在滤池间均匀配水，再经两侧孔进入 V 型滤池。滤池组共分 4 组（A、B、C、D）8 格。每个滤池由滤板和长柄滤头组成，滤池组操作间分为反冲洗泵房、鼓风机房和控制室。反冲洗泵房有 3 台反冲洗泵；鼓风机房有 3 台鼓风机；控制室内有 PLC 控制。水均匀进入滤池，通过砂滤层和长柄滤头流入池底配水、配气室，再汇入中央气水分配渠内，最后经出水阀、水封井、出水堰、清水总渠、冲洗水储存池，流入回用水池。为了使滤料进一步冲洗，将悬浮于水中的杂质全部冲入中央排水渠，采用"气冲—气、水同时反冲—水冲"3 步反冲洗过程。

2.4　加药间

为了便于操作管理，将所有药剂的制备与投放系统放在一个建筑物内——加药间，并设有 1 个控制室，室内有 MCC/CP500 控制柜，柜中有 PLC 控制，统一进行配电和控制，实现药剂自动投加。

（1）混凝剂制备与投放系统。投放混凝剂的作用是使污水中的胶体粒子脱稳凝集，沉淀分离，达到澄清污水的目的。设有 1 座制备池和 2 座投加池，池内设有搅拌机。再由加药泵投加到 3 处投加点。设有 2 组加药泵，其中 1 组 3 台，另 1 组 2 台，给高密度澄清池混凝加药点投加。

（2）高分子聚合物配制与投放系统。高分子聚合物对固体表面有强烈吸附作用能促使细小松散絮粒变得粗大密集，加速沉淀。采用由料斗投放，一个螺旋进料器将料加入配制室，再进入饱和室用 7 台加药泵送到 6 处投加点；3 座高密度澄清池的反应区和污泥回流管。

（3）石灰配制与投放系统。为了降低回用水中的暂时硬度，加石灰进行软化处理。设 2 座石灰储料罐，由 2 套螺旋计量、进料器将石灰加入 2 座制备投放池，池内设搅拌机，再由 2 台加药泵送到混合配构筑物回用线加药点。

（4）加酸系统。回用线污水经石灰软化后 pH 值会升高，需加适量酸调整水的酸碱度，保证 pH 值指示，排放线有时也需加适量酸调整水中除氟的最佳 pH 值。设置 2 个酸储罐，通过 4 台加酸泵送到 3 处加酸点；混合配构筑物排放线、高密度澄清池后混凝和滤后水渠。

（5）加氯系统。为了灭杀回用水中的微生物，防止藻类滋生，采用滤后水加氯消毒。为此在加氯间设 2 台加氯机，8 个瓶位，其中在线 4 个瓶位，分两组，自动切换，互为备用。加氯机将氯气送到滤池操作间，通过水射器投加到滤后水渠加氯点。为了防止氯气泄漏，设有氯气泄漏报警系统、机械通风系统和氯气吸收装置等安全设施。

2.5　回用水

滤池出水流至储水池配水井，再通过闸板（启闭机）分别进入储水池两个格；回用水泵房内设两组泵，每组 3 台，互为连锁。两组泵分两个管路将回用水送回厂区。

2.6　污泥处理

污泥处理包括污泥调节池（2 座）和污泥脱水间。高密度澄清池的底流污泥由排泥泵输送到污泥调节池，污泥调节池内污泥由给料泵送到脱水间的压滤机进行机械脱水。

3　污水处理自动化控制系统设计与编程

3.1　自动化控制系统设计原则

首钢污水处理环保工程立项时首钢总公司就确定建设原则，即"首钢的工业污水必须全部处理，要尽可能多地回收利用，尽量减少外排，尽量减少新水用量，要广泛采用最先进的污水处理技术"。这就要求用最先进的高新技术来建设首钢污水处理环保工程，达到最佳效果"高效、高质、节能"，所以设计原则要求"全厂自控系统及主要设备的硬件及软件达到国内一流水平"。根据这些原则本工程对于自动化控制系统设计应优先考虑性能/价格比（即技术的先进性和经济性）。本工程自控系统设计突出以下设计原则：

（1）系统主要设备和自动化软件是进口的，应用软件自己编程。

（2）设备选型要以满足功能需要为准则，这样既符合先进性又考虑经济性。如系统根据功能需要选择 PLC 采用施耐德公司生产的 Modicon TSX Premium 系列产品，它具有高性能、高可靠性、开放的网络及更多功能块；编程软件使用 Windows 支持下 PL7。如果选择 Modicon Quantum，编程软件使用 Concept，那么造价就要高 1/3~1/2。

3.2 现场手动、本地自动和上位机三级全过程控制

首钢污水处理厂自动化工程控制系统采用现场手动、本地自动和上位机三级全过程控制方式：

（1）现场手动方式。在现场设备旁的控制箱上有手/自动转换开关、启停按钮和运行、停止显示灯，可以在手动状态下对设备进行现场操作，其作用可现场维护和检修或者应急处理。它的优先级别最高。

（2）本地自动控制方式。这是指在 PLC 柜的触摸屏上完成对设备的操作、状态显示、手动和自动控制，它的优先级别次之。完成本地控制的 PLC 包括预处理、高密池、V 型滤池、加药间、回用水、污泥处理，其中 V 型滤池的控制室内有 MCC/CP200 控制柜，柜中有 PLC 控制；对于反冲洗控制，A、B、C、D 4 个滤池组分别有 1 个操作台，其中有一个 MODICON Micro PLC TSX 3721001 小型 PLC 控制，并有一个小触摸屏显示操作，它和控制室中的 PLC 用 FIPWAY 网通讯。而控制室中的 PLC 和上位机及其他部分 PLC 用 MB+网通讯；污泥处理包括三个压滤机 PLC 柜和一个搅拌机 PLC 柜及一台上位工控机和一台打印机组成。

（3）上位机自动控制方式。它是污水处理自动化控制系统监控中心。在主控室中有两台监控计算机，互为热备份，它可以完成对全厂设备运行的监控、打印；它的优先级别最低。作为监控计算机它采用 iFix 工业自动化软件，其基本功能为数据采集和数据管理。它分为监控画面和水质水量记录报表两大部分。监控有如下画面：厂区总览；粗格栅；细格栅；提升泵房；配水构筑物；高密度澄清池；滤池总览；公共冲洗；滤池；加氯系统；石灰配剂投加；污泥处理系统；回用水泵层；自动化总览。

首钢污水处理厂水质水量记录表包括如下内容：

（1）原水:电导率、流量、浊度、pH 值、TAC 值；

（2）加氯加药:氯、PAC、PAM、酸、石灰；

（3）高密度澄清池出水:A 池，流量、pH 值；B 池，流量、pH 值；C 池，流量、pH 值；

（4）高密度澄清池进水:F、COD、SS 值、油；

（5）V 型滤池进水:TAC、pH 值、浊度；

（6）V 型滤池出水:pH 值、浊度；

（7）回用水:电导率、流量、浊度、pH 值、余氯、水位、南线流量、北线流量；南线流量本日、本月累计；北线流量本日、本月累计。

计算机画面中设备均可以显示运行、停止和故障报警；重要参数显示；远程设备启、停操作；同时设置画面切换按钮、打印按钮等；对于首钢污水处理厂水质水量记录表可显示今天、昨天报表，可显示某年某月某日报表。

有了现场手动、本地自动和上位机三级全过程控制就全部、完整、安全可靠地实现首钢污水处理厂自动化控制系统，保证全厂污水处理工艺和技术指标的全部实现，达到自动化控制系统国内一流最好水平。

3.3 现场 PLC 和触摸屏控制操作

首钢污水处理厂自动化控制系统采用现场 PLC 和触摸屏控制操作。两者为主体组成一个控制柜。PLC 采用施耐德公司生产的 Modicon TSX Premium 系列产品，它具有高性能、高可靠性、开放的网络及更多功能块；编程软件使用 Windows 下的 PL7 软件，其功能符合 IEC1131-3 标准语言；集成的人机对话（多种人机交互界面）；通过操作屏诊断；编辑器/工具；按段按功能的结构化编程；方便多功能的调试和诊断；强大的应用程序管理；具有热启动和冷启动功能等。

首钢污水处理厂自动化控制系统的重要特点就是采用了触摸屏；采用施耐德公司生产的 Modicon Magelis 操作员对话图形终端 XBT-F034110；它具有如下主要功能:动态主屏幕显示（10.4″彩显）、控制、数字和字母数字变量的修改；带有当前时间的服务行显示；操作数据和过程故障的动态显示；通过软功能键进行控制操作；页面可由 PLC 调用；触摸屏面板上有通讯监视和反馈指示灯；触摸屏所用的开发软件是 XBT-L10003/L1004 软件:它和 Magelis 触摸屏终端一起来生成控制自动化系统的操作员对话应用程序，它在 Windows95 或 NT4.0 下运行。它可生成不同画面：应用程序页面、报警页面、帮助页面、表格页面，它可以包含各种变量和图形对象。XBT-L10003/L1004 软件可以用来配置功能键、激活命令和调用应用程序页面。首钢污水处理厂自动化控制系统，采用触摸屏作为本地控制人机对话终端，在触摸屏上按工艺流程设计控制画面、设备各种状态（运行绿灯亮，停止红灯亮，故障红黄闪烁）和参数显示（电导率、温度、浊度、液位、余氯、压

力、流量、pH 值、电流、开度等）；控制画面上设置各种转换开关，如本地/远程（上位机）转换开关、单机/联锁转换开关、翻页按钮、复位按钮、有关参数设置按钮等，各设备均可在触摸屏上进行单台/联锁控制；同时有的部分在触摸屏显示水质参数报表；为了保证安全触摸屏加了 PASSWORD(密码)保护。

3.4 MB+网络通讯和工业自动化软件 iFix 的采用

首钢污水处理厂自动化控制系统是分布式网络系统。整个网络由 13 个工作站组成（其中 V 型池 PLC 主站下又有 4 个从站，主、从站用 FIPWAY 连接），这些工作站用 MB+网连接起来。在 PLC 上用 MB+通讯卡，在上位机用 SA85 网卡，由于网线比较长，中间采用中继器 RR85 连接，支点处均用 TAP 连接器，网络两侧的 TAP 连接器上接到匹配电阻上。MB+网是环形网，没有主从关系，用令牌传递信息，通讯频率 1M。上位机是作为工作站连在 MB+网络上，它采用 Intellution 的 HM/SCADA 工业自动化软件 iFix。iFix 是 Intellution 推出 Fix 升级产品，它的软件内核中采用当前最先进软件技术，包括微软的 VBA、OPC、ActiveX、COM/DCOM……使用了基于面向对象的框架结构；它具有功能强大"即插即解决"技术，集成开发环境:WorkSpace，强大的图形、网络、报警、自定义专家导向功能，增强的安全性和可靠性，iFix 全面支持 Windows2000。本系统充分利用 iFix 的功能，做到控制画面明了、实用、形象、工艺流程动态显示，设备启停、状态在可弹出动态窗口上操作，操作方便，安全可靠。

3.5 水质水量记录报表参数自动在线检测数据采集——分析仪表的采用

在主控室的上位机上设计了功能齐全、一目了然、便于分析的水质水量记录报表；它的所有数据采集都是自动在线检测采集的——分析仪表的采用。本系统的分析仪表:pH 值测量仪、TAC 检测仪、浊度计、油量分析仪、超声波流量计、余氯检测仪、电导率检测仪、超声波液位计等。这些分析仪表是最新高科技产品，是智能化现代仪表，它们的共同特点：所需参数如量程、单位、传感器型号、条件要求、运行曲线等均可设置；同时可以根据标准试样仪表自动采集调测量标准而达到满足工艺要求，也可以根据要求定期标定，这些是常规仪表所没有的。这些分析仪表的采用不仅提高测试精度和可靠性，同时使水质水量记录报表自动在线检测数据采集全部实现。

3.6 系统接地网小于 1Ω是自动化控制系统安全、可靠性措施保证

为了保证污水处理自动化控制系统安全、可靠，工程设计要求系统接地全厂联网，并且要求其接地电阻小于 1Ω。实际测量（专用仪表）小于 0.6Ω。系统中的所有 PLC 控制柜和上位机就近共地，系统抗干扰能力大大增强，可靠性增加，自动化控制系统运行以来从未出过系统干扰错误、安全可靠。为了增加自动化控制系统安全、可靠性，系统设计又采取如下软硬件措施：

（1）系统主要设备和自动化软件是进口的，应用软件自己编程；

（2）MB+网为了增强信号，抗干扰，采用中继器 RR85；MB+网连接电缆全部屏蔽连到一起接地；

（3）系统供电除了正常供电外，另加 UPS 电源，掉电可保半小时自动供电；

（4）在 MB+网通讯中系统对 I/O 主要接口卡进行每秒故障信号查询处理；

（5）在系统各应用软件编程中采取安全可靠性技术处理：如加模拟量滤波、加缓存、互锁、均有对故障的判断、显示、报警和处理等。

3.7 污水处理所有技术指标（水质水量）分析报表的自动实现

系统在自动监控的同时，也完成污水处理所有技术指标（水质水量）分析报表的自动实现。从自动化角度看，它分三部分完成。数据采集、数据处理和记录报表。数据采集由自动在线检测数据采集-分析仪表和仪表来完成的；采集到数据通过仪表变送器转换成 4~20ma 标准信号再通过 I/O 模拟量接口送到 PLC 进行处理:PLC 对模拟量进行数字化转换，取每小时平均值记录，并计算每天（0 点 0 分计算）每月的累计量（仅对流量累计），要求采集计算处理的数据保留三天；记录报表在上位机中完成。上位机通过 MB+网从 PLC 中得到数据显示并可长时间保存和打印报表。

4 污水处理自动化控制系统调试与运行

根据首钢污水处理工程总体进度要求，预处理、加氯加药、高密池、V 型滤池、回用水、污泥处理和主控室自动化控制系统都分别制订了工程试车调试方案。于 2001 年 10 月至 11 月进行该工程自动化工艺了解及 PLC 编程软件调研准备工作，12 月进行各部分应用软件编程，2002 年 1 月中旬进行各部分正式调试—单调、分调、联调；3 月初基本调完。4 月 8 日正式试运行，到 6 月底结束。中间进行多次

工艺修改调试，完全达到设计工艺要求，已经正式投产运行。

5 两点思考

5.1 自动化控制系统是现代信息化高新技术改造环保产业的最佳方法

随着人类现代化发展，人和自然的关系越来越密切，人们要想实现经济的可持续发展就必须搞好环境保护，尤其是水资源的保护和再利用，减少环境污染。首钢污水处理厂对工业污水的成功处理，不仅使首钢的污水处理全部达标，而且最大限度的回用。污水处理的关键核心就是采用自动化控制系统，它实现人工无法做到的工作和全部自动化。首钢污水处理厂对工业污水的成功处理，最有力地证明自动化控制系统是现代信息化高新技术改造环保产业的最佳方法；也就是说只有用自动化控制系统才能真正搞好现代化环境保护治理。

5.2 自动化控制系统分布式网络时代已经到来

首钢污水处理环保工程自动化控制系统采用分布式网络设计与成功应用实践，达到设计的要求，技术先进、安全可靠、社会环保效果显著、经济效益高。作为自动化控制系统来说，采用分布式网络系统实现全过程自动控制，系统复杂、庞大，是集散型控制方式所难以实现和达到的。这充分说明随着我国经济的持续发展，自动化控制系统分布式网络时代已经到来；现代信息化高新技术改造环保产业和传统产业时代已经到来。

6 效益浅析

首钢污水处理环保工程设计总进水量4000m³/h，平均日处理能力为9.6万 m³。一年来的运行证明已达到设计指标。该处理厂现在处理首钢厂区的全部污水，并且回收了70%的处理水。外排的 30%处理水指标达到或优于"北京市水污染排放标准"二级标准。这样就从根本上解决了首钢的工业污水污染，造福一方。首钢污水处理直接经济效益也比较显著，据有关资料测算，目前企业吨水费用约为 2.5 元/t，污水处理费约 1.3 元/t，按目前回收水量计年直接经济效益可达 1800 万元。

（原文发表于《设计通讯》2003 年第 2 期）

首秦 4300mm 宽厚板轧机的自动化控制系统

宋道锋　马维理　任绍峰

（北京首钢国际工程技术有限公司，北京 100043）

摘　要：本文介绍了首秦新投产的 4300mm 宽厚板轧机的自动化控制系统的结构和特点，以及自动化新技术在该系统中的应用。

关键词：宽厚板轧机；控制系统；可编程控制器

Automation Control System of Shouqin 4300mm Heavy Plate Mill

Song Daofeng　Ma Weili　Ren Shaofeng

(Beijing Shougang International Engineering Technology Co., Ltd., Beijing 100043)

Abstract: In this paper, we introduce the configuration of automation of Shouqin 4300mm heavy plate mill that has been put into service and new technology of the control system.

Key words: heavy plate mill; control system; PLC

1　引言

秦皇岛首秦金属材料有限公司 4300mm 宽厚板轧机（以下简称首秦宽厚板轧机）具有世界先进、国内一流的技术工艺及装备。由北京首钢设计院联合德国西马克、西门子等公司完成设计。历时25 个月，经过设计、施工各单位的共同努力，一期工程于 2006 年 10 月 20 日一次投产试车成功。

首秦宽厚板轧机工程分两期实施。一期设计年产量为 120 万吨宽厚板，成品厚度为 5～100mm，宽度为 1400～4200mm，长度为 3000～12000mm，成品中专用钢板比例占 60%。二期预留有粗轧机、立辊轧机、DQ 淬火装置、在线探伤、剖分剪及热处理线等。一期精轧机选用了高刚性的四辊可逆轧机。它具有高精度、高刚性、高功率、大转矩的显著特点，能够保证产品的尺寸精度和板型精度，保证控制轧制的实施。采用液压弯辊及预留CVC⁺ 技术，能够控制板形，最大限度减少了钢板切损量，提高成材率。在控制轧制和快速冷却技术上，采用了 TMCP（Thermo-Mechanical Control Process）工艺。应用 TMCP 工艺技术可以生产出力学性能和焊接性能均优良的高强度

焊接结构钢板。在矫直机上采用了十一辊四重式液压矫直机，它具有高刚度、全液压调节及先进的自动化系统。高性能的在线热矫直机使轧后控冷能力得以充分发挥，保证了高附加值宽厚板产品质量。

2　自动化控制技术及特点

2.1　自动化控制技术

自动化一级控制系统采用西门子高端控制器SIMATIC TDC，完成轧线的工艺控制功能，包括厚度、板形、平直度和平面形状的自动控制等。二级控制系统的数学模型采用物理模型加神经网络自适应，使工艺控制的精度和产品的质量进一步提高，使轧机能力得到充分发挥，其自动化控制系统达到了国际先进水平。

2.2　自动化系统特点

2.2.1　系统硬件选型一致

本工程自动化系统硬件设备分别由 Siemens 公司、SMSD 机械商自动化公司和首钢总公司三家供货，但一级自动化系统硬件的选型是一致的，二级

自动化系统硬件设备除 SMSD 选用 TCS 系统用于加速冷却和热矫直机区域以外，也是一致的，选用 S7 和 ET-200 等系列产品，全厂一级、二级的网络系统选用 Siemens 产品，L2 级留有与 L3 级的接口，为将来扩充发展留有余地。

2.2.2　开放性好

本自动化系统选用的 PC 服务器为富士通－西门子 Primergy TX300 型，操作系统为 Windows 2000，编程语言为 netC++，通讯协议采用 TCP/IP。这为今后软件开发和移植、系统升级、硬件扩展提供了方便。

2.2.3　可靠性高

L2 级分别由 5 台 PC 服务器组成，每台服务器有 2 个 CPU。其中有一台 PC 服务器作为开发和备用，所有的计算机都带有内部存储硬盘，所有的运行数据都存储在硬盘之中，当其中一台计算机发生故障时，只需将硬盘拔出，放入备用的计算机之中即可，更换时间约需 8~15min。在更换过程中一级自动化系统按原设定值继续运行，不影响正常生产。

2.2.4　技术先进

本系统采用了具有代表目前世界上先进水平的控制技术，如加热炉在炉板坯对每一块的时间预报、温度预报技术，温度自动控制、自动燃烧技术，轧机的自动厚度控制、自动板形控制、自动平面形状控制技术，控制轧制和控制冷却技术，ACC 的温度模型控制技术等。

3　自动化系统分级

自动化系统按控制功能分为三级，各级任务及控制范围如下。

3.1　基础自动化级（L1）

基础自动化级又分为连锁控制和工艺控制。连锁控制主要完成设备的顺序控制、自动位置控制和速度控制等；工艺控制主要完成加热炉热工参数控制，钢板的温度、厚度、宽度和板形控制，各种操作界面和数据采集等任务。

控制范围：冷坯从加热炉上料辊道开始到钢板堆垛收集装置为止，分若干个控制区完成基础自动化控制功能。

3.2　过程控制级（L2）

主要完成全线的材料跟踪，过程控制参数的设定计算以及操作指导等任务。

控制范围：冷坯从加热炉上料辊道开始到钢板堆垛收集装置为止，分若干个控制区完成过程控制级功能。

3.3　生产控制级（L3，预留）

主要完成全厂的物料跟踪、物料运输、生产过程数据的采集、作业计划的制定、生产调度、质量管理、生产过程管理、磨辊间管理、建立产品生产的档案、打印报表、统计分析、接收四级（ERP：Enterprise Resource Planning 企业资源计划）生产指令和返回生产线运行情况等。

4　自动化系统的硬件组成

自动化系统的配置如图 1 所示。

4.1　L1 级

4.1.1　SIMATIC TDC

SIMATIC TDC 是高端 SIMATIC PLC 设备，主要用于快速响应的闭环控制系统。SIMATIC TDC 具有以下特点：

（1）采样时间间隔短，可达 $100\mu s$，特别适用于动态控制任务；

（2）中央处理器采用 64 位结构，具有最佳性能；

（3）同步多处理器运行，每个机架最多可有 20 个 CPU；最多可同步耦合 44 个机架等。

4.1.2　SIMATIC S7 PLC

主要用于全线设备逻辑连锁及顺序控制。

4.1.3　ET-200 远程 I/O 系统

ET-200 远程输入输出模块，可以保证 SIMATIC 系列装置在紧靠工艺过程的范围内使用。

4.2　L2 级

L2 级选用富士通—西门子双处理器计算机用于系统服务器。

4.3　控制网络

控制网络采用工业以太网和 PROFIBUS-DP 现场总线。该工业以太网最多可配置 1000 个服务站点，支持 TCP/IP 协议和 SINEC H1 OSI 802.3U 协议，该系统通过防火墙和路由器进行保护，路由器安全地直接连接到电话线或互联网；PROFIBUS 是强力型的网络，适用于性能更低或者中等性能范围的网络。

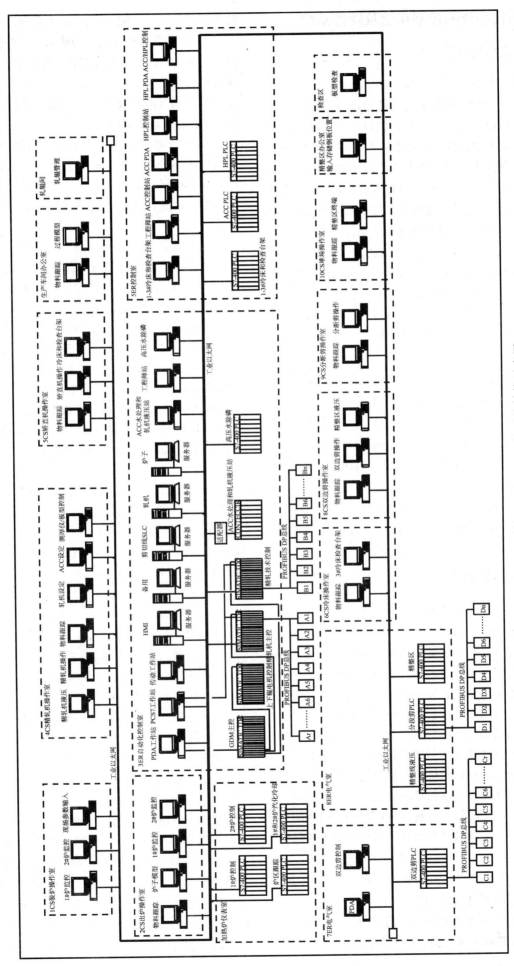

图 1 首秦 4300mm 宽厚板轧机自动化监控系统结构示意图

5 自动化系统的控制功能及软件系统

5.1 L1 级控制功能

5.1.1 加热炉区控制功能

板坯沿炉宽、炉长方向的自动定位，实现自动装料；装料炉门的自动控制；装料炉门、步进梁、托入机、炉前辊道的连锁控制；板坯在炉内的位置跟踪，实现钢坯在炉内的在线监视及向加热炉二级和轧线二级的数据传送；出料炉门、步进梁、托出机、炉前辊道的连锁控制以及八段炉温的自动控制。

5.1.2 轧机 L1 级自动化控制功能

一次除鳞，坯料传送，坯料跟踪，主令速度控制，辊缝设定，自动厚度控制（AGC），自动板形和平直度控制，自动平面形状控制，模拟轧钢，热矫直机控制，顺序连锁控制，ACC 控制，故障监视与报警，画面显示与监控和数据通讯。

5.1.3 冷床区域 L1 级自动化控制功能

钢板传送，钢板跟踪，顺序连锁控制，故障监视与报警，画面显示与监控和数据通讯。

5.1.4 剪切线区域 L1 级自动化控制功能

钢板传送，钢板跟踪，钢板对中，剪缝调整，顺序连锁控制，故障监视与报警，画面显示与监控和数据通讯。

5.1.5 垛板区域 L1 级自动化控制功能

钢板传送，钢板跟踪，顺序连锁控制，故障监视与报警，画面显示与监控和数据通讯。

5.2 L2 级应用软件功能

5.2.1 加热炉计算机的应用软件

与 L1 级自动化系统进行数据交换；加热炉入炉坯的热流计算，即计算流入板坯表面的热流；加热炉内各段温度设定值的计算；计划延迟和非计划延迟的自动炉温控制；确定在加热炉每一块板坯按出炉温度目标值的剩余加热时间，即时间预报。

根据当前加热炉内的温度计算板坯沿厚度方向的板坯温度，并通过观测器进行温度预报；数据跟踪；节奏控制，根据轧机计算机的轧制时间决定炉内板坯的步进速度，使加热炉既能满足板坯加热目标值的要求，又能均匀出料，使得轧机有最大的生产能力；二级 HMI 各种画面显示和打印报表和各种数据记录等。

5.2.2 轧线计算机应用软件功能

（1）板坯 PDI 数据的输入，包括：

1）板坯初始数据的输入。在板坯到达轧机 L2 计算机系统跟踪范围之前，所有板坯数据和生产计划全部由人工在 CS1 或生产调度室通过 HMI 输入。

2）热送热装板坯数据的输入。如果板坯是热送热装，则在连铸机完成火焰切割之后由连铸机的 L2 级自动化系统将板坯的外形尺寸、化学成分、钢水浇铸炉次编号以及板坯编号的信息传送给加热炉计算机 L2 级自动化系统。

3）PDI 数据的内容。初始的板坯 PDI 数据包括钢水浇铸炉次编号、板坯编号；实际的板坯外形尺寸以及重量；板坯的等级、类型和化学成分；成品厚度、宽度和长度；轧制温度制度；冷却温度制度。

（2）轧件跟踪。轧件跟踪依据轧线采集的信息，对轧线上的轧件进行跟踪。一方面为操作人员在 HMI 上显示正确的轧件位置和有关数据，另一方面依据轧件的实际位置触发计算机相应的程序，从数据库中调出相应的数据，进行计算，指挥轧制过程的进行。L2 级跟踪主要是轧件数据跟踪；L1 级跟踪主要是轧件位置跟踪。L1 级位置跟踪通过金属检测器、红外测温仪、负荷电流继电器及各测量仪表来检测轧件的位置，在计算机 L2 级中建立板坯的映像，其目的是为了保持计算机内的数据流与生产线的物流一致，使 L2 级的数据跟踪与 L1 级的位置跟踪相吻合。

（3）轧制规程的设定计算。轧制规程的基本任务是，依据原料的条件和产品的要求以及实际的轧制工艺、设备条件，制定合理的压下规程，在轧制设备允许的条件下，实现制定的温度制度和变形制度，保证产品的外形尺寸和内部的冶金质量。

轧制规程计算的基本功能：

1）轧制方法的选择，首先对坯料尺寸进行校核，根据坯料尺寸和产品确定轧制方法（成形轧制 DBT、展宽轧制 DW、精轧 DF）；

2）各轧制道次压下量的确定；

3）轧机能力的校核；

4）各轧制道次轧制与间歇时间的计算；

5）各轧制道次温度的计算等。

轧制规程计算的基本内容：

1）预计算。在钢坯入炉后即进行轧制规程的预计算。

2）轧制规程再计算。在钢坯出炉后经过除鳞取得温度测量实际值后进行轧制规程再计算。

3）轧制规程动态计算。在一个道次开始前，根据侧导板测量的钢板实际宽度和机前高温计测出的板坯最新温度值以及上一个或几个道次的实际轧制数据和预设定轧制数据的偏差对本道次或下一个道次轧制规程进行修正。

4）轧制规程的后计算。在轧制完成之后对模型的自适应参数进行自学习（主要针对下块坯料）。

轧制规程计算应用的主要模型：

1）轧件温降模型（除鳞水温降、轧机中温降、空冷温降）；

2）轧辊温度分布和热凸度计算模型；

3）轧辊磨损模型（工作辊、支撑辊）；

4）材料应力模型；

5）轧制力模型；

6）轧制力矩计算模型；

7）机架弹性变形模型；

8）弯辊力设定模型。

（4）控制轧制。控制轧制就是在坯料一定的化学成分下，通过对轧制温度、压下量和轧后冷却过程参数的控制，显著地改善钢材的组织，提高钢材的物理性能。在进行控制轧制时，在轧机区放置多块坯料，一块或两块轧制，其余在辊道上摆动，空冷待温。计算机一方面要对轧件进行道次计算，另一方面要对待温坯料进行跟踪和温度计算，并选择适当的时机进行交替轧制。

（5）自动厚度控制（AGC）。AGC 技术的主要目标是在负荷状态下，动态的消除因扰动引起的辊缝变化，保持钢板在纵向上的厚度偏差为零或在公差允许范围之内。自动厚度控制由 L1 级执行。L1级的 AGC 是根据 L2 级的设定参数和实际的轧制力控制辊缝：当轧制力发生变化时，AGC 控制系统将动态的对 L2 级的设定参数进行补偿，从而提高轧机出口的厚度精度。

AGC 的补偿主要有：

1）轧机弹跳补偿；

2）板宽补偿；

3）轧辊偏心补偿；

4）轧辊热膨胀补偿；

5）油膜厚度补偿。

（6）板形控制。本轧机主要采用工作辊弯辊对板形进行控制。

液压弯辊力板形控制系统是根据轧机的轧制力，以及辊型曲线、热凸度、辊子磨损的影响考虑轧件的宽度、轧件厚度、轧机模数、钢种等因素实时地控制和改变液压系统对工作辊所施加的弯辊力，以瞬时地改变辊身的挠度，从而改变承载辊缝的形状，使轧制后的板材在横断面上延伸均匀分布，近而达到控制板形的目的。

由 L2 级计算出轧件达到目标板形所需的预定弯辊力和随轧制力变化的弯辊力变化量，由 L1级根据测量的轧制力和 L2 级预设定的轧制力的偏差以及弯辊力随轧制力的变化量动态调整机架的弯辊力达到改善板形，提高产品质量的目的。

（7）平面形状控制。宽厚板轧机在轧制过程中，成品的平面形状由坯料厚度、纵向和横向的延伸确定。如果宽展小于纵向延展，坯料的两头出现舌形而坯料的两侧出现凹形；反之，如果展宽大于纵向延伸，坯料的两头出现凹形而坯料的两侧则出现舌形。

平面形状控制的目的，就是在成形轧制阶段的末道次（或展宽轧制阶段末道次）将轧件沿纵向轧成由预测模型所要求的断面形状。在该道次的轧制中沿轧件纵向各处的厚度是连续变化的，即目标厚度不再是定值而是长度方向上位置的函数。Siemens 采用的是多点设定模型，考虑了 AGC的能力运用了弯辊力模型、轧制力模型。

（8）平直度控制。平直度控制的目的是通过板坯宽度方向上的三点测厚，测出板坯的楔形量（左右板厚之差），通过 L2 级的多点设定模型改变金属在宽度方向上的流量进行矫正，从而避免了成品的镰刀弯和浪形。

本工程三点测厚采集的数据不参与 L1 级的闭环控制，是为 L2 级平直度模型自适应、自学习之用。

（9）轧制节奏控制。轧制节奏控制功能主要是协调从加热炉到剪切线之间的生产操作。该功能计算轧件在各生产区域的预计运行时间，对实际运行时间进行监视，并根据轧件的实际运行情况对该间隔时间进行修正，控制加热炉最佳出坯时刻，从而使轧件与轧件之间保持最佳的时间间隔，以达到提高生产率的目的。

（10）模拟轧钢。模拟轧钢用来动态的模拟过程控制和计算机应用软件的各种功能。在系统综合测试和新产品开发时，测试所有应用程序的性能。模拟程序根据必要的 PDI 数据，对轧机在生产线的实际运行情况进行动态模拟。

5.2.3　加速冷却计算机的应用功能

控制冷却是利用加速冷却的设备，对轧后的钢板在线进行加速冷却，通过改变冷却水量控制在冷却过程的钢板的相变温度和相变组织，以获得优异的物理力学性能。

（1）冷却策略。确定钢板的冷却制度。为此要根据产品的厚度、长度、宽度以及钢种化学成分的不同要求，通过冷却模型的设定计算，控制冷却水阀门开/关，使钢板冷却到目标温度。

（2）TCS 自动化系统的主要控制功能。PDI 数据的输入；设定值的计算；冷却装置的控制；边部遮罩的控制；顺序控制和数据交换等。

（3）加速冷却自动化系统的主要特点。先进的加速冷却数学物理模型；通过改变钢板横向和纵向的水量分配能够使钢板获得更好的平整度；对楔形钢板加速冷却的温度控制；TCS 数据库存有 15000 块钢板冷却的信息等。

（4）热矫直机的控制功能。板坯在轧制过程中会出现各种缺陷如边浪、中浪、挠曲等，因此，轧制之后的基板都要进行热矫直。

控制功能：热板材矫直机的 TCS 系统的主要功能是，驱动控制，监测和控制液压矫直缝隙的调整系统，通过手动或自动转换功能实现控制要求。此外，TCS 系统通过以太网连接到上级矫直计算机系统。

热矫直机的主要功能如下：

1）PDI 数据的接收。

2）设定值的计算。

3）热矫直机的设定模型是建立在物理/数学模型的基础上，辊缝的开口度位置计算：根据板材的形状、厚度、温度及钢种的化学成分对辊缝的开口度进行设定计算，然后根据矫直辊的倾斜、偏移、弯曲、机架弹跳等原因进行动态补偿。

4）倾斜调整计算：为消除传动侧或操作侧板材的边浪，矫直机需倾斜矫直。

5）偏移调整计算：为消除在板材宽度方向的纵向波纹，需根据板材的厚度和矫直机之间的距离来计算出矫直机的偏移调整值。

6）弯辊值的计算：矫直机顶辊的弯曲将会减少中浪和边浪。弯曲值由计算机通过模型计算给出，弯曲补偿可以由操作人员根据板材的具体缺陷，手动给出。

7）进出口辊位置计算：进出口辊的位置是根据板材的厚度、化学成分以及矫直机轧辊之间的距离通过矫直机物理/数学模型预设定的，在生产过程中允许由操作人员进行手动补偿。出、入口辊的位置调整是由液压马达驱动的。

8）矫直过程和液压矫直缝隙调整系统的校准等。

（5）冷床和剪切线的计算机功能。冷床和剪切线二级计算机的主要功能：数据管理；冷床和剪切线的数据跟踪；设定计算：按时发送指令给冷床和剪切线的 L1 级基础自动化系统。

6 现场调试中遇到的问题及解决方案

6.1 在线传感器支架制作及安装问题

西门子公司在设计期间未提供关于在线传感器支架的制作及安装要求，设计中给出的传感器支架不能满足现场安装及调试的需要。其中，轧机区由于环境温度高，传感器安装位置较高，要求传感器支架的高度及机械强度有所增加；冷床区、剪切区及精整区的传感器支架按照工艺要求制作成高度可调节的简易支架。在光栅及高温计调试阶段，对支架上的固定传感器及传感器保护罩等又做了相应改动；有些光栅为镜反射式光栅，为保证光栅能准确地检测到钢板，需在辊道之间的钢盖板上开洞。

6.2 接地问题

西门子公司对于国内的电气自动化接地系统方式不完全认可，在现场施工中进行了修改，即所有电气室内西门子控制柜之间及到现场 ET-200 远程柜之间采用 25mm² 软铜线连接；所有现场 ET-200 远程柜之间采用 16 mm² 软铜线连接；所有现场的检测仪表及阀台端子箱采用 6 mm² 软铜线就近接地。

7 结语

目前，首秦宽厚板轧机已竣工投产。该轧机集成了国内外一批自主创新技术，它代表了当今世界宽厚板轧机在自动化控制和电气传动领域的最高水平，打造出了首钢有竞争力的板材品牌，推进了首钢战略性搬迁和产业结构的优化升级。希望首秦宽厚板轧机采用的先进技术被其他工程有所借鉴，以推进冶金企业的整体自动化水平。

参考文献

[1] Siemens S7-400 可编程控制器产品手册. 2006.
[2] Siemens TDC 产品手册. 2006.

（原文发表于《设计通讯》2007 年第 1 期）

热轧托盘运输二级控制系统概述

王　勇

(北京首钢国际工程技术有限公司，北京　100043)

摘　要：首钢京唐钢铁集团有限公司 1580mm 热轧厂成品钢卷运输采用双排式托盘运输方式，该托盘运输线是由我公司自主设计承包的。托盘运输自动化二级控制系统由我公司自动化专业设计研发。目前该托盘运输系统运行正常，满足了实际生产的要求。

关键词：热轧双排式托盘运输；二级控制系统；工业数据通讯

Level-two Control System Analysis on Hot Rolling Stock-transport

Wang Yong

(Beijing Shougang International Engineering Technology Co., Ltd., Beijing 100043)

Abstract：Side-by-side stock transport is used for Shougang Jingtang Steel Ltd. rolling transport line. This line is Engineering and Procurement(E-P) project on my company. The Level-Two control system is studied by automation major. Now, the transport line run in security.

Key words：rolling side-by-side stock-transport; level-two control system; industrial data communication

1　引言

目前国内热轧钢卷运输系统主要由汽车、步进梁和运输链组成。随着国内轧钢水平的提高，热轧钢卷产量和生产速度逐渐增加，需要一种更高效的运输方式。双排式托盘运输系统能够高速稳定的将钢卷运输到钢卷存储区和下一加工环节，正在替代以往钢厂采用的汽车运输、步进梁、运输链等传统运输系统，极大地节省了人力、物力，同时提高了运输效率，降低了故障率。双排式托盘运输系统由两排轨道组成，一排运输载有钢卷的重载托盘，另一排运输卸载完钢卷的空托盘。在提升小车、提升辊道、横移辊道、转台等设备的配合下实现托盘在运输线上的循环使用。在运输过程中完成了钢卷的检查、打捆、喷号、称重、入库等控制过程。

作为整个运输系统必不可少的部分，托盘运输自动化控制系统将整个运输系统贯穿起来，其性能直接影响着整个运输系统乃至整条轧线的运行效率。经过几年的努力，首钢国际工程公司独立开发了双排式托盘运输自动化系统，其高度的自动化与信息化在国内尚属首例。目前，该托盘运输系统已成功应用于首钢迁安钢铁厂和首钢京唐钢铁集团有限公司 1580mm 热轧线。本文以首钢京唐钢铁集团有限公司 1580mm 热轧厂成品钢卷运输线为背景。

2　工艺简介和控制系统

首钢京唐钢铁集团有限公司 1580mm 热轧厂成品钢卷运输线采用双排式托盘运输方式，范围包括从卷曲机前受卷位置到各钢卷库及冷轧原料库之间的运输系统，含 1 套升降机构，4 个回转台，3 套横移装置等。

整个工艺过程如下：卷取机收集好的带卷由运卷小车运至打捆鞍座处，由自动打捆机按照计划要求对钢卷捆扎相应道次的捆带，打捆完毕后由运卷小车将钢卷输送到在受卷位等待的托盘上；托盘受卷后由辊道将托盘和钢卷一起输送至计划中的目的位置，途中经过检查站横移装置、升降机构、回转台等装置，各装置根据物料跟踪系统和仓库管理系统的指令分配托盘及钢卷流向，使钢卷到达指定位置。然后空托盘会回到受卷位等待，完成运输循环。

运输线的整个控制系统分为三级：一级直接和工艺设备相结合，主要采用 PLC 系统进行控制；二级采集来自一级的数据，通过分析计算得出一级需要的数据并发送给一级，同时更新数据库系统，完成整个运输过程的跟踪及统计分析；三级主要向二级下达生产作业计划，组织生产排产。

其中二级是整个控制系统的核心，它主要包括轧制节奏的确定、区域温度的设定以及温度计算模型等。本文结合首钢京唐钢铁集团有限公司1580mm 热轧厂成品钢卷运输线具体工程实例，简要介绍了运输线的二级控制系统。

3 部署架构和体系结构

运输线二级系统 L2 作为热轧生产线自动化系统的一部分，通过同轧线二级自动化系统、托盘运输一级自动化系统、工厂三级自动化系统、喷号机等外设系统的通讯，接受和发送数据，完成对运输线上被跟踪目标（托盘、钢卷）的实时位置跟踪和数据跟踪（数据记录与备份），同托盘一级自动化系统相结合完成对双排式托盘运输系统自动化的控制。

运输线二级系统 L2 应用程序分为两部分：客户端程序和服务器端程序。系统中有一台服务器，其功能为：

（1）作为数据服务器，运行 SQLServer 数据库，保存运行数据。

（2）运行 L2 程序的服务器端程序，和其他自动化系统进行通信。

系统中有 2 台用户操作机，每台机器上运行 L2 应用程序的客户端程序。它们分别和 L2 服务器端程序通信，显示 HMI 画面，允许操作员操作。

托盘运输控制系统的部署架构如图 1 所示。

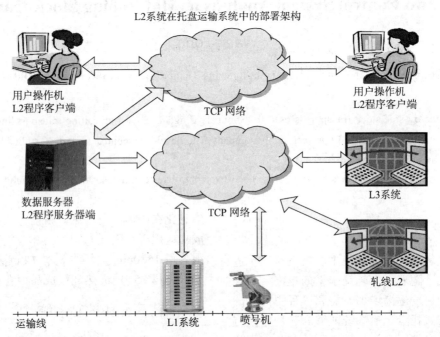

图 1　托盘运输系统的部署架构图

整个系统的体系结构分为 HMI 层、服务器层、其他部件层，各个层功能如下：

（1）HMI 层：显示物件信息和运动位置，通过 HMI 与用户交互操作物件。

（2）服务器层：所有业务流程、事务的处理层，包括通信系统、控制逻辑、历史日志和辅助系统。

（3）其他部件层：和运输线二级系统交互的其他模块。

采用此种体系结构构造，分离了 HMI 和业务逻辑，使该系统结构清晰，方便扩展。具体体系结构如图 2 所示。

4 数据通讯方式

数据通讯的安全性和稳定性是整个系统正常工作的前提。二级服务器与 L1 系统以及 HMI 客户端采用 TCP/IP 网络通讯。

TCP/IP 通讯通常采用客户端/服务器端的模式[1]。例如，一个服务器端进程开始在网络系统上处于空闲状态，等待着连接。客户端使用客户端程序与服务器端进程建立一个连接。客户端程序向服务进程写入信息，服务器进程读出信息并发出响应，客户端程序读出响应并向用户报告。因而，这个连接是双工的，可以用来进行读写。

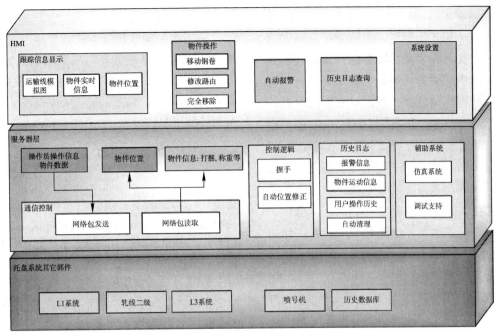

图 2 托盘运输系统的体系结构图

对于客户端和服务器端的分配，我们采用的方法是：发送数据的一方作为客户端，接收数据的一方作为服务器端。因为各个系统都既是数据的发送方，又是数据的接收方。因此每个系统既作为客户端又作为服务器端。当发送数据失败时，作为客户端的系统会重新连接服务器端，从而保证了数据通讯的安全性和可靠性。

二级服务器与轧线 L2 系统以及工厂 L3 系统采用 DB-TO-DB 的数据库通讯方式。

DB-TO-DB 通讯方式主要指数据库管理系统之间的通讯。整个轧线控制系统（包括轧线 L2 系统，工厂 L3 系统以及托盘二级控制系统）都采用 Oracle 数据库。Oracle 数据库[2]因其在数据安全性与数据完整性方面的优越性能，以及跨越操作系统、多硬件平台的数据互操作等特点，越来越多的用户使用 Oracle 作为其信息系统管理、企业数据处理、Internet、电子商务网站等领域应用数据的后台处理系统。

DB-TO-DB 的数据库通讯方式原理图如图 3 所示。

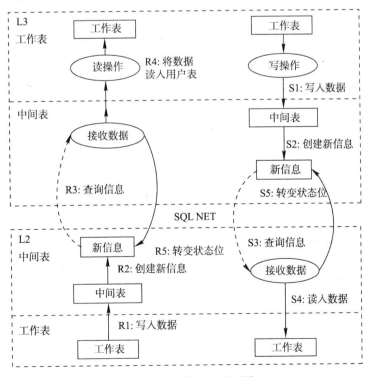

图 3 数据库通讯原理图

从图 3 可以看出，DB-TO-DB 数据库通讯涉及到两种数据表，一种是工作表，也就是用户需要的最终数据表，该类数据表是需要存储并可以查询显示的。另一种是中间表，该类数据表是临时表，是用于对方查询数据库信息，并可由对方更改的表。

由于采用了中间表，获取数据的方式由"被动接受"改为了"主动索取"，以工厂 L3 级获取运输线 L2 级数据的过程为例：首先是 L2 将工作表信息写入自己的中间表，无须写入对方的数据表。中间表与工作表的不同之处在于中间表多了一个状态信息位，初始写入中间表的信息状态位都为 1。L3 会主动扫描 L2 的数据库中间表，读取状态为 1 的信息，并将信息读入自身 L3 数据库工作表，读入成功后，L3 会更改 L2 数据库中间表相应信息的状态位为 2，表示该信息以读取。L3 定期扫描 L2 数据库中间表，将未读取的信息读取。同理，L2 获取 L3 数据的过程与上述过程相同。

采用此种数据获取方式，避免了对工作表的直接操作，即使 L2 服务器端出现断电或重启现象，亦可在重启后重新获取 L3 需要发送的数据，解决了重启后通讯数据丢失的问题，从而提高了数据通讯的安全性和可靠性。

5　操作员界面 HMI

操作员界面 HMI 是人机交互接口，它主要显示及操作的功能如下：实时显示物件的运动过程；在二级 HMI 画面上显示被跟踪物件的 ID 号等实时信息；允许操作员通过二级 HMI 画面进行操作：创建托盘，移除物件，移动物件，修改路由，修改吊装点，修改打捆代码，修改或填写检查信息等；自动报警：位置临时丢失、通信中断、数据传输失败等；保存物件运动历史；历史日志数据库记录和查询。

整个控制系统的操作主画面如图 4 所示。

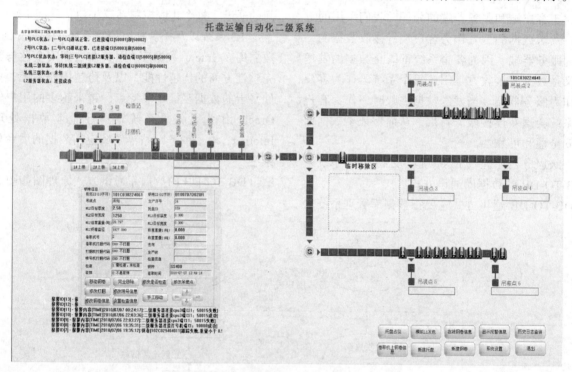

图 4　操作系统主画面

6　结语

本文对托盘运输二级控制系统进行了简要的介绍。主要介绍了系统的部署架构和体系结构，另外还介绍了 TCP/IP 通讯方式和数据库通讯方式。目前该托盘运输系统运行正常，满足了实际生产的要求。

参考文献

[1] 孙鑫, 余安萍. VC++深入详解[M]. 北京：电子工业出版社, 2008.

[2] 王瑛, 李祥胜. Oracle 数据库基础教程[M]. 北京：人民邮电出版社, 2008.

（原文发表于《中国冶金》2011 年）

烧结自动化控制系统概述

王 勇

（北京首钢国际工程技术有限公司，北京 100043）

摘 要：本文结合山西文水海威钢铁公司烧结厂的自动化设计，简要介绍了整个烧结控制系统的自动化配置和主要控制功能。烧结自动化控制系统 PLC 选用施耐德 QUANTUM 系列可编程控制器。在控制功能方面，主要介绍了精确配料的实现以及烧结机主体系统的控制。

关键词：烧结系统；基础自动化控制；精确配料

Automation Control System Analysis in Sintering Process

Wang Yong

（Beijing Shougang International Engineering Technology Co., Ltd., Beijing 100043）

Abstract：Refer to automation system design on Haiwei Steel Co., Ltd. in shanxi province, the sintering automation system configuration and main control function are introduced. The QUANTUM PLC from Schneider Electric Company is used for entire control system. About the control function, the burden control system and subject system control are mentioned.

Key words：sintering system; basic control system; burden control system

1 引言

所谓烧结就是在粉状铁物料中配入适当数量的熔剂和燃料，在烧结机上点火燃烧，借助燃料燃烧的高温作用产生一定数量的液相，把其他未熔化的烧结颗粒黏结起来，冷却后成为多孔质块矿。本文结合山西文水海威钢铁公司烧结厂的自动化设计，简要介绍了整个烧结过程的自动化控制系统。整个烧结厂的自动化控制系统是由我公司总体承包设计及调试的。

烧结生产的主要工艺流程如图 1 所示:铁矿粉、燃料、熔剂按一定配比，并加入一定的返矿以改善透气性，配好的原料按一定配比加水混合，送给料槽，然后到烧结机，由点火炉点火，使表面烧结，烟气由抽风机自上而下抽走，在台车移动过程中，烧结自上而下进行。当台车移动接近末端时，烧结终了。烧结完了的烧结块由机尾落下，经破碎成适当块度，筛分和冷却，筛上物送高炉，筛下物作为返矿和铺底料重新烧结。

2 自动化系统配置

2.1 硬件配置

整个烧结自动化系统仅具有基础自动化级。它采用可编程序控制器（PLC）控制，将逻辑运算、顺序控制、计数、计时算术运算等功能用固定的指令记忆在存储器中，通过数字或模拟输入/输出装置对继电器和各类阀门的开闭，电动机的启动、停止、物料料位的上下限及温度、压力、流量、液位等连续量进行自动控制。其程序的执行是根据程序计数器的步进分支运行存储器的各条指令，当运行到最后一条指令时，又将程序计数器的内容返回至首位置，如此循环运行。

烧结自动化控制系统 PLC 选用施耐德 QUANTUM 系列可编程控制器，控制方式为分布式控制，即采用主站-从站的控制方式，主站机架装有 CPU 模块，布置在配电室内，而从站只配置有 I/O 模块，可以布置在现场。整个烧结控制系统共分为三套 PLC 系统，分别完成对配混区域、烧结冷却区域以及烧结风机区域的控制。以配混系统为例，主站布置在配料配电室内，而两个从站，原料准备和

燃料破碎则布置在现场。另外三套除尘 PLC 系统包括原料系统除尘、成品筛分除尘以及机头除尘由除尘器设备厂家成套提供。

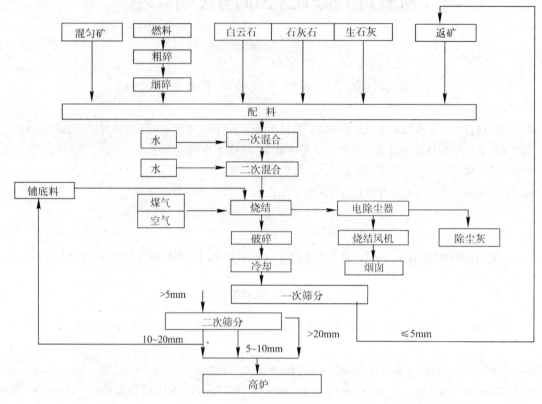

图 1　烧结工艺流程示意图

2.2　上位机系统

　　整个上位机系统由 1 台工程师和 5 台操作员站组成，采用集中控制的方式，布置在烧结主控室内。其中，工程师站主要完成系统维护以及系统软件的修改、下载、在线监视系统运行状况等工程师级别的一些操作，同时兼有操作员站的功能。操作员站主要用于烧结生产中的工艺流程画面显示、设备操作、工艺参数设定、生产数据收集和记录。

2.3　通讯网络

　　整个通讯网络采用三层通讯网络。第一层：人机接口与 PLC 之间连成 EtherNET 网，通过 EtherNET 网，把烧结系统的工艺参数设定值和对电气设备的操作从人机接口传送到各个 PLC，把各设备的状态和工艺、电气参数及故障由控制站收集送到人机接口的 CRT 显示。PLC 彼此之间也通过 EtherNET 网实现控制信息及数据传送。为了保证系统通讯的可靠性，在 EtherNET 网络中采用光纤布线。第二层：PLC 与各自的从站 I/O 站配置成 Modbus

Plus 网络。第三层：通过增加 Profibus 模块，与变频器组成 Profibus 网。

　　整个烧结的自动化系统配置图如图 2 所示。

3　自动化控制系统

3.1　主要控制功能

　　设备的主要控制功能包括：

　　（1）设备起停的顺序控制。顺序控制是烧结生产工艺的基本要求，包括设备的顺序启动、顺序停止、急停等，在事故时还应该自动停止上游设备或者全线停止。

　　（2）精确配料。烧结原料的配比是影响烧结矿质量的基本因素，配料在烧结生产过程中是一个重要的环节，各种原料比例的精确控制是生成优质烧结矿的必要条件。

　　（3）混合料水分控制。混合料添加水分，是为了调整烧结原料的粒度，最终改善其透气性。混合料的水分添加以一次混合前馈-反馈进行复合控制（在二次混合后配有红外线水分检测仪）。

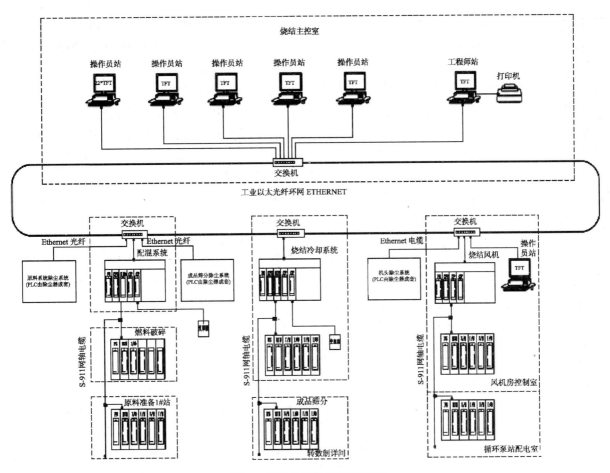

图 2 烧结自动化系统配置图

（4）烧结机主体控制。包括：烧结机铺底料矿槽及环冷机矿槽料位自动控制；烧结机料厚自动控制；烧结终点自动控制；烧结机、圆辊给料机及环冷机速度自动控制；点火炉燃烧自动控制；烧结机自动放灰控制；中间仓、返矿仓自动倒仓控制等。

（5）其他的功能。如生产安全的信号检测与保护、变频器状态监视、报警与语音提示等。

其中，精确配料和烧结机主体控制是自动化控制系统的两大重点和难点。

3.2　配料系统

在本系统程序设计中，精确配料是通过如下方法得到的：

首先，需要获得必要的初始条件。包括烧结矿的碱度值，原料的化学成分、水分、供应量等。

根据如下公式计算各种用量。

3.2.1　燃料用量

$$Q_{燃} = q_{燃} \sum Q_{铁} \tag{1}$$

式中　$Q_{燃}$——燃料用量，t；

$q_{燃}$——每吨铁原料（干重）的燃料用量，可

按 7%~9%或通过实验确定；

$\sum Q_{铁}$——各种含铁原料的用量之和，t；其计算可以根据初始条件中含铁原料的供应量得到。

3.2.2　熔剂用量

$$Q_{熔} = \frac{\sum Q_{原} CaO'_{原}}{CaO'_{熔}} \tag{2}$$

$$CaO'_{原} = R SiO_{2原} - CaO_{原}$$

$$CaO'_{熔} = CaO_{熔} - R SiO_{2熔}$$

式中　$Q_{熔}$——熔剂用量，t；

$Q_{原}$——某种原料的用量，t；

$SiO_{2原}$，$CaO_{原}$——某种原料中二氧化硅和氧化钙的含量，%；

$CaO'_{原}$——为获得烧结矿碱度 R，某种原料的单位原料量所需氧化钙含量，%；

$CaO'_{熔}$——熔剂中氧化钙的有效含量，%；

R——烧结矿碱度值，为初始条件。

3.2.3　混合料量

$$Q_{混} = \frac{\sum Q}{1 - q_{水} - q_{返}} \tag{3}$$

式中　$Q_{混}$——混合料用量，t；

$q_水$——混合料的含水量，%；

$q_返$——混合料中返矿量比例，%；

Q——各种铁原料、熔剂和燃料的用量，t。

$q_水$，$q_返$一般根据实验或类似烧结厂的经验数据预先确定。

3.2.4 混合料用水量

$$Q_水 = Q_混 q_水 - \sum \frac{Qq}{1-q} \quad (4)$$

式中 Q——各种铁原料、熔剂和燃料的用量，t；

q——相应的某种原料的含水量；

$Q_水$——混合量的用水量，t；

$Q_混$——混合料量，t；

$q_水$——每吨混合料的含水量，t。

通过上述公式计算出燃料用量、熔剂用量和混合料用水量，除以整个烧结机的工作时间后，即可得到每个配料仓的下料速度，将此速度值发送给仓下圆盘给料机、皮带秤等变频调速装置，即可实现配料系统的精确配料。

3.3 烧结机主体控制

3.3.1 烧结料厚的控制

在烧结给料机附近设有雷达料位计，用以检测台车内料层的厚度。从而调节烧结给料机的给料速度来完成对烧结料厚的控制。

3.3.2 烧结机终点的自动控制

烧结终点控制在倒数第二个风箱。为了实现烧结终点的控制，需要控制台车的移动速度。台车移动速度可以通过如下公式计算：

$$v = \frac{L_效 v_{垂直}}{h} \quad (5)$$

式中 v——烧结机台车运行速度，m/min；

$L_效$——烧结机有效长度，m；

$v_{垂直}$——混合料垂直烧结速度，根据试验确定，m/min；

h——料层厚度。

3.3.3 烧结终点的判断方法

烧结终点的控制可以采用两种方法。第一，通过风箱烟气温度来判断。即整个加热温度曲线的最高点应出现在倒数第二个风箱的位置上。第二，通过烧结机尾的图像进行分析。有经验的操作人员能够根据图像判断出烧结是否完成。

另外，烧结给料机的给料速度，烧结环冷机的转速等与台车的移动速度都具有联锁关系，台车移动速度的改变会相应影响到其他设备的运行速度。因此，各个设备间速度的匹配联锁也是烧结机调试过程中的重点和难点。

4 结语

本文结合烧结厂的具体设计实例，简要介绍了整个烧结控制系统的自动化配置和主要控制功能。在控制系统方面，与国内大多数烧结厂一样，本设计仅采用了基础自动化级，而未采用过程自动化级。烧结厂作为一个独立的系统，基础自动化是能够完成工艺生产方面的需求的。同样，由于没有过程自动化级，并未实现整个自动化系统的模型控制及与整个钢铁厂的信息共享。本设计留有过程自动化级接口，为将来的功能扩展做了准备。

参考文献

[1] 刘玠，马竹梧. 冶金原燃料生产自动化技术[M]. 北京：冶金工业出版社，2005: 153~154.

[2] 张惠宁，郭奠球. 烧结设计手册. [M]. 北京：冶金工业出版社，2005: 72~74.

（原文发表于《冶金自动化》2012 年）

邢钢 LF 钢包精炼炉自动化控制系统

任绍峰　　胡国新　　马维理　　武国平

（北京首钢国际工程技术有限公司，北京 100043）

摘　要：本文介绍了邢钢 LF 钢包精炼炉自动化控制系统的结构和特点，以及自动化新技术在该系统中的应用。并针对类似工程在运行中出现的问题，对关键仪表的选型提出了改进意见，将冷却水的流量开关改为电磁流量计等。重点阐述了基于 PROFIBUS-DP 现场总线、SIEMENS S7-400 可编程控制器、工业微机和工业以太网的综合自动化技术在邢钢 LF 钢包精炼炉中的应用，以及该系统中的合金加料自动控制和电极升降自动调节的全过程。该自动化控制系统结构合理，技术先进，已正常稳定运行，值得推广和借鉴。

关键词：LF；炉外精炼；控制系统；可编程控制器

Automation Control System of Xinggang Ladle Furnace

Ren Shaofeng　Hu Guoxin　Ma Weili　Wu Guoping

（Beijing Shougang International Engineering Technology Co., Ltd., Beijing 100043）

Abstract: In this paper, we introduce the configuration of automation for Xinggang Ladle Furnace and new technology of the control system. And we make suggestions concerning the selection of main instruments, considering the problems which have occurred in other similar project for which those instruments are used. We use electromagnetic flow-meter for cooling water instead of flow switch. We emphasize discuss the application of PROFIBUS-DP, SIEMENS S7-400 PLC, PC and Ethernet for Xinggang ladle furnace. And alloy automatic Feeding, electrode automatic adjustment etc. The control system has reasonable structure and advanced technology. It runs normally now, is worth promoting.

Key words: ladle furnace；steel refining；control system；PLC

1 引言

钢包精炼炉（以下简称 LF 炉）具有投资少，功能强的特点，因此近年来被广泛采用。LF 炉主要功能是在非氧化性气氛下，通过电弧加热制造高碱度还原渣，并从钢包底部吹入惰性气体，强化精炼反应，进行钢液的脱氧、脱硫、脱气、合金化等冶金反应。其目的是精确地调整钢水成分和温度，提高钢的纯洁度，生产高质量的钢种。北京首钢设计院近年来在 LF 炉领域不断开拓和发展，先后完成了首钢二炼钢 210t LF 炉、首钢迁钢 210t LF 炉、首钢首秦 100t 和 120t LF 炉的设计等，现已在国内 LF 炉工艺、三电和工厂设计方面处于领先地位。

邢台钢铁有限责任公司（以下简称邢钢）为稳定提高现有产品质量，提升现有产品档次，优化拓宽现有产品结构，2006 年计划建设新的精品钢生产线，该生产线包括一台 80t LF 钢包精炼炉、一台 80t RH 真空精炼炉、一台大方坯连铸机及相应的公辅设施等。其生产的产品主要是高级冷镦钢、帘线钢、高级弹簧钢及轴承钢、齿轮钢等。该生产线由北京首钢设计院联合上海宝钢工程公司、西安重型机械研究所等共同完成设计，其中首钢设计院负责 LF 炉和整个生产线公辅及工厂设计，宝钢工程公司负责 RH 炉设计，西安重型机械研究所负责方坯连铸机的设计。邢钢 LF 炉自动化系统集成应用了多项先进技术，希望被其他工程有所借鉴。

2 自动化控制系统构成及特点

2.1 硬件构成及特点

邢钢 LF 炉自动化控制系统由基础自动化级和过程自动化级组成。其硬件由可编程控制器（PLC）工业微机（PC）、工业以太网及打印机等构成，工业微机主要实现生产过程监视和控制，可编程控制器实现生产过程数据采集和逻辑控制。

邢钢 LF 炉基础级选用 SIEMENS 公司的 S7-400 控制系统，CPU 型号为 6ES7414-2XG03-0AB0，操作站 3 套；主 PLC 系统由 S7-400 主机架和扩展机架（I/O 分站），由发送模块和接收模块进行数据传输；S7-400 与操作员站之间采用工业以太网进行通讯；S7-400 与现场 ET-200 和变频器采用 PROFIBUS-DP 进行通讯；LF 炉主 PLC 与电极调节系统 PLC（S7-400）采用 CPU 对 CPU 进行通讯，进一步提高了 LF 炉自动化控制系统的可靠性与稳定性。

邢钢精品钢生产线工程的 LF 炉、RH 炉和大方坯连铸机自动化系统分别由北京首钢设计院、宝钢工程公司和西安重型机械研究所三家设计，但自动化系统硬件的选型是一致的，选用 S7 和 ET-200 等系列产品，预留有与三级系统的接口，为将来扩充发展留有余地。同时邢钢 LF 炉自动化控制系统开放性好，LF 炉、RH 炉、大方坯连铸机、水系统以及邢钢原有 4 号转炉的自动化控制系统等之间通过工业以太网连接在一起，它们的主要作用是实时为转炉、连铸、化验室等设备及场所提供所需的当前数据，以备 LF/RH 炉的数学模型调用，从而实现与转炉、连铸、化验室等计算机系统的通讯。其监控系统图如图 1 所示。

同时邢钢 LF 炉控制系统还设有 UPS 电源保护系统，在断电情况下可以正常工作 30 分钟，以便有时间采取紧急措施。

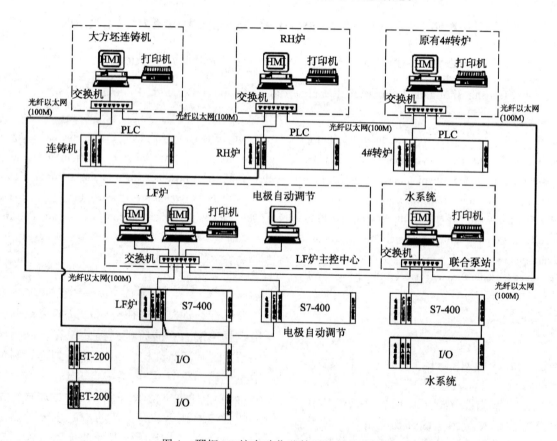

图 1 邢钢 LF 炉自动化监控系统结构示意图

2.2 软件构成及特点

邢钢 LF 炉自动化控制系统的操作系统软件为 Windows 2000；上位系统所使用的软件为西门子 SIMATIC 编程软件 STEP7 和监控软件 WINCC 无限点开发运行版。STEP7 是用于 SIMATIC S7-400 组态和编程的标准软件包。通过上位组态软件 WINCC，不但可以画出逼真的图形，还能将现场数据快速显示在屏幕上；它可以通过 CRT 上的按钮来取代真正的按钮完成对现场设备的操作；它能将数据库的数据按时间存放在数据文件里供历史趋势文件调用显示，这样就能把几小时、几天，甚至几个月前的数据用数据曲线的形式展示给用户，以便分析事故和改进工艺；同时 WINCC 的模块性和灵活性为规划和执行自动化任务提供了全新的可能性。

因此，Windows 2000、WINCC 和 STEP7 软件共同完成了对邢钢 LF 钢包精炼炉系统的自动监控任务。

3 自动化控制系统的主要功能及创新设计

邢钢 LF 炉自动化控制系统由合金加料，电极升降自动调节，钢包车行走，吹氩，喂丝机和水冷等主要控制系统组成。对合金加料控制系统进行了优化设计。

3.1 合金加料控制系统

邢钢精品钢生产线 LF 炉和 RH 炉共用合金加料系统。RH 炉由宝钢工程公司进行设计，料仓下的电振、称量斗、称量斗下的电振、可逆皮带机、加料控制的点进 RH 炉的 PLC 系统；上述设备为 LF 炉和 RH 炉双方共用，LF 炉需要加料时向 RH 炉系统发送请求信息，再通过 RH 炉系统的 PLC 完成加料。RH 炉和 LF 炉的通讯利用各自 PLC 的 CPU 通过 PROFIBUS-DP 网线进行。

LF 炉和 RH 炉对加料系统的控制权限在上位机上切换。当加料系统切换到 LF 炉时，信息通过 RH 炉 CPU 上的 DP 总线传到 LF 炉；LF 炉上位系统做上料画面，并通过计算料重等，直接将信息发至 RH 炉，并通过 RH 炉 PLC 执行。

3.2 电极升降自动调节系统

电极调节器是 LF 炉的关键设备，电极升降控制系统是 LF 炉冶炼的核心环节。由于三根电极在升温处理过程中要求自动同步升降，并且对于定位精度要求很高，因此电极升降自动调节器在功能稳定上一定要满足要求。邢钢 LF 炉采用三个电极臂单独升降的控制方式，电极及升降机构由导电横臂、电极夹头、电极立柱及升降油缸等组成。

邢钢 LF 炉采用西门子公司的电极升降自动调节系统，通过 PLC 模块采集各相电弧电压、电弧电流、变压器电压等相关的给定信号，经控制器 PID 运算处理，控制液压系统电极升降伺服阀，对电极位置自动调节，从而控制输入到炉内的功率，满足冶炼工艺要求。同时，该调节系统具有防止电极插入钢水的保护功能。该电极升降自动调节系统具有以下主要功能：

（1）电量值检测。调节器完成检测变压器二次侧的电压、电流、功率因数等数值，实现输入功率控制。

（2）电极调节器。调节器是通过综合控制算法处理三相弧流弧压的权值并通过阀值函数运算，优化与设定点之间的误差，计算电极升降控制的输出值。

（3）网络通讯。调节器与 LF 炉本体 PLC 和 HMI 通过 DP 进行通讯。

（4）综合控制输出。在冶炼过程中可对变压器的弧流、弧压进行实时设定。在设定过程中，电极调节器自动完成综合控制输出。

3.3 钢包车行走系统

钢包车运行控制采用变频器调速。在 2 个吊包工位和 1 个加热工位设置限位开关，钢包车运行可由 PLC 自动和机旁手动控制，各个位置设有减速、停车、超极限保护开关。钢包车运行与钢包盖升降机构、电极升降机构联锁。钢包车行驶位置可在主控室的 HMI 监视画面上显示。

3.4 吹氩系统

吹氩管道上设有电磁阀、压力变送器、流量变送器等，能自动控制电磁阀的打开和关闭。LF 炉为全程底吹操作，既可根据设定的吹氩曲线自动调节，也可根据需要人工设定流量值；有趋势画面和实际值显示、记录等。

3.5 喂丝机系统

喂丝机的操作可以现场机旁手动和主控室 HMI 自动进行。1 台 4 线喂丝机的喂丝种类和长度、重量分别在各自的主控室 HMI 上显示。

3.6 水冷系统

水冷系统设有总进水压力和流量的检测。总进水管路又分为两大路，一路向导电横臂、水冷电缆、导电铜管提供水源，另一路向水冷炉盖提供水源。由于水冷炉盖处于高温区，要保证水的冷却，所以在水冷炉盖的总进水管上也设有压力和流量变送器，在 HMI 画面上进行监控。

在水冷炉盖的各支路出水管上装有铂热电阻，检测出水温度并送入 PLC 系统。其他用水的各支路装有电接点温度计，设定上限值 55℃。

3.7 高压设备及变压器的监控

高压供电系统由高压隔离开关及电压互感器、高压真空断路器、电流互感器、避雷器及阻容吸收装置组成，给 LF 炉变压器提供高压主回路电源。

高压系统的真空断路器合/分闸由高压柜和主操作台两地操作控制。分、合闸时，必须条件满足，操作台、高压柜信号灯指示工作状态。并根据工艺要求实现变压器的调压及二次电流的调整。

操作人员可在主控室内对精炼炉的全过程进行实时监控。主要监控画面有合金加料画面，电极升降自动调节画面，钢包车行走画面，吹氩系统画面，水冷系统画面，高压电气画面和事故报警画面等。

4 关键仪表设备改进和 PLC 系统的优化

4.1 关键仪表设备的改进

针对过去某引进 LF 炉水系统当初设计的缺陷，致使该 LF 炉采用的流量开关检测冷却水流量时，经常因水质上的问题发出误报警而影响生产。邢钢 LF 炉在自动化控制系统上把流量开关改成了电磁流量计，使这一难题得到了解决。

4.2 PLC 系统的改进

邢钢 LF 炉采用了 DP 总线方式，采用主系统

S7-400，配 ET-200 子站的设计结构；根据现场设备分布情况，分系统在现场设置 ET-200 子站，现场信号就地进入子站。本通讯结构的应用节约了信号电缆，降低了工程成本，同时也减少了信号干扰等问题，方便维护和故障处理。

5 结语

目前，邢钢 LF 炉自动化控制系统已正常稳定运行，实现了主体生产工艺的自动监控。该控制系统集成应用了一些新技术，达到国内中小型 LF 炉的先进水平，这将推动邢钢公司的产品结构调整和优化升级。

参考文献

[1] 娄雅斌，孙晓琴. 鞍钢新轧钢 100 t LF/VD 炉计算机监控系统[J]. 冶金自动化，2003.

[2] 谢树元，杜斌，林云，等. LF 炉过程模型的开发与应用[J]. 冶金自动化，2006.

[3] 刘川汉. 我国钢包炉（LF）的发展现状[J]. 重庆工业高等专科学报，2002.

（原文发表于《设计通讯》2007 年第 2 期）

大型高炉煤气含尘量在线监测系统的设计与实现

任绍峰　张福明　刘　燕　马维理　周为民

（北京首钢国际工程技术有限公司，北京　100043）

摘　要：本文介绍了一种新型高炉煤气干法除尘含尘量在线监测系统的设计与实现，该系统包括：安装在荒、净煤气总管和布袋除尘器各箱体净煤气出口支管的传感器，完成将电荷信号转换成电压信号的变送器，具有本安防爆功能的安全栅，A/D 转换和数据补偿功能的系统主板，能够显示高炉煤气含尘量棒图及实时历史曲线的液晶显示器和工控机。

关键词：全干法除尘；含尘量在线监测；智能仪表

The Design and Achievement for the Detect Ion on Line for Dry Dedusting of Blast Furnace

Ren Shaofeng　Zhang Fuming　Liu Yan　Ma Weili　Zhou Weimin

（Beijing Shougang International Engineering Technology Co., Ltd., Beijing 100043）

Abstract：The paper presents the design and achievement for the detect ion on line for the dust content of blast furnace gas's dry dedusting, this system contains:the sensor on the dirty and clean gas mainpipe and clean gas branchpipe for every box of bag dust catcher;transducers which can take the charge signal into voltage signal;safty barrier which is antiriot,the system mainboard which can compensate data and transform the analog and digital,liguid crystal sisplay and industrial personal computer which can display the histogram for the dust content of blast furnace gas and display the history curve for real-time.

Key words：dry dedusting；detect ion on line for the dust content；intelligent instrument

1　引言

大型高炉煤气全干法除尘是国家钢铁行业当前首要推广"三干一电"（高炉煤气干法除尘、转炉煤气干法除尘、干熄焦和高炉煤气余压发电）节能技术中的一项，也是新一代可循环钢铁流程工艺技术的国家科技支撑项目之一，属于冶金工业的绿色环保技术。北京首钢设计院经过多年的科研攻关，在大型高炉煤气全干法除尘技术上拥有多项专利技术，并成功地应用于首秦、迁钢、济钢、重钢和宣钢等现代化高炉上，首钢京唐 5500m³ 大型高炉也成功采用高炉煤气全干法除尘系统。

含尘量在线监测系统是检验高炉煤气全干法除尘效果的重要检测设备，也是保证后续炉顶煤气压差发电（TRT）系统或热风炉系统长期稳定运行的重要设备之一。

2　问题与分析

在高炉煤气全干法除尘后煤气中粉尘含量的在线监测，一直是个技术难题。因为煤气中不仅含有粉尘，而且还含有一些水分，煤气温度高且变化较大，当系统工况不稳定时，会造成干法除尘器中的布袋结露或非正常爆裂。粉尘浓度升高，如不及时采取措施将会导致后续炉顶煤气压差发电或热风炉系统不能稳定运行。同时高炉煤气毒性很大，且干法除尘作为整个高炉的一个重要环节，一旦投入运行很难随时停止，不易进行实时检修。基于以上情况，大型高炉煤气干法除尘技术中的含尘量在线监测成为一个技术难题。设计的一套高炉煤气干法除尘含尘量在线监测系统，并得到推广应用。

3　含尘量在线监测系统原理

高炉煤气含尘量在线监测系统采用电荷感应原理。在流动粉体中，颗粒与颗粒、颗粒与管壁、颗粒与布袋之间因摩擦、碰撞产生静电荷，形成静电场，其静电场的变化即可反映粉尘含量的变化。含尘量在线监测系统就是通过测量静电荷的变化，来判断布袋除尘系统的运行是否正常。当布袋破裂时，管道中气、固两相流粉尘含量增加，同时静电荷量强度增大。插入箱体输出管道中的传感器及时检测到电荷量值并输出到变送器。

4　含尘量在线监测系统设计与实现

4.1　系统设计与实现

高炉煤气含尘量在线监测的示意图如图 1 所示，下面结合附图和具体实施对含尘量在线监测系统做详细说明。

在图 1 中，传感器 1 包括布袋除尘器各箱体净煤气出口传感器、荒煤气总管传感器和净煤气总管传感器检测电荷信号，根据箱体数量的增加，传感器的数量也相应的增加；变送器 2 进行从电荷信号到电压信号的转换，并进行硬件补偿，根据传感器数量的增加，变送器的数量相应的增加；安全栅 3 具有本安防爆功能；系统主板 4 用于 A/D 转换及数据补偿；供电单元 5 为系统供电；液晶显示器 6

以棒图格式显示各布袋净煤气出口、净煤气总管和荒煤气总管含尘量数值；PLC 系统 7 显示含尘量实时曲线，并可打印报表等。

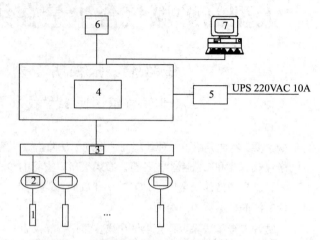

图 1　高炉煤气含尘量在线监测的示意图
1—传感器；2—变送器；3—安全栅；4—系统主板；5—供电单元；6—液晶显示器；7—PLC 系统

由传感器测得电荷信号进入到变送器，经过电荷信号到电压信号的转换并进行补偿后，进入安全栅阵列进行防爆隔离，然后进入系统主板进行 A/D 转换及补偿，最后变为 4~20mA 标准电流信号输出，并以棒图的形式显示，如图 2 所示；也可以通过 RS-232 接口输出相关的数据信号。

当任一箱体有布袋破裂时，会使该箱体含尘量值上升，同时净煤气总管的含尘量值也会略有上升，此时系统即可在监视盘和上位机 CRT 上显示故障状态，并发出报警信号，易于维护和操作人员及时采取相应的措施。

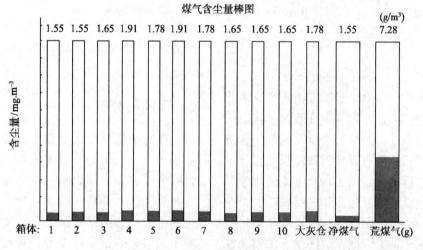

图 2　高炉煤气全干法除尘后的含尘量棒图

4.2　特殊接地网接地方式

由于传感器输出的电荷信号很微弱（几十 pC

到 500pC 左右），因此地线中很弱的干扰信号就可将其淹没。本系统采用传感器端悬空而在变送器端接地的连接方式，从而避免了上述问题发生。具体实施方式如图 3 所示。

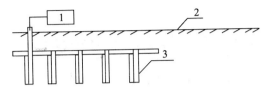

图 3　接地网接地方式的示意图

1—含尘量在线监测装置；2—地面；3—镀锌角钢或扁钢

5　技术进步及创新点

该高炉煤气全干法除尘含尘量在线监测系统创新点在于：

（1）采用电荷感应原理：通过测量静电荷的变化，来判断布袋除尘系统的运行是否正常。当布袋破裂时，管道中气、固两相流粉尘含量增加，同时静电荷量强度增大；

（2）传感器表面采用特殊涂敷材料；

（3）接地网的制作采用传感器端悬空而在变送器端接地的连接方式；

（4）硬件及软件补偿。该装置可以在线检验高炉煤气干法除尘的效果，保证后续炉顶煤气压差发电（TRT）系统长期稳定运行。

6　结语

该系统已成功应用于首秦、迁钢、济钢、重钢、京唐等现代化高炉上，目前已经正式稳定投产运行。

参考文献

[1] 任绍峰，马维理. PLC 在迁钢 2650m³ 高炉煤气干法除尘控制系统中的应用[C]. 2006 中国金属学会青年学术年会论文集，2006.

（原文发表于《全国冶金自动化信息网 2008 年会论文集》）

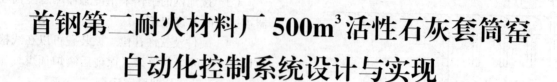
首钢第二耐火材料厂 500m³ 活性石灰套筒窑自动化控制系统设计与实现

寇培红

(北京首钢国际工程技术有限公司，北京 100043)

摘　要：本文介绍了 Quantum PLC 和 IFIXHMI 组成的一套自动控制系统在首钢第二耐火材料厂 500m³ 活性石灰套筒窑上的具体应用，针对活性石灰套筒窑的生产工艺和自动化控制思想及其控制的方式，论述了活性石灰套筒窑自动化控制系统的功能、特点。

关键词：自动化；套筒窑；控制系统

The Design and Achieve in Automatic Control System for 500m³ Annular Lime Shaft Klin for SG No.2 Refractory Plant

Kou Peihong

(Beijing Shougang International Engineering Technology Co., Ltd., Beijing 100043)

Abstract：The paper presents the application of automatic control system which is based on Quantum PLC and IFIXHMI in 500m³ annular lime shaft klin for shougang No.2 refractory plant, focus on the main product technics, the ideas and measure of automatic control for annular lime shaft klin, it discuss the character and function of the automatic control system.

Key words：automatic control；annular lime shaft klin；control system

1　引言

首钢第二耐火材料厂 500m³ 活性石灰套筒窑工程是首钢"十五"期间重要技改项目，是为首钢第三炼钢厂提供优质的副原料的配套工程，其窑体为引进德国贝肯马赫公司的专利技术环型双膛竖式套筒窑，日产量为 500t/d 活性石灰。窑本体自动化控制系统是工程最重要的核心组成部分，其采用先进成熟的控制新技术，成功实现了对石灰套筒窑全程自动化监控。

2　套筒窑主体系统工艺流程

石灰石由铁路运至石灰石储料仓，用 10t 抓斗吊卸车，石灰石料备料时，用 10t 抓斗吊从石灰石料堆取料装入石灰石料包，按需要量由电振给料机卸料，石灰石通过溜槽，经八棱滚筒筛筛分后加入称量斗中。当需要向窑内加料时，称量斗液压闸门打开，石灰石卸入料斗中，用卷扬提升装置将料斗提升至窑顶，加入窑顶中间料仓，打开中间料仓闸门将石灰石卸入旋转布料器，旋转布料器旋转到某一特定位置后，打开料钟将石灰石料卸入窑内。石灰石料通过在窑内的预热、煅烧冷却过程烧成成品活性石灰，此时的成品活性石灰位于液压出灰机上方，通过液压出灰机将石灰卸入窑下石灰仓，再由电振给料机将仓内石灰卸到窑下输灰皮带机上。通过窑下输灰皮带机直接将成品的石灰运往第三炼钢厂散装料间进行成品分配。石灰可以经过溜槽卸入第三炼钢厂地下料仓或卸到通往第三炼钢厂筛分间的皮带机上。另外，可以卸到可逆皮带机上，卸入火车运往第二炼钢厂。

套筒窑主体工艺设备为一座由双层钢板围成，内衬耐火材料，上部设有供给石灰石进行煅烧分解所需热量燃烧室，中部设置有使高温气体通过用的内套筒。

主要工艺流程包括三部分，如图1所示。

图 1　工艺流程图

套筒窑的生产是利用转炉煤气与一定量的空气进行控制分步，燃烧后产生的气体对石灰石进行逐步加热和煅烧而形成白灰的过程。它与普通白灰窑的主要区别是：通过控制上下两层燃烧室的燃烧气体温度，以及对套筒窑内与石灰石接触的煅烧用高温气体流向的合理组织和采用可充分利用已排出套筒窑外废气中的余热方法，达到比较少的能源消耗，生产出活性度高、粉末率少的白灰。

3　自动化控制系统构成

套筒窑采用计算机实现主要工艺生产的自动控制，完成原料系统、煅烧系统、成品系统的逻辑顺序控制及生产工艺参数的数据采集、处理和回路控制。机架之间通过 CRA931 和 CRP931 模块互连，组成远程 I/O 扩展方式。人机接口采用 3 台上位工控机，PLC 与上位工控机。系统配置图如图 2 所示。

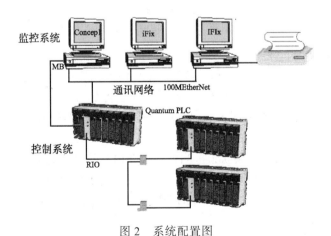

图 2　系统配置图

3.1　基础控制层

采用美国施耐德公司 Modicon Quantum 系列

PLC，以太网通信模块实现监控系统通信，并组成 TCP/IP Ethernel 网络。采用远程 I/O 扩展方式。

3.2　监控层

系统设置 1 个主机架和 2 个 I/O 扩展机架，主机架和扩展机架之间通过 CRA931 和 CRP931 模块直连，组成远程 I/O 扩展方式。人机接口采用 3 台上位工控机，PLC 与上位工控机之间采用标准工业以太网方式直连。3 台上位工控机的分工是：1 台作为监控操作；1 台作为模拟显示；1 台用来作报表打印和事故报警。PLC 的上位软件采用 INTELLUTION 公司的 IFIX 大型模块化编程软件，通过 IFIX 上位编程软件实现对系统的监视和控制。

4　自动化控制系统的设备功能

4.1　Quantum PLC 设备功能

施耐德公司的新一代功能强大，性能优越和高性能比的可编程控制器。采用 Concept 编程语言，支持 FBD、LD、IC、SFC 等不同的 IEC 编程方式，灵活方便。组态所需时间比传统编程方法大大缩短。以太网通讯模块提供全开放的通讯接口，方便地与其他系统进行数据交换。

4.2　IFIXHMI 设备功能

丰富而强大的功能：数据采集，画面编辑、历史趋势、报警记录大量的图库集。内嵌 VBA 语言，实现与 Windows 及其应用和控件完美的结合。系统采用 Modbus for EtherNet I/O 驱动程序，实现与 Quantum PLC 之间的高速数据交换。

4.3　数据报表系统

采用 Microsoft Access 数据库管理系统。

使用 SQL 语言（ODBC 方式）实现 IFIX 与 Access 之间的数据接口，完成数据库记录的添加、修改、删除等操作。

不同用户的权限等级设定，确保数据的安全完整性。

多种方式的数据查询，使用灵活方便。

根据用户的需要生成班日报表。

5　自动化控制方式

套筒窑的逻辑控制部分采用全自动化联锁控制。主要控制方式是将工艺技术各连动设备的联锁要求，通过编程语言输入 PLC，再通过逻辑编程将各联锁条件串接在一起，形成一个整体的动作顺序。逻辑部分所产生的事故状态，要求 PLC 立即做出处理。同时将事故状态返回到上位机通过报警画面显示出来。对于设备参数的预置，各单体设备的操作，操作状态的转换及手动干预均可通过 CRT 完成。

套筒窑的自动化控制分为三个子控制系统，主要包括原料系统、煅烧系统、成品系统。每个系统可以相对独立工作，各系统之间又具有一些相关的联锁关系。

5.1 原料系统

原料系统自动化控制的设备有：1号、2号振动给料机，八棱滚筒筛，1号皮带机，称量斗的称量设备及闸门，D250 斗式提升机（上料小车）及卷扬设备，旋转布料器，料钟，加料闸门，料位指示器，窑顶液压站。控制流程图如图 3 所示。

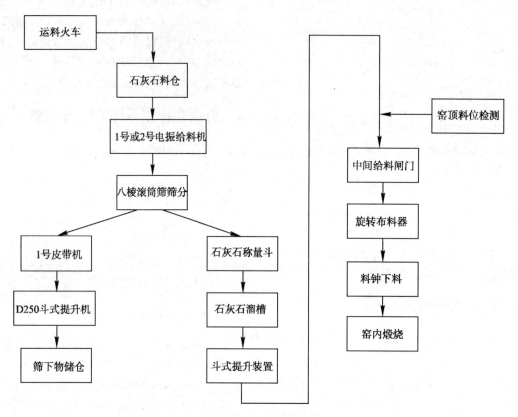

图 3　原料系统控制流程图

5.1.1　启动

当称量斗料空时，则供料系统启动，其顺序为：D250 斗式提升机启动—1号皮带机启动—八棱滚筒筛启动—1号或2号电振给料机启动。

5.1.2　停止

称量斗料停止供料1号或2号电振，振动给料机停止—八棱滚筒筛停止—1号皮带机停止—D250 斗式提升机停止。

5.1.3　原料间石灰石秤的装料程序

当下列条件满足时才可以进行石灰石正常自动联锁称量装料的操作：

（1）当有"称量料斗料空"的信号时，即计算机称重信号显示的料斗内的料重小于 20kg；

（2）称量料斗下面的闸门处于关闭状态，即料仓闸门关闭的限位开关发出了已关闭信号；

（3）八棱滚筒筛筛下的石灰石粉料的运输设备处于运转状态时，即1号皮带机和斗式提升机处于运转状态。

5.1.4　电振给料机与称量电子秤之间的联锁操作

原料间内的石灰石料仓的仓下电振给料机与称量斗的电子秤之间的控制有三种联锁操作状态。

（1）减振联锁。当称量料斗内装料已达到额定重量（2.5t）的 90% 时，计算机发出指令使石灰石料仓的仓下电振给料机减慢振动速度，即高速振动转为低速振动。

（2）满设定值时的联锁。当称量料斗装料达到额定重量（2.5t）时，计算机发出停止装料信号。这时，振动给料机停止运转。

（3）超重量联锁。一旦装料程序出现故障时，使称量斗内的石灰石装料过量（不大于10%），计算机将停止供料系统运行。在石灰石料秤装料时，皮带运输机和滚筒筛都处于运转状态，石灰石料仓下的振动给料机接受指令开始动作，当称量斗秤显示"满设定值"时，振动给料机停止工作，此后，皮带运输机和滚筒筛将继续运转20s。

5.2 成品系统

成品系统自动化控制的设备有：出料推杆、窑底振动给料机、石灰石料仓门、2号皮带机、3号可逆皮带机、3号皮带行走小车、窑底液压站、出料1号和2号插板阀。控制流程图如图4所示。

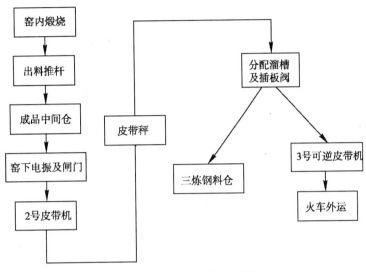

图4 成品系统控制流程图

5.2.1 运行前提条件

窑底液压站为长期工作方式，进PLC点为：油箱温度4点；油箱液位2点；油箱油压2点；回漏过滤器堵塞1点，电加热器的控制为油温低于20℃开始工作，油温高于50℃时停止工作。窑底液压站的控制为称量斗闸门液压缸、振动给料器挡板液压缸、出灰机推杆液压缸。当称量斗闸门液压缸和振动给料器挡板液压缸动作时，电磁溢流阀都要求得电。

5.2.2 联锁要求

该系统中窑底6个出料推杆同时动作、液压驱动，自动时由操作人员设定推杆运动频率、动作时间和停止时间的周期，以便控制窑的出料量。

启动：3号可逆皮带机启动—1号或2号插板阀打开—2号皮带机启动—振动给料器挡板打开—窑底振动给料机启动—出灰机启动。

停止：出灰机停止—窑底振动给料机停止—振动给料器挡板关闭—2号皮带机停止—1号或2号插板阀关闭—3号可逆皮带机停止。

5.3 煅烧系统

煅烧系统自动化控制的设备有风机部分：1号、2号驱动风机，1号、2号冷却风机及出口闸门，废气风机及废气闸门，三通阀，除尘风机。

燃烧部分：上下燃烧室烧嘴（外方提供设备）、煤气总管流量、压力检测及调节、冷却空气、驱动空气检测、燃烧室、内套筒、各废气管、换热空气和卸料台温度检测、石灰冷却入口空气流量检测及调节、上下套筒空气放散调节、与热交换器有关的废气调节。控制流程图如图5所示。

5.3.1 冷却风机启动条件

供电系统及仪表显示系统工作正常；煤气总管压力正常，大于15000Pa。

5.3.2 驱动风机启动条件

废气风机工作正常，到除尘器去的废气管阀门打开或到除尘器去的旁通阀打开；在足够的负压下操作（窑顶负压低于-300Pa）。

5.3.3 废气风机启动条件

冷却风机工作；冷却风机出口压力足够高，风压大于40~60kPa；下内套筒冷却风出口温度小于180℃；套筒窑料位正常，高于低限；煤气总管压力正常，大于15000Pa；供电系统及仪表显示系统工作正常；废气风机前蝶阀处于关闭状态（当驱动风机启动，窑顶负压低于-300Pa时蝶阀打开）。

5.3.4 点火操作前提条件

冷却风机、废气风机、驱动风机工作状态正常；驱动空气总管压力足够高，高于45kPa；煤气总管压力高于15000Pa；煤气总管切断阀已打开；仪表系统的设备及仪表气源正常，各手动阀处于打开状态；除垢空气环管压力正常；下内套筒冷却空气环管放散阀关闭；上内套筒冷却空气环管放散阀打开。

操作期间的任何一个操作条件有问题时，所有的烧嘴应自动关闭。

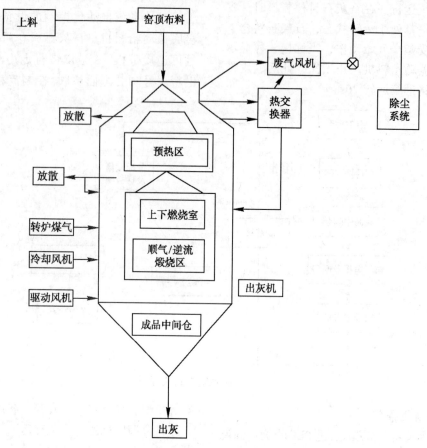

图 5　煅烧系统控制流程图

6　自动化系统调节

6.1　火焰调节

煤气总管切断阀、各煤气支管手动切断阀、各空气支管手动切断阀处于全开状态；助燃空气环管温度达到 420℃，下环管温度达到 180℃；开启上环管至喷射器的阀门。

6.2　气体分配比例

煤气：上燃烧室煤气量为 890m³/h；下燃烧室煤气量为 1600m³/h；调节范围为 1.55~2.20。

空气：上燃烧室空气量为 1980~3500m³/h；下燃烧室空气量为 2900~4500m³/h。

调整值稳定后，根据所测得的窑本体各点温度进行调节。

6.3　窑体温度各测点值及其调节

再循环温度低于 800℃时，依据低出量按比例调节下环管到下燃烧器的空气阀门，减少空气量。

进换热器的废气温度高于 750℃，依据超出量按比例调节煤气支管调节阀，减少煤气量。

排料平台上的石灰温度低于 80℃，窑顶废气温度低于 90℃，则按比例调节煤气支管调节阀及下环管到下燃烧器的空气阀门。增加煤和空气量。

排料平台上的石灰温度低于 140℃，窑顶废气温度高于 130℃，则按比例调节煤气支管调节阀及下环管到下燃烧器的空气阀门。减少煤气和空气量。

驱动空气预热后温度高于 500℃，进换热器废气温度，窑顶废气总管温度，出换热器废气温度正常，则调节窑顶废气总管阀门，增加窑顶废气量。

废气风机的废气温度过高，窑顶废气总管温度过高，则只有调节煤气总管阀门，减少煤气量。

7　结论

首钢第二耐火材料厂 500m³ 活性石灰套筒窑工程，投产四年，已达到设计的要求，整个生产系统设备运行稳定，技术先进，环保效果显著。

（原文发表于《设计通讯》2005 年第 1 期）

➤ 电气与自动化工程其他技术

静止无功补偿装置在大型 LF 炉工程中的应用

孙靖宇

（北京首钢国际工程技术有限公司，北京 100043）

摘　要： 大型 LF 炉在正常生产时会对电网造成不利影响，而且超过电能质量各项国家标准指标。本文以实际工程为例，通过对 LF 炉引起的电能质量问题的分析，说明了 SVC 装置在 LF 炉工程中应用的必要性，并对 SVC 装置的设计作了阐述。

关键词： LF 钢包精炼炉；电能质量；静止无功补偿装置（SVC）；晶闸管控制电抗器（TCR）

Application of Static Var Compensator in Large Ladle Furnace Engineering

Sun Jingyu

（Beijing Shougang International Engineering Technology Co.,Ltd.,Beijing 100043）

Abstract： Ladle furnace （LF） has a adverse effect on the electric network during normal production and relative indexes exceed the national standard of power quality. Taking a practical engineering for example, the power quality problem caused by ladle furnace is analyzed. The practice shows that it is necessary to use the SVC（static var compensator） device in the ladle furnace engineering. The design of SVC device is expounded in the paper.

Key words： ladle refining furnace; power quality; SVC; thyristor controlled reactor

1 引言

首钢迁钢炼钢厂为了提高钢材产品质量，调整钢材品种结构，新建一套 210 tLF 钢包精炼炉设备，该 LF 精炼炉能够处理对铸坯质量要求较高的多种品种钢，如船板钢、锅炉及压力容器板钢、汽车大梁板钢、优质结构钢和硬线钢等，为钢厂带来了巨大的经济效益。大型 LF 炉是一种特殊的非线性冲击负荷，在冶炼过程中，会产生大量谐波、负序电流，产生无功冲击并导致电压波动和闪变，冶炼功率因数低等电能质量问题，降低供电系统的可靠性，并危害其他设备安全。因此必须采取综合治理措施，提高供电电网的电能质量，达到国标和电业管理部门的规定，是决定 LF 炉是否被允许生产和能否正常安全生产的关键因素。

2 大型 LF 炉对电网的影响和危害

现代大型 LF 炉是典型的非线性冲击负荷，由于其容量大，对电网的电能质量影响非常严重，电能质量问题主要有谐波、电压波动和闪变、电压三相不平衡和低功率因数等，这些电能质量问题严重危害电气设备和生产。

2.1 谐波对电气设备的危害

（1）使旋转电机损耗上升，温升加大，还会引起机械振动和噪声。

（2）使变压器附加损耗增加，引起局部过热，还会使运行噪声增大。

（3）使并联电容器的运行电流有效值增大，温升增高，损坏电容器。同时，电容器可使谐波电流放大，甚至会产生谐振，使电网中的电气设备受到严重损坏，破坏电网的正常运行。

（4）使继电保护产生误动作或拒动，使自动装置失灵。

（5）对于电力电缆，分布电容对谐波电流的放大引起谐波电压升高时，电缆易出故障。

2.2 无功冲击的影响

（1）使供电母线的电压降落和产生波动，降低了机电设备的运行水平。

（2）当供电点的母线电压产生波动时，将使得用户的异步机类负荷转矩随之变化，输入负荷的有功功率随之下降，影响生产和设备出力。

（3）快速的无功冲击引起母线电压波动导致闪变，对人眼造成刺激，对电视机、计算机显示器图像造成干扰。

2.3 负序的影响

（1）造成电力系统继电保护装置中负序启动元件的误动。

（2）造成发电机和异步电动机发热和振动。

2.4 低功率因数的影响

（1）根据供电部门的规定，功率因数应大于 0.9 以上，否则，用户将遭受低功率因数罚款，直接影响企业的经济效益。

（2）低功率因数负载从系统吸收大量无功功率，增加了线损和变压器损耗。

（3）由于供电变压器同时通过有功功率和大量的无功功率，降低了变压器的供电能力。

3 LF 炉引起供电系统的电能质量问题的分析与计算

3.1 供电系统和负荷资料

首钢迁钢炼钢厂 LF 炉接在二总降 3 号主变 35kV 母线上，供电系统简图如图 1 所示。

（1）公共连接点（PCC 点）及短路容量：

PCC 点为驿南府 220kV 变电站 110kV 母线；

PCC 点 短 路 容 量 ： S_{max}=2257MV·A，S_{min}=831MV·A。

首钢迁钢二总降 110kV 母线短路容量：S_{max}=2137MV·A，S_{min}=795MV·A。

首钢迁钢二总降 35kV Ⅱ段母线短路容量：S_{max}=468MV·A，S_{min}=342MV·A。

（2）PCC 点的供电设备容量为 360MV·A。

（3）主变压器技术参数：

额定容量 63MV·A

额定电压 110/38.5/10.5kV

短路阻抗 $U_{高低}$=18%；$U_{高中}$=10.5%；$U_{中低}$=6.5%

联结组别 YN,yn0,d11

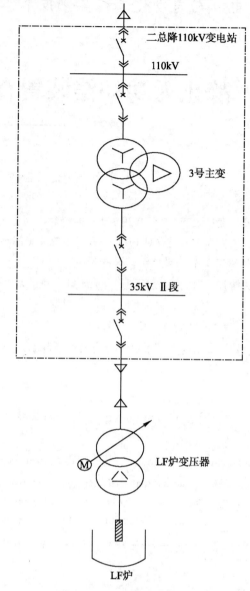

驿南府220kV变电站110kV母线(PCC点)

二总降110kV变电站

110kV

3号主变

35kV Ⅱ段

LF炉变压器

LF炉

图 1 供电系统简图

（4）二总降至炼钢 LF 炉间 35kV 电缆为 3 根 YJV-26/45kV-3×185，每根 1.8 km。

（5）210 tLF 炉技术参数：

炉变容量 44MV·A

一次电压 35kV

二次电压 485-450-365V，13 级有载调压

阻抗电压 6.5%（485V 时）

短网阻抗 $3.1+j0.35m\Omega$

（6）LF 炉谐波发生量。LF 炉的谐波发生量（35kV）见表 1。

3.2 谐波指标

国标 GB/T14549—93《电能质量—公用电网谐波》表 2 中规定了注入系统 110kV 和 35kV 的各次谐波电流允许值。

由于要求 PCC 点、二总降 110kV 母线和 35kV 母线的谐波均符合国标限值，因此按照二总降 110kV 母线的最小短路容量 795MV·A 和用电协议容量 63MV·A 进行换算，换算后得到允许注入二总降 110kV 母线的谐波电流允许值见表 2。

LF 炉注入二总降 110kV 母线的谐波电流值见表 3。

表 1　LF 炉的谐波发生量（35kV）

谐波次数	2	3	4	5	6	7	8	9	10	11	12	13	14	15
谐波发生量/A	11.13	25.98	5.20	20.78	3.71	11.13	1.48	0.74	0	0.74	0	0.74	0	0

表 2　注入二总降 110kV 母线的谐波电流允许值

谐波次数	2	3	4	5	6	7	8	9	10	11	12	13
谐波电流允许值/A	5.32	2.09	2.66	2.38	1.77	2.08	1.33	1.42	1.06	1.73	0.89	1.57

表 3　LF 炉注入二总降 110kV 母线的谐波电流值

谐波次数	2	3	4	5	6	7	8	9	10	11	12	13	14	15
谐波电流值/A	3.54	8.27	1.65	6.61	1.18	3.54	0.47	0.24	0	0.24	0	0.24	0	0

对比表 1 和表 3 可看出，LF 炉注入系统的 3 次、5 次、7 次谐波电流将严重超标。

3.3　电压波动和闪变指标

LF 炉在运行过程中，随机产生的大幅度无功功率波动会引起供电母线电压严重波动，并构成闪变干扰。经过计算迁钢炼钢厂 LF 炉最大无功冲击为 34.5Mvar（计算过程见 5.1（1））。电压波动及闪变分析计算见表 4。

从表 4 可看出，LF 炉引起系统的电压波动和闪变将严重超标。

表 4　电压波动和闪变计算结果

序号	内　容	LF 炉	允许值
1	系统最小短路容量 S_{min}	110kV:795MV·A 35kV:342MV·A	GB 12326—2000《电能质量—电压波动和闪变》
2	最大无功冲击功率 ΔQ_{max}	34.5Mvar	
3	电压波动： $\Delta V_{max}=\Delta Q_{max}/S_{min}$	110kV:ΔV_{max}=34.5/795×100%=4.3% 35kV:ΔV_{max}=34.5/342×100%=10.0%	110kV:1.5% 35kV:2%
4	电压闪变： $P_{st}=K_{st}\Delta V_{max}$	110kV:P_{st}=0.5×4.3=2.15 35kV:P_{st}=0.5×10.0=5.0	110kV:0.8 35kV:0.9

3.4　负序指标

国标 GB/T 15543—1995《电能质量—三相电压允许不平衡度》规定公共连接点正常电压不平衡度允许值为 2%，接于公共连接点的每个用户引起该点的正常电压不平衡度允许值为 1.3%。

经过仿真计算，LF 炉的基波负序电流和基波负序电压为：

（1）LF 炉注入二总降 35kV 母线基波负序电流 I_2=160A；

（2）引起 PCC 点及二总降 110kV 母线基波负序电压 U_2=2.1%；

（3）引起二总降 35kV 母线基波负序电压 U_2=2.8%；

由负序计算结果可见，LF 炉引起 PCC 点及二总降 110kV 母线的基波负序电压符合国标要求，但二总降 35kV 母线的基波负序电压超标。

3.5　功率因数

LF 炉的平均功率因数约为 0.78，远低于电力部门要求的 0.9。

4　抑制途径

抑制大型 LF 炉对电网及其自身的影响的途径有：（1）提高供电电源的电压等级，以提高与电网公共连接点的短路容量，使其对电网和自身的影响在允许范围内；（2）采用 SVC 装置，使其对电网和自身的影响在允许范围内。这两种途径相比，途径（1）是治标的办法，因为 LF 炉对电网和自身的影响的各种量值并未消除，而是送到更高电压等级的电网去扩散，随着工厂负荷不断增加发展，这些量值在电网中增加积累，泛滥成灾，将会达到电网不能接受的程度，反而增加了对广大用户的影响，因此，使用范围越来越小；而途径（2）是治本的办法，它使 LF 炉对电网和自身的影响的各种量值大部分就地消除了，其应用前景广阔。

4.1 SVC 装置

近年来发展起来的 SVC 装置是一种快速调节无功功率的装置，已成功地用于电力、冶金、采矿和电气化铁道等冲击性负荷的补偿上，它可使所需无功功率作随机调整，从而保持电弧炉等冲击性负荷连接点的系统电压水平的恒定。即

$$Q_i = Q_D + Q_L - Q_C \qquad (1)$$

式中，Q_i 为系统公共连接点的无功功率；Q_D 为负荷所需的无功功率；Q_L 为可调（可控）电抗器吸收的无功功率；Q_C 为电容器补偿装置发出的无功功率，单位均为 kvar。

当负荷产生冲击无功 ΔQ_D 时，将引起

$$\Delta Q_i = \Delta Q_D + \Delta Q_L + \Delta Q_C \qquad (2)$$

其中 $\Delta Q_C = 0$，欲保持 Q_i 不变，即 $\Delta Q_i = 0$，则 $\Delta Q_D = -\Delta Q_L$，即 SVC 装置中感性无功功率随冲击负荷无功功率作随机调整，此时电压水平能保持恒定不变。

SVC 由可控支路和固定（或可变）电容器支路并联而成，主要有四种型式：晶闸管控制电抗器（TCR）型、晶闸管阀控制高阻抗变压器（TCT）型、晶闸管开关投切电容器（TSC）型、自饱和电抗器（SSR）型。

4.2 滤波装置

滤波装置由电容器、电抗器，有时还包括电阻器等无源元件组成，以对某次及以上次谐波形成低阻抗通路，达到抑制高次谐波的作用。由于 SVC 的调节范围要由感性区扩大到容性区，所以滤波器与动态控制的电抗器一起并联，这样既满足无功补偿、改善功率因数的要求，又能消除高次谐波的影响。

滤波器种类有：各阶次单调谐滤波器、双调谐滤波器、二阶宽频带与三阶宽频带高通滤波器等。

4.3 SVC 方案的确定

晶闸管相控电抗器（TCR）型动态无功补偿（SVC）技术是目前应用最为广泛的先进技术，其成套装置在电弧炉炼钢及轧钢等领域的应用越来越多。与其他类型 SVC 装置比较，其具有的突出优点如下：

（1）反应时间快（5~20ms），运行可靠，可做到无级调节，适应范围广。

（2）从布置上考虑，TCR 型装置具有很大的灵活性，占地面积相对较小。

（3）相对于 TCT 型和 SSR 型，TCR 型产生的谐波分量和噪声小。

（4）TCR 型在 20 世纪 70 年代后被国际上公认为主流型产品，20 世纪 80 年代以后我国引进的绝大多数都是 TCR 型，其经济性较好。尤其是近年来，随着 TCR 型 SVC 技术的不断成熟及国内相关制造业的迅速发展，整套装置已逐步实现了国产化，从而极大地降低了成套设备的生产成本。

经过多种技术方案的技术经济比较，决定在 LF 炉 35kV 供电母线，即首钢迁钢二总降 110kV 变电站 35kV 母线，装设一套 35kV 高压直挂式 TCR+FC 型 SVC 成套装置。

5 SVC 的设计

5.1 SVC 容量的确定

5.1.1 LF 炉产生的无功冲击值

（1）二总降 35kV 母线系统阻抗标幺值：
$X_{smin} = S_j / S_{min} = 1000/342 = 2.92$；

（2）二总降至 LF 炉间 35kV 电缆阻抗标幺值：
$X_L = X^* L = 0.0876 \times 1.8/3 = 0.053$；

（3）LF 炉变压器阻抗标幺值：
$$X_T = (U_d\%/100)(S_j/S_e)$$
$$= (6.5/100) \times (1000/44) = 1.48$$

（4）LF 炉短网阻抗标幺值：
$$X_F = X(S_j/U_j^2) = 3.1 \times 10^{-3} \times (1000/0.485^2) = 13.2$$

（5）LF 炉系统的总阻抗标幺值：
$$X_{LF} = X_{smin} + X_L + X_T + X_F$$
$$= 2.92 + 0.053 + 1.48 + 13.2 = 17.653$$

（6）LF 炉最大无功冲击值：
$$\Delta Q_{max} = S_j / X_{LF} \cos^2 \varphi_R$$
$$= 1000/17.653 \times 0.78^2 = 34.5 \text{Mvar}$$

5.1.2 TCR 主电抗器容量的确定

（1）二总降 35kV 母线闪变改善率 K

用电压闪变 P_{st} 计算闪变改善率：
$$K = (P_{st1} - P_{st2})/P_{st1} = (5.0-0.9)/5.0 = 82\%$$

（2）补偿系数 a

用 $K = 82\%$，查《钢铁企业电力设计手册》上册493 页中曲线图 12-55 得 $a = 100\%$；

（3）TCR 主电抗器容量
$$Q_r = a\Delta Q_{max} = 100\% \times 34.5 = 34.5 \text{Mvar}$$

5.1.3 滤波补偿容量的确定

（1）平衡 TCR 电抗器所需要的电容器组容量

SVC 相控电抗器在整个工作过程中，吸收的无功功率平均为其额定容量的 50%，因此平衡 TCR 电

抗器所需要的电容器组容量为：

$Q_{cb}=1/2Q_r=1/2×34.5=17.25Mvar$。

（2）功率因数补偿用电容器组容量

功率因数由 0.78 提高到 0.92 所需的无功补偿量为：

$$Q_{cp}=1.2S_T\cos\varphi_1（\tan\varphi_1-\tan\varphi_2）$$
$$=1.2×44×0.78×（0.8-0.42）$$
$$=15.65Mvar$$

（3）SVC 所需电容器总容量 Q_c：

$Q_c=Q_{cb}+Q_{cp}=17.25+15.65=32.9Mvar$

5.1.4 确定 TCR 容量

通过上述计算，TCR 容量最终取 36Mvar,滤波器（FC）的有效补偿容量（基波补偿容量）为 36Mvar。

5.2 SVC 装置的技术参数

通过仿真计算，滤波支路装设 2 次、3 次、4 次、5 次,所有滤波支路和 TCR 均直挂在二总降 35kV 母线上，主接线如图 2 所示。

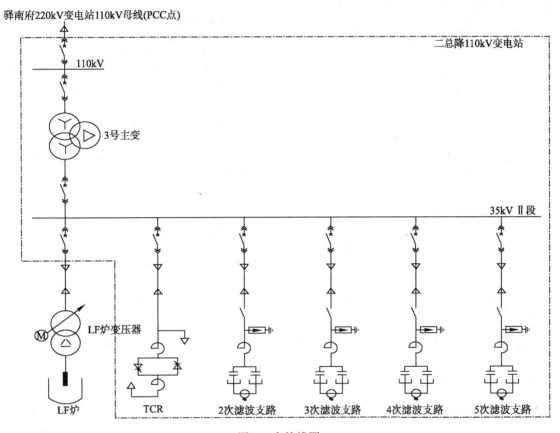

图 2 主接线图

TCR 的主要技术参数如下：

（1）相控电抗器

三相额定容量　　36Mvar

额定电流　　360A

额定电感　　2×65.2mH

触发角　　105°

绝缘等级　　F 级

安装方式　　分相安装（每相两台，上下安装）

（2）晶闸管

额定电流　　760A

额定电压　　5800V

连接方式　　30 串/相，正反向并联

滤波支路主要技术参数详见表 5。

6 加装 SVC 后对供电系统电能质量的改善

6.1 注入系统谐波电流及引起母线谐波电压畸变率的改善

经过谐波潮流计算，并进行计算机仿真，加装 SVC 后注入系统的谐波电流及引起母线谐波电压畸变率详见表 6。

从表中可看出，注入系统的各次谐波电流和各级电压母线谐波电压畸变率均能满足国标要求，达到了治理的目的。

表5　滤波支路主要技术参数

滤波支路	2 次	3 次	4 次	5 次
串联电抗/mH	141.1	48.34	41.02	23.92
电容器安装容量/Mvar	20.16	20.16	9.84	10.80
电容器基波容量/Mvar	9.70	10.61	6.67	7.27
单台电容器额定电压/kV	8.5	7.5	6.5	6.5
单台电容器电容/μF	24.67	31.69	30.89	33.90
电容器连接方式/相	4 串 3 并	4 串 3 并	4 串 2 并	4 串 2 并

**表6　加装 SVC 后注入系统的谐波电流及
引起母线谐波电压畸变率**

谐波次数	注入 110kV 侧谐波电流/A	注入 35kV 侧谐波电流/A
2	1.08	3.39
3	1.04	3.28
4	0.10	0.25
5	2.10	6.60
6	0.46	1.45
7	1.50	4.70
8	0.20	0.66
9	0.10	0.34
10	0.40	1.25
11	0.11	0.35
12	0.18	0.57
13	0.15	0.48
14	0.15	0.48
15	0.15	0.48
110kV 侧电压总谐波畸变率		0.78%
35kV 侧电压总谐波畸变率		1.95%

6.2　SVC 对电压波动和闪变的抑制效果

经仿真计算，SVC 补偿后 LF 引起 PCC 点及二总降 110kV 母线电压波动为 1.4%，短时间闪变值为 0.46；二总降 35kV 母线的电压波动为 1.75%。由计算结果可见，加装 SVC 装置后，在 PCC 点及二总降 110kV 母线、35kV 母线的电压波动和短时闪变值满足国标要求，SVC 起到了减少 LF 炉对电网无功冲击的影响和保证用户安全生产的重要作用。

6.3　SVC 对负序的抑制效果

经 SVC 补偿后，LF 炉引起二总降 110kV 母线基波负序电压为 0.98%；引起二总降 35kV 母线基波负序电压为 1.12%。能够满足国标的要求。

6.4　SVC 对功率因数的提高

经 SVC 补偿后，PCC 点及二总降 110kV 母线、35kV 母线的月平均功率因数可达到 0.95 以上，满足要求。

7　结论

TCR+FC 型 SVC 技术及成套装置，在首钢迁钢炼钢厂 210 t 大型 LF 精炼炉的应用，对改善配电系统的电能质量，提高功率因数，稳定电网运行水平将起到积极、重要的作用。投运以来，为炼钢厂正常、安全生产，多炼品种钢以创造更大的经济效益提供了可靠的技术保证。

参考文献

[1] 《钢铁企业电力设计手册》编委会.钢铁企业电力设计手册[M].北京：冶金工业出版社，1996.

[2] 国家质量技术监督局.GB/T 14549—93 电能质量公用电网谐波[S].北京：中国标准出版社，1994.

[3] 国家质量技术监督局.GB/T 12326—2000 电能质量电压波动和闪变[S].北京：中国标准出版社，2000.

[4] 国家质量技术监督局.GB/T 15543—1995 电能质量三相电压允许不平衡度[S].北京：中国标准出版社，1996.

（原文发表在《冶金动力》2007 年第 1 期）

变电站防误闭锁系统的实现及分析

孙靖宇[1]　沈　军[2]

(1.北京首钢国际工程技术有限公司，北京　100043;
2.北京首钢电力厂，北京　100041)

摘　要：本文从变电站防误闭锁的实际应用出发，介绍了首钢220kV变电站防误闭锁系统的实现方法。分析了电气回路联锁、微机五防系统和自动化系统内的防误闭锁三类防误闭锁方式各自的特点，指出应根据管理方式、操作习惯等多方面的因素来选用不同方式的防误闭锁。

关键词：防误闭锁；变电站自动化系统；微机五防系统

Application and Analysis of Anti–misclosedown System in Substation

Sun Jingyu[1]　Shen Jun[2]

(1. Beijing Shougang International Engineering Technology Co., Ltd., Beijing 100043;
2. Electrical Power Plant of Beijing Capital Iron and Steel Co., Beijing 100041)

Abstract：On the basis of application of the anti-misclosedown system in the substation,the application method of the anti-misclosedown system for the 220kV substation of Beijing Capital Iron & Steel Co. is introduced. The characteristics of the anti-misclosedown modes of interlock of electric circuit, 5 protection systems of microcomputer and automation system are analysed repectively.It points out that the factors such as management mode and operation custom should be taken into consideration when the anti-misclosedown system is selected.

Key words：anti-misclosedown system; automation system of substation; 5 protection systems of microcomputer

1　引言

电力生产中，各类人为误操作事故时有发生。为确保电力系统的安全运行，必须实施防误闭锁及相关组织管理手段，避免各类误操作事故的发生。在形式各异的闭锁中，有最简单的挂锁，以及机械程序锁、电气回路联锁、微机五防系统、自动化系统内的防误闭锁。其中最简单的挂锁操作麻烦且过于原始，已逐步淘汰；机械程序锁存在着"空走程序"等问题；成套高压设备（如10kV手车断路器、带接地刀闸的隔离开关等）的机械联锁是较为可靠的，但其闭锁的范围有限。现阶段，电气回路联锁和机械联锁在各变电站应用的较为广泛，同时随着变电站自动化系统及微机五防系统的大量应用，逐步形成了电气回路联锁、数字化五防闭锁系统并存的局面。首钢220kV变电站防误闭锁系统将电气回路联锁、微机五防系统和自动

化系统内的防误闭锁三类方式有机地结合起来，取得了较好的效果。

2　防误闭锁的内容和原则

电力系统历来十分重视系统的安全运行，但每年总会发生因电气误操作而导致的各类事故，造成了许多不必要的损失。为此，我国电力系统早在1980年就提出了电气设备"五防"的要求，并以法规形式（能源安保1990年1110号文《防止电气误操作装置管理规定》）规定了电气防误码的管理、运行、设计和使用原则。按"规定"，防误装置的设计应遵循的原则是：凡有可能引起误操作的高压电气设备，均应装设防误装置和相应的防误电气闭锁回路。从这一原则出发，提出了"五防"规定。所谓"五防"即指：防止误分、合断路器。防止带负荷分、合隔离开关。防止带电挂（合）接地线（接地刀闸）。防止

带接地线（接地刀闸）合断路器（隔离开关）。防止误入带电间隔。为实现"五防"功能，在电气设备生产、安装、设计中应遵循以下原则：防误闭锁装置的结构应简单、可靠，操作维护方便，尽可能不增加正常操作和事故处理的复杂性。电磁锁采用间隙式原理，锁栓能自动复位。成套的高压开关设备应优先选用机械联锁防误。防误装置应设有解锁工具（钥匙）。防误装置应不影响开关设备的主要技术性能。防误装置应做到防尘、防异物、防锈、防霉、不卡涩。户外的防误装置还应有防水、防潮、防霉的措施。"五防"中除防止误分、误合断路器可采用提示性的设施外，其他"四防"应采用强制性措施。20世纪90年代以后，变电站综合自动化系统得到了广泛应用，无人值班或少人值守的变电站大量出现，在计算机监控系统中是否要实现"五防"系统和如何实现成为新的课题。为此，国电公司2000年发布的《防止电力生产重大事故的二十五项重点要求》的第二章"防止电气误操作事故"第2.5条明确规定：采用计算机监控系统时，远方、就地操作，均应具备防误闭锁功能。

3 电气回路联锁的实现方法

电气回路联锁是一种现场电气防误技术，主要通过相关设备的辅助接点的连接来实现防误闭锁。这是电气闭锁最简单的形式，闭锁可靠。首钢220kV变电站的220kV、110kV电压等级的断路器和隔离开关均采用了常规设备，10kV开关柜采用了全封闭式开关柜。220kV、110kV电压等级的断路器与隔离开关及隔离开关与接地刀之间采用了电气回路联锁，来实现简单的"五防"功能。如图1所示的一次电气接线图可用如图2所示的电气联锁回路来实现一定的逻辑功能。这种电气回路闭锁实现了基本的

"五防"功能，实现起来方便、可靠。对于检修人员的误操作（如无票操作、误碰设备等），其他形式的防误闭锁可能失去作用，电气回路联锁就成了最后一道防线。理论上电气联锁的闭锁逻辑比较可靠和完善，但在实际使用中却存在一些问题：

（1）设备提供的辅助接点有限且各电压等级间的联系很不方便，相关闭锁回路的设计容易出现多余闭锁或闭锁不到的情况。

（2）这种方式需要接入大量的二次电缆，接线方式较为复杂，运行维护较为困难。

（3）在运行中存在断路器或刀闸辅助接点不可靠等问题，特殊情况下只能由检修人员靠"封线"或"断线"来解除闭锁。

（4）其防误功能随二次接线而定，不易增加和修改，不能实现完全的"五防"。

（5）一般的电气联锁回路只有防止断路器、隔离刀闸和接地刀的误操作，对误入带电间隔、接地线的挂接（拆除）等则无能为力。

4 自动化系统内防误闭锁功能的实现

近几年，计算机技术在变电站监控系统中得到了广泛的应用，微机型变电站综合自动化系统取代了常规控制系统。充分利用自动化系统所提供的强大硬件、软件环境以及数据信息来有机融合变电站防误闭锁是切实可行的。事实上，断路器、隔离开关位置及相应的模拟量信息等已经采集到监控系统中，利用这些信息和现有的防误逻辑即可实现防误判断，再辅以适当的硬件就能实现防误闭锁。在自动化系统内实现防误闭锁并不是取消五防，而是利用自动化系统的各种技术优势来重新整合防误闭锁方式。当然，利用自动化系统实现变电站防误闭锁应在满足五防系统基本要求基础上做到以下几点：

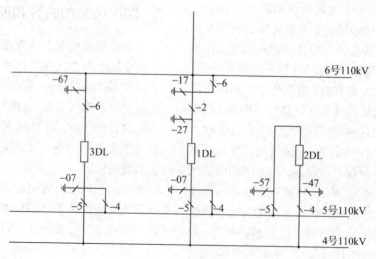

图1 一次电气接线

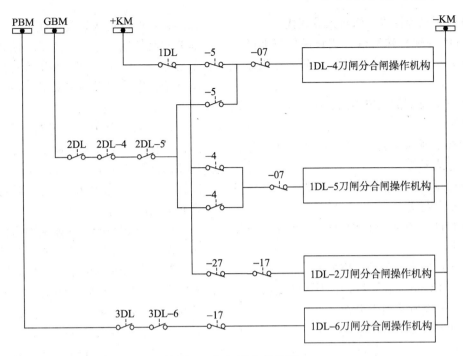

图 2　电气回路联锁图

（1）防误闭锁系统的硬件要尽量少，以最大限度地减少防误系统本身的维护量。

（2）防误闭锁系统的硬件及电气设备的辅助触点应随时被自动化系统监视，以保证其防误闭锁的可靠性、有效性。

（3）为电气操作人员设置灵活且安全的操作模式。

（4）为变电站操作人员提供良好的人机界面，操作不符合防误要求时给予提示，防误系统异常时及时报警。

（5）具有良好的可维护性，在变电站扩容改造时可方便快捷地进行修改和维护。

《防止电力生产重大事故的二十五项重点要求》中明确规定当地监控及远方遥控操作必须具备防误闭锁功能。在已有电气回路联锁的基础上，变电站自动化系统内也要实现防误闭锁功能，其防误闭锁的实现方式也多种多样，但是从防误对象来看不外乎两大类，一是带电动机可遥控操作的设备如断路器、隔离开关、有载调压分接头开关等，这些设备是正常运行时所需要操作的，一般不需要人员到场操作，除非遥控失灵才需要人员到现场用手动方式紧急操作；二是不带电气机构只能手动操作的设备如接地刀等，这些设备需要人员到现场才能操作（如检修）。

首钢 220kV 变电站的 220kV、110kV 电压等级的断路器和隔离刀闸均采用电动机构，可以实现遥控操作。接地刀闸为手动机构，无法实现遥控操作。对于断路器及隔离刀闸的操作闭锁包括操作出口的跳合闸闭锁、断路器与隔离开关及地刀相互间的操作闭锁以及键盘操作的权限设置。自动化系统的防误闭锁可以从以下两个层面来实现：

（1）间隔级防误闭锁。利用测控装置本身的逻辑功能完成。为了适应不同的接线方式，不同的闭锁要求，装置带有可编程逻辑功能，可以维护人员方便地设置闭锁逻辑。

（2）间隔间防误闭锁。间隔级防误只能用本间隔的信息来设置相关闭锁逻辑，如果需要使用其他间隔或公用信息来设置相关闭锁即所谓间隔间防误（也可称为系统级防误），目前由两种解决办法：一是在总控单元或前置机内设置机内设置专用防误闭锁软件，根据站内所有开关量/模拟量的情况和防误规则实现防误闭锁；二是利用网络和协议（如以太网 TCP/IP）实现测控装置间的信息交换。

通过高级编程语言来实现上述"五防"闭锁逻辑关系，是对监控系统采集的数据信息进行了整合，全面提升了常规"五防"闭锁功能，主要体现在：

（1）对断路器及隔刀的分合闸闭锁逻辑进行了有益的扩充，并严格执行《北京供电局微机防误闭锁装置操作闭锁规则编写原则》，使闭锁逻辑简明、完善，杜绝误操作的可能性。

（2）利用监控软件的强大计算功能，增加了"虚遥信"点，加强了对开入量正确性的检测手段。如断路器采用"虚遥信"逻辑判断功能。利用监控装置采集来的断路器辅助开关常开常闭两个位置信号，进行逻辑组合。最终得到 1DL=2 时断路器在合位；1DL=0 时断路器在分位；1DL=1 时断路器位置判断错误，并可由人机界面提示值班人员查找原因。

（3）满足各种特殊运行方式和操作习惯的需要，做到开关、隔刀电动调试时不解锁，不发生人为事故。

（4）提供了友好的人机界面，便于操作人员进行停送电操作。

（5）增加了对测控装置的监测，避免由于遥信错误发生误闭锁现象。

（6）各种逻辑判断信息均可保留在监控系统的数据库中，方便查阅。

（7）具有良好的维护性和扩充性，便于变电站的改扩建工作。

（8）闭锁逻辑有很强的适应能力，不仅满足正常的停送电操作任务，在检修调试时也无需解锁。这是电气回路闭锁所不能或很难达到的。

电气回路闭锁和自动化系统内防误闭锁功能都实现了对带电动操作机构的高压电气设备的"五防"闭锁功能，并可在有人值守变电站的操作员站和无人值守的远方主站上来完成。但对于现场大量存在的不带电动操作机构的电气设备，如地刀（地线刀闸）、遮拦网门（开关柜门）等，上述闭锁装置均失去了作用。用于高压开关设备防止电气误操作的微机五防系统在这方面发挥了其自身优势，是电气回路闭锁和自动化系统内防误闭锁功能的有益补充。

5 微机五防闭锁系统的实现

微机五防系统通常主要由主机、电脑钥匙、机械编码锁、电气编码锁、模拟屏等功能元件组成。微机防误闭锁装置闭锁的设备有四类：开关、刀闸、地线（地线刀闸）、遮拦网门（开关柜门），上述设备是通过微机锁具（电编码锁和机械编码锁）实现闭锁的。微机五防系统通过软件将现场大量的二次闭锁回路转换为电脑中的五防闭锁规则库，实现了防误闭锁的数字化，并可以实现以往不能实现或者很难实现的防误功能。

早期的五防系统比较简单，多数仅在相应的操作开关KK处加装电气编码锁，只有在操作状态下才由五防系统经过一定的操作规则来解锁，其他时间处于闭锁状态；对于隔离开关、地刀和网门等使用机械编码锁实现。微机五防系统根据运行部门提供的操控原则或典型操作票进行相应的模拟预演和实际操作。其闭锁逻辑大致与电气联锁相当，基本上停留在"钥匙+锁"的原始模式，还谈不上整体解决方案。部分产品还存在一些设计缺陷，其普遍表现为：

（1）监视设备的状态量取自模拟屏，客观上模拟屏显示的设备状态真实性不够，即所谓"虚遥信"而非实时信息；另外，防误闭锁装置运行正常与否不可监控，防误闭锁装置及其配套元件的损坏或不正常给正常电气操作带来了不必要的障碍，造成操作时间延长。

（2）系统存在"走空程"问题。现场用电脑钥匙解锁过程中经常会发生锁没有打开，而电脑钥匙的程序却已经走到了下一步的情况，此时只能靠强制解锁；这样实质上"五防"已经形同虚设，根本起不到其应起的作用。

（3）五防功能以操作逻辑为核心，对于无票操作和误碰（主要是检修人员）则有可能防不住。

首钢220kV变电站针对早期微机五防系统存在的缺点，利用当地监控和微机五防两套系统进行通讯的方法来加以解决。通过通讯将两系统联系起来，遥控操作前先在微机五防系统进行模拟预演操作，模拟预演结束后，五防系统对相关操作点下达软解锁命令，再由当地监控系统按照遥控操作的步骤进行操作；操作结束后，由五防系统下达闭锁操作命令，恢复闭锁。当地监控系统所采集的设备状态信号均来自现场，反映一次设备的实际运行状态。通过通讯将这些实时信息传递给微机五防系统，以保证其防误闭锁的可靠性、有效性。针对有些信号如网门、接地线、验电、保险等无法从现场采集，但是当地监控系统和远方又需要监视的信号，可利用微机五防系统将从电脑钥匙上送出的状态信息传递给当地监控系统和远方。

白庙220kV变电站采用的是珠海晋电的UT-2000系列微机五防闭锁系统。整个系统包括：主机、电脑钥匙、机械编码锁、电气编码锁、模拟屏等功能元件。在有电动操作机构的设备，在其分合闸回路中串入一个接点，此接点受电气编码锁的控制。对于手动机构的设备则配以机械编码锁，该锁具同样受微机五防系统防误闭锁逻辑的控制。通过在操作回路中增加强制闭锁，解决了以往遥控操作只有软闭锁，当发生雷击或程序紊乱等装置自身故障的异常情况下可能导致误出口引起的误操作。而机械编码锁则加强了对电气设备的确认，避免误合接地刀闸及带地线送电等恶性事故发生。对于分合闸回路串入接点的处理，我们采用以冷备用原方式保证其实时性。也就是该闭锁接点只有在模拟预演结束，由防误系统根据开关量/模拟量的情况和防误规则下达解锁命令后自保持接通输出，但在操作结束后即恢复闭锁。冷备用的优点是非工作状态下，串联在分合闸回路中的闭锁接点处于断电模式，更有效地杜绝了雷击或其他干扰对系统的影响，真正实现了强制闭锁。

在进行电气操作时，操作员首先在模拟屏上进行模拟操作。模拟屏上的电脑主机通过五防闭锁规则库中的闭锁规则来判断每一步操作的正确性，模拟操作完毕后自动生成电气操作票。操作员使用电脑钥匙将操作票取出，并按照操作步骤打开需操作电气设备上安装的机械编码锁和电气编码锁。同时通过自动化系统和微机五防闭锁系统之间的通讯联系，将允许解锁信号传送到控制后台，值班人员就可以在自动化控制系统中完成电气操作任务。每完成一步电气操作，模拟屏根据自动化系统发送上来的断路器、隔离刀闸、接地刀闸的位置信息对本次操作的电气设备重新进行闭锁并将下一步电气操作解锁。

在整个微机五防闭锁系统中，最关键的是五防闭锁规则库。其编写规则仍以《北京供电局微机防误闭锁装置操作闭锁规则编写原则》为依据，与自动化系统内五防闭锁编写内容不同之处在于增加了对手动机构的闭锁，是对自动化系统中的逻辑闭锁关系的进一步扩充。同时，还可以在母线及变压器附近设置固定的临时接地线悬挂点并用机械编码锁

实现相应的逻辑闭锁关系。

由于对电气设备的操作仍在监控后台完成，模拟屏预演完毕须向监控后台发出允许操作的指令。五防模拟屏发出的允许指令也成为监控系统逻辑闭锁的条件之一。同时在微机五防闭锁系统发生严重故障时可具备软解锁功能，由监控系统独立完成逻辑闭锁功能。这些都在自动化系统中的逻辑闭锁软件编程上有所体现，并提供相应的人机界面。

6 结论

从白庙220kV变电站防误闭锁系统的实际应用来看，微机五防+变电站自动化（间隔层防误）+简单电气联锁的方式还是取得了良好的效果。这种方式不仅实现了对当地监控系统遥控操作的软硬件闭锁，而且解决了对手动操作的强制防误。整个防误系统结构完整，优势明显，为今后变电站防误系统的设计及实现提供了新的思路。

参考文献

[1] 能源安保[1990]1110号文，《防止电气误操作装置管理规定》。
[2] 防止电力生产重大事故的二十五项重点要求.

（原文发表于《冶金动力》2006年第3期）

谐波分析及谐波滤波装置在轧钢系统中的应用

胡国新　周　焱　赵恩波

(北京首钢国际工程技术有限公司，北京 100043)

摘　要：本文对供配电系统中高次谐波的产生、危害及抑制措施作了较为系统的分析与论述。以实际工程为例，讨论了谐波滤波装置的设计及在轧钢系统的应用，并结合钢铁厂轧钢系统的构成对谐波治理工作提出了一些设想和建议。

关键词：高次谐波；滤波装置；轧钢系统；电能质量

Harmonic Analysis and Harmonic Filter Device in Rolling Mill System

Hu Guoxin　Zhou Yan　Zhao Enbo

(Beijing Shougang International Engineering Technology Co., Ltd., Beijing 100043)

Abstract: The power distribution system of high harmonic generation, harm and suppression measures are analyzed and discussed. Taking actual project as an example, discusses the harmonic filtering device design and application in steel rolling system, and the combination of steel plant rolling system for harmonics control and puts forward some ideas and proposals.

Key words: higher harmonic; filtering device; steel rolling system; power quality

1　引言

现代大中型企业供配电系统的特点是非线性负荷比重很大，尤其是晶闸管整流和变频装置在工业中愈来愈广泛地应用之后，给电网注入了大量的高次谐波，使供电电压波形畸变，供电质量下降。为保证电网和用户电气设备的安全稳定运行，必须大力加强谐波管理，分析、研究高次谐波产生的特点，查明主要谐波源及其分布，积极采取抑制谐波的有效措施，努力把电网电压波形畸变率和注入电网的各次谐波电流限制在国标规定的限值范围以内。

2　高次谐波的产生

电力系统中的高次谐波主要来源于各种非线性负荷，如变压器是电力系统中的主要设备，由于铁磁饱和的原因向电网注入了波形严重畸变的稳态励磁电流和接入电网时的瞬态励磁涌流；电弧炉因电弧的非线性特性及熔炼期负荷电流的大幅度变化，

轧钢电动机所产生的极大冲击电流以及电焊机的断续冲击电流都将使电网电流产生复杂的高次谐波分量，但目前最主要的谐波电流源还应是可控硅整流和变频装置。20 世纪 60 年代以来，半导体技术特别是晶闸管技术得到了迅速发展，新器件（如快速晶闸管、可关断晶闸管、功率晶体管等）不断出现，各种新型的整流变频装置也相继开发使用。这些装置以其具有的调速动态性能好，电机的起动、制动、加速时间短，运行可靠性高，维护工作量小，投资较低，无噪声等一系列明显的优点，使电力传动系统发生了深刻的变化。过去在调速系统中占绝对优势的直流传动目前正逐步为交流调速技术所取代，原有的用一般交流电机拖动的风机、水泵大量采用交流调速节能技术，其高效的变频调速、串级调速等装置在冶金行业中应用越来越广泛，尤其在轧钢系统中占有很大的负荷比例。上述装置因其整流、逆变单元的非线性工作特性，给电网注入了大量的高次谐波电流，导致电网电压正弦波形严重畸变，远远超过了谐波国标规定的允许值。

整流装置在网侧产生的特征谐波次数 h 和其电流幅值 I_h，可由下式来计算：

$$h = KP \pm 1$$
$$I_h = (C / h) I_1 \quad \text{(A)}$$

式中，K 为任意正整数；P 为整流电压脉动次数；I_1 为基波电流值；C 为经验系数。理论上 C 值等于 1，但由于换向重叠现象，直流电流脉动等原因，实际上的 C 值都是小于 1 的。

另外，由于电网电压的不对称，触发延迟角不对称等非理想因素的存在，变流器不可避免地会产生非特征次数的谐波，即旁频谐波。

无论是特征谐波，还是旁频谐波，都应在抑制谐波措施中给予充分的考虑。

3 谐波的影响与危害

供配电系统中非线性负荷所产生的高次谐波电流，在线路上形成谐波压降从而引起电网电压波形畸变，使供电质量下降，对系统中有关电气设备带来不利影响甚至危及正常工作，其主要表现有以下几个方面。

3.1 电容器

高次谐波电流最明显、最严重的危害对象是补偿功率因数用的电力电容器。当这些电容器与系统用电设备之间在某次谐波附近产生并联谐振时，会出现谐波放大现象，使电网电压明显增加，以致造成电容器被击穿损坏。同时流过电容器的谐波电流达到几倍甚至十几倍于额定值，引起设备发热损坏。另外，电容器的容抗与频率成反比，它对谐波电流最敏感，常使运行中的电容器产生异常的声响。

3.2 电机

电网高次谐波电流通过交流电机定子绕组，使线圈发热增加，机轴产生振动，从而降低电机的出力和电磁转矩，还将使异步电机的功率因数下降。整流器输出直流电压所含的高次谐波交流分量，给直流电机带来如下影响：

（1）交流分量在绕组中产生附加损耗和空载脉动损耗，使电机温升增加，出力降低；

（2）磁通的高频脉振产生电磁噪声；

（3）产生与谐波交流分量成正比的轴电势和轴电流，增大损耗，降低电机出力。

3.3 变压器

和电机相似，谐波电压使磁饱和加剧，激磁电流加大，功率损耗增加，功率因数恶化，电磁噪声

异常。变压器空投时励磁涌流中的谐波特别严重，对其过电流保护也有较为严重的威胁。

3.4 通讯线路

由于输电线路与通讯线路所输送的功率差距极大，二者在平行或交叉布置时，输电线路中的高次谐波对通讯线路干扰极大，严重时可使正常通讯受到破坏，甚至可能引起通讯电缆的放电和击穿。

3.5 电气仪表

谐波电流使感应式测量仪表指示不准确，指针出现摆动。

3.6 电控系统及继电保护

高次谐波对取自电网电压做同步电压或基准电压的电控系统可产生严重的影响，有时甚至使调节系统不能正常工作。对于目前广泛用于线路保护、距离保护、发电机和变压器保护以及母差保护的电磁式和晶体管式继电器，由于瞬时谐波的侵入，可能会引起保护的误动作，影响系统的正常可靠运行。

4 抑制谐波影响的主要措施

为把谐波影响控制在最小的范围内，不仅要减小注入电网的谐波量，改善供电系统的质量，以减少"电力污染"，还要提高用电设备的抗谐波影响的能力，从设计、结构角度来改进电气设备本身。

4.1 改善供电结构

主要是增加非线性负荷接入点母线的短路容量，减小同样数量谐波电流注入时对电网的影响。同时应尽量将产生大量谐波的非线性负荷与基本上不产生高次谐波的用电负荷分在不同的母线上。

4.2 增加整流装置的等效脉动数

这是一种减小谐波电流的技术、经济可行的有效措施。从前面公式可知，增加变流装置的脉动数 P 值，可以消除某些幅值较大的低次谐波，如 $P = 6$ 时，其谐波为 5、7、11、13、17、19 次等，而当 $P = 12$ 时，理论上的谐波为 11、13、23、25 次等，实际上尚有 5、7 次谐波，但幅值已大为减小。对于多台整流装置并用的供电系统，可利用其供电的整流变压器绕组不同的连接组合或移相来实现等效的多相整流效果。如将相邻两台整流变压器按 △/Y 和 △/△ 进行接线，就能使之等效成十二相整流；采用三绕组变压器且两个副绕组彼此接成 Y 和 △，也具有十二相整流的效果；若再通过变压器一次绕组的曲折

接线和组合，可使相互移相±15°、±10°、±7.5°，即可等效为24相、36相、48相整流，使谐波分量幅值大为降低。

4.3　装设滤波器

滤波器是一种用来减少流入电力系统某一部分的谐波电流或降低加到电力系统某一点上谐波电压的电力设备。滤波器通常安装在非线性负荷侧母线上，是由电容和电感（有时还包括电阻）组成的。通过使其固有频率按设计要求与某些特征频率共振，从而吸收谐波源产生的大部分谐波电流，减少注入电网的谐波电流及其影响，这已成为目前广泛采用的抑制谐波（兼作无功补偿，提高功率因数）的主要措施之一。常用的滤波器型式有两种，即如图1所示的单调谐滤波器和图2所示的高通滤波器。

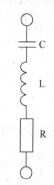

图1　单调谐滤波器

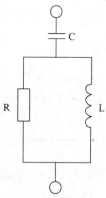

图2　高通滤波器

5　滤波器在轧钢系统的应用

在现代化轧钢系统中，由于大量采用了直流调速的可控硅设备和交流调速的变频设备，这些非线性负荷所产生的谐波电流和其所引起的电压畸变率严重超标，从技术、经济方面考虑，采用滤波器进行谐波抑制(兼作无功补偿，提高功率因数)是一种切实可行的措施。本文结合北京首钢设计院近期设计并投运的轧钢厂高速线材工程6 kV滤波器来阐述谐波/滤波装置在轧钢系统的应用。同时，结合钢

铁厂轧钢系统的构成对谐波治理工作提出了一些设想和建议。

5.1　概况

轧钢厂高速线材工程由北京首钢设计院设计，年产各种规格线材35万吨。全厂总装机容量19398 kW，其中直流电机12583 kW，全都采用全数字直流可控硅供电。交流负荷中，采用变频调速电机共49台，计2282 kW，变频装置28套。由于以上非线性负荷的存在，轧钢过程中将产生大量高次谐波。

5.2　供电系统及负荷

轧钢厂为建设高速线材工程，在其110 kV变电站新上31.5 MV·A,110/6.3 kV主变一台，接线组别为Yn,d11,短路阻抗U_d=10.5 %。主变110 kV侧接于110 kV Ⅲ段母线，6 kV母线带高线负荷，并与原有6 kV母线间设联络开关。

轧钢厂新上主变带高线全部负荷，计算平均有功功率11218.5 kW，计算视在功率14041.6 kV·A，平均功率因数0.799。

系统短路参数见表1。

表1　110 kV侧及母线6 kV母线短路参数

项　目	110kV侧（PCC点）	6kV母线
最大运行方式/MV·A	1472.8	249.25
最小运行方式/MV·A	789.4	217.4

5.3　谐波源的分析与计算

5.3.1　允许注入系统110 kV侧的谐波电流

电业部门提供的允许注入系统110 kV侧的谐波电流值和供电母线的谐波电压值见表2和表3。

5.3.2　高线谐波源计算

通过测试，轧钢厂原有负荷产生的谐波含量较少，可作为背景谐波源考虑。根据主轧线可控硅及变频装置谐波资料，新增高线负荷由于采用晶闸管直流传动和交流变频调速装置，经计算，谐波源产生的注入到110kV侧的特征谐波电流见表4。其中，5、7、11、13、17、19次谐波电流均大大超过了电业部门给出的允许值。

5.4　滤波器的设计

5.4.1　滤波器的参数

根据谐波潮流计算，并进行计算机仿真计算，确定装设5、7、11、13次滤波器，其中5、7、11

表 2 允许注入系统 110 kV 侧的谐波电流值

谐波次数	允许值/A	谐波次数	允许值/A
2	4.74	14	0.67
3	1.4	15	0.75
4	2.37	16	0.59
5	1.68	17	1.11
6	1.58	18	0.51
7	1.59	19	0.99
8	1.19	20	0.47
9	1.26	21	0.55
10	0.95	22	0.43
11	1.48	23	0.83
12	0.79	24	0.4
13	1.37	25	0.75

表 3　系统 110 kV 及 6kV 侧谐波电压允许值

电网标称电压/kV	电压总谐波畸变率/%	各次谐波电压含有率/%	
		奇次	偶次
110	2.0	1.6	0.8
6	4.0	3.2	1.6

表 4　注入 110 kV 侧谐波电流

谐波次数	谐波电流/A	谐波次数	谐波电流/A
2	0.212	14	0.12
3	0.109	15	0.075
4	0.098	16	0.101
5	4.31	17	2.25
6	0.111	18	0.134
7	3.23	19	1.82
8	0.111	20	0.086
9	0.120	21	0.072
10	0.193	22	0.064
11	7.46	23	1.46
12	0.219	24	0.062
13	3.98	25	0.84

次为单调谐滤波器，13 次为高通滤波器，吸收 13 次以上高次谐波。滤波器参数详见表 5。

表 5　滤波器的参数

谐波次数	5 次	7 次	11 次	13 次
并联电阻/Ω	100			35.0
串联电抗/mH	2.47	2.515	0.669	2.81
串联电容/μF	164.4	82.21	125.12	53.6
电容器额定电压/kV	4.4	4.4	4.22	4.22
电容器安装容量/kvar	3000	1500	2100	900

5.4.2　滤波器的保护

4 个滤波支路均装设滤波器微机保护装置，有如下保护功能：

（1）电流速断保护；

（2）过电流保护；

（3）过电压保护；

（4）低电压保护；

（5）低周波保护；

（6）开口三角零序电压保护。

5.5　投运效果

滤波器投运后，6 kV 及 110 kV 母线谐波电压总畸变率分别为 2.04 ％和 0.618%，低于国标规定值，注入 110 kV 侧的谐波电流如表 6 所示，远低于电业部门提供的表 2 所示谐波电流限值。

6kV 母线功率因数从 0.799 提高到 0.97，110 kV 母线从 0.765 提高到 0.95；提高了主变负载能力，降低了损耗，节约了成本，见表 6。

表 6　投运后注入 110kV 侧谐波电流

谐波次数	谐波电流/A	谐波次数	谐波电流/A
2	0.241	14	0.031
3	0.042	15	0.022
4	0.242	16	0.031
5	0.501	17	0.724
6	0.176	18	0.045
7	0.376	19	0.627
8	0.082	20	0.034
9	0.125	21	0.026
10	0.114	22	0.022
11	0.023	23	0.540
12	0.032	24	0.316
13	0.860	25	0.460

目前，滤波器投入运行已有三年多时间，运行正常，用户反映良好。

5.6　轧钢系统的构成及谐波治理

钢铁厂轧钢系统主要包括线材厂、棒材厂、型材厂、中厚板厂、热轧厂及冷轧厂等，这些厂由于大量采用了可控硅整流及变频装置等电力电子设备，非线性负荷所占比例较高，供配电系统中含有大量谐波分量，尤其是三线材及中厚板厂，谐波电流及谐波电压畸变率严重超标。因谐波而引发的各种电气事故时有发生，功率因数过低，增大了电能损耗，加重了企业的运行成本。为了提高供电可靠性，节能降耗，降低运行成本，钢铁厂轧钢供配电系统谐波治理工作非常必要。为逐步改善电能质量，达到节能降耗的目的，建议采取如下措施：

（1）职能管理部门应加大谐波管理工作力度。

（2）有计划地对各主要谐波源进行谐波测试工作，掌握第一手资料。

（3）变电站所带负荷应适当进行调整，将非线性负荷与其他常规负荷由不同的母线来带。

（4）加快对现有谐波源的谐波治理工作。对新建及改造项目必须要进行谐波分析，采取切实可行的谐波抑制措施。

（5）滤波装置要与原有无功补偿设备相互匹配，避免谐波放大现象及过补偿造成的母线电压升高。

（6）同一供电系统中的不同谐波源的滤波装置应协调考虑，避免谐波潮流的无序流动。

6 结语

由于晶闸管整流及变频装置的广泛应用，造成了供配电系统中含有大量高次谐波，使得供电质量下降，给用电设备带来了非常不利的影响和危害，应当引起足够的重视。同时要加大谐波治理力度，积极推广和采用抑制谐波影响和危害的各种有效措施，把供配电系统中的谐波分量控制在国标规定的范围内，确保各种电气设备的安全稳定运行。

参考文献

[1] 水利电力部西北电力设计院. 电力工程电气设计手册[M]. 北京: 水利电力出版社, 1989.

[2] 钢铁企业电力设计手册编委会.钢铁企业电力设计手册[M]. 北京: 冶金工业出版社, 1996.

[3] 国家质量技术监督局. GB/T 14549—93 电能质量公用电网谐波[S]. 北京: 中国标准出版社, 1994.

[4] 国家质量技术监督局. GB 12326—2000 电能质量 电压波动和闪变[S]. 北京: 中国标准出版社, 2000.

（原文发表于《设计通讯》2005 年第 2 期）

红钢 80 万吨棒材工程供配电系统与谐波治理方案

吕冬梅

（北京首钢国际工程技术有限公司，北京 100043）

摘　要：目前谐波与电磁干扰、功率因数降低已并列为电力系统的三大公害，世界各国对电力系统的公害越来关注。因而消除棒材工程供配电系统中的谐波，提高供配电系统的功率因数，对改善供电质量和确保电力系统安全运行有着非常积极的意义。

关键词：棒材工程；供配电系统；谐波吸收；无功补偿

Design of Reactive Power Compensation and Harmonics Absorb System for Honggang Steel−bar Plant

Lv Dongmei

(Beijing Shougang International Engineering Technology Co., Ltd., Beijing 100043)

Abstract: It has been to three public pollution of the power system that is harmonic current, electromagnetic interference and lower power factor. All around the world, people take more and more attention to the pollution of power system. Thus understanding the mechanism of harmonic, researching and eliminating harmonics of power supply system of steel-bar, increasing power factor, improving quality of power supply and ensuring power supply system safe have a very positive significance.

Key words: steel-bar plant; power supply and distribution system; harmonics absorb ; reactive power compensation

1 引言

首钢国际工程公司在 2006 年承揽了红钢 80 万吨棒材工程（以下称棒材工程），该工程是一项交钥匙工程，由首钢国际工程公司负责整个工程的方案设计、施工图设计、设备供货、现场调试、热负荷试车，正式投产后交给业主。

该工程的供电电压为 10kV，由于上一级为其供电的总降变电所的变压器容量为 4MV·A，已为一条高速线材生产线供电，所以对新增棒材工程负荷的用电要求提出了很高的要求，要求电压波动、谐波电压、谐波电流、功率因数等均须符合国家相关标准，个别参数还要高于国家标准的要求。无功补偿及谐波吸收装置的运行好坏，直接影响了该厂电网的电能质量和运行费用，如果不能达到要求，不仅影响生产甚至停产，还会造成供电部门对其罚款。

2 供配电系统的设计

2.1 棒材车间供配电系统组成

根据 GB 50052—2009《供配电系统设计规范》的负荷分类的规定，棒材车间的大部分负荷属于二级负荷。

上一级为棒材车间供电的总降变电所的变压器容量为 35kV/10kV 40MV·A 3 台（2 用 1 备），供电电压为 10kV，除为本工程供电外，还为已经投产的一条高速线材车间供电。根据供电变电所设备容量和业主要求，结合本工程用电要求，棒材工程采用两路电源供电，两路电源引自 35kV 变电所 10kV 不同的母线段。10kV 母线采用单母线分两段运行方式，当一路电源故障时，母联开关闭合，由 10kV 系统非故障电源为所有重要负荷提供电源。

全车间共有变压器 14 台，其中整流变压器 7

台，动力变压器 6 台，照明变压器 1 台。采用 6 套 TSC 低压动补装置，分别设在 5 台主传动电机的整流变压器及冷床精整整流变压器二次侧，整流变压器 $U_d = 6\%$。

车间总装机容量为 26.098MV·A，主传动电机 18 台，飞剪电机 3 台，均为直流电机，单台电机最大容量 1250kW。直流主传动均采用全数字可控硅调速装置，其中粗轧、中轧、精轧、1~3 号飞剪、冷飞剪控制单元用 GE 公司生产的原装 DV300 全数字调速装置。冷床齿传动、精整区辅传动控制装置采用 GE 公司 AV3001 变频器。

2.2 棒材车间变压器负荷计算

根据车间的实际负荷分布情况，按照设备分区供电和控制的要求，全车间设 3 个电气室，14 台变压器。三个电气室即加热炉电气室、主电室、冷床精整电气室。为了分析供电系统的谐波电流分布情况，统计出各台变压器的工作负荷容量、所选变压器的容量、变压器的二次侧电压等，详细参数见表 1。其中负载额定功率为电机额定功率之和，负载工作功率为有功功率计算值。

表 1　变压器参数及负荷功率

序号	变压器名称	变压器额定容量/kV·A	变压器二次侧电压/V	负载额定功率/kW	负载工作功率/kW
1	粗轧机整流变	4000	630	2600	1820
2	粗中轧机整流变	4200	630	2800	1960
3	中轧区整流变	4200	630	2800	1960
4	加热炉电力变	2000	400	1760	1131
5	综合水处理电力变 1	1600	400	833	658
6	主电室电力变 1	1600	400	1248	657
7	照明电力变	630	400	250	250
8	精轧区整流变 1	5000	630	3150	2205
9	精轧区整流变 2	5600	720	3750	2625
10	飞剪整流变	1500	630	910	637
11	主电室电力变 2	1600	400	1136	711
12	综合水处理电力变 2	1600	400	1148	566
13	冷床精整电气室电力变	2000	400	2009	932
14	冷床精整电气室整流变	2500	400	428	150（直流）
			630	1267	760（交流）

3　棒材工程供配电系统谐波治理要求

根据相关国家标准和相关设计规程规范要求，棒材工程的供电系统必须满足下列要求：补偿后 10kV 母线的平均功率因数提高到 0.9 以上。

补偿后 10kV 母线的谐波电流和电压畸变率满足国家标准 GB/T 14549—93 要求，同时业主提出了谐波电流按照国家标准要求的 50%考核的要求。

10kV 母线最小短路容量为 280MV·A，分配给轧钢车间的谐波电流系数为 60%，即 10kV 母线 I 段轧钢车间的谐波电流允许值，见表 2。

表 2　10kV 母线谐波电流允许值

谐波次数	5 次	7 次	11 次	13 次
谐波允许电流值/A	34	25	16	13

轧钢车间 10kV 母线的谐波电压总畸变率小于 4%。

轧钢车间补偿后 10kV 母线的电压波动满足国家标准 GB 12326—2000 要求。

为了制定合理的无功补偿和谐波治理的方案，我们有必要对棒材工程供配电系统的谐波电流进行了充分的分析。下面分别对本工程各个整流变压器二次侧的谐波电流计算和分析。

3.1 补偿前各台变压器的谐波电流

做好谐波吸收及功率因数补偿方案，必须对各个谐波源产生的谐波电流有详细的了解，根据表 1

的各变压器负荷功率和功率因数，可以计算各变压器一次侧（高压侧）的视在电流和谐波电流。

本工程粗轧机组、中轧机组、精轧机组、CS1~CS3 飞剪、冷飞剪控制单元用 GE 公司生产的原装 DV300 全数字调速装置。冷床动齿传动、精整区辅传动控制装置采用 GE 公司 AV3001 变频器。

传动系统整流单元采用的是三相可控硅整流单元，整流装置为三相六脉波整流，电流的谐波为 $6N\pm1$ 次，根据国家标准 GB/T 14549—93《电能质量公用电网谐波》，只对 25 次以下的谐波分量作了规定，工程上通常只考虑 5 次、7 次、11 次、13 次谐波，其含量分别为 24%、9%、14%、7%，其他谐波的含量很小。对于 25 次以上的谐波，国家标准里没有作出规定。我们只对 25 次以下的谐波进行了计算，计算结果见表3。

表3 10kV母线Ⅰ段和Ⅱ段补偿前各次谐波电流 （A）

谐波次数	5 次	7 次	11 次	13 次
Ⅰ段母线	92.9	29.8	38.5	18.5
Ⅱ段母线	99.5	31.9	41.1	19.7

3.2 谐波电流国标允许值

国家标准《电能质量公用电网谐波》GB/T 14549—93 对于 10kV 公共连接点的谐波电流允许值规定见表4。

表4 国标关于谐波电流允许值的规定 （A）

基准短路容量/MV·A	5 次	7 次	11 次	13 次
100	20	15	9.3	7.9

本工程 10kV 母线在最小运行方式下短路容量为 287.4581MV·A，按照式(1)折算：

$$I_h = \frac{S_{k1}}{S_{k2}} I_{hp} \qquad (1)$$

在 10kV 母线在最小运行方式下，短路容量为 287.4581MV·A 时的各次谐波电流允许值见表5。

表5 棒材车间10kV母线各次谐波电流允许值 （A）

基准短路容量/MV·A	5 次	7 次	11 次	13 次
287.4581	57.5	43.1	26.7	22.7

棒材工程 10kV 一段母线的用电协议容量为 18.1MV·A，公共连接点的供电设备容量为 40MV·A，因此棒材车间 10kV Ⅰ段母线的谐波电流允许值见表6。

棒材车间 10kV Ⅱ段母线的用电协议容量为 20.6MV·A，公共连接点的供电设备容量为 40MV·A，因此棒材车间 10kV Ⅱ段母线的谐波电流允许值见表7。

表6 棒材车间10kVⅠ段母线谐波电流允许值 （A）

各次谐波电流允许值	5 次	7 次	11 次	13 次
国标允许值	29.7	24.5	17.2	15
国标允许值的50%	14.9	12.2	8.6	7.5

表7 棒材车间10kVⅡ段母线谐波电流允许值 （A）

各次谐波电流允许值	5 次	7 次	11 次	13 次
国标允许值	33.1	26.8	18.5	16
国标允许值的50%	16.6	13.4	9.3	8

从表 3 10kV 母线Ⅰ段和Ⅱ段补偿前各次谐波电流，表6、表7的谐波允许值可以计算出 10kV 母线Ⅰ段和Ⅱ段需要滤除谐波的比例。

从表 8 的计算结果可以看出按国标要求滤除谐波比例，各次谐波中 5 次需要滤除的比例比较高（68%），7 次仅需滤除 18%，11 次需滤除 55%，13 次仅需滤除 19%。11 次滤波器可以兼滤除部分 13 次谐波，因此补偿装置可以不设。

表8 10kV母线Ⅰ段和Ⅱ段需要治理谐波的比例

各次谐波治理比例	5 次	7 次	11 次	13 次
Ⅰ段母线按国标滤除	68%	18%	55%	19%
Ⅰ段母线按国标的50%滤除	84%	59%	78%	59%
Ⅱ段母线按国标滤除	67%	16%	55%	19%
Ⅱ段母线按国标50%滤除	83%	58%	77%	59%

13 次滤波器。根据 L-C 滤波器的特性，低次谐波在高次滤波器中会造成谐波放大（如 7 次谐波流入 11 次滤波器后会被放大数倍）。因此，5 次、7 次滤波器选择时要考虑最大谐波承受能力。由于有少量谐波负载的加热炉电力变、飞剪整流变、综合水处理电力变1和主电室电力变2不安装补偿装置，11 次滤波器的谐波容量比计算值稍高些，按滤除 55%~58% 的负载谐波考虑。

4 无功吸收及谐波滤除方案

4.1 无功吸收及谐波滤除补偿方案的选择

配电系统中常用的无功补偿方式包括，在高低压配电线路中分散安装并联电容器组；在配电变压器低压测和车间配电屏间安装并联电容器以及在单台电动设备及附近安装并联电容器（就地补偿）等；10kV 侧集中补偿等。具体采用哪种方式的无功补偿方案，需要设计人员根据工程不同的特点和条件比较确定。

就本棒材工程而言，补偿无功功率补偿及谐波治理可以在 10kV 母线集中补偿，也可以在整流变压器和动力变压器副边分散进行。由于 10kV 母线的集中补偿不能减小流经整流变压器及动力变压器的无功电流和谐波电流，因而不能解决这些变压器的电压波动和过热问题。低压的分散补偿方案可以降低整流变压器、动力变压器和线路的损耗，用户从中获得节能效益，回收补偿装置的投资成本。因此，从用户的要求和利益出发，棒材工程轧机系统采用在整流变压器（以下称整流变）包括粗轧机整流变、粗中轧机整流变、中轧区整流变、精轧整流变 1、精轧整流变 2 和冷床精整流变压器设置 TSC 动态补偿装置、副边分散补偿的方案。

4.2 TSC 低压动态无功补偿装置设置

根据棒材车间供配电系统的实际情况，在产生大量谐波的 5 台轧机整流变压器、1 台冷床精整流变压器二次侧安装 TSC 低压动态无功功率补偿兼谐波治理装置，就地补偿无功功率和治理谐波。其他 6 台电力变压器和 1 台照明变压器没有谐波负载，可以不安装补偿装置，把其需要补偿的无功功率合理分配到 5 台轧机整流变压器和冷床精整动力变压器的补偿装置上。通过对需要设置 TSC 补偿装置的变压器基波补偿容量、谐波滤除效果仿真及谐波容量及整流变压器运行参数计算，并对计算结果分析，最终确定各台变压器的基波及谐波补偿的容量见表 9。

表 9　TSC 装置补偿容量

变压器名称	基波补偿容量/kvar	谐波补偿容量/kvar
粗轧机整流变压器	1200	1200
粗中轧机整流变压器	1200	1300
中轧机整流变压器	1200	1300
精轧机整流变压器 1	1400	1600
精轧机整流变压器 2	1400	1600
冷床精整电气室整流变压器	400	400
合　计	6800	7400

棒材车间采用的 TSC 动态无功功率补偿装置，具有很多功能，主要表现：提高功率因数、提高供电系统利用率、减小变压器温升和损耗、稳定网压、降低供配电损耗、滤除谐波及净化电网等等。

4.3 轧钢的生产间隙功率因数偏低的解决方案

棒材工程在轧钢的生产间隙，例如换辊和倒班，轧机不工作或工作在空载的情况下，由于动力变压器还在工作，例如，供水系统的供水泵、加热炉鼓风机及引风机、液压润滑系统、吊车、检修及照明等用电设备都可能处于正常工作状态，如果 TSC 装置不工作，此时供电电网的功率因数较低，不符合当地供电部门的用电要求。为了解决在不轧钢的生产间隙，由于动力系统不设补偿装置，电网功率因数低的问题，本棒材工程在 10kV 母线设置了一台高压监控柜，并与各段母线下所挂的 TSC 装置通过网络进行通讯，对其发出电容器投切命令，对电网的无功功率进行补偿，提高这种工况下的供电系统的功率因数，保证供电系统的功率因数在 0.92 以上。

棒材工程供配电系统谐波吸收及无功无偿装置由 6 套 TSC 装置和一台高压监控柜组成，如图 1 所示，各变压器二次侧 TSC 低压动态无功补偿装置与高压监控柜之间采用网络进行通讯。

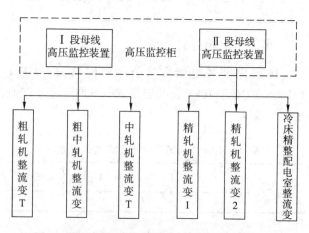

图 1　棒材车间谐波吸收和无功补偿组成框图

高压监控柜内装两套上级网检测无功控制单元，分别控制 10kV 母线 Ⅰ 段、Ⅱ 段母线所带整流变压器与之并联的有 TSC 装置。上级网检测无功控制单元采集电网 10kV 母线上的电气参数，实时计算 10kV 母线功率因数达到 0.92 总共需要补偿的无功功率，控制下级网 5 台轧机整流变压器及 1 台冷床精整流变压器二次侧安装的低压动态无功功率补偿兼谐波治理装置的投切顺序和容量，控制 TSC 装置在不同工况下根据需要投入相应的补偿容量，保证 10kV 母线的功率因数时时达到 0.92 以上。

高压监控柜系统设计思路简单，利用已有的 TSC 装置很好地解决轧钢间隙功率因数不达标的问题，这个设计思想在棒材工程中是首次提出，具有很好的应用价值。

5 系统测试及运行

目前,红钢棒材工程已于2007年8月投入运行,低压动态补偿装置经过安装调试,也已投入了运行。根据供电部门及相关部门的要求,为了检测棒材工程供电电网的谐波参数及TSC装置的运行效果,我们在2007年10月分别对装置投入

前后的电网参数进行了测试。

根据现场测试结果,整理出Ⅰ、Ⅱ段母线补偿前后的测试结果,见图2和表10。表10详细记录了棒材车间10kV母线功率因数、各次谐波电流、电压总畸变率、电压波动的测试值。测试结果表明,补偿装置在棒材工程运行的各项指标均优于国家标准,完全达到设计指标。

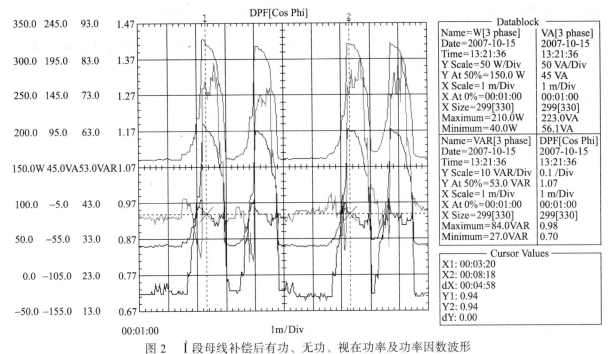

图2 Ⅰ段母线补偿后有功、无功、视在功率及功率因数波形

表10 10kV母线测试结果

项 目	功率因数	谐波电流/A				电压总谐波畸变率	电压波动
		5次	7次	11次	13次		
协议要求	0.92	28.7	21.5	13.3	11.3	4	±2%
Ⅰ段母线补偿前	0.75	55	8	34	9	2.5	−0.9%~−3.9%
Ⅰ段母线补偿后	0.94	11.7	6.9	5.4	3	1.7	−1.8%~+0.1%
Ⅱ段母线补偿前	0.63	40	10.5	12.9	6.3	1.3	−2.3%~−0.9%
Ⅱ段母线补偿后	0.98	10.2	6.6	3.9	3.6	0.6	−0.6%~+0.1%

棒材工程自2007年8月顺利投产,投产后整个供电系统及无功补偿及谐波吸收装置运行正常,运行效果明显,谐波电流、谐波电压、功率因数等电网参数完全符合当地供电部门的运行要求,保证了生产的正常运行,该生产线投产半年后就已达到设计生产水平。

6 结论

自2007年8月棒材工程热负荷试车到正式投产

以来,供配电系统运行及TSC低压动态补偿装置系统运行稳定,完全满足了棒材工程负荷变化应起的电网参数变化对电网电压、无功功率补偿、谐波参数的控制要求,验证了设计方案的可行性及有效性。2010年我们对棒材工程进行了设计回访,业主对此方案非常认可,故障率低、维护量少。由于合理的采用TSC低压动态补偿装置的使用,使供电系统功率因数大大提高,每年可节约运行费用约80万元。

经过本棒材工程的实践,证明采用直流传动的

棒线材供配电系统采用低压动态补偿方案是非常好的一个设计方案，期望能为今后的工程设计提供借鉴。

参考文献

[1] 王兆安，杨君，刘进军，等. 谐波抑制和无功功率补偿[M]. 北京：机械工业出版社，2006.

[2] 吴竞昌，孙树勤，宋文南等. 电力系统谐波[M]. 北京：水利电力出版社，1988.

[3] 国家技术监督局. 国家标准 GB/T 14549—93 电能质量公用电网谐波[S], 1993.

[4] 中华人民共和国国家标准 GB/T 15945 电能质量电力系统频率允许偏差[S], 1995.

[5] 中华人民共和国国家标准 GB/T 15945—1995 电能质量电力系统频率允许偏差[S], 1995.

[6] 中华人民共和国国家标准 GB 12329—90 电压允许波动和闪变[S].

[7] 罗安. 电网谐波治理和无功补偿技术及装备[M]. 北京：中国电力出版社，2006.

（原文发表于《电能质量》2012 年总第 33 期）

基于 DNA 算法的电力系统无功优化

胡国新[1]　周　焱[1]　金祥慧[2]

(1. 北京首钢国际工程技术有限公司，北京 100043;
2. 华中科技大学电气与电子工程学院，武汉 430074)

摘　要：本文针对 DNA 算法具有遍历性、随机性和规律性的特点，介绍了 DNA 算法的机理和应用，并讨论了 DNA 计算在解决电力系统无功优化问题中的应用。通过对 IEEE30 节点的仿真计算，证明了该算法的可行性和有效性。

关键词：DNA 算法；无功优化

Reactive Power Optimization of Power System Based on DNA Optimization Algorithm

Hu Guoxin[1]　Zhou Yan[1]　Jin Xianghui[2]

(1. Beijing Shougang International Engineering Technology Co., Ltd., Beijing 100043;
2. Huazhong University of Science and Technology, Wuhan 430074)

Abstract：DNA algorithm is a new method for calculation with the characteristic of ergodicity, randomicity and egularity. The DNA is introduced and its application to reactive power optimization in power system has been investigated in the paper. Simulation calculation on IEEE-30-bus for power system shows that DNA can find better solution with validity and effectiveness.

Key words：DNA algorithm ; reactive power optimization

1　引言

合理的无功优化是电力系统实现电压控制和无功控制的必要前提。无功优化是一个多变量、多约束的混合非线性规划问题，其操作变量既有连续变量，又有离散变量，解空间具有非线性、不连续、不确定因素等特点，使得优化过程十分复杂。传统的方法如非线性规划、线性规划、逐次线性规划、混合式整数规划等，虽然在电网无功优化中取得了一定的效果，但仍普遍存在着局限性，都是基于一点的搜索方法和假设求解函数连续、可导为前提，结果很容易陷入局部最优解。

近几年来，随着人工智能技术的发展，一些基于人工智能思想的新算法已在优化领域得到广泛应用。如专家系统(ES)[1~3]、人工神经网络(ANN)[4]、模糊理论(FT)[5~7]、遗传算法(GA)[8]以及多 Agent 系统(MAS)[9]等。

DNA 分子生物技术，是以模拟分子生物 DNA 的双螺旋结构和碱基互补配对规律进行信息编码的方法和技术。从遗传进化、人工神经网络和 DNA 分子生物技术对智能的模拟过程看，它们分别对应生物群体、生物神经元和生物分子三个截然不同的层次。由此可看到，基于对分子生物 DNA 的模拟和研究将有可能更深刻地揭示智能形成的本质。DNA 分子生物算法具有高度的并行性、运算速度快等特点。

本文提出了一种基于 DNA 算法在电力系统无功优化中的方法，对 IEEE30 节点算例仿真结果验证了该算法的有效性。

2　无功优化的数学模型

无功优化问题即为确定合适的方案，在保证电压品质的前提下在配电网中补偿最小的无功容量，使系统的有功网损最小，从而实现综合经济效益最大。无功优化数学模型[10]包括目标函数、等式约束方程、不等式约束方程三部分。其中控制变量为：可调变压器的变比 T，补偿电容量 C 以及发电机的端电压 U；状态变量分为各负荷节点的电压和各发电机的注入无功 Q。

电力系统无功优化的目标函数一般包括技术目标和经济目标。其中经济目标主要包括系统的有功网损最小，本文从经济目标出发，将有功网损最少作为目标函数：

$$\min P_L = \sum_{k \in N_E} P_{kloss} = \sum_{\substack{i \in N_B \\ j \in N_i}} G_{ij}\left(V_i^2 + V_j^2 - V_iV_j^2 \cos\theta_j\right) \quad (1)$$

潮流约束条件：

$$P_{Gi} = P_{Di} + V_i \sum_{\in N_i} V_j\left(G_{ij}\cos\theta_{ij} + B_{ij}\sin\theta_{ij}\right)$$

$$Q_{Gi} = Q_{Di} + V_i \sum_{\in N_i} V_j\left(G_{ij}\sin\theta_{ij} - B_{ij}\cos\theta_{ij}\right)$$

$$i \in \left\{N_{PV,n}\right\} \quad (2)$$

无功优化控制变量的约束条件——变压器分接头的调节、无功补偿容量的确定、发电机端电压的调节都必须满足系统的潮流方程。

控制变量约束条件：

$$Q_{Gi}^{\min} \leqslant Q_{Gi} \leqslant Q_{Gi}^{\max} \qquad i \in \{N_{PV,n}\} \quad (3)$$

$$V_i^{\min} \leqslant V_i \leqslant V_i^{\max} \qquad i \in N_{PQ} \quad (4)$$

$$T_k^{\min} \leqslant T_k \leqslant T_k^{\max} \qquad i \in N_T \quad (5)$$

$$Q_{Gi}^{\min} \leqslant Q_{Gi} \leqslant Q_{Gi}^{\max} \qquad i \in N_G \quad (6)$$

$$V_i^{\min} \leqslant V_i \leqslant V_i^{\max} \qquad i \in N_{PV} \quad (7)$$

式中，n 为平衡母线；max 、min 分别为该变量的上、下限值；P_L 为系统的有功损耗；P_{Kloss} 为第 k 条支路的有功功率损耗；N_E 为网络所有支路的集合；N_B 为系统中所有母线的集合；N_i 为第 i 条母线相连的所有母线的集合，含第 i 条母线；G_j 为第 i 条母线和第 j 条母线之间的传输电导；B_{ij} 为第 i 条母线和第 j 条母线之间的传输电纳；H_{ij} 为第 i 条母线和第 j 条母线电压相位差；N_{PQ} 为除平衡母线外系统中所有母线的集合；N_{PV} 为所有 PV 型母线的集合；N_C 为可进行无功电源补偿的母线的集合；N_T 为所有变压器支路的集合；V_i 为第 i 条母线的电压幅值；P_{Gi} 为第 i 条母线上发电机发出的有功功率；P_{Di} 为第 i 条母线上负荷所需的有功功率；Q_{Ci} 为第 i 条母线上的无功电源补偿；Q_{Di} 为第 i 条母线上负荷所需的无功功率；Q_{Gi} 为第 i 条母线上发电机发出的无功功率；T_k 为第 k 台变压器的分接头位置。

式(2)为潮流方程的约束，式(3)、式(4)为状态变量的约束，式(5)~式(7)为控制变量自身的约束，状态变量是控制变量的函数，隐含在潮流方程中。

3　DNA 基本理论与计算方法

随着生命科学的发展，遗传学的研究从细胞水平深入到分子水平，DNA 技术逐渐发展成熟。1994 年 A dleman L M 提出了 DNA 计算的概念，并成功解决了著名的哈密顿(HPP) 路径问题，指出 DNA 用于计算的可能性及 DNA 计算潜在的巨大并行性和待研究的问题[11]，并成功地在 DNA 溶液的试管中实验，揭开了 DNA 计算的新纪元，在国际上引起了巨大的反响。1995 年 Lipton R 进一步论证 DNA 计算可解决 NP 完全性问题[12]，随后又有许多 DNA 算法相继被提出，DNA 分子计算迅速成为活跃的研究领域。

3.1　DNA 基本理论

DNA 计算是基于大量 DNA 分子自然的并行操作及生化处理技术，通过产生类似于某种数学过程的一种组合结果，并对其进行抽取和检测完成的一种分子计算。DNA 算法可简化成反应和提取两个阶段。反应阶段的任务是从反应前的一种(输入)DNA 代码，生成另一种(输出) DNA 代码，输出的结果中应包含计算问题实例的解或解集。提取阶段是从反应后的输出结果中抽取或分离出所需要的解(DNA 分子)，然后加以检测。

3.2　DNA 计算方法

DNA 计算一般概括为三个基本步骤：

步骤 1，分析要解决的问题，采用特定的编码方式，将该问题反映到 DNA 链上，并根据需要合成 DNA 链。

步骤 2，根据碱基互补配对的原则进行 DNA 链的杂交，由杂交或连接反应执行核心处理过程。

步骤 3，得到的产物即为含有答案的 DNA 分子混合物，用提取法或破坏法得到产物 DNA。常用的提取方法有凝胶电泳。

4　DNA 算法求解电力系统无功优化

DNA 算法概念简单、节省计算机内存容量、求解速度快、收敛好、能处理连续变量和离散变量相混合的情况，因此 DNA 算法用于求解无功优化这类多变量、非线性、不连续、多约束的复杂优化问题，效果较好。采用 DNA 算法进行电力系统无功优化就是要确定配电网上每个节点的无功补偿形式，在确保电压水平的前提下最大限度地满足目标函数要求。本程序用Matlab编写，采用牛顿潮流算法，收敛精度为 10^{-8}。用 DNA 算法进行无功优化的具体步骤如下：

步骤 1　产生原始数据池。原始数据池由规定数量的单链 DNA 组成，单链 DNA 又由双链 DNA 加热分裂形成。每条双链 DNA 含有初始信息量，对应于配电网上每个节点进行无功调节的方式。可将构成双螺旋结构的四元素 A、T 、C、G 进行编码，形式为: A=(00)2 = 0, C = (01)2 = 1, G = (10) 2 = 2, T = (11)2 = 3, 这样就能将一个 DNA 单链转换为熟悉的二进制编码。

步骤 2　重组。任意选取两条单链 DNA，随机产生交换点 P，交换 DNA 链的后半部分，形成两个新的个体，将新个体与重组以前的最优个体比较，若更优，则更改重组以前的最优个体。具体做法是使用限制酶切割两条 DNA 链的同一位置，交换两条双链的后半部分，然后再用接合酶把切开的 DNA 黏端搭载前半部分上形成新的个体。例如:

交叉重组前 GACCTACA CCGAAATT
　　　　　 CTGGATGC GGCTTTAA

交叉重组后 GACCTACA GGCTTTAA
　　　　　 CTGGATGC CCGAAATT

步骤 3　框构转移变异。变异是 DNA 序列中的变化，常见的有转换变异、颠倒变异、框构转移变异。在生物 DNA 中主要有两种框构变异，(1)由酶引起的删除变异即删除 DNA 链上一个或多个碱基; (2)由病毒引起的插入变异即在 DNA 链上插入一个或多个碱基，即通过插入或删除操作嵌入或缺失 DNA 链中的一些碱基。这些碱基可为一条或多条模糊规则。这里选择框构转移变异。在溶解操作中使每条 DNA 双链分裂，然后在退火过程中重新排列键合成新的 DNA 双链，形成新的个体，并将新个体与变异以前的最优个体比较，若更优，则更改变异以前的最优个体。变异的目的是维持解群体的多样性，同时修复和补充选择、交叉过程中丢失的遗传基因。

步骤 4　倒位。以一定概率从 DNA 群体中随机选取 DNA 链个体，并对选中的 DNA 链个体随机选取两个位置，将它们间的碱基顺序进行倒位。

步骤 5　输出最优的优化方式并进行解码。DNA 的无功优化程序流程如图 1 所示。

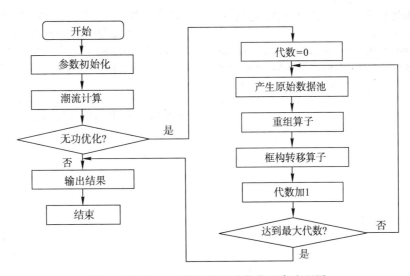

图1　基于DNA算法的无功优化程序流程图

5　算例

用本文的方法对 IEEE30 节点系统进行无功优化，IEEE 30节点系统有6个发电机节点，4个有载调压变压器节点，21个负荷节点，9个无功补偿点。机端电压范围为 0.9~1.1(标幺值)，其余节点电压范围为0.95~1.05，有载变压器变比范围为0.9~1.1，补偿电容器范围为0~0.54。IEEE30 节点系统线路参数及节点负荷和发电机输出功率等数据见文献[15]。以有功损耗最小为目标函数进行无功优化计算，节点 12、15、18、19、21、24、26、28、30 为补偿节点(共 9 个) 。

由于该算法仍存在随机因素，仅 1 次运行结果不足以说明算法的优劣，为此对该算法运行 20 次，得到整个网络平均损耗为 0.1057(标幺值)，较之前下降31.9%，补偿节点为 12、18、28、30，补偿容量 0.18、0.36、0.36、0.54，电压越界点为零。本文仅与简单遗传算法进行了对比(表 1)，也仅为 DNA 算法在无功优化领域中的初步应用。

表1　与简单遗传算法进行结果对比

算法	有功损耗/p.u.	有功损耗下降率/%	电压越界节点数	计算时间/s
简单遗传算法	0.1081	30.1	0	920
DNA 算法	0.1057	31.9	0	669

6　结语

（1）电力系统无功优化在电力系统经济运行中占有重要地位，对其研究具有重要的现实意义。

（2）DNA算法是一种新型的全局搜索方法，可有效解决电力系统无功优化这类非线性混合整数优化问题。

（3）将 DNA 引入电力系统无功优化中，提出了基于 DNA 算法的无功优化方法。通过 IEEE30 节点算例计算，证实了本文采用的基于 DNA 算法的无功优化计算结果的有效性和可行性。

（4）DNA 计算在得到实际应用前还有许多问题尚待探讨。结合 GA、SA 等智能算法，将使 DNA 优化技术在优化领域的应用前景更为广阔。

参考文献

[1] 朱太秀. 电力系统优化潮流与无功优化[J]. 电网技术, 1990, 12(4)：13~16, 39.

[2] Liu C C, Tomo vicK. An Expert System Assisting Decision-making of Reactive Power / Voltage Control [J]. IEEE Trans. on Power Systems, 1986, 1(3): 195~293.

[3] 杨争林, 孙雅明. 基于 ANN 的变电站电压和无功综合自动控制[J]. 电力系统自动化, 1999, 23(13)：10~13.

[4] 王士同. 神经模糊系统及其应用[M]. 北京：北京航空航天大学出版社, 1998.

[5] 刘增良. 模糊技术与应用选编[M]. 北京：北京航空航天大学出版社, 1997.

[6] 王雷. 无功补偿计算及电压无功投切判据分析[J]. 电力自动化设备, 2001, 21(6)：17~19.

[7] 李士勇. 模糊控制、神经控制和智能控制论[M]. 哈尔滨：哈尔滨工业大学出版社, 1996.

[8] 李建中. 变电站电压无功综合调节模糊控制研究[J]. 中国电力, 1998, 31(4)：43~45.

[9] 马晋, Lai L L, 杨以涵. 遗传算法在电力系统无功优化中的应用[J]. 中国电机工程学报, 1995, 15(5)：347~353.

[10] 文劲宇, 江振华, 姜霞, 等. 基于遗传算法的无功优化在鄂州电网中的实现[J]. 电力系统自动化, 2000, 24(2)：45~47, 60.

[11] Adleman L M. Molecular Computation of Solutions to Combinatorial Problems[J]. Science, 1994, 266(5187)：1021~1023.

[12] Lipton R J. DNA Solution of Hard Computational Problems[J]. Science. 1995, 268(5210)：542~545.

[13] 黄翠芬. 遗传工程理论与方法[M]. 北京：科学出版社, 1987.

[14] 丁永生, 任立红, 邵世煌. DNA 计算研究的现状与展望[J]. 信息与控制, 1999, 28(4)：241~248.

[15] 张伯明, 陈寿孙. 高等电力网络分析[M]. 北京：清华大学出版社, 1996.

（原文发表于《水电能源科学》2008 年第 1 期）

数字化工业电视系统在迁钢某轧钢工程中的应用

崔嘉婧　　牛军锐

（北京首钢国际工程技术有限公司，北京 100043）

摘　要：本文介绍了迁钢某轧钢工程工业电视系统的设计方案和技术特点。根据工程实际和建设单位提出不断完善的功能需求，工业电视设计中实现了由模拟化系统向数字化过渡和转变。通过软件技术及网络平台，实现数字化工业电视系统与生产制造管理、消防、安防等系统的信息共享，进而提高整个生产线的可视化、实时性管理水平，从而对企业的高效、安全生产起到重要支撑和保障作用。

关键词：工业电视；数字化

Application of Digital Industrial Television System in a Steel Rolling Project of Qiangang Plant

Cui Jiajing　　Niu Junrui

(Beijing Shougang International Engineering Technology Co., Ltd., Beijing 100043)

Abstract：This article introduces the design proposal and technical characteristics of ITV system in a Steel Rolling Project of Qiangang Plant. In order to meet improving functional needs of practical project implement and Construction Companies, the design of ITV system achieved the transition and transformation from analog system to digital one. Through software and network platform, we have accomplished the information sharing between which of Digital ITV system and production management, firefighting, as well as security etc. and furthermore, the visualization and real-time management has been improved. Thereby, we can supply an important support and security to efficient and safe production for manufacturing enterprises.

Key words：industrial television; digitization

1　引言

工业电视系统作为一种现代化的检测手段，能对生产流程进行全方位、直观、方便地监控，是管理人员提高生产管理的重要工具，也是公共安全、安防监控必不可少的得力助手。工业电视系统的有效利用可以大幅度减少相关人力资源，能实时、真实地反映和记录被监控对象的状况，能实现远距离大范围以及特殊条件下的观测，便于管理者及时发现和处理突发事件和问题。工业电视系统已成为现代制造业生产管理中不可缺少的重要手段和工具。

工业电视系统能够实时、真实地记录监控对象的图像，使监控者获得相关的信息，随着技术的发展，通过网络技术和流媒体技术，可以将采集到的视频信息及时的发送到企业局域网或互联网上，方便企业生产及安全管理人员异地远程实时查看、调阅。管理人员可以通过分析视频监控系统的实时视频或者保存的录像资料，直观地分析生产制造过程中出现的问题，完整地再现事故和问题发生时的场景，快速高效地定位事故出现的环境和发生的原因，从中汲取教训，为以后避免事故的再次发生。工业电视系统是企业提高生产效率、加强安全生产能力和改善产品质量控制的有利保证。

2　视频监控系统的发展历程

随着网络技术、流媒体技术和嵌入式技术的出现和发展，工业电视系统逐渐向数字化和网络化方向发展。伴随着视频监控系统从以矩阵为核心代表的模拟监控系统，跨越终端以硬盘录像机为代表的半数字化监控系统，到目前前端以网络视频为代表的全数字监控系统，视频监控系统的发展大致经历了三个阶段。

第一代视频监控系统是以矩阵为核心的传统模拟监控系统，系统主要由模拟摄像机、专用视频电缆、视频矩阵、监视器、模拟录像设备及盒式录像带等组成。系统适应小范围，短距离的监控要求。第二代视频监控系统是以硬盘录像机为代表的半数字化监控系统，系统的优势在于充分发挥了计算机技术的功能，为用户提供了更人性化的浏览、管理方式。在很多方面解决了模拟矩阵技术无法解决的难题，是第一代技术的延伸。第三代视频监控系统是指以前端网络视频为代表的全数字视频监控系统，视频从前端图像采集、传输即为数字信号，并以网络为传输媒介，实现视频在网上的传输，并通过设在网络上相应的功能控制主机来实现对整个监控系统的浏览、控制与存储。

近年来，随着计算机、网络以及图像处理、传输技术的飞速发展，视频监控技术也得到飞速发展。由于视频控制系统应用领域广泛，而且发展迅速，目前在国内外市场上，推出了数字控制的模拟视频监控和数字视频监控两类产品。前者技术发展已经非常成熟、性能稳定，并在实际工程应用中得到广泛应用，特别是在大、中型视频监控工程中的应用尤为广泛；后者是新近发展起来的以计算机技术及图像视频压缩为核心的新型视频监控系统，该系统以全数字的方式实现和具备了许多模拟系统不可比拟的功能而发展迅速，但同时也存在适用性和应用成本的问题。

3 工业电视系统在企业中的应用

根据工业电视系统在企业应用中所发挥的作用，可以将其分为三层次：

（1）生产过程视频监控。只针对生产设备和操作的视频监控系统，视频图像仅供一线生产人员使用，不需要进行分析统计，仅仅用来保障基本生产要求。

（2）单纯的安防监控。视频监控系统只是作为安防监控的手段，用于车间、仓库的安防监控，作为防盗、防损的监控具体手段。

（3）智能化、网络化视频监控。近年来视频监控系统逐渐向智能化、网络化发展。综合了控制、通讯、计算机技术的集成一体化多媒体监控技术，

在工业视频监控领域得到较广泛的应用。视频监控系统不再只是单纯的安防或者生产过程监控，而是加入和融合了现代化管理的功能和需求，为企业的管理层提供生产线全方位的实时监控和决策支持。

4 迁钢轧钢工程工业电视系统设计方案

迁钢某轧钢工程位于环渤海经济圈内的河北省迁安市，工程包括一轧车间、二轧车间及轧钢公辅系统。

迁钢轧钢工程工业电视系统主要分为生产、管理监控系统及安防监控系统。一轧车间内设置生产管理监控用摄像头 48 套，安防监控用摄像头 67 套；二轧车间内设置生产监控用摄像头 269 套，安防监控用摄像头 169 套；公辅系统设置生产监控用摄像头 111 套，安防监控用摄像头 62 套。

4.1 设计原则

在工业电视系统设计时，主要考虑实现以下几个特性：

（1）先进性。严格执行国家有关法规和设计规范，根据建设单位具体需求，采用先进成熟的技术和装备，系统设计既满足当前生产管理需求，同时兼顾未来功能拓展的需要，保证系统的先进性和良好的扩展性，以适应未来信息产业业务的发展和技术升级的需要。

（2）规范性。工业电视系统是一个较复杂的综合性系统工程，从系统设计开始，包括施工、安装、调试，直到最后验收的全过程，都应严格按照国家、地方和行业的相关标准与规范执行，作好系统的标准化设计和管理工作。

（3）实用性和可扩充性。在设计本次工业电视系统方案的同时，应充分考虑到目前需要和将来发展。首先满足基本功能需要，达到经济实用的要求，又应充分考虑今后的发展需要，使系统具有可扩充性和较高的性价比，充分保护现有的投资。

（4）可靠性。工业电视系统必须本着安全、可靠的设计原则，考虑采用成熟的技术和产品，在设备选型和系统的设计中采用优化的方案。并从线路敷设、设备安装、系统调试服务等方面，充分满足可靠性的要求。

4.2 系统设计

工业电视系统现场摄像机的设置不是的按照空间位置的规则布置，在大多数情况下，会按照生产的工艺流程、不同工业场所的相关性以及危险系数的大小来设置摄像头的位置。另外，每个生产车间

的面积、功能、环境都有较大的差异，同时可能需要考虑防爆、防尘及温度等因素的影响，因此，需要根据不同的生产条件采用不同的监控设备及系统结构。

在迁钢轧钢工程方案设计时充分考虑了当前的基本应用需求，又兼顾未来可能的功能和应用扩展上的要求，在系统整体功能设施配备时，依据功能齐全、实用、使用方便、质量可靠、技术先进具有扩容能力的要求；认真分析各系统产品的价格、功能、稳定性和可靠性，依据可靠性高、性价比高的原则，采用主流产品；按系统整体安全性高、性能稳定、可维护性故障少、系统操作简单的原则进行系统集成。体现先进实用、操作方便、安全可靠的总体设计思想。

4.2.1 系统架构

迁钢轧钢工程以生产区域或轧线为一个基本单位，摄像头的布置考虑到生产线走向、工艺路线等因素，主要采集重要设备及机构运行情况、工艺流程以及危险系数高、容易产生违章操作的重点工位，最终的目标要使监控信息与生产流程有机地结合起来，充分发挥工业电视系统的监控管理功能。

本工程设计采用光纤作为主要的信号传输介质，通过视频矩阵主机和控制键盘对前端的摄像机进行控制，管理人员可通过视频网远程监控现场情况，及时发现问题并解决，提高生产和管理效率。

本工程工业电视系统的整体架构如图1所示。

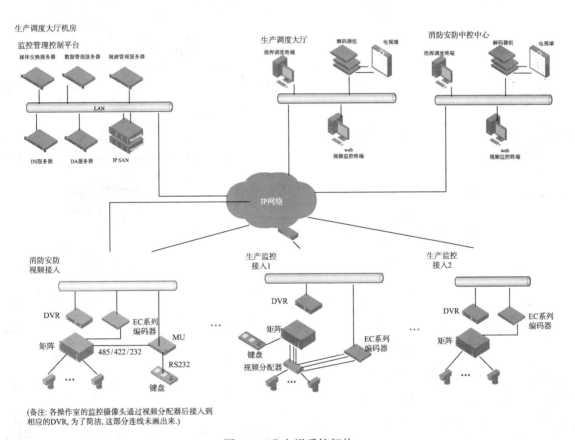

图 1　工业电视系统架构

Fig.1　Industrial television system structure

重点实现以下目标：

（1）实现迁钢生产区操作室监控视频的联网，以便在指挥中心实现所选视频的实时浏览及大屏常显示；

（2）实现厂区操作室原有数字硬盘录像机(DVR)的联网接入，可在调度中心通过网络对操作室DVR内所存储视频录像的查阅调阅；

（3）调度中心可实现对下属视频矩阵的视频选择切换，重点是对生产监控进行灵活的管理及调度

指挥，同时可兼顾安防消防视频的管理；

（4）消防安防控制中心可实现对下属视频矩阵的视频选择切换，重点是对安防及消防监控进行灵活的管理及调度指挥，同时可兼顾生产视频的管理；

（5）大屏幕支持灵活的显示模式，包括图像轮切，多画面拼接显示等。

4.2.2　视频接入

设计中考虑项目背景和实施情况：工程建设周期长，早期前端均采用模拟方式。本设计中视频接

入部分仍考虑采用模拟方式，在保证了画面质量的同时，节省一次投资。

（1）厂区宏观管理视频信号接入。厂区宏观视频信号通过视频分配器将原有视频一分为二后，一路通过视频硬盘录像机进行本地存储，一路采用 1 对 1 方式接入到相应的编码器，通过视频网络接入到数字化平台中，以便调度中心实现对这些重点生产视频的随时调阅及灵活切换，满足生产管理的需求。具体接入组网如图 2 所示。

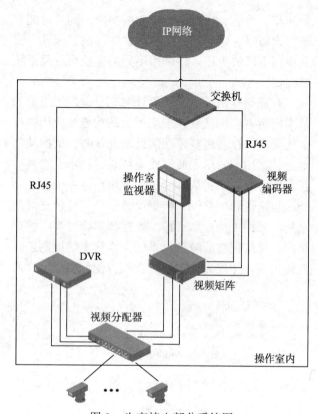

图 3　生产接入部分系统图
Fig.3　System diagram of producing access part

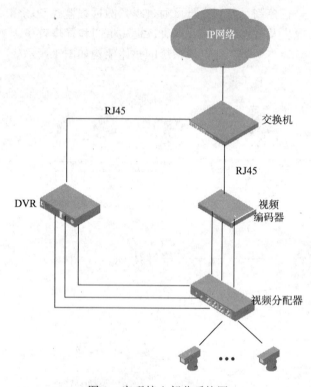

图 2　宏观接入部分系统图
Fig.2　System diagram for macro access part

（2）操作室的生产视频信号接入。各操作室内生产视频通过视频分配器将原有视频一分为二后，一路通过视频硬盘录像机进行本地存储，一路通过视频矩阵的输出端口按一定比例接入编码器，通过视频网络接入到数字化平台中，以便调度中心实现对这些重点生产视频的随时调阅，并可通过人工方式进行视频切换，满足生产管理的需求。具体组网如图 3 所示。

（3）汇聚层视频信号接入。现场消防及安防视频信号首先集中到各汇聚层机房，通过视频分配器将原有视频一分为二后，一路通过视频硬盘录像机进行本地存储，一路接入到视频矩阵中，通过视频矩阵联网方式，接入到数字化平台中。采用如图 4 方式接入。

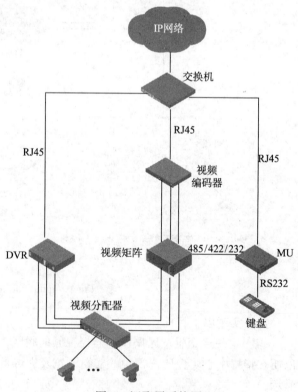

图 4　汇聚层系统图
Fig.4　System diagram of convergence layer

4.3　视频网络管理平台

监控管理平台：部署一套视频监控综合管理系统，包括视频管理服务器软件、数据管理服务器软件、媒体分发服务器软件三个部件。分别完成视频监控业务调度、数据管理、并发视频流分发等功能。其中：

（1）视频管理服务器软件负责完成整个系统中所有设备的认证、注册以及控制信号的下发功能，实现监控系统主要的业务功能，并对整个系统的数字化设备进行管理，视频管理服务器软件是整个系统的最核心设备；

（2）数据管理服务器软件负责存储资源分配、存储设备检查和存储数据的检索功能；

（3）媒体分发服务器软件负责媒体流复制分发，当有多个人需要同时看同一监控点的视频时，通过媒体分发服务器软件可实现热点视频流的复制分发。

这三个管理平台软件模块都运行在相应的硬件服务器上，服务器设备均直接通过千兆双绞线，连接于核心或者汇聚交换机。

所有监控设备的管理、视频资源调度，均通过服务器内置 Web Server 进行登录管理，系统管理员、各级使用者均通过 IE 浏览器轻松实现远程监看、控制、设置等操作，支持设备远程安全升级功能。

（1）DS 服务器。为了在总调度室实现下属各操作室的矩阵选路控制，需在指挥中心调度部署矩阵联网控制管理平台（DS 服务器），进行下级操作室的 MU 联网管理。

（2）DA 服务器。实现下级各操作室 DVR 的接入，需要在指挥中心部署设备代理服务器（DA 服务器），DA 服务器是运行在 PC 服务器上的软件，可实现远程调阅这些 DVR 中的视频录像。

存储部分：本系统支持存储的灵活部署及扩展，可根据后续需要灵活部署。

在消防安防值班室及生产调度大厅设置 1 台 PC 作为软件客户端，软件客户端基于 WEB 实现，可以通过视频管理服务器对 DC 系列监控媒体终端的输出进行灵活的控制，实现数字矩阵的功能。同时内置软件解码工具，支持多路视音频信号的软解码，使得用户可以直接在 PC 上对监控内容进行实时查看或历史回放查看。Web 客户端可以接收系统产生的各类报警并加以直观显示和联动，同时支持 GIS 地理信息系统方便用户操作控制。

4.4 视频信号显示终端

终端显示部分完成视频信号的解码及输出显示。本设计采用大屏幕显示系统，作为指挥中心具有高亮度、高清晰度、高智能化控制、操作先进的显示观察界面，实现对指挥中心网络信息和计算机信息、监控视频图像等相关资讯进行实时显示、监控和智能化管理，满足指挥中心应对处理各种生产事故、应急事件所需指挥、调度、决策的功能需求，体现"现代化、信息化、智能化"发展趋势。

（1）现场操作室。在各操作室内设置 42"等离子监视器，监视器数量根据操作室大小及现场画面数量确定。操作室内画面可单屏显示、分屏显示、切换显示、画面回放。

（2）消防安防值班室。在消防安防值班室内设置 12 台 42"等离子监视器，2×6 排列。可通过画面分割模式显示最多 48 路视频画面。同时通过 VGA 接口接入视频矩阵或者大屏幕控制器进行上墙显示。视频解码器可直接通过 VGA 输出 4 路 D1 视频信号拼接而成的图像。

（3）生产调度大厅。在生产调度大厅内设置 40 台 46"专业窄边拼接液晶屏，4×10 排列，拼接墙体为弧度设计。大屏幕显示系统可显示 RGB 数字信号及视频信号，支持单屏、跨屏以及整屏显示，实现图像窗口的缩放、移动、漫游等功能。如图 5 所示。

迁钢某轧钢工程数字化工业电视系统的特点：

（1）本地操作室内监控画面质量好。本地操作室内画面为模拟信号显示，监控画面质量好，无滞后，无拖尾，失真度低，清晰度高。

（2）生产调度大厅画面可实现 1/4/9/16 等多画面的分屏显示，并可设置监视画面的分组轮跳，监视画面可自动或手动切换。

（3）数字化处理。由于对视频图像进行了数字化处理，可以充分利用计算机的软硬件平台对其进行压缩、分析、存储和显示。

（4）远距离传输。数字信号抗干扰能力强，不易受传输线路信号衰减的影响，而且能够进行加密传输。

（5）录像时间长，管理简单。长时间录像存储：在保证图像清晰度和实时性的前提下，提高了录像效率，支持长时录像。智能录像管理：可按时间等设置参数对录像进行管理。精细查询、回放功能：用户可根据摄像机编号，时间段，事件等条件准确快速查找到所需的录像文件并回放。回放时可随意快进、慢放、逐帧、逐秒、重复等方式，图像可全屏放大。

（6）管线施工相对简单，易于管理和维护。

（7）节约投资成本。前端早期采用模拟摄像机，而传输采用数字化的网络传输方式，减少了全部更换网络摄像机带来的投资成本，同时减少了模拟传输方式中大量的电缆敷设。

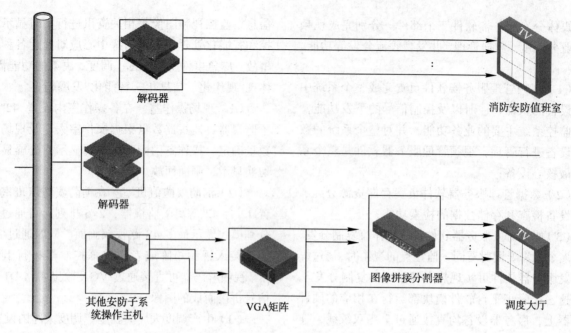

图 5　调度大厅显示部分系统图

Fig .5　System diagram displayed in control room

5　设计中注意的几个问题

　　迁钢轧钢工程工业电视系统设计的点位多，涉及面广，通过工业电视系统的数字化，对厂区的减人提效、安全生产起到了举足轻重的作用，同时此系统还可极大提高生产管理水平，对调度管理及统一指挥起到了加强作用。

　　同时设计中还需注意以下几个问题：

　　（1）安装位置的选择：由于现场环境复杂，摄像机在安装时不应只考虑到人员监视方便，忽略检修维护的需要。设计时，在保证画面质量和监视角度的前提下，尽可能照顾到维护方便。

　　（2）传输路由及方式的选择：鉴于大功率电器类等强电磁设备会造成的图像干扰，在管线路由设计时尽量考虑避让，或采用光缆传输方式。

　　（3）终端控制设备的选择：根据显示画面数量及回放图像的清晰度、查询检索、存储时间、管理、扩容的因素，选择相应的终端显示、控制及存储设备。

参考文献

[1] 刘福强. 数字视频监控系统开发及应用[M]. 北京: 机械工业出版社, 2003 : 265~275.
[2] 姬晓光. 工业视频监控系统设计与实现[D]. 北京: 北京工业大学, 2009.4.

动力工程技术

- 动力工程技术综述
- 给排水技术
- 热力技术
- 暖通技术
- 燃气技术
- 制氧技术
- 能源环保技术

➤ **动力工程技术综述**

首钢国际工程公司给排水专业技术历史回顾、现状与展望

吴永志　　寇彦德　　李　玮

（北京首钢国际工程技术有限公司，北京 100043）

摘　要：首钢国际工程公司给排水专业积极吸收、消化、应用新工艺、新设备，不断提升设计能力和设计理念，综合平衡水质水量，采取有效措施，降低新水消耗，节约水资源，减少废水排放对环境的污染。同时积极承揽总承包工程，在设备采购、施工组织、运行调试等方面积累了丰富的工程经验，培养了一批优秀的复合型人才。

关键词：给排水专业；发展；专有技术；设计；总承包

1　引言

北京首钢国际工程技术公司给排水专业（以下简称给排水专业）现有设计人员 37 人，其中教授级高级工程师 3 人，高级工程师 12 人，工程师 9 人；取得注册公用设备工程师 8 人，注册造价工程师 1 人。

经过四十年的发展，特别是改制 5 年来，给排水专业在设计能力的提升、工程总承包的承揽、新技术的应用等方面有着较大的进步，积累了丰富的工程经验，并创造国内冶金行业的多个第一次。

给排水专业以冶金行业为依托，积极拓展其他行业水处理市场，现可独立开展冶金行业从采矿、选矿到热、冷轧的全流程给排水及全厂公辅给排水，以及市政生活给水处理、市政及生活污水处理、中水回用、给排水管网、民用建筑给排水、消防及环保工程等的咨询、设计、工程总承包等工作。

2　专业发展及理念提升

首钢公司设计院即北京首钢国际工程技术公司的前身，成立于 1973 年 2 月。为适应首钢的发展，首钢公司设计院动力系统成立初期，配备有各个专业的技术人员，主要承担设计管理工作及小型的技术改造，系统工艺设计主要由行业内专业设计院承担。随着首钢生产规模的扩大、工程的不断实施及水处理行业新技术的发展，给排水专业不断吸收、应用新技术、新工艺，积累设计经验，并形成自己的专有技术。实现了从单纯的小型技术改造到能够独立完成单个系统的设计，再到承揽钢铁厂全流程给排水及全厂公辅给排水设计，最终具备承担钢铁、电力、有色、市政等行业水处理设计、工程总承包的能力实现蜕变。

在给排水设计组成立初期，国家以经济建设为中心，对环境保护的要求较低，冶金企业生产废水及生活污水大部分直接排放，给排水专业主要负责各钢铁厂工艺及设备冷却直流水系统的设计。随着国家及北京市对废水排放的要求日益严格及北京市水资源短缺日益严重，给排水专业及时转变设计思路，坚持贯彻国家环保政策，不断提升设计能力和设计理念。通过综合平衡水质水量，逐步实现对不同用户提供不同的供水方式，实现多级、串级供水，提高水的重复利用率，选用先进的节水工艺及设备等措施，降低新水消耗，节约水资源，减少对环境的污染。给排水专业在节能减排和环境保护方面创造了冶金行业的多个第一次。

2.1　取消直排水

20 世纪 70 年代，国内钢铁企业高炉煤气洗涤水均采用直流供水系统，首钢洗涤废水也直接排入厂区黑水沟进入北京市莲花河水系，造成水体严重污染。

给排水专业在保证了高炉煤气洗涤的基础上率先在行业内将其改造成为循环供水系统，配建有沉淀冷却和调整 pH 值和碱度的烟道气投加装置。外排水水质在满足国家环保要求的情况下，排放量由 4000m³/h 减少到 200m³/h，节约新水 3800m³/h。沉淀池的底流泥浆通过浓缩和盘式真空吸滤机脱水，年回收含铁 55% 的瓦斯泥 8 万吨。该工程创造了较

好的经济效益和环境效益，并获得冶金部科技进步二等奖。

2.2 首开难降解焦化废水综合处理的先河

焦化废水含有较高浓度并具有一定价值的酚、氨，但冶金行业及焦化行业的焦化废水在70年代均直接排放。首钢焦化厂污水排放量 $180m^3/h$，直接排入首钢排水管网，成为首钢外排水氨氮、色度和 COD 的主要有机污染源。

针对首次颁布的国家环保法规和北京市排放标准，首钢焦化厂率先采用当时较先进的工艺，包括萃取脱酚、加碱蒸氨、除油、调节、冷却、传统好氧生物处理以及转鼓式生物污泥脱水工艺，在国内建设了焦化污水处理设施，回收酚、氨，创造经济效益的同时减少污染物排放量，降低对环境的影响。该工程实施后，受到业内和院校、科研单位的关注，成为冶金行业和焦化行业的一大亮点工程。

2.3 选用先进的节水工艺及设备

冶金企业自备电站的锅炉补给水水质要求较高，行业内精除盐工艺普遍采用混床的处理工艺。该工艺能满足锅炉补给水的水质要求，但需药剂再生、运行成本高、水回收率低。再生药剂的使用对全厂污水回用及污水零排放制造了困难。给排水专业经过长期调研，工艺比较，最终选用 EDI 技术，解决了上述难题。

迁钢冷轧 15MW 背压机组精除盐水站为给排水专业自主设计、自主集成的工程，为 EDI 技术首次应用于迁钢的水处理系统。不用酸碱进行再生，降低了运行成本及工人的劳动强度，同时避免了传统混床再生时产生的酸碱废水。该工程已成为迁钢电力作业部样板工程，得到了业主的一致好评。

2.4 开发新水源

华北地区为严重缺水地区，首钢搬迁调整，河北唐山曹妃甸新建远期年产3000万吨的钢铁厂，生产新水来自 100km 外的陡河水库，水量及供水安全均不能保障。给排水专业与业主经多方考察论证，提出靠海用海、利用海水淡化技术解决水资源的思路。

在首钢京唐海水淡化一期一步工程中，给排水专业作为工厂设计方，准确平衡全厂蒸汽用量及除盐水用量，与法国 SIDEM 公司一同将低温多效海水淡化技术首次应用在国内冶金企业。成品水供给全厂除盐水用户，为钢铁厂安全供水提供了保障。海水淡化主体采用的纯 T 模式、纯 E 模式及 T+E 组合模式为世界首例三工况模式。该工程获得冶金行业部级优秀工程设计一等奖。

在一期一步工程基础上，给排水专业同热力专业联合改造海水淡化主体装置，利用汽轮机乏汽作为海水淡化主体的气源，变废为宝，实现了节能减排，大大降低了制水成本。

为进一步回收能源，给排水专业又提出海水淡化热膜组合工艺，利用低温多效海水淡化的高温浓盐水加热膜法海水淡化的原水，回收能源的同时，降低低温多效海水淡化的热污染，降低膜法海水淡化的制水成本。

2.5 综合污水处理回用

钢铁企业综合污水原为直接排入城市排水管网，首钢综合污水排水量为 $4500m^3/h$，亦直接排入莲花河水系。随着北京市对首钢用水指标的限制，为减少污水外排量，回收利用生产废水，20世纪末首钢确定建设综合污水处理厂。

给排水专业同业主广泛考察了国内外同行业污水处理厂，针对国内钢厂现有污水处理厂在设计及运行过程中出现的缺点和不足，最终选用法国得利满公司的高密度澄清池、V 形滤池的处理工艺，在国内钢铁行业首次实现生产废水的回收利用，节约了钢铁厂新水用量，降低了废水排放对环境的影响。该工程投产后，工艺流程达到了国内一流水平，成为对外宣传的窗口，国内钢铁行业纷纷前来参观学习，并逐渐效仿实施钢铁废水的处理回用，开创了国内冶金行业尾部污水处理的新局面。

首钢污水处理厂获得首钢科学技术二等奖，冶金行业部级优秀工程设计二等奖。

给排水专业在首钢污水处理厂的工厂设计过程中，积极吸收消化先进的处理技术，开发出适用于钢铁厂水处理的高密度澄清池，并成功应用于首钢京唐原水处理、酒钢污水处理、通钢污水处理等工程，已投产工程的出水水质指标均达到或优于设计值。

3 专有技术

给排水专业积极贯彻国家节能减排的方针，在设计过程中注重系统和全局观念，在保证用户用水安全的基础上，以节约水资源、减少排水量和污染物外排量为宗旨，综合考虑顾客要求、外部条件和内部接口，合理配置工艺流程，在重要设备的选型上不断引进、消化和吸收国内外先进技术，同时形成自己的专有技术。

3.1 取水群井供水系统的构建及其自动化技术

由数十眼深井组成的枝状汇水系统，并引入计算机集中参数遥测和远程操控系统，为钢铁厂水源的可靠性、趋势分析、优化管理提供基础数据及影像。

3.2 低温多效海水淡化技术

针对钢铁厂蒸汽平衡和各除盐水用户的不同情况，设置海水淡化主体设施运行的边界条件和主要工况，采用低温多效装置与汽轮机及其他低压气源组合，直接利用该低温低压蒸汽进行海水淡化。淡化后的合格产水作为钢铁厂优质水用户的补充水源。该技术充分利用了钢铁厂产生的乏汽，创新性地实现了节能减排、开源节流的目标。该技术获得了国家发明专利，专利号 200810103167.5。

3.3 钢铁厂地表水水源物化处理工艺

根据水源的水质及工业补充水的水质要求，采用全厂统一制备、集中配水系统，对原水进行调贮、混凝、沉淀、除浊除硬去碱度，处理后的工业新水采用恒压-变频供水方式送至各个用户。给水处理厂采用全自动程序控制和监控设施以及先进的自动反馈加药系统。

3.4 钢铁综合污水高效混凝沉淀及过滤技术

钢铁综合污水高效混凝沉淀及过滤技术是一种适合钢铁行业综合污水处理的流程合理、控制先进、处理效果好、运行成本低的成套系列化技术。主要体现在应用高密度澄清池的基本工艺并将其进行技术改进，在高密度澄清池后增设改进型后混凝及 pH 调节池，将原应用于净水厂的滤池进行技术改造，最终形成了一种适合钢铁综合污水处理的高效混凝沉淀及过滤技术。该技术获得了国家发明专利，专利号 200510132255.4。

3.5 钢铁企业排水分质处理回用技术

以"零"排放为目标，规划钢铁企业排水体制，对高含盐水等劣质水引入低质水用户使用；对经浓缩后的净环系统排放水则给浊环系统串级使用；对尾部综合污水处理厂出水采用"双膜法"深度处理后回用于生产。该技术不但可基本实现污水"零"排放，还可节约大量淡水资源。

3.6 高效焦化废水处理技术

焦化废水一直是焦化行业的处理难点，给排水专业在传统 A/O 工艺的基础上，开发出 A/O1/O2、O1/A/O2 等焦化废水生物脱氮处理工艺，在首钢焦化污水处理厂及迁安焦化污水处理厂成功应用。
国标《炼焦化学工业污染物排放标准》（GB

16171—2012）实施后，焦化废水达标排放的指标更加严格，给排水专业又开发了 A1/O1/A2/O2 生物脱氮处理工艺并获得了发明专利，专利号 200910081141.X。

随着干熄焦技术在焦化厂的应用，焦化废水回用去向成为水处理行业的一大难题，给排水专业积极跟踪相关工程，并参与电催化氧化+陶瓷膜超滤+反渗透工艺的开发应用。电催化氧化作为双膜法的预处理单元，能有效降解焦化废水中不可生化的溶解性有机物，降低膜的污堵，保证膜系统的稳定运行。目前该工艺在首钢京唐焦化厂已调试完毕，进入正式运行阶段。

3.7 市政污水和厂区生活污水处理技术

主要利用传统 A/O 生化法以及 SBR、CAST、BAF、MBBR、组合地埋式生活污水处理装置对市政污水和生活污水进行处理，处理后出水可作为中水处理站原水。

3.8 中小型钢铁厂各工序集中供水技术

打破常规，将钢铁厂内烧结、炼铁、炼钢、连铸等各工序供水系统合并，通过合理总图布置使原有复杂分割的供水系统变得简明和易于管理；还可根据供水设施集中的特点提高专业化管理水平，加强水稳技术措施，可将循环水系统的浓缩倍数适当提高，在生产中实行串级用水和一水多用，实现了全厂冲渣废水的回收利用，形成了高效循环、节能环保、节省占地的钢铁联合企业给排水新系统。

3.9 新型热轧浊环废水处理技术

在传统"三段"处理工艺的基础上开发出新型热轧浊环废水处理技术，处理出水充分保证了进入轧钢设备的水质，再经降温可达到工艺使用标准。相对传统处理工艺节约占地，易于管理，实现了钢铁热轧废水的净化和循环使用。该技术获得国家实用新型专利，专利号 200520145275.0。

3.10 国产脱水设备在转炉洗气污泥处理中应用技术

根据泥渣特性和压滤试验对设备、配件的要求将国产设备进行技术改进，在国内首次采用国产大型厢式压滤机成套设备进行脱水，并改变进料和压榨脱水二过程分别运行旧方式，改用一台变流量扬程泵一次连续完成进料和加压，效果良好、便于运输、生产环境清洁，节省引进国外成套设备的巨额费用。

3.11 新型高炉闭路循环软水冷却工艺技术

新型高炉闭路循环软水冷却工艺技术是国内外

为强化高炉生产、改善高炉冷却效果、延长高炉使用寿命的最新技术。它在传统的高炉闭路循环软水冷却工艺技术基础上自主研发了新型高炉闭路循环软水冷却工艺技术——高炉开路工业净环回水串接作为闭路循环软水冷却板式换热器的冷媒水新工艺技术，技术安全可靠、管理简捷，其运行费用及设备投资均优于传统高炉闭路循环软水冷却工艺技术。

3.12 自动报警灭火技术

自动报警灭火技术主要有消火栓、雨淋、水幕、水喷雾、气溶胶等几种不同灭火类型，根据不同的灭火对象可选用不同的灭火方式。该技术以安全为本，设计中火灾报警、灭火控制及灭火系统的配置科学合理，采用先进、成熟的设备及材料，在保证安全可靠、技术先进的前提下，做到节省工程投资。

3.13 冷轧含酸废水短流程处理技术

冷轧含酸废水短流程处理技术主要利用"中和法"对含酸废水进行处理，将传统处理构筑物重新组合并适当简化，缩短处理流程，形成了集中、高效的短流程处理技术，为冷轧企业废水达标排放，乃至"零"排放提供了技术支持。

3.14 电子行业含铬、含氟、含油、含酸废水处理技术

含铬废水处理使用化学药剂还原法处理；含氟废水处理采用投加石灰法，经反应生成难溶的氟化钙沉淀；含酸废水处理采用酸碱中和法，调整 pH 值达到排放标准；含油废水处理采用药剂混凝沉淀法。以上技术可较好处理电子行业污水，达到环保部门对外排水的水质要求。

3.15 综合钢铁厂给排水技术

钢铁联合企业给排水设计不同于单一工艺生产厂的设计，既有水源、中央水厂配水及单位产品新水指标的控制，也有区域管网、串级补水、防汛、再生水回用及排放标准问题。

综合钢铁厂给排水设计首先必须有全局宏观周全的方案设计，再根据钢铁联合企业给排水统一技术条件进行各个生产厂给排水设计。给排水专业为首钢迁钢设计的全厂给排水系统获得首钢科学技术三等奖，冶金行业部级优秀工程设计二等奖。

4 典型设计业绩

典型设计业绩见表 1。

表 1　典型设计业绩

序　号	项目名称	规模	完成时间
钢铁厂综合污水处理			
1	首钢迁钢污水处理厂	1500m³/h	2004 年
2	酒钢污水处理厂	4700m³/h	2009 年
3	通钢污水处理厂	2500m³/h	2012 年
焦化污水处理			
1	迁安中化煤化工焦化污水处理厂（一期、二期）	150 m³/h	2003 年
2	河北普阳焦化污水处理厂	65 m³/h	2007 年
3	印度布山公司焦化污水处理厂	65 m³/h	2007 年
4	迁安中化煤化工焦化污水处理厂（三期）	100 m³/h	2009 年
污水深度处理			
1	首钢迁钢中水脱盐水站	1000m³/h	2009 年
2	首钢迁钢冷轧废水深度处理	480m³/h	2011 年
低温多效海水淡化			
1	首钢京唐海水淡化（一期一步）	25000m³/d	2008 年
2	首钢京唐海水淡化（一期二步）	25000m³/d	2010 年
钢铁厂各工序水处理			
1	首钢迁钢炼铁厂 1 号高炉冷却水系统	10250m³/h	2004 年
2	首秦炼铁厂 1 号高炉冷却水系统	2200 m³/h	2005 年
3	首钢迁钢炼铁厂 2 号高炉冷却水系统	12817m³/h	2006 年
4	首钢迁钢炼铁厂 3 号高炉冷却水系统	15860m³/h	2009 年
5	首钢京唐炼铁厂高炉冷却水系统	52000 m³/h	2008 年

序 号	项 目 名 称	规 模	完成时间
热轧浊环污水处理			
1	首钢第一线材工程浊环水处理	1900m³/h	2005 年
2	昆钢红河棒材工程浊环水处理	850 m³/h	2008 年
3	首钢京唐 2250mm 热轧工程浊环水处理	29148m³/h	2008 年
4	首钢迁钢 1580mm 热轧工程浊环水处理	26787m³/h	2009 年
5	首钢京唐 1580mm 热轧工程浊环水处理	26550m³/h	2010 年
冷轧含酸含碱含油废水处理			
1	首钢特钢冷轧厂废水处理站	30m³/h	2004 年
2	首钢顺义冷轧厂废水处理站	400m³/h	2007 年
3	首钢迁钢冷轧厂废水处理站	500m³/h	2011 年
多工序集中供水技术			
1	首秦一期集中水处理设施	20465 m³/h	2005 年
2	首钢迁钢三期集中水处理设施	65737 m³/h	2008 年
3	首秦二期集中水处理设施	38731 m³/h	2009 年
钢铁厂分质供水与排水分类回水			
1	首秦给排水系统	59196 m³/h	2005 年
2	首钢迁钢三期给排水系统	81597 m³/h	2008 年
钢铁厂给排水综合管网优化			
1	首秦给排水综合管网		2005 年
2	首钢迁钢给排水综合管网		2008 年
3	首钢京唐给排水综合管网		2010 年
市政给水及排水			
1	老山住宅区生活给水设施	10800m³/d	2000 年
2	金顶街住宅区生活污水处理回用	600m³/d	2002 年
3	苹果园生活给水供水系统	9600m³/d	2009 年
4	广东怀集污水处理厂	20000 m³/d	2011 年

5 典型总承包工程业绩

首钢国际工程公司给排水专业在成立之初，作为钢铁厂水系统的技术支持，仅仅负责水处理的设计工作，随着公司改制后观念的转变，在公司的支持下，给排水专业积极开展工程总承包工作，目前已承揽实施的有：首钢污水处理厂、首钢焦化厂、首钢京唐原水处理工程、首钢京唐一期二步海水淡化工程、首钢迁钢中水脱盐水站、首钢迁钢冷轧脱盐水站、首钢迁钢配套 15MW 背压机组精除盐水站、首钢通钢污水处理工程等。

已投产的总承包工程，系统运行稳定，产水指标均达到或优于设计值，得到业主一致好评。某些工程为行业内首次实施，成为业主的样板工程，在国内具有一定的影响力。

给排水专业通过总承包工程的实施，在设备采购、施工组织、运行调试等方面积累了丰富的工程经验，培养了一批优秀的一专多能复合型人才。

5.1 首钢污水处理厂

首钢污水处理厂设计平均日处理能力为 96000m³，设计最大日处理能力 108000m³，其中 30% 出水达到《北京市水污染物排放标准》（二级标准）外排，70% 出水经深度处理后达到生产回用水标准回用于首钢生产。2001 年 10 月完成全部设计，2002 年 5 月试运行，2002 年 8 月正式运行。

首钢污水处理厂的工艺设计，是在广泛考察了国内外同行业污水处理厂的基础上，针对国内钢厂现有污水处理厂在设计及运行过程中出现的缺点和不足，进行了诸多技术改进，并在工艺流程上有较大创新，开创了国内冶金行业尾部污水处理的新局面，使其工艺流程达到了国内一流水平，成为对外宣传的窗口。

首钢污水处理厂获得首钢科学技术二等奖，冶金行业部级优秀工程设计二等奖。

5.2 首钢焦化厂

该工程是国内首个完整的短流程硝化－反硝化脱氮法处理高有机物、高氨氮污水的 A/O/O 焦化污水处理工程，处理规模 0.43 万吨/天，该工艺先进、成熟、可靠，处理后的焦化污水达到《北京市排入地表水体及其汇水范围的水污染物排放标准》（二级标准）。该工程于 2001 年投产，运行稳定，出水指标优于设计值，得到业主的高度认可。

5.3 首钢京唐原水处理工程

该工程设计规模 160000m³/d，来水为陡河水库水，采用混凝、沉淀、过滤、消毒工艺，成品水用作钢铁厂生产新水补水及消防给水。2007 年 5 月开始实施，2009 年 3 月建成投产，出水指标均达到或优于设计值。

5.4 首钢京唐一期二步海水淡化工程

该工程采用低温多效 MED 技术，设计规模为每天 25000 吨成品水，单台主体设备产水能力 12500m³/d。海水经预处理送至海水淡化主体，成品水供给厂区除盐水用户，浓盐水作为原料海水送至化工厂。工程于 2010 年 10 月投产，成为首钢京唐的示范工程，在冶金行业和水处理行业具有较大影响力。

5.5 首钢迁钢中水脱盐水站

采用砂滤、超滤、反渗透工艺，将迁钢污水深度脱盐，成品水用作循环系统补水，设计规模 1000m³/h，2010 年 2 月投产。投产后该系统运行良好，产水水质及水量稳定，反渗透系统对盐分的去除率在 99%以上。

该系统的投产，不仅减少了钢铁厂对工业新水的使用量，而且实现了钢铁厂污水的资源化和零排放，对减轻环境污染、节约水资源和整个钢铁行业的可持续发展均具有重要的示范意义。

5.6 首钢迁钢冷轧脱盐水站项目

脱盐水站是为冷轧工艺生产线提供脱盐水和将污/废水进行深度处理，作为冷轧厂工业水系统和循环冷却水系统的补充水使用。根据不同的进水水质和处理工艺，脱盐水站内设 A、B、C 三个系统。A 系统以中水深度处理脱盐水站出水（简称中水深度水）为原水，再经二级反渗透处理后供给冷轧工艺生产线脱盐水用户使用；B 系统以冷轧废水处理站出水为原水，脱盐后成品水作为循环冷却水系统的补充水使用；C 系统以冷轧污水处理站出水为原水，经多介质+超滤反渗透脱盐处理后，成品水作为工业水使用。

A 系统成品水设计水量为 3×60m³/h，脱盐水站主厂房及 A 系统工程于 2010 年 6 月建设完成。C 系统成品水设计水量为 3×100m³/h，2012 年 9 月建设完成。工程投产后，系统运行稳定，各项指标均达到或优于设计值。

5.7 首钢迁钢配套 15MW 背压机组精除盐水站

该工程设计产水能力 2×100m³/h，采用反渗透+EDI 的全膜法处理工艺。工艺、电气自动化设计及设备采购全部自主设计、自主集成。该工程于 2011 年 11 月投产，各项指标全部达标。

该工程已成为迁钢电力作业部样板工程，得到了迁钢公司领导、指挥部和电力作业部的肯定和表扬。

5.8 首钢通钢污水处理工程

该工程设计规模 50000m³/d，全厂生产废水收集后送至污水处理厂，采用混凝+沉淀+过滤+消毒工艺，处理后成品水供给钢铁厂用户使用。2011 年 3 月开始实施，预计 2012 年 11 月建成投产。

6 给排水专业发展与展望

6.1 海水综合利用

我专业目前已跟踪海内外多个海水淡化项目，力争在海水综合利用领域占有一席之地，同时将联合首钢京唐公司共同实施热膜耦合的海水淡化系统及海洋金属的回收应用：

（1）实施单套产水能力为 25000 m³/d 的大型低温多效海水淡化装置，并实现装置的国产化、大型化。

（2）通过现场模拟试验，回收热法系统的热量，优化膜法海水淡化系统的工艺流程，降低能耗，降低制水成本。

（3）研究将原退海的浓盐水作为无机盐化工企业的原水，用以提取有价值的海洋金属盐类，实现循环经济的发展。

6.2 市政水务工程

我专业在冶金行业成功实施多个水厂的设计和总承包工程，随着国家城镇化的发展，市政行业给排水市场前景广阔，我专业将积极跟踪、参与市政行业各类水务工程，谋求更大的发展空间。

6.3 工业有机废水的回收利用

难降解有机废水一直是水处理行业的难点，制约着企业的发展。我专业将吸收新技术、开发新工艺，争取在焦化废水、冷轧废水以及有色冶炼污水的回收利用方面取得新突破。

7　结语

经过四十年的发展，特别是改制这五年，给排水专业积累了丰富的设计及工程总承包经验，培养了一批优秀的工程服务人员。现可独立开展钢铁、电力、有色手工业给排水项目以及市政等行业的生活给水处理、生活污水处理、中水回用、给排水管网、民用建筑给排水、消防及环保工程等的咨询、设计、工程总承包等工作。

围绕当前水处理行业的难点及热点，给排水专业仍将积极跟踪、参与开发新工艺、新设备，为节约水资源，为社会的可持续发展，为水处理行业的进步贡献自己的一份力量。

首钢国际工程公司热力专业技术历史回顾、现状与展望

苗建涛

（北京首钢国际工程技术有限公司，北京 100043）

摘　要：本文系统分析了首钢国际工程公司热力专业技术的历史发展和现状，重点介绍了热力专业 40 年来获得的专利、专有技术、科技成果、工程业绩等，并提出了热力专业技术未来的发展方向。

关键词：热力专业；历史回顾；展望

1 引言

2013 年是首钢国际工程公司成立 40 周年。40 年来，伴随着中国钢铁工业的发展，伴随着首钢由弱变强，一业四地壮举的实现，同时也伴随着首钢国际工程公司的发展壮大，热力专业从无到有，从弱到强，经历了草创的艰辛，发展的奋斗，成熟的巩固和守业的勤勉。作为一个参与者，我为热力专业这些年来为公司及钢铁工业的发展所做出的贡献而自豪，也为现在的热力专业适应新的形势，并做出了显著成绩而感到高兴。我从 2003 年进入公司热力专业工作，至今已有 9 年，有幸目睹并参与了公司及热力专业在最近几年的快速发展历程。为庆祝公司成立 40 华诞，尽其所能，就热力专业概况、专业优势、发展历程做一简单介绍。

2 热力专业概况

热力专业作为首钢国际工程公司的公辅专业，为原料、焦化、烧结、炼铁、炼钢、轧钢等各工艺专业服务，提供蒸汽、压缩空气、高炉鼓风等汽（气）源，回收烧结、炼铁、轧钢等工艺余热，并利用煤或钢厂副产物煤气做燃料供热或发电。热力专业在钢铁厂节能降耗方面起到了重要的作用。在产生良好的环境效益和社会效益的同时，也产生了巨大的经济效益。

历尽天华成此景，人间万事出艰辛。多年以来，热力专业先后出色完成了首钢、迁钢、首秦、京唐、长钢、贵钢、通钢等首钢内部重要项目，武钢、包钢、济钢等国内钢铁厂配套项目和津巴布韦、马来西亚、巴西等国外项目的设计及总包项目。通过这些高水平的工程实践，热力专业掌握了大批先进工艺和技术，丰富了专业科室的总包管理经验，逐渐形成了自己的设计特色及技术优势。目前，首钢国际工程公司热力专业已发展为集设计、设备总成、工程总承包（EPC）于一体的专业，拥有了许多领先的优势技术。

目前的热力专业隶属于首钢国际工程技术公司动力室，专业人员组成如下：

（1）领导力强、精力旺盛的领导。热力专业的寇彦德主任，工作事必躬行，精力旺盛，工作高效。忙碌的他经常往返在单位和迁钢及京唐的现场间，几乎没有休息时间。领导会经常细心地了解每位职工，并结合职工的能力，知人善用，人尽其用。

（2）17 名积极向上，业务精干的职工。随着公司的发展，热力专业每年都在补充新鲜血液，直至目前，16 名在职职工和 1 名返聘职工组成了热力专业的设计班底。

17 名职工中，教授级高工 2 人，高级工程师 3 人，工程师 10 人，助理工程师 2 人。人员以中青年为主，基本上是毕业于各高等院校的热能工程专业，有着扎实的理论基础。而工程项目的历练，也在不断增强职工的实战能力。

在技术负责人周玉磊，经验丰富的退休返聘职工徐福荣，自揽多项总包工程的主管设计师樊泳以及炼铁、干熄焦、电站等各项业务均有较多经验的主管设计师周敏雪等人的指导和带动下，每个人都在不断提高自己，使自己成才的同时也为热力专业的发展做出了不可或缺的贡献。

3 热力专业的技术优势

40 年的发展，使公司已经成为冶金勘察设计行业专业最齐备的工程公司，已累计完成国内外设计

6000 余项，完成总承包项目百余项，累计总承包额达数百亿元。在全国勘察设计行业营业收入排名名列前茅。秉承公司雄厚的技术和优秀文化，热力专业自身能力也取得了很大提高，并兼具自己的特色。

多年以来，热力专业通过课题开发和工程实践积累，形成了余热回收及发电工程方面、高炉鼓风及压缩空气系统及工程总承包等方面的专业优势。

3.1 余热回收及发电工程方面

（1）在高炉煤气发电领域，热力专业已经拥有 10t/h、35t/h、75t/h、130t/h、220t/h 等不同规模高炉煤气锅炉的工程业绩，锅炉参数包括低压、中温中压、次高压、高温高压等，配套的发电能力覆盖 12~50MW 的各个系列。

（2）1998 年，与首钢总公司合作研发的 220t/h 全烧高炉煤气高压锅炉获国家专利。

（3）与公司子公司——中日联公司合作推广的干熄焦及配套的余热锅炉发电技术在国内钢铁行业中拥有领先的市场份额，在应用效果方面具有明显优势。自 2003 年起，已完成了 30 多台不同规模的干熄焦及配套的余热锅炉发电工程。

（4）在国内率先开展烧结机环冷余热发电技术的研发与应用，目前已积累了一定的技术优势。目前此技术已在迁钢矿业公司投入应用，通过建设 1 台 50t/h 锅炉和 6 台 10t/h 锅炉，并配套 1 台 25MW 纯凝式汽轮发电机组，解决了 1 台 $360m^2$ 烧结机和 6 台 $99m^2$ 烧结机的余热利用问题。

（5）在国内钢铁行业率先开展燃气-蒸汽联合循环发电技术的研发与应用，是国内能够自主设计燃气-蒸汽联合循环发电站的公司之一，具有明显的技术优势。

（6）致力于炼钢转炉汽化冷却余热回收技术研发与实践应用，率先设计了炼钢转炉全自动给水系统，并将转炉汽化冷却自产蒸汽供真空精炼炉真空泵使用。

（7）在螺杆式低压蒸汽压差发电技术的应用一直走在行业前列，创新利用螺杆发电机代替减压装置，该技术在低品质蒸汽利用方面具有突出优势。

（8）在轧钢加热炉汽化冷却余热回收的系统优化、技术集成创新、高效节能设备等方面，具有丰富的经验和独特的技术优势。

（9）致力于低压饱和蒸汽发电技术的跟踪与应用，并在首钢迁钢 2×6MW、长钢 6MW 饱和蒸汽发电工程中得到成功应用。

3.2 高炉鼓风及压缩空气方面

（1）致力于通过脱湿技术降低高炉焦比，增加喷煤量的技术研究，并在当时国内最大高炉——首钢京唐 2×5500m^3 高炉的高炉鼓风系统投入运用，取得了良好的运行及经济效果。

（2）电动轴流风机、离心风机、汽动风机等国内外多项工程业绩使热力专业积累了丰富的鼓风机站设计经验。

（3）通过首秦、迁钢、首钢京唐等钢铁大厂的设计经验总结，热力专业在压缩空气管网的设计方面更加系统，更加优化。

3.3 自揽工程总承包业务

在完成公司任务的前提下，热力专业也积极开展自揽工程总承包业务。目前已陆续完成了首钢京唐海水淡化 2×25MW 汽轮发电机组工程、首钢迁钢 RH 炉蒸汽过热器系统、首秦 RH 炉蒸汽过热器系统、首钢京唐 2×300MW 电站富氧喷吹装置等多项工程的总承包任务。

4 热力专业 40 年来发展历程简述

40 年来，首钢国际工程公司外修市场，内修管理，并将两者有机地结合起来，以全面发展为指导，秉承先进的经营理念，严谨踏实，积极进取。逐步在市场上站稳了脚跟并发展壮大。

作为公司的重要组成专业，热力专业在公司的领导和指引下，为公司的发展做出了很大的贡献，也取得了很大的成就。历尽天华成此景，人间万事出艰辛。热力专业的成就凝聚了一代又一代热力人的心血，饱含了所有致力于热力专业发展的各位同仁的艰辛和汗水。

1973 年的 2 月，首都钢铁公司设计处与北京冶金公司合并，成立首钢公司设计院，这便是首钢国际工程公司的前身。那时的条件相当简陋，办公场所为一片小平房，设计条件为纯手工制图，设计人员依靠自己从书本上学到的知识，利用首钢这个基地，不断深入现场，在实践中学习，在学习中实践。

正是在这样的环境下，热力专业完成了首钢几座新建高炉、鼓风机站、动力厂配套锅炉、空压站等工程的新建及修配改设计任务，为以后更复杂的设计工作积累了经验。

1996 年，以热力专业为主完成了首钢 3×50MW 高温高压汽轮发电机组工程。那时的热力人还没有面对过外面的市场，而这也是首钢内部的第一个电站，对于以前从未遇到过的"大工程"，热力专业全员应对，加班加点，终于使方案变成了纸上的蓝图，并使工程顺利投产。那时的热力人值得骄傲，因为他们已经在钢铁厂煤气发电行业走在了前列。

可以说，首钢的北京本部倾注了热力专业太多的心血。这就不难理解为什么热力人站在高高的石景山上，俯视厂区那些已经停产的锅炉房、电站、空压站的时候，会潸然泪下，会掩面而泣。因为那是他们的创造，那里有他们的汗水，那里留下了太多的回忆。

1998 年，公司与华北电力设计院开展的上海威钢高炉煤气发电工程的联合设计工作，是热力专业真正面对外面市场的开始，正是由此开始，首钢国际工程公司开始走出首钢，面向来自市场的挑战，并几经考验，成为了勘察设计行业不可小觑的力量。

而此时，也迎来了公司快速发展的新时期。自 2002 年开始，首钢正式开始了战略搬迁。首钢的北京本部要逐渐停产，在几年的时间里，要在秦皇岛、迁安、曹妃甸连续建设 3 个大型的钢铁基地。艰巨的任务交给了首钢国际工程公司。面对这样一个极好的学习及练兵机会，公司全体员工以惊人的毅力和拼搏精神，连续独立完成了首秦 240 万吨钢铁基地和迁钢 710 万吨钢铁基地的设计任务，并以总负责院的身份完成了京唐公司一期 950 万吨规模的设计任务。积累了大量的经验。与此同时，热力专业也出色完成了首秦 12MW 中温中压汽轮发电机组工程、迁钢 2×25MW 次高压汽轮发电机组工程、迁钢 150MW 燃气-蒸汽联合循环发电（CCPP）工程、迁钢 2×50MW 燃气-蒸汽联合循环发电（CCPP）工程、迁钢 15MW 高温高压背压机组电站工程、迁钢 6000kW 饱和蒸汽发电工程等发电项目以及高炉配套鼓风机站、厂区集中空压站、全厂综合管网等钢铁厂配套公辅设施的设计任务。如此好的机遇，使热力专业有了大量的工程实践积累。

伴随着首钢的搬迁，公司的营业额逐年快速增长，行业排名不断提高，首钢国际工程公司也在行业内声名鹊起。

为了公司的发展大计，公司提出了创建国际型工程公司的目标，并在 2008 年顺利改制为北京首钢国际工程技术有限公司。改制后，热力专业与全公司一起全面面向市场，投资方式从国有全资公司转变为国有控股的多元投资企业，经营方式从设计为主转变为以工程总承包为主的工程公司，服务范围从以首钢为主的企业院转变为面向全球客户。改制后的公司开始更有活力。热力专业在接受公司内部

工程任务的同时，可以发挥自己的能力去自揽工程。这极大地调动了员工的积极性，而此时经验丰富的热力专业，面对外面的市场，已经充满了信心。

几年间，在寇主任的带领下，热力专业已经在工程设计、设备成套及工程总包等各项业务方面积累了大量的业绩。

5 热力专业技术发展及目标

（1）以本专业专有技术为依托，进一步拓宽总承包工程市场。

公司成立以来，特别是公司改制完成后，我专业已完成了多项工程的总承包任务。并掌握了如海水淡化配套发电、RH 炉蒸汽过热技术等诸多专业技术。

目标：五年内，继续拓展本专业总承包市场，在保证目前总承包市场的前提下，完成 1~2 项燃气锅炉发电、燃气-蒸汽联合循环发电等大型钢铁厂配套项目的工程总承包项目。

（2）以京唐海水淡化配套发电项目顺利投产为契机，以节能减排为目标，将多工况海水淡化配套发电技术在国内市场逐步推广。

我专业总包完成的首钢京唐海水淡化配套发电项目，创造性地将中温中压蒸汽首先进行发电做功，再将汽轮机的负压排汽用作海水淡化的工作汽源，做到了最大程度地能源串级利用，产生了较好的经济效益和社会效益，成为国际上首个实施多工况海水淡化并配套发电的工程。

目标：三至五年内，与给排水等专业一起，将多工况海水淡化配套发电的技术在国内市场逐步推广。

（3）立足于大量的干熄焦工程的设计经验积累，努力做到各单体设计的模块化，以使设计速度有质的飞跃。

热力专业每年都要完成大量的干熄焦设计任务，而目前的状况是：每个干熄焦工程的设计均没有固定的模板，浪费了大量的人力物力，甚至使工程进度拖后，并影响其他工程的进度。

目标：我专业正在借鉴国外以及其他先进设计工程公司的经验，大力推进模块化设计，争取在三至五年内完成不同规格干熄焦工程配套的热力专业各个单体的模块化设计。

6 展望

基于首钢国际工程公司的平台，热力专业经过不懈的努力，在 40 年的发展历程中，使自己完成了

蝶变。面向 21 世纪，我国正进入全面建设小康社会的关键时期，作为国民经济发展的支柱产业钢铁工业也处于调整优化的重要机遇期，如何更好地做好节能减排工作、如何更好地服务于钢铁企业，仍将是热力人应该面对的艰巨而有挑战性的任务。形势发展对热力专业队伍提出了更高的工作要求，热力专业已形成良好的团队构架，着眼未来，面临新形势、新问题，热力团队将继往开来，开拓创新，锐意进取，创造性的工作，为首钢国际工程公司和钢铁工业的发展做出更多的贡献。

首钢国际工程公司暖通专业除尘技术
历史回顾、现状与展望

李　群　寇彦德　张汇川

（北京首钢国际工程技术有限公司，北京　100043）

摘　要：通过查阅大量的首钢国际工程公司动力室暖通专业除尘技术在钢铁厂内的实际应用的图纸及文献，总结了暖通专业对除尘技术在钢铁厂内应用研究的历史、现状与发展动向。对钢铁厂内实际除尘技术应用过程中为满足工艺要求、环保要求等的技术发展、技术难点、技术亮点进行了分析总结，同时，针对建设世界一流钢铁厂的要求，提出了一些除尘系统方面在钢铁厂内实用的节能环保等先进的技术措施。最后对暖通专业发展及除尘技术在钢铁厂内的应用前景加以展望。

关键词：暖通专业；除尘；环保；钢铁厂

1 引言

除尘净化属于暖通空调技术中局部通风系统，暖通空调技术是采暖、通风与空气调节技术的简称，钢铁厂内对暖通空调技术的要求是：为人员创造适宜的操作环境、为设备创造适宜的运行环境、除尘净化减少大气污染物排放。总之，暖通空调技术在钢铁厂内应用的着重表现为"改善环境"。而除尘技术作为暖通空调技术的一个重要分支，对改善钢铁厂内的岗位操作环境及大气环境起着尤为重要的作用。

动力室暖通专业作为一个公辅专业，从首钢国际工程公司建立40周年及改制5周年以来跟随公司完成了大量的优质工程，一直致力于除尘技术在钢铁厂内的应用与发展，以满足目前人员、设备对环境的高要求，以响应国家节能、环保的方针政策。经过多年的发展，暖通专业目前有高级工程师5人、工程师17人的强大阵容，其中4人具有硕士学位，3人具有注册公用设备工程师资质、1人具有注册咨询工程师资质。本文结合暖通专业随公司完成的工程的实例对除尘技术在钢铁厂内的应用的历史、现状与发展做一个综述。

2 专业、技术应用的发展及辉煌业绩

2.1 专业、技术应用的发展

动力室暖通专业随首钢设计院的成立而创建，起初主要任务是做首钢公司厂区内部的设计与改造工作。

20世纪60~70年代，以首钢烧结厂为代表的湿式泡沫除尘器和单机脉冲布袋除尘器广泛应用于首钢厂区内各分散的产尘点，标志着除尘技术开始发展。

20世纪70年代，首钢国际工程公司暖通专业致力于高炉环境工程的研发、攻关。率先在全国高炉中自行设计、实现了高炉出铁场除尘，大大改善了高炉出铁场的劳动条件。该项成果于1979年获冶金部科技成果二等奖。

20世纪80~90年代，首钢国际工程公司暖通专业首先实现了国内第一台清洁烧结机、第一套高炉出铁场除尘系统、国内最大转炉二次除尘系统及国内第一套皮带密封集尘干管的焦炉推焦除尘系统。

经过对首钢老厂区内暖通空调除尘系统的多次完善、改造，经过了反复的实践、认识、总结的过程，积累了丰富的设计和运行管理经验，为暖通专业步入大力发展的阶段提供了丰富的实践经验基础。

进入21世纪以来，随着淮钢工程、迁钢工程、首秦工程、京唐工程等一系列综合性、一流的现代化钢铁厂的建设开展，暖通专业步入了大力发展的阶段。除尘技术转向于大型低压脉冲布袋除尘器、塑烧板除尘器和湿式电除尘器在大型钢铁厂内所有需要治理的产尘点的广泛应用，在发展除尘技术的同时，重视在全流程钢铁厂项目中的除尘规划和设计。并将先进的除尘技术应用于一流的现代化钢铁厂，完成了技术完善，技术创新的工作，取得了一

系列自己的专利技术及专有技术。在 2008 年 7 月，首钢国际工程公司主编的《除尘设备选用与安装》国家标准图集（图集号 07K104）正式颁布实施，标志着暖通专业的除尘技术已经处于国内领先水平。

改制后，为了更好地为业主服务，为了充分发挥专业的优势，响应公司"由专业设计室直接面向市场开展优势技术、成熟技术的营销，开发市场，承揽项目，并组织实施专业性工程和具有优势技术的单体工程设计、设备成套和工程总承包"的政策要求，陆续开展了文水炼铁上料除尘工程、迁钢废钢加工间除尘工程、通钢焦化除尘工程的总承包工作。总包项目的实施又促使专业对系统设备、实施技术及施工方法进行了更深入的研究。在设计方面，通过三维软件的应用，完成了精准、精细、精致的设计成果。总承包工程及三维设计的应用，标志着暖通专业又进一步发展，向外部市场迈出了踏实的一步。

2.2 辉煌业绩

动力室暖通专业跟随首钢国际工程公司在原料的翻车机除尘，烧结球团的配混系统、烧结系统及成品系统除尘，焦化的炼焦工段、备煤工段及干熄焦除尘，炼铁的炉前及上料除尘，炼钢的转炉二次除尘，热轧的精轧机除尘等方面均完成了大量的优质工程，典型的辉煌业绩如下：

（1）原料翻车机除尘。

1）首秦板坯技改配套工程翻车机除尘系统。

2）首钢迁钢配套完善原料系统改造扩建工程喷吹煤料场翻车机除尘系统。

3）迁安中化煤化工公司三期工程备煤车间原料工段翻车机除尘系统。

（2）烧结除尘系统。

1）首秦 2×180 m² 烧结工程环境除尘系统。

2）首钢迁钢配套完善 360m² 烧结机环境除尘系统。

3）首钢京唐 500 m² 烧结机环境除尘系统。

4）云南昆钢 300 m² 烧结机环境除尘系统。

5）四川德胜集团 240 m² 烧结机环境除尘系统。

（3）焦炉装煤推焦除尘系统，包括首钢迁钢 6m 顶装焦炉装煤焦侧除尘系统、江苏淮钢 70 型焦炉除尘工程（捣固焦炉增加机侧除尘，二合一除尘系统）、印度布山公司 85 万吨/年焦化工程、新余钢铁有限责任公司焦化工程、山西常平实业有限公司焦化厂焦炉拦焦装煤除尘工程等共约 15 套焦炉装煤推焦除尘系统。

（4）高炉出铁场及上料除尘系统。包括太钢 1800m³ 高炉出铁场及上料除尘系统、首秦 1200m³ 和 1780m³ 高炉出铁场及上料除尘系统、首钢京唐 5500m³ 高炉出铁场及上料除尘系统、首钢迁钢 4000 m³ 高炉出铁场及上料除尘系统、印度 BIL 钢铁公司 1780 m³ 高炉出铁场除尘系统等共约 20 套高炉出铁场及上料除尘系统。

（5）炼钢二次除尘系统。包括首钢第二炼钢厂除尘系统、首钢迁钢第一炼钢厂除尘系统、首钢迁钢第二炼钢厂除尘系统、南钢炼钢厂除尘系统等共约 15 套炼钢二次除尘系统。

（6）热轧精轧机除尘系统。

1）首钢迁钢 2160mm 热轧精轧机除尘系统。

2）首钢迁钢 1580mm 热轧精轧机除尘系统。

3）首钢京唐 2250mm 热轧精轧机除尘系统。

4）首钢京唐 1580mm 热轧精轧机除尘系统。

3 专业、技术发展、创新及亮点

钢铁厂是污染大户，铁厂内包括原料、烧结（球团）、焦化、炼铁、炼钢、轧钢等生产工序，每道工序的生产均会产生大量的粉尘或含尘烟气，这些污染物若直接排放，那将对大气环境造成了严重的破坏，因而国家在相应的法律法规、标准规范中也对环境保护做出了苛刻严格的要求。随着现代化科学技术水平的不断提高，国内的钢铁集团为争创成为世界一流的钢铁厂而努力，这就要求钢铁企业在节能环保、建筑环境等方面达到世界先进水平。在传统工艺系统大型化、先进化的同时，对除尘技术也提出越来越高的要求，暖通专业结合工程实际，不断创新发展，从而解决了一系列难点问题，创造了专有技术、专利技术，并将节能环保的新技术在钢铁厂内推广应用。

3.1 技术的发展

工艺系统的大型化发展是钢铁厂工艺技术的发展趋势，大型工艺设备系统对除尘技术提出了更高的要求；同时，国家对卫生环保的标准的不断更新，也对除尘系统提出了更严格的要求。这就促使着除尘系统向着大型化、先进化、集中化的方向发展，需满足工艺系统大型化、国家标准高的要求，也要提高除尘效率、降低排放浓度。

大型高炉出铁场及上料除尘系统的设计研发就是除尘技术随工艺技术的发展而进步的一个典型案例。

为满足京唐工程的 5500m³ 特大型高炉、迁钢工程的 4000m³ 特大型高炉、大型高炉配套料仓工艺环境要求，满足国家标准烟尘排放浓度要求，暖通专业开始了设计攻关工作。经过了充分讨论与大量的研发工作，使大型高炉出铁场除尘具有了系统合理划分、尘源高效捕集、改善岗位环境、实现环保和节能最佳综合效果等技术特点，使大型料仓具有尘源密封先进合理、强化系统管路平衡的特点，实现了出铁场及上料除尘技术可与不同规模、不同形式高炉的配套设计研发，高炉出铁场及上料除尘技术已逐步形成系列化、标准化。

3.2 难点技术的解决

随着工艺技术的发展，部分传统的除尘方式、方法及观念已不适应国家对环保的高要求，且工艺系统的复杂性等特点，为环境除尘的布置与实施带来了很大的技术难度。暖通专业在实际工程遇到过很多技术难题，通过充分的现场调研、与工艺专业配合、采用先进技术等，逐一克服了设计工作中遇到的各种难题，满足了工艺及我国的环保要求。翻车机除尘及热轧精轧除尘是两个典型的例子。

翻车机除尘系统是通过充分的现场考察、与工艺专业充分结合，从而解决除尘效果差的难题。翻车机是煤炭运输中转的重要设备，在作业过程中，会产生大量的粉尘，对环境造成严重污染，由于翻车机本身无法整体密封，这些粉尘治理难度较大。正因如此，许多企业的翻车机室都没有设置除尘系统，或是，即使设置了除尘系统，除尘效果往往也不理想。随着人类对大气环境质量标准的提高以及国家环保排放指标的日益严格，翻车机室的粉尘治理，引起各企业的高度重视。暖通专业通过长期的现场调研、考察，分析总结处存在问题，并与工艺专业充分结合，采取了吸尘口靠近产尘扬尘部位、增大除尘风量、加强对翻车机室的密封等有效措施，使首钢内部的所有翻车机室除尘系统通过改造后达到了非常理想的除尘效果，并将此方法成功应用推广。这种成功的经验，对其他企业的翻车机室粉尘治理也具有非常好的借鉴作用。

热轧精轧机除尘是通过学习先进技术，最终确定除尘技术方案，解决了烟尘难以治理问题，解决了以往采用湿式除尘系统污水不好处理和环保不达标的难题。热轧钢板生产线精轧机组所产生的烟尘为多相流体，含有水分、油分、蒸汽以及超细铁氧化物粉尘等，又黏又潮又细，其烟尘的处理十分困难。通过学习国外先进技术，并与相关公司充分的交流，确定精轧机除尘采用塑烧板除尘新技术。采用具有世界领先水平的第三代塑烧板除尘器，选用

了疏油疏水性能极好的针对热轧含油含水粉尘生产的第三代增强型 PTFE 涂层的塑烧板过滤元件，同时采用了优化的高顶箱体结构设计及高强脉冲清灰系统等，可满足除尘器排放浓度小于 10mg/Nm³，并有效地解决了精轧机含油含水粉尘不易处理的难题。

3.3 除尘专利技术、专有技术亮点

动力室暖通专业结合现有的工程实际，进行了一系列的创新发展，通过公司课题开发、技术改造、专利申请等，从尘源有效密封捕集、系统优化创新、除尘设备改进等方面均实现了自己的专利技术、专有技术。

3.3.1 尘源有效密封捕集

尘源的密封捕集是决定整个除尘系统除尘效果好坏的关键，随着国家环境保护政策的日益严格，随着国家岗位操作环境标准的提高，皮带机受料点处的除尘密封效果愈发受到重视。传统皮带机受料点处的除尘密闭罩是由皮带机厂家配套的单层密闭罩，其主要目的是对物料进行疏导，避免物料散落到皮带外部，优点是结构简单，造价低，缺点是密封效果差、除尘风量大、空间设置不合理、烟尘外溢情况严重。随着环保技术的进步，目前可拆卸式双层密闭罩也已经成功应用，其优点是密封效果好、除尘风量小，缺点是拆卸仍比较麻烦、内罩积灰情况严重、维护工作量大、造价高。在单层密闭罩和双层密闭罩之间急需一种集合两种优点的新型密闭罩。

暖通专业根据长期的实践经验，设计了一种装配式单双层结合皮带机密闭罩，并形成了自己的专利技术。解决了传统单层密闭罩密封效果差、除尘风量大、烟尘外溢情况严重的问题，解决了双层密闭罩装拆卸复杂、内罩积灰严重和维护工作量大、造价高的问题，保留了传统单层密闭罩疏导物料和双层密闭罩密封效果好的优点，具有自身安装、拆卸方便，除尘风量小，密封效果好的优点，使产品功能更丰富更完善、适用范围更加宽广，目前已经在实际工程中应用。

3.3.2 系统优化创新

既好用又经济的除尘系统的关键问题是确定合理的系统设计方案，系统方案的确定就要求对烟气的成分和尘源处工艺生产形式进行充分的了解和分析，针对不同的烟气和不同的工艺生产形式，采用不同的除尘设计方案。暖通专业根据上述的原则，对钢铁厂捣固焦炉装煤推焦除尘进行了系统优化创新，从而使该除尘技术在国内处于领先水平。

钢铁厂捣固焦炉在装煤推焦过程中产生大量的烟尘，如不加以捕集净化将严重污染环境，尤其是

机侧冒烟问题相当严重。由于捣固焦炉机侧烟气不能很好地捕集，只能增加炉顶翻板阀除尘系统能力，这样导致从机侧进入炭化室的冷空气增加，降低炭化室温度，影响焦炉寿命，同时大量的冷空气加速与煤饼反应，将会产生更多的烟气，从而形成恶性循环，不利于焦炉生产，同时增加投资和运行成本。目前捣固焦炉除尘效果很不理想，影响捣固焦炉的发展。

暖通专业在捣固焦炉装煤推焦除尘系统增加机侧除尘，采用机侧通风槽和机侧除尘管路组成机侧除尘；通过机侧除尘管路和炉顶除尘管路连通形成装煤除尘系统；采用气动切换阀，实现装煤除尘和推焦除尘共用一套除尘设施。系统采用液力耦合器对风机进行调速，装煤除尘和推焦除尘风量不一致时或者捣固焦炉修炉期间，可以采用液力耦合器对风机进行调速，节约能源；采用气动切换阀，缩短装煤和焦侧除尘切换时间，使得装煤和推焦除尘二合一系统应用范围更加普遍；采用在除尘管上设置平衡阀的方法，保护除尘设施，当系统风量不足、焦侧或者机侧除尘末端阀门坏死情况下，平衡阀开启。

通过系统的创新改造增加机侧除尘，有效地解决了捣固焦炉装煤过程中冒烟严重、污染环境等难题；该系统采用装煤和焦侧除尘二合一系统，节省投资、节约运行成本。

3.3.3 除尘设备改进

除尘设备的结构合理性、除尘设备的适用性也是除尘系统除尘效果好与坏及系统是否经济合理的重要问题之一。暖通专业通过长期的现场实践研究，与工艺情况紧密结合，从而研发出石灰窑用内旁通除尘器、焦化用蓄热式冷却器等一系列的先进除尘配套设备。

随着国家环境保护政策的日益严格以及石灰窑行业的准入条件要求，新建石灰窑必须配备完善的除尘设施。传统带有内旁通的耐高温布袋除尘器在石灰窑烟气处理中已经成功应用，传统带有内旁通的耐高温布袋除尘器的旁通阀设置在除尘器内部进风管与出风管的隔板上，其优点是结构简单、造价低，缺点是设置旁通阀的隔板为斜板，对阀体密封要求高，且安装及检修不方便。为了克服上述缺点，暖通专业通过长期的实践研究提供一种带有内旁通的耐高温布袋除尘器。通过除尘器结构设计，将旁通设置在除尘器外部，安装和检修更加方便，且可以保证烟气走旁通状态时，布袋与烟气是完全隔绝的，净箱体内是清洁的，另外该旁通具有结构简单、安装方便，便于维修，造价低等特点，克服了传统内旁通石灰窑窑尾除尘器制造精度要求高、安装及

检修不方便的缺点。

在焦化及干熄焦除尘上，由于其进除尘器的烟气温度较高，平均温度可达 200℃以上，瞬间烟气温度可达 500℃以上，如此烟气直接进入布袋中，将会严重损坏除尘器的布袋及滤料。为解决此问题，暖通专业结合实践经验研究，并与工艺烟气阵发性的特点进行结合，研制出了板式蓄热式冷却器。蓄热式冷却器是通过设备本身具有的吸收储存和释放热量的功能来实现对流体介质冷却和加热的装置。当高温介质流过时，它吸收热量，使流出介质的温度下降；当低温介质流过时，它对介质释放热量，使流出介质的温度上升；总之，防止对于瞬间温度变化很大的介质进入除尘器损坏布袋有很好的效果。如焦化拦焦烟气，在拦焦的1min内，蓄热式冷却器吸收平均温度 200℃的烟气热量，使烟气在进入除尘器前温度降低到 100℃；不拦焦期间，尤其是在北方的冬季，冷气流通过蓄热式冷却器后，冷却器将热气流通过时吸收的热量释放给冷气流，提高了气流进入除尘器的温度，有效地防止了除尘器的结露；同时，冷却器放热后降温。此外，钢板蓄热式冷却器由于钢板间缝隙小、吸热快，有很好的阻火能力，也常作为阻火器使用。通过了蓄热式冷却器的应用，解决了短时间内温度剧烈波动的烟气净化问题，且蓄热式冷却器构造简单，便于推广应用。

4 暖通专业除尘技术展望

4.1 暖通专业除尘技术发展的主要内容

4.1.1 成熟技术的标准化、系列化发展

成熟技术及专有设备的标准化、系列化是暖通专业未来发展的基础，同时也是更快、更好的参与市场竞争的需要。

在除尘工艺技术方面，如原料翻车机除尘系统、烧结球团环境除尘、高炉出铁场及上料除尘、炼钢二次除尘、焦化装煤推焦除尘、干熄焦除尘、热轧精轧机除尘等除尘工艺技术实际工程应用很多，根据已完成的大量工程实践经验，从尘源密封措施、烟尘捕集、风量分配、管道系统布置、系统技术难点、设备选型等方面均已经形成了成熟的、系列化的技术。在实践经验的基础上根据工艺规模进行技术归纳总结，从而实现除尘系统技术的标准化、系列化发展，可为以后类似的工程做到更好、更快、更准地完成工程设计和参与市场竞争。

在非标设备方面，根据工程需要，对技术成熟、通用性强、应用范围广的非标设备，如皮带机单、双结合型密封罩专利技术在炼铁上料除尘系统中的

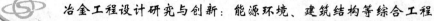

实际应用取得了良好的效果，可以从炼铁工艺的应用推广到原料、烧结、炼钢工艺，并根据工艺皮带机规格形成标准化、系列化图纸，使其应用更加方便快捷，应用范围更加广泛。

4.1.2 加强技术创新、解决技术难题

工艺技术的进步促进了除尘技术的发展，工艺技术的进步对暖通专业除尘技术的应用带来了挑战。坚持走"产、学、研"科技开发道路，把技术难题与具体工程相结合进行课题开发，不断形成自己的优势技术或专利技术。如焦化行业的捣固焦炉的应用，捣固焦炉采用机侧除尘技术，在装煤过程中可良好地捕集烟尘，但捣固焦炉装煤过程中产生的烟尘烟气温度高、含焦油量大，又带来了管道过火、烧毁布袋、爆炸、焦油难以处理等的一系列难题亟待解决。针对上述工程实践中遇到的难题，暖通专业将在以后的工作中进行实践分析、课题开发、与国内外公司进行技术合作等方式来加强技术创新，解决技术难题，从而形成了自己的专业技术。

4.1.3 加强除尘非标设备的研发

不断研究开发合理可靠的烟尘捕集设备和除尘净化设备，增强暖通专业除尘技术的市场竞争力。

在烟尘捕集设备方面，根据不同工艺布置，分析烟尘产生规律和流动动态分析，合理开发除尘部位的密封及烟尘捕集设备。如对烧结球团环冷机密封罩，出铁口顶吸、侧吸罩，炼钢转炉烟气捕集罩，水密封集尘干管等密封及捕集罩根据工艺实际进行设计及布置，更好地与工艺系统相结合，达到最佳的除尘效果。

在除尘净化设备方面，根据各工艺的烟尘特点，合理地设计除尘器的结构形式，使其达到结构合理、阻力低、减少布袋磨损等效果。如除尘器在进风位置设置导流板、或取消进风弯管采用大灰斗进风、或在中箱体内部设置挡风板等方式，从而避免了传统的除尘器进风方式对布袋造成磨损的影响，延长了布袋的使用寿命。着重加强针对影响除尘器过滤效率的因素研究，如除尘滤料、过滤风速、清灰系统和除尘器结构等因素与除尘过滤效率的相互关系研究，满足国家钢铁企业新的粉尘排放标准的要求，增强市场竞争能力。

4.2 暖通专业除尘技术的发展目标

4.2.1 未来3~5年内的发展目标

（1）将钢铁厂内原料、烧结球团、焦化、炼铁、炼钢、轧钢等工序成熟的除尘系统形成标准化、系列化专业技术产品；

（2）不断解决目前工程中遇到的技术难题，通过课题开发、技术研究等逐步形成自己的专有技术、专利技术优势；

（3）在尘源密封捕集及除尘设备方面深入研究，形成自己专有的非标设备产品，增强市场竞争优势。

（4）充分利用已有的专利技术和优势技术参与市场竞争，通过独立承揽外部环保工程总承包和具有专业特点的公司内部分层能级项目，不断积累工程经验和锻炼队伍，提升除尘技术工程的整体实力。

4.2.2 长期的发展规划

坚定不移地坚持"走出去"发展战略，走市场化道路，不断强化科技进步和科技创新，通过不断积累，形成技术完善、技术先进、具有设备研发和制造能力的专业团队，实现钢铁厂内全工艺工序流程的除尘系统设计、采购、施工的总承包能力，具备与国内先进环保专业公司相竞争的实力。

5 结语

在节能减排、环境保护方面，除尘技术发挥着举足轻重的作用。除尘技术在近几十年中有了长足的进步，暖通专业的除尘技术也是通过工程项目从无到有、从技术落后到先进、再到创新而发展着。

从长远规划及发展来看，我国的环境保护及治理政策会不断出台，并提高标准，这就为暖通专业除尘技术的发展提供了良好的平台，促进除尘技术的发展。为适应国家标准要求，并更好地为工艺系统服务，就需要暖通专业继续发展先进的除尘技术，不断解决技术难题，并继续创新自己的专利技术、专有技术。此外，动力室暖通专业仍将紧跟公司步伐开拓市场，并实施项目总承包工作，从而更好地服务于业主，将自己的专有创新技术进行推广实践，为我国的蓝天贡献力量。

首钢国际工程公司燃气专业技术历史回顾、现状与展望

吴　媛

（北京首钢国际工程技术有限公司，北京　100043）

摘　要：首钢国际工程公司燃气专业主要承担燃气系统工程设计，本文介绍燃气专业发展历程、取得的主要业绩和技术创新亮点等。

关键词：专业发展；业绩；技术创新

1　引言

燃气专业主要负责钢铁企业煤气的净化、储存和供应设计，负责城镇燃气的生产、利用和输配设计，同时还负责燃油系统供应的设计。燃气专业涉及项目的运行介质都是易燃易爆和有毒的气体和液体，专业性强，危险大。多年来，燃气专业严格执行公司的各项规章制度，严格执行国家的规程规范，在确保安全的前提下，不断创新，积极进取，按时、保质保量地完成了各项设计任务，取得了许多辉煌的业绩。在专业技术方面不断创新，业务不断拓宽，为公司的改制和发展做出了贡献。

2　专业简介及发展历程

2.1　专业简介

燃气专业可以承担工业煤气、城镇燃气、石油化工等工程的规划、可行性研究、工程设计、工程总承包等。

在工业煤气设计方面，燃气专业可以承担焦炉煤气净化、高炉煤气净化、转炉煤气净化回收、高炉煤气余压发电、煤气混合站、煤气加压站、煤气柜和煤气输送管线的设计，燃气专业可以设计大型湿式和干式煤气柜，设计的煤气柜最大容积为 30 万 m^3，煤气输送管线最大直径为 DN4500。

燃气专业是最早从事汽车加油加气站的设计单位之一，自主开发了汽车加气站地上泵流程，设计的汽车加油加气站遍布全国各地，其中北京市 1/3 的液化气加气站是由燃气专业设计的。

燃气专业还从事液化石油气工程的设计，设计了许多液化气储配站、罐瓶站、汽化站和瓶组供应站，其中孟加拉国第一座液化石油气储配站是我专业设计的，储存容积为 $6\times1000m^3$。

燃气专业还从事天然气工程的设计，包括城市天然气供气规划、天然气调压站、天然气供气管网等。

燃气专业还从事石油系统的工程设计，包括总油库和车间供油站，涉及油品介质有渣油、重油和轻柴油等。

2.2　人员简介

燃气专业属于动力室，目前共有设计人员 10 余名，其中高级工程师 5 人，工程师 3 人，助理工程师 2 名，取得动力设备注册工程师 1 名，咨询工程师 1 名。这些设计人员中，中年以上的人员较多，设计经验丰富，业务水平高，大部分设计人员能够独当一面，具有较强的市场竞争力。年轻的设计人员大多来自名牌大学，知识全面扎实，适应能力强，具有很大的发展潜力。

2.3　专业发展历程

燃气专业伴随着公司的发展而发展。改制前，公司面对的设计任务比较单一，大多数都是首钢总公司内部项目，大多都是钢铁企业项目。随着改制，我公司逐步走向市场，项目由首钢总公司拓展到全国，后又由全国拓展到海外；同时工作任务由原来的单一设计又拓展到项目总承包。为了适应公司的发展，燃气专业也不断发展壮大，专业技术业务不断提升和拓展。

2.3.1　由钢铁企业燃气设计拓展到市政燃气设计

2000 年以前，燃气专业基本上从事钢铁企业燃气设计，很少涉足市政。2000 年由于受市场的影响，设计任务不饱满，当时汽车加气站作为环保项目开始出现，我专业解放思想，抓住机遇，开始进行汽

车加油加气站的设计开发，经过不懈努力，掌握了汽车加油站的设计技术，同时自主开发了汽车加气站地上泵流程，并得到了业内人士的好评。此后我专业承揽了多项加油加气站的设计，填补了我专业设计项目的不足。从此我专业承揽的市镇设计项目逐渐增多，在设计加油加气站的同时，还承揽了一些天然气工程设计、液化石油气工程设计。2009年我公司取得了市镇燃气设计甲级资质，为以后公司取得综合甲级资质奠定了基础。

2.3.2 由简单工艺向大型复杂化工艺发展

1996年以前，燃气专业从事的设计任务大多数是首钢总公司内部旧有系统的修配改，规模较小，工艺比较单一。随着设计院的改制，设计项目逐步扩展到全国和海外，同时随着首秦、迁钢和京唐等综合钢厂的建设，我专业承揽的设计项目规模越来越大，工艺越来越复杂，许多项目都是以前从来没有接触过。面对这些项目，我专业不怕困难，积极学习新技术和新工艺，大胆创新，克服了一个又一个难题，除个别专有技术项目由专业厂家成套外，其余全部由我专业设计，并按时保质保量地完成了设计任务。我专业采用的新技术、新工艺主要包括：高炉煤气干法布袋除尘技术，大型钢铁厂煤气储配站集中布置、自主集成技术、炼钢转炉煤气干式电除尘技术、焦炉煤气变温吸附精制技术、焦炉煤气变压吸附制氢技术、大型橡胶密封干式煤气柜技术、大型稀油密封干式煤气柜技术、煤气混合站技术、液化天然气输配站技术、液化石油气储配站、供应站技术等。通过这些技术，使我专业的整体技术力量增强，发展到可以和国内大型设计院同台竞争的水平。

2.3.3 发展专业自揽项目

在市政燃气行业，燃气专业为主体工艺，在钢铁企业，燃气专业属于配套专业，但其工艺性强、独立性强，特别适合以专业为主自揽，这样便于管理，同时也节约了人力物力。面对市场，燃气专业大胆尝试，从2000年开始承揽项目，首先从煤气管道开始，接着承揽加油加气站，承揽居民小区天然气供应设计，承揽液化气储配站、液化石油气瓶组供应站，承揽煤气柜、煤气储配站等，承揽的项目规模越来越大。燃气专业自揽的设计项目不但填补了公司活源的不足，增加了职工的收入，同时还锻炼了专业技术人员的管理能力和经营能力。

2.3.4 发展专业总承包业务

为了适应时代的发展，增强市场竞争力，公司推行"三化"建设，即专业化、职业化和正规化。

燃气专业积极响应公司号召，从我做起，从现在做起，积极发挥专业优势，开始了尝试EPC总包。万事开头难，由于没有总承包经验，没有总承包业绩，承揽项目非常困难，多次投标，多次失败，我专业从失败中吸取经验后教训。2012年5月，燃气专业成功中标迁钢公司2×50MW燃气蒸汽联合循环发电（CCPP）工程30万m³高炉煤气柜的总包项目，目前该项目正在实施中。该项目的中标，使燃气专业总承包项目有了零的突破，为将来专业的发展创造了条件。

3 技术创新及专利

公司改制以来，燃气专业面对的市场扩大，市场竞争力增强。为适应市场，燃气专业不断进行技术开发，不断进行技术创新，开发了许多科研项目，发明了许多技术专利。主要技术创新亮点如下。

3.1 液化石油气加气站技术

2000年，我专业开发设计了液化石油气汽车加气站地上泵流程，该项技术摒弃了传统的潜液泵流程，具有投资省、运行可靠，检修维护方便等特点，受到用户的赞扬。为我专业进入市镇设计领域奠定了基础。

3.2 高炉煤气余压发电（TRT）技术

2001年，燃气专业开发了高炉煤气干湿两用和全干式串/并联高炉煤气炉顶余压发电技术，这项技术能够帮助客户实现回收高炉余压、降低高炉区域环境噪声、减轻周边社会用电负荷压力、实现环境友好型企业的目标。其主要技术特点如下：

（1）全干式（或干湿两用）高炉煤气炉顶余压发电装置串并联工艺流程优化；

（2）全干式高炉煤气炉顶余压发电装置露天化；

（3）大型设备特征（装机容量最大的、三级静叶全部可调的干式TRT机组）及附属设施紧凑型工艺布置优化技术；

（4）湿式除尘与干式除尘互为备用，拥有湿法除尘技术在干法除尘运行中的关键数据和运行经验；

（5）干/湿法运行的无扰动顶压自动切换技术；

（6）TRT装置在干法除尘运行中的安全技术；

（7）干/湿切换的控制参数优化。

3.3 转炉煤气干法除尘技术

在引进消化转炉煤气干法除尘工艺的基础上，燃气专业开发应用了转炉煤气干法除尘安全技术，

完善了回收工艺控制,实现了高效化转炉煤气回收。其主要技术特点如下:

(1)优化的工艺布置;

(2)高效化的蒸发冷却器工艺;

(3)操作简单的安全冶炼辅助设施;

(4)煤气冷却塔安全水封装置,防止煤气泄漏。

发明的专利技术如下:

(1)脱碳转炉废气处理采用干法除尘工艺电除尘不泄爆的方法(发明);

(2)炼钢全三脱冶炼工艺的烟气净化装置及其方法(发明);

(3)一种释放转炉煤气干法除尘工艺管道内传播压力的装置(实用新型);

(4)转炉煤气干法净化设备的自动抑爆装置(实用新型);

(5)一种用于模拟泄爆阀压力释放性能的实验装置(实用新型);

(6)一种用于泄爆阀弹簧组整机性能的静压试验装置(实用新型);

(7)一种用于脱碳转炉干法除尘蒸发冷却器的卸灰装置(实用新型)。

3.4　大型煤气储配站技术

将钢铁厂燃气设施集中布置在一个区域(简称煤气储配站),实现设备国产化、大型化和集约化的综合管理目标,属国内首创。大型煤气储配站工艺汇集了多项单项新技术,具有工艺流程优化、系统设施配置简约、建设投资少、能耗低、便于管理和安全可靠等特点,主要体现在以下几个方面:

(1)煤气柜安全措施优化技术;

(2)煤气混合站优化技术;

(3)煤气加压站设备大型化和综合负荷调节技术;

(4)焦炉煤气精制技术;

(5)集中管理和调配技术。

3.5　大型干式煤气柜技术

2002 年我专业开始进行干式煤气柜的开发设计,开发设计的第一座干式煤气柜为首钢二炼钢 8 万 m³ 煤气柜。该煤气柜采用橡胶密封,该柜具有结构简单、煤气吞吐量大、建设费用低、运行维护简单等优点,广泛用于转炉煤气回收系统。

2003 年,我专业和土建专业共同开发设计了首秦公司 15 万 m³ 干式煤气柜,该煤气柜采用多边形稀油密封,具有结构较简单、煤气储存压力较高、建设费用较低等特点,广泛用于储存高炉煤气和焦炉煤气。

2007 年度,我专业和土建专业共同开发设计了10 万 m³ 稀油密封干式煤气柜,此项工作经历了半年多的时间,于 2007 年 7 月份全部完成。10 万 m³ 稀油密封干式煤气柜是一种特殊的非标设备,广泛用于钢铁厂储存高炉煤气和焦炉煤气,实用性强,重复率高,为以后项目承揽创造条件。

2010 年,我专业和土建专业共同开发设计了长治 20 万 m³ 干式煤气柜,该种类型的煤气柜采用圆形稀油密封,具有储气压力高、煤气吞吐量大、密封性能可靠、密封装置寿命长和运行费用低等显著技术特征,广泛用于高炉煤气的储存。该煤气柜的开发,填补了燃气专业设计圆形稀油密封煤气柜的空白。在该项目中,开发的专利技术如下:

(1)干式煤气柜调节活塞运动偏差的弹簧导轮装置(实用新型);

(2)一种干式煤气柜约束活塞水平移动防回转装置(实用新型);

(3)一种干式煤气柜顶部预备油箱的供油装置(实用新型);

(4)一种用于干式煤气柜约束活塞运动偏差的固定导轮装置(实用新型)。

2011 年我专业和土建专业联合开发了 30 万 m³ 干式圆形稀油密封煤气柜,我专业负责工艺设备的开发。30 万 m³ 干式圆形稀油密封煤气柜是世界上最大的煤气柜,工艺设备的开发,为我专业总承包迁钢 2×50MW CCPP 工程 30 万 m³ 干式煤气柜创造了条件。

3.6　高炉煤气中的氯化物脱除技术

许多高炉的炉料来自国外,铁矿粉进行了水洗,并且经过了海运,炉料中带入了酸性物质;另外为了增加铁矿粉的品质,往往在铁矿粉中加入氯化铵,致使高炉煤气中含有氯化氢,煤气中的氯化氢溶解到了煤气冷凝水中,导致煤气冷凝水酸性强,Cl⁻含量高,使煤气管道及设备腐蚀严重,有的钢厂煤气管道和设备运行不到半年就发生泄漏。为解决这一难题,我专业结合迁钢 2 号高炉工程,设计开发了高炉煤气氯化氢净化吸收装置,该装置于 2008 年年底投产,现运行良好。2009 年,我专业取得了该项技术的发明专利:一种高炉煤气中氯化物清除装置。目前该项技术已成功应用于京唐 1 号和 2 号高炉,迁钢 1 号、2 号和 3 号高炉等。

3.7　煤气混合站优化技术

传统的煤气混合站大多采用一根调节支路,控制系统采用传统的控制方式,混合后的煤气往往热值波动大，压力不稳定，使煤气用户的燃烧不稳定，直接影响了加热炉的热效率。我专业对传统的混合站设计进行技术改进，改造后的混合站特点如下：

（1）仍采用四蝶阀流量配比调节系统，混合工艺设备采用具备粗调、精调功能，根据用户用量情况，混合的各种介质管道酌情采用大、中、小三个调节支路，使得调节范围增大，精度增加。

（2）混合站控制系统改用 FMA 无模型自适应控制技术，从而不同程度地解决了常规控制系统难以解决的问题，主要包括：压力控制和热值控制的双目标矛盾，热值测量大滞后与闭环调节的矛盾，支管内阀门之间、各支管之间、气源与混气负荷之间多重耦合与回路调节的矛盾，精确调节与阀门非线性的矛盾，煤气种类与比值的矛盾。

（3）混合煤气取样器技术。煤气混合站大多将小管道直接并入大管道，这样煤气混合后很难达到均匀，管道内不同部位，煤气的成分不同。由于热值测量的准确性直接影响煤气混合的精度，为了热值仪测出的煤气热值能反应实际煤气热值，我专业开发了一种混合煤气取样器，能够使取样出来的煤气成分与管道实际煤气成分相同，于 2011 年获得新型实用专利。

4 典型工程业绩

4.1 高炉煤气余压发电（TRT）

我专业完成的高炉煤气余压发电（TRT）业绩共有 30 多项，见表 1。

表 1 主要典型业绩

序号	工 程 名 称	装机容量	实施方式	投产时间	备 注
1	首钢 3 号 2536m³ 高炉 TRT 系统	15000kW	设计	2002.4	冶金科学技术三等奖 北京市科技进步三等奖 北京市优秀工程咨询成果三等奖
2	首钢 1 号 2536m³ 高炉 TRT 系统	15000kW	设计	2002.4	冶金科学技术三等奖 北京市科技进步三等奖 北京市优秀工程咨询成果三等奖
3	首秦 1 号 1200m³ 高炉 TRT 系统	6400kW	设计	2004.10	
4	首秦 2 号 1780m³ 高炉 TRT 系统	12000kW	设计	2005.8	
5	首钢迁钢 1 号 2650m³ 高炉 TRT 系统	15000kW	设计	2006.5	
6	首钢迁钢 2 号 2650 m³ 高炉 TRT 系统	15000kW	设计	2006.7	
7	首钢京唐 1 号 5500m³ 高炉 TRT 系统	36500kW	设计	2007.9	
8	宣钢 10 号 2500m³ 高炉 TRT 系统	15000kW	总承包	2008.3	冶金行业全国优秀工程总承包三等奖
9	首钢京唐 2 号 5500m³ 高炉 TRT 系统	36500kW	设计	2008.5	
10	宣钢 8 号 2000m³ 高炉 TRT 系统	15000kW	总承包	2011.8	

其中首钢 3 号 2536m³ 高炉余压发电系统，在吸取了国内外先进的 TRT 技术基础上，采用 TRT 与减压阀组串联的工艺流程，首创了大型高炉干、湿两用 TRT 技术，以及 TRT 低压启动技术，实现了煤气的全流量回收；采用炉顶压力串级调节，使高炉炉顶压力的控制精度大大提高。该项目自 2003 年 4 月投产，系统运行稳定、可靠，在回收了电能的基础上，大大降低了高炉煤气清洗区域的噪声，创造了可观的经济效益和社会效益。平均发电量 9000~10000kW/h，高炉炉顶压力控制精度 1~2kPa。

4.2 转炉煤气干法除尘

转炉煤气干法除尘属于一项较新的技术，我专业完成的转炉煤气干法除尘主要业绩为首钢迁钢二炼钢厂 210t 转炉（4 号、5 号）干法除尘系统，该项目在引进国外技术的基础上进行优化，确保系统

的高效、可靠运行，如：蒸发冷却塔喷嘴供水改为净水；入口导流板迎气面积方位调整；强化电除尘器入口气流分配板功能；增加电除尘器极线材质及厚度；应用先进的流体密封燃烧器代替国外燃烧器引风技术等。同时，管道设备流程化布置流畅简约，卸输灰系统紧凑流畅。该项目于 2009 年 12 月投产，现系统运行平稳，泄爆率满足安全需要，各项技术指标处于领先水平。

4.3 煤气储配站

我专业完成了煤气储配站约 10 多座，首秦公司煤气储配站、迁钢一期工程煤气储配站、包钢二炼钢煤气储配站、京唐公司煤气储配站、迁钢配套完善煤气储配站、迁钢冷轧公辅煤气储配站、长治钢铁公司煤气储配站、文水海威钢铁公司煤气储配站、迁钢 2×50MWCCPP 工程煤气储配站、青龙满族自

治县大巫岚循环经济工业园燃气储配站等。其中首钢京唐钢铁有限责任公司煤气储配站为钢铁厂最大的储配站，包含7座煤气柜（储存总容积114万 m³）、5座煤气加压站、2座煤气混合站和2套精制装置。该工程2009年建成投产，现运行良好。2011年该项目获全国冶金行业优秀设计一等奖。

4.4 市政燃气工程

首钢国际工程公司拥有市政燃气储配系统设计能力和丰富业绩。设计建设的液化石油气单介质及油气混配加油加气站，约20多座。完成的液化石油气储配站及汽化站15座，城镇天然气输配系统设计约30多项。其中孟加拉液化石油储配站规模最大，单罐容积1000m³，总容积6000m³，为孟加拉国最大的液化石油气储配站。

4.5 大型煤气柜

我专业设计的干式煤气柜主要包括以下三类：

（1）干式橡胶密封煤气柜完成18座，容积为15万 m³、8万 m³、5万 m³和2万 m³。该种煤气柜采用橡胶密封，该柜具有结构简单、煤气吞吐量大、建设费用低、运行维护简单等优点，广泛用于转炉煤气回收系统。

（2）多边形稀油密封煤气柜完成16座，容积为20万 m³、15万 m³、5万 m³和3万 m³，该种煤气柜具有结构比较简单、煤气储存压力较高、建设费用较低等特点，广泛用于储存高炉煤气和焦炉煤气。

（3）我专业设计的圆形稀油密封煤气柜共2座，该种类型的煤气柜具有储气压力高、煤气吞吐量大、密封性能可靠、密封装置寿命长和运行费用低等显著技术特征，广泛用于高炉煤气的储存。其中长治20万 m³干式煤气柜是我专业设计的第一座圆形稀油密封柜，该项目自投产以来，运行情况良好，煤气柜活塞运行平稳，活塞油沟密封机构密封性能良好，煤气柜柜体结构及附件的气密性良好，实现了高炉煤气系统安全稳定运行。该项目对首钢长钢有效利用二次能源、保护环境，平衡全厂煤气管网压力具有重要意义。目前我专业已完成了第二座干式圆形稀油密封煤气柜（迁钢2×50MW CCPP 工程30万 m³煤气柜），该工程为我室的总包工程，目前正在实施中。

部分煤气柜业绩见表2。

表2 部分煤气柜业绩

序号	用户名称	气柜容积/m³	气柜类型	介质	投产年份	服务方式
1	首秦公司	80000	布帘密封干式柜	转炉煤气	2000	设计
		150000	多边形稀油密封干式柜	高炉煤气	2000	
2	包钢二炼钢	80000	布帘密封干式柜	转炉煤气	2000	设计
3	首钢新钢公司	80000	布帘密封干式柜	转炉煤气	2001	设计
4	首钢迁钢公司	150000	多边形稀油密封干式柜	高炉煤气	2001	设计
		80000	布帘密封干式柜	转炉煤气	2001	
		150000	多边形稀油密封干式柜	焦炉煤气	2002	
		80000	布帘密封干式柜	转炉煤气	2002	
5	四川德胜钢铁公司	20000	布帘密封干式柜	转炉煤气	2002	设计
6	江西南昌钢铁公司	50000	布帘密封干式柜	转炉煤气	2006	设计
7	山东富伦钢铁公司	150000	多边形稀油密封干式柜	高炉煤气	2006	设计
8	首钢京唐钢铁公司	150000	多边形稀油密封干式柜	焦炉煤气	2006	设计
		2×80000	布帘密封干式柜	转炉煤气	2006	
		80000	布帘密封干式柜	转炉煤气	2007	
9	山东张店钢铁公司	150000	多边形稀油密封干式柜	高炉煤气	2009	设计
10	江苏淮阴钢铁公司	50000	多边形稀油密封干式柜	高炉煤气	2002	设计
		50000	布帘密封干式柜	转炉煤气	2010	
11	江西景德镇开门子陶瓷化工集团公司	100000	多边形稀油密封干式柜	焦炉煤气	2010	设计
12	首钢长治钢铁公司	200000	圆形稀油密封干式柜	高炉煤气	2010	设计 中国钢结构金奖
13	江苏申特钢铁公司	150000	布帘密封干式柜	转炉煤气	2010	设计
14	中普（邯郸）钢铁公司	50000	多边形稀油密封干式柜	焦炉煤气	2011	设计
15	山西文水海威钢铁公司	80000	布帘密封干式柜	转炉煤气	2011	设计

续表2

序号	用 户 名 称	气柜容积/m³	气 柜 类 型	介 质	投产年份	服务方式
16	安徽芜湖新型铸管公司	200000	多边形稀油密封干式柜	高炉煤气	2012	设计
17	青龙满族自治县大巫岚循环经济工业园	50000	布帘密封干式柜	转炉煤气	2013	设计
		50000	多边形稀油密封干式柜	高炉煤气	2013	设计

5 燃气专业技术发展及目标

5.1 发展高压稀油密封煤气柜

目前我公司设计的圆形稀油煤气柜规格仅两种，30万 m³ 和 20万 m³，储存压力最高可以达到12kPa，远远不能满足市场的需求，需开发各种规格的煤气柜，且提高煤气柜储存压力，最高达到15kPa。

目标：在五年内和土建专业共同开发出各种典型规格的高压圆形稀油煤气柜。

5.2 开发液化天然气储运、汽化和加气技术

目前城市燃气已向天然气转化，而液化天然气具有很强的灵活性和经济性，可以为没有管道天然气或天然气不足的地区供气，具有很强的市场潜力。

目标：三年内掌握液化天然气储运、汽化和加气设计技术，开发边远地区市场，并达到一定的市场份额。

5.3 发展以专有技术为核心的总承包项目

目前我专业已开始进行专业总承包，承包了迁钢 30万 m³ 稀油密封煤气柜，霍邱炼钢转炉煤气干法除尘。下一步要进一步拓展，尝试承包橡胶密封煤气柜、煤气加压混合站、焦炉煤气精制项目。

目标：在三年内至少承包橡胶密封煤气柜、煤气加压混合站、焦炉煤气精制项目各一项。

6 结语

近年来，我专业完成了许多的工程设计项目，完成了一些科研项目的研究，取得了很好的成绩。这些成绩使得专业技术水平有了很大的提高，但是，和同行业部分设计院相比，仍存在很大的差距。以后燃气专业还需进一步努力，提升燃气专业的综合实力和整体技术水平，开发燃气专业的专有技术，提升市场竞争力，争取更大的发展。

首钢国际工程公司氧气专业技术历史回顾、现状与展望

何 为

（北京首钢国际工程技术有限公司，北京 100043）

摘 要：本文介绍了北京首钢国际工程技术有限公司氧气专业在制氧工程方面的发展历程和其独特的专业优势，分析总结了首钢氧气厂、迁钢氧气厂、京唐氧气厂、越南煤头空分单元等工程的设计创新，并对未来发展提出展望。

关键词：冶金；制氧；空分；三维

1 引言

随着国内经济的高速发展，冶金、石油、化工和航天等工业领域配套的中大型空分设备得到迅速的发展和广泛的应用。北京首钢国际工程技术有限公司氧气专业一直致力于氧气厂新建及改扩建工程设计领域，多年来在引进国际先进空分设备技术及国产技术的自主创新方面有着丰富的实践经验和技术优势。

制氧工程，也称为空分工程，简单地说，就是用来把空气中的各组分气体分离，生产氧气、氮气和氩气（还有稀有气体氦、氖、氪、氙、氡等）的工程。

2 氧气专业发展历程和主要业绩

首钢国际工程公司氧气专业设计的制氧工程迄今为止涵盖容量从 3200m³/h 到 75000m³/h，包括外压缩机组、内压缩机组、变负荷工艺等不同类型的制氧工程。

20 世纪 60 年代，首钢国际工程公司设计了首钢氧气厂 6000m³/h 制氧工程，该项目建有我国冶金行业第一套日本 6000m³/h 制氧机组和第一批国产 6000m³/h 制氧机组。

20 世纪 70 年代，设计了首钢氧气厂 2×6500m³/h 制氧工程，该项目建有我国冶金行业第一批引进的法国 6500m³/h 制氧机组。

20 世纪 80 年代，设计了首钢氧气厂 30000m³/h 制氧工程，该项目引进林德工程 30000m³/h 制氧机组，是我国冶金行业第一套氧氮氩及稀有气体全提取的大型分子筛流程的制氧机组，成为国内空分行业大型制氧机的样机。该项目荣获国家优秀设计铜质奖、北京市科技进步一等奖、北京市优秀设计一等奖等诸多奖项。

近年来，设计了多套具有国际先进水平的制氧机组，包括首钢氧气厂 35000m³/h 快速变负荷机组、首钢京唐 2×75000m³/h 制氧机组、越南蒸汽透平空压机制氧机组等，荣获多项优秀设计奖。

首钢国际工程公司制氧工程主要业绩见表 1。

表 1 主要业绩

序号	工程名称	流程形式	氧气产量	投产时间
1	首钢氧气厂 30000m³/h 制氧工程	氧、氮、氩及氦、氙、氖、氡全提取工艺，外压缩	30000m³/h	1988 年
2	首钢氧气厂 2×3350m³/h 空分挖潜改造工程	外压缩	单套机组 3350m³/h	1992 年
3	首钢氧气厂 2×16000m³/h 制氧工程	外压缩	单套机组 16000m³/h	1992 年
4	首钢小王庄 2×16000m³/h 制氧工程	外压缩	单套机组 16000m³/h	1997 年
5	越南太钢 3200m³/h 制氧工程	外压缩	3200m³/h	2000 年
6	首秦 2×12000m³/h 制氧工程	外压缩	单套机组 12000m³/h	2003 年

续表1

序号	工程名称	流程形式	氧气产量	投产时间
7	首钢迁钢氧气厂 23000m³/h 制氧工程（1号制氧机）	氧、氮、氩内压缩	23000m³/h	2004 年
8	首钢氧气厂 35000m³/h 制氧工程	氧、氮、氩及粗制氪、氙、氖、氦全提取，带快速变负荷工艺，氧气内压缩	35000m³/h	2005 年
9	首钢迁钢氧气厂 35000m³/h 制氧工程（2号制氧机）	氧气内压缩	35000m³/h	2006 年
10	首钢迁钢氧气厂 2×35000m³/h 制氧工程（3号、4号制氧机）	氧气内压缩	单套机组 35000m³/h	2009 年
11	首钢京唐 2×75000m³/h 制氧工程	氧、氮、氩及粗制氪、氙、氖、氦全提取，带 VAROX 工艺，氧气内压缩	单套机组 75000m³/h	2009 年
12	越南（煤头）化肥项目 35000m³/h 制氧工程	蒸汽透平空压机，氧气内压缩	35000m³/h	2011 年
13	首钢迁钢氧气厂 35000m³/h 制氧工程（5号制氧机）	氧气内压缩	35000m³/h	2011 年

3 空分工艺流程

空分技术经过 100 余年的不断发展，现在已步入大型全低压流程的阶段，能耗不断降低。大型全低压空分装置整个流程由空气压缩、空气预冷、空气净化、空气分离、产品输送所组成（图1），其特点是：

（1）采用高效的两级精馏制取高纯度的氧气和氮气。

（2）采用增压透平膨胀机，利用气体膨胀的输出功直接带动增压风机以节省能耗，提高制冷量。

（3）热交换器采用高效的铝板翅式换热器，使结构紧凑，传热效率高。

（4）采用分子筛净化空气，具有流程简单、操作简便、运行稳定、安全可靠等优点，大大延长装置的连续运转周期。

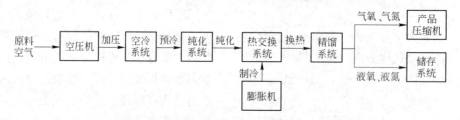

图 1　空分系统流程简图

以下以通钢 35000m³/h 制氧为例简要说明空分内压缩工艺的流程。

原料空气经空气过滤器（F01）除去空气中的灰尘和其他机械杂质后进入空气压缩机（C01）压缩至 0.56 MPa（A），进入空压机末端冷却器（C01E），用常温水加以冷却后，再通过空气冷却塔（E07）中的低温水进行冷却后温度达到 16℃。再到分子筛吸附器（R01/R02），去除空气中的 CO_2、H_2O 及大量有害物质如 SO_2、SO_3、NH_3 以及部分 C、H 化合物。

空气冷却塔所用的低温水是通过水冷塔（E60）及冷冻机（X60）冷却后水温为 14℃。

两台分子筛吸附器（R01/R02）交替使用，当一只在运行时，另一只进行再生。再生气是来自冷箱的污氮气。常规再生时，污氮气在电加热器（E08）中加热至约 150℃后送到应再生的分子筛吸附器。

必要时可用特殊再生电加热器（E09）将再生气加热至 290℃进行特殊再生。

净化后的空气，一部分进入冷箱，首先在主换热器（E01）中与产品进行热交换，冷却至接近于露点。这股气流进入中压塔（K01）底部进行分离。净化后的另一部分空气进入空气增压机（C02）。

在空气增压机（C02）中，其中一部分再压缩至约 1.9 MPa（A）抽出送入透平增压机（D01C）压缩至 2.8 MPa（A）后进入冷箱，送入主换热器（E01）中冷却至 −101℃后经透平膨胀机（D01）膨胀后压力达到 0.56 MPa（A）进入中压塔（K01）。其中另一部分在空气增压机（C02）中继续压缩至 5.5 MPa（A），进入冷箱在主换热器（E01）中冷却至液化，经液体膨胀机（D02）减压至 0.7 MPa（A）进入中压塔（K01）。这股高压空气液化是回收了高压液氧汽化的冷量。进入中压塔（K01）的空气在中压塔中进行初步分离，中压塔（K01）在顶部取出的中压氮气产品经主换热器复热后送入氮压机（C50）压缩后送入氮气管网。

来自中压塔（K01）的纯氮回流液、低纯氮回流液、富氧液空和液体空气在过冷器（E03）中过冷后，送入低压塔（K02）和纯氮塔（K03），继续进行精馏。

从低压塔（K02）的底部抽出的液氧经过冷器（E03）后送入储存系统。产品送出时再将液氧储存系统的液氧排出经液氧泵 P41A/B 增压到 3.1MPa（A）后送入主换热器（E01），在其中被汽化并复热至大气温度后送入氧气管网。

低压塔（K02）的中间位置取出氩馏分，顶部取出再生和冷却用的污氮。

纯氮塔（K03）顶部取出纯气氮和液氮产品。气氮产品经过冷器（E03）过冷来自中压塔的液体，然后再经主换热器复热至大气温度进氮压机（C50）增压至 1.1 MPa（A）后送入低压氮气管网。

液氮产品送入液氮储槽。

氩的精馏和提取：送低压塔（K02）中间位置抽出的氩馏分被送入粗氩塔（K10）中，在粗氩塔中去除氧成分。除氧后的粗液氩再送入精氩塔（K11）除去氮成分，纯度合格的液氩产品送入液氩储槽。气氩产品是通过把液氩储槽中的液氩经液氩泵（P31A/B）增压至 2.6MPa（A）后送回冷箱，在主换热器（E01）汽化并复热后送入管网。

4 氧气专业制氧工程设计理念和方法的创新

4.1 传统的二维设计

以首钢氧气厂 30000m³/h 制氧工程、迁钢氧气厂 35000m³/h 制氧工程等为代表的空分设计，是首钢国际工程公司氧气专业空分设计的经典。设计以二维理念设计，包括平面图、断面图、详图等，整套空分单元工艺流程先进，设计周期短，布局合理，图纸清晰。除了特殊设备采用进口，大力发展国产先进设备的应用，为工程节省投资。该工程在国内荣获多项设计优秀奖。

4.2 三维工厂设计的探索

首钢国际工程公司氧气专业一直在探索新型设计理念，自 2005 年底开始，动力室即在公司信息网络部的组织下参加了与多家软件公司三维设计软件的应用技术交流及培训，针对制氧工程的设计需要，开展大量工作，包括数据库的开发、传统设计理念

的革新、团队合作模式的探索等，在此基础上，2006年 5 月以首钢氧气厂及迁钢氧气分厂制氧站为课题，应用三维工厂设计软件完成了初步的建模测试。

图 2　首钢氧气厂 35000m³/h 制氧机组三维效果

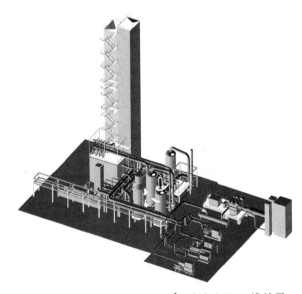

图 3　迁钢氧气分厂 35000m³/h 制氧机组三维效果

京唐钢铁公司制氧工程的工厂设计中，氧气专业首次应用 Bentley 的 PSDS 工厂设计软件与二维设计同步开展三维工厂设计，根据林德工程公司专业设计标准、国内相关的技术规范要求，采取建库与设计同时进行的方式完善数据库 40000 余条，建立了 6 个管道等级以及全系列管道直径的数据库，独立完成非标设备建模 30 余台，并对林德公司提供的三维参考模型进行转化改进设计。2×75000m³/h 制氧工程厂区的三维工厂设计包括氧氮氩气体输配系统、制氧各工艺系统和土建建筑、结构以及厂区电缆布置。在压缩机厂房内设备管道连接、分子筛纯

化系统、空气预冷系统、冷箱外工艺管道系统、放散防护系统的设计中，三维设计软件的应用极大地提高了施工图设计的深度和准确性；对于厂区综合管网的三维设计，氧气专业根据土建专业的二维设计完成三维建模设计，通过工艺管道设计反复修改、调整管道布置及管道支吊架位置，有效地解决了与土建结构的碰撞问题。

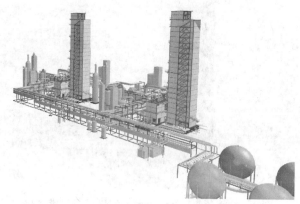

图4　首钢京唐氧气厂2×75000m³/h制氧机组三维效果图

4.3　三维工厂设计的真正应用

越南（煤头）化肥项目35000m³/h制氧工程是我公司承揽的海外项目中首次使用三维设计，而且是首次实现由3D工厂模型→碰撞检查→2D平面图→ISO图→材料报表的全过程，这是对我公司三维设计水平的一次全面考验，在冶金系统也是第一次全过程实施三维设计和管理在设计、施工工程中的应用，是氧气专业真正采用全三维设计模式的一次突破。

图5为北京首钢国际工程技术有限公司氧气专业设计的越南化肥空分单元工厂三维模型，图6为实际建成的工厂照片。从图5、图6中可以看出建

图5　越南煤头空分单元三维效果

图6　越南煤头空分单元现场实景

成的工厂与预知的工厂两者高度统一。

工厂三维设计使原本在平面图纸上布置工厂的设备和设施，改为在一个虚拟的三维空间中"建造"工厂。施工图、材料表等都是由计算机自动抽取所得，减少了设计失误，提高了材料统计精确度，更好地控制材料成本。

5　未来的展望

北京首钢国际工程技术有限公司是一家拥有工程设计综合甲级资质的企业，氧气专业作为首钢国际工程公司的一个公辅专业，不断朝着"专业化、正规化、职业化"奋斗，在不断强化自身的同时，更好地为工艺专业服务，提高公司整体实力。

在专业下一步技术发展中，氧气专业将在以下几方面继续努力：

（1）专业技术应用创新与发展。深入开展"三化"建设，在专业技术方面，不断深化新型可靠技术，努力创新，使专业长期稳定发展壮大。

（2）降低专业能耗等方面的技术进步。坚持国家"十二五"规划，在节能减排等方面不断努力。

（3）扩大专业技术应用领域。坚持以冶金行业为主，积极参与化工、电力等行业的项目，坚持公司"走出去"的发展战略，进一步实现专业新突破。

今后的工作中，在做好原有设计项目的基础上，努力发展三维工厂设计，使设计更加精细化、优质化，也要努力实现专业的EPC总包，让专业内的每个成员成为公司复合型的综合人才，为我们公司更加强大做出贡献。

参考文献

[1] 毛绍融, 朱朔元, 周智勇. 现代空分设备技术与操作原理[M]. 杭州: 杭州出版社, 2005.

首钢国际工程公司能源环保专业技术
历史回顾、现状与展望

张春琍

（北京首钢国际工程技术有限公司，北京 100043）

摘　要：本文系统分析了首钢国际工程公司能源环保专业技术的历史发展和现状，重点介绍了能源环保专业40年来获得的专利、专有技术、科技成果、工程业绩等，并提出了能源环保专业技术未来的发展方向。

关键词：能源环保专业；历史回顾；展望

1　能源环保专业历史回顾

中国环境工程学科是在 20 世纪 70 年代中后期才迅速发展起来的，其标志是 1977 年清华大学在原有给水排水专业的基础上成立了我国第一个环境工程专业。这也标志着我国的环境工程专业开始了自己的发展历程。截至 2000 年年初，中国大约有 140 多所大学成立了环境工程专业。

我公司的环境保护专业始建于 20 世纪 80 年代初期，共经历了三个阶段。

1.1　第一阶段（1982～1996 年）

1973 年 8 月在北京召开了第一次全国环境保护会议，标志着中国环境保护事业的开始。提出了"全面规划、合理布局，综合利用、化害为利，依靠群众、大家动手，保护环境、造福人民"的 32 字环境保护方针，要求防止环境污染的设施，必须实施与主体工程同时设计、同时施工、同时投产的"三同时"原则。

《中华人民共和国环境保护法（试行）》由中华人民共和国第五届全国人民代表大会常务委员会第十一次会议于 1979 年 9 月 13 日原则通过。要求一切企业、事业单位的选址、设计、建设和生产，都必须充分注意防止对环境的污染和破坏。在进行新建、改建和扩建工程时，必须提出对环境影响的报告书，经环境保护部门和其他有关部门审查批准后才能进行设计；其中防止污染和其他公害的设施，必须与主体工程同时设计、同时施工、同时投产；各项有害物质的排放必须遵守国家规定的标准。

1987 年 3 月 20 日实施的《建设项目环境保护设计规定的》的第二章中明确要求：在可行性研究报告书中应有环境保护的专门论述，初步设计阶段建设项目的初步设计必须有环境保护篇章。

20 世纪 80 年代初的首钢设计院是没有环保专业设置的，为了适应国家是相关要求，单位决定从与环保专业相关的给排水专业抽出一名近 50 岁的有经验的老同志与北京工业大学新分配的两名环保专业的大学毕业生一起，新组建了环保专业。主要负责高阶段的环保设计工作。截止到 1988 年，环保组陆续分配来 8 名学环保的大学生，其中还有一位北京大学的研究生。可见当初的单位领导曾经想把环保专业队伍搞得很壮大。

由于当时是实际情况及种种原因，当初雄心勃勃的学生有的转了行，有的干脆辞职离开了。他们都觉得在设计院从事环保设计工作不受重视、没前途。

1.2　第二阶段（1996～公司改制前）

1996 年 7 月在北京召开了第四次全国环境保护会议。这次会议对于部署落实跨世纪的环境保护目标和任务，实施可持续发展战略，具有十分重要的意义。

在此期间，国家出台了一系列环保标准和政策，世界已进入可持续发展时代，环境原则已成为经济活动中的重要原则。主要有商品（各类产品）必须达到国际规定的环境指标的国际贸易中的环境原则；要求经济增长方式由粗放型向集约型转变，推行控制工业污染的清洁生产，实现生态可持续工业生产的工业生产发展的环境原则；实行整个经济决策的过程中都要考虑生态要求的经济决策中的环境原则。1998 年 11 月，国务院第 10 次常务会议通过了《建设项目环境保护管理条例》，并予发布实施，该条例对环境影响评价的分类、适用范围、程序、环境影响报告书的内容以及相应的法律责任等都做了明确规定。随着环境影响评价工作的快速发展，对环保专业的要求也越来越高。他们需要按照环评的要求编制项目可研报告，并将批复的环评报告的内容纳入到初步设计中，以指导各专业进行施工图设计，并协助业主通过环保验收。

随着环保专业工作逐步走向正轨，安全，消防和能源工作也提到日程。首钢设计院陆续增加了能源、安全和消防专业，和环保专业组合在一起。除安全专业外，能源和消防专业的人员也基本上是从环保专业调剂过来的。有趣的是，每次设计院机构改革，环保组都会从一个部门，归到另一个部门。

有一点是有目共睹的，环保等专业越来越重要了，越来越被重视了。特别是首钢京唐钢铁厂的设计，让环保等专业的员工尝到了被重视的滋味。每天跟各总师一起开会研究方案，还经常跟院领导一起加班准备汇报材料。节能、环保、循环经济已经成为总师及院领导汇报项目时不可少的字眼。

1.3 第三阶段（公司改制以后）

公司改制以后，在专家的建议下，环保等专业正式划归了动力室。至此，环保等专业的设计及管理工作全面走上正轨。

改制后的五年，他们每年都有平均近百余项的设计项目。由于能源、环保、安全、消防这四个专业的专业性质接近，都只做高阶段设计，所以这四个专业的人员是捆绑在一起的。近几年，除环保专业以外，安全、消防、能源专业的设计任务也日趋繁重。为了节约人力成本，主管领导对环保消防等四个专业的6名设计人员提出了"一专多能"的要求，他们在完成自己专业任务的闲暇之余，还要帮助其他专业的人员（出差或工作量集中时）完成相关设计任务。

2 能源环保专业发展目标

2.1 能源评估

2010年，国家发改委出台了《固定资产投资项目节能评估和审查暂行办法》。《能评办法》明确，新上项目必须进行节能评估。节能评估是由第三方机构根据节能法规、标准，对新上项目的能源利用是否科学合理进行分析评估。

在五年内利用动力室的专业优势，力争与首钢公司内部或外部相关部门合作，组建能源管理公司，

承接首钢内部或外部新建项目的能源评价工作。

2.2 安全专篇的编制

根据《冶金企业安全生产监督管理规定》的要求，建设项目进行初步设计时，应当选择具有相应资质是设计单位按照规定编制安全设施专篇。安全设施专篇的内容很多，包括八大章共几十条的内容。安全设施分布建设项目的总图、工艺、设备、建筑、结构、电气、自控、消防、暖风、燃气、氧气、热力、给排水、概算等各专业的设计内容中。安全专篇的完成要经过编制、审查、答辩、修改、审定等多项程序，需要做大量的工作。

在三年内将安全专篇的编制工作程序化。由安全专业设计人员牵头，按照安全专篇的编制要求针对不同专业设计相关表格和问题，专业人员在初步设计完成后的闲暇时间将表格和问题完成并提交给安全专业。安全专业设计人员最终按照国家要求将资料进行汇总、加工，高效完成安全专篇的编制工作。避免由于人员紧缺、项目扎堆等因素造成的安全专篇编制任务过于集中的问题。

2.3 消防专业展望

消防专业作为消防工作的技术归口单位，应对工程消防设计起到指导作用。积极关注国内外消防技术的发展趋势。

我公司配合清华消防所编写的河北省地标《储罐式固定管网氮气灭火系统设计、安装及验收规范》已颁布。近两年争取继续与清华消防所合作，大力推广氮气灭火系统在工程项目中的应用。

3 结语

由于国家对节能环保的重视，目前每个项目的高阶段（规划、可行性研究、初步设计、投标）都必须编制能源、环保、安全、消防等四篇。每个实施项目投产前都必须编制安全设施设计专篇、职业卫生专篇、消防报审文件、能源专项报告等工作。经常是总师将各专业文稿汇总后就给设计人员一天甚至半天的时间就得完成相关的高阶段的能源篇、环保篇、安全篇、消防篇的编制任务。独特的工作性质练就了他们麻利的性格，每天基本都有要交的工程项目，上班时必须全神贯注，除了高效工作，身为环保消防等专业设计人员还要善于学习，定期参加相关培训，网上查询并学习最新的产业政策和标准等。他们个个成为总师的得力助手，每个工程都有他们辛勤劳动的成果。他们成了首钢国际最忙碌的员工之一，成了专业总师、业主离不开的人。

➤ **给排水技术**

首钢京唐钢铁联合有限责任公司海水淡化工程
主体工艺选择及设计

张岩岗　　寇彦德

（北京首钢国际工程技术有限公司，北京　100043）

摘　要：首钢京唐钢铁联合有限责任公司钢铁厂位于地下水和地表水均比较缺乏的华北临海地区，开发利用海水资源势在必行。本文介绍了海水淡化主体工艺的几种原理、方式和目前应用情况，并根据曹妃甸海水水质、水温的特点和用户对成品水的水质要求，结合钢铁厂蒸汽及发电规划、人员操作水平、自动化控制水平、维护检修方式等，对海水淡化的几种工艺进行了比较和分析。重点对适合钢铁厂的低温多效的工艺配置及性能指标进行了论述。另外，文中还就低温多效的一些难点技术，如材质的选择、腐蚀、结垢、微生物繁殖的防止、不可凝结气体的排放等问题提出了自己的观点，对浓盐水的综合利用提出了建议，对沿海地区同类工程的建设有一定借鉴意义。

关键词：海水淡化工程；工艺选择；低温多效

Selection and Design of Main Process for Seawater Desalination Project for Shougang Jingtang United Iron and Steel Co., Ltd.

Zhang Yangang　　Kou Yande

（Beijing Shougang International Engineering Technology Co., Ltd., Beijing 100043）

Abstract：It describes several principles, methods and applications at present for main seawater desalination process and compares and analyzes technologies of seawater desalination in accordance with the features of quality and temperature of seawater in Caofeidian and quality requirements on product water from customer in the light of steam and electric power generation plan, operating level of personnel, automatic control level, maintenance & repair methods and so on in the iron and steel plant in this paper. The emphasis of this paper is on the discussion of low-temperature and multi-effects process configuration and performance indexes suitable for the iron and steel plant, moreover, it also puts forwards own points of view on some difficult techniques of low-temperature and multi-effects, such as selection of material, corrosion, scaling, prevention of microorganism propagation, incoagulable gases exhaust, etc. and suggestions on comprehensive utilization of brine, which can be used for reference regarding to construction of similar projects in coastal areas.

Key words：seawater desalination project; selection of process; low-temperature and multi-effects

1　引言

2005 年 2 月 18 日国家发展和改革委员会下发"关于首钢实施搬迁、结构调整和环境治理方案的批复"，要求首钢按照循环经济的理念，结合唐山地区钢铁工业调整，在河北省曹妃甸地区建设一个具有国际先进水平的钢铁联合企业。新建钢铁厂一期建设规模为年产钢 970 万吨。

由于新建首钢京唐钢铁联合有限责任公司钢铁厂位于地下水和地表水均比较缺乏的华北地区，而钢铁企业又是用水大户，因此，新建钢铁厂开发利用非传统水资源势在必行。国家发展和改革委员会、科学技术部、商务部、国家知识产权局联合公布的《当前优先发展的高技术产业化重点领域指南》中指出："海水利用为先进环保和资源综合利用领域的优先发展技术"，另外，我国《水法》第二十四条第一款规定："在水资源短缺的地区，国家鼓励对雨水和微咸水的收集、开发、利用和对海水的利用、淡化"。[1]因此，根据曹妃甸地区的地理位置和气候特征，新建钢铁厂开发利用海水资源、建设海水淡化工程符合国家节能减排、循环经济的产业政策，是解决淡水资源紧张局面的有效途径。

按照设计构想，整个钢铁厂各工序所用软化水及除盐水将全部通过海水淡化方式解决（为使系统简化，设计取消了钢铁厂的软水制备系统），根据钢铁厂各工序用除盐水量及全厂水平衡，初步确定海水淡化工程一期规模为 50000m³/d，一期共分两步进行建设，每步建设规模为 25000m³/d，随着生产的发展，规模可进一步扩大。鉴于产品水用户中冷轧工序的用水指标为电导率小于 10μS/cm（25℃），约占总用水量的 25%。另外，自备电站、干熄焦余热锅炉发电、换热站等工序的需水指标要求也较高，综合以上因素，确定海水淡化产品水出水指标为：电导率小于 10μS/cm（25℃）。

2 主要设计条件

2.1 海水水质及水温（表1、表2）

表1 曹妃甸海洋环境监测水质指标

序号	监测项目	海水水质指标		
		最大值	最小值	统计平均值
1	水温/℃	30.9	-2.4	12.6
2	pH 值	8.27	7.62	8.12
3	盐度/‰	32.494	31.354	31.811
4	DO/mg·L⁻¹	8.42	6.98	7.67
5	COD_{Mn}/mg·L⁻¹	2.40	0.80	1.29
6	磷酸盐/μg·L⁻¹	17.8	2.65	6.86
7	亚硝酸盐–氮/μg·L⁻¹	18.0	0.67	9.92
8	硝酸盐–氮/μg·L⁻¹	164	5.61	90.55
9	氨–氮/μg·L⁻¹	30.4	9.50	18.84
10	悬浮物/mg·L⁻¹	339	2.4	63.1
11	油类/μg·L⁻¹	12.9	4.72	8.43
12	汞/μg·L⁻¹	0.244	0.011	0.056
13	叶绿素–a/μg·L⁻¹	6.38	1.12	2.84
14	浊度 NTU	150	27	53.2
15	SO_4^{2-}/mg·L⁻¹	1950	730	1430
16	CO_3^{2-}/mg·L⁻¹	12	3	6.9
17	HCO_3^-/mg·L⁻¹	158.6	97.6	147
18	Cl^-/mg·L⁻¹	21799	14533	18166
19	Ca^{2+}/mg·L⁻¹	525.2	364.3	412
20	Mg^{2+}/mg·L⁻¹	625.7	552.8	599.2
21	K^+/mg·L⁻¹	—	—	389.5
22	Na^+/mg·L⁻¹	—	—	10665
23	总 Fe/μg·L⁻¹	—	—	2
24	SiO_2/mg·L⁻¹	—	—	0.92

表2 曹妃甸海洋水温特征值 （℃）

月份	1	2	3	4	5	6	7	8	9	10	11	12	全年
最高	1.0	2.5	9.3	17.0	23.1	26.4	30.4	30.9	28.3	22.2	15.3	9.0	30.9
最低	-2.4	-2.0	-1.7	2.7	9.3	16.0	20.2	21.9	17.5	10.8	1.8	-1.9	-2.4
平均	-1.0	-1.0	2.8	9.6	16.2	21.9	25.5	27.0	22.9	16.4	9.0	2.1	12.6

2.2 能源条件

海水淡化主体工艺过程的能源消耗主要为蒸汽和电。若选用膜法海水淡化工艺，则其能源消耗主要为电，每立方米成品水用电量约为：6kW·h；若选用热法海水淡化工艺，则其能源消耗主要为蒸汽及电，其每立方米成品水用蒸汽量约为：0.1t，每立方米成品水用电量约为：1.2kW·h。

电主要来源于新建钢铁厂的 2×300MW 自备电站及厂外电网，电压等级为 10kV 及 380V；蒸汽主要来源于 2×300MW 自备电站汽轮机低压抽汽以及钢铁厂区低压蒸汽管网（压力约为绝压 0.4~0.9MPa），温度约为 250℃。另外，钢铁厂拟建设 2 座 35t 启动锅炉，透平发电后可提供约 70t/h 的低压排汽（温度

约为 70℃，绝压 0.03MPa）；钢铁厂季节不平衡时放散的乏汽也可作为热法海水淡化工艺的动力蒸汽。

3 海水淡化技术现状及工艺比选

3.1 技术现状

海水淡化是海水综合利用中的重要设施，当今，通过海水淡化工艺生产大量高质量产品水在技术和经济上是可行的。目前，海水淡化技术主要有两个发展方向，即热法和膜法。

3.1.1 热法

热法主要有：多级闪蒸（MSF）、低温多效（LT-MED）两种技术。其中，多级闪蒸（MSF）的运行温度、造水比和级数分别在 120℃、10 以上和 40 级，

多级闪蒸除了消耗一定的加热蒸汽外，还要耗电能 $4\sim5kW\cdot h/m^3$ 用于海水的循环和流体的输送；低温多效（LT-MED）是在多效（MED）的基础上发展起来的，运行温度、造水比和效数分别在 70℃以下、10 左右和 7 效，低温多效除了要消耗加热蒸汽外，还要耗电能约 $1.2kW\cdot h/m^3$ 用于海水及成品水的输送。

多级闪蒸（MSF）工艺应用了蒸馏法的基本原理，它使海水在一系列的级中循环，级内的压力不断降低。在海水通过每一级时，它不断地释放出一定量的水蒸气，以达到不同压力条件下的汽水平衡。最初一级的水温大约为 110℃左右，在最后一级则可以降至 40℃。在每一级的上部装置有一些管束，释放出的水蒸气在遇到这些管束时，在其中流动的经过预处理的冷海水的作用下发生冷凝而变成蒸馏水。

热法低温多效工艺（LT-MED）是基于入料海水的部分蒸发，蒸汽冷凝形成了纯净的产品水，非挥发性的溶解物留存在废的浓盐水中。低温多效通过重复的蒸发和冷凝，每一效渐次降低的温度、压力，从给定量的低等级的输入蒸汽源生产大量的蒸馏水。进入的海水经过冷凝器换热后分成两股水流，作为冷却水的一部分返回大海，另一部分则作为蒸馏工艺的入料海水。入料海水经过阻垢剂处理后进入热回收效罐中的最低温度的效组。海水由配置的喷嘴系统在每一效段内的热传导管上非常均匀地喷淋分配，海水水流呈薄膜状态从上到下地流淌在每一组管排上，由于吸收从管内蒸汽冷凝所释放的潜热，部分海水汽化，喷淋和蒸发程序在效间重复进行。冷却后的产品水最后经产品排放泵送至产品水系统中。[2]

另外，低温多效和发电厂结合，水电联产可以从绝压 0.3~0.4ata 的任何地方抽汽造水，与抽取 4~9ata 背压蒸汽的高温蒸馏系统相比，低温多效海水淡化装置允许蒸汽在透平机中进一步膨胀做功，减少发电损失，提高发电机组效率。如果能提供压力为 4~9ata 的蒸汽，可增设 TVC 装置，利用高压蒸汽将淡化装置的低压蒸汽压缩得到更多的加热蒸汽，以提高淡化装置的造水比。

3.1.2 膜法

膜法主要是指反渗透（RO）技术，它利用半透膜在压力下允许水透过而使盐分和杂质截留的技术。传统上膜法技术普遍应用于对苦咸水的淡化中，现在广泛用于海水淡化中。膜法技术的脱盐率可达 99.5%，每立方米成品水能耗约 6kW·h。

RO 工艺是向入料海水施加压力，迫使水分子通过半透膜，但溶解盐分则不能通过。因而大多数的溶解物保留在海水中并以浓盐水的形式排放。通过

膜的水离开 RO 装置成为产品水。RO 水厂利用动力电源作为能源，在环境温度下运行。

RO 工艺对原水水质比较敏感，并且对人工操作要求较高。为了避免渗透膜被阻塞，必须在反渗透设备的前端安装有效的预处理装置。近年的实践表明，海水预处理不仅投资高，而且技术难度也较大。特别是渤海近岸海域，其污染问题应引起 RO 工艺设计的足够重视。近年已发现几套海水反渗透装置的预处理出现问题，SDI（污堵系数）达不到要求，或系统发生堵塞。世界上也有个别大型工程，因预处理问题而补充投资数千万美元才得以解决。因此，膜法工艺的预处理是决定膜法技术是否可行的基本条件。所以，在计划采用膜法海水淡化技术的海域一般需进行为期一年的预处理中试，以最终确定在此海域膜法海水淡化技术的可行性及具体的工艺流程。另外，RO 工艺对原水温度较敏感，其允许的原海水温度约为 15~35℃，对于北方海域（如渤海湾），冬季水温较低时需考虑使用蒸汽或其他措施进行加热以提高原海水温度，进而提高 RO 组件的通量。

3.2 工程实例调研及分析

3.2.1 热法实例

1987 年我国大港电厂从美国引进 2 套 3000 m³/d MSF 海水淡化装置，与离子交换法结合，解决锅炉补给水的供应。通过多年的运行实践证明，这两套设备性能良好，其设备产量、产品水纯度、造水比率、总动力消耗等各项指标，均能达到厂家的设计要求。

低温多效装置在世界上已有 400 多台，在我国也已有运行实例，目前我国黄骅电厂引进的 MED-TVC 装置已经投产，规模 2×10000m³/d，用于发电厂锅炉补给水的供应，成套装置由法国 SIDEM 公司供货。天津泰达公司 10000m³/d 规模的低温多效设备正在调试中，全套设备由法国 SIDEM 公司的子公司 ENTROPIE 公司供货。

目前 LT-MED 装置和发电凝汽器结合，在纯 MED 工况下利用低品位蒸汽进行海水淡化的技术在国内仍无应用。

3.2.2 膜法实例

1997 年我国舟山嵊山岛用国外的膜组件建成 500 m³/d 的海水 RO 淡化示范站，1999 年在长海大长山岛建成 1000 m³/d 的海水 RO 淡化站。2000 年底，分别在山东长岛和浙江嵊泗建成 1000 m³/d 的海水 RO 示范工程。1997 年至今已建 10 多处 RO 淡化厂，总产淡水规模约 30000m³/d。

我国已建成的主要海水淡化设施见表3。 我国在建和规划中主要海水淡化设施见表4。

表3 我国已建成的主要海水淡化设施[3]

项 目 名 称	淡化方法	规模/m³·d⁻¹	完成时间
天津大港电厂海水淡化装置	多级闪蒸	6000	1989 年
浙江舟山嵊山镇海水淡化装置	反渗透	500	1997 年
山东长岛县海水淡化装置	反渗透	1000	2000 年
浙江嵊泗县海水淡化装置	反渗透	1000	2000 年
长海县獐子岛镇海水淡化装置	反渗透	500	2000 年
河北沧化集团亚海水淡化装置	反渗透	18000	2000 年
威海华能电厂海水淡化装置	反渗透	2000	2001 年
大连华能电厂海水淡化装置	反渗透	2000	2001 年
山东石岛海水淡化装置	反渗透	5000	2003 年
大连石化	反渗透	5000	2003 年
山东黄岛电厂海水淡化装置	低温多效	3000	2004 年
河北黄骅电厂	低温多效	20000	2006 年
天津泰达技术开发区	低温多效	10000	2006 年

表4 我国在建和规划中主要海水淡化设施[3]

项 目 名 称	淡化方法	规模/m³·d⁻¹	完成时间
烟台	核能海水淡化	160000	拟建
青岛电厂，碱厂	反渗透法	40000	拟建
青岛黄岛电厂，石化	反渗透/蒸馏法	130000	拟建
青岛胶南，灵山，盐厂	反渗透法	106000	拟建
威海第二电厂	蒸馏法	10000	拟建
鲁北化工厂	反渗透法	20000	拟建
六横	反渗透	20000	拟建
大连瓦房店	反渗透法	25000	拟建
大连北良渚	反渗透法	30000	在建
唐山曹妃甸	蒸馏法/反渗透	50000/100000	在建
天津北疆	蒸馏法	100000	在建
岱山	反渗透	33600	在建
乐清电厂	反渗透	30000	在建

3.3 海水淡化多级闪蒸、低温多效、反渗透技术经济一般比较

（1）多级闪蒸技术上成熟可靠，成本适中，尤其适合大规模的海水淡化，一般出水相当于除盐水。每吨淡化水需耗电 4~5 kW·h，耗低压蒸汽（以 2ata 压力计）0.14t。一次性设备投资稍高，但运行维修费用低。

（2）低温多效蒸馏技术成熟可靠，成本较低，近10多年大规模应用于海水淡化工程，一般出水相当于除盐水。每吨淡化水需耗电 1.2kW·h，耗低压蒸汽（以 2ata 压力计）0.1t 左右，一次性设备投资稍高，但运行维修费用较低。

（3）反渗透每吨淡化水需耗电 6kW·h 左右，一般两级 RO 出水相当于淡水。一次性设备投资稍小，但膜老化更换运行费高。

反渗透即使采用两级 RO，其出水指标仍低于热法出水指标，若取得和热法相同的水质，后续一般需增加一级 RO 或其他深度除盐设施，所以反渗透多用于市政等行业。

表5 综合比较

对比项目	多级闪蒸（MSF）	低温多效（LT-MED）	反渗透（RO）
一次投资	中	大	较大
消耗电能	低	最低	高
消耗热能	高	低	无
运行成本	最高	低	低

续表5

对比项目	多级闪蒸（MSF）	低温多效（LT-MED）	反渗透（RO）
自控水平	较高	高	较高
原水要求	中	低	很高
维护量	中	低	高
传热面积	高	低	不用
结垢堵塞	中	低	对SDI较敏感
工程量	中	中	小
制造要求	中	低	高
产品水与原海水比例	0.08~0.15	0.3~0.4	0.3~0.5

3.4 工艺流程选择

通过上述比较并结合实际工程的调研，鉴于热法中的低温多效在多级闪蒸的基础上有了较多改进，在此仅将热法中的低温多效工艺（LT-MED）和膜法工艺（RO）进行综合比较：

（1）一般情况下，低温多效工艺比反渗透工艺在一次投资方面略高，但考虑到曹妃甸地区预期的原海水水质较差将引起膜法预处理装置比较复杂，因此两者投资相差不大。

（2）低温多效工艺运行期间的设备检修和维护费用相当低；与同等能力的反渗透工艺比较，低温多效装置对操作人员的要求较低。

（3）低温多效装置的主要需要能源为蒸汽，该工艺结合首钢京唐钢铁联合有限责任公司即将建设的2×300MW自备电站和钢厂内夏季放散的乏蒸汽（100~150t/h），利用蒸汽能源更方便。

（4）低温多效装置可以一步到位生产相当纯度的除盐水（电导小于10μS/cm，25℃），而且可以

为进一步的精除盐（要求的锅炉补充水水质小于0.2μS/cm）提供较好的原水。

（5）低温多效装置对原海水水质的冲击污染不太敏感。据有关资料显示，曹妃甸地区的海水已受到相当程度的污染，而且时有风暴潮发生。

（6）低温多效装置施工安装简单，且运行控制系统较为简单，因为LT-MED低温多效装置适合无人看管下的自动连续运行，并对操作人员的精度要求不高。

通过以上比较，考虑到渤海湾水质的不确定性，另外，又鉴于低温多效工艺（LT-MED）通过增设TVC装置，可较好的利用厂区蒸汽管网多余的低压蒸汽，实现TVC模式、纯MED模式及TVC+MED模式的运行，以达到进一步降低运行成本，减少对环境的热污染，实现循环经济的目的，因此，决定一期一步采用热法中的LT-MED（低温多效）工艺，规模为25000 m³/d。

4 推荐低温多效工艺的主要设备配置

鉴于该工程为冶金行业设计引进的第一个海水淡化主体装置，其淡化成品水供应钢铁厂全厂除盐水用户，因此，设计以安全、稳定、先进、高效为指导原则。因此，考虑低温多效（LT-MED）海水淡化装置可以根据供水量的变化进行调整，设备出水率可在额定能力的50%~100%范围内运行，使得其在运行中有了极大的灵活性，可以较好适应钢铁厂一期一步的实际生产需要，另外，还可以有效利用钢铁厂的蒸汽能源，避免夏季富裕蒸汽的放散。

工艺流程（以4效为例）如图1所示。

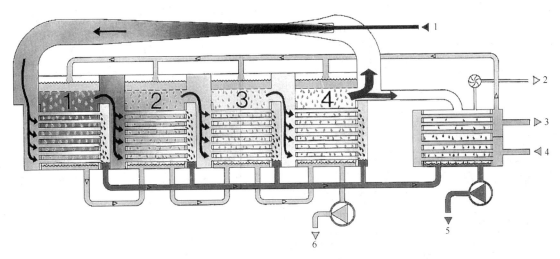

图1 工艺流程
1—进蒸汽管；2—NCG排放管；3—冷却水排放管；4—总进水管；5—成品水管；6—浓盐水管

4.1 技术参数（单机）

单台型	LT-MED
台数	2
单台产水能力（m³/d）	12500
总产水能力（m³/d）	25000

4.2 技术规格（单机）

效数	7
设备长度（m）	35.0
宽度（m）	8.0
高度（m）	12.0
重量（t）	650

4.3 设备材质

壳体：进口双相不锈钢；

排热及冷凝管路：全部钛管；

蒸发器中工艺换热管：每效上三排：钛管；

其余换热管：适应于海水的特殊铜合金管；

泵类为 316L 不锈钢卧式离心泵，易于维护。

4.4 单套装置主要工艺技术指标（表 6）

表 6 主要工艺技术指标

序号	项　目	参　数
1	造水比（GOR）	9.8
2	转化率（产品水：入料海水）	0.30
3	最高设计进水温度	30.9℃
4	最低设计进水温度	−2.4℃
5	冷凝水温度	< 40.0℃
6	设计进水总溶解固形物	最大 33000 mg/L
7	进水浑浊度	透明、无污染、无油脂
8	油	最大 1 mg/L
9	H₂S	最大 0.2 mg/L
10	进水总悬浮固体	< 100 mg/L
11	海水和冷却水最大总供给量	6010 m³/h（单套装置）
12	进入流程的入料海水	1729 m³/h（单套装置）
13	海水供给压力	界区接点处 0.25MPa
14	成品水产水量	521m³/h（单套装置）
15	成品水纯度	电导率 < 10μS/cm（25℃）
16	成品水排出温度	< 33.0℃
17	成品水排放压力	0.25MPa（地面接点压力）
18	浓盐水产水量	1208t/h（单套装置）
19	浓盐水盐度	4.65%
20	浓盐水排出温度	< 42.1℃
21	浓盐水排放压力	0.09MPa（地面接点压力）
22	最大排放冷却水量	4281 m³/h（单套装置）
23	冷却水含盐量	与进水相同

续表 6

序号	项　目	参　数
24	冷却水排出温度	< 39.4℃
25	工艺动力蒸汽	53 t/h（单套装置）
26	抽出不凝结性气体需蒸汽	4t/h （单套装置）
27	电机标准电压	380V，3 相，50Hz
28	装机容量	约 675.0 kW（附属泵等装置）
29	吨成品水耗电量	约 1.1 kW·h/m³

4.5 设计中主要解决的技术难点

4.5.1 材料选择和防腐蚀

热法海水淡化装置所用材料的腐蚀性受很多因素的影响，包括温度、pH 值、水中氧气和二氧化碳的含量以及水被氧化性离子（NH^{4+} 等）污染的程度等。由于海水具有较强的腐蚀性，特别是在高温下腐蚀性更强，因为海水温度升高，氧的扩散速率加快，海水的电导率增大，这将促进腐蚀过程进行。[4] 因此，材料的选择需要特别谨慎。蒸发器中所有与海水或不可凝结气体接触的部件，如换热管、隔板、除雾器、外壳、海水预热器、换热器等均使用耐腐蚀材料，设计中对海水淡化装置的各部件用材料均进行了比选，进行了合理的材料搭配，如换热管分不同部位采用进口钛材和国产铜合金，外壳选用进口双相不锈钢，板式换热器采用进口钛材，热压缩机采用双相不锈钢等，并对其厚度、成分等均进行了计算和界定。

4.5.2 防止水生物的繁殖

水中动植物的繁殖速度很快，这对于利用海水进行的生产非常不利，包括管道的局部堵塞、腐蚀、冲蚀和热传导性能下降等。为了防止水生物的影响，设计中在取水处向海水中注入氯系药剂，从而在水生物成长的初期破坏其机体。保证后续海水淡化系统的正常运行。但同时为了避免海水淡化装置受到氯系药剂的腐蚀，在进入装置之前，海水中残余的游离氯的含量保证不大于 0.1mg/L。

4.5.3 不可凝结气体的排放

在大量海水流经蒸发器的同时，由于装置在负压状态下运行，海水中溶解的气体将会被释放出来（空气和二氧化碳等），为将不凝结气体排出，设计采用与主动力蒸汽压力相同的低压蒸汽通过配套的两级蒸汽喷射器将装置内不凝结气体排出，并且将蒸汽冷凝后的除盐水充分回收，这样不仅简化了供应蒸汽的管网系统，而且还可以节约蒸汽能量。

4.5.4 防止结垢

水垢是海水温度上升时所产生的矿物质与盐分

的沉积，它的主要成分是碳酸钙。碳酸钙是由海水中溶解的碳酸氢钙在高温的作用下发生化学反应生成的，其反应的速度主要受海水温度的影响，超过60℃时反应非常剧烈。在蒸发器中释放出的二氧化碳导致盐水的 pH 值上升，加速了氢氧化镁的反应，也会形成沉淀。另一方面，硫酸钙的溶解性随温度升高而降低，它在某些时候也会发生沉淀，开始产生沉淀的温度和海水中的含盐量有关。管束的结垢会使热传导系数大大降低。[5]因此淡化装置的最高工作温度是一个很重要的临界参数，为防止结垢，低温多效装置设计操作温度为 66℃，由于提供的蒸汽为过热蒸汽，设计中增加了减温减压装置，并计算了合理的 TVC 二次蒸汽压缩量，以保证进入装置的蒸汽温度低于 70℃。另外，在入料海水中加入一定量的阻垢剂、缓蚀剂，以进一步防止其结垢。

4.5.5 利用低压蒸汽

低温多效海水淡化技术虽然通过在一定真空度下使用低温、低压蒸汽解决了主体设备在高温情况下结垢的问题，但其所需低压蒸汽的来源一直是影响纯低温多效海水淡化技术推广的关键因素。在设计中的纯 MED 工况，是将低温多效海水淡化主体设备 LT-MED 装置与发电凝汽器组合，合二为一，实现 LT-MED 装置与发电汽轮机的直接连接，使 LT-MED 装置利用真正的低温、低压蒸汽进行海水淡化，既可节省综合投资，又可利用"零"成本蒸汽，大幅度降低制水成本。

5 结论及建议

考虑到首钢京唐钢铁联合有限责任公司各工序一期分两步进行建设，而一步和二步之间存在蒸汽平衡变化、用除盐水量变化、淡水资源不确定等因素，因此，海水淡化工程亦分两步进行建设，一步采用热法低温多效（LT-MED）工艺，二步以热法低温多效（LT-MED）工艺为基础并结合钢铁厂的多种介质情况进行设施配置及总图布置的优化。但钢铁厂二期及远期，考虑到利用海水淡化产品水替代地表淡水资源，而不需要较高的产品水水质（一般需淡水 TDS 为 300~400mg/L），可采用膜法工艺进行一级脱盐，从而最终实现"热膜组合"的生产模式。

在国内钢铁行业中，首钢京唐钢铁联合有限责任公司一期一步首次设计采用低温多效（LT-MED）工艺，该工艺不仅可以在 TVC 工况下运行，还可以在纯 MED 工况及 MED+TVC 工况下运行，通过在不同工况下的运行模式切换，可以有效利用钢铁厂的多种蒸汽能源，在工艺流程、设备配置和性能指标上均达到了世界先进水平，对沿海地区钢铁厂海水淡化工程的建设具有一定借鉴意义。

参考文献

[1] 朱志文. 钢铁工业节水的回顾与展望[J]. 冶金环境保护, 2006(2).

[2] 高从堦, 陈国华. 海水淡化技术与工程手册[M]. 北京: 化学工业出版社, 2004.

[3] 高从堦, 王世昌, 阮国岭. 中国海水淡化技术的发展与展望, 2005(7).

[4] 王日义. 海水冷却系统的腐蚀及其控制[M]. 北京: 化学工业出版社, 2006.

[5] SIDEM. 海水淡化原理及多种淡化方式的分析, 2006(5).

（原文发表于《工程与技术》2008 年第 2 期）

O1/A/O2 工艺处理高浓度焦化废水

马　昕　吴云生　张　涛　寇彦德　李　玮

（北京首钢国际工程技术有限公司，北京　100043）

摘　要：焦化废水水质复杂，废水处理的难点在于去除水中高浓度的 COD_{cr}、$NH_3\text{-}N$ 和氰化物等物质。首钢某焦化厂废水处理工程采用以 O1/A/O2 工艺（预曝气/缺氧/好氧）为核心，前置除油预处理，后置混凝沉淀深度处理的工艺，取得了较好的处理效果。运行表明，O1/A/O2 工艺对 COD_{cr} 和 $NH_3\text{-}N$ 去除率分别可达 95％和 89％以上；混凝沉淀采用聚合硫酸铁絮凝剂和 PAM 助凝剂，加药量在 600~800mg/L 和 1~2mg/L 时，COD_{cr} 去除率为 50％左右，脱色效果好。经过预处理、生化处理及深度处理后，主要污染物出水指标达到《污水综合排放标准》二级排放标准要求。

关键词：O1/A/O2 工艺；脱氮；COD_{cr}；混凝沉淀

Treatment of High Concentration Coking Wastewater with O1/A/O2 Process

Ma Xin　Wu Yunsheng　Zhang Tao　Kou Yande　Li Wei

（Beijing Shougang International Engineering Technology Co., Ltd., Beijing 100043）

Abstract：The quality of wastewater from coking plant is complex, the main difficulty lies in getting rid of the high concentration matter such as COD_{cr}, $NH_3\text{-}N$ and Cyanide etc. The Shougang coking plant's wastewater treatment with the core of O1/A/O2 (pre-aeration/anoxic/oxic) treatment process has proven to be effective. Consisting of the disposal of oil from the waste water in the pretreatment process, the advanced treatment process is coagulation sedimentation after bio-chemistry treatment. The running results indicate that the removal rate of COD_{cr} and $NH_3\text{-}N$ can reach more than 95％ and 89％ in O1/A/O2 Process. In the coagulated sedimentation stage, effective coagulant flocculation of 600–800mg/L of PFS and 1–2mg/L of PAM are added. The removal ratio of COD_{cr}, around 50％, discolored effect is excellent. With the pretreatment, bio-chemistry treatment and the advanced treatment ,the major pollutant of water have reached the "Integrated Wastewater Discharge Standard" (secondary emission standards).

Key words：O1/A/O2 process; denitrogen; COD_{cr}; coagulation sedimentation

1　引言

多年来，焦化废水的处理及排放问题一直是困扰焦化厂设计、建设、运营管理的一大难题，几十年来尚未出现突破性的研究成果。该废水中污染物组成复杂，焦化废水所含污染物包括酚类、多环芳香族化合物及氮、氧、硫杂环化合物，是一种典型的含有难降解有机物的工业废水[1]。

焦化废水去除有机物、脱氮可采用的主要方法有化学法、物理化学法和生物法。多年生产实践和多项技术经济指标表明，生物法是焦化废水处理最经济、实效、无污染转移、易操作的处理方法。以反硝化与硝化反应为主体的缺氧、好氧系列是行之有效的[2~4]。目前国内焦化废水处理工艺和实验研究主要采用 A/O 工艺及其变形工艺诸如 A/O/O 工艺或 A2/O 工艺等[5~9]。由于焦化化产产品的不同，焦化废水水质有较大差异，即需选择不同的生化处理工艺流程，其核心离不开 A/O 硝化–反硝化处理工艺。

但目前采用 A/O 工艺处理焦化废水主要面临着生化处理出水水质很难达标的问题，主要原因有如下几点：

（1）好氧池进水 COD$_{cr}$ 较高，且含有生物抑制性有机物，抑制了硝化菌活性，硝化效果差，出水氨氮不达标；

（2）由于进水氨氮浓度高，在缺氧段进水可生化降解的 COD$_{cr}$ 较低，且缺氧段水力停留时间过短，造成反硝化效果差，不能发挥缺氧反硝化和 COD$_{cr}$ 去除作用。

首钢某焦化厂排放的焦化废水 COD$_{cr}$ 和氨氮、硫化物、氰化物和酚等有毒有害物质浓度较高，故在常规 A/O 工艺前增加预曝气池来降解有机物和有毒物质，即 O1/A/O2 工艺，第一段好氧反应器以去除 COD$_{cr}$ 和生物抑制性有机物为主，第二段好氧反应器以去除氨氮为主。

2 焦化废水来源及排放标准

2.1 废水排放情况

焦化厂主要生产工艺为煤高温干馏产生焦炭和煤气，并从煤气中回收焦油、苯、萘等化工产品。炼焦、煤气净化和化产品精制过程中要产生剩余氨水和工艺废水。剩余氨水经过蒸氨处理后就构成了焦化废水的主要来源。

2.2 废水水质及排放标准

焦化废水的水质因煤气净化工艺的不同而差别很大。以首钢某焦化厂为例，废水水质见表 1，处理后出水达到《污水综合排放标准》（GB 8978—1996）二级标准（表 1）。

表 1 焦化废水水质及排放标准

名　　称	排水水质	二级标准	名　　称	排水水质	二级标准
COD$_{cr}$	6000~9500mg/L	≤150mg/L	氰化物	10~20 mg/L	≤0.5mg/L
NH$_3$-N	50~400mg/L	≤25mg/L	油	50~100 mg/L	≤10mg/L
挥发酚	550~1400mg/L	≤0.5mg/L	色度	黑褐色	≤80 倍
pH 值	7.5~9.5	6~9	悬浮物	150~350 mg/L	≤150mg/L
硫化物	20~30mg/L	≤1.0mg/L			

3 O1/A/O2 工艺的提出

当前焦化废水生物处理主要采用 A/O 工艺，它是立足于硝化–反硝化理论而建立的，尽管在焦化废水去除有机物、脱氮方面起到了积极作用，但传统 A/O 工艺不能适应 COD$_{cr}$ 6000~9500mg/L 的高浓度工况，只有通过大量加入稀释水的方法才能保证生化系统正常运行。所以 O1/A/O2 工艺较 A/O 工艺在高浓度焦化废水处理上更有优势：

（1）通过预曝气，废水中高浓度有机废水及其他有毒物质在预曝气池中得以部分降解，从而为后续 A 段反硝化和 O2 段硝化细菌提供良好的生存空间；同时经过预曝气池后，部分好氧生物难以降解的有机物在缺氧池中得以开链、开环，使不可生物降解的有机物进一步降低，并通过缺氧反硝化作用进行脱氮。好氧池硝化细菌也处于最佳生态环境中，菌种活性特强，处理效果好。这样就达到了焦化废水去除有机物、脱氮的目的。

（2）预曝气池降解了部分有机物，系统耐冲击负荷能力加大。同时减轻了后续工段的负担，提高了系统对 COD$_{cr}$、NH$_3$–N 的去除能力，同时达到控制污染物的目的。由于采用了前曝气预处理、生物强化和控制较长污泥龄等措施，系统对 COD$_{cr}$ 去除效果稳定，且能耐较大的 COD$_{cr}$ 负荷和短期高浓度 NH$_3$–N 的冲击，取得较好地处理效果。

4 废水处理工艺流程

4.1 工艺流程及主要设计参数

为确保处理后焦化废水达到国家排放标准，按照每个处理阶段对各污染物的去除效率，在焦化废水处理工艺设计中设置了预处理、生化处理、深度处理和泥处理四部分。具体工艺流程和主要配置，如图 1 和表 2 所示。

4.2 预处理工艺

当废水中含油量大于 50 mg/L 时会严重影响生化处理效果[10]，一方面由于活性污泥菌胶团表面黏附一定量的油，阻碍了微生物对氧的摄取，从而使污泥的生物活性和生化处理效果下降；另一方面，污泥表面黏附油，整体密度减小，影响了活性污泥的沉降性能，易造成污泥流失。设置平流隔油池的目的在于去除水中的轻油和重油，平流隔油池水力停留时间为 3h。设置气浮池的目的在于去除水中的

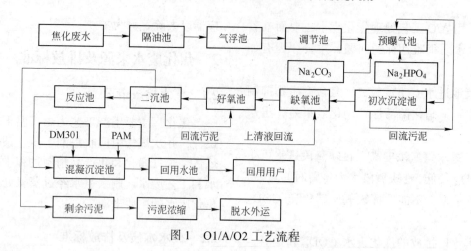

图 1 O1/A/O2 工艺流程

表 2 主要构筑物和工艺参数

名　　称	参　　　　数
隔油池	1 座 2 格，HRT 3h，回收浮油和重油
气浮池	1 座 2 格，HRT 1.2h，回收浮油
调节池	1 座 2 格，HRT 31h，调节水量，匀化水质，减轻负荷
预曝气池	1 座 2 格，HRT 16h，内有微孔曝气器，DO 2~6mg/L，投加 $NaCO_3$，控制 pH 值 7~8，投加磷盐维持细胞合成的需要
初沉池	2 座，HRT 2h，水力负荷 0.88m³/（m²·h），1 倍污泥回流至预曝气池
缺氧池	1 座 3 格，HRT 20h，内有立体弹性填料，DO 0.5mg/L
好氧池	1 座 3 格，HRT 56h，内有微孔曝气器，DO 2~3mg/L，投加 $NaCO_3$，控制 pH 值
二沉池	2 座，HRT 4h，水力负荷 0.79m³/（m²·h），1 倍污泥回流至好氧池，3 倍上清液回流至缺氧池
混凝反应池	1 座，HRT 0.33h，投加混凝剂（聚合硫酸铁），助凝剂（PAM）和碱（NaOH）
混凝沉淀池	2 座，HRT 3.2h，水力负荷 0.88m³/（m²·h），剩余排至储泥池
污泥浓缩池	1 座，HRT 4h，水力负荷 0.79m³/（m²·h）；浓缩污泥送至压滤机脱水处理

乳化油，气浮池停留时间 1.2h。

4.3 生化处理工艺

根据生物脱氮原理[11]，采用 O1/A/O2 硝化-反硝化生物脱氮处理工艺，对焦化废水生物处理而言，水力停留时间不同，活性污泥的生物相组成和废水能去除的污染物也各不相同，通常好氧池去除酚类的水力停留时间在 8h 之内，去除氰化物和硫氰化物的水力停留时间在 16h 之上，水力停留时间超过 24h 则有可能开始氨的硝化。因此，要实现废水去除有机物、生物脱氮，确定水力停留时间非常重要。由于焦化废水含有大量生物难降解有机物和有毒有害物质，好氧生物降解速率和硝化速率相对于城市污水来说要低得多。因此，好氧池应采用较低的容积负荷和较长的水力停留时间，以保证出水水质。

为使生化入水水质均和，水量稳定，调节池主要起水质调节作用，辅助水量调节，停留时间 31h。预曝气池为推流方式，采用微孔曝气器的充氧方式。水力停留时间 16h。缺氧池为竖流式，池内满布固定生物填料，水力停留时间 20h。好氧池为推流运行，采用微孔曝气充氧方式，水力停留时间 56h。为便于生产灵活调节，缺氧池、好氧池按三系列设计。

4.4 深度处理工艺

深度处理采用混凝沉淀工艺，进一步脱除生化处理难以降解的 COD_{cr}、悬浮物和色度等有害物质。

生化出水进孔室隔板反应池，混凝剂聚合硫酸铁与水中的非水溶性物质作用形成絮体，同时投加助凝剂 PAM 增强混凝效果。混凝反应池污水停留时间 20min，为保证最佳混凝效果，向反应池中投加 NaOH 来调节 pH 值。絮体低流速进入 2 座辐流式混凝沉淀池进行固液分离，混凝沉淀池表面负荷 0.88 m³/(m²·h)，停留时间 3.2h。混凝沉淀池出水 $COD_{cr} \leq 150mg/L$，色度不大于 70 倍。

4.5 泥处理工艺

混凝沉淀污泥和剩余污泥等混合泥渣进入 1 座浓缩池浓缩，污泥含水率 99%，停留时间 4h，底排泥浆浓度 98%。浓缩后的泥浆再经 2 台厢式压滤机脱水，污泥含水率 75%。

5 工程运行结果与分析

本工程经过调试合格，正式投产一段时间后，各工序处理效果平均值汇总见表 3。

表3 各工序处理效果平均值 （mg/L）

监测位置	指标	CODcr	NH₃-N	挥发酚	氰化物	悬浮物
原水	范围	6000~9500	50~400	550~1400	10~20	150~350
	均值	7200	180	1020	16	300
调节池出水	范围	3500~5800	36~285	450~870	8~15	100~300
	均值	4600	125	700	13	250
初沉池出水	范围	900~1600	5~170	4~60	1~6	80~250
	均值	1170	80	14	3	220
二沉池出水	范围	150~370	3~25	0.2~44	0.4~4	50~150
	均值	230	14	3.6	0.8	120
混凝沉淀池出水	范围	95~150	3~23	0.08~0.48	0.3~0.48	30~100
	均值	120	12	0.2	0.4	60

由表3可知，经过预处理工段，COD_{cr}、酚、氨氮等都有不同程度的降低，为后续生化处理创造了良好条件。生化处理后的 COD_{cr}、酚、氰、氨氮等指标大幅降低。经过投加 600~800mg/L 聚合硫酸铁，1~2mg/L PAM 的物化处理后，COD_{cr} 去除率可达 50% 左右，出水各项指标达到二级排放标准。

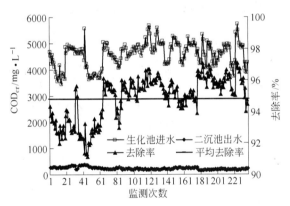

图2 O1/A/O2 工艺对 COD_{cr} 的去除曲线

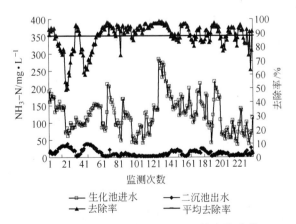

图3 O1/A/O2 工艺对 NH₃-N 的去除曲线

从图2可以看出，当生化池进水 COD_{cr} 为 3500~5800mg/L 时，二沉池出水 COD_{cr} 值能保持在 280mg/L 左右，O1/A/O2 工艺对 COD_{cr} 的平均去除率达到 93% 以上。经混凝沉淀后，出水 COD_{cr} 值保持在 150mg/L 以下，出水达到《污水综合排放标准》二级排放标准要求。同时从表3中可以看出，预曝气池对降解 COD_{cr} 和酚起到了重要作用，去除率分别达到 70% 和 98%，为后续缺氧池和好氧池减轻了负荷，同时为好氧池中硝化菌成为优势菌创造了条件。从图2中可以得出 O1/A/O2 工艺能够耐冲击负荷，即使进水 COD_{cr} 值偏高，也能够对 COD_{cr} 保持良好的去除效果。

由图3可以得出，当进水氨氮值在 36~285mg/L 之间时，O1/A/O2 工艺对 NH₃-N 的平均去除率为 89%，出水 NH₃-N 值低于 25mg/L。分析其原因是由于 O1/A/O2 工艺中预曝气池去除了大量有机物，为硝化菌创造了最佳生存环境，同时在硝化区硝化菌对氨氮的降解时间比较长，降解比较充分。

O1/A/O2 工艺的主导思想是分级处理，即先通过 O1 段对高浓度焦化废水进行预处理，降解有机物和有毒物质，为后续 A 段反硝化创造良好条件。再通过 O2 段进行完全碳化和硝化，最后通过上清液的回流在 A 段中最大程度地反硝化，最终达到去除 COD_{cr} 和 NH₃-N 的目的。分级处理的特点：由于碳氧化菌的世代周期远比硝化菌短，因此，当有机物过剩时，菌落中碳氧化菌占优势，并消耗了硝化菌生存所必需的氧，影响了硝化反应的进行；通过设置预曝气池，使一部分抑制硝化菌的污染物得以碳化分解或去除，有利于硝化过程达到最佳状态，当硝化液回流比采用 R = 3~5 时，O1/A/O2 工艺的处理效果良好。COD_{cr}、NH₃-N 去除率不但高而且很稳定，COD_{cr}、NH₃-N 的去除率分别达到 95% 和 89%。

O1/A/O2 工艺能取得良好的污染物去除效果，主要是让微生物在各自适宜的环境中得到优势生长，充分发挥其活性并利用优势菌进行专性降解污染物的能力，使每个反应器在处理废水中的作用尽可能地发挥到极致，还利用了缺氧池生物填料降解能力强，处理效率高的特点，最终使出水达标排放。但是出水 COD_{cr} 值略高，未达到污水处理一级标准，还需进一步研究改进，提高 COD_{cr} 的去除率，降低出水 COD_{cr} 值，使其达到一级排放标准。同时，应强化污染源头的治理，完善化工生产工艺，控制生产工艺的全过程，稳定生产废水排水水质、水量是生化处理正常运行的前提。

6 结语

（1）高浓度焦化废水处理采用以 O1/A/O2 硝化反硝化生物脱氮为核心的生物处理工艺，在经过预处理、生化处理和深度处理后，出水达到《污水综合排放标准》二级排放标准要求，部分指标达到一级排放标准。

（2）采用平流隔油池和气浮池的预处理能够有效去除水中的油类，为后续生化处理创造了条件。

（3）采用 O1/A/O2 硝化反硝化生物脱氮处理工艺，系统运行稳定，操作方便，耐冲击负荷强。在进水 COD_{cr} 3500~5800mg/L，进水 NH_3-N 36~285 mg/L 时，系统对 COD_{cr} 和 NH_3-N 去除率分别可达 95% 和 89% 以上。

（4）O1/A/O2 工艺中预曝气池 COD_{cr} 和酚的去除率分别达到 70% 和 98%，有效降低了后续处理构筑物污泥负荷。

（5）采用聚合硫酸铁絮凝剂和 PAM 助凝剂时，投加量分别为 600~800mg/L、1~2mg/L 时，COD_{cr} 去除率可达 50% 左右，且脱色效果好。

参考文献

[1] 宋蔚, 王艳. 焦化废水处理技术研究进展[J]. 天津理工学院学报, 2001, 17(4): 97~99.

[2] 林燕, 杨永哲, 袁林江, 等. 生物除磷脱氮技术的研究动向[J]. 中国给水排水, 2002, 18(7): 20~22.

[3] Fikret Kargi, Ahmet Uygur. Nutrient removal performance of a sequencing batch reactor as a function of the sludge age[J]. Enzyme and Microbial Technology, 2002(31): 842~847.

[4] Baeza J A, Gabriel D, Lafuente J. Effect of internal recycle on the nitrogen removal efficiency of an anaerobic/ anoxic/ oxic (A2/O) wastewater treatment plant (WWTP)[J]. Process Biochemistry, 2004, (39): 1615~1624.

[5] 李亚新, 周鑫, 赵义. A2/O 工艺各段对焦化废水中难降解有机物的去除作用 [J]. 中国给水排水, 2007, 23(14): 4~7.

[6] 李亚新, 赵义, 岳秀萍, 等. 生物膜法 A2/O2 工艺处理焦化废水的中试研究 [J]. 给水排水, 2007, 33(7): 59~61.

[7] 李长庆. 厌氧–缺氧–好氧处理焦化废水生产性试验研究 [D]. 北京: 清华大学, 1996.

[8] 薛占强, 李玉平, 李海波, 等. 短程硝化/厌氧氨氧化/全程硝化工艺处理焦化废水[J]. 中国给水排水, 2011, 27(1): 16~19.

[9] 马昕, 张涛, 吴云生. 一种焦化废水生物脱氮处理工艺 [P]. ZL 200910081141. X.

[10] 娄君生. 水污染治理新工艺与设计[M]. 北京: 海洋出版社, 2002.

[11] 许保玖, 龙腾锐. 当代给水与废水处理原理[M]. 北京: 高等教育出版社, 1999.

（原文发表于《工程水处理》2012 年第 2 期）

首钢京唐钢铁厂综合污水处理核心工艺分析与设计

杨　端　魏　涛　寇彦德

（北京首钢国际工程技术有限公司，北京　100043）

摘　要：进入 21 世纪，能源及环保已成为当今世界可持续发展的两大主题。鉴于我国水资源日趋紧张及水污染的严重形势，污水处理及回用迫在眉睫。钢铁工业作为国民经济各行业中的用水大户，其污水的处理及回用意义尤为重要。新建的首钢京唐钢铁联合有限责任公司采用国际先进工艺装备，建设规模为年产钢坯 970 万吨。钢材品种全部为板材产品。生产流程为原料、焦化、烧结、球团、炼铁、炼钢、连铸、热轧、冷轧的长流程生产工艺。公辅生产工艺遵循循环经济的理念，延长生产过程中水的使用周期，实施生产污水资源化。结合首钢污水治理工程的实践经验以及对新建首钢京唐钢铁厂污水水质的设计，对京唐钢铁厂生产污水采用新型、改进的沉淀、过滤的物理-化学处理工艺，对水中的油、悬浮物、硬度、碱度等有害物质进行有效去除，节约全厂工业新水耗量，提高全厂经济和环境效益。污水处理站进水经处理后最终全部回用。

关键词：工业污水；物化法处理；高效沉淀池；高速滤池

Analysis and Design of Key Process of Integrated Sewage Treatment at SGJT

Yang Duan　Wei Tao　Kou Yande

（Beijing Shougang International Engineering Technology Co., Ltd., Beijing 100043）

Abstract：In the 21st century, resource and environmental protection have been become two big subjects of sustainable development in the modern world. Based on the present severe situation of the water shortage and water pollution sewage treatment and recycling are urgent. Iron and steel industry is the big water user. The industrial sewage treatment is especially important . New SGJT adopted international advanced technics and equipment with production of 9.7 million tons billets every year. All products are plate. The production process contains raw material, coking, sintering, pelletizing, iron-making, steel-making, continuous casting, hot rolling, cold rolling. Following circulation economy theory, lengthening in duration the water cycle period and reusing the waste water, Combination with practical experiences and the design of waste water of SGJT United Iron and Steel Co., Ltd., we adopt new and improved deposition, filtration physical-chemical technology to get rid of the poisonous matter such as oil, suspended matter, rigidity and alkality. By this way we can save water usage and improve economic benefit and environmental benefit. The waste water can be reused after treating at the sewage treatment station.

Key words：industrial sewage; physical-chemical processing; efficient sedimentation basin; high speed filtering basin

1　引言

钢铁工业作为我国的支柱产业，近年来得到了飞速发展，钢铁产量已占世界总产量的三分之一。日益增长的产量，一方面较高的用水量加剧了水资源的消耗，另一方面所排放的污水对环境又造成了严重污染。

"节能减排"是我国当前经济发展中日益受到重视的一项工作，国家发改委会同有关部门制定的《节能减排综合性工作方案》中明确规定，"2010

年，单位工业增加值用水量降低 30%，……'十一五'期间实现重点行业节水 31 亿立方米"。为适应新时期对社会经济可持续发展的要求，新建的首钢京唐钢铁联合有限责任公司，实行清洁生产和末端处理技术措施。清洁生产是指通过调整产品结构、控制废物产生源和加强生产管理，减少污染物的排放量和降低能源消耗量；末端处理是指通过对污染物技术处理，实现对污染物的处理达标并回用。

2 钢铁厂生产污水的分类及特点

2.1 钢铁厂生产污水的分类

钢铁厂各工序外排水按污染物性质可分为生产排水、生产废水。生产排水是指循环冷却水系统、除盐水制备系统产生的浓缩污水（排污）受盐类和缓蚀剂的污染严重，需进行处理。生产废水是指钢铁厂各工序在生产运行过程中产生的废水，受工艺产品和化工药剂的污染严重，必须进行处理。

2.2 钢铁厂生产污水的特点

结合北京首钢公司对厂区外排水质多年的监测和统计工作以及首钢公司各污水处理厂的设计及运行的实践，钢铁企业外排污水有如下特点：

（1）排放的水量水质变化幅度大。因受工艺产品变更、生产设备检修、生产季节变化等多种因素影响，通常各工序外排水的水量、水质每日、每时都在变化。

（2）排放水的污染物浓度高。受工艺生产线影响，排放水的 pH 值变化大，水中的 SS、硬度、含盐量高，COD 浓度高，如不加以处理直接排放，将对环境造成严重污染。

（3）排放水的成分复杂，难以用单一的处理技术净化。这也是钢铁厂外排水处理难度大，处理费用高的主要原因之一。

3 钢铁厂生产污水处理工艺

3.1 污水处理工艺的确定

分析京唐钢铁厂生产工艺外排水的水质成分，污水水质的污染因子较多。其中冷轧、焦化工序的外排水，因水中含有酚、氰化物、氨氮、油、COD、Cl⁻等污染物及高含盐量对处理工艺、生产系统的影响不可忽视，故该部分废水不进入综合污水处理站，分别进行有针对性的处置，处理后的废水回用料场、烧结等用户。

其他工序（如烧结、炼铁、炼钢、热轧等）外排水主要污染物为 SS、油、COD（主要为非溶解性）。因 BOD_5/COD 值比较低，不适于生物法处理流程，但可通过混凝、沉淀、澄清、过滤的物化法处理工艺对以上污染物进行有效的去除。

物化法处理工艺的核心单元是混凝沉淀、过滤系统。

目前国内污水处理采用的混凝反应池、沉淀池、澄清池、滤池等工艺型式多种多样，各有其特点，而选择适合于钢铁行业污水特性的、合理的混凝沉淀方式尤为重要。故我们从工艺的处理效果、占地、投资等方面进行综合比较，选择集反应、澄清、浓缩于一体的高效沉淀池和便于操作管理的气水反冲洗高速滤池为主要处理工艺单元。

3.2 污水处理工艺流程

京唐钢铁厂污水处理站接收来自烧结、炼铁、炼钢、热轧等工序排放的生产污水，设置厂区综合污水处理站 2 座，每座站生产污水日平均处理能力：24000m³；日最大处理能力：30000m³。

生产污水通过暗管自流至污水处理站，经进水总闸板，进入预处理构筑物。污水通过粗、细格栅处理后，经调节池进入吸水井，由潜污泵提升至沉淀池，池内投加混凝剂、絮凝剂、石灰药剂，并采用机械搅拌进行混凝絮凝反应后，进入澄清沉淀区域，经沉淀分离后进入 pH 调节池，pH 调整后进入滤池进行过滤，再通过加氯消毒后进入回用水提升水池，经泵提升上塔进行冷却后，进入原水提升水池，经提升泵加压进超滤、反渗透装置除盐后，至成品水池再由供水泵送至厂区生产-消防给水管网。

沉淀池的底流污泥通过泥浆泵送至压滤机进行脱水处理，脱水后的泥饼含水率小于 50%，用汽车送至环保部门指定地点填埋。除盐系统的外排浓水经泵加压供高炉水冲渣及转炉焖渣等用户。

4 钢铁厂生产污水处理核心工艺

4.1 污水处理核心工艺设计参数

4.1.1 高效沉淀池设计进水水质

由于京唐钢铁厂尚未建成，故污水处理依据水源水样的分析指标并结合钢铁厂各工序水系统的设计（循环水系统浓缩倍数 $N=4$），同时考虑到格栅、除油装置等前部处理设施的预处理作用，确定沉淀池进水水质。处理单元设计进水水质详见表 1。

4.1.2 高速滤池设计出水水质

考虑工业污水处理的能源与环保要求，首先要满足达到常规的生产回用水的水质要求，另外，从工业污水的来水特性、处理工艺原理和使用工艺条件、设施的常规去除能力及回用水的使用性质出发，同时兼顾到后续深度处理的需要，确定高速滤池出水水质。处理单元设计出水水质详见表2。

表1 高效沉淀池设计进水水质指标

序号	污水指标项目	单位	指标	备注
1	pH 值		6.0~9.0	
2	色度		80	
3	SS	mg/L	≤200	
4	COD_{cr}	mg/L	≤150	
5	BOD_5	mg/L	≤60	
6	石油类	mg/L	≤10	
7	总硬度	mg/L	500	以 $CaCO_3$ 计
8	暂时硬度	mg/L	200	以 $CaCO_3$ 计
9	钙硬度	mg/L	330	以 $CaCO_3$ 计
10	镁硬度	mg/L	170	以 $CaCO_3$ 计
11	总碱度	mg/L	200	以 $CaCO_3$ 计
12	含盐量	mg/L	≤2000	
13	总铁	mg/L	≤0.4	
14	Cl^-	mg/L	≤300	
15	SO_4^{2-}	mg/L	≤300	
16	温度	℃	≤40	

表2 滤池设计出水水质指标

序号	出水指标项目	单位	指标	备注
1	pH		6.5~9.0	
2	SS	mg/L	≤2	
3	石油类	mg/L	≤1	
4	总硬度	mg/L	≤350	以 $CaCO_3$ 计
5	暂时硬度	mg/L	≤50	以 $CaCO_3$ 计
6	COD_{cr}	mg/L	≤20	
7	总铁	mg/L	≤0.1	
8	BOD_5	mg/L	≤20	
9	色度		≤15	

4.2 污水处理核心工艺描述

4.2.1 高效沉淀池工艺

高效沉淀池由混凝池、絮凝反应池、沉淀浓缩池等部分组成（图1），主要采用浓缩污泥回流和斜管沉淀技术。

4.2.1.1 混凝

化学混凝反应是整个处理系统的关键步骤。污水与投加的混凝剂在前部的混凝池中进行反应，污水中的污染物反应后形成凝聚体。在这个过程中，悬浮物、BOD 或 COD 被大部分去除。另外在混凝

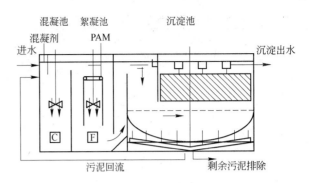

图1 高效沉淀池剖面示意图

中投入石灰进行软化，以去除暂时硬度。混凝反应实现动态混凝，进水和出水的水流都控制在反应池表层。最大限度的保证回流的污泥和进水充分混合。

4.2.1.2 絮凝

发生在絮凝池的絮凝是一种物理机械过程。在这一过程中，物理搅拌和分子间力使絮凝体增大以利于泥水分离。在絮凝池投加阴离子高分子聚合物作为助凝剂可起到吸附架桥作用以强化絮凝效果。絮凝反应区由快速搅拌区域和无搅拌区域组成，快速搅拌区域由变速叶轮控制加药后混合水的搅拌速度，无搅拌区域可以促进矾花增大和密实均匀。

4.2.1.3 沉淀和污泥浓缩

絮凝反应后的污水进入预沉–浓缩区，大部分固体悬浮物在该区域沉淀并浓缩。沉淀部分采用斜管沉淀池，其上升速度可达 12m/h 左右。在这个速度下，沉淀池仍可以得到良好的沉淀效果。斜管的长度为 1.15m，斜管内径为 50mm，它的安装倾度和水平方向呈 60°。这个倾度可以保证沉淀在斜管上的污泥可以顺利地滑向底部而不至于挂积在斜管上。斜管的剖面是六边形而不是通常的梯形。由于对于斜管沉淀来说，投影面积和镜向面积之间的比值非常重要，六边形剖面的斜管此值较高于梯形剖面形的斜管，因此可以得到较大的有效沉淀面积，提高沉淀效率。污泥浓缩区底部设有带有浓缩功能的刮泥机，把剩余污泥刮入泥斗，一部分活性泥渣连续回流至混凝池，另一部分污泥定期由泵抽出送至污泥脱水设施进行处理。

4.2.1.4 pH 调节池

上清液由集水槽系统收集，进入 pH 调节池，沉淀出水偏碱性，在此投加硫酸调整 pH 值到 6.5~9 之间。

4.2.2 高效沉淀池主要设计参数（表3）

4.2.3 高速滤池工艺

沉淀池出水进入滤池以去除残留的 SS 和油，满足出水指标。滤池采用高速+深层过滤技术。

表3 高效沉淀池主要设计参数表

各反应池数量及处理水量	混凝池：1组，单组处理水量 1000 m³/h 絮凝池：2组，单组处理水量 500 m³/h 沉淀池：1组，单组处理水量 500 m³/h
反应及控制条件	根据来水自动控制
各反应池搅拌器参数	快速搅拌器（混凝池）排液量：6459 m³/h 慢速搅拌器（絮凝池）排液量：10125 m³/h
各反应池停留时间	混凝池：2.4 min 絮凝池：21.7 min
上升流速	10.9 m/h
排泥量	每座沉淀池瞬时排放流量 15 m³/h，每小时排放约 14 min 排放污泥量约为 168 m³/d
排泥浓度	含水率约为 89.5%
污泥成分	SS 产生的污泥大约为 28% 其他化学污泥约为 72%

4.2.3.1 传统砂滤池（1m 砂子，滤速 6~10m/h）

实验观察截污深度只在滤料表面；若增加滤料厚度对较小的滤速是没有意义的，大部分 SS 只停留在滤料上部，只有在滤速超过 13m/h 时，增加滤料厚度的优越性才能体现出来。故本设计采用滤料厚度为 2m，正常滤速 13.2m/h，强制滤速 17.6m/h，使矾花更深地渗入到过滤介质中，从而增大滞留能力，并延长过滤周期。

4.2.3.2 沉淀池的出水重力流入滤池

进水靠滤池前闸门控制由渠道进入每格滤池，以保证在滤层上的水均匀分配。滤池出水调节阀将根据滤池的水位进行调节以保持一个恒定的过滤水位。滤料为石英砂，由预制的混凝土滤板支撑。每个滤板上安装有许多 PP（聚丙烯）滤头。滤头均匀地分布在滤板上，其目的是使过滤出水均匀流出，并在反冲洗周期中使气/水分布均匀，避免短流和盲区。滤后水流入反洗清水池。为保证高速启闭和阀位精确，滤池的自动阀门和闸门（进水，滤后水、反冲洗水、反冲洗气等）都采用气动。滤后水通过出水阀门，流入滤廊下部集水井。过滤过程中，滤层的水头损失将随着截污程度不断上升，滤前水位的恒定要依靠出水阀门的实时调节来完成。

滤池设有独立功能的 PLC 控制室，按预设程序工作。

4.2.4 高速滤池主要设计参数（表4）

表4 高速滤池主要设计参数

滤池数量	4组
滤池运行控制条件	自动控制
滤料及厚度	砂滤料，厚度 2m

续表4

正常滤速	13.2 m/h
强制滤速	17.6 m/h
反洗水强度	30m³/(m²·h)混合冲（气/水） 60m³/(m²·h)水冲
反洗空气强度	50Nm³/(m²·h)
反洗时间	气冲：1min 混合冲（气/水）：4min 水冲：6min
反洗设备配备	冲洗水泵 710 m³/h，二用一备 冲洗风机 1040 Nm³/h，一用一备

5 钢铁厂生产污水处理工艺改进

5.1 污水处理站进水条件

由于新建的京唐钢铁厂区采用生产污水、工业废水、生活污水、厂区雨排水分流制，各种排水分质处理，这样即可为污水处理站各工艺处理单元运行专一稳定、降低维修费用，又可为保证出水水质达标提供了前期保障。

5.2 污水处理工艺设施的改进

5.2.1 沉淀池

（1）增加油及浮渣撇除设施，提高出水水质。

（2）原污泥循环及排放泵采用共用设置，鉴于污泥循环泵及排放泵的性能工况不同，两种泵分别单独设置。

（3）增加一些有利水力条件的配置，如进水处的导流板、搅拌器下方的十字板等，确保更好的水力条件。在此基础上取消了原来的后混凝及回流污泥投加的絮凝剂，这样不仅减少了药剂用量，并且更有利于后续膜法的深度处理。

5.2.2 滤池

（1）最初设计的滤池，滤料厚度一般为 1m。在实际运行中，我们发现其滤料厚度不能满足截污的要求，而且滤池运行周期较短，反洗比较频繁。因此，在京唐钢铁厂生产污水处理设计中，我们加大滤池的滤层厚度（2m），选择合适的滤料，使矾花更深地渗入过滤介质中，从而增大截污能力（截污深度可达滤料厚度的70%以上），并延长过滤周期。使滤池的滤速可达到 13~20m/h。

（2）采用更高的反冲洗强度（混合冲强度 30m/h；水冲强度 60m/h；气冲强度 50Nm/h），确保滤料的彻底清洁。在反洗时不需表面扫洗。

（3）滤池设于室内，减少了由于阳光照射滋生藻类的影响。

（4）较高的滤速使滤池的占地面积较小，节约了投资。

（5）较高的滤速可达到深层过滤，增加了过滤周期。同时高速过滤不会产生短流和滤层负压，出水水质更加稳定。

6 结语

综上所述，钢铁厂的生产污水采用物化法处理工艺是可行的，经过改进后的处理工艺其出水水质可达到设计效果。随着社会的不断发展，在将来的设计中应充分理论联系实际，结合生产运行中存在的问题，对物化法处理工艺不断完善，使之更好地满足用户需求。

大型钢铁厂综合污水处理系统是一项复杂的课题，必须采取综合性的处理方法和技术措施。新建的京唐钢铁厂为了摆脱受水资源短缺制约的困境，采取了如下节水、减排技术设计：

（1）最大限度地实现工艺用水和冲洗用水的减量化，提高各工序循环冷却水浓缩倍数、减少补充新水量和排污水量。

（2）最大限度地进行污水处理回用并提高水重复利用率。

（3）提高污水的深度处理率，实现废水"零"排放和"节能、减排"做出贡献。

（原文发表于《工程与技术》2008 年第 1 期）

市政污水处理 CAST 工艺技术的设计改进与应用研究

柳倩倩　张岩岗　寇彦德

（北京首钢国际工程技术有限公司，北京　100043）

摘　要：CAST 工艺是 SBR 工艺的一种新形式，近年来在国内中小型污水处理项目中得到广泛应用。根据国内 A 城市污水处理厂的规模、污水水质情况和脱氮除磷要求，设计选用 CAST 工艺，并根据项目实际情况及相关经验，对 CAST 工艺进行有针对性的研究及设计改进。

关键词：市政污水处理；CAST 工艺；设计改进

Application Research and Improved Design of CAST Technology in the Sewage Treatment Plant

Liu Qianqian　Zhang Yangang　Kou Yande

（Beijing Shougang International Engineering Technology Co., Ltd., Beijing 100043）

Abstract: CAST technology is a new form of SBR technology, in recent years in the domestic small and medium-sized sewage treatment project obtains the widespread application. In this paper, according to the domestic a city sewage treatment plant, the scale of sewage quality and nitrogen and phosphorus removal requirement, using CAST technology, and according to the actual project situation and correlative experience, on the CAST technology was targeted for research and improved design.

Key words: municipal sewage treatment; CAST technology; improved design

1　引言

水污染控制工程是我国环保工作的重点。随之出现了各种污水处理技术，其中 SBR（序批式间歇活性污泥法）工艺是近几十年来活性污泥处理系统中较引人注目的一种污水处理工艺。该工艺集缺氧、曝气、沉淀、出水于同一生物池中，通过控制系统在该生物池内交替工作，进而完成不同的反应过程。其生物碳氧化硝化原理与推流式活性污泥法相同，具有成熟的运转经验并具有节省占地和节省运行成本的特点。

2　技术背景

SBR 工艺过程是按时序运行的，一个操作过程分五个阶段：进水、曝气、沉淀、滗水、闲置。由于 SBR 在运行过程中，各阶段的运行时间、反应器内混合液体积的变化以及运行状态都可以根据具体污水的性质、出水水质与运行功能要求等灵活变化。对于 SBR 反应器来说，只是时序控制问题，无空间控制障碍，所以可以灵活控制。因此，SBR 工艺发展速度极快，并衍生出许多新型 SBR 处理工艺。主要有以下几种形式：间歇式循环延时曝气活性污泥法（ICEAS-Intermittent Cyclic Extended System）、好氧间歇曝气系统（DAT-IAT-Demand Aeration Tank-Intermittent Tank）、循环式活性污泥法（CASS-Cyclic Activated Sludge System 或 CAST，CASP 工艺）、改良式序列间歇反应器（MSBR-Modified Sequencing Batch Reactor）以及比利时 SEGHERS 公司提出的 UNITANK（交替运行一体化工艺）单元水池活性污泥处理系统等。其中 CAST 工艺是 Goronszy 教授在 ICEAS 工艺基础上开发出来的,其将 ICEAS 的预反应区用容积更小,设计更加合理优化的生物选择器代替。通常 CAST 池分为三个反应区:生物选择器、缺氧区和好氧区,容积比一般为 1:5:30。整个过程连续间歇运行,进水、曝气、沉淀、滗水,并始终伴有污泥回流,该处理系统具有脱氮除磷功能。

3 CAST 工艺原理

CAST 工艺是利用微生物的代谢作用使污水中溶解的污染物和胶体状态的有机污染物转化为稳定的无害化物质。CAST 工艺主体为一间歇式反应器,在此反应器内活性污泥中占优菌群的不同生理活动按曝气和非曝气阶段不断重复,将生物反应过程和泥水分离过程结合在一个池子中进行,污水按一定周期和阶段得到处理。根据生物反应动力学原理,使废水在反应器内的流动呈现出整体推流而在不同区域内为完全混合的复杂流态,从而保证稳定的处理效果。

CAST 反应池主要由生物选择区、预反应(缺氧)区、主反应区、污泥回流/排除剩余污泥系统和滗水装置五部分组成。生物选择区设在反应池前端,从主反应区回流来的污泥和进水在此混合。此区内水力停留时间一般在 0.5~1h 之间,通常在厌氧或兼氧条件下运行。缺氧区不仅具有辅助厌氧或兼氧条件下生物选择的功能,还具有对进水水质水量变化的缓冲作用。主反应区则是最终去除有机底物的主要场所,运行过程中,通常对主反应区的曝气强度加以控制,使反应区内主体混合液处于好氧状态,而活性污泥结构内部则基本处于缺氧状态。

生物选择区的设置和回流污泥保证了活性污泥不断在选择区中经历一个高负荷阶段,有利于系统中絮凝性细菌的生长,从而有效抑制丝状菌的生长和繁殖;预反应区具有明显的基质浓度梯度,水中大量有机物被活性污泥所吸附或者水解,同时回流污泥还具有很好的脱氮除磷效果。CAST 反应池末端安装了可升降的自动撇水装置——滗水器,在一个池子里能同时进行曝气、沉淀、排水三个工艺过程。多个池体并联组合,单体池为间断进水排水,在总体流程线上则保持连续性进水出水。

4 CAST 工艺的优点及存在问题

在实际项目应用中,CAST 工艺虽表现出较好地处理效果,但也存在一些问题,现将其优缺点分述如下。

4.1 CAST 工艺的优点

(1)建设费用低,由于省去初次沉淀池、二次沉淀池、污泥回流系统和污泥消化系统,建设费用可节省 20%~30%,工艺流程简单,布局紧凑,维护管理方便;

(2)运行费用省,由于曝气是周期性的,池内溶解氧的浓度也是变化的,沉淀阶段和排水阶段溶解氧降低,重新开始曝气时,氧浓度梯度大,传递效率高,节能显著,运行费用可节省 10%~25%;

(3)有机物去除率高,出水水质好,不仅能有效去除污水中有机碳源污染物,而且具有良好的脱氮除磷功能;

(4)管理简单,运行可靠,不易发生污泥膨胀,污水处理厂机械设备种类和数量较少,且不易出现故障,维修量少;

(5)污泥产量低,性质稳定,便于污泥的进一步处理与处置;

(6)能承受一定的水量冲击负荷,并对混入部分高浓度工业废水有较大的稀释能力。

4.2 CAST 工艺的缺点

(1)由于一个池子交替曝气工作,池中曝气设备利用率低;

(2)自动控制水平要求较高,没有自控无法运转;

(3)反应池水面常有浮渣,只能人工清除,工作量较大;

(4)CAST 工艺运行中,在滗水阶段往往会有气泡从池底升起,影响滗水效果;

(5)CAST 反应池排泥含水率较高,影响污泥处置效果;

(6)CAST 反应池清空维护较为困难。

5 CAST 工艺的设计改进及应用

国内 A 城市污水处理厂设计拟采用 CAST 工艺,工程处理规模 20000m³/d,占地约 23333.33 m²。主要收集和处理生活污水和部分工业废水。

进、出水的主要指标见表 1。

表 1 污水处理厂进、出水水质主要指标 (mg/L)

序号	项 目	设计进水水质	设计出水水质
1	生化需氧量 BOD$_5$	300	≤20
2	化学需氧量 COD$_{cr}$	500	≤40
3	悬浮物 SS	400	≤20
4	NH$_4^+$-N	25	≤8
5	石油类	20	≤5
6	总磷	3.4	≤1

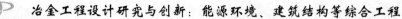
根据污水水质情况及设计出水脱氮除磷的要求，结合 CAST 工艺特点，增加后处理设施，污水处理工艺流程见图1。

污水经外部收水管网送至厂区，经由粗格栅进入提升泵房，经潜污泵提升后，至细格栅进入旋流沉砂池进行沉砂处理，处理后污水经计量进入 CAST 反应池；在反应池内通过微生物的新陈代谢作用，污染物得以降解或去除；经过沉淀和滗水阶段，生物池内的混合液进行泥水分离，上清液由滗水器收集，经出水管道输送进入提升泵站，经泵提升至压力过滤器过滤，滤后水经过渠道内设的紫外线消毒仪消毒后排入某河的下游河段。

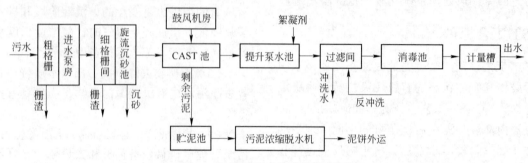

图 1　污水处理工艺流程示意图

粗、细格栅拦截的栅渣经螺旋输送与沉砂池的出砂一并外运处理。回流污泥经潜污泵提升至生物池选择区，剩余污泥由潜污泵提升至储泥池，再由螺杆泵送至带式浓缩脱水机进行脱水，脱水后的泥饼由螺旋输送机送至污泥堆棚外运处置。带式浓缩脱水机的滤后液及滤布冲洗水、压滤系统的反冲水与厂内的生活污水经管道汇集至预处理提升水池，进入污水处理系统。

针对该工程的出水水质要求，并结合其他 CAST 污水处理厂的运行经验，为保证该污水处理厂的处理效果，拟针对该工艺普遍存在前述问题对本 CAST 工艺流程作如下设计改进：

（1）完善处理流程确保出水达标。本工程出水水质指标优于城镇污水处理厂一级 B 排放标准，城镇污水处理厂污染物排放基本控制项目最高允许排放浓度（部分）见表2。

表 2　基本控制项目最高允许排放浓度（日均值）　　（mg/L）

序号	基本控制项目		一级标准		二级标准	三级标准
			A 标准	B 标准		
1	化学需氧量（COD）		50	60	100	120
2	生化需氧量（BOD_5）		10	20	30	60
3	悬浮物（SS）		10	20	30	50
4	石油类		1	3	5	15
5	总氮（以 N 计）		15	20	—	—
6	氨氮（以 N 计）		5（8）	8（15）	25（30）	—
7	总磷（以 P 计）	2005 年 12 月 31 日前建设的	1	1.5	3	5
		2006 年 1 月 1 日起建设的	0.5	1	3	5

由于常规的单一 CAST 处理单元不能保证出水达标，所以结合 CAST 工艺增设后续过滤处理工艺，采用纤维球过滤器，确保出水水质达到设计值。

（2）CAST 工艺运行程序优化设计。CAST 工艺一个循环过程包括四个阶段，即进水曝气阶段、沉淀阶段、滗水阶段、闲置阶段。一般一个运行周期为 4h，其中进水曝气 2h，沉淀、滗水各 1h。进水曝气阶段，反应器内的水位随进水而由初始设计最低水位逐渐上升至最高设计水位，因而其有效容积是逐渐增加的（即变容积运行）。曝气阶段结束后，在静止条件下使活性污泥进行絮凝沉淀，沉淀结束后通过表面滗水装置排出上清水层，并使反应器中的水位恢复设计最低水位，然后重复上一周期的运行。为确保反应池的功能，要保证污泥的回流量和回流浓度。一般在沉淀阶段结束后排除剩余污泥，排出污泥浓度应达 10g/L 左右。

CAST 工艺的自动化运行程序是实现 CAST 工艺正常运转的一个重要组成部分。通常设计工艺是 4 组 CAST 池，其运行时序见表3。

为适应多种不同工况，设计中拟对自控程序作

表3 CAST池通常运行时序

时间/h	0~1	1~2	2~3	3~4	4~5	5~6
1号池	进水曝气	进水曝气	沉淀	滗水	进水曝气	进水曝气
2号池	沉淀	滗水	进水曝气	进水曝气	沉淀	滗水
3号池	滗水	进水曝气	进水曝气	沉淀	滗水	进水曝气
4号池	进水曝气	沉淀	滗水	进水曝气	进水曝气	沉淀

多种工况设计，运行中可根据来水量变化及水质变化改变反应池的运行周期，从而在运行中可以针对各种运行条件自由切换程序，不仅可以取得良好的节能效果，还可发挥CAST工艺脱氮除磷的优势。

（3）进一步强化CAST系统内硝化和反硝化。在CAST工艺中，硝化和反硝化在曝气阶段同时进行，运行时可通过控制供氧强度以及反应池中的溶解氧浓度，使污泥絮体的外周能保证有一个好氧环境进行硝化，由于溶解氧浓度得到控制，氧在污泥絮体内部的渗透传递作用受到限制，较高浓度的硝酸盐能较好地渗透到絮体内部，因此在污泥絮体内部能有效地进行反硝化过程。

本工程的溶解氧在线控制拟将充氧反应过程分为几个时段，每阶段设定一个溶解氧（DO）值，利用PLC控制变频风机自动调节曝气量，这样可以使主反应区的DO基本在设定值上下波动，既满足去除污染物耗氧要求，又尽量避免过量曝气以降低能耗。一般情况下若DO < 1mg/L会有磷的释放，DO > 1mg/L就能满足普通污水去除COD的要求，要想达到较好的硝化效果必须使DO > 2mg/L。但DO过高会影响同步反硝化并浪费能耗，而且过大的曝气强度影响污泥颗粒的吸附和絮凝性能，易使出水SS增大，所以一般各时段的DO设置值逐渐增大，但最高为2mg/L。

另外通过优化污泥回流，将部分硝酸盐氮带入设在反应池首端的预反应池中。在预反应池中也有部分反硝化反应发生。这种运行方式不像前置反硝化活性污泥系统中需要较高的内回流，因此可以节省内循环系统。

（4）进一步强化CAST系统除磷效果。在CAST系统中，通过曝气和非曝气阶段使活性污泥不断经过好氧和厌氧循环，这些反应条件将有利于聚磷细菌在系统中的生长和累积。生物选择区采用厌氧运行方式，进水中溶解性BOD_5能在起始反应阶段迅速被聚磷菌所吸附吸收并转化成PHB（聚-β-羟丁酸），这一环境条件使聚磷菌在微生物生存竞争中占优势并得以大量繁殖，从而实现生物活性的选择性要求和防止丝状菌繁殖的污泥膨胀问题。因此，生物除磷效果很大程度上取决于进水中易降解基质

的含量。聚磷菌在好氧条件下（主反应区处于曝气顺序时）发生PHB的降解和磷的贪婪吸收，形成聚磷污泥，通过剩余污泥排放实现污水中磷的去除。

CAST系统中，通过可变容积的曝气和非曝气顺序，结合生物选择区吸收储存溶解性BOD_5和磷的释放，上述反应不断重复进行，从而提高了生物除磷效果。通过研究，当微生物体内吸附和吸收大量易降解物质而且处在氧化还原电位为+100~150mV的交替变化环境中时，系统可具有良好的生物除磷功能。

（5）消除沉淀滗水过程中气泡影响。一般地，在以4h为一个操作循环周期的CAST工艺系统中，最大水深可在5.6m左右，在最大水深时池子中的混合液污泥浓度一般为3.6gMLSS/L，最大撇水速率为30mm/min，固液分离时间一般为1h，设计污泥容积指数为140mL/g左右，实际污泥指数一般低于80mL/g（测定时间为1h，采用容积2L的量筒）。CAST反应池中的混合液污泥浓度在最大水位时与传统的固定容积活性污泥法系统基本相等。

由于CAST系统在曝气结束后的沉降阶段中整个池子面积均可用于泥水分离，故其固体通量大大地小于传统活性污泥法二沉池中的固体通量，因此CAST工艺的泥水分离效果要优于传统活性污泥法。曝气阶段结束后混合液中残余的混合能量可用于沉淀初期的絮凝作用，从而进一步强化絮凝沉降效果。

然而在CAST工艺的滗水阶段往往会有气泡从池底升起，使部分已沉淀下来的污泥重新泛起，这种现象影响了沉淀效果，使出水有可能携带部分污泥，严重时可导致出水水质超标。经过对多个CAST工艺水厂观察分析，我们认为这是曝气余气造成的。停止曝气时根据伯努利方程和封闭气体承压特性，以水下曝气头为基准，一侧的静水压头等于定容供气管内静态气压（开始时约6m水柱）。开始撇水造成水面下降，由于静水压头降低造成供气管内压也同步下降，根据气体方程，定容内的气体总质量亦将成比例下降，每当有动态气体内压略超即刻（动态下降中）静水压的时刻，局部便会有少量（需要质量遗失的）气体从气相逸向液相，从全局观察整池

均布的曝气头部位均有断续逸出气体因异重陆续上升至水面现象。原以全池作为沉淀面积的静态高效絮凝沉淀（远优于传统专设动态泥水分离二沉池）本已取得良好效果，但滗（出）水工序期间由于池底逸出气泡扰动携泥上升使原上清液水质逆转恶化。理论估算逸出气体质量约为停曝时供气管静态储气总质量的一半。

为解决这个问题，拟在曝气管道上增加电动放空阀（图2）。当主进气阀关闭后启动放空阀，使池内曝气系统中的余气压力与大气压一致，从而在水压作用下，曝气系统余气不再逸出，采取这一措施可有效地解决气泡和泛泥问题。

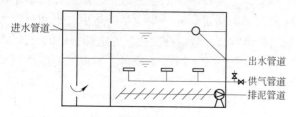

图2　CAST池改进放空阀及穿孔排泥管示意图

进水管道

出水管道
供气管道
排泥管道

（6）采取措施保证剩余污泥的排放浓度。实践中发现目前设计中普遍采用的在池底直接安装污泥泵的排泥方式对排泥浓度有较大影响，污泥泵运行一定时间后，泵周边的污泥层将会被抽空，而大量上清液将进入泵中，从而降低回流污泥浓度及进入储池的剩余污泥浓度。传统专用沉淀池储泥面积小且底部设带有坡度泥斗，适合于动力装置点源排泥，但发展到CAST整个反应池大面积沉淀（储泥），如何在既定工序时间内排出浓度符合设计要求的足够泥浆量，尚未见业界的深入探讨。排泥浓度低、排出总量大以及排出总悬浮固体（MLSS）总量不足将带来以下弊端：泥浆浓缩脱水不适应、不节能、影响设定运行周期顺行、影响污泥龄和生物活性。

通过计算和测定，在常规排泥泵启动阶段，这种方式排出的剩余污泥质量分数通常在0.8%左右，但随着排泥时间的延长，排泥浓度会逐渐降低。拟在CAST池中设污泥泵集泥井，通过穿孔集泥管收集四周污泥，使污泥收集由单点收集变为多点和以线带面收集，运行中排入到污泥储池中的剩余污泥

质量分数可达1.2%。污泥浓度的提高有利于提高污泥脱水系统工作效率。但设计中需注意穿孔管的管径及孔径要足够大，可采用100mm孔径。

（7）改进排泥管道连接以利于池体排空维护。污水处理厂运行过程中往往需要对某座CAST池进行清空，但通常CAST池深度可达6m，池底标高一般在地面下3~4m左右，所以在池底设置放空管往往难以实现，因此当进行池体排空维护时，需要使用质量较大的移动潜污泵，不仅使工作量加大，而且由于移动潜水泵工作能力有限，往往需要很长时间才能排空，从而耽误维护工作的进行。拟通过利用CAST池之间连通的剩余污泥排放管道，并在各池内的污泥管道上设置旁通阀解决这一问题，便利了CAST池的清空维护工作，具体做法为：当对1号池进行排空操作时将总阀关闭，打开2号池旁通阀，即可将1号池的污水污泥通过1号剩余污泥泵排入2号池中，如果还有3号池、4号池，同理，可将1号池的水排至其他任意1座或几座CAST池中，从而方便池体清空工作，由于剩余污泥泵的功率较大，所以清空时间也相应缩短。由于这种方案会影响到其余池体的正常排泥，所以污水处理厂运行部门在进行排空操作时，事先应该做好调度工作，以免影响污泥处理工段的正常运转。

6　结语

CAST工艺是一种理想的间歇式活性污泥处理工艺，它具有工艺流程简单、运行灵活、自动化程度高、处理效果稳定、占地面积小、耐冲击负荷强及具有脱氮除磷能力等优点。创新的CAST工艺可克服其不足，进一步发挥其特有的优点，从而保证污水处理效果。随着我国经济建设的不断发展及研究的不断深入，CAST工艺将不断得以改进、创新和发展，获得更广泛的应用。

参考文献

[1] 王旭, 房安富, 王文光. CAST工艺污水厂设计的改进方案[J]. 工业水处理, 2008, 28(5): 84~86.

[2] 严俊泉, 焦建文, 陆晓岚, 等. CAST工艺运行优化和控制研究[J]. 中国给水排水, 2010, 26(9): 46~49.

（原文发表于《工程与技术》2012年第1期）

管网叠压（无负压）给水设备进口压力传感器设定值和吸水管过水能力的核算方法

水浩然

（北京首钢国际工程技术有限公司，北京 100043）

摘　要：管网叠压（无负压）给水设备进口压力传感器压力设定关系到设备安全及其正常运行。从水力学基础理论入手，根据设备实际运行的工况，给出压力设定值的计算、确定方法和公式。同时，探讨了吸水管过水流量的核算方法，供技术人员设计和使用该给水设备时参考。

关键词：管网叠压（无负压）给水设备；进口压力传感器；压力设定值；吸水管；过水流量

The Pressure Setting of Pipe Network Laminated (No Negative Pressure) Water Supply Equipment Import Pressure Sensor and the Accounting Methods of Suction Pipe Water Flow

Shui Haoran

（Beijing Shougang International Engineering Technology Co., Ltd., Beijing 100043）

Abstract：The pressure setting of pipe network laminated (no negative pressure) water supply equipment import pressure sensor related to the safety of equipment and its normal operation. This article start from the basic theory of hydraulics, according to the device actually running condition, given the calculation of the pressure set value, determination and formula. At the same time, explored the accounting methods of suction pipe water flow, it can provide reference to the design and use of the water supply equipment for technicians.

Key words：the pipe network laminated (no negative pressure) water supply equipment; imported pressure sensor; pressure setting; suction pipe; over the water flow

1　引言

　　无论在管网叠压（无负压）给水设备的设计选用还是运行中，该设备进口压力传感器设定值的确定都非常重要。进口压力传感器设定值是使给水管不产生负压又能正常连续工作的关键，该值设定过低可能使引（进）水管内产生负压，进而影响到市政接管点周围其他用户的正常供水；过高则会使给水设备在达不到设计流量的情况下，经常发生停泵而影响正常连续供水。

2　设备进口压力传感器压力设定值的确定

　　假设有 1 座采用管网叠压（无负压）给水设备的泵房如图 1 所示。在市政给水接管点和设备进口装压力传感器处分别作两个截面 1—1 与 2—2，根据水力学伯努利方程，可列出式（1）：

$$Z_1 + \frac{p_1}{\gamma} + \frac{\alpha_1 v_1^2}{2g} = Z_2 + \frac{p_2}{\gamma} + \frac{\alpha_2 v_2^2}{2g} + h_f \quad （1）$$

式中　Z_1，Z_2——分别为两截面高程值，m；

　　　　p_1/γ——市政给水接管点处的静压水头，m；

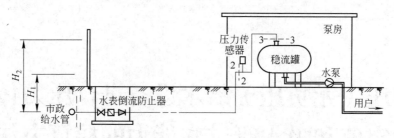

图 1　管网叠压（无负压）给水设备原理

$p_1/\gamma = P_{市政}/0.0098$

p_2/γ——设备进口压力传感器处的静压水头，m：

$$p_2/\gamma = P_进/0.0098$$

v_1，v_2——分别为两截面处的水流速度，m/s，若吸水管管径不变，有 $v_1 = v_2 = v_吸$；

g——重力加速度，m/s²；

h_f——水泵引（吸）水管从市政接管点至设备进口段的水流阻力，m：

$$h_f = h_{吸i} + h_{吸j} \qquad (2)$$

$h_{吸i}$——引（吸）水管的沿程阻力损失，m，

$$h_{吸i} = AL_吸 Q^2_吸$$

$h_{吸j}$——引（吸）水管的局部阻力损失，m；

$P_{市政}$——市政给水接管点处的水压，MPa；

$P_进$——设备进口压力传感器处的水压，MPa。

其中，水表和倒流防止器的局部阻力损失（$h_表$，$h_倒$）比较大，需单独计算。$h_表$ 可取 3 m，选低阻力倒流防止器时 $h_倒$ 也可取 3 m。其他项局部阻力损失可取沿程阻力损失的 20%，即 $0.2AL_吸Q^2_吸$。即有：

$$h_f = AL_吸Q^2_吸 + h_表 + h_倒 + 0.2AL_吸Q^2_吸$$
$$= h_表 + h_倒 + 1.2AL_吸Q^2_吸 \qquad (3)$$

式中　A——引（吸）水管的比阻值；

$L_吸$——引（吸）水管的管长，m；

$Q_吸$——引（吸）水管内的流量，m³/s。

各参数代入式（1），得：

$$P_进 = P_{市政} - 0.0098[H_1 + (h_表 + h_倒 + 1.2AL_吸Q^2_吸)] \qquad (4)$$

式中，$H_1 = Z_2 - Z_1$，当设备进口高于市政给水接管点时为"+"值，反之为"-"值。

$P_进$ 的设定有三个约束条件：

（1）依据管网叠压（无负压）给水设备正常运行的基础条件，必须有 $P_进 > 0$，即不产生负压。

（2）每一城市的市政给水管网除正常供水水压范围外，还设定有一个允许的最低工作压力 $P_{市政允}$。而管网叠压（无负压）给水设备进口处的最低压力

值 $P_{进低}$，当发生在用户用水量达到《建筑给水排水设计规范》规定的设计流量 $Q_设$ 时，应满足式（5）的要求：

$$P_{进低} \geq P_{市政允} - 0.0098[H_1 + (h_表 + h_倒 + 1.2AL_吸Q^2_{设})] \qquad (5)$$

（3）设备进口的水压值还不能高过当市政给水压达到正常工作压力低值 $P_{市政低}$，而引（吸）水管内的流量达到设计流量 $Q_设$ 时的值 $P_{进高}$，即：

$$P_{进高} \leq P_{市政低} - 0.0098[H_1 + (h_表 + h_倒 + 1.2AL_吸Q^2_{设})] \qquad (6)$$

倘若设备进口压力传感器设定的压力高于 $P_{进高}$，则当市政给水压力处于 $P_{市政低}$，且当用户用水量还小于 $Q_设$ 时，设备就会停泵，影响正常供水。故 $P_进$ 的设定范围应满足如下要求：

$$P_{进设} = P_进 > 0$$
$$P_{进低} \geq P_{市政允} - 0.0098[H_1 + (h_表 + h_倒 + 1.2AL_吸Q^2_{设})]$$
$$P_{进高} \leq P_{市政低} - 0.0098[H_1 + (h_表 + h_倒 + 1.2AL_吸 Q^2_{设})]$$

3　引（吸）水管过水能力的核算

引（吸）水管过水能力核算可从三个层次进行。

（1）根据《管网叠压供水技术规程》（CECS 221：2007）推荐的水泵吸水管流速范围来给出引（吸）水管的过水能力，引（吸）水管内的流速适宜范围为 1.2 m/s。该流速得出的流量只能作为引（吸）水管过水能力的估算值，表 1 给出了流速在 1.2 m/s 时管内的流量。

表 1　管道流速与流量　　（m³/h）

管径/mm	50	75(80)	100	150	200
给水铸铁管（$v = 1.2$m/s）		18.54	33.3	75.6	134.1
钢管（$v = 1.2$m/s）	9.18	21.42	37.5	81.6	133.2

笔者经过多次结合实例的测算，认为此估算值不是绝对的，只有引（吸）水管长度在一定长度范围内时是正确的。超过了此引（吸）水管的长度范围，当引（吸）水管内流量达到此估算值时，引（吸）

水管在叠压（无负压）供水设备的进口仍会产生负压，而且此允许的引（吸）水管长度与泵房的型式（地面式还是地下式）和引（吸）水管的种类（铸铁管或钢管）及规格大小有关。

（2）每台管网叠压（无负压）给水设备在进口处都设有压力传感器，当设备进口压力小于该压力值时，设备就会停泵，此时，引（吸）水管内的流量可认为是设备正常运行的最大流量 $Q_{吸max}$。$P_{进}$ 取 $P_{进设}$，由于用户用水高峰到来时，市政给水往往处于正常供水水压范围的低限 $P_{市政低}$ 处，故以 $P_{市政低}$ 与 $Q_{吸max}$ 代入式（4），经整理后可得：

$$Q_{吸max} = \sqrt{\frac{\frac{P_{市政低}-P_{进设}}{0.0098}-(H_1+h_表+h_倒)}{1.2AL_吸}} \quad (7)$$

（3）若设置在设备进口的压力传感器发生故障，在此处压力已低于 $P_{进设}$ 时，控制柜未发出停泵指令，引（吸）水管内的流量仍在增加。将会使其后的稳流罐有所动作，使真空抑制器进气破坏真空的产生。真空抑制器进气时，引（吸）水管内的流量可视为给水设备的极限流量 $Q_{吸Lim}$。

同理，运用伯努利方程来推导、计算 $Q_{吸Lim}$。在图1中，在稳流罐进口处设截面3—3、令3—3截面与市政给水接管处之间的高差为 H_2。对1—1和3—3截面取伯努利方程，简化后得：

$$P_{进稳} = P_{市政} - 0.0098[H_2+(h_表+h_倒+1.2AL_吸Q^2_吸)] \quad (8)$$

式中，$P_{进稳}$ 为稳流罐进口3—3截面处的水压，当稳流罐进空气真空破坏时，$P_{进稳}=0$。为安全计，$P_{市政}$ 取 $P_{市政低}$。代入式（8）整理后得：

$$Q_{吸Lim} = \sqrt{\frac{\frac{P_{市政低}}{0.0098}-(H_1+h_表+h_倒)}{1.2AL_吸}} \quad (9)$$

4 算例

北方某居民小区共有240户居民用水需加压供给，其设计流量 $Q_设 = 37.6\,m^3/h$。小区内建地面加压泵房，采用管网叠压（无负压）给水设备，给水设备原理见图1。已知：引（吸）水管为DN100给水铸铁管，从市政给水接管点至设备进口管长 $L_吸 = 128\,m$，$H_1 = 2.05\,m$，$H_2 = 2.75\,m$。该城市市政正常供水压力范围为 $0.18\sim0.30\,MPa$，最低允许水压为 $0.12\,MPa$。试确定该给水设备进口压力传感器的压力设定值，并对其引（吸）水管的过水流量进行核算。

4.1 $P_{进设}$ 的确定

将 $P_{市政允} = 0.12\,MPa$、$H_1 = 2.05\,m$、$L_吸 = 128\,m$、$Q_设 = 37.6\,m^3/h = 0.0104\,m^3/s$；DN100 给水铸铁管 $A = 365.3$（当 Q 取 m^3/s 时）；$h_表$、$h_倒$ 均取3m。代入式（5）得：

$$P_{进低} \geq 0.12 - 0.0098(2.05 + 3 + 3 + 1.2 \times 365.3 \times 128 \times 0.01042) \geq -0.018\,MPa$$

再将 $P_{市政低} = 0.18\,MPa$ 及其他参数代入式（6）得：

$$P_{进高} \leq 0.18 - 0.0098(2.05 + 3 + 3 + 1.2 \times 365.3 \times 128 \times 0.01042) \leq 0.042\,MPa$$

$P_{进设}$ 应满足：$P_进 > 0$

$$P_{进低} \geq -0.018\,MPa$$

$$P_{进高} \leq 0.042\,MPa$$

因此，$P_{进设}$ 可取 $0.02\,MPa$。

4.2 引（吸）水管过水流量的核算

（1）查表1，DN100 给水铸铁管 $v = 1.2\,m/s$ 时的流量为 $33.3\,m^3/h$。$Q_设 = 37.6\,m^3/h > 33.3\,m^3/h$，故建议进行下一步核算。

（2）引（吸）水管最大流量 $Q_{吸max}$ 计算将 $P_{市政低} = 0.18\,MPa$、$P_{进设} = 0.02\,MPa$ 及其他参数代入式（7）得：

$$Q_{吸max} = \sqrt{\frac{\frac{0.18-0.02}{0.0098}-(2.05+3+3)}{1.2 \times 365.3 \times 128}}$$

$$= 0.0121\,m^3/s$$

$$= 43.56\,m^3/h > Q_设 = 37.6\,m^3/s$$

故系统是安全合理的。

（3）引（吸）水管过水流量的核算到此便可以结束。为了比较 $Q_{吸max}$ 与 $Q_{吸Lim}$ 的差异，特计算一下 $Q_{吸Lim}$ 的值。将各参数代入式（9）后得：

$$Q_{吸Lim} = \sqrt{\frac{\frac{0.18}{0.0098}-(2.75+3+3)}{1.2 \times 365.3 \times 128}}$$

$$= 0.0131\,m^3/s$$

$$= 47.16\,m^3/h$$

（原文发表于《给水排水》2011年第1期）

太阳热水器在游泳池水加热系统中的应用实例

水浩然

（北京首钢国际工程技术有限公司，北京 100043）

摘　要：节能、环保的太阳热水器用在居民及小型公共浴室洗浴工程中比较多见，用在游泳池水加热的实例尚少。结合已经投入使用的室内游泳池水的太阳热水器加热工程，从系统组成、加热效益的分析及主要设备的选用等方面作了介绍。

关键词：游泳池水；洗浴水；加热；太阳热水器；热水箱循环泵；防垢和温度控制

The Application Example of Solar Water Heater in Swimming Pool Water Heating System

Shui Haoran

（Beijing Shougang International Engineering Technology Co., Ltd., Beijing 100043）

Abstract：Energy-saving, environmentally-friendly solar water heater has been widely used in residents and small public bathroom bathing engineering, but it is rarely used for swimming pool water heating. This paper combined with solar water heaters heating engineering which have been used to indoor swimming pool water, introduced the system components、heating effectiveness analysis and the selection of major equipment etc.

Key words：swimming pool water; bath water; heating; solar water heater; hot water tank circulation pump; anti-scaling and temperature control

1 引言

近年来，随着人民生活水平和健康意识的提高，各地的游泳池增加了很多，尤其是新建了不少室内游泳池。游泳池水的传统加热方式有利用锅炉房产生的蒸汽或热水通过热交换器的间接加热方式和采用燃气、燃油热水机组及电热水器的直接加热方式。近年又发展起来了利用太阳能加热方式。对于加热单位体积的水产生同样的温升，若只考虑能量与燃料的消耗，以目前市场上的价格来计算，各种加热方式的价格从低到高的排列顺序大致如下（其中太阳热水器不包括辅助加热成本）：太阳热水器→燃煤锅炉房或市政热力网→燃气热水机组（燃气锅炉）→电热水装置（低谷用电优惠价格）→燃油热水机组（燃油锅炉）→电热水装置（正常用电价格）。市政热力网通过热交换器间接加热游泳池水，虽然

成本较低，但受到市政热力网的供热季节性的制约，此方法不能全年加热游泳池水，在冬季以外的季节还需要其他加热方式作为补充。另外，因北京对空气质量要求的提高，对燃煤锅炉也在采取逐步淘汰的措施，故也不能作为长久的热源。因此，加热水采用成本最低的太阳热水器就越来越受到人们的关注。目前，国内太阳热水器的生产厂家不少，用在居住建筑或小型公共浴室的水加热的地方也很多，尤其是农村及部分城市居民住宅，但真正用于游泳池的池水加热，并且已实践成功的实例不多。北京九中游泳馆的室内游泳池采用太阳能循环水加热装置改造工程于 2004 年夏天完成，并已成功运行。

2 太阳能水加热系统介绍

北京九中游泳馆建于 2002 年。原设计游泳池水采用顺流式循环方式，加热游泳池水系统设有 1 台

常压燃油热水锅炉，产生 80℃的热水，一部分热水通过浮动盘管立式半容积式热交换罐将自来水加热至 38~40℃后供游泳馆淋浴用，另一部分将游泳池循环水加热后进入游泳池加热游泳池水。回到热水锅炉的回水温度约 55℃。由于受到燃油价格及热水锅炉、热交换器效率的限制，两年来游泳池水加热时的费用很高。为了增加游泳池的开放时间，降低运行费用，在游泳池水的加热系统改造时，我们增加了太阳能系统，将太阳能集热板、热水箱及太阳能系统循环泵等放置在游泳池屋顶，而将利用太阳能产生的 55℃左右的热水间接加热游泳池水的板式

换热器和循环泵放在地下 1 层，并与原燃油热水锅炉的水加热系统相连接。采用太阳能系统后的游泳池水的加热系统见图 1。太阳能热水系统的作用是平时加热游泳馆淋浴喷头的用水，当不加热淋浴用水和加热淋浴用水外有富余热量时，再通过板式换热器间接加热游泳池水，使太阳能系统收集的热量得到充分的利用。选用间接方式加热游泳池水的原因是考虑游泳池水经过加药和消毒后，在太阳能系统热水温度 50~60℃范围内，一般具有腐蚀性，为了保护设备，故采用间接加热方式。几个月来，游泳馆开放的实践证明该设计构想和方案是合理的。

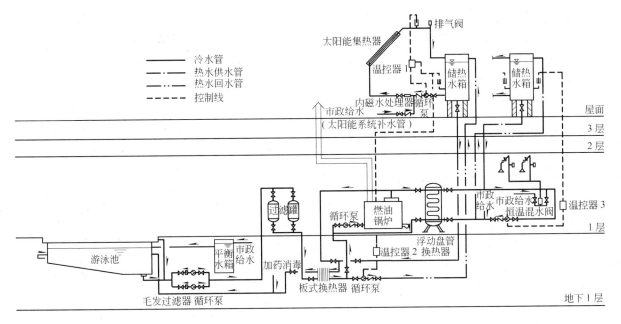

图 1　游泳池水处理及水加热系统示意

3　设计计算和设备选用

3.1　淋浴水加热

游泳馆内设有淋浴喷头 30 个。夏季游泳后淋浴人数约 350~400 人，冬季淋浴人数约 200 人。若以夏天淋浴用水 30 L/人，冬季淋浴用水 50 L/人估算，淋浴用水量计 40℃热水约 10~12 m³/d，折合成 55℃热水约 6.2~7.5 m³/d。在游泳馆屋顶，根据太阳能集热板的尺寸和能放置太阳能集热板面积，实际布置太阳能集热板 146 组，以 2.4 m²真空管/组计算，屋顶上共放置 350.4 m²太阳能真空管。若真空管式太阳热水器按夏季每天产 55℃热水量 100 L/m²，冬季40 L/m²估算，则夏季能产 55℃热水 35 m³/d，冬季14 m³/d。均大于淋浴时需要的热水量 6.2~7.5 m³/d（55℃）。在保证淋浴用水的同时，尚能加热部分游泳池水。

3.2　游泳池水加热

室内游泳池水的平面尺寸 50m×15m，池内水容积 V = 1200m³。用简化法计算加热游泳池水的耗热量。游泳池水表面传导热损失，池壁、池底及管道设备的耗热量用以下公式计算：

$$Q_1 = 1.163 \gamma \Delta t V / 24$$

式中　Q_1——耗热量，W；

γ——水的密度，取 1 kg/L；

Δt——池水每天的自然温降，夏季取 0.3℃，冬季取 1.8℃（参考《给水排水设计手册》第二分册）。

代入后得：

$Q_{1夏}$ = 1.163 × 1 × 0.3 × 1200000/24
　　 = 17445W = 17.45kW

$Q_{1冬}$ = 1.163 × 1 × 1.8 × 1200000/24
　　 = 104670W = 104.67kW

游泳池补充水的耗热：

$$Q_2 = 1.163 \, \Delta t' V'/24$$

式中　V'——游泳池每天的补充水量，根据实际运行情况，取 30m³/d；

　　　$\Delta t'$——补充水的温升，从16℃升至27℃，$\Delta t' = 11℃$。

代入后得：

$Q_2 = 1.163 \times 30000 \times 11/24 = 15991W = 15.99kW$

游泳池的耗热总量为：$Q = Q_1 + Q_2$，夏季 33.5 kW，冬季 120.7 kW。

太阳能系统 55℃热水的供水能力夏季约为 35 m³/d，冬季约为 14 m³/d。若通过板式换热器后的回水温度以27℃考虑，则能放出的热量，夏季约为 47.5 kW，冬季约为 12.2 kW。再考虑到换热设备的热效率等因素，太阳能系统在夏天刚能供给游泳池水加热所需的热量，而在冬季则相差较远，除了太阳能系统外，还需通过燃油锅炉提供大部分热量用来加热游泳池水。

3.3　屋面热水箱和太阳能系统循环泵

屋面热水箱的选择以太阳能集热板的面积考虑，取 65 L/m² 集热板，则系统的总热水储水箱容积为 65 × 350.4 = 22776L。现场选用 3 座 8 m³ 的不锈钢圆形水箱，其中 1 座用于淋浴热水的储存，另 2 座用于加热游泳池水的热水的存储。太阳能系统循环泵的流量采用如下计算公式：

$$Q_循 = 0.015F$$

式中　$Q_循$——循环泵流量，L/s；

　　　0.015——系数，见《给水排水设计手册》第二分册；

　　　F——太阳能系统的集热面积，m²。

代入后得：

$$Q_循 = 0.015 \times 350.4 = 5.25L/s$$

循环泵的扬程只需克服水在太阳能系统内流动时的阻力，一般取 2~5m H₂O。

3.4　太阳能热水系统的防垢和温度控制

太阳能系统能将水加热到 55~60℃。对于北京

地区来说，在这样的温度下水结垢已比较严重，故应考虑系统的防垢问题。设计中在系统循环泵出口处安装了稀土磁铁内磁水处理器，经过几个月的运行发现防垢效果可以。太阳能系统的温度控制点有三处（图 1）：一是利用热水箱的水位和集热器的水温表控制电磁阀的开关，在水箱满水的情况下，利用水箱与集热器的水温差来控制循环泵的启停；二是用太阳能热水间接加热游泳池水系统，利用热水箱的水温通过温控器 2 来控制循环泵的启停，当水箱内水温达到 55℃时，循环泵开启，当水箱温度降低至 45℃时，由于换热效果已很差了，故循环泵停止运行；三是利用淋浴用热水箱的水温通过温控器 3 来控制该系统的循环泵，使双管淋浴系统内与冷水混合后的水温始终保持在 38~42℃之间。

4　结语

北京九中游泳馆采用太阳能热水系统加热淋浴水和游泳池水的经济效益是明显的。通过市场价格测算，每加热 1m³ 热水（55℃）太阳能系统耗电约 2.2 元，而燃油锅炉（或热水机组）大约为 27 元。若以全年 80% 的天数可采用太阳能系统加热水的话，则全年利用太阳能系统代替燃油锅炉加热水可节约 17.7 万元。真空管太阳能系统的价格若以每平方米真空集热管1000 元计算，约 2 年时间收回投资。该游泳馆采用太阳能热水系统也存在一些问题，主要是受投资和屋顶面积的限制，屋顶太阳能集热板设置数量不够，在一年中相当部分时段尚须开启燃油锅炉来补充淋浴和游泳池水加热所需的热量。但也不能完全依赖太阳能系统去加热全年所需的全部热水，因为，就以春秋两季为依据，加热游泳池水所需的太阳能集热板面积与游泳池表面积之比约为 1.8~2.1，折合成太阳能集热板面积为 1350~1575m²，这是一个较大的数，一次性投资大，所需的屋顶面积也很大，要实现难度较大。再考虑到全年中有相当天数阳光不足，太阳能系统加热效率不好等因素，在游泳馆的游泳池水和淋浴用水系统中，采用太阳能系统的同时，配备燃油、燃气锅炉、电热水器或其他辅助加热设备是必然的。

（原文发表于《给水排水》2006 年第 1 期）

消防给水气压罐的快速选择与计算

水浩然

（北京首钢国际工程技术有限公司，北京 100043）

摘 要：增压稳压泵与气压罐是临时高压消防给水系统中，当消防水箱设置高度不够时常常采用的设备，但是其计算与选用比较麻烦。通过分析和大量的试算，总结出服务于不同消防给水系统时，气压罐的尺寸及工作参数的快速选择与计算方法。

关键词：临时高压消防给水系统；气压罐；工作参数；快速选择；计算

Fast Selecting and Calculating on Air Pressure Tank of Fire Water

Shui Haoran

（Beijing Shougang International Engineering Technology Co., Ltd., Beijing 100043）

Abstract：Supercharger regulator pump and the pressure tank is a commonly used device in temporary high-pressure fire water supply system when the fire water tank set up was not high enough, but its calculation and the selection is too much trouble. Through analysis and a large number of spreadsheets, this paper summed up the size of the pressure tank and the rapid selection and calculation methods of operating parameters when services in different fire water system.

Key words：temporary high-pressure fire water supply system; pressure tank; operating parameters; quick selection; calculate

1 引言

在临时高压消防给水系统中，当屋顶消防水箱设置高度不够时，常需设增压稳压泵与气压罐来满足最不利点消防器具（消火栓或喷头）对消防水压的要求。其中重要的一项内容是气压罐的计算与合理选择。关于气压罐的计算，在《给水排水设计手册》（第2版）建筑给水排水分册第2.2.6节及文献[1]中已有介绍。但设计实践中，在选择气压罐时，设计文件只给出气压罐的直径，而不给气压罐的高度或长度，也不给出气压罐与增压稳压泵的运行参数（增压泵的启动与停泵压力）的情况时有发生。这些都与气压罐的计算比较繁杂，不好掌握有关。为了方便设计，笔者根据设计经验，经过深入分析和大量试算，提出消防给水气压罐的快速选择与计算方法，供同行们在设计计算时参考。

2 气压罐容积的确定

消防给水气压罐的总容积 V 用式（1）计算：

$$V = \frac{\beta V_{xf}}{1 - a_b} \tag{1}$$

式中 V——气压罐的总容积，m^3；

V_{xf}——消防水总容积，m^3；

a_b——气压罐的工作压力比，一般取 0.65~0.85，当工作压力较小时，可取 0.7；

β——气压罐的容积系数，对立式罐取 1.10，卧式罐取 1.05，隔膜罐取 1.25。

有关气压罐的工况参数见图 1。消防增压稳压的工作压力属较小的情况，当气压罐的形式（立式、卧式或隔膜式）确定后，a_b 就确定了。此时，气压罐的总容积 V 只与消防水总容积 V_{xf} 有关。而 V_{xf} 可用式（2）计算：

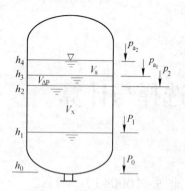

图 1　气压罐工况参数示意

$$V_{xf} = V_x + V_{\Delta P} + V_s \qquad (2)$$

式中　V_x——消防储水容积，对于自动喷水灭火系统取 0.15m，对于消火栓系统取 0.3m³，对于消火栓与自动喷水灭火合用系统取 0.45m³；

　　　　$V_{\Delta P}$——缓冲水容积，m³；

　　　　V_s——稳压水容积，一般取 0.05 m³。

消防增压稳压的服务对象确定后，V_x 和 V_s 都能确定，故要确定 V_{xf} 就要确定 $V_{\Delta P}$。$V_{\Delta P}$ 的确定是一个试算的过程，先假定一个 $V_{\Delta P}$，求算出 V_2（消防主泵启动时罐内的空气容积）和 V_{s1}（增压稳压泵启动时罐内的空气容积），$V_{\Delta P} = V_2 - V_{s1}$。若 $V_{\Delta P'}$ 与 $V_{\Delta P}$ 很接近，说明假设的 $V_{\Delta P}$ 合理，否则就要重新假设并重算。笔者经过大量计算，分析得出在常用增压稳压泵工作压力（绝对压力 0.25~0.4MPa）范围内，$V_{\Delta P'}$ 与 $V_{\Delta P}$ 最接近时 $V_{\Delta P}$ 的取值：在自动喷水灭火系统中取 0.03m；在消火栓系统中取 0.05m³；在消火栓与自动喷水灭火合用系统中取 0.065 m³。

3　增压稳压系统启动压力 p_{a_1} 和停泵压力 p_{a_2} 的简算公式

式中根据玻-马定律，有如下关系：

$$p_0 V = p_1 V_1, \quad V_1 = p_0 V / p_1 \qquad (3)$$

式中　p_0——气压罐充水时的初始压力（绝对压力），MPa；

$$p_0 = p_1 / \beta$$

p_1——满足最不利点消防器具（消火栓或喷头）工作压力下气压罐内的最低工作压力（绝对力），MPa；

V_1——在 p_1 压力下，气压罐内的空气容积，m³。

将式（1）、式（2）代入式（3）得：

$$V_1 = \frac{V_x + V_{\Delta P} + V_s}{1 - \alpha_b} \qquad (4)$$

$$V_2 = V_1 - V_x \frac{\alpha_b V_x + V_{\Delta P} + V_s}{1 - \alpha_b} \qquad (5)$$

同理，根据玻-马定律得：

$$p_2 = \frac{V}{V_2} p_0 \qquad (6)$$

将式（5）代入式（6）得：

$$p_2 = p_1 \left(1 + \frac{1 - \alpha_b}{\alpha_b V_x + V_{\Delta P} + V_s} V_x \right) \qquad (7)$$

根据经验，增压稳压泵的启动压力 p_{a_1} 以 $p_2 + 0.02$MPa，停泵压力以 $p_{a_1} + 0.05$MPa 取值。在式（7）中，对于增压稳压工况，α_b 一般取 0.7，而对于不同的消防稳压系统（消火栓、自动喷水灭火、消火栓+自动喷水灭火），V_x、$V_{\Delta P}$ 和 V_s 也能确定，故 p_{a_1} 和 p_{s_2} 只与 p_1 有关。

4　结语

气压罐两端常采用标准椭圆形封头（JB1154—73），当封头的直边高度取 40mm 时，气压罐和封头的主要尺寸及参数见表 1。用以上讨论结果及气压罐与封头的参数，分析在采用不同气压罐形式时，不同的消防工况，可归纳出表 2 的结论，供同行们参考。妥否，欢迎交流。

表 1　气压罐及封头尺寸参数

气压罐直径/mm	单个封头尺寸参数			圆形段罐体单位长容积/m³·m⁻¹
	封头曲面高度/mm	封头总高度/mm	封头容积/m³	
800	200	240	0.0871	0.502
1000	250	290	0.162	0.785
1200	300	340	0.272	1.130
1400	350	390	0.421	1.539

表 2　气压罐主要参数选用计算

气压罐工况		p_1（绝压）/MPa	α_b	β	V_x/m³	$V_{\Delta P}$/m³	V_s/m³	气压罐选用				p_2（绝压）/MPa	p_{a_1}（绝压）/MPa	p_{a_2}（绝压）/MPa
								V/m³	直径/mm	直线段长/mm	总长 L/mm			
立式补气式气压罐	①	0.25~0.4	0.7	1.1	0.15	0.03	0.05	0.843	800	1340	1820	$1.234 p_1$	$p_{a_1} = p_2 + 0.02$	$p_{a_2} = p_2 + 0.07$
	②				0.3	0.05		1.467	1000	1460	2040	$1.290 p_1$		
	①+②				0.45	0.065		2.072	1000 2000	2240 1360	2820 2040	$1.314 p_1$		

续表 2

气压罐工况		p_1（绝压）/MPa	α_b	β	V_x/m³	$V_{\Delta P}$/m³	V_s/m³	气压罐选用				p_2（绝压）/MPa	p_{a_1}（绝压）/MPa	p_{a_2}（绝压）/MPa
								V/m³	直径/mm	直线段长/mm	总长L/mm			
隔膜式气压罐	①	0.25~0.4	0.7	1.05	0.15	0.03	0.05	0.805	800	1260	1740	$1.234p_1$	$p_{a_1}=p_2$ +0.02	$p_{a_2}=p_2$ +0.07
	②				0.3	0.05		1.400	1000	1380	1960	$1.290p_1$		
	①+②				0.45	0.065		1.978	1000 1200	2120 1280	2700 1960	$1.314p_1$		
卧式补气式气压罐	①	0.25~0.4	0.7	1.25	0.15	0.03	0.05	0.958	800	1560	2040	$1.234p_1$	$p_{a_1}=p_2$ +0.02	$p_{a_2}=p_2$ +0.07
	②				0.3	0.05		1.667	1000	1720	2300	$1.290p_1$		
	①+②				0.45	0.065		2.345	1000 1200	2600 1600	3180 2280	$1.314p_1$		

①自动喷水灭火系统；②消火栓系统。

参考文献

[1] 水浩然. 消防气压给水设备的正确选用与计算[J]. 给水排水, 2000, 26(12): 60~63.

（原文发表于《给水排水》2004 年第 2 期）

➤ **热力技术**

首钢京唐钢铁厂余热回收及余热利用探讨

周玉磊

（北京首钢国际工程技术有限公司，北京 100043）

摘　要：本文介绍了首钢京唐钢铁厂在余热回收及余热利用方面所采用的有关技术，分析总结了在余热利用方面的优势及不足，为今后钢铁厂的余热利用及循环经济提供了一定的思路。

关键词：钢铁厂；余热回收；余热利用

Discussion of Heat Recovering and Utilizing in Shougang Jingtang Iron and Steel Plant

Zhou Yulei

（Beijing Shougang International Engineering Technology Co., Ltd., Beijing 100043）

Abstract：Through the introduce and analysis of technology at heat recovering and utilizing in Shougang Jingtang Iron and Steel Plant, the efficient ways at heat utilizing are discussing.

Key words：iron and steel plant; heat recovering; heat utilizing

1　引言

众所周知，钢铁行业是高消耗、高能耗型行业，也是对环境污染较严重的行业。随着我国经济社会的发展以及人民对生存环境日益提高的要求，国家对钢铁行业提出越来越严格的资源、能源与环保要求。

钢铁工业的二次能源主要有三类，即：各种副产煤气、余热、余能（压）。国际上主要产钢国家二次能源产生量占其钢铁工业一次能源消耗的40%~50%，其中各种副产煤气（焦炉煤气、高炉煤气、转炉煤气）占绝大多数，据日本1998年统计为36%左右。

在余热余能利用上，日本新日铁公司的余热余能回收率已达到92%以上，其企业能耗费用占产品成本的14%。我国比较先进的企业，如宝山钢铁股份有限公司的余热余能回收率达到68%，其能源费用占企业产品成本的21.3%。而大多数钢铁企业的余热余能回收率不到50%。能源费用占产品成本的30%以上。

根据国家批复，首钢在曹妃甸地区建设一个具有国际先进水平的钢铁联合企业。新建的首钢京唐钢铁联合有限责任公司采用国际先进工艺装备，以建设具有国际竞争力的板材精品基地为发展目标，建设规模为年产钢坯 970 万吨。钢材品种全部为板材产品。生产流程为原料、焦化、烧结、球团、炼铁、炼钢、连铸、热轧、冷轧的长流程生产工艺。

首钢京唐钢铁联合有限责任公司项目规划拥有完整的钢铁生产体系。各生产工序均配置了先进的工艺设备，具备了实施循环经济的条件。按照循环经济的理念，通过科学规划，建立起物质循环、能源循环及废弃物再资源化生产体系，使企业在节能、节水、降耗及资源综合利用等方面的技术经济指标均达到国际先进水平。在《钢铁工业发展循环经济环境保护导则》中，钢铁工业发展循环经济延长产业链中关于余热余能综合利用类中，主要包含如下先进工艺技术：干熄焦技术、烧结环冷机余热回收技术、高炉煤气燃烧发电技术、热-电联产技术、全烧高炉煤气锅炉发电技术、高炉煤气等低热值煤气燃气–蒸汽联合循环发电（CCPP）技术、高炉煤气干式除尘余压压差发电技术及高炉渣显热回收技术等。而这些技术基本上全部在首钢京唐钢铁厂中得到了应用。2009年6月，首钢京唐钢铁厂一期一步工程已正式投产。本文对各工序中利用余热回收蒸汽的设施进行重点介绍，并对其节能潜力进行分析总结。对于工艺生产过程中所采用的利用余热进行预热及加热各种介质的设施不在这里介绍。

2 首钢京唐钢铁厂余热回收情况

2.1 焦化工序

首钢京唐钢铁厂焦化车间建设 4×70 孔 7.63 m 焦炉，配套建设了干熄焦装置（CDQ）。为了回收干熄焦过程中的余热，配套建两台自然循环的高温高压余热锅炉。余热锅炉的蒸汽参数如下：

（1）主蒸汽压力：9.5±0.2MPa（G）；

（2）主蒸汽温度：535^{+10}_{-5} ℃；

（3）主蒸汽流量：134t/h（额定），151t/h（最大）；

（4）锅炉给水温度：104℃。

为了满足钢铁厂工艺用汽需求，配套建 2×25 MW 双抽凝汽式汽轮发电机组，汽轮发电机组的主要设备参数如下：

（1）汽轮机型号：CC25-8.83/2.6/0.98；

（2）按年工作 8280h 计，年回收高压蒸汽约 222 万吨。

2.2 烧结工序

首钢京唐钢铁厂烧结车间配置 2×500m² 烧结机，配套 2×580m² 鼓风环冷机，年产 1015.3 万吨烧结矿（台时产量：2×641t/h）。为了回收环冷机烟气余热，配套两台双压余热锅炉，其中 1.0MPa 饱和蒸汽约为 40t/h，0.3MPa 饱和蒸汽约 9t/h。按年工作 7920h 计，年回收蒸汽 77.6 万吨。

2.3 炼钢工序

首钢京唐钢铁厂炼钢车间生产规模为年产钢水 927.5 万吨。新建生产设备包括 300t 顶底复吹脱磷转炉 2 座、300t 顶底复吹脱碳转炉 3 座。为了回收转炉烟气余热，每座转炉配套 1 套转炉汽化冷却设施。回收蒸汽按 80kg/t 钢设计，年回收 3.0~3.6MPa 蒸汽 74.2 万吨。

2.4 热轧工序

首钢京唐钢铁厂共有 2250mm 及 1780mm 两个热轧车间。

2250mm 热轧生产线设 4 座步进梁式加热炉。加热炉额定生产能力为 300t/h。4 座加热炉汽化冷却设施共产 1.27MPa 饱和蒸汽 100t/h。年回收蒸汽约 65 万吨。

1780mm 热轧生产线设 4 座步进梁式加热炉，其中 1 座步进梁式加热炉为硅钢加热炉。1 号、2 号、3 号加热炉额定生产能力为 300t/h，4 号硅钢加热炉额定生产能力为 186t/h。4 座加热炉汽化冷却设施共产 1.27MPa 饱和蒸汽 60t/h。年回收蒸汽约 39 万吨。

2.5 冷轧工序

首钢京唐钢铁厂共有 1550mm、1700mm、2230mm 三个冷轧车间。各冷轧车间内设有退火机组，其烟道上可配置低压余热锅炉，共计可产低压蒸汽约 35t/h。年回收蒸汽约 23 万吨。

2.6 公辅设施

首钢京唐钢铁厂全厂压缩空气系统设有三个集中空压站，站内共配置了 13 台 250Nm³/min 的离心式空压机。每台空压机后配置一套余热再生干燥装置，利用空压机的末级压缩热对干燥剂进行再生，以电加热器作为备用再生能源，可减少电耗约 800kW，年节约标煤 2500t。

3 首钢京唐钢铁厂余热回收及利用情况分析

首钢京唐钢铁厂全厂年自耗能源合 649 万吨标煤。其中转炉煤气回收（100Nm³/t 钢）28 万吨标煤，焦炉煤气回收（440 Nm³/t 焦）103 万吨标煤，高炉煤气回收（1442Nm³/t 铁）139 万吨标煤，三项占 41.6%。

TRT 发电 3.94 亿 kW·h，合 12.3 万吨标煤，合 1.9%。

对于余热回收部分，上述各工序每年可回收各种蒸汽共计约 500 万吨，折合标煤 60 万吨，约占全厂吨钢能耗的 9.2%。

上述各项余热、余压等能源的回收率为 52.7%，基本达到国际先进水平。

首钢京唐钢铁厂所回收的蒸汽主要用于各工艺设施生产用汽以及发电等。多余的蒸汽还可用于海水淡化及制冷设施，因此所回收的蒸汽得到了充分的利用。

另外，为了将回收的蒸汽能够进行更加合理和有效的利用，利用蒸汽加热代替电能加热是一个有效的方式。

4 首钢京唐钢铁厂余热回收潜力

在钢铁厂的各工序中，还有很多待开发和利用的能源。下面做一个简单的探讨。

在烧结工序中，目前采用的是热管换热器式余热锅炉，因此其回收效率与真正意义上的双压余热锅炉还存在一定的差距。如果采用双压余热锅炉，回收的热量至少可提高约100%，对 $2 \times 500m^2$ 的烧结机，可回收 2.3MPa、425℃的蒸汽 78t/h 及 0.49MPa、230℃的蒸汽 22t/h，可将全厂能源回收率提高 1.5%。另外，还可将回收蒸汽进行热电联产，进一步提高能源的综合利用效率。

在焦化工序中，对焦炉上升管的余热回收也是一个可以开发的方面。

在炼铁工序中，高炉在生产过程中将产生大量的冲渣水，其水温约为 70~80℃，如能将其利用于采暖或发电等，也将产生巨大的经济效益。但由于冲渣水的腐蚀性及结垢等问题比较严重，因此此技术还有待于进一步的开发。

在炼钢工序中，转炉汽化冷却烟道出口的烟气温度仍有 800℃以上，因此还有大量的余热可以利用，但由于转炉烟气存在含尘量大、周期性波动比较大、对烟道的密封及结构等要求较高等难题，因此目前这部分余热还没有得以利用。其次，由于转炉回收的蒸汽压力较高，目前均采用调压阀将蒸汽压力调整至管网压力后送出；如能将这部分压差用于发电（比如采用螺杆膨胀机），可进一步提高能源的回收利用率。

在热轧及冷轧工序中，部分加热炉及退火炉的排烟温度还较高，因此可以继续加以回收利用。

首钢京唐钢铁厂采用了热法海水淡化技术，其热源来自于自备电站的抽汽，抽汽压力为 0.4~0.6MPa。如果能将余热发电汽轮机的真空排汽（绝压 0.038MPa）用于海水淡化，充分利用排汽的汽化潜热，将使余热利用的效率大幅提高。

5 结论

首钢京唐钢铁厂在烧结、焦化、炼钢及轧钢等工序均采用了先进的余热回收设施，使全厂的余热得到了较为充分的利用。但由于受目前技术及资金等条件的制约，还有很多余热有待于开发和利用。

（原文发表于《冶金动力》2009 年第 6 期）

引射式烟囱研究及其在蒸汽过热系统中的应用

徐迎超[1]　樊　泳[1]　周玉磊[1]　孙东生[2]

(1. 北京首钢国际工程技术有限公司，北京 100043;

2. 首钢迁安钢铁有限责任公司，迁安 064404)

摘　要：引射器在各个行业广为应用，是比较成熟的理论，但在烟囱领域却应用较少。由于蒸汽过热系统不设引风机，所以只有依靠烟囱高度来提高烟囱抽力，从而将蒸汽过热器设备燃烧室压力控制在−10Pa。自然通风烟囱高度45m 时，才能满足燃烧室压力−10Pa 的要求，而45m 高烟囱的固定和支撑存在很大问题。所以采用引射式烟囱，既可满足燃烧室压力−10Pa，也可将烟囱高度设计为 22m，同时降低了投资成本。

关键词：引射式烟囱；蒸汽过热系统；烟囱；蒸汽过热器

Ejection Chimney Research and Application in the Steam Superheating System

Xu Yingchao[1]　Fan Yong[1]　Zhou Yulei[1]　Sun Dongsheng[2]

(1. Beijing Shougang International Engineering Technology Co., Ltd., Beijing 100043;

2. Shougang Qian'an Iron and Steel Co., Ltd., Qian'an 064404)

Abstract：Ejector in various industries are widely used, and is a relatively mature theory, but rarely applied in chimney. As there is not induced draft fan in the steam superheating system, so improved the chimney pumping force by the chimney height, in order to control steam superheater combustion chamber pressure in −10Pa. When natural ventilation chimney height is 45m, can satisfy the combustion chamber pressure −10Pa, but fixed 45m high chimney is serious problem. The ejection chimney not only satisfy the combustion chamber pressure−10Pa, also design chimney height is 22m, while reducing the cost of investment.

Key words：ejection chimney；steam superheating system；chimney；steam superheater

1 引言

引射器是利用射流的紊动扩散作用，使不同压力的两股流体相互混合，并引发能量交换的流体机械和混合反应设备。引射器主要由工作喷嘴、吸入室、混合室及扩散室等部件组成（图1）。

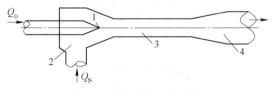

图 1　射流泵结构及原理

1—喷嘴；2—吸入室；3—混合室；4—扩散室

压力较高的流体叫做工作流体，进入装置前，它以很高的速度从喷嘴流出，进入混合室。由于引流体的紊动扩散作用，卷吸周围的流体而发生动量交换，被吸走的压力较低的流体叫被引射流体，工作流体与被引射流体在混合室内混合，进行动量和质量交换，在流动过程中速度渐渐均衡，这期间常常伴随压力升高。流体从混合室出来进入扩散室，压力将因流动速度变缓而继续升高。在扩散室出口处，混合流体的压力高于进入吸入室时被引射流体压力[1, 2]。

不借助固体机械的压缩动作而能提高被引射流体的压力，这是引射器最主要和最根本的性质。正是基于这种性质，使引射器在工程中得到广泛应用[2~4]。引射器结构简单，易于加工且成本较低，工作可靠性好，安装维护方便。

回顾射流技术的发展概况，大体上可以分为四个阶段：

第一阶段（探索试验阶段）：20 世纪 60 年代初，主要研究低压水射流采矿；

第二阶段（基础设备研制阶段）：60~70 年代初，主要研制高压泵、增压器和高压管件，同时推广射流清洗技术；

第三阶段（工业应用阶段）：70~80 年代初，主要特点是大量水射流采煤机、切割机和清洗机相继问世，并进行工业试验和推广应用。其应用也由采矿领域发展到清洗、切割等其他行业；

第四阶段（迅速发展阶段）：80 年代至今，主要特点是射流技术的研究进一步深化，新型射流在石油、化工、电力、环境工程、节能降耗、海水淡化等领域发展很快。

2 自然通风烟囱及引射式烟囱概念

烟囱是将锅炉设备或加热设备燃烧后的烟气导向高空的管状建筑物，是最重要的防污染装置之一。烟囱的通风方式分为自然通风和强制通风。在蒸汽过热系统中的烟囱采用自然通风，蒸汽过热系统在点火和正常运行时，需要保证蒸汽过热器设备燃烧室处于负压状态，以防止燃烧室的高温烟气从观察孔中冒出伤人。

2.1 自然通风烟囱的设计计算

（1）烟囱直径 D。

$$D = \sqrt{\frac{Q}{3600 \times 0.785 \times \omega_c}}$$

（2）烟囱抽力 S。

$$S = 10H\left(\rho_{01}\frac{273}{273+t_1} - \rho_{02}\frac{273}{273+t_2}\right)$$

（3）烟囱阻力 Δh_y。

$$\Delta h_y = 10\left(\rho_{02}\lambda\frac{H\omega_c^2}{D^2 g} + \rho_{02}\zeta\frac{\omega_c^2}{2g}\right)$$

式中　D —— 烟囱直径，m；

Q —— 烟气流量，m³/h；

ω_c —— 烟囱中烟气流速，m/s；

S —— 烟囱产生的抽力，Pa；

ρ_{01} —— 空气密度，kg/m³；

t_1 —— 空气温度，℃；

t_2 —— 烟气温度，℃；

H —— 烟囱高度，m；

Δh_y —— 烟囱阻力，Pa；

ρ_{02} —— 烟气密度，kg/m³；

λ —— 烟囱摩擦阻力系数，λ=0.04；

ζ —— 烟囱出口阻力系数，ζ=1.0；

g —— 重力加速度，m/s。

2.2 蒸汽过热器的烟风阻力设计计算

（1）蒸汽过热器总烟风阻力。

$$\Delta h_{sh} = \Delta h_{shl} + \Delta h_{kz} + h_{zs}$$

（2）蒸汽过热器烟风阻力。

$$\Delta h_{shl} = k\xi_1\frac{\rho_1\omega_1^2}{2}$$

（3）空气预热器烟风阻力。

$$\Delta h_{kz} = k\xi_2\frac{\rho_2\omega_2^2}{2}$$

（4）空气过热器自然通风力。

$$h_{zs} = H_1(1.2 - \rho_2)\frac{b}{760}g$$

式中　Δh_{sh} —— 蒸汽过热器总烟风阻力，Pa；

Δh_{shl} —— 蒸汽过热器烟风阻力，Pa；

Δh_{kz} —— 空气预热器烟风阻力，Pa；

h_{zs} —— 空气过热器自然通风力，Pa；

k —— 修正系数，k=1.20；

ξ_1 —— 过热器管束阻力系数；

ξ_2 —— 空气预热器阻力系数；

ω_1 —— 过热器管束中烟气流速，m/s；

ω_2 —— 空气预热器中烟气流速，m/s；

ρ_1 —— 过热器中烟气密度，kg/m³；

ρ_2 —— 空气预热器中烟气密度，kg/m³；

H_1 —— 空气预热器出口高度，m；

b —— 当地大气压，mmHg；

g —— 重力加速度，m/s。

2.3 引射式烟囱的概念

由自然通风烟囱的设计计算和蒸汽过热器的烟风阻力计算可以得到要保证蒸汽过热器设备燃烧室处于负压状态，烟囱的高度为45m。因蒸汽过热器设备所处场地不易做烟囱支撑和固定，所以提出采用引射式烟囱来替代普通的自然通风烟囱，不仅使蒸汽过热器设备燃烧室处于负压状态，也能使烟囱的高度降为 22m，更易于烟囱的固定支撑。同时也降低了建设成本。

3 引射式烟囱的设计计算

本文所述引射式烟囱的设计方法仅适用于工作

介质压力小于 20kPa（表压）的情况。引射式烟囱的工艺计算依据是被引射介质的特性（压力 P_e、温度 T_e、密度 ρ_e）和最大流量 v_e；工作流体的特性（压力 P_a，温度 T_a）及流量 V_a；或最大混合气体流量 v_c。先计算出喷嘴出口流速 ω_a，再设计喷嘴直径 d_a，确定收缩管、混合室、扩散室及喷嘴的位置等几何尺寸。

引射式烟囱的主要设计公式如下[5]：

（1）质量引射比 m。

$$m = 3.1 - \rho_e \frac{T_a}{T_e}$$

（2）所需工作流体流量 V_a。

$$V_a = 0.733 V_e \rho_e / (m-1)$$

（3）最大混合流体流量 V_c。

$$V_c = V_a + V_e$$

（4）工作流体在喷嘴处的流速 ω_a。

$$\omega_a = 1.735 \left[(p_a - p_e) p_a / T_a \right]^{\frac{1}{2}}$$

（5）喷嘴直径 d_a。

$$d_a = 0.0188 \sqrt{V_a / \omega_a}$$

（6）混合管与喷嘴最佳截面积比 Φ。

$$\Phi = 0.7225 \left(\frac{p_a - p_e}{p_c - p_e} \right)$$

（7）混合管直径 d_m。

$$d_m = \sqrt{\phi} d_a$$

收缩管收缩角 β_s，一般可取 $\beta_s = 25° \sim 45°$。

（8）收缩管长度 L_s。

$$L_s = (0.5 \sim 2) d_m$$

（9）收缩管入口直径 d_s。

$$d_s = d_m + 2 L_s \tan(\frac{\beta_s}{2})$$

（10）混合管长度 L_m。

$$L_m = (2.5 \sim 6) d_m$$

（11）喷嘴到混合管始端距离 L_k。

$$L_k = (0.5 \sim 1.5) d_m$$

扩散室扩散角 β_c，一般可取 $\beta_c = 6° \sim 15°$。

（12）扩散室长度 L_c。

$$L_c = (3.4 \sim 6) d_m$$

（13）扩散室出口直径 d_c。

$$d_c = d_m + 2 L_c \mathrm{tg}(\frac{\beta_c}{2})$$

式中　m——质量引射比；

p_a——工作流体绝对压力，kPa；

p_e——被引射流体绝对压力，kPa；

p_c——混合气体排大气绝对压力，kPa；

V_a——工作流体标态下体积流量，m^3/h；

V_e——被引射流体标态下体积流量，m^3/h；

V_c——混合流体标态下体积流量，m^3/h；

ρ_e——被引射流体标态下密度，kg/m^3；

T_a——工作流体温度，K；

T_e——被引射流体温度，K；

ω_a——工作流体喷嘴出口处流速，m/s；

d_a——喷嘴直径，m；

d_m——混合管直径，m；

d_c——扩散室出口直径，m；

d_s——收缩管入口直径，m；

L_s——收缩管长度，m；

L_m——混合室长度，m；

L_c——扩散室长度，m；

L_k——喷嘴出口至混合室始端距离，m；

β_s——收缩管收缩角，（°）；

β_c——扩散室扩散角，（°）；

Φ——喷嘴与混合管道最佳截面积比。

4　引射式烟囱在蒸汽过热系统中的实例

蒸汽过热系统燃烧时产生最大烟气量为 $3000m^3/h$，空气预热器出口最高烟气温度为 100℃，要求蒸汽过热器设备燃烧室在点火和正常燃烧室压力控制在 -10Pa，此时空气预热器出口的烟气压力为 -200Pa，燃烧室的压力可以用空气预热器出口的烟气电动调节阀来调整。蒸汽过热系统中引射式烟囱的工作流体接自空气预热器出口的热空气，引射器工作流体系统图见图2。

根据上述条件，通过自然通风烟囱设计计算、蒸汽过热器的烟风阻力设计计算及引射式烟囱的设计计算，可以得到蒸汽过热系统中的引射器尺寸和工作流体参数：喷嘴直径 $d_a=0.1m$，混合管直径 $d_m=0.35m$，收缩管入口直径 $d_s=0.5m$，扩散室出口直径 $d_c=0.5m$，喷嘴位置 $L_k=0.365m$，混合室长度 $L_m=1.4m$，收缩管收缩角 $\beta_s=25°$，扩散管扩散角 $\beta_c=6°$，收缩管长度 $L_s=0.355m$，扩散管长度 $L_c=1.42m$，工作流体流量 $2300m^3/h$，工作流体压力 4.5kPa，工作流体温度 50℃。引射器尺寸见图3。

5　结语

引射式烟囱在蒸汽过热器运行时，燃烧室最大负压为 200Pa，远远大于蒸汽过热器设备燃烧室在点火和正常燃烧室压力所需的 -10Pa，通过空气预热器出口的烟气调节阀很好地将蒸汽过热器设备燃烧室压力控制在 -10Pa。控制蒸汽过热器设备燃烧室在点火和正常燃烧室压力为 -10Pa，既可以满足点火时

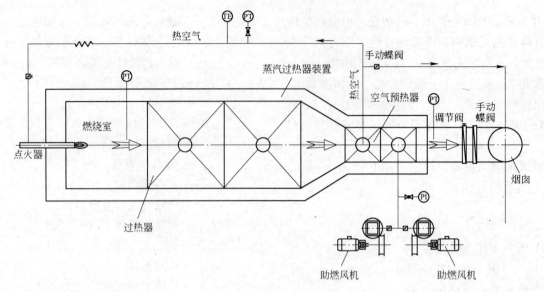

图2　引射器工作流体系统

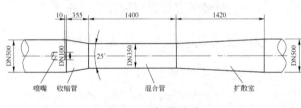

图3　引射器尺寸

燃料不从观火孔中外泄伤人，又不会在点火时因负压过大熄灭火焰，同时也控制了在正常运行时火焰的长度。引射式烟囱在蒸汽过热系统中的应用很好地替代了引风机的作用。

参考文献

[1] 赵静野, 孙厚钧, 高军.引射器基本工作原理及其应用[J].北京建筑工程学院学报, 2000(4): 12.

[2] 徐迎超, 周玉磊.气–液射流泵及其在清洗路面车上的应用[C].2008 全国能源与热工学术年会论文集, 2008.

[3] 索科洛夫.喷射器[M].北京：科学出版社，1977.

[4] 陆宏圻.射流泵技术的理论及应用[M].北京：水利电力出版社, 1989.

[5] 唐敬麟, 张禄虎.空气引射器的设计[J].硫磷设计与粉体工程, 1993(3): 24~27.

（原文发表于《冶金动力》2012 年第 5 期）

首钢京唐钢铁厂压缩空气供气系统的优化设计

周玉磊

(北京首钢国际工程技术有限公司，北京 100043)

摘　要：通过首钢京唐钢铁厂的压缩空气供气系统的设计，探讨在设计中所采用的优化及余热再生等节能技术，和所能达到的良好的经济效益。

关键词：压缩空气；余热再生；系统优化

Optimization Design of Compressed Air Supply System in Shougang Jingtang Iron and Steel Plant

Zhou Yulei

(Beijing Shougang International Engineering Technology Co., Ltd., Beijing 100043)

Abstract：Through the design of compressed air supply system in Shougang Jingtang iron & steel plant, the optimization and some energy efficient technology such as waste heat regeneration are discussing. And the economic benefit will be achieved.

Key words：compressed air；waste heat regeneration；system optimization

1　引言

压缩空气是工业领域中应用最广泛的动力源之一，由于其具有安全、无公害、调节性能好、输送方便等诸多优点，使其在冶金领域应用越来越广。但是普通的压缩空气中含有油、水、尘等污染物。这些污染物进入压缩空气管道系统后，将会锈蚀管道并导致仪表、气动工具失灵，因此，对于仪表等用压缩空气必须进行净化。

在冶金领域的设计中，所采用的压缩空气一般均分为普通压缩空气及净化压缩空气两类。在常规的设计中，采用分类统计，然后按需净化，因此厂区的压缩空气管道一般均分为两类：普通压缩空气管道和净化压缩空气管道。而对于压缩空气的供气方式也分可为集中供气和分散供气，也可以是两种方式的组合。在一些老企业，由于企业规模是逐步发展起来的，因此压缩空气设施也多为相对集中或分散的方式，而新建的钢厂，则较多采用相对集中的方案，全厂建两到三个集中空压机站。

2　压缩空气系统采用的技术及特点

在首钢京唐钢铁厂压缩空气系统的规划及方案制定上，为了达到先进、节能、高效的目标，采取了多种优化措施及先进技术，下面对其中的主要措施进行简要的介绍。

2.1　空压机站的相对集中设置

压缩空气系统采用集中供气，可以减少设备的装机容量，减少备用机的数量，同时可以减少设备的维护检修人员及费用。此外，集中后可以采用大型设备，设备的效率也可以相应的提高，从而降低运行费用。其缺点是增加了输送管网，在改造及扩建时不够灵活，而分散方式则正好相反。

但是对于一个大型的钢铁厂来说，如首钢京唐钢铁厂，占地约 $10km^2$，如果采用绝对集中供气，不但需要很大的管径，平均输送距离也会很远，必然会大大增加管网的投资；同时对远端用

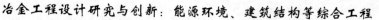
户，也难以保证用气压力和用气品质，因此采用相对集中的方式应该是更加合理的。因此，在京唐钢铁厂，根据全厂压缩空气负荷的分布情况，分别在炼铁区、炼钢区及轧钢区各建一座集中空压机站来向全厂供气，共配置了 13 台 250m³/min 的离心式无油空压机。既满足了设备集中化、大型化的优势，同时也相对减小了管网的管径和输送距离。

2.2 分压力级别供气

由于冶金企业中压缩空气的用户的使用压力一般为 0.4~0.6MPa，考虑到管网的阻力损失，空压机的设计压力一般为 0.8MPa。然而也有一部分压力较低的用户，比如连铸车间的气雾冷却用气，使用压力一般为 0.3MPa 左右，但是用气量很大，尤其是板坯车间，例如，京唐钢铁厂的四条连铸机的气雾冷却平均用气量达 1380m³/min，最大用气量达 1690m³/min。按常规设计，采用 0.8MPa 的空压机供气，以四台 400m³/min，出口压力 0.8MPa 计算，单台电机功率约为 2560kW。在本工程的设计中采用出口压力为 0.45MPa 的空压机，其电机功率为 1940kW。按每年 8000h，0.5 元/kW·h 计算，则每年可节省电费 248 万元。同时，以 0.8MPa 的压缩空气管网作为备用及补充，进一步减少了备用机组的数量，也降低了投资。

2.3 净化方式的选择及特点

对于净化方式，分散供气的则只能是分散净化。但对于集中供气的，则可以集中净化后送至各用户，秦皇岛首秦公司采用的就是这种方式；另外，也可以采用在用户处就近处理的方式，首钢迁安钢铁厂就是采用这种供气及净化方式。

按常规设计，如果采用集中供气，然后根据所需的净化压缩空气量进行部分净化后，分两路送至全厂。对于未进行净化的管道，需要考虑管道的放水，在北方地区还要考虑管道的防冻措施。

在压缩空气干燥净化领域，多采用冷冻式压缩空气干燥机和吸附式压缩空气干燥装置进行除水干燥。冷冻式压缩空气干燥机具有能耗省、体积小、质量轻、安装简单、运行稳定等特点，但由于其除水原理的局限，冷冻式压缩空气干燥机所能达到的最经济、最稳定的压力露点温度为 2~10℃，所以常被用在压缩空气品质要求不高的场合，有时也作为吸附式压缩空气干燥装置的预处理。

按照 GB/T 13277—91《一般用压缩空气质量等级》及压缩空气质量等级国际标准 ISO 8573.1 的规定，对气动仪表的空气质量等级为 2、3、3，对应的最大含尘量为 1mg/m³，最大水蒸气含量为压力露点-20℃，最大含油量为 1mg/m³。因此冶金企业的净化压缩空气一般按此标准进行处理。

由于在以往的设计中，要达到上述压缩空气的标准，一般采用吸附式干燥装置，具体有无热再生吸附式、微热再生吸附式及加热再生吸附式。而无热再生吸附式干燥装置需 12%~15% 的自耗气，而微热再生吸附式干燥装置约需 7% 的自耗气，合计约 0.5kW/m³ 的加热功率，其折算总自耗气量也是 15% 左右。而电加热再生的能耗也不低于此数。因此，如果将全部压缩空气净化，则会增加自耗气和耗电量。按普通压缩空气和净化压缩空气各占 50% 计算，如果仅对 50% 的压缩空气净化，则其自耗气约为总用气量的 7.5%，而全部净化其自耗气约为总用气量的 15%，压缩空气系统的运行能耗将增加 7.5%，因此很少采用全部净化处理。

随着压缩空气净化技术的发展及对余热利用的重视，近几年国内已开发出了采用余热进行干燥的技术和装置，并逐步得到了推广和应用。这种技术采用离心压缩机的未级压缩热来干燥吸附剂，可将能耗降至 2% 以下。因此，为了简化全厂压缩空气管网的种类，提高全厂压缩空气品质，决定将全部压缩空气采用余热再生干燥装置集中处理后供至全厂各用户。

余热再生干燥装置的主要工作原理，是利用气体被压缩时所产生的热量，加热干燥塔里的吸附剂，使其解附。我们知道，无论是活塞压缩机，还是离心压缩机，一般排气温度都在 100℃以上。按常规的空压站设计规范，压缩空气必须冷却至 40℃以下，再送入后级设备进行干燥处理。这样，大量的热能被白白浪费。而余热再生干燥装置的创新之处就是利用了这部分能量，实现了吸附剂升温解附，再生过程大大减少了干燥装置的运行费用。解决了能耗较高的难题。

下面将余热再生干燥装置与微热再生干燥装置做个简单的比较。以 200Nm³/min 压缩空气干燥净化设备为例：工作压力为 0.7MPa(G)，年工作日为 365 天，每天 24 小时运行。电价以 0.5 元/kW·h 计价；空压机电机功率为 1400kW，空压机排气温度为不小于 110℃，自热电辅助加热使用时间约为四分之一，微热电加热使用时间为二分之一。

由表 1 可以看出微热再生干燥器年运行费用比自热再生干燥器高出 40 多万元。按京唐钢铁厂平均耗气量 2600 Nm³/min 计算，则仅电耗每年可节约

500 万元以上。因此，只要气体露点品质能够满足工艺要求，使用余热再生干燥器作为压缩空气后处理设备，一年就可以将余热再生干燥装置的投资全部收回，其经济是相当优越的。

表 1　余热再生与微热再生对比

名　称	余热再生	微热再生
再生耗气率/%	2	7
再生耗气量/Nm³·min⁻¹	4	14
折合损耗功率/kW	28	98
电加热器功率/kW	80	90
电加热平均功耗/kW	20	45
折合费用/万元·年⁻¹	21.02	62.63
成品气压力露点/℃	≤-25	≤-40

使用余热再生干燥装置与自热再生干燥装置相比还有以下优点：

（1）节约冷却水。因干燥剂再生吸收了压缩机排气的大量热量，在经过干燥装置本身的冷却器时，气体温度已大大降低，可显著降低冷却水耗量。

（2）提高阀门的使用寿命。因切换周期延长至 4h，相应阀门的动作次数也减少，阀门的使用寿命可延长数十倍。

（3）提高吸附剂的使用寿命。同样因切换周期的延长和次数的减少，对吸附剂的冲击也减少，吸附剂不易破碎。

余热再生干燥装置的流程（机内工作原理）如下（图 1）：

供高温压缩空气→干燥器 B 塔→冷却器→分离器→干燥器 A 塔→精滤除尘器→成品气（4 h）。

供高温压缩空气→干燥器 A 塔→冷却器→分离器→干燥器 B 塔→精滤除尘器→成品气（4 h）。

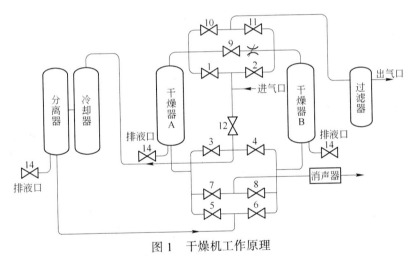

图 1　干燥机工作原理

由于采用余热干燥装置在离心压缩机排气温度大于 110℃时，可基本满足压力露点-20℃的要求，如果进一步降低压缩露点，则需要用电加热来实现，因此在满足绝大多数用户用气要求的前提下，不再做进一步的处理。

对于个别用户如要求高于此标准，可单独进行进一步处理，不必要将所有用户等级提高。

2.4　供气系统的完善与优化

由于采用了余热再生的干燥方式，全部压缩空气均进行干燥处理的总自耗气仅比处理 50% 的自耗气多出约 26m³/min，但是对整个系统带来的益处却是非常巨大的。

首先，由于采用了全净化的处理方式，全厂的供气管网由常规的两种管道简化为一种，从而简化了系统。对于全厂性的主干管网，由于流量较大，全厂压缩空气主干管网均需要两根 DN500 的无缝钢管，采用单一气源后，两根管道可具有一定的互备性，使全厂主干管网的安全性大大提高。对于各车间及各区域管网，将原有的两种气源的压缩空气管道均简化为一种，压缩空气管网的投资至少可节约 30% 以上。

其次，在常规的设计中，在北方地区，普通压缩空气管道均需进行保温以防冻，有时甚至需采用伴热措施，并且需设置大量的疏放水点。由于采用了全干燥的压缩空气，管道不需要防冻措施，并减少了很多疏水点，因此节约了很大一笔投资。仅以京唐厂区主干管网为例，按常规设计，主干管网分为普通压缩空气和净化压缩空气，平均管径为 DN400，管线长度为 7000m，普通压缩空气管道保温厚度 50mm，保温材料采用岩棉，每 100m 设置一处疏放水点，则仅保温及疏水一项就可节约投资约

50 万元。

此外，由于全厂均采用了净化的压缩空气，对于压缩空气的用户来说，可减少用气设备的磨损及腐蚀，延长设备的使用寿命，减少设备的维护量，从这个意义上讲，所带来的效益更是无法估量的。因此，本系统的规划和设计是先进合理的。

3 结语

首钢京唐钢铁厂的压缩空气供气系统，在设计中分别采用了相对集中供气、分级供气、余热再生干燥、系统全净化供气等先进技术及优化措施，使全厂的供气系统达到了安全可靠、节能高效、技术先进的目标。

（原文发表于《中国勘察设计》2010 年第 8 期）

迁钢高炉煤气发电工程设计

周玉磊

（北京首钢国际工程技术有限公司，北京 100043）

摘　要：本文结合迁钢工程中高炉煤气发电的设计，对煤气发电设计中有关系统的确定、主要设备的选择等重点问题，提出了一些建议，为今后类似设计的优化提供了经验。

关键词：高炉煤气；发电；优化

Blast Furnace Gas Generating Electricity Project Design in Qiangang Corporation

Zhou Yulei

(Beijing Shougang International Engineering Technology Co., Ltd., Beijing 100043)

Abstract：According to Qiangang Corporation blast furnace gas generating electricity project design, Putting forward some suggestions on confirming system and choosing of main equipment, and so on. Supply experience for similar project design.

Key words：blast furnace gas; generating electricity; optimising

1　引言

河北省首钢迁安钢铁有限责任公司（以下简称迁钢）建有两座 2650 m³ 的高炉，在炼铁时产生约 400000m³/h 的高炉煤气，这些煤气具有热值低（一般不超过 3600 kJ/m³）、供应与使用中波动性大等特点。因此除炼铁工艺中热风炉、焦炉等用户消耗掉 50％ 左右以外，尚剩余约 200000m³/h。为了减少高炉煤气的放散，减轻对大气造成的污染，实现循环经济的发展模式，决定采用高炉煤气发电技术。利用高炉煤气发电主要有两种方式：一是建立蒸汽-燃气联合循环电站（CCPP），其发电效率可达 45％ 以上；二是采用纯烧高炉煤气锅炉配汽轮发电机组。由于采用 CCPP 技术投资太高，并且其设备规格较少，因此在本工程中采用了锅炉配汽轮发电机的方式；同时为满足全厂蒸汽用户的需求，选用了抽汽机组，以达到热电联产的要求，使能源的利用达到最大化。

1.1　工艺系统的确定

根据迁安钢铁厂全厂煤气平衡情况，可建一套 220 t/h 锅炉配一台 50 MW 汽轮发电机组。考虑到全厂煤气用量的波动比较大，并且如果采用一台机组，在检修或故障时将造成大量的煤气放散，因此经过比较，决定采用两台 130 t/h 中温次高压高炉煤气锅炉。由于全厂低压蒸汽均来自各工艺的余热，在冬季时蒸汽量略有不足，为了满足全厂的蒸汽供应，决定采用抽凝式汽轮发电机组，实现热电联产，配两台 25 MW 抽凝式汽轮发电机组。

为了提高汽轮机的发电效率，汽轮机回热系统汽机共有 3 级回热抽汽，一级高压加热器，一级除氧器，二级低压加热器的抽汽系统。

主蒸汽系统、给水系统均采用母管制，提高了机组运行的灵活性。

凝结水系统采用 2 台 100％ 容量的凝结水泵。凝结水经轴封冷却器、低压加热器进入除氧器。

冷却水系统为闭式循环冷却水系统。汽机冷油器、发电机空气冷却器的冷却水直接由循环水系统供给。为了防止凝汽器管壁结垢，保证传热效果和凝汽器的真空度，在凝汽器循环系统中设置一套胶球清洗系统，在机组的运行过程中，定期投入胶球清洗装置，以保证凝汽器管壁的清洁。

利用厂区低压蒸汽管网提供的汽源作为本机组启动汽源，不单独设启动锅炉房。

1.2 主要设备的选型及计算

1.2.1 燃气锅炉

型号：JG-130/5.3-Q

额定蒸发量：130 t/h

蒸汽压力：5.3 MPa (G)

过热蒸汽温度：450℃

锅炉效率：87%

锅炉排烟温度：155℃

给水温度：150℃

设计燃料：高炉煤气（成分见表1）

锅炉热平衡计算见表2。

表1 高炉煤气成分

成分	CO	H_2	CH_4	N_2	CO_2	H_2O	$Q_{ar,net,p}$
单位	%	%	%	%	%	%	kJ/m^3
数值	20.67	2.67	0.45	48.94	16.29	10.98	3151

表2 锅炉热平衡计算

序号	名　称	单位	数　值
1	排烟热损失	%	11.82
2	化学不完全燃烧损失	%	0.5
3	机械不完全燃烧损失	%	0
4	散热损失	%	0.7
5	灰渣物理热损失	%	0
6	锅炉热效率	%	87
7	燃料消耗量	m^3/h	127466.3
8	计算燃料消耗量	m^3/h	127466.3

1.2.2 抽凝式汽轮机

型号：C25-4.9/1.27

额定功率：25000 kW

额定转速：3000 r/min

额定进汽压力：$4.9^{+0.3}_{-0.19}$ MPa（A）

额定进汽温度：435^{+10}_{-15} ℃

额定/最大进汽量：150.2/174 t/h

纯凝进汽量：112.5 t/h

额定抽汽压力：$1.27^{+0.3}_{-0.2}$ MPa（A）

额定抽进汽温度：293.7℃

额定/最大抽汽量：50/80 t/h

额定排汽压力：0.005 MPa（A）

1.2.3 发电机

型号：$QF_2W-25-2$

额定功率：25000 kW

额定电压：10500 V

额定转速：3000 r/min

额定电流：1718 A

额定频率：50 Hz

额定功率因数：0.8

临界转速：1370/4020 r/min

额定效率：98%

励磁方式：交流无刷励磁机

冷却方式：空气冷却

冷却空气量：18.5 m^3/s

2 设计优化

2.1 发电机组压力选择

由于次高压机组的发电效率比中压发电机组的效率高约10%，因此决定采用4.9MPa的次高压汽轮发电机组。

2.2 蓄热稳燃装置

在炉膛的下部燃烧区域采用了高炉煤气锅炉炉内蓄热稳燃装置，其结构为圆塔形，由高强、高热震稳定性耐火异型砖砌筑而成，在点火初期，其要吸收混合煤气产生的热量，温度升高，使燃烧装置区域形成一高温温度场，该温度场强烈地加热了高炉煤气混合气，使之燃烧速度很快，燃尽时间短，火焰长度短；火焰与稳燃器相切，稳燃装置的热量进一步加热未燃尽的混合气，使之燃烧得更彻底、干净。

同时，由于高炉煤气发热量低，为提高煤气热值，采用了蓄热稳燃装置，提高了锅炉的安全性，因此省去了系统中的煤气预热器，简化了系统及布置，降低了投资。

2.3 灭火保护装置的采用

锅炉全烧高炉煤气容易灭火，这样给锅炉安全运行造成一定危险，为防止灭火采用灭火保护装置，监视锅炉每个烧嘴火焰燃烧情况，一旦发现灭火，灭火保护装置动作，煤气管道快切阀关闭，切断煤气。保证锅炉正常运行。

2.4 煤气管径的优化

每台锅炉的高炉煤气总管管径为DN1800，而DN 1800的速关阀，需采用液动装置及液压站，为此经过优化，将总管上的速关阀改为锅炉两侧 DN

1400 的支管上，采用气动阀门就可以满足要求了，从而降低了投资。

3 主要热经济指标

汽轮机组热耗率	10537 kJ/(kW·h)
锅炉效率	86.9%
机组热效率	34.165%
管道效率	98%
全厂热效率	29.1%
全厂热耗率	12371 kJ/(kW·h)
发电煤气耗率（标准状态）	3.926 m³/(kW·h)
发电标准煤耗率	422 g/(kW·h)

4 结语

迁钢 2×25MW 自备电站于 2004 年 6 月开始破土动工，于 2005 年 9 月 16 日 1 号机并网发电，2005 年 10 月 18 日 2 号机并网发电。

两台 2×25MW 满负荷发电，年发电量 35000 万 kW·h（按 7000 h 计）按 0.4 元/(kW·h)计，年减少外购电费约 14000 万元。

迁钢 2×25MW 自备电站的投产解决了全厂高炉煤气放散的问题，减少了环境污染；同时也解决了全厂的蒸汽平衡问题，并且具有极大的经济效益。

（原文发表于《设计通讯》2006 年第 1 期）

汽化冷却装置排污系统的节能设计的探讨

李　铭　　周玉磊　　孙　键

（北京首钢国际工程技术有限公司，北京　100043）

摘　要：通过对首钢京唐钢铁厂转炉汽化冷却装置的排污水系统的改造设计，探讨在汽化冷却系统设计中采用节能减排技术，以取得良好的经济效益。

关键词：汽化冷却；排污水；节能

Discussion of Energy Saving Design of Sewage Water System for the Evaporation Cooling System

Li Ming　　Zhou Yulei　　Sun Jian

(Beijing Shougang International Engineering Technology Co., Ltd., Beijing 100043)

Abstract：Through the reconstructive design of sewage water system for the converter evaporation cooling equipments of Shougang Jingtang Iron and Steel Plant, discuss the energy saving technology application in the design of evaporation cooling system to obtain good economic benefits.

Key words：evaporation cooling；sewage water；energy saving

1　引言

目前，中国正处在工业化、城市化进程的高速发展期，钢铁也得以高速发展，自 1992 年以来，我国钢铁总产量已连续多年位居世界前列。钢铁企业的发展造成能源的大量消耗，同时也排放了不少温室气体。为此，在国家的"十二五"规划纲要、工业转型升级规划和钢铁"十二五"发展规划当中，相继对钢铁企业提出了一系列的节能减排发展目标。

"十二五"时期是我国节能减排的关键时间窗口，钢铁作为资源消费大户，是节能减排工作的重中之重和关键环节。而炼钢作为钢铁生产中的重要环节，近几年随着负能炼钢技术的发展，吨钢能耗明显降低；提高负能炼钢水平的关键之一在于减少蒸汽的放散和减少炼钢污水的排放。本文就介绍炼钢转炉汽化冷却中排污水的一种回收方法，以提供炼钢节能的一种新思路。

2　项目背景

2.1　项目概况

首钢京唐炼钢厂一期工程炼钢连铸系统共建设 5 座转炉，即 2 座 300t 复吹脱磷转炉，3 座 300t 复吹脱碳转炉。每座脱磷、脱碳转炉均配置一套汽化冷却装置。

2.2　存在问题

转炉汽化冷却排污水（汽包高压排污水及高压循环管路的排污水）通过总管进入定期排污扩容器，产生的乏汽大量排放；同时，定期排污扩容器的排水直接排入排污降温池，产生大量闪蒸汽，造成大量的水和热能浪费。

2.3　回收的意义

（1）进行乏汽回收，外排乏汽的热焓值可用来加热常温水；排污水可回收至生产水管网进行再利用，既节约了新蒸汽又节约了水资源，降低生产运行成本；

（2）进行乏汽回收可消除热污染、噪声污染和潮湿环境，达到清洁生产的目的。

3 工艺选择

首钢京唐炼钢厂排污水回收主要为转炉汽化冷却的排污水及其产生的乏汽回收。其中关键在于乏汽的回收。

目前乏汽回收常用的有两种：一种是采用换热器间接换热的方法以冷凝水的方式回收乏汽，这种回收方式系统简单，但是由于存在热阻，对内部管束要求也很严格，一旦管束受到侵蚀就会泄露，维护量极大；另一种是利用系统中具有一定压力的蒸汽或水作动力，使流体产生射吸流动，同时进行水与乏汽的热与质直接混合，使低温流体被加热，并在后续过程中，恢复加热后的流体压力，进入系统，以维持连续流动。回收器中设有多个文丘里吸射混合装置，水汽通过吸射器后，得到充分混合。它的特点是能瞬间将汽水加热，没有做功损失。加热后的热水通过分离将少量不凝气体分离排掉，保证含氧量合格，热水通过增压去除氧器除盐水母管。整个系统简单，占地少，运行维护方便。京唐排污水回收系统就是利用这种方式，采用乏汽吸收动力头来回收乏汽。

4 工艺流程

工艺流程如图1所示。汽化冷却装置的高压排污水进入闪蒸罐，产生的闪蒸汽进入乏汽吸收装置，用除盐水（进除氧器之前）作为低温水来吸收排污扩容后的闪蒸汽。在乏汽吸收装置内，乏汽通过射流装置和两层汽水混合装置将低温水和乏汽进行汽水混合吸收，混合成80℃左右的热水；此热水进入乏汽回收装置的集水装置，然后通过回收

装置下的变频水泵在液位信号的调节下输送到除盐水总管。送入乏汽回收装置的常温除盐水可通过气动调节阀进行流量控制，气动调节阀的控制信号取自乏汽回收动力头温度传感器。

高压闪蒸罐闪蒸后的排污水进入排污水收集罐，从闪蒸罐出来的水汇集到总管然后经收集罐下面的水泵输送到车间工业水用户进行再利用。

5 经济效益分析

首钢京唐钢铁厂转炉汽化冷却装置的排污水系统的改造经济效益主要体现在乏汽热能及除盐水的回收。

现以一台转炉为例计算回收的经济效益。计算条件如下：

（1）一台转炉的排污水量为10t/h，排污水的温度为235℃；根据乏汽量计算高压排污水闪蒸到大气压下的乏汽量为1.8t/h；年运行时间按7200h计；

（2）标准煤热焓值7000 kcal/kg，价格800元/t；

（3）新蒸汽的价格为100元/t（压力为0.8MPa，焓值为665 kcal/kg）；

（4）除盐水价格：12.85元/t；工业水价格4元/t，电价：0.42元/kW·h。

计算结果如下：

（1）全年回收乏汽量：7200×1.8=12960t/a；

（2）全年回收乏汽的除盐水价值：

12960×12.85=16.65万元/年

（3）全年回收排污水转换为工业水价值：

（10−1.8）×7200×4=23.62万元/年

（4）全年回收乏汽的热焓价值折合标准煤的价值：

12960×665÷7000×800=98.50万元/年

（5）一台转炉排污水回收热能和水的价值为：

16.65+23.62+98050=138.77万元/年

（6）首钢京唐炼钢厂一期工程炼钢连铸系统共建设5座转炉，排污水回收热能和水的总价值为693.85万元/年。

6 调试效果及改进

（1）首钢京唐钢铁厂转炉汽化冷却装置的排污水系统的改造工程已于2012年9月底完成设备的安装，目前已完成脱磷转炉排污水回收系统的联合调

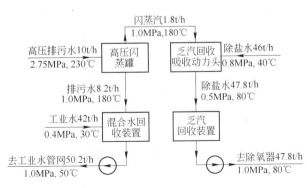

图1 转炉高压排污水回收流程

试，调试效果良好。该套系统投入运行后不仅消除热污染，实现清洁文明生产；还可回收乏汽热能及凝结水，实现零排放，每年可实现经济效益 693.85 万元。

（2）首钢京唐钢铁厂转炉汽化冷却装置排污水系统改造工程虽通过闪蒸罐回收了排污水的一部分热量，但是闪蒸罐排出的高温热水的热量没得到完全回收，这部分低温热能可通过螺杆膨胀压缩机或其他低温余热回收设备进行回收，以充分利用排污水的余能，提高排污水余热的利用率。

7　结语

首钢京唐钢铁厂转炉汽化冷却装置排污水系统投入运行后不仅消除热污染，实现清洁生产；还可回收乏汽热能及凝结水，实现零排放，每年可实现经济效益 693.85 万元。

参考文献

[1] 于益民，杨帅. 热电厂排污水回收利用工艺方法的探讨 [C].中国石油和化工勘察设计协会热工专委会热工中心站 2010 年年度论文集.

迁钢 2×50MW 燃气-蒸汽联合循环（CCPP）发电的研究

徐迎超　樊　泳　苗建涛　周玉磊　寇彦德

（北京首钢国际工程技术有限公司，北京 100043）

摘　要：首钢迁钢钢厂 2×50MW 燃气-蒸汽联合循环（CCPP）发电工程结合目前机组运行情况，对燃气-蒸汽联合循环发电机组系统做了以下改进：余热锅炉采用双压锅炉，余热锅炉主蒸汽参数采用次高压高温蒸汽；蒸汽轮机采用次高压高温机组，综合提高了汽机发电效率；凝汽器采用带旁路及自除氧功能的凝汽器，缩短了机组启动时间，解决了机组启动和停止的蒸汽放散问题，符合国家节能降耗的政策。

关键词：煤气；CCPP；燃气轮机；旁路；凝汽器

50MW Fuel Gas–Steam Combined Cycle Power Plant Research

Xu Yingchao　Fan Yong　Miao Jiantao　Zhou Yulei　Kou Yande

(Beijing Shougang International Engineering Technology Co., Ltd., Beijing 100043)

Abstract: 2×50MW fuel gas-steam combined cycle power project of Shougang Qiangang steel plant in combination with the current operation circs, the following improvements on the system of CCPP:HRSG adopted double pressure boiler, the parameter of main steam is sub-high pressure and high temperature; the steam turbine used sub-high pressure and high temperature steam turbine, comprehensive improve the steam turbine power generation efficiency; condenser with bypass and deaeration function, shortening the start time of the unit, solves the steam bleeding of unit start and stop, in line with the national energy saving policy.

Key words: fuel gas; CCPP; gas turbine; bypass; condenser

1 引言

　　燃气蒸汽联合循环发电机组，简称 CCPP。燃气轮机是从飞机喷气式发动机的技术演变而来的，它通过压气机涡轮将空气压缩，高压空气在燃烧室与燃料混合燃烧，使空气急剧膨胀做功，推动动力涡轮旋转做功驱动发电机发电。燃气轮机自身的发电效率不算很高，一般在 30%～35%，但是其产生的废热烟气温度高达 450～550℃，可以通过余热锅炉再次回收热能转换成蒸汽，驱动蒸汽轮机再发一次电，从而形成燃气轮机-蒸汽轮机联合循环发电，发电效率可以达到 58%~60%，一些大型机组甚至可以超过 60%。因为燃气轮机为旋转持续做功，可以利用热值比较低的燃料气体，同时，还具有开、

停机快，运行负荷调节幅度大速度快等特点，该技术在钢铁行业中得到快速应用，用于回收其高炉、焦炉生产过程中产生的大量气体燃料副产品（高炉煤气、焦炉煤气）进行发电，提高了发电效率，又能很好地满足钢铁企业煤气动态平衡的需要，减少放散[1]。

　　CCPP 中的锅炉和汽机都可以外供蒸汽，联合循环可以灵活组成热电联产工厂。在 CCPP 系统中有一个煤气压缩机(GC) 单元，特别在低热值煤气发电中，煤气压缩机比较大。众所周知，余热锅炉加蒸汽轮机发电是常规技术，CCPP 的技术核心是燃气轮机，燃气轮机一般是透平空压机、燃烧器与燃气透平机组合的总称。电力工业采用的 CCPP 常用天然气、重油等高热值燃料，钢铁厂 CCPP 以高炉

煤气为主，有的工厂有可能掺入少量焦炉煤气，用于发电的煤气热值(800～1350) ×4.18 kJ/m³，只是天然气的 1/10～1/6。低热值煤气燃烧不易稳定，煤气体积庞大，煤气压缩功增加，增加了低热值 CCPP 技术的难度。低热值煤气的燃烧技术主要有两种技术流派：一种是采用单筒燃烧器的燃气轮机，使用的煤气热值可在 800×4.18 kJ/m³ 左右，如 ABB、新比隆公司的产品； 另外一种是多筒燃烧器的燃机，多用于煤气化联合循环发电(IGCC)，煤气热值 1334×4.18 kJ/m³，煤气含 H₂ 量 10% 左右，如 GE 公司与三菱公司的产品，通钢、马钢采用了这种机组[2]。CCPP 从设备布置方面分为两种：一种为单轴布置，即煤气压缩机、汽轮机、发电机、燃气轮机在同一轴上，单轴布置工作效率高，布置紧凑，占地面积小；另一种为双轴布置，即煤气压缩机、燃气轮机、发电机共轴，蒸汽轮机、发电机共轴，这种设备布置方式需要 2 台发电机，分轴布置工作效率较低，占地大，但可以分开建设。

2 CCPP 发电机组的选择及工艺流程

50MW CCPP 电站采用日本三菱重工公司生产的 M251S 型分轴布置机组，CCPP 发电机组主要设备为：M251S 型燃气轮机(含空气压缩机)、28.5MW

燃气轮机发电机、余热锅炉、煤气压缩机、煤气电除尘器、煤气冷却器、蒸汽轮机、25.0MW 蒸汽轮发电机。

日本三菱重工公司的 CCPP 发电机组工艺主要系统为：燃机发电系统、余热锅炉系统及蒸汽轮机发电系统。

2.1 燃机发电系统

燃机发电系统包括煤气系统、润滑油系统、控制油系统、闭式冷却水系统、CO₂ 灭火保护系统系统、空气系统及叶片清洗系统。

2.1.1 煤气系统

高炉煤气和焦炉煤气在煤气混合器中混合，混合热值达到 4187～4605 kJ/Nm³,以保证燃气轮机的稳定燃烧。煤气混合后进入电除尘器，含有灰尘的煤气通过静电除尘器，悬浮在煤气中的灰尘和液体颗粒带上电荷并在强电场的作用下向集电极移动，使煤气含尘量降至 1mg/m³ 以下，满足煤气压缩机入口含尘浓度的要求，并经过煤气管道进入煤气压缩机。高温高压的煤气经过煤气管道进入燃气轮机，煤气与空气混合在燃气轮机中燃烧，燃烧后的高压高温烟气推动叶轮驱动发动机发电，煤气系统流程见图 1。

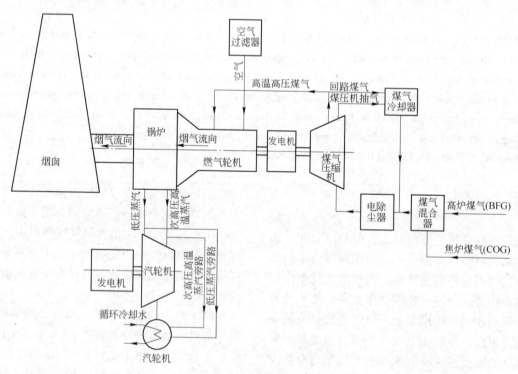

图 1 工艺流程

为保护燃气轮机和煤气压缩机叶片，在压缩机高压侧、中压侧和低压侧设有回气管，回流煤气经过煤气冷却器降温和减压后返回到电除尘器入口。

燃气轮机在部分负荷运行，或甩负荷，或燃气轮机跳闸时，煤气压缩机出口的高压煤气通过旁通阀组，进入煤气冷却器降温、减压后返回电除尘器入口，返回管网。

2.1.2 润滑油系统

润滑油系统为给燃气轮机、煤气压缩机、发电机及增速传动装置提供润滑油。

在开机和停机时，润滑油从油箱进入交流电机驱动的辅助油泵，经油冷却器、油过滤器供给机组所有的轴承使用。全厂停电时，由直流电机驱动的事故供油泵提供机组停机所需润滑油。

2.1.3 控制油系统

控制油系统为液压启动燃料气体控制阀门和燃气压缩机入口调节阀提供控制油，机组在正常运行、启动和停机过程中，控制油从油箱进入交流电机驱动主控制油泵，经油冷却器、油过滤器供给液压装置使用。

2.1.4 闭式循环冷却水系统

闭式冷却水系统采用除盐水作为冷媒，经闭式循环水泵增压后送入机组的主电机空气冷却器、润滑油冷却器进行换热。闭式循环水与净环水进行间接换热。每套机组设置一套独立的循环水增压泵站，站内设循环水增压泵、水水热交换器，循环水过滤器。净环水由循环水增压泵增压后经板式热交换器与闭式循环冷却水进行换热。闭式循环水增压泵站设在余热锅炉侧面。闭式循环水系统设定压水罐，用来维持闭式循环冷却水管路中的压力及排出管道中由于温度升高而散失的闪蒸汽。

2.1.5 CO_2 灭火保护系统

防火系统包括：可自动投运的 CO_2 型灭火系统，用于燃气轮机、煤气压缩机，包括温度传感设施、CO_2 气瓶、喷嘴和所有需内部连接的管道、接线。

2.1.6 空气系统

燃气轮机为单循环、单轴和重负载型。燃气轮机主要包括轴流型压缩机、多筒型燃烧室及轴流式燃机。空气压缩机转子和燃机转子连接在一根轴上。空气压缩机是通过燃机的转动将过滤后的压缩空气送入燃烧室，与煤气混合燃烧[3]。空气压缩机产生的大部分压缩空气与煤气混合燃烧，小部分压缩空气经过滤器，由闭式水冷却后对燃气轮机叶片进行冷却，防止燃气轮机叶片温度超过其材料允许的温度。

2.1.7 叶片清洗系统

停机及运行期间，配备湿式手动清洗系统用于清洁压缩机。

2.2 余热锅炉系统

燃气轮机燃烧完排出的 500~600℃ 的高温烟气，通过省煤器、蒸发器、过热器将锅炉中的高压水和低压水加热成次高压高温蒸汽和低压蒸汽。这个过程属于常规的余热回收利用。

2.3 蒸汽轮机发电系统

蒸汽轮机发电机组分别设主蒸汽系统、抽汽系统、润滑油系统、控制油系统、凝结水系统、真空系统、轴封系统、凝结水系统、疏放水系统。

2.3.1 主蒸汽系统

余热锅炉送出两种参数蒸汽，一种为压力 6.0 MPa，温度 530℃ 的次高压蒸汽，另一种为压力 0.8 MPa，温度 230℃ 的低压蒸汽。由余热锅炉高压过热器送出的次高压蒸汽出口通过管道送至汽轮机高压蒸汽入口。由余热锅炉低压过热器送出的低压蒸汽通过管道送至汽轮机低压蒸汽入口（图 1）。蒸汽进入汽轮机后推动汽轮机叶片做功，通过汽轮机最后级的蒸汽做完功后排入凝汽器冷却，排汽在恒压下被冷却，经抽气器的作用，在汽轮机汽排汽口和凝汽器蒸汽空间形成真空，冷却水带走蒸汽冷凝放出的热量，将蒸汽凝结为水。

当汽轮机启动、停机、负荷变化时，主蒸汽系统设有旁路装置。余热锅炉送出的次高压蒸汽及低压蒸汽全部由蒸汽旁路管直接排入凝汽器冷却变为凝结水。旁路装置通过减温减压阀，将主蒸汽的温度和压力降低后进入凝汽器。减温所用冷却水由给水泵供给。

在电厂启动期间，将蒸汽通入冷凝器是为了增压和暖机。在蒸汽进入条件形成后，蒸汽被导入蒸汽轮机，汽机旁路阀门逐渐关闭。汽机旁路阀门完全关闭后，在后备模式中的压力设定点被设定为实际蒸汽压力加上一定的余量，以避免由于某种原因造成压力超高。

2.3.2 抽汽系统

主要包括抽汽调节阀以及抽汽管道。蒸汽轮机设抽汽口，抽汽参数满足管网蒸汽使用要求，额定抽汽压力确定为 1.1MPa，额定抽汽量为 30t/h，最大抽汽量为 40t/h。

2.3.3 润滑油系统

润滑油系统为蒸汽轮机、发电机、增速传动装置和盘车装置提供润滑油。在开机和停机时，润滑油从油箱进入交流电机驱动的辅助油泵，经油冷却器、油过滤器供给机组所有的轴承使用。全厂停电时，由直流电机驱动的事故供油泵提供机组停机所需润滑油。

2.3.4 控制油系统

控制油系统，建立在以数字控制系统为基础的电信号上，对蒸汽调节阀等提供控制油，机组在正常运行、启动和停机过程中，控制油从油箱进入交流电机驱动主控制油泵，经油冷却器、油过滤器供给液压装置使用。

2.3.5 凝结水系统

凝结水系统设有两台低压凝结水泵（一用一备），两台高压凝结水泵（一用一备）。蒸汽进入凝汽器凝结为水后，由低压凝结水泵将冷凝水加压，冷凝水经汽封冷却器，燃气轮机的空气冷却器，然后由高压凝结水泵加压，送给余热锅炉的除氧器。当汽轮机启动、停机、负荷变化及主蒸汽旁路管运行时，由高压凝结水泵出口管道提供汽轮机排汽管和汽轮机喷水减温。

2.3.6 真空系统

冷凝器抽空气系统为带吸入式空气喷射器的整套水环真空泵。通常设计为 2 台 100%负荷泵，正常情况下一台泵运行一台泵用。两水环真空泵并联运行产生真空，真空下降时间少于 30min。抽真空时吸入式空气喷射器旁路。当冷凝器内蒸汽压力降至预期水平，启动吸入式空气喷射器产生吸入压力。当真空度满足要求时，停备用泵，保持备用状态。

2.3.7 轴封系统

蒸汽轮机轴封由迷宫汽封、套筒和板型弹簧组成。迷宫汽封分成几段，并由套筒的 T 形或 L 形凹槽固定。板型弹簧将汽封段压入套筒凹槽，使得密封条与转子轴间间隙保持最小。启停、负荷波动变化时，轴封系统可自动调节，保持轴封蒸汽压力恒定。轴封系统主要包括轴封蒸汽控制阀、减温水控制、轴封冷却器、轴封排气风机。

2.3.8 疏放水系统

疏放水系统主要包括汽机本体疏水、主蒸汽管道疏水、疏水扩容器，用于回收利用疏放水。

3 目前 50MW 燃气-蒸汽联合循环发电机组存在的问题

（1）燃气-蒸汽联合循环发电机组燃机额定出力 28.5MW，蒸汽轮机采用中压中温蒸汽轮机，额定出力不足 20MW，所以发电量并未达到综合指标 50MW。

（2）燃气-蒸汽联合循环发电机组在启动和停止时，余热锅炉的蒸汽参数不满足蒸汽轮机进汽要求，所以大量蒸汽需要放散。同时蒸汽轮机在启动时需要外来蒸汽进行暖机，这样就存在着能量严重浪费。

4 50MW 燃气-蒸汽联合循环发电机组主要技术研究

4.1 50MW 燃气-蒸汽联合循环发电机组余热锅炉和汽轮机形式的研究

4.1.1 中压余热锅炉和双压余热锅炉产气量比较

根据表 1 可知，中压余热锅炉蒸汽产量高。双压余热锅炉蒸汽品质高。蒸汽产量和品质共同影响着汽轮发电机组的发电量，仅从表 1 中无法确定余热锅炉的形式，但是余热锅炉所产的蒸汽是为蒸汽轮发电机组服务的，所以余热锅炉的形式取决于余热锅炉所产生的蒸汽发电量大小。

表 1　中压余热锅炉和双压余热锅炉产汽量

项　　目	单压余热锅炉	双压余热锅炉
主蒸汽压力/MPa	3.52	6.0
主蒸汽温度/℃	440	530
主蒸汽产量/t·h⁻¹	100	72
低压蒸汽压力/MPa		0.8
低压蒸汽温度/℃		230
低压蒸汽产量/t·h⁻¹		10.4
主蒸汽焓/kJ·kg⁻¹	3379	3547
低压蒸汽焓/kJ·kg⁻¹		2935

4.1.2 中压汽轮机和次高压高温带补汽的汽轮机发电量比较

由表 2 可知，次高压高温带补汽的汽轮发电机组仅主蒸汽发电量已比中压汽轮发电机组高 1.7MW，次高压高温带补汽的汽轮发电机组总的发电量比中压汽轮发电机组高 3.38MW，从而使燃气-蒸汽联合循环发电机组额定出力达到 50MW。

表 2　中压汽轮发电机组和带补汽的次高压高温汽轮机组发电量

项　　目	中压汽轮发电机组	次高压高温带补汽的汽轮发电机组
主蒸汽压力/MPa	3.43	5.68
主蒸汽温度/℃	435	525
主蒸汽产量/t·h⁻¹	100	72
低压蒸汽压力/MPa		0.6
低压蒸汽温度/℃		220
低压蒸汽产量/t·h⁻¹		10.4
主蒸汽汽耗率/kg·(kW·h)⁻¹	5.125	3.395
低压蒸汽汽耗率/kg·(kW·h)⁻¹		6.17
主蒸汽发电量/MW	19.51	21.21
低压蒸汽发电量/MW		1.68
总发电量/MW	19.51	22.89

综合以上结论,50MW 燃气–蒸汽联合循环发电机组余热锅炉采用双压余热锅炉,双压余热锅炉的蒸汽参数分别选用次高压高温（p=6.0MPa，t=530℃）和低压过热（p=0.8MPa，t=230℃）两种参数。汽轮机发电机组采用次高压带补汽的汽轮发电机组。

4.2 带旁路凝汽器的研究

带旁路的凝汽器在机组启动及停机时投入运行，缩短 CCPP 机组启动时间，减少蒸汽放散。带旁路的凝汽器难点在于主蒸汽压力和温度降幅较大，主蒸汽在进入凝汽器时压力必须降至凝汽器可以承受的压力。

所以采用双级减压和减温来实现主蒸汽减压和降温，见图 2。一级减压由压力调节阀完成，压力由 5.68MPa 减至 0.5MPa；一级减温采用低压给水喷水减温，温度由 525℃降至 152℃。二级减压由节流孔板完成，节流孔板安装在凝汽器喉部，压力由 0.5MPa 减至 0.06MPa；二级减温采用凝结水喷淋减温，温度由 152℃降至 102℃，再经过凝汽器循环冷却水冷却后，蒸汽凝结成水，凝结水通过凝结水泵加压后送入余热锅炉循环使用。

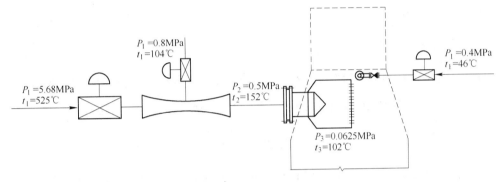

图 2　带旁路凝汽器流程

4.3 自除氧式凝汽器的研究

除氧式凝汽器与常规的凝汽器很相似。在正常运行时，补给水经雾化后与汽轮机排汽一起经过凝汽器管束。此时，补给水被加热到凝汽器压力下的饱和温度，氧气被分离出来，并由真空泵抽排出凝汽器[4]。降低了对外来热源的依赖。

5　结论

双压余热锅炉及次高压高温带补汽的汽轮发电机组的应用，提高了燃气–蒸汽联合循环发电机组的综合效率，从而使燃机发电机和汽轮机发电机额定出力达到 50MW。

带旁路及自除氧功能的凝汽器技术，解决了燃气–蒸汽联合循环发电机组在启动及停机时蒸汽放散问题；降低对外来热源的依靠。满足了节能降耗要求。

参考文献

[1] 彭艺辉.燃气蒸汽联合循环（CCPP）发电技术[J]. 柳钢科技，2011(1): 57.

[2] 刘海宁, 陆明春.浅谈钢铁公司自备电厂燃气–蒸汽联合循环发电技术（CCPP）[J]. 天津冶金，2007(5)：56.

[3] 徐迎超, 阎波, 樊泳, 崔合群, 周玉磊.燃气–蒸汽联合循环（CCPP）发电在首钢迁钢公司中的应用[J]. 冶金动力，2012(1):28.

[4] 梁艳波, 王为, 王连凯.除氧式凝汽器的设计特点及许用原则[J].汽轮机技术，1997(6)：333.

（原文发表于《冶金动力》2012 年第 1 期）

钢铁厂低压饱和蒸汽发电技术探讨

周玉磊

(北京首钢国际工程技术有限公司，北京 100043)

摘　要：本文通过首钢迁钢低压饱和蒸汽发电工程的介绍，探讨了在冶金企业中对余热蒸汽利用的有效方式和所能达到的良好的经济效益。

关键词：钢铁厂；饱和蒸汽；发电

Discussion of Generation Technology Utilizing Low Pressure Saturated Steam in Iron & Steel Plant

Zhou Yulei

(Beijing Shougang International Engineering Technology Co., Ltd., Beijing 100043)

Abstract: Through the introduce of generation technology utilizing low pressure saturated steam in Shougang Qian'an Iron & Steel Plant, the efficient ways in utilizing low pressure saturated steam and the benefit are discussing.

Key words: iron & steel plant；saturated steam；generation

1 引言

在钢铁厂中，蒸汽主要用于工艺过程的加热、伴热、保温以及煤气管道的吹等等。随着我国对节能减排的重视，以及《中华人民共和国节约能源法》的实施，各行各业对余热余能的利用也越来越高。钢铁行业是耗能的大户，其生产过程中将产生大量的余热。因此各企业都在积极落实余热利用问题。在蒸汽回收方面，有很多具体的节能措施，如干熄焦余热锅炉、转炉汽化冷却、烧结环冷机余热锅炉、轧钢加热炉汽化冷却等。由于各工艺过程回收的蒸汽不断增加，利用余热所回收的蒸汽不但能满足正常情况下全厂的使用，有时还会出现放散现象，这在南方的钢厂及北方钢厂的非采暖季节尤其明显。这不但造成了能源（包括热能及水）的极大浪费，同时对环境也造成了一定的污染。因此，如何充分利用这部分蒸汽日渐成为当前各冶金企业需要解决的问题之一。

由于在钢铁厂所回收的蒸汽多为 0.8~1.27MPa 的饱和蒸汽，可以有多种利用方式。如采用蒸汽泵代替电动泵、采用低压蒸汽螺杆发电技术、低压饱和蒸汽汽轮发电技术等。各种方式在使用中存在着投资、规模、效率、安全性、灵活性等各方面的差别。综合各种因素后，首钢迁安钢铁厂采取了饱和蒸汽汽轮发电的技术，下面将对其进行简要的介绍。

2 首钢迁钢余热蒸汽现状

首钢迁安钢铁厂全厂余热回收蒸汽的主要设施有：干熄焦（CDQ）余热锅炉、烧结余热锅炉、转炉汽化冷装置、2160mm 热轧加热炉汽化冷却装置等。其中 CDQ 的余热锅炉所产蒸汽为高温高压蒸汽，配置了抽凝式汽轮发电机组，所抽蒸汽用于焦化全厂工艺及公辅系统用汽，使蒸汽得以有效利用。而其余的余热设施所产蒸汽均为 1.0MPa 的饱和蒸汽，总量约为 210t/h。而钢厂总的平均耗汽量如下：春秋季 130t/h、夏季 143t/h、冬季 238t/h。在冬季用汽不足时，可由钢厂的自备电站抽汽进行补充，但夏季富裕 67t/h，春秋季富裕 80 t/h，只能进行放散。

为了回收这部分能源，决定新建一座饱和蒸汽发电站，内设发电量为 6MW 的纯凝发电机组 2 台，以及配套辅机设备。

3 技术方案的选择及特点

由于钢铁厂余热所产蒸汽多为饱和蒸汽，其不同于过热蒸汽。目前利于这种低压饱和蒸汽发电的技术也有几种。一种是采用螺杆膨胀动力机技术，其基本构造是由一对螺旋转子和机壳组成的动力机。工作原理是流体进入螺杆齿槽，压力推动螺杆转动，齿槽容积增加，流体降压膨胀做功，实现能量转换。既可以用于发电，也可以用于驱动泵、压缩机、风机等。这种技术是近几年新研制的新技术，其特点如下：

（1）适用热源广泛：同时适合过热蒸汽、饱和蒸汽、汽水混合物、热水、易结垢污染热源、石化热工质等；

（2）热源参数波动：允许热源的压力、流量、温度有较大的波动，机组能安全平稳运行；

（3）操作简单：机组运行可以不暖机车、不盘车、不飞车；长期无大修、维修简单；设备不易损坏，可手动和自动操作，不会出现安全事故；

（4）安装投运方便：机组占地小，基础简单、现场安装方便，可以整机快装、移动，通用性强。

螺杆膨胀动力机的主要技术参数指标如下：

（1）机组承压：小于 3.5MPa；

（2）介质温度：小于 300℃；

（3）进出口膨胀压差：小于 1.0MPa；

（4）热水热液温度：大于 145℃；

（5）内效率：75%~80%；

（6）额定转速：1500~3000r/min；

（7）单机输出功率：100~1500kW；

（8）润滑油要求：根据环境选择 N42、N68 汽轮机油；

（9）冷却水：水量小于 4t/h；水温小于 40℃；水压大于 0.05MPa。

总之，螺杆膨胀动力机能够简单、方便地回收部分余压，但由于受其结构所限，也有一些不足之处。首先，螺杆膨胀动力机是利用流体的压差来做功，其最大压差不超过 1.0MPa，如果入口压力较高，必将剩余较高的背压不能充分利用，而不能解决多余蒸汽问题，只是降低了蒸汽的压力。其次，由于采用的是螺杆，螺杆直径无法制作太大，因此单机功率较小，如果蒸汽量较多，所建机组数量太多。另外，与汽轮发电机相比，其转换效率还是较低。

因此，根据首钢迁钢饱和蒸汽的特点，决定采

用汽轮机发电技术。但常规的汽轮发电机组的进汽均为过热蒸汽，为防止蒸汽带水对汽轮机叶片造成损坏，需采取一些措施。如在进汽口前增设旋流式带蒸汽过滤网汽水分离器，通流部分各压力级前设置疏水槽沟，末三级隔板设置除湿疏水环形槽，末一、二级叶片等进汽边硬化处理。

4 主要设计内容

4.1 发电站机组选型

根据低压饱和蒸汽富裕量，最终选用了杭州中能汽轮动力有限公司 2 台 6.5MW 凝汽式汽轮发电机组。发电站在非采暖期运行，可根据全厂蒸汽富裕情况来确定机组运行台数及负荷，采暖期进行设备的检修。所回收的凝结水全部送入厂区凝结水管网，作为各余热利用设施的补水，实现能源的完全回收利用。

4.2 汽轮发电机组的主要配置及技术参数

（1）汽轮机：单缸、冲动、凝汽式汽轮发电机。

型号：N6.5-1.0

额定工况参数：

进汽压力：1.0±0.2 MPa（A）

进汽温度：饱和温度

排汽压力：0.01MPa（A）

进汽流量：45t/h

循环水温度：33℃

冷却水清洁系数：0.8

汽耗：6.928 kg/（kW·h）

热耗：17957 kJ/（kW·h）

循环水量：3400t/h

发电机功率：6495 kW

（2）发电机：2 台。

型号：QF-W6-2

有功功率：6MW

定子电压：10.5kV

额定转速：3000r/min

频率：50Hz

功率因数：0.8（滞后）

相数：3

绝缘等级：F

励磁方式：无刷励磁

冷却方式：空气冷却

4.3 调节系统

采用美国 WOODWARD 公司 505 数字式电液调

速器+引进西门子技术制造的液压执行系统，并能实现蒸汽压力前压调节，调节油系统有滤油器。根据进汽过程，由前压系统输出电信号通过"505"对汽轮机进汽阀进行调节，从而控制汽轮机的进汽流量，保证进汽压力范围的稳定。

4.4 主要热力系统

发电站为纯凝式发电厂。主蒸汽管道、凝结水管道采用母管制系统。

每套机组凝结水系统机组各设两台 100%容量的凝结水泵，凝结水经凝结水泵送至厂区凝结水管网，最终作为各余热设施的补水。

汽轮机凝汽器、油冷却器、发电机空气冷却器及各辅机的轴封冷却水由循环冷却水系统提供。

为保证电站安全，在发电站室外设有地下事故排油箱。

4.5 汽机主厂房布置

汽轮发电机组采用纵向布置，以利于底层采光和通风及维护检修方便。汽机间跨度18m，长度54m，柱距6m，操作层标高7.00m，汽机操作室及配电室布置在电站偏跨的辅助间内；底层布置汽轮机辅助设备：凝结水泵、胶球清洗装置等。汽机间内设有电动双梁桥式起重机（20t/5t，跨距13.5m，轻级工作制）一台，供设备检修用，吊车轨顶标高 14.5m。

5 经济效益分析

由于迁钢饱和蒸汽发电在非采暖季运行，其年运行小时数按5000h考虑。汽机的负荷受富裕蒸汽量的影响，蒸汽量平均按64t/h计算，汽机平均负荷按70%，则年回收蒸汽32万吨，年发电4550万kW·h。如果 1kW·h 的电按 0.45 元计算，则每年可节约电费约 2000 万元，工程总投资约 4000 万元，两年则可回收全部成本。此外，每年回收的蒸汽可折合约 4万吨标煤，年减少 CO_2 排放约 8 万吨，经济效益和环保效益十分可观，是非常值得推广的技术。

6 结论

为了充分利用能源，应根据不同的蒸汽特点，选择相适应的技术方案及设施，才能使能源得到最合理的利用。首钢迁安钢铁厂采用的饱和蒸汽发电技术，具有很好的经济及环保效益。

（原文发表于《冶金动力》2009 年第 1 期）

工厂设计中燃烧高炉煤气锅炉的热平衡简化计算探讨

周玉磊

(北京首钢国际工程技术有限公司，北京 100043)

摘 要：本文在传统的燃煤锅炉热平衡计算的基础上，针对高炉煤气这种燃料，分别对燃料燃烧所需空气量、燃烧产生的烟气量、锅炉的热平衡及热效率计算过程进行了归纳及简化，使其在高炉煤气锅炉的热平衡计算中更加简捷、准确，从而为设备的选型及工艺设计提供了较为准确的依据，并在上海威钢能源有限公司高炉煤气发电等工程的设计中得到成功的验证和应用。

关键词：高炉煤气锅炉；热平衡；简化计算

Heat Balance Calculation of Blast Furnace Gas Fired Boiler

Zhou Yulei

(Beijing Shougang International Engineering Technology Co., Ltd., Beijing 100043)

Abstract：On the basis of traditional calculate method of boiler heat balance, the authors have given a summation and simplification of the calculate method aimed at the fuel of blast furnace gas, so it will be very simple and veracious. It has been successfully proved by the blast furnace gas power station of Shanghai Weigang Energy Co. Ltd.

Key words：blast furnace gas; boiler; heat balance

1 引言

钢铁企业在炼铁时将会产生大量的高炉煤气，这些煤气具有发生量大、热值低（一般不超过 3600kJ/Nm³）、供应与使用中波动性大等特点。因此除炼铁工艺中热风炉等系统消耗掉 40% 左右以外，其余部分以往则采用火炬燃烧等方式排放，重点钢铁企业和骨干钢铁企业的放散率分别为 11.14% 和 15.39%，一则对大气造成严重污染，二来浪费了大量的能源。因此对高炉煤气的利用问题是我国现有钢铁企业的一大难题。由于除热风炉及焦炉等这些保证用户外，高炉煤气可用于动力系统等缓冲用户，而缓冲用户为保持自己的负荷稳定，有时需采用混合燃料。而对于纯高炉煤气的利用主要有以下几种方式：效率最高的就是建立蒸汽—燃气联合循环电站（CCPP），并实行热电联产。例如宝钢的 CCPP 电站，纯发电额定负荷时效率可达 45.5%，负荷降

至 75% 时，效率为 43%，当负荷降至 50% 时，其效率仍可达到 36%。但是由于这种方案投资太高，并且尚需进一步的实践检验及技术积累，因此在大多数钢铁企业内尚未得到推广。因此，常常倾向于采用高炉煤气锅炉，既可以用来提供工厂用汽，也可用于发电，对燃烧高炉煤气锅炉的热平衡计算将会越来越多地被钢铁企业采用。然而以往的锅炉热平衡计算，一般适宜燃煤为主，因此不够直观、方便的进行计算。本文将针对高炉煤气这种燃料的锅炉的热平衡计算，尤其是大型高炉煤气锅炉的计算，进行归纳及简化，并对其中部分参数的选取提出了建议，希望对今后的此类计算能带来方便。

2 热平衡计算

高炉煤气的主要成分为 CO、N_2、H_2、CO_2，此外还有部分水蒸气、尘埃及微量的 CH_4 等，在计算中 CH_4 可忽略不计。高炉煤气的成分（体积百分比）

见表1。

表1　高炉煤气成分

高炉煤气成分	范　围	平　均
CO	21~25	23.2
H_2	1~4	3.1
CO_2	19~25	22.4
N_2	50~57	51.3
含水量/g·Nm^{-3}		<10
含尘量/mg·Nm^{-3}		<50
低位热值/kJ·Nm^{-3}	3000~3600	3266

燃料燃烧计算包括燃料燃烧所需的空气量、燃烧后生成的烟气量、空气和烟气焓等。燃烧计算是锅炉热平衡和进行热力计算的基础，也是空气动力计算和选择鼓、引风机的依据，是锅炉设计及锅炉房布置中不可缺少的一项工作。

2.1　燃料燃烧所需的空气量[1]

2.1.1　理论(干)空气量 V_k^0

理论空气量是燃料中的各种可燃成分完全燃烧所需的空气量之和（扣除燃料本身的含氧量）。由于高炉煤气中可燃成分为一氧化碳和氢气，所以其所需空气量的计算公式如下：

$$V_k^0=1/21(0.5CO+0.5H_2) \qquad (1)$$

2.1.2　实际空气量 V_k

$$V_k=\alpha V_k^0 \qquad (2)$$

式中　α——过量空气系数。

过量空气系数是锅炉运行的重要指标，α 太大则增加烟气容积，造成排烟损失，α 太小则不能保证燃料完全燃烧，α 通常指锅炉出口处的空气过量系数。对于燃气锅炉，一般取 1.05~1.2，锅炉越大，α 越小。首钢 220t/h 全烧煤气锅炉，α 为 1.05，燃烧情况良好。

2.2　燃烧产物量计算

2.2.1　理论烟气量 V_y^0

理论烟气量是指在理论空气量($\alpha=1$)的条件下，达到完全燃烧时生成的烟气容积。计算时以 Nm^3 为单位，故：

$$V_y^0=0.01(CO+H_2+CO_2+N_2+0.124d_s) + 0.016V_k^0+0.79V_k^0 \qquad (3)$$

式中是以每公斤干空气含水量 10g 来计算水蒸气容积的。若所给定的空气含水量与此值相差很大时，应按下式修正：

$$\Delta V_{H_2O}=0.00161\alpha V_k^0(d-10) \qquad (4)$$

2.2.2　实际烟气容积 V_y

实际烟气容积是指在过量空气系数 $\alpha>1$ 时，完全燃烧后的烟气容积：

$$V_y=V_y^0+1.0161(\alpha-1)V_k^0 \qquad (5)$$

2.3　空气和烟气的焓

空气和烟气的焓是表示每立方米燃料所需理论空气量或生成的烟气量在等压下从 0℃加热到某一温度需要的热量。

2.3.1　理论空气焓 I_k^0 的计算

$$I_k^0=V_k^0(C_\theta)_k \qquad (6)$$

式中　$(C_\theta)_k$——1Nm^3 干空气连同其带入的水蒸汽在温度为 θ 时的焓，简称为 1Nm^3 干空气的湿空气焓(kJ/Nm^3)；

C——空气在 0℃到 θ℃时的平均比热。

各种温度下空气、烟气组成气体的焓值可通过查表得到。

2.3.2　烟气焓的计算

烟气的焓是烟气各种成分的焓的总和，当烟气温度为 θ℃时，理论烟气容积焓 I_y^0 的计算式为：

$$I_y^0=V_{CO_2}(C_\theta)_{CO_2}+V_{N_2}(C_\theta)_{N_2}+V_{H_2O}(C_\theta)_{H_2O} \qquad (7)$$

式中，V_{CO_2}，V_{N_2}，V_{H_2O} 分别为在 $\alpha=1$ 时，烟气中 CO_2、N_2、H_2O 的容积，Nm^3/Nm^3；$(C_\theta)_{CO_2}$，$(C_\theta)_{N_2}$，$(C_\theta)_{H_2O}$ 分别为二氧化碳、氮气、水蒸气在 θ℃时的焓，kJ/Nm^3，其值也可由表查出。

通常 $\alpha>1$ 时，烟气中除包括上述理论烟气外，还有过量空气，这部分过量空气的焓为：

$$\Delta I_k=(\alpha-1)I_k^0 \qquad (8)$$

烟气焓为：$I_y=I_y^0+(\alpha-1)I_k^0 \qquad (9)$

2.4　锅炉热平衡及热效率计算

2.4.1　锅炉热平衡的组成

燃料在锅炉中燃烧所放出的热量一部分通过受热面被锅炉中的水和蒸汽吸收而得到有效利用，其余部分则以不同的方式损失掉了，这种锅炉热量的收支平衡关系，即为热平衡。

对于燃气锅炉，锅炉的热平衡是以 1Nm^3 气体燃烧为单位的，热平衡可用下式表示：

$$Q_r=Q_1+Q_2+Q_3+Q_4 \qquad (10)$$

式中　Q_r——1Nm^3 燃料带入锅炉的热量，kJ/Nm^3；

Q_1——锅炉有效利用热量，kJ/Nm^3；

Q_2——排烟热损失，kJ/Nm^3；

Q_3——化学未完全燃烧热损失，kJ/Nm^3；

Q_4——锅炉散热损失，kJ/Nm^3。

空气在空气预热器中所吸收的热量及煤气在煤

气预热器中所吸收的热量又随高炉煤气进入炉膛，因此，在锅炉热平衡中不予考虑。在上式中两边分别除以 Q_r，则锅炉热平衡可用占输入热量的百分比表示，即：

$$q_1+q_2+q_3+q_4=100\% \qquad (11)$$

在这种热平衡计算的基础上，可以计算锅炉的热效率，用以判断锅炉的性能和运行水平，还可以计算锅炉的燃料消耗量。深入分析，测定各项热损失，则可以找到减少热损失，提高锅炉热效率的途径。

2.4.2　锅炉的热效率

锅炉热效率 η_{gl} 是指锅炉有效利用的热量占燃烧带入锅炉热量的百分数：

$$\eta_{gl}=q_1=100-(q_2+q_3+q_4) \qquad (12)$$

下面以 q_2、q_3、q_4 的选取分别讨论。

（1）排烟热损失 Q_2。排烟热损失 Q_2 是指排出锅炉的烟气具有的焓值高于进入锅炉的空气的焓值而造成的热损失。其值可按排烟焓与冷空气焓之差求得，即：

$$Q_2=I_{py}-\alpha_{py}I_{lk}^0 \qquad (13)$$
$$q_2=Q_2/Q_r \times 100=(I_{py}-\alpha_{py}I_{lk}^0)/Q_r \times 100 \qquad (14)$$

式中　I_{py}——排烟的焓，kJ/Nm³；

I_{lk}^0——进入锅炉的冷空气的焓，kJ/Nm³；

α_{py}——排烟处的过量空气系数。

排烟热损失的大小取决于排烟的焓值，即主要决定于排烟温度和烟气容积。排烟热损失是锅炉各项热损失较大的一项，一般为 5%~12%。排烟温度 θ_{py} 每增加 12~15℃，q_2 约增加 1%，故 θ_{py} 应量降低。一般大、中型锅炉的排烟温度为 110~180℃。炉膛出口过量空气系数 α_1，以及沿烟气流程各处烟道的漏风使 q_2 增大的原因，一是增大了排烟容积，二是漏风也使排烟温度升高。因为漏入烟道的冷空气使烟温降低，使漏风点以后所有受热面的传热量都减少，故使 θ_{py} 升高。

（2）化学未完全燃烧热损失 Q_3。化学未完全燃烧热损失 Q_3 是指排烟中含有未燃尽的 CO、H_2 等可燃气体造成的热损失。其值应等于各可燃烧气体容积与其容积发热量体积的总和，即：

$$Q_3=V_{gy}(126.4CO+108H_2) \qquad (15)$$

式中　V_{gy}——1m³ 燃料燃烧后生成的实际干烟气容积，Nm³/Nm³；

CO，H_2——干烟气中 CO、H_2 容积百分数，%。

对于运行的锅炉，经烟气分析，Q_3 值可按上式进行计算。但在设计锅炉中，则按经验值来选取，一般不到 1%。

（3）锅炉散热损失 Q_4。锅炉散热损失 Q_4 系

指炉墙、锅筒、集箱以及管道等外表面向外界空气散热所造成的热损失。其大小主要取决于散热表面积的大小、水冷壁和炉墙的结构、保温层的性能和厚度，以及周围空气的温度等因素，通常可按经验选取（图 1）。锅炉容量增大，其结构紧凑，平均到单位燃料的锅炉表面积减少，散热损失相对值也减少。

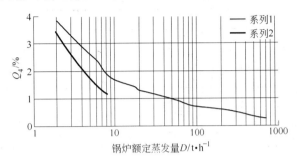

图 1　额定容量下锅炉的散热损失
系列 1—有尾部受热面的锅炉机组；
系列 2—无尾部受热面的锅炉机组

如果锅炉不在额定负荷下运行，其散热损失根据下式进行修正，即：

$$q'_4=q_4 \times D/D' \qquad (16)$$

式中　q'_4，q_4——锅炉额定负荷及运行负荷下的散热损失，%；

D'，D——锅炉额定负荷及运行负荷，kg/h。

（4）输入锅炉的燃料热量 Q_r。进入锅炉的热量 Q_r 可按下式计算（用于无外部热源加热空气的情况）：

$$Q_r=Q_{dw}^y+i_r \qquad (17)$$

式中　Q_{dw}^y——燃料的应用基低位发热量，kJ/Nm³；

i_r——燃料的物理显热，kJ/Nm³。

i_r 可按式（18）计算：

$$i_r=C_r^y t_r \qquad (18)$$

式中　C_r^y——燃料的应用基比热，kJ/（Nm³·℃）；

t_r——燃料温度，℃；

$C_r=4.18/100/\gamma_0[0.31(CO+H_2+N_2)+0.38CO_2]$；

γ_0——燃料的密度，kg/Nm³，$\gamma_0=0.0125CO+0.0009H_2+0.0192CO_2+0.0125N_2+0.008$ H_2O。

（5）锅炉燃料消耗量。锅炉燃料消耗量可按式（19）计算：

$$B=100[D_{gr}(i_{gr}-i_{gs})+D_{ps}(i_{ps}-i_{gs})]/\eta/Q_r \qquad (19)$$

式中　D_{gr}——过热蒸汽量，kg/h；

D_{ps}——锅炉机组排污水量，kg/h；

i_{gr}——过热蒸汽焓，kJ/kg；

i_{gs}——给水焓，kJ/kg；

i_{ps}——饱和水焓，kJ/kg。

3 计算实例

通过以上有关热平衡计算过程中基本概念的论述及计算公式的简化以及部分参数的选取，我们可以十分方便地对全烧高炉煤气锅炉的热平衡进行计算。我们在上海威钢能源有限公司发电工程中，进行了燃烧系统热力计算及空气动力计算，现将其中有关燃料计算及热平衡计算的部分结果列于表 2，并将杭州锅炉厂通过标准计算方法提供的计算结果列于表 3 及表 4。

表 2　上海威钢能源有限公司 220t/h 全烧高炉煤气锅炉热平衡计算表（简化计算方法）

序号	项　目	符号	单位	公　式	计算	结果
1	输入锅炉热	Q_r	kJ/Nm^3	$Q_{dwy}+i_r$	3266+30	3296
2	排烟温度	θ_{py}	℃			150
3	排烟焓	I_{py}	kJ/Nm^3	$I_y^0+(\alpha-1)I_k^0$		376.5
4	冷空气温度	t_{1K}	℃			15.7
5	冷空气理论焓	I_{py}	kJ/Nm^3			27.8
6	未完全燃烧热	q_3	%			0.3
7	散热损失	q_4	%			0.55
8	排烟热损失	q_2	%			10.38
9	总热损失	q	%	$q_2+q_3+q_4$		11.23
10	锅炉热效率	η	%	$100-q$		88.7
11	过热蒸汽焓	i_{gr}	kJ/kg			3476
12	给水温度	t_{gs}	℃			200
13	给水焓	i_{gs}	kJ/kg			856.8
14	过热蒸汽量	D	t/h			220
15	排污流量	D_{pw}	t/h	取 1%		2.2
16	饱和水焓	i_{pS}	kJ/kg			1402.6
17	锅炉有效热	Q_g	kJ/h	$D(i_{gr}-i_{gs})+D_{pw}(i_{ps}-i_{gs})$		5.77×10^5
18	燃料消耗量	B	Nm^3/h	$Q_g/\eta/Q_r$		19.74×10^4

表 3　220t/h 全烧高炉煤气锅炉燃料计算表（标准计算方法）

名称及符号	单位	结果	名称及符号	单位	结果
燃料 H_2 容积	%	1.9	燃料 N_2 容积	%	52.2
燃料 O_2 容积	%	0.8	燃料 CO 容积	%	24.5
燃料 CO_2 容积	%	20.4	燃料 SO_2 容积	%	0
燃料 H_2S 容积	%	0	燃料 CH_4S 容积	%	0.2
燃料 C_2H_6 容积	%	0	燃料 C_3H_8 容积	%	0
燃料 C_4H_{10} 容积	%	0	燃料 C_5H_{12} 容积	%	0
燃料 C_2H_4 容积	%	0	燃料 C_3H_6 容积	%	0
燃料 C_4H_8 容积	%	0	燃料 C_6H_6 容积	%	0
燃料 WW 容积	g/Nm^3	24016	气体燃料燃料热 Q_p	$kcal/Nm^3$	805.521
外加热量 Q_{wj}	$kcal/Nm^3$	0	炉内加热热量 Q_{nj}	$kcal/Nm^3$	56.26
燃料显热 Q_{xr}	$kcal/Nm^3$	6.722	理论空气量 V_{AIRA}	Nm^3/Nm^3	0.60928
H_2O 理论容积 V_{H2OA}	Nm^3/Nm^3	0.0627678	N_2 理论容积 V_{N2A}	Nm^3/Nm^3	1.00333
RO_2 理论容积 V_{RO2A}	Nm^3/Nm^3	0.451			

通过上述计算结果的比较，可以看出，用简化计算法得到的燃料消耗量等主要参数的精确度还是很高的。同时，采用简化计算方法，可不需知道详细的燃料成分，这在方案及初步设计阶段是非常实

表 4　220t/h 全烧高炉煤气锅炉热平衡计算表

（标准计算方法）

名称及符号	单位	结果	名称及符号	单位	结果
排烟热损失 q_2	%	10.6088	化学未完全燃料损失 q_3	%	52.2
散热损失 q_5	%	0.79	热量保留系数 ψ		0.9921
锅炉热效率 η_{gl}	%	88.1012	燃料消耗量 B	Nm³/h	1895350
计算燃料消耗量 B_j	Nm³/h	189535			

用的。

　　此外，此计算方法在马钢增建 220/h 全烧高炉煤气锅炉工程中也得到了同样的验证：马钢全燃高炉煤气锅炉在额定负荷时，高炉煤气的消耗量为

190000Nm³/h。

4　结论

　　（1）采用此算法非常简便。

　　（2）采用简化计算法的精度是足够的。

　　（3）采用简化计算可以无需知道十分详细的原始资料，对方案及初步设计阶段的辅机设备的选型等尤为适合。

参考文献

[1] 宋贵良. 锅炉计算手册[M].沈阳: 辽宁科学技术出版社, 1995.

[2] 工业锅炉房实用设计手册（上）[M]. 北京: 机械工业出版社, 1991.

[3] 张松寿.工程燃烧学[M]. 上海: 上海交通大学出版社, 1987.

（原文发表于《设计通讯》2003 年第 2 期）

焦炉装煤不燃烧法除尘及系统爆炸危险性控制

（北京首钢国际工程技术有限公司，北京 100043）

摘 要：本文介绍了焦炉装煤除尘技术的进展，并对不燃烧法系统的爆炸危险进行深入分析，提出防止系统发生爆炸的措施和方法。文中指出推焦与装煤合二为一的除尘系统可收集推焦时的焦粉，吸附装煤过程的焦油，防止粘布袋；大容积除尘器能够有效防止爆炸；高速和中速交替运行的风机提高了系统安全运行的可靠性。

关键词：焦炉；装煤除尘；可燃成分；不燃烧法；爆炸危险控制

The Risk Control for Dust Collection and its Explosion in Un–burnt Way on the Charging for the Coke Oven Chambers

Hu Xueyi

(Beijing Shougang International Engineering Technology Co., Ltd., Beijing 100043)

Abstract: This paper introduces the history of the cleaning technique of charging for the chambers of the coke oven, and analyzes the explosion risk of the un-burnt way deeply. The concrete measures and methods which could prevent the cleaning system exploding are provided and discussed.

Key words: coke oven; dust collection for charging; combustible components; un-burnt way; explosion risk control

1 引言

焦炉装煤期间散发的烟尘是焦炉对环境产生污染最严重的部位，装煤时被吸出的气态混合物是由煤物质热分解产生的干煤气，以及带入的空气和煤粉颗粒组成。装煤烟尘的治理主要从两个方面着手：一是控制和减少装煤时炉内烟气的散发，主要是增加装煤时碳化室的负压。如喷高压氨水等；改进装煤导套与装煤孔的密封，装煤方式等；二是把装煤全过程中散发到炉外的烟尘进行收集，预处理和引导到地面净化系统进行净化达标后排放。由于目前环保要求越来越严格，不少焦炉开始实施推焦和装煤的炉外（地面）的净化设施，真正地做到装煤的全过程无烟装煤。烟气的可燃成分和含焦油的成分对净化系统采用方法和安全可靠运行关系密切。

2 装煤期间烟气中可燃成分的变化情况

据有关资料报道，装煤期间通过炭化室炉顶排出的烟气成分随时间而变化，具体测试结果见表1。

从表1可以看出在装煤的前30s，由于煤物质高温分解，烟气中可燃组分氢的含量急剧增加，随着炭化室内煤的填装，炭化室墙的温度下降，烃的含量开始增加；从装煤开始至90s，烟气的可燃组成从14.77% 增至 54.62%，见图1、表1，这种烟气混入一定量空气，形成易燃、易爆性气体。所以防止装煤除尘过程中混合烟气的爆炸是设施安全可靠运行首先应考虑的问题，这是装煤除尘的又一个难点。尘源不固定和烟气含有焦油是长期困扰装煤除尘的老大难问题。

表1 装煤期间炭化室炉顶烟气成分（体积比）

时间/s	CO₂+H₂S/%	CₘHₙ/%	O₂/%	CO/%	H₂/%	CH₄/%	N₂/%	H₂O/%
10	2.140	0.090	7.560	0.800	7.740	6.940	63.700	11.030
20	5.870	0.360	4.090	3.910	12.310	10.770	51.600	11.030
30	2.850	0.530	1.600	4.540	30.690	12.720	36.040	11.030
40	2.670	1.250	1.420	3.740	31.410	14.860	33.620	11.030
50	2.310	1.600	1.330	2.850	30.960	18.950	30.970	11.030
60	1.870	2.220	1.330	2.850	29.450	20.990	30.260	11.030
70	1.870	2.310	1.070	2.670	28.740	23.310	29.000	11.030
80	2.310	3.030	1.160	3.030	25.090	24.290	30.060	11.030
90	2.140	3.200	0.980	2.580	22.950	28.470	28.650	11.030

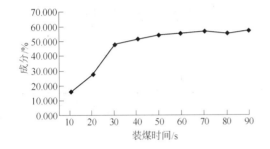

图1 装煤期间焦炉炭化室可燃成分变化曲线

3 装煤烟尘收集净化方法及其发展

要解决烟气收集中的可爆炸性，有效收集烟气中的有害物质，采用的方法有以下两种：

（1）燃烧法：即把烟气中的可燃成分燃烧掉；

（2）不燃烧法：即提高烟气的惰性程度，使可燃气体的比例降到爆炸极限以下。

为了把烟气中的可燃组分燃烧掉，装煤车的导烟装置，要求一定的空气混合比，形成稳定的连续燃烧条件，并设有可靠的连续点火装置，在装煤开始5～10s点燃烟气，直到装煤完成，卸煤套筒提起来为止。

采用燃烧法可以在整个过程中烧掉大部分可燃成分和减少有害气体的排放，但是烟气中还含有焦油、煤粉，而且不能解决烟气可能形成爆炸危险性的隐患，所以还必须采取使气体惰性化的措施。最初采用在装煤车上设喷淋除尘装置，使烟气降温，气体达到饱和状态，可以解决一部分问题，但不能达到国家的排放标准。因此还需设法把气体进一步引到地面进行净化，如宝钢一期焦炉和二期焦炉的装煤除尘系统，地面采用了二级文丘里湿法净化装置，排放浓度达到50mg/m³以下，但耗用1410kW（装机容器）的能量。由于湿法除尘系统能耗高，同时还有水的二次污染，必须增加水处理设施，因此逐步被干法除尘系统，即采用布袋除尘器净化烟气的方法所取代。干式除尘系统在装煤车上不喷水，设有兑冷风装置，以期达到降温和使烟气中可燃成分下降至爆炸极限以下的目的。为了防止烟气中的焦油粒子粘布袋，对布袋采取了预喷涂措施，即先通过预喷涂，使滤袋预附一层粉尘，如粉尘采用焦粉，则利用焦粉层吸附装煤过程中的焦油。地面装置的装机容量为250kW。能耗不到湿法净化系统的五分之一，排放浓度小于50mg/m³。

干法除尘分为燃烧法和不燃烧法，由于采用燃烧法，使得装煤车上的设施很大，而且必须有一套可靠的点火装置，增加了装煤车的重量和投资，并增加了操作控制的难度。由于燃烧后产生的高温气体需要冷却后才能进入布袋，而燃烧烟气中的氢和碳氢化合物后增加气体中的水分，经计算燃烧后的烟气中含水量可达20%，露点温度约70℃，使布袋除尘器结露现象严重，影响除尘器的正常运行。采用不燃烧法可以克服燃烧法存在的问题，通过滤料的预涂层或推焦和装煤除尘合二为一设施，使推焦与装煤交换进行，利用推焦时收集在布袋上的焦粉，来吸附装煤过程中烟气中的少量焦油，防止粘布袋。

4 不燃烧法装煤除尘技术的特点

不燃烧法装煤除尘是建立在先进的装煤技术措施上的，如螺旋给料机控制给煤，一次对位式吸炉盖机构，密封导套，高压喷氨水等。即要在装煤的全过程中，使泄漏的荒煤气量越少越好。形成的荒煤气不燃烧的关键在于放煤的内外套筒的结构上，如图2所示。

装煤导套有内外两个活动套，都可以作升降动作。揭炉盖前，外套先降落，在离炉顶底面100mm处受到支撑，起到进空气和收集揭盖炉盖时的烟尘。内套分两层，内层里面形成下煤导槽；外层与内层之间为环形引入荒煤气的空气通道。套筒下部带锥度，落下时伸入比炉顶面约低 50mm 的加煤孔座内。锥形部分与一个约为 150mm 宽的环形板连接，环形板与炉顶面接触，装煤期间的荒煤气只能通过锥形加煤孔座缝隙经环形板与炉顶面间存在的缝隙逸出。环形板的外圈与内套筒的外壁形成约 45° 宽 100mm 的环形进风口，环形进风口的风速可达 10~20m/s。从环形板间隙逸出的荒煤气燃烧所需要的温度、混合浓度、火焰传播条件被破坏，无法燃烧，从而实现了不燃烧法。

不燃烧法装煤除尘的风量确定是建立在保证系统安全运行的基础上，也就是说除尘系统的除尘工况必须使烟气含有的可燃成分低于爆炸下限，并在一个安全范围内。在装煤过程中，炉内排烟中的氢

气，甲烷与可燃成分的百分比波动较大，但可燃成分的混合爆炸极限基本不变，为 4.5%，见表 2。

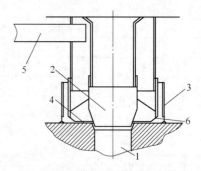

图 2　不燃烧法装煤活动导套结构示意图
1—装煤孔；2—内活动套；3—外活动套；4—环形密封板；
5—排风管；6—环形进风管

表 2　装煤期间炭化室排烟可燃成分组成比和混合爆炸极限（体积比）

时间/s	C_mH_n/%	CO/%	H_2/%	CH_4/%	混合爆炸极限/%
10	0.578	5.138	49.711	44.573	4.555
20	1.316	14.296	45.009	39.378	4.825
30	1.093	9.365	63.304	26.238	4.505
40	2.439	7.296	61.276	28.989	4.436
50	2.943	5.243	56.954	34.860	4.416
60	3.999	5.134	53.054	37.813	4.422
70	4.050	4.682	50.395	40.873	4.436
80	5.465	5.465	45.256	43.813	4.465
90	5.594	4.510	40.122	49.773	4.489

如果系统设计风量为 60000Nm³/h，50℃时的工况风量为 70989m³/h。考虑装煤炉内烟气温度后期炉壁温度降低，按 300℃计算。考虑炉内烟气成分波动和系统的安全性，乘以 0.8 的安全系数，计算炉内可排烟气量和需兑空气量，计算结果见表 3。

从表 3 中可以看出，装煤 20s 后，炉内允许排烟量基本稳定，标况要求兑安全空气 16 倍左

右。按兑 16 倍空气后计算烟气成分，计算结果见表 4。

宝钢三期焦炉装煤除尘风量 70000m3/h 左右，排放气体的成分见表 5。从表 5 可以看出，宝钢焦炉装煤除尘烟气中的可燃成分比表 4 允许可燃成分要低得多，也就是实际的炉内外逸烟气量要比计算的允许排烟气量要小，即兑空气量大于 16 倍。

表 3　除尘系统风量 60000 Nm³/h 时炉内允许排烟量

时间/s	炉内可排烟气/Nm³·h⁻¹	炉内安全可排烟气/Nm³·h⁻¹	兑安全空气量倍数（标况）	炉内可排烟气/m³·h⁻¹	炉内安全可排烟气/m³·h⁻¹	兑安全空气量倍数（工况）
10	17554	14043	4.273	40059	32047	2.078
20	10585	8468	7.086	24155	19324	3.446
30	5575	4460	13.453	12722	10178	6.543
40	5193	4154	14.443	11850	9480	7.025
50	4874	3899	15.387	11123	8899	7.484
60	4779	3823	15.693	10907	8725	7.632
70	4667	3733	16.071	10650	8520	7.816
80	4832	3865	15.522	11026	8821	7.549
90	4709	3767	15.927	10746	8597	7.746

表4 兑16倍空气后的烟气成分（体积比）

时间/s	CO_2+H_2S/%	C_mH_n/%	O_2/%	CO/%	H_2/%	CH_4/%	N_2/%	H_2O/%
10	0.134	0.006	20.160	0.050	0.484	0.434	78.044	0.689
20	0.367	0.023	19.943	0.244	0.769	0.673	77.288	0.689
30	0.178	0.033	19.788	0.284	1.918	0.795	76.315	0.689
40	0.167	0.078	19.776	0.234	1.963	0.929	76.164	0.689
50	0.144	0.100	19.771	0.178	1.935	1.184	75.998	0.689
60	0.117	0.139	19.771	0.178	1.841	1.312	75.954	0.689
70	0.117	0.144	19.754	0.167	1.796	1.457	75.875	0.689
80	0.144	0.189	19.760	0.189	1.568	1.518	75.941	0.689
90	0.134	0.200	19.749	0.161	1.434	1.779	75.853	0.689
平均	0.167	0.101	19.830	0.187	1.523	1.120	76.381	0.689

注：未考虑空气中的含水量。

表5 宝钢焦炉装煤除尘不燃烧法装煤车除尘气体组成
（体积比）　　　　　　　（%）

H_2	CO	CH_4	O_2	CO_2	N_2
0.2~0.46	0.04~0.15	0.31~0.65	20.0~22.8	0.1~0.18	78~79.5

注：装煤时，在装煤车连接管道前采样。

5 不燃烧法装煤除尘的安全控制分析

要保证焦炉装煤除尘系统安全运行，需要从以下几方面进行控制：

（1）保证装煤过程中兑入稳定的空气量。某焦炉焦侧除尘的除尘设备发生爆炸，原因是在装煤过程中，风机突然从高速到低速，兑空气量骤减，造成混合可爆炸性气体进入布袋除尘器，当即发生爆炸。装煤期间采取必要的通信控制手段，如设专用的通信滑线，保证信号的稳定可靠，使焦炉装煤期间风机高速运行是十分必要的。要保证装煤口和兑空气阀兑入空气量，就要保证除尘车连接地面除尘的翻板处有一定的负压，这个负压力可根据实际情况调节在 900~1200Pa 之间，如装煤期间风压不足，装煤机设有报警。

（2）控制炉内烟气散发。一般炉口敞开是逸烟量最多的时候。装煤摘炉盖时，由于摘盖时炉内没有装煤，安全是有保证的；整个装煤期间由于下煤内套与炉口密封，散发的烟气受到限制，低于允许炉内排烟量；但是当装完煤后，在提内套，盖炉盖的几秒钟内，虽然炉壁温度下降，荒煤气发生量有所减少，但烟气中可燃成分含量高，如果此时炉内压力偏高，可能在这期间排烟量超过允许的安全炉内排烟气量，所以盖炉盖操作时间越短越好，此时高压喷氨水能起到很好的作用。如果一旦发生装煤机械故障，应立即打开安全阀，兑入空气风量，以减少排烟收集量，甚至必要时需采取脱离地面除尘系统的紧急措施。

（3）增设泄压阀。除尘器是除尘系统安全最薄弱的环节，在除尘装置上增设泄压阀，可以减少可能造成爆炸的危害性。

（4）推焦除尘与装煤除尘合二为一。将推焦除尘与装煤除尘巧妙地合为一个系统，不仅能解决装煤过程中烟气容易粘布袋的问题，而且能够有效地防止爆炸的可能性。分析其原因如下：首先，两个除尘系统合二为一后，除尘系统的容积比单台装煤除尘系统大了 3~4 倍，这样相同的可燃气体量进入系统后的体积含量比减少，这样就减少了爆炸形成的可能性和产生爆炸的破坏压力；其次，由于装煤与推焦除尘是交替使用，推焦除尘比装煤除尘风量大 3~4 倍，因此在装煤过程中系统的残存的可燃气体可以被有效清除；第三，单一装煤除尘系统控制风机运行在高速（装煤）低速（不装煤）循环工作，若受误信号的干扰，风机突然由高速变为低速会造成事故发生。而合二为一的系统风机高速（推焦）中速（装煤）循环工作，即使有误信号使风机突然由高速变为低速或由低速变为高速，系统运行也是安全的。因此，推焦除尘与装煤除尘合二为一的系统是安全可靠的系统。

6 结论

（1）随着环保要求日益严格和除尘技术水平的不断提高，焦炉装煤除尘从最早的车上除尘装置发展到现在地面除尘装置；从湿法除尘发展到干法除尘，从燃烧法演变成为不燃烧法，其烟尘的捕集率和净化效率均大大提高。

（2）不燃烧法是建立在控制烟气中可燃成分的含量低于爆炸极限的基础上，在设计、调试和操作中加强控制与防止除尘系统的爆炸是十分必要的。

（3）焦装煤除尘与推焦除尘合二为一，系统简单可靠，投资少，安全性高，是大中型焦炉烟气全过程治理的一种很好的方法。

参考文献

[1] 藤昆.焦炉装煤烟尘治理方法评价[J].设计通讯,1995(1).

[2] 冶金部宝钢环保技术编委会.宝钢环保技术(第二册分册),1988.

[3] 林坷.宝钢焦炉装煤烟尘控制,袋式除尘技术应用百例,中国环保产业协会袋式除尘委员会,1997.

[4] 燃气燃烧与应用[M].北京：中国建筑工业出版社,1981.

[5] 煤气设计手册[M].北京：中国建筑工业出版社,1983.

[6] 秋枫,译.焦炉无烟装煤,1978.

（原文发表于《冶金环境保护》2002年第4期）

首钢2号高炉出铁场除尘技术的进展和分析

胡学毅

（北京首钢国际工程技术有限公司，北京 100043）

1 引言

2002 年 8 月 27 日世界金属导报刊登了《首钢二高炉实现清洁化生产》一文，文中提到随着炼铁技术的飞速发展和对环境保护的更高要求，原有的除尘设备和工艺已无法满足现代化炼铁生产的需要，用高新技术对传统工艺进行改造和提升势在必行。这次首钢 2 号高炉的改造，在工艺方面首次采用了高炉冶炼人工智能专家系统、高炉铜冷却壁、高风温内燃式改造型的热风炉及炉缸底组合内衬结构等 20 余项国内外一流新技术、新工艺、新设备、新材料，在环保除尘方面加大了科技含量和资金投入。

2 号高炉分别于 1979 年、1991 年和 2002 年先后进行了三次大的改造，历次改造不仅在工艺上相继增添当时的新技术，如炉容从 650m³ 增加到 1327m³ 和 1760m³，而且对出铁场的除尘是从无到有，并对除尘技术不断完善。首钢 2 号高炉 1979 年大修工程中，在国内首次尝试对高炉出铁场进行一、二次除尘，经设计、加工、制造、调试、投产运行后取得了一些实际经验，较好地解决了高炉出铁场除尘的问题，国内各钢铁企业纷纷学习和效仿。此后首钢 3 号、4 号高炉大修改造中基本采用了该项技术。所以 2 号高炉出铁场所用的除尘技术在国内有一定的代表性和覆盖面。比较与分析首钢 2 号高炉出铁场除尘的历次改进，总结其中的经验教训，一方面反映了我国高炉除尘技术在不同阶段的进展，另一方面对促进国内高炉除尘技术的发展、提高治理水平具有重要的指导作用。

2 首钢2号高炉出铁场除尘历次改造的情况与特点

1979 年 9 月，2 号高炉改造投产后的容积为 1327m³，两个长方形出铁场，两个出铁口 180° 对称布置，对出铁场作了一、二次全面的除尘设计。出铁口一侧设吸风罩，出铁口上部设有离地 2m 的收集二次烟尘的垂幕，面积约为 10m×7m，设置垂幕的目的是解决开铁口和堵铁口期间散发的烟尘，并对摆动流槽、撇渣器、铁沟渣沟等处散发的烟尘也进行捕集，总设计风量为 50 万 m³/h。撇渣器采用落地罩形式控制烟尘，摆动流槽采用低矮罩形式控制烟尘；由于出铁场的烟尘是阵发性的，为节能对风机设置了液力耦合器进行调速，出铁时风机高速，出渣时风机中速，其他时间低速运行。除尘设备采用两台过滤面积为 1728m² 的高压喷吹短袋脉冲布袋除尘器，由于过滤风速过高（2.41m/min），除尘器布袋的悬挂方式不甚理想，掉袋严重，换袋和维修时，工人需要进入箱体内操作，很不方便。

投产后除尘系统的除尘效果是好的，但是二次烟尘的捕集效果不理想，主要原因是由于出铁场没有封闭，存在穿膛风等横向气流的干扰问题，垂幕不能真正达到控制二次烟尘散发，有效捕集的目的，故投产后实际仅使用了十余次；另外，在撇渣器罩和摆动流槽上部罩均有逸烟，说明还存在罩的结构等问题；由于系统采用两台锅炉引风机并联运行，除尘器本体漏风率大于 10%，实测系统捕集风量小于设计风量 50 万 m³/h。

1991 年 5 月 2 号高炉第二次改造投产后，炉容增至 1760m³，长方形出铁场改为圆形出铁场，敞露的面积减少。出铁场除尘管道重新设计，摆动流槽改为可电动对开的低矮罩形式，由于减少了铁沟的除尘风量，系统设计风量调正为 40 万 m³/h，可利用原有风机。原设计准备把两台老脉冲除尘器改为 10000m² 的反吹风大布袋除尘器，但由于资金原因没有实施，改造后的除尘系统总体上效果改善不明显。

2002 年首钢在 2 号高炉第三次改造中，加大了环保的投资力度，重视采用新技术、新工艺和新材料，共投入资金 4800 万元，对 2 号高炉出铁场，上料系统的除尘进行了全面改造。无锡东方所中标承担出铁场除尘改造，总报价投资 2437 万元，主要改造内容如下：

（1）出铁场除尘系统风量从原 40 万 m³/h 增加到 75 万 m³/h，其中 20 万 m³/h 为新增加出铁口上部罩单设的小风机，风机为常开，两个出铁口上部罩倒换使用。主风机风量为 55 万 m³/h，设 2 号台风机，一用一备，风机采用变频调速进行节能。

（2）出铁口由一侧改为两侧，吸风口的面积和高度加大，风量增至 20 万 m³/h，并在吸风口管道处增加了大颗粒沉降室，防止大颗粒进入管道除尘系统。

（3）加高了摆动流槽罩的高度，增强了罩的密封程度，改善了罩内的气流组织，并取消了下部两吸风点，只设一个上部吸风点，风量调整为 18 万 m³/h。

（4）适当增加了撇渣器、铁沟、渣沟等处吸风罩的尺寸。

（5）利用原脉冲除尘器的土建框架上新设计了一台低压在线脉冲除尘器，总过滤面积 11420m²，共分成 40 个室。除尘器分隔成两部分，一部分为大系统占 30 个室，处理风量 55 万 m³/h；另一部分为小系统占 10 个室，处理 20 万 m³/h 。共有 440 个脉冲阀，每个脉冲阀喷吹 11 个滤袋。对喷吹压缩空气进行了油过滤、干燥、加热处理，可防止滤袋结

露。采取以上措施后，除尘器系统运行状况较好，设备可维持在 1000～1200Pa 比较低的阻力下运行，排放浓度小于 30mg/m³。

同时该系统尚存在一些不足：

（1）因风机低速时间少不能完全实现原设计要求的低速期间清灰工作。

（2）灰仓储灰容积太小，若不能及时拉走灰仓内的储灰，则对除尘器灰斗的连续排灰带来困难。

（3）除尘器灰斗内杂物多,清除难度大,而且各灰斗进风管未加手动关断阀，增加了操作难度。

3 2 号高炉出铁场历次改造的情况分析

3.1 2 号高炉各次改造设计风量分配情况（表 1）

从三次改造风量分配来看，一、二次改造铁口，摆动流槽风量没有变化，根据一次改造的经验，减少了铁沟的风量。第三次改造作了大的改变，铁口风量增加了三倍多，撇渣风量增加两倍，而摆动流槽风量有所减少。用在出铁口、撇渣、摆动流槽三处的风量分别占历次总风量的 68%、71%、80%，也就是说，出铁口、撇渣、摆动流槽是主要的控制尘源并在增加。

表 1　2 号高炉各次改造设计风量分配　　　　　　　　　　　　　　　　　　　（m³/h）

改造年份	高炉容积/m³	出铁口风量	撇渣器	下渣沟	支铁沟	摆动流槽	铁口顶罩	炉顶	漏风	总风量
1987	1327	60000	30000	20400	49800	200000（130000）	（175200）	19800	45000	425000（510400）
1991	1760	60000	25000	8000	12000	200000		20000	75000	400000
2002	1760	100000×2	60000	10000	30000	180000	140000	60000	60000	720000

注：括号内的数据为原设计值。

3.2 关于出铁口风量问题

从国内投产几座 1260~1726 m³ 的高炉出铁场的除尘风量分析，摆动流槽的风量基本上接近 20 万 m³/h。出铁口风量在 60000~180000m³/h 不等。首钢 2 号高炉一、二次改造，出铁口风量都定为 60000m³/h。其原因主要是：

（1）首钢 2 号高炉出铁场采用主沟技术，并入出铁口后的总风量 60000m³/h,可以有效地控制烟尘；

（2）1500m³ 左右的高炉，两个出铁口出铁的时间是完全可以错开的，开铁口—盖沟盖，吊沟盖—堵铁口操作好，用时只有几分钟，占整个出铁时间的十分之一以下，此期间出铁口吸风点还可以抽走大部分烟尘。

主沟盖技术确实是一种经济有效的除尘手段，

但是该技术在北京等大城市已经不能满足日益严格的环保要求。如堵铁口漏泥、铁水飞溅、堵口泥湿、出铁后炉内鼓风排烟、出铁口故障等异常情况，烟气向水平方向喷发，射出范围可达 15～20m，哪怕只有几分钟时间，就可以使厂房房顶冒红烟。

2 号高炉第三次改造，要求控制出铁全过程，要求在不设二次烟尘排除的系统（指的是采用垂幕、屋顶电除尘器、屋顶吸风除尘）情况下有效地控制出铁场的烟尘。

3.3 炉出铁口烟尘控制技术分析

2 号高炉出铁场除尘第三次改造中，取消原主沟盖的技术，取消 1 号水冷主沟盖，保留和加大了铁口的侧吸风，由一侧改为二侧，并增加了铁口顶部 3m×4m 可横向移动的大容积收尘罩；2 号主沟盖改成一个大的接收箱体，箱体上沿与移动收尘罩相

接，移动罩另一侧与高炉检修平台连接（图1），形成出铁口前后、上部加两侧的吸风口，形成比较好的封闭，这样在侧向风不大的情况下可以有效地收集出铁和堵铁口期间的烟尘，其形式类似于美国伯利恒钢铁公司雀点厂 3690m³ 高炉采用的上部长伞罩，其风量约为 20 万 m³/h。

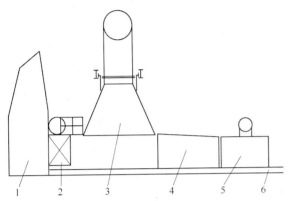

图1　出铁口除尘罩布置示意图
1—高炉；2—出铁口侧抽风口；3—可移动顶罩；
4—增大主铁沟罩；5—撇渣器罩；6—铁沟

该系统比原主沟盖系统铁口控制烟尘增加风量28 万 m³/h，增加功率215kW。但比上二次除尘系统要节省50%以上的风量，而且不必封闭厂房，改善了铁口周围空气环境，取消了频繁起吊和修理主盖板的操作。从现场实际使用情况来看，加大加高和增加风量后的出铁口两侧吸风口的除尘效果十分明显，由于出铁口上部除尘罩能横向移动，所以可以根据风向调整除尘罩的位置，提高捕集率，在罩的一侧挂上挡风板能提高捕集效果。

3.4　摆动流槽活动收尘罩的改进

2 号高炉第一次改造为了使摆动流槽吊装方便，采用的是低矮罩；为了使在罩的上部能窥视铁罐液面，采用三处抽风，罩顶部一处，罩下部摆动流槽两侧各一处，根据摆动流槽哪里出铁，哪里进行抽风，通过阀门进行转换，所以一个摆动流槽有三个阀门控制。2 号高炉第二次改造，摆动流槽罩改为带轨道的，能够电动移动地对开罩，但罩的形状，抽风点位置基本没有变化，首钢的其他高炉，以及国内大部分高炉出铁场的摆动流槽采用了这种形式。第三次改造摆动流槽抽风罩基本形式与国外的上部高罩相同，即垂直部分高 1.8~2m，加圆形顶，全高可达 5 ~7m，由于罩内有热压作用，可使烟尘聚集于罩上部空间，下部能方便地窥视铁罐液面，抽风管只设罩的上部一处，风量也有所减少，实践证明这种罩抽烟效果比较理想。

4　结语

出铁场除尘主要解决高炉开铁口、堵铁口（二次烟尘），以及出铁过程中（一次烟尘）的烟尘。首钢 2 号高炉出铁场除尘系统的运行和改造经历了 20多年，它的改造历程体现了国内高炉出铁场除尘技术的发展，其中一些技术和经验是值得借鉴的，要点为：

（1）增加出铁口两侧的抽风量，并加大加高抽风口，对提高出铁口烟尘捕集是十分有效的。

（2）要想进一步控制和收集开铁口，堵铁口时喷发的烟尘，而不封闭厂房，也不上二次除尘，则取消原主沟盖技术，用移动顶罩与高主沟罩结合的方法是一种很好的解决途径；其烟尘的捕集效果的最大影响因素还是侧向风。

（3）根据实际情况把接收烟罩做大、做深，对收集热烟尘是十分有效的，而且可以节省风量，是捕集热烟气罩的发展趋势。

综上所述，可以看到，除尘系统运行实际上有两个效率：一是捕集效率，即通过各种形式的吸尘罩把生产工艺中散发出来的烟尘能够捕集多少；二是除尘效率，是指除尘器对烟尘的净化效率，即能够在多大程度上把进入除尘器的粉尘捕获下来；一个除尘系统运行的好坏包括捕集和净化两个方面。如果除尘器的净化效率很高，但捕集率低，该除尘系统的运行是不成功的。随着除尘技术的发展，除尘器本身已经得到很大的提高，可以处理不同温度的气体和粉尘、效率可达 99% 以上；目前的关键是烟尘的捕集，由于受到生产工艺的限制，尘源的游离性、阵发性、瞬间的高温、突发性、大面积散发等等那些属于无组织排放的烟尘均给有效捕集带来困难。技术的关键是如何有效地把控制尘源的吸尘罩、围挡能够与工艺有机地结合起来，并充分利用工艺特点进行捕集设计，尽量做到用最小的风量获取最有效的控制和捕集。如大而深的摆动流槽抽风罩就是利用了尘源的热压，不仅对收集烟尘十分有效，而且可以节省风量，起到一举两得的作用。首钢环保治理正在向深层次发展，其表现为效率不断的提高，即总排放量逐年下降和加大了无组织排放治理的力度。

（原文发表于《设计通讯》2003 年第 1 期）

首钢二炼钢厂集中制冷空调设计与运行

胡学毅　甄　令

（北京首钢国际工程技术有限公司，北京　100043）

摘　要：首钢炼钢转炉实现了负能炼钢，原夏季不能利用的蒸汽，部分用来制冷，实现转炉连铸车间集中制冷空调系统代替分散的电制冷空调机组，降低了节省空调总耗电量。厂房内布置管网有多种方法，利用原地下管廊实现厂房内管网的布置是很好的方法；解决热操作岗位的人体送冷风是炼钢车间实现集中制冷空调的重点。介绍炼钢车间集中制冷空调代替分散电制冷空调的设计过程，以及运行状况和问题的解决方法。

关键词：负能炼钢；集中制冷空调；电制冷空调；管网

Shougang Steelworks Concentrated the Design and Operation of Refrigeration and Air Conditioning

Hu Xueyi　　Zhen Ling

(Beijing Shougang International Engineering Technology Co., Ltd., Beijing 100043)

Abstract: Shougang steel converter to achieve a negative energy steel, the original summer can not take advantage of the steam, partly used for cooling, refrigeration and air-conditioning units converter casting workshop the centralized refrigeration and air conditioning system instead of decentralized power, reducing the total power consumption saving air conditioning. Layout pipe network plant a variety of ways to utilize the original underground tunnel achieve plant within the pipe network layout is good; human body to solve the thermal operating positions to send cold of centralized refrigeration and air-conditioning is making workshop focused. Introduction the melt shop dispersed electric refrigeration the centralized refrigeration and air conditioning instead design process, as well as health and the solution to the problem.

Key words: negative energy steel; the centralized refrigeration and air conditioning; electric refrigeration; pipe network

1　引言

首钢二炼钢厂各操作室、控制室、电气室等所分散的上百台风冷、水冷（主要是水冷）机组，于2006年进行了改造和更换，实现全厂集中制冷的空调系统。进行改造和更换主要原因：一是二炼钢厂要实现"负能炼钢"，即在炼钢生产的全过程中能耗为零以下。要实现"负能炼钢"，主要通过采取各种措施增加炼钢煤气的吨钢回收量，以及蒸汽的回收利用率；另外，是减少工序能量的消耗。以往炼钢厂产生的蒸汽在冬季除生产用气外，主要供采暖，

而在夏季蒸汽管网压力过高，出现放散多余蒸汽的现象。利用蒸汽溴化锂制冷机制冷，集中供冷空调系统，可以提高炼钢蒸汽的回收利用率。同时，减少各空调机组制冷的耗电量，成为实现"负能炼钢"的一个组成部分。二是为了改善热操作岗位工人的工作条件，在工作区域实现人体淋浴式送冷风，改变移动轴流风机，强风吹的降温方法，改善工人的操作条件。

下面对首钢炼钢厂集中制冷空调系统的设计及运行情况进行介绍，以便在其他集中制冷工程中提供设计经验。

2 炼钢厂空调系统的改造范围

炼钢厂连铸部分空调机有 48 台套,总制冷量为 1898kW;炼钢厂转炉部分,空调机有 69 台套,总制冷量为 1164kW;主厂房外综合楼、办公室(未包括辅助车间的空调)空调机台数 132 台,总制冷量 561kW。三部分总空调建筑面积为 18100m²。总空调台数 249 台,总制冷量 3623kW。单位建筑面积制冷量:200kW/m²。如果新增 5 台方坯连铸机和 1 台板坯连铸机等,操作区域的空调,总的制冷量为 5407kW。炼钢厂主厂房长 500 多米,宽 250 多米,空调机分布在距地面 20 ~ 30m 高度的空间里,经分析一些分散的电制冷空调机由于管路布置困难或管路远,达不到好的制冷效果。另外,有些冬季还需供热,考虑到一次投资费用,保留原有电制冷空调机,最后确定更新和增加总装机制冷量为 2396.93kW。首钢二炼钢厂蒸汽制冷空调系统见表 1。

表 1　首钢二炼钢厂蒸汽制冷集中空调系统

序号	安装地点	空调面积/m²	原有空调机				更换后空调机				冷媒水量/m³·h⁻¹	备注
			型号	台数	制冷量/kW·台⁻¹	总制冷量/kW	型号	台数	制冷量/kW·台⁻¹	总制冷量/kW		
1	1 号机主控室	200	L-50	1	48.8	48.8	GK8-4L	1	46.67	46.67	8.02	
2	1 号机电器室	100	H-30	1	29.4	29.4	GK5-4L	1	29.17	29.17	5.01	
3	1 号机电器室	200	L-48	1	48	48	GK8-4L	1	46.67	46.67	8.02	
4	2 号 3 号机主控室	500	L-128	1	126	126	GK20-6L	1	147.67	147.67	25.37	
5	2 号机主控室	100	L-25	1	24	24	GK4-4L	1	23.33	23.33	4.01	
6	2 号 3 号机电器室	400	SL-30	4	29.4	117.6	GK5-4L	4	29.17	116.68	20.04	
7	2 号 3 号机电器室	200	L-48	1	48.8	48.8	GK8-4L	1	46.67	46.67	8.02	
8	4 号机主控室	100	H-30	1	29.4	29.4	GK5-4L	1	29.17	29.17	5.01	
9	4 号机电器室	100	H-30	1	29.4	29.4	GK5-4L	1	29.17	29.17	5.01	
10	5 号机主控室	100	L-25	1	24	24	GK4-4L	1	23.33	23.33	4.01	
11	5 号机电器室	200	L-50	1	48.8	48.8	GK8-4L	1	46.67	46.67	8.02	
12	炼钢 1 号 2 号炉主控室	500	L-128	1	126	126	GK20-6L	1	147.67	147.67	25.37	
13	3 号炉主控室	500	L-113	2	110	220	GK15-6L	2	110.75	221.5	38.06	
14	1 号 2 号炉可控硅室	200	H-25	2	24	48	GK4-4L	2	23.33	46.66	8.02	
15	炉前操作室	60					GK1.5-4B	3	8.75	26.25	4.5	新增
16	炉后操作室	60					GK1.5-4B	3	8.75	26.25	4.5	新增
17	方坯连铸区域						GK15-4L	5	161.2	806	138.55	新增
18	板坯连铸区域						GK10-4L	1	107.5	107.5	18.47	新增
19	修砌热修包						GK15-4L	2	161.2	322.4	55.42	新增
20	CAS 站						GK10-4L	1	107.5	107.5	18.47	新增
	合计			19		968.2		32		2396.93	411.9	

3 溴化锂制冷站设置

考虑厂内热区管道的冷损失以及给今后的集中空调扩展留有一定余地,选用一台制冷量为 2910kW 的蒸气双效溴化锂吸收式冷水机组,冷冻水量为 500m³/h,需冷却水量为 724m³/h。蒸汽耗量 3250kg/h。

炼钢厂集中空调溴化锂制冷站,占地面积 216m²(12×18),布置在主厂房的一侧。由于受厂房限止,制冷站高架布置,首层是冷却水泵房,包括吸水井、水泵、离子处理器等。二层设溴化锂制冷机、冷冻水泵、凝结水回收,电气室和操作室等。顶层布置冷却塔。

4 炼钢厂集中空调改造能耗分析

炼钢厂夏季利用多余的蒸气制冷,每制 1000kW 冷量可利用多余蒸汽约 1120kg。2396.93kW 冷负荷,采用水冷式电制冷空调机组,考虑电制冷空调机组的 COP 为 4.3 左右,那么电制冷需要用电功率为 557kW。水冷电制冷空调机组与集中制冷风盘机组的风扇，以及冷却水与制冷水系统泵耗电基本相同。　　能耗比较分析见表2。

表2　电制冷空调机组与溴化锂集中空调能耗比较

制冷机类型	机组本体总耗电量/kW	空调器风扇耗电量/kW	循环冷却水量/t·h⁻¹	循环制冷水量/t·h⁻¹	循环冷却水泵耗电量/kW	循环制冷水泵耗电量/kW	蒸汽耗量/kg·h⁻¹
单体水冷电制冷空调机组	557	100	490		132		
集中溴化锂制冷空调系统	7.75	100	538	372	132	75	2423

注：换算为2396.93 kW制冷量时指示参数。

原采用水冷电制冷空调需要耗电功率为789kW，采取蒸汽溴化锂集中供冷空调系统功率为314.75kW，是电制冷空调耗电的39.9%，可节电474.25kW。

5　炼钢厂制冷水管网布置

炼钢车间每一跨都有行走吊车，制冷水管很难从一跨到另一跨，所以需要制冷水的地方，供水管必须沿着每跨的柱线走，车间最远端500多米，空调分布不均。设计设想了多个管网方案，1方案是同程大环网（图1）；2方案是同程分支环网(图2)；3方案是异程分支管网（图3）；4方案是异程分区管网（图4）。2、3、4方案管网水力平衡都考虑在回水管上设平衡阀。

图1　同程大环网示意图

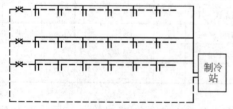

图2　同程分支环网示意图

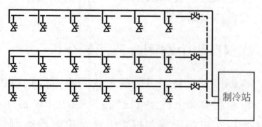

图3　异程分支管网示意图

根据炼钢厂实地管网路由的观察，1~3方案管

道必须是在厂房的两侧实现环网，同时存在管网很难走通的问题。而且管网长，管道投资大。第4方案，实际上是可行的，且管道费用相对较少。实际实施管网是制冷水供回水管从制冷站出，沿厂房边跨走至地下供水管廊利用地下管廊的管架空位置，铺设供回水管。水管沿地下管廊，到空调集中的两个区域，连铸空调1区、连铸空调2区，管道在柱线位置出地面，沿柱线走至空调设施的位置。炼钢空调区管道沿转炉跨平台绕过，各分区的回水管路上设置平衡阀，调节供回水量，各空调机的进出水管上设置阀，可进行局部调节。

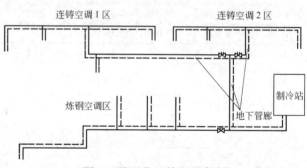

图4　异程分区管网示意图

对于新建的厂房，根据现场的具体情况，1~4方案都是可以采用的，但第4方案，通过分区可以解决局部区域的空调，供回水管从地下管廊进入车间，可以解决管道跨柱线的问题。设计时在地下管廊内留出供回水管的位置，对于集中供水采暖空调系统同样适用。

6　热操作岗位人体送风空调

炼钢厂方坯板坯铸机浇铸岗位、热钢包热修岗位，工人面对从铸机注口的流动钢水的辐射热，以往以利用移动轴流风机吹强风，形成工人操作工人背部凉，前部热，工作条件很差。由于操作工作面温度高、敞开、操作工位多，一般制冷设施很难满足要求。这次蒸气制冷集中空调，可提供大量的冷量，可以实现热操作岗位的工作条件得到改善，也是炼钢厂空调系统节能改造，新增空调的重点项目。

炼钢厂 5 条 8 流方坯连铸机，一台二流板坯连铸机的浇铸岗位以及热修钢包岗位，全部实施操作人员沐浴式送风系统。以一台 8 流连铸机为例，每流设有一个操作工人，所以一台方坯连铸机，由 8 个工人操作位置，空调设一台卧式空调送风机组，送风量为 15000m³/h，机组余压 510Pa，额定冷量 161.20kW，冷媒水量 27.71m³/h，平均每个操作岗位送风 1875m³/h，通过 8 根分支管送到 8 个操作岗位。每个送风管上设两个送风口，一个是 300mm×200mm 百叶送风口，送至操作工的前上方，另一个送风口，采用 D350 球形送风口，可以调节送风方向。送风口的风速在 4~5m/s。空调机组的送回水管设有阀门、过滤器和冲洗管，方坯铸机浇铸岗位空调系统见图 5。

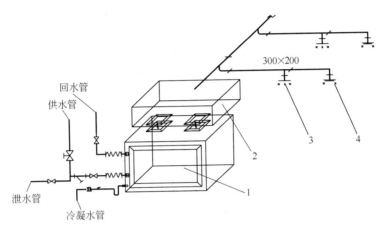

图 5　方坯铸机浇铸岗位空调系统
1—空调送风机组;2—静压箱;3—球形送风口;4—百叶送风口

五台方坯铸机设有相同的空调设施，一台板坯连铸机设有 3 个操作岗位送风管，总风量为 10000m³/h，钢包热修共有 2 处，每处设有 7 个操作岗位送风点，每处送风量为 15000m³/h。热操作岗位空调系统改善了工人操作条件，受到操作工的欢迎。实际统计证明，工人操作条件的改善提高了操作岗位的生产效率。

7　集中空调系统的改造设计和问题

炼钢厂一部分原空调系统，采用空调机房集中送风系统，如炼钢和连铸主控室和一些较大的操作室，更换原则是尽可能保留原有的空调系统，新设空调送风机组，布在原空调机房里的空地或原机房旁侧，一般采用吊挂式机组，利用原机房上部空间布置，新设空调送风机组的风管接原送风机组的总送回风管，原空调系统和新增空调系统分别增设风阀，实现新老系统的切换，这样原空调系统成为新空调机组的备用机组，冬季集中制冷系统停止工作，温度的调节以依靠原有系统，特别在冬季需要送热风的主控制室。

这次集中蒸汽制冷空调系统改造后，主控室等反映效果不好，主要是主控制室太冷，没有调节和控制温度的手段，人在控制室感觉不舒服。主要原因是这次更换机组，只是简单地把符合送风量和制冷量的送风机组，代替原电制冷的空调机组，没有考虑增设调节手段。根据实际的运行实践，在新设计上要注意以下几方面问题：

（1）在有人工作的操作室、主控室等地必须考虑调节温度的手段；

（2）在单体房间不大时，可采用 220V 的风盘机，实现风机高、中、低速转的调节；

（3）对大的集中送风系统，采用 380V 变频调速，风门调节，以及供水三通水量自动调节阀，实现风量、水量单独调节和联合调节；

（4）对总的供水管网的供水温度也可根据气候和冷负荷进行调节，由于炼钢车间的用户各有不同，局部调节还是主要和必需的。

8　炼钢集中制冷空调管道设计与保温

炼钢集中制冷空调系统风管采用了镀锌钢板，保温材料采用玻璃棉，外贴铝箔带隔气层，保温厚 40mm，风管弯头宽度大于 500mm 的设导流叶片，冷冻水总管至空调机的支管采用镀锌钢管，总管采用无缝钢管，保温采用自熄聚氨酯泡沫塑料，过热区用外包镀锌钢板做加强防护。管支架用木垫管座隔热。在管网的最高处设有自动排气阀，在管网的最低处设有排水阀。管的支吊、跨度、焊接、试压、清洗等均需要满足国家现行规范标准。

9 结语

目前，国内各大钢厂都在为实现转炉负能炼钢而努力，加快建设循环经济，追求资源、能源使用效率的最大化，提高转炉煤气、蒸汽回收率。煤气和蒸汽可用来发电，对于夏季低压蒸汽的另一个出路是用来制冷，首钢二炼钢尝试用蒸汽溴化锂集中制冷，代替原制冷空调机组，可以实现 60% 以上的节电效果。转炉车间集中制冷空调设计和使用经验为其他厂空调的改造和设计提供了经验。

（原文发表于《设计通讯》2007 年第 2 期）

首钢京唐钢铁厂有补偿直埋供热管网设计

杨前斌

（北京首钢国际工程技术有限公司，北京 100043）

摘 要：根据首钢京唐钢铁厂建设地点的特殊性，详细介绍沙土地供暖热水管网有补偿直埋敷设设计的方法和技术要点，尤其是对供暖热水管网中的管道布置和有关补偿器、检查井、固定支架、导向支架的设计要点和设计步骤作了较全面的归纳总结，对同类工程有一定借鉴作用。

关键词：供热；直埋敷设；检查井；支架；补偿器

Design of Hot Water Heating Network Built–in with Compensators of Shougang Jingtang Iron and Steel Complex

Yang Qianbin

(Beijing Shougang International Engineering Technology Co., Ltd., Beijing 100043)

Abstract：According to the particularity of Shougang Jingtang Iron and Steel Complex' Location, this paper introduces the methods and techniques of the design of the hot water heating network built-in with compensators in sand. Also made a more comprehensive summarized, especially for the hot water heating network layout and the design important point and step of the compensator settings, the inspection chamber, the oriented bracket and the fixed bracket. It can be used for reference for the similar projects.

Key words：hot water heating；direct built-in；inspection chamber；bracket；compensator

1 引言

随着社会的发展和进步，人们意识到能源的重要性，针对能源的特殊性，节约能源是当前人类的一个重要任务。首钢京唐钢铁厂在设计时就从节能出发，厂区采暖整体采用热水作为采暖热媒。热水管道的敷设方式有很多种，主要有架空敷设、管沟敷设、无补偿直埋敷设和有补偿直埋敷设等。各种方式都有各自的优缺点，总体来说无补偿直埋敷设既美观又经济，是现阶段供热管道敷设主要采用的方式，但是针对某些特殊土质情况，有补偿直埋敷设则更加安全合理。首钢京唐钢铁厂建设用地多为喷沙造地，土质为松软的沙土，经过合理论证后确定热水管道采用有补偿直埋敷设。

2 有补偿直埋敷设

供热管道直埋敷设是将供热管道直接埋设在土壤里的敷设方式，这种方式在国内外已经得到广泛的应用，具有良好的社会效益和经济效益。供热管道直埋敷设分为无补偿直埋敷设和有补偿直埋敷设，有的工程两者结合。

有补偿直埋敷设是在管道上设置补偿器，在补偿器两侧设置固定点，由补偿器来吸收供热管道的膨胀或收缩产生的位移。有补偿直埋敷设增加了补偿器、检查井和支架等，与无补偿直埋敷设相比经济效益略差，但是对于管网来说比较安全可靠，设计计算也比较方便。

直埋敷设现一般采用预制直埋保温管道，预制直埋保温管道是输送介质的内钢管，外套管和在内钢管和外套管之间填充的憎水不燃型聚氨酯保温层紧密结合而制成的整体管材。保温层采用发泡工艺使其和外套管紧密在一起，外套层一般采用高密度聚乙烯或玻璃钢。当输送介质的温度大于120℃时，贴近内钢管一侧需设一层耐高温的保温材料（如复合硅酸盐）。

3 供热管道有补偿直埋敷设设计

3.1 供热管网布局原则

工业供热管线布局主要根据采暖用户热负荷分布情况、道路现状、发展规划以及地质地形条件等确定，一般布置成枝状。管线多沿道路一侧与其他地下管线平行布置。热网的布置尽量满足使主干线走在热负荷中心，供热半径最短，对工艺厂房干扰最少，施工和运行管理方便等。为确定管线路由，应该与总图专业协商。总体来说需从以下几方面考虑：

（1）管网布置应该在总图整体规划指导下，深入研究各功能分区的特点及对管网的要求；

（2）管网布置应能与项目发展和规模相协调，该考虑预留的应该预留；

（3）管网布置要认真分析当地地形、水文、地质等条件；

（4）管网主干线尽可能通过负荷中心；

（5）管网力求线路最短；

（6）管网敷设力求施工方便、工程量少；

（7）在满足安全运行、维修简便的前提下，应节约用地；

（8）管线一般沿道路敷设，不穿预留用地；

（9）管线尽可能不穿铁路、公路及其他管沟等，必须穿越时应采取必要措施。

3.2 管网水力计算

3.2.1 管网水力计算目的

（1）按设计流量和允许压降选择合适管径；

（2）按设计流量和所选择管径计算压力损失，

确定或分配各用户的入口压力。

3.2.2 管网水力计算的一般要求

（1）确定管网各用户负荷，统计出各分支负荷以及管网总负荷。

（2）绘制简单的管网布置图，注明管段长度、补偿器、阀门等。

（3）在进行管网水力计算时，应提高整个系统的水力稳定性，为防止水力失调可以采取如下措施：

1）减小管网干管的压力损失，计算选择管径时适当加大管径；

2）重要分支和热用户入口设置平衡阀。

（4）主干管管径一般不小于 DN50，通往单体建筑的管道最小管径热水管为 DN32，蒸汽管为 DN25。

（5）热水管网宜采用双管闭式系统，供回水管应取相同管径。

3.3 管道的选择

随着供热管道直埋技术的不断发展，直埋管道技术也在不断进步。直埋供热管道可以在施工现场制作，也可以在工厂制作完成后运抵现场。但工厂预制直埋保温管道可提高施工速度，确保质量。现阶段最常用的就是预制直埋保温管道。此种管道分单一型和复合型，单一型适用于 150℃ 以下的介质，复合型适用于高温介质。

3.4 管道横断面布置

管线平面确定后一般采用机械开挖，开挖宽度和深度与管道直径和管道中心距有关，一般由管道横断面确定。管道横断面与管道敷设地段的土壤及地下水位高度有关。常规布置形式见图 1，图中各尺寸见表 1。

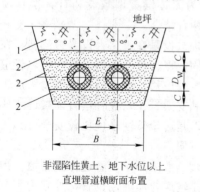
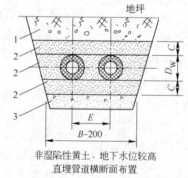
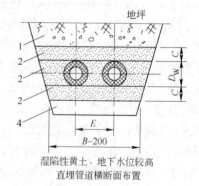

非湿陷性黄土、地下水位以上　　非湿陷性黄土、地下水位较高　　湿陷性黄土、地下水位较高
直埋管道横断面布置　　　　　　直埋管道横断面布置　　　　　　直埋管道横断面布置

图 1　直埋管道横断面布置

1—原土夯实；2—细沙；3—天然级配沙石；4—3:7灰土

3.5 补偿器及固定支架的设置

在确定大概的管网路由后，则需根据管线的长

短、管道管径的大小、管道整体布局考虑设置补偿器及相应的固定支架和检查井。由于首钢京唐钢铁厂建设用地多为喷沙造地，土质为松软的沙土，为确保管

道的稳定性，考虑设置补偿器。补偿器主要用于吸收长直管段的热位移，部分管段可以利用 L 形或 Z 形自然补偿，设计时应注意考虑运用。补偿器设置位置应根据管线布置情况和固定支架受力情况合理调整，为方便检修，补偿器需设置检查井。首钢京唐钢铁厂主要选用的是套筒补偿器，其主要布置方式见图 2。

表 1　直埋管道横断面布置尺寸　　　　　　　　　　　（mm）

钢管公称直径	钢管外径×壁厚	保温管外径×壁厚	管中心距 E	沟宽 B	垫砂厚 C
DN40	48×3	110×2.5	340	850	200
DN50	60×3.5	140×3	360	900	200
DN65	76×4.0	140×3	380	920	200
DN80	89×4	160×3.2	400	960	200
DN100	108×4	200×3.9	400	1000	200
DN125	133×4.5	225×4.4	450	1100	200
DN150	159×4.5	250×4.9	450	1100	200
DN200	219×6	315×6.2	500	1300	200
DN250	273×6	365×6.6	580	1400	250
DN300	325×7	420×7	660	1500	250
DN350	377×7	500×7.8	720	1700	250
DN400	426×7	550×8.8	780	1800	300
DN450	478×7	600×8.8	900	2000	300
DN500	529×8	655×9.8	1000	2100	300
DN600	630×8	760×11	1060	2400	300
DN700	720×9	850×12	1250	2700	300
DN800	820×10	960×14	1350	2900	300
DN900	920×12	1055×14	1450	3100	300
DN1000	1020×13	1155×14	1550	3310	300

注：管间距可以按照管道构件如补偿器、阀门等尺寸进行调整。特殊情况在满足本专业要求的前提下由总图专业确定。在弯头两侧具有较大的侧向位移的区域内，还应适当加大管道外壳和沟壁之间的距离。

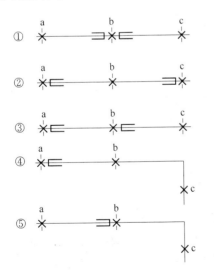

　　× 固定支架　　⊐⊏ 套筒补偿器

图 2　套筒补偿器布置方式

　　补偿器的选择主要从管网介质压力、温度以及补偿量满足管段变形量考虑。管段形变量按如下公式计算：

$$\Delta L = \alpha L\,(t_2 - t_1)\times 1000$$

式中　α——管材线膨胀系数，$m/(m\cdot℃)$；

　　　　L——管道计算长度，m；

　　　　t_1——管道安装时的温度，℃；

　　　　t_2——输送介质温度，℃。

　　按各参数计算出 ΔL，补偿器补偿量最好为 $\geqslant 1.2\Delta L$ 以上，如果常用补偿器的补偿量不能满足要求，则应减少需补偿管段的长度，既调整补偿器两端的固定支架距离。对于直埋敷设采用套筒补偿器，固定支架的跨距还需满足表 2 要求。

　　另外，管网中还需设置必要的 L 形补偿器，L 形补偿器长边和短边需满足表 3 要求，布置固定支架时要注意。

　　在满足以上要求后则主要从固定支架的受力情况去选择布置方式，主要原则是让固定支架的受力尽量小。考虑固定支架受力时主要是避免过大的摩擦力和弯头处的盲板力作用在同一固定支架上，例如，布置方式图 2 中③和④就应该尽量避免。直埋管道固定支架的做法有如下几种形式（以双管为例），见图 3。

表2 套筒补偿器热力管道固定支架最大允许跨距

公称直径DN	25	32	40	50	65	80	100	125	150	200	250	300	350	400	450	500	600
最大跨距/m	24	30	36	36	48	56	56	72	72	108	120	144	144	144	144	168	192

表3 L形补偿器热力管道固定支架最大允许跨距

公称直径DN	25	32	40	50	65	80	100	125	150	200	250	300	350	400	450	500	600
长边/m	≤6	11.5	12	12	13	13	14	15	15	16.5	16.5	17	17	18	18	20.5	21
短边/m	≤2	2.5	3	3	3.5	4	4	5	5	6.5	7.5	8.5	9	10	10.5	11.5	13

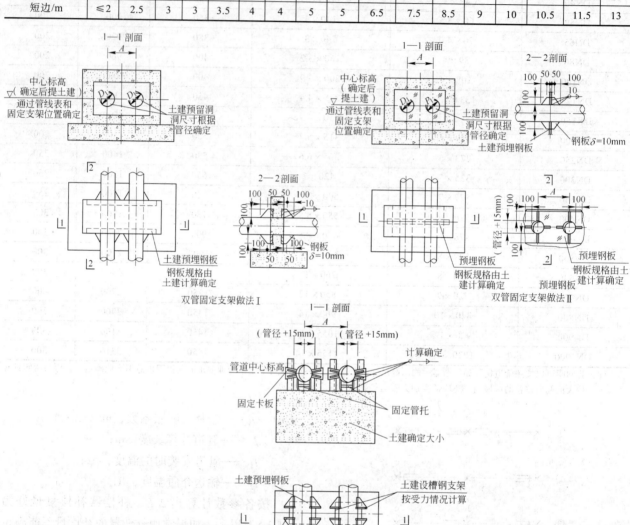

图3 直埋管道固定支架的做法

做法Ⅰ，施工方便，土建施工和管道施工可以分别进行，但是由于有钢构件会与土壤接触，对防腐要求较高；

做法Ⅱ，土建施工需要与管道施工密切结合，由于钢构件都在混凝土内部，所以不存在防腐问题；

做法Ⅲ，结构简单，施工方便，土建施工和管道施工可以分别进行，同样由于有钢构件会与土壤接触，对防腐要求较高，这种形式适合设置在检查井内，也适合管径较小的管道。固定支架的尺寸大小根据受力由土建专业计算得出。

管网根据以上原则初步布置完成后需与总图专业协商，看是否满足总图要求，如果不满足要求，协商调整，如果满足要求，则进行下一步的管线计算。管线计算时首先标注节点，然后列出管线表计算，管线表可以采用表4的形式。

表4中各节点坐标和地坪标高由总图专业给出；管道中心标高从整体布局考虑，起点取一个合适的标高，然后按坡度根据每段管道长度计算各标高，坡度 $i \geqslant 0.002$。固定支架中各参数根据管网敷设情况计算得出，计算固定支架参数时，可以列出

如下形式的固定支架表，见表5。

表4 管线表

节点编号		R1	R2	R2	R3	R3	R4	...
坐标	A							
	B							
地坪标高/m								
130/80℃供回水管径								
95/70℃供回水管径								
管中心标高/m								
管段长度/m								
坡度								

对于直埋热水管道，表中垂直荷载一般数值很小，考虑 $0.5t \times 2$ 的力即可；水平推力则需要根据管网布置和固定支架位置详细计算确定，水平推力主要受力有摩擦力、补偿器弹性力、盲板力等，力的计算方法相关手册都有介绍，计算时注意力的方向即可；计算固定支架留洞标高（表中管道中心标高）时，结合管线表计算会更方便；表5中 A 和 D 分别是供回水管间距和留洞大小，A 值可以见表1中的 E 值，D 值一般取管道（钢管部分）外径加 15~30mm。

3.6 检查井的设置

热水管网中除有补偿器，各分支处还需要设置平衡阀及相关阀门；另外，有的管线很长，管线又有坡度，为保证管道在合理的埋深，则需要中途提升。由于以上原因，管网需要设置检查井。检查井的设置应满足以下要求：

（1）检查井的净空不小于 1.8m，人行道宽度不小于 0.6m；

（2）检查井应采用 C15 或 C20 混凝土浇灌的防水井，严防地下水渗漏到井内；

（3）干管保温结构表面与检查井地面距离不小于 0.6m；

（4）检查井的人孔直径不小于 0.7m，人孔数量不少于两个，并应对角布置，当热水管网的检查井只有放气阀门或检查井净面积小于 4m² 时，可只设一个人孔；

（5）检查井内至少设置一个集水井，并应设置在人孔下方；

（6）管道过检查井处带保温，并设置防水套管，套管大小按管道保温外径确定。

几种检查井的形式见图4。

表5 固定支架

参数 支架	供回水管径/mm	垂直荷载/t	水平推力/t	管道中心标高/m	A/mm	D/mm
G1						
G2						
G3						
...						

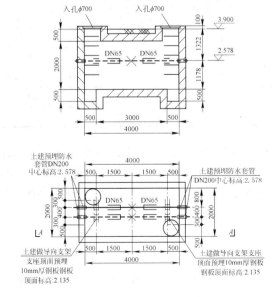

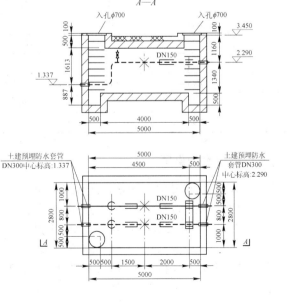

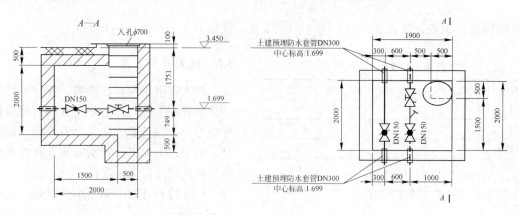

图4 检查井做法

检查井内设补偿器、固定支架的还需要设置导向支架，对于直埋附设，导向支架可以如以上 R_1 和 R_2 检查井简单设置，制作形式见图5。

图中各参数见表6。

表6中 H 值根据管道外径确定，为方便计算，同一套图纸不同管道的 H 值可以取一个，满足最大管径要求即可，如果管径相差太大就适当分成两个级别。

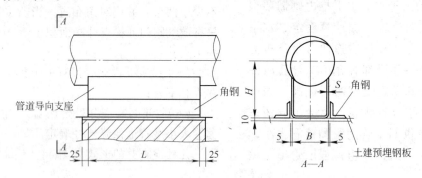

图5 导向支架做法

表6 导向支架参数 （mm）

序号	管径	S	B	L	H	角钢型号
1	DN50	4	40	60	根据管道确定	L40×5
2	DN65	4	60	60	根据管道确定	L40×5
3	DN80	4	70	70	根据管道确定	L40×5
4	DN100	4	90	140	根据管道确定	L40×5
5	DN125	4	110	150	根据管道确定	L50×6
6	DN150	4	140	170	根据管道确定	L50×6
7	DN200	6	180	210	根据管道确定	L50×6
8	DN250	6	200	260	根据管道确定	L50×6
9	DN300	6	250	320	根据管道确定	L50×6
10	DN350	6	270	360	根据管道确定	L50×6
11	DN400	6	330	420	根据管道确定	L50×6

3.7 其他需要注意的事项

由于工业管网比较复杂，各专业管网的布局可能需要反复调整，设计过程中一定要与总图专业多沟通，尤其是在设计后期一定要注意竖向交叉问题。一般情况是管网完成全部布局，完成补偿器、固定支架、检查井等设置后才提土建资料，以免因为修改造成土建专业做太多无用功。管网的管道、管件

和金属裸露件在说明中应该提出防腐要求；管道弯头、三通应该采用热压弯头和加强三通；管网高点应该设置放气，低点设置放水，管网实验压力都应该在设计中指明。

4 结语

根据首钢京唐钢铁厂特殊的地质条件，介绍

了供热管网有补偿直埋设计方法。相对于无补偿直埋方法，这种方法计算简单，运行比较安全，但是工程量和后期维护量相对增加；不过相对于老式的供热敷设方法却节省了大量的工程量。通过本文的介绍，结合部分相关设计手册，设计人员可以高效完成较大供热管网的有补偿直埋敷设的设计。

参考文献

[1] 陆耀庆主编.实用供热空调设计手册[M].北京：中国建筑工业出版社，1993.

[2] 王飞，张建伟.直埋供热管道工程设计[M].北京：中国建筑工业出版社，2007.

[3] 王亦昭，刘雄.供热工程[M].北京：机械工业出版社，2007.

[4] 田玉卓，闫全英，赵秉文.供热工程[M].北京：机械工业出版社，2008.

（原文发表于《工程与技术》2011 年第 1 期）

首钢迁钢炼钢工程 210t 转炉二次除尘设计介绍

胡学毅　甄　令　何广智

（北京首钢国际工程技术有限公司，北京 100043）

摘　要：本文简述了首钢迁钢炼钢工程 210t 转炉二次除尘和散料除尘设计，着重介绍了转炉二次除尘系统一期和二期工程的良好结合，和散料除尘应用双通道脉冲布袋除尘器，解决除尘系统中的定风量和变风量的组合问题。并探讨了存在的问题和解决方法。

关键词：转炉二次除尘；散料除尘；双通道脉冲布袋除尘器；定变风量

Shougang Steel–making Project 210t Converter Second Dust Removal Design Introduction

Hu Xueyi　Zhen Ling　He Guangzhi

(Beijing Shougang International Engineering Technology Co., Ltd., Beijing 100043)

Abstract：This paper describes the Shougang steel engineering 210t converter second dust removal and dust control of loose materials design, emphatically introduces the converter dust removal system of a two time period and the two period project a good combination, and dust control of loose materials application of dual channel pulse bag dust collector, solve the dust system of constant air volume and variable air volume of the combinatorial problem. And discusses the existing problem and the solving method.

Key words：converter second dust removal；dust control of loose materials；dual channel pulse bag dust collector；set and variable air volume

1　工程概况

按照"十五"发展规划的安排，首钢公司为使北京石景山厂区在钢铁总量实施压缩的同时保持总公司的稳定和发展，采取大修搬迁的方式，在迁安首钢矿区建设了首钢迁安钢铁公司。生产能力达到一期工程(200 万吨钢/年)，二期实现 400 万吨钢/年，其中炼钢工程一期上两台 210t 转炉，二吹一，二期再上一台 210t 转炉，实现三吹二。本文介绍 210t 转炉二次除尘设计和散料除尘设计，其中转炉二次除尘相应分一期和二期设计，散料除尘一期建成。

2　转炉二次除尘设施设计介绍

2.1　转炉二次除尘系统设计方案

迁安炼钢工程一期上 2 台 210t 转炉，二期再上

1 台 210t 转炉，其生产规模与首钢北京厂区第二炼钢厂相同，从首钢二炼钢厂 210t 转炉的设计和改造经验来看，转炉二次除尘系统设计要满足以下要求：

（1）转炉炼钢二次除尘应分为两个除尘系统，即转炉铁水处理系统和转炉系统除尘。转炉铁水处理系统包括混铁车倒罐站、铁水脱硫扒渣等；而转炉系统包括转炉炉前、炉后以及铁水精炼处理等。

（2）两个系统的末端可经连通管连通，起到平衡两个系统风量的作用。当一个系统除尘设施查修时，风量还可通过连通管进行调节。

（3）三台转炉炉前、炉后除尘管要做成环形，克服 3 台转炉除尘风量不均的问题。

（4）转炉二次除尘系统要与转炉散料系统分开。

（5）转炉二次除尘系统上使用的阀门要满足工艺的要求。

为了满足以上要求，在迁安炼钢转炉二次除尘系统一期设计方案时就需考虑二期的除尘设施，以便最后实现以上的功能要求。在一期设计中，转炉散料系统单独上一套除尘设施，处理能力能满足一期和二期的除尘需要；转炉二次除尘分两步走，即一期上一套除尘设施，满足一期炼钢工艺除尘的需要，二期再上一套除尘设施，满足二期炼钢工艺除尘的需要，同时通过合理设施

布置和精心系统管路设计，以达到上述要求。从图1炼钢主厂房二次除尘系统两期的布置流程示意图中，可以清楚地看到一期和二期的转炉二次除尘管线，一期二期的管线组合形成了转炉铁水处理系统除尘和转炉系统除尘两个区域，同时实现了3台转炉炉前、炉后除尘管成环形，并且在图A处原一期的D3000除尘管，成为两个系统连通管。

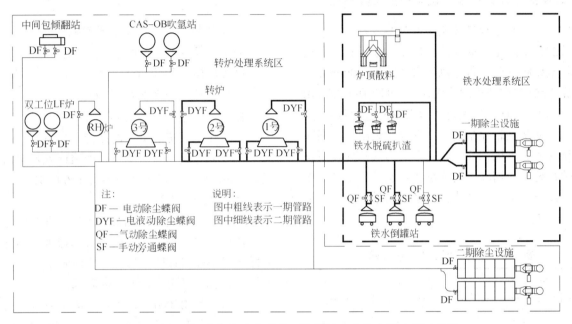

图1　炼钢主厂房二次除尘系统两期设计方案的布置流程示意图

2.2　一期除尘设计风量，设备参数及其特点

2.2.1　一期除尘设计风量和设备参数

转炉二次除尘一期设计风量110万 m^3/h ，由两套除尘设施并联运行，总风管直径为4500mm，主要承担1号、2号铁水倒罐站，1号、2号转炉，1号铁水脱硫扒渣，吹氩站以及炉顶散料等工艺场所除尘，风量分配见表1。

表1　一期转炉二次除尘风量分配

序号	除尘名称	处理风量/$m^3·h^{-1}$	工作状态	备注
1	1号、2号转炉	500000	不同时工作	炉前后罩＋转炉密封
2	1号、2号倒铁水站	250000	不同时工作	接收罩＋站密封
3	1号炉脱硫扒渣	200000		接收罩＋站密封
4	1号吹氩站	60000		密封导烟罩
5	炉顶散料	40000		移动通风槽
6	预留	50000		
	合计	1100000		

一期转炉二次除尘配备两套低压离线脉冲布袋

除尘器，单台处理风量为55万 m^3/h 。

（1）除尘器主要技术参数。

过滤面积：9200 m^2 ；

过滤风速：　1m/min；

滤袋规格：ϕ160mm×6050mm；

滤袋材质：500g/m^2 涤纶针刺毡；

滤袋数量：3080条；

除尘器室数：20室（10灰斗）；

停风阀：20个；

脉冲阀：220个。

（2）风机电动机主要技术参数。

额定风量：55万 m^3/h ；

额定风压：5000Pa；

电动机功率：1250kW/10kV。

2.2.2　一期除尘系统的主要特点

一期除尘系统设计的主要特点是：

（1）炉顶散料料仓除尘采用移动皮带通风槽，解决了移动卸料的除尘问题。

（2）铁水倒罐站采用D1800气动除尘蝶阀，并增加D400带手动调节蝶阀的旁通管。当铁水倒罐完成时，气动阀门关闭，通过旁通管可以消除罩内

的残烟，起到密封罩内通风和改善罩内视线的作用。

（3）转炉炉前罩和炉后罩的除尘管道布置在转炉炉前平台下，炉前罩两侧风管上各设一台 3000mm×1500mm 液动除尘蝶阀，炉后罩管设 2000mm×1500mm 液动除尘蝶阀一台，可起到除尘风量切换和自动调节的作用。

2.3 二期除尘设计风量，设备参数及其特点

2.3.1 二期除尘设计风量和设备参数

转炉二次除尘二期设计总风量 140 万 m^3/h，由两套除尘设施并联运行，总风管直径为 5000mm，新增除尘点位有 3 号铁水倒罐站、3 号转炉、CAS-OB 精炼、LF 炉、RH 真空精炼炉以及中间包倾翻站等，同时将一期吹氩站除尘接入二期除尘设施。二期除尘管路形成后，炼钢除尘系统可分为铁水处理系统和转炉系统，一期除尘设施承担铁水处理系统，二期除尘设施承担转炉系统，各系统风量分配情况见表 2 和表 3。

表 2 二期转炉区除尘风量分配

序号	除尘名称	处理风量 /$m^3 \cdot h^{-1}$	工作状态	备 注
1	1 号、2 号、3 号转炉	500000×2	同时工作 2 台转炉	炉前后罩 + 转炉密封
2	1 号、2 号 LF 炉	80000×2	同时工作	密封导烟罩
3	CAS-OB	50000		密封导烟罩
4	1 号吹氩站	60000		密封导烟罩
5	RH 炉供料	40000		密封措施
6	中间包倾翻	70000		移动导烟罩
7	预留	30000		
合计		共计 1400000		

表 3 二期铁水区除尘风量分配

序号	除尘名称	处理风量 /$m^3 \cdot h^{-1}$	工作状态	备 注
1	1 号、2 号、3 号倒铁水站	250000×2	同时工作 2 台转炉	接收罩 + 站密封
2	1 号、2 号、3 号脱硫扒渣	200000×2	同时工作 2 台转炉	接收罩 + 站密封
3	炉顶散料	40000		移动通风槽
4	预留	120000		
合计		1100000		

二期工程配备两套低压离线脉冲布袋除尘器，单台处理风量 70 万 m^3/h。

（1）除尘器主要技术参数：

过滤面积：11000m^2；

过滤风速：1.06m/min；

滤袋规格：ϕ160mm×6050mm；

滤袋材质：500g/m^2 涤纶针刺毡；

滤袋数量：3696 条；

除尘器室数：24 室（12 灰斗）；

停风阀：24 个；

脉冲阀：264 个。

（2）风机电动机主要技术参数：

额定风量：70 万 m^3/h；

额定风压：5000Pa；

电动机功率：1600kW/10kV。

2.3.2 二期除尘的主要特点

二期除尘系统的主要设计特点如下：

（1）除尘管支座采用特殊的聚四氟乙烯滑动管托，在润滑状态下摩擦系数不大于 0.015，减轻了除尘管对支架的水平推力；

（2）在 3 台转炉两侧形成了环形除尘管路，使 3 台转炉炉前、炉后除尘风量自动均衡，不管转炉怎样运行都能保证除尘风量，同时解决了一侧设除尘管，因管径过大布置困难的问题；

（3）二期 D3000 的除尘管，成为转炉和铁水两个除尘区的连通管，起到平衡两个除尘区风量的作用。

2.4 转炉二次除尘地面站的设备布置特点

根据总图平面位置的大小，采取了一期二期 4 台除尘设施平排布置。考虑场地的大小以及各个系统的独立性和气流顺畅性，各个系统设单独的排气钢烟囱。每套除尘设备的进风口设电动切断阀，可单独停机检修，从而不影响整个系统的正常运行。除尘设备采用低架布置，布局紧凑，查修方便，四套除尘设施和转炉散料除尘设施通过 PLC 的通讯设施，实现在一个控制室内监控。一期转炉二次除尘地面站除尘器布置见图 2。

图 2 一期转炉二次除尘地面站除尘器布置

3 转炉散料除尘设施设计介绍

3.1 转炉散料除尘系统设计方案

转炉散状料除尘系统主要包括汽车卸料、地下受料仓、铁合金库、转运站等。除尘系统分为两部分：一部分承担汽车卸料除尘，汽车卸料位共14处，每个卸料位上部设有除尘罩，除进车侧以外全部封闭，罩侧设有和卸料位对应的14个电动控制阀门，阀门的控制可由卸车人员就地操作也可以在操作室制作和监视阀门开关情况，该部分风量为70000m³/h，由

一台变频风机，实现汽车卸料时风机高速，平时低速节能，变频风机控制是通过检测管道末端的压力变化，当汽车卸料时，阀开管道压力下降，变频风机提速，反之变频风机降速；另一部分承担地下受料仓、铁合金库、转运站等除尘，设一台常开风机，风量为70000m³/h，其中铁合金料仓上和零星铁合金卸料点共27个除尘点，设气动阀门切换，其他除尘点全开运行，设手动调节阀调节各点风量。两个部分合设一套双通道低压脉冲布袋除尘器和输灰系统。转炉散料系统除尘工艺流程见图3。

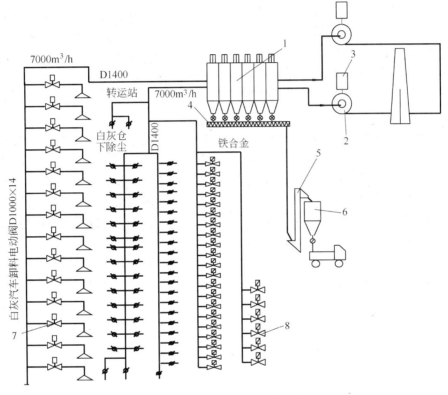

图3 转炉散料除尘工艺流程

1—双通道脉冲除尘器；2—除尘风机；3—变频电机；4—输灰机；5—提升机；6—灰仓；7—电动阀门；8—气动阀门

3.2 双通道脉冲布袋除尘器及其布置

转炉散料除尘系统中采用了特殊设计的双通道低压脉冲布袋除尘器。除尘器单侧布置，6室6灰斗，在除尘器的进出风道分别增加隔板，把除尘器分成两组，实现两个除尘器的功能，但控制和输灰系统为一套。该双通道低压脉冲布袋除尘器，解决了一台除尘设施完成两个不同参数要求的除尘工况问题。该除尘器主要技术参数为：过滤面积2800m²，滤袋规格 ϕ160mm×6050mm，过滤风速0.9m/min，离线停风阀6个。除尘器有2个进风口，2个出风口，分别与2台风机连接。双通道脉冲除尘器设备布置见图4。

图4 双通道脉冲除尘器除尘系统设备布置

4 转炉除尘系统运行情况与问题探讨

首钢迁钢炼钢一期工程在2004年10月正式投

产，转炉二次除尘设施和散料系统除尘设施也同步投入运行。在一年多运行时间中，设施运转正常。通过检测和现场检查，转炉二次烟尘除尘排放浓度 $9\sim16.5mg/m^3$，除尘效率为 98.12%~99.17%；散料除尘排放浓度 $9\sim16mg/m^3$，除尘效率为 98.71%~99.20%。2005 年 12 月顺利通过河北省环境保护局的验收。

转炉二次烟尘治理设施总体设计是合理的、先进的、成功的，但也存在一些不足和值得探讨的问题，归纳起来主要有以下几点：

（1）在转炉吹炼时还有少量烟尘通过氧枪通道，到达厂房屋顶，扩散到大气中。虽然在转炉四周做了整体密封，并且在炉后增加了除尘管道，还是有少量烟尘没有捕集到，从屋顶散出。增加屋顶除尘是一种弥补的方法，如首钢秦皇岛炼钢厂 3×80t 转炉设置了屋顶除尘，二次除尘总风量达到 300 万 m^3/h。

（2）一期铁水倒罐站存在少量罩口泛烟问题。分析其主要原因是：第一，由于厂房高度的限制，罩的高度和容积均不足，瞬间大量烟尘没有足够的缓冲空间；第二，罩的两侧和后侧没有封闭好，形成穿堂风。在二期工程中对整个铁水倒罐站三个位置进行整体密封，形成三面全封闭，解决了罩口泛烟的问题。

（3）脱硫扒渣同样存在炉门上方缝隙冒烟的问题。分析其主要原因是：第一，脱硫扒渣上部容烟空间太小；第二，抽吸点位置不够理想；第三，炉门与操作平台边的缝隙应该做成扣槽形，减少烟的泄漏，另外可在附近增加吸风点。此问题有待改进。

（4）一期二次除尘两套设备在与除尘总管并接时，由于位置不对称，管道设计不够合理，实际测试表明，两台除尘设备的风量有偏差。二期工程中，把三通的分叉管做成矩形，通过三通分隔板和导流板等措施调节风量，使其风量平衡分配。

5 结语

（1）首钢迁钢炼钢工程二次除尘是大型除尘系统，设计中需做好一期、二期工程的有机结合，使设计达到预期的目的，这是在大型除尘系统设计中值得高度关注的问题。

（2）迁钢炼钢工程除尘设施布置合理，利用新型的低压脉冲布袋除尘器，排放浓度达到 $20mg/m^3$ 以下，特别是采用了新设计的双通道脉冲布袋除尘器，解决了同一系统中变风量和定风量的难题。

（3）工程设计中根据以往的设计经验和用户的要求，采用电动、气动、电液动阀门和旁通阀用于不同的工艺场合，以满足不同场合的除尘要求，这一点是十分重要的。

（4）转炉二次除尘设计和实际使用过程中暴露的一些问题，在今后的设计中应引起足够重视。

（原文发表于《设计通讯》2006 年第 1 期）

变工况除尘系统的分析及风机调速范围的计算

胡学毅

(北京首钢国际工程技术有限公司，北京 100043)

摘　要：通过单点、多点、多点＋定点变工况除尘系统的分析导出其风机调速的计算方法，并对变工况除尘的特性进行了分析和总结。

关键词：支管；总管；单点变工况；多点变工况

Variable Condition Dust Removing System Analysis and Calculation of Fan Speed Control Range

Hu Xueyi

(Beijing Shougang International Engineering Technology Co., Ltd., Beijing 100043)

Abstract: Through a single point, multipoint, multi-point and fixed-point off-design dedusting system analysis derived its fan speed calculation method, and the changing condition of dust characteristics are analyzed and summarized.

Key words: pipe; duct; single point of variable conditions; multiple variable working condition

1 引言

通过调节风机的转速来满足除尘系统中风量变化的要求，同时达到有效的节能目的方法在变工况除尘系统得到了广泛的应用。本文不是介绍变工况除尘系统，也不是分析采用何种风机调速方法以及节能效果，而是分析对不同变工况除尘系统风机调速范围的影响因素和计算方法。

2 变工况除尘系统分析和计算中需阐明的几个问题

除尘系统的管网应包括净化设备，而有的净化设备本身的阻力不完全符合以下公式：

$$P=SQ^2$$

式中　P——系统阻力，Pa；

　　　S——系统综合阻力系数；

　　　Q——系统风量，m³/h。

管网的某些部位需要一定的恒定压力来保证系统正常工作，因此对整个除尘系统阻力来说不完全

是符合流量变化的平方关系。

各种除尘系统为了满足不同的要求，对整个除尘系统不仅要满足各点对风量的要求，同时也要满足压头的要求，如果变工况除尘系统风机调速计算方法是对调速风量乘以一个附加系数，那么在理论上和实际应用中都不令人满意的。因为如果风机的压头不能满足除尘系统的需要，风量实际上也不能满足。有些系统附加的不应是个常量，而应是一个变化的量，所以不能用常量来确定风机的转速。

通过风机曲线和管网曲线确定了风机的工作点，实际调速以后在新的转速风机曲线对应的工作点是要发生移动，而这样的移动正是在实际中要利用的。

变工况除尘系统可以简化为以下三种情况：第一种情况是单点变工况除尘系统，即只有一个除尘点或是有几个除尘点，但运行工况比较一致，即风量变化要求同步。如焦炉的焦侧除尘、装煤除尘和有些窑炉炉体的除尘；第二种情况，有 2 个（组）或 2 个（组）以上的除尘点同时工作或不同时工作，

或 1 个除尘装置带 2 个系统，如高炉出铁场、转炉、物料运输除尘系统等；第三种情况是除尘系统中有变风量的除尘点，同时有定风量的除尘点，如窑炉炉体除尘的变风量和上料系统的定风量结合的除尘系统，这种系统既要满足定风量允许的风量波动范围，又要达到变风量节能目的。

除尘系统可简化为 3 个部分：支管部分及除尘点至总管部分，这部分符合管网特性曲线（$P=SQ^2$）的变化；总管部分及支管汇总点到除尘器，以及除尘器到烟囱至大气部分，另包括除尘设备满足（$P=SQ^2$）的部分；第三部分是除尘器不符合 $P=SQ^2$ 关系部分，由于布袋除尘器应用广泛，而且比较典型，以下均采用布袋除尘器进行分析。

除尘器的滤料阻力与流量的关系可表示为：

$$\Delta P=\Delta P_f+\Delta P_d=(\xi_f+\xi_d)\mu v=(\xi_f+\xi_d)\mu Q/F$$

式中　ΔP_f——清洁滤料的阻力，Pa；

　　　ΔP_d——粉尘层的阻力，Pa；

　　　ξ_f——清洁滤料的阻力系数；

　　　ξ_d——粉尘层平均阻力系数；

　　　μ——气体黏性系数，kg/（cm·s）；

　　　v——过滤速度，m/s；

　　　F——布袋过滤面积，m²。

所有除尘系统的总阻力 H 可表示为

$$H=H_支+H_总+\Delta P$$

式中　$H_支$——除尘支管（资用压头）阻力，Pa；

　　　$H_总$——总管的阻力，Pa；

　　　ΔP——布袋滤料的平均阻力，Pa。

3　单点变工况除尘系统的的分析与计算

单点变工况除尘系统可以认为不存在支管，系统阻力由总管和布袋除尘器阻力两部分组成，系统简化如图 1 所示。

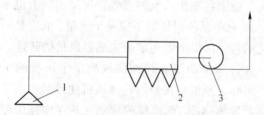

图 1　单点变工况除尘系统简图
1—除尘吸尘罩；2—布袋除尘器；3—风机

系统总阻力为　$H=H_总+\Delta P=S_总Q^2+S_布Q$

式中　$S_总$——总管的综合阻力系数；

　　　$S_布$——布袋滤料的综合阻力系数；

　　　Q——除尘系统风量，m³/h。

滤袋阻力系数与滤料性能、尘的性质，除尘器

的清灰方式及其效果有关，一般设计计算控制其平均阻力为 800~1200Pa，约占系统总阻力的 1/4~1/5。一般单点变工况除尘系统只有除尘和不除尘两种工况。如焦炉焦侧除尘和装煤除尘，每 8min 间隔除尘一次，每次时间 1min，所以风机只是高速和低速两种工况，并不需要考虑低速来满足某种需要的风量。

有些单点除尘系统由于工况的变化，为了达到节能的目的，需调节其风量，以调节风量 50% 为例，来推导出风机转速变化的计算方法。如某一除尘系统计算总阻力为 $H=S_总Q^2+S_布Q=3900$Pa，设计风量为 125000 m³/h。其中 $S_总Q^2=2900$Pa，$S_布Q=1000$Pa，分别占阻力的 74.4%，25.6%。

所以

$$S_总=(0.744\times H)/Q^2=(0.744\times3900)/125000^2=1.857\times10^{-7}$$
$$S_布=(0.256\times H)/Q=(0.256\times3900)/125000=7.987\times10^{-3}$$

把 $S_总$、$S_布$ 代入除尘系统总阻力计算公式，如风量 Q 取不同的值，可得出不同的对应除尘系统总阻力。取 50% 风量代入得：

$$H=1.857\times10^{-7}\times62500^2+7.987\times10^{-3}\times62500=725+499=1224\text{Pa}$$

根据风机特性 $n_1/n_2=Q_1/Q_2$；$(n_1/n_2)^2=P_1/P_2$

如满足风量条件，那风机压头为

$$P_2=P_1(1450/725)^2=3900\times0.25=975\text{Pa}$$

是不能满足系统要求的压力，以满足系统压力来计算转速 n_2 为：

$$n_2=(P_2/P_1)^{1/2}\times n_1=(1224/3900)^{1/2}\times1450=812\text{r/min}$$

所以满足除尘系统变工况的应是 725~812r/min 之间的某个转速。上面计算是认为滤料平均阻力是受风量变化而变化，而布袋除尘器往往根据滤料的阻力进行定压差清灰，所以可以把滤料阻力作为不受风量变化的值，及除尘系统的总阻力为：

$$H=S_总Q^2+1000\text{Pa}$$

用上同样的方法计算。那变工况后的风机转速应在 725~964 r/min。准确的方法是在风机性能图上找出与该工况点相交的某转速的风机性能曲线，或者使某转速的特性曲线满足，该工况点的风量和压头的参数，由于要多次试算，比较麻烦，工程上应用可取其平均值（845 r/min）。

单点变工况除尘系统，系统中不用设阀门开关，所以系统的 S 值不发生变化，另外系统不增加新漏风点，可以不考虑漏风附加。

4　双点多点变工况除尘系统的分析与计算

多点变工况除尘系统总阻力可以简化成 3 部分：支管部分、总管部分、除尘器滤料部分（图 2）。

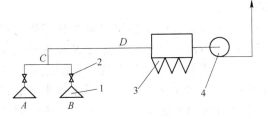

图2 多点变工况除尘系统简图

1—除尘罩；2—阀门；3—布袋除尘器；4—风机

图2中 A、B 至 C 点为支管，根据风量平衡，支管阻力相等，C 至 D 点为总管。

除尘系统总阻力：$H=H_支+H_总+\Delta P$

$$H=S_{支A}(K_AQ)^2+S_总Q^2+S_布Q$$
$$H=S_{支B}(K_BQ)^2+S_总Q^2+S_布Q$$

式中 $S_{支A}$，$S_{支B}$——支管 AC、BC 的综合阻力系数；
K_A，K_B——支风管占总风量的比例，%。

对于 K 值相同的两点除尘，即 A、B 同时工作，A 或 B 单独工作或 A、B 都不工作，只有 3 个变速工况，对 3 点有 4 个变速工况，以此类推。但对于不同风量的各除尘点的组合，变工况有许多值，计算方法相同。为了便于说明问题，以 2 点 K 值相同系统为计算实例。如支管的阻力 1200Pa，总管阻力 1700Pa，布袋滤料的阻力为 1000Pa，分别占系统总阻力的 30.8%，43.6%，25.6%。系统总风量为 125000 m^3/h。

$$S_总=0.436\times3900/125000^2=1.088\times10^{-7}$$

$$S_支=0.308\times3900/62500^2=3.075\times10^{-7}$$

$$S_布=0.256\times3900/125000=7.99\times10^{-3}$$

当 A、B 点不同时工作系统阻力为

$$H=S_支(KQ)^2+S_总(KQ)^2+S_布(KQ)$$
$$H=3.075\times10^{-7}\times(62500)^2+1.088\times10^{-7}\times(62500)^2+$$
$$7.99\times10^{-3}\times(62500)=1200+425+499$$
$$=2124Pa$$

根据以上计算，风机转速为 725~1070 r/min，如布袋滤料阻力按不变计，风机变工况转速 725~1190 r/min 之间，平均为 958 r/min。从上面计算可以看出多点变工况系统要比单点在同样调节风量范围下，转速要高，原因是为了保证支管的资用压头。而单点除尘系统没有支管的定压要求。在变工况中由 A 点或 B 点因阀门关闭不严等原因，增加了新的漏风。而上面计算未考虑，实际应用根据漏风情况适当提高转速。

5 单点、多点变工况与定工况组合的变工况系统的分析与计算

一些大型的变工况的除尘系统，如炼炉的除尘，高炉出铁场，主风管是变工况的，而带的支风管如

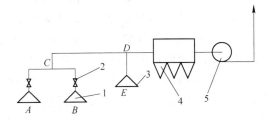

上料系统除尘是定风量的（图3）。

图3 变风量与定风量组合的除尘系统

1—变风管除尘点；2—阀门；3—定风量除尘点；4—除尘器；5—风机

如某一工况当风机高速时，及 A、B 点最大风量时，D 点的设计压力为 2000Pa，及 D 的定风量最大压头。

由于变工况风机调速，D 点的压头要发生变化，也就是定风量的点的风量也要发生变化。如果欲使其变化小，势必要影响节能效果。所以 D 点的风量要允许波动，但又要控制压头在一定范围，保证除尘效果。风机调速时不小于 1200Pa，根据管道阻力特性：

$$Q_2/Q_1=(H_2/H_1)^{1/2}=(1200/2000)^{1/2}=0.775$$

也就是说 D 点压头变化 40%，定风量支管的风量将减少 22.5%。在设计变风量管网时要考虑这个变化。该工程风机压头 $H''=H'=6500Pa$，风量为 $Q=100$ 万 m^3/h，$H_支=2000Pa（1200Pa）$，$\Delta P=1200Pa$，$H_总=3200Pa$，分别占 31%、20%、49%。所以求得 $S_总=3.2\times10^{-9}$，$S_布=1.3\times10^{-3}$。把 $S_总$ 和 $S_布$ 的值代入除尘系统总阻力，可以算出不同流量时的总阻力（表1）。

$$H'=H_支+S_总Q^2+S_布Q$$

表1 风量与除尘系统总阻力对应

Q/万 $m^3\cdot h^{-1}$	$H_总+\Delta P$ /Pa	H'/Pa	
		$H_支=2000$	$H_支=1200$
100	4500	6500	5700
90	3762	5762	4962
80	3088	5088	4288
70	2478	4478	3778
60	1932	3932	3132
50	1450	3450	2650
40	1032	3032	2232

把表1的 Q 与 H' 值在风机厂提供的该风机各转速的性能曲线图上画出 B，B' 两条曲线，见图4。

其中 B 线为 $H_支=2000Pa$ 时的曲线，B' 为 1200Pa 时的曲线。图4中 AA' 曲线之间的区域为风机最佳运行工况范围，它是根据风机最佳效率与稳定工作区来确定的。A 曲线与 B' 曲线的交点 K 为允许风机

最低压头，此点交在 350r/min 风机性能曲线上，即风机转速不能低于 350r/min ，或风机的压头不能低于 2000Pa，否则将会影响除尘效果，即支管压头将小于 1200Pa 。通过 K 点与 K' 点(6500Pa，100 万 m^3/h)的平滑曲线 KK' 为风机满足管路特性的理想运行工况曲线。由于 KK' 曲线在 B、B' 曲线之间，所以保证了在任何时候，支管风量变动都在允许范围之内。通过 KK' 曲线可以在风机性能曲线图中找出对应的转速 n、流量 Q、压头 H 值。用最小二乘法进行数学回归，可得出该除尘系统风量与风压和转速的函数关系式：

$$n=29.176Q^{0.6769}$$
$$H=24.358Q^{1.2}$$

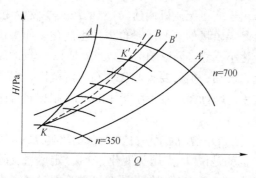

图 4　风机各转速的性能曲线

以上两二式是综合的风机特性，管网系统特性以及除尘点风压、风量满足条件而计算出来的。如管网总风量需要为 70 万 m^3/h，代入上式，得转速 n=517 r/min，风机压头为 H=3988Pa。将上式编入 PLC 可编执行程序，可根据除尘系统各除尘的工作状况，随时调节风机转速以满足除尘总风量变化的需要。

6　结语

本文把变工况除尘器系统分成 3 种情况进行了分析，推导出调速的计算原理和方法，得出以下几点结论：

（1）在变工况除尘系统风量变化不能与风机转速成正比的根本原因不是管网 S 发生变化和阀门漏风所造成的。而是整个变工况除尘系统（包括除尘器），存在着阻力不是与风量的平方成正比的因素和部分管道需要保证一定的压头的因素所造成的。也就是说变工况后管网需要的压头大于风机对应转速的风机压头，所以必须调高转速来满足要求。

（2）对于不同类型的变工况除尘系统，在调速风量相同的情况下，风机变速要求不一样。

（3）对不同变工况除尘系统要抓住变工况的关键部位，简化后进行计算。为了达到一定节能效果，各除尘点的风量肯定会发生波动，设计时应考虑其波动范围。

（4）变工况除尘点越少，系统节能效果越好，所以有条件的话要定工况与变工况部分分开，成为 2 个除尘系统。

（5）对于一个多点变工况除尘系统，它可以形成几十种工况，所以必须计算出风机转速与系统风量的函数关系，并采集各除尘点的阀门开关工况，由 PLC 随时调节风机转速，达到系统的风量和节能的目的。

（6）对于定工况除尘系统需要有漏风量和风压调整系数，对变工况同样是需要的；所不同的是漏风量成反比，及系统风量大时漏风量部分小，而系统风量小时，漏风量部分增大。对于这样的要求，在 PLC 控制的调速除尘系统中是十分容易实现的。

（7）风机在调速过程中，为了满足除尘风量和压头的变化，不光风机的转速需要变化，而且按风机的性能曲线对应的工作点，为了达到新的平衡也在变化，这种变化使得风机的压头有所提高。

（原文发表于《暖通空调》2001 年第 6 期）

蓄热式冷却器的应用与设计计算

胡学毅

(北京首钢国际工程技术有限公司，北京 100043)

摘　要：本文介绍了蓄热式冷却器的特点，其对瞬间或短时间高温气体降温的应用实例，并着重阐述了应用传热学等基本原理推导冷却片式蓄热冷却器的计算方法和过程。阐述蓄热式冷却器蓄热和放热的关系，并指出使用冷却片式比管式蓄热式冷却器更具有优势。

关键词：蓄热式冷却器；冷却片；管式；吸热；放热

The Applications and the Design Calculations of a Saving Heat Cooler

Hu Xueyi

(Beijing Shougang International Engineering Technology Co., Ltd., Beijing 100043)

Abstract：This paper introduces the characteristics of the saving heat cooler, and its application examples for high temperature gas to drop down instantly or in short time. It has been emphasized that the calculation methods and processes of the saving heat cooler with cooling slides are derived by the basic principle of heat transfer theory. The relationship of the saving heat and releasing heat of the saving heat cooler has been expatiated. The cooler with cooling slides has more advantages compared to the cooler with cooling tubes.

Key words：a saving heat cooler；cooling slides；cooling tubes；absorb heat；discharge heat

1 引言

蓄热式冷却器是通过设备本身具有的吸收储存和释放热量的功能来实现对流体介质冷却和加热的装置。当高温介质流过时，它吸收介质热量，使流出介质的温度下降；当低温介质流过时，它对介质释放热量，使流出介质的温度上升；总之，对于瞬间温度变化很大的介质蓄热式冷却器能够削峰填谷，使流经介质的温度变化幅度变小，以满足下游设备的入口温度条件。如焦炉推焦除尘，在拦焦不足 1min 的时间内，平均温度可达 200℃以上，瞬间烟气温度可达 500℃以上，而一次推焦的时间间隔约为 8min，所以在拦焦的 1min 时间内，蓄热式冷却器可吸收烟气的热量，使进入布袋除尘器的烟气温度降到 100℃左右，防止瞬间高温烟气进入除尘器损坏布袋滤料。不拦焦期间，除尘系统吸入部分室外环境空气，蓄热式冷却器对其放热，提高进入除尘器气体的入口温度，能够有效防止布袋除尘器

结露，同时使冷却器降温，基本恢复到原来的温度，这一点在北方冬季尤为重要。由此可见，蓄热式冷却器特别适用于短时间内温度剧烈波动的烟气净化系统中，具有缓冲介质温度突变的功能。

2 蓄热式冷却器结构

蓄热式冷却器主要有管式结构、板式结构两种。

管式结构蓄热式冷却器与管式间接自然对流空气冷却器的结构和工作原理都很相似，它既是自然对流冷却器，又是蓄热式冷却器，对于连续的高温气体，其起到自然对流冷却的作用；对于瞬时的高温气体又起到蓄热式冷却器的作用，设计应按蓄热式冷却器计算，其放热期间要考虑对环境自然对流放热部分，按自然对流的散热作用计算，管式蓄热式冷却器结构外形见图 1。

板式结构蓄热式冷却器，也称百叶式冷却器或钢板冷却器，是真正的蓄热式冷却器。它由几十或上百片的钢板组成。烟气从钢板的缝隙通过，使进

入的气体温度变化，进行蓄热或放热。百叶式冷却器的传热效率要高于管式结构，相对体积可小很多，因此，在许多场合百叶式冷却器替代了管式冷却器。钢板蓄热式冷却器可以根据需要布置成各种形式，图2所示为水平进出烟气的钢板式蓄热冷却器，也可以做成上下进出的蓄热冷却器（图3）；蓄热钢板可以安装在罩内（图4），对于短期高温烟气收集场合，而除尘设备离尘源很近的情况下，可以保护布袋除尘器，这种除尘方法又被称为"短流程"；另外，钢板蓄热式冷却器与布袋除尘器结合成一体，起到粗颗粒分离和蓄热冷却的作用（图5）。下面以板式结构推导蓄热式冷却器的设计计算公式和方法。

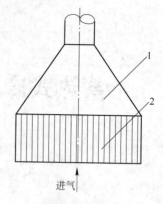

图4　罩内钢板蓄热式冷却器示意图
1—罩体；2—冷却片

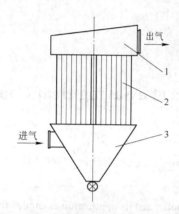

图1　管式蓄热式冷却器结构示意图
1—集气箱；2—冷却管；3—灰斗

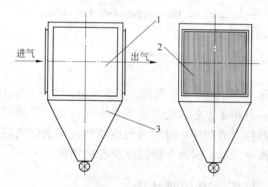

图2　水平进出烟气钢板蓄热式冷却器示意图
1—箱体；2—冷却片；3—灰斗

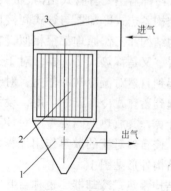

图3　上下进出烟气钢板蓄热式冷却器示意图
1—灰斗；2—冷却片；3—箱体

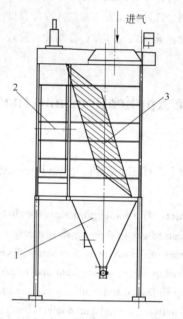

图5　钢板蓄热式冷却器与布袋除尘器结合示意图
1—灰斗；2—布袋除尘器进风道；3—冷却片

3　钢板蓄热式冷却器的设计计算

1993年首钢1号6m焦炉焦侧除尘系统中设计中，应用了钢板式蓄热式冷却器，而之前上海宝钢引进日本技术，在6m焦炉焦侧除尘使用的都是管式蓄热式冷却器。国内钢板式冷却器的首次设计是通过购买德国6m焦炉4大机车参考图，其中有一张百叶式冷却片组图，由于当时对焦侧除尘烟气温度变化认识不足，对百叶式冷却片组没有可借鉴的计算方法，为了系统更加可靠起见，在设计冷却器时配置了2组百叶式钢板组合片，并给其配上外壳、灰斗、进出口导流板等，但在实际使用中发现采用一组冷却片就能满足拦焦除尘工况的要求，故在以后的焦侧除尘设计中都采用1片组的百叶式蓄热式冷却器，但对其片组的配套使用缺乏相应的理论依据和设计基础，以及推导蓄热式百叶式冷却器的设计计算方法。为今后能够设计各种形式的蓄热式冷却器，以满足不同除尘工况的实际需要，本文从传热学的原理出发，研究推导了蓄热式冷却器的设计计算公式和方法。

3.1　冷却钢板的放热系数计算

要降低瞬间通过冷却器的气体温度，就要有高的气体对钢板的导热系数，而且有高的流通面积、传热面积，同时要有小的结构体积。百叶式钢板蓄热式冷却器就具有以上特点。其分析计算如下：设百叶式钢板宽 b、高 h，钢板间隙 e（图6）。

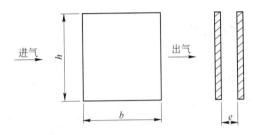

进气　出气

图6　百叶式钢板布置示意图

两钢板间的传热面积 $S_c = 2bh$

两钢板间的流道截面积 $S_j = he$

其当量直径 $d = 4S_j/U$

式中　U——流体润湿的流道周边，m。

所以　$d = 4 \times h \times e/2h = 2e$

当钢板的宽度取 $d/e > 60$，对气体 $Pr = 0.7$，气体在钢板间流动为 $Re = 10^4 \sim 12 \times 10^4$ 的旺盛紊流时，定性温度取气体的平均温度，可采用管内受迫流放热公式计算。

当冷却气体时，其放热系数 α 为

$$\alpha = 0.023\lambda/d \cdot Re^{0.8}Pr^{0.4}$$

当加热气体时，其放热系数 α 为

$$\alpha = 0.023\lambda/d \cdot Re^{0.8}Pr^{0.3}$$

式中　λ——导热系数，J/（$m^2 \cdot s \cdot ℃$）；

Re——雷诺数；

w——流速，m/s；

d——当量直径，m；

v——运动黏滞系数，m^2/s；

Pr——普朗特数。

烟气由各种气体成分组成，可分别按要求查出各种气体的物理参数，并按各种气体在烟气中含的百分比求出该气体的实际物理参数。

3.2　蓄热式冷却片的吸热量计算

进入蓄热式冷却器的单位平均气体热量减去气体离开冷却器的热量是冷却片吸收的热量 Q_g，即：

$$Q_g = Q_1 - Q_2$$
$$Q_g = G_g C_{pg} \Delta T_g$$

$$Q_1 = G_1 C_{p1} t_1$$
$$Q_2 = G_1 C_{p2} t_2$$

式中　C_{pg}——钢的比热，kJ/（kg·℃）；

C_{p1}——进入冷却器的气体比热，kJ/（kg·℃）；

C_{p2}——离开冷却器的气体比热，kJ/（kg·℃）；

G_1——通过冷却器的气体质量，kg/s；

G_g——冷却片的质量，kg；

t_1——计算时间段进入冷却器的气体平均温度，℃；

t_2——计算时间段离开冷却器的气体平均温度，℃；

ΔT_g——吸热后冷却片的温升，℃。

3.3　蓄热式冷却片的设计片数和温升计算

计算出了气体对冷却片的放热系数和冷却片的吸热量 Q_g，就可以计算出需要的传热面积 S，即：

$$S = 1000 \times Q_g/\alpha/\Delta t_m$$

Δt_m 为平均温差，为简便起见，用算术平均温差来进行传热计算，即：

$$\Delta t_m = (\Delta t_1 + \Delta t_2)/2$$

Δt_1 为进口冷却器平均气体温度与冷却片平均温度放热的温差，Δt_2 为出冷却器平均气体温度与冷却片平均温度放热的温差。

需要冷却片的片数：

$$m = S/h/b/2 + 1$$

冷却片的厚度可取 $e/4$，那么冷却片的总重量：

$$G_g = h \times b \times e \times m \times G_b/4$$

式中　G_b——钢的密度，t/m^3。

吸热后冷却片升温：

$$\Delta T_g = G_1(C_{p1}t_1 - C_{p2}t_2)t/G_g/C_{pg}/1000$$

式中　t——计算时间段，s。

气体在冷却片间的平均流速 w（m/s）为：

$$w = G_1/\rho[h \times e \times (m-1)]$$

式中　ρ——气体在冷却器进出端的平均温度下的密度，kg/m^3。

设计时可先设定气体在冷却片间的平均流速为 $12 \sim 18$ m/s。如计算出的流速与设定的流速差别大，可调整冷却片的尺寸后重算，钢板的宽与钢板间隙大小和烟气流速决定了烟气进出口的温度差。

3.4　蓄热式冷却片压力损失计算

蓄热式冷却片的压力损失可分成两部分，一是气体在冷却片间流动的沿程损失，二是进出冷却片组的突缩和突扩的局部损失，见图7。

气体通过冷却片的压力损失可以表示为：

$$\Delta P_m = (\lambda b/d + \zeta_1 + \zeta_2)w^2\rho/2$$

式中　λ——摩擦系数；

　　　w——管道内气体速度，m/s；

　　　ρ——气体的密度，kg/m³；

　　　d——当量直径，m；

　　　ζ_1——突缩局部阻力系数：

$$\zeta_1 = 0.5(1 - A_2/A_1)$$

　　　ζ_2——突扩局部阻力系数：

$$\zeta_2 = (1 - A_2/A_1)$$

　　　A_1, A_2——分别为两钢板的中心距尺寸和间隙尺寸；

　　　b——冷却片宽度，m。

摩擦系数 λ 可以用使用较普遍的粗糙区的经验公式：

$$\lambda = 0.11(K/d)^{0.25}$$

式中　K——钢板粗糙度，$K = 0.15$mm。

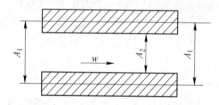

图7　气体在冷却片间流动示意图

由于冷却片组在冷却器内布置的不同，会形成其他的一些压力损失，所以冷却器的本体的压力损失要略大于冷却片的压力损失。

4　钢板蓄热式冷却器计算实例

4.1　基本参数确定

某焦炉推焦除尘工程，推焦时进入蓄热式冷却器烟气平均温度150℃，时间为1min，出口平均温度100℃，平均烟气量210000Nm³/h；8min 为一个循环，其他时间进入冷却器平均温度40℃，平均烟气量 50000Nm³/h。初步确定冷却器蓄热钢板的尺寸为，$b=2.25$m，$h=3.25$m，取钢板间隙 $e = 0.02$m。烟气在钢板中的平均流速取 $w = 15$m/s。

4.2　求雷诺数 Re

烟气主要成分是空气，按空气查得其物理参数，定性温度按 125℃考虑，那么

$v = 25.5 \times 10^{-6}$m²/s，$Pr = 0.70$

当量直径：$d = 4S_j/U = 2e = 0.04$m

$Re = wd/v = 15 \times 0.04/25.5 \times 10^{-6} = 2.353 \times 10^4$

放热系数：

$\alpha = 0.023 \lambda/d Re^{0.8} Pr^{0.4} = 0.023 \times 0.033/0.04 \times 3\,143 \times 0.867 = 51.7$J/(m²·s·℃)

4.3　求需要的传热面积 S

推焦时，60s 烟气平均温度150℃降到平均温度100℃的钢板吸收热量：

$Q_g = Q_1 - Q_2 = 210000 \times 1.293 \times (1.015 \times 150 - 1.013 \times 100) \times 1000/60 = 230574225$J

4.4　需要换热面积

$S = Q_g/60/\alpha/\Delta t_m = 230574225/60/51.7/60 = 1239$m²

冷却片的平均温度设为 65℃，换热平均温差 $\Delta t_m = 60$℃。

4.5　钢板片数 m

$$m = 1239/2/2.25/3.25 + 1 = 85 \text{ 片}$$

如果钢板采用 5mm 厚，总质量为 $5 \times 2.25 \times 3.25 \times 85 \times 7.85 = 24396$kg。

根据以上计算可以求出蓄热冷却片组的外型尺寸为：宽 2250mm，高 3250mm，厚 2105mm。

4.6　冷却片吸热后的温升和流速

$\Delta T_g = Q_g/1000/G_g/C_g = 230574/24396/0.46 = 20.5$℃

冷却器钢板可流通面积

$$84 \times 0.02 \times 3.25 = 5.46 \text{m}^2$$

平均工况烟气量：

$$210000 \times (273 + 125)/273 = 306154 \text{m}^3/\text{h}$$

流速：$w = 306154/3600/5.46 = 15.58$m/s

与设定流速基本一致不再作调整。

4.7　蓄热式冷却片的压力损失

$\Delta P_m = (\lambda b/d + \zeta_1 + \zeta_2) w^2 \rho/2$
$= (0.0272 \times 2.25/0.04 + 0.1 + 0.2) \times 15.58^2 \times 0.887/2$
$= 200.34$Pa

5　蓄热式冷却器放热过程的确定和计算

蓄热式冷却器在短暂时间内吸收了高温气体的热量，蓄热体温度上升，所以必须对其冷却，放出热量，$Q_{吸} = Q_{放}$才能维持对下一个气体高温峰进行降温。对板式冷却片蓄热式冷却器，要依靠内部流过温度比冷却片低的气体，对于管式蓄热式冷却，除尘内部流过气体以外，管外部可对大气放热。对冷却片的放热计算与吸热过程相同，可参照以上设计方法，主要影响因数流过冷却片平均温度 t，与冷却片的平均温度差 Δt，气体流速 w，冷却过程时间 T，其与放热量 Q 的函数关系，$Q_{放} = f(\Delta t, w, T, w^{0.8})$，如果不考虑气体的物理参数变化，可按上面的吸热的计算结果，通过类比试算放热量是否满足要求。

$$\Delta t = 65 - 45 = 20 \text{℃}$$

放热时间 7min，$w = 10m/s$

$Q_{放}/Q_{吸} = (20/65) \times (10/15) \times (7/1) \times (10/15)^{0.8} = 1.038$

放热量 $Q_{放}$ 与吸热量 $Q_{吸}$ 基本相同，平均温度差 Δt、流速 w、时间 T 三个参数是对放热最重要的参数，调整任何一个参数就能调节蓄热式冷却器的运行工况。Δt 与室外的气温有关，流速与风机的调速有关，放热时间与间断周期有关，如三个条件组合不能达到放热量的要求，蓄热冷却片的平均温度上升，离开冷却器的气体温度就要上升，系统会达到新的放热—吸热的平衡点。在焦炉拦焦除尘应用的实例中，如拦焦完成后，载热焦的熄焦车没有及时离开，致使拦焦时间延长，就会使进入冷却器的气体温度提高，从而使冷却器的出口温度升高，这时要采取打开排气阀等措施，实际正常的拦焦期间高温气体的出现时间要小于 1min。

一般 Δt 和 T 时间难以人为变动，大多数情况要根据实际运行情况调整进入蓄热式冷却器的冷却气体的流量。在设计时冷却器的放热过程不能满足气体吸热的要求，就需要重新计算设计，简单的方法是调整设定的冷却片平均温度，经计算再调整冷却片的宽度。

6　钢板蓄热式冷却器与管式蓄热式冷却器的比较

管式蓄热式冷却器使用的管径一般大于 D108，实际上一些风管也可以认为是管式冷却器，有较大温度波动的气体流经管道时伴有吸热和放热的作用，使经过管道的气体温度波动变小。钢板蓄热式冷却器的放热系数要比管式冷却器的大，所以更有利于对高温气体的降温作用。我们把以上冷却片冷却器与 D159×4.5 管的管式冷却器比较，如果流入冷却片与管的流速等参数相等。那么放热系数就与当量直径有函数关系 $\alpha = f(d^{-0.2})$，其放热系数比管式大 1.3 倍。要达到相同的传热效果，其传热面积就要增加 1.3 倍。按冷却片计算实例的结果考虑，其质量为 24396kg，若改为 D159×4.5 管式冷却器，其质量要增加至 58648 kg，为板式的 2.4 倍。其设备体积也远大于冷却片式蓄热式冷却器，所以冷却片式蓄热式冷却器对于瞬间的高温气体的降温有其特殊的优越性，在实际应用中应优先考虑。

7　结论

（1）蓄热式冷却器利用钢板对气体的吸热和放热作用，来调节瞬间高温气体的温度；可应用在间断的、瞬间高温气体出现的场合，通过把瞬间高温气体温度降低，以达到后续净化设施的要求，同时可提高间隔期间进入净化设施的气体温度，防止气体温度过低结露。

（2）在同样气体处理的条件下，冷却片式蓄热式冷却器要比管式蓄热式冷却器体积小，质量轻，效率高。

（3）通过对冷却片式蓄热式冷却器的公式推导和设计，可以根据需要设计计算出各种工况需要的冷却器。

（4）蓄热式冷却器放热过程的计算和试算是十分重要的，是冷却器计算不可忽略的部分，它主要取决于放热过程中的气体流量及其温度和放热时间。

参考文献

[1] 传热学[M].北京：中国建筑工业出版社,1980.

[2] 流体力学泵与风机[M].北京：中国建筑工业出版社,1979.

[3] 谭天佑.工业通风除尘技术[M].北京：中国建筑工业出版社,1984.

[4] 王永忠.电炉炼钢除尘[M].北京：冶金工业出版社,2003.

（原文发表于《工程与技术》2008 年第 1 期）

热泵技术及在钢铁企业应用分析

胡学毅

（北京首钢国际工程技术有限公司，北京 100043）

摘　要：本文简述了空气源热泵、水源热泵、地源热泵技术的发展和应用，并结合工业厂房水源热泵的应用，进行了工业冷却水源热泵的技术经济分析；对含有大量低温热量的冶金工业冷却水进行了供热供冷的可行性分析。

关键词：空气源热泵；水源热泵；地源热泵；工业冷却水系统；制热系数

Heat Pump Technology and Application Analysis in Iron and Steel Enterprise

Hu Xueyi

(Beijing Shougang International Engineering Technology Co., Ltd., Beijing 100043)

Abstract：The air source heat pump, water source heat pump, ground source heat pump technology development and application, and the combination of industrial plant water source heat pump application, for industrial cooling water source heat pump technology and economic analysis of low temperature heat; containing a large number of metallurgical industry cooling water for heating and cooling feasibility analysis.

Key words：air source heat pump；water heat pump；ground source heat pump；industrial cooling water system；heat coefficient

1　引言

　　热泵是通过消耗一定机械功，能从自然环境中吸取热量的设备，由于它能把不能直接利用的低温热源（如空气、土壤、水中所含的热能、太阳能、工业废热等）转换为可利用的高品位热能，从而达到节省（如煤、燃气、油、电等）高位能的目的。由于热泵具有节能作用同时能降低温室效应和减少对大气的污染，所以热泵技术成为当今世界节能环保最有发展前景的技术之一。

2　各种热泵技术

2.1　空气源热泵

　　空气源热泵以大气作为热源或冷源，即夏季热泵通过冷凝器向大气排热同时通过蒸发器向室内供冷；冬季热泵通过蒸发器向大气吸热同时通过冷凝器向室内供热。空气源热泵主要有两种机型，供冷热风的机组或提供冷热水的机组，有的机组在供冷的同时还能提供热水。空气源热泵主要适用在长江流域区域，在北方地区由于气温低和结霜除霜损失，因此热泵的制热效率下降，但是随着空气源热泵机组本身性能的提高，作为全年空调冷热源的空气源热泵机组，已应用于北京、天津等北方地区，所选择的热泵机组提供的冷量有点偏大，基本不用另加辅助热源，当然设备初投资和运行费用要高一点，越往北越高，应做技术经济分析后确定是否经济合理。

2.2　水源热泵

　　水源热泵冷凝器和蒸发器与水源进行热交换，而且水源的水温比较稳定，夏季比空气源低，冬季比空气源高，所以制热系数比空气源热泵高得多。一种水源热泵空调系统称为水环热泵，是把各水源热泵作为终端设备安装在空调房间内或各个区域内，把各水源热泵机组的供回水管连接起来，组成一个循环系统,外部设备有封闭式冷却塔、辅助加热器(如锅炉等)。这种水源热泵系统大多用在地上地下建筑内,特别是在建筑物外区需要供热而内区又需要制冷,在供热制冷同时需要的空调系统,能起到很好的节能作用,与风盘集中空调系统比可以节能 80%以上,在没有内外区的建筑使用也能达到 15%的节能效果。当然也可以采用空气源热泵代替冷却塔和辅助加热器,对循环水的温度进行调节,满足水环热泵的最佳工作需要。

2.3 地源热泵

地源热泵的聚乙烯埋管深 40~100m,水平埋管深 1.5~2m,单位钻孔长度取热率 50W/m 左右。地源热泵一次投资要比风源热泵高 10%~20%,但其制热系数 COP 可达到 3.5~4.4,比传统的空气源热泵要高 40%,因此其运行费用为普通中央空调的 50%~60%,不到 4 年时间,即可收回增加的初投资,而且维护费用也低于其他空调系统。由于地源热泵具有节能和环保的双重效益,被列入 21 世纪最有发展前途的新技术。

3 工业冷却水源热泵技术应用的探讨

钢铁工业生产过程产生大量的余热,如各种高温烟和炉气,工艺设备的冷却介质,高温产品及高温渣,余热回收通常用于生产,仅有发电热水,化工一段初冷却水,高炉冲渣水用于冬季取暖。首钢设计院在山西宏阳焦化厂设计中采用化工一段初冷 70℃余热水为采暖热媒,回水温度 60℃,供水设计能力 120m3/h,作为煤与焦炭的输送转运、破碎、筛分、贮存系统、皮带通廊等处防冻,以及各生产车间、办公室、操作室、休息室等处采暖之用。

本文讨论的水源热泵应用于低于 50℃的冷却水,它不列入余热资源设计范围。

3.1 工业厂房的水源热泵的应用

钢铁企业的冷却水,有浊环水和净环水(包括软化水)两种。浊环水,主要是烟气和产品的洗涤用水,如转炉烟气、高炉煤气、熄焦、连铸坯的冷却等。净环水主要是各种设备和烟气、产品的间接冷却水,由于净环水水质好,水温可以用冷却塔等来控制,是水源热泵首选的低温水源。在钢铁企业的一些地方如车间办公楼,操作室、主控室等可以用工业循环水的水源热泵作为冷热源。以某 210t 转炉炉前控制室为例,集中空调面积达 3000m2,夏季需制冷量 450kW,冬季需制热量 300kW,采用 2 台风冷冷风恒温恒湿型空调机组,如改用相同制冷量

的水源热泵机组,当冷却水循环水温,进水 15℃,出水 10℃时,制热量 320kW/台,也就是说冬季开一台机,耗电 76kW 就能满足供热的要求,比采用电供热的方法节电 76%,对于多个房间,发热量不同,温度要求不同的情况,采用水环热泵效果更好。

3.2 工业冷却水水源热泵应用分析

一座年产 600 万吨钢的钢铁联合企业,总用水量约为 400 万 m³/h,其中冷却水占 85%以上。以首钢新建迁钢 400 万吨/年规模为例,炼铁厂(2500m³ 高炉 2 座)、炼钢厂(210t 转炉 3 座)、焦化厂(50 孔 6m 焦炉 4 座,140t 干熄焦 2 座)净循环冷却水见表 1。

表 1 400 万吨/年钢铁厂炼铁、炼钢、焦化用净环冷却水

项目	净环水量 /m³·h⁻¹	进水温度 /℃	出水温度 /℃	冷却水带走热量 /kW	备注
炼铁厂	7080×2	33	43	164561	间接冷却水
炼钢厂	2926	33	45	40828	平均温度
焦化厂	9470+8147	33	45	250144	平均温度
合计	35013			455623	

三个厂净环水部分通过冷却水带走热量 455623 kW。如果这些热量供冬季取暖,按平均 50W/m² 计,可供建筑面积 911 万 m³;如按北京地区新标准,普通住宅的采暖设计热负荷指标不超过 32W/m²,即按最不利工况时达到室内设计温度计算,可供建筑面积 1423 万 m²。

3.3 工业冷却水水源热泵技术经济分析

地下水源和城市污水水源热泵供暖系统,在整个冬季电转换率都可达到 350%~450%,即使考虑到发电热效率为 33%,其总体转换率也可达到 115%~150%,远高于区域锅炉房集中供热系统。工业冷却水的进出水温是随季节变化的,表 1 的水温是夏季最热月的平均情况,而冬季要低得多。因为循环水的冷却是通过与空气接触,由蒸发散热,接触散热和辐射散热三个过程共同作用的结果。夏季室温较高,表面蒸发起主要作用,最炎热夏季的蒸发散热量可达总散热量的 90%以上;冬季气温低,接触散热从夏季的 10%~20%增加到 40%~50%,严寒天气甚至可增加到 70%左右。冬季由于接触散热的增加,使得冷却水的进出整体水温下降。防止水温下降可以采取如下措施:循环水上冷却塔,但

冷却塔风机不开；减少上冷却塔的水量；循环水不上冷却塔；外露管道适当保温和吸水池加盖。采取以上措施可以提高水温到 20～30℃。随着水温的升高，管网的散热量增加，冷却水的热量部分散失，但在冬季大部分热量还是可以利用的。水源热泵的制热系数 COP 与冷却水的水温有关，按照近似实际制热系数的公式：

$$COP=55.33\varDelta^{-0.7633}$$

式中 $\varDelta$——冷凝温度与蒸发温度的差值。

如果冷凝温度 55℃，蒸发温度为 25℃，差值 $\varDelta=30℃$，COP=4.125。也就是说化 1kW·h 电，可以提供 4.125kW·h 电的热量。显然上式的使用是有范围的，但公式表明，热泵供水温度提高，COP 不变，循环水温度就得提高，如不能提高，COP 就会减少。工业冷却水的温度高于地下水和城市污水，其整个冬季电转换率应更高。北京地区普通建筑供暖天数为 129 天，11 月和 3 月的平均气温约 4.5℃，平均供水温度 50℃，平均差值 $\varDelta$ 为 20℃，COP 达到 5.62。1 月平均气温-4.4℃，供热量需增加 1～1.5 倍，如不能提高供水温度，就需要增加散热面积来满足要求。通过高温热泵技术可以把 30～45℃ 的水温提高到 65～80℃，甚至更高温度的热水用于散热器集中供热。热泵研究数据显示冷凝器进口水温 77.6℃，出口水温度 85℃，蒸发器进口水温 56.1℃，出口水温 51.3℃，制热性能系数 COP 为 3.68。

工业冷却水水源热泵提供 45℃ 左右的热水时，它的制热系数较好。是低温热水地板辐射采暖、天棚低温辐射采暖制冷系统以及满足风机盘管用户的理想热媒。如果房屋"保温"性能大幅度提高，那么在散热器面积基本不变的情况下，采用 50～60℃ 的热水也能满足采暖的需要，而且舒适性更好。

污水源热泵系统比燃煤锅炉和空气源热泵的运行费用要低 25% 以上。更远低于其他供热方式的运行费用。由于工业冷却水源的水温高于污水源，所以冬季供热时其运行费用要更低一些。对用散热器采暖用户，冬季应考虑温度高的冷却水，采用高温热泵，或者采用 2 级热泵系统，以满足寒冷月份的供热。用 2 级热泵的总制热系数要比 1 级低，是否比燃煤锅炉运行费用低，需要根据电价、供热环境温度、建筑耗热指标、供热的面积等情况进行核算。但是热泵系统占地面积仅有燃煤锅炉房的 1/3～1/2，不需煤场和堆渣场地，不产生任何污染，调控灵活。在供热方式环境评价方法研究中的二氧化碳、一氧化碳、烟尘、二氧化硫、氮氧化物五项指标中热泵式供热最好，为全优，而集中燃煤锅炉房为最差。因此热泵式供热是供暖方案中的较佳方案。

热泵系统运行费用比传统的燃煤锅炉系统大约低 25%，总投资也约低 25%（是水源热泵系统与传统的制冷加锅炉系统的比较）。如果只考虑热泵供热与单建锅炉系统比，那么热泵系统投资要高一些，所以只有热泵系统实现供热、制冷以及同时供应生活热水，其综合投资少且运行费用低，并节能、环保。

随着社会经济的快速发展和人民生活水平的提高，需发展具备高舒适度、高功能配置的高品质住宅。供热、供冷、供生活热水设施也成为高品质住宅的主要指标。而水源热泵系统具有很好的三供的性能指标。

采用工业冷却水水源热泵实现夏季供冷时，一般工业冷却水的冷却能力不能满足新增水源热泵的需要，要另设冷却塔，这点与传统的制冷设施一致，除非工业冷却塔有能力富裕或原设计已经考虑了热泵的需要。

3.4 工业冷却水水源热泵系统流程

把水源热泵站建在冷却塔附近，可利用循环水的回水压力（约 0.1MPa 左右），经热泵蒸发器后回吸水池，见图 1。如果热泵机房离冷却塔远，就要增加加压泵加压，见图 2。

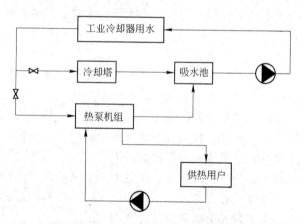

图 1　水源热泵站建在冷却塔附近工艺流程示意图

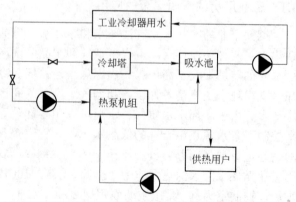

图 2　热泵机房远离冷却塔工艺流程示意图

在工业冷却水去冷却塔的管路上取水并回管路

上，对原冷却水系统没有影响，见图3。

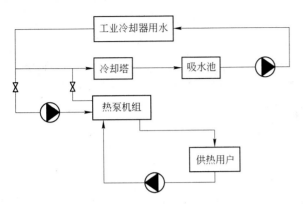

图3　工业冷却水去冷却塔的管路上取水工艺流程示意图

4　结论

热泵是一种可以利用低温热源，以少量的电能转换出多于电能本身数倍热量的装置，是很好的节能、环保设施，其应用广泛。

钢铁企业的冷却水量大，并含有大量的热量，是可以通过水源热泵方法进行供热，是很好建筑供热的方案。特别是采用45℃左右热水的供热用户。其运行费用比其他系统要低。但是投资要比单建锅炉房高，但如燃煤锅炉房要上脱硫装置，费用将增加。如果能实现冷热联供，水源热泵方法投资相对低。

钢铁企业利用冷却水水源热泵供热是可行的，但要根据当地情况进行分析，包括环保、能源政策、发展规模、供热远近、供热用户情况、煤、电供应情况，以及投资的利益等。在钢铁企业有余热可利用的情况下，首先要考虑余热利用。

参考文献

[1] 姜益强. 空气源热泵冷热水机组的选择[J].暖通空调，2003（6），30～33.

[2] 陈焕新. 地源热泵技术在我国的应用前景[J].建筑热能通风空调，2002（4），10～13.

[3] 钢铁工业给排水设计手册[M].北京：冶金工业出版社，2002：926.

[4] 工业水处理问及常用数据[M].北京：化学工业出版社，1997：280.

（原文发表于《设计通讯》2006年第2期）

➤ **燃气技术**

首钢京唐钢铁厂高炉全干式除尘煤气管道内壁防腐工艺技术的研究与应用

于玉良　韩渝京　肖慧敏

（北京首钢国际工程技术有限公司，北京 100043）

摘　要：高炉煤气采用干式布袋除尘工艺后，其输配系统中的煤气管道内壁出现了严重的腐蚀现象，新建管道3个月可出现因管道腐蚀而穿孔漏气，严重危害工厂的安全运行，为此经过试验手段筛选防腐涂料，并在钢铁厂高炉冶炼现场做了高炉煤气清除氯化物的试验，取得了相应的工艺数据，并将其优化，形成最终高炉煤气氯化物清除工艺技术。通过应用效果看，上述两项单项技术应用于首钢京唐钢铁厂 $5500m^3$ 高炉煤气管道中，经过半年以上时间运行生产，防腐效果显著

关键词：高炉煤气干法除尘；管道内壁腐蚀；防腐涂料试验；氯化物清除

Research and Application in Technology of Process Corrosion Protection in Inner Wall of Fully–dry Dedusting Gas Pipe on Blast Furnace of Shougang Jingtang Iron and Steel Plant

Yu Yuliang　Han Yujing　Xiao Huimin

(Beijing Shougang International Engineering Technology Co., Ltd., Beijing 100043)

Abstract： After BFG adopts dry bag type dedusting process, severe corrosion phenomenon appears to inner wall of gas pipeline of the transfer and distribution system. The pipeline newly built within three months can be corroded so that it is perforated for gas leakage. This jeopardizes safety operation of the plant seriously. Therefore corrosion protection paint is selected by means of test method, and test of BFG chloride removal from BFG is carried out at site of BF melting process. Relative process data is collected, and they are optimized and developed finally a technology of BFG chloride removal process. From view of application result, the above two individual techniques are applied to BFG pipeline of $5500m^3$ blast furnace of Shougang Jingtang Iron and Steel Plant. The corrosion proof effects are remarkable.

Key words： BFG dry dedusting；corrosion of inner pipe wall；test of corrosion proof painting；chloride removal

1 国内外高炉煤气干法除尘概况与腐蚀问题

1.1 日本高炉干法系统应用概况

1982 年日本大仓钢铁厂从联邦德国引进高炉煤气布袋除尘技术并在 2 号 $1850m^3$ 高炉试验成功，目前日本在役的大型高炉中，采用全干法除尘的有 11 座、干法湿法并用的有 29 座，但都没有高炉煤气管道内壁腐蚀的相关报道。

1.2 国内高炉干法系统发展概况及腐蚀问题

钢铁厂是国民经济中能耗大户，铁前系统占钢铁厂能耗的 70%，而炼铁工序又占铁前系统中能耗的 50%，所以在炼铁工序节能降耗具有很大的空间。高炉煤气干法袋式除尘工艺技术是炼铁工序重要的节能措施，它省水，减少二次污染，同时又可以使

其下游高炉煤气余压发电能力提高约 30%，因此是国家行业政策推荐性项目。

1981 年 5 月，在临钢 3 号高炉上建成国内第一座 100m³ 高炉煤气干法布袋除尘系统，到目前为止约有 25%~30% 的大型高炉采用了布袋除尘工艺流程，如首钢 2650m³ 高炉、包钢 2500m³ 高炉、韶钢 2540m³ 高炉、唐钢 3200m³ 高炉、济钢 1750m³ 高炉、莱钢 2218m³ 高炉以及已经投产的首钢京唐钢铁厂 5500 m³ 高炉，在大型高炉上得到较快的推广应用，实现了大型化。

干法除尘系统在国内小高炉的广泛应用已历经二十年多，几乎没有与腐蚀相关的报道。近几年，干法除尘系统开始在国内大高炉上推广普及，主要由于小高炉干法系统腐蚀的矛盾不突出，又沿袭了大高炉传统湿法除尘的习惯，对煤气中 HCl 等酸性气体的存在缺少认识，因此在由湿法向干法转型期没有考虑到由酸性气体带来的严重腐蚀现象。另外，高炉原料越来越多地使用进口矿，进口矿尤其澳矿中氯元素含量普遍高于地方矿，导致高炉煤气中的 HCl 含量更高，也是大高炉干法系统腐蚀严重的重要背景条件。

据了解，济钢、莱钢、太钢、柳钢等企业的高炉干法煤气系统都普遍存在腐蚀问题，但尚没有根本办法彻底解决。

2 干法系统腐蚀原因研究

自国内 A 厂发生高炉煤气管道腐蚀现象以来，国内 B 厂 2 号高炉干法除尘的煤气管道也发生多处腐蚀、结垢等现象。腐蚀、结垢问题不但增加了设备维护的工作量和维护费用，更重要的是给高炉煤气系统的安全生产带来极大威胁，如何从根本上降低高炉煤气中腐蚀成分的浓度，抑制或者彻底解决腐蚀问题是 B 厂干法除尘亟须解决的问题。

2.1 B 厂干法系统重点腐蚀结垢区域分析

2.1.1 结垢

结垢主要位于高炉炉顶余压发电装置（以下简称 TRT）中透平机末级叶片、放散管管内壁和喷水点后净气管管壁。

2.1.2 煤气管道内壁腐蚀

高炉煤气管道沿程均有腐蚀，特别是 TRT 喷水点后管道及 U 形水封排水器腐蚀最为严重，且腐蚀速度非常快；高炉煤气净化区域的放散管根部调节阀腐蚀也很严重。发生腐蚀的部位多为水平管道的下部和其他与煤气冷凝水接触的部位。

2.2 结垢机理分析

TRT 末级叶片上的结垢经 X 衍射检验后认为是

NH₄Cl 晶体，表明煤气中不仅存在 HCl，还存在 NH₃，当煤气中含有较高水蒸气（特别是高炉炉顶喷水）的时候，在 TRT 过程的末级叶片处煤气温度降到 80℃ 左右，容易析出溶解了 HCl 和 NH₃ 的冷凝水，由于膨胀后气体温度降低使得冷凝水极易挥发，就形成了 NH₄Cl 沉积。实际在炼焦过程中焦炉煤气中就含有一定的 NH₃，在 CO₂ 和水蒸气气氛条件下煤中 N 可以转化为 HCN 和 NH₃，且生成量随温度的升高而增大。水蒸气气氛条件下，NH₃ 来源于煤的挥发分，也可能来源于半焦中的含氮物质与水蒸气的反应。

B 厂 2 号高炉正常情况下布袋除尘器出口温度 150~160℃，进入 TRT 余压发电从 TRT 出来的煤气温度约为 80℃，TRT 末级叶片处高炉煤气经历大幅降温，为形成 NH₄Cl 结晶创造了条件。

2.3 B 厂干法系统腐蚀的主要原因

分析腐蚀根本原因是由于温度、压力的降低，高炉煤气中 HCl、H₂S 等酸性气体冷凝析出附于管壁形成酸性水溶液而引起酸腐蚀。酸性水溶液在管道底部流动或沉积，并与管道内壁金属表面的 Fe₂O₃ 保护膜发生化学反应，从而破坏保护层结构，形成腐蚀层，这些腐蚀层很容易脱落，在管道内壁局部区域形成腐蚀坑，而且随着初始腐蚀坑的形成，这些区域更容易积聚酸性水溶液，腐蚀坑越来越向深处发展，最终可能导致管壁穿孔。

即使是在中性环境下，氯离子的存在也会对管道以及不锈钢材质产生腐蚀，因为氯离子体积小，容易穿透金属氧化膜，金属氯化物水解在微区形成酸性环境，使得金属氧化膜结构被破坏。

综上所述，由氯离子引发的腐蚀都可归于酸性环境下的腐蚀，不锈钢材质的点腐蚀、焊接点的应力腐蚀、局部电化学腐蚀都与氯离子或硫酸根离子的存在相关。

可以认为，腐蚀或结垢严重的区域同时具备两个条件：

（1）高炉煤气中含有较高含量的酸性气体（如 HCl）；

（2）高炉煤气在该区域具有较大的温降。

净煤气从 TRT 出来后进行喷水降温，喷水点后煤气明显降温，降温幅度大约在 20~30℃，高炉煤气中的 HCl 和水蒸气冷凝析出形成了酸性溶液，对管道造成腐蚀。

3 防腐涂料的研究与应用

高炉煤气管道内壁腐蚀后果将直接危害钢铁厂的安全生产，必须高度重视，应用腐蚀隔离原理，利用实验手段筛选适宜的防腐涂料，将腐蚀气氛与煤气管道内壁隔离。

在不改变炼铁工艺的前提下，防止腐蚀只能通过以下四种途径：控制析出、改进材料性能、隔离、脱除。

3.1 控制高炉煤气中HCl等酸性气体的冷凝析出

原则是使煤气温度始终高出酸性气体的露点温度至少20℃，因此管道应做好保温措施，尤其是冬季；降低煤气中的水蒸气含量。但就大多钢铁厂而言，因如下原因使该措施难以全面奏效：

（1）高炉煤气用户有的很远，且高炉煤气供应系统中设有煤气柜；

（2）有的钢铁厂高炉煤气净化的干、湿法并存，干、湿高炉煤气汇合处煤气温度必然降低；

（3）当高炉顶温较低时，通过TRT后煤气温度本身即已接近煤气露点。

3.2 改进管道及设备的材料性能

改变材质，采用耐腐蚀材质，如采用Incoly825不锈钢，但考虑到煤气管道数量很大，如果采用耐腐蚀材料制作，工程投资巨大，显然不可取。可以在难以采用其他方法且数量较小的局部位置采用。

3.3 隔离

将腐蚀部位喷涂耐腐蚀涂料，将管道与腐蚀环境隔离。

为此，我们筛选了四个方案于2007年7~8月在钢铁研究总院进行了送样试验。

3.3.1 送样方案

四种方案分别是：乙烯基树脂玻璃鳞片胶泥（以下简称"树脂胶泥"）、改性厚浆环氧防腐涂料（以下简称"环氧涂料"）、聚脲涂料、环氧鳞片胶泥，见图1。

3.3.2 试验结果

常压浸泡腐蚀试验一见表1和图2。

常压浸泡腐蚀试验二见表2和图3。

高温高压腐蚀试验见表3和图4。

试验前后样品对比见图5。

高压釜加速腐蚀试验见表4和图6。

3.3.3 试验结论

（1）高温试验结果顺序：树脂胶泥、环氧胶泥、环氧涂料、聚脲涂料。

（2）低温试验结果顺序：树脂胶泥、环氧涂料、环氧胶泥、聚脲涂料。

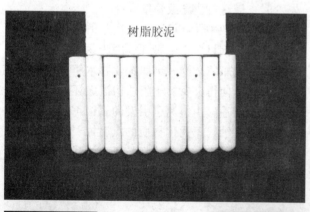
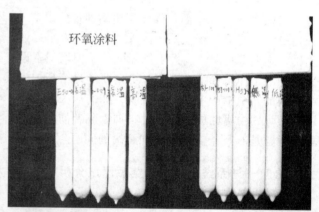

图1　送样方案照片

表1 常压浸泡腐蚀试验一

编号	方案	试验时间/h	试验结果	说 明
F-1	树脂胶泥	360	涂层完好，无起泡，无裂纹，无破损，无脱落	
F-2	树脂胶泥	360	涂层完好，无起泡，无裂纹，无破损，无脱落	
F-3			涂层完好，无起泡，无裂纹，无破损，无脱落	
S-1	环氧涂料	360	涂层完好，无起泡，无裂纹，无破损，无脱落	
S-2			涂层完好，无起泡，无裂纹，无破损，无脱落	
S-3			涂层完好，无起泡，无裂纹，无破损，无脱落	
Z-1	环氧胶泥	360	涂层完好，无起泡，无裂纹，无破损，无脱落	
Z-2			涂层完好，无起泡，无裂纹，无破损，无脱落	
Z-3			涂层完好，无起泡，无裂纹，无破损，无脱落	
H-1	聚脲涂料	360	涂层完好，无起泡，无裂纹，无破损，无脱落	吊挂用孔封闭不完善而腐蚀，其锈污染了试样表面
H-2			涂层完好，无起泡，无裂纹，无破损，无脱落	
H-3			涂层完好，无起泡，无裂纹，无破损，无脱落	

试验条件：Cl^- 20g/L，SO_4^{2-} 0.2g/L， pH=1，60℃， 常压

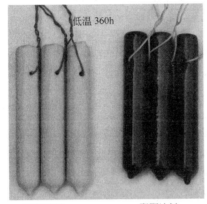

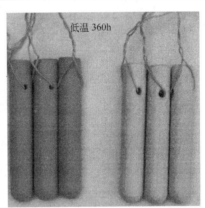

图2 常压浸泡腐蚀试验后（1）照片

表2 常压浸泡腐蚀试验二

编号	方案	试验时间	试验结果
F-1	树脂胶泥	60℃360h +102℃（沸腾）408h	涂层完好，无起泡，无裂纹，无破损，无脱落
F-2			涂层完好，无起泡，无裂纹，无破损，无脱落
F-3			涂层完好，无起泡，无裂纹，无破损，无脱落
S-1	环氧涂料	60℃360h +102℃（沸腾）408h	涂层完好，无起泡，无裂纹，无破损，无脱落
S-2			涂层完好，无起泡，无裂纹，无破损，无脱落
S-3			涂层完好，无起泡，无裂纹，无破损，无脱落
Z-1	环氧胶泥	60℃360h +102℃（沸腾）408h	涂层完好，无起泡，无裂纹，无破损，无脱落
Z-2			涂层完好，无起泡，无裂纹，无破损，无脱落
Z-3			涂层完好，无起泡，无裂纹，无破损，无脱落

试验条件： Cl^- 20g/L，SO_4^{2-} 0.2g/L， pH=1，102℃（沸腾）， 常压

3.4 应用情况

通过以上试验结论，在首钢京唐钢铁厂5500m³

高炉中，高炉煤气管道内壁防腐主材料为乙烯基树脂玻璃鳞片胶泥，其作法为在管道内壁经过相应地金属处理后采用乙烯基树脂底漆，厚度80~100μm，

中间涂料乙烯基树脂玻璃鳞片胶泥，厚度 800-1000μm，乙烯基树脂面漆，厚度 80～100μm，其中煤气温度 120℃ 以下管道涂层厚度为 300μm。除此之外还在管道附件及排水器等与冷凝水接触的位置也相应进行了处理。

首钢京唐钢铁厂 5500m³ 高炉于 2009 年 5 月 22 日正式投产，2010 年 1 月，经过延期高炉休风进入管道内壁检查，其涂层表面完整，没有起层现象，管道外壁无腐蚀穿孔滴水现象，防腐涂料效果显著。

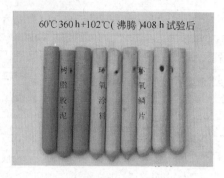

图 3　常压浸泡腐蚀试验后（2）照片

表 3　高温高压腐蚀试验

编号	方案	试验时间/h	试验结果
F-4	树脂胶泥	24	试样表面呈红褐色，附着许多白色和褐色斑点，均为试验过程中外来腐蚀产物附着。涂层本身完好，无起泡，无裂纹，无破损脱落
F-5		120	试样表面呈红褐色，附着许多白色和褐色斑点，均为试验过程中外来腐蚀产物附着。涂层本身完好，无起泡，无裂纹，无破损脱落
S-4	环氧涂料	24	试样表面稍有变色，为试验过程中外来腐蚀产物附着，取出试样时涂层已鼓泡，冷却后鼓泡缩小，局部破裂脱落
S-5		120	试样呈红褐色，为外来腐蚀产物附着，涂层已鼓泡，粉化，破裂脱落
Z-4	环氧胶泥	24	试样表面呈红褐色，为试验过程中外来腐蚀产物附着，涂层沿试样纵向在两次涂装交汇处开裂，未脱落，未起泡
Z-5		120	试样表面呈红褐色，有少许白色附着物，为试验过程中外来腐蚀产物附着，涂层沿试样纵向在两次涂装交汇处开裂，局部脱落，未起泡
H-4	聚脲涂料	24	试样表面呈灰褐色，涂层已起泡、溶解、部分已脱落
H-5		120	试样表面呈灰褐色，涂层已起泡，溶解，大部分已脱落

试验条件：Cl⁻ 20g/L，SO₄²⁻ 0.2g/L，pH=1，180℃，饱和蒸汽压

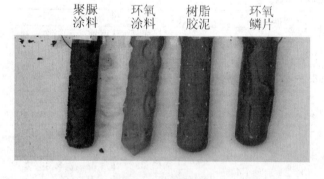

图 4　高温高压腐蚀试验后照片

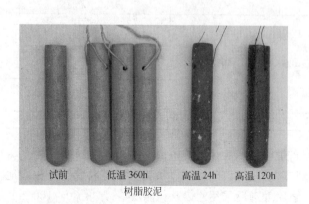

树脂胶泥

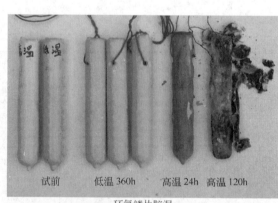

环氧鳞片胶泥

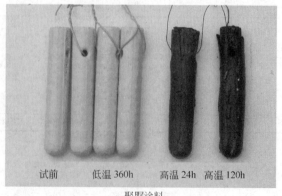

聚脲涂料

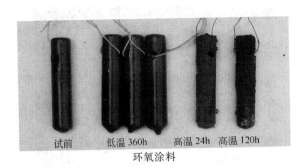

图 5　试验前后样品对比照片

4　氯化物的清除

随着高炉煤气袋式除尘工艺的应用和推广，出现了一些副作用，其主要是高炉煤气中所含的氯化物在袋式除尘装置中不能有效清除，造成在其下游设备和管道中出现与高炉煤气相接触的部位出现腐蚀现象，且程度严重，危及工厂的安全生产，直接影响着高炉煤气袋式除尘工艺技术的推广，解决这一问题已是迫在眉睫、刻不容缓。

表 4　高压釜加速腐蚀试验

编号	试样名称	试验时间/h	试验结果
F-1	树脂胶泥	60℃360h +102℃（沸腾）408h+102℃（饱和蒸汽压）12h	涂层完好，无起泡，无裂纹，无破损，无脱落
S-1	环氧涂料	60℃360h +102℃（沸腾）408h+102℃（饱和蒸汽压）12h	涂层完好，无起泡，无裂纹，无破损，无脱落
Z-1	环氧鳞片胶泥	60℃360h +102℃（沸腾）408h+102℃（饱和蒸汽压）12h	涂层表面产生多条纵向裂纹，无起泡，无脱落
试验条件： Cl^- 20g/L，SO_4^{2-} 0.2g/L，pH=1，102℃，饱和蒸汽压			

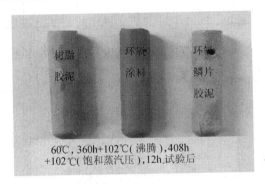

60℃，360h+102℃(沸腾)，408h
+102℃(饱和蒸汽压)，12h试验后

图 6　高压釜加速腐蚀试验后照片

4.1　高炉煤气中氯化物形成的原因及分布

钢铁厂高炉冶炼主要原料为矿石，运输方式主要为海运方式，焦炭、煤粉、球团烧结矿也都是炼铁所需的原料，同样也有不同程度带入氯化物，现取试验现场的相关测试数据说明如下。

4.1.1　氯化物来源与分布

如表 5 所示，氯 74%来源于矿石，26%来源于焦煤加工产品，入炉料中氯 65%进入煤气中，计算浓度约为 325mg/m³，当全部被水洗出，则要求排出水的氯浓度为 0.3%，即 3000ppm。

4.1.2　炉料中氯元素分布分析

通过对高炉流程的氯元素走向的检测分析，74%的氯来源于矿石（其中 45%的氯来自烧结矿，20%的氯来自澳块矿），26%的氯来源于焦煤加工产品。入炉料中的氯 76%进入高炉煤气，剩余的进入炉渣和除尘灰，计算得到高炉煤气中氯的浓度约为 325mg/m³。在生产厂中我们采用多级碱液吸收的方法对煤气中 HCl 进行了吸收取样分析，经过多次努力，最终测量得到煤气中 HCl 浓度达到 163.5 mg/m³

表 5　高炉冶炼中原料种类及氯化物来源分布

项　目	入炉炉料						合计	排出炉料				合计
	矿石			煤加工产品				重力灰	布袋灰	炉渣	煤气	
	烧结	球团	澳矿	煤粉	干焦	湿焦						
Cl^-/%	0.028	0.018	0.044	0.042	0.031	0.034		0.35	0.37	0.024		
批料量/t	39.5	13.5	11	8.2	3.5			0.44	0.44	12		
Cl^-/kg·批$^{-1}$	11.06	2.43	4.84		2.54	1.19		1.54	1.63	2.88		
小时料量	7 批	7 批	7 批	43t	7 批	7 批		7	7	7		
Cl^-/kg·h^{-1}	77.42	17.01	33.88	18.06	17.78	8.33	172.48	10.78	11.41	20.16	130.13	172.48
Cl^-比例/%	44.89	9.86	19.64	10.47	10.31	4.83		6.25	6.62	11.69	65.44，325mg/m³（折算）	

和 171mg/m³，如果测量过程中吸收效果能够更加完全，那么测量的结果应该更接近于平衡计算值。

同时通过烧结氯平衡分析得出，所有原料中都含有氯，在生产中得知，由于除尘灰一般配合烧结作为原料之一，烧结原料中的氯80%以上都进入烧结矿。烧结配入除尘灰泥量占所有原料的1.83%，但是除尘灰泥的氯含量占原料总氯量的15.93%，因此，减少或取消高氯灰配入烧结是控制烧结矿氯含量最有效的手段，但也只能降低百分之十几。

总体而言，从原料入手控制入炉料中氯元素的潜力不大，控制高炉内部氯元素不进入煤气也有很大难度。

4.1.3 煤气吸收取样

为验证氯平衡计算得到的煤气中氯含量，对煤气中含氯进行直接测定是必要的，方法见图7。煤气吸收采样部分结果见表6。

图7 煤气吸收取样方法照片

分析得到的煤气中氯含量吸收达到了表6中的163.5 mg/m³ 和 171mg/m³，与物料平衡计算得到的结果还有差距，初步认为吸收仍未达到终点。

表6 煤气吸收采样部分结果

位置	吸收液	吸收液浓度	吸收液量	取气量	取气流量	1号瓶Cl⁻	2号瓶Cl⁻	煤气氯吸收量	备注
入口荒气	NaOH	5%	150×2	100	1.5	61	48	163.5mg/m³	
净气支管	NaOH	5%	150×2	100	1	66	48	171mg/m³	

首钢A座高炉采用干法袋式除尘工艺，在运行6个月时间就出现管道腐蚀的情况（图8），收集冷凝水pH为2，管道底部小孔漏点数量多，周围CO气体超标，经过多次停炉补焊管道，在临时措施情况下也进行了喷水，但效果甚微，因此考虑化学吸附工业试验方案，效果实测位置共有两点，一是在喷入点后面约50m处的管道U形水封，另一个点在距喷入300m处管道的管道连接方式为三通管道位置，支架编号43号。

图8 高炉煤气排水器腐蚀情况照片（内部管道焊缝已全部腐蚀掉）

4.2 喷碱试验方案

4.2.1 碱液选择
选择NaOH碱液。

4.2.2 喷碱液系统简易工艺流程
喷碱液系统简易工艺流程见图9。利用现有的高炉压差发电出口后的喷水降温装置处喷碱液。喷碱液系统由溶药箱、计量泵组成，溶药箱搅拌采用压缩空气。连接碱液管至现有喷水系统的补水管上，将碱液加入补水与喷水混合。在碱液管和喷水补水管连接点的后面，设置一个取样管，用于取水样测定水的pH值。

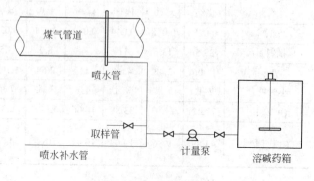

图9 喷碱系统流程

4.2.3 效果和参数

自 2007 年 7 月 23 日起开始进行喷碱试验，喷碱试验期间水封排出水与 43 号支架冷凝水的 pH 值见表 7。

表 7 喷碱试验参数

日期	pH 值		备 注
	水封排出水	43 号支架	
7 月 25 日	5.91	5.71	
7 月 26 日	6.80	5.59	
7 月 27 日	6.11	4.91	该日喷水量减少
7 月 28 日	6.40	5.23	
7 月 29 日	6.39	—	
7 月 30 日	6.67	—	
7 月 31 日	6.75	—	排出水中 Cl 浓度为 1000 mg/L
8 月 1 日	7.12	—	
平均	6.52	5.36	

注：试验时间为 2007 年。表中 pH 值为全天不定期取样分析后的平均值。

4.2.4 试验结果分析

试验期间，水封排出水的 pH 值上升到 6.5 ~ 7.5 之间，效果良好，在 43 号支架处的 pH 值与仅喷水不喷碱时的 pH 值为 2 左右得到了明显改善。

43 号支架处的析出水 pH 值低于水封排出水 pH 值，可见，煤气中的酸性成分并未完全脱除，随着煤气的输送，酸性成分进一步被煤气中的水吸收后析出，所以虽然水封处排水已接近中性，但后部管道排水 pH 值仍偏低，分析原因可能与碱液雾化效果及管道长期积液有关。

4.3 首钢 A 座高炉 2 号喷碱试验设施

为了更好地脱除高炉煤气中氯化物及酸性成分，我们总结前面喷碱试验的经验和教训，开发了一种处理效果好、运行成本低的氯化物及酸性成分清除装置。装置安装在干法除尘后的低压净煤气管道处，应用化学反应及物理吸附的原理，将高炉煤气中氯化物及酸性成分有效清除，从根本上解决干法除尘装置下游高炉煤气输配系统及用户设备的腐蚀问题，降低高炉煤气燃烧后向大气排放氯化物的浓度。本套装置已在首钢 A 座高炉上作为试验装置投入运行。

4.3.1 装置组成

整套装置主要包括洗涤塔、碱液配置和供给系统、给排水系统等，其中的洗涤塔是整套装置的核心。含氯化物及酸性成分的高炉煤气通过管道进入洗涤塔下部，气流由下至上流动，高炉煤气与喷入壳体内的循环水、雾化碱液和工业回用水在接触过程中发生传热和传质，将高炉煤气中的氯化物及酸性成分吸收到碱液和水中，随洗涤塔排水排出，洁净高炉煤气从洗涤塔出气口排出，见图 10。

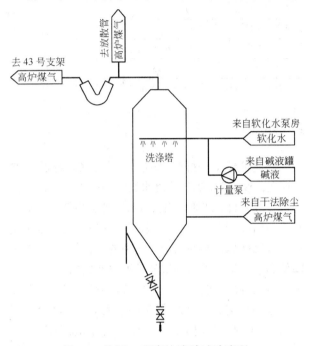

图 10 首钢 A 座高炉喷碱试验流程

洗涤塔是一圆筒壳体，与在管道中喷水、喷碱比较，延长了碱液与煤气的接触时间，为有效脱除高炉煤气中的 Cl 及酸性成分创造了条件，另外该装置加强了脱水效果，以利于洗涤水的循环使用。为改善洗涤效果，并避免洗涤水中 Cl 因富集而含量不断增加，增大了系统供水能力，并具有调节功能，可根据工况的变化适当调整喷水量。

洗涤塔直径根据煤气在壳体内的流速确定，高度根据壳体内五层装置确定，壳体内煤气流速一般取 4m/s 以下。为保证高炉煤气在壳体内气流分布均匀，入口设有气流分配格栅。壳体内设循环水喷头、碱液喷头和工业回用水喷头三层，均为雾化喷头，每层的雾化水滴能完全覆盖圆筒壳体，保证高炉煤气与水雾充分接触，为水量调节方便，循环水喷头分为两组。为减少进入下游的夹带水，洗涤塔上部设除雾器，截留高炉煤气中的机械水。

4.3.2 实施后效果

自 2009 年 3 月建成投产，不断摸索煤气含氯数值及调节喷碱工艺参数，装置运行稳定、效果良好，pH 取样检测的数据见表 8。与管道喷碱试验时比较，无论是洗涤塔排水还是洗涤塔下游析出水均已接近中性。Cl 浓度也非常理想，洗涤塔排水、DN1600

放散管处的 Cl⁻浓度在 500mg/L 左右，43 号支架处   的 Cl⁻浓度在 430mg/L 左右。

表 8   排出水及析出水 pH 值

日期	洗涤塔排水	DN1600 放散管处	43 号支架处	备注
6 月 17 日	6.41	6.38	6.50	
6 月 18 日	6.39	6.24	6.45	
6 月 19 日	6.43	6.34	6.48	
6 月 20 日	6.47	6.53	6.65	
6 月 21 日	6.45	6.36	6.61	
平　均	6.43	6.36	6.54	

注：取样时间为 2009 年。表中数据为全日定时取样分析结果的平均值。

5　结语

在高炉煤气干法除尘系统中，由于 Cl⁻及酸性气体的存在，致使高炉煤气冷凝水具有较强的腐蚀性，对管道及其管件，破坏性极大。腐蚀种类主要是点腐蚀和应力腐蚀，其发生的主要原因是高氯酸性水溶液的存在，因此如何脱除高炉煤气中的 Cl⁻及酸性成分或降低高氯酸性水溶液的浓度是解决问题的关键。受高炉原料条件的限制，杜绝 Cl⁻及酸性气体进入高炉煤气中是不现实的，但为减轻 Cl⁻及酸性气体对下游的影响，在可能的情况下，应采取适当措施减少带入量。

受高炉炉料来源、操作工况等因素的影响，煤气中腐蚀性介质含量有所不同，在确定防腐方案时应结合具体情况区别对待。

（1）对于 Cl⁻及酸性气体含量较高的高炉煤气系统应建设脱除腐蚀性介质的装置，以较为彻底地解决腐蚀问题。根据我们的实践，建设喷碱脱氯装置是必要的、有效的，应在高炉煤气干法除尘系统中，特别是大型高炉上予以推广。喷碱量及喷水量应结合高炉的具体情况确定，并有一定的调节范围，以适应高炉工况的变化。

（2）考虑到部分高炉煤气管道生产运行的连续性，对于关键部位的高炉煤气系统，为其提高可靠性，即便是已建设了喷碱脱氯装置，也应采取其他防腐措施，如高炉煤气管道内壁涂防腐漆，波纹管采用耐腐蚀性能更好的材料制作等。

（原文发表于《2010 炼铁学术年会论文集》）

首钢京唐钢铁厂燃气设施煤气储配站
自主集成技术特点

吴　媛　韩渝京　于玉良

（北京首钢国际工程技术有限公司，北京　100043）

摘　要：首钢京唐钢铁厂钢产量 970 万吨/年，采用多项创新技术，副产煤气可全量回收加工利用，建立了全厂性副产煤气储配加工中心，实现了钢铁企业副产煤气回收、加工、输配集中管理的设计理念。文中介绍首钢京唐钢铁厂燃气设施煤气储配站自主集成技术的特点、新技术及新工艺。

关键词：燃气设施；储配；集中管理；调节措施

Self-integrated Technology Characteristic of Gas Storage and Disposition in Shougang Jingtang Steel Plant

Wu Yuan　Han Yujing　Yu Yuliang

(Beijing Shougang International Engineering Technology Co., Ltd., Beijing 100043)

Abstract：Shougang Jingtang Steel Plant, steel output 9.7 million tons per year, adopted many innovative technology, the whole by-product gas can be recycled, established gas treatment center, realized the design concept of centralization management of all by-product gas in steel plant, introduce the self-integrated technology characteristic of gas storage and disposition and elaborate the new process in Shougang Jingtang steel plant.

Key words：gas facilities; storage and disposition; centralization of management; regulating measure

1　引言

首钢京唐钢铁厂将燃气设施集中布置在一个区域（简称煤气储配站），实现设备国产化、大型化和集约化的综合管理目标，属国内首创。该储配工艺是多项单项新技术的集成，具有工艺流程优化、系统设施配置简约、建设投资少、能耗低、便于管理和安全可靠等特点；同时在系统中采用了多项新技术。

煤气柜选型、布置和安全措施：

（1）煤气混合站流程的简约和设施的配置；

（2）煤气加压站设备大型化和综合负荷调节技术；

（3）焦炉煤气精制技术；

（4）集中管理和调配。

2　煤气柜选型、布置和安全措施

2.1　煤气柜选型

2.1.1　高炉煤气柜

首钢京唐钢铁厂高炉容积为 $5500m^3$，为当时国内最大的高炉。为满足高炉煤气储存和稳压作用，高炉煤气柜需要大型化和新型化。圆形新型稀油密封干式煤气柜代表国际先进的煤气储存技术。该种类型的煤气柜具有储气压力高、煤气吞吐量大、密封性能可靠、密封装置寿命长和运行费用低等显著技术特征。按照首钢京唐钢铁厂高炉煤气需要的储存量和吞吐量工艺计算，燃气设施高炉煤气柜选用 2 座 30 万 m^3 新型稀油密封煤气柜。

2.1.2 转炉煤气柜

8万 m³ 橡胶皮膜密封干式煤气柜普遍用于回收转炉煤气，在首钢北京厂区、迁钢和首秦都有成熟的运行经验，在当时属于国内最大的橡胶皮膜密封干式煤气柜。该柜具有结构简单、煤气吞吐量大、建设费用低、运行维护简单等优点。根据首钢京唐钢铁厂转炉工艺回收特点，采用三柜接收系统，即全部回收煤气，又便于柜的检修周期，转炉煤气柜储柜容积为 8 万 m³。

2.1.3 焦炉煤气柜

MAN 形稀油密封煤气柜适用于储存焦炉煤气，该柜具有结构较简单、煤气吞吐量小、建设费用较低等特点。首钢京唐钢铁厂焦炉煤气压力仅为 8kPa，主要作用为储存，不需要太大的吞吐量，且 15 万 m³ MAN 形稀油密封柜在首钢有成熟的运行经验，基于以上原因，焦炉煤气柜选用 1 座 15 万 m³ MAN 形稀油密封柜。为满足将来检修和发展需要，预留 1 座位置。

2.2 煤气柜的布置

首钢京唐钢铁厂燃气设施共设有 7 座煤气柜，包括 2 座 30 万 m³ 高炉煤气柜、3 座 8 万 m³ 转炉煤气柜和 2 座 15 万 m³ 焦炉煤气柜（其中 1 座为预留）总容积 114 万 m³。如果分散布置，必然会增加占地面积、延长煤气管道的敷设长度、增加安全隐患区域，同时不利于管理。但如此大容积的煤气柜布置在一个区域，在国内外都没有业绩，最大的安全问题是一个气柜泄漏会对其他气柜产生影响。经过多方面的论证和研究，只要采取切实可行的安全措施，加强管理，技术上完全可行，煤气柜布置在一个区域优点大于缺点，为利于安全，在煤气柜的工艺布置上采取以下措施：

（1）将煤气柜布置在全厂最小频率风向的上风侧，煤气柜四周设环形消防通道。

（2）适当加大煤气柜与煤气柜的间距。"建规"要求相邻两个煤气柜的净距不小于相邻最大储罐直径的 1/3，现高炉煤气柜与转炉煤气柜之间的净距、转炉煤气柜与焦炉煤气柜之间的净距均不小于相邻最大储罐直径的 1.0 倍，煤气柜按容积进行有效的分区，区间距适度增加，且有消防、CO 检测等综合监控手段。

（3）煤气柜的进、出口管布置在同一侧，便于维护和管理。

2.3 煤气柜安全措施

为了保证煤气柜安全、可靠地运行，在煤气柜安全控制方面进行创新设计，具体如下：

（1）为保证煤气泄漏后及时发现，在煤气柜活塞上方、水封井内、油泵房和电梯机房内设 CO 检漏报警装置，当 CO 浓度大于 30mg/Nm³ 时报警，并将报警信号引至集中控制室。

（2）煤气柜消防喷淋在《建筑设计防火规范》及其他规范中没有要求，为在出现事故时尽可能降低损失，按照各种煤气柜的特点设置了柜体喷淋冷却设施。其中 8 万 m³ 转炉煤气柜柜顶外设喷淋冷却设施，喷淋时可以沿柜体外壁下流，起到冷却作用。喷淋强度按 0.5L/（s·m）考虑，喷淋时间为 3h；由于 15 万 m³ 焦炉煤气柜和 30 万 m³ 高炉煤气柜结构不同于 8 万 m³ 煤气柜，在柜顶外喷水不能沿柜体流下来，故 15 万 m³ 焦炉煤气柜和 30 万 m³ 高炉煤气柜在柜顶内壁设消防喷淋设施，喷淋强度为 0.23L/（s·m），喷淋时间为 3h。根据各柜的间距，喷淋冷却水池的容量按 2 座 8 万 m³ 煤气柜和 1 座 30 万 m³ 煤气柜的 50% 同时喷淋考虑。

（3）严格控制煤气柜位和上升速度。为保证柜位检测可靠性，每座煤气柜设置 1 套机械式柜位指示仪和 1 套激光或光纤式柜位指示仪。

为保证 30 万 m³ 高炉煤气柜、15 万 m³ 焦炉煤气柜的安全运行，对煤气柜活塞行程做了限制，煤气柜活塞行程与气柜进出口阀连锁，活塞行程到达高柜位或低柜位，气柜进出口阀关闭。同时对煤气柜活塞上升速度做了限制，活塞上升速度与煤气进出口电动调节阀连锁，通过调节阀门的开度，将上升速度控制在设定值以下。

为保证 8 万 m³ 转炉煤气柜的安全运行，对煤气柜活塞行程做了限制，当转炉煤气柜容积达到 7 万 m³ 时，发出声光报警，同时转炉煤气回收的三通切换阀放散侧打开，回收侧关闭。当气柜容积不大于 1 万 m³ 时，发出声光报警，延时 5min，转炉煤气加压机停止运行。

3 煤气混合设施的优化

首钢京唐钢铁厂副产煤气除发生装置自用外，其余全部用于钢铁厂炉窑加热装置，设置了全厂统一热值的煤气混合装置，该系统与传统的煤气混合站相比采取了以下优化措施：

（1）根据全厂煤气生产和使用情况合理分配煤气，将 2250mm、1580mm 热轧供应同一种混合煤气，混合煤气由高炉、焦炉和转炉煤气混合而成，热值为 2000kcal/Nm³，转炉煤气作为调节量使用。

（2）采用先加压后混合方式，由一套系统混合，充分利用了副产煤气的原始压力能,降低了生产成本,混合后由一根管道输配。

(3)混合工艺设备具备粗调、精调功能,运用四蝶阀流量配比调节系统,为提高混合后煤气热值和控制精度,根据用户需求不同,混合三种介质的工艺管道分别采用大、中、小三个调节支路,使得调节范围广。

(4)混合站控制系统采用 FMA 无模型自适应控制技术,从而不同程度地解决了常规控制系统难以解决的问题,主要包括:压力控制和热值控制的双目标矛盾,热值测量大滞后与闭环调节的矛盾,支管内阀门之间、各支管之间、气源与混气负荷之间多重耦合与回路调节的矛盾,精确调节与阀门非线性的矛盾,煤气种类与比值的矛盾。

4 煤气加压设备大型化和综合负荷调节技术

4.1 加压设备大型化

由于各种加热炉对煤气压力不同,为简化流程,简化系统配置,将需要加压的煤气用户统一为同一压力,整个钢铁厂只设 1 个高炉煤气加压站、1 个焦炉煤气加压站和 1 个转炉煤气加压站。为节约投资,减少占地面积,将煤气加压站布置在一个区域,加压机台数一般为 4 台,其中 1 台备用,为此,需要加压设备大型化。由于加压设备的大型化,对加压设备选型至关重要,首钢京唐钢铁厂选用的加压机主要有以下特点:

(1)煤气加压机采用单吸入、双支撑结构,双层布置,由电机通过联轴器驱动鼓风机运转,进、出气方向为下进下出。

(2)煤气加压机采用滑动轴承,轴承的润滑由油站上的电动油泵压力供油润滑,另配备高位油箱供鼓风机停车、事故、突然停电等润滑轴承用。

(3)加压机转子设计、制作采用先进技术,安全系数高,运转稳定。叶轮材料根据介质条件选取,对于焦炉煤气采用高强度不锈钢,齿轮采用圆弧齿轮(啮合性能好,承载能力强,使用寿命长)。

(4)加压机轴封密封形式采用迷宫式密封 + 螺纹水封,减少煤气泄漏量。

4.2 煤气加压站负荷综合调节技术

为避免由于设备大型化产生的调节问题,加压机负荷调节采用了多种形式的调节方式,从而满足

了生产节奏变化的需求。调节的总体目标是在尽可能节约动力消耗的前提下,将鼓风机出口总管煤气压力稳定在设定范围内,防止鼓风机喘振。具体调节措施如下:

(1)为了既便于调节又节约投资,每种介质采用 2 台变频加压机,流量变化时优先采用变频调节,通过降低或增加变频加压机的转速,减少或增大煤气排量,从而将出口总管的煤气压力稳定在设定值。

(2)在每台加压机的入口管上设有电动预选调节装置,当加压机变频调节不能满足流量变化要求时,预选调节装置投入调节,通过调节预选装置的开度,改变加压机的排气量,从而使加压机出口总管的煤气压力稳定在设定值。

(3)在煤气加压机进出口总管上设回流管,回流管上设调节阀。当变频调节和预选调节都不能满足要求时,回流调节投入使用,通过调节回流阀的开度,将出口总管压力稳定在设定范围。

5 焦炉煤气精制技术

由于冷轧、炼钢切割等用户对焦炉煤气质量要求较高,故需对焦化厂出来的煤气进行二次净化。焦炉煤气精制采用"粗精两段串联塔式全干法净化"工艺。在脱除焦炉煤气中 H_2S 的同时一次性除去焦油、萘、NH_3 和 HCN 等杂质,得到合格的净化煤气。主要设备包括脱硫装置、脱萘装置、萘回收分离装置。

5.1 工艺流程

脱硫装置由 4 台脱硫塔组成,2 台运行 2 台备用,塔内装填常温高效的脱硫剂、焦炭和瓷球组成的脱硫脱焦油混合床。需处理的焦炉煤气从脱硫塔底部切线进入脱硫塔中与焦炭、脱硫剂接触,气体首先经过焦炭层,焦油被拦截和吸附,含量降低到 $5 \sim 10mg/Nm^3$,然后经过常温氧化铁脱硫床层,硫化氢发生化学反应,含量降低到 $5 \sim 80mg/Nm^3$。反应方程式为:

$$Fe_2O_3 \cdot H_2O + 3H_2S \Longrightarrow Fe_2S_3 \cdot H_2O + 3H_2O$$

由于焦炉煤气中存在少量的氧气,生成的硫化铁又与氧气反应生成氧化铁并析出硫黄,反应为方程式:

$$Fe_2S_3 \cdot H_2O + 3/2O_2 \Longrightarrow Fe_2O_3 \cdot H_2O + 3S$$

脱硫剂和吸附剂按每年更换一次设计。

TSA 吸附脱萘装置由 4 台吸附塔组成,其中 2 台吸附塔始终处于吸附状态,另外 2 台始终处于再

生状态，吸附或者再生的切换通过装置的电动程控阀门开关实现。塔内装填高效吸附剂，主要由活性炭、焦炭、氧化铝吸附剂组成复合床。吸附剂在常温下吸附焦炉煤气中的萘、焦油、H_2S 及 NH_3、HCN 等杂质，当吸附塔达到饱和后，用 120～150℃的蒸汽从塔顶逆着煤气流动方向加热吸附床层再生，塔内吸附剂内孔里的杂质被热蒸汽从塔底带出，经过冷却器、分离器分离其中的萘；吸附床层再生完全后，使用净化后的加压煤气冷却吸附剂床层到常温，即可再次投入吸附操作。装置内装填的吸附剂按每三年更换一次设计。

吸附塔蒸汽再生冷却所产生的酚水中含萘、氨盐、焦油和硫黄并形成海绵状悬浮物，使用萘回收分离器分离其中的萘供焦化厂回收，废水送焦化厂处理后达标排放。

5.2　装置技术特点

（1）工艺流程简单，操作简便；

（2）脱硫同时一并脱除焦油、萘、NH_3、HCN 等杂质，净化成本低；

（3）优先脱除硫化氢以后的 TSA 吸附工艺使吸附剂寿命大大提高；

（4）投资省，占地面积相对较小；

（5）采用先进的 DCS 控制系统。

6　集中管理与调配的特点

按照传统设计方法，每个加压站、煤气柜、焦炉煤气精制等分别设置 1 个控制室，将自身的供配电设施、自控设施和电信设施放置在控制室内，且有专人管理。而首钢京唐钢铁厂煤气储备站内所有单体设施（包括煤气柜、加压站、混合站等）没有设置单独的控制室。在煤气储配站内建一座集中的控制楼，将所有供配电设施、自控设施和通讯设施集中布置在控制楼内，在控制楼内进行统一管理和遥控，现场无人值守，仅进行定期巡检。具体优点如下：

（1）便于统一管理和集中调配；

（2）减少了由于电气设施引发的煤气爆炸事故；

（3）杜绝了操作、管理人员生活过程中引发的煤气爆炸事故；

（4）减少了操作、管理人员，节约了运行成本。

7　结语

首钢京唐钢铁厂燃气设施储配站已于 2008 年年底投产，至今运行良好。首钢京唐钢铁厂煤气储配站自主集成技术的应用，解决了燃气设施分散布置的诸多弊端，具有较大的推广应用价值。

（原文发表于《工程与技术》2010 年第 1 期）

首钢京唐 1 号高炉 TRT 工艺优化及生产实践

韩渝京　曹勇杰　陶有志

(北京首钢国际工程技术有限公司，北京 100043)

摘　要：首钢京唐公司建设 1 号 5500m³ 高炉中，采用纯干式全流量并联透平机主体工艺流程，在主体设备中自主集成透平机三级可调静叶、入口调速阀、高炉减压阀组联合工艺控制顶压的核心技术。工程设计提出了大型化、露天化、集约型设计理念，实现了新一代钢铁流程自主集成、国际一流的工程目标。

关键词：5500m³ 高炉；纯干式全流量并联 TRT 机组；大型化、露天化、集约化工厂布置

Process Optimization and Productive Practice of Shougang Jingtang No.1 Blast Furnace

Han Yujing　Cao Yongjie　Tao Youzhi

(Beijing Shougang International Engineering Technology Co., Ltd., Beijing 100043)

Abstract: The main process of dry full-flow parallel turbine was used in building No.1 blast furnace with volume of 5500 m³ of Shougang Jingtang Co. The combined core technology that integrated autonomously adjustable fixed blade with Class 3, entry speed control valve and pressure relief valve of blast furnace was adopted in the main equipment to control top pressure. A large, open and intensive design concept was set forward in the engineering design. It realized the engineering target of a new iron and steel process that was autonomous integration and top-ranking in the world.

Key words: 5500m³ blast furnace; dry full-flow parallel turbine unit; large, open and intensive layout of plant

1　引言

钢铁行业能耗在国民经济能源消耗中占有较高的比例。铁前系统能耗占钢铁行业的 60% ~ 70%，因此在炼铁工序节能有着很大的空间。高炉炉顶余压发电工艺技术（以下简称 TRT）是炼铁工序重大的节能措施，是国家指导性文件推广的重要节能项目。特别是在高炉煤气采用干式除尘工艺基础上，煤气显热充分回收，TRT 的节能效果更加突出，高于湿式除尘配置的 TRT 发电量 20% ~ 30%，因此大型高炉采用全干式 TRT 发电工艺，是钢铁厂节能降耗的主要技术，是高炉节能效果最好的项目。

首钢京唐工程建设 1 号 5500m³ 高炉，采用了 68 项国内外先进技术，其中高炉煤气净化应用了袋式除尘工艺，并且不再设置有湿式除尘作为辅助设施，为纯干式高炉煤气除尘装置。为了充分回收炉顶余压余能，TRT 装置应根据其上游工艺条件，同样为全干式 TRT 工艺系统，实现高炉工序的余压余能回收最大化的节能目标。

2　TRT 工艺优化

2.1　透平机相关高炉煤气工艺参数

入口煤气流量：正常 737200 m³/h，最高 843900 m³/h；

入口煤气压力：正常 0.27 MPa (g)，最高 0.29MPa(g)；

入口煤气温度：正常 120 ~ 150℃，最高 200℃；

入口煤气含尘量：正常小于 5 mg/m³，最高小于 10 mg/m³；

入口煤气水分含量：正常小于 50 g/m³，最高

50 g/m³；

出口压力：正常 15 kPa(g)，最高 15 kPa(g)。

高炉煤气各成分的体积百分比：CO_2 22.4%，CO 21.9%，H_2 1%，O_2 0%，N_2 52.1%，其他 2.6%。

2.2 TRT 主体方案比较及确定

TRT 装置根据高炉煤气条件进行了分析，结合多年国内外大型高炉，建设 TRT 装置的先进经验，首先进行了主体工艺的优化设计。

TRT 装置是在除尘装置下游的工艺技术承载位置，由于除尘工艺的不同，在 TRT 技术存在不同的工艺技术路线。

2.2.1 TRT 与高炉减压阀组并联设置工艺

国内外在高炉上建设大型 TRT 装置有着两种不同的 TRT 与高炉减压阀组设置实例，即并联布置和串联布置，并联布置是可以实现全流量回收高炉煤气流量 TRT 控制系统，便于维护，TRT 旁通系统可随 TRT 装置同期检修。

2.2.2 TRT 与高炉减压阀组串联布置工艺

在大型高炉采用环缝洗涤器中，由于环缝工艺位置在 TRT 装置之前，就形成 TRT 装置与减压阀组的串联工艺，由于环缝洗涤器一方面在 TRT 运行时采用定压差控制方式，仅作为除尘元件使用不控制顶压。另一种运行工作是 TRT 不运行时，环缝元件不仅是除尘中的控制载体也是高炉顶压控制的元件。因此就出现 TRT 装置与减压阀组串联的工艺，

首钢 1 号、2 号 2500m³ 高炉 TRT 装置就是串联的工艺控制，串联工艺主要优点是可以实现 TRT 的低压启动控制，提高 TRT 启动的可靠性，其次可进行阶梯式发电运行方式。主要缺点：TRT 旁通阀不能与 TRT 同期检修，影响了 TRT 装置安全运行的可靠程度。

2.2.3 TRT 装置共同型工艺布置

国内外在 TRT 发展过程是随高炉容积加大而逐渐发展形成的，当市场上需要中小型高炉也建设 TRT 项目时，针对两座以上的中小型高炉采用单炉单机则显得设备重叠，投资相对较大而不经济，为此制造厂研制了两座高炉共用 1 台 TRT[1]；首钢京唐工程建设规格共两座高炉，初期方案时考虑共同集中布置原则，结合以往 TRT 在小型高炉中采用过的两座高炉共用 1 套 TRT 装置工程实例，它可以少上一台透平发电机组，节约投资，但经过分析认为两座高炉中心距 320m，两个 TRT 装置合并一处，就要相应地增加 TRT 入口管线长度，两高炉不同时投产，一侧透平机组进行相应建设但不能投运，给运行增加了难度。另外，两座高炉投产后也会出现两座高炉 TRT 必须同期停运为检修一侧透平的先决条件，维护不方便。

综上所述，几种工艺条件所实施设备、投资几个方面都进行了优化，最终选择方面为 TRT 装置与高炉减压阀组并联，单机 TRT 对单高炉的序列式主体工艺方案见图 1。

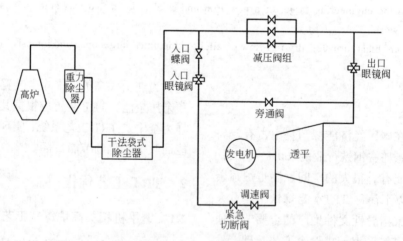

图 1　首钢京唐 1 号 5500m³ 高炉 TRT 工艺流程

3 京唐 1 号高炉 TRT 装置主要技术特征

通过工艺优化，确定了主体工艺方案，形成了 5500m³ 高炉全干式 TRT 装置及工程设计。

3.1 TRT 装置性能（表 1）

3.2 透平机械

透平主轴采用轴流反动式三级静叶可调，考虑到干法除尘特点，叶片表面及连接缝处应用喷涂耐腐涂层，提高了设备使用寿命，焊接机壳减轻了设备重量，节约了投资。下进气轴向出气结构，减少了气体阻力，增加了透平出力，同时给外部配管创

造了有利条件。

表 1 TRT 装置性能

透平性能	单位	TRT 运行点	
		干气 120℃	干气 150℃
透平轴端出力	kW	28800	30750
透平出口温度	℃	35.7	47.4
发电机效率	%	97.5	97.6
发电机出力	kW	28090	30010
发电机功率因数	%	85	85

3.3 入口调速阀

TRT 装置在变工况要稳定控制炉顶压力，具有很好的负荷调节手段和承受变工况的能力，静叶由于空气动力学原因和结构设计在大变工况范围内有不敏感区间，应运用调速阀可以实现透平机流量调节范围增加，同时减轻在静叶非最好调节区域内煤气流速变化对静叶不利的影响，改善动力学条件，有利于机组调节炉顶压力的稳定和提高精度等级；同样提高 TRT 运行时间，增加 TRT 运行经济效益。

3.4 TRT 装置露天化布置

露天化布置是有毒可燃气体装置推荐的工艺，它有良好的通风条件，检修设备可不受限制，同时还能降低投资。TRT 装置是高速旋转设备，根据高炉煤气条件进行了无缺陷设计，由此保证了系统的可靠性和安全性，因此取消了建筑物，TRT 整机完全露天化布置，创造了良好的通风条件。管线布置流畅，与高炉减压阀组位置符合工艺操作运行要求，设备性能发挥达到最高经济效益水平。

3.5 设备大型化

采用 1 座高炉对 1 台 TRT 的对应炉机关系，实现高炉煤气全流量进入 TRT 装置，从而实现了高炉–TRT 机组的生产序列式工艺配置,便于高炉系统的统一化操作、维护和检修。

3.6 附属设备集约撬装化

TRT 装置除透平主机外，还有润滑油站、控制油站及相应的控制阀台等附属设备，这些设备通过有机组合集中于一撬装主体上，靠近主机就地安装，以形成辅助设备撬装集约化，使设备安全性能提高，减少了管道和工程占地。由于靠近主体装置，连接管线缩短，滞后现象有较好的改善。

4 生产实践

2009 年 8 月份投产以来,先后经历了负荷调试、初期负荷、适度负荷等试生产环节，目前机组运行平稳，达到 50kW·h/t 铁发电量，最高已达 31323kW/h，最高日平均达到 29536kW。

5 结语

首钢京唐高炉 TRT 装置系统从主机布置到工厂布置，充分体现了新一代钢铁流程的设计理论，实现了全流量回收，采用多种单项先进技术，实现了自主集成的国际一流的先进目标。

参考文献

[1] 叶长青.高炉煤气余压发电装置（TRT）的发展与创新[J]. 节能，2000(8)：14.

（原文发表于《冶金动力》2010 年第 4 期）

迁钢 210t 转炉煤气干法除尘工艺生产实践

陶有志[1]   韩渝京[1]   孙东生[2]

（1.北京首钢国际工程技术有限公司，北京 100043；
2.首钢迁安钢铁有限责任公司炼钢分厂，迁安 064404）

摘　要：首钢迁钢第二炼钢厂 210t 转炉烟气净化采用干法除尘工艺,采取多项措施对工艺及设备进行了优化,有效地提高了转炉煤气干法除尘系统的安全性。

关键词：转炉；干法除尘；设计特点；生产实践

Productive Practice of Dry Dedusting System Process of 210t Converter Gas in Qiangang

Tao Youzhi[1]   Han Yujing[1]   Sun Dongsheng[2]

（1. Beijing Shougang International Engineering Technology Co., Ltd., Beijing 100043;
2. Shougang Qian'an Iron and Steel Co., Ltd., Qian'an 064404）

Abstract：The DDS was used in Qian'an 2nd steel-making plant. The process and equipmentwere optimized by adoptingmanymeasures. The security of DDS was increased efficiency.

Key words：converter; dry dedusting system; design characteristic; productive practice

1 引言

钢铁厂生产中，伴随着大量的副产煤气产生。转炉煤气，是炼钢最重要的副产品之一，回收和利用好转炉煤气对于炼钢节能降耗，减轻环境污染意义重大[1]。转炉煤气是优质的可燃气体，经过相应技术处理后可供钢铁厂的炉窑使用，减少了一次燃料购入量，同时还有利于保护环境。转炉烟气的净化与回收目前有两种主要工艺路线，一种是湿法，主要代表有日本的 OG 法、欧洲的环缝洗涤法等；另一种是干式静电除尘工艺，主要是由奥钢联和鲁奇公司提供的工艺技术和设备。国内目前还有一种介于湿法与干法之间的半干法工艺，有些工厂正在应用。但总体上讲，转炉煤气干法除尘工艺由于其具有高技术含量和竞争力的技术核心，正在快速发展，并且已经列入国家产业政策，其推广和应用的前景良好。

首钢迁钢第二炼钢厂，在吸收首钢京唐转炉干法除尘工艺技术优势、考察国内生产厂的应用情况后，在第二炼钢厂建设转炉烟气净化煤气回收工程中采用了干法除尘工艺，使得环保、节能指标大幅度提高，提高了煤气净化效率，降低了外排大气的粉尘含量，增加了煤气回收数量，转炉烟尘净化指标大为改观，取消了原湿法回收工艺的污水处理系统。

2 迁钢第二炼钢厂转炉干法除尘工艺优化

迁钢第二炼钢厂在建厂初期，在设计主要理念上全力推行国家产业政策，充分建设环境友好型的炼钢冶炼工艺，形成具有完整竞争力的转炉煤气回收工艺技术。迁钢 210t 转炉基本数据见表 1,烟气工艺参数见表 2。

2.1 工艺流程

从转炉烟道溢出来的转炉烟气由烟尘收集系统收集，并通过汽化冷却烟道进入蒸发冷却塔中进行粗除尘和降温、调质处理，烟气温度由 800～1000℃降至 180℃左右，烟气经过脱除大颗粒灰尘后，由转炉烟气管道（DN2600）输送至圆筒形干式电除尘器中进行精除尘，使煤气含尘量到 10mg/Nm³ 以下，净化后的烟气经过除尘风机加压后，不符合回收条件的烟气经切换站放散侧杯形阀进入放散烟囱燃烧后放散，符合回收条件的煤气经切换站回收侧杯形阀进入煤气冷却器进行进一步冷却，转炉煤气温度由 180℃左右降至 72℃，最终进入转炉煤气回收总管。转炉煤气干法除尘工艺流程如图 1 所示。

表 1　迁钢 210t 转炉基本数据

序号	项　目	转炉基本数据
1	转炉数量	2 座
2	转炉吹炼制度	2 吹 2
3	转炉公称容量	210t
4	铁水最大装入量	240t
5	铁水平均装入量	194t
6	铁水成分	C=4%～4.4%　Si≤0.7%　Mn≤0.6%　P≤0.15%　S≤0.04%
7	铁水入炉温度	≥1250℃
8	最大出钢量	220t/炉
9	冶炼周期	38min，其中：吹氧时间：15～18min（前烧期 3min，后烧期 3min）
10	最大脱碳速度	0.45%/min（平均为 0.3%/min）
11	冷却剂	少量废钢、矿石、氧化铁皮等

表 2　迁钢 210t 转炉烟气工艺参数

序号	项　目	参　数
1	最大原始烟气量	约 130000Nm³/h（未燃烧时）
2	出炉口烟气温度	1500℃
3	烟气出汽化冷却烟道温度	回收期：800～900℃　燃烧期：900～1000℃
4	烟气燃烧系数	10%～15%
5	炉气成分	CO=86%　CO₂=10%　N₂=3.5%　O₂=0.5%
6	原始含尘浓度	80～150g/Nm³
7	烟尘粒度	5～20μm
8	回收量	80～90 Nm³/t 钢
9	排放指标	10～15mg/Nm³

2.2　蒸发冷却塔喷嘴供水条件强化，提高了降温除尘的可靠程度

蒸发冷却塔喷嘴供水水质国内外运行生产厂一般供应采用煤气冷却塔的回水，由于其水质条件差，悬浮物增加，特别是煤气中有些杂质重新回到喷嘴

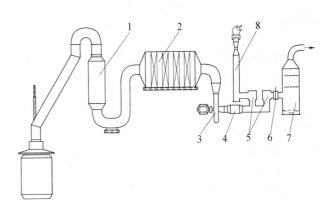

图 1　转炉煤气干法除尘工艺流程图
1—蒸发冷却塔；2—干式电除尘器；3—轴流风机；4—消声器；5—切换站；6—电动隔断阀；7—煤气冷却器；8—带有燃烧器的放散烟囱

中，出现过喷嘴堵塞及喷嘴偏流情况，造成了蒸发冷却塔喷水雾化颗粒变大，分布不均现象使得蒸发冷却塔煤气温度控制不正常，温度变化幅度增大等恶劣气体流动工艺条件，直接影响了下游电除尘器的安全稳定运行。本工程蒸发冷却塔喷嘴供水采用了净水水质，悬浮物小于 50mg/L，大大改善了喷嘴工作条件，同时为了保证喷嘴前水压的稳定性，在水源泵站中供水泵调节采用变频调节水量技术，实现了供水的保压保流量及减量供应节能的双重功能，提高了蒸发冷却的安全运行可靠性。

2.3　蒸发冷却塔喷嘴蒸汽采用转炉自身供应+外部供气联合运行方式，保证了连续用气条件

蒸发冷却塔喷水采用蒸汽作为雾化载体，过去蒸汽接自钢铁厂管网，由于管网用户多，压力波动大，造成喷水雾化差，本次采用钢厂自产汽，由于压力高，且在蒸汽源头为第一用户，压力得以保证，同时还和外网有联络管增加其可靠度。

2.4　蒸发冷却塔入口烟气导流板优化，提高蒸发冷却塔降温调质功能的效果

蒸发冷却塔作为电除尘器的预处理关键设备，担负着高温烟气的温度降低和烟气调节的双重功能，由于汽化冷却烟道的工艺流向与蒸发冷却塔入口的气流分布不均匀产生气体偏流现象，最终导致蒸发冷却塔内气体温度明显不均，供应给下游的调质指标及冷却效果均达不到电除尘器的入口条件，使得干法除尘系统无法正常运行，严重地抑制了炼钢生产。应用 CFD 数值模拟技术，找出了最佳的气体分布规律条件下的喷枪上部引导板的尺寸，并依此将导流板的长度尺寸由原设计缩短到 800mm，共

计3块。

2.5 电除尘器的分布板采用耐热不锈钢材料，增加了抗腐蚀性能

电除尘器内部的气流分布板起着重要的流场调节气流的作用，有些使用单位在采购其选用普通材料，结果造成钢板受热、受腐蚀变形。该工程吸取教训，采用不锈钢板材料，大大强化了电除尘器的流场调节气流功能，给电除尘器运行创造了良好的先决条件。

2.6 电除尘器电场极线厚度增加，延长了电除尘器的寿命，增加了电除尘器工作的可靠度

电除尘器极线过去一般使用 $\delta=2mm$ 碳钢或合金钢制材料，国内运行中，由于煤气成分复杂，在一二电场出现极线断线等严重事故，断线后电除尘器有效面积减少，降低了电除尘器的除尘效率，还多次使炼钢停炉检修更换极线。本工程一二电场极线材质为不锈钢，厚度为 $\delta=6mm$；三四电场极线材质为不锈钢，厚度也为 $\delta=6mm$。

2.7 放散烟囱点火装置助燃风机取消，采用气体密封的点火控制装置

当转炉煤气净化后的品质不符合回收进柜指标时，要将转炉煤气对空放散。国外放散工艺采用助燃风机对燃烧器补充气源，操作繁琐且不安全。本

工程取消了放散点火助燃风机的模式，采用国内成熟的流体密封燃烧器，利用引流装置强化了引风条件，其系统安全可靠，又降低了工程投资。

3 干法除尘系统的运行效果

迁钢第二炼钢厂 4 号、5 号转炉干法除尘于 2009 年 12 月 1 日、12 月 15 日相继投产运行，试生产过程中，在转炉正常冶炼条件下，投产初期放散烟囱煤气含尘量均在 15mg/Nm³ 以下，运行 90 炉，未出现电除尘器泄爆情况，煤气回收 20900 Nm³/炉，热值 7340kJ/Nm³，回收后的煤气直接供给炼钢白灰窑及轧钢加热炉使用，大大降低了迁钢的生产成本。

4 结语

迁钢第二炼钢厂210t转炉干法除尘工艺设计进行了工艺优化和设备的强化，提高了系统的安全性和使用寿命，使得此项技术在国内推广更有其技术性支持和保证。

参考文献

[1] 彭锋.国内转炉煤气回收和利用简析[J].炼钢，2008(6)：60.

（原文发表于《冶金能源》2010 年第 5 期）

干法除尘工艺高炉煤气管道内防腐复合技术

韩渝京　　曹勇杰　　肖慧敏

（北京首钢国际工程技术有限公司，北京　100043）

摘　要：针对高炉煤气采用干法除尘工艺后，高炉煤气管道内壁形成严重的腐蚀情况进行分析，并提出了高炉煤气管道内壁防腐的工艺技术。在工程中得到了应用，取得较好的防腐效果。

关键词：高炉煤气干法除尘；管道内壁腐蚀；防腐技术应用

Anticorrosive Compound Technology for Gas Pipe Inwall of Blast Furnace with Dry Dedusting Process

Han Yujing　Cao Yongjie　Xiao Huimin

(Beijing Shougang International Engineering Technology Co., Ltd., Beijing 100043)

Abstract：The serious corrosion status in gas pipe inwall of blast furnace was analyzed after the dry dedusting process for blast furnace gas was applied. The anticorrosive technology for gas pipe inwall of blast furnace was raised. The technology was used in engineering and achieved better effects.

Key words：dry dedusting for blast furnace gas; corrosion in pipe inwall; application of anticorrosive technology

1　引言

高炉煤气干法袋式除尘技术近几年在大型高炉上得到广泛应用。它节水、省电，具有优良的环保节能优势，但是在工程实例上出现了一些应用上的问题，引起了人们的高度重视。特别是在一些钢铁厂，由于采用了干法除尘技术，造成了高炉煤气管道内壁腐蚀情况。在干式除尘投产的半年，甚至更短的时间内在高炉煤气净化区域主干管区域的管道下壁出现腐蚀情况，例如壁厚减薄、多处漏点和煤气外泄的现象，导致高炉停产抢修，给正常生产运行造成不良影响，同时漏气也给安全生产带来了安全事故隐患。若不能很好地解决此问题。干法除尘技术的发展将受到限制，推广这项技术也会放慢速度，因此必须给以高度重视。

2　高炉煤气管道内壁腐蚀的原因分析

高炉在冶金过程加入的各种原燃料，其品质和处理的工艺不同，使得高炉煤气过程中存在着 HCl 等酸性气体组分。由于温度压力的降低，这些酸性气体冷凝析出沿管壁沉降于管道底部形成腐蚀性很强的液体。在管道内气流的推动下沿管道内壁底部流动，所流经处与管道内壁表面发生化学反应，破坏其结构形成腐蚀层，随着腐蚀加剧，最终导致管道底部穿孔、漏气和滴水现象。首秦、迁钢高炉就出现过严重的腐蚀现象，管道下部腐蚀漏气。经检测液体 pH 值 1～2，介质为氯化氢，含量在 6000～8000mg/L。最后只能采用管道下部外包钢板的临时措施维持生产。

3　高炉煤气管道内防腐复合技术的开发和应用

在对管道腐蚀原因的基础上我们开发干法除尘高炉煤气管道内防腐复合技术，即氯化物清除工艺装置、管道内壁隔离技术、改进管道附件结构防护技术、采用复合材料技术等各个方面形成完整的防腐体系。经过实践检验取得了较好的防腐效果。

3.1 氯化物清除工艺装置

在高炉干法除尘后部的管道建立一个氯化物清除喷碱塔，塔内主要有喷雾物循环水及除雾等工艺附件。当含有氯化物的高炉煤气从塔底入口进入塔内后一次经过气流分布板、喷碱预洗段、喷碱液段和脱碱液段，处理后的高炉煤气从塔上部出口导出，送到下游工艺，碱液重复使用。喷碱量根据氯化物原始条件进行计算，配有碱液制备及雾化喷雾系统。若考虑燃气降温的需求还可适量喷水。富集后运输至钢厂水处理厂，集中处理，循环使用。

3.2 管道内壁隔离技术

高炉煤气管道内壁腐蚀还采取了隔离措施：经过试验涂料品种，筛选有效的防腐涂料，将管道内壁与腐蚀性液体隔离起来，保护管道内壁。防腐涂料主材为乙烯树脂类的玻璃鳞片，具有表面严密和渗入物路径长等特点。涂装部位在管道下 1/3 处，

其余部位可减少壁厚，节约投资。

3.3 管道附件材料及结构改进措施

高炉煤气管道内的腐蚀性液体在流动过程中，只要有液体积存的结构位置都会在此处形成积聚，造成此部高浓度的腐蚀环境。使其管道附件受到损坏，根据这一情况，我们在高炉煤气管道排水器上部排水漏斗与管道结合处改变了以往的接管形式，使其液体直接流入排水器，避免了焊缝接触处的腐蚀，同时在排水器内部也做了防腐衬里，使得腐蚀液体不直接接触排水器底部的底板侧壁等容易受损部位。排水漏斗改造见图1。

煤气管道波纹管也是容易受到腐蚀的主要部件，通过材料实验数据，按照管道所在管网中的安全等级进行了评价。可采用 Incoloy825、254SMo、AL-6XN 等不锈钢材料。这些材料在抗腐蚀方面各有优势。考虑到材料价格等因素，可采用复合材料工艺，即薄壁多层结构，内外侧材料选择有所区别。波纹管最外侧为 316L，内两侧可根据具体情况选择。相关不锈钢材料化学成分对比见表1。

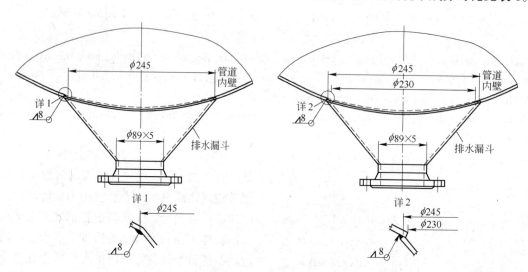

图 1 排水漏斗改造

表 1 相关不锈钢材料化学成分对比 (%)

材料	C	Si	Mn	Cr	Mo	P	S	Cu	Al	Ti	N	Ni	其他
316L	≤0.03	≤1.00	≤2.00	12.00~18.00	2.00~3.00	≤0.045	≤0.03	—	—	—	—	10.0~14.0	
Incoloy825	≤0.05	≤0.5	≤1.0	19.50~23.50	2.50~3.50		≤0.03	1.5~3.0	≤0.2	0.6~1.2		38.0~46.0	Fe
254SMo	≤0.02	≤0.8	≤1.00	19.50~20.05	6.00~6.50	≤0.03	≤0.01	0.5~1.0			0.18~0.22	17.5~18.5	
AL-6XN	≤0.03	≤0.10	≤2.00	20.00~22.00	6.00~7.00	≤0.040	≤0.030	≤0.75			0.18~0.25	23.50~25.50	

3.4 首钢迁钢 2 号高炉防腐复合技术应用情况

首钢迁钢 2 号高炉，炉容 2500m³，采用干法

除尘技术后，由于炉料结构等原因，在不到半年时间内，清洗区的主干线 DN3000 管道及相应的水封水平管、放散阀阀板出现腐蚀情况。在采用高炉煤

气管道内壁防腐复合技术后，半年后在同一位置管道从外观看无腐蚀漏水、漏气现象。除氯装置水中 pH 值上升到 6.5，用气末端自备电厂用户管道焊缝等部位没有出现腐蚀现象。进入管道内检查，管道内壁防腐涂料完整，无鼓泡剥离等现象，运行状况良好。

4　结语

高炉煤气干法除尘的推广应用是冶金煤气除尘工艺的重大技术进展，出现的高炉煤气管道内壁腐蚀现象只要找准原因，综合治理，强化各个方面的应用措施，是完全能够解决的。

（原文发表于《冶金动力》2009 年第 6 期）

首秦公司煤气管道及附件内壁腐蚀原因及防腐措施

吴 媛

（北京首钢国际工程技术有限公司，北京 100043）

摘 要：针对首秦一期工程煤气管道及附件的腐蚀现状，分析了其内壁的腐蚀原因，并对二期煤气管道及附件内壁防腐提出措施和方法。

关键词：煤气；管道内壁及附件；防腐措施

The Causes of Gas Pipes and Accessories Inner Wall Corrosion and Anti-corrosion Measures in Shouqin

Wu Yuan

(Beijing Shougang International Engineering Technology Co., Ltd., Beijing 100043)

Abstract：This article analyzes the cause of the inner wall corrosion of gas pipeline and accessories in first-stage construction of Shouqin and proposes anti-corrosion measures for the second-stage construction.

Key words：gas; the inner wall corrosion of the gas pipeline and accessories; anti-corrosion measures

1 引言

首秦一期工程建有 1200m³ 高炉 1 座，80t 转炉 2 座及其相关的配套设施，年产量达 100 万吨钢，于 2004 年 6 月正式投产。二期工程建 1 座 1780m³ 高炉，1 座 80t 转炉及其相关的配套设施，年产量最终达 250 万吨钢，于 2006 年 5 月投产。

一期工程高炉煤气净化采用布袋式干法除尘，主煤气管道直径为 DN2400。高炉煤气主要用户为高炉热风炉、高炉喷煤、电站和锅炉，为了调节高炉煤气发生量和使用量的不均衡性，还配有 1 座 15 万 m³ 高炉煤气柜。高炉煤气管道材质为 Q235-B，管壁厚度 DN1200 以上为 10mm，其余为 8mm。管道内部涂环氧煤沥青两道，涂层厚度不小于 40μm。管道波纹管材质采用 316L（00Cr17Ni14Mo2Ti），结构采用薄壁多层（不少于三层）、内衬碳钢套管，并且波纹管部分在加工成型后，内外壁均涂了聚偏二氟乙烯防腐涂料，并进行整体烧结。排水器和排水管道内部没有涂漆。

经过半年左右的运行，发现高炉煤气管道冷凝水排水器喇叭口、下降管和 15 万 m³ 煤气柜 DN800 放散管底部、干法除尘区域煤气管道波纹管、热风炉煤气管道波纹管等多处漏气，这一情况比较罕见。

2 腐蚀原因分析

经现场观测，煤气管道腐蚀部位全部发生在管道和设备的底部，波纹管下部的波峰上，而且腐蚀均由内部发展到外部，为点腐蚀。为分析腐蚀原因，首秦公司对煤气管道各个部位中的冷凝水进行取样化验，测得干法除尘区域冷凝水 pH 值为 1.67，厂区综合管网 40 号支架冷凝水 pH 值为 2.03，26 号支架冷凝水 pH 值为 2.25，呈强酸性。同时对煤气冷凝水中的 Cl^- 含量进行检测，测得 Cl^- 含量最高达 6726mg/L。这与常规高炉煤气冷凝水出入很大，而一般高炉煤气冷凝水 pH 值为 6~7，接近中性，Cl^- 含量 361mg/L。同时本工程高炉煤气管道运行温度较高，干法除尘出口煤气温度约为 120℃，到煤气柜入口温度为 40~50℃，温度沿途逐降。在这样的工况条件下，对于煤气管道，虽然涂了 40μm 环氧煤沥青的防腐涂料，但由于该种涂料在干燥过程中容易形成微孔，而煤气冷凝水呈强酸性，冷凝水滴附着在管道内表面上，在温度、湿度和酸度共同作用下，很快通过防腐层微孔，与管道金属表面接触，从而引起管道的腐蚀。对于波纹管，材质为316L，且做了特殊的防腐处理，这在 Cl$^-$ 含量不超过240mg/L 时，具有优良的耐蚀性，但对于酸性强，Cl$^-$ 含量高（>361 mg/L），温度较高的情况下，防腐层逐渐会失效，一旦水滴进入到波纹管的波峰上，此处为最大工作应力处，最容易发生应力腐蚀，先是点腐蚀，逐渐扩散，最后形成裂纹。

煤气冷凝水中酸性如此强，主要由于该工程炉料全部来自国外，铁矿粉进行了水洗，并且经过了海运，从而带入了酸性物质，而高炉煤气净化采用的又是干法除尘，没有经过水洗，煤气中的酸性物质和氯化盐溶解到了冷凝水中，故冷凝水酸性强，Cl$^-$ 含量高。

从以上工况和一期管道的腐蚀情况可以看出，高炉煤气管道防腐问题是一个比较严重的问题，用普通的防腐形式（如环氧煤沥青等）起不到根本的作用，必须根据介质情况和腐蚀原因采取行之有效的处理方法。

3 防腐措施

针对目前现场的实际情况，二期工程全厂的高炉煤气管道内部、阀门和波纹管必须采取特种防腐处理，煤气管道排水管、排水器和阀门也必须作特殊的防腐处理。

3.1 煤气管道内壁

通过调研，了解到适合首秦高炉煤气工况的防腐方法主要有三种，一种是高强度氟碳玻璃鳞片涂料，一种是乙烯基玻璃鳞片涂料，另一种是耐酸胶泥。

3.1.1 高强度氟碳玻璃鳞片涂料

3.1.1.1 防腐工艺

内表面喷砂除锈达到 St3 级或 Sa2.5 级，涂DJ84-3 耐高温防腐底漆两道，干膜厚度不小于40μm，之后再涂 H71-2 云铁厚浆高分子防腐中间漆两道，干膜厚度不小于 40μm，最后再涂高强度氟碳玻璃鳞片防腐涂料。涂层总厚度不小于370μm。

3.1.1.2 材料性能特点

DJ84-3 耐热防腐底漆由烷基硅酸酯、锌粉、颜料和添加剂组成的。其耐热性、耐冲击性能优异，耐磨性、防腐性优良。

H71-2 云铁厚浆高分子防腐中间漆是由改性树脂、云母氧化铁、环氧树脂、固化剂等物组成的双组分常温固化防腐涂料。它具有良好的附着力、柔韧性、耐水、耐酸及防锈等性能。

高强度氟碳玻璃鳞片防腐涂料由环氧树脂、氟树脂，超细玻璃鳞片、颜料等组成的双组分胺固化重防腐涂料，漆膜坚韧，耐磨性、耐酸性优异。

该防腐方法在国内许多钢厂的煤气管道上使用过，工程造价为材料费 47 元/m^2，施工费 30 元/m^2。

3.1.2 乙烯基玻璃鳞片涂料

3.1.2.1 防腐工艺

喷砂除锈达 St2.5~St3 级后，涂两道高温防腐底漆，五道乙烯基树脂玻璃鳞片涂料，涂层厚度为1.5mm。

3.1.2.2 材料性能特点

底漆是由改性高温乙烯基树脂、活性锌粉、添加剂和固化剂组成。具有耐高温、耐酸、附着力强等特点。

乙烯基玻璃鳞片由可耐高温耐酸碱的乙烯基树脂为成膜物，用厚度 4~10μm 的玻璃鳞片为填料，用复合助剂为添加剂，由特定工艺复合而成。具有很好的耐高温、耐酸碱等特点。

该防腐方法在国内多项工程中使用过，效果良好，工程造价为材料费 150 元/ m^2，施工费 100 元/ m^2。

3.1.3 耐酸胶泥

3.1.3.1 防腐工艺

喷砂除锈达 St2 级后，涂两道高温防腐底漆，焊接铆钉，挂波浪式金属网，之后涂 10mm 的耐酸胶泥。

3.1.3.2 材料性能特点

耐酸胶泥是由耐高温耐酸树脂、耐酸粉料、结合剂、外加剂和多功能改性添加剂组成。通过相应的施工工艺，在管内形成具有耐高温、耐酸性腐蚀的长效保护层。此种防腐涂料具有很好的耐酸性、耐热性和耐磨性，同时附着力好，长期使用不脱落，防腐寿命长。

耐酸胶泥是一种新研制防腐涂料，它在许多发电厂的钢烟囱上使用过，其中最长已使用四年，至今完好无损，工程造价为材料费 180 元/m^2，施工费50 元/m^2。

3.1.4 防腐措施比较

以上三种防腐处理方法表面均不会形成微孔，可以克服环氧煤沥青的不足，从而起到比较好的防腐效果。从工程造价来说高强度氟碳玻璃鳞片涂料最低，从施工难易程度来说高强度氟碳玻璃鳞片涂料、耐酸胶泥施工较容易，乙烯基玻璃鳞片涂料施工难度大。从可靠性来说乙烯基玻璃鳞片涂料和耐酸胶泥较可靠。

3.2 煤气管道阀门

阀门属于成品设备，均由专业生产厂家生产，订货时将煤气的介质条件提与生产厂家，并要求设备制造厂家对其内部与煤气接触的所有部位作特殊的防腐处理，可以喷涂与煤气管道内部相同的防腐涂料。

3.3 煤气管道波纹管

Incoloy800 合金自 1949 年由国际公司发明以来，已在各行各业广泛使用，作为耐高温耐腐蚀的首选材料，用该材料作波纹元件国内外均有成熟的经验。但由于该材料约 30 万元/t，价格昂贵，故所有波纹管采用三层以上结构，最内层采用 Incoloy800 合金，其余各层仍采用 316L。为增加波纹管的耐腐蚀性，波纹管与煤气接触部位、波纹管内套筒内外

壁均喷涂与喷涂高强度氟碳玻璃鳞片涂料。

3.4 煤气管道排水漏斗、排水管、阀门和排水器

煤气管道排水漏斗内壁作特殊的防腐处理，做法同煤气管道内壁。排水管道阀门选用耐酸阀门，垫片采用耐酸垫片。从排水漏斗至排水器间的管道采用钢聚四氟乙烯复合管，该复合管可耐酸、耐高温。从排水器至冷凝水储水井间的埋地管道采用聚四氟乙烯管，该管适合于埋地，可以耐酸、耐碱和耐化学腐蚀。煤气管道排水器内壁作特殊的防腐处理，做法同煤气管道。

4 结语

对于煤气管道内壁防腐，本文提出了三个方案，但由于工程造价等因素，业主最终选择了高强度氟碳玻璃鳞片涂料，而阀门、波纹管、排水器和排水管均采用了本文介绍的防腐措施。以上防腐措施是否能够达到预计的寿命，有待于今后的实践检验。

（原文发表于《设计通讯》2006 年第 2 期）

首秦一期工程燃气专业设计总结

吴 媛

(北京首钢国际工程技术有限公司，北京 100043)

摘 要：首秦一期工程投产以来，燃气专业设计的各部分设施运行良好，文中对各系统燃气设施的特点、新技术和新工艺进行了介绍。

关键词：设计；燃气；总结

The Summary of Gas–design in the First–stage Construction in Shouqin

Wu Yuan

(Beijing Shougang International Engineering Technology Co., Ltd., Beijing 100043)

Abstract：Since the first-stage construction of Shouqin was put into operation, the facilities designed by gas profession run well, the article introduces new technologies, new techniques and the features of the gas facilities.

Key words：design; gas; summary

1 引言

首秦一期工程是首钢总公司实行结构调整的一项重点工程。在首秦工程设计中，我专业以建设一个清洁型、环保型、节能型、紧凑型、高效型、经济型的钢铁联合企业为宗旨，调动全专业的技术力量，全身心地投入到了设计中。在设计中，认真仔细、精益求精，积极采用新技术、新工艺，取得了很好的成绩。

首秦工程燃气专业共承担了烧结车间、炼铁车间、炼钢车间和公辅系统的燃气部分设计，主要包括燃气净化回收设施和燃气供应设施。

2 烧结车间燃气供应设施

烧结机点火采用高炉煤气，用量为 15000Nm³/h。煤气管道接自厂区综合管网，与蒸汽、压缩空气、氮气管道共架敷设。管道布置时力求美观、经济，支架设置合理，取得了比较好的效果。

3 炼铁车间燃气设施

3.1 干法除尘出口煤气设施

从干法除尘出来的煤气，流量 230000m³/h，压力 0.15MPa，温度 150℃。干法除尘出口煤气设施设计需达到以下功能：对煤气进行减压，对高炉炉顶的压力进行控制，对多余的煤气需进行放散，同时稳定净煤气管网的压力。由于是纯干法，温度比较高，设计难度较大。在设计中，对煤气设施的布局进行多方案的技术经济比较，最终选择了最佳方案，做到了既经济又合理，并积极采用新技术。

3.1.1 高炉煤气剩余放散装置

采用了新型的点火装置，既保护了大气环境，又节约了能源。本系统包括火炬头、引火筒、高空火炬点火器、紫外线火检、自动点火控制柜等部分。火炬头采用二次送风结构，缩径并设稳火圈、防风罩，伴烧环管，使低热值放散气稳定地燃烧，使火炬的抗风雨能力增强。燃烧时，吸入大量空气，使燃气与空气充分混合，火焰刚性好，火苗短，燃烧稳定。引火筒采用文丘里引射器，使燃料气与空气充分预混，节能效果好，点火成功率高。高空火炬点火器采用先进的航空半导体点火技术，半导体电嘴电蚀放电，起始发火电压低，耐高温、自净能力强、不结焦、不积炭，不受任何恶劣环境的影响，安全可靠，使用寿命长。紫外线火检的检测距离长，安装在地面上可实现非接触式检测，使用寿命长，检修方便。

3.1.2 减压阀组

减压阀组是控制高炉炉顶压力的重要设备，它由三个电动蝶阀和一个自动调节蝶阀组成，本次设计在阀门的结构和材质上采用了新技术。阀门轴端采用双层密封和弹簧反复位自补偿技术，严防了煤气泄漏，轴端的密封填料采用外置式填料函，填料可以在不影响正常工作的情况下随时添加和更换。阀板采用了耐磨的 16Mn 钢板，并堆焊了钴铬钨合金材料，同时堆焊时使堆焊材料与母材紧密结合、不分层、不脱落，从而实现了阀门耐磨损、耐腐蚀、寿命长。为了防止减压阀组噪声对环境的污染，在减压阀组上设置了隔音罩，在减压阀组后的管道上包扎了隔音层。

3.2 热风炉煤气供应设施、高炉喷煤煤气供应设施

在热风炉煤气供应设施、高炉喷煤煤气供应设施设计中，高炉煤气引自干法除尘出来的高炉煤气，温度为 120~150℃，没有进行降温，直接采用热送的方式，降低了热能的消耗，节约了能源。在进行煤气管网布置时，采用多根管道共架敷设方式，力求美观，同时合理布置管道支架，尽可能地减少管道对支架的推力，以求经济合理。高炉煤气切断装置采用了蝶阀加插板阀组成的可靠切断装置，在阀门的选取上，采用了新技术。

3.2.1 蝶阀

蝶阀采用了双偏心蝶阀，阀门的轴端密封采用蝶阀用机械端面密封装置，并设置注油孔，确保轴端无外泄漏。阀轴内支撑轴瓦离开阀体，与轴端密封脱开。轴端密封填料采用外置式，易更换。

3.2.2 插板阀

采用了敞开式插板阀。阀板采用浮动阀板、浮动阀座。阀门两端接管、波纹管导流筒采用 16MnR 材料，且内喷耐高温、耐腐蚀和耐磨的涂料。阀板采用双向密封圈结构，并设两道密封圈，密封圈采用特种耐高温、密封性能好的密封圈，并且密封圈便于更换、检查和维护。阀板密封面压紧点不少于 6 个，打开时沿圆周方向间隙相同。阀板的通孔、波纹管导流筒固定端接口处均堆焊硬质合金，且保证平滑。波纹管材质采用316L 和薄壁多层结构（不小于 3 层），制作成型后，采用固熔化理和喷涂聚偏二氟乙烯。导流筒迎气面焊接死，导向环加工以便导流筒定位准确；另一端导向环部分外圆加工径向留

2mm 间隙，并添加盘根，外口采用金属挡板封闭。

4 炼钢车间燃气设施

4.1 转炉煤气净化回收

转炉煤气净化回收的工艺过程如下：在冶炼过程中产生的烟气，经过烟气清洗设备净化后，通过三通切换阀的回收侧将可利用的转炉煤气进行回收，并送入转炉煤气回收总管。没有利用价值的转炉烟气，通过三通切换阀的放散侧进入放散烟囱点火燃烧后排入大气。净化后的转炉烟气含尘量不小于 $100mg/m^3$。转炉煤气净化采用湿式双文系统，其控制采用计算机程序控制，CRT 画面显示系统中各设备的工作状态和系统的工况、参数，并根据工艺特点设有必要的安全连锁保护，实现转炉煤气的自动回收。在一些关键设备的设计上，采用了新技术、新工艺。

4.1.1 一级文氏管

一级文氏管是转炉煤气净化的关键设备，其设计的好坏直接影响整个的系统的安全运行和煤气的净化质量。一文溢流堰采用球面支架支撑，形成了水平可调的溢流堰，确保了一文内溢流堰的水平度，防止了由于制造、安装及结构变形造成水流断流及分布不均匀而导致收缩段设备的烧坏。一文喉口喷水嘴采用美国喷雾公司的实心锥式螺旋形喷雾喷嘴。该喷嘴能最大程度地减少喷嘴堵塞现象，非常适合现场工业浊环水的工况。喷嘴喷水的雾化效果好，水的覆盖面广，并能形成整体水雾场，提高了烟气净化水平。

4.1.2 二级文氏管

二级文氏管是转炉煤气净化的精除尘设备，是转炉煤气净化的另一关键设备。在设计中从安全性、密封性和灵活性出发，合理进行结构设计。二文主体设备及附属配套设备、系统和各控制部分设计安全可靠，充分考虑炼钢厂的实际情况，通过采用先进的液压伺服系统和完善的控制系统保证系统设备安全，并采取了防止含尘烟气对设备的冲刷措施，保证了设备的安全性。二文喉口阀轴端采用石棉盘根密封，箱体结构均采用焊后整体退火机加工，确保了水箱密封性能、氮气捅针和喷嘴的同轴度，氮气捅针内部密封全部采用进口密封材料以确保密封性能。二文可调喉口空喉截面尺寸及椭圆柱体长短轴设计运用控制领域调节阀的计算、选型思路，既保证喉口调节的灵敏性和最好的调节线性段相吻合，又有着比较大的调节范围。二文可调喉口喷嘴

设有专用氮气捅针清理喷水嘴，避免了氮气捅针的堵塞。

4.1.3 丝网脱水器

为降低净化后煤气的含水量，在一次除尘风机前设置了新型脱水设备、丝网脱水器。丝网脱水器内部设置了不锈钢丝网，厚度为146mm，丝网上部设置了高压喷水嘴，在风机转低速时，将丝网上的灰尘颗粒冲刷下去。丝网脱水器脱水效果好，能有效地除去煤气中的大部分水分。

4.1.4 一次除尘风机

一次除尘风机是转炉煤气回收的关键设备，要求密封性能好，运行可靠。在本次设计中主要在以下几方面做了改进：

（1）风机的轴承采用双支撑，保证了在运行条件下（高、低转速情况下）正压端不外漏煤气，负压端不漏入空气。

（2）风机转子叶轮采用了特殊的耐磨材料，叶轮的所有拼接焊缝进行X射线探伤，组装立焊缝进行100%渗透或磁粉探伤。

（3）主锻件粗加工后进行超声波探伤，精加工后进行磁粉探伤。

（4）风机电机采用了变频调速装置，变频装置能够根据冶炼工况调节风机转速，在吹炼期高转速运行，非吹炼期低转速运行，节约了能耗，降低了成本。

4.2 炼钢车间燃气供应设施

首秦工程副产煤气只有高炉煤气和转炉煤气，高热值煤气需进行外购，为了节约成本，尽可能使用副产煤气，故炼钢、连铸烘烤、套筒窑加热均采用转炉煤气，切割采用天然气。为保证安全，在每个用气点处均设有天然气稳焰设施，这样既安全又运行成本低。

炼钢主厂房内的天然气管道均沿厂房柱与其他专业管道一同架空敷设，支架统一设置，使主厂房整齐、美观。

5 燃气公辅设施

5.1 副产煤气的利用

本工程副产煤气为高炉煤气和转炉煤气，没用高热值煤气，需外购天然气。为了尽可能地多利用副产煤气，少用天然气，在设计中根据各个用户的特点，对煤气进行了合理分配，具体如下：

（1）高炉热风炉、高炉喷煤采用纯高炉煤气，点火供给少量的天然气。出铁厂烤沟由于用量少，热值要求高，故供给天然气。

（2）炼钢、连铸烘烤，套筒窑加热用转炉煤气，为保证使用安全，设有天然气稳焰伴烧管。炼钢、连铸切割对煤气的热值要求高，供给天然气。

（3）烧结点火供给纯高炉煤气。

（4）铁水罐烘烤供给转炉煤气，为保证使用安全，设有天然气稳焰伴烧管。

（5）剩余的高炉煤气供自备电站发电，发出的电供厂区使用。既减少了剩余煤气放散对大气的污染，又节约了能源。

5.2 高炉煤气柜

为了调节煤气发生量与使用量的不均衡，稳定管网压力，减少煤气放散，保证煤气的稳定供应，本工程建150000m³稀油密封煤气柜一座，用于储存高炉煤气。该煤气柜外部设有密封油站四座，电梯机房一间、水封室一间。附属设备有密封装置、供油装置、柜容指示器、电梯、手动救助装置、活塞导轮、活塞防回转装置等。

150000m³稀油密封柜是我院自行设计的第一座大容积的煤气柜，在工期短，任务重的情况下，经过我专业设计人员的不懈努力，按时、保质、保量地完成了设计。此煤气柜具有以下特点：

（1）结构简单，便于管理和维护。

（2）储存压力高，罐内的煤气不需加压可直接送用户使用，运行费用低。

（3）全空时无用容积小于储存容积的0.5%，适用于气体的快速置换。

（4）采用了合理的密封机构，主要由弹簧密封机构、隔舱密封机构、帆布密封、悬挂装置、滑板牵引装置、活塞油槽吸水装置、底帆布、悬挂帆布和手摇泵装置等组成。此种密封机构在7850Pa（800mmH$_2$O）的工作压力下，既能保证活塞顺利运行，又能保证不泄漏煤气，确保活塞稳定、安全运行。

（5）密封油供油装置采用浮球式液位控制器控制，该液位控制器应具有可靠的调节性能，通过与螺杆泵连锁，将活塞油沟的油位控制在正常油位。

5.3 转炉煤气柜

为满足转炉煤气的回收要求，首秦工程设了80000m³转炉煤气柜一座。该煤气柜采用橡胶皮膜密封，是我院自行设计的第四座80000m³煤气柜。首秦工程再次应用了成熟的技术，同时对煤气柜的位置及进出口管线进行了合理的布置。

5.4 转炉煤气加压机

为满足套筒窑、炼钢、连铸等用户的用气压力要求，在煤气柜区设转炉煤气加压站一座。站内设D280加压机三台，两用一备。加压机采用单支撑、滑动轴承结构，能够保证轴封在运行条件下和停机时不外漏煤气。加压机电机采用自冷式防爆电机，运行可靠。在加压站的工艺布置上非常紧凑，占地面积少，节约了投资。

5.5 厂区综合管网

将全厂公用管道共架敷设组成厂区综合管网，综合管网一般沿厂区道路敷设，其布局是否合理直接关系到全厂的整体效果，而燃气专业又是综合管网的主体专业，又是在这样的新型工厂，对我们的压力很大。在首秦工程设计中，我们对综合管网布置做了大量的工作，特别是支架断面布置，既要美观，又要考虑所有管道的支撑问题，管道支架位置的确定，不但要考虑上部管道的支撑，又要考虑地下的障碍物，经过综合考虑，作了多次修改，最终确定了较好的方案，取得了比较好的效果。虽然在跨越皮带通廊处局部美观欠佳，经过现场修改进行了弥补。

6 结语

在首秦工程设计中燃气专业取得的成绩是非常突出的，这在目前的生产运行中得到很好的检验。通过这项工程，使我专业的设计人员得到了锻炼，提高了专业技术水平，为今后的市场竞争增强了实力。对于设计中存在的不足，我专业设计人员会吸取教训，并在以后的工程设计中进行改进。

（原文发表于《设计通讯》2004年第2期）

首钢 3 号高炉余压发电的设计特点与生产实践

韩渝京　　曹勇杰

（北京首钢国际工程技术有限公司，北京　100043）

摘　要：本文论述了首钢 3 号高炉余压发电装置选型的基本原则和主要技术特征，生产实践证明了选型的正确性，总结出大型高炉采用干、湿两用机组的技术路线。

关键词：余压发电；选型原则；干湿两用；串联布置

Design Characteristics and Production Practice of TRT Device of No.3 Blast Furnace

Han Yujing　　Cao Yongjie

(Beijing Shougang International Engineering Technology Co., Ltd., Beijing 100043)

Abstract：The basic principle and main technical characteristics of selecting TRT device of No.3 blast furnace of Capital Iron & Steel Co. were discussed. The practice showed the selection was correct. It summarized that large blast furnaces should use the unit with dry and wet functions.

Key words：TRT; selection principle; dry and wet functions; arrangement in series

1　引言

钢铁企业是能源消耗大户，充分利用二次能源是企业能否可持续发展的重要因素。随着高炉高压化、大型化的技术发展，高炉煤气净化不断出现新的工艺和技术，这些新工艺主要是干式电除尘器、干式布袋除尘，它们相继在国内高炉上应用，煤气的温度与湿式除尘相比提高了 100~120℃，煤气呈干热状态，属于不饱和气体。在采用高炉煤气余压发电装置（简称 TRT）后，由于介质条件的变化，对 TRT 提出了新的要求，干式 TRT、干湿两用 TRT 机组技术的开发和应用相应提高到了重要的高度，特别是干式 TRT 相对湿式 TRT 可提高发电量 30%~40%，因此越来越引起各方面的重视。

首钢 3 号高炉早在 20 世纪 90 年代进行大修改造时，高炉煤气净化工艺即采用干式布袋除尘为主、湿法为辅的运行方式，随着该项技术的日益完善，干式运行的时间延长、生产状况日趋稳定，干湿两用 TRT 机组的设计和建设迫在眉睫。

2　主要工艺概况

首钢 3 号高炉容积 2536m³，炉顶压力 0.20~0.25MPa。高炉煤气净化采用干式为主、湿式为辅的工艺，高炉 TRT 装置与高炉减压阀组为串联工艺布置，TRT 机组形式为干湿两用型，在保证炉顶压力稳定的前提下，实现了全流量回收电能，开发了 TRT 机组过一阶转速振动线连续监测和连锁控制工艺及高炉顶压稳定性控制系统等专有技术。

该工程利用高炉煤气已有的压力能，回收电能 10000kW/（台套），并且实现了高炉顶压的稳定控制，消除了减压阀组的噪声。

3　工艺流程

高炉冶炼中产生大量的含尘炉气，这部分气体中富含 CO 和少量的 H_2，是钢铁企业的二次能源，它经过净化达到工业炉窑使用标准后，由钢铁厂能源分配管网送到各个用户。高炉的减压阀组是控制炉顶压力稳定的重要工艺设备，它以蝶阀组节流膨胀的形式，使阀前气体压力稳定在高炉所需的压力范围内，同时把阀后压力降低到10~12kPa。由于节流膨胀，造成阀组后部气体紊流，产生高达110~130dB的噪声，并使管道的振幅达到可视范围。当采用TRT装置时，净化后的气体进入煤气透平机械，气体在机械内膨胀做功，推动与透平同轴的发电机旋转发电。膨胀后的高炉煤气进入钢铁厂的能源分配管网。整个工艺过程中高炉煤气始终在密闭的管道和密封程度高的煤气透平机内运行。由于采用了静叶控制炉顶压力的手段，静叶调节曲线优异、变断面变化率稳定、响应快速，使调节品质提高，适应了高炉操作高压、大风量的要求，特别是在高炉布料、出铁等操作环节，顶压波动的偏差都优于减压阀组。同时回收了大量的电能，降低了减压阀组造成的噪声，因此产生巨大的经济效益和社会效益。

TRT装置由三大部分及八个子项组成，主要包括：透平主机系统、高低压发配电系统、自控系统、给排水系统、氮气密封系统、大型阀门及主煤气系统、动力油系统、润滑油系统。工艺流程见图1。

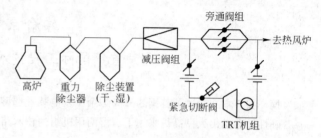

图1　工艺流程

高炉煤气条件参数见表1，透平主要性能参数见表2。

表1　高炉煤气条件参数

参　数		TRT入口煤气流量/万 m³·h⁻¹	TRT入口煤气压力/MPa	TRT入口煤气温度/℃	TRT出口煤气压力/MPa	TRT入口煤气含尘量/mg·m⁻³	TRT入口煤气含湿量/g·m⁻³	BFG成分（体积）/%
干式运行	最小	30	0.175	120				CO 24；CO₂ 17.35 N₂ 56.9；H₂ 1.3；CH₄ 0.45
	常用	35	0.18	145	0.011	10	50	
	最大	44	0.213	185		20	100	
湿式运行	最小	30	0.15	50				
	常用	35	0.165	55	0.011	10	饱和	
	最大	44	0.198	60		50	饱和	

表2　透平主要性能参数

参　数		透平入口煤气流量/万 m³·h⁻¹	透平入口煤气压力/MPa	透平入口煤气温度/℃	透平出口煤气压力/MPa	透平入口煤气含尘量/mg·m⁻³	透平入口煤气含湿量/g·m⁻³	透平出力/kW	透平转速/r·min⁻¹
干式运行	最小	30	0.1	120					
	常用	35	0.18	145	0.011	10	50	11200	3000
	最大	44	0.213	185		20	100	14200	
湿式运行	最小	30	0.1	50					
	常用	35	0.165	55	0.011	10	饱和	9100	3000
	最大	44	0.198	60		50	饱和	10550	

注：高炉煤气透平机：MPL 14.6-278-60；无刷励磁发电机：QFR-15-2A 10.5kV 15000kW。

4　TRT机组设计的基本原则

我们在设计中首次提出安全、长期、连续运行的设计理念，它是对TRT机组运行提出的技术条件。

4.1　安全性

安全的概念有两个含义，一是确保高炉的安全生产，由于TRT机组是保证高炉顶压和下游煤气管网压力稳定的关键设备，因此设备的选型必须首先着眼于保证顶压稳定、确保高炉安全生产上；二是由于高炉煤气的自身特点，极易造成爆炸和人员中毒，致使机毁人亡的事故发生，因此在透平密封的结构上采用了多种组合密封技术，大大加强了透平运行自身的安全性。

4.2 可靠性

选用干湿两用型 TRT 机组，强化了一级静叶的功能，使之适应高炉顶压在变工况时的生产状况。这些措施大大提高了 TRT 机组的运行时间，使之与高炉运行时间相同或接近，在给高炉稳定生产提供了安全保证的同时尽可能地多发电。

4.3 连续性

在 TRT 机组设计中充分考虑到各种工况条件下，保证机组正常运行的措施和控制、调节手段，确保在高炉允许的情况下机组的连续运行。

5 设计特点

TRT 装置为高炉煤气净化工艺的后部工序，因此它的设备特点必须符合上游工艺参数的压力、流量、温度变化的要求。为提高 TRT 机组运行的比率，延长 TRT 机组运行时间，首钢 3 号高炉煤气净化工艺采用干、湿两种净化工艺。由于干热煤气、湿式饱和煤气在交替或相混合状态下经过 TRT 设备时，静叶片形状、气动设计、流场分布及叶片表面处理要求都是不同于单一种类的煤气，对出入口设备间距、密封部位、透平腔体的设置进行了认真细致的分析研究，并提出解决问题的办法。

5.1 TRT 装置与减压阀组串联布置

实现全流量回收煤气，这是提高 TRT 发电能力的有效途径，TRT 装置与高炉减压阀组串联布置的主要优点。

5.1.1 实现 TRT 装置低压启动

TRT 机组中有两个重要的生产步骤涉及安全，其中之一就是转速，这个问题在透平机启动时更为重要，启动的过程就是控制转速的过程，若转速超过临界转速，机组就会出现大事故，启动控制中，当采用低压启动时，可以形成初次冲转，转速低，升速平稳，升速率易控制，在控制转速过程中不影响顶压稳定性。串联布置减压阀组在 TRT 前面，TRT 装置在它的下游，减压阀组功能是控制炉顶压力的稳定，减压阀组后面的压力通过 TRT 机组由净气总管的燃烧放散塔控制。在冲转时，只要将 TRT 装置的旁通阀组关闭到一定角度，使透平前压升至 0.1~0.12MPa，在这个压力范围内，通过控制进入 TRT 的煤气流量来实现透平机的冲转、升速、并网。冲转控制在 200r/min 以下，升速率可精确到 10r/min

以内，在完成上述 TRT 装置操作过程中，减压阀组仍能控制顶压且顶压偏差不超过规定数值，直到操作结束。

5.1.2 提高防共振能力，确保机组安全

TRT 装置在透平机组为柔性轴结构时，机组一阶临界转速低于工作转速，因此确保快速、安全的通过一阶临界转速，一直是 TRT 机组要解决的难题。以往并联机组运行中，只能采取在过临界时封机组振动监视连锁点的方法，即暂时将振动监测与机组停机连锁取消，采取让机组盲操作方式，这样对机组的安全运行形成隐患，且又无任何调节手段；当采用减压阀组协调时，由于减压阀组的控制权在高炉，联系、操作困难。串联布置就可以很好地解决这一难题，开车实践证明此工艺是非常有效的，并且可操作性强，重复性能好，参数一经整定完成即可锁定形成操作程序，不受人为影响和干扰。

5.1.3 多阶梯运行方式，实现全电能回收

TRT 装置设计、运行的基本原则是安全、长期、连续，运行时间取值为 7000h，高炉年工作时间为 8520h 左右，这样由于炉顶压力不稳定，因而在高炉生产时间内还要有一段时间，由减压阀组控制炉顶压力，在这一段时间内 TRT 不出力，因而没有电量回收。当采用串联布置，减压阀组控制炉顶压力，保证炉顶压力的稳定，TRT 装置的旁通阀组配与 TRT 机组的透平机喷嘴协调透平前压的稳定，这样就可以实现接近高炉操作时间进行 TRT 回收能量，这样 TRT 装置的运行范围扩大了，煤气流量、煤气压力数值可以在比较大的范围进行调节，尽量多地回收电能。因此 TRT 运行的发电量是可以随高炉状况进行调整，不追求尖锋瞬时高负荷，而长期、连续运行延长了 TRT 装置的运行时间，不仅多发电，对于改善环境状况、降低噪声、减轻操作强度都有益处。

5.2 采用先进的顶压自动化控制方式，提高顶压调节品质

TRT 装置首要问题是控制高炉炉顶的稳定，顶压控制要选择一个好的控制方法，一般设计中顶压控制系统均采用单回路调节系统。由于炉顶压力检测点后面的管道容积滞后和扰动变化造成顶压偏差控制尚需改进。

首钢 3 号高炉 TRT 装置工程中在串联布置的基础上采用了炉顶压力串级调节系统，即选择炉顶压

力调节系统为调节主要参数，透平机前压为副参数，主、副调节回路使炉顶压力控制偏差的精度进一步提高，单回路控制炉顶压力设计偏差为 3~4kPa，采用串级调节系统后，设计偏差可仅为 1~2kPa。

6 经济效益

3 号高炉 TRT 装置投产后，干式运行时平均发电量 11000kW·h，最高 12500kW·h；湿式运行时平均发电量 8000kW·h，最高 10000kW·h。

TRT 装置自投产日至 2004 年 4 月，年实际发电量 62936400kW·h。

现外购电：0.46 元/kW·h

实际节约外购电费用：2895.07 万元

成本：1335.07 万元

实际创利：1560 万元

7 结语

首钢 3 号高炉 TRT 项目一次试车并网发电成功，运行效果良好。实践证明此项技术充分发挥了 TRT 装置的优势，具有良好的经济效益和社会效益。

（原文发表于《冶金动力》2007 年第 3 期）

风机在钢铁厂煤气系统的应用

吴 媛

（北京首钢国际工程技术有限公司，北京 100043）

摘 要：本文介绍了钢铁厂煤气风机的种类和特点，分析了煤气风机存在的问题及解决办法，并提出了煤气风机的发展要求。

关键词：煤气特性；风机种类；存在问题；发展方向

The Application of Fans in Gas System in Iron and Steel Plant

Wu Yuan

(Beijing Shougang International Engineering Technology Co., Ltd., Beijing 100043)

Abstract：The article introduces the types and characteristics of fans in the steel plant, analyses the problems and solutions of fans and come up with the requirements of the development of fans.

Key words：gas characteristics; fan types; existing problems; development direction

1 引言

风机作为增压设备普遍用于钢铁厂煤气系统中，对钢铁企业的发展起着非常重要的作用。随着钢铁行业的快速发展，对风机的要求不断提高，为了使风机生产厂更好地服务于钢铁企业，非常有必要对钢铁厂煤气的特性、煤气风机的存在问题，以及对煤气风机的发展要求加以介绍。

2 钢铁厂煤气特性

钢铁厂普遍存在三种副产煤气，即高炉煤气、转炉煤气和焦炉煤气，这三种煤气是钢铁企业的主要能源组成部分，对钢铁企业发展起着非常重要的作用。这三种煤气的特性各不相同。

2.1 高炉煤气

高炉煤气为高炉冶炼过程中产生的副产气，发生量大，热值低。其主要参数见表1。

目前，由于高炉煤气干法除尘技术的普遍应用，与湿法除尘相比，高炉煤气冷凝水中 Cl⁻含量增大，酸性增强。根据一些工程的实测数据，Cl⁻含量为

6800 mg/m³，pH 值为 2.2。

表 1 高炉煤气主要参数

名称	单位	参数	名称	单位	参数
低热值	kJ/m³	约 3145	CH_4	%	0.4~0.6
CO	%	18.8~25.0	温度	℃	约 45
CO_2	%	19.8~25.0	含尘量	mg/m³	≤50
H_2	%	2.1~4.2	含 H_2O 量		饱和
N_2	%	48.0~56.3	密度（干）	kg/Nm³	约 1.33

2.2 转炉煤气

转炉煤气为转炉炼钢中产生的副产气，CO 含量高，毒性大，其主要参数见表2。

表 2 转炉煤气主要参数

名称	单位	参数	名称	单位	参数
低热值	kJ/m³	约 7536	O_2	%	约 0.4
CO	%	约 65.0	温度	℃	约 55
CO_2	%	约 18.0	含尘量	mg/m³	≤100
H_2	%	约 0.6	含 H_2O 量		饱和
N_2	%	约 16.0	密度（干）	kg/Nm³	约 1.37

转炉煤气冷凝水中含有 CO_3^{2-}、SO_4^{2-} 等。

2.3 焦炉煤气参数

焦炉煤气为焦炉冶炼过程中产生的副产气，具有热值高、爆炸性强、杂质含量多等特点，其主要参数见表3，主要杂质含量情况见表4。

表3 焦炉煤气主要参数

名称	单位	参数	名称	单位	参数
低热值	kJ/m³	16796	C_mH_n	%	1.0~3.0
密度（干）	kg/Nm³	约0.45	O_2	%	0.3~0.7
CO	%	5.5~7.0	N_2	%	2~12
CO_2	%	1.9~2.4	温度	℃	30
H_2	%	56.0~59.0	含 H_2O 量		饱和
CH_4	%	23.0~26.0			

表4 焦炉煤气主要杂质含量

名称	参数	名称	参数	名称	参数
苯类	4000mg/m³	氨	≤50mg/m³	H_2S	200~400mg/Nm³
萘	≤300mg/Nm³	焦油	≤50mg/m³	HCN	≤200mg/Nm³

3 钢铁厂煤气风机种类和特点

由于钢铁厂煤气特性不同，用户对煤气的要求又各不相同，故煤气系统应用的风机种类繁多。

3.1 高炉煤气风机

由于高炉产生的煤气压力较高，为有效地利用余压，大多钢厂利用透平机进行高炉煤气发电。另外为了满足不同用户对煤气压力要求，往往用风机作为增压设备。风机种类及主要参数如下：

（1）高炉煤气透平机。

入口压力：0.15~0.25MPa；

出口压力：10~14kPa；

流量：180000~850000m³/h；

两级静叶可调。

（2）离心鼓风机。

入口压力：4~10kPa；

出口压力：15~28kPa；

流量：110~1300m³/min；

单级。

3.2 焦炉煤气风机

风机在焦炉煤气系统中主要用于增加。由于各种用户对焦炉煤气压力和流量要求不同，风机种类较多，主要有离心鼓风机、罗茨鼓风机和活塞式压缩机，其主要参数如下：

（1）离心鼓风机。

入口压力：2~6kPa；

出口压力：12~32kPa；

流量：110~1200m³/min；

单级、两级。

（2）罗茨鼓风机。

入口压力：2~6kPa；

出口压力：25~50kPa；

流量：40~300m³/min。

（3）活塞式压缩机。

入口压力：2~6kPa；

出口压力：0.3~0.9MPa（两级）；

出口压力：1.6~1.8MPa（三级）；

流量：10~60m³/min。

3.3 转炉煤气风机

风机在转炉煤气系统主要用于增压，种类为单级离心鼓风机，具体参数如下：

（1）一次除尘风机。

入口压力：-18~-21kPa；

出口压力：6kPa；

流量：700~6700m³/min。

（2）其他增压鼓风机。

入口压力：2~3kPa；

出口压力：15~28kPa；

流量：250~1100m³/min。

4 煤气风机存在问题及解决方法

由于钢铁厂副产煤气与其他介质相比，具有易燃、易爆、毒性大、含有灰尘和腐蚀性介质等特点，故风机运行中存在的问题较多。

4.1 叶片积灰

（1）由于高炉炉料的原因，高炉煤气透平机叶轮表面往往会粘 NH_4Cl 等白色结晶体。进行透平机设计时，需考虑叶轮喷水装置，为了有效清除，水中需加清洗药剂。

（2）高炉煤气、转炉煤气中含有大量灰尘，高炉煤气、转炉煤气风机运行一段时间后，叶轮表面就会积灰，需考虑叶轮喷水装置。

（3）由于焦炉煤气中含焦油、萘等杂质，焦炉煤气鼓风机叶轮经常会粘焦油、萘等杂质，不易清除，需增加风机叶轮表面光洁度，并需改善叶片的结构。

4.2 腐蚀

经过干法除尘的高炉煤气，冷凝水中 Cl⁻含量高，pH 低，转炉煤气冷凝水中含有 CO_3^{2-}、SO_4^{2-} 等，焦炉含有 H_2S，对叶轮均有不同程度的腐蚀，解决的方法如下：

（1）根据介质的特性采用耐腐蚀的叶轮材质，如叶轮采用 0Cr14Ni6Mo2Cu2Nb 的不锈钢，耐酸性强、硬度大，可以提高寿命，但造价高。

（2）叶轮表面喷涂含 Cr、Mo 高的耐腐蚀合金材料，不但耐磨损，还耐腐蚀，造价较低。

4.3 振动

除了由于叶轮粘灰和叶轮腐蚀造成风机振动外，还有其他原因引起振动，如转子轴径磨损、滑动轴承的装配精度、油膜震荡等原因产生。需进一步加强风机的制造精度和安装精度。

4.4 噪声

鼓风机噪声是钢铁厂的污染源之一，可分为旋转噪声和涡流噪声。解决的方法除了加消声器和隔声罩外，最主要的是优化风机结构，主要有：

（1）增强叶栅的气动力荷载，减低圆周速度。

（2）确定合理的涡舌间隙和涡舌半径。

（3）在叶轮进出口处加紊流化装置。

（4）在叶轮上设分流叶片。

4.5 漏气

由于钢铁厂煤气中含有大量的 CO，风机的严密性尤为重要，主要的漏气部位如下：

（1）轴封漏气。目前煤气风机大多采用氮气迷宫密封形式，虽然较过去生产的风机有所改进，但由于质量问题仍有密封不严问题。需要在密封结构和制造精度上加以改进。

（2）进出口法兰密封面漏气。风机进出口法兰大多为平板法兰，焊接时容易变形，再加上垫片质量差，很容易漏气。建议风机厂家改变法兰形式，采用突面法兰。

5 煤气风机的发展要求

（1）由于高炉的大型化，国内最大的高炉容积为 5500m³，流量 850000m³/h，高炉煤气透平机应向全干式、轴流、反动、三级透平方向发展。

（2）焦炉煤气压缩机大多采用往复式压缩机，结构复杂、效率低，调节性能差，对于大流量的压缩机应向轴流式压缩机和螺杆压缩机方向发展。

（3）转炉干式电除尘广泛用于转炉煤气净化中，轴流式离心鼓风机非常适合干式转炉煤气除尘风机，而国内能生产的厂家却寥寥无几，大多从国外引进。应加强转炉煤气轴流式风机的研究。

（4）目前钢铁企业风机的运行效率普遍低，除了运行原因外，还有风机本身的原因，应进一步从产品设计上提高风机的效率。

6 结语

由于篇幅所限，本文只对风机在钢铁厂煤气系统的应用做了肤浅的介绍，而风机在钢铁厂煤气系统的发展空间很大，望风机研究部门深入到用户中，尽快研究出高效、节能的新产品，为钢铁厂服务。

（原文发表于《通用机械》2009 年第 2 期）

首钢京唐钢铁厂特大型高炉全干式 TRT 工艺技术的研究与应用

曹勇杰　　陶有志　　韩渝京

（北京首钢国际工程技术有限公司，北京 100043）

摘　要：首钢京唐钢铁厂 $5500m^3$ 高炉煤气采用干式袋式除尘工艺，没有湿式除尘作为辅助设施，TRT 工艺系统进行了优化，提出纯干式全流量并联透平机主体工艺流程，在主体设备中自主集成透平机三级可调静叶、入口调速阀、高炉减压阀组联合工艺控制顶压的核心技术。工程设计提出了大型化、露天化、集约型设计理念，实现了新一代钢铁流程自主集成、国际一流的工程目标。

关键词：$5500m^3$ 高炉；纯干式全流量并联 TRT 机组；大型化，露天化，集约化工厂布置

Research and Application on Fully–dry TRT Process Technology of Super–large Scale Blast Furnace of Shougang Jingtang Iron and Steel Plant

Cao Yongjie　　Tao Youzhi　　Han Yujing

(Beijing Shougang International Engineering Technology Co., Ltd., Beijing 100043)

Abstract：Dry bag type dedusting process is applied for $5500m^3$ blast furnaces of Shougang Jingtang Iron & Steel Plant without wet dedusting facility as auxiliary. Optimization on TRT process system is carried out with provision of pure-dry and full-flowrate and parallel turbine process flow. Core technologies of turbine 3-level adjustable fixed blade, entry speed regulating valve and blast furnace pressure reducing valve group combined with top pressure process control is self integrated in the main equipments. The engineering design presents design concept of large scale, in open air and intensive type to realize project aim with new generation iron and steel flow rate in self-integration and world first class.

Key words：$5500m^3$ blast furnace; pure-dry and full-flowrate parallel TRT unit; plant arrangement with large scale, open air and intensive type

1　引言

钢铁行业能耗在国民经济能源消耗中占有较高的比例。铁前系统能耗占钢铁行业的 60%~70%，因此在炼铁工序节能有着很大的空间。高炉炉顶余压发电工艺技术（以下简称 TRT）是炼铁工序重大的节能措施，是国家指导性文件推广的重要节能项目。特别是在高炉煤气采用干式除尘工艺基础上，煤气显热充分回收，TRT 的节能效果更加突出，高

于湿式除尘配置的 TRT 发电量 20%~30%，因此大型高炉采用全干式 TRT 发电工艺，是钢铁厂节能降耗的主要技术，是高炉节能效果最好的项目。

国内首座 $5500m^3$ 高炉，采用了 68 项国内外先进技术，其中高炉煤气净化应用了袋式除尘工艺，并且不再设置有湿式除尘作为辅助设施，为纯干式高炉煤气除尘装置。为了充分回收炉顶余压余能，TRT 装置应根据其上游工艺条件，同样为全干式 TRT 工艺系统，实现高炉工序的余压余能回收最大

化的节能目标。

2 TRT 工艺优化

2.1 高炉煤气条件（表1和表2）

表 1 高炉煤气条件

项目	单位	正常	最高
透平机入口煤气流量	Nm³/h	737200	843900
透平机入口煤气压力	MPa（g）	0.27	0.29
透平机入口煤气温度	℃	120~150	200
透平机入口煤气含尘量	mg	<5	<10
透平机入口煤气水分含量	g/Nm³	<50	<50
透平机出口压力	kPa（g）	15	15

表 2 煤气成分

成分	CO₂	CO	H₂	O₂	N₂	其他
含量/%	22.4	21.9	1	0	52.1	2.6

2.2 TRT 主体方案比较及确定

通过对高炉煤气条件进行分析，结合多年来国内外大型高炉建设 TRT 装置的先进经验，对 TRT 装置主体工艺的设计进行了优化。

由于除尘工艺的不同，TRT 装置在除尘装置下游的工艺衔接位置存在不同的工艺技术路线。

2.2.1 TRT 与高炉减压阀组并联设置工艺

国内外在大型高炉上建设 TRT 装置有两种设置实例，即与减压阀组并联布置或串联布置。并联布置可以实现全流量回收高炉煤气的能量，其布置简捷，便于维护，TRT 旁通系统可随 TRT 装置同期检修。

2.2.2 TRT 与高炉减压阀组串联布置工艺

在大型高炉采用环缝洗涤器时，由于环缝洗涤器的工艺位置在 TRT 装置之前，就形成 TRT 装置与减压阀组（即环缝洗涤器）的串联工艺。在 TRT 运行时，环缝洗涤器采用定压差控制方式，仅作为除尘元件使用，不控制顶压。另一种运行方式是，当 TRT 不运行时，环缝元件不仅是除尘中的控制元件，也是高炉顶压控制的元件。首钢 1 号、3 号高炉 TRT 装置就是串联工艺控制。

串联工艺主要优点是可以实现 TRT 的低压启动控制，提高 TRT 启动的可靠性，其次可进行阶梯式发电运行方式。主要缺点是，TRT 旁通阀不能与 TRT 同期检修，影响 TRT 装置安全运行的可靠程度。

2.2.3 TRT 装置共同型工艺布置

国内外 TRT 的发展过程是随高炉容积不断加大而逐渐发展形成的，当市场上需要中小型高炉也建设 TRT 时，针对两座以上的中小型高炉采用单炉单机则显得设备重叠，投资相对较大而不经济，为此制造厂研制了两座高炉共用 1 台 TRT[1]。该工程建设容积相同的两座高炉，初期方案时，为节约投资，拟考虑采用两座高炉共用 1 套 TRT 装置的方式，但经过认真分析，认为两座高炉中心距 320m，两个高炉的煤气汇聚到一起，就要相应地增加 TRT 入口管线长度，且两座高炉不同时投产，在投产运行后，两座高炉运行不匹配，会影响透平效率。另外，高炉投产后，为检修一侧透平机组 TRT 装置必须全部停运，维护不方便。

综上所述，通过对几种工艺条件所需要的设备、投资进行优化，最终选择 TRT 装置与高炉减压阀组并联、单机 TRT 对单高炉的主体工艺方案（图1）。

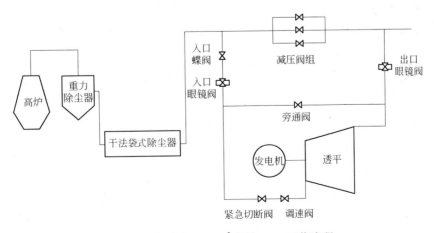

图 1　国内首座 5500m³ 高炉 TRT 工艺流程

3 国内首座5500m³高炉TRT装置主要技术特征

通过工艺优化，确定了主体工艺方案，形成了5500m³高炉全干式TRT装置及工程设计。

3.1 TRT装置性能（表3）

表3   TRT装置性能

透平性能		单位	TRT运行点	
			干气120℃	干气150℃
透平轴端出力		kW	28800	30750
透平出口温度		℃	35.7	47.4
发电机性能	效率	%	97.5	97.6
	出力	kW	28090	30010
	功率因数	%	85	85

3.2 透平机械

透平主轴采用轴流反动式三级静叶可调，考虑到干法除尘特点，叶片表面及连接缝处采用喷涂耐腐涂层技术，提高了设备使用寿命，减轻了焊接机壳设备重量，节约了投资。采用下进气轴向出气结构，减少了气体阻力，增加了透平出力，同时给外部配管创造了有利条件。

3.3 入口调速阀

TRT装置在变工况条件下要稳定控制炉顶压力，需要有很好的负荷调节手段和承受变工况的能力。由于空气动力学和结构设计等原因，在大流量、变工况的情况下，静叶控制存在着调节不敏感区间。调速阀配合静叶进行调节，可以扩大透平机流量调节范围，同时减轻在静叶非线性调节区域内煤气流量变化对静叶不利的影响，改善动力学条件，提高炉顶压力控制的稳定性，增加TRT运行时间，提高TRT的经济效益。

3.4 TRT装置露天化布置

露天化布置是有毒可燃气体装置推荐的工艺布置方式，它有良好的通风条件，检修设备可不受限制，同时还能降低投资。TRT装置是高速旋转设备，根据高炉煤气条件进行了无缺陷设计，保证了系统的可靠性和安全性。主机系统露天布置，使管线布置流畅，配套设备发挥出了最高的经济效益水平。

3.5 设备大型化

采用1座高炉对1台TRT的对应炉机关系，实现高炉煤气全流量进入TRT装置，从而实现高炉—TRT机组的生产序列式工艺配置，便于高炉系统的统一化操作、维护和检修。

3.6 附属设备集约撬装化

TRT装置除透平主机外，还有润滑油站、控制油站及相应的控制阀台等附属设备，这些设备通过有机组合集中于一撬装主体上，靠近主机就地安装，以形成辅助设备撬装集约化，使设备安全性能提高，减少了管道长度，降低了工程占地。由于靠近主体装置，连接管线缩短，滞后现象有较好的改善。

4 生产实践

2009年8月投产以来，先后经历了负荷调试、初期负荷、适度负荷等试生产环节，目前机组运行平稳，发电量达到50kW·h/t铁，瞬时发电能力最高已达31323kW。

5 结语

国内首座5500m³高炉TRT装置系统从主机布置到工厂布置，充分体现了新一代钢铁流程的设计理念，实现了全流量回收，采用多种单项先进技术，实现了自主集成的国际一流的先进目标。

参考文献

[1] 叶长青. 高炉煤气余压发电装置(TRT)的发展与创新[J]. 节能, 2000.

（原文发表于《工程与技术》2010年第1期）

➤ 制氧技术

钢铁厂供氧系统的发展历程

徐文灏

(北京首钢国际工程技术有限公司，北京 100043)

摘　要：在首钢氧气压送系统建设和供氧技术的发展中，以节能和降低放散率为关键，就如何提高氧气储罐压力和氧气压缩机出口压力；氧气压力输送的节能措施及管系联网；增设冷箱内液氧汽化器以改进氧压机；液氧系统的建立及冷备用的实现以及炼铁用氧和炼钢用氧的综合利用等方面进行了较详细的论述。同时阐述了引进技术中关键问题的解决，对今后的发展提出了建议。

关键词：空分装置；钢铁企业；输氧调节；氧压机；液氧储送；自动调节

Advances in Oxygen Supply Systems Employed by Steelworks

Xu Wenhao

(Beijing Shougang International Engineering Technology Co., Ltd., Beijing 100043)

Abstract：The paper highlights the following aspects, taking energy-saving and the reduction of venting ratio as a key in the course of building up oxygen compression and transfer systems and developing oxygen supply technology, such as how to increase the pressure of oxygen vessels and the outlet pressure of oxygen compressors; the energy-saving measures to be taken for pressurized oxygen transfer and a network formed for pipelines; addition of a liquid oxygen evaporator within the cold box to improve efficiency of oxygen compressors; establishment of LO_2 systems and realization of cold stand-by and comprehensive utilization of oxygen used for both steel-making and iron-making, etc. The paper presents solutions for key points during the course of introducing advanced technology from foreign countries and makes recommendations for later s development.

Key words：air separation plant; steel-making enterprise; adjustment of oxygen transfer; oxygen compressor; liquid oxygen storage and transfer; automatic regulation

1　引言

五十年来，随着国内纯氧顶吹炼钢的发展，制氧机的生产与应用也有了长足的进步。首钢与杭氧始终并肩战斗，从试制与建成国产 3350m³/h（标态，下同）制氧机起（1957），经历了 6000m³/h 双纯度全低压蓄冷器型制氧机（日，1964）、6500m³/h 全板式制氧机（法，1974），直至 30000m³/h 分子筛净化流程及五种稀有气体高提取率高纯度全提取流程（德，1986），每次引进了世界上最先进的技术，不仅在制氧方面渡过了许多难关，而且在氧气压送储运方面也不断创新，取得了很多技术突破与发展。

现将压氧输送方面系统地、历史地做一归结，以对今后的发展作借鉴参考。

2　炼钢厂用氧的储存与压力输送

由于转炉吹氧的间隔性及生产情况的多变性，以及制氧生产、输送的平均性，钢铁厂供氧系统必须设置吞吐压缩氧气的中压容器。容器设置大小的依据及一般生产压力应选在何种范围内，就成为压送氧气系统的两个实质问题。

2.1　关于储罐容积[1]

这个问题是由德国《钢与铁》1962 年第 5 期的一篇文章《炼钢厂氧气供应》引起的。它将容器温升计算到 45℃，折算出 $T_1/T_2 = (p_1/p_2)^{\frac{m-1}{m}}$ 的 $m=1.3$，几乎趋于绝热；这已经说明选用的 V 值过大，但考虑到吹氧时压力不在最高点及生产故障等原因，它又将上述体积 V 翻四番。这是中国情况所不能接受的，在占地面积及基建投资上都不允许。

首先要搞清的是储罐每 $1m^3$ 容积每升高 0.1MPa 能存多少氧气这一实质问题，是接近等温压缩还是趋向绝热，对总容积有着很大的影响。

我们从理论分析入手，将容积中的存氧分为两部分：一部分是只在罐中胀缩的不变数量的氧气，它是遵循气体定律 $pV = n_1RT$ 的，也是永不输出罐的，只占容器容量的"死"气；而另一部分则是不吹氧时压入储罐暂时升压储存，吹氧时又连同当时生产的氧气一并降压送了出去。这 n_2 气量是不断变化的，由于容积表面散热及吹氧不吹氧的时间都较长，升降压缓慢，氧气带入带出储罐的热量为 $Q = \int_{n_1}^{n_2}\int_{p_1}^{p_2} V dn dp$，只能以图解积分来求取。由于吹、停氧时间都是一定的，因此一次周期中的炼钢用氧是一定的。假定还可用 $T_1'/T_2 = (p_1'/p_2)^{\frac{m'-1}{m'}}$ 来表示，式中 m' 的含义和多变压缩指数含义是不相同的，可以称之为多变系数综合值。

当时制氧站和炼钢厂是一对一，即当时的制氧就是满足当时炼钢需要。根据实测的氧压机后的氧气温度推算罐内升温过程，算得多变指数综合值 m' 约为 1.10~1.15；在实际生产算例中，解得储罐中每 $1m^3$ 容积每升高 0.1MPa 能存的氧为 0.8~0.85m^3，视装置情况而变，详见文献[1]。这样，结合输氧的压力制度，就可确定储罐容积的大小。

2.2 关于压力制度[1]

当时压力的要求来自炼钢的规定。炼钢设置了两组调节阀：在炼钢车间入口的一组保证阀后压力稳定在 1.2MPa（G，下同），而炉前一组则将 1.2MPa 压力降为炼钢需要的压力，约为 0.2~0.5MPa，视阶段操作变化。

为了保证炼钢 1.2MPa 的平稳压力，在氧气站的输氧管线上自然要设一组总调节阀，把阀后的压力稳定在一定值。这一压力就是要保证当制氧发生故障不能产氧时，储罐存氧能保证把一炉钢水吹炼完成，不致凝在炉中。我们选择储罐压力 1.6MPa，这也注定了平常 1.6MPa 的氧就永远"死"在储罐内，只是故障时备用，这当然就等于储罐在 1.6MPa 以下是"无用容积"。

氧压机的运行压力实际上决定于储罐的反压。

对于平稳的用户，运行压力常是在压缩机的设计压力之下。但对于炼钢这种间断性用户，氧气要靠储罐来暂存的，运行压力自然随炼钢吹炼与否而波动起伏。如果为了缩小储罐，把运行压力逼近设计压力，则一旦炼钢发生故障，氧气就必然会超压放散，以保证氧压机不喘振。因此，工作压力距设计点留有余地，尽量缓和以减少氧气放散至为重要。当然还要顾及运行压力低于设计压力时的压缩机等温效率，不能偏低太多。当时国外报来的参数都是 3.0MPa，结合国内压力容器的制作技术及材质的限制，定为储罐压力最高 3.0MPa 是合乎实际的，也是全国公认采用的。

由于氧压机的不安全性，为了这一 3.0MPa，即使是国际上也是不断演进为之奋斗的。拿我们最早的引进来说：第一步是日本的螺杆式（0.5MPa）+迷宫式（双缸，0.5~3.0MPa）；第二步是三段迷宫式（6500m^3/h），一次压到 3.0MPa，也只有苏尔寿能够做到，此时苏尔寿已与 BBC 合并为 BST，转向透平压缩机；第三步才进步到大容量（30000m^3/h）的 3.0MPa 透平压缩机，并且一举为单缸。

为了尽可能减少储罐容积而把随吹氧开停的压力变化定为 1.6~2.4MPa，即不吹时最高升至 2.4MPa，以保证距 3.0MPa 有一定的容纳时间，减少放散。这个余地是不大的，当时也只能如此。国内外在储罐及氧压机上都做了很大的努力，实际上国际上已有向 4.0MPa 发展的，因为只有向 1.6MPa 以上发展压力才能获得有效容积储氧。不过如法国，他们用远距离管道取代大部分储罐。

结合 1.2→1.6→2.4→3.0MPa 这样的压力阶段，利用上述的每 $1m^3$ 储罐容积的储存能力为 0.8~0.85m^3/0.1MPa，计算了 2×6500m^3/h 制氧机，满足 50t 转炉 3 吹 2，平均炉产量 58t，冶炼时间 32min（其中吹炼时间 16min），结论是采用 2×400m^3 储罐是适当的。由 1.2MPa 升至 3.0MPa，能存氧不到 1h 产量。1.2→1.6MPa，约为 12.5min，不足依靠继续降压或其他制氧机来补；1.6→2.4MPa 约 24min，2.4→3.0MPa，约 20min，可以支持这 20min 不涨罐放散。

2.3 为达到 3.0MPa 引来球罐的革命[2]

储罐压力达到 3.0MPa 并由小到大花费了国内几十年的拼搏。最初，我们上国内钢铁行业第 1、2套 3350m^3/h 制氧机，是为国内自行设计的 30t 转炉配套。压力却只能是 2.0MPa，氧压机则是国产 1200m^3/h 往复式双缸卧式压缩机，气缸内是皂液润滑。气缸和管道都曾着过火不说，为此还不得不配 20 个 2.0MPa、20m^3 的卧式圆筒罐。氧压机前还建了一座 2400m³ 的湿式升降储氧柜，整个压氧系统就都成了水系统，冬天常遇气柜水封、中压储罐积水冰冻等情况，加上压力低，压氧的被动可想而知，气柜常冒顶放散。

到上日本 6000m³/h 制氧机时，国内第一次上了两个 126m³（D=6.1m）、3.0MPa 球罐，因为球形容器的容积与表面积比最大，建造费省。所以随着炼钢炉吨位的加大，氧气储罐必然要攻下球罐这一关。当时 126m³ 球罐是全国大事，冶金建筑研究院和施工单位解决了 16Mn 厚钢板（38mm）的焊接及焊缝喷水整体退火的技术难关，取得初捷。在随后的 2×6500m³/h 制氧机建设中又上了 400m³ 球罐两个，更上一层，解决了 15MnV 厚钢板焊接及球罐转胎焊缝喷烧高温退火技术，基本攻克了技术关。遗憾的是，由于安装公司没有严把质量关，购来的焊条含磷过高，严重超标，造成了球罐水压试验时即冷脆开裂，导致最终缩小直径移地重焊。

在上 30000m³/h 制氧机时，我们又上了 3 个 400m³ 球罐（D=9.1m）。这一次我们从设计上开始即遇难题。当时遇到武钢 15MnVR 厚板不接受订货，而 16MnR 计算为 54mm 厚，超过 50mm 也不接受订货，动摇了整个设计。我们研究了钢板许用应力 $[\sigma]$ 的取值[2]。当时有三种取值方法：一种是按材料的抗拉强度 σ_b 和屈服强度 σ_s，给出相应的安全系数来确定（$[\sigma]=\sigma_b/n_b$，$n_b \geq 3$；$[\sigma]=\sigma_s/n_s$，$n_s > 1.6$）；另一种方法是，随着高强度钢材在球罐壳上的应用，为了综合考虑强度极限和屈服极限对许用应力的影响，以防止球壳应力在进入屈服极限以后有可能很快地达到抗拉极限而造成破坏，引出了屈强比为参数、以屈服极限为基准来确定许用应力（$[\sigma]=\sigma_s/n_s$，$n_s=1/0.5(1.6-r)$，$r=\sigma_s/\sigma_b$）；第三种方法是只考虑材料的屈服极限，当时差不多是普遍概念。

当时的《钢制石油化工压力容器设计规定》采用第一种方法；而《球形储罐设计规定》采用第二种方法。较全面评论的是《球罐容器设计》一书。该书作者认为"就目前我国球罐用钢的具体情况来看，多数仍选用中、低强度级别（σ_b<500MPa）的钢种，使用第一种方法基本上由 σ_b 所控制，比较合适。若按第二种方法计算 $[\sigma]$，则略嫌保守。"我们认为，不管用 16MnR（σ_s=290MPa、σ_b=480MPa）还是 15MnVR，均为 $\sigma_b \leq$ 500MPa，且 σ_s 与 σ_b 相差颇远，故用第一种方法是适宜的。而且因 $[\sigma]=\sigma_b/n_b$，$n_b=3$ 的值要大许多，可以充分发挥钢板性能。设计就改用 16MnR，δ=48mm 厚钢板，并取

得了劳动部批准。冶金部建研院曾乐同志也是主张此观点的，他以后在宝钢还试制了 650m³ 球罐。球罐制造交由冶金部第十三冶金建设公司承包，凭他们焊接武钢 16MnR 钢板的经验，也支持以上决定。最后，从理论与实践上解决了问题。球罐建设也促成了十三冶球罐建造队伍的成长。此后，在曾乐同志的开拓下，我们又在扩建法国 2×16000m³/h 二手制氧机时，扩建了两座 650m³ 球罐，也顺利投产。

3.0MPa 的工艺要求，促进了透平氧压机和大容积球罐建造技术的发展，也促进了压力容器用钢系列化发展，科技总是不断互推前进的。

在球罐的建设过程中，也研究了球罐的抗疲劳问题。由于压缩和降压的时间都较长，次数又不多，压差幅度变化不大，距 3.0MPa 又很远，可不必考虑材料疲劳需要降压使用的问题。水压强度试验属强度破坏试验，做一次投产后就不宜再做，因为球罐永不会再遇这样高的压力试验。

另外，由于氧气是绝对干燥的，也不存在腐蚀问题。为慎重起见，一般还在内壁涂上无机富锌涂料。几乎可以说球罐是经得起多年安全检查的，应该看作是永久性的，不轻言报废或降压使用。

2.4 氧气储运的实际及减少放散量的重要性

球罐压力常在 2.0MPa 左右，压差甚至只有 0.3~0.4MPa。造成这种"有利"情况，粗略地说有这样几种原因：

（1）炼钢先紧后松。常是接班后加速炼钢，周期低于规定。故用氧量超过制氧量，就使球罐压力越来越低，直至最低限度。于是就作为补炉、吃饭、维修时间以及交接班，每个炉子各有一段停炼时间。这样压力再升上去，压差也不会太大，除非炼钢长时间停炉，才会造成超压放散。很长一段时间球罐压力只起伏在 1.8~2.2MPa。

（2）球罐设置并不是按设计的 1.6~2.4MPa 那样计算的容积。例如前例设置 400m³ 球罐，压力由 1.6MPa 升至 2.4MPa，需 24min。而实际上不吹氧使球罐升压，只有 16min，自然压力升不上去。

（3）生产规模是一个一个扩大的，球罐也是针对每次任务而添加的。但是联合起来的球罐群用来对付单独的炼钢炉却是"集体"发挥作用的。对于炼钢炉的交错吹炼都是可以以"集体"对个体应付的，不仅会使球罐压力升降压差减小，就是对于出现一个炉子故障，也是全体对待，延缓甚至避免氧气放散。

反过来说就是只有设计最高压力 3.0MPa，才能

带来这样生产的稳定，压力实际常在 2MPa 上下。如果 2.5MPa 即放散，生产将会处于频繁的放散之中，损失是很大的。

在 6500m³/h 制氧机之后，我们对氧气压送的规律有了以下新的认识：

（1）一方面是间歇生产、要求一定氧压的炼钢与平稳恒定的氧气生产之间的矛盾统一成氧气压送和球罐储存的格局；另一方面是每次扩建所增加的压送系统包括氧压机、球罐都是联合起来以应付每一个单一的炼钢炉故障。

（2）按照球罐储存能力为氧气生产量 1h 来设置。每次扩建的球罐总计容积就将把氧气站压力维持在略高于 2.0MPa 生产、供氧任务将很平稳。所以所谓 3.0MPa，实际是运行在 2.0MPa 上下，只是球罐超压放散时才能达 3.0MPa。氧压机具备这一压力是供氧平稳的必要保证，与我们最初的 2.0MPa 系统生产不可同日而语。

（3）3.0MPa 才放散就成了减少放散率的最直接有效手段。一般说来有的厂放散率达 20% 以上，有的可低于 10%，球罐容积起了决定性作用。这正是德国刻意扩大球罐容积的目的，而我们以逐次扩建增加的方式，在球罐制作技术过关、建设成本下降的基础上是合理的。

降低氧气放散率成了稳定氧气站的一项重要的指标，它促使我们在上述认识的基础上再作多方面的探求。

3 氧气压力输送的节能措施及管系联网[3]

（1）在 6500m³/h 制氧机建设及以前，球罐与氧气总管的联结是盲肠式的，即氧气进出球罐不管是一根管或一出一进两根管，压力都和球罐一致的。只在罐后总管上设置 PIC 压力调节阀，确保阀后压力恒定为 1.6MPa，这虽然有压能的浪费却又是必需的。

（2）在 30000m³/h 制氧机建设时，我们和林德公司共同开发了图 1 流程，对无谓能耗作了改善，并作为合同附件与双方施工设计的依据。节省能源计算见图 2。

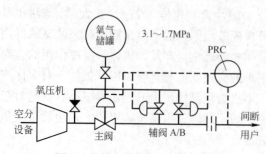

图 1　节能型输氧调节系统简图

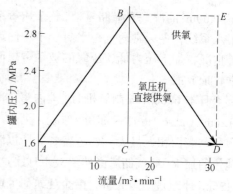

图 2　节能型输氧的氧流示意图

节省的原则就是吹氧时，当时由氧压机压出的氧气即以 1.6MPa 经主阀送出；而在停吹氧时，氧气才经逆止阀压入球罐，吹氧时再经辅阀补充当时用氧的不足。辅阀分两组，在经主阀供氧不够用时，为保 1.6MPa，第一组辅阀打开。要求更大时，再开第二组。而林德公司自控设计中的错误，几乎使这一节能措施夭折。

第一次投产压氧送出时，制氧机遭到纯度破坏，德国专家即擅自把程序改回先开辅阀。由于一组辅阀能通过 60000m³/h 气量，所以主阀即永无开日，全部氧气又都要通过球罐升压。

当我们知道这种擅变后，不能理解这种流程会影响制氧精馏。在深入研究了工艺及自控设计后，发现了症结所在。即主阀 C_V 值设计为流量 40000m³/h，这对 30000m³/h 制氧机能力是合理的。问题出在当主阀全开后才缓慢连锁开启第一辅阀。这样炼钢吹氧量大增时，主阀全开，上塔气量被多抽走 10000m³/h，气液比大大改变，回流比大为降低，氧气纯度必致破坏。改回原流程，氧气全部存入球罐，自然保住了制氧，但节能措施尽弃。我们发觉这一变故，建议林德专家改为当主阀开启 60%~70% 时，辅阀即提前开启补氧；补氧跟上了，主阀继续开启也不可能超过制氧供量。德国专家一说即通，要求给他 15min 修改指令。修改后即运行顺利。特此说明，请引以为戒[3]。

针对 30000m³/h 制氧机供炼钢作了节能计算，每小时节能 313.7kW·h，每年节能（按 350 天计）265.3×10⁴kW·h[3]。

（3）我们还注意到林德公司设计的辅阀，每个流量为 60000m³/h，连同主阀，总输出能力可达 150000m³/h。由于我们厂地规划了 3 套 30000m³/h，最初认为辅阀能力是作为预留用的。等到我们因炼钢上第 3 套 200t 二手转炉而要上 2×16000m³/h 法国二手制氧机时，球罐场地没有着落，只剩下 30000m³/h 制氧球罐区预留的 2×650m³ 球罐的地方，远离制氧机组 350m。几经考虑，结合上述以集体的"不变"应对炼钢各个单体的"万变"概念，我们将 2×16000m³/h 制氧机的主阀仍随其氧压机系统，但辅阀却共用了已有的两个 60000m³/h 制氧机

的调节阀，即将氧压机后的主管一头联向主阀（图3 中 1601），一头联向原有 30000m³/h 系统罐前主管（图 3 中阀 1611 及 1610），使 2×16000m³/h 制氧机也具有了节能措施，详见文献[3]。

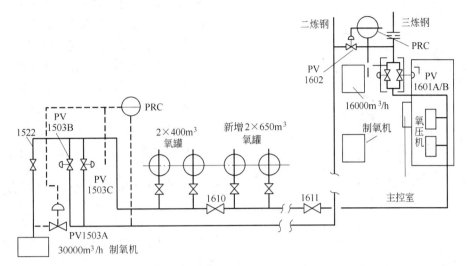

图 3　2×16000m³/h 制氧机新增输氧调节系统

（4）由此可以想象，这种不拘一"站"、共用辅阀的灵活性，可以进一步把旧区球罐也用管道联入，形成主副系统分散设置、辅助阀总设的灵活一体系统，形成球罐互通共用，共同应对炼钢变化的优势，打破以前必须集中到调节阀站的概念。这对旧区改造，受地方限制分地设置的单位有参考价值。由于不另设辅助调节阀及管道，上述实例节约了 50 万元。能把分散的球罐联成一体，统一控制是对现状改造的良策。这样"集体"使用对待炼钢"个体"变化，球罐压力升降差将会更小，压力会更加稳定在 2.0MPa 上下。而放散率却会大大下降，甚至可达 5% 以下。

（5）另一节能措施是通过计算机指示阀门完成的，即将氧气放散由高压改为氧压机前低压放散。

4　增设冷箱内液氧汽化器以改进氧压机

在注意球罐及压力调节节能的同时，我们还对氧压机进行了改革[4~7]。

透平氧压机的发展大致可分为三个阶段[4]：1957~1967 年，生产出口压力仅为 0.2~0.6MPa 的低压氧压机；1968~1972 年生产 2.6~3.0MPa 的三缸高压氧压机；1980 年以后生产 3.0MPa 双缸氧压机。

尽管 1981 年国内就有文章[5]提出："转炉炼钢用氧压力一般为 1.0~1.5MPa。据调查企业的氧压机大多在 2.0~2.5MPa 内使用。3.0MPa 的氧压机降压运行节电效果是有限的，而应降低氧压机设计压力

才能更大的节能。"

但是国外的趋势并未向降低压力设计点的方向发展，而是向努力提高压缩机等温效率方向改进，甚至还向着 4.0MPa 级前进[6]（氧气储罐压力 4.15~4.29MPa（A），输送压力为 1.76MPa（A））。

究其原因，也是明显的。就是认定 1.6MPa 以上的球罐容积才是真正的有效容积，1.6MPa 以下是死容积，只有提高到 3.0MPa 才是减少放散的第一手段。这还因为：

一是设计高压而运行低压，由于 $p_{出}/p_{入}$ 比中的 $p_{出}$ 的明显下降，按文献[3]中的公式计算，运行节能是明显的。

$$N = 1.634 FBp_1V_1 \frac{k}{k-1}\left(\varepsilon^{\frac{k-1}{Bk}} - 1\right)\eta_{\text{p}}$$

式中，B 为压缩机级数；F 为中间冷却器压力损失校正系数；p_1V_1 为入口压力和流量；ε 为总压缩比；k 为绝热指数；η_{p} 为多变效率。

当 $p_{出}$ 分别为 3.1MPa（A）和 1.7MPa（A）时，V_1 为 30000m³/h，功率相差 313.7kW，计算见文献[3]中例题。

二是加大 $p_{出}$ 压力备用，比加大贮罐是更容易之路。正是为了达到 3.0MPa 的安全性和有效储存量，世界上压缩机业作了不懈的努力与实践。技术的发展只能向前，是不会后退的，于是 3.0MPa 氧压机向单缸发展，使之更先进。

1986 年，林战生同志著文[7]介绍了 APCI（美）

氧气的无功增压法（图4）。其原理是在冷箱内增设低位的液氧辅助蒸发器（又称空气冷凝器、氧气增压器），利用液氧静压柱来提高液氧的蒸发压力，通常能把氧压机进口压力由0.13MPa提高到0.197MPa，仅这一项可使氧压机节能13%。

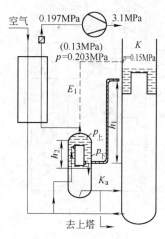

图4　氧气的无功增压法

大家知道，为保证安全，氧压机一个气缸的压缩比最大只能达到16。这也不是哪个公司都能做到的。而入口氧气0.13MPa（A），出口3.1MPa（A），压缩比达到24，所以一直只能用双气缸串级，大大增加了机器的复杂性及不安全性。而将入口压力提高到0.19MPa（A），使压缩比小于16，就可单缸压缩到3.1MPa（A）。

我们在1986年与林德公司谈判中提出这个要求，林德公司为争取到合同，是有准备的。他们建议只有苏尔寿公司敢于承揽压缩比为16的氧压机。在大大增加氧压机的安全性同时，设备投资减少约80万马克，轴功率能省225kW。

但是，不得不指出的是，氧压机节能只是转嫁到制氧方面，其实是节不了能的[2]。林德公司提出空气量需增加3%，空压机压力也要增加0.01MPa，这样空压机轴功率上升450kW。总起来看，功率略有增加，当然在实际操作中可做到低于此值。

所以，增设液氧汽化增压器，并不是制氧流程所需要，甚至是一负担；同样，如果是把氧压机设计点降为2.1MPa（A），也是无需增加液氧增压器即可保证压缩比在16内（p_1=0.13MPa（A））。即使是为了压到2.5MPa（A）而提高入口氧到0.19MPa（A），也只是为了降低压缩比到13（2.5/0.19），降低压缩机制造难度，并非技术所必须。

十分明显，增加辅助液氧汽化器，提高氧气压力到1.9MPa(A)，就是为了保证氧气压缩到3.1MPa（A）这一技术方针，帮助压氧技术的改进（走向单缸氧压机）所作的努力。只能说就是为了达到单缸压氧到3.1MPa（A），增加液氧蒸发器流程才是所必需的，之所以要坚持3.1MPa（A），不正是为了尽可能减少氧气放散率吗？在2.1MPa（A）上下运行，保持一定的压力以代替球罐容量的增设，这和前联邦德国在初期不能依靠氧压机、只好大量设置储罐容积的目标是相同的。这一技术在30000m³/h制氧机上第一次引进我国，它只是因为3.1MPa（A）氧压机改为单缸的需要。

这样，从氧气出空分装置到压缩出氧气站的每一步都作了全新的改进，达到了压氧的成熟。

5　电子计算机用于空分全控制及输氧调控

（1）在减少氧气放散率及安全调节的前提下，我们在30000m³/h制氧机引进时，第一次引进计算机全面调控生产，达到全自动生产，并且第一次引进了负荷调节系统（LCS）[2]，根据用户的用氧量来调节氧气产量，以减少氧气放散和改变液氧生产。

这个系统的基本原理是：首先根据用户的用氧情况计算出应该生产的氧气产量（负荷指令），然后通过多项式折算，将此预定的氧气产量折算成18个分系统的设定值或阀门开度。再用这些设定量去调整各分系统，使整个工艺过程在新的负荷下平衡。被改变设定值的分系统有：分子筛纯化器后工艺空气量调节系统、主冷凝器液面调节系统、气氧产量调节系统、气氮产量调节系统、污氮产量调节系统、膨胀机膨胀量调节系统、氩馏分调节系统等。LCS系统除了全自动外，还有手动改变指令的操作方式。图5所示为氧气产品控制流程。

（2）如图5所示，当氧压机后压力过高，信号就输至氧压机前，LCS系统一方面关小氧压机前入气阀，另一方面逐步打开低压氧气放散阀，并同时关小空压机入口叶片阀，以减少空气进气量，降低氧气生产量，达到既适时减少放散量又改为低压放散，做到节能。当然最好的方法还是少达到球罐冒顶压力，被迫放散。

可惜的是，要做到弄清用户用氧量，需要炼钢预计划，电脑工程师编程序软件，制氧工程师适时操作调整，是一个很复杂的系统工程。没有三位一体的专职小组不断研究执行是做不到的，至今还是处于手动操作为主，没有充分发挥。后来宝钢也引进了类似系统，又有外国专家配合，可能效果很好。希望看到这方面的详细内容及运行效果报道。

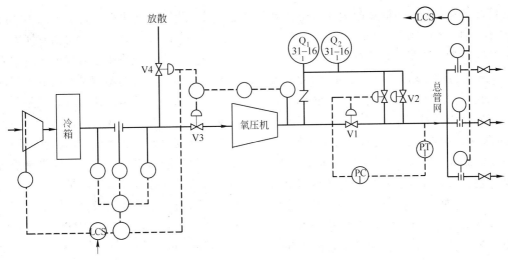

图 5　氧产品控制流程

6　液氧系统的建立及冷备用的实现[8]

在研究氧气储送系统的开始，当然就会考虑到如果一台制氧机故障停氧，氧气储存系统最多能撑1h，是无论如何顶不住的，因此液氧储供系统必须提上日程。早在日本 6000m³/h 制氧机引进时，我们就要同时引进液氧系统，可惜有单位干扰，最终只引进了一台立式的 3.0MPa（G）液氧泵。而需要的液氧储罐国内当时却不能制造。到了法国 6500m³/h 制氧机引进时，我们终于如愿引进了 50m³ 真空储罐及蒸发器、3.0MPa（G）液氧泵全系统。但是，由于氧气比较富裕，制氧机生产稳定，很少有启用机会。考虑利用液氧蒸发来为球罐补压既损失冷量又耗费蒸汽热量，即用液氧来炼钢成本太高，加之启动及预冷又比较麻烦，我们基本不用液氧作为补压的手段。液罐又小，尚不能完全起到备用的作用。

在引进 30000m³/h 制氧机时，我们抓住这一机会，总体规划了液氧系统，归纳为以下几点：

（1）液氧储存应作为一台备用制氧机用，首先要确定储存容量的大小。美国 APCI 就其设计的、占有的、生产的大型空分设备早年作过一次调查[8]，几百台次运转多年的生产表明，制氧装置的平均作业率为 98%，至于 2% 的停工的有计划和非计划停车的典型调研分析：即平均每年有 3 天是非计划性停车，有 4.3 天是计划检修。这一年近 8 天的检修停车次数统计表明接近 9 次：而其中非计划停车在24h 以下的次数却占 7 次，停车 24~72h 的 1 次；计划停车约 4.3 天的 1 次。结合国内故障检修的经验，一般都在 8h 以内，很少有超过 1 天的。因此可以认为一个 24h 的备用系统作为一套装置的备用是一个适宜的储量。"液氧储存提供 24h 正常氧气产量，在

钢铁工业是相当典型的"[8]。这是 APCI 报告的原话。

但在首钢由于受地方限制，只能一次到位。又考虑第一次引进大型液体储槽，为国内提供样机，我们采用了林德资料系列中的 3000m³ 液氧储槽（最大为 5000m³）以及 1000m³ 液氮储槽；同时又引进200m³ 真空卧式液氩储罐（国内一直停留在 100m³），可谓系列代表品种齐全。3000m³ 约相当于三天氧气产量，超过三天的事故检修，只需把各处用氧量调整分配一下，就可把供氧维持到 4~5 天。

（2）鉴于液氧泵在热状态下需盘车预冷启动20min，一般需设一套高压液氧泵、高压汽化器、高压氧气储罐系统，以保证预冷期间高压罐向系统供氧不停顿。但是我们研究认为，球罐这一系统或许对化工系统有用，在钢铁系统无此必要，我们给予砍掉了。

（3）我们提出液氧系统要永远处于冷备用状态，一旦球罐压力低于 1.2MPa，就自动启动供氧。在几个投标公司中，只有林德公司在谈判中满足此要求，并在合同中主动写上 15s 就能启动的条文。我们确实不知其妙，试车中即暴露出此技术并不成熟，出了大问题。

（4）倒是他们把液氧汽化器与液氩汽化器放置在一个水浴器内，设计成共用热水循环加热系统的快速汽化器很有创意。此汽化器是由杭氧试制的，很成功。由于液氩需不断蒸发充瓶，蒸汽调节阀永远在开启状态，根据水温自动调节开度，保证了液氧的迅速气化。当然如果没有液氩生产的单位，独立的液氧蒸发器也可设计为与液氧泵启动同步开启蒸汽阀及热水系统，并可借助蒸发器后氧气温度和蒸发负荷逐步开大，达到自动启动的目的。

问题在初步设计审查时就出现了。林德承认 15s

做不到。我们认为有球罐，也同意改为 1.5min。其实我们仍然不知他们如何解决 20min 预冷泵的问题。到了安装时我们才知道他们是将液氧一直通入泵内，每隔 10min 自动启动泵转动 2min，以此来保证泵处于冷状态[8]。但在试车中问题就暴露无遗。原来 2min 运转压出的液氧是由三通阀回入泵前循环，而 8min 停泵，则想象着泵内吸热气化成氧气，于是转换三通阀放入大气。结果是泵内很难有气化，因为泵外结一层很厚霜冻，差不多全是液体喷出。泵站周围 10 多米范围内白雾迷漫，汽车来往，十分危险；液氧落下又引起了土壤冻胀，使泵站隔墙倾斜，危及泵基础；最严重的是液氧储槽液面不涨，说明正在生产的 600m³/h 的液氧全由此放掉了。不

能积液，岂不彻底失败！再加上每 10min 隆隆作响一次，噪声不小，且对泵、机都有损害。

以后我们单独作了长时期的现场观察，发现并测定了泵前吸入管的温度是起伏的，与轴承间隙压差（泵壳末端与轴承内通氮气的压差）变化的相应性说明泵内始终是充斥着液体的，而泵内气化的液氧导致温度上升，憋到一定压力就循回到吸入管，冲破液氧槽液压由槽顶放出，液氧储槽成了一个天然的放气筒，并且只放气不带出液体。随着气氧的放出，泵内压差又降下来，开始下一压力及温度周期。我们认为可以将三通阀固定到通泵前液氧吸入管，取消 2min 的启动运转及 8min 向空放散，即可永保泵处于冷状态及充满液体，参见图 6。

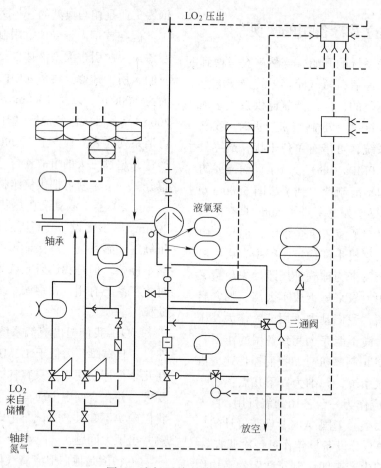

图 6　液氧泵前后管线及计控

我们将所测温度曲线及建议通过林德公司留下的稀有气体专家电询林德公司总部。不久，得到总部答复：取消原设计每隔 8min 自动启动 2min 及三通阀倒换放空的连锁设计，将泵入口的温度定为 -165℃时电机自动启动，以避免泵内全是气体。其实按液氧沸点 -183℃加上 10m 高液氧柱，泵内液氧沸点为 -174℃，而泵前测定温度最高才到 -175℃，是永不会升高到 -165℃。这次林德全盘接受，顺利

解决了冷备用的关键。

但是有两种倾向在此还想进一言：一是当冷备用一段时期后，鉴于制氧生产稳定，不想麻烦，就又改回热备用，其实，改回热备用一段时间是可以的，但设备长期常温搁置，真到用时反而会运转不起来甚至生锈报废。冷设备冷冷热热也不好，还是多处在低温状态才是最好的保护与备用；二是当球罐到了低压状态，调度就催开启液氧泵向球罐补压，

谓之"调峰"。必须强调液氧只为故障备用氧，不能频繁作为炼钢气源。纯氧顶吹炼钢发明之初，要不是有已经电耗降低的大产量的制氧机出现是根本竞争不过平炉的，顶吹炼钢反过来刺激了制氧机趋出全低压的道路，相辅相成，蓬勃发展。如果一开始就是液氧炼钢，哪还有今天的"纯氧"炼钢？！遵循先辈的功绩，节省今天的能耗与炼钢成本，应该尽可能少用液氧来"调峰"，而把液氧仅作备用气源和液氧槽车远距离输送装车用。30000m³/h制氧机投产之后，公司动力处就规定液氧槽液面不准下降。

（5）3000m³液氧储槽在中国现场建造也是第一次，也遇到一个意料不到的难题。我们原先不知道这种不锈钢内槽还要求储满水并持续 24h，再作清洗，并坐橡皮船在内逐渐降低水位检查清洗焊缝及钢板。而水质按德国规范要求水中氯离子不能大于 25×10^{-6}，水温不低于 5℃。水量过大，工期及费用太大，很难解决。后我们将生活水（我们是地下水作生活水）作全分析，结果发现虽然 Cl^- 在 50×10^{-6} 以上，但 Na^+ 和 NO_3^- 也在 50×10^{-6} 以上。征得林德公司同意，采用生活水解决。

7 炼铁富氧鼓风及氧气的输送[9~11]

首钢在国内最早建起大型氧气站并陆续扩建，因此富氧鼓风也是最早提上日程，探索前进。后来由于高炉喷煤粉新技术也如纯氧顶吹炼钢一样在首钢最先使用，对富氧的要求就更高了。我们经历这些变动，有了以下的几点概念。

7.1 富氧炼铁的效益及概况

国内外生产实践已证明：富氧每增加 1%，喷煤比可增加 18kg/t 铁，高炉可增产 2.8%~3%；高炉喷煤向着 150~200kg/t 铁努力；富氧投资比建焦炉至少减少 50%，并可在 3~4 年内回收。氧气纯度以 90%~95% 最经济，富氧程度到 26% 前效果显著[9]。

7.2 炼铁富氧的送入方式

富氧从高炉鼓风机入口供入还是从机后压入好？这对我们是首当其冲的问题。综合考虑下来，我们有这样一些认识：

（1）由鼓风机入口输入氧气。在 20 世纪 60 年代初，我们就看到日本资料说要对鼓风机作些改造，对易摩擦的地方要更换材质，要加紧急切断供氧措施。这对我们是无法实现的事，无人敢因富氧作此改造措施，也无人敢承担改造。以后到 80 年代日本仍有此论[2, 10]。至今中国是否有权威机构敢作

出高炉风机不需改造就可吸氧的明令规定尚不得知；加之入口供氧存在有氧量损失 10%~15%[2, 11]，吸入富氧一直未敢尝试。纵使有单位已经付诸实现也不敢说永无后患、推广后可保无虞。

（2）高炉生产最强调的是大风高温，而吸入氧气无异要占用一部分风机负荷能力，减少一部分吸入风量，把鼓风机也变成了压氧机。

（3）随着富氧量的越来越大，一台氧压机不仅可以单独专门供高炉用氧，还可作为氧压机群的活备用，解决氧压机不设备用的难题。即一旦供炼铁的氧压机故障，即可将炼钢压氧转而投入炼铁供氧，反之亦然。同时还有液氧系统作为炼钢炼铁的共同备用，避免炼铁无备用。鉴于炼钢系统有球罐支持液氧系统的启动，其实绝少需要炼铁供氧转而支持炼钢，因此压入氧气倒是把炼铁供氧置于炼钢供氧的保护之下。

（4）由鼓风机入口低压吸氧，厂区管道要比加压 0.3MPa（G）粗很多。而厂区氧气总管不应用钢板卷焊而用焊接钢管，最好是无缝钢管。这些钢管管壁厚度的最低规定远大于压力强度的需要，因而管径越大，管壁厚度越厚，基建投资反而比压力管道更大。何况现在可以为炼铁单独压送氧气，压力只需稍大于鼓风机后压力即可，等于在鼓风机中加压一样，运行费用也是一样，无需加更高压力。如果需要的话，平常还可由氧压机旁路依靠氧气出空分设备的 0.19MPa（A）的压力低压供氧至鼓风机入口。

7.3 富氧的纯度选定及制氧机设置何处的抉择

（1）关于富氧鼓风用的氧气纯度，我们论证以 90%~95% 为宜[9]，较之纯氧节能较多。提出相对于生产 99.6% 的纯氧气，用专门生产 90%~95% 低纯氧的制氧机生产 90% 低纯氧，可节能 4.17% 生产 95% 氧的低纯氧，可节能 3.64%。但如果用现有的或新置的双高纯度制氧机降低纯度生产，生产 90% 的纯度，则较 99.6% 纯氧节能 3.3%（<4.17%）；生产 95% O_2 的纯度，则较 99.6% 纯氧节能 2.3%（<3.64%）。可以说用低纯塔与双纯塔降低纯度生产节能相差不多。而且 90%~95%O_2 制氧机只能炼铁专用，没有备用机支持，缺乏灵活性以及根本没有可能提取氩气及其他稀有气体，因此国外大都基于现实，主张用双纯塔降纯到 95%~90%O_2 生产氧气供炼铁是合宜的。我们规划三套制氧机在一起，正是这样安排的，并且是一套电脑一班人马操作。

（2）考虑到前述的空分及氧压机备用性质及管理一体化、科学化;生产管理、操作及维修人员一套班子，协调统一；备品备件一致化；一套辅助系统（供水，供配电，蒸汽，生活水）最省，最稳定，最省占地；以及球罐系统、液氧系统共用、制氩。可以说固定资产投资及运行管理费、能耗的总经济效益最省，最出水平，搞集中的制氧供氧中心是最合理的。当然，对特殊冶金、单一炼铁厂或电炉炼钢则另当别论，甚至上真空变压吸附（VPSA）富氧装置也可作为首选[9]。

7.4 钢铁厂供氧中心的综合系统[9]

综上所述，我们实现了炼钢供氧系统的基本模式，并待另外预留的 30000m^3/h 制氧机上马即可实现对炼铁专机制氧，互为协调与备用。为此拟定了以下的钢铁厂供氧系统基本模式图[9]，见图7。

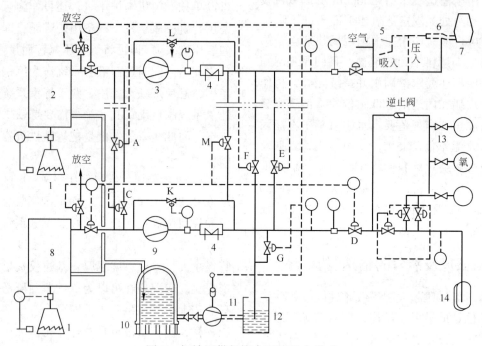

图 7　钢铁厂供氧综合系统基本模式

1—空压机；2—空分（炼铁）；3—氧压机（炼铁）；4—冷却器；5—鼓风机；6—氧煤枪；7—高炉；8—空分（炼钢）；
9—氧压机（炼钢）；10—液氧储槽；11—液氧泵；12—汽化器；13—氧球罐；14—转炉

其基本原则程序是：

（1）正常情况下，炼铁炼钢供氧兵分两路。炼铁时可以生产低纯度氧，可以略高于高炉风机输出压力压送到机后；也可常压供给炼铁鼓风机前吸入。其量是均衡供氧，调节方便。

（2）当炼铁的空分故障时，E 阀因炼铁总管失压而逐渐打开，同时 D 阀逐步关闭。此时把炼钢一台空分氧气转给炼铁；炼钢靠球罐维持生产。与此同时，液氧系统也因炼铁氧管的失压而自动启动，由 F 阀供氧。液氧供氧后因管道压力恢复而 E 阀又关闭，D 阀再打开。如果空分恢复，则因管压过高，F 阀也将自动关闭，恢复正常。

（3）如果炼钢制氧或压氧故障，则不需炼铁空分反过来供氧，有球罐及液氧系统通过 G 阀供氧。只有当大故障，几天都不能恢复生产，液氧告罄时，才能考虑炼铁空分升高纯度或由 A 阀转入炼钢氧压机；或打开 E 阀关闭去炼铁遥控阀转入炼钢管线，

因为炼铁喷氧是可以减或停的。

（4）即使炼铁制氧机不放在一处，为争取备用系统，还是要这样联络管线。显然这太复杂了，遥控的滞后也是问题。

8　几点展望

对于前进的方向，作以下几点建议：

（1）把减少氧气放散量作为指标交与炼钢、制氧、控制中心共管，与奖金挂钩。组织三位一体专人小组编制炼钢一周生产计划表，控制中心和制氧按此编制生产安排程序软件，按其制氧、压氧调节负荷，积累经验，促使炼钢生产规律化、衡稳化。使实际生产越来越符合计划，计划也越来越注意制氧均衡性。总之，把 LCS 负荷调节系统充分完善起来。

（2）鉴于控制技术的长足进步，可否考虑取消进炼钢厂房的一道 1.2MPa 的调节阀，由制氧的

1.6MPa 来承担，由 1.6MPa 改为 1.2MPa 恒压输送。由于炉前要求压力只有 0.3MPa 左右，故障时球罐1.2MPa，最低时也足能保证用氧，液氧跟上。这样平常压氧系统又争取了 0.4MPa 的容积，减少"死气"，减少放散的概率。同时还要把球罐压力变化引向炉前，使炼钢心中有数，更好与制氧配合。这是可通过试验实现的。

当然也可考虑取消压氧总调节阀，保留炼钢的1.2MPa 调节阀。但是这样，前述的节能措施就失去作用，球罐又回到盲肠式。同时厂区其他用户得不到稳定的压力氧，甚至连各分支压出的氧气流量计都因压力不稳无法设置。

（3）目前不仅法国全国以 1000 多千米管线联通德、卢、比，压力为 4.0MPa，美国也有这样实例[6、8]。德国也有文章[11]写道："转炉运行应设置压力储氧系统。……通常储存压力为 30 巴。但它最低可降低至15 巴，因为在氧枪前的调节系统上需用的压力为 15巴。30 巴的值是受当时制造氧压机的材料强度极限而定的。目前氧压机已能达到更高的压力。较高的储存压力要求较大的压缩能量，但可缩小压力储器的容积。为求得压力储器成本和能耗的最佳值而进行的一些计算表明，30~40 巴的压力仍旧是较适当的储存压力。"这是 1977 年的《林德科技报告》，并刊在《钢与铁》1977 年 24 期上。这一呼声随着高强钢（800MPa 级）的发展及前述节能措施的实现，以及透平压缩机设计在较宽的压力范围内保持等温效率，就更加有力，不会随时间而反方向发展。因为这样将大大提高氧气的储存，同时保证生产过程中氧压仍在 2.0MPa 左右，成为减少放散的最直接有力的手段。

这还因为 650m³ 球罐实在太大了，占地多，建造费高。购买 T-1 钢钢板（可焊性很好），发展 4.0MPa球罐，缩小球罐体积，也是可行的。何况 4.0MPa本身就是管道压力等级的一级，阀门、管件配套不成问题。当然这首先要发展 4.0MPa 氧压机，这也是不容易的事。

以上可使氧气放散率由 10%~20% 降低到 3%以下，是可以预期的。

（4）由于历史的原因，我国制氧站走了日本及前苏联的路，没有像法、美、德那样在区域供氧探索，更没有向设备制造、建厂供气经营的垄断公司发展。氧气生产仍存在着极大的浪费。建设方面，我们是制氧机成对成组，球罐遍地开花，而美、法"储罐大多是立式容器，少数也有球形储罐"[6]。当然他们是将压力提到 4.0MPa(G)，以管道作容器，制氧机有计划布置，独立成厂的。现我国国内氧气站已是林立，国外公司已由卖设备转向在中国建厂建制氧机卖气。看准决策方向，在改革开放的形势下，在吸引外资等条件成熟后，有无逐步实现联合，合并成区域管网供氧（关停小制氧机，减少钢瓶供氧）模式的可能。

在我国制氧机诞生五十年之际，不揣冒昧，回溯及全面做一简略概述，以求系统地、历史地提供同业参考，以利前进。

参考文献

[1] 徐文灏. 氧气球罐容积的确定[J]. 燃气通讯, 1974(1): 1~21.

[2] 徐文灏. 首钢 30000m³/h 空分装置工程设计专辑[J].《设计通讯》(首钢设计院), 1989(3~4): 30~32, 107~108.

[3] 徐文灏. 钢铁厂输氧调节系统的节能改进[J]. 深冷技术, 1994(3): 1~5.

[4] 薛水根. 日立离心式氧压机概况[J]. 深冷技术, 1982(6): 22.

[5] 蒋继瑞. 钢铁企业降低制氧机能耗的途径[J]. 深冷技术, 1981(6): 55.

[6] 王太忱. 美国 APCI 空分设备概况[J]. 深冷技术. 1985(6): 39.

[7] 林战生. 美国 APCI 公司空分设备的节能技术[J]. 深冷技术, 1986(2): 23~24.

[8] 徐文灏. 液氧系统冷备用[J]. 深冷技术, 1994(2): 1~4.

[9] 徐文灏. 高炉喷煤富氧及(钢)铁厂供氧方案——管系刍议(上)、(下)[J]. 深冷技术, 1996(4): 1~13; (5): 1~9.

[10] 杭氧、首钢等. 日立 50000m³/h 空分技术交流资料及交流总结. 1978.

[11] 杭氧所译. 钢铁厂中大型制氧设备的设计[德][J]. 深冷技术, 1977(4): 7~12.

（原文发表于《深冷技术》2003 年第 4 期）

大型空分设备在钢铁企业应用的探讨

孙德英

（北京首钢国际工程技术有限公司，北京 100043）

摘　要：本文以首钢公司制氧工程建设为例，对钢铁企业在制氧设备的配备中，对于设备规模及空分流程形式的选取进行初步探讨。

关键词：空分装置；流程；应用

Large-scale Air Separation Equipments in Iron and Steel Enterprises Application Study

Sun Deying

(Beijing Shougang International Engineering Technology Co., Ltd., Beijing 100043)

Abstract：With Shougang Company oxygen-making engineering construction as an example, equipment size and air separation form in the oxygen-making equipment of the iron and steel enterprises is preliminary discussed.

Key words：air separation plant; technological process; application

1 引言

首钢氧气厂承担着首钢公司铁、钢、轧等生产用氧、氮、氩气体的供气任务，空分设备的配置从我国第一代的空分产品 3350m³/h 制氧机组到 1987 年引进德国林德公司的稀有气体全提取 30000m³/h 制氧机组，共八套空分机组，除林德公司的 30000m³/h 制氧机外，其余的制氧机组均为 20 世纪 60~70 年代的产品，此部分制氧设备工艺落后、产品单一、设备陈旧并且控制调节能力差，造成放散率高、能耗高，大部分设备已经达不到铭牌的额定产量。

随着首钢生产技术改造的发展以及产品结构的调整，对主要生产设备进行更新换代，节能环保成为工程主要的内容之一。在首钢生产的技术进步和结构调整中，对有供给钢铁生产血液之称的制氧机组同时进行了战略性的更新及投入，首钢集团分别在总公司氧气厂及迁钢氧气分厂、首秦动力部制氧站建设了多套不同流程形式、不同规模的制氧机组。

2 空分设备规模及流程形式的选取

2000 年以来，首钢公司分别在首钢氧气厂、迁钢氧气分厂、首秦动力部制氧站建设了多套制氧机组。根据不同建设地点的综合状况确定了机组的不同流程形式和机组规模。在此，我们在项目进行过程中对于制氧机组选取的考虑及投产运行后的体会与同行探讨。

机组规模确定的主要因素一般主要考虑用户的用气量和用气制度。在钢铁企业，氧、氮、氩气的主要用户有炼铁、炼钢、轧钢等生产用气，根据生产产品不同，各用户的用气特点均有不同，空分设备的配置需要综合考虑全厂的用气要求，同时根据建设地的条件进行合理配置，以满足不同用户的需要。同时，根据建设条件对不同流程形式空分机组的安全稳定运行、设备投资、运行成本等几方面进行综合比较，不同用户根据自身切实情况应选择经济实用的设备以得到最大的效益。

2.1 首钢氧气厂 35000m³/h 制氧机组

2002 年，为满足首钢公司厂区生产产品结构调整的需要，提高炼铁富氧率及扩大钢水精炼能力，同时淘汰高能耗的陈旧设备，根据公司的生产用氧平衡引进了液空公司的 35000m³/h 制氧机组，形成了以林德 30000m³/h 和液空 35000m³/h 为主要运行机组的生产模式，极大地提高了首钢氧气厂生产的安全性和稳定性。为降低放散损失，首钢氧气厂 35000m³/h 制氧机组采用带快速变负荷功能的空分内压缩流程，正常生产时的液体产量可高达 20%，大量的液体产品为快速变负荷提供保证。

2.2 迁钢氧气分厂 23000m³/h 和 35000m³/h 制氧机组

2002 年，根据迁钢地区的建厂条件。要求在保证钢铁生产用气需要的同时要尽可能地减小总图占地，综合比较后在建设初期选择了液空（杭州）公司配套空气组合式压缩机的多泵式内压缩流程的 23000m³/h 空分设备，同时配备大型液体储槽以作备用。2004 年，根据迁钢公司的生产需要又引进了液空（杭州）公司的 35000m³/h 制氧机组，与 23000m³/h 机组同时运行为迁钢生产提供氧、氮、氩气体。

2.3 首秦 3×12000m³/h 制氧机组

2002 年，根据首秦金属材料有限公司宽厚板生产工艺配套改造分步实施的要求，并且建设规模仅属中等，建设要求中不考虑配备大型液体储槽，同时要求尽可能地降低建设投资，由此确定选择国内成熟的外压缩流程的制氧机组，初期建设一套杭氧公司 12000m³/h 制氧机组，之后又建设了两套杭氧公司的 12000m³/h 制氧机组，目前形成 3×12000m³/h 制氧机组的运行模式。

2.4 空分快速变负荷技术的应用

国外制氧机组运行负荷调节能力从常规的空气调节发展到快速变负荷调节。1983 年林德公司在奥地利林茨钢厂建设的 25000±10000m³/h 空分装置上成功应用了快速变负荷的流程技术。近年来，国外钢铁企业为节能需要，适应用氧周期性变化的要求，快速变负荷的空分装置越来越多的得到应用。2002 年 5 月林德公司向奥地利林茨钢厂提供一套 50000±12000m³/h 快速变负荷空分装置投产。快速变负荷技术的不断发展，使变负荷速率从每分钟 3% 提高到每分钟 6%~8%。

首钢氧气厂引进的液空（杭州）公司 35000m³/h 制氧机组，首次在国内的空分设备上应用了快速变负荷技术。2005 年投产运行以来，对于炼钢等生产用氧不均衡的要求，利用机组的快速变负荷调节功能有效地降低了氧气的放散损失。

2.4.1 主要技术性能参数

首钢 35000m³/h 制氧机组主要技术性能参数见表 1。快速变负荷预计产量指标见表 2。

表 1 常规变工况预计产量指标

序号	产品名称	纯度	压力/MPa（绝压）	产量设计工况/m³·h⁻¹	产量(105%)最大气氧工况/ m³·h⁻¹		产量(70%)最小气氧工况/ m³·h⁻¹	产量最大液氧工况/ m³·h⁻¹
1	气氧	≥99.6%O₂	3.1	31000	37000	33000	21000	27000
2	中压气氮	≥99.999%N₂	3.1	15000	15000	15000	15000	15000
3	低压气氮	≥99.999%N₂	1.1	30000	30000	30000	30000	30000
4	液氧	≥99.6%O₂	可进入储槽	4000	0	4000	4000	8000
5	液氮	≥99.999%N₂	可进入储槽	1000	5400	1000	1000	−3000①
6	液氩或气氩	其中：O₂≤1×10⁻⁶ N₂≤2×10⁻⁶	2.6	1325	1300	1380	940	1330

① 将多余的氧气液化时，需从储槽输出液氮到主空分以弥补冷量损失。

2.4.2 首钢 35000m³/h 制氧机的变负荷功能

根据本套机组的技术性能指标，常规变负荷速度为 1%/3~5min，快速变负荷速度为 3%~6%/min。在变负荷性能实际测试过程中，根据当时用户的实际需要，对于常规变负荷及快速变负荷的变化速率均未按最大范围值进行测试，常规变负荷的变化速率约 75m³/min，完成从最小负荷 70% 到最大负荷 105% 的正常变负荷全过程大致需要 2h；快速变负荷变化速率约 930 m³/min，完成 ±4000m³ 氧气产量的变化大致需要 9min。因此现场调试专家认为根据实际测试中各参数点的波动曲线看，若按最大的负荷调节速率操作是没有任何问题的，但是认为每次变负荷操作达到设定的氧产量后，空分系统需要有一个稳定阶段，即：两次变负荷操作时间不要间隔太近，一般不少于 30min，变化量小时，也可以适当缩短，变负荷的操作应在空分稳定工况下进行。

· 453 ·

机组投产至现在，生产中更多的利用了快速变负荷的调节功能，并且实际生产运行中，负荷变化相隔时间完全能够满足空分系统稳定工况的 30min 要求。

表 2 快速变负荷预计产量指标

序号	产品名称	纯度	压力/MPa(绝压)	产量最大气氧工况 / m³·h⁻¹	产量最小气氧工况 / m³·h⁻¹
1	气氧	≥99.6%O_2	3.1	39000	17000
2	液氧	≥99.6%O_2	可进入储槽	−2000①	8000
3	中压气氮	≥99.999%O_2	3.1	15000	15000
4	低压气氮	≥99.999%O_2	1.1	30000	30000
5	液氮	≥99.999%O_2	可进入储槽	7600	−3000①
6	液氩或气氩	其中：≥99.999%Ar $O_2 \leq 1 \times 10^{-6}$ $N_2 \leq 2 \times 10^{-6}$	2.6	1300	990

① 当空压机在 105% 的运行点上，且生产最大气氧量为 37000m³/h 时，可由储槽再额外引出 2000m³/h 液氧并入液氧泵，来实现最大气氧产量 39000m³/h。当将多余的氧气液化时，需从储槽输出液氮到主空分以弥补冷量。

3 结语

随着社会发展对能源环保不断提高要求，各行业对在有限的空间内少投入多产出的要求亦在不断提高，同时，空分行业的技术进步已经被广大用户认可了制氧机组运行的安全稳定性。在冶金行业的配套建设过程中，大型空分设备的建设越来越多的替代了小机组多台套的观念。对于空分流程的可调节技术同样是用户越来越关注的，首钢京唐钢铁厂工程将配套建设的 2×75000m³/h 制氧机组再次选用了具有快速变负荷技术的工艺流程，这次在国内建设的大型空分设备上应用快速变负荷技术，希望能对今后冶金行业制氧机流程形式的选择提供有益的参考。

（原文发表于《设计通讯》2006 年第 2 期）

首钢京唐钢铁厂制氧机组的选型及配置

孙德英

（北京首钢国际工程技术有限公司，北京 100043）

摘　要：首钢京唐钢铁公司制氧工程采用了两套国内冶金行业单机组最大规模、具有国际先进流程技术的 75000m³/h 制氧机组。阐述本项制氧工程通过多方案设计比较，确定采用引进 2×75000m³/h 制氧机组的设计理念。

关键词：制氧机组；选型；设计

Selection and Configuration of Air Separation Unit of Shougang Jingtang

Sun Deying

(Beijing Shougang International Engineering Technology Co., Ltd., Beijing 100043)

Abstract：Air separation project of Shougang Jingtang adopted two sets of 75000m³/h air separation units that have the largest size of single unit and international advanced technology in metallurgical industry of China. Elaborated the design concept to make decision on importing 2×75000m³/h air separation unit for this air separation project through comparison between several design proposals.

Key words：air separation unit; selection; design

1 引言

根据首钢京唐钢铁联合有限责任公司的建设规模和建设水平，氧气生产设施采用了具有国际先进水平的制氧机组，同时配套先进、节能、可调节性强的气体输配系统，使氧气设施的总体配置达到世界一流的先进水平，从而努力将氧气放散损失降到最低。在设计前期，通过多方案设计比较、技术考察及技术交流等工作，根据国内外空分设备的制造水平，主要对国内外不同制氧机组进行了全面比较，最终确定采用引进 2×75000m³/h 制氧机组。

2 制氧机组规模及流程形式的确定

根据首钢京唐钢铁公司的建设规模和建设水平瞄准国际一流的钢铁联合企业的定位，对于氧气设施的配套建设，通过与国际、国内多家大型空分设备制造公司的技术交流，以及在对国内外大型钢铁

公司配套制氧机组运行情况进行技术考察的基础上，根据首钢京唐钢铁公司的特定建设条件，确定本项目采用 2×75000m³/h 制氧机组。

2.1 2×75000m³/h 制氧机组建设方案的主要特点

本项目选用的单机组氧气生产能力为 75000m³/h 制氧机组，是国内目前在冶金行业最大规模的制氧机组，并采用了当前国际最先进的空分工艺流程和安全、节能技术，这是本项工程的基本设计理念。75000m³/h 制氧机组的主要工艺配置见图1，技术性能参数见表1。

75000m³/h 制氧机组主要性能特点如下：

（1）保冷箱内的精馏上塔及氩塔等采用规整填料塔，操作简单、精馏效率高、负荷调节范围宽、塔内的精馏阻力小，有利于节能降耗，与筛板塔比较节能约 5%[1]。氩气的提取无需经过加氢净化过程，塔内可直接制取高纯度的氩产品，简化操作并提高机组运行的安全性。

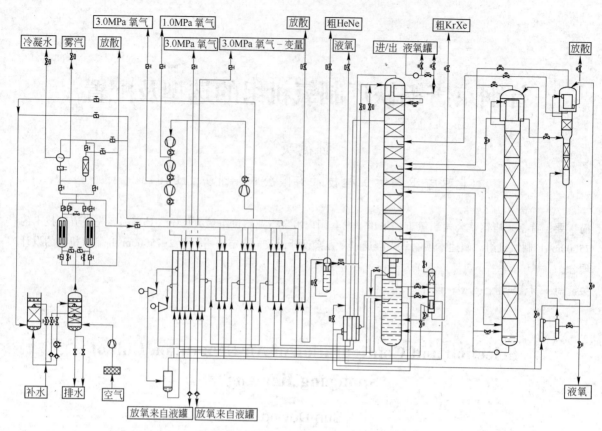

图 1　75000m³/h 制氧机工艺流程示意图

表 1　主要技术性能参数（设计工况）

产品	流量/m³·h⁻¹			纯度	压力/MPa（A）
	工况 A	工况 B	工况 C		
气氧	75000	56250	78750	99.6%	3.1
液氧	2000	1500	2100	99.6%	可进储槽
气氮	25500	19125	26775	5 ppm O₂	3.1
气氮	52000	39000	54600	5 ppm O₂	1.1
液氮	2000	1500	2100	5 ppm O₂	可进储槽
气氩	1000	750	1050		3.1
液氩	1400	1050	1470	99.999%	可进储槽
粗氪氙	125	93.8	131.2	2100 ppm Kr 167 ppm Xe	-0.11
粗氦氖	12.5	9.38	13.1	He 12% Ne 40%	-0.5

注：1. 工况 A：正常生产，确定效率的设计工况；工况 B：75% 工况；工况 C：105% 工况。
　　2. 氧气纯度最高将可达 99.8%，考核点在 99.6%。
　　3. 空分装置在 75%~105% 范围内，任何一个操作点气氧都可在 ±20000Nm³/h 快速变负荷。
　　4. 空分装置产品的调节范围为设计工况的 75%~105%。

主精馏塔的下塔（压力塔）仍然采用筛板塔，有效地降低精馏塔的安装高度及设备投资。对于主精馏下塔采用筛板塔还是填料塔，行业专家认为基于空分生产的负荷调节范围考虑，填料塔与筛板塔相比，具有负荷调节范围大的优势。林德公司在投产运行的制氧机组中，配置为一台空分设备配两套压缩机的制氧机组，此时，要考虑机组有可能在 50%

的负荷下运行，这种配置的主精馏下塔采用填料塔。对于塔内的精馏阻力，根据空压机的排气压力与精馏塔阻力的关系式可以看出，产品气体流路的阻力对空压机排气压力的变化更敏感。

空压机排气压力与精馏阻力关系式[2]：

$$p_{out} \approx \Delta p_1 + 3\Delta p_2 + p$$

式中　p_{out}——空压机排气压力；

Δp_1—— 原料气体流路阻力；

    3 —— 线性系数（经验值）；

Δp_2—— 产品气体流路的阻力。

（2）采用快速变负荷的工艺流程。产品的产量追踪供气管网的压力变化，快速调节空分的生产负荷，把氧气放散率降到最低，从而减少放散损失，降低能耗。

快速变负荷的空分流程，早在20世纪80年代末期，林德公司就在奥地利林茨钢厂的 $25000 \pm 10000m^3/h$ 空分装置上首次成功应用。首钢公司氧气厂2002年引进的液空（杭州）公司 $35000m^3/h$ 制氧机组在国内首次采用了带快速变负荷功能的空分内压缩流程，正常生产时的液体产量可高达20%，大量的液体产品为快速变负荷提供保证。该套机组投入运行后，首钢氧气厂的年平均氧气放散率从之前的 7.63% 下降到 3.42%[3]，有效地降低了氧气放散造成的能耗损失。

（3）采用发电机制动的氮气中压透平膨胀机和低压透平膨胀机，保证了简易的操作和最大的灵活性，同时回收能量，减少能量损失。

2.2 液体后备系统的设计考虑

内压缩工艺流程为大量提取液体产品提供保证。在技术交流中，空分设备制造行业专家认为，外压缩流程的液体产量一般不超过7%，本套装置的液体产量达到8.5%以上。同时，配置大型液体储槽及快速启动汽化装置，确保用户在特殊状态下的安全生产用气。

液体储存作为制氧机的设备备用是目前在国际上普遍采用的。有文献介绍，"液氧储存提供24h正常氧气产量，在钢铁工业是相当典型的"。这是 APCI报告的原话[4]。在本设计中，考虑工程一期投产时设备及操作的不稳定性，加大了液体储存备用系统的储量。当在突发事故的情况下，一套制氧机组运行时的供气原则，是首先保证铁钢轧等生产的安全运行，以此为前提对氧氮氩气的输配进行调整。当一台 $75000m^3/h$ 制氧机组非正常检修时，$4000m^3$ 液氧储槽的液氧储量最长可维持约9天的生产用氧，此时，炼钢保证正常生产，炼铁的鼓风富氧率下降到约3%。

2.3 对气体输配系统的设计改进

合理配置低压、中压气体储罐，采用不同压力的管网供气方式，充分利用管网及储罐的储存能力，最大程度的保证用户的平稳用气。

氧气的输配系统采用两种压力等级的输送方案。供炼钢的生产用氧采用 3.0MPa 直接供气，到炼钢区域再设压力调节设施；供炼铁生产用氧气在氧气厂内从 3.0MPa 调压到 1.6MPa 后输送，到炼铁区域再进行二次调压。氮气、氩气均采用在用户区内设调压站的输送方式（在这里需要说明的是，这种气体输配方式将气体球罐区布置在靠近炼钢厂，则运行效果最佳。我们在设计初期即将所有气体储罐及调压装置集中布置在靠近炼钢厂附近，之后总图布置中考虑氧气厂与炼钢厂相距不远，最终将球罐区布置在氧气厂区域内）。

3 氮气产品压缩形式的确定

本项目中，$75000m^3/h$ 制氧机组采用了氮循环的内压缩流程，配套设备中的氮气循环压缩机在满足空分流程对中压氮气需要的同时，在其机间不同部位分别抽取 $25500m^3/h$、3.0MPa 中压氮气产品及 $52000m^3/h$、1.0MPa 低压氮气产品。

方案设计初期，流程中的 1.0MPa 的低压氮气产品采用的是独立的氮压机加压；3.0MPa 中压氮气产品的提取，则确定将根据不同供货商的工艺流程可以分别采用空分内压缩、循环氮气增压机中间抽取或采用单独配置中压氮压机的方式。在设计审查中，业主对于 3.0MPa 中压氮气产品的生产方式提出疑问，为此，针对疑问，与空分设备供货商进行了反复技术交流与探讨，认为在空分设备的配置中主要是以用户对氧气产品的需要来确定流程形式，特别将氮气产品采用独立氮压机加压，对降低能耗没有意义，氮气产品采用内压缩基本不会给生产组织带来不便的问题，因为产品液氮泵采用变频的可调泵，可以根据用户对不同压力氮气的需要量调节氮气流量。由此，产品氮气的压缩形式最终应取决于空分流程形式。本项目 $75000m^3/h$ 制氧机组采用的氮气循环压缩机的第一段和第二段分别抽出低压和中压氮气产品。

4 供炼钢转炉溅渣护炉用氮气的输送压力

根据设计审查会上提出可否将溅渣护炉用氮气的输送压力降低至约 2.0MPa 的疑问，我们再次与炼钢专业进行探讨，溅渣用氮气属于短时间的高强度用氮，瞬时流量较大，因此满足这种瞬时的大流量用氮气需要靠中压储气罐释放压力补充流量，根据炼钢生产的实际操作，氮气压力是溅渣效果的关键，炼钢专业要求压力 1.6MPa，若降低供氮压力需要加大气体球罐容积来保证氮气的压力、流量，从而增

加建设投资，如果供氮压力降至 2.0MPa，减去管道阻力，气体球罐已基本没有缓冲作用，所以综合考虑，特别是为溅渣生产运行的稳定，中压氮气压力为 3.0MPa 是合适的。

5　压缩机的布置方式

在本项目的可研阶段，为有效降低工程投资及加快建设进度，我们根据国内外的建设实例，提出压缩机加隔音罩采用室外布置，取消压缩机厂房的方案，但是，在方案进一步细化中，根据曹妃甸地区是填海形成的全新建设地区，建设投产初期环境恶劣、湿度大、腐蚀严重，冬季气温低等较为不利条件，将压缩机改为室内布置。

6　供炼铁富氧鼓风用氧气的压力确定

本项工程中的炼铁生产仍然采用了鼓风机后富氧。对于采用炼铁鼓风机前送氧的设计，国内外确有很多先例，但是，对于首钢京唐钢铁公司 $2\times75000m^3/h$ 制氧机组的流程确定及气体输配设施的配置，在经过多方案综合对比后选定为鼓风机后富氧，并采用两套机组生产相同压力的产品。根据首钢京唐钢铁公司工程的建设特点，在本设计中，主要强调了确保铁钢轧等生产用气的安全稳定及机组的运行管理等生产实际，并对建设投资及运行成本进行了初步比较分析。

分析认为，如果将 $2\times75000m^3/h$ 制氧机组其中一套改为氧气 1.0MPa 内压缩，外配两台 $37500m^3/h$ 氧压机，将氧气从 1.0MPa 增压到 3.0MPa，同时，氮气亦全部采用 1.0MPa 内压缩，外配两台 $25500m^3/h$ 氮气增压机，将氮气从 1.0MPa 增压到 3.0MPa，如此配置可以减小循环增压机的工作压力和流量，达到降低循环增压机的投资和能耗的目的。根据与空分设备制造商的讨论估算，按上述配置，循环增压机的规格减小而节省的投资用来抵消氮气增压机的投资，两台氧压机的投资需要增加约 700 万欧元（采用 2 台氧压机是考虑炼铁富氧量的不确定性），厂房、设备基础等建设投资约 800 万元人民币，压缩机备件投资约 500~700 万元人民币。由此，这种组套配置需要增加投资共计约 8300 万元人民币（备件

投资按 500 万元人民币计）。每年的维护成本约需要 30 万元人民币。但是，如此配置的机组电耗可以降低 2%~3%，按节能 3% 计，每年（按 355d/a）可节能约 1375 万 kW·h，按 0.51 元/kW·h 计，则每年可节约 701 万元人民币，扣除检修成本，每年可节约 671 万元人民币。每年节约的费用与增加的投资相比，约 12 年可收回投资。

从以上分析可以看出，一套机组改为低压产品内压缩，外配产品增压机的流程配置，可以达到节能降耗的目的。但是一期工程只有 2 套机组，如果采用分压力等级供氧，机组的互备性不好，生产组织的灵活性受到很大限制，而且由于 2 套机组流程不同，设备设计费会增加，由此确定在 970 万吨/年建设时采用 2 套均为内压缩 3.0MPa 供气的制氧机组，待首钢京唐钢铁公司二期工程时，再建设制氧机组可以考虑选用炼铁低压送氧的工艺流程及配置。

7　结语

在首钢京唐钢铁公司制氧工程中，机组规模及流程形式在国内钢铁企业成为首选，特别是对于以往习惯于"小机组多台套"配置的设计方案提出了不同设计理念。目前该工程的 1 号 $75000m^3/h$ 制氧机组已于 2009 年 1 月投产运行；2 号 $75000m^3/h$ 制氧机组目前已经进行裸冷，预计 2009 年第四季度可进入调试阶段。这一项目的设计理念是否可以对钢铁企业制氧项目的建设提供一些成功的参考，有待于机组性能考核后的正常生产运行来进一步检验，在此主要是将我们承担的具有国际先进水平的大型制氧工程的设计思路提出与大家讨论，并期望得到专家、同行的指教。

参考文献

[1] 肖家立. 现代空分技术发展及其与工程设计的关系[J]. 深冷技术, 2000(2): 1~3.

[2] 毛绍融, 朱朔元, 周智勇. 现代空分设备技术与操作原理[M]. 杭州: 杭州出版社, 2005: 191~192.

[3] 孙德英. 钢铁企业建设中空分设备的配置与流程选择[J]. 深冷技术, 2007(5): 8~12.

[4] 徐文灏. 钢铁厂供氧系统的发展历程[J]. 深冷技术, 2003(4): 1~11.

（原文发表于《工程与技术》2009 年第 2 期）

迁钢 23000m³/h 制氧工程设计

梁四新

(北京首钢国际工程技术有限公司，北京 100043)

摘　要：本文介绍了首钢迁钢 23000m³/h 制氧工程设计规模、布置形式、主要设计内容、空分设备主要技术参数、工艺流程简述、主要设备配置、工程设计特点、设计存在的问题及改进途径。

关键词：迁钢；制氧；设计；总结

23000m³/h Oxygen–making Engineering Design of Qiangang Company

Liang Sixin

(Beijing Shougang International Engineering Technology Co., Ltd., Beijing 100043)

Abstract：The article introduces 23000m³/h oxygen-making engineering design of Shougang Qiangang. Inclusion: design scale, design form, the main design content, the main technical parameters of air separation equipment, technological process, the main configuration, design features, design problems and the improved methods.

Key words：Qiangang Company; oxygen-making; design; summary

1　引言

为满足首钢迁钢一期工程年产 200 万吨钢的需求，首钢从法液空（杭州）有限公司采购了一套 23000m³/h 制氧机组，并且配备了 2000m³ 液氧储罐、1000m³ 液氮储罐和 200m³ 液氩储罐。2003 年 8 月开工，2004 年 10 月设备投入运行，至今运行良好。

2　设计规模、布置形式

迁钢制氧一期工程设计规模为 23000m³/h 的出氧能力。

制氧车间分主副跨设计，主跨布置压缩机，副跨布置变配电室、预冷系统的水泵及制冷机等。

制氧站布置在 110kV 总降的西侧，制氧站的布置大致分四个区：氧气、氩气、氮气等储（球）罐区布置在制氧站的南部，呈横列式布置；综合楼、供水泵站布置在制氧站的西部；制氧站主厂房、配电室布置在制氧站的东区；液氧、液氮、液氩储槽区则布置在制氧站的中间部分，呈竖列式布置。

该总平面布置体现了生产连续化、运输多样化、生产流程较合理，布置紧凑，充分利用场地，功能分区较明显，并充分考虑了制氧站的二期发展等特点。

3　主要设计内容及设备技术参数

3.1　主要设计内容

主厂房、空分区、液体区、球罐区及站区外部综合管网的施工图设计。

3.2　设备主要技术参数

设备主要技术参数见表1。

表1　设备主要技术参数

产品名称	产量/m³·h⁻¹	纯度/%	压力/MPa
高压气氧	22500	99.6	3.0
高压气氮	5000	≤10 ppm vol O₂	3.0
中压气氮	21000	≤10 ppm vol O₂	1.0
液氧	500	99.6	可进入储槽
液氮	400	≤10 ppm vol O₂	可进入储槽
液氩	425	≤1 ppm vol O₂	可进入储槽
气氩①	400	≤2 ppm vol N₂	3.0

①　气氩的产量可以从 200~825m³/h 调节，但对液体产品的总产量有一定的影响。

4 主要工艺设备

空气过滤器	1 台
低压氮压机	1 台
冷冻水机组	1 台
氮水塔	1 台
再生蒸汽加热器	1 台
冷箱	1 套
高压液氮泵	2 台
高压液氩泵	2 台
蒸发备用液氮泵	1 台
2000m³ 液氧储槽	1 台
200m³ 液氩储槽	1 台
650m³3.0MPa 的氧气球罐	2 台
400m³1.0MPa 的氮气球罐	1 台
主氧气调压站	1 台
仪控系统	1 套
组合式空气压缩机	1 台
空冷塔	1 台
冷冻水泵	2 台
双层床纯化器	2 台
特殊再生的电加热器	1 台
高压液氧泵	2 台
粗氩泵	2 台
蒸发备用液氧泵	1 台
带透平增压机的透平膨胀机	1 台
1000m³ 液氮储槽	1 台
液氧和液氮水浴式蒸发器	1 台
650m³3.0MPa 的氮气球罐	1 台
120m³3.0MPa 氩气球罐	1 台
小用户氧气调压站	1 座
电控系统	1 套

5 主要技术经济指标

装置运转周期（两次完全解冻间隔期）2 年

连续运行时间 8700h/a

设计产量可以 80%~100% 变负荷工况范围内运行

装置的启动时间：氧、氮-36h；氩-60h

装置的解冻时间：48h

冷却水：冷却水量为 2000m³/h，给水温度不大于 32℃，温差为 10℃，给水压力不小于 0.35MPa，回水压力不小于 0.2MPa

电力消耗：10kV，18300kW；380V，900kW

蒸汽消耗：正常平均 500kg/h，最大 1200kg/h，全厂最大用蒸汽量 16500kg/h（事故状态）

启动用仪表气：600m³/h

6 空分流程简述

空气从入口空气过滤器吸入去除了尘埃和其他机械杂质后，经过多级离心空压机压缩至所需压力进入预冷系统冷却，再进入空气纯化系统将 CO_2 和 H_2O 等杂质去掉，净化空气主气流直接进入冷箱，在主换热器中与气态产品进行热交换而冷却至接近于液化，这股气流然后进入精馏塔进行气体分离；其余的净化空气送入空气增压机压缩，其中一部分约 2.0MPa（A）左右抽出送入透平增压机经压缩后进入冷箱，在主换热器中冷却至约-125℃，然后经透平膨胀机膨胀后进入精馏塔；剩余的在空气增压机中继续压缩至约 6.7MPa（A），然后在冷箱的主换热器中冷却，进入精馏塔，这股高压空气用于气化高压液氧、液氮和液氩。精馏原理是利用空气中氧气、氮气、氩气的沸点的不同在精馏塔中予以分离。装置所需冷量是通过透平膨胀机膨胀低温增压空气来获得。具体见图 1。

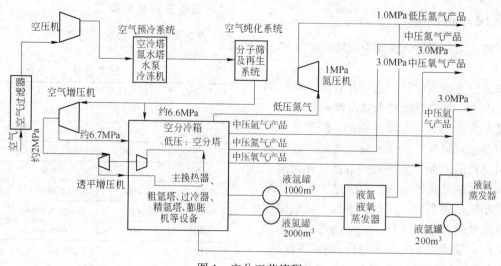

图 1 空分工艺流程

7 工程设计的特点

7.1 采用内压缩的工艺流程

本套 23000m³/h 机组采用中压氧、氮、氩内压缩流程，取消氧压机和中压氮压机，减少了设备投资和厂房、基础的建设费用，特别是极大地提高了机组安全运行的可靠性和稳定性。

7.2 采用齿轮组合式空气压缩机组

国内首次采用空气流量达 111500m³/h 的国际上先进的齿轮组合式空气压缩机组代替空气压缩机和空气增压机，实现一机两用，并且一次试车成功，这在国内亦属首次。这种机型的选用，有效地解决了本工程项目占地紧张的难题，同时在节省设备投资和工程建设投资上取得较大收益。另外，由于减少了安装工程量，从而大大加快了工程施工进度，对确保迁钢工程的全面投产起到关键作用。

7.3 采用单级空冷塔

所采用的单级空冷塔与两级塔相比，主要优势是：方便维护，安全性高。水为闭式回路并不与总的冷却水管相连，这样冷却水就无尘埃，且限制了水受碳氢化合物污染后再污染空气的可能性。可靠性更高：因是闭式回路流程，所以无足够的水完全装满空冷塔，因而也就没有使水进入吸附器甚至冷箱的可能性。

7.4 站区总图布置合理

制氧站布置在 110kV 总降的西侧，制氧站的布置大致分四个区：氧气、氩气、氮气球罐区布置在制氧站的南部，呈横列式布置；综合楼、供水泵站布置在制氧站的西部，靠近配水泵站；制氧站主厂房、配电室布置在制氧站的东区；液氧、液氮、液氩储槽区和空分区则置在制氧站的中间部分，呈竖列式布置。

该总平面布置体现了生产连续化、运输多样化、生产流程较合理，布置紧凑，充分利用场地，功能分区较明显，并充分考虑了制氧站的二期发展等特点。

7.5 液体氧、氮、氩采用真空管道输送

以往的液体管道保温采用泡沫玻璃，保温厚要300mm 以上，这样在液体管道较多的情况下架面就很宽；采用真空管道输送，相当于保温厚度不大于40mm。因此，大大缩短了架面宽度，减少了总图占地和管廊的投资；同时提高了保温效果，减少了冷量损失，提高了生产效率。

7.6 空气纯化器采用径向流、双层床立式结构

常规的空气纯化器采用单层卧式结构，占地大，纯化效率又低；本设计采用的径向流、双层床立式结构可大大减少布置占地，减少压力阻损，同时无床层流态化的危险，纯化效果好。

7.7 排液系统增加了一个 40m³ 排液槽

常规设计排放的空分液体直接到排液蒸发器，通过蒸汽加热汽化放空，这样在蒸汽压力不足时，排液速度就受到限制，排液蒸发器的基础将会冻裂；本设计增设了一个排液槽，即使在蒸汽压力不足时，可先将液体排到液体储槽中，大大提高了排液速度，缩短了空分设备的检修时间，提高了生产效率。

7.8 集中设置了一个消声塔

以往的设计中，各种空分产品气的放空都分别设置消声器，这样不仅管网和设备不好布置，同时消声效果也不甚理想；本设计将所有的放散管道(空压机除外)集中到放散消声塔内(混凝土结构)，内顶部设消声装置，这样既方便管道布置，又节省占地，同时消声效果好，对人身又安全。

7.9 纯化系统增加了一套过热蒸汽减温装置

以往的空分装置不含该部分设备，在夏天蒸汽过热时，白白损失掉一部分热量；本设计增加了过热蒸汽减温装置，当蒸汽过热时，启动水泵，将部分蒸汽冷凝水打回到蒸汽管道入口，使之达到饱和，这样可以节省一部分蒸汽，节约能源。

7.10 用 CAESARⅡ进行管道的热应力计算

纯化系统加热再生管道最高可达300℃，而且温度交替变化；而板式冷箱内设备及管道低于−100℃。这些管道冷热温差较大，且温度在动态变化之中，计算起来不仅复杂，而且容易出错。本设计采用了国际上流行的 CAESARII 应力计算软件，对管道的应力进行计算和校核，确定各支架的位置、支座形式，对弹簧支吊架进行设计选型计算，提高了设计效率和设计质量，有利于加快施工进度和提高施工质量。

7.11 自动化控制系统采用 DCS 计算机集散控制系统

采用 YOKOGAWA(日本横河)先进可靠的 DCS

计算机集散控制系统，用于生产过程的监视、控制、操作和管理。控制系统配备了可靠的硬件和先进完善的系统软件和组态软件。

8 设计存在的问题及改进途径

由于供货商在配套供货中将气体球罐区、液体储存区和氧气调压设施的自动化控制部分与空分控制部分合在一起，有可能出现一旦空分控制出现故障，将影响到储备系统的控制操作。对于这一问题我们已经同迁钢制氧分厂研究提出了改进方案，将气体和液体送出部分的控制系统作为一个独立的控制系统，这样当空分发生故障时，不会影响到储存备用系统。

（原文发表于《设计通讯》2006 年第 1 期）

➤ 能源环保技术

论首钢 2160 热轧工程设计中的环保问题

张春琍

（北京首钢国际工程技术有限公司，北京 100043）

摘　要： 本文介绍了首钢 2160 热轧工程环保设计方案。为满足首钢的高标准环保要求，笔者认为应从主工艺选择方面坚持采用连铸连轧先进工艺，采用高效蓄热式加热炉燃烧技术，在水处理工艺中，应合理配泵，扩大初沉池容积，做到热轧废水零排放。

关键词： 热轧；设计；环保；问题

The Environmental Problems in the Design of Shougang 2160mm Hot Strip Rolling Mill Project

Zhang Chunli

(Beijing Shougang International Engineering Technology Co., Ltd., Beijing 100043)

Abstract: This paper introduces the environmental protection design scheme of Shougang 2160mm hot strip rolling mill project. To meet the high standards of shougang environmental requirements, the author thinks that the advanced continuous casting and rolling technology should be adhered to the main process selection, the efficiency heat furnace combustion technology should be used, in the water treatment process, we should distribute pumps reasonably, expand the primary settling tank volume to achieve zero discharge of waste water in hot strip rolling mill project.

Key words: hot strip rolling mill project; design; environmental protection; problems

1 引言

近几年来，首钢一直没有停止 2160 热轧工程的前期工作，密切注视着连铸、轧钢新技术的发展。不断组织有关专家对国内外同类工艺设备进行考察。与国际冶金行业著名的公司，如德马克、奥钢联、达涅利、住友金属等进行了广泛交流和讨论。在此基础上，经过充分研究和论证，我们决定将原定的常规热带轧机方案修改为中薄板坯连铸连轧工艺方案。该方案具有工艺流程短、建设投资省、生产成本低、环境效益和经济效益好的特点。

根据对国内市场需求和生产情况，特别是近年板材进口情况的调查、研究和分析，同时参考目前世界上已投产的连铸生产线的实际情况，2160 热轧工程的生产规模确定为年产热轧板卷 240 万吨（钢板厚度大于 1.0mm），年需要连铸坯 248 万吨。

2160 热轧工程采用了许多近年来发展成熟有效的新工艺、新技术和设备，较之国内同类型工程在产品质量、能源消耗、生产成本等方面都较为优越，可达到目前国际先进水平。本工程拟采用了板坯连铸等 10 项新工艺和新技术。

2 2160 热轧工程环保设计方案

2.1 生产工艺流程及排污示意图（图 1）

2.2 2160 热轧工程环保治理措施及其投资估算（表 1）

3 关于首钢 2160 热轧工程环保设计中存在的问题与建议

2160 热轧工程污染控制设施，从其处理流程及其技术装备水平来看，与我国由国外引进的武钢、

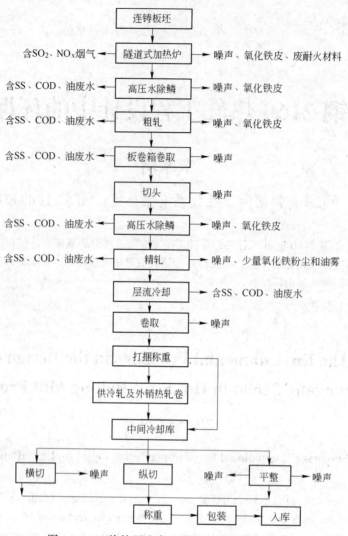

图 1　2160 热轧厂生产工艺流程及排污示意图

表 1　2160 热轧工程环保治理措施及其投资估算

序号	环保设施"三同时"项目	投资额/万元	备　注
1	废气污染控制		
（1）	加热炉烟囱（50m）		两座炉子，各一座烟囱，高空稀释，不计入环保投资
（2）	精轧机组阻止带钢氧化装置		国外新技术，减少精轧线产生氧化铁粉尘
（3）	平整机组上、下支承辊抛光除尘装置（布袋除尘器）	5.0	HD 型单机除尘机组
2	废水污染控制		
（1）	浊环水处理系统 轧辊、辊道等冷却废水处理：冷却水→旋流井→平流沉淀池→过滤、冷却→回用 层流冷却、输出辊道等冷却废水处理：冷却水→过滤、冷却→回用	19900.0	旋流井一部分出水回冲铁皮沟
（2）	污泥处理系统 过滤器反冲洗污水等→调节池→浓缩池→板框压滤机→泥饼	1000.0	板框压滤机出水回浓缩池，泥饼含水 <30%
3	噪声污染控制		
（1）	加热炉风机、空压机设在独立房间内，并在其气流进出口设消声器，水泵设在独立水泵房内	50.0	投资不含风机房、空压机房
（2）	控制厂内货运列车日进出对数（5 对）。禁止火车在古城南里鸣笛和夜间行驶		从管理方面采取措施

序号	环保设施"三同时"项目	投资额/万元	备　注
（3）	主厂房精整区屋面板采用"太空板"	300.0	主厂房围护结构隔声量达20dB（A）以上
（4）	主厂房精整区北面墙体采用隔声夹心板	140.0	
（5）	主厂房进风口、天窗口采用消声器或消声道	560.0	
4	固体废弃物处置及综合利用		
（1）	氧化铁皮及含氧化铁皮泥饼全部回收利用	费用计入运输部	送原料场作烧结料
（2）	废水处理系统回收废油全部外销利用		
（3）	废耐火材料大部分回用，少量送至石景山区环卫局指定的垃圾场堆存		废耐火材料作回填、铺路等使用
5	绿化	244.2	含仪器、设备、建筑
6	环境监测站	50.0	
	合　计	22259.2	

宝钢热轧带钢厂的污染控制设施基本相同，对各项污染源都相应地采取了成熟、有效的控制措施，内容较完善，技术水平先进，达到国外发达国家80年代末期水平。

笔者认为，首钢2160热轧工程的环保效益要想达到国内外同类厂领先水平，必须解决两个关键问题。一是从工艺上采取措施，保证加热炉烟气排放量达到最小；二是进一步改进污水处理工艺，使2160热轧废水实现零排放。

3.1　关于大气污染控制措施

3.1.1　采用连铸连轧工艺

连铸连轧工艺的优势主要在于：投资低，生产成本低，据国外公司公布的数据，投资为传统热连轧机的58%；能耗低，约低1/2；维护费为常规轧机的39%；生产成本为常规轧机的78%；成材率比常规轧机高1.8%。采用连铸连轧工艺，加热炉加热温度较传统热轧工艺低，NO_x的产生量低。

因此，首钢2160工程将采用中薄板坯连铸连轧工艺方案替代原定的传统板坯配热连轧的工艺方案是符合环保要求的，是可行的。

3.1.2　加热炉采用清洁燃料

经过煤气试算平衡，2160热轧工程煤气消耗量见表2。

采用清洁燃料是控制加热炉废气排放量的关键环节，首钢焦炉煤气脱硫措施的完成将为2160热轧工程加热炉废气排放（减少SO_2排放量），提供更有效的保障。

表2　2160热轧工程热带轧机部分煤气消耗量

序号	用户名称	压力/MPa	消耗量/$m^3 \cdot h^{-1}$		备　注
			焦炉煤气	高焦转炉混合煤气	
1	隧道式加热炉	0.005		20000	其中：高炉气6700m^3/h　焦炉气4300m^3/h　转炉煤气9000m^3/h　发热值7536kJ/m^3
2	事故切割用焦炉煤气	>0.25	50		发热值17166 kJ/m^3
	合　计		50	20000	

3.1.3　加热炉燃烧方式应采用蓄热式

加热炉的节能措施大致可分为缩短工序、降低热损失、加强强化余热回收以及促进炉内传热等几种，见图2。

从图2可以看出，加热炉节能措施是多方面的，本设计也已经采取了一些行之有效的措施。笔者认为，采用高效蓄热式燃烧技术，才是降低工业炉能耗之关键。

传统燃烧方式，加热炉废气带走的热量，通常占燃料供入量的50%~70%。虽然许多炉子安装了预热器，但因技术、价格、寿命、回收期等原因，通常也只能将空气预热到300~400℃，节能率为15%~20%。即使这样，仍有30%~50%热量随废气排放到大气中去。采用热式燃烧方式则可解决这一问题。

该燃烧器的燃烧部分设置了热交换用的蓄热器。可以将燃料空气预热至接近炉内温度。这一系统由具有2根1组的燃烧器组成，燃烧中的燃烧器产生的排气被另一根燃烧器的蓄热部分吸收。经过一定时间后，燃烧中的燃烧器熄火，向已经吸收储

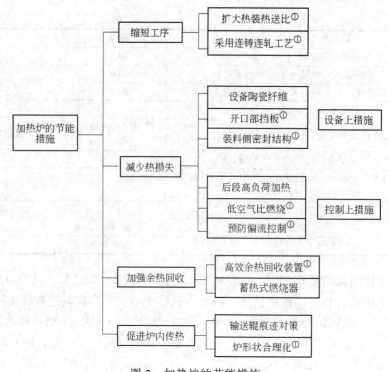

图 2　加热炉的节能措施
（① 本设计中已采取的节能环保措施）

蓄有热排气的燃烧器送空气，使它燃烧。通过这一方法，能够以炉内温度的 85% 左右的温度效率预热燃烧空气，同时实现的炉宽度方向的均一加热以及提高加热功能方面也起到了促进作用。通常，蓄热式加热炉比常规加热炉节能约 40%，因此，采用蓄热式燃烧方式比传统燃烧方式可降低 40% 废气排放量。

综上所述，如果上述三种措施均被采用，首钢 2160 热轧工程的大气污染可控制在最低限，其环保措施可达国内外同类厂领先水平。

3.2　关于热轧废水的零排放

2160 热轧工程用水分净环水系统、浊环水系统、层流冷却循环系统。净环水系统、层流冷却循环系统经冷却后回用，没有外排，浊环系统经处理后大部分循环使用，少量外排。浊环水系统处理流程如下：

浊环水→沉淀→除油→过滤→冷却→外排（300m³/h）

泵

浊环水用户　　　回用 ◄——

可见，首钢 2160 热轧工程有一定废水排放量，其原因是由于总图布置等原因，初沉池的容积偏小，污水在初沉池的停留时间短造成。而武钢 1700 热带轧机，初沉池及平流池水面无明显油花，全年无污水排放，其显著特点是初沉池有较大的容积（75m×22m×20m）。

笔者认为，首钢 2160 热轧也应借鉴武钢的经验，通过总图布置，增大初沉池容积，同时，在泵的选型上也应仔细研究，最好选用可调节流量的即时泵，通过上述措施，争取做到热轧废水的零排放。

4　结语

首钢 2160 热轧工程的环保设计水平是先进的，环保投资也是可观的。但为了满足首都的高标准环保要求，笔者认为应从主工艺选择方面应考虑选择连铸轧工艺和蓄热式加热炉燃烧技术；在水处理工艺中，应合理配泵，扩大初沉池容积等，以达到国内外同类厂中环保效益的领先水平。

参考文献

[1] 中日钢铁节能交流会发言稿与说明资料集, 冶金工业部, 1987.
[2] 首钢 2160 热轧工程环评报告书[R]. 北京环境评价联合公司, 1995.
[3] 采用新型蓄热室的高效节能锻造炉的研制[J]. 工业炉, 1990(1).
[4] 关于工业加热炉发展方向的探讨[J]. 工业炉, 1990(2).
[5] 宝钢环保技术. 冶金部宝钢环保技术编委会, 1988.
[6] 高效蓄热式工业炉技术[N]. 中国冶金报, 2001-6-20.

（原文发表于《2002 中国金属学会第一届青年学术年会论文集》）

焦化厂污水处理方法的选择

张春琍

（北京首钢国际工程技术有限公司，北京 100043）

摘　要：本文针对焦化厂污水治理常规生物处理法已落后应淘汰的现实，推荐并分析对比了 A/O（厌氧/好氧法）和焦化污水用于烟气脱硫两种先进的焦化污水处理工艺的优劣，并在此基础上提出了改进意见。还介绍了国外焦化污水处理的新思路（韩国 AMT 水处理技术）。

关键词：焦化厂；污水；处理

The Choices of Coking Plant Wastewater Treatment Method

Zhang Chunli

(Beijing Shougang International Engineering Technology Co., Ltd., Beijing 100043)

Abstract：According to the reality that the conventional biological treatment method of coking plant wastewater treatment has lagged behind and should be eliminated, this paper recommends, analyses and compares the quality of two advanced coking wastewater treatment methods which are A/O (anaerobic/aerobic) and coking wastewater used for flue gas desulfurization, and on this basis proposed suggestions for improvement. The paper also introduces the new ideas of foreign coking wastewater treatment (South Korea's AMT water treatment technology).

Key words：coking plant; wastewater; treatment

1　引言

焦化废水是煤在炼焦、煤气净化，焦油加工等过程中产生的，废水中主要含有酚、氰、氨氮、硫化物、苯、甲苯、吡啶及多环芳烃等多种有毒有害物质，水质成分复杂，是一种难以处理的工业废水。因此，国内外自 20 世纪 60 年代末期以来，对焦化废水进行了许多研究工作。

由于焦化废水中含有酚、氰等可用生物处理去除的有毒有害物质，最初人们普遍采用常规生物处理法处理，20 世纪 70 年代国内一些大的焦化厂，大都采用这种方法，对控制出水的酚、氰含量有较好的效果，但对焦化废水中的氨氮和难降解的有机物的去除很不理想。

20 世纪 70 年代后期到 80 年代，国内外又进行了延时曝气法（两段生物曝气和推流式一段延时曝气法）及强化生物处理法（生物铁、生物炭法以及投加生长素等方法）处理焦化废水的研究，一些焦化厂根据上述方法的研究成果，进行了废水处理工程的改建或扩建，取得了一定的效果，经处理后出水中的酚、氰及 BOD_5 均能达到排放标准，但 COD 及氨氮仍不能达标，尤其是氨氮严重超标。针对这一问题，有的焦化厂不惜花费昂贵的费用引进日本活性炭三级处理装置，致使处理水成本高达 8.0 元/t 左右，虽出水 COD 可达到排放要求，但氨氮指标仍较高。特别是我国在 1996 年国家环保局批准发布的《污水综合排放标准》（GB8978—1996）中，明确规定氨氮的最高允许排放浓度分别为 1.5、25 二个等级。国内一些焦化厂外排废水中的氨氮一般都在 200~400mg/L，使焦化废水处理出水超标的问题更为严重。

因此，国内一些设计研究单位和焦化厂相继开发了新的处理工艺并开始步入应用阶段，其中最有代表性的是冶金部鞍山焦耐院、北京市环保研究所等单位研制的 A/O 法处理工艺。另外，近两年冶金院环保所和北京国纬达环保科技有限公司研制的利用焦化废水脱除烟气中二氧化硫的技术已在莱钢通过了工程验收，这一技术值得关注。笔者参加了这两种工艺的现场调研和部分设计工作，现结合传统的焦化污水改造方案对其阐述如下。

2 生化处理工艺流程及分析

目前，焦化厂大多采用好氧处理法，其工艺流程为：萃取脱酚→蒸氨→蒸氨尾水及煤气洗涤冷却水→重油沉降→气浮→调节、冷却→生物曝气→活性污泥沉淀及回流→排水及污泥压滤处理。

70年代初建设的焦化水处理设施气浮效率约为25%～35%（以 COD 计），曝气 4.8～20h，外排水 COD300～500mg/L，酚 0.5mg/L，氰化物 0.3～5mg/L，NH$_3$-N 300mg/L，而国标中 GB13456—92 现有企业二级标准为 COD 200mg/L，酚 1.0mg/L，氰化物 0.5mg/L，NH$_3$-N 40mg/L。可见，除酚以外，其余各项污染物严重超出排放标准。该问题在同类企业最具代表性。

A/O 工艺针对上述状况，在生物脱 N 和延长曝气时间，去除 COD 方面进行了改进，其流程为：调节、冷却进水→加碱好氧硝化→污泥沉淀回流→加有机碳厌氧脱 N→污泥沉淀回流→好氧去 COD→污泥沉淀回流→排水及污泥压滤处理。

其中生物脱 N 的基本原理为：

$$NH_4^+ + 1.5O_2 \xrightarrow{\text{亚硝酸盐菌}} NO_2^- + H_2O + 2H^+ + Q$$

$$NO_2^- + 0.5O_2 \xrightarrow{\text{亚硝酸盐菌}} NO_3^-$$

$$2NO_3^- + 10H^+ \xrightarrow{\text{厌氧菌}} N_2\uparrow + 4H_2O + 2OH^-$$

A/O 工艺将原工艺的一段好氧生化法分为好氧硝化、厌氧脱 N、好氧去 COD 三段，利用各段不同生物菌种的回流达到脱 N 和去除 COD 的目的。生化处理时间计 40～55h，出水 COD<150mg/L，NH$_3$-N 约 10～20 mg/L，酚、氰<0.5mg/L，其效果明显优于一段好氧工艺。

该工艺的不足，一是生化处理时间过长（是一段好氧法的 2～4 倍），污泥的回流比高，造成建设投资成倍增加；二是需加 Na$_2$CO$_3$，甲醇或苯酚等碱源、C 源，多次回流及延长曝气时间增加的动力消耗，其单位操作费用约 5～8 元/m^3 污水。同时，因处理时间长，设施占地面积亦扩大了数倍，这些问题严重阻碍了 A/O 工艺的推广应用。

3 焦化废水非生化处理工艺

3.1 韩国 HANA 技术研究院开发的 AMT 水处理技术

AMT 法是一种物理化学法，该技术目前在韩国主要应用于垃圾渗液的处理。垃圾渗滤液与焦化废水具有一定的类似性，首钢焦化厂、首钢环保处与北京自然环保技术有限公司（即韩国 HANA 技术研究院北京代表处）于 2000 年在首钢焦化厂处理站开展了小型试验。试验结果表明：

（1）AMT 技术对 COD 有一定的去除率，经过36h 反应（实际分解时间为 33h），总去除率为 62.4%。

（2）通过 AMT 分解反应后并经混凝沉淀后可降低废水的缓冲能力，有助于 pH 的调节，从而使 NH$_3$-N 形成游离，进而被吹脱去除。

（3）由于反应后出水呈无色透明，分析可知，原废水中的带色基团，如杂环类物质应转变为直链分子或被吸附剂吸附，从而使废水的色度下降。因此出水的可生化性可能得到增强。

由此可见，ATM 技术只能考虑作为焦化废水的预处理工艺，此技术能否推广还有待于进一步研究与探讨。

3.2 焦化废水用于烟气脱硫技术

本工程技术是由冶研院环保所和北京国纬达环保科技有限公司共同开发研究的"半干式烟气脱硫技术与生产磁化肥的一体方法和设备"、"烟道气处理焦化剩余氨水或全部焦化废水的方法"两项发明专利技术的综合应用。

3.2.1 工艺流程简介

锅炉烟气进入 PT 塔前电除尘器，除去烟气中大部分烟尘后，进入特制的装有双流喷雾器的专利设备"PT 反应塔"中。焦化废水（或混合氨水）由贮槽经水泵加压，与压缩空气混合后进入 PT 塔中的双流喷雾器，焦化废水（或混合氨水）以雾化状与烟气在塔中顺流接触，并发生复杂的物理化学反应，烟气热量使焦化废水（或混合氨水）中的水分全部汽化，汽化废水（或混合氨水）中的 NH$_3$ 与烟气中的 SO$_2$、O$_2$ 反应生成硫酸铵，反应后的烟气再经 PT 塔后电除尘器除尘后，由烟囱排出，含有硫铵和有机污染物的烟尘经收集后与粉煤灰一起作为生产磁化肥的原料。

3.2.2 技术特点

莱钢采用的焦化废水脱除锅炉烟气中二氧化硫的脱硫技术属于半干法，它是利用特殊的（PT）脱硫塔和喷雾器设备将烟道气的脱硫与焦化废水处理一体化，即利用焦化废水中的氨等碱性物质作为脱硫剂，并利用烟气热量处理焦化废水，具有投资小、运行费用低、工艺简单、操作方便、占地少、不产生二次污染等特点，达到了"以废制废"的目的。

焦化废水脱硫受到焦化废水含氨浓度低和锅炉烟气温度的限制，脱硫效率偏低，约 50%~60%。当脱硫率要求不高，又有焦化废水来源时可以采用此法，对于中型以上的电站锅炉，目前处于可研阶段。

4 A/O 法与焦化污水用于烟气脱硫工艺的比较

A/O 法与焦化污水用于烟气脱硫法的建设投资和运行费用见表 1。

表 1　建设投资和运行费用　　（元/m³）

项　　目	A/O 法	烟气脱硫法
建设投资	110000	170
运行费用	5~8	3~0

5 结论

根据本文对焦化废水的普通生化处理工艺、A/O 法处理工艺、焦化废水的烟气脱硫工艺的分析对比，可以看出：

（1）普通生化处理法，因不适应目前的环保要求，应淘汰。

（2）A/O 法处理效果较好，可达到国家标准，但排水中仍存留部分难以降解的有害成分，且运行费用，建设投资高、占地大。

（3）焦化废水脱硫工艺，焦化废水可做到零排放，实现了综合利用，且运行费用、建设投资低，但有少部分污染物从液相到气相转移。在环境容量较小的区域建议可用气浮或简单生化预处理，在脱硫后增设烟气脱水装置，减少污染物转为气相排放量。

参考文献

[1] 焦化含酚废水 A/O 处理工艺的研究.北京市环境保护科学研究所, 1994.
[2] 冶金环保情报"八五"成果汇编, 1996.
[3] 首钢焦化厂焦化废水处理小试验报告. 北京同创自然环保技术公司, 2000.
[4] 利用焦化废水脱除锅炉烟气中的二氧化硫工程技术. 北京国纬达环保科技有限公司, 2000.

高效蓄热式燃烧技术与首钢加热炉改造

张春琍

(北京首钢国际工程技术有限公司，北京 100043)

摘　要：本文介绍了新型蓄热式燃烧技术的特点，燃油蓄热式烧嘴在首钢带钢厂加热炉上的实践结果以及应用该技术在首钢中板厂2号加热炉进行改造的前期设计工作。纵观首钢现有加热炉状况，分析了加热炉改造的节能环保效绩。

关键词：加热炉；改造

Efficient Regenerative Combustion Technology and Shougang Heating Furnace Transformation

Zhang Chunli

(Beijing Shougang International Engineering Technology Co., Ltd., Beijing 100043)

Abstract：This article introduces the characteristics of the new regenerative combustion technology, the practical results of the fuel regenerative burner in heating furnace in Shougang strip steel plant and the application of the technology in Shougang medium plate plant in No.2 furnace transformation of the preliminary design work. Throughout the Shougang existing furnace conditions, the article analyses the energy saving and environmental protection performance of the heating furnace.

Key words：heating furnace; transformation

1　引言

我国工业炉窑是耗能大户，约占全国能耗的1/4，但工业炉窑热效率的平均值很低，只有30%左右，而以高温烟气形式排放的余热约占总能耗量的30%~50%。目前。我国的余热资源回收率仅为20%~30%，绝大部分都白白地排放掉了，这不仅浪费了宝贵的资源，而且污染了环境。

利用热回收装置回收烟气带走的余热，用来加热助燃空气和煤气，回收到炉子自身，是一种既节约燃料又可提高产量的好办法，而它的环境效益和社会效益更不可低估。

在所有的余热回收装置中，唯一可称其为全余热回收装置的，就是新型蓄热式装置。几十年来火焰炉技术有了很大进步，如炉型、烧嘴、换热器、新材料应用、大型化、自动化等，但没有哪一项技术比得上新型蓄热室技术，它已将炉膛废气热损失降到最低程度。在冶金工业的"18项重大节能技术推广"项目中，第16项是"加热炉综合节能技术"在其中发出了"要加速开发蓄热式加热炉新技术"的号召。

在有关专家和环保人士的呼吁下，近年来，首钢加热炉蓄热式燃烧改造工作正在紧锣密鼓地进行。

2　燃油蓄热式烧嘴在两座连续加热炉上的实践

首钢带钢厂大兴热带步进梁式加热炉的改造项目于1997年初实施。主要解决不能吃短坯料，产量不能适应轧机能力及一年多来运行使用中暴露出的一些问题。根据厂方的技术要求，我们先后做了多种方案进行比较，经与厂方反复讨论，最后确定了在原有加热炉基础不动的情况下进行有效改造，并同意在预热段安装一对蓄热式烧嘴进行试验，为将来加热炉进一步提高产量，降低能耗做准备。

改造特点包括：

（1）蓄热式烧嘴自成系统。原有烧嘴的燃烧废气走下部进原烟道，这样就不破坏原有燃烧系统和排烟系统；

（2）原有炉体基本不动，只将预热段炉顶稍作提高；

（3）炉子产量由 40t/h 增加到 60t/h，产量提高33%；

（4）燃油量增加 280kg/h，只增加 16%。

该方案的优越性是很明显的，没有被采纳的主要原因就是燃油的蓄热式烧嘴在连续式加热炉上的应用在国内尚无先例。最终业主只同意在预热段安装一对进行试验。

3 首钢中板厂 2 号加热炉蓄热式燃烧改造

首钢中板厂现有两座 80t/h 加热炉，中板厂决定对 2 号推钢式（传统燃烧方式）加热炉进行改造，将其改为蓄热式燃烧加热炉，并将加热炉额定产量由 80t/h 提高到 100t/h。

3.1 蓄热式燃烧技术介绍

高效蓄热式加热炉采用了全新的技术，将高效蓄热式热回收系统和换向式燃烧系统与炉子结合于一体，并辅以电子仪表控制系统，可以将空气、煤气双双预热到 1000℃以上，废气排放温度仅为 150℃，已达余热回收的理论极限值，达到国际领先水平。

高效蓄热式燃烧/热回收系统由蓄热体、换向系统和控制系统组成，其工作原理与常规蓄热式燃烧技术相同，但其蓄热体、换向系统和控制系统的材料、结构参数、体积、重量等均比常规蓄热式燃烧系统进了一大步：

（1）本系统所采用的蓄热体为众多的蜂窝体将气流分割成很小的气流通道，气流在蓄热体中流过时，形成强烈的紊流区，有效地冲破了蓄热体表面的附面层，因此，每小时蓄热体可利用 120 个周期，高温烟气经蓄热体后在很短的行程（600~800mm）内便可将烟气降至 150℃左右排放。下一周期气流经蓄热体在相同路径内即可预热到仅比烟气温度低100℃左右，温度效率高达 85%以上，因此蓄热室体积大大缩小，阻力损失也大大降低。

（2）换向系统设计独特，可实现频繁且快速的换向，换向系统可在 1s 内实现空气和烟气的同时换

向动作。其结构紧凑，执行机构由汽缸驱动，工作平稳可靠，维护简单。

（3）换向机构的动作由一套专门的控制系统来实现，它具有定温换向、定时换向、超温报警、程序动作、自动保护等一系列功能。若排烟温度达到或超过温度警戒线时，系统将发出报警信号，并自动迅速切断煤气、空气和排烟机，全系统自锁，防止因超温造成设备损坏。

3.2 改造设计概况

本炉采用蓄热式烧嘴加三通阀控制形式。助燃空气通过蓄热体，其温度可预热至 1000℃以上。空气鼓风机和部分冷风管道利旧，混合煤气考虑到压力有时过低，不易通过压损较大的蓄热体。所以，暂时不进行蓄热燃烧。约有 70%的烟气量由新增加的引风机排出，烟温小于 200℃。约 30%的烟气量通过原烟道进入烟囱，排入大气。

4 工程分析

4.1 经济效益分析

本项目改造后，每年可减少 1500t 坯料损失，经济效益 195 万元；另外，可节约煤气 4215 万 m³/a，经济效益 525 万元。经估算：2 号加热炉改造后，每年至少形成效益 720 万元，而本改造投资只有 487万元，也就是说改造后 8 个月即可收回全部投资，经济效益非常可观。

4.2 环保效益分析

本工程改造前后有关环保指标见表 1。

表 1　工程改造前后有关环保指标

项　　目	改造前	改造后
产量/t·h⁻¹	80	100
燃料用量/m³·h⁻¹	20625	13600
烟气排放量 /m³·h⁻¹	55400	42400
烟囱	一座 80m （旧有）	一座 80m（旧有），另新建一座钢烟囱高出厂房 4m

由表 1 可见，加热炉蓄热式燃烧改造，是节能环保新工艺，燃料用量较改造前降低了 40%，因此加热炉中 SO_2，NO_x 的排放量也会相应减少 40%。

5 首钢加热炉改造展望

首钢现有加热炉大大小小十几座。目前中板厂、棒材厂加热炉改造的设计工作已经完成，其他炉子

的改造也将相继开始。首钢现有加热炉工况见表2。

表2　首钢现有加热炉工况

	单　位	工业炉座数	额定产量/t·h⁻¹	所用燃料
首钢厂区	中板厂	2	80	混合煤气
	二线材	1	150	混合煤气
	三线材	1	200	混合煤气
	一型材厂（300 小型）	1	130	混合煤气
	二型材（棒材厂）	2	160	混合煤气
	合计	7	720	
非厂区	一线材	3	40 × 2 75 × 1	重油
	红冶钢厂	3	35 × 1 45 × 1 25 × 1	重油
	大红门带钢厂	1	60	重油
	合计	7	320	

经估算，若首钢厂区加热炉全部改造完毕后，年可节约混合煤气量约 4 亿 m^3/a，因此，加热炉烟气中 SO_2 的排放量可大大削减，削减量可达 40%。可见，首钢厂区加热炉改造，将对减轻首钢地区的大气污染将起巨大的推进作用。

首钢非厂区加热炉燃料均为重油。众所周知：重油在燃烧过程中极易产生黑烟，而且，其 SO_2、NO_x 等污染物的排放量较之烧气要大得多。因此，非厂区加热炉改造后，其节能环保效果更是可观。

综上所述，首钢加热炉蓄热式燃料改造，对改善首钢大气环境质量将起到积极的意义。

参考文献

[1] 侯长连，胡和平，等，新型蓄热式高炉煤气加热炉[J]. 工业炉，1998(3).

[2] 池桂兴，等. 工业节能技术，1994(7).

[3] 顾学岐，等. 工业炉与炉窑节能技术[M]. 北京：宇航出版社，1990.

[4] 首钢中板厂 2 号加热炉蓄热式燃烧改造初步设计[R]. 首钢设计院，2001.5

首钢京唐发展循环经济建设

张春琍　寇彦德

(北京首钢国际工程技术有限公司，北京 100043)

摘　要：本文首先介绍了循环经济的概念，然后阐述了钢铁企业发展循环经济的必要性，最后详细介绍了首钢京唐钢铁联合有限责任公司（以下简称首钢京唐）钢铁厂工程循环经济建设的思路和措施。

关键词：首钢京唐钢铁厂；循环经济；建设

The Development of Recycling Economy Construction in Shougang Jingtang

Zhang Chunli　Kou Yande

(Beijing Shougang International Engineering Technology Co., Ltd., Beijing 100043)

Abstract: This paper first introduces the concept of circular economy, then expounds the necessity of recycling economy development in iron and steel enterprises, finally introduces the ideas and measures about the construction of circular economy of steel plant project in Shougang Jingtang United Iron & Steel Co., Ltd. (hereinafter referred to as the Shougang Jingtang) in detail.

Key words: Shougang Jingtang Steel Plant; circular economy; construction

1　循环经济的基本思想和理念

循环经济（Recycle Economy）是以环境无害化技术、清洁生产技术、废物回收技术为主要技术基础，人类以友好的方式利用自然资源，以和谐的方式处理人与环境的关系，实现废弃物减量化、资源化和无害化，实现经济活动的生态化。

国际上，最先把发展循环经济、构建循环社会作为国家目标的是日本。日本于 1998 年提出了"新千年计划"，明确提出把循环经济作为构建 21 世纪日本社会发展的目标，并把 2000 年作为循环经济社会的元年。2000 年 5 月，日本众参两院表决通过了《循环型社会推进基本法》。德国的循环经济思想形成于 20 世纪 90 年代。当时德国主要围绕着废弃物排放的处理方式进行了深层次的讨论，从而引发了对经济发展模式的思考。德国每年花上百亿马克来收集、运输和掩埋工业和城市垃圾，显然不符合经济和社会可持续发展的方向。他们提出了资源必须高效合理的使用，废弃物必须充分地再资源化，垃圾不能简单地掩埋或焚烧而必须循环再利用。这三个"必须"反映了循环经济的核心思想，因此，在德国，循环经济又称"垃圾经济"。美国环境保护局（EPA）早在 1991 年就制定了环保优先顺序：减量化→再利用→资源化→焚化→掩埋。

在中国，学术界和理论界从 20 世纪 90 年代后期开始关注循环经济。党的十六届三中全会总结了改革开放 25 年的经验，第一次以文件的形式，全面深刻阐述了科学的发展观，提出了"五个统筹"和"五个坚持"，构成了科学的发展观和完整理论体系。从"发展是硬道理"到"发展是第一任务"，再到"全面、协调和可持续的科学发展"，标志着我们对发展观的内涵有了更加深刻、更加全面的认识。党的十六大提出在 21 世纪头 20 年全面建设小康的建设目标，其中包括，可持续发展能力不断增强，生态环境得到改善，资源利用效率显著提高，促进人与自然的和谐，推动整个社会走上生产发展、生活富裕、生态良好的文明发展道路。胡锦涛总书记在中央人口资源环境工作座谈会上明确指出："要加快转变经济增长方式，将循环经济的发展理念贯穿到区域经济发展、城乡建设和产品生产中，使资源得到有效的利用。"上海是最先开展循环经济发展战略研究的城市，已把有关循环经济的概念和思想纳入到《中国 21 世纪议程——上海行动计划》，制定了上海市的"循环经济"发展战略与实施计划，提出建设循环经济型的国际大都市构想。2002 年国家环保总局正式确定辽宁省为中国发展循环经济的试点省。浙江省在创建生态省，打造绿色浙江中，也明确地提出了建设以循环经济为核心的生态经济体系。经过短短几年的努力，许多省市对循环经济思想已从理论层面进入了政府的操作层面。

从理论上讲，循环经济思想是对最近 10 多年所形成的新的经济社会发展理念的集成和融合，具体体现了以下几方面的发展理念：

（1）新发展观。实现经济与社会的可持续发展。循环经济充分体现了可持续发展观所特有统筹人与自然的关系，促进经济、生态、社会三位一体协调发展的基本理念。

（2）新经济观。实现经济增长方式的变革。粗放型的经济增长方式以利益最大化为驱动力，不计环境代价和成本，通过开环式的经济流程，大面积地污染生态环境。循环经济是新经济增长方式和新经济发展模式的具体体现。

（3）新生产观。坚定地走新型工业化道路。从发达国家工业化所经历的过程，我们不难发现：工业化与环境污染是一对"孪生子"，先发展、后污染或边发展、边污染成为工业化过程的共同特征。为了避免走传统工业化的老路，国家提出了走新型工业化道路的新理念。新型工业化道路主要内涵是"科技含量高、经济效益好、资源消耗低、环境污染少、人力资源优势得到充分发挥"。通过信息化带动工业化，运用知识流、技术流和信息流来整合和提高物质流和能量流的效率。循环经济是走新型工业化道路的直接载体。

（4）新消费观。强调废弃物再资源化。传统的消费过程中，有许多习以为常、见怪不怪的消费现象，养成了"用毕即扔"的习惯，一次性消费品成为环境污染的根源，不可降解的一次性塑料袋和包装泡沫塑料成为全球的环保难题。一次性消费充斥人类生活的每一个角落，它不仅消耗了大量的资源，而且也带来了环境的污染。循环经济一方面能引导新的消费观，努力减少过度包装和一次性消费，另一方面也推动废弃物的再资源化。

（5）新社会观。从循环经济到循环社会。循环经济不仅仅是一个经济的范畴和环境的范畴，而是一个社会的范畴。日本之所以把建立循环经济和循环社会作为国家目标提出来，是因为没有社会公众的参与，循环型社会是难以构建的。社会公众是社会物质资源和产品的直接消费主体和废弃物的排放主体，每一个人都在循环经济和循环社会建设中扮演角色和承担责任。

2 钢铁企业发展循环经济势在必行

面对全球范围内资源和能源紧张、生态环境恶劣的现状，我国钢铁行业能否发展循环经济、走新型工业化道路，是关系到钢铁行业能否持续、健康、稳定、快速发展的重大问题。

首先，能源与资源紧张和由此带来的原燃料价格上涨，使钢铁行业必须重视发展循环经济、建立节约型企业。随着国民经济快速发展，能源与资源"瓶颈"日渐突出，原燃料价格涨势迅猛。2004 年，我国进口铁矿石高达 1.9 亿吨以上。钢铁行业对焦炭的消耗量非常大，2005 年炼焦配煤所需要的主焦煤和肥煤缺口将在 3500 万吨左右。对于耗水大户的钢铁行业来说，2005 年将增加 10 亿 m^3 的新水补充量。钢铁行业也是耗电大户，目前全国 6 大电网除东北电网外，其他电网均缺电，其中华北电网装机容量缺口在 700 万千瓦以上。面对这种局势，钢铁行业要想创造较好的经济效益，就必须不断开展技术指标攻关、挖掘生产线技术投入产出潜能等措施节本增效，以赢得最大的效益空间。

其次，钢铁行业承担了重要的能源与资源转换与循环利用的责任，这也要求钢铁行业必须重视发展循环经济。钢铁行业在生产过程中产生的富余煤气、蒸汽、废渣、废水等，如果利用得当，会产生较好的经济效益、社会效益与环保效益。对富余煤气、蒸汽进行回收和二次转换与利用，不仅可用于民用生活，而且还可用于发电；焦炉生产用的干熄焦方法既可将生产中产生的热能用于循环发电，又可使湿法熄焦产生的污染环境的"蘑菇云"消失；废钢渣进行破碎、磁选、球磨再磁选，可选出含铁料再返回到工艺生产中，作为烧结矿添加料；剩余的尾渣及尾粉是筑路、生产空心砖和步道砖的好原料，高炉布袋灰、转炉烟道除尘和转炉泥等经过再利用，都可产生可观的经济效益。

最后，国家宏观调控政策及行业相关政策，要求钢铁行业必须大力发展循环经济。那些消耗大、产能低、装备水平不高、污染严重的行业，已被国家列为限期改造、关停的对象。这从客观上要求钢铁行业必须加快淘汰落后的步伐，走科技含量高、经济效益好、资源消耗少、环境污染轻、人力资源优势得到充分发挥的新型工业化道路。钢铁行业必须紧跟世界钢铁行业发展的步伐，用装备大型化、结构优化、成本最低化、效益最大化来提升自身的核心竞争力，以赢得良好的经济、社会与环保效益。

3 首钢京唐钢铁厂循环经济建设

2005 年 2 月 18 日，国家发展和改革委员会以发改工业[2005]273 号文"关于首钢实施搬迁、结构调整和环境治理方案的批复"，批复首钢"按照循环经济的理念，结合首钢搬迁和唐山地区钢铁工业调整，在曹妃甸建设一个具有国际先进水平的钢铁联合企业"。

钢铁厂按照循环经济（图 1）和绿色制造模式，建设一个科技含量高、经济效益好、资源消耗低、环境污染少、废弃物零排放，人力资源优势得到充分发挥的新型工厂，实现产品、技术、效益、环境协调发展，把钢铁厂建设成为具有当今国际先进水平的节能、环保、生态、高效型钢铁精品生产基地。

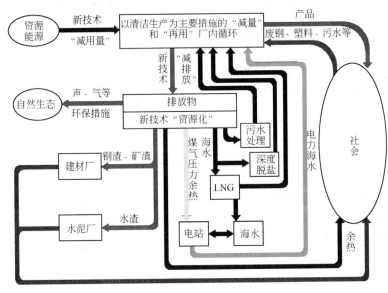

图 1　循环经济框图

3.1 发展循环经济基本思路

降低钢铁工业的资源消耗，实施无害化和资源的循环利用，使钢铁制造流程绿色化，实现人与自然和谐发展，是 21 世纪钢铁产业发展首要的紧迫任务。钢铁厂通过实施循环经济，实现节能降耗和清洁化生产，坚持以资源高效利用和循环利用为核心，以"减量化、再利用、资源化"为原则，以低消耗、低排放、高效率为特征，使钢铁企业具有钢铁生产、能源转换、城市固废消纳和为相关行业提供资源等功能，促进资源节约、高效利用、清洁生产、追求生态环境和经济效益的最佳化，使钢铁厂成为环境友好、服务社会、资源节约型的绿色工厂。

钢铁厂将面向市场，调整产品结构；依靠技术进步，促进产业升级；加大力度，实现可持续发展，拓展企业的钢铁生产功能，使它除充分发挥钢铁生产功能外，还具有能源转换、固体废弃物处理和为相关行业提供原料等功能，实现物质和能源的大、中、小循环。小循环是指以铁素资源为核心的上下

生产工序之间的循环。中循环是指各生产分厂之间的物质和能量循环。大循环是指钢铁企业与社会之间的物质和能量循环。

3.2 钢铁厂发展循环经济的主要措施

3.2.1 减量化措施

通过大力推广应用大型化技术装备、先进的工艺技术、现代管理理念，最大限度降低原燃料、原材料及各种资源消耗，从而降低生产过程中废渣、废料、废次材及污染物的产生，节约资源、降低成本、减少排放、提高效益。采取的主要措施有：

（1）球团采用大型带式焙烧机，物料在整个焙烧过程中处于静止状态，其生产工艺和链算机—回转窑工艺相比，单机产能大，原料消耗少，吨矿铁矿粉耗量由传统工艺的 1010kg/t 降低到 990kg/t 以下。

（2）烧结采用 500m² 大型烧结机和厚料、低硅、低氧化亚铁、全石灰烧结工艺，提高烧结矿强度、质量和利用率，烧结矿品位达到 58% 以上，转鼓指

数达到 78%以上，高炉返矿率由常规的 12%降低到 8%。为高炉生产降低原料消耗创造了良好的条件。

（3）炼铁采用 5500m³ 大型高炉，采用精料技术和合理炉料结构，熟料率提高到 90%，综合入炉品位提高到 61%以上，吨铁入炉矿降低到 1600kg 以下。通过优化炉料结构，确定合理炉型，采用三罐式无料钟炉顶装料设备和无中继站直接上料工艺，采用高风温和富氧、大喷煤技术，焦比由传统的 380kg 降低到 270kg 以下，年节约焦炭约 100 万吨。渣比由传统的 310kg 降低到 250kg/t 以下，每年减少水渣约 54 万吨。大幅度降低了炼铁生产过程的燃料消耗和工序能耗。

（4）炼钢采用铁水 100%预处理措施、"少渣法"冶炼、副枪及智能化科学炼钢、顶底复合吹炼等综合技术，铁钢比为 90.3%，吨钢入炉钢铁料消耗由传统的 1085kg 降低到 1068kg，每年减少铁料消耗约 17 万吨。

采用活性石灰、挡渣出钢等技术，吨钢石灰、白云石等原材料消耗由传统的 70kg 和 20kg 分别降低到 40kg 和 15kg，吨钢渣量由传统的 110～130kg 降低到 70～90kg，每年减少转炉渣排放 40 万吨。

总图布置上缩短了炼铁与炼钢的距离，缩短铁水运距，减少运输过程温降和金属损失；提高连铸机作业率和连浇炉数，钢水成坯率由传统的 97%提高到 97.5%。

（5）轧钢减少氧化铁皮和废钢的产生，提高金属成材率。主要技术措施有：采用节能型加热炉，减少烧损量；连铸坯热送热装率达到 75%，减少二次加热烧损；采用连续化生产工艺，综合成材率提高到 93.02%。

3.2.2 再利用措施

对生产过程中的余热、余压、余气、废水、含铁物质充分利用，力争污水、固废等资源向社会实现零排放，做到余热、煤气、固废、废水四个 100%回收利用。主要措施有：干熄焦余热发电、高炉余压发电、高炉富余煤气发电、回收烧结高温尾气产生蒸汽、利用热风炉高温废气加热助燃空气和煤粉干燥，高炉和转炉除尘灰、轧钢氧化铁皮、转炉钢渣等含铁物质经加工处理后返回烧结作为铁原料再利用。各工序生产废水串级使用，做到一水多用，同时提高循环水的浓缩倍数，提高水循环利用率。

通过采用以上再利用措施，回收蒸汽及煤气共折标准煤 350 万吨/年，其中：回收高炉煤气、转炉煤气、焦炉煤气折标准煤 284 万吨/年；回收蒸汽折标准煤 66 万吨/年。

高炉余压发电、干熄焦发电、利用富余煤气等

二次能源发电及自备电站发电，每年自发电 55 亿 kW·h，折标准煤 222 万吨，自供电率达到 94%。

利用热风炉废气对助燃空气、煤气进行预热和干燥喷吹煤粉。利用烧结环冷机高温废气和干熄焦烟气通过余热锅炉，产生蒸气，回收炼钢转炉和轧钢加热炉汽化冷却产生的蒸气用于其他工序生产需要，每年通过回收余热、余气增加蒸汽约 665 万吨。

3.2.3 资源化措施

（1）钢铁厂废物社会资源化。

1）每年产生高炉水渣 225 万吨，可直接用于水泥厂作为水泥原料使用，每年生产钢渣 87 万吨，一部分钢渣经加工细磨后可用于高活性水泥掺和料，另一部分经磁选后的钢渣可加工用于道路基层材料和生产钢渣砖，用于建筑材料。由于利用钢铁厂水渣、钢渣制造水泥，每年减少水泥行业石灰石开采量约 320 万吨，减少水泥行业 CO_2 排放约 220 万吨，减少标准煤消耗约 22 万吨，减少粉尘排放约 7 万吨。

2）焦化每年生产硫铵、焦油、轻苯、重精苯约 27.8 万吨，为社会提供优质化工原料。

3）钢铁厂利用厂内余热进行海水淡化，将淡化后高含盐水用于当地盐厂进行制盐，为社会提供良好的制盐资源。

（2）社会废物钢铁资源化。

1）钢铁厂每年消纳社会废钢资源 100 万吨。

2）焦化厂设计预留废塑料添加系统，具备消纳社会废塑料功能。

钢铁厂实施循环经济战略，促进金属资源节约、能源高效利用、节约水资源、实现清洁化生产、保护生态环境，达到企业与社会、人与自然之间的高度和谐发展，实现可持续发展。水循环率达到 97.5%的国际先进水平，废弃资源基本 100%回收利用，吨钢粉尘排放 0.44kg、SO_2 为 0.42kg，达到国际先进水平，基本实现污水、固体废弃物零排放的目标。

大宗原料、燃料可通过大型船舶运输，减少铁路、公路运输量为 2083.3 万吨/年。

3.3 循环经济主要指标

首钢京唐钢铁厂能耗技术经济指标:吨钢综合能耗 669kg 标准煤，比 2003 年我国钢铁企业平均水平 815kg 低 146kg；吨钢耗新水 3.84 m³，大大低于 2003 年全国钢铁业 13.7m³ 的平均水平；水循环率 97.5%；污水、固体废弃物基本零排放。吨钢粉尘排放 0.52kg、大大低于 2003 年国内大钢 2.32kg 的平均水平；吨钢二氧化硫排放 0.52kg，大大低于国内大钢 5.26kg 的平均水平，达到国际大型钢铁企业的

先进水平。

4 结语

《钢铁产业发展政策》中写道：为提高钢铁工业整体技术水平，推进结构调整，改善产业布局，发展循环经济，降低物耗能耗，重视环境保护，提高企业综合竞争力，实现产业升级，把钢铁产业发展成在数量、质量、品种上基本满足国民经济和社会发展需求，具有国际竞争力的产业，依据有关法律法规和钢铁行业面临的国内外形势，制定钢铁产业发展政策，以指导钢铁产业的健康发展。

从理论上讲，钢铁生产过程的外排物，包括固态、液态、气态、甚至能量状态的所有物质形态都是能够被完全回收利用的。可以得出这样一个结论：钢厂无废物。如果有废物，那其实也是被放错了位置的资源；资源有限，创意无限，走循环利用的路子，完全可以变废为宝。

首钢京唐钢铁厂积极贯彻科学发展观的要求，以市场为基础，依托钢铁厂的临港优势，以持续提高企业的核心竞争力为目标，按照循环经济的"3R"原则，通过实施可持续发展战略，促进金属资源节约、能源高效利用、水资源节约、清洁生产以及资源回收与综合利用，追求生态环境和经济效益的最佳化。发展具有市场潜力和比较优势的深加工板材系统，延长产品生产链，生产高档次、高附加值的精品板材，以获取更高的资源利用价值和钢材使用价值。构建资源和能源节约、生产与管理高效、环境清洁的运行管理模式，使钢铁厂成为与环境友好的能源和资源节约型绿色工厂。

可以预言，首钢京唐钢铁厂作为21世纪我国大型钢铁企业，将成为我国钢铁业循环经济建设的里程碑。

（原文发表于《冶金环境保护》）

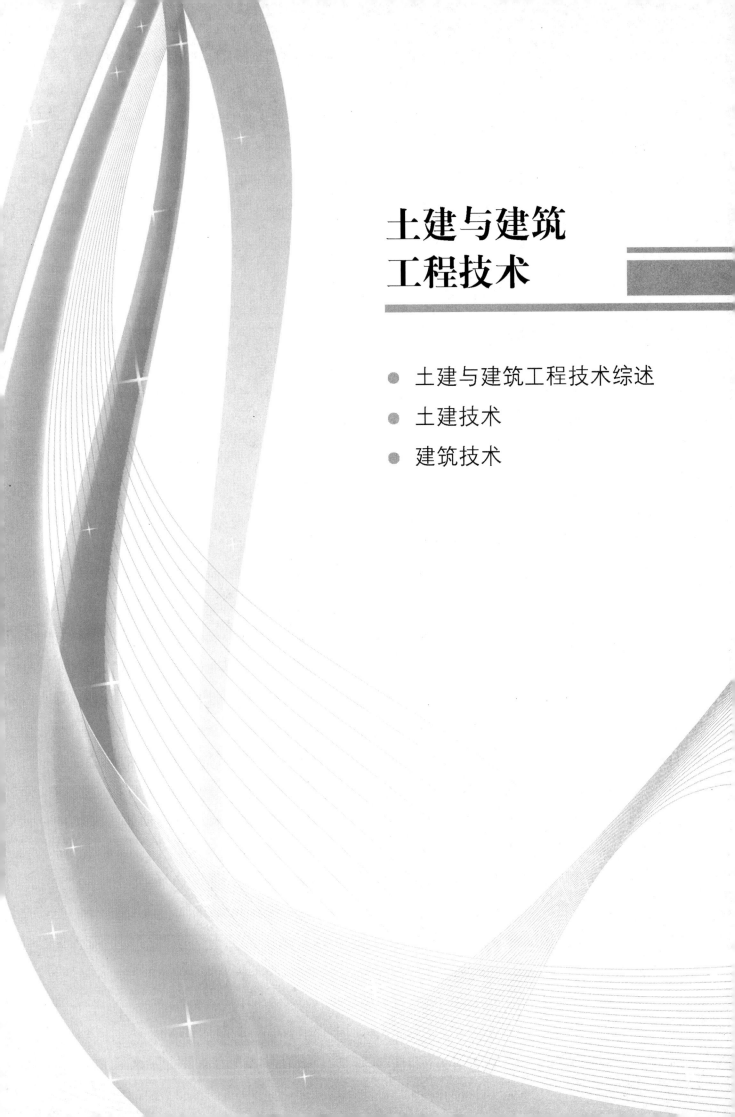

土建与建筑
工程技术

- 土建与建筑工程技术综述
- 土建技术
- 建筑技术

➤ **土建与建筑工程技术综述**

首钢国际工程公司土建专业技术历史回顾、现状与展望

李洪光

(北京首钢国际工程技术有限公司，北京 100043)

摘　要：本文回顾了首钢国际工程公司土建专业的发展历程及其特征，分析了土建专业的发展现状及趋势，提出了发展中需处理好的几个问题。

关键词：土建专业；回顾；现状；展望

1　引言

土建设计室是首钢国际工程公司的基础部室，土建设计室的发展是依托着首钢总公司、首钢国际工程公司的成长而逐步发展壮大的。土建设计室以科技创新为先导，凭借以人为本的设计理念、与国际接轨的设计，完成了大量的重点工程、复杂工程建设，具备为工业建筑工程、民用建筑工程建设提供规划咨询、可行性研究、工程设计、工程总承包等全过程和全方位、宽领域服务的综合实力。

2　土建专业的历史回顾

土建设计室是伴随着首钢总公司、首钢国际工程公司的改革发展而成长壮大的，与首钢国际工程公司的发展一样，土建设计室的发展主要经历了整合创建期、发展壮大期、调整提升期和改制转型期等四个阶段；见表1。

表1　土建专业的发展阶段及特征

发展时间	发展阶段	发展特征
1952~1972 年	整合创建期	1952 年石钢设计处土建组成立，成立之初只有设计人员三名，随着逐步发展，到 1972 年设计队伍发展到 50 ~ 60 人。
		本阶段土建专业可以逐步完成中小型工程的改造和设计，设计工具为图板、丁字尺和计算尺，主要完成了机械厂的铸钢车间、加工车间、卑水铁路桥、三焦炉、四焦炉、850 初轧厂、二高炉、大石河造矿厂、一烧结厂、二烧结厂等工程的设计和改造工作
1973~1995 年	发展壮大期	1973 年首都钢铁公司设计处与北京冶金设计公司合并，成立首钢公司设计院，建立了土建科。
		本阶段土建专业从100 余人发展到200 多人，建立了较完整的设计程序和规章制度，设计资料比较齐全，逐步发展到利用计算机进行结构计算和计算机绘图，主要完成了 1 号、3 号高炉 2500m³ 大型高炉和 210t 转炉炼钢厂等工程设计。
		随着逐步发展，土建专业创新意识增强，1983 年二炼钢采用叠合板获得首钢公司创新成果奖，1993 年在我国首次设计的大跨度管式通廊，获冶金部科技进步四等奖
1996~2007 年	调整提升期	1996 年，首钢设计院成为有独立法人资格的首钢全资子公司，开始进入社会市场，并在全国勘察设计行业率先开展工程总承包业务，服务领域逐步实现从首钢拓展到国内，并延伸到国际市场。
		从 1996 年开始，土建专业大批设计骨干已经成长起来，技术水平和设计能力大为提高，主要完成了首秦 260 万吨、迁钢 400 万吨、淮钢 100 万吨等综合钢铁厂的设计，开始了首钢京唐 970 万吨、迁钢 800 万吨配套完善等综合钢铁厂的工程设计。
		除参与的多项工程获得国家、行业、首钢总公司级奖励外，土建专业独立完成的成果包括：
		迁钢 2160mm 热轧工程箱型设备基础设计获得 2007 年第十二批中国企业新纪录

续表1

发展时间	发展阶段	发展特征
2008年至今	改制转型期	2008年，北京首钢设计院改制为北京首钢国际工程技术有限公司。改制后，首钢国际工程公司全面面向市场，投资方式从国有全资公司转变为国有控股的多元投资企业，经营方式从设计为主转变为以工程总承包为主的工程公司，服务范围从以首钢为主的企业院转变为面向全球客户。 经过一系列大型综合钢铁厂工程设计的锻炼，土建专业设计水平进一步提升，创新能力进一步增强，并积极开展课题研究，开展和参与规范、图集的编制工作。 除参与的多项工程获得国家、行业、首钢总公司级奖励外，土建专业独立完成的成果包括： 主编了图集《钢吊车梁系统设计图　平面表示方法和构造详图》（11SB102-3）； 首钢京唐软土地基工程设计获得2010年冶金行业全国优秀工程设计一等奖； 首钢京唐地下混凝土工程创冶金单项工程规模最大、首钢京唐5500 m³高炉国内最大容积炉壳结构设计、首钢京唐软土地基处理系统工程等3个项目获得2009年第十四批中国企业新纪录。 根据公司"集中整体、分层能级"的要求，积极开拓总承包业务

3 土建专业的现状分析

3.1 人力资源分析

土建设计室现有职工113人，有建筑设计和结构设计两个专业。人力资源职称构成方面，教授级高级工程师4人，高级工程师20人，工程师47人，助理设计师18人，新毕业生14人，具有中级以上职称的人数占到总人数的63%，人力资源职称构成见图1。人员学历构成方面，研究生及以上学历28人，本科学历77人，专科学历等8人，研究生及以上学历的人数占到总人数的25%，人力资源学历构成见图2。

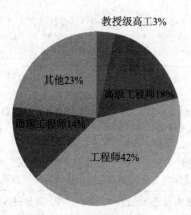

图1　人力资源职称构成

3.2 技术水平分析

近年来，土建设计室根据公司统一安排，完成的重点工程主要包括：首钢京唐钢铁公司（970万吨/年）项目，首钢迁安钢铁公司（800万吨/年）项目，首钢首秦金属材料公司（260万吨/年）项目，文水海威钢铁有限公司新区（300万吨/年）钢铁厂项目一期等。在工程设计中土建设计室积极采用先进的设计理念及计算方法，在结构设计及计算方面取得了一系列的技术突破，综合实力得到进一步提高。

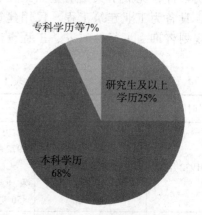

图2　人力资源学历构成

根据公司"集中整体、分层能级"的要求，土建设计室积极开拓总承包业务，完成了京唐项目地基处理、文水项目地基处理和迁钢二冷轧项目钢结构制作、供货等总承包工程。通过总承包工程的实施，培养了项目总承包管理人才，提升了项目总承包管理能力，为土建设计室业务拓展提供了新的支撑。

土建设计室在工程设计和课题研究中勇于创新、善于创新，近年来主要完成了《首钢京唐软土地基处理》、《钢吊车梁系统设计图　平面表示方法和构造详图》（11SB102-3）等研究成果。其中首钢京唐软土地基工程设计获得2010年冶金行业全国优秀工程设计一等奖，迁钢2160mm热轧工程箱型设备基础设计、首钢京唐地下混凝土工程创冶金单项工程规模最大、首钢京唐 5500 m³高炉国内最大容积炉壳结构设计、首钢京唐软土地基处理系统工程等4 个项目获得中国企业新纪录。

4 土建专业的发展与展望

4.1 转型升级，积极拓展业务领域

土建设计室现阶段以工业设计为主要业务范围。伴随公司改制转型，土建设计室应该抓住机遇，积极拓展设计业务领域和开展工程总承包业务。

在设计业务方面，依托首钢转型升级和首钢厂区 8.63 平方公里的土地开发，土建设计室应以各种形式积极参与首钢厂区公共建筑和民用建筑的设计，拓展设计业务领域。

在工程总承包业务方面，土建设计室根据公司"集中整体、分层能级"的要求，在保证公司级项目保质保量按时完成的前提下，逐步开拓工程总承包业务。工程总承包业务将成为土建设计室的重要支撑业务。以技术为中心，以设计和工程总承包为业务支撑，以市场为导向，是土建设计室的发展方向。

4.2 创建学习型团队，促进新的技术和设计手段的学习和应用

工程项目的技术质量是设计单位的生命线，这就要求我们创建学习型团队。创建学习型团队，首先要求设计人员主动加强自身的业务学习，积极学习新的技术和设计手段，以适应社会发展的需要；同时要求土建设计室创新管理机制，加强学习型团队的建设，培养和引导设计人员建立主动学习的意识，通过学习和交流提高团队整体水平。

4.3 统一标准，设计流程和设计成品的标准化

设计流程和设计成品的标准化可以统一设计标准，提高设计的进度和质量，从而提高土建专业化设计水平。设计流程的标准化除常规结构的标准化外，特种结构，包括水池、烟囱、水塔等特种结构，标准化的流程显得尤为重要。设计成品的标准化一直是我们努力的方向，工程设计的统一技术规定、图集的研究和编制都是我们在标准化方面的努力实践。

4.4 节能减排，推广新型节能、绿色环保、低碳结构的应用

建筑业发展"十二五"规划，鼓励采用先进的节能减排技术和材料，建立有利于建筑业低碳发展的激励机制，鼓励先进成熟的节能减排技术、工艺、工法、产品向工程建设标准、应用转化，降低碳排放量大的建材产品使用，逐步提高高强度、高性能建材使用比例。

北京市"十二五"时期民用建筑节能规划，要求组织绿色建筑和住宅产业化示范，在首钢产业置换厂区等组织绿色建筑园区的试点示范。

土建设计室应积极参与、贯彻实施国家和北京市的建筑节能减排规划，主动学习建筑新技术、新材料，提高设计水平，在工程设计中推广节能、绿色环保、低碳结构的应用。

4.5 开放的心态，迎接国际工程的挑战

经济全球化要求公司必须与国际化市场全面接轨，创建国际型工程公司是公司发展的必由之路。"创建国际型工程公司"的企业目标，需要我们土建设计室要以开放的心态来迎接国际工程的挑战，并为之做好包括管理模式、技术资料等各方面的准备。

4.6 土建专业发展目标

发展专业技术，发挥品牌优势，钢铁全流程设计水平达到国内领先水平。

拓宽设计领域，投入力量发展民用建筑设计，形成工业、民用两大支柱。

延伸业务范围，实现业务功能多元化，从过去以工程项目的设计为主，向多元化发展，在工程设计基础上向前期和后期两头延伸，如工程总承包、地基处理、工程勘察等，形成多元化的业务功能。

5 土建专业发展中需要处理好的几个问题

5.1 人才的培养和利用

工程设计和总承包属于技术密集型产业，技术人才的重要性显而易见。谁能够源源不断地培养、吸引、凝聚人才，谁就能够掌握发展的主动权和制高点。人才兴业，因此如何培养人才，用好人才，充分发挥人才的积极作用，是我们人力资源工作的重点。

在培养人才方面，通过招收条件优秀的毕业生加入我们的团队，安排思想进步、基本理论扎实、业务能力强的技术骨干做好"传帮带"，按照"专业化、职业化、正规化"的培养思路，给青年同志锻炼、考验、成长的机会，让青年同志尽快成才，成长成为我们的技术和业务骨干，为我们的发展储备人才。

在用好人才方面，量才所用，根据个人的特点和能力水平安排适当的任务，使每个人能够发挥自己的特点，充分调动个人的能动性，发挥人才的积

极作用。

用机制吸引人才，用事业凝聚人才，树立正确的价值观，构建和谐的价值体系，团结、紧张、严肃、活泼，增强土建设计室的创造力、向心力和凝聚力，使个人的价值追求与土建设计室、公司的价值追求得到和谐统一，我们的事业将会蒸蒸日上，集体和个人的价值也会得到最大的实现。

5.2 设计理念的创新和设计手段的更新

创新是发展的灵魂，是一个企业、一个团队兴旺发达的不竭动力。只有勇于创新、善于创新，才能有效解决前进道路上的各种问题，才能推动公司改制转型事业不断向前发展。因循守旧，墨守成规必将错失发展机会，跟不上时代发展的列车，从而被市场所淘汰。

建筑专业需要创新，设计出更加新颖、更加绿色环保、更加节能、更加美观的工业建筑，同时积极开拓公共建筑和民用建筑市场。创新"三维设计"，推动公司"三维设计"理念与土建专业的结合。

结构专业需要创新，采用更加合理的结构形式、连接构造，引进、学习先进的计算程序，使我们的设计水平得到提高。

5.3 注重创新，也要注重技术的积累

不积跬步，无以至千里；不及小流，无以成江海。古语道出了积累的无比重要性。没有创新，就没有进步和发展；同样，没有了积累，创新便如同无源之水，无本之木。积累是基础，是创新的土壤。一份计算书、一份工程总结、一篇论文、一项专利都是我们的积累。同样，一项课题研究报告、一本标准图集，既是积累，也是创新。

在工作中，我们要注重技术的积累。完成一项国际工程或者国内工程，我们应该总结该国家或地区的设计规范、法规、构造等要求，而且平时也应该主动对国际上主要规范或构造做法、国内各地区的规范特点进行研究总结。

6 结语

四十年，北京首钢国际工程技术有限公司和土建设计室经过一代代设计人的传承，发展到全国知名的钢铁制造全流程工程技术服务商，能够提供从百万吨级到千万吨级钢铁联合企业及其配套项目的工程技术服务，这段历史值得铭记。

四十年，对于个人来说是长的，但对于土建设计室来说，我们才刚刚长大。我们应该以宽广的视野，开放的心态，创新的精神，扎实的工作，面向全国、面向世界，勇于开拓，积极进取，为土建设计室和北京首钢国际工程公司的发展贡献力量。

致谢

本文在撰写过程中得到稽德春、陈大钧、王秀明、王岩禄等同志的帮助，在此表示感谢！

从建筑设计市场新趋势看工程设计建筑专业的新发展

褚以卫

（北京首钢国际工程技术有限公司，北京 100043）

摘 要：本文从建筑设计角度，对建筑设计行业当前的面貌特征、大型设计机构和小型事务所的发展趋势、工业建筑设计行业发展趋势、节能环保技术在建筑中的应用方面做了探讨，并对我公司建筑设计专业的发展和公司战略实施及能力发展，提出了自己的见解和建议。

关键词：建筑设计；发展趋势；节能环保；建议

1 建筑设计行业当前的面貌特征

2012，中国加入世界贸易组织（WTO）的第十一个年头。纵览整体建筑设计行业，我们会发现以下几个面貌特征：

（1）截止 2011 年底，建筑设计企业总数有 7000 家，拥有甲级资质的企业达到 2300 家，约占 30%，就是这 30%的建筑设计企业，主导着我国的建筑设计行业。全国总建造面积增加 20 亿平方米。勘察设计从业人员（监理、勘察和道桥等所有相关行业）整体规模已经增加到 142 万人。其中，建筑设计从业人员合计为 28 万人。

（2）建筑师有了更多机会，获得了更大的创作空间。建筑业的房地产不景气并没有为建筑设计行业带来衰退迹象。相反，政府的宏观调控，加大公益性投入以抑制房地产商业演进的重点建设，促使了设计行业的重心有所变化。政府投资项目和公益性项目增多，体现在 2010~2011 年，建筑设计行业大型民用公共建筑项目的建设高潮。境外设计单位参与范围越来越广，包括日、英、德、法等国，还有新近参与的西班牙、意大利和葡萄牙等国家，建筑设计的实践视野越来越广阔。

（3）在与国外同行同台竞争的过程中，中国建筑师已越来越拥有主动权。建筑师已经从原来的被动接受国外建筑师的创意和方案，到国内外建筑师共同进行方案探讨和概念表达，继而发展到现在国内设计机构为主，作为设计总包，将其中一部分设计内容分包给国外擅长的专向建筑师的格局。建筑的原创性有所提高，多个大型建筑都是由国内机构自主完成设计。

（4）经营模式由单一模式向多元模式转变的改变。我国的设计模式正在从过去的单一的承接设计转变为设计总承包、管理总承包、设计管理和项目管理等多元模式。

（5）建筑设计行业由低端科技含量行业向高新科技企业演变。很多设计研究院都在申请高新科技企业的认证。同时，一些设计公司已经上市。

（6）注册建筑师制度不断得到完善，但注册建筑师仍严重不足。行业内部的执业资质挂靠现象严重，影响了行业的正常发展并对建筑设计质量造成隐患。

2 大型设计机构和小型事务所的发展趋势

（1）大公司都在寻求新的机会。美国珀金斯·伊士曼建筑设计事务所、英国凯达环球建筑师事务所、美国 HOK 建筑师事务所伦敦办公室和英国 BDP 建筑事务所，在全球范围内，找寻新的发展机会，并有向印度、阿联酋等发展中国家加大发展力度的趋势。

（2）大公司在人性化的设计上升至新高度。建筑设计越来越重视建筑实施前的预体验，探讨建筑本身将会如何实际工作，期望在设计的初期阶段能对概念进行验证。这是客户对建筑产品物超所值的要求。

（3）大公司与小公司的建筑设计的发展均呈多元化。一是专业化发展趋势；二是专有技术发展趋势，例如绿色生态和可持续发展、光伏发电应用建筑表皮等，拥有这些技术的专向设计机构将体现更多优势；三是设计总承包发展趋势，设计项目由一家机构总包，再分包给其他多个公司；四是跨行业、跨领域和跨国界的合作，企业将实现资讯、项目管理和设计施工一体化的服务模式。一端是超大型企

业依托设计施工一体化的资本，以集团式发展。而另外一端是结构设计、机电设计和建筑设计的专项事务所。前者是工程公司，在所有工作内容中，设计只是其中一部分；后者是事务所，在获得资质后可以做专项全过程。推进小型事务所发展是一项国家策略。目前国家政策规定，拥有 50 万元启动资金和三个注册建筑师就可以成立一个私人事务所。政府正在积极鼓励这种模式，两者在社会地位上没有差距，不同的只是业务范围。大型设计机构中，有的会有上市的可能，此类企业拥有资本的雄厚实力，非单一专业的载体，以跨行业、跨领域的机制相互激发，有助于新的产品和方向出现。而小型事务所主要在高、精、尖层面，尤其是理念层面上演进，具有很强的文化和艺术色彩，不是简单的技术产品处理问题。

（4）"实用、经济、美观"依然是当今我国建筑发展的基本方针。维特鲁威的《建筑十书》里提到"坚固、实用、美观"，而我们将坚固换成了经济，因为我们资本有限。建筑设计当然要追求美，但是要把握分寸。有人将建筑分为产品、作品、精品，其实还有一个是"废品"。一个建筑师的设计作品，一旦结构有问题或者消防不合理，或者其他硬件方面出了问题，那它就是废品。

（5）建筑设计由重视单体转向重视整体环境、重视城市设计。此前，城市管理者只对上下两极感兴趣。一个是自上而下的总体规划，每隔几年修订一次规划；另一个是建筑师视角的建筑单体的美观和形式；而在中间层面的与城市环境关系密切的城市设计，关心的人很少。这种局面现在已经改观。国务院制定的建筑学学科体系中，一级学科有 3 个，分别是城市规划、建筑设计和景观园林，文件中明确规定城市设计由建筑师负责。只有一个完善的城市设计在先，才可能有理想的建筑设计。单一的建筑再优秀，并不能整体改善城市的景观和人们的综合印象。很多建筑单体看起来很美，真正实施、使用起来却不尽如人意。

3　工业建筑设计行业发展趋势

近年来，我国每年完成的建筑工程投资额中，工业建筑与民用建筑之间的百分比为 53:47，工业建筑占半数以上，我国工业建筑发展迅猛。与此同时，现代工业也已从早期以加工业为主，转型为电子信息工业、化学、生物、金属机械工业为主的高科技产业，即从劳动力密集型转型提升为技术、资讯密集型。现代工业建筑设计需要适应并满足生产产品的微型化、自动化、洁净化、精密化、环境无污染

等要求，由此在新形势下，工业建筑设计发生了很大的本质变化。总结目前工业建筑设计，有以下诸方面的发展趋势：

（1）工业建筑设计的节能省地趋势。建设部于 2005 年发布的《关于发展节能省地型住宅和公共建筑的指导意见》（建科[2005]78 号）中指出：工业建筑要适当提高容积率。这一指导性文件对近年来工业建筑的节地意识起到了积极地推进作用。工业建筑在节能中占有极为重要的地位。

工业建筑设计历来就很重视设备节能，利用自然通风，利用自然采光。进一步提高工业企业的建筑密度，发展节能省地型工业厂房，严格控制发展新增工业建设用地，并加强监督和监管，引进先进的生产工艺和技术，推进工业企业走新型工业化和产业化的道路，仍将是今后工业设计面临的重要任务。

（2）工业建筑设计的生态化趋势。进入工业社会以来生产力发展迅猛，工业建筑蓬勃发展并经历了许多发展阶段，也带来了不少问题。当前人类为了自己的明天，必须与大自然和谐共生，"可持续发展"思想已成为人们的共识，在此原则下，生态建筑学应运而生。

新的绿色工业将是自然循环的整体部分，甚至使用了能源之后还在产生新的能源，即所谓的循环经济。它不破坏自然，它的废弃物将是自然成长的营养而不是污染环境的毒物，新的绿色工业建筑的生态化是历史发展的必然趋势。

目前对工业建筑的各种生态化建筑的探讨，已从建筑物理论的研究深入到建筑设计的创作中来，并与新建筑形式创造性结合在一起。对于工业建筑的城市环境设计、节能、节地、环境保护、防止污染等问题给予了极大重视，在实践中得到应用。

面向未来，运用生态学中的共生与再生原则，结合自然并具有良好生态循环方面，将是工业建筑的发展方向之一。

将建筑生态理论及新技术应用在项目的方案构思及设计中去，将建筑生态与功能、环境密切结合融为一体，建筑造型新颖，创造了地域内新个性建筑景观，营造了绿色的、高效的建筑，取得了很好的效果。

（3）工业建筑设计的高科技化趋势。工业建筑在本质上应是先进科学技术这个第一生产力的主要载体，其工业建筑的设计指导思想不能只局限在形式美、图形美上做文章，而要重视高科技的掌握及对科学技术上的应用。

在科技应用方面，工业建筑设计的新动向也越来越多地表现在：采用高新技术及设备以满足现代生产工艺、现代化管理、科学技术快速发展的需要，满足生产产品微型化、自动化、洁净化、精密化、环境无污染化等要求；采用新结构体现技术美，在满足现代生产工艺的同时，达到结构美和建筑与空间形象美的统一；利用高科技信息技术，合理设计物流、人流及信息流，特别在信息流方面，体现越来越充分；利用高科技材料，提高工业建筑的灵活性、通用性和多样化的要求等。

（4）工业与民用建筑设计的一体化趋势。什么是工业建筑，哪些是哪些不是，工业建筑的范畴越来越变得模糊，愈来愈难以得到明确的界定。

特别是随着全球经济一体化的发展，高知识、高增值的知识型经济也迅速发展成为一种典型工业——创意工业，在国际上已有将源自个人创意、技巧及才华，通过知识产权的开发和运用，具有创造财富及就业潜力的行业称为创意工业，其中包括：广告、建筑、艺术品和古董、手工艺、设计、时装设计、电影及录像、互动游戏软件、音乐、表演艺术、出版、软件及电脑服务、电视电台广播。因此，对工业建筑的定义以及民用与工业建筑之间的界限将越来越模糊化、一体化。

（5）工业建筑设计的人性化趋势。随着社会科技的进步，工业建筑的设计主体从以往以生产设备为中心越来越朝着以人为主的方向发展，人的因素在建筑中越来越显得重要。

摒弃只重生产工艺要求、轻视人的行为和心理要求的倾向，真正体现人文关怀的建筑，工业建筑中的空间及环境与人相融合，让人们置身在工业建筑的良好环境中产生归属感、生活感和亲切感，最终达到提高员工的生活质量及工作效率。在工业建筑设计中越来越多出现了运用人类工程学、行为学原理，创造利于生产和满足人的行为需求的建筑环境倾向。

具体表现在工业建筑项目中，建设单位越来越重视塑造为企业人员服务的公共空间环境及园艺景观设计，并邀请专业园艺景观设计公司参加设计，在烟草行业、电子行业甚至冶金建筑中都有明显的表现。

（6）工业建筑设计的多元化趋势。在工业建筑中，由于投资主体的多元化、建设场地的地域性文化差异、企业文化及品牌的不同、民族性的各异以及大量具有不同文化背景的"境外"设计事务所的参与，工业建筑设计的多元化的态势已经出现。

目前，中国许多城市中的主要建筑及城市景观的设计出自"境外"多国建筑师之手。外国建筑师已从民用建筑设计领域拓宽到工业建筑领域。越来越多的国内外建筑师正在自觉地创造各种跨文化的建筑物，在接受全球性的同时，承认各民族、地区和地方文化的价值，在平等合作、竞争的同时，创造出丰富多彩的、跨文化的有特色及个性的工业建筑。

（7）工业建筑设计的可延续性趋势。建筑是石头的史书，也是流淌的音乐，是时代历史的忠实记录。建筑在时间上的可延续性和空间上的可留存性，我们可以通过它得知不同时期和不同地域的民族和国家，在漫长历史进程中的丰富多样的文化痕迹，推动整个社会不停向前。

在工业建筑中，也存在着对历史建筑的保护问题，任何有价值的工业建筑，都需要慎重对待拆除和改造，避免单纯地大拆大建，适当地保留可以延续历史记忆，为企业留下深厚的企业文化、为后代留下文化遗产。

对既有工业建筑的技术改造和合理利用已得到了相应的重视，已日渐成为人们的共识，并逐步在工业建筑的创作中得到积极体现。

20世纪90年代末，中国开始出现改造和利用工业建筑为文化空间的现象。最典型的项目有北京的"再造798"，其无疑是此类艺术空间的代表。798厂是建国初期由前苏联援建、东德设计建造的项目，它曾经与首钢齐名。随着北京都市化进程和城市的扩张，原有的工业外迁后，艺术家与建筑师共同主持，在废弃厂房上进行改造利用，建立起更适合城市定位和发展趋势的独立艺术空间、画廊、工作室、多功能展示空间等新型的产业，从而赋予了旧工业区新的生命和活力。

（8）工业建筑设计的文化性趋势。工业建筑虽然不能完全等同于民用建筑，但其基本原理是一致的，需要在满足不同的使用要求的同时，采用建筑的设计、结构技术形式等种种手段，营造生产、建筑与空间形象，创造宜人的、有文化内涵的、优美的建筑环境。因此，它最终也是艺术，也是文化表现中的重要方面。

在许多工业建筑及科技园区的设计中，建筑师在发挥地区性的文化特点，将工业建筑的特点、功能与地域、民族、文化、企业相结合，充分发掘并塑造独特的企业形象、丰富企业文化的内涵、追求工业建筑与环境的整体协调，创造我们这个时代的工业建筑新形象，正在进行不懈的探索和努力。

4 节能环保技术在建筑中的应用

建筑节能和生态平衡，减少使用（reduce）、重复使用（reuse）、循环使用（recycle）。节能建筑和生态建筑（又称绿色建筑），是建筑的发展方向之一。

先以居住建筑为例，纵观近年住宅变迁过程，根据更新换代的过程，可相应地概括为一下五代：经济节约型，适用经济型，发展转变型，景观舒适型，生态文化型。在全球范围内，住宅产品生态节能有两大发展趋势，一是调动一切技术构造手段，达到低能耗、减少污染并可持续性发展的目标；二是在深入研究室内热工环境（光、声、热、气流等）和人体工程学的基础上（人体对环境生理、心理的反映），创造健康舒适而高效的居住环境。

根据中国国情并结合中国的实际工程实践，归纳总结了住宅、公建及工业建筑等各类建筑在生态舒适节能方面的高新技术系统：

（1）高效保温隔热外墙体系。

（2）热桥阻断构造技术。

（3）高效保温隔热屋面技术与构造设计。

（4）高效门窗系统与构造技术。

（5）高性能保温隔热玻璃技术与选用。

（6）提高光环境舒适性、高性能遮阳技术系统。

（7）建筑辐射采暖制冷系统。

（8）置换式全新风系统。

（9）主动通风与"房屋呼吸"技术系统（热压通风和风压通风原理）。

（10）能量活性建筑基础与地源热泵系统。

（11）高效太阳能利用系统。

（12）相位变化蓄热材料技术体系的应用。

（13）卫生间后排水成套系统。

（14）隔声降噪、外墙、浮筑楼板技术。

（15）绿色屋面技术系统。

（16）中水循环及雨水回收再生利用系统。

（17）智能楼宇自控系统技术。

由于前期投资较大，回报周期长等原因，短期内不会将以上技术应用到居住建筑中，但其中的大部分技术，将很快并已经有若干种技术应用在大型公共建筑和工业建筑上。将来应用在民用建筑中的居住建筑一定也会发展成熟，需要时间。节能技术经营的模式也在积极探索中，如 EMC 模式（Energy Management Contracting，简称 EMC，合同能源管理是用减少的能源费用来支付节能项目全部成本的节能投资方式。这种模式允许用户使用未来的节能收益为工厂和设备升级，降低目前的运行成本，提高能源利用效率）。

5 对我公司建筑设计专业发展的建议

（1）建筑设计理念上的更新。有五个方面：

1）经验与感性的设计将不断转向理性与科学。随着建筑领域科技含量的激增，建筑创作者灵感的迸发，更多地建立在对设计问题分析、综合与评价的基础上。在设计组织上，个体独断让位于小组合作，各专业配合协作贯穿始终，建筑师的"基本功"不再仅仅是熟练的设计技巧与扎实的"手头功夫"，而是包括了完备的理论知识、娴熟的专业技能、交流与沟通的能力以及对现代技术工具的掌握。尤其在方案设计和初步设计阶段，建筑师与总图设计师、主工艺设计师、结构工程师及设备工程师、电气工程师的互动与合作，将越来越多地得到提倡，这样的建筑设计将为顺利地深化实施后续工作，有效控制产品质量，起到至关重要的作用。

2）无论科技如何发展，"以人为本"是建筑创作和城市建设的基本原则。

3）建筑节能和生态平衡，减少使用（reduce）、重复使用（reuse）、循环使用（recycle）。节能建筑和生态建筑（又称绿色建筑）是建筑的发展方向之一。

4）建筑设计的本土化愈见其永恒的魅力。建筑设计充分结合区域生态圈和场地环境，结合气候特征和地形地貌。延续地方文化，尊重地方风俗，充分利用地方材料，并从中探索现代高新科技与地方实用技术的结合。

5）与知识相比，学习能力与素质培养更为重要。任何新的知识终究会成为过去，而学习能力的培养和素质教育是保持创造力、恪守职业道德的有效途径。

（2）横向联合策略。加强与勘察设计行业之间的交流互动，加强与国际国内知名建筑设计企业间的合作，充分吸收各层面的经验与长处，共同提高共谋发展。与各种类型和规模的设计院、设计公司和工作室之间，以多种经营模式实现整合扩张、联合重组，各自开创具有自我特色的精专之路，不仅提高整体竞争力，还大幅下降公司经营成本（固定成本部分），特别重组后各类注册人员能够满足甲级设计院标准。

（3）重视建筑原创设计。鼓励建筑创作与创新，积极开展建筑评论，完善建筑创作激励机制，合理划分建筑设计收益分配。加大提高建筑设计集成技术的应用，提高设计能力水平。

（4）重视挖掘业务深度，调整人才结构。科学分析、把好脉络、细分市场，有所不为而有所为。

创新内部管理机制,激发建筑设计人员的创造活力,提升建筑设计专业人员的整体素质。逐步把建筑设计队伍从单纯的"规模型"转变为"质量型"。

(5)重视专有技术在建筑中的应用。密切关注节能控排、生态环保、绿色建筑的前沿科技成果及应用成果,逐步加大科技投入,促进科技成果的转化与应用,必要时与生产厂家的技术人员进行交流与合作。完善科技奖励政策,创立适合开展企业科技创新的企业文化。专有技术和专项产品应用到建筑中,不但可以大大提升建筑的科技含量和品质,而且这些专有技术将成为企业的核心竞争力,真正与建筑设计行业的知识、人才、技术密集型称号相一致。

(6)关注企业的信息化升级问题,在关注二维协同设计的同时,重视三维协同设计平台的建设及相关设计软件的应用与推广。这将是建筑设计抛掉图板后的第二次信息化进步。

6 公司战略实施及能力发展的建议

(1)公司改制业已进行四年并逐渐走向成熟,建立并完善发展型激励机制的时机不但成熟,且已变得迫不及待。

(2)公司的运营能力似有进一步提升的空间。

(3)大力拓展自身的技术运用能力。

(4)寻找有效的获取和激励优秀人力资源的方法。建立一整套动态的管理机制,是长期并高效率地为客户提供高质量的智力服务的前提。

(5)重视建筑专业在工业建筑设计中的积极作用,和在民用建筑设计中的领衔及主持地位。

7 结语

美国黄石国家森林公园曾经发生过这么一件事:因为害怕狼群对于人类的伤害、人们消灭了狼,使得原本生活艰辛的鹿群没有天敌,过上了悠闲的生活。但好景不长,没过多久,过惯了无忧无虑生活的鹿群只会享受青草绿地、阳光美景,失去了警觉,进而导致整个鹿群体质退化,死亡率大大增加。人们百思不得其解:为什么失去天敌的鹿群反而不如原来生活得好呢?生态学家调查后对此解释了原因:鹿群之所以体质退化,根本原因是狼群的消失,导致鹿群没有了生存压力,使种群退化。如果再次引入狼群,问题就有可能解决。果然,随着狼群的进入,鹿群又出现了往日的生机。

与加入世贸组织之前相比,国外建筑设计企业的蜂拥而入,在当今的中国几乎没有了任何障碍,加之近年来新成立新改制的大大小小近 7000 家建筑设计单位,未来竞争的惨烈,也许会超出我们的想象。大浪淘沙,始见真金闪烁;沧海横流,方显英雄本色。在与狼共舞的时代,我们的心态如何调整,我们的行动是否符合潮流,我们是否还能够有所作为,是我们建筑师和公司全体员工都值得思考的问题。

首钢国际工程公司建筑钢结构专业技术历史回顾、现状与展望

王双剑

(北京首钢国际工程技术有限公司，北京 100043)

摘　要： 本文总结了钢结构的优点和适用范围，对国内钢结构应用现状进行了分类总结，并列举了部分国内典型钢结构工程实例。对公司业务范围内涉及的钢结构类型进行了综述，并举例从计算手段、业绩以及工程质量等方面说明了公司在钢结构专业具有的优势和长处。

关键词： 钢结构优点；钢结构现状；钢结构计算；钢结构业务范围

钢结构具有强度高、自重轻、抗震性能好、地基基础费用省、建筑使用面积大、建筑品质高、适于工业化和标准化生产、绿色施工、适合于不同气候条件、不受施工季节的影响、综合造价低等优点，尤其适用于大跨度、结构形式复杂的结构体系。同时，钢结构还可减少建筑垃圾对环境的污染、在全寿命周期内可循环利用等。

目前国内建筑钢结构工程正在日益增多，其应用范围也越来越广泛，结构形式朝着大型化，复杂化，不规则化的方向发展。钢结构主要应用范围如下：

（1）高层重型钢结构：20世纪80年代至今已建成和在建高层钢结构达100多幢，总面积约800万平方米，钢材用量80多万吨。如：上海中心大厦（在建，高632m，用钢量约10万吨），上海环球金融中心（101层，高492m，用钢量6.5万吨），北京电视中心（建筑面积18.3万平方米，41层，用钢量3.8万吨）。

（2）大跨度、空间钢结构：以网架、网壳和空间桁架为代表的空间结构继续大量发展，不仅用于民用建筑，而且用于工业厂房、机库、候机楼、体育馆、展览中心、大剧院、博物馆等，如北京奥运会国家体育馆（鸟巢）与传统的横竖直线条钢结构工程不同，5万吨各种不规则的钢梁和构件通过相互焊接、支撑，组成了网格状马鞍形的"鸟巢"外观。它被美国《时代》周刊评为2007年世界十大建筑奇迹之一。深圳T3航站楼（在建，见图1），建筑总面积45.1万平方米，投资69.7亿元，总用钢量5万吨，采用独特的蜂巢设计，自由曲面，整体窄翅宽尾、身体颀长，如一架超大型客机。绍兴体育中心总建筑面积14.3万平方米，由主体钢结构屋盖和围护膜系统钢骨架两大部分组成。固定屋盖的几何形状为双曲面，平面形状接近椭圆形，长轴跨度为260m，短轴跨度为200m，由4榀主桁架、28榀次桁架、四周一圈环向桁架、水平支撑体系及固定屋

图1　深圳T3航站楼效果图

盖支座 5 部分组成的活动屋盖由两个相互独立的单元块组成，建成后将成为目前国内可开启面积最大的开闭式体育场。武汉火车站获得芝加哥雅典娜建筑设计博物馆颁发的"2012 年国际建筑奖"。这一奖项授予当今世界最新、最美的建筑。武汉火车站建筑总面积 33.2 万平方米，建筑高度 59.3m，主体结构为钢结构，重 6.5 万吨，中央大厅屋面结构，由 5 个大跨度拱形钢梁托起，116m 的跨度，49m 的高度为国内少见的超大跨度屋面。

（3）工业及厂房用钢结构：钢结构厂房是近十年来钢结构中发展最快的领域，在电力、冶金、化工、医药、机械加工等行业得到了广泛的应用。目前工业建筑（厂房）钢结构用量约为 230 万吨，民用建筑约为 150 万吨，二者比例约为 6：4。尤其彩色压型钢板的发展给轻钢结构的发展带来了很好的发展机遇。

（4）民用住宅：钢结构住宅具有节能、抗震性能好，可满足大开间需求等多种优势，正朝着产业化、系统化等方向发展，我国已经成为国家重点推广的项目，如包头市青山区的某一楼盘，建筑总面积 100 万平方米，全部采用钢构住宅产业化成套体系建设的多栋 33 层建筑。由于其采用新型墙体材料，至少可达到节能 50% 以上的目标。由于墙体和柱子占用面积更少，钢结构住宅要比混凝土结构多出 5% 的使用面积。

由于首钢国际工程公司主要是服务于钢铁冶金行业，工程范围以工业项目为主。因而与国内发展迅猛的钢结构工程相比，我们所接触到的工程类型带有很大的行业特点，主要包括工业厂房、工业用重型钢结构以及轻钢门架、通廊、支架和特种工业钢结构等。所涉及的结构类型包括钢框架、排架、桁架、网架、轻型门式刚架、重型厂房刚架、特种壳体钢结构、复杂空间钢结构以及钢和混凝土组合结构等。在高层钢结构和大跨度空间结构的设计方面具有技术优势，尤其是大跨度特重型钢结构工业厂房设计的经济技术指标达到国内领先水平；在高炉炉壳及附属、烟囱和大型水塔（500 m³）等特种钢结构设计方面拥有丰富的经验，成功设计了中国第一座 5500m³ 特大型高炉钢结构。除工业项目外，公司民用建筑分院在高层公共建筑钢结构、体育场馆等方面也具有很强的实力。

目前，国内钢结构工程的应用越来越广泛，随着使用功能以及建筑外观要求的不断提高，钢结构建筑的结构体系也变得越来越复杂，计算模型的建立和结构分析的难度也随之增加。目前常用的钢结构计算软件除常规的 PKPM 系列软件外，还有

3D3S、SAP2000、MIDAS、STADD、ETABS 等。对于一些重大或复杂的结构来说，要求采用至少两个软件分别计算并校核。目前，首钢国际公司购买了 PKPM、SOFISTIK、3D3S、SAP2000、MIDAS 等计算软件，在计算手段上与国内知名钢结构设计公司基本一致，先进的计算软件以及软件的多样性在很大程度上保障了公司面临各种复杂工程的计算手段问题。

近年来随着公司钢结构方面技术水平的不断提高，在土建室领导的带领下，成立了一个又一个课题攻关小组，也解决了很多钢结构方面的难题。为了解决京唐 5500 m³ 特大型高炉钢结构的计算问题，专门购买了 MIDAS 软件，在没有任何可以借鉴同等规模工程的情况下，选派几名业务能力强的设计人员专门负责建模计算，在经过了反复计算、校核、验证和一次次讨论后最终确定了炉壳的厚度和炉体框架的截面，如图 2~图 4 所示。

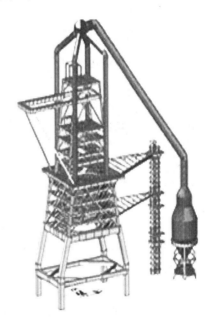

图 2　特大型高炉计算模型

面对外部市场的激烈竞争，设计的经济合理是非常重要的一点。曾经某工程业主怀疑土建室所设计的钢卷库钢结构厂房（508m×168m，4 连跨，柱距 12~18m，吊车 45t，轨顶 10.5m）用钢量偏高不经济，专门请清华大学教授对厂房设计成品进行校核，看是否有优化的空间。经过反复核算后，得出结论为本厂房用钢量非常合理，没有可以优化的空间，从而进一步证明了土建室在钢结构厂房设计方面的经济合理性。

除了工业钢结构工程外，近年来土建室在民用办公钢结构方面也取得了很大的进步。迁安生产指挥中心是一座集办公、接待、会议、档案、观演、

餐厅、洗浴等功能的综合配套较强的高层建筑。总建筑面积 1.42 万平方米，地上 11 层，地下 1 层，主体高度 49.6m，钢框架–钢支撑体系作为主楼结构体系，钢结构与地下室的钢筋混凝土结构层之间设置钢骨混凝土结构层。总用钢量为 1521t，折合每平方米用钢量 107kg/m²。与国内一些类似结构体系（钢框架-支撑结构）相比，本工程单位用钢量降低约 18%左右。

集外，土建室还准备在其他方面进行类似工程总结并编制图集。

212.988　　424.94　　636.893
318.964　　530.917

图 4　特大型高炉热风炉计算模型

1.455　11.483　15.312　19.136　22.956

图 3　特大型高炉本体计算模型

为了保障不同设计人员设计的规范性统一性以及良好的经济性。土建室近几年编制了图集《钢吊车梁系统设计图平面表示方法和构造详图》，并且本图集已正式成为国家标准图集，编号为 11SG102-3。另外，《上承式钢结构通廊》《下承式钢结构通廊》《钢结构连接节点》三本公司级图集也已编制完成。图集的编制是对公司多年来类似工程经验的总结，凝聚了土建室领导、编制人员以及大量设计人员的心血。图集的使用能够很好地保障工程设计的准确、快速、经济、合理以及统一性。除以上编制完成图

国外市场的开发也让土建室在国际工程中积累了大量的经验。鉴于总包项目大多要求钢结构在国内加工，构件运输至现场后再组装的特点，国外钢结构的设计也存在很多独特的特点和要求。为了组装方便，国际工程中钢结构连接大多要求高强螺栓连接，并且在设计过程中要充分考虑构件运输可行性问题，对构件长度做出了严格的控制。巴西 VSB 公司 136 万吨/年球团工程就是土建室国际钢结构项目的典型代表。

通过公司钢结构工程与国内钢结构应用现状的比较，可以发现公司钢结构工程的范围基本上涵盖了国内钢结构工程主要应用的所有方面，除像机场、车站等行业性较强的工程以及新兴钢结构住宅外公司业务大多均已涉及，并且还承揽了一些国外钢结构工程的设计任务。首钢国际工程公司的钢结构设计理念、计算方法手段以及工程经验也已经达到了行业甚至国内设计公司的领先水平。

➤ **土建技术**

首钢京唐钢铁厂吹填土软土地基工程设计与应用

李洪光　　李晓静

（北京首钢国际工程技术有限公司，北京　100043）

摘　要：软土地基工程设计一直是行业内关注的重点与难点。本文对 5 种地基处理实验效果进行对比分析，根据上部结构特点分别给出 3 类地基处理方案及控制措施，并对其经济效益进行分析与评估，为沿海类似工程提供参考。

关键词：软土地基；地基处理；桩基；强夯；复合地基

The Soft Foundation Engineering Design and Application for Shougang Jingtang Iron and Steel Plant

Li Hongguang　　Li Xiaojing

(Beijing Shougang International Engineering Technology Co., Ltd., Beijing 100043)

Abstract：Design of soft foundation engineering has been the focus and difficulty of the industry. A comparative analysis of the effect of five kinds of foundation treatment experiments was conducted. Three types of soft soil treatment programs and control measures based on the characteristics of the upper structure were carried out, as well as the economic benefits analysis and evaluation. It could be a reference for similar projects along the coast.

Key words：soft foundation；foundation treatment；pile foundation；dynamic compaction；composite foundation

1　引言

海砂吹填土的软土地基工程设计一直是行业内关注的重点与难点，海砂吹填土为通过水力吹填形成的沉积土，一般具有容重小、孔隙比大、含水量高、强度极低的特点，因此这类地基未经处理不能承载。

地基处理工程技术复杂，施工周期长，所需费用高，新近吹填土和其下的软弱土层未经过处理将造成施工无法进行，增加建构筑物地基处理的难度和费用，地面后期沉降危害地下直埋管线，桩的承载力降低影响建筑的安全等危害，修复困难甚至不可修复，这引起了工程界的高度重视。界内学者开展了大量研究并取得显著成果。

姜兵等[1]阐明了软土地基采用复合地基加固的技术要求，提供了该工程地基处理的多方案比选；

陈信强[2]合理采用了条形基础与锚杆静压桩复合基础的软土地基加固处理方法；陶生若等[3]对填石区采用强夯或强夯置换，淤泥区采用塑料排水板排水固结堆载预压；杂填土区采用砂并排水固结堆载预压，海堤采用抛石爆破挤淤的软基处理方案；高思毅[4]报道了长庆油田的银川基地采用强夯法处理饱和液化软土地基取得良好效果；黎龙[5]指出用深层搅拌法处理软土地基，可缩短工期、节约成本；高迪[6]以一个工程为实例，简述了使用砂垫层、土工格栅和砂桩技术的组合应用在提高地基承载力、增加路基整体稳定性和控制沉降方面的作用；王宏伟等[7]提出了针对不同软弱土地基，不同荷载情况下的处理方法；吴价城等[8]报道了我国软土地基处理方法的技术现状与趋势，指出了各类软土地基处理方法的适用条件与效果，着重分析了新近吹填造地场地的特点与地基处理的可行方法，进而提出了发展动静排水结合的复合力排水固结法是软土地基快速处理的主要方向；张季超等[9]报道了采用地基预处理技术处理广东科学中心近 38.7 万 m² 的饱和软土地基。

由以上文献可以看出，有关软土地基处理的国内研究很多，但是其方法多是集中在复合地基处理、长桩短桩复合处理、灌注桩处理、强夯处理、真空动力固结、动静排水固结、搅拌法处理等方面，而具体采用何种方法与所在的地质条件、技术力量等有关。一般软土地基采用单一处理方式对地基进行处理，此种方式缺乏针对性，也不足够经济。

2 工程实例

本文以首钢京唐钢铁厂软土地基处理为例，具体介绍新近海砂吹填土软土地基的处理方法。

2.1 工程背景

曹妃甸首钢京唐钢铁厂项目为国家"十一五"规划的重点工程，建设于唐山市南部的渤海湾曹妃甸岛，是我国第一个通过围海造地建设的现代化特大型钢铁项目。曹妃甸岛是因滦河北移而形成的沙岛海滩，为形成钢铁厂建设用地，又在其上采用吹砂造地的方式形成陆域，表层土为新近吹填海砂，平均厚度为 4m 左右，面积约为 25km²。

该项目共有 350 多项单项工程，一期工程主要有码头、一次料场区、原料场区、烧结区、球团区、焦化区、炼铁区、炼钢区、轧钢区、变电站、配水及污水处理区、铁路车站区、自备电站及固体废料处理区等，其中大部分单项工程地基基础的设计等级为乙级，建筑结构的安全等级为二、三级，抗震类别为丙类，个别单项工程，如电站主厂房、供配电设施、易燃易爆的厂房和仓库、厂区道路桥梁等为乙类。不同性质的建构筑物依据国家规范的不同要求，其地基基础在设计时需要分别执行。

2.2 地基分类

由于单项工程较多，且各个建构筑物的安全等级不同，荷载差距较大，根据各自结构特点，拟采用的基础方案也各不相同。因此，根据不同建筑物所需的地基承载力和对沉降的不同要求，将场地的地基分为 3 类，见表 1。

2.3 方案初选

第一类地基场地对地基承载力的要求较低，沉降控制不严格。地基处理一般可采用强夯法加固松散吹填土、沉管碎石桩、振冲法或真空动力固结法，

对以上四种方法的优缺点及造价进行对比，结果见表 2。

表 1 地基分类

分类		地基承载力特征值 f_{ak}	总体沉降量	差异沉降
第一类	铁路、堆场区、轻小型建筑物	$f_{ak} \leq 200kPa$	60~80mm	控制在规范要求以内
第二类	中型建筑物（如轧钢厂房、辅助建筑、机修间备件库等）	$200kPa \leq f_{ak} \leq 300kPa$	40~60mm	控制在规范要求以内
第三类	重型建筑物（如高炉本体基础、转炉基础、电站锅炉基础、焦化设施基础、大型料仓等）、重要设备基础（如热轧、冷轧的轧机基础等）	$f_{ak} \geq 300kPa$	40mm 以内	控制在规范要求以内

表 2 处理第一类地基的四种方法对比分析

方法名称	优点	缺点	单价
强夯法	施工速度快，不需用水、电、砂、石材料，处理效果均匀	有振动和噪声	30 元/m²
沉管碎石桩	施工速度快，处理深度大，处理效果较好	有振动和噪声，需用碎石材料，造价偏高，现场耗电量大，场地需满足设备进场要求	160 元/m²
振冲法	施工速度快，处理深度大，加固效果较好	施工产生大量泥浆。不填加料原地振冲加挤密施工工艺不适用粉细砂地层，采用加碎石挤密法造价偏高，现场耗电量大，场地需满足设备进场要求	155 元/m²
真空动力固结法	施工速度快，不需用水、砂、石材料，处理效果均匀	有振动和噪声，增加排水工序，施工工期较强夯法长	43 元/m²

由表 2 可以看出，强夯法与真空动力固结法施工快捷，造价较低。

第二类地基为满足中型建构筑物需要，地基承载力与总体沉降量较第一类地基均有所提高，地基处理可采用 CFG 桩复合地基或预制桩，对两种方法的优缺点及造价进行对比，结果见表 3。

表 3 处理第二类地基的两种方法对比分析

方法名称	优点	缺点	造价
CFG 桩复合地基	施工速度快，无泥浆污染，施工质量可靠，复合地基承载力高，变形小，造价低廉	对桩周土无挤密作用不大，地基承载力的提高和桩间土的承载力特征值有关	600 元/m³
预制桩	施工速度快，无泥浆污染，对桩周土有挤密作用	遇密实砂层穿透困难，造价偏高，大面积施工群桩时宜产生桩身侧移沉桩困难	1100 元/m³

第三类地基为满足重型建构筑物需要，要求地基承载力特征值 $f_{ak} \geqslant 300kPa$，总体沉降量控制在 40mm 以内，差异沉降控制在满足规范要求。地基处理方法有高强预应力管桩和钻孔灌注桩。对比分析 PHC 高强预应力管桩与钻孔灌注桩两种方法，结果见表4。

表4　处理第三类地基的两种方法比较和造价分析

方法名称	优 点	缺 点	造价
PHC 高强预应力管桩	施工速度快，质量稳定，单桩承载力高，对桩周土有挤密和振密作用，造价便宜	遇密实砂层穿透困难，大面积施工群桩时宜产生桩身侧移及上浮，锤击对桩身产生裂缝，易造成桩身钢筋腐蚀	2000 元/m³
钻孔灌注桩	穿透地层能力强，单桩承载力高	泥浆排放有污染，造价偏高，遇松散砂层易坍孔	1300 元/m³

2.4　试验分析

为检验强夯效果和夯后实际地基承载力，明确各种桩型单桩承载力特征值等设计参数（桩的试验应在强夯后的区域），找出最佳夯击参数，沉桩方式、桩的最佳成孔方式、最佳施工工艺，选择出针对本厂区地质条件特点的实用方案。结合以上对比分析，第一类地基处理方法基本选定强夯、真空动力固结法进行试验；第二类地基处理方法选定 CFG 复合地基、PHC 预制高强度管桩（短桩）进行试验；第三类地基处理方法选定 PHC 预制高强度管桩（长桩）、钻孔灌注桩进行试验。试验内容及分区见表5。

表5　曹妃甸钢铁基地地基处理试验分区

试验内容＼试验分区	A1 区（5200m²）	A2 区（2500m²）	A3 区（炼铁区）（5200m²）	A4 区（原料焦化区）（5200m²）
强夯试验			1500kN·m 2000kN·m 3000kN·m 4000kN·m	1500kN·m 2000kN·m 3000kN·m 4000kN·m
真空动力固结	1500 kN·m 2000 kN·m 3000 kN·m 4000 kN·m			
CFG 桩复合地基长20m	φ400、φ600 CFG 桩	φ400、φ600 CFG 桩	φ400、φ600 CFG 桩	φ400、φ600 CFG 桩
PHC 预应力管桩桩长35m、45m	φ400、φ500、φ600 PHC 预应力管桩	φ400、φ500、φ600 PHC 预应力管桩	φ400、φ500、φ600 PHC 预应力管桩	φ400、φ500、φ600 PHC 预应力管桩
钻孔灌注桩长35m、45m	φ800、φ1000 灌注桩	φ800、φ1000 灌注桩	φ800、φ1000、φ1200 灌注桩	φ800、φ1000 灌注桩

2.4.1　强夯法加固地基效果
强夯法加固地基效果见表6。

表6　强夯地基加固效果统计

夯击能/kN·m	夯后地基承载力特征值/kPa	地基承载力特征值对应沉降/mm	变形模量/MPa	有效加固深度/m	地基下沉量/m A3 区	地基下沉量/m A4 区	强夯振动影响安全距离/m A3 区
1500	160	5.74	16.9	4~6	0.54	0.20	0.54
2000	200	5.41	20	5~6	0.52	0.25	0.52
3000	250	6.91	24.4	6~8	0.37	0.39	0.37
4000	300	5.24	29.9	7~9	0.40	0.43	0.40

2.4.2　真空动力固结法加固地基效果
真空动力固结法加固地基效果见表7。

表7　真空动力固结法地基加固效果统计

夯击能/kN·m	夯后地基承载力特征值/kPa	地基承载力特征值对应沉降/mm	变形模量/MPa	有效加固深度/m	地基下沉量/m	强夯振动影响安全距离/m
1500	160~210	4.52	13.3~71.8	4~5	0.333	50
2000	200	8.12	10.7~15	5~7	0.472	55
3000	250	4.84	12.1~21.8	6~8	0.602	55
4000	280~300	7.51	41~68.7	7~9	0.47	60

2.4.3　CFG 桩复合地基加固效果
CFG 桩复合地基加固效果见表8。

表8　CFG 桩单桩及复合地基承载力统计

试验区	桩径/mm	单桩承载力预估特征值/kN	单桩承载力实测特征值/kN	单桩承载力特征值对应沉降量/mm	复合地基承载力特征值/kPa	复合地基承载力特征值对应沉降量/mm	面积置换率	桩长/m
A1 区	φ400	370	467	7.14	420	11	0.064	12
	φ600	600	722	7.56	450	12.43	0.071	12
A2 区	φ400	470	519	7.76	300	11.53	0.064	18
	φ600	760	743	7.98		9.58	0.071	18
A3 区	φ400	550	605	8.31	450	10.7	0.064	18
	φ600	850	1105	4.62	440	11.83	0.071	18
A4 区	φ400	550	613	8.39	450	10.39	0.064	18
	φ600	850	963	8.12	450	8.39	0.071	18

试验结果表明：实测 φ400 桩单桩承载力特征值比预估值提高 55~192kN，提高幅度为 10%~35%，实测 φ600 桩单桩承载力特征值比预估值提高 113~255kN，提高幅度为 13.3%~30%。强夯加固过的吹填土与 CFG 桩构成的复合地基承载力特征值较高，未经过强夯加固的 A2 区，CFG 桩复合地基承载力特征值较低。

2.4.4　PHC 预应力管桩地基加固效果
PHC 预应力管桩地基加固效果见表9。
由表9数据可知，扣除桩头未加固压碎因素的影响，短桩单桩竖向承载力特征值较预估值提高 43%~48.6%，长桩单桩竖向承载力特征值较预估值提高 11.7%~19%，通过本次试验充分挖掘了本地区桩基承载潜力。

2.4.5 钻孔桩地基加固效果

钻孔桩地基加固效果见表10。

表9 PHC预应力管桩单桩承载力统计

试验分区	桩径/mm	桩长/m	单桩竖向承载力特征值预估值/kN	单桩竖向承载力实测特征值/kN	单桩竖向承载力特征值建议取值/kN	单桩竖向承载力特征值对应沉降量/mm	备注
A1	400	30	1050	1575	1500	6.4	
	500	30	1300	1950	1900	6	
		42	2060	3090	2300	6.6	
	600	30	1750	2625	2600	5.9	
		42	2050	3975	3150	6.5	
A2	400	35	1050	1450	1450	4.16	
	500	36	1300	1625	1600	4.9	桩头压碎
		47	2060	2149	2100	7.45	桩头压碎
	600	36	1750	2366	2300	5.11	桩头压碎
		47	2050	2030	2030	6.45	桩头压碎
A3	400	17	1050	1575	1500	4.23	
	500	17	1300	1950	1900	3.33	
		41	2060	3090	2300	3.72	
	600	17	1750	2625	2600	5.2	
		41	2050	3975	3150	3.03	
A4	400	20	1050	1400	1400	5.7	
	500	20	1300	1906	1900	5.06	
		38	2060	3090	2300	5.39	
	600	26	1750	2333	2333	4.35	桩头压碎
		40	2050	3798	3150	4.99	

表10 钻孔桩单桩竖向承载力统计

试验分区	桩径/mm	桩长/m	单桩竖向承载力特征值预估值/kN	单桩竖向承载力特征值/kN	单桩竖向承载力特征值对应沉降量/mm	桩端持力层	成孔工艺
A1	800	30.8	1700	2465	5.26	⑥粉质黏土	旋挖钻机
		35.7	1700	2465	7.03	⑥粉质黏土	旋挖钻机
		31	1700	2465	1.98	⑥粉质黏土	旋挖钻机
	800	43.8	2500	3750	7.87	⑦细砂	旋挖钻机
		43.8	2500	3750	6.06	⑦细砂	旋挖钻机
		43.8	2500	3750	7.03	⑦细砂	旋挖钻机
	1000	30.75	2100	3150	3.94	⑥粉质黏土	旋挖钻机
		35.7	2100	3150	3.38	⑥粉质黏土	旋挖钻机
		30.96	2100	3150	3.09	⑥粉质黏土	旋挖钻机
	1000	43.5	3100	4185	6	⑦细砂	旋挖钻机
		43.5	3100	4185	5	⑦细砂	旋挖钻机
		43.5	3100	4185	5	⑦细砂	旋挖钻机
A2	800	35.75	1700	2550	4.25	⑤—3粉土	旋挖钻机
		37	1700	2550	3.89	⑤—3粉土	旋挖钻机
		35.8	1700	2550	1.98	⑤—3粉土	旋挖钻机
	800	46.6	2500	3000	6.91	⑦细砂	旋挖钻机
		45.7	2500	3000	5.99	⑦细砂	旋挖钻机
		47.9	2500	3000	7.33	⑦细砂	旋挖钻机

续表10

试验分区	桩径/mm	桩长/m	单桩竖向承载力特征值预估值/kN	单桩竖向承载力特征值/kN	单桩竖向承载力特征值对应沉降量/mm	桩端持力层	成孔工艺
A2	1000	36.65	2100	3150	2.94	⑤—3粉土	旋挖钻机
		35.8	2100	3150	4.37	⑤—3粉土	旋挖钻机
		35.7	2100	3150	4.47	⑤—3粉土	旋挖钻机
	1000	45.8	3100	4650	6.97	⑦细砂	旋挖钻机
		47.35	3100	4650	7.64	⑦细砂	旋挖钻机
		45.82	3100	3255*	7	⑦细砂	旋挖钻机
A3	800	30	1700	2550	5.27	⑥粉质黏土	冲击钻机
		30	1700	2550	5.09	⑥粉质黏土	冲击钻机
		30	1700	1780*	2.5	⑥粉质黏土	回转钻机
	800	42	2500	3750	6.66	⑦细砂	回转钻机
		42	2500	3750	7.95	⑦细砂	冲击钻机
		42	2500	3750	6.51	⑦细砂	回转钻机
	1000	30	2100	2940	4	⑥粉质黏土	回转钻机
		30	2100	2940	7	⑥粉质黏土	回转钻机
		30	2100	2940	5.5	⑥粉质黏土	回转钻机
	1000	42	3100	4650	6.58	⑦细砂	回转钻机
		42	3100	4650	6.94	⑦细砂	冲击钻机
		42	3100	4650	8.74	⑦细砂	回转钻机
	1200	42	4100	4305*	3.5	⑦细砂	回转钻机
		42	4100	6150	6.15	⑦细砂	回转钻机
		42	4100	6150	4.6	⑦细砂	回转钻机
A4	800	20	1700	2550	11.38	④细砂	冲击钻机
		20	1700	2550	7.09	④细砂	冲击钻机
		21	1700	2550	12.07	④细砂	冲击钻机
	800	40.5	2500	3750	6.93	⑦细砂	冲击钻机
		40.5	2500	3750	5.96	⑦细砂	冲击钻机
		40.5	2500	3750	8.32	⑦细砂	冲击钻机
	1000	20	2100	3045	7.53	④细砂	冲击钻机
		20	2100	3045	7.96	④细砂	冲击钻机
		20	2100	3045	4.47	⑤④细砂	冲击钻机
	1000	40.5	3100	4317	6	⑦细砂	冲击钻机
		40.5	3100	4317	7	⑦细砂	冲击钻机
		40.5	3100	4317	3.5	⑦细砂	冲击钻机

由表10可以看出，钻孔桩短桩单桩竖向承载力较预估值提高40%~50%。钻孔桩长桩单桩竖向承载力特征值较预估值提高20%~50%，由此可见，本场地钻孔灌注桩具有较大承载潜力。

2.4.6 处理方案

根据各个地基处理实验结果，并经过规范经验公式计算验证，具体的地基处理方案为：第一类地基处理采用强夯和真空动力固结法：针对场原料堆载荷载比较大区域、公路路基、铁路路基及其他建筑区域，按照不同夯击能进行全面夯击；第二类地基处理采用CFG复合地基和PHC高强度预应力管桩（短桩）；第三类地基处理采用钻孔灌注桩和PHC高强度预应力管桩（长桩）。

2.4.7 经济效益

在整个首钢京唐钢铁厂地基处理过程中，严格采用试验数值，比采用按规范经验公式计算的桩长平均短3~5m，具体来说：直径800mm灌注桩桩长平均减少约4m，直径1000mm灌注桩桩长平均减少约5m，直径1200mm灌注桩桩长平均减少约4.3m，灌注桩总桩数为55805根，减少总桩长31.9×10⁴m，节约混凝土14.488×10⁴m³，节约费用1.4198亿元；直径600mm PHC高强度预应力管桩桩长平均减少约 4.3m，23693 根，共减少桩长 10.2×10^4m，节约费用约 0.713 亿元；CFG 桩复合地基直径 400~600mm 素混凝土桩桩长平均减少约 4m，桩数共 116593 根，共减少桩长 46.64×10^4m，节约费用约 0.3263 亿元。合计桩基共节约费用 2.4591 亿元。

采用不同的地基处理方案组合和科学的试验数据，与附近地区相比，比采用单一地基处理方式也节约大量投资。首钢京唐钢铁厂生产指挥中心、地下管廊、电缆沟等采用强夯后的地基比采用 CFG 复合地基节约基桩 32450 根，节约费用约 0.3668 亿元。

根据现场围海造地的特殊工艺，沙中含水率很高，刚造完的地，时间短，地基土中的水来不及排出，地基土尚未固结，设备和人员很难进入，而且液化现象严重，及时调整强夯方案，采用了明沟开挖、强排降水施工方法代替"真空降水法"，钢铁厂一期用地 12km²，按每平方米降水费用 23 元计算，节约降水费用约 2.76 亿元，缩短工期 25 天。曹妃甸工业区现已吹填造地 100 多平方公里，也采用同样降水方法，节约的费用十分可观。桩基工程和降水工程合计节约投资共 5.5859 亿元。

3 结语

吹砂造地软土地基处理方法应仔细分析上部结构的特点、荷载情况，并根据场地土按荷载和变形要求进行分类，每一类采用不同的地基处理方式或组合方式进行处理能够取得较好的处理效果和经济效益。

参考文献

[1] 姜兵，张玲玲. 软土地基中加固方案的选择[J]. 山西建筑，2009, (18): 83~84.

[2] 陈信强. 浅析沿海人工围堰造地软土地基处理[J]. 福建建筑，1998, (3): 40~42.

[3] 陶生若，隋孝民. 大面积软土地基处理浅析[J]. 天津建设科技，2006, 16(B07): 169~171.

[4] 高思毅. 银川饱和液化软土地基强夯处理技术[J]. 石油工程建设，1996, 22(4): 30~34.

[5] 黎龙. 深层搅拌法在苏沪高速软基处理中的应用[J]. 山西建筑，2005, 31(6): 79~80.

[6] 高迪. 浅谈常用软基处理技术的分类发展与应用[J]. 山西建筑，2005, 31(21): 106~107.

[7] 王宏伟，党鸿鹏. 软土地基的特征、分类及处理方法[J]. 黑河科技，2003, (2): 68~69.

[8] 吴价城，林佳栋. 国内软土地基处理技术现状与发展趋势[C]// 第八届全国工程地质大会论文集，2008: 617~621.

[9] 张季超. 地基预处理技术在饱和软土中的研究与应用[C]// 中国建筑学会地基基础分会 2006 年学术年会论文集地基基础工程技术新进展，2006: 269~275.

（原文发表于《工程与技术》2012 年第 2 期）

首贵特钢卡斯特地貌地区工程勘察设计研究与应用

刘　巍

(北京首钢国际工程技术有限公司，北京 100043)

摘　要：卡斯特地貌岩溶发育地区工程勘察要比一般常规地层的勘察复杂得多，本文通过首贵综合钢厂项目的工程勘察，从复杂的岩溶地区工程地质勘察的特殊性、不同勘察阶段勘察方法的使用范围、勘察的主要技术要求等几个方面进行了总结和介绍，可为国内今后相关项目的勘察工作提供借鉴和参考。

关键词：卡斯特地貌岩溶发育地区；工程勘察；特殊性研究与实践

Design & Engineering Research and Application on Karst Landform of Shougang Guiyang Sepecial Steel

Liu Wei

(Beijing Shougang International Engineering Technology Co., Ltd., Beijing 100043)

Abstract：The project design for rock dissolving regions in Karst landform areas is far complicated than normal survey in conventional landscapes. This paper, by taking the example of project survey on Shougang Guiyang Complex Steel plant, concluded and introduced the peculiarities on project geological survey of complicated Karst landform areas, survey methods applications of different survey phases, as well as main technical requirements for survey, and supplied adequate reference to the further survey of relevant projects in domestic.

Key words：rock dissolving development regions in Karst landform; project survey; research and practice on peculiarities

1　引言

首贵特钢新特材料循环经济工业基地项目（以下简称首贵项目）地处贵州卡斯特地貌地区，可溶性碳酸盐岩分布广泛。在岩溶地区，可溶性岩石经过水的长期物理及化学作用，在地层中产生溶洞、暗河、溶沟、石芽或漏斗等岩溶现象，而在可溶性碳酸岩地层上又覆盖有红黏土，由于水的作用而形成土洞。由于复杂的岩溶地层及物理力学性质特殊的红黏土构成了新建厂区的复杂地基，研究该区域内岩溶山区复杂地质地基处理对于保证工程建设质量并降低工程造价就显得相当重要。而研究复杂地质地基处理方法的前提条件是要了解清楚工程地质条件，这样工程地质勘察就显得尤为重要，复杂的岩溶地区工程地质勘察我们没有现成的经验可取，

既要满足工程需要，又要为业主节省工程投资成为工程勘察的指导原则。

2　项目简介

首贵项目为贵阳市城市中心的老贵钢环保搬迁，同时实现产品升级的项目，厂址位于贵州省修文县扎佐镇小堡村黑山坝，距贵阳市 38km，距修文县 19km，用地面积 319.94 万 m^2。综合钢厂项目主要拟建建（构）筑物包括：原料场、球团、烧结、炼铁、炼钢、轧钢及相应配套的公辅设施。

3　首贵项目工程勘察阶段性划分

按照一般的项目设计惯例，工程勘察一般只需完成可行性研究勘察、初步勘察和详细勘察就基本能够满足项目设计的要求，而卡斯特地貌岩溶发育

地区要对地下情况有一个基本的了解，勘察工作要复杂得多，首贵项目就是一个特例。按照各建设工程在设计和施工之前，必须按照基本建设程序进行岩土工程勘察的工程勘察指导原则，结合首贵项目实际，将该项目工程勘察阶段分为：初步勘察，详细勘察，施工勘察（桩基勘察），补充施工勘察，钎探勘察。不同的勘察阶段满足不同的设计阶段要求，同时根据建构筑物的重要性、荷载大小及对沉降的敏感程度分别选取不同阶段的工程勘察及方法。不同的勘察阶段除均应满足《岩土工程勘察规范》GB50021—2001（2009 年版）及《贵州建筑岩土工程技术规范》DB22/46—2004 有关规定外，不同的勘察阶段针对首贵工程我们还提出了许多特殊性的处理方法和技术要求，特别是根据建构筑物的重要性、荷载大小及对沉降的敏感程度，在详勘阶段我们采用了不同的勘察手段，既节约了投资，又满足了工程需要。

4 初步勘察

4.1 该阶段主要勘察目的

查明岩溶洞隙及半生土洞、坍陷的分布、发育程度和发育规律，并按场地的稳定性和适宜性进行分区。由于首贵项目的特殊性，初步勘察要同时代替可行性研究勘察，因此初步勘察应对场地的稳定性和工程建设的适宜性作出评价。采用工程地质调查、钻探、物探三种手段结合的方法进行。

4.2 钻探主要技术要求

勘探线、勘探点间距、探孔深度按二级考虑，勘探线间距 120m（长轴），勘探点间距 80m（短轴），勘探点布置沿规划线布置勘探线，勘探线上钻孔间距 80m，一般性钻孔孔深暂定 15m，且进入中等风化岩层不小于 7m，控制性钻孔孔深暂定 25m，且进入微风化岩层不小于 3m，（控制性勘探点占总勘探点的 1/4，且每个地貌单元均应有控制性勘探点）。

4.3 物探主要技术要求

结合测区地形地物及电法勘探的技术特点，电法勘探测线原则上为纵横布置测线，纵向线距 60m，点距 4~5m，横向线距 40m，点距 4~5m（工程物探使用电缆其电极间距为 5m，为消除局部地形地物因素造成的极距误差，以 4m 点距为宜），并保证有足够的测线跨过测区内地质推测隐伏断层，剖面数 190 条。

5 详细勘察

5.1 详细勘察范围

厂区内采用天然地基为持力层的建构筑物，主要是厂区内中小型建构筑物，如单层、二三层房屋、水处理的水池等。

5.2 详勘主要技术要求

对于土质地基勘探孔深度为基础底板以下 6m，如在规定深度内遇基岩，勘探深应进入中风化岩石层（B 单元）不小于 2.0m。对于岩石或岩溶地基勘察孔深为基础底板以下且应进入中风化岩石层（B 单元）不小于 2.0m，拟定深度内遇溶洞时应钻穿溶洞进入洞底持力层以下不小于 2.0m。独立基础一柱一孔，条形基础 12m 一孔，大片的筏基按 12m 方格网布置钻孔。

6 施工勘察（桩基勘察）

6.1 施工勘察范围

荷载较大及对沉降敏感的桩基工程项目，如高炉基础、炼钢轧钢主厂房、烧结球团主厂房等。

6.2 施工勘察主要技术要求

桩基工程应进行一桩一探，逐桩进行施工勘察。钻孔进入中风化岩石层（B 单元）9m，确认此范围内无软弱夹层、断裂破碎带及洞穴分布、在桩底应力扩散范围内无岩体临空面，拟定深度内遇溶洞时应钻穿溶洞进入洞底持力层以下 9m。

7 补充施工勘察

7.1 补充施工勘察范围

对桩基施工勘察时遇到石笋，在施工过程中桩底加深较多，桩底不能满足 5m 中等风化要求的桩位进行的重新勘察。

7.2 补充施工勘察主要技术要求

同施工勘察。

8 钎探勘察

8.1 钎探勘察范围

荷载较小，对沉降不敏感次要小型建构筑物，如直埋管道、电缆沟、小型设备基础等。这些建构筑物由于基础所产生的附加应力较小，在施工前无需勘察，基槽开挖后只需在基地进行钎探即可。

8.2 钎探勘察主要技术要求

土质地基钎探深度为基础底面以下 3m，岩石地基钎探深度为基础底面以下 2m，独立基础一柱一探，条形基础 12m 一探，大片的筏基按 12m 方格网布置钎探孔。

9 几点体会

（1）初勘阶段钻探与物探的同时使用是必要的，但两者的先后顺序应采用先物探后钻孔的原则。岩溶地基勘察应遵循分析由面到点、勘探工作由疏到密、由宏观到微观的原则。首先沿建筑物外轮廓线布置物探线，根据物探结果，对物探发现异常的部位再进行钻孔验证，只有这样才能得出更准确的地质资料。

（2）按照《岩土工程勘察规范》GB50021—2001（2009 年版）第 5.1.6 条要求，施工勘察中勘探深度应不小于底面以下桩径的 3 倍并不小于 5m，因此最初我们把桩基勘探深度定为桩底以下 5m 中等风化岩，但在施工过程中由于勘探点遇到石笋有 30%

的桩有超挖现象，致使桩底中等风化岩厚度不能满足规范要求，只能再做补充施工勘察后再重新打桩，这是我们对卡斯特地貌岩溶发育地区勘察经验不足的结果。之后我们将桩基勘探深度定为桩底以下 9m 中等风化岩，现场施工证明基本满足了规范要求。

（3）钎探勘察的钻孔深度，根据地基变形均匀性确定。

1）变形均匀性地基按表 1 确定。

表 1　变形均匀性地基勘探深度

单独基础		条形基础	
荷载/kN·柱$^{-1}$	勘探孔深/m（基础底面以下）	荷载/kN·柱$^{-1}$	勘探孔深度/m（基础底面以下）
3000	6.5	250	5
2000	5	200	3.5
1000	3.5	150	3
500	3	100	2

2）变形不均匀地基或需作变形计算时，勘探深度应按地基变形计算深度确定。如在规定深度内遇基岩，勘探深度至基岩面或穿过强风化层。

新一代大型干式煤气柜的研究与开发

袁霓绯　李洪光　刘　巍　王兆村　靳　鹏

（北京首钢国际工程技术有限公司，北京　100043）

摘　要：笔者通过利用 Midas 有限元计算软件进行新型干式煤气柜结构设计，合理简化新型干式煤气柜计算模型，分析了新型干式煤气柜在不同荷载下受力状况，为今后研制更大型煤气柜设计提供参考。

关键词：新型干式煤气柜；Midas 有限元；筒体；运行活塞；导轮支架

Research and Development of a New Generation of Large Dry Gas Tank

Yuan Nifei　Li Hongguang　Liu Wei　Wang Zhaocun　Jin Peng

(Beijing Shougang International Engineering Technology Co., Ltd., Beijing 100043)

Abstract: Through the use of Midas finite element calculation software for a new type of dry gas tank structure design, reasonable simplified model dry gas tank model, analysis of a new type of dry gas tank in different load conditions, for the future development of more large-scale gas tank design reference.

Key words: new type of dry gas tank; Midas finite element; cylinder body; operation of the piston; wheel bracket

1 引言

煤气柜是储存冶金、石化等行业煤气的钢制容器，分湿式煤气柜和干式煤气柜两种。新型干式高炉煤气柜（简称新型柜）是国内在消化曼型柜和克隆柜的基础上开发设计出来的一种新型干式煤气柜。新型柜由筒体、柜顶、柜底板和活塞等组成，它的组成虽然比较复杂，但是其计算方法还在有限元计算范围之内。它与一般煤气柜不同之处在于一般煤气柜筒身做成多边形，而新型柜将筒身做成圆形，当收到筒体里面煤气压力时，侧板及其加劲肋是受拉构件，能发挥出钢结构的最大优势，因此新型柜承受的煤气压力比较大，最大可以达到 14kPa，这样相同体积下的新型柜储气能力为其他柜将近 2 倍左右，不仅节省投资，还可以保证安全使用。我院在吸收国内外已有煤气柜研究成果的基础上，研究并设计了容积从 5 万~30 万 m^3，压力从 1~11.5kPa 的新型煤气柜容积，图 1 所示为投入使用的首钢长治 20 万 m^3 新型干式煤气柜。现以首钢迁安 30 万 m^3 新型柜为例介绍煤气柜的组成、工作原理及运行特点，同时利用 Midas 软件进行新型柜有限元的计算，分析其受力特点，并为研制更大型煤气柜做探讨。

图 1　首钢长治 20 万 m^3 煤气柜

2 煤气柜的组成

迁安新建转炉新型煤气柜的储气容积为 30 万 m^3，气柜设计压力 11.5kPa，煤气柜的柜型为圆柱形稀油密封橡胶密封干式煤气柜。气柜侧板内侧直径为 64.6m，侧板总高度 107.2m，柜体总高度 121.262m（包括柜顶通风帽高度），活塞最大行程 91.6m，柜体立柱 32 根，其中 4 根为防回转柱；柜体设 8 层检修平台,柜本体外设 1 部高 114.206m 的防爆电梯与各层检修平台相连接;柜顶中心设有 1 个通风气楼,作为煤气柜内活塞上部的自然通风换气和人员进出煤气柜之用;在煤气柜的柜顶下面设有 1 部回转平台及一部防爆吊笼,便于柜顶内侧的涂漆和维护,同时为了防止活塞偏心运行,保证活塞沿柜壁平稳地滑动升降,在活塞桁架上设置导轮;在活塞上设置了混凝土配重,以便柜内所需压力和活塞平稳升降,混凝土配重由活配重及死配重组成,其中死配重为浇注混凝土箱形梁里面的混凝土重量,活配重为放置在混凝土箱形梁上的预制混凝土块,柜内压力由放置在混凝土箱形梁上的混凝土块进行调整。

3 煤气柜的有限元分析

3.1 建模

用于计算的有限元模型必须对实际结构进行简化,它包含结构形式、构件间的连接以及位移边界条件和受力边界条件的简化。本煤气柜由柜底板、侧板、顶板、柱、柜顶梁架系统、回廊、柜侧板加劲肋、柜侧板与柱子的连接件、梯子、活塞系统、柜顶通风气楼系统等组成,其结构形式复杂,附属构件众多,但该结构的传力途径十分清晰。为了能真实的模拟结构的受力状况,在计算模型建立过程中,仅考虑主要受力构件,把附属构架的荷载(化为自重)考虑在计算中,这样结构就简化为柜体系统(包括立柱、侧板、水平加劲肋及回廊)、活塞系统及柜顶系统(包括环梁及顶板)。

根据活塞的位置及煤气柜可能的使用情况,分别建立三个煤气柜模型(包括不含活塞、活塞在顶部及活塞在中间的三种使用工况),立柱、加劲肋、环梁采用梁单元、侧板及顶板采用薄板单元,主梁与环向次梁间为铰接,主梁与柱子间为铰接,活塞与立柱为弹性接触。

3.2 荷载工况

通过煤气柜工作状态的分析,在运营状态下的主要荷载有:

(1)气压。根据设计要求,气柜运行时的内压为 11.5kPa。

(2)风荷载。按《建筑结构荷载规范》(GB50009—2012),基本风压取百年一遇,风阵系数根据已有风洞试验结果选取。

(3)柜顶雪荷载及活荷载,两者取大值,取 0.5kN/m^2。

(4)活塞顶对力柱的冲力。通过气固耦合分析,求得气体不均衡作用下活塞位于顶部时对立柱的冲力。

(5)温度作用。取温度梯度 35T,分析日照作用产生的不均匀温度变化对结构的影响。

(6)地震作用。按 7 度,0.15g,采用阵型分解法计算。

(7)荷载组合。根据上述荷载情况,考虑 5 种荷载组合:自重+内压;自重+风荷载+内压;自重+内压+温度作用;温度作用+风荷载+自重+内压;自重+地震。

3.3 结果分析

(1)图 2 和图 3 分别给出了风荷载和单侧温度梯度作用下的变形形状,风荷载作用下的柜板最大位移为 18mm,温度梯度作用下柜板的最大位移为 73mm。

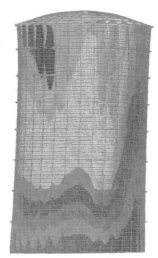

图 2　风荷载下变形

图 3　单边温度荷载下变形

从变形曲线看,煤气柜是属于相对柔性结构,回廊的作用能显著改善煤气柜的变形。

（2）图4~图7为各工况下的柜侧板应力云图。

内压作用下，煤气柜均匀受力，侧板最大拉应力为70MPa，侧板最大应力工况为温度荷载和内压共同作用，拉应力为177MPa，应力最大出现在侧板底部。

图4　内压作用下的应力云图

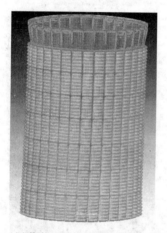

图5　风荷载和内压作用下的应力云图

图6　温度荷载和内压作用下的应力云图

（3）图8给出了温度、内压及风荷载作用下立柱和水平加劲肋的弯矩图，在这种工况下，立柱为压弯构件或者拉弯构件，水平加劲肋为拉弯构件。

根据内力可求出柱底的最大应力，计算长度可取回廊的间距。

图7　温度、内压及风荷载作用下的应力云图

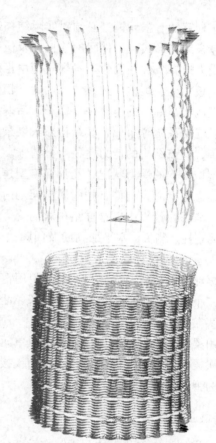

图8　温度、内压及风荷载作用下力柱和水平加劲肋的弯矩图

（4）图9为不带活塞工况下地震作用的第一阵型，周期为0.46s。图10为风压力下的第一屈曲模态。

（5）活塞受力分析。活塞是煤气柜的重要组成部分，煤气柜通过它的升降达到柜体储气容积的大小。活塞是穹顶结构模型，中间是中央环形梁，它的设置主要目的是防止径向的主梁在同一点相交构成应力集中,同时施工时也不方便,因此这部分刚度稍差一些,活塞顶板比较厚。径向是主梁,环向次梁与主梁通过刚接连接在一起,其上焊接活塞顶板,梁的平面外的稳定得以保证,如图11所示。

活塞周边是箱型环梁,里面浇灌混凝土,环形梁

的刚度相对于径向主梁来说刚度非常大。采用极限平衡法,取当柜体内煤气压力达到最大时的状态作为计算状态,这时活塞、环形梁及其上面的配重与煤气压力产生的向上升力相同,活塞受力达到最大值,因此可以把环形梁看做活塞铰接支座,但径向方向释放约束,这样才能模拟在煤气压力作用下环形梁沿径向方向的位移。

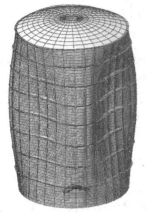

图 9 第一阵型

图 10 Buckling 分析

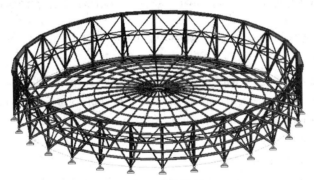

图 11 活塞模型

4 结论

煤气柜的工艺设计往往需要结合结构设计来确定,煤气柜的工艺设计包括:壳体的高径比、壳体直径、壳体立柱根数的确定;活塞油位高度、活塞环梁的高度和宽度;侧板高度及侧板顶部至预备油箱平台面的高度确定;煤气紧急放散管开孔区中心高度的确定;屋顶板的外圆周起拱角与屋顶板的球面半径;活塞板的假象起拱角与活塞板的球面半径;底部油沟宽度的确定;中央底板的球面半径;侧板的段数;煤气紧急放散管的根数;煤气吹扫放散管的根数和直径;中央底板煤气冷凝水排水管直径的计算以及各段立柱高度的确定。煤气柜的研究除了受力分析,还得考虑耐久性问题以及合理的施工方法。

采用有限元分析,真实模拟了煤气柜各构件之间的相互连接及传力特性,掌握了煤气柜的动力特

性及临界承载力。在煤气柜的使用过程中,温度梯度荷载对煤气柜受力起着控制作用,回廊能显著提高柜体的刚度,改善气柜的受力特性,侧板的厚度主要取决于立柱和水平肋的距离。通过各种荷载及使用工况的分析,把握了煤气柜的受力规律,为进一步开发更大容量煤气柜打下了坚实的基础。

参考文献

[1] 谷中秀. 新型干式煤气柜[M]. 北京: 冶金工业出版社, 2010: 1~99.

[2] 陈祥勇, 姜德进, 芮斌. 一种新型的 30 万 m^3 POC 型煤气柜性能分析[J]. 钢结构, 2011(4).

[3] 曹天负, 黄必章, 邵同平. 20 万 m^3 新型高炉煤气柜有限元分析[J]. 陕西建筑, 2009(14).

[4] 周梅. 大型圆柱形储气结构风阵系数分析[J]. 安徽建筑工业学院学报, 2009(1).

[5] 邹良浩, 梁枢果, 徐金虎, 等. 大型煤气柜风阵响应与抗风性能分析[J]. 振动、测试与诊断, 2011(1).

高炉大修改造工程中几个问题的探讨

刁现伟　刘　巍　王岩禄　吉永平

（北京首钢国际工程技术有限公司，北京 100043）

摘　要：某高炉大修改造工程，原设计为 1260m³ 高炉，经过一次改造扩容为 1350m³ 高炉，本次改造拟扩容为 2000m³ 高炉，需要对高炉炉壳进行拆除后更换，施工方法拟采用高炉整体推移技术。本次高炉大修改造工程炉本体部分，主要涉及高炉地基承载力、高炉基础的改造、炉体框架的加固与改造、高炉推移基础的设计、高炉整体推移等几个问题。本文将对以上几个问题进行分析和总结。

关键词：高炉大修改造；高炉基础；整体推移

Discussing the Problems about Blast Furnace Renovation Works

Diao Xianwei　Liu Wei　Wang Yanlu　Ji Yongping

(Beijing Shougang International Engineering Technology Co., Ltd., Beijing 100043)

Abstract：The 1260m³ blast furnace, enlarged to 1350m³ after a renovation, would be enlarged to 2000m³. The old blast furnace shell should be removed and reconstructed. The method of construction will be integral traction. The furnace body of the renovation works will be relate to ground bearing capacity, renovation of blast furnace foundation, strengthening of furnace frame, design of traction foundation and integral traction. The mentioned above will be analyzed and generalized in the paper.

Key words：blast furnace renovation works; blast furnace foundation; integral traction

1　工程概况

　　某高炉大修改造工程，原设计为 1260m³ 高炉，经过一次改造扩容为 1350m³ 高炉，本次改造拟扩容为 2000m³ 高炉。上次改造时由于扩容较小，仅对高炉炉壳内部冷却壁及工艺设备等进行了改造，没有涉及结构方面的重大调整。本次扩容为 2000m³ 高炉，需要对高炉炉壳进行拆除后更换，施工方法拟采用高炉整体推移技术。

　　高炉整体推移技术即保持原高炉正常生产，在原高炉附近建设新的 2000m³ 高炉本体，待新高炉壳及炉内工艺设备基本安装完成后，将原高炉停产拆除，然后将新建设高炉本体整体推移就位，再恢复拆除的炉体框架、出铁场及风口平台和出铁场厂房等。采用高炉整体推移技术可缩短高炉停产时间，减小因高炉大修改造对钢铁厂上下游生产工序的影响。

　　本次高炉大修改造工程炉本体部分，主要涉及高炉地基承载力、高炉基础的改造、炉体框架的加固与改造、高炉推移基础的设计、高炉整体推移等几个问题。本文将对以上几个问题进行分析和总结，得出的结论可供类似工程参考，存在的问题希望得到更加深入的讨论。

2　高炉本体改造中的主要技术问题

2.1　高炉基础改造方案

　　（1）由于高炉扩容引起高炉基础所承担的荷载增加，需要提高高炉基础的地基承载力或者扩大高炉基础面积。原高炉基础平面布置图如图 1 所示。

　　本工程中影响扩大高炉基础面积的因素主要包括以下几个方面：

　　1）本工程高炉基础外围很多出铁场柱，出铁场柱基础配筋较小，高炉基础面积扩大时钢筋的连续性存在问题。

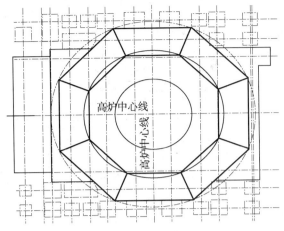

图 1 原高炉基础平面布置图

2）本工程高炉基础范围内的地基长期承受高炉荷载基本完成沉降，高炉基础范围外的地基属于没有承受荷载的软土地基，高炉基础外扩后形成的新基础在一定程度上属于坐在两种性质的土层上，新增加的荷载能否传递到基础外围存在问题。

3）高炉基础扩大的面积扣除出铁场基础面积后提供的增加的面积很小。

4）高炉基础扩大面积时由于基础左侧不能扩大，基础成了偏心基础。

5）基础底面积扩大后，高炉基础弯矩增大，基础配筋不足。

综合以上因素，评定认为不扩大基础面积，保持高炉基础的整体性，根据规范及参考文献等提高对地基承载力要求的方案较好。

（2）采取措施减小出铁场荷载，将填充水渣换成材质较轻的蒸压加气混凝土块或陶粒空心砌块。为防止砌块吸水，考虑将砌块上部浇一层细石混凝土，并设置排水管。

（3）由于高炉砌砖在推移前完成，出铁场活载可以按照 10kN/m² 考虑。

（4）高炉基础顶面标高由原来 1.5m 提高至 1.7m，提高 200mm，高炉推移基础开槽不能影响原高炉基础的整体性。

通过采取以上措施，降低了高炉改造后对地基承载力的要求，经过验算改造后的高炉基础地基载力要求比原来提高了 50kN/m²。

2.2 高炉基础地基承载力问题

根据《建筑地基基础设计规范》第 5.2.8 条，对于沉降已经稳定的建筑或经过预压的地基，可适当提高其地基承载力。同时根据文献[2]，建（构）筑物建成 10 年后，砂土层地耐力可提高 10% 以上；文献[3]中邯钢 4 号高炉地基承载力的评价结果表

明，由于近 30 年长期压缩变形的影响，其承载力提高近 50%。一般情况下，改造工程的地基承载力可适当提高。

本工程原地勘及设计图纸中明确：7 层为亚黏土，是高炉基础的下卧层，容许承载力等于 280kPa；7-1 层为轻亚黏土，是高炉基础的下卧层，容许承载力等于 250kPa。换填 2m 深度碎石后容许承载力为 300kPa。

新地勘报告中，高炉基础的下卧层为 2 层粉土，承载力特征值为 140kPa。该土层对应于原地勘中的 7 层亚黏土和 7-1 层轻亚黏土。

由于新旧地勘文件不一致，我们在高炉基础附近分别进行了 3 组深层平板载荷试验和 3 组浅层平板载荷试验。根据试验结果，2 层粉土及粉质黏土地基承载力特征值为 190kPa。

通过试验及验算，2 层粉土及粉质黏土承载力经深度修正后能满足高炉基础底面承载力的要求。

2.3 高炉基础的改造

通过减小出铁场填充荷载及出铁场活荷载，降低对高炉基础本身的强度提高的要求，是本工程在设计中的一个主要思路。通过验算，本工程高炉基础原配筋能够满足高炉扩容改造后的强度要求。本工程仅对高炉基础局部混凝土厚度不够的区域进行了加厚，尽量减少高炉基础本身的改造，保证高炉基础的整体性。

2.4 炉体框架的加固与改造

本工程拟采用高炉整体推移技术，整体推移时需要将高炉炉体框架一侧打开，因此打开后的炉体框架安全性也是本工程验算的一个重点。文献[3]中，炉体框架横梁打开后，框架结构成为可变体系，框架柱将产生侧向失稳，必须对框架进行加固。

本工程中，原设计结构体系与文献[3]不同，炉体框架梁打开后，框架结构仍为不变体系。本设计要求改造过程中减小平台活荷载。经过验算，打开后的结构强度及稳定性基本能够满足施工中的荷载要求，本工程没有特别加固炉体框架柱。但应注意改造施工中是否存在恶劣天气等极端情况的影响。

3 高炉推移基础的设计

保持原高炉正常生产，在原高炉附近新建高炉推移基础，并在其上施工新的高炉炉壳，待新高炉炉壳及炉内工艺设备基本安装完成，原高炉停产拆除后，将新建高炉沿推移轨道整体推移就位。高炉推移基础图如图 2 所示。

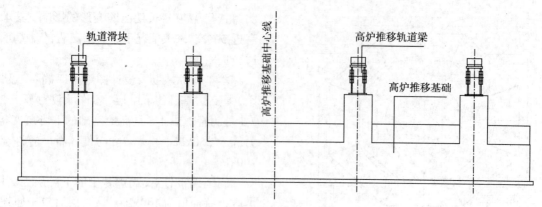

图 2　高炉推移基础立面图

高炉推移基础荷载主要包括推移基础自重、炉壳及壳内耐热基墩、工艺冷却壁及隔热材料、冷却水管等荷载。设计时恒载分项系数 1.2，活载分项系数 1.4。

设计时推移基础梁、板共同计算，基础底面按照平均地基反力。计算后取梁、板弯矩分别进行配筋计算。计算时推移基础的计算长度按照刚性角扩展，并可适当加长，以减小对地基承载力的要求。

由于高炉推移基础为临时性结构，推移完成后一般无其他用途，因此可根据《混凝土结构设计规范》[4]，按照安全等级为三级，结构重要性系数取值为 $\gamma_0 = 0.9$，推移基础混凝土的裂缝控制也可适当放宽。

4　现场推移情况

4.1　推移基本情况

本工程水平推移距离 35.5m，设计推移重量约 5460t，因推移时炉喉封板尚未焊接，炉内部分镶砖没有完成，实际推移重量约 4000 多吨。高炉推移现场图片如图 3 所示。

图 3　推移高炉本体

高炉推移设 4 根推移轨道，两侧轨道各 3 个支

点，中间两根轨道各 4 个支点，共 16 个支点。竖向荷载由 16 个支点承担，一个支点的最大荷载约 380t。推移滑块布置如图 4 所示。

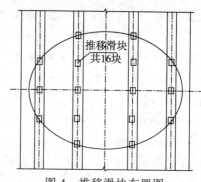

图 4　推移滑块布置图

推移轨道上涂抹润滑油，高炉与轨道之间的摩擦系数，最大静摩擦系数 0.16~0.18，滑动摩擦系数 0.10~0.12。

4.2　推移液压系统

本工程推移由液压千斤顶完成，4 根推移轨道分别设置 1 台液压千斤顶，4 台千斤顶按左右分为两组，每次行程 1.2m，共 30 个行程。推移液压千斤顶如图 5 和图 6 所示。

图 5　推移液压千斤顶（一）

高炉推移操作流程如图 7 所示。

本工程预计推移时间 8h，由于局部出铁场凿除未到位等因素影响，实际推移时间 12h。

图6 推移液压千斤顶（二）

4.3 高炉推移应注意的问题

（1）高炉基础范围内，推移轨道埋件的二次灌浆料，1d强度要保证。一般情况下为了确保工期，推移轨道就位后很快就会安装液压千斤顶开始推移。如果二次灌浆后时间过短，强度达不到设计标准，高炉就位过程中就会破坏二次灌浆层，引起高炉不均匀变形，留下安全隐患。

（2）高炉推移基础梁在施工时形成一定的坡度，整个推移行程高差约30mm，防止高炉推移前基础沉降形成上坡。

（3）推移时两侧轨道均有人员跟随测量高炉前行距离，随时调左、右侧液压系统，保证高炉推移不偏。

（4）推移液压系统提前按照规程检测试压，并备有关键部位备件，以防系统部件损坏影响推移。

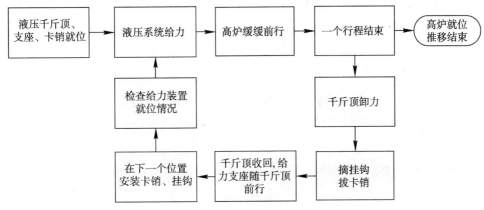

图7 高炉推移操作流程示意图

5 结语

本文对高炉大修改造中高炉地基承载力、高炉基础的改造、炉体框架的加固与改造、高炉推移基础的设计、高炉整体推移等几个问题进行了分析和总结。

本工程设计中基本思路是减少荷载，通过减少荷载，降低高炉扩容改造对高炉基础地基承载力、高炉基础本身强度、炉体框架打开状态的强度及稳定性等方面的要求，从而实现高炉顺利扩容。

参考文献

[1] GB50007—2011 建筑地基基础设计规范[S]. 北京：中国建筑工业出版社，2011.

[2] 赵志坤. 唐钢3号高炉大修工程高炉整体推移设计[J]. 中国钢铁业，2008,8:24~25.

[3] 王凤江. 高炉扩容中的关键性岩土工程问题[J]. 岩土工程技术，2005,19(4):211~214.

[4] GB50010—2010 混凝土结构设计规范[S]. 北京：中国建筑工业出版社，2010.

迁钢 1580mm 热轧旋流沉淀池设计

周长华

（北京首钢国际工程技术有限公司，北京 100043）

摘　要：通过工程实例，本文介绍热轧旋流沉淀池圆柱形壳体的设计计算方法及施工次序，提出设计理念及构造措施。本工程采用倒逆法施工，先施工支护墙，使得旋流沉淀池施工简单迅速，缩短了工期，为后续工程做了很好的铺垫。此种设计受力清晰明确，简单明了。本文侧重介绍旋流沉淀池的受力分析及外支护结构的合理利用以及主要弯矩的受力部位位置，并在该位置采取增设暗梁等构造措施。

关键词：旋流沉淀池；圆柱形壳体；有限元分析；结构设计；构造措施

Design of Hydrocyclone Sedimentation Tank for Qian'an 1580mm Hot Strip Mill

Zhou Changhua

(Beijing Shougang International Engineering Technology Co., Ltd., Beijing 100043)

Abstract：Through engineering examples, this paper introduces the design and calculation method and construction sequence of cylindrical shell of hot-rolled hydrocyclone sediment tank , puts forward the design principles and structural measures. This project adopts inverse construction method. Construction of supporting parapet wall is done firstly to simplify and shorten construction of hydrocyclone sediment tank, to reduce the construction time, to well set off the coming engineering. The author believes that force is simple and clear in this design. The paper focuses on introduction of force analysis, rational utilization of external parapet wall construction, stressed position of main flexural torque on which buried beam and other construction measures are taken.

Key words：hydrocyclone; cylindrical shell; finite element analysis; structural design; structural measures

1　引言

环保是大家心目中的共同目标，污水处理已成为工业建筑方面不可缺少的项目。对于热轧水处理施工工期最长，难度最高的旋流沉淀池来说，尽量缩短工期，保证质量是设计所必须考虑的。下面就迁钢 1580mm 热轧旋流沉淀池结构设计中的问题进行探讨，以为类似工程提供参考，加以改进。

2　工程概述及工程地质概况

本工程旋流沉淀池为地下钢筋混凝土结构，地上采用露天栈桥，利用天车抓斗进行抓渣。池外筒内径 28m，内筒内径 5.5m，深 39.5m，采用内外筒承重结构。其平面图和剖面图分别如图 1 和图 2 所示。

旋流沉淀池场地地层结构从上而下为：素填土 Q_4^{ml}、细砂与粉质黏土 Q_4^{al+pl}、全风化片麻岩 A_{rs}、强风化片麻岩 A_{rs}、中风化片麻岩 A_{rs}。旋流池座在强风化片麻岩上，承载力高，工程性能好，地基承载力特征值 f_{ak} 为 800kPa。地下水主要为潜水及下部砂土层中弱承压水，地下水对混凝土无腐蚀性，对混凝土结构中的钢筋在长期浸水状态下无腐蚀性，在干湿交替状态下具有弱腐蚀性；对钢结构具有中等腐蚀性。地下水位标高按▽−1.2m 计算。

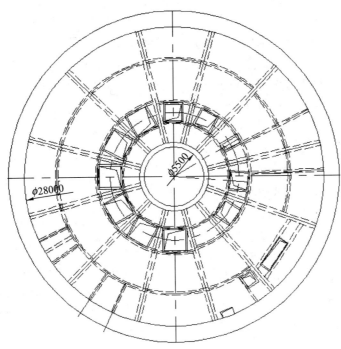

图 1　沉淀池平面图

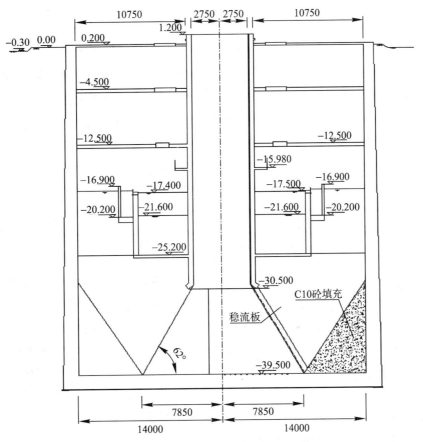

图 2　沉淀池剖面图

3　结构体系的选择

　　本工程旋流沉淀池属于单筒结构体系,主要受力都由外筒承担。通常做法是:采用地下连续墙、

沉井、大开挖或逆作法等施工技术将外筒结构做成从顶到底的圆柱筒,在圆柱筒与底板相接角部区域采用混凝土浇筑成倒圆台形,以满足工艺专业要求,该做法结构设计受力明确简单,本设计采用该结构

体系。

由于工期紧张，周围环境不允许采用大开挖施工，工艺专业的具体荷载不能很快提清楚，现场又急于施工，于是我们委托地勘单位先进行周边支护的设计和施工。地勘单位在紧贴沉淀池外筒壁采用逆作法，先设计及施工一圈支护，待支护施工到中途的时候，我们的沉淀池图纸也正式发出，这样既不造成窝工，也不耽搁整个工程的进度，还不影响周围的建筑施工。支护结构在露天栈桥基础底面下开始制作，露天栈桥基础底面以上填土采用开挖运走。

由于支护承担了周围土压力，因而旋流沉淀池受力更加简单，外壁只受水压力的影响，使得计算更加简单。考虑到支护结构施工难度大，深度深，施工难免出现缺陷，故本设计考虑了 1/2 土压力荷载，包括支护结构压力，个人认为此值偏保守。我单位引进了 midas 三维有限元分析软件，为使计算更精确，此次采用 midas 分析建模计算。

4 钢筋混凝土内外筒内力计算

4.1 受力分析

各层平台荷载通过八卦梁传到内筒及外筒上，内筒通过稳流板传到外筒及底板上，外筒外壁还承受水及部分土压力以及地面堆载。

4.2 旋流沉淀池荷载工况分析

旋流沉淀池工况分析如下：

（1）由于采用逆作法做好支护后才施工旋流沉淀池，施工阶段，沉淀池只承受自身重量及施工荷载；

（2）施工完成后，使用前，外筒外壁还承受水及部分土压力以及地面堆载及各平台自重及设备重，各层平台可作为外筒壁的弹性支座；

（3）正常运行使用阶段，外筒外壁还承受水和部分土压力、地面堆载及各平台自重及设备运行荷载以及内水压力作用。各层平台可作为外筒壁的弹性支座。

分析上述三种情况，（2）最不利，由此按（2）计算。由于只考虑外部荷载最不利状况，外池壁水平方向只会出现受压情况，此次不列出受压应力。

4.3 内力计算及结果分析

4.3.1 各单元构件的几何特性
（1）外筒壁。

外筒壁高度 H=39.75m，直径 d=29.4m，半径 R=14.7m，壁厚 t=1.4m。

（2）底板。

底板半径 R=14.7m，板厚 t=1.4m。

4.3.2 荷载计算（标准值）
参数确定：

水的重度：γ_w=10kN/m^3；

岩石重度：$\gamma_{岩}$=23kN/m^3；

土的浮重度：γ=11kN/m^3；

土的重度：$\gamma_{土}$=21kN/m^3；

地面堆载取 $q_{地}$=30kN/m^2；

静止侧压力系数：由于外筒壁是与支护墙接触，所以应取混凝土的 K_0=0.25；

支护结构以上部位的侧压力系数应取黏土的 K_{01}=0.5。

（1）地面堆载引起的侧压力强度：

$$q_1=K_0×q_{地}=0.25×30=7.5kN/m^2$$

（2）土压力强度。

地下水顶面土压力强度：

$$q_2=K_{01}× \gamma_{土}×Z_1=0.5×21×1.2=12.6\ kN/m^2$$

底部土压力强度：

$$q_3=q_2+K_0× \gamma×Z_2=12.6+0.25×11×（39.5–1.2）=117.9kN/m^2$$

（3）水压力强度。

地下水池壁顶面：0 kN/m^2

池壁底部：q_w= γ_w×Z_2=10×38.3=383 kN/m^2

（4）水压力及堆载如图 3 所示，土压力如图 4 所示。

4.3.3 模型及计算应力
模型如图 5 所示，竖向弯矩 M_{xx} 如图 6 所示，水平弯矩 M_{yy} 如图 7 所示。

4.3.4 结果分析
由应力图可以看出，外筒壁底部及稳流板之间的应力大，这与受力分析结果一致。跨过稳流板往上可以适当减少配筋和减少壁厚。本工程实际采用渐变断面设计。

4.3.5 抗浮验算
由于在施工阶段采用降水措施，所以不考虑施工时的抗浮问题。抗浮验算应为施工完毕，尚未生产时的抗浮能力，在该阶段：

结构自重 G=22627kN；

土对旋流沉淀池的摩阻力

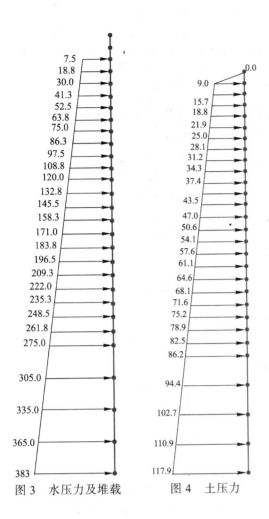

图3 水压力及堆载

图4 土压力

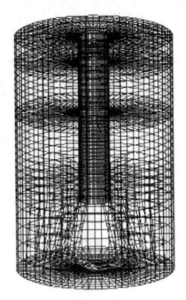

图5 模型

$F_摩=0.57×3.14×30.8×39.5×10=21775kN$；

浮力 $F_浮=3.14×30.8×38.3×10=37041kN$；

$G+F_摩>1.05×F_浮$满足设计要求；

支护结构单独采用锚杆进行抗浮。

裂缝宽度验算应根据《给水排水工程钢筋混凝土沉井结构设计规程》(CECS137—2002)附录 A 按大偏压构件进行计算，这里不再具体列出。

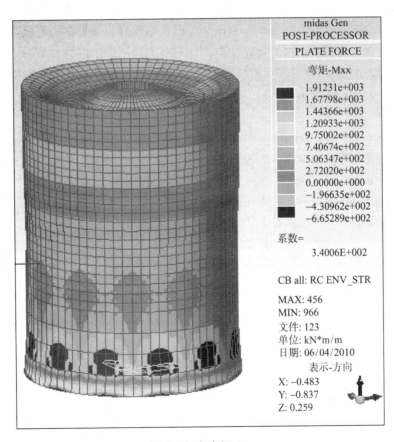

图6 竖向弯矩 M_{xx}

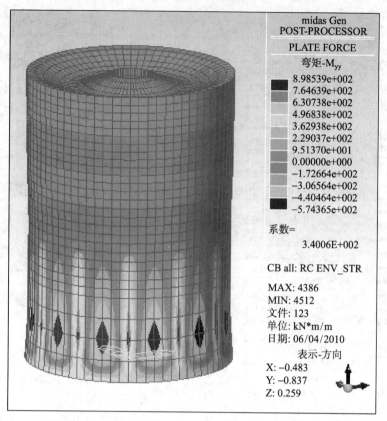

图 7　水平弯矩 M_{yy}

5　结构设计构造措施

根据内力计算可知，旋流沉淀池在底板与外筒壁相交处、稳流板与外筒壁相交处、各层平台与内外筒壁相交处，弯矩较大，是各构件的约束点，因此设计时应加强上述部位的刚度、配筋以符合计算假定。本工程在上述部位均设有暗梁。

6　结语

随着国家资源的越发匮乏，环保意识的加强，废水处理循环利用将更加被注重，类似的水处理工程将更加广泛。本设计受力明确清晰，施工次序井然有序，并可以大大缩短工期，提高效益。热轧旋流沉淀池已成功在迁钢 2160mm 和 1580mm 热轧、首钢京唐 1580mm 和 2250mm 热轧，首秦热轧工程中得到充分利用，并取得了很好效益。本设计还有改进的地方，如果在稳流板以下的地方坐在坚硬的岩石上，可采用倒圆台结构形式，可以节省混凝土用量，但施工及计算将增加难度。

参考文献

[1] GB50009—2001（2006 版），建筑结构荷载规范[S]. 北京：中国建筑工业出版社, 2002.
[2] GB50010—2002, 混凝土结构设计规范[S]. 北京：中国建筑工业出版社, 2002.
[3] 何学荣. 武钢二热轧旋流沉淀池设计[J]. 钢铁技术, 2004, 3: 30.

（原文发表于《2012青岛国际脱盐大会论文集》）

FRP 约束混凝土与钢管混凝土构件性能比较

王双剑　　王元丰

（北京首钢国际工程技术有限公司，北京 100043）

摘　要：对混凝土进行约束可以提高其承载力和延性，FRP 约束混凝土和钢管混凝土是两种不同的约束混凝土具体应用形式。本文通过对两种组合材料各方面进行对比，分析了两者间的共性与区别，并比较了核心混凝土在不同材料约束下的受力性能。

关键词：约束混凝土；FRP；钢管混凝土；轴压

Comparison between Properties of FRP–confined Concrete and Concrete–filled Steel Tubular Members

Wang Shuangjian　　Wang Yuanfeng

(Beijing Shougang International Engineering Technology Co., Ltd., Beijing 100043)

Abstract：The axial compressive strength and ductility of concrete can be improved with external confinements. FRP-confined concrete and concrete-filled steel tube are two specific applications of confined concrete. Some aspects of the two composite materials are compared and the commonness and difference are analyzed, in addition, the mechanical properties of confined concrete with the two different confinements are summarized.

Key words：confined concrete; FRP; concrete-filled steel tube; axial compression

1 引言

混凝土是目前土木工程中应用最广泛的建筑材料之一。它主要的特点是抗压强度高、脆性大，而在三向受压的复合应力作用下其强度、变形性能均有很大的提高。混凝土轴心受力破坏机理是：微裂缝形成、发展、扩大，横向变形加大，进而形成较大的宏观裂缝，宏观裂缝继续发展以至于混凝土破坏。整个过程中，混凝土横向扩大与轴向收缩变形之比（泊松比 μ）最大为 50%。因而，通过约束限制混凝土横向变形的发展是增强混凝土强度与延性的一种有效途径。这可以通过将混凝土灌注于钢管或预制 FRP 管内，或是在混凝土构件外包 FRP 纤维布来实现。当构件中混凝土轴心受力变形时，其横向应变发展受到外包层的限制。正是由于核心混凝土与外包约束层在受力过程中的这种作用，使混凝土材料本身性质发生了变化，即强度得以提高，塑性和韧性性能得以改善。

本文通过对以往研究者们大量的理论和试验研究成果的分析和总结，从 FRP 约束混凝土与钢管混凝土二者约束层的材料特性、受力性能，以及计算方法等方面进行了对比，表明 FRP 约束混凝土与钢管混凝土两种组合材料有着较大的差别。

2 约束混凝土受压工作性能

典型的约束混凝土在轴压作用下应力－应变关系曲线如图 1 所示。

Mander[1]，Ahmad 和 Shah[2]等对约束混凝土的应力–应变关系进行过试验研究，使用的方法是通过先对混凝土试样施加已知的横向约束力，然后测试轴向应力与应变的关系。其研究结论为：在有横向约束力的情况下，混凝土的极限承载力和极限变形能力均提高，提高的幅度与横向约束力的大小有关。

早期的研究认为在侧向静水压力的主动约束作

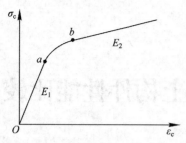

图 1　典型约束混凝土应力–应变关系

用下，混凝土抗压强度与约束应力的关系可以表示为：

$$f_c' = f_c + k_1 p \qquad (1)$$

式中，f_c' 为约束混凝土抗压峰值应力；f_c 为素混凝土的抗压强度；p 为侧向约束应力；k_1 为侧向静水压力对混凝土强度的影响系数。Richart 等的试验[3]表明 k_1 在 4.1~7.0 范围内变化，并且在此范围内 p 值越小，k_1 越大；也就是说，k_1 的取值随 p 值的变化而变化，说明 f_c' 与 p 之间并不是单纯的线性关系。

为了确定 k_1 值，M.J.N.Priestley 等以 William-Wamke 五参数强度破坏为测定基础，推导出如下计算公式[1]：

$$f_c' = f_c(-1.254 + 2.254\sqrt{1 + 7.94 p/f_c} - 2p/f_c) \qquad (2)$$

将式（2）表达为式（1）的形式，则

$$k_1 = -2.254 f_c/p + 2.254\sqrt{7.94 f_c/p + (f_c/p)^2} - 2 \qquad (3)$$

故当混凝土受约束压应力 p 已知时，由式（2）可以得出约束混凝土的峰值应力。但一般无论是钢管混凝土还是 FRP 约束混凝土构件受压工作时其约束力为被动力，也就是说，约束应力 p 与混凝土现时应力状态有关，则首先要确定出混凝土峰值应力时 p 值，才可求出其 f_c'。由于核心混凝土与约束层间的约束应力随构件轴向变形而变化，且比主动式的约束应力小，所以，被动式的极限强度与极限应变都比主动式的小，用主动式的约束混凝土应力–应变关系高估了混凝土的极限承载力与极限变形能力。

3　约束混凝土受压工作机理

无论是钢管混凝土还是 FRP 约束混凝土，主要是通过外包钢管或 FRP 纤维层对核心混凝土形成约束。当组合构件轴心受压时，由于钢管或 FRP 层与核心混凝土刚度和泊松比的不同，导致二者在径向变形上产生差异。当混凝土受压后，由于其内部微

裂缝的不断增多与发展，其泊松比不断增大，当 μ_c 超过外包层泊松比 μ_s 或 μ_f 后，混凝土横向变形大于其约束层的变形。

由于变形协调关系，二者之间相互挤压，产生约束应力 p。早期的约束应力 p 在一定程度上延缓了混凝土初始裂缝的出现。

随着轴向荷载的不断加大，混凝土微裂纹进一步发展，出现纵向裂缝，侧向应变增长进一步加快，约束层与核心混凝土间挤压力 p 逐渐增大。核心混凝土在三向应力作用下，裂缝发展速度减慢，纵向裂缝的数量减小，从而其抗压强度提高。当荷载进一步加大时，钢管屈服或 FRP 纤维断裂破坏。这一点过后，钢管混凝土仍具有承载力，并且其承载力还可进一步提高。而 FRP 约束混凝土立即破坏，失去承载力。钢管混凝土要达到很大的变形后才逐渐破坏，其破坏过程呈明显的塑性，这是其优于 FRP 约束混凝土最主要的特点。

在整个受力过程中，核心混凝土始终处于三向受压状态，而 FRP 管或钢管处于纵向受压，环向受拉双向应力状态。外包 FRP 布由于其纵向受压时不具有承载力，只提供环向约束力，即只有环向拉应力。Miriran（1998）研究显示 FRP 管混凝土与 FRP 外包混凝土构件在轴向受压荷载下无明显差别，而 Saafietal（1999）等人则认为二者间有明显差别[4]。

4　约束材料性能比较

（1）混凝土性能[5]。混凝土单轴受压时，其应力–应变关系曲线如图 2 所示。

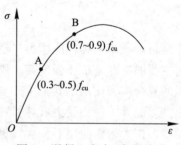

图 2　混凝土应力–应变关系

（2）钢材性能[5]。钢管混凝土中的钢管，由于存在着紧箍力 p，因而处于三向应力状态。图 3 为钢材双向或三向异号应力状态下的 σ-ε 关系曲线。钢管屈服应变 $\varepsilon_y \approx 0.00155$，最大塑性阶段应变 $\varepsilon_{e1} \approx 1\%$。图 4 显示泊松比 $\mu_s = \varepsilon_1/\varepsilon_3$ 随轴向应变与屈服应变之比 $\varepsilon/\varepsilon_y$ 的变化而变化的关系。在强度计算时，低碳钢 σ-ε 关系接近于理想弹塑性体。

（3）纤维增强复合材料（FRP）。对于几种常用

的纤维材料（碳纤维、玻璃纤维、芳纶纤维），其拉伸变形基本为弹性变形[6,7]。破坏前均没有明显的塑性变形。所以分析中采用线弹性的应力-应变关系（见图5）。表1列出了几种复合纤维物理力学性能指标。

表 1　纤维物理力学性能指标

名　称	型　号	密度 /g·cm⁻³	厚度 /mm	抗拉强度/MPa	弹性模量 /GPa	伸长率/%
碳纤维	FRS-CI-30	1.80	0.167	3550	235	1.5
玻璃纤维	EW2600	1.99	0.6	388	54	2.0
芳纶纤维		1.38	0.365	2060	101	1.5

FRP 材料力学性能决定其有如下几个主要特点：（1）抗拉强度高。各种 FRP 抗拉强度均明显超过钢筋，与高强钢丝接近。（2）热膨胀系数与混凝土相近。环境温度发生变化时，FRP 与混凝土协同工作，两者之间不会产生较大温度应力。（3）抗腐蚀性和耐久性好。除上述三点外，还有自重轻，能在狭小的空间操作；具有柔韧性，能包裹复杂外形构件；适用于各种构件表面等特点。

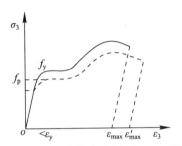

图 3　双向和三向异号应力场下 $\sigma-\varepsilon$ 关系曲线

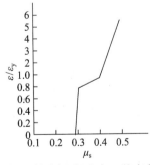

图 4　低碳钢受压时 μ_s 的变化

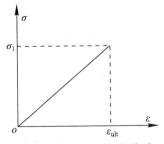

图 5　FRP 应力-应变关系

通过对照图3与图5，可以看出钢材与 FRP 材料性能有很大的差别。钢材受力后有明显的屈服阶段，这期间其应变增大，但应力保持不变。在对核心混凝土约束作用上钢管屈服时紧箍力不变，但混凝土可发展横向变形。由于钢材还具有强化段，从受力至破坏变形很大，从而对混凝土约束变形范围很大，组合构件塑性破坏。而 FRP 材料几乎无塑性变形，混凝土横向膨胀作用下，二者间紧箍力不断增大，FRP 对混凝土约束作用也更强。但 FRP 脆性破坏，纤维断裂后组合构件整体承载力立即失效，表现为脆性破坏。由于两种约束材料性能的差异，导致了构件混凝土与约束层间紧箍力发展的不同，因而核心混凝土受约束作用的变化形成了组合构件整体性能的不同。

对于钢管混凝土，由于钢管在荷载作用下，承担一部分轴力，即其整体承载力由钢管与核心混凝土共同承担。FRP 管混凝土中 FRP 管也可承受一部分轴向荷载，但其作用明显小于钢管的作用。而 FRP 布包裹混凝土柱构件受力时，只有核心混凝土可以承受轴向压力。这也是钢管混凝土构件与 FRP 约束混凝土构件轴力作用下性能差别的原因。

5　不同材料约束下混凝土应力-应变关系及约束作用比较

5.1　钢管混凝土应力-应变关系

根据原哈尔滨建筑工程学院金属结构研究室所做试验，将轴心受压钢管混凝土构件按含钢率不同分为三类[5]：

（1）含钢率过低（ α <4%）。N-ε 关系如图6中曲线 1 所示。紧箍力很小。曲线由上升段和下降段组成。

（2）含钢率较低（ α =%~6%）。如图6中曲线 2 所示。由上升段和水平段组成。

（3）含钢率较高（ α >6%~7%）。如图 6 中曲线 3 所示。无下降段。

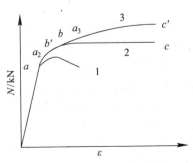

图 6　钢管混凝土轴压构件三类情况

5.2 FRP 约束混凝土应力-应变关系

FRP 约束混凝土轴压构件 N-ε 关系曲线只有上升段，且较陡峭[3,8]。图 7 为 Amir Z. Fam 和 Sami H. Rizkalla[9]试验所得玻璃纤维（GFRP）约束混凝土柱与钢管混凝土柱轴力作用下的 N-ε 关系曲线。两种试件材料及规格如表 2 所示。

表 2　试件材料及规格

编号	约束材料	直径/mm	长度/mm	混凝土强度/MPa	管厚/mm	约束材料性能			
						f_{tu}/MPa	f_{nu}/MPa	E/GPa	μ
1	GFRP	168	336	58	3.73	548	224.1	33.4	0.066
2	钢管	169	336	58	4.09	305	305	203	0.3

注：f_{tu}, f_{nu} 为约束材料拉压极限强度。

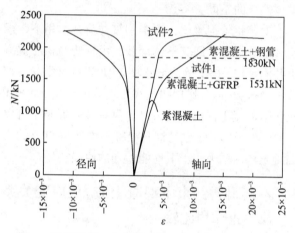

图 7　钢管混凝土与 GFRP 管混凝土轴压构件比较

由图对照可知，虽然 GFRP 管厚度比钢管少了 37%，但两种组合构件都能达到相同的轴向承载力。FRP 管混凝土 N-ε 曲线呈双线性。在接近素混凝土极限承载力附近有一过渡段，曲线超过这一过渡段的斜率由 FRP 管的刚度控制。当 FRP 管环向达到抗拉极限，构件迅速破坏。而钢管混凝土在钢管屈服前其 N-ε 曲线几乎呈线性，紧跟着是一段大变形的塑性平台。FRP 管混凝土承载力的提高是由于 FRP 纤维受力时为线性特性，紧箍力不断增大。而钢管一旦屈服后，随混凝土径向应变增大的紧箍力几乎保持常数。

按照 Amir 的试验数据，GFRP 管混凝土构件承载力是素混凝土与 GFRP 管承载力之和的 1.41 倍。而钢管混凝土承载力仅为两部分承载力简单之和的 1.18 倍。本文作者对文献[4]收集的大量数据进行了计算，结果见表 3。显示三种材料对混凝土约束作用下强度提高能力大致相当。

根据贾明英的试验[6]，FRP 约束下构件延性改善见表 4。钢管混凝土轴心受压短柱破坏时往往可

以被压缩到原长的 2/3[10]，仍没有脆性破坏的特征。可见，钢管混凝土构件延性极好，远远超过了 FRP 约束混凝土构件。

表 3　不同纤维材料约束下混凝土强度提高比较

约束材料	L/D	试件数量	f'_{cc}/f'_{co}	$k_1=(f'_{cc}-f'_{co})/f_1$
碳纤维	2	61	1.73	2.10
玻璃纤维	2	42	2.49	2.30
芳纶纤维	2	7	4.42	2.56

注：f'_{cc} 和 f'_{co} 为约束混凝土和素混凝土抗压强度；f_1 为约束应力。

表 4　不同纤维约束下混凝土延性改善比较

约束材料	L/D	试件数量	竖向应变提高/%	环向应变提高/%
CFRP	2	3	502	307
GFRP	2	3	76	455
AFRP	2	3	1220	515

通过比较可知，FRP 约束混凝土其极限承载力提高幅度远大于钢管混凝土。但 FRP 混凝土构件破坏呈脆性是其最大的缺点。一旦纤维达到抗拉极限而断裂，构件立即失效。这对于改善构件的延性，及提高构件抗震性能，不如钢管混凝土明显。

6　约束混凝土轴压构件承载力计算方法比较

6.1　钢管混凝土轴心受压圆形短柱

钢管混凝土轴心受压构件计算方法很多，本文采用钟善桐[5]推荐的计算方法。钢管混凝土轴心受压时，以对应于 $3000\mu\varepsilon$ 的平均应力为组合抗压强度标准值。构件承载力按组合抗压强度设计值 f_{sc} 进行计算：

$$N_0 = f_{sc}A_{sc} \qquad (4)$$

式中，f_{sc} 为组合抗压强度设计值；A_{sc} 为构件截面总面积。

$$f_{sc} = (1.212 + B\xi_0 + C\xi_0^2 - 0.17\xi_0\psi)f_c \qquad (5)$$

式中各符号意义详见文献[5]。

6.2　FRP 约束混凝土柱

由于 FRP 大多用于构件加固。目前国内外尚无此类受力构件统一的设计标准。计算 FRP 约束混凝土抗压强度的理论也很多，本文采用 L.Lam 和 J.G.Teng（2002）对前人所做的 194 个试件进行分析比较，并对各种理论总结后得出的建议公式[4]：

$$\frac{f'_{cc}}{f'_{co}} = 1 + 2\frac{f_1}{f'_{co}} \qquad (6)$$

式中，f'_{cc} 和 f'_{co} 分别为约束混凝土和素混凝土抗压强度；f_1 为约束应力。

如果 $f_1 / f'_{co} < 1$，式（6）计算结果与大量试验结果基本吻合，可作为设计公式。

6.3 计算实例

现分别采用式（5）和式（6）对表 2 中试验数据进行计算。

（1）钢管混凝土试件（试件 2）：

$\psi = 1；\alpha = A_s / A_c = 0.1043$

常数：

$B = 0.1759 f_y / 235 + 0.974 = 1.2023$；

$C = -0.1038 f_c / 20 + 0.0309 = -0.27012$

套箍系数：$\xi_0 = A_s f_y / A_c f_c = 0.5486$

组合抗压强度：

$f_{sc} = (1.212 + B\xi_0 + C\xi_0^2 - 0.17\xi_0\psi)f_c = 98.425\text{MPa}$

承载力：$N_0 = f_{sc}A_{sc} = 2207.85\text{kN}$

（2）GFRP 管混凝土试件（试件 1）：

$f_1 = 2tf_{tu} / (d - 2t) = 25.4646\text{MPa}$

代入式（6）：$f'_{cc} = f_c + 2f_1 = 108.929\text{MPa}$

构件承载力：$N_0 = f'_{cc}A = 2414.62\text{MPa}$

从上述计算公式和计算过程可以看出：GFRP 管直接承载力较小，计算时可忽略[4]，GFRP 约束混凝土的承载力主要来自核心混凝土，而钢管混凝土的承载力则不能忽略钢管的直接承载力，而须考虑两者的组合抗压强度；另外，上面的算例直观地表明，在条件基本相同的情况下，FRP 对混凝土承载力提高更大。

7 结论

本文通过对 FRP 约束混凝土与钢管混凝土轴心受压柱进行比较分析，得出以下结论：

（1）无论是 FRP 约束混凝土还是钢管混凝土受压柱，其构件强度都有大幅度提高，组合构件抗压强度远大于约束层与核心混凝土二者抗压强度简单之和。构件延性得到了很好的改善。

（2）FRP 对于改善核心混凝土性能的作用要远大于钢管，因而 FRP 约束下核心混凝土强度提高幅度较大。

（3）钢管混凝土轴压构件延性好，破坏时变形较大，相对而言，FRP 混凝土构件破坏呈脆性，破坏前变形较小，破坏发生突然。钢管混凝土 N-ε 曲线变形较大，有明显塑性平台，而 FRP 约束混凝土轴压试件 N-ε 曲线较为陡峭，曲线斜率较小。

（4）钢管混凝土理论已基本成熟，而 FRP 约束混凝土理论虽较多，但各种理论与试验数据均有偏差，还有待进一步完善。

参考文献

[1] Mander J B, Priestly M J N, Park R. Theoretical stress-strain model for confined concrete[J]. Journal of Structural Engineering, 1988, 114(8): 1804~1825.

[2] Ahmad S H, Shah S P. Stress-strain curves of concrete confined by spriral reinforcement[J]. ACI Journal, 1982, 79: 484~490.

[3] 张月弦，薛元德. FRP 约束混凝土的基本力学性能[J].玻璃钢/复合材料, 1999, 6: 21~23.

[4] Lam L, Teng J G. Strength Models for fiber-reinforced plastic-confined concrete[J]. Journal of Structural Engineering, 2002, 128(5): 612~622.

[5] 钟善桐. 钢管混凝土结构[M]. 哈尔滨：黑龙江科学技术出版社, 1994: 54~138.

[6] 贾明英，程华. 不同 FRP 约束混凝土圆柱轴心受压性能试验研究[J]. 工业建筑, 2001, 35(8): 65~67.

[7] 于清.轴心受压 FRP 约束混凝土的应力－应变关系研究[J]. 工业建筑, 2001, 31(4): 5~8.

[8] 于清. FRP 约束混凝土柱强度承载力计算. 工业建筑[J], 2000, 30(10): 31~34.

[9] Fam A Z, Rizkalla S H. Behavior of axially loaded concrete-filled circular fiber-reinforced polymer tubes[J]. ACI Structural Journal, 2001, 98(3): 280~289.

[10] 韩林海. 钢管混凝土结构[M]. 北京：科学出版社, 2000.

（原文发表于《建筑技术》2004 年第 11 期）

首钢迁钢 2160mm 热轧工程主厂房柱系统设计
总结及问题探讨

袁文兵　宁志刚　张孝轮

(北京首钢国际工程技术有限公司，北京　100043)

摘　要：本文介绍了热轧厂房屋面实腹梁与柱连接所形成的门型刚架计算模型，这种结构与传统厂房有着不同的上柱计算长度系数和节点；厂房格构柱双肢间由于工艺要求开较大孔洞，缀条计算及柱肢加强需要从理论及经验上慎重考虑。

关键词：计算长度系数；柱肢加强；柱脚形式；变截面梁

Shougang Qiangang 2160mm Hot Mill Engineering Main Building
Column System Design Summary and Question Discussion

Yuan Wenbing　Ning Zhigang　Zhang Xiaolun

(Beijing Shougang International Engineering Technology Co., Ltd., Beijing 100043)

Abstract：This paper introduced hot mill main building roof girder how joined column and the bent frame calculated model. This structure have the top column calculated length coefficient different with tradition. In the lattice column double limbs, it has too big opening. Thus, to calculate node and strengthen limbs, it needed to consider carefully from theory and experience.

Key words：calculated length coefficient; column limbs strengthen; pillar model; changed section girder

1　引言

根据首钢总公司要求把热轧项目建设为精品工程的原则，本次主厂房设计从传统的梯形钢屋架与柱连接优化为实腹梁与柱连接，均为单层多跨排架体系，这种结构比较简单、受力明确，而且自重小、施工快，外观简洁，但由于这种体系在规范中并没有明确的体现，在工程实践中需要设计人员解决计算和构造上的理论及实践问题。

2　柱系统结构设计概况

首钢迁钢热轧项目主厂房总占地长 628m，宽138m，包括加热炉跨、加热炉上料跨、主轧跨、主电跨、钢卷转运跨、磨辊间。厂房采用全钢结构，主轧跨基本柱距18m，局部有17m、16m、15m，加热炉区

24m，本工程没有抽柱。各部分按规范要求设置温度伸缩缝，纵向温度区段为≤180.0m，横向温度区段为≤100.0m。每个温度区段内，单独设置完整支撑体系。

排架柱的下柱采用钢管混凝土格构柱（斜腹杆缀条）。上柱为实腹焊接 H 型钢。柱下端与基础刚接，上端与屋面梁刚接。

柱间支撑采用K形撑。下柱支撑杆件采用钢管，自成体系。上柱支撑一般采用双槽钢组合杆件并单独设置柱顶压杆，但在加热炉区，由于柱距较大，需要设置托梁以支承屋面杆件，此处托梁兼作压杆。下柱缀条结合工艺、建筑、介质专业的管道资料以及参观走道进行布置。设有参观走道的柱肩梁，由于肩梁顶面标高被轨顶标高限制，肩梁底面标高受参观走道高度限制，需要详细计算截面高度以满足要求。柱系统门型刚架立面图见图 1。

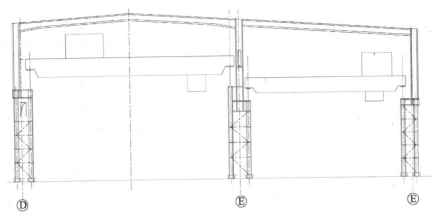

图 1　柱系统门型刚架立面图

本地区抗震设防烈度为 7 度，设计基本地震加速度值为 0.15g，地震分组：第一组；基本风压：0.40kN/m²；基本雪压：0.35kN/m²；设计使用年限：50 年；结构安全等级为二级；结构重要性系数为 1.0。屋面恒荷载采用 0.5kN/m²，上人屋面活荷载采用 0.5kN/m²；不考虑积灰荷载。

3　结构构件的设计验算

本工程采用 STS 计算软件进行荷载与结构分析，整个计算过程与过去采用钢屋架的计算模型基本一致。在计算时更人性化地考虑了施工安装措施，对局部节点也进行了优化。

下面就本工程的柱系统在设计过程中遇到的一些问题和解决方法同大家共同探讨。

3.1　纵向温度应力

对厂房柱纵向温度应力的考虑，由于目前很多设计人员对于伸缩缝的理解局限为必须满足规范中所规定的伸缩缝间距，这样往往会带来设计方案的浪费，实际上，我国有较多钢结构厂房不能满足伸缩缝间距的要求，一般未发现问题。对于此项应力的考虑，本工程采取如果能够满足规范中厂房纵向温度区段设置要求，一般可不考虑温度应力和温度变形的影响，如果不满足设置要求并超出不多的情况下，那就计算温度应力并与其他载荷进行组合，不要求必须满足规范中伸缩缝间距的要求。

3.2　上柱计算长度系数取值

本工程柱系统是上柱与屋面实腹梁连接，而不是与传统意义上的 T 型钢屋架连接，实腹 H 型钢梁的线刚度比钢屋架的线刚度要小很多，对于钢柱的约束能力并没有规范中按屋架构件考虑的强，所以在应用规范的计算长度计算时就存在不小的问题，无法按照规范来取值。在与 PKPM 计算软件科研单位及已建成类似工程的单位联系后，对于此取值是存在分歧的。通过与钢结构规范编写组联系所确认的结果，目前，规范编写对于工业厂房这个领域侧重的不够，有些细节还不能体现在规范里，因此超规范的问题是会发生的。而计算软件厂家只能遵照规范去编写程序，因此对于本工程是需要重新考虑并手动修改的。

如果按屋面梁无限刚度计算，即假定屋面梁平面内刚度无限大，按《钢结构设计规范》中附表 D-4（柱上端可移动但不转动的单阶柱下段的计算长度系数 μ_2）查得下柱计算长度系数，再根据参数 η_1，求出上柱计算长度系数，显然这种方法偏于不安全。如果假定上柱柱底理想固接于下柱，根据柱上下端部的梁柱线刚度比，按《钢结构设计规范》中附表 D-2（有侧移框架柱的计算长度系数 μ）查得上柱计算长度系数，根据上下柱的变形协调条件可知，这种方法也偏于不安全。本工程对于这两种规范规定的标准情况都进行了计算，这对于下一步的解决方法和积累工程经验也提供了参考。

本工程是从推导计算长度系数的基本理论去解决这一问题的。首先仍然需要以此种框架体系发生的是有侧移的反对称失稳变形为条件，从已有的计算结果来看，这种失稳条件的框架的临界力最小。然后在推导变阶柱上柱柱顶约束常数时，加入需要考虑的梁线刚度的影响。

$$r_0 = \cfrac{-\dfrac{\pi E I_1}{u_1 H_1}\tan\dfrac{\pi}{u_1} + \dfrac{\pi E I_2}{u_2 H_2 \tan\dfrac{\pi}{u_2}}}{1 + \dfrac{u_1 H_1}{\pi E I_1}\dfrac{\pi E I_2}{u_2 H_2}\dfrac{\tan\dfrac{\pi}{u_1}}{\tan\dfrac{\pi}{u_2}}}$$

$$= \cfrac{\pi \eta_1 E I_1\left(1 - \eta_1 K_1 \tan\dfrac{\pi}{u_2}\tan\dfrac{\pi \eta_1}{u_2}\right)}{u_2 H_1\left(\tan\dfrac{\pi \eta_1}{u_2} + \eta_1 K_1 \tan\dfrac{\pi}{u_2}\right)} \qquad (1)$$

令 $K_b = \dfrac{i_b}{i_{c1}}$，$r_0 = -6i_b$，$i_b$ 为梁的线刚度，则：

$$\frac{\pi\eta_1\left(1 - \eta_1 K_1 \tan\dfrac{\pi}{u_2}\tan\dfrac{\pi\eta_1}{u_2}\right)}{-6u_2 K_b\left(\tan\dfrac{\pi\eta_1}{u_2} + \eta_1 K_1 \tan\dfrac{\pi}{u_2}\right)} = 1 \qquad (2)$$

其中，式（1）为假定梁无限刚度的基本公式，式（2）为考虑梁线刚度影响后的推导公式，上下柱的线刚度比值 $K_1 = (I_1 H_2)/(I_2 H_1)$，临界力参数 $\eta_1 =$ $(H_1/H_2)\sqrt{(N_1 I_2)/(N_2 I_1)}$，则 $\mu_1 = \mu_2/\eta_1$，从表 1 所计算出的几组代表性数值来看，梁的线刚度影响是不容忽视的。

从基本理论推导出的结果比从 STS 计算所得的结果（以规范为标准）要多出 20%～30%，本工程考虑上下柱及横梁稳定应力实际计算情况，采取把软件计算结果乘以 1.25 的系数，然后把此值通过人机交互方式输入到 STS 计算软件中重新进行受力分析。这种做法是合理的，既保证了结构的安全性，又不会无限制的放大安全系数，造成浪费。

表 1　下柱计算长度系数 μ_2

η_1 \ K_b	K_1 0.1					0.5					1.0				
	0	0.1	1.0	3	∞	0	0.1	1.0	3	∞	0	0.1	1.0	3	∞
0.2	2.0083	1.9758	1.9380	1.9313	1.9275	2.0413	1.8918	1.7529	1.7318	1.72	2.0824	1.8084	1.6050	1.5775	1.5626
0.5	2.0625	2.0082	1.9543	1.9459	1.9411	2.2941	2.0360	1.8184	1.7888	1.7728	2.5521	2.0622	1.7097	1.6668	1.6443
1.0	2.4844	2.2240	2.0301	2.0101	2.0	3.2885	2.6793	2.1094	2.0370	2.0	4.0	3.0039	2.1635	2.0554	2.0

3.3　设有通道的格构柱柱肢加强

厂房根据工艺及业主要求，在一列柱肩梁位置下部设置通长的参观走道，参观通道打断了厂房柱缀条布置的连续性，形成了缀条和类似缀板混合布置的格构柱，现有的计算软件并不能计算出此种结构形式，如图 2 所示。本工程解决的办法，首先是根据工程经验及简化计算，使得肩梁和下部通道区域形成一个整体，在对通道进行加固使之具有很好的刚度后，缀条是从通道下部开始计算的，这样就规避了缀条与缀板同时出现的问题。加固区域则由肩梁和柱双肢形成刚架体系，根据排架整体分析得出的轴力、弯矩、剪力进行计算，并使之满足构造要求。然后，则同时考虑缀条和缀板进行理论计算，对上述结果进行验证。在规范中计算受压构件的稳定性时是要考虑缀板和缀条的影响的，计算绕虚轴的换算长细比对于缀板和缀条是不同的，那如果能同时考虑两者的影响，必然介于分别考虑两者时的影响之间，根据力学分析得出的结果再手动添加于简化计算模型之中，能够验证分肢的稳定性。通过虚功原理推导绕虚轴的换算长细比经验公式：

$$\lambda_{0x} = \sqrt{\lambda_x^2 + \frac{nl_1}{nl_1 + l_2}\frac{\pi^2}{\sin^2\alpha\cos\alpha}\frac{A}{A_1} + \frac{l_2}{nl_1 + l_2}\frac{\pi^2}{12}\left(1 + \frac{2K_1}{K_b}\right)\lambda_1^2}$$

式中，K_1 为分肢线刚度；K_b 为缀板线刚度；α 为斜缀条与柱轴线夹角；l_1 为缀条节间距；l_2 为缀板节间距；λ_1 为分肢长细比；n 为缀条节间数。

对斜缀条来说，α 一般在 40°～70° 范围内，对缀板来说，令 $K_b = 6K_1$，则上式可改写为：

$$\lambda_{0x} = \sqrt{\lambda_x^2 + \frac{nl_1}{nl_1 + l_2}\times 27\times\frac{A}{A_1} + \frac{l_2}{nl_1 + l_2}\lambda_1^2}$$

令 $l_1 = 0$ 或 $l_2 = 0$，即能得规范中所列换算长细比的公式。

本工程通过理论分析对设有通道的格构柱柱肢受力情况有了清楚认识后，通过对模型进行简化计算，在计算中又考虑了理论分析中的调整系数，相互印证，在保证安全合理的情况下使得设计工作顺利完成。

3.4　柱脚设计

本工程柱脚采取螺栓连接，但在螺栓的布置上设计人员有紧凑型（见图 3）和分散型（见图 4）两种情况选择。经过分析，紧凑型布置看起来感觉平面外连接强度比分散型好，但是平面外作为铰接的假定，越柔反而效果越好。平面内对于轴心受力构件在于柱与柱脚板之间的连接，柱脚板与基础之间的连接。由于构件不是理想中的一个点，构件本身结构长度会导致一些应力的重分布，但对柱脚板进行加固可以减小这种影响，紧凑型连接反而会导致柱脚板受力不均匀，因此最终选择了分散型连接。

3.5　屋面梁设计

屋面横梁是框排架结构中的重要组成部分，直接影响框排架的水平位移、结构的自振周期及上柱的应力。虽然以往各种计算理论及经验公式推导均以典型的梯形钢屋架作为模型，梁柱刚接时，也是假定屋面横梁线刚度无限大，但采用实腹梁并不影响用传统手段进行结构的受力分析，只是在一些经验系数和构造上进行处理。

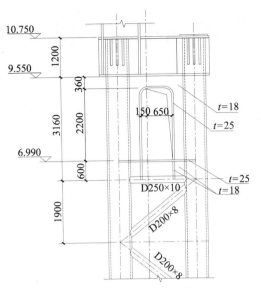

图 2　设有通道的格构柱

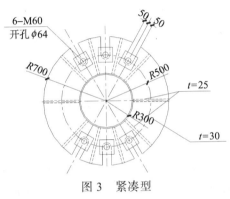

图 3　紧凑型

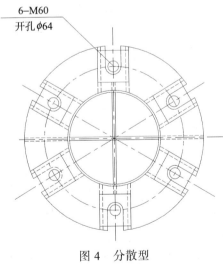

图 4　分散型

在设计过程中，由于屋面梁与上柱采用刚性连接，使梁端的弯矩较大，如果沿全长采用等高截面，

则需要较多钢材量。所以，设计中采用在梁端加腋并构造加肋的做法，根据弯矩影响线加高梁端部的截面高度并确定加腋长度，使得梁柱连接更加牢固，保证梁、柱在弯矩分配中处于平衡，并有效地降低了梁的截面高度。同时，避免了梁高度过大造成的腹板局部不稳定问题。梁平面外以蜂窝梁或实腹梁作为支承，有效解决平面外计算长度过大问题。梁拼接时腹板采用高强度螺栓，翼缘采用剖口焊缝对接，既保证了结构的可靠性，也有利于施工。

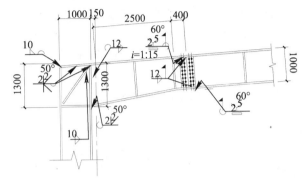

图 5　梁柱连接节点

4　结语

　　首钢迁钢热轧主厂房已经投入使用，厂房外观与整体效果达到了预期的目的，对于钢结构厂房计算也进行了实践检验。文中关于上柱计算长度取值的推导公式是在典型模型条件下，不符合它内含的典型条件时，系数会有偏差。另外，对于格构柱柱肢加强在实际设计过程中会有实际的处理方法，文中的推导公式仅作为理论参考，有时柱肢由于构造要求间距较大、断面较大，应力使用不够充分，在不加固的情况下也能满足要求。

参考文献

[1] 钢结构设计规范编制组. 钢结构设计规范应用讲解[M]. 北京: 中国计划出版社, 2003.

[2] 邓玉孙, 刘海鑫. 设有通道的格构柱换算长细比[J]. 钢结构, 2006(3): 51.

[3] 陈绍蕃. 钢结构设计原理[M]. 3 版. 北京: 科学出版社, 2005.

[4] 钢结构设计手册编辑委员会. 钢结构设计手册[M]. 3 版. 北京: 中国建筑工业出版社, 2004.

[5] 西安建筑科技大学. 陈绍蕃论文集[C]. 北京: 科学出版社, 2004.

（原文发表于《设计通讯》2007 年第 1 期）

某热轧工程箱型设备基础有限元计算分析

王双剑　　袁文兵　　宁志刚

(北京首钢国际工程技术有限公司，北京　100043)

摘　要：截取热轧厂房箱型设备基础中的一部分，采用 SOFISTIK 有限元软件对其进行三维计算分析。计算中将桩简化为线弹性的弹簧单元作为箱型设备基础承载体系，分析了不同部位桩反力以及不均匀沉降的分布情况。根据计算结果，对箱型设备基础顶、底板以及侧壁受力状况进行了分析，并与常规计算进行了对比提出合理建议。

关键词：箱型设备基础；SOFISTIK 有限元软件；桩基础；沉降；受力分析

Finite Element Calculation and Analysis of A Hot Steel Rolling Plant Basement

Wang Shuangjian　　Yuan Wenbing　　Ning Zhigang

(Beijing Shougang International Engineering Technology Co., Ltd., Beijing 100043)

Abstract：Part of a hot steel rolling plant basement was calculated and analyzed by SOFISTIK finite element software in this article. In the calculation, group of piles were simplified to liner elastic springs. Base of the calculation results, reaction and displacement of piles in different zones were analyzed. Forces of top, bottom plates and side walls in the results were compared with routine methods. Therefore, reasonable suggestions were brought forward.

Key words：basement; SOFISTIK finite element software; pile; displacement; force analysis

1　引言

在冶金工程中热连轧生产线长度长，设备数量多，设备之间的衔接要求高，对土建设计工作有着很高的要求。随着轧钢工艺技术的进步和自动化水平的提高，对设备基础的布置和设计要求越来越高，国际知名轧钢设备供应商均要求热轧设备基础设计为连续的、互相贯通的大型箱型设备基础结构，箱型设备基础的长度和宽度远远超出了我国设计规范的要求。同时，工业生产中设备运行荷载大，操作荷载具有一定的不确定性，给土建结构设计带来很大的难度。目前，国内已经建成或者正在建设的热轧项目箱型设备基础的结构设计与计算都由国外土建公司完成，国内设计单位负责配筋图的转化。为了改变目前的现状，发展冶金技术，提高国内设计

水平，北京首钢国际工程技术有限公司土建室承担了此大型轧钢厂房箱型设备基础的独立设计任务，成为国内"第一个吃螃蟹的人"。由于国内没有类似工程图纸可借鉴，而箱型设备基础计算的核心技术也掌握在国外土建公司手中，设计过程中如何解决超长地下室的构造问题，确定各部位构件大小，计算配筋、裂缝，解决好箱型设备基础整体协调变形以及基础处理等问题。德国土建设计公司用来计算此类工程的软件是 SOFISTIK 有限元软件，因此，我们专程前往德国购买了此软件来进行计算。本文给出了部分计算过程及结果，并对此工程的设计提出了合理化建议。

2　工程概况

该热轧工程箱型设备基础全长585m,宽度

40~110m,深10m,按功能可分为加热炉区、粗轧区、精轧区和卷取机区等，包括主轧跨、主电机跨和主电室的箱型设备基础等，地上部分为单层钢结构门型刚架厂房，厂房柱基础与箱型设备基础结合为一体。箱型设备基础由顶板、底板、两侧挡土墙及冲渣沟组成，顶板为无梁板厚度为1.2m，底板厚1.5m，侧壁厚1.1m。为减少梁板跨度，箱型设备基础内部设置800mm×800mm混凝土柱，间距6m左右。箱型设备基础整体均采用自防水混凝土，强度等级为C30，钢筋全部采用HRB400。基础形式为满布桩基，平均桩长15m左右，桩端进入碎石层。场地地下水类型属于潜水，最高水位埋深0.30m。

3 模型建立

对于超大面积的箱型设备基础，肯定存在分布上的荷载不均匀、传力不均匀、场地地基不均匀。并且对于热轧项目来说，其相对变形要控制在万分之五以内。箱型设备基础在长度方向上相对刚度不是很大，因而局部荷载会控制沉降。并且采用有限元程序计算，模型节点数量、计算机配置等都会限制计算模型的大小。

根据文献[1]中对于桩、筏相对刚度的定义：

$$K_{RP} = \frac{E_R H_R^3 B_R S_a}{12(1-v_R^2) L_R^4 m K_p} \qquad (1)$$

式中，E_R，v_R 分别为混凝土弹性模量和泊松比；H_R，B_R，L_R 分别为筏板厚度、宽度和长度；S_a 为桩间距；A_R 为阀板面积；n_p 为筏板下总桩数；K_P 为单桩刚度 $K_P = P/s = 502000kN/m$；m 为筏板下桩的置换率，$m = n_p A_P / A_R$，A_P 为桩截面积。

当长宽比很大的时候，K_{RP} 接近于 0，也就是说筏板的相对刚度很小，此时相隔较远的桩筏之间相互影响就会很小。

综上所述，可将箱型设备基础分割为若干块进行局部计算，计算精度要求是可以满足的。该工程采用德国 SOFISTIK 有限元软件，将箱型设备基础分为若干部分分别进行计算。本文选取其中一部分进行详细描述，并对其结果进行分析。计算模型截取箱型设备基础长度36m，箱型设备基础宽40.5m，深8.3m。箱型设备基础底板平面布置图如图1所示。SOFISTIK 软件中建立三维有限元计算模型如图 2 所示。

箱型设备基础建模过程中，如何考虑土的约束作用是很关键的因素。因为该工程主要是沉降控制，设备对基础变形非常敏感。箱型设备基础、地基和桩相互联系，协调变形从而组成了一个有机整体来共同承担荷载并产生相应变形。在整个地基部分，桩、土的共同作用决定了箱型设备基础底板的变形大小和各部分反力的分布。根据新建成时此工程沉降观测结果，在自重作用下，整个箱型设备基础底板最大沉降量为 3mm 左右。在如此小的变形情况下，桩、土共同作用体系中，由天然地基来承担的基础反力部分就相对很小[2]。另外，从设计安全角度来分析，可将土的承载力作为一种安全储备。因而在计算中，只考虑了桩的承载作用，而忽略天然地基部分。

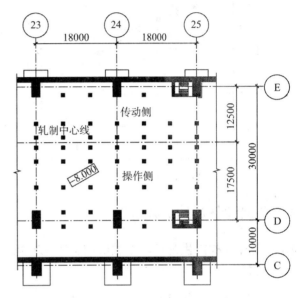

图 1 -8.000m 箱型设备基础平面布置图

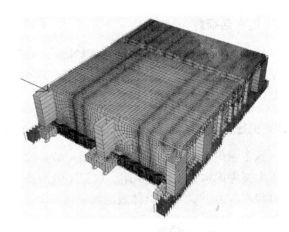

图 2 箱型设备基础三维模型

模型中，将桩简化为弹簧单元。桩径均为800mm，桩距大约为3m×3m。根据"主厂房深埋基础地基工程桩及抗拔锚桩试桩试验报告"中的测试数据及静载试验荷载沉降 Q-s 曲线（见图3），发现 Q-s 曲线中加载初期桩的沉降几乎是线性的。在群桩作用过程中，虽然不同位置的桩存在着差异沉降，但对于任何部位的单桩来说，其荷载-沉降关系

曲线基本保持线性规律[3]。因而我们可以根据 $Q=Ks$ 而得出简化弹簧的刚度

$k=Q/s=Q_k / s_k =2526/5.03=502kN/mm$

式中，Q_k 为单桩承载力特征值；s_k 为单桩承载力特征值对应的位移量。

对于箱型设备基础顶、底板以及侧壁等连续板单元在边界切断处，人为对其进行垂直于板边方向转角约束。

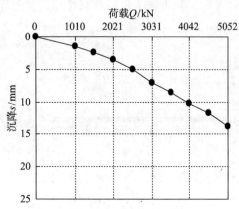

图 3 静载试验荷载沉降 Q-s 曲线

4 箱型设备基础荷载情况

4.1 上部结构产生的厂房柱柱脚内力（标准组合值）

C 列柱：$M=2648kN\cdot m$，$N=4706kN$；
D、E 列柱：$M=1301kN\cdot m$，$N = 5288kN$。

4.2 均布活荷载

箱型设备基础顶板操作侧：100kN/m²；箱型设备基础顶板传动侧：40kN/m²；-3.500 层：15kN/m²；箱型设备基础底板：30kN/m²。

4.3 土压力

地下水位为 -1m 左右，因而箱型设备基础侧壁侧压力要考虑水、土共同作用。取侧压力为静止土压力和水压力[4,5]之和，具体数值如图 4 所示。

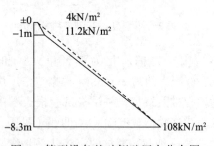

图 4 箱型设备基础侧壁压力分布图

$$Q=(q_0 +\sum \gamma_i h_i)k_0 \qquad (2)$$

式中，k_0 为静止土压力系数，回填土为砂土，k_0 取 0.4；q_0 为地面均布活载，取 10kN/m²；γ_i 为第 i 层土重度；h_i 为第 i 层土厚度。

5 网格划分

采用程序自动划分网格功能，取最小单元边界长度为 1.5m，四边形单元来划分。单元划分完成后，共形成 22854 个面单元，23117 个节点，393 个梁（柱）单元。弹簧单元（桩）数量为 189 个。

6 计算结果

6.1 桩反力计算结果

桩顶最大反力计算结果如图 5 所示。在不考虑人为切断箱型设备基础边界处桩反力情况下，最不利荷载组合时单桩最大反力为 2340kN，箱型设备基础侧壁下单桩反力值较大，约为 2200kN；由于 C、D 轴线距离较近，上部厂房荷载影响比较大，此范围内桩反力值为 2100~2300kN 之间。其余区域桩反力值位于 1500~1800kN 之间。桩顶反力平均值为 1948kN。

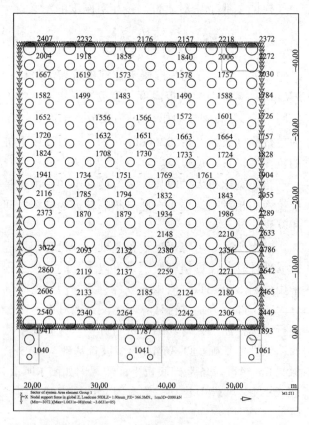

图 5 桩顶最大反力图

由于该工程中桩均为端承桩，桩顶荷载基本上集中通过桩端传递给其下的持力层，并近似地以某

一应力扩散角 α 向深部地层扩散，且在距桩底深度之下 $h=\dfrac{s_a-d}{2\tan\alpha}$ 处开始产生应力重叠（见图7），虽然叠加应力下的桩端以下地层变形肯定不同于单根桩作用下的地层变形，但并不足以引起坚实的桩端持力层发生明显不同的附加变形。因此，端承型群桩基础中各基桩的承载力和变形性状接近于单桩，群桩基础的承载力近似等于各基桩对应单桩承载力之和，群桩效应系数 $\eta=1$[6]。因而计算中并不需要考虑由群桩效应引起的计算结果偏差。

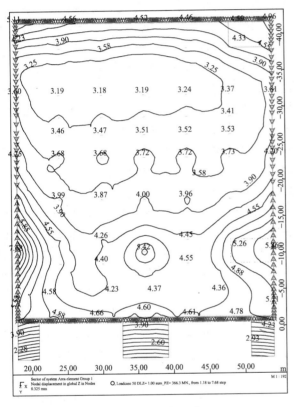

图6 底板最大沉降

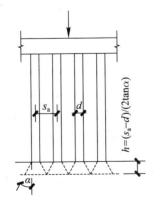

图7 端承型群桩基图

根据以上计算结果以及分析，满堂均布的群桩中，各桩顶反力并不如常规分析中所假定的那样彼此相等，而是显示了明显的不均匀性，边桩桩顶反力要大于内部桩顶反力。桩顶反力分布形式与上部结构的刚度密切相关，边桩和内部桩的桩顶反力之间的差别随上部结构刚度增加而加大[2]。由于上部结构为钢结构厂房，对箱型设备基础刚度贡献很小，从而结构整体刚度仅为单层箱型设备基础的刚度，这相对于多、高层民用建筑来说就比较小。边桩反力与桩顶平均反力比为：$P_e/\overline{P}=2300/1948=1.18$。

6.2 沉降计算结果

基础底板最大沉降量为5.42mm，位置位于厂房柱基础短柱下。两侧壁下方沉降值为4.6mm左右，C、D 轴线间沉降较大，约为 4.3~4.5mm。D、E 轴线间大部分沉降值在 3.1~4.0mm 之间。桩顶平均沉降值为4.29mm，差异沉降为1.1mm。

箱型设备基础结构施工完成后，在只有自重以及上部厂房柱传来荷载情况下，地下水位尚未恢复时，现场实际观测最大沉降变形为3.2mm。只考虑这两种荷载组合情况下，计算结果为3.62mm。由于计算时所施加厂房柱荷载为最不利荷载标准组合，而在测量过程中出现最不利荷载组合的概率是很小的。故计算数值偏大于实测数值是可以接受的。

6.3 受力分析

6.3.1 底板受力分析

底板最大弯矩为：Mx_{max}=3784kN·m/m，Mx_{min}=−1503kN·m/m，My_{max}=4217kN·m/m，My_{min}=−1265 mm²/m。

底板配筋在厂房基础短柱下局部偏大，是因为在程序中基础短柱作为柱单元传至底板的荷载是以集中荷载形式加到底板面单元上的，从而会导致应力集中，而实际上短柱的截面是很大的，从一定程度上可以减少应力集中现象。出于安全考虑，可将短柱下底板配筋加密。

6.3.2 顶板受力分析

该工程顶板属于无梁楼盖形式。在垂直荷载作用下无梁楼盖的内力分析常采用经验系数法或等代框架法。但这两种方法都是半经验性的数值计算方法，当小柱分布不是非常均匀时其计算精度并不是很好。宜优先采用连续体有限元空间模型的计算方法。计算结果中，顶板双向极值弯矩为：Mx_{max}=676 kN·m/m，Mx_{min}=−1346 kN·m/m，My_{max}=586kN·m/m，My_{min}=−1439 mm²/m。

对箱型设备基础顶板计算结果，采用 SATWE 中的复杂楼板有限元分析模块进行了校核，双向弯矩计算结果与 SOFISTIK 软件计算结果差别很小。

6.3.3 侧壁板受力分析

箱型设备基础侧壁在轴线处有厂房基础短柱作为侧向支撑，短柱尺寸为2.1m×4.1m。箱型设备基础顶板厚为1.2m，底板厚度为1.5m。由于箱型设备基础侧壁、顶板和底板厚度比较大，都能满足钢筋锚固长度，故侧壁顶、底面约束都应该考虑为固接。

6.3.3.1 只考虑侧壁水、土压力情况下

图8和图9为只考虑箱型设备基础侧壁水、土压力时双向弯矩计算结果，由图可见，程序计算中侧壁底部弯矩最大为304kN·m，中间最大负弯矩为−225kN·m，顶部位于两柱中心处弯矩最大为168kN·m。

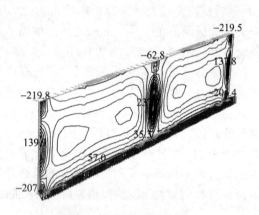

图8 侧壁 X 向弯矩图

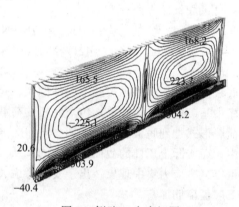

图9 侧壁 Y 向弯矩图

由于侧壁高度/长度 =8.15m/18m=0.45<0.5，为单向板。取 1m 宽范围，按顶、底面固接，按照结构力学方法，可得出弯矩值为：$M_\text{下}$=−370kN·m/m，$M_\text{上}$=−250kN·m/m，M_{max}=170kN·m/m。

程序计算结果里，侧壁顶、底面及中间弯矩调幅为：

顶面 α_M =168/250=0.672，底面 α_M =304/370=0.82，中间 α_M =225/170=1.323。

6.3.3.2 考虑最不利荷载组合情况下

在最不利荷载组合情况下，考虑顶、底板荷载对侧壁的影响，程序计算侧壁顶面弯矩为636kN·m，底面弯矩为 641kN·m，板中最大负弯矩为−167kN·m。最大弯矩值远远大于只考虑水、土压力的情况。因而常规计算中，将侧壁单独计算，仅考虑顶、底面刚接或铰接，而忽略顶、底板的影响，尤为严重的是只考虑侧向水、土压力，不考虑顶、底板传来荷载的影响是非常不安全的。

7 结论

除本区域外，笔者也选取了其他部位箱型设备基础进行了分析计算，通过比较，得出以下结论：

（1）不同区域差异沉降很小，计算沉降值与实测沉降值很接近。

（2）桩反力分布比较均匀，临近桩反力值变化幅度不大，除厂房基础短柱及大型设备基础下以外，桩反力成渐变分布。少数设备基础下单桩反力值超限需要稍做加密。文中桩反力值均为设计值，操作侧桩反力值大多为1700~2000kN之间，桩分布比较合理。传动侧反力大多位于 1550kN 左右，1550/1.3=1192kN/2520=0.47。桩承载力富裕较多，可将桩距适当增大。箱型设备基础侧壁处桩反力值要比中间部分高出很多，边桩反力与桩顶平均反力比约为 1.18，这符合群桩反力分布特点，并且侧壁传来顶板及厂房钢结构的大量荷载，因而在侧壁处底板桩布置需要适当加密。

（3）底板配筋在厂房基础短柱下局部偏大，是因为在程序中基础短柱作为柱单元传至底板的荷载是以集中荷载形式加到底板面单元上的。从而会导致应力集中，而实际上短柱的截面是很大的，从一定程度上可以减少应力集中现象。根据底板弯矩包络图，短柱边缘处（距中心 1m 左右）弯矩值约为中心处的 50%左右，仍与其他部位最大弯矩值相当。出于安全考虑，可将短柱下进行钢筋加密。

（4）常规计算中，将侧壁单独计算，仅考虑顶、底面刚接或铰接，而忽略顶、底板的影响，尤为严重的是只考虑侧向水、土压力，不考虑顶、底板传来荷载的影响是非常不安全的。因此，当采用结构力学方法计算箱型设备基础侧壁时，应对结果进行弯矩调幅，并应同时考虑顶、底板传来荷载作用。由于顶、底板及侧壁厚度都比较大，远远大于钢筋锚固长度，因而侧壁计算模型的顶、底部固接条件均满足。由侧壁弯矩图可以看出，顶、底部弯矩比较大，向中间弯矩值迅速衰减，顶底板 1m 范围内弯矩衰减 200~300kN·m（1/2~1/3）。因而将侧壁外侧此范围内钢筋加密即可。

（5）顶板弯矩计算结果与 SATWE 计算结果（按照无梁楼盖计算）比较接近，可用 SATWE 对计算结果进行校核。

参考文献

[1] 陈云敏. 桩筏基础相对刚度及合理板厚的确定[J]. 工业建筑. 2005, 35(5): 1~4.

[2] 钱力航. 高层建筑箱形与筏形基础的设计计算[M]. 北京: 中国建筑工业出版社, 2003.

[3] 徐强, 吴胜兴. 斜拉桥承台-桩基-地基共同作用非线性有限元分析[J]. 工业建筑, 2005, 35(5): 16~19.

[4] 熊燕斌, 高英林. 有限元数值模拟在南京地铁张府园和玄武门车站结构设计中的应用[J]. 地下工程与隧道, 2003(3): 10~13.

[5] 重庆市建设委员会 GB50330—2002 建筑边坡工程技术规范[S]. 北京: 中国建筑工业出版社, 2002.

[6] 韩晓雷. 土力学地基基础[M]. 北京: 冶金工业出版社, 2004.

（原文发表于《建筑结构》2009 年第 1 期）

首钢迁安钢铁公司二期炼铁工程喷煤主厂房结构设计

张付可　袁文兵　金　磊　宁志刚

(北京首钢国际工程技术有限公司，北京　100043)

摘　要：受现场条件及工艺布置要求的限制，结构形式及荷载分布均存在较大的不规则性，经试算拟定中心支撑钢框架结构方案。采用 PUSH-OVER 分析方法对拟定方案在罕遇烈度地震作用下的抗震性能进行补充验算，校核了方案的合理性。

关键词：中心支撑钢框架结构；PUSH-OVER 分析；方案优化；合理性

Design of Steel Braced Frame Structure

Zhang Fuke　Yuan Wenbing　Jin Lei　Ning Zhigang

(Beijing Shougang International Engineering Technology Co., Ltd., Beijing 100043)

Abstract：Considering field condition and processing set-up, irregularity of the second-stage PCI-System main structure and load distribution of equipments are severe. The project is determined based on comparison of different models. PUSH-OVER analysis of the model is performed, the reasonability is validated, and reinforced construction measures are taken for the structure.

Key words：steel braced frame structure; PUSH-OVER analysis; optimize of the project; reasonability

1　工程概述

炼铁工程中喷煤部分是为高炉制备、喷吹煤粉的辅助部分，受首钢迁安钢铁有限公司一期预留地和工艺改变的限制，在结构各层上分布有局部较大的设备荷载，荷载中心与刚度中心偏离较大，同时为满足工艺布置要求沿结构高度方向须抽柱，由此造成结构在平面及高度方向均存在较大的不规则性。经试算，一期采用的钢筋混凝土框架结构方案因构件截面过大、平面布置密集不能满足工艺要求而不再适用，基于多方案的对比分析拟采用中心支撑钢框架结构方案。该厂房结构高度为 51.8m，共12 层（含局部平台），层高约 5m（除局部平台外），抗震设防烈度为 7 度，设计基本地震加速度为 0.15g，场地类别为 II 类。

2　中心支撑钢框架结构设计分析

基于多个不同方案对比分析的结构改进，确定

了最终的中心支撑钢框架结构方案。以下为方案优化过程中碰到的几个主要问题及解决方案。

2.1　结构位移及构件截面控制

设计初期拟采用一期的钢筋混凝土框架结构，因工艺布置改变导致设备荷载及跨度均较大（最大设备荷载 800t，六点支撑于两侧跨度 15m 的框架梁上），在满足结构设计要求的前提下确定的框架梁柱截面均过大、布置密集且结构位移偏大，不满足工艺要求，且场地条件难以满足地基承载力的要求。由此考虑减小构件截面，实现大空间以满足工艺布置要求，同时降低地基处理费用，拟采用中心支撑钢框架结构方案，经初步试算该方案可满足设计要求。

2.2　鞭梢效应的考虑

在结构顶层（标高 51.800m）工艺布置有两个煤粉收集器，正常运行时收集器重心标高高出结构顶层约 6m。因正常运行时设备荷载较大，为考虑其鞭梢

效应对结构的不利影响增加虚拟结构层（13层），层高按收集器正常运行时的重心标高确定，将两个收集器的重量作为荷载施加于虚拟结构层顶面。

2.3 支撑布置及节点连接

标高 29.600m 及 24.500m 两结构层分别承受集中荷载较大的储仓（约 800t 和 500t），水平地震作用下结构层间位移角过大，拟沿结构横向在②、④、⑤线的 A、B 线之间均布置中心支撑，为避免由此引起结构刚度突变的问题，在标高 24.500m 结构层以下各层横向均设置两片支撑，因 KJ-1 承受的竖向荷载较小，横向水平地震作用相对较小，故沿结构高度方向采用单片支撑的形式，布置方案如图 1 所示。经计算标高 29.600m 结构层的中心支撑截面较大，导致支撑与梁柱的连接不便。为减小支撑截面拟沿 B、C 线在②线~④线之间增设中心支撑。经试算，在水平地震作用下图 1 所示布置方式结构顶点位移为 30.4mm，增加中心支撑后结构顶点位移为 30.9mm，即增加中心支撑后结构顶点位移略有增大。计算结果对比发现，增加支撑后以上各层的结构层间位移角均有所增大。图 1 所示结构沿高度方向刚度较均匀，整体协调变形能力较好，增加支撑后标高 29.600m 结构层柱间均由支撑连接，导致该楼层刚度突变，其存在对鞭梢效应引起的各结构层之间的变形协调是不利的。故仍采用图 1 所示布置方案并适当加大梁翼缘宽度，将柱截面在连接的节点域附近改为箱形截面以解决连接问题。

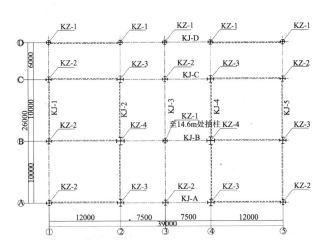

图 1 中心支撑钢框架结构方案平面布置图

2.4 水平支撑的设置

工艺设备及管道布置局部较为集中，各层均不同程度的存在质量中心与刚度中心不重合的问题，水平地震作用下结构扭转效应突出。为此除通过设置中心支撑外，拟将平台平面内刚度加强，在工艺没有布置设备及管道的平台布置水平支撑，水平支撑端部与框架柱连接。据试算结果对比，效果优于布置平台梁。因水平支撑平面内刚度大，能有效减小平台梁平面外的扭曲失稳，更好地协调平面内各柱顶的平动变形。抽柱处外侧框架柱，因工艺布置要求不能设置横向框架梁，故该框架柱因无侧向约束导致长细比过大，通过在各层平台设置水平支撑，提供其侧向约束以解决长细比超限的问题。

2.5 延性结构的考虑

强柱弱梁、强剪弱弯及节点的承载力校核等方面要求均为实现延性结构的具体方法。对于中心支撑框架结构，中心支撑是传递水平及竖向荷载、协调变形的主要构件，框架柱是竖向荷载的主要承受构件。为实现良好的承载力级差设计过程分两步进行，首先基于 PKPM 系列软件对结构进行弹性分析。弹性分析完成后，将结构模型转入结构有限元分析软件 MIDAS 的 GEN 有限元分析模块，采用构件优化设计功能对截面进行优化。通过调整截面尺寸使构件满足强剪弱弯的延性破坏要求，同时使梁、柱及支撑之间形成较好的承载能力级差。通过优化减少钢材量约 7%。

3 基于静力非线性分析的方案校核

为校核结构设计的合理程度并进一步改进结构方案，采用 PUSH-OVER 方法对结构进行推覆分析的补充验算。该方法即通过在结构侧向施加逐渐增大且沿结构高度方向呈一定分布规律的水平荷载，将结构推至目标位移的过程。根据推覆过程中塑性铰出现的数量及分布结合结构的变形（包括顶点位移和层间位移等）判断结构设计的合理程度。以下为采用该方法分析过程中一些关键问题的确定过程。

3.1 结构目标位移的确定

在 PUSH-OVER 分析方法中，首先需确定在不同烈度地震作用下的目标位移。该目标位移的确定与结构的阻尼比相关，而结构的阻尼比是随着结构进入弹塑性状态的程度而实时变化的，目前，精确模拟结构阻尼比实时变化的全过程以确定结构目标位移尚无较好的方法。本文采用直接确定的方法，即以高阻尼比的弹性反应谱近似代替弹塑性反应谱，进而确定罕遇烈度地震作用下的结构顶点位移需求。

3.2 结构侧向荷载的确定

侧向荷载是模拟水平地震作用下结构各楼层所承受的水平地震作用。限于地震动的随机性及结构进入弹塑性状态后刚度实时变化，要确定沿结构高度的侧向荷载的分布模式以模拟结构受到的地震作用目前没有更为理想的方法。本文采用分别在两个正交方向上的振型加载模式。

3.3 构件恢复力模型的确定

恢复力模型即描述构件进入弹塑性状态后施加于其上的荷载与变形间的对应关系曲线，目前较为常用的有双折线模型、三折线模型等。本文分析采用的模型为 ATC40 中推荐的 FEMA 类型。

3.4 塑性铰定义

因框架梁轴向内力较小，且经构件优化后其受剪承载力均高于受弯承载力，故不考虑框架梁的剪切破坏，仅考虑其端部在两个方向弯矩作用下可能出现的塑性铰。框架柱作为主要的竖向荷载承受构件且须平衡两个方向的梁端弯矩，采用考虑柱在轴向内力及两个方向弯矩共同作用下可能出现的塑性铰形式。中心支撑所承受的弯矩较小，计算分析时考虑其在轴向内力作用下可能出现的塑性铰。

3.5 框架柱的等效代换

计算软件无法识别并计算正交工字形截面柱的屈服承载力，为便于分析，在推覆分析中采用综合考虑框架柱的刚度和承载力两方面等效的方法，确定在两个方向均可等效代换的工字形截面。因 $W = I/y_{MAX} = 2I/h$，式中，h 为截面高度，在截面高度不变的前提下只要满足：

$$\frac{EI_{原}}{l} = \frac{EI_{等效}}{l} \quad （刚度等效）$$

$$\frac{N}{A_{n原}} + \frac{M_X}{\gamma_X W_{NX原}} = \frac{N}{A_{n等效}} + \frac{M_X}{\gamma_X W_{NX等效}} \quad （强度等效）$$

惯性矩等效即可实现截面模量的等效。故先假定柱翼缘宽度及截面高度与原截面相同，通过调整翼缘及腹板厚度（t_f 及 t_w）两项以实现等效替代。若代换后翼缘厚度过小，则将翼缘宽度调小后重新等效代换，确定在两个方向均可等效替代的工字形截面后用于推覆分析。

3.6 计算结果及分析

经对该结构分别在纵横两个方向的推覆分析过程，得到结构在每一个子步内进入弹塑性的状态，如图 2~图 12 所示。图中所示空心圆为赋予构件（含平台梁）的塑性铰，出现塑性铰的位置以实心圆表示。图 2 及图 3 所示为随着侧向荷载逐渐加大的过程中塑性铰在 KJ-D 中出现的顺序及分布状态，可见随着侧向荷载（水平地震作用）的逐渐加大中心支撑的受压杆先屈服。由图 4 可见受压杆屈服后部分受拉杆及框架梁端部进入塑性工作状态，随着侧向荷载进一步加大更多的框架梁端部出现塑性铰，加载至 15 步时，中间框架柱端部出现塑性铰，但塑性铰数量较少，至加载完成柱端出现 4 个塑性铰，结构抗倒塌能力较好。图 5~图 7 分别为 KJ-C~KJ-A 至加载完毕时塑性铰在结构中的分布状态，由于该三列线底部两层中心支撑所用截面相对较大，均未出现屈服，以上各层至标高 29.6m 的受压杆支撑及框架梁端部基本均出现塑性铰，柱端部出现一个塑性铰。综合 KJ-A~KJ-D 至加载完毕时的塑性铰分布状态可见，框架梁端部及受压杆支撑形成较多的塑性铰，柱端及手拉杆形成塑性铰数量较少，在罕遇烈度地震作用下结构能够通过梁端塑性铰的转动形成较好的耗能体系且抗倒塌性能良好。通过推覆分析可知，1 列线框架至加载第五步中心支撑的受压

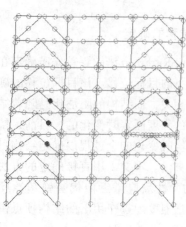

图 2　KJ-D　STEP2

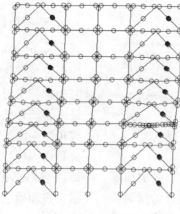

图 3　KJ-D　STEP4

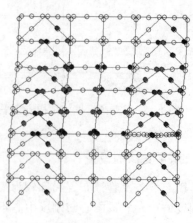

图 4　KJ-D

杆出现部分塑性铰，随着荷载进一步加大，中间各层框架梁端部出现较多塑性铰，柱端仅在标高10.0m及标高21.6m两层KJ-B柱端部出现两个塑性铰，图8为KJ-1至加载完时的塑性铰分布状态。图9~图12分别为KJ-2~KJ-5至加载完毕时塑性铰的分布状态，可见梁端部塑性铰形成较充分。在标高

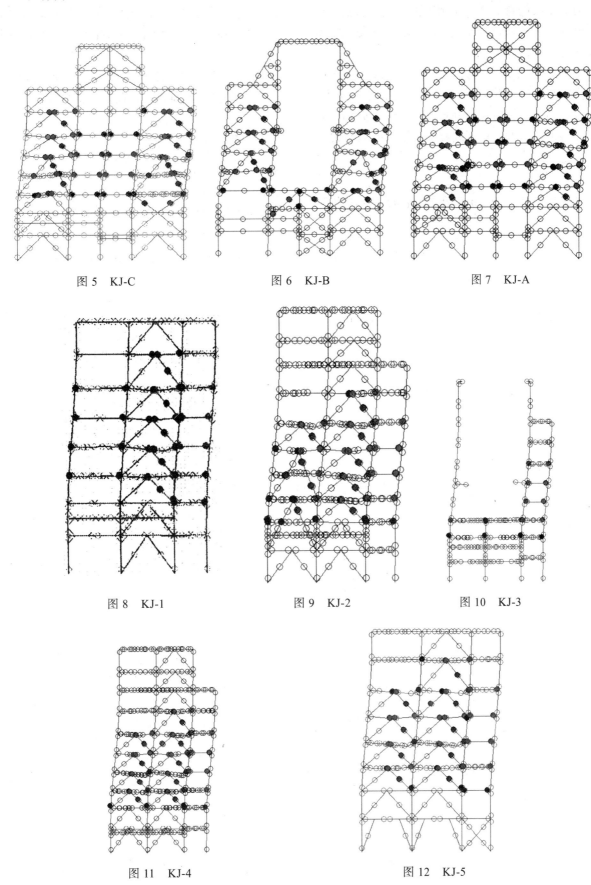

图 5　KJ-C　　　　　　　图 6　KJ-B　　　　　　　图 7　KJ-A

图 8　KJ-1　　　　　　　图 9　KJ-2　　　　　　　图 10　KJ-3

图 11　KJ-4　　　　　　　　　图 12　KJ-5

10.0m 处柱端部形成较多塑性铰，主要是由于以上各层的中心支撑受压杆屈服后，加大的水平荷载在结构中所产生的弯矩相当一部分由框架梁、柱承受，在轴力及更大的弯矩共同作用下柱端进入屈服，故将该处柱截面进行局部加强，将截面由正交工字型截面改为箱形截面。

本工程通过方案优化虽已解决了以上诸多问题，但受工艺布置所限，结构体系改进的空间不大。建议以后喷煤工艺将煤粉制备与喷吹两部分隔开布置，以避免较大的设备荷载局部过于集中的问题。

4 结论

基于以上结构方案优化及 PUSH-OVER 分析的结果表明：

（1）该方案在满足结构设计要求的前提下可满足工艺布置要求，耗能性能良好。

（2）通过布置平台支撑可有效降低扭转引起的平台梁平面外的扭曲失稳，并解决柱长细比过大问题。

（3）通过框架柱等效代换可实现 PUSH-OVER 分析。

（4）在罕遇烈度地震作用下经对结构标高 10.0m 处柱截面局部加强后抗震性能良好。

参考文献

[1] GB50017—2003 钢结构设计规范[S].
[2] JGJ99—98 高层民用建筑钢结构设计技术规程[S].
[3] GB50011—2001 建筑抗震设计规范[S].
[4] 张付可. 钢筋混凝土框架结构实用抗震鉴定方法[D]. 重庆: 重庆大学, 2004.

（原文发表于《设计通讯》2006 年第 2 期）

首钢第一型材厂精整改造工程
"托梁抽柱"的设计及施工

袁文兵　李洪光

(北京首钢国际工程技术有限公司，北京 100043)

摘　要：旧厂房改造中通过"托梁抽柱"来满足工艺对大空间的要求。本文总结和论述了抽柱体系的设计难点和施工要点，为今后同类工程开展相关的设计和施工提供借鉴和参考。

关键词：旧厂房改造；"托梁抽柱"；设计与施工

"Trimmer Beam and Withdraw Column" Design and Construction of Shougang Sectional Material Factory Renovation Works

Yuan Wenbing　Li Hongguang

(Beijing Shougang International Engineering Technology Co.,Ltd., Beijing 100043)

Abstract: "Trimmer Beam and Withdraw Column" was conducted to satisfy the request of large space in renovation works. The design difficulties and construction key points were generalized in the paper.

Key words: renovation works; trimmer beam and withdraw column; design and construction

1　引言

首钢第一型材厂(原首钢 300 小型厂)为了提高棒材的定尺率，于 2000 年 4 月将精整区进行改造。由于生产工艺的改变，需将主厂房 C 列 278 号线柱子抽掉，使柱距由原来的 12m 变为 24m。经查找资料和现场调研，该主厂房主跨 30m，副跨 24m，屋架间距为 6m，12m 柱距处设有托架。柱顶标高为 12.670m，轨顶标高为 9.000m，主跨屋架下弦标高为 13.200m，副跨屋架下弦标高为 13.290m。主跨为钢屋架，副跨为预应力钢筋混凝土屋架。两跨屋架共用 12m 长的预应力钢筋混凝土托架，副跨的预应力屋架坐落在主跨钢屋架端部的钢小柱上，钢屋架端部的钢小柱坐落在 12m 预应力混凝土托架上。屋面为大型屋面板。原设计柱混凝土标号为 C30，预应力钢筋混凝土屋架、托架混凝土标号为 C30。

2　设计方案选择

托梁抽柱目前有两个切实可行的办法，其一是在厂房的吊车梁顶面上或地面上设临时立撑体系支撑屋架，然后截断厂房柱的上柱，增设托架或托梁托起屋架，再把厂房柱拔去。这种方法的好处是托架的形式同普通托架一样，为一榀完整的托架，平面外占用的空间比较小，结构简单便于施工；其二是把要抽柱的上柱作为托架的一个竖杆，同托架连成整体，形成一个完整的托架后，再截去厂房柱。这种方法的好处是在切断柱之前便可以把托架安装就位，切去厂房柱之后托架便可以承受荷载，不需要附加临时支撑。

上述两个方案，第一方案比较安全可靠，但需要拆除旧有托架和厂房柱的上柱，支撑杆件较多体系复杂，工期长费用高，尤其是造成长时间的停产很不经济。况且首钢第一小型厂是 1959 年施工的，距今已有 43 年的历史，预应力混凝土屋架、托架局部有脱皮酥落现象。如采用支顶的方法，24m副跨的预应力混凝土屋架有可能出现不可预见的问题，设计施工承担的风险较大。第二种方案不需要庞大的支撑系统，不需要拆除旧有托架和厂房柱上柱，不需要支顶旧有屋架，工期短费用省，但设计施工较复杂，高空焊接工作量大，技术要求比较高。

由于生产的需要，本工程的特点是边生产边施工，吊车运行间隙短暂，如采用第一种方式必然影响生产的运行。经生产厂家、设计单位、施工单位多次协商研究，决定采用第二种方式进行抽柱。

3 工程设计

不论采用什么办法，都要对抽柱后的排架进行分析，并验算柱的强度，而且这样的工作往往要进行多次，加固前的验算和加固后的验算都是必不可少的。如图1所示，抽出C列278号线柱，经排架分析计算后发现B列276号，278号，280号线柱和D列276号，278号，280号线柱的强度稍弱。当加固C列276号，280号线柱以后，因这两个柱的刚度大大的增加，通过横梁（屋架）传至B列、D列柱的水平力减小很多，再经验算，B列、D列柱不再需加固。

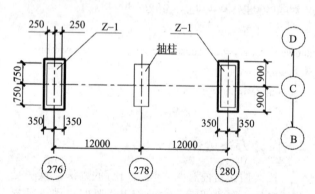

图1 柱加固平面布置图

C列276号、280号线柱的下柱原截面为500×1500双肢平腹杆，加固方法是下柱重新配筋，浇灌C30混凝土（施工时为了节省工期，缩短养护时间，用CGM高强无收缩灌浆料代替）。钢筋用环氧砂浆锚入基础。柱高每边加宽150mm，柱宽每边加宽100mm，并将原柱两肢间的孔洞填死，加固后的下柱截面为700×1800矩形柱，加固后的截面如图2所示。

为了方便与新增托架的连接及满足吊车运行的安全距离，上柱采用角钢L200×18及18mm厚钢板包钢加固，如图3所示。

278号线保留的上柱高度为3.7m，也用角钢L200×18及18mm厚钢板包钢加固。所有上柱均用

环氧树脂压力灌浆填实。由于C列278号线柱的截除，使C列276号，280号线柱子承受的荷载增加，原来柱的基础满足不了新的设计要求，再加上包柱子四周混凝土的钢筋要有必要的锚固长度，需对柱基础进行加固。原基础底盘尺寸为5.5 m×7.1m，加固后的底盘尺寸为6.3m×7.9m，基础混凝土采用C20，垫层混凝土采用C7.5，基础形状如图4所示。本工程的地基为砂卵石，经验算地基承载力和沉降变形可以满足规范的需要，不需要进行地基处理。

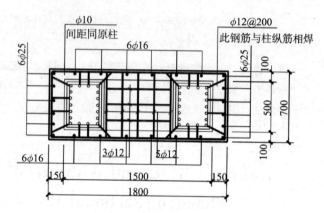

图2 加固后的截面图

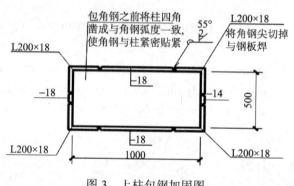

图3 上柱包钢加固图

本工程设计的要点是设计一个可靠的托架和托架与预拔柱的上柱连接的节点。这个托架有两片组成，两片托架把预拔柱的上柱夹在中间，设法使这个上柱成为托架的一个竖杆，在截断柱子时使屋架的荷重通过旧有托架及做竖杆的上柱传到新做托架上去，这是一个巧妙的构思，也是本工程设计的新颖之处，关键是如何把上柱同托架连成一个整体，并能传力。考虑到有上柱人孔的便利条件，本工程设置2根I45a作为传力件，通过挤压和剪切把混凝土柱的力传到托架。人孔待上柱用角钢及钢板加固完毕后用高强混凝土或灌浆料浇灌密实。

托架是由两片组成，由于吊车大梁与加固后上柱间安全距离的限制，托架平面外边缘不得超出上柱侧面150mm，托架的上下弦杆被分成两段，这是因为被拔柱要把它分成两段。这样被截断弦杆与竖

杆的连接十分重要，施工时必须保证弦杆与竖杆可靠连接，并需用加强板及连接板进行加强，如图 5 所示。

托架的几何尺寸及内力如图 6 所示。

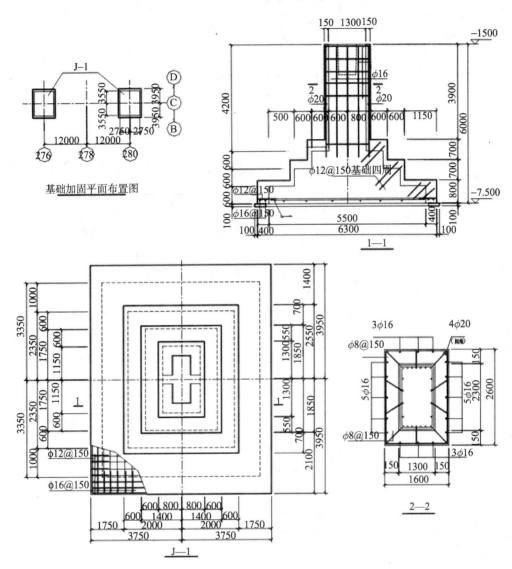

图 4　基础加固图

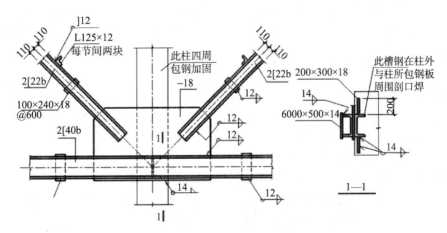

图 5　弦杆和竖杆的连接示意图

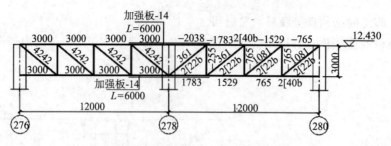

图 6 托架几何尺寸，内力及断面图
（单位：内力 kN，几何尺寸 mm，未注明竖杆断面 2[22b]）

4 工程施工

4.1 本工程的特点

（1）2000 年 5 月 2 日开工，5 月 31 日完工，工期共计 30 天。

（2）施工时厂家不停产，需要与厂家密切配合，尽量不影响厂家生产。

（3）施工现场狭窄，环境复杂，尤其地下障碍物的调查工作要做到详细、全面。同时，施工时要考虑到意外情况发生的可能性。

4.2 施工顺序

施工准备→拆除障碍物→土方开挖→原基础混凝土扒皮、凿出钢筋、焊接、锚固、绑扎钢筋→支设基础加固模板→浇注加固混凝土→养护→回填土→276 号、280 号线柱牛腿以下柱子凿毛→牛腿以下柱子钢筋锚固、绑扎→支模→浇注灌浆料→276 号、278 号、280 号线柱柱头包钢加固，278 号线柱保留柱头穿钢梁→拆屋面板及防水（由于吊车无法起杆）→安装新增托架→加固柱头环氧树脂压力灌浆填实→安设千斤顶，顶住 278 号线上柱头→凿断 278 号线上柱，加设柱头封底钢板→卸荷→拆除旧吊车梁→拆除 278 号线柱→安装新吊车梁→恢复屋面板及防水→施工验收，交付使用。

4.3 施工难点在于托架的制作及安装

托架制作前必须对现场构件的实际尺寸及相互关系进行测量，弄清加固后上柱边缘与吊车大梁的安全距离、柱头标高、吊车梁顶面标高、新增托架下边缘标高、新增托架下弦杆外边缘与吊车大梁端部的距离，目的为新增托架安装完毕后不得影响吊车的安全运行。托架上下弦杆的内肢要与 278 号线加固后的柱头焊接，此节点焊缝为重要传力焊缝，除托架的制作精度要严格满足规范的要求外，必须选用具有高强焊工证，水平较好的焊工施焊，确保

二级焊缝要求。

4.4 施工的要点在与柱子的凿断及卸荷

（1）卸荷采用 2 个 100t 螺旋式千斤顶。

（2）新托架安装完成后，在 278 号线柱牛腿及吊车梁上安装千斤顶支撑钢架。

（3）安设千斤顶，使千斤顶顶住上柱，并在千斤顶底面、顶面加设挡板，以防其错位。在千斤顶支杆上由顶部向下量 12mm、15mm、20mm、25mm，并分别做好标记。详见图 7。

（4）在设计位置将柱凿断，凿除时，要分层将混凝土打掉，在混凝土全部凿掉后，再切除钢筋。凿除混凝土及切除钢筋必须与包柱钢板底面相平。然后用高标号水泥砂浆将凿除面抹平，干燥后，将封底钢板及砂浆面刷环氧树脂，顶紧进行 278 号线柱头封底焊接。

（5）开始卸荷，卸荷必须有一人喊口令统一指挥，两台千斤顶均匀、缓慢地开始卸荷，自卸荷开始到结束，必须安排专人对 276 号至 278 号线屋架、托架及支撑进行认真细致观察，尤其是 278 号线屋架的两端，作为观察的重点，必须随时将各屋架、支撑在卸荷中的变动反馈到卸荷指挥人员。如果卸荷还未结束，而上柱头下沉到 12mm 标记线时，卸荷必须立即停止进行，并通知技术人员认真观察各屋架、托架情况，无异常变化，再进行卸荷。各标记线逐次进行。卸荷完成后，将观测水准点引至 276 号、278 号上柱，至 278 号保留的上柱设置观测点，观察实测一年，前 3 个月每月观测 2 次，无异常大的变化之后，每月观测 1 次，做好观测记录。报技术科分析并存档，发现异常情况立即组织检查并进行处理。

5 结语

（1）这次采用"托梁抽柱"的技术对首钢第一型材厂精整区的改造是非常成功的，经过观测托架最大挠度为 15mm，副跨预应力混凝土屋架没有增加任何裂缝。

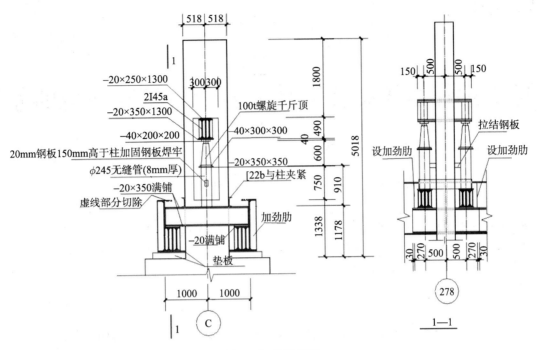

图 7　卸荷示意图

（2）加快工程进度,几乎不影响生产；大大降低工程费用,而且间接效益十分巨大。

（3）旧厂房改造在设计时不要只从设计施工的方便出发,一定要考虑旧厂房的特点及厂方的利益,进行多方案比较,找出停产时间,施工时间短的最佳方案,才能产生最大的社会效益。

参考文献

[1] 赵宁, 等.首钢第一型材厂主厂房改造"托梁抽柱"工程施工方案. 2000,5.

[2] 赵秀兰, 等.首钢第一型材厂主厂房改造工程施工图. 2000, 3.

[3] 范锡盛,曹薇, 等.建筑物改造和维修加固新技术. 1999, 1.

（原文发表于《设计通讯》2002 年第 1 期）

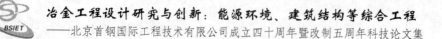
➤ **建筑技术**

通过干熄焦本体结构设计比较中日抗震规范的差别

张　渊　李洪光

（北京首钢国际工程技术有限公司，北京 100043)

摘　要：笔者通过参与干熄焦本体结构设计，熟悉了日本抗震设计规范，并将中日两国的抗震规范的设计方法进行比较，为今后的工程抗震设计提供了参考。

关键词：熄焦本体结构；抗震设计；设计流程

Compare of Seismic Design Standard of Buildings in China and Japan through the Design of CDQ Structure

Zhang Yuan　Li Hongguang

(Beijing Shougang International Engineering Technology Co., Ltd., Beijing 100043)

Abstract：Through the design of CDQ structure, the author has acquaintance with the seismic codes of buildings in Japan, and compares the method of seismic codes in China and Japan. The results provide references for seismic design for future engineering.

Key words：CDQ structure; seismic design; design flow

1 引言

干熄焦技术是北京首钢国际工程技术有限公司的优势技术，从 1999 年首钢一期 1×65 t／h 规模的干熄焦工程开始，公司先后承揽了武钢、济钢、迁安中化煤化工、包钢等国内 30 多套干熄焦项目的设计和总承包，创造了良好的经济与社会效益，并在干熄焦建设市场树立起了良好的形象。首钢一期 1×65 t／h 规模的干熄焦装置，由日本新日铁株式会社赠送整套设备，基本设计及详细设计由日本人完成，我公司仅负责图纸转化。2003年 9 月，北京首钢设计院与新日铁工程技术株式会社合资成立了中日联环保节能公司，2004 年承揽第一个干熄焦工程即武钢干熄焦工程。该工程，新日铁工程技术株式会社做基本设计，首钢设计院开展详细设计。而作为干熄焦工程土建设计的核心–干熄焦本体钢结构，由于其结构形式及荷载工况复杂，新日铁在基本设计中已经将梁、柱、

支撑的截面确定，当时土建室设计软件简单，无法进行结构的核算，只是进行了转换设计。而新日铁进行钢结构计算时，采用的均为日本国规范，其中日本国的地震荷载及风荷载取值均与我国规范的要求有异。2009 年景德镇干熄焦开始，为了适应中国建设部门的审批和中国国内的建筑设计规范，新日铁工程技术株式会社不再提供梁、柱、支撑的截面，要求我们自行确定。此时，北京首钢设计院已经完成股份制改制，成立了北京首钢国际工程技术有限公司，并装备了最新的有限元结构计算软件，已经完全有能力进行本体钢结构的设计。笔者有幸刚参加工作就开始接触干熄焦本体结构的设计，经历了从干熄焦本体结构的图纸转化到完全自己独立完成本体钢结构的设计的过程。在此过程中，笔者了解并熟悉了日本国的抗震设计规范。在此将中日两国抗震规范的设计方法进行比较，为以后的工程抗震设计提供参考。

2 日本国现行抗震设计规范介绍

现在，有几种抗震法在日本同时实施，新抗震设计法就是其中一种。新抗震设计法从 1981 年开始实施，与 2002 年开始实施的极限强度设计法相比，新抗震设计法制定时期较早，施行期间较长，是一种比较成熟的设计法，并经受了阪神大地震的考验。现在，日本建筑结构的大部分都是依据新抗震设计法设计的，同时它也适用于干熄焦本体结构的设计。

3 日本国抗震设计的思路与中国规范的差别

我国的抗震设计方法按照"小震不坏、中震可修、大震不倒"的目标进行。一般情况下，在遭遇众值烈度影响时，建筑出于正常使用状态，结构处于弹性，采用弹性反应谱进行弹性分析；当遭遇基本烈度影响时，结构进入非弹性工作阶段，但非弹性变形或结构体系的损坏控制在可修复的范围；遭遇罕遇地震影响时，结构有较大的非弹性变形，但应控制在规定的范围内。我国规范对于大多数结构，可只进行第一阶段设计，而通过概念设计和抗震构

造措施来满足大震下结构的目标要求。而在日本抗震规范中，在中等强度地震作用下要求建筑物仍处于弹性阶段，不发生破坏。而在大震下，日本规范要求对结构进行极限强度设计。由此可见在中等强度地震作用下日本要求较严格，而在大地震作用下两国所采取的设计思路不同，但都要保证建筑在大地震作用下不倒塌，从而保证居住者的生命安全。此外，日本第一水准的地震重现期为 475 年，相当于中国的基本设防烈度（中震）；第 2 水准的地震重现期为 2500 年。而我国的地震重现期见表 1。

表 1 我国地震重现期 (年)

设防烈度	6 度	7 度 (0.1g)	7 度 (0.15g)	8 度 (0.2g)	8 度 (0.3g)	9 度
多遇地震	50	50	50	50	50	50
中震	475	475	475	475	475	475
罕遇地震	1642	1642	1642	1975	1975	1975

由此可见，日本国的第 2 水准的地震重现期取值高于中国。

4 日本国新抗震设计法的设计流程

日本国新抗震设计法的设计流程如图 1 所示。

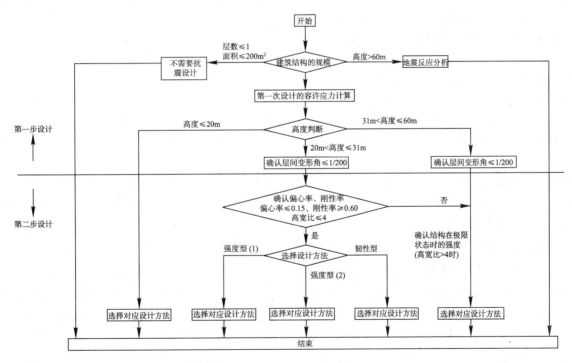

图 1　日本新抗震设计法的抗震设计流程

5 日本国抗震设计的地震作用取值

由上所述，日本国抗震设计分为两步。第一步设计的思路,其针对中震进行容许强度设计。日本新

抗震设计法直接给出了中型地震时结构最底层的标准设计剪重比系数 C_0。在进行第一步设计的时候，结构最底层的标准设计剪重比系数 $C_0 = 0.2$，其相当于把结构简单看作一个单自由度体系，并略去阻

尼的影响,其在底部所受剪力 Q 与结构全部重量的比值。

$$C_0 = \frac{Q}{\sum mg} = \frac{a}{g} = 0.2 \qquad (1)$$

$$a = 0.2g \approx 200\text{cm}/\text{s}^2$$

根据结构动力学的知识可知,单自由度弹性体,结构的反应加速度约为地震加速度的 2~3 倍。

第一步设计中结构的反应加速度为 $200\text{cm}/\text{s}^2$,那么其所对应的中震的地面加速度值约为 $70~100\text{cm}/\text{s}^2$。

如果结构为 n 层,在进行第一步设计时,结构第 i 层的剪力系数 C_i 及所受剪力 Q_i 应按照式（2）进行:

$$C_i = Z \times R_t \times A_i \times C_0$$

$$Q_i = C_i \times \sum_{k=i}^{n} m_k g \qquad (2)$$

式中, Z 为区域系数,其根据建筑物所在地区地震发生的可能性及强度的大小来确定,其值介于 0.7~1.0 之间; R_t 为振动特征系数,其根据结构的自振周期、结构所建场地土的种类来确定, R_t 是一个小于或等于 1 的折减系数,其取值范围介于 0.25~1.0 之间; A_i 为第 i 层剪力分配系数; C_0 为结构最底层的标准设计剪力系数,其值为 0.2; m_k 为结构第 k 层质量; n 为结构总层数。

第二步设计是针对大震,并对结构进行极限强度设计。与我国规范相同,日本国规范认为结构受大震作用后,结构不再保证弹性状态,结构的部分或全部构件将进行塑性状态,并认定为这种状态为结构的极限状态。结构在极限状态下,结构的变形虽然很大,但是结构不允许出现倒塌。

在新抗震设计法中,大震的大小也是通过结构最底层的标准设计剪力系数给出的。在进行第二步设计时,结构最底层的标准设计剪力系数 $C_0 = 1.0$。也就是讲第二步设计时,结构所受的反应加速度为 $1000\text{cm}/\text{s}^2$,同样通过动力学知识,换算为地震加速度数值为 $300~400\text{cm}/\text{s}^2$。

我们知道结构在进入塑性状态,结构的阻尼要发生变化。日本规范是依据 E.M.Newmark 的能量一定法则及变形一定法则,根据结构的塑性变形能力的大小,对结构的地震作用做适当的降低。考虑到这点,在大震时,结构第 i 层必须能承受的地震作用按下式计算:

$$Q_{un} = D_s \times F_{es} \times Q_{ud} \qquad (3)$$

$$Q_{ud} = C_i \times \sum_{k=i}^{n} m_k g \qquad (4)$$

$$C_i = Z \times R_t \times A_i \times C_0 \qquad (5)$$

式中, D_s 为结构的塑性折减系数; F_{es} 为结构形状特性系数; Q_{ud} 为弹性状态时结构的地震作用值; $C_0 = 1.0$。 D_s 值是根据 E.M.Newmark 的能量一定法则、变形一定法则确定的。能量一定法则适用于短周期结构,而变形一定法则适用于长周期结构。在日本国规范中,一般认为,大于 $1S$ 的结构为长周期结构,小于 $1S$ 的结构为短周期结构。

按照能量一定法并考虑不同阻尼比影响的结构塑性折减系数为:

$$D_s' = \frac{\beta}{\sqrt{2\mu - 1}} \qquad (6)$$

按照变形一定法并考虑不同阻尼比影响的结构塑性折减系数为:

$$D_s'' = \frac{\beta}{\mu} \qquad (7)$$

式（6）和式（7）中 μ 为塑性率, $\mu = \frac{\delta_m}{\delta_y}$; δ_y 为结构屈服点处结构的变形值; δ_m 为非线性结构的变形值; β 为阻尼影响系数, $\beta = \frac{1.5}{10 + \xi}$; ξ 为结构的阻尼比。

结构形状特性系数 F_{es} 由式（8）求得:

$$F_{es} = F_e \times F_s \qquad (8)$$

F_e 为结构平面形状修正系数,其根据结构自身的偏心率的大小确定,主要考虑地震作用下扭转对结构产生的不利影响。其值介于 1.0~1.5 之间。 F_s 为结构刚度修正系数,其根据结构的刚度决定其大小,其值介于 1.0~2.0 之间。其是为防止结构某层的刚度过小,刚度突变,导致地震作用集中,而将此层的地震作用扩大 F_s 倍。

而我国地震地面运动峰值加速度大小见表 2。

表 2　地面运动峰值加速度大小　（cm/s²）

设防烈度	6 度	7 度 (0.1g)	7 度 (0.15g)	8 度 (0.2g)	8 度 (0.3g)	9 度
多遇地震	18	35	55	70	110	140
中震	50	100	150	200	300	400
罕遇地震	100	220	310	400	510	620

通过对比,我们可知日本国第一步设计时,采用的地面运动峰值加速度相当于我国 8 度(0.2g)中震作用下的地面峰值加速度值。第二步设计时,采用的地面运动峰值加速度相当于我国 8 度(0.2g)大

震作用下的地面峰值加速度值。

6 结论

日本对于中型地震采用容许强度设计，认为结构在中震下仍为弹性变形；对于大地震确保其不倒坍，利用地震反应分析结果来验算，以保证建筑物的安全性。我国采用两阶段设计法，对于一般建筑，只是计算多遇地震下结构的地震作用效应，而对于中震及大震，是通过概念设计和抗震构造措施来保证建筑物的安全性。在中等强度地震作用下日本要求较严格，而在大地震作用下抗震效果基本相同，都要保证建筑在大地震作用下不倒塌，保证居住者的生命安全。

参考文献

[1] 傅金华. 日本抗震结构及隔震结构的设计方法[M]. 北京：中国建筑工业出版社，2011, 12: 43.

[2] GB 50011—2010 建筑抗震设计规范［S］. 北京：中国建筑工业出版社, 2010.

某原料场熔剂制备工程破碎筛分室动力分析

刁现伟　王兆村　王岩禄　杨　洁

（北京首钢国际工程技术有限公司，北京　100043）

摘　要：原料场熔剂制备工程承担为混匀料场输送合格的石灰石、白云石，主要设施包括：汽车受料室，破碎筛分室，混匀配料室等。破碎筛分室内有破碎机和振动筛等振动设备。本文以某原料场熔剂制备工程破碎筛分室为例，讨论了破碎筛分室在动力计算时应该注意的问题。

关键词：破碎筛分室；破碎机；振动筛；动力计算

Dynamic Analysis of Crushing and Screening House in Stock Yard Flux Preparation Engineering

Diao Xianwei　Wang Zhaocun　Wang Yanlu　Yang Jie

(Beijing Shougang International Engineering Technology Co., Ltd., Beijing 100043)

Abstract：The stock yard flux preparation engineering provides qualified limestone and dolomite to the mixed yard, including receptacle trough from car, crushing and screening house and batch house. There are crushing engines and shakers in the crushing and screening house. The problems which should be noticed when making dynamic analysis to the crushing and screening house are discussed in the text.

Key words：crushing and screening house；crushing engine；shaker；dynamic analysis

1　概述

某原料场熔剂制备工程破碎筛分室并列配备有两台破碎机，两台振动筛，工艺专业平面布置见图1，侧立面布置如图2所示。因框架结构承受破碎机、振动筛等动力荷载，结构的动力计算是本工程设计中的一个重点。本文以某原料场熔剂制备工程破碎筛分室为例，讨论了破碎筛分室在动力计算时应该注意的问题。

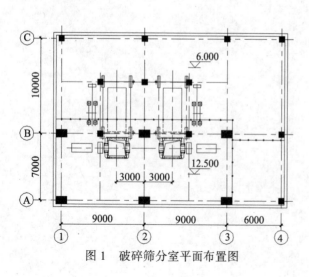

图1　破碎筛分室平面布置图

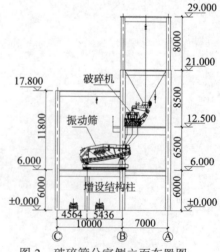

图2　破碎筛分室侧立面布置图

2 计算中的几个问题

2.1 结构布置方案的比较

根据工艺初步资料，振动筛布置于平台梁上，振动筛支点下不设结构柱。在进行动力计算时，由于整层平台竖向刚度较弱，振动筛工作时引起的楼层平台位移较大，即使大幅增加框架梁及平台梁的刚度仍不能满足规范要求的位移限值。经过分析比较，在振动筛层框架梁及平台梁下增设结构柱来增大平台的竖向刚度，能够大幅减小楼层的竖向振动位移，使其控制在规范要求的范围之内。

2.2 破碎机和振动筛的动力荷载

根据《动力机器基础设计规范》（GB 50040—1996）规定，设备制造厂应提供设备扰力值及其作用位置。根据设备制造厂提供的资料，振动筛 4 个受力点动荷载：竖直方向最大 27.5kN/点，水平方向最大 17kN/点，振动频率 800r/min；破碎机竖直方向动荷载：19.8kN，4 点分担，振动频率：985r/min。

自振圆频率与振动频率的关系：$\omega = \dfrac{2\pi}{T} = 2\pi f$；

扰力值为：$P(t) = P_0 \sin \omega t$。

振动筛扰力值图表如图 3、图 4 所示，破碎机扰力值图表如图 5 所示。

2.3 结构的自振周期与设备振动周期

破碎筛分室整体模型如图 6 所示。首先对结构进行自振特性计算，计算时考虑结构自重、建筑做法自重及设备自重转化为节点质量。结构自振周期及设备荷载周期比较见表 1。

由表 1 可知，结构整体 X 向、结构整体 Y 向自振周期与设备振动周期避开，振动筛层竖向自振周期与振动筛设备的振动周期避开，而破碎机层竖向

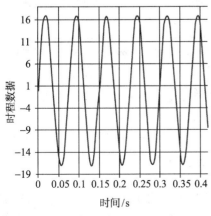

图 3 振动筛水平扰力（kN）

自振周期与破碎机设备的振动周期没有避开。

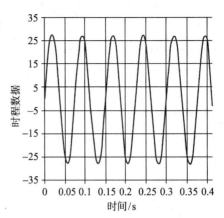

图 4 振动筛竖向扰力（kN）

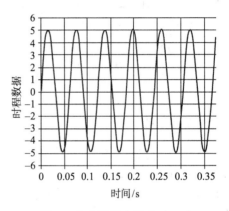

图 5 破碎机竖向扰力（kN）

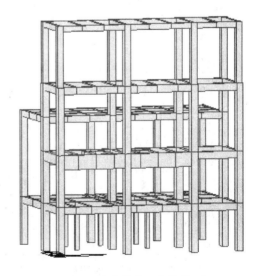

图 6 破碎筛分室整体模型

《动力机器基础设计规范》（GB50040—1996）采用振动线位移控制而不采用频率控制，主要是因为框架式基础按多自由度体系计算，其固有频率非常密集，要使基础的固有频率避开机器的工作转速是难以实现的。用振动线位移控制的方法从其概念上来说是允许产生共振，只要振动线位移满足要求即可[1]。

表1　结构自振周期及设备荷载周期比较

项　目	结构整体 X向	结构整体 Y向	振动筛层 竖向	振动筛	破碎机层 竖向	破碎机
	自振周期	自振周期	自振周期	振动周期	自振周期	振动周期
周期/s	0.706	0.690	0.035~0.043	0.075	0.040~0.086	0.061

2.4　阻尼及结构阻尼比

在结构振动过程中，使体系的机械能耗散的因素叫体系的阻尼因素。临界阻尼表示结构在自由振动响应中不出现振荡所需的最小阻尼值。结构体系的阻尼在临界阻尼时不出现振动现象，并且振动衰减的最快。结构体系阻尼与临界阻尼之比叫做阻尼比。在简谐荷载作用下，结构振动的动力放大系数与阻尼比有关[2]。

根据《动力机器基础设计规范》（GB50040—1996）6.3.3条规定，混凝土结构的阻尼比可取0.0625[1]。

3　动力分析结果

本文采用有限元分析软件进行结构在简谐荷载作用下的时程分析，分析方法采用振型叠加法。振动筛及破碎机的节点示意如图7和图8所示。

对于振动筛层，节点1、2是平台梁节点，位移比振动筛其他节点位移大，节点1时程位移结果见

图9、节点2时程位移结果如图10所示。

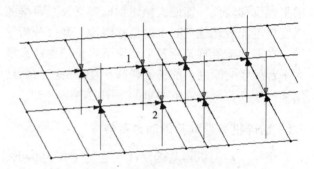

图7　振动筛节点示意

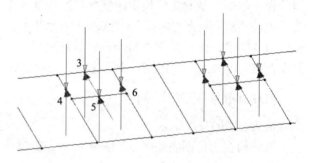

图8　破碎机节点示意

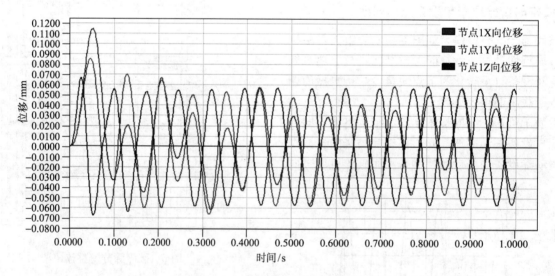

图9　振动筛节点1时程位移

对于破碎机层，节点5是平台次梁节点，位移比破碎机其他节点位移大，节点5时程位移结果如图11所示。

根据《动力机器基础设计规范》（GB 50040—1996）规定[1]，破碎机允许振动线位移[A]=0.15mm。

4　结语

本文以某原料场熔剂制备工程破碎筛分室为例，讨论了破碎筛分室在动力计算时的结构布置方

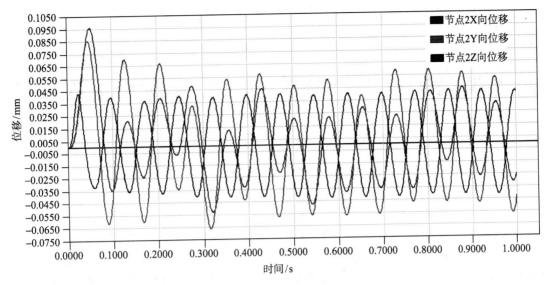

图 10 振动筛节点 2 时程位移

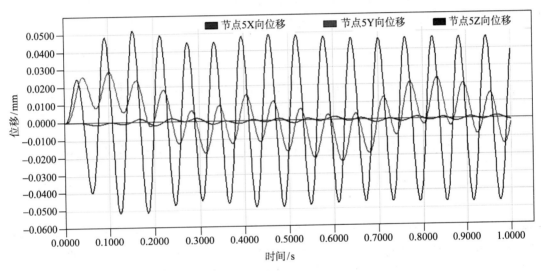

图 11 破碎机节点 5 时程位移

案、动力荷载、结构的自振周期与设备的振动周期以及结构阻尼比取值等问题，并运用有限元分析软件对结构在简谐荷载作用下进行时程分析，得出了各节点在扰力作用下的时程位移。本文的参数取值和计算方法可供类似工程参考。

参考文献

[1] GB50040—1996 动力机器基础设计规范[S].北京：中国计划出版社,1997.

[2] 俞载道.结构动力学基础[M]. 上海：同济大学出版社,1987.

（原文发表于《工程建设与设计》2012 年第 5 期）

某大型高炉粗煤气系统有限元分析及工程设计

刁现伟　李洪光　王兆村　王岩禄

(北京首钢国际工程技术有限公司，北京 100043)

摘　要：某大型高炉工程粗煤气系统拟采用上升管、三通管及下降管的结构形式，除尘器拟采用重力除尘器。粗煤气系统结构受力复杂，在以往的工程设计中上升管、三通管、下降管及除尘器壁厚主要根据工程实践经验确定。本文在总结吸取以前工程实践经验的基础上，运用有限元程序对上升管、三通管、下降管、重力除尘器及重力除尘器支架进行整体建模分析。通过对高炉生产过程中可能同时作用的荷载进行弹性计算分析，了解了结构的整体特性，得到了结构在设计荷载作用下的应力、应变分布规律，管道接口局部应力集中情况，掌握了设计和施工中应注意的问题，为工程设计和施工提供指导。

关键词：高炉；粗煤气系统；结构建模；工程设计；二次应力

Finite Element Analysis and Design of Blast Furnace Crude Gas System

Diao Xianwei　Li Hongguang　Wang Zhaocun　Wang Yanlu

(Beijing Shougang International Engineering Technology Co., Ltd.，Beijing 100043)

Abstract：A blast furnace crude gas system would be the technology layout of the riser, the tee connection and the downcomer. The dust separator would be gravity dust separator. The structural stress of the crude gas system is complex. The thickness of the pipes and the shell of the gravity dust separator are determined by engineering practice and experience. Based on the engineering practice and experience, the riser, the tee connection, the downcomer, the gravity dust separator and its support frame are modeled by finite element program. Through the elastic analysis to the model on the loads when the blast furnace operation, the integral character of the structure, the stress and strain rules of the structure on the design loads, the local stress concentration at interface of the pipes and the problems should be noticed when designing and constructing are obtained. It can direct the design and the construction.

Key words：blast furnace; crude gas system; structural model; engineering design; secondary stress

1　工程概况

1.1　结构布置

某大型高炉工程粗煤气系统拟采用上升管、三通管及下降管的结构形式，除尘器拟采用重力除尘器。高炉粗煤气系统工艺布置为：轴距 22m、直径 2500mm 的四根上升管支撑于 48.900m 炉顶主平台上；在标高 75.950~86.950m 四根上升管合成两根上升总管，上升总管直径 3500mm；在标高 92.289~ 104.675m 两个上升总管相交并连接下降管；下降管跨度水平投影 55.483m，下降管在标高 49.890m 接重力除尘器；重力除尘器最大直径 14.000m，重力除尘器在标高 18.170m 支撑于重力除尘器支架上。

1.2　结构荷载

结构的主要荷载包括：

（1）结构自重；

（2）内衬隔热材料自重：上升管、下降管隔热材料按厚度为 80mm，容重为 $2.4t/m^3$，导出管隔热材料按厚度为 166mm，容重为 2.3t/ m³；

（3）气体压力：工艺资料炉顶压力为 0.25MPa，设备能力 0.28MPa；

（4）温度荷载：粗煤气系统上升管、下降管有内衬，单元温度荷载按 $\Delta T = 100℃$ 考虑；重力除尘器无内衬，单元温度荷载按 $\Delta T = 200℃$ 考虑；

（5）风荷载：基本风压 0.4kN/m²；

（6）地震荷载：本工程抗震设防烈度 7 度，设计基本地震加速度值为 0.15g，设计地震分组为第一组，场地类别 II 类；

（7）其他荷载：工艺专业提供的其他荷载，包括导出管膨胀节荷载，放散阀荷载，重力除尘器出口的管道推力等。

2 结构模型的建立

2.1 单元模型的选择

空间桁架单元只允许有轴向的拉压变形，每个节点有 3 个自由度。

空间梁单元允许有轴向拉压变形、扭转变形和具有剪切作用的弯曲变形，它的每个节点有 6 个自由度。

壳体的中面是一个曲面，壳的变形与板不同，除了弯曲变形外，还存在中面变形，内力有弯曲内力和面内力。应用有限单元法分析壳体结构时，广泛采用平面单元和曲面单元这两类壳体单元。用于一般壳体的平面壳元[1]，可以看成是平面应力单元和平板弯曲单元的组合，每个节点有 5 或 6 个自由度，能承受平面内荷载和弯曲荷载。

本工程中上升管、三通管、下降管及重力除尘器壳体采用平面壳元单元模拟，平面壳元单元的形式有 3 节点和 4 节点两种；重力除尘器支架的梁及钢管混凝土柱用梁单元模拟；重力除尘器支架斜撑用桁架单元模拟。

整个结构共划分为 34 个桁架单元，162 个梁单元和 68197 个平面壳元，共有节点 67402 个。结构整体计算模型如图 1 所示。

2.2 边界条件

参考有关文献[2]，4 根上升管与炉顶主平台梁连接，按照固接考虑。

重力除尘器支架柱脚按固接考虑。

重力除尘器壳体与重力除尘器环梁采用共用节点的方式进行连接。

2.3 施加荷载

（1）结构自重：由程序自动考虑。

（2）内衬隔热材料自重：对平面壳元施加面压力荷载，方向竖直向下。

（3）气体压力：对平面壳元施加面压力荷载，方向垂直于平面壳元向外。

（4）温度荷载：对平面壳元施加单元温度改变荷载。

（5）风荷载：将上升管、三通管及下降管分六段施加风荷载。对基本风压考虑风振系数、体型系数及风压高度变化系数后，对平面壳元施加面压力荷载，方向为水平 X（或 Y）向，施加面荷载时选择将荷载投影到与荷载方向垂直的平面上。

（6）地震荷载：采用振型分解反应谱法，应保证振型参与质量不小于 90%，结构体系质量转化：结构自重+1.0 恒+0.5 活。

（7）其他荷载：转化为节点荷载施加。

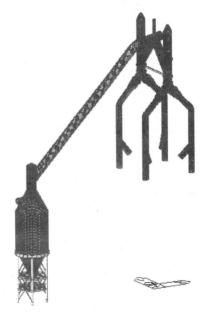

图 1 结构整体计算模型

3 结构分析及设计中的问题及解决方法

3.1 上升管三通加劲的设置

在标高 86.950m 三通管的位置，三根管道相交一般的工程做法如图 2 所示，设计中结构局部加厚。由于结构总体不连续、管道接口焊缝残余应力等因素的影响，该节点成为结构的薄弱环节。在经过计算分析后，将该节点加强，做法如图 3 所示。

3.2 上升管拉杆的设置

如图 4 中所示，本工程设计中在两个上升总管之间设置了拉梁。主要是基于以下方面的考虑：

（1）上升管及上升总管组成了一个相当于门架的结构，在下降管自重作用下，这使上升总管成为压弯构件，使如图2所示的三通管道外侧焊缝附近应力集中；

（2）如图4所示的上升总管与下降管相交节点应力集中；

（3）增加拉梁可以减小上升总管与下降管相交点的竖向位移，从而使下降管的变形减小。

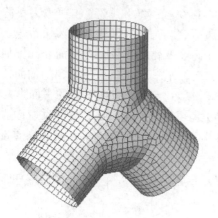

图2　标高86.950m三通管

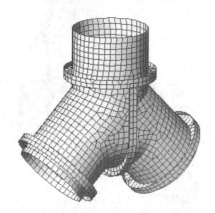

图3　标高86.950m三通管加强后做法

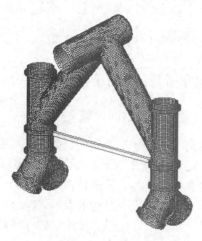

图4　上升总管拉梁

在两个上升总管之间设置拉梁之后，增强了粗煤气系统管道的结构整体性，解决了以上三个方面的问题。对于增加拉杆后可能引起的温度应力的问题，通过计算保证结构的温度应力在容许的范围之内。

3.3　重力除尘器弧段的设计

重力除尘器壳体上锥段与筒体段接口，由于结构不连续，存在较大的弯曲应力。一般的工程做法有两种，如图5和图6所示。

图5　无圆弧过渡段接口

图6　有圆弧过渡段接口

本文对两种工程做法的结构进行了内压作用下的有限元计算，计算结果如图7和图8所示。

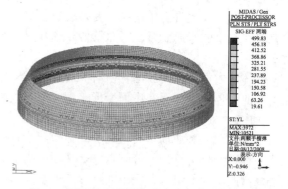

图7　无圆弧过渡段接口在内压作用下应力

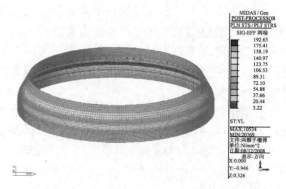

图8　有圆弧过渡段接口在内压作用下应力

比较两种工程做法，本文推荐有圆弧过渡段接口的连接形式，其应力仅为无圆弧过渡段接口连接形式的38.5%。

3.4　关于一次应力及二次应力的问题[3,4]

3.4.1　应力分类

压力容器在外荷载作用下，满足了静力平衡条件和变形协调条件后，根据应力产生的原因、导出应力的方法、应力存在的区域以及应力的性质把各处的应力划分为三类：

（1）一次应力（P），指由于外加荷载的作用而在容器中产生的正应力或剪应力，它必须满足外荷载和内力、力矩的静力平衡条件。一次应力的特征在于不是自限性的，不会因达到材料的屈服强度而自行限制。

一次应力包括一次总体薄膜应力（P_m）、一次局部薄膜应力（P_l）、一次弯曲应力（P_b）。

（2）二次应力（Q），指由于容器不同部位的自身约束或相邻部件的相互约束而引起的正应力或剪应力，由自身不同部位材料或相邻不同部件的变形协调条件导出。二次应力的特征是具有自限性，局部区域屈服所产生的小变形量可以使得引起这种应力的变形协调条件满足，因而限制了这种应力的继续增长。

（3）峰值应力（F），指由于局部结构不连续而加到一次及二次应力之上的增量。峰值应力的基本特征是对整体结构不产生任何显著变形，它仅是导致疲劳破坏和脆性断裂的可能原因。

3.4.2 对应力强度限值条件的分析

根据应力分类，对不同类型的应力采用不同的应力强度限值。

（1）对于一次总体薄膜应力 P_m，由于 P_m 不具有自限性，且存在于总体区域，应将此应力强度严格限制在材料容许范围之内；

（2）对于一次局部薄膜应力 P_l，因其具有二次应力的某些特性，将此应力强度限值放宽到第（1）条的 1.5 倍；

（3）对于一次薄膜应力加一次弯曲应力 P_m（P_l）$+P_b$，将其限值放宽到第（1）条的 1.5 倍，但其中的 P_m 部分需满足第（1）条的限制；

（4）一次加二次应力 P_m（P_l）$+ P_b + Q$，用第（1）条的 3 倍进行限制，但必须满足第（1）～（3）条的限制；

（5）一次加二次加峰值应力 P_m（P_l）$+P_b+Q+F$，用第（1）条的 3 倍进行限制，但必须满足第（1）～

（4）条的限制。

3.4.3 应力分类及应力强度限值在本工程中的应用[5]

（1）上升管、下降管及重力除尘器壳体连续部位的应力强度按照 3.4.2 节第（1）条控制；

（2）对于除尘器圆筒段与圆锥段的相交部位，存在由于结构不连续而引起的弯曲应力，按照应力强度限值条件 3.4.2 节第（3）条控制；

（3）上升管与下降管连接处及下降管与重力除尘器壳体连接处，按照应力强度限值条件 3.4.2 节第（4）条控制。

4 结语

本文以某大型高炉工程粗煤气系统为研究背景，分析了该系统结构计算中应考虑的荷载，有限元模型的建立，并着重研究了结构分析及工程设计中所发现的问题及解决的方法。

结构的分析和设计主要研究了以下四个方面的问题：

（1）在上升管三通管加劲的分析与设计中，通过设置加劲将结构的薄弱环节加强；

（2）通过在上升管之间设置拉杆，增加了结构的整体性，缓解了局部结构的应力集中，减小了下降管的挠度；

（3）通过将重力除尘器锥段与筒体之间的连接设计成弧段；大大降低了结构的局部应力；

（4）分析了压力容器设计中关于一次应力及二次应力的问题及其在本工程中的应用。

参考文献

[1] 王勖成. 有限单元法[M]. 北京: 清华大学出版社, 2003.

[2] 蹇开林, 朱渝春, 林宝如. 高炉炉顶煤气管道球形节点有限元分析[J]. 重庆大学学报（自然科学版），2000, 23(6)：35～37.

[3] 丁伯民, 蔡仁良. 压力容器设计——原理及工程应用[M]. 北京: 中国石化出版社, 1992.

[4] 兰州石油机械研究所. 压力容器设计知识[M]. 北京: 化学工业出版社, 2005.

[5] GB50567—2010. 炼铁工艺炉壳体结构技术规范[S]. 北京: 中国计划出版社, 2010.

（原文发表于《钢结构》2012 年第 5 期）

煤气洗净塔结构分析及设计中几个问题的探讨

刁现伟

（北京首钢国际工程技术有限公司，北京 100043）

摘　要：钢铁厂炼铁工程洗净塔是属于综合管网的单体建筑，洗净塔的结构主体由塔体及支架两部分组成。本文对洗净塔在结构分析及设计中荷载的取值、壳体应力分析、支架布置等几个问题进行了探讨，结论可供类似工程参考。

关键词：洗净塔；壳体；支架

Some Problems in the Analysis and Design of the Gas Cleaning Tower

Diao Xianwei

(Beijing Shougang International Engineering Technology Co.,Ltd.，Beijing 100043)

Abstract：The gas cleaning tower of iron-making project in iron and steel plant belongs to the pipe network system. The gas cleaning tower is composed by tower and support structure. This paper discussed the problems of the load value, shell stress analysis and support arrangement in the analysis and design of the gas cleaning tower. The conclusion can be referenced by similar engineering.

Key words：cleaning tower；shell；support frame

1　引言

钢铁厂炼铁工程洗净塔的作用是将从干法除尘或 TRT 压差发电传来的高炉煤气进行清洗，属于炼铁工程综合管网的单体建筑。洗净塔的结构主体由塔体及支架两部分组成。本文以某钢铁厂炼铁工程的洗净塔为例进行分析，对洗净塔在结构分析及设计中荷载的取值、壳体应力分析、支架布置等几个问题进行探讨。计算模型中壳体由板单元模拟，梁、柱由梁单元模拟，支架柱为钢管混凝土柱，柱脚插入杯口为刚接，有限元模型如图 1 所示。

2　荷载取值中的问题

2.1　荷载组成

洗净塔所承受荷载主要由以下荷载组成：

（1）恒载。恒载包括结构自重及工艺荷载；

（2）活载。壳体内煤气压力 0.05MPa，下锥体水荷载（正常生产状态时 1500kN，事故状态时 5400kN），平台检修荷载等；

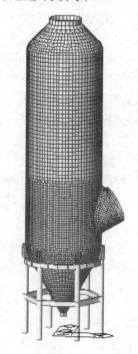

图 1　洗净塔有限元模型

（3）风荷载。基本风压 0.4kN/m²；

（4）地震作用。

2.2 内压作用的考虑

根据工艺专业提供的资料，正常生产状况时壳体内煤气压力 0.05MPa。右侧煤气入口管道设置大拉杆膨胀节，可传递拉力。计算支架柱时，偏于保守地认为煤气管道入口为自由，对于整体结构相当于存在一个方向向左的盲板力；计算管道接口局部应力时，内压工况中应在管道入口按照内压施加拉力。

2.3 风荷载

根据基本风压考虑体形系数、高度影响系数、振型增大系数等因素后对壳体板单元按照高度分段分别施加两个作用方向的面荷载 $W0$、$W90$。对于洗净塔 4 柱框架支撑结构还应考虑 45° 方向风荷载 $W45$、$W135$，这两种风荷载工况效应 S 可以在 $W0$ 和 $W90$ 工况的基础上生成：

$$S_{W45} = \frac{\sqrt{2}}{2} S_{W0} + \frac{\sqrt{2}}{2} S_{W90}$$

$$S_{W135} = -\frac{\sqrt{2}}{2} S_{W0} + \frac{\sqrt{2}}{2} S_{W90}$$

地震作用下也存在和风荷载类似的问题，即考虑 $E45$、$E135$ 荷载工况。

2.4 下锥体水荷载的地震参与质量

下锥体水荷载在正常生产状态时为 1500kN，事故状态时为 5400kN，结构分析时应按两种状态进行计算。正常生产状态时下锥体水荷载的地震参与质量偏于保守的取为 100%，不考虑水体的减震作用。事故状态计算时不计算地震作用。

3 壳体应力分析中的问题

3.1 应力分类[1,2]

压力容器在外荷载作用下，满足了静力平衡条件和变形协调条件后，根据应力产生的原因、导出应力的方法、应力存在的区域以及应力的性质把各处的应力划分为三类：

（1）一次应力（P），由于外加机械荷载的作用而在容器中产生的正应力或剪应力，它必须满足外荷载和内力、力矩的静力平衡条件。一次应力的特征在于不是自限性的，不会因达到材料的屈服强度而自行限制。

一次应力包括一次总体薄膜应力（P_m）、一次局部薄膜应力（P_1）、一次弯曲应力（P_b）。

（2）二次应力（Q），由于容器不同部位的自身约束或相邻部件的相互约束而引起的正应力或剪应力，由自身不同部位材料或相邻不同部件的变形协调条件导出。二次应力的特征是具有自限性，局部地区屈服所产生的小变形量可以使得引起这种应力的变形协调条件满足，因而限制了这种应力的继续增长。

（3）峰值应力（F），由于局部结构不连续而加到一次及二次应力之上的增量。峰值应力的基本特征是对整体结构不产生任何显著变形，它仅是导致疲劳破坏和脆性断裂的可能原因。

3.2 对应力强度限值条件的分析

根据应力分类，对不同类型的应力采用不同的应力强度限值。

（1）对于一次总体薄膜应力 P_m，由于 P_m 不具有自限性，且存在于总体区域，应将此应力强度严格限制在材料容许范围之内；

（2）对于一次局部薄膜应力 P_1，因其具有二次应力的某些特性，将此应力强度限值放宽到第（1）条的 1.5 倍；

（3）对于一次薄膜应力加一次弯曲应力 P_m（P_1）+P_b，将其限值放宽到第（1）条的 1.5 倍，但其中的 P_m 部分需满足第（1）条的限制；

（4）一次加二次应力 P_m（P_1）+P_b+Q，用第（1）条的 3 倍进行限制，但必须满足第（1）～（3）条的限制；

（5）一次加二次加峰值应力 P_m（P_1）+P_b+Q+F，用第（1）条的 3 倍进行限制，但必须满足第（1）～（4）条的限制。

3.3 应力分类及应力强度限值在本工程中的应用

（1）对于洗净塔壳体，应力主要由于内压引起，按照应力强度限值条件的第（1）条控制。

（2）在支座和管道接口处，按照应力强度限值条件的第（2）条控制。

（3）对于洗净塔圆筒段与圆锥段的相交部位，存在由于结构不连续而引起的弯曲应力，按照应力强度限值条件的第（4）条控制。

洗净塔壳体组合工况等效应力计算结果见图 2。

4 支架布置的形式及分析

洗净塔支架主要可以采用三种形式：（1）4 柱框架支撑结构；（2）6 柱框架结构；（3）6 柱框架支

撑结构，如图 3 所示。

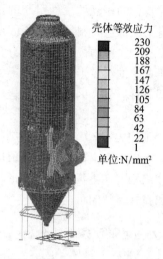

壳体等效应力

230
209
188
167
147
126
105
84
63
42
22
1

单位:N/mm²

图 2 壳体组合工况等效应力

对于以上三种形式在进行结构分析时有以下特点：

（1）对于 4 柱框架支撑结构，在进行结构分析时应考虑风荷载和地震作用的 45°及 135°作用方向。在 45°及 135°方向的荷载作用下，对角线垂直于荷载作用方向的两个柱子位于中轴线上，不能提供抵抗矩，而使对角线沿作用方向的两个柱子承担较大的竖向力。这是 4 柱框架支撑结构的不足。

（2）对于 6 柱框架结构在进行柱子计算长度系数取值时，应属于有侧移框架结构，并且柱子的平面外几何长度为从基础顶面至洗净塔壳体支座，因此，6 柱框架结构在进行柱子承载力验算时计算长度系数及几何长度都较大，柱子承载能力折减较大。若柱子承载能力不能满足验算要求时，可增加梁的截面，通过增强梁对柱的约束增大梁柱线刚度比值，减小柱子的计算长度系数，增大柱子的承载能力。因此计算长度系数取值较大是 6 柱框架结构的不足。

（3）6 柱框架支撑结构的支架结构体系有良好的对称性及整体性，弥补了 4 柱框架支撑结构在 45°及 135°方向的荷载作用下柱整体惯性矩值偏小和 6 柱框架结构有侧移柱计算长度值偏大的不足。6 柱框架支撑结构体系属于无侧移框架结构，并且柱轴心受压，因此可以大大降低框架柱及框架梁的截面尺寸。

本文认为在设计中应在满足工艺要求的前提下尽可能采用 6 柱框架支撑结构的支架结构体系。

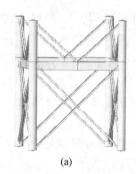 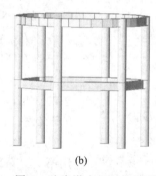 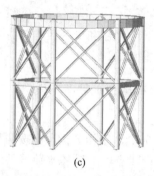

(a)   (b)   (c)

图 3 洗净塔支架结构形式
(a) 4 柱框架支撑结构；(b) 6 柱框架结构；(c) 6 柱框架支撑结构

5 结语

本文以某钢铁厂炼铁工程的洗净塔为例进行分析，对洗净塔在结构分析及设计中荷载的取值、壳体应力分析、支架布置等问题进行了探讨，得出以下结论：

（1）对于风荷载及地震荷载，在结构计算时除了应考虑 0°及 90°方向荷载 W0 及 W90 及 E0、E90 外，还应该考虑 W45、W135 及 E45、E135 的工况。尤其是对于 4 柱框架支撑结构，在 45°及 135°方向的荷载作用下，对角线垂直于荷载作用方向的两个柱子位于中轴线上，不能提供抵抗矩，而使对角线沿作用方向的两个柱子承担较大的竖向力。

（2）分析了压力容器设计中关于一次应力及二次应力的问题，并分析了应力分类及应力强度限值在本工程中的应用。

（3）对于洗净塔支架可采用的 4 柱框架支撑结构、6 柱框架结构及 6 柱框架支撑结构等三种支架布置形式进行了分析，讨论了各种支架形式的优缺点，可供类似工程参考。

参考文献

[1] 丁伯民，蔡仁良. 压力容器设计—原理及工程应用[M]. 北京: 中国石化出版社, 1992.

[2] 兰州石油机械研究所. 压力容器设计知识[M]. 北京: 化学工业出版社, 2005.

（原文发表于《工程建设与设计》2012 年第 4 期）

首钢高强度机械制造用钢生产线主厂房的建筑设计

王德平

(北京首钢国际工程技术有限公司，北京 100043)

摘　要：工业建筑作为反映时代发展、体现科技精神的城市建筑类型，在知识经济时代呈现出新的特点，从而要求建筑设计师开拓新的设计思路，推动工业建筑类型的丰富和发展。本文以首钢高强度机械制造用钢生产线主厂房的建筑设计为例，探讨如何设计出具有中国特色的，适应知识经济时代、高科技发展潮流、具有人性化的当代工业建筑。

关键词：工业建筑设计；知识经济；人性化；高科技

Architectural Design of Main Factory Building of High Strength Steel Production Line in Shougang

Wang Deping

(Beijing Shougang International Engineering Technology Co., Ltd., Beijing 100043)

Abstract：Industrial building is a reflection of the development of the times, which embodies the scientific spirit of city building types, in the new characteristics era of knowledge economy, building designers require to develop new design ideas, promote the enrichment and development of the industrial building types. This paper uses the architecture building design of main factory building of high strength steel production line in Shougang as a example to explore how to design contemporary industrial architecture with Chinese characteristics, which adapt to the present economy era and high-tech development trends, and have personalization.

Key words：architecture design of industrial building; knowledge economy; humanity; high-tech

1　引言

自工业建筑产生伊始，其建筑现象就一直与工业革命的最新技术成果，如新型建筑材料、特殊空间结构体系、工业化施工技术条件、先进管理思想与方法等紧密相连，成为反映时代发展、体现科技精神的先声。在城市总体布局中，工业建筑的区位布置、风向位置、环保处理措施等，对城市交通、环境质量、城市总体发展起着极为重要的影响。同时，工业建筑的景观质量也影响着城市的整体风貌。因此，工业建筑设计是城市建筑类型中极为重要的建筑类型。

改革开放以来，工业建筑无论从规模、数量、类型上，还是从质量、社会经济效益等方面，都取得了巨大飞跃。当前，我国社会正处于工业化发展

的关键阶段，如何设计出具有中国特色的，适应知识经济时代、高科技发展潮流的当代工业建筑，已成为广大建筑设计师思考的普遍话题。

2　当代工业建筑的设计思路

2.1　当代工业建筑设计的时代背景

20 世纪下半叶，现代生态学和可持续发展思想开始深入人心，以信息技术、生命科学技术、新能源、新材料科学技术等为核心的高新技术革命迅猛发展，加速了世界经济一体化的趋势。在高科技发展和知识经济的市场经济环境下，人们的道德价值观、社会风尚产生极大了的转变。注重时间观念、讲求经济效益、强调以人为本，突出个性化和生活多样化，加强地方性、传统特色，空间强调尊重人

的心理、行为的认知和感受。自然生态环境重新得到人们的重视和尊重，提倡为人们工作、生活、娱乐休闲场所创造良好的自然生态环境、人文内涵和多样化、个性化、具有时代精神的场所和景观。

2.2 当代工业建筑设计的基本思路

2.2.1 满足工艺生产功能需求

工业建筑是有着严格功能要求和空间特征的建筑类型。自从工业革命以来，从传统重工业到现代轻工业，再到当代以信息、软件、生物医药、材料为主的高科技研发、生产行业，其生产工艺、流程有着截然不同的功能特点，对厂房的空间、平面布局、设计荷载、通风采光、室内温湿度、洁净度等生产环境的设计要求极为不同。因此，在设计前期，应充分了解生产工艺特点、生产设备对空间环境的要求，在此基础上完成从整体到细部的设计流程，是做好工业建筑设计的首要前提条件。

2.2.2 "以人为本"的设计理念

工业建筑与公共建筑相比，人们需要在其中高强度、快节奏、长时间地工作，因而，它是更需要人性化关怀的场所。良好的工作条件和宜人的内部环境可以减轻人们的工作疲劳，促进人们的身心健康。相反，缺乏人性化的压抑空间、恶劣的工作环境会使人们难以忍受，导致生理或心理疾病，影响工业生产的持续、稳定发展。因此，"以人为本"应该成为工业建筑设计的基本出发点，尊重人的行为、心理感受，努力改善人们的工作环境，创造方便、安全、健康、舒适且符合生产工艺要求的工作空间，从而激发人们的劳动积极性和创造性，提高工作效率，增强企业的团队凝聚力和活力。

2.2.3 反映工业化、高科技、知识经济的时代精神

工业建筑从它诞生开始，就注定了它的工业化性质和紧跟时代，率先反映人类工业、科技文明最新成果的个性特征。正是由于工业化，新建筑材料、新结构体系、新工艺技术的发展，才使人类摆脱砖石、木结构狭小建筑空间的束缚，发展了钢筋混凝土框架梁柱大空间结构体系、钢结构体系，为人类大规模工业生产提供了可靠保证。当代工业建筑要摆脱既有结构形式、生产工艺对设计的束缚，更要依靠科技进步、工业发展所创造的最新成果，才能创造出多样化、个性化、具有强烈时代感的新型工业建筑形象，使工业建筑真正成为具有人性化的工作场所。

2.3 当代工业建筑设计的新特点

历史进入 21 世纪，以通讯、软件、基因、生物、纳米等高科技产业为主导的新工业化时代已经来临。传统重工业、轻工业与先进科学技术紧密结合，获得了改造和升级。因此，工业建筑设计也呈现出一些新的趋势和特征。

2.3.1 大规模、工业化

世界经济一体化及市场经济的飞速发展，促使当代社会更加强烈地呈现工业生产的大规模集成性。传统的分散布局、各自为政的厂房建设已不适应当今的生产特点，生态环保、可持续发展思想已经深入人心，也要求人们在厂区征地、规划设计时节约土地资源。同时，建筑工业化趋势不仅突破了工业产品式的外表，而更着重建筑功能的工业化。

秦皇岛首秦板坯技改配套工程是首钢北京地区生产能力转移的重点项目之一，该工程在总体规划中，摈弃原有的分散式传统布局，将生产性质相近、联系密切而又不太干扰的车间合并成一个大体量厂房，即将炼钢连铸主厂房和4300宽厚板主厂房连接在一起，面积达20余万平方米，是大规模联合厂房设计的良好范例，大大节约了土地资源和土建投资。在这种模式下，综合解决好防火、疏散、扩建、室内环境干扰、大面积屋顶对室内的热辐射、采光通风、屋面雨排水等问题成为设计的关键因素。

2.3.2 功能多元化

传统的工业厂区中，通常将厂房与工厂行政办公、职工食堂等生活服务设施独立、分散布局，以减少生产对非生产部门的干扰，但也带来相互联系不便、布局松散、占地浪费、能源消耗量大的弊端。当代轻工业、高科技产业的迅猛发展，使各产业的研发、生产制造厂，越来越趋向多功能综合化，即将生产和非生产部门集中布置，合成一个集生产、办公、后勤为一体的生产功能单位。在解决好防噪、防火、保安等问题的基础上，集中设置入口大堂、接待、办公、员工餐厅等多样化的工作、生活功能，为人们提供便捷、舒适、富于人性关怀的生产环境。

北京冶金正源科技有限公司精密不锈带钢工程位于北京顺义空港工业区 C 区，生产不锈钢精密薄带钢产品，是科技含量很高的新兴工业。该工程将主厂房与办公楼毗连建造，总建筑面积为14882m²。主厂房为单层轻钢排架结构，布置生产线，办公楼为三层钢框架结构，设置了入口大厅、接待、展厅、办公、会议、调度、宿舍等功能房间。将生产和行政两部分功能集中布置，既充分利用了有限的土地，又便于生产的即时组织与有效管理。

2.3.3 生态、环保、可持续与智能化

当今时代是一个注重生态、环保，追求人、自

然、科技整体协调发展的社会。工业生产必须在生态、环保方面加大力度，依靠科技进步的力量，采取先进技术措施，达到保证生产、又具有自净能力，杜绝废气、废料、有害化学物质对城市空气、水源、土壤、生物造成的环境污染，同时，尽可能利用工业生产中产生的余热、可重复利用废料等实现循环利用，降低能源、资源消耗。当代工业生产对生产工艺、工人专业技能、生产环境、企业管理等方面都提出了更严格的要求。其中，室内的恒温、恒湿、洁净、照明、防火、保安等方面需要先进的技术措施加以管理。现在，这些方面已逐步实现智能化管理和自动监控。

3 首钢高强度机械制造用钢生产线主厂房的建筑设计

首钢高强度机械制造用钢生产线工程项目位于首钢主厂区中南部原首钢一炼钢厂区位置，是首钢集团为应对 21 世纪地处首都北京面临的挑战和机遇，进行结构调整重组、技术改造升级的重点建设项目之一。为保证整个生产线的先进性和运行可靠性，从奥钢联波密尼公司（VAIPOMINI）引进国内已消化了的先进成熟技术，全套轧线设备实现国产化。该项目工程设计年生产规模为 50 万吨，其中优质、低合金等优质圆钢占 56.6%，轴承钢、齿轮钢等合金钢占 43.4%，精轧机最高轧制速度为 16m/s。

3.1 根据工艺流程布置平面柱网—— 大跨度、大柱距平面柱网

首钢高强度机械制造用钢生产线工程主厂房占地长度 421m，宽度 120m，为单层四跨连续布置，建筑基底面积为 44510m²。轧机采用高架式布置，主轧跨、原料跨、加热炉区、轧辊间高架平台面积为 15000m²。轧线的主要工艺流程：沿厂房由西向东平进行流线轧制（厂房平面为东西向平行于其南侧道路布置）。原料跨和大圆盘成品跨贴连布置在主轧跨北侧，在原料跨和大圆盘成品跨中间段布置主电室，轧辊间和圆钢成品跨、圆钢精整跨布置在主轧跨南侧。旋流井布置在主轧跨南侧、轧辊间西侧位置。该平面布置很好地反映了当代工业生产的大规模集成化趋势，有利于节约城市用地，节省能源，便于高科技手段下的高效管理。厂房为全钢结构，即钢柱、钢吊车梁、钢网架、天窗架等，高架平台为钢梁、钢柱、钢筋混凝土板组合结构。厂房内沿主轧线上方 8m 标高处设参观平台，参观平台与高架平台、地面之间在适当位置设梯子连接起来。

先进工艺技术的引进，自动化控制系统的应用，决定了柱网的确定首先必须满足生产工艺要求。在工艺平面及总图拟定的情况下，建筑、结构专业紧密结合工艺、总图等专业，按照国家有关规范及统一技术规定，本着安全、适用、经济、美观、反映时代潮流、具有人性化的原则，尽量使厂房布局合理，内部有较大的空间及良好的采光与通风。经过对不同方案的技术经济比较、论证后确定：将厂房基本柱距定为 18m，边柱间距 6m 附设墙皮柱，因设备布置需要，局部为 12m、24m 柱距。车间采用焊接 H 型钢双肢柱，结合设备布置、平面布局、剖面形式等各项因素，将主厂房设置两条伸缩缝，最大伸缩缝间距为 161.5m，伸缩缝处采用双柱，柱子之间拉开 1.5m，方便厂房柱基的处理。厂房柱距 18m，为厂内各种辅助用房及管线走向等提供了有益的空间。由于生产工艺的需要，两条铁路伸入主厂房原料跨、成品跨，并有机地与厂外铁路连通，形成十分方便的交通运输网络。

3.2 主厂房剖面设计—— 大空间球形网架结构屋面体系

在厂房设计中改变了传统的钢屋架结构形式，采用球形钢网架结构体系，体现了高科技的时代精神。该体系结构构件小，构造简单，整齐美观，室内显得宏伟开阔、明亮协调，工作环境得到进一步改善，立面和剖面效果也较为理想。

剖面设计除了考虑生产工艺对吊车轨面标高的要求外，还要考虑建筑结构构件的统一，方案的合理性与方便施工等因素。因此将主厂房四跨屋面设计成两坡屋面，单坡长 60m，压型钢板纵向不搭接。原料跨吊车吨位大，为满足工艺生产要求，做出特殊处理，局部采用内天沟排水。这样尽量减少、避免了屋面连跨内落水管在厂房穿进穿出与其他管道"打架"及屋面容易漏水等矛盾。同时也简化了建筑结构构造，减少了非标准设计，便于施工。另外，根据吊车数量和操作频繁程度，在各跨及山墙设置了环状的吊车安全检修走道，使整个厂房内部水平、垂直交通非常便利，对人员行走、处理生产中的各种事故及设备的安装与维修带来很大方便。

3.3 采光通风天窗形式的选择—— 矩形天窗和电动采光通风天窗

厂房主轧跨居中，原料跨、成品跨、轧辊间、电气主控楼等分别位于两侧，将主轧跨封闭得非常严实，对主轧跨的自然采光、通风极为不利。通风天窗是工业建筑利用自然通风、采光的一个重要组

成部分。它对于改善车间内部环境，保证安全生产、改善工人劳动条件、节约能源起着重要作用。因此，采用自然通风是热生产车间设计的首选目标，其优点是设备费用投入少，不占用厂房有效面积，管理简便，且不增加噪声等新的污染源。根据工艺专业提供的发热量、厂房的剖面形式及屋面形式，通过采光通风计算，在主轧跨及成品跨设置了横向矩形天窗，在加热炉上部，设置了两个横向矩形天窗。横向天窗的特点是可以灵活布置，根据生产车间热源分布可以重点布置，也可均匀布置，通风换气不留死角。

同时，在厂房墙面的底部设进风窗，顶部设出风窗，中间部位设白色透明玻璃钢采光带。墙面与屋面的采光通风相结合，很好地满足了厂房的工艺生产、员工劳动要求。

轧辊间对于采光、温度、湿度及防尘要求较高，因此采用保温彩板墙面及屋面。在屋面设计中充分利用新材料、新技术成果，局部设电动开启采光通风天窗（成品），有效地避免了平天窗的眩光，很好地改善了轧辊间的采光与通风条件。

3.4 立面、体型及色彩设计——人性化

由于厂房体量大，在立面处理上以竖向划分为主，侧墙面底部进风窗、中部玻璃钢采光带、上部出风窗成竖向带形设置，整齐、规律，体现了现代大工业生产的有序性。厂房外墙面主色调为银灰色，檐口部位高度 1m 为海蓝色，辅以海蓝色彩板钢大门、窗及白色玻璃钢采光带，给人以清新、明快、舒适之感，与厂区周围绿化、环境融为一体。

在厂房的室内设计中，充分体现了人性化的设计理念。室内色彩运用充分考虑职工劳动环境的舒适性及安全性，主要色调为银灰色墙面和屋面，钢结构构件为淡铁蓝，地面为赤褐色自流平整体地面，人行通道为红色和黄色，安全栏杆为中黄色，机器

设备、管道等均有相应的警戒色与安全色。

一个好的工业建筑设计是包括工艺在内的多个专业相互配合、共同努力、团结协作的结晶。各个设计阶段都是工程设计中的重要环节，只有所有环节都把握好了，才能成为名副其实的优秀工程。首钢高强度机械制造用钢生产线工程主厂房在不到一年之内，土建工程全部完成，现正处于设备安置、调试之中。虽然由于业主的要求等因素，在设计、施工过程中对设计做出了某些修改（如取消下部的进风窗、轧辊间屋面采用双层保温型玻璃钢采光板等），但从工地现场及业主、施工单位等方面的整体反映来看，设计满足工艺要求，技术、材料比较先进，贯彻了"以人为本"的设计思想，用户满意，达到了"高效、优质、节能"等各方面的预期效果。

4 结论

网络化、休息化时代的到来，对传统的工业建筑设计观念提出了挑战。顺应时代潮流，研究新时代工业建筑的新特点、新模式，如何在满足功能的前提下，以人为本，创造具有时代精神、人文关怀的工业建筑新形象，是当代建筑师的历史责任。工业建筑一定能在高科技、多样化、个性化的时代，绽放异彩，为城市景观增辉添色。

参考文献

[1] 罗裕锟. 工业建筑的个性与共性[J]. 建筑学报. 1992(2).
[2] 裴刚. 厂房设计的新模式[J]. 南方建筑. 1998(2).
[3] 曹亮功. 融入自然，享受自然，保护自然[J]. 建筑学报，2000(12).
[4] 罗文媛. 建筑的色彩造型[M]. 北京. 中国建筑工业出版社，1995.
[5] 黄星元. 步入信息时代的工业建筑——中国电子工业建筑发展回顾[J]. 世界建筑，2000(7).
[6] 刘永德. 现代工厂建筑空间与环境设计[M]. 北京：中国建筑工业出版社，1989.

首秦钢材深加工配送项目的建筑设计

王德平

（北京首钢国际工程技术有限公司，北京 100043）

摘 要：结合秦皇岛首秦公司钢材深加工配送项目的建筑设计及配合施工实践，针对项目的建设条件与目标，从建筑设计的整体构思、建筑防火、结构设计、采光通风、建筑美观与人性化等方面，对建构筑物设计进行总体规划、统一安排，强调建筑形式与风格的简洁大方、建筑色彩的清新明快、结构形式的合理优化及建筑材料的节能环保等，力求营造一个技术设备先进、绿色环保、人性化的工厂建筑环境，实现建设可持续发展的国际一流现代化企业目标。

关键词：建筑设计；采光通风；建筑美观；人性化

Architectural Design of Shouqin Plate Deep Processing and Distribution Project

Wang Deping

(Beijing Shougang International Engineering Technology Co., Ltd., Beijing 100043)

Abstract：With combination of architectural design of Shouqin plate deep processing and distribution project as well as construction practice, general planning for design of building and structure is carried out and arranged in unified way in allusion to project construction condition and target, and in aspects of complete concept of architectural design, architectural fire prevention, structure design, lighting and ventilation, construction beauty, personalization, etc. Simple and good taste of construction style and manner, clean and vivid construction color, reasonable optimization of structure form as well as energy saving and environmental protection of construction material is emphasized. Plant construction environment with characteristics of advanced technical equipment, green and environment friendly and personalization is focused to have top ranking modernized enterprise with sustainable development.

Key words：construction design；lighting and ventilation；construction beauty；personalization

1 引言

自工业建筑产生伊始，其建筑现象就一直与工业革命的最新技术成果，如新型建筑材料、特殊空间结构体系、工业化施工技术条件、先进管理思想与方法等紧密相连，成为反映时代发展、体现科技精神的先声。在城市总体布局中，工业建筑对城市交通、环境质量、城市总体发展起着极为重要的影响，其景观质量影响着城市的整体风貌。

首秦金属材料有限公司 4300mm 宽厚板一期工程已形成年产 120 万吨优质宽厚板的生产能力。为提高中板产品的附加值与市场竞争力，将产业链向下游延伸，首秦公司与韩国现代合作，在秦皇岛山海关经济技术开发区征地 235098 m² 建设船板加工配送生产线，引进两条处理板宽 4.5 m 生产线（其中一条兼顾处理型材），形成年处理 30 万吨造船板及型材的生产能力。同时与国内厂家（首钢建设公司）合作建设钢构生产线年产构件 4 万吨。

首秦钢材加工配送项目总体设计思想是按照循环经济和清洁生产的模式，建设一个技术先进、经济效益好、能源消耗低、环境污染少、具有国内外先进水平的板材深加工预处理和钢构生产基地。建构筑物既要满足工艺流程顺畅、布置简洁紧凑等功能要求，又要做到技术先进、安全适用、经济合理、节能环保。

建构筑物设计充分考虑自然环境，力求简洁明快、整齐协调，体现"以人为本"的思想，实现人与建筑、自然环境的和谐统一。营造一个清新明快、美好舒适的工作生活环境，充分展现知识经济时代工业生产及管理活动的信息化、有序

性，体现濒海经济开发区以人为中心的现代花园式工厂特色。

2 工程概况

首秦板材深加工项目建构筑物单体主要包括：主厂房（由板材深加工和钢结构加工两部分组成）、办公楼、综合楼及高低压配电室、空压站、天然气调压站、换热站、液氧及 CO_2 汽化站、生活污水处理站及厂区围墙、大门等辅助建筑，本文主要介绍主厂房的建筑设计。厂区全景如图1所示。

图1　厂区全景

3 总平面布置

该工程厂址位于秦皇岛市经济开发区，北临开发区长春东道；西临鹏泰铁路；东临小潮河，用地形状为倒三角形，总占地面积约24.394万 m²。区域地形西北高、东南低，地形起伏高差较大，在9.59~26.34 m之间。

总平面布置上将主厂房呈南北向布置在厂区的中部，高低压配电室、空压站布置在主厂房预处理跨东西两侧，液氧及液 CO_2 汽化站、天然气计量调压站、生活给水泵房、生活污水池布置在厂区的南部，区域地坪标高为17 m。办公楼、综合楼等辅助设施布置在厂区西北角，三角地带下方布置绿化作为预留发展用地，区域地坪标高为25 m。

由于本工程地形西北高、东南低，高差较大，因此为减少土方工程量，竖向布置采用台阶式布置形式，连续式平土方式。考虑到与现有公路的衔接，生产区（板材及型材加工、钢构制作厂房区域）平土标高定为17 m，厂前区平土标高定为25 m。

为充分扩大厂区用地面积，经过多方案比较，厂区北侧临长春东路主干道采用普通重力式毛石挡土墙，经济又适用。厂区内部生产区和厂前区高差

8m，则采用两段式挡土墙，底部为毛石砌筑，上部斜坡采用植草砖，既扩大了绿化面积、又丰富了厂区环境景观。同时根据本工程所处地理位置，结合生产和环境保护等技术要求，在工厂用地范围内进行有效绿化，达到美化环境、净化空气、减弱噪声、改善劳动条件的效果。

本工程总建筑面积 9.943 万 m²，建筑系数40.76%，绿化面积 6.099 万 m²。绿化用地率25%，满足当地规划部门要求。总平面图如图2所示，台阶式挡墙如图3所示。

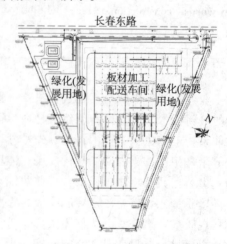

图2　总平面图

图3 台阶式挡墙

4 主厂房建筑设计

主厂房为单层建筑，具有占地面积及柱网尺寸较大、内部空间较大、平面布置灵活多变、屋面面积大、横剖面形状复杂、雨排水量大、利用屋顶设置天然采光与自然通风等特点。

4.1 根据工艺流程布置平面柱网——灵活复杂的平面柱网

首秦板材深加工项目主厂房轴线占地总长413m，宽303.2m，封闭厂房建筑面积64320m²，露天跨占地面积 26629m²。主厂房由两部分组成，即钢材深加工和钢结构加工车间毗连建造。钢板深加工车间由三个露天原料跨、两个预处理跨、两个理料跨及四个切割加工跨组成，钢结构加工车间由箱型钢车间、H型钢车间、重钢车间、机加工车间、抛丸涂装车间等生产车间和露天原料跨、露天成品跨等组成。其平面布置很好地反映了当代工业生产的大规模集成化趋势，有利于节约城市用地，节省能源，便于高科技手段下的高效管理。由于板材深加工车间和钢结构加工车间作为两个独立主体，其各自功能不同、使用要求不同，因此在两厂房间设一道隔墙。

封闭厂房采用单跨（抛丸涂装车间）和多连跨门式刚架结构，柱子采用钢管混凝土格构柱，下柱为双肢钢管混凝土柱，上柱为H型钢，屋面梁采用H型钢，基础采用钢筋混凝土独立基础。露天跨采用露天栈桥结构，钢板深加工露天原料跨跨度大（跨度24m、45m），采用钢筋混凝土格构柱。钢结构加工露天原料及成品跨与封闭厂房统一，采用钢管混凝土格构柱。基础采用钢筋混凝土独立基础。

根据《钢结构设计规范》对钢结构热车间变形缝的设置规定，主厂房结构形式及平面柱网布置变化处均设置变形缝，八连跨厂房长度180m，纵向设置一道变形缝，采用双柱处理轴线间距2m。横向宽度241m，设置横向变形缝一道，采用共用下柱设双

上柱的形式，双上柱之间留缝宽200mm。抛丸涂装车间与八连跨厂房之间以露天成品跨相连，设承重吊车梁独立柱肢与厂房柱肢拉结形成两个变形缝。

4.2 主厂房剖面设计——轻钢门式刚架结构屋面体系

在厂房设计中改变了传统的钢屋架结构形式，采用轻钢门式刚架结构体系，节约钢材量，体现了高科技的时代精神。该体系结构构件少，构造简单，整齐美观，室内显得宽敞明亮，工作环境得到进一步改善，立面和剖面效果也很理想。

主厂房最多八连跨，剖面设计除考虑生产工艺对吊车轨面标高的要求外，还要综合考虑建筑高度与投资经济、结构抗震与构件统一、屋面雨排与方案优化、建筑材料与施工简便等因素。

横向伸缩缝处双柱顶设置各自的内天沟，以减少雨水管的汇水面积，雨水斗通过悬挂在屋面檩条下的水平干管汇总后沿两端山墙室内垂直落地，再穿外墙勒脚排出室外。单坡屋面排水长度达60m，因此屋面坡度没有取最小值1/20，而是定为1/15，有利于屋面雨水顺利排走。

另外，根据吊车数量和操作频繁程度，在各跨及山墙设置环状吊车安全检修走道，使整个厂房内部水平、垂直交通非常便利，给人员行走、处理生产中的各种事故及设备的安装与维修带来很大方便。

4.3 采光与通风——电动启闭式采光通风排烟天窗

自然通风是厂房通风降温、排除有害气体的一种简单、经济、有效的措施，它不但通风量大，而且不消耗动力，满足节能环保、可持续发展的时代要求。

主厂房为多跨厂房，因此自然采光、通风极为不利。采光通风天窗是工业建筑利用自然通风、采光的重要组成部分。它对于改善车间内部环境，保证安全生产、改善工人劳动条件、节约能源起着重要作用。主厂房的使用性质决定了其生产过程中将产生较多的烟雾、灰尘与热量，同时还要考虑冷加工车间的冬季保温、夏季隔热效果。

通过多方考察、比较，主厂房屋面采用电动启闭式圆拱形流线采光排烟通风天窗。横向天窗与纵向天窗根据屋面形式灵活布置，通风换气不留死角。天窗维护结构采用彩色涂层钢板（侧壁）和圆拱形透明阳光板（顶部）相结合，有效地避免了平天窗的眩光，既使主厂房有良好的自然通风条件，又保证了很好的自然采光。根据工艺生产特点、厂房的剖面形式及屋面形式，通过采光通风计算，主厂房

大约每隔一个柱距设置一组横向天窗，以最大限度满足采光通风天窗的面积要求。

以主厂房自然采光为例，根据《建筑采光设计标准》，主厂房采光等级为Ⅵ级，工业建筑设置平天窗顶部采光系数为 1/13。厂房最不利跨的中间两跨每隔 24m 设置长 24m、喉口 6m 的电动启闭式采光排烟天窗，侧面为电动开启式阳光板窗户，顶面为阳光板圆弧采光顶，顶部采光系数为 $24 \times 6/(24 \times 60)=1/10>1/13$，不考虑屋面檩条的遮挡系数，也未考虑外侧相邻两跨屋顶天窗及侧墙采光带的有利影响，理论上厂房自然采光完全满足采光标准要求。

4.4 立面、体型及色彩设计——人性化

主厂房立面、体型及色彩设计充分考虑人的因素和与周围环境的协调。

由于主厂房占地面积大、屋面高差少，在立面处理上以竖向划分为主，外墙面底部设单个进风窗、上部设竖向带形玻璃钢采光板，整齐、规律，体现了当代大工业生产的有序性。主厂房外墙面主色调为银灰色，勒脚部位贴灰色仿石砖，檐口部位设海蓝色装饰线，辅以海蓝色彩板钢大门、窗及淡蓝色玻璃钢采光带，给人以清新、明快、舒适之感，与厂区周围绿化、环境融为一体，如图 4 所示。

图 4　主厂房一角

在主厂房的室内（见图 5）设计中，充分体现了人性化的设计理念。室内色彩运用充分考虑职工劳动环境的舒适性及安全性，主色调为银灰色墙面和屋面，钢结构构件为淡铁蓝，地面为灰色金属骨料耐磨硬化整体地面，人行通道为绿色通道和黄色警戒边线，安全栏杆为中黄色，扶手为黄黑相间色（间距约 150mm），机器设备、管道等均有相应的警戒色与安全色。

图 5　主厂房内景

室内操作室、控制室等人员常驻的场所，采用不锈钢大钢化玻璃固定窗，安全栏杆采用不锈钢管，宽敞通透，清新明亮，视野开阔，有利于操作人员实时监控设备的运行情况，改善精神面貌，提高工作效率。

5　办公楼、综合楼建筑设计

办公楼、综合楼是全厂的综合管理、外部接待及生活服务建筑，要求展现企业国际一流的技术设备与管理水平、知识经济时代员工开拓创新的精神风貌。

建筑设计主要原则是：办公室大开间集中高效，建筑形式简洁、明快、大方，立面富于现代感，采光通风良好，建筑造型、风格、色彩统一协调。

厂区办公楼（见图 6）轴线占地长 54.6m，宽 17.4m，共四层，建筑面积 $3935m^2$。综合楼（见图 7）轴线占地长 56.4m，宽 20.7m，共三层，建筑面积 $3040m^2$，集食堂、餐厅、浴室、换热站、宿舍、活动室等功能于一体。办公楼和综合楼均为钢筋混凝土框架结构，各设两部楼梯。

图 6　办公楼外景图

图7 综合楼外景

办公楼、综合楼外立面以水平大玻璃窗与竖向铝合金装饰柱混合划分,墙面贴陶土三色砖与刷涂料相结合,辅以白色铝合金装饰线脚及格栅。办公楼主立面入口部位设铝合金隐框玻璃幕墙。造型简洁大方、虚实对比强烈、色彩清新明快,给人以积极向上的现代感。

6 建筑物的防火设计

各建构筑物之间的防火间距、防火分区及安全疏散严格按照《建筑设计防火规范》GB50016—2006和《钢铁冶金企业设计防火规范》的要求设计。

为确保交通运输、消防车辆的畅通等要求,在区域内设环状道路,与开发区长春东路衔接。道路为城市型道路,采用沥青混凝土路面。主厂房、综合楼、办公楼及其他建筑物耐火等级均按不低于二级设计。由于主厂房面积大,因此平面布置中在 19~20 轴线之间设置一条贯通厂房的消防通道,厂房两侧纵墙上开门,满足消防车进出要求。

7 结语

首秦钢材深加工配送项目约用一年时间全部完成土建工程,设备安装、调试也顺利进行,目前已经投入正常生产使用。从施工现场及业主、监理、施工单位等方面的整体反映来看,建筑设计满足工艺要求,技术、材料比较先进,贯彻了"以人为本"的设计思想,用户满意,达到了"高效、优质、节能"等方面的预期效果。

（原文发表于《工程与技术》2010年第2期）

大型高炉炉壳钢结构整体弹性有限元设计分析

张付可　史丙成

（北京首钢国际工程技术有限公司，北京 100043）

摘　要：高炉炉壳的传统结构设计方法计算精度相对较低，难以确定其不同生产状态下各部位的应力分布状态及规律。根据笔者设计完成的 1000～5000m³ 高炉为例，介绍了综合考虑各方面因素的影响，采用有限元分析软件建立较完整的有限元整体分析模型的过程，并采用一次加载的模式对其进行弹性分析，为炉壳的结构设计提供了科学依据。

关键词：炉壳；建模；弹性；整体有限元分析

Elastic Finite Element Analysis of Blast Furnace Shell

Zhang Fuke　Shi Bingcheng

(Beijing Shougang International Engineering Technology Co., Ltd., Beijing 100043)

Abstract：Stress distribution of the furnace shell can't be determined based on the traditional design method, since the analytic precision is not enough. Based on the design experiences of blaster furnaces 1000~5500m³ , the method how to modeling is introduced, elastic finite analysis is performed, Based on which design of the BF shell is more reasonable.

Key words：furnace shell; modeling; elastic; finite analysis

1 引言

高炉炉壳是钢铁厂炼铁本体系统的核心部分，在其内部完成铁水冶炼的过程。其结构形状特殊，为轴对称薄壁壳体结构。炉壳上作用的荷载种类繁多，各类荷载的作用方式及分布范围复杂多变，主要受高炉生产状态及炉龄变化的影响较大。目前国内各冶金设计单位对大型高炉炉壳的结构设计水平良莠不齐[1]，传统设计方法计算精度相对较低，对炉壳在不同生产状态下的应力分布状态及规律尚缺乏必要的了解。根据设计完成的 1000～5000m³ 级大型高炉炉壳有限元计算结果对比分析的心得，结合与炼铁工艺、业主、制作加工、安装单位的交流结果，笔者将围绕高炉炉壳整体弹性分析、荷载及组合、应力比分布、孔洞影响及板带划分、弹塑性分析及测试结果对比分析等方面的内容，就其应注意的相关问题进行系列论述。

以下本文就以某大型高炉炉壳的结构设计为例，对其正常生产时整体弹性有限元分析的相关问题进行论述。该高炉炉壳高度为 49.06m，高径比为 2.64，沿高度方向共划分为 25 个板带（见图 1）。设计分析中采用韩国浦项钢铁开发的大型有限元分析软件 MIDAS 建立了炉壳整体的有限元分析模型，确定了各种荷载作用方式及最不利作用范围，基于一次加载的模式对其进行了整体弹性有限元分析。以下就其建模加载的相关问题进行论述。

2 炉壳整体几何模型的建立及单元的划分

高炉炉壳上除开有 4 个铁口、42 个风口、1 个更换溜槽孔及 4 个导出管孔等大孔外，还开有观测孔、探尺孔、冷却壁孔及固定螺栓孔等万余个小孔，这为精确分析炉壳在正常生产时的应力状态带来较大的难度。以下为建立整体几何模型过程中的四个主要的问题。

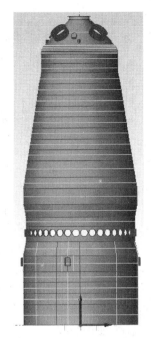

图 1　高炉炉壳整体模型

Fig.1　Model of the BF shell

2.1　高炉外壳的建立

基于炉壳为轴对称壳体结构的特点，首先在 Auto CAD 中建立炉壳外形的基准线，该基准线的建立综合考虑了板带划分及荷载作用范围的不同，设置多道几何边界，以便于后期荷载施加及不同板带特性赋值的不同。基准线确定完成后导入 MIDAS 分析软件的 FX＋模块中，通过旋转建立炉壳整体精确几何外壳。

2.2　单元形状控制及几何边界的设置

单元形状的好坏是影响有限元分析精度的重要因素之一。经对建立的炉壳整体模型初步划分单元及试算，发现铁口处应力过大及因单元形状不好导致计算结果在炉顶封板局部失真较严重的问题。

为解决这一问题，将铁口板带划分为局部加强区及非加强区两部分，为避免模型边界角部局部单元形状不好的问题，以铁口带加强区与非加强区的分界线作为基准线，上至风口带下至炉底封板，将各板带均沿竖向分割，以解决局部单元形状划分不好的问题。对于炉顶封板 24 与 25 板带环缝处单元形状不好的问题，因设计初期拟定板厚相同，故取消该几何边界（见图 1）。通过控制各板带划分单元的尺寸并设置或取消相应几何边界可达到良好效果，单元形状良好。

2.3　相连接的附件对炉壳受力影响的考虑

建模时首先建立该对称壳体结构，然后在 FX ＋模块中采用曲面相贯的方法建立各大孔。因在这些大孔处炉壳或通过法兰与设备相连或有外接管，法兰和外接管采用剖口焊的形式与炉壳连接形成整体，为考虑这些附件约束对炉壳受力的影响[2]，在相应的风口、铁口、溜槽孔等处建立相连接的法兰，顶部建立相应的炉顶钢圈、在导出管开孔外侧建立一段导出管（见图 1）。以考虑不同材质及多边界约束的影响。因风口大套法兰、铁口框及更换溜槽孔法兰等的材质与炉壳材质不同，为考虑在温度作用下各种材质差异的影响，在 GEN 分析模块中分别定义了对应的材料属性，并分配给相应附件。

2.4　盲板的建立

炉顶封板的溜槽孔、观测孔及探尺孔等在高炉正常生产时均为封闭状态，建模时建立盲板以考虑其在煤气压力作用下对炉壳产生的影响（见图 2）。

图 2　炉顶封板局部示意图

Fig. 2　Detail of the top cover

综合以上四个方面，可见在炉壳整体几何模型建立及单元划分的过程中须综合考虑荷载作用范围、材质、开孔、炉壳板特性差异及边界约束等各方面因素的影响，以使分析结果能更真实反映炉壳的受力性能及各部位的应力状态和规律。因炉顶封板及风口段、铁口段开有众多大孔，划分时先控制这三个区域的单元尺寸相对较小。经多次试划分确定了炉壳不同部位的单元控制尺寸和划分顺序，划分完毕后炉壳的单元总数约 14 万个。

3　作用于炉壳上的荷载

作用于炉壳上的荷载种类繁多，除须承受自重外还承受其内部的煤气压力、炉料压力、炉料摩擦力、渣铁压力、冷却壁及内衬自重等荷载，另外还有设备对炉壳的作用力及温度引起的应力，各荷载的作用范围及方式有所差异。以下主要介绍这些荷载的作用范围及方式。

高炉正常生产时内部的煤气对炉壳产生侧向压力，压力自下而上逐渐变小。计算考虑煤气侧向压力的最下端位于风口底标高，最上端至炉顶钢圈，作用方向垂直于炉壳。

炉内的炉料摩擦力及炉料压力同时作用于炉喉零料线以下炉身及炉腰、炉腹区域，计算时按均布荷载施加于该区域的炉壳上。炉料侧压力作用方向垂直于炉壳，炉料摩擦力的方向为沿着炉壳倾斜向下的方向施加。

炉内渣、铁压力对炉缸及炉底区域产生侧向压力。计算时考虑其最不利作用范围为上至风口底标高，下标高的最不利位置按考虑炉缸底部炭砖受侵蚀后厚度减小 1m 确定。其顶面压力值按等同该处的煤气压力确定，底部压力按考虑煤气压力影响的熔融态渣、铁容重换算确定，按梯形荷载施加，作用方向为垂直于炉壳。

高炉冷却壁及附件和内衬的自重荷载作用于炉壳上，计算时按炼铁工艺提供资料范围施加均布荷载，作用方向竖直向下。

考虑高炉正常生产时，其内衬受热膨胀将对炉壳产生侧向压力，按工艺专业提供压力值以均布荷载的形式施加于炉壳上。

另外，炉喉处固定测温对炉壳产生的作用除局部集中荷载外还产生一平面外弯矩，计算时在对应位置处施加竖直向下的集中荷载及节点弯矩。除此之外，如风口及铁口等处通过连接法兰，将设备荷载传递至炉壳，计算时荷载施加于法兰外侧悬臂端上。

考虑高炉正常生产时其环境温度及炉壳自身的温度均较烘炉前有较大的升高，计算时同时考虑了炉壳整体温度升高及炉壳沿厚度方向存在的温度梯度两方面的温度荷载，以考虑其影响。

表 1 所示为高炉正常生产时作用于其上的荷载汇总，整体弹性分析时所有作用于炉壳上的荷载均按一次加载的模式施加于炉壳上。

表 1　炉壳正常生产时的荷载情况
Table 1　Load case of the furnace in case of regular production

荷 载 类 别	作 用 范 围	作 用 方 向
煤气压力	炉顶钢圈～风口底边	垂直于炉壳
炉料摩擦力	炉身、炉腰及炉腹	沿炉壳向下
炉料侧压力	炉身、炉腰及炉腹	垂直于炉壳
渣、铁压力	风口底标高至炉底炭砖面下－1m	垂直于炉壳
内衬膨胀压力	整个炉壳	垂直于炉壳
内衬及冷却壁自重	整个炉壳	垂直于炉壳
固定测温设备荷载	炉喉	
风、铁口等设备荷载	法兰外悬臂端	
整体温度升高	整个炉壳	
温度梯度	整个炉壳	板厚方向

注：表中所列荷载仅为炼铁工艺提供的部分。

4　计算假定及计算参数的确定

因高炉炉壳位于厂房内部，计算时不考虑风荷载对炉壳的影响。对于水平地震作用的影响，考虑其在两个正交方向的水平地震作用，反应谱及相关参数的取值按《构筑物抗震设计规范》确定，并考虑了阻尼比修正的影响，计算振型数目取为 10 个。

为考虑不同材质连接时因温度变化引起的约束应力，建模时分别定义两种（BB503 及 ZG230-450）不同材料，两种材料的参数取值，见表 2。高炉炉壳底部与炉底封板焊接并坐于耐热混凝土基墩上，综合考虑其底部的实际约束情况，计算时释放底部板带支座处的平面外转动自由度并固结其余自由度。

表 2　材料参数表
Table 2　Parameter table of the material

材 质	弹性模量/GPa	泊松比	线膨胀系数/℃$^{-1}$	比热/J·(g·K)$^{-1}$	热传导率/J·(mm·h·K)$^{-1}$
BB503	206	0.309	1.34×10^{-5}	507	209.34
ZG230-450	206	0.309	9.6×10^{-6}	494	162

5 整体弹性有限元计算结果及分析

基于以上建立的高炉炉壳整体模型，经一次加载后的整体弹性有限元分析，炉壳整体处于弹性状态局部进入弹塑性状态，各部位等效应力值见表3。

表3 炉壳整体弹性计算各部位等效应力
Table 3 Result of elastic finite analysis
(MPa)

部位	炉顶封板 (25~24 板带)		炉喉 (23~22 板带)	炉身上部 (21~19 板带)	炉身中部 (18~15 板带)	炉身下部 (14~12 板带)	炉腰 (11 板带)	炉腹 (10 板带)	炉腹 下板带 (9 板带)
	上部	弧形段							
等效应力	375	77	77	119	122	125	142	165	163

部位	风口带 (8 板带)	风口 下板带 (7 板带)	铁口带 (6 板带)		铁口下 板带一 (5 板带)	铁口下 板带二 (4 板带)	铁口下 板带三 (3 板带)	炉底板带 (2~1 板带)
			加强区	非加强区				
等效应力	171	187	392	179	221	226	137	258

炉顶封板及铁口加强区的等效应力最大值均已超过炉壳板材的屈服强度（设计值266MPa，屈服强度295MPa），另与炉底封板相连板带应力值也较大。由计算结果的应力云图可见炉顶封板最大等效应力375MPa位于更换溜槽孔上边缘两个角部，分析认为是由该处倒角过小所致（直径200mm）。经与炼铁工艺协商确定在满足工艺要求的前提下将更换溜槽孔的倒角直径加大至600mm，后经校核该处等效应力降低为210MPa。炉顶封板与导出管根部相接处等效应力最大值为210MPa。铁口加强区应力较大，分析认为与该处的荷载大小及所开铁口形状有直接关系，铁口处承受较大的侧向压力，同时为满足工艺要求铁口倒角较小。虽已将该铁口框附近炉壳板厚加大，计算结果显示该区域仍进入弹塑性状态。应力云图表明该最大值位于铁口四个角部，炉壳板厚加大后屈服区域仅限于四个角部，屈服区域未连通。考虑炼铁工艺开孔限制及我国各设计单位以往高炉的设计经验，初步确定允许该部分区域进入弹塑性状态。

炉身中下部、炉腰及炉腹应力水平均相对较小。考虑高炉正常生产时，该区域易因软融带的存在导致温度升高较大而对钢材强度产生影响，故不考虑对该区域板厚进行调整。与炉底封板相连板带的等效应力较大，分析认为主要是因整体温度升高所致。高炉炉壳正常生产时较炉壳烘炉前温度有较大升高，炉壳环向及竖向均产生膨胀，因炉壳上部为自由端，可部分释放膨胀引起的应力，故应力相对较

小，根部仅释放平面外转动自由度，导致下部因约束产生较大的温度应力。除与炉底封板连接处，炉壳上其他板带因整体温度升高引起的应力在炉壳外形存在拐点处可不同程度的达到20~40MPa不等，故对于该项荷载对炉壳结构产生的影响宜予以重视。

6 结论

（1）基于有限元分析平台所建立的高炉炉壳整体分析模型可满足结构设计的精度要求。

（2）正常生产状态下高炉炉壳整体呈弹性状态，局部进入弹塑性状态。

（3）在满足工艺开孔要求的前提下，倒角尺寸宜适当加大，以减小局部应力集中的程度。

（4）宜考虑整体温度升高对炉壳产生的不利影响。

致谢：本文成稿及炉壳的结构设计工作中得到教授级高工袁文兵和王兆村、王岩禄等诸位高工的大力支持和大量有益建议，在此谨表示衷心感谢！

参考文献

[1] 李连祥，买香玲. 国内外高炉钢结构设计技术的比较分析[J]，特种结构，1998，15(1).

[2] 王志军，陈曦，等. 包钢新一号高炉壳整体弹塑性有限元分析[J]. 工业建筑，2003，33(10).

[3] GB50191—93 构筑物抗震设计规范[S]. 北京：中国计划出版社.

（原文发表于《工业建筑》2009年第1期）

薄壁筒体承重钢结构高位稳压水箱结构设计

张付可　袁文兵　王兆村

(北京首钢国际工程技术有限公司，北京 100043)

摘　要：本项目为某钢铁厂中厚板热轧工程的给排水系统高位稳压水箱，结构形式为薄壁筒体承重钢结构。结构设计中通过对承重结构的方案对比、给排水管平面布置的修改及相应的构造措施，结合对承重结构稳定性验算，并辅以在有限元分析软件 MIDAS 中建立的结构整体有限元模型及分析，完成了结构的相关计算分析，解决了结构设计过程中碰到的相关问题，满足了结构受力合理、用钢量省、施工速度快等要求。

关键词：薄壁筒体承重钢结构；高位稳压水箱；稳定性验算；有限元分析

Design of Thin−wall Cylinder Supported Water Tank Tower

Zhang Fuke　Yuan Wenbing　Wang Zhaocun

(Beijing Shougang International Engineering Technology Co., Ltd., Beijing 100043)

Abstract: The project is thin-wall cylinder supported water tank tower. General arrangement of the pipes is modified; constructional measures are taken so as to meet the requirement of reasonable structure and construction progress, based on stability capacity and finite element analysis of the model, design works of the structure is done.

Key words: thin-wall cylinder supported steel structure; water tank tower; stability capacity; finite element analysis

1　引言

钢铁厂中厚板热轧工程的给排水系统高位稳压水箱是为中厚板热轧连续生产提供稳定压力冷却用水的子系统。中厚板热轧生产线正常生产时，该高位稳压水箱的供水管和出水管始终处于运行状态，给水管通过两级水泵不断补充水源至顶部球体内，在控制稳定水压的情况下，通过出水管不断给生产线提供冷却水，以冷却轧制出的中厚板，与常规的事故水塔有所区别。

该高位稳压水箱结构高度为 57.38 m（不含顶部塔尖），内部设置 8 层钢结构平台，顶部球体内径为 12.3 m。筒体承重部分的上部倒圆台段高度为 4.92 m，倒圆台段上口内径 7.4 m，下口内径 6.0 m。中部直筒段高度为 21.78 m，内径为 6.0 m。下部圆台段高度为 20 m，上口内径为 6.0 m，下口内径为 13 m。工程设计基准期为 50 年，地面粗糙度类别为 B 类，设计基本风压为 0.40kN/m²。抗震设防烈度为 7

度，设计基本地震加速度为 0.10g，场地类别为 Ⅱ 类，特征周期为 0.40s。

2　结构方案的选定

结构设计之初，初步拟定方案为薄壁筒体承重钢结构与框架承重钢结构两种方案。以钢框架结构作为承重结构的方案采用周圈布置框架柱，沿高度方向设置多层钢平台，在框架柱顶部设置钢环梁以实现球体与支撑框架的连接。通过方案比较认为周圈框架承重钢结构方案结构受力明确，但存在施工周期长、综合结构用钢量大及造型美观效果差等问题，最终选定为薄壁筒体承重钢结构方案。方案确定后拟参考文献[2]初步确定结构的形式，因该高位稳压水箱和文献[2]所示结构存在诸多方面的差异，故在结构设计时进行了相应改进。

该项目的高位稳压水箱设计之初，给排水专业考虑球体内部有效储水量为 800m³ 时即可满足生产正常时水压及储水量要求，经与制造加工厂家联系，该密闭压力容器类球体钢结构的加工须制作专门的胎具以对钢板进行轧制成形，因胎具制造时间相对较长且加工费用较高，无法满足业主提出的建设周期要求，为此改变了上部球体的容量，修改后的球体直径变大，在保持给排水专业提出的最高水位不变的前提下，球体内部的有效容积变为1000m^3。

该高位稳压水箱位于工厂角部，业主考虑周边设施对其造型的影响，要求拆除周边已有配套建、构筑物，并在下部筒体内部布置泵站结构，以避免影响高位稳压水箱结构的整体美观效果。为满足在筒体内部布置泵站结构的要求，须将结构的下部筒体的直径相应加大，加大后筒体底部与基础连接处的内径为13 m，为避免下部圆台段斜度过大，同时考虑到该结构与文献[2]给出的结构相比，上部水箱内水体自重和结构高度更大，相应加大结构中部直筒段的直径，加大后的筒径为6 m，修改后的结构立面如图1所示。承重筒体部分沿高度方向划分为15个板带，其中下部圆台段6个板带，中部直筒段7个板带，上部倒圆台段为2个板带。顶部球体的

板带划分通过与加工厂家交流，综合考虑钢材加工料损、胎具加工能力和焊缝布置等方面因素，确定其立面划分为三部分（见图1）。图3所示为该水箱球体板带划分的俯视图。图2所示为已投入使用的高位稳压水箱图片。

图2　建成投产的高位稳压水箱

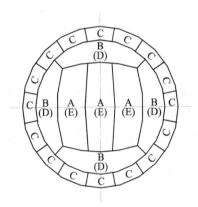

图3　顶部球体板带划分俯视图

确定采用薄壁筒体承重钢结构方案后，结构设计中须解决以下几个方面的问题：给水管供水时对顶部球体侧向冲击引起结构相对较大的横向振动、筒体与球体连接部位的选择、钢结构平台与筒体的连接、顶部结构的整体吊装组焊、结构稳定性计算、筒体基础连接处螺栓承载力校核及筒体局部开洞影响等问题。针对以上须解决的几方面的问题，结构设计过程中采用了数种计算方法及构造措施，确保了结构设计的合理性及经济性。

3　给水时水冲击荷载的合理避免

高位稳压水箱给排水管道中，相对较大的管有进水管、出水管和溢流管，其平面布置如图4所示，溢流管和进水管分布于两侧，出水管位于球体底部的中心部位。其立面布置如图5所示，即进水管给顶部球供水时出水方向为水平向，供水时会对顶部球体产生一定的水平冲击作用，引起高位稳压水箱

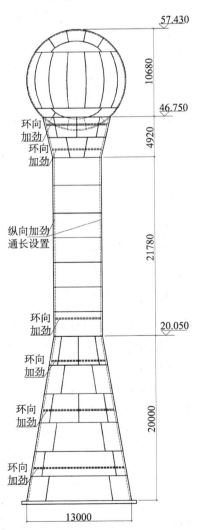

图1　高位稳压水箱结构立面图

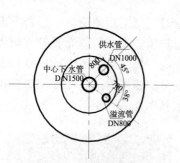

图4 内部水管平面布置图

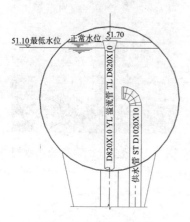

图5 给排水设计资料

的横向振动，我国以往由日方设计完成的类似工程中曾出现振动过大影响正常使用的问题。经与给排水专业协商，将其进水管的管道改为图6所示的形

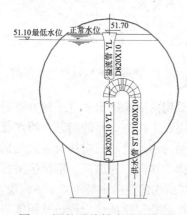

图6 调整后给排水设计资料

式，即将进水管顶部的弯头长度加大至球体中心线，同时将出水方向与水平面的夹角由90°改为180°，修改后进水管的供水方向改为竖直向下并对准出水管（球体中心下部）。由此，可较大程度的减小供水时水对结构的横向冲击影响，经与给排水专业交流，这种修改方式不会对其供、排水产生影响。为避免进水时因水压和管道弯头引起的管道振动，在其管道弯头标高略偏低处设置一层水平支撑，水平支撑通过球体内部设置的环向加劲与球体连接。由此通过管道弯头的合理修改，可有效避免给水时引起的

结构横向振动问题，结构分析时可不考虑其不利影响。

4 筒体与球体连接部位的选择

采用薄壁筒体承重的结构方案，其球体与筒体的常规连接节点如图7（①号节点）所示。承重筒体与顶部球体连接部位可视为一线支座，在球体内部满水状态下连接部位的球壳存在相对较大的平面外弯曲应力。浙江大学童根树教授对该连接部位的选择进行了理论推导，通过推导确定顶部球心与支座位置的连线与水平线的夹角为30°时，连接部位的球壳受力处于有利的状态。设计时考虑到该夹角为30°时，上部倒圆台的上口与球体连接处基本处于相切状态，连接部位的焊缝承受较大剪力。为避免这个问题，在设计中将该夹角适当加大，夹角加大后连接外球壳将产生相对较大的应力集中问题。为解决这一问题，在连接部位球体的内部设置36个横向加劲肋，加劲肋与球体连接如图7（②号节点）所示，通过设置该加劲肋并利用其平面内刚度较大的作用，可将支座反力相对均匀地传递至加劲肋长度范围内的球壳，以减小球体连接部位的应力集中问题。图8和图9所示为两种不同状态下有限元计算结果，通过计算结果的对比可见，不设置加劲肋时连接部位的球体应力值为107MPa（包络值），设置加劲肋后应力值为59MPa，且设置加劲肋后连接处的应力较未设置加劲的应力分布更为均匀。除此

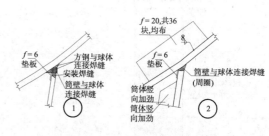

图7 球体与筒壁连接示意

之外，设置的36个横向加劲肋可兼作挡水板，减小给水时球体内部水的转动问题。连接处的节点构造，鉴于文献[2]给出的节点（图9所示①号节点）构造繁琐，加工制作工作量大且连接处的三条焊缝紧邻，易引起较大的焊接应力集中问题和局部区域的钢板层装撕裂的问题。设计中将22mm×22mm方钢取消，采用图9中②号节点所示一条焊缝的形式。

5 钢结构平台与筒体的连接

与文献[2]中给出的事故水塔不同之处在于，该高位稳压水箱内部的水始终处于循环状态，以满足

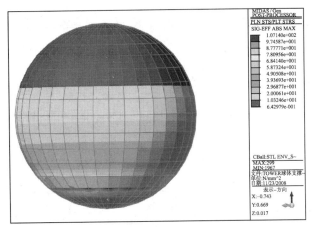

图 8　连接处不做加劲时球体应力云图

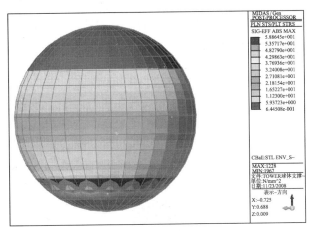

图 9　连接处设置加劲后球体应力云图

生产连续用水的要求。筒体内部沿高度方向通长设置给水管、出水管及溢流管三根大管，正常生产时须每天巡检，由此，内部须设置多层操作平台及钢梯。因该水箱采用薄壁筒体承重的结构形式，筒体平面外受力性能差易产生局部失稳的问题，为避免平台梁传递弯矩至承重筒体，设计时将所有平台梁与筒体纵向加劲肋连接，连接均采用铰接的形式（见图 10）。对于平面布置中平台梁与纵向加劲肋不能对应连接处，在环向加劲肋上下设置局部的纵向加劲肋，以实现与平台梁的连接。

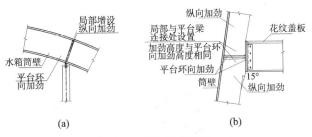

图 10　平台梁连接图

6　顶部结构的整体吊装焊接

顶部球体属密闭承压类钢结构，在正常生产时内部处于满水状态，其安装前须进行水密试验。另

外，因为因其造型为球体钢结构，须采用特定胎具将钢板压制成型。考虑以上两个方面的因素，设计时须考虑上部球体结构在现场进行整体吊装焊接的问题，考虑到现场焊接图 7 所示焊缝的难度较大，设计时将上部倒圆台部分划分为两个板带，将上部板带与球体的焊接及球体内部的支撑平台在吊装之前完成。在倒圆台两个板带之间设置水平端板用以现场吊装后找平对正，并在上下两块端板设置铆栓，用以现场焊接时临时固定用。上下两部分承重筒体的钢板吊装前预开剖口，在上部钢结构吊装就位并固定后，在筒体外部完成环向焊缝的焊接。

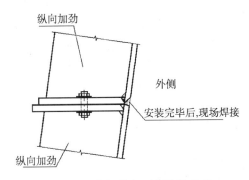

图 11　吊装部分与下部筒体连接

7　承重筒体钢结构稳定性计算

为满足投入使用后安装、检修等要求在筒体内部须设置多层钢结构平台及钢梯，同时，目前国内对于该类结构的制作精度及安装误差方面的指导性规程并不完善，且结构类型属径厚比大的长壳结构，综合考虑以上三个方面的因素，为避免对结构的稳定承载力造成较大影响，方案拟定在筒体内部设置纵向加劲肋及环向加劲肋。沿筒体周圈在筒体内部均匀设置 18 道纵向加劲肋，纵向加劲肋的设置要求沿着结构高度通长设置，上端至筒体与球体连接标高处以下 100mm（见图 9），以便于连接处的焊接操作。在设置平台的标高处设置横向加劲肋。除此之外，在如下种情况下增设环向加劲肋：筒体下部层高较大的平台之间、顶部与球体连接处、筒体变截面处（外形存在拐点处），结构各层平台的标高和设置环向加劲肋处的标高见表1。

通过以上计算确定了筒体结构的稳定承载力值。鉴于该高位稳压水箱的筒体结构尚须考虑其在水平荷载（风荷载和水平地震作用）作用下局部应力相对较大的问题，采用通用有限元分析软件建立结构的整体有限元分析模型并进行分析，控制结构各个部位的计算应力值（不考虑稳定性影响）不大于表 2 所示的稳定承载力值。

表1 各层平台及设置环向加劲肋的标高 （m）

钢结构平台标高	8.050			14.050		20.050	
环向加劲肋标高	4.000	8.050	11.025	14.050	17.025	20.050	
钢结构平台标高	24.000		28.750	33.100	37.450	41.830	
环向加劲肋标高	22.000	24.000	28.750	33.100	37.450	41.830	
钢结构平台标高							
环向加劲肋标高	42.830	45.830					

表2 各部位稳定应力计算值

部 位	方法一 μ	方法一 $N_{X,CR}$ /MPa	方法二 $N_{X,CR}$ /MPa	折减后稳定应力值 $0.2 \times \text{Min}\,(N_{X,CR})$	设计取值 $\text{Min}\,(f, 0.2 \times \text{Min}\,(N_{X,CR}))$
直筒段上部	1.09	11434.81	856.10	171.22	171.22
直筒段下部	1.03	9173.84	1331.18	266.24	205.00
上圆台上口	1.04	7932.72	906.28	181.26	181.26
上圆台下口	1.01	11009.39	1060.39	212.08	205.00
下圆台上口	1.03	9064.52	1331.18	266.24	205.00
下圆台下口	1.03	3840.97	682.79	136.56	136.56

8 结构整体有限元分析

采用通用有限元分析软件 MIDAS 建立该结构的整体有限元分析模型（见图12，含纵向加劲肋、环向加劲肋及各层钢结构平台），其中承重筒体和球体的板厚参考文献[2]确定，通过计算发现在如下两个区域筒体的计算应力值较大：筒体与球体连接处（166MPa）、中部直筒段和下部圆台段连接处（233MPa）。为此相应将该两处的板厚分别加大至25mm和32mm，修改后该两处的应力值分别降低至126MPa和130MPa。图13~图18分别为承重筒体各部分在板厚调整前后的应力云图。表2所示为该高位稳压水箱各部分的板厚及计算应力值（包络值）。

由表3及修改后的结构应力云图可见，在承重筒体中如下几个部位存在应力相对较大的问题：筒体与球体连接处、筒体结构变截面处及平台梁与筒体连接处。分析认为主要时筒体变截面处存在一定的平面外弯曲应力的问题，故设计中针对变截面处的上下部位，均相应增设环向加劲。与平台梁连接处筒体局部计算应力值相对较大，约比周边筒体的应力值大7~15MPa，主要是平台竖向荷载引起的局部应力集中问题。各段筒体应力值相对较大的区域由下而上呈扇形，主要是因为考虑结构的水平荷载（水平地震作用和风荷载）作用方向是沿着结构的X、Y两个方向，因实际水平作用方向是随机的，而结构平面为轴对称结构，对筒体结构的应力值应取该标高处应力的最大值。

建立结构整体模型时考虑下部开有相对较大的门洞，对结构应力分布会产生一定的影响，建模时建立了该门洞，通过计算发现在洞口的上角部及两侧出现一定程度的应力集中现象（135MPa），设计时将该区域门洞角部改为圆弧过渡的形式，并在门洞两侧布置纵向加劲肋。以减小该区域的应力集中问题。由图19可见，洞口以上部位应力相对较小，

图12 结构整体有限元模型

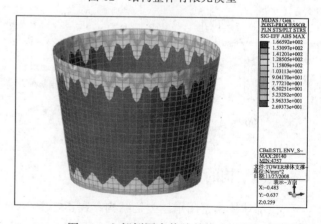

图13 上部倒圆台修改前应力云图

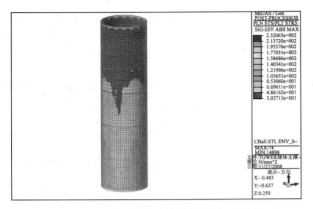

图 14　中部直筒段修改前应力云图

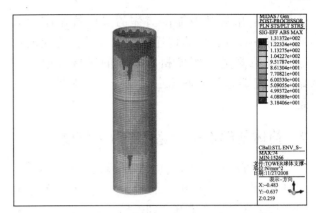

图 17　中部直筒段修改后应力云图

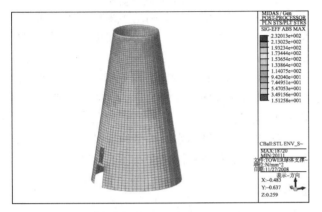

图 15　下部圆台段修改前应力云图

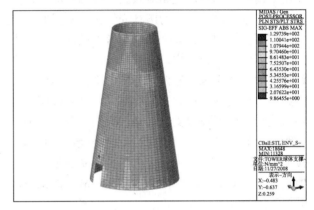

图 18　下部圆台段修改后应力云图

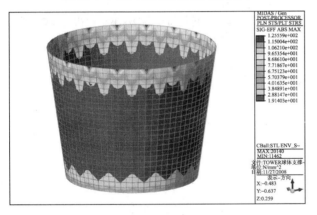

图 16　上部倒圆台修改后应力云图

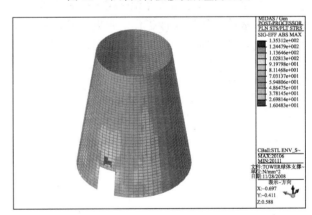

图 19　筒体下部开洞区域应力云图

表 3　承重筒体各部位应力值

部　位	标高范围	板厚	计算应力	部　位	标高范围	板厚	计算应力
倒圆台上部	44.290～46.750	25	126	直筒七段	20.05～23.050	32	131
倒圆台下部	41.830～44.290	25	81	下圆台一段	16.550～20.050	32	130
直筒一段	38.440～41.830	18	102	下圆台二段	13.050～16.550	18	87
直筒二段	35.050～38.440	18	50	下圆台三段	9.550～13.050	18	75
直筒三段	32.050～35.050	18	64	下圆台四段	6.050～9.550	18	64
直筒四段	29.050～32.050	18	70	下圆台五段	3.050～6.050	18	62
直筒五段	26.050～29.050	18	83	下圆台六段	0.050～3.050	18	53
直筒六段	23.050～26.050	18	95				

分析认为开洞对该部位筒体的竖向抗压刚度有所减弱，故沿着筒体传递的荷载在竖向传递时沿着门洞两侧竖向刚度相对较大的区域传递至基础，由此引起门洞两侧也出现应力相对较大的问题。

9 筒体基础连接处螺栓承载力校核

因该高位稳压水箱顶部球体内水体的自重大，且其在水平地震作用下对结构抗震的有利作用有限，故设计时不考虑其有利作用。结构在水平荷载作用下筒体底部将产生相对较大的竖向拉应力，且对于筒径壁厚之比较大的圆柱壳结构，平截面计算假定将不再适用，除此之外尚须考虑底部相对较大门洞的影响。综合考虑以上几个方面的问题，常规计算方法无法实现支座处螺栓所承受拉力的计算。由此，采用建立的结构整体有限元模型分析模型，在对应螺栓位置设置支座。通过有限元分析发现，在距离门洞边缘约 1m 处螺栓承受相对较大的拉力，拉力值约为 230kN，除此之外螺栓承受的竖向拉力值均约为 190kN，根据计算结果选用 M60 的锚板型螺栓。

通过以上结构计算结合相关构造措施完成了该高位稳压水箱的结构设计工作。目前该高位稳压水箱已建成并投入使用，根据反馈意见，目前该高位稳压水箱的运行状态良好。

10 结语

（1）通过对给排水管道弯头的合理改进，避免了给水时对结构产生横向振动的不利影响。

（2）筒体与球体的连接部位确定后，采取有效措施解决了该处的应力集中问题。

（3）采用平台梁与筒体纵向加劲肋的铰接连接，避免了筒体平面外受力的问题，可有效避免筒体局部失稳的问题。

（4）通过对承重筒体结构稳定性验算确定了各部位的稳定应力值，同时确定了采用有限元建立整体模型分析的可行性。并基于该模型确定了各部位的应力值。

（5）通过结构整体有限元分析确定了各部位的应力值和底部连接螺栓的大小，并基于计算确定了相应的构造措施。

致谢：高位稳压水箱的结构设计工作得到王岩禄高工的大量有益建议，在此谨表示衷心感谢！

参考文献

[1] 陈绍藩. 钢结构稳定设计指南[M]. 北京: 中国建筑工业出版社, 2004. 4.

[2] 建筑结构构造资料集编委会. 建筑结构构造资料集[M]. 北京: 中国建筑工业出版社, 1992.

（原文发表于《钢结构》2009 年第 12 期）

关于烧结工程的建筑设计实践与比较

王德平　　李洪光

（北京首钢国际工程技术有限公司，北京　100043）

摘　要：本文通过几个钢铁项目大型烧结工程尤其是烧结主厂房的建筑设计实践，针对现代烧结厂房的特点，从建筑风格的简洁大方、建筑色彩的清新明快、建筑材料的节能环保、空间环境的舒适宜人、建筑施工的简便快捷等方面，对建筑设计进行合理构思，力求营造一个技术设备先进、绿色环保、人性化的工厂建筑环境，实现可持续发展目标。

关键词：烧结工程；建筑设计；建筑形式；信息化

Architecture Design Experience and Comparer of Sintering Project

Wang Deping　　Li Hongguang

(Beijing Shougang International Engineering Technology Co., Ltd., Beijing 100043)

Abstract：Through the architecture design experience of several sintering project especial sintering plant for steel & iron project, in accordance with the features of modern sintering plant, a proper conception of the architecture design is made in this essay in terms of simple and grand architectural forms and styles, fresh and vivid building colors, energy-saving and environmental building materials, comfort and humanity space environment ，easy and express construction, so as to create a plant building environments with advanced technologies and equipment in a environment-friendly and humanitarian way and for realization of the objective of the state-of-the-art technical level.

Key words：sintering project；architecture design；architectural forms；information

1　引言

随着现代科技进步和国家钢铁工业的迅速发展，烧结工程的规模越来越呈现大型化的趋势。按照传统的分类，年产烧结矿 100 万吨以上的为大型烧结厂，年产烧结矿 20~100 万吨以上的为中型烧结厂，年产烧结矿 20 万吨以下的为小型烧结厂。在现代工业对规模效益、自动控制、环境保护、可持续发展等的高要求下，中小型烧结厂越来越不能适应经济的快速发展。因此很多效能低下、污染严重的中小型烧结厂不断被淘汰，取而代之的是充分运用现代科技、实现了信息化、网络化的大型烧结厂。比如昆钢淘汰三台 20 m² 烧结机改造工程(300 m²)、承德新新钒钛股份有限公司 1~3 号烧结机易地改造工程（360 m²）。有些钢铁企业为扩大产能，在依托部分现有设施的条件下新建大型烧结厂，如首钢迁安钢铁有限责任公司配套完善新建 360m² 烧结机工程。而新建大型钢铁企业则直接新建大型烧结厂，如秦皇岛首秦公司板坯技改配套项目烧结工程（155 m²）、首钢京唐钢铁联合有限责任公司钢铁厂烧结工程（500 m²）、印度布山 177 m² 烧结工程、马来西亚 LBSB 公司 360 m² 烧结机工程。

由于烧结工程的规模或所采用的设备、原料和工艺流程不同，以及钢铁企业中其他相邻工程的配置关系等因素的影响，所以组成各烧结工程的建筑物也不尽相同。一般独立的大型烧结厂包括：翻车机室、受矿槽、原料仓库（有时还分精矿仓库、熔剂仓库、燃料仓库）、燃料破碎、熔剂破碎与筛分、配料室、一次二次混合机室、烧结主厂房、抽风机房、成品筛分间及成品仓等。本文主要针对近年来几个大型烧结主厂房的建筑设计进行总结与比较。

2 建筑设计的一般问题

从土建专业的角度进行分析，烧结厂房大致具有灰尘大、荷载大、湿度大、温度高、振动大、噪声大，以及有害气体影响等特点，因此厂房建筑设计应针对生产过程中出现的特点，采取适当措施。

2.1 屋面

2.1.1 屋面形式

按常规设计，为减少屋面积灰，烧结主厂房一般宜采用无组织排水屋面，而且表面宜平整。在炎热地区，厂房围护结构一般为半敞开式，外墙配置挡雨板。

当采取有组织排水时，天沟应适当加宽加深，天沟处雨水管直径必须较计算直径加大 50 mm，且最小不得小于 150 mm，雨水管应垂直布置，折弯时竖管与弯管所成之夹角不宜过小（一般不小于130°），防止灰尘堵塞管道。天沟雨水管间距以 12 m 为宜。

然而，当今高科技时代的现代化工厂，随着环境除尘技术的迅速发展及先进除尘设施的普遍运用，厂房积灰显著降低。而且彩色压型钢板等现代建筑材料的应用，有利于屋面积灰的被雨水冲刷，也有利于雨水管设置的灵活性。为了实现建筑形式的整洁美观，目前烧结厂房一般采用雨水管暗藏型，屋面雨水管沿着室内厂房柱或墙皮柱落到地面高度200 mm 处，然后穿外墙勒脚再垂直于室外地坪排到室外散水处。

2.1.2 天窗

为避免在天窗屋面上过多积灰，凡设置天窗的厂房，一般宜采用矩形天窗，天窗中心线与屋脊中心线相重合。今天随着技术进步和对通风天窗研究的深入，各种通风效果良好、排水顺畅、外形美观的通风天窗形式层出不穷，目前使用最多的是弧形（流线型）通风天窗。

2.2 外墙形式

考虑烧结厂的生产特点和建厂地区的气候条件、工艺要求及建筑环境效果，烧结厂房的外墙形式应因地制宜区别对待。在寒冷地区应适当考虑保温，在炎热地区应充分考虑通风散热。

烧结厂房的外墙形式按其围护程度分为三种：

（1）封闭式：适用于室内清洁度要求较高以及防寒、防雨、防风要求较严的部位。封闭式墙上根据自然采光、通风换气、排灰、通行等要求可设置门窗及必要的洞口。

随着科技的发展和物质财富的增长，人们对现代工厂建筑环境的要求不断提高。全封闭式厂房的设计越来越普遍，简洁、整齐的厂房建筑风格，能创造舒适宜人、绿色环保、融入自然的工厂建筑环境。

（2）半敞开式：用于大量排灰、散热，不要求保温的部位，围护结构可用挡雨板，或墙与挡雨板配合使用。半敞开式厂房结构构件、设备等部分外露，目前较少采用。

（3）全敞开式：用于对防雨、防风、防寒和防灰无要求的部位。既不设置墙也不设置挡雨板，可根据需要设置栏杆。全敞开式厂房结构构件、设备等大部分外露，目前极少采用。

2.3 侧窗

大型烧结厂房及高温高湿车间宜采用钢窗。为排除大量余热，各楼层的底层窗，宜采用平开窗、立转窗、通风百叶窗或垂直中转窗。窗户面积按采光要求决定外，对于高温、散发大量粉尘的车间，还须考虑通风换气的要求，适当加大窗口面积。窗户在平面布置上应力求对称，以利对流换气。窗户在空间布置上应考虑进风口和排气口的位置，尽量加大其两者的高差，以增加热压头，加强通风换气。

在炎热地区，作为大量进风口的侧窗，宜采用低窗台（窗台高度不大于 600 mm），在工作平台上的低窗台应设置防护栏杆。

全封闭式厂房建筑中，侧窗采用最多的是通风百叶窗和平开窗，窗户上的采光材料一般不采用玻璃，而是采用破裂时不产生碎片的不着色聚碳酸酯采光板（阳光板）。

3 烧结主厂房的建筑设计

3.1 生产特点及对建筑设计的要求

烧结主厂房由工艺流程决定，系多层多跨厂房，通常包括高跨、低跨和机尾三大部分。烧结厂房在生产过程中，由于点火器、燃烧的烧结矿，以及烧结矿经单辊破碎机、筛子和返矿槽各阶段中，均散发出大量的热量影响，夏季在操作平台、支撑平台、单辊平台、筛子平台和返矿圆盘操作区的空气温度很高，热辐射强度也较高。这是上述平台的主要特点。

因此，对上述在生产过程中所散发的热量、蒸气、有害气体和灰尘的控制问题，除相关专业在设计时考虑改进工艺布置、加强设备密封、提高机械通风除尘外。在建筑设计中也应合理地组织自然通风换气、采取隔热和灰尘隔断等措施以改善操作环境。

如何处理好自然采光通风决定了厂房的建筑形象与风格。当前实际应用中厂房屋顶一般选择流线型通风天窗解决排风问题，侧墙进风口的布置可以有多种选择，如全开敞式、半开敞式、封闭式等。对于全封闭式厂房，根据采光材料及通风窗布置方式的不同，外立面有水平划分、竖向划分、混合划分等多种形式，取得不同的建筑环境效果。

3.2 柱网布置

烧结主厂房的柱网布置与烧结机的型号、台车宽度、吊车布置、烧结矿冷却方式、操作检修等因素有关。为加快设计和施工速度，提高设计质量，柱网尺寸尽量统一。

以实际工程为例，首钢京唐钢铁联合有限责任公司钢铁厂烧结工程（500 m^2），总长度 138.05 m，跨度 10.5 m+8.5 m，高跨部分柱距 5.5 m+9.25 m，低跨部分柱距 8 m（少数为 7m），主平台以下均为钢筋混凝土结构，以上为钢结构；机尾部分最大柱距 13.5 m，为钢柱外包钢筋混凝土的混合结构。首钢迁安钢铁有限责任公司配套完善新建 360 m^2 烧结机工程，总长度 122.05 m，跨度 10.5 m+8.5 m，高跨部分柱距 8.5 m+7.5 m，低跨部分柱距 8 m（少数为 6 m、7 m），主平台以下均为钢筋混凝土结构，以上为钢结构；机尾部分最大柱距 13.5 m，为钢、钢筋混凝土的混合结构。昆钢淘汰三台 20 m^2 烧结机改造工程(300 m^2)，总长度 122.3 m，跨度 10 m+8 m，高跨部分柱距 11.5 m+6 m，低跨部分柱距 8 m（少数为 9 m、10 m），均为钢筋混凝土结构，机尾部分最大柱距 15 m，为钢、钢筋混凝土的混合结构。印度布山 177 m^2 烧结工程，总长度 97m，跨度 7 m+6.5 m，高跨部分柱距 7.5 m+4.5 m+7.5 m，低跨部分柱距 6 m（少数为 5 m、8 m），机尾部分最大柱距 13.5 m，均为钢筋混凝土结构。

3.3 竖向布置

（1）电梯。对于大型烧结厂房，由于厂房较高，按工艺要求及《建筑设计防火规范》，一般设置客货两用电梯，供运输台车算条及其他备品备件、检修工具及人员参观等用途。

（2）楼梯和梯子。根据建筑设计防火规范要求，大型烧结厂房一般均设置单独的楼梯间。且楼梯间一般通至高跨顶层平台。

为便于上下层的联系及满足防火疏散的要求，各层平台间还应根据疏散距离设置钢梯。

为便于屋面检修及清理积灰，应设置钢梯通至烧结厂房的高、低跨屋面。

（3）安装井和安装孔。按工艺要求设置安装井或安装孔，供设备安装检修时用。根据工艺要求及通行的便利，安装孔处一般设置盖板和活动栏杆。

3.4 屋面

烧结厂房一般采用双坡排水屋面，尽量减少天沟数量，屋脊中心线与烧结机中心线平行。屋面设有变形缝处，应按该缝的功能选用适当的防水节点。

低跨屋面上是否需设置天窗，应根据当地气象条件和厂房布置情况而定。应当沿烧结机运行方向开设纵向天窗时，天窗应设置在屋脊处。天窗不设窗扇，但应设防雨构件，以防止飘雨雪。

炎热地区天窗（闷热地区如武汉），宜利用热压有组织的自然通风，采用避风式天窗。天窗不设窗扇，但应设置防雨构件。寒冷地区天窗也应设置避风式天窗，天窗口宜安装可开启的窗扇。

3.5 墙体围护结构

3.5.1 炎热地区墙体围护结构

底层宜设计成全敞开式，变压器室、配电室等房屋应采用封闭式墙体；支承平台的高跨部分布置有配电室和其他附属房间以及有烧结机的传动装置，应采用封闭式的墙，其余部分的纵向外墙可作为全敞开式的；机尾各层平台一般均为敞开式，平台周边设防护栏杆；操作平台的高跨部分布置有仪器室（或控制室）、仪表检修室和工人值班室等房间及烧结机头部，需采用封闭式墙。如新余烧结工程主厂房。

低跨部分纵向墙采用半敞开式结构。当屋面设天窗时，在楼板上做 1.2m 钢栏杆，其上设置数排挡雨板，檐口下方墙体应封闭一部分，以提高热压头，加快自然通风速度。

3.5.2 寒冷地区墙体围护结构

整个厂房（包括单独设置的楼梯间、安装井）均宜采用封闭式外墙，但机尾部分可不设外墙；操作平台两侧纵向墙应尽量加大开窗面积，下部宜采用百叶窗、平开窗或垂直中转窗。

为了全厂建筑形式的统一、美观，以及尽量减少粉尘等污染物的扩散，当前寒冷地区的烧结厂房一般采用全封闭形式，而炎热地区也有采取全封闭形式的趋势，通过适当加大进出风窗户面积来解决自然通风的问题，比如昆钢烧结、马来西亚等就采用了彩色压型钢板全封闭的形式。

3.6 建筑物的防震、隔音

成品筛分间设备震动、烧结风机房的设备噪声及震动等均对建筑物设计有很大影响。采用保温隔热型双层彩板墙体及屋面围护结构时能很好地满足防震隔音的要求，当墙体采用蒸压灰砂砖墙、蒸压加气混凝土砌块等自承重围护结构时、墙体与结构柱之间及墙体自身要采取可靠的连接或拉结措施，以减小设备震动等对围护结构的不利影响。

3.7 供配电及信息化系统毗连设置

当前，自动控制系统、信息化管理网络等普遍运用于烧结工业生产线上。为实现供配电系统线路的路由简短，自动化控制系统的灵活高效，同时满足工人检修巡视、人员参观接待等要求，烧结系统主控制楼一般毗连主厂房建造，主控楼与主厂房合用客货两用电梯，大屏幕显示屏也广泛应用于主控室内。这些都更加有利于对工业生产进行实时管理与控制，提高工作效率与经济效益，适应现代工业生产的人性化发展趋势。如首钢京唐烧结主控楼用2个连接通道分别与1号、2号烧结主厂房连通，电梯分设在2座主厂房内，迁钢烧结、昆钢烧结、马来西亚烧结等主控楼与主厂房紧贴建造，电梯设在主控楼内。

4 结论

随着经济全球化带来的对经济可持续发展的高要求，现代烧结工业生产不但要具备规模经济效益，而且建成后要具有产品附加值高、科技含量高、资源消耗低、环境污染少、经济效益好等优势。体现在建筑设计方面，要求其建筑形式与日益扩大深化的功能相统一，建筑风格与厂区自然环境相协调，建筑材料选用节能、环保、可再生利用的新型材料，创造舒适、人性化的工厂工作生活环境，体现知识经济时代以人为本的设计理念及工厂的信息化、现代化水平。

（原文发表于《工程与技术》2009年第1期）

首钢京唐钢铁厂工程建筑统一性的研究与实践

李洪光　王德平

(北京首钢国际工程技术有限公司，北京 100043)

摘　要：本文针对首钢京唐钢铁厂项目的建设条件与目标，从建筑形式与风格的简洁大方、建筑色彩的清新明快、结构形式的合理优化及建筑材料的节能环保等方面，对建筑群体设计进行总体规划、统一安排，力求营造一个技术设备先进、绿色环保、人性化的工厂建筑环境，实现建设可持续发展的世界一流现代化钢铁企业的目标。

关键词：京唐工程；统一性；建筑形式；建筑色彩

Practice of SGJT Building Unification Design

Li Hongguang　Wang Deping

(Beijing Shougang International Engineering Technology Co., Ltd., Beijing 100043)

Abstract：In accordance with the construction conditions and objectives of Shougang Jingtang Iron & Steel Co., Ltd., a general plan and overall arrangement of the building complex design is made in this paper in terms of simple and grand architectural forms and styles, fresh and vivid building colors, rational and optimized structural forms and energy-saving and environmental building materials, so as to create a plant building environment with advanced technologies and equipments in a environment-friendly and humanitarian way and for realization of the objective of constructing a sustainable modern iron and steel company with the state-of-the-art technical level.

Key words：Jingtang project; overall arrangement; architectural forms; building colors

1 引言

2005 年 10 月 28 日，首钢京唐钢铁联合公司设计开工会在首钢红楼召开，标志着首钢京唐钢铁厂项目正式全面启动。首钢京唐钢铁厂项目是首钢实施搬迁、结构调整和环境治理的新世纪特大型工程，是自 1978 年宝钢工程建设以来国内最大的钢铁投资项目，具有工程规模大、技术装备水平高、科技创新多、投资额度大、建设工期短、自然环境条件不利等特点，钢铁厂建成后具有产品附加值高、科技含量高、资源消耗低、环境污染少、废弃物零排放、经济效益好等优势，堪与国际一流大型钢铁企业媲美。

2 工程概况和设计理念

2.1 工程概况

首钢京唐工程位于河北省东北部，唐山市滦南

县境内渤海湾北部曹妃甸岛，距大陆岸线约 20 km。首钢京唐工程将建成我国高品质、高附加值、高技术含量的板材精品基地，一期建设规模为钢产量 950 万吨/年，配置 60 孔 7.63 m 焦炉 4 座，500 m² 烧结机 2 台，400 万吨/年球团生产线 1 条，5500 m³ 大型高炉 2 座，300 t 脱碳转炉 3 座，300 t 脱磷转炉 1 座，2250 mm 和 1780 mm 热连轧机各 1 套，2230 mm、1700 mm 和 1550 mm 冷连轧机各 1 套，冷轧硅钢生产线 2 条。

按照分区设计、统一管理的原则，首钢京唐工程包括以下子系统：焦化、烧结、球团、炼铁、炼钢、白灰窑、轧钢（冷热轧）、煤气柜、制氧、给排水（原水及海水）、污水处理、发供配电、料场及原料运输、总图运输及综合管网、厂区综合办公及生活设施等 15 个子系统。

众所周知，上海宝钢工程是经过一、二、三期

建设，从 300 万吨/年的生产能力增加到 671 万吨/年的生产能力，最终形成 1100 万吨/年的生产能力。其工程设计也经历了由一期外商总包，到二期联合设计，最后三期以我为主，国内总成的三个阶段。相较于宝钢工程，首钢京唐钢铁厂工程（以下简称首钢京唐工程）分一期两步建设，一步、二步产能各为 425 万吨/年，它是在积累了数十年尤其是改革开放以来首钢及国内钢铁工业的优秀科技成果，积极引进、消化吸收国外先进技术与装备，自力更生，独立自主设计的世界一流水平钢铁联合企业，因此首钢京唐工程勘察设计和施工建设面临的难度也是前所未有的。

2.2 设计理念

首钢京唐工程要建设成一个世界一流的现代化钢铁基地，是一项复杂而艰巨的系统工程，为了实现这个目标，我们不仅在工艺装备上要达到国际先进水平，在工艺布局、总图布置和建（构）筑物设计等方面都要有先进的理念、超前的意识。工艺布局要合理优化，流程最短；总图要做到布局合理，物流顺畅；建（构）筑物除要满足功能需要外，要做到技术先进、安全适用、经济合理、建筑美观、确保质量。建（构）筑物的设计上要充分考虑自然环境、人文环境，做到简洁明快、统一协调，满足人们的视角美感和工作环境的心理满足，做到人与自然环境、工作环境和谐统一，营造一个美好的、舒适的工作生活环境。因此，京唐公司钢铁厂设计，要对建筑结构形式和建筑风格色彩、建筑材料、细部构造等统一考虑。

3 国内外工程考察与比较

随着工业化时代向信息化时代的转变，以人为本的思想逐渐取代了以物质、技术为基点的传统价值观，人的思维即脑力劳动才是创造价值的基础。因此，无论是建筑设计师、结构工程师，还是企业家，对工业建筑设计的着眼点也从传统的只注意单一的"功能论"，扩大为"人、建筑、环境"这一新的信息与交往系统。

为了实现设计理念中目标，充分吸收国内外先进企业成功经验，博采众长，避免重复出现其他企业和以前设计中缺陷，吸取教训，因此，有必要加强与国内外钢铁企业的相互交流与合作，借鉴世界一流钢铁企业的成功经验，这也是首钢京唐工程成功与否的一个重要条件。

3.1 国外钢铁厂考察情况

对韩国浦项、日本新日铁、欧美等世界一流钢铁企业的考察，可以为我们提供一些经验与启示，如图 1～图 3 所示。其中最重要的是这些钢铁企业的建设充分体现了"以人为本"的思想，实现了人与建筑、自然环境的协调融合。总图布局合理优化，建筑形式简洁大方，色彩运用丰富灵活，结构构件简单整齐，绿化植被高低错落，给人以清新明快、开阔舒畅之感，体现了以人为中心的现代化花园式工厂的特色。

图 1　国外某钢铁厂厂房实景

图 2　国外某钢铁厂厂房实景

图 3　国外某钢铁厂综合管网

3.2 国内兄弟钢铁厂调研情况

在考察国外钢铁企业的同时，更多的是对国内钢铁企业的调研与交流，如宝钢、武钢、太钢等企业实地考察，收集了大量的图片与文件资料等（见图4和图5），以供参考使用。

图4　国内某钢铁厂鸟瞰

图5　国内某冷轧厂房鸟瞰

考察中可以看出，人们对建（构）筑物美感的要求是和物质、技术条件的提高相适应的，也和企业决策者和设计人员的超前意识有极大关系。经济实力较强的改扩建、新建企业，决策者具有较强的人本观念和超前意识，对总体布局和建（构）筑物的美观协调有较高的要求，希望新建工厂整齐美观、协调和谐、环境优美，特别是强调人性化，使工作人员置身于舒适优美的工作环境下，避免了现代工业程序化模式的枯燥单调，极大地提高了工作效率。

4　建筑设计的统一性

4.1　建筑设计统一的必要性

建（构）筑物除了要满足功能需要外，还应符合自然环境、人文环境、企业特色、企业文化及人们的审美趋向，营造一个美好、舒适的工作生活环境，提高人的劳动效率。

首钢京唐工程子项繁多，工程量浩大，建（构）筑物的规模、功能、形式等各方面千差万别，但是，差异之中也必然存在统一性，在设计中强调建筑的统一性有如下几方面优点：

（1）建筑统一有利于全厂形象的美观，塑造良好的现代化企业形象。各建筑物、构筑物本来是形态各异、互不关联的个体，通过在建筑结构形式、室内外色彩、建筑材料等方面的统一，使之成为一

个有机整体，再融入周围环境，形成一个充满生机活力、绿化环保、可持续发展的人文工厂环境。

（2）建筑统一有利于建筑材料的集中采购、设计的规范化、结构材料等工程建设的标准化、系列化，降低工程投资，加快建设进度。

具体来说，建筑统一性主要包括以下几个方面内容：建筑形式与风格的统一，建筑色彩的统一，建筑材料的统一，结构形式及材料的统一。

4.2　建筑形式与风格的统一性

按照建筑物的主要构成要素（结构形式、围护材料、屋面形式及排水、门窗、梯子等），对钢铁厂建筑形式进行统一。

铁前各建（构）筑物、供配电、水、燃气、暖热系统、公辅区建（构）筑物的结构形式以钢筋混凝土为主，铁后（包括炼铁车间）建（构）筑物结构形式以钢结构为主。

主厂房屋面和墙面采用压型钢板围护，主厂房采用坡屋顶，其他小体量建筑物的屋面采用平屋顶，铁前主厂房立面采用横向条形采光窗，钢后主厂房立面采用竖向条形采光窗，屋面排水采用有组织排水，内藏落水管。

（1）天窗、门窗及雨落管。天窗采用目前国内外流行的流线型通风天窗、圆弧形电动采光排烟天窗及圆形屋顶通风器（通风帽），具有外形美观、结构合理、开启方便、采光通风防雨、材料节省等多方面优点。采光窗采用竖向条型采光带（根据需要设进风窗），雨落管采用内藏式。建筑立面简洁明快、整齐划一。

（2）车间操作室。根据工艺要求，在条件许可的情况下操作室做成倾斜式大玻璃窗，简洁明快，视野开阔。在环境条件不允许将操作室做成倾斜式大窗户时，也要做到外立面统一整齐，窗户尽量开大，使操作室宽敞明亮。

（3）厂房内平台。采用黄黑相间45°斜道安全色普通钢管栏杆，绿色环氧自流平人行通道地面，体现绿色通道的安全感。参观平台采用不锈钢栏杆及扶手。

（4）钢梯。做到安全、快捷、轻便、舒适，坡度一般采用35°~45°，宽度700~900 mm，参观通道梯子宽度为1200 mm，踏步板采用压焊热镀锌格栅板，有特殊要求时采用花纹钢板。栏杆采用黄黑相间安全色普通钢管栏杆。

（5）通廊的采光通风。通廊的采光是在屋面设置采光带，侧面不设窗户，同时根据需要在屋面设置无源自然通风帽解决通风问题，达到节能效果，

体现地面建筑在空间视觉上的延伸。

综合管网支架和桁架构件做到轻巧、整洁。考虑到海边的环境因素，在设计中桁架的杆件采用小尺寸工字型钢和圆钢管代替以前常用的角钢，在观感上显得轻巧、简洁。

4.3 建筑色彩的统一性

建筑色彩和建筑形式一样，都是一定历史时期内的文化产物。这二者是相互依存的、相辅相成的。如果没有建筑形式，建筑色彩就没有载体；如果没有建筑色彩，建筑形式就流于呆板。它们都是遵循建筑美学原则而构成的建筑美学基础。在色彩的选择上，充分考虑周围的环境条件（临海新开发工业区）、钢铁企业的特点，吸收欧美、日本、韩国及国内先进企业的经验，结合首钢企业文化及迁钢、首秦工程设计中成功经验，厂区色彩主基调采用同一色系，根据分区不同，在特殊部位用不同色彩加以点缀和装饰，起到标示作用。

全厂主色调为：银灰、淡铁蓝、深豆绿和砖红色。

结合靠海钢铁厂的碧海、蓝天、沙滩等自然色调，银灰色或银灰与淡铁蓝的组合，具有与自然环境较好的协调性与亲和力。银灰色的色域较宽，与其他色彩较易协调、搭配，且具有较好的耐脏、耐污染性。通过调研，国内外沿海钢铁厂及首钢迁钢、首秦等基本采用银灰色主色调，取得了较好的效果。

钢铁厂大体量厂房、气柜区、罐区、皮带通廊、地上综合管网、道路照明灯杆等全厂性通用色彩采用银灰色或银灰与淡铁蓝组合。如大体量主厂房建筑采用银灰色墙面、淡铁蓝色屋顶及淡铁蓝色檐口装饰带。

深豆绿与绿化植被的色彩融为一体，减小人们的视觉差异，适用于布置在绿化区域内的建筑色彩。综合管网的支架、桁架采用深豆绿色。

砖红色色彩鲜艳、明快醒目，具有较好的点缀效果，也是海边建筑常用的色彩。对分布于全厂各区域的作业部办公楼、服务设施，高炉出铁场罩顶等采用砖红色。

烟囱顶部 1/3 范围内为红白相间色彩，顶部以下 2/3 范围内为混凝土本色。

首钢京唐工程全厂鸟瞰和作业部办公楼如图 6 和图 7 所示。

4.4 建筑材料的统一性

建筑材料的选用，遵循就近取材、施工简便、节约投资、可持续发展的原则，根据所在地区环境、气候特点，建筑物的使用性质与功能、结构形式、

环保节能要求等确定。

图 6　首钢京唐工程全厂鸟瞰

图 7　首钢京唐工程作业部办公楼

根据大型钢铁厂房占地广、体量大的特点，墙体及屋面主要采用彩色压型钢板，有保温要求的采用双层彩色压型钢板，中间填岩棉保温层。根据工程所在地的海洋大气条件，建筑用彩色涂层钢板热镀锌层双面质量不小于 275 g/m²（一般情况下要求不小于 180 g/m²），应符合《建筑用压型钢板》(GB/T12755—1991)规定。墙面及屋面采光也主要采用与彩板匹配的玻璃钢采光板或阳光板。彩板为现场轧制、复合成形，解决了大型屋面墙面板运输困难的问题，极大地加快了施工进度。

对于砌体承重结构的墙体均采用混凝土小型空心砌块或非黏土实心砖（主要是蒸压灰砂砖）。所有框架结构填充墙体均采用加气混凝土砌块、混凝土小型空心砌块及轻集料混凝土小型空心砌块，或非黏土实心砖（蒸压灰砂砖）。屋面采用 SBS 改性沥青卷材、三元乙丙橡胶卷材防水屋面或刚性混凝土防水屋面，根据需要设聚苯板或加气混凝土砌块保温层、隔气层。

在建筑装修材料的选用上，根据建筑物使用性质，充分考虑建筑材料特性及节能环保要求，合理利用其材质，充分发挥其材料作用，经济适用，美观大方，档次适中。砖混结构外墙面一般采用抹灰喷中档次外墙涂料，外墙勒脚贴仿石砖。室内地面装修材料主要采用环氧自流平或耐磨地面，铺地砖、大理石地面等，有耐热、防腐等特殊要求的地面采用碎石、铸铁板、花岗石地面等；墙面、顶棚抹灰喷耐擦洗涂料；有洁净等要求的顶棚设铝合金、铝

塑板、装饰石膏板吊顶。

根据曹妃甸地区吹沙填海造地的自然环境条件，在设计中明确提出了门窗的主要物理性能指标，如强度（抗风压性）、气密性、水密性等，如有保温或隔声要求时，也应提出相应的指标要求。在工业厂房中大量使用彩板窗的同时，对于有较高要求房间，广泛采用了铝塑复合节能窗，同时要求铝合金型材表面采用氟碳漆喷涂（涂层厚度不小于 30 μm），集中了铝合金与塑钢的优点，具有良好的密封与耐腐蚀性能；厂房大门采用启闭严密的保温型彩板门，小门采用了优质的防盗门、塑钢门等。有特殊要求的部位还采用了铝合金及不锈钢门窗。

地下工程根据其防水等级，以构件自防水为主，采用防水混凝土或加各种膨胀剂的防水混凝土。外侧防水材料采用单层 1.5 mm 厚三元乙丙橡胶卷材或水泥基渗透结晶防水涂料。地上地下储水池采用防水混凝土或加各种膨胀剂的防水混凝土，防水要求较高者可增设防水材料采用单层 1.5 mm 厚三元乙丙橡胶卷材或水泥基渗透结晶防水涂料。

厂区内办公、生活和卫生设施及厂前区办公生活设施等公共建筑，根据使用性质的不同，建筑材料、装修档次等标准可适当提高。

4.5 结构形式与材料的统一性

厂房的结构形式，与建筑物的使用功能、结构荷载、层数、跨度、高度、地基条件等密切相关。结构形式的确定，既要满足建筑物的安全适用，又要轻巧简洁、经济合理。铁前各建（构）筑物、供配电、水、燃气、暖热系统、公辅区等建（构）筑物以钢筋混凝土结构为主，铁后（包括炼铁车间）建（构）筑物结构形式以钢结构为主。

一般大跨度钢结构工业厂房柱子采用焊接工字形柱，或钢管混凝土柱，屋面系统采用传统的双坡或单坡平行弦屋架、梯形屋架形式的同时，广泛采用了实腹工字形钢屋面梁，结构构件简单、整洁，厂房空间宽敞明快。在炼钢、轧钢等大型钢结构多连跨厂房设计中，钢管混凝土柱、门式刚架、大型地下钢筋混凝土箱型基础等的成功应用，极大地简化了结构形式，减少了结构构件，方便了施工工艺，加快了施工进度，同时也节约了钢材量，节约了工程投资。

对于大量钢筋混凝土结构的建筑物，设计中尽量采用国家或地方标准图集，充分实现结构构件的通用化、标准化。

地基基础设计的合理优化，是结构设计合理性的重要方面。基础设计应结合荷载特征、上部结构

特性、地基土质条件，建（构）筑物功能和生产工艺特点、抗震要求、材料及施工条件、工程环境、工期和基础造价等因素综合考虑，并应作多方案比较和技术经济分析，选择技术先进、可靠、经济合理的方案。荷重较轻、生产工艺对沉降无特殊要求的建筑物，可采用天然地基（经强夯后地基）。当天然地基或浅层处理地基的承载力或沉降量不能满足设计要求，或者上部结构、生产工艺对地基变形有特殊要求时，均可采用桩基，主要桩型有高强度预应力钢筋混凝土管桩（简称 PHC 桩）、CFG 复合地基，钻孔灌注桩。

针对曹妃甸地区海洋大气环境的气候特点，厂房钢结构涂装工程的防腐涂料，要求选用环氧富锌漆、无机硅酸锌漆、环氧云铁漆、环氧面漆、脂肪族聚氨酯漆、有机硅漆等类的品种。涂料应配套使用，不允许用单一底漆、中间漆或面漆作为防护涂层。(耐 400℃以上的高温有机硅漆除外)同时要注意底漆、中间漆和面漆性能的配套，防止各层产生咬底现象。底漆、中间漆和面漆，应选用同一厂家的产品。如果选用耐 400℃以下的高温涂料，必须是在常温条件下自干成膜的，并在设备投产使用前不能返锈，使用前应进行试验，方可施工。具体说来，用于钢结构涂装工程的底漆、中间漆和面漆应具有下列性能：

（1）底漆应具有较好的防锈性能和较强的附着力；

（2）中间漆除应具有一定的底漆性能外，还应兼有一定的面漆性能，每道漆膜厚度应比底漆或面漆厚；

（3）面漆直接与腐蚀环境接触，应具有较强的防腐蚀能力和耐候、抗老化性能；

（4）漆种配套体系应达到以下技术指标：

耐湿热性能（47±1℃，RH96±2） 800h 一级
耐盐雾性能（5%盐水连续喷雾）2000 h 一级
耐人工老化 2000 h 无粉化龟裂起泡等 优

钢结构的除锈等级，一般要求钢材表面预处理达到 sa2 1/2 等级，对于现场焊缝部位及个别在现场制作的次要构件，确因条件所限钢材表面预处理达不到 sa2 1/2 等级，经设计和监理认可后，可采用手工或动力工具除锈，但处理等级应达到 st3 要求。

为节约投资，对钢结构位于室内、室外及耐高温要求的不同，设计中采用三套涂装防护体系。

5 结语

目前，首钢京唐工程现场正掀起了如火如荼的施工建设高潮，焦、烧、铁、钢、轧、公辅等各建

（构）筑物主体结构都已经完成或大部分完成，有的已经开始进行墙面、屋面围护结构封闭，室内外装修等。按照首钢集团的总体部署，业主、设计、施工、监理等各方面都在朝着实现年底出第一炉铁的目标努力。施工过程中，难免遇到一些设计、材料、施工等各方面的问题，我们都根据现场实际情况的变化，具体问题具体分析，逐一加以解决。我们相信，只要在各兄弟设计院、施工单位、业主、监理等全体员工的齐心协力、精心配合下，众志成城，一定能将首钢京唐钢铁厂项目建设成为一座世界一流的大型现代化钢铁企业基地。完全满足工艺生产要求及体现以人为本的设计思想与企业理念，提供经济美观的建筑产品与人工环境，实现经济效益、社会效益、环境效益的最大化。

（原文发表于《工程与技术》2006年第1期）

首秦宽厚板轧机工程钢结构厂房设计

袁文兵　　王兆村　　吉永平　　曹伟勋

(北京首钢国际工程技术有限公司，北京 100043)

摘　要：本文结合工程实例讨论了多跨单层钢结构厂房的结构设计。作者采用门式刚架与传统框排架结构相结合的结构类型，使厂房结构布置更合理；根据工程特点，恰当地设置厂房纵向温度缝，且优化了吊车梁设计，最终节省了钢材。

关键词：结构设计；框排架；温度缝；吊车梁

Structural Design of Steel Factory Building for Qinhuangdao Shouqin Metal Materials Co., Ltd., 4300 Heavy Plate Mill Project

Yuan Wenbing　Wang Zhaocun　Ji Yongping　Cao Weixun

(Beijing Shougang International Engineering Technology Co., Ltd., Beijing 100043)

Abstract：Discussions about structural design of multi-span and single-layer steel building with an actual project are given in this paper. A special structure type made up of portal frame and traditional frame & bent structure, who has more reasonable structure layout, is applied to the actual project. In addition, set-up of the longitudinal temperature joint for the building is very appropriate according to the feature of this project. Furthermore, the optimization of design for crane beam is also executed, so the obvious saving of materials is achieved in the end.

Key words：structural design; frame & bent structure; temperature joint; crane beam

1　引言

随着我国经济的迅速发展，现代化工艺生产水平不断提高，对重型工业厂房的要求越来越高；尤其在冶金行业轧钢项目中，厂房跨数多、跨度大、天车吨位重，要求结构抽柱，才能满足工艺。厂房结构设计需要进行多方面重点分析：门式刚架结构与传统框排架结构组成的结构体系中上柱计算长度系数取值分析，多连跨使结构横向长度过大采取的构造措施，大跨度减弱厂房的横向刚度分析；大吨位的重级工作制天车带来的结构变形分析。因此，在结构设计中，对结构选型、结构布置需要结合具体条件进行合理选择。本文结合工程实例秦皇岛首秦金属材料有限公司 4300mm 宽厚板轧机工程，对主厂房的结构设计进行分析。

2　厂房概况

2.1　厂房分区

该工程钢结构厂房分为主轧区、精整区、厚板区、成品区、热处理区；1~12 轴线为 3 连跨，横向宽度 99m；12~19 轴线为 5 连跨，横向宽度 168m；19~41 轴线为 6 连跨，横向宽度 205m；厂房纵向总长 762m。

2.2　厂房柱距

厂房柱距以 18m 为主，辅以 6m、12m、16m 和 24m，其中 14 轴线、17 轴线、20 轴线、22 轴线和 33 轴线有抽柱，抽柱处柱距为 48m、36m、37m。

2.3　吊车起重量及轨面标高

厂房吊车起重量：主轧区 100／20t，轨面标高

16.0m；轧辊间 300 / 90t，轨面标高 10.0m；精整区、厚板区、成品区、热处理区 22.5t+22.5t（吊车总重370t），轨面标高 11.0m。吊车均为重级工作制（A7）。

2.4 主要设计参数

厂房建筑面积为 132315m^2，结构的抗震设防烈度为 7 度， 采用 PKPM 系列软件计算。柱网平面布置如图 1 所示，剖面如图 2~图 4 所示，现场施工图如图 5 所示。

3 厂房结构选型与柱分析

3.1 结构选型

本工程结构类型综合考虑结构受力、工程投资、工艺要求、建筑美观、建设周期等因素选用门式刚架与框排架的组合结构。下柱采用钢管混凝土柱，如图 6 所示，柱脚与基础通过螺栓刚接。上柱采用焊接实腹 H 型钢截面，排架梁采用两端加腋焊接实腹 H 型钢截面，上柱与屋面梁组成门式刚架结构。屋面不设内天沟，采用双坡排水。

经过与普通排架结构的计算对比分析，刚架结构提高了厂房的横向刚度；减小了柱顶位移，天车轨顶处上柱的位移也能满足规范要求；同时，屋面梁的用钢量比普通梁、柱铰接的排架结构减少30%。钢管混凝土柱的轴向承载力较高，符合冶金重型厂房下柱内力大的特点。该结构体系形式简洁，美观大方，同时屋面杆件数量少，减少了施工的制作安装量，涂装方便。18m 和 24m 柱距设计有利于工艺专业的设备合理布置，又减少了钢柱及柱基础的数量，降低了厂房柱系统的用钢量，钢管混凝土格构式双肢柱的两柱肢之间有较大距离，给其他专业的管线布置提供较好的路由，相对提升了厂房的利用空间。本工程结构布置及结构方案设计既提高了建筑美感，又能够大大加快施工速度，满足总公司对建设周期的要求，与传统的钢结构厂房相比具有较明显的优越性。

钢管混凝土双肢柱的钢管采用直径为 φ610mm×12mm、φ813mm×14mm 的螺旋焊管，管内压力灌注 C40 微膨胀混凝土，缀条采用 φ299mm×10mm 的螺旋焊管(内空)，肩梁采用单腹板式如图 7 所示，上柱采用实腹钢板柱。

3.2 上柱截面选择

由于屋面采用双坡排水，排架上柱一般较高，平面外计算长度较大，为了保证上柱在平面外的稳定，使上柱在平面内外的稳定应力趋于一致，必须

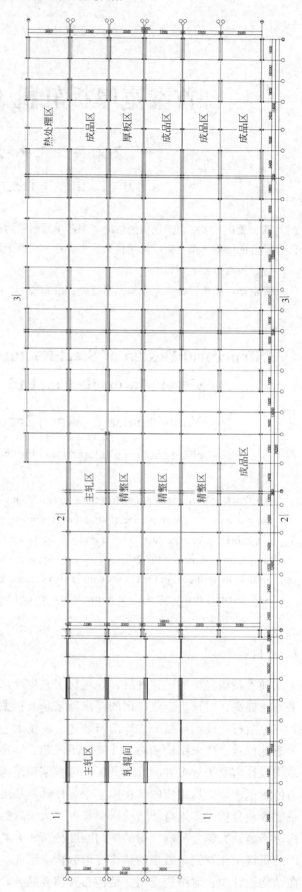

图 1 柱网平面布置图

采用宽翼缘的 H 型钢。而根据建筑抗震设计规范中表 9.2.12 的要求：工形截面翼缘外伸部分的宽厚比

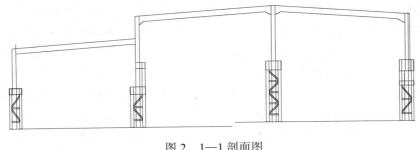

图 2　1—1 剖面图

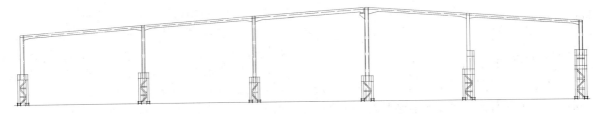

图 3　2—2 剖面图

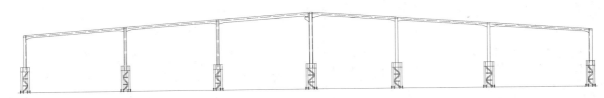

图 4　3—3 剖面图

图 5　现场施工图

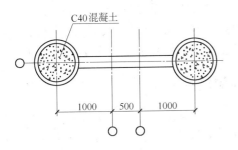

图 6　钢管混凝土格构式柱断面示意图

限值（抗震设防烈度：7 度）：柱：对 Q235 钢：13，对 Q345 钢：10.73；梁：对 Q235 钢：11，对 Q345 钢：9.08。因此，在相同板厚条件下，本工程采用 Q235 钢，可以采用相对更宽翼缘的 H 型钢，以使截面得到充分利用，达到节约钢材的目的。

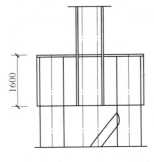

图 7　柱肩梁示意图

排架梁选用截面高度为 1~1.5m 的焊接 H 型钢，通过计算，两端刚接排架梁的弯矩明显大于跨中弯矩，因此在梁两端通过变截面的形式加大梁高，使排架梁的截面分布与弯矩相协调。排架梁的平面内线刚度较小，对上柱的约束作用相对较弱，因此对于下柱采用大肢距的双钢管混凝土格构柱，可以加强对上柱的约束，加大排架平面内刚度。

3.3　柱计算长度系数取值

本工程采用三种方式进行计算，并比较计算结果如下：第一种是程序 STS 的计算结果；第二种假设按屋面梁无限刚度计算，即假定屋面梁平面内刚度无限大，根据上段柱与下段柱的线刚度比及参数 η_1 按《钢结构设计规范》中附表 D-6 查得下柱计算长度系数，再根据参数 η_1，求出上柱计算长度系数，显然这种方法偏于不安全。第三种方法，对于上柱，假定上柱柱脚理想固接于下柱肩梁顶，根据柱上下端部的梁柱线刚度比，按《钢结构设计规范》中附表 D-2 查得上柱计算长度系数，这种方法也偏于不安全。

经过分析比较并和中国建筑科学研究院 PKPM 编程人员交流，认为柱计算长度系数最终设计取值：取 STS 程序计算结果的 1.2~1.25 倍比较合理。

4 结构布置

4.1 柱间支撑布置

柱系统平面布置图如图 1 所示。柱间支撑既是将厂房纵向水平荷载传至基础的重要组成构件，也是保证厂房纵向刚度不可缺少的构件。厂房纵向水平荷载包括温度作用、风荷载、吊车纵向水平刹车力、水平地震力。

本厂房 1~12 轴线之间长度为 210m，由于工艺要求不允许设置温度缝，超过规范规定的温度缝长度设置要求，因此，柱间支撑的计算考虑了温度作用的影响，此段在纵向接近 1/3 处设置下柱支撑，共两道，与下柱支撑对应处及此段两端设置上柱支撑，共四道，其他柱间设置柱顶压杆。较小温度区段（小于 120m）经计算，在其中部设置一道下柱支撑即可，与下柱支撑对应处及本段两端设置上柱支撑，共三道，其他柱间设置柱顶压杆。由于吊车梁断面较高，导致柱肩梁标高较低，下柱支撑大部分采用人字型支撑，以满足支撑斜杆的角度要求，个别采用十字交叉型支撑，下柱支撑均采用螺旋焊管，两片斜杆之间不设缀条，以便工艺管道布置。上柱支撑根据上柱高度的不同，采用人字型、八字型、十字交叉型支撑，其压杆以槽钢为主，个别采用桁架形式，斜杆自吊车梁检修走道 2.2m 以内不设缀条，保证检修走道的畅通。柱顶压杆是由两个［40 组成的格构式受压构件。

4.2 托梁、屋面梁、檩条及屋面支撑布置

厂房的屋面系统对厂房的整体刚度及水平力的传递起着十分重要的作用，屋面系统的布置应根据厂房的结构形式、柱距、屋面坡度、天窗形式等因素确定。本厂房屋面采用双坡排水，坡度为 1/15，天窗采用横向通长的通风帽，通风帽宽为 6m，高度 4.8m，通风帽采用轻钢结构。由于厂房的跨数多、跨度大、柱距不统一，屋面系统的主要承重结构采用焊接 H 型钢，柱距为 24m、25m 处增设两道屋面梁，间距 8m，此屋面梁采用连续梁形式，增设的屋

面梁下设托梁，每轴线一道，托梁两端与上柱铰接，兼顾柱顶压杆和垂直支撑的作用，屋面梁叠接于托梁上。托梁将柱距较大的两榀框排架有效地连在一起，增加了厂房的纵向刚度，并且屋面梁的设置可以大大减小檩条跨度，从而减小檩条的截面。

根据压型钢板型号，檩条间距设为 3.5m，由于屋面坡度较小，檩条间未设拉条等构件，通过檩托与屋面梁可靠地连接在一起，檩条采用轧制窄翼缘 H 型钢，在与屋面梁连接处变截面处理。

由于屋面梁采用实腹钢梁，稳定性好，且与上柱刚接，故屋面支撑只设置了水平支撑，每个温度区段与上柱支撑对应处设横向水平支撑，每轴线处设一道纵向水平支撑，水平支撑构件均采用角钢，通过节点板与屋面梁连接。檩条端部设置隅撑，保证屋面梁的下翼缘稳定。

4.3 吊车梁系统结构布置

吊车梁的长度由柱距确定，最短的 6m、最长的 48m，由于吊车梁直接承受动力荷载作用，且本工程的吊车起重量大，重级工作制（A7），因此，吊车梁选用的钢材为 Q345-C，吊车梁的制动结构、辅助桁架、水平支撑和垂直支撑均采用 Q235-B 钢制作。吊车梁系统的用钢量占整个厂房的用钢量的 25%左右，其中吊车梁的用钢量是主要部分，对吊车梁的优化设计，是节约用钢量的重要途径，表 1 为 18m 跨吊车梁的优化计算。从表中数据不难看出，18m 吊车梁采用高度 2500mm，上翼缘–600mm × 32mm，下翼缘–400mm × 32mm，腹板–16mm，是较为经济截面。同时可以看出，由于钢材的强度设计值随着钢板厚度的增加而减小，采用较薄的板厚较为经济。吊车梁支座一般采用平板或突缘式支座，但 48m 跨吊车梁。由于跨度较大，吊车重量及吊车梁本身自重都较大，重级工作制，且承受抽柱处部分屋面荷载，梁端部荷载较大，吊车梁端部支座采用平板铰支座，有效解决竖向挠度对支座的影响。

5 纵向温度缝的设置

本厂房 12~19 轴线横向宽度为 168m，19~41 轴线横向宽度为 205m，均超过钢结构设计规范规定的不考虑温度应力和温度变形的厂房横向温度区段（100m）的构造要求，且厂房是热车间，各跨的温度变化较大，如果整榀框排架考虑温度应力、温度变形的影响，计算过程比较复杂，屋面梁和钢柱的截面尺寸也较大。经过分析，本工程采取在厂房横向屋脊处设置一道纵向温度伸缩缝，减小横向温度区的长度，并使其接近规范规定的要求，温度缝两侧的屋

梁单独设置，一侧屋面梁与上柱刚接，另一侧屋面梁通过辊轴坐在上柱的牛腿上，辊轴支座为抗震支座，在竖向地震作用时，保证屋面梁不致脱落，伸缩缝的宽度为100mm如图8所示。辊轴在安装过程中应根

据安装时的环境温度，确定辊轴的位置，图中双辊中心线的位置安装温度为 10℃，当安装温度变化时，双辊中心线的位置参照表2按插值法确定。伸缩缝节点处辊轴安装位置示意图如图9所示。

表1 18m 吊车梁不同截面的计算结果

吊车梁跨度	吊车梁高度/mm	上翼缘/mm	下翼缘/mm	腹板/mm	上翼缘最大应力	下翼缘最大应力	挠度	单根质量/t
18m	2800	−600×36	−400×36	−16	219(265)	195(265)	1/2089	12.39
	2800	−600×30	−400×30	−14	249(295)	218(295)	1/1856	11.57
	2500	−600×30	−400×30	−20	266(295)	236(295)	1/1530	11.65
	2500	−600×32	−400×32	−16	268(295)	246(295)	1/1483	11.08
	2300	−600×36	−400×36	−20	258(265)	238(265)	1/1408	11.79

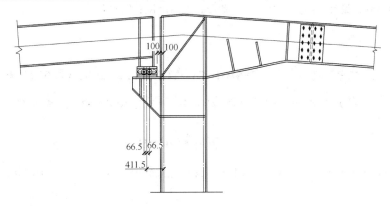

图8 纵向伸缩缝节点

表2 伸缩缝节点处辊轴安装位置

12~19 轴线								
制作、安装温度/℃	−25	−20	−10	0	10	20	30	40	45
两辊轴中线的位置/mm	−7.89	−6.84	−4.56	−2.28	0	2.28	4.56	6.84	7.89
20~41 轴线								
制作、安装温度/℃	−25	−20	−10	0	10	20	30	40	45
两辊轴中线的位置/mm	−0.19	−0.15	−0.1	−0.05	0	0.05	0.1	0.15	0.19

注：表中正号表示向 K 轴线方向移动，负号表示向 A 轴线方向移动，其余温度时可用插值法计算。

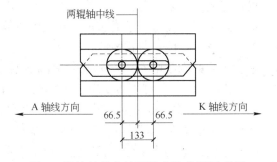

图9 伸缩缝节点处辊轴安装位置示意图

6 结论

冶金重型工业厂房荷载大，工况多，并且首先要满足工艺专业的要求，结构形式复杂不规则。本

工程经过多方案设计比较，采用了多连跨的门式刚架和框排架相结合的组合结构形式，增强了厂房的横向刚度，合理计算分析了上柱的计算长度系数，厂房纵向温度缝的合理设置解决了温度变形对厂房结构的影响，结合受力分析对屋面梁和吊车梁进行了优化设计，节省了厂房用钢量，本工程厂房全部用钢量为 220kg/m²，比国内同类型厂房的用钢量节约 50kg/m²，缩短了建设周期，降低了工程投资。

参考文献

[1] 《钢结构设计手册》编辑委员会. 钢结构设计手册[M]. 3版. 北京：中国建筑工业出版社，2004.

[2] 包头钢铁设计研究院，等. 钢结构设计与计算[M]. 北京：机械工业出版社，2003.

（原文发表于《工程建设与设计》2006 年第 1 期）

变配电室建筑设计应重视的问题

王德平

(北京首钢国际工程技术有限公司，北京 100043)

摘　要：以迁钢工程等变配电室的建筑设计为例，探讨变配电室对建筑专业设计的要求，特别是在防火与安全疏散、通风降温、防水防雨等方面应注意的问题。

关键词：变配电室建筑设计；防火安全；人员疏散；通风降温；防水防雨

Problems Discussion of Architectural Design of Power Distribution and Transformer Rooms

Wang Deping

(Beijing Shougang International Engineering Technology Co., Ltd., Beijing 100043)

Abstract: Taking the architectural design of the power distribution and transformer rooms for Qiangang project as the example, this paper discusses the requirements for the architectural design of the power distribution and transformer rooms, especially the problems that should be paid attention in the aspects of fire prevention, safe evacuation, ventilation,cooling, waterproofing and rainproofing, etc.

Key words: architectural design of the power distribution and transformer rooms; safety and fire prevention; personnel evacuation; ventilation and cooling; waterproofing and rainproofing

1　引言

变配电室是工业建筑非常重要的组成部分，通过对迁钢工程变配电室如铁区、制氧区和轧区 110 kV 电站、2160 mm 热轧电气室、炼钢主厂房配电室等建筑设计的分析和总结，体会到变配电室与一般建筑物相比，有一些特殊要求，特别是在防火安全、通风降温、防水防雨等方面，应引起高度重视。

2　防火与安全疏散

变配电室的生产火灾危险性类别，在《建筑设计防火规范》GBJ16—1987（2001 年版）附录三中，已规定了属于丙、丁类。第 3.2.6 条规定，可燃油油浸电力变压器室、高压配电装置室的耐火等级不应低于二级。在电力设计规范中规定，可燃油油浸电力变压器室耐火等级应为一级。第 3.2.7 条规定了变配电所与火灾危险等级为甲乙类厂房的布置关系，

"其他防火要求应按国家现行的有关电力设计防火规范执行"。

根据工程设计实践分析，总的说来，变配电室的布置方式有三种类型：独立布置，与主体建筑物毗连布置，位于主体建筑物内。

独立布置的变配电室一般采用砖混结构或框架结构，其耐火等级一般都不难实现。如迁钢工程 110 kV 电站，首秦 4300 mm 宽厚板工程主电室、5ER 电气室等均为独立于厂区或主厂房的布置形式。

随着现代工业的大型化、智能化，单个工业厂房的占地面积和体量也趋于大型化，如炼钢、连铸、轧钢等主厂房的建筑（占地）面积少则上万平米，联合厂房甚至多达二十几万平方米。如此大的工业厂房内部集中了工业生产流程的不同功能，各用电负荷均需要独立的供配电系统，因此，变配电室布置于主体建筑物内就成为必然。如迁钢工程炼钢连铸主厂房、首秦工程炼钢连铸主厂房等。这时，就

要考虑变配电室的布置给主体建筑物在防火安全方面带来的影响。变压器室应优先采用低式（干式）变压器，变配电室开向主厂房的门应为丙级防火门或钢质门；如采用高式（可燃油浸）变压器，变压器室的门应为甲级防火门。

变配电室作为工业建筑的重要组成部分，与主体建筑毗连集中布置的形式最为常见，这种布置形式有利于节约土地资源、缩短电气设备线路、减少能耗、提高管理效率、节省投资费用。如迁钢 2160 mm 热轧工程电气室、首钢精品棒材生产线主电室、迁钢工程炼钢连铸主控楼等与主厂房毗连布置就是很好的实例。这时要尽可能将变配电室毗连主体建筑外墙，自成一个防火区域，利用自身外墙通风采光。变配电室与厂房之间用防火墙分隔，如车间必须开门时，变压器室应为甲级防火门、配电装置室应设丙级防火门。变压器室与配电室之间开门，应设甲级防火门，且应开向配电室。变压器室、配电装置室、电容器室、蓄电池室、油处理室、电缆夹层的门应向疏散方向开启；当门外为公共走道或其他房间时，该门应采用钢质门或丙级防火门；相邻配电室之间有门时，应能双向开启或向电压低的房间开启。有充油电气设备房间的门若开向不属于配电装置范围的建筑物内时，其门应为非燃烧体或难燃烧体的实体门。

当变配电室采用二层以上或设在楼上时，应设设备吊装孔或吊装平台。当楼层上下均为配电装置室时，位于楼上的配电室应至少设一个通向室外平台或通道的出口。当配电室长度大于 7 m 时，应设两个出口，并宜布置在配电室的两端；当长度大于 60 m 时，宜增设一个出口。

独立布置和毗连主体建筑布置的变配电室一般规模较大，且为多层建筑，除了设置变配电室外，通常还根据需要布置控制室、办公室、更衣休息室等人员较多的房间。根据《建筑设计防火规范》GBJ16—1987（2001 年版）第 5.4.1 条规定，可燃油油浸电力变压器室、高压电容器和多油开关室等可贴邻民用房间（人员密集房间除外）布置，但必须采用防火墙隔开；上述房间进入主体建筑内时，不应布置在人员密集场所的上面、下面或贴邻，并应采用无门窗洞口的耐火极限不低于 3.00 h 的隔墙和 1.50 h 的楼板与其他部位隔开；必须开门时，应设甲级防火门。变压器室应设置在首层靠外墙的部位，并应在外墙上开门；首层外墙开口部位的上方应设置宽度不小于 1.00 m 的防火挑檐或高度不小于 1.20 m 的窗间墙。迁钢工程炼钢主控楼占地长 155 m，宽 13.4 m，共三层，首层布置高低压配电室、变压器室等，二层设有电气房间、

办公室等，三层为主控制室、过程站、检化验室、办公休息室等房间，为满足规范的安全防火要求，在变压器室的正上方设置了一个空置的夹层，侧面为走道，完全避免了变压器室与人员较多的办公室等房间直接贴邻布置。

可燃油浸变压器室，宜设置室外集油井，室内设挡油设施，用排油管将事故油尽快排出室内，以保证防火安全。

为了安全变配电室门窗应采取防止雨雪、小动物、风沙及污秽尘埃进入的设施。高压配电室、电容器室的采光窗按规范规定宜用固定窗。通风百叶窗、低压配电室的可开启采光窗则应加钢板网等保护设施。

迁钢 2160 mm 热轧项目粗轧电气室、精轧电气室、卷取电气室位于迁钢 2160 mm 热轧工程主厂房北侧，均为与主厂房毗连布置。均采用钢筋混凝土框架结构，其中粗轧和精轧电气室局部有约 1500 m² 电气房间凸入主厂房部分为钢结构，因此，如何满足电气室和主厂房的防火安全是建筑设计的首要问题。在建筑设计中，将电气室内部钢结构如钢柱、钢梁等采用火克板包覆，耐火极限不低于 2.50 h；钢结构电气室墙体及屋面采用轻钢龙骨双层火克板中间夹 100 mm 厚岩棉，耐火极限可达 4.00 h；电气室开向主厂房的门均选用甲级防火门，窗选用防火钢窗。

3 通风散热降温

变配电室内，无论是变压器还是配电柜，以及其他电气设施，在运行使用中，都会不断产生热量。当温度积累较高时，就会影响设备的使用效率，甚至会造成故障的产生。良好的通风散热，有助于温度的降低、湿气的排出，使房间保持干燥，设备能充分发挥其使用效率。

按照变配电所设计规范，在建筑设计中，宜采用自然通风。这是因为：（1）自然通风可靠性高，机械通风则有可能产生机械故障，不能保证其通风的可靠性；（2）自然通风便于管理，采用机械通风，可能由于管理人员的疏忽，在最需要通风时忘了开风机，在不需要通风时，风机却在常年转动；（3）自然通风不需要动力，利于节能，能减少常年运行费用；（4）机械通风，不管是采用屋顶风机还是侧墙风机，如处理不当，雨雪都有可能从风机处飘入室内，影响电气设备的安全。当然，在受条件所限，自然通风不能满足通风要求时，也可以采用机械通风。如变配电室位于主厂房内，为了满足防火安全要求，油浸变压器室须设防火门，不能设通风窗，

只能增设机械通风设施。

在变配电室建筑平面布置时，根据总平面图的情况，尽可能将变压器室、高低压配电室、电容器室等设备发热量大的房间，朝北布置，避免阳光直射，利于降温。而将设备发热量较少的控制室、值班室等房间，布置在其他朝向上。如果总平面允许，可采用一字形、T字形、三合院、四合院等形式布局，使建筑物有尽可能多的外墙，产生良好的通风环境。如受条件限制，可采用锯齿形等平面形式，改变建筑物朝向，尽量避免西晒，特别是变压器室。

变配电室的自然通风，是通过通风窗来实现的。根据变配电所设计规范要求，高压配电室宜设不能开启的采光窗，配电室临街一面不宜开窗。变压器室按布置形式分为封闭式（包括高式和低式）、敞开（或半敞开）式等布置方式，根据其功能是没有采光窗的，所以，对于封闭式变压器室，其通风宜采用通风百叶窗来实现，在外墙面设上下百叶窗，通风效果较好。

变配电室建筑设计，满足电气设备的净空要求也是采光通风设计的一个重要方面，不能因为节省投资等原因而压缩电气室的散热空间。

变配电室建筑设计，通风散热降温是必须考虑的重要因素，不能因建筑造型而牺牲它，切忌为了美观不考虑通风措施。其实，只要处理得当，建筑美观同使用功能并不矛盾。

迁钢二期供配电工程轧区、铁区、制氧区110 kV电站，均为独立布置的钢筋混凝土框架结构。主变压器室为开敞式布置；根据其功能要求在高低压配电室的外墙设置了固定窗，配电室窗玻璃均为夹丝玻璃；高低压配电室采用机械通风，在外墙面设置了轴流风机；各房间的高度充分考虑了电气设备布置、吊装及散热通风的要求。通过技术考察和工程设计总结，在变配电室散热通风设计方面可以做出一些改进，比如在高低压配电室的外墙底部设置可开启通风窗，在其内侧或外侧附钢丝网或百叶窗，在夏季炎热季节可以开启窗扇，充分利用自然通风，降低能耗。

4 防水防雨

防水、防雨雪及蛇、鼠类小动物从采光窗、通风窗、门、电缆沟等进入室内，是保证变配电室内设备正常使用的必备条件。如果室内有渗水或雨雪飘入，就有可能导致电气设备带电或短路，影响其正常使用，甚至会造成重大事故，威胁人身安全。

变配电室设有生活设施时，在平面布置中，卫生间、浴室、厨房或其他经常有水的场所，不能与

高低压配电室、变压器室、电容器室等电气设备房间贴邻，当设有楼层时上述两类房间不能在正上下方，而在其楼上的房间，也应设置防水措施。

变配电室内众多的电缆沟也是容易进水的一个环节。一般说来，在地下水位较浅，地面沉降不大的地方，室内电缆沟埋得不深，采用混凝土地沟，沟壁、沟底进行防水处理即可。在地下水位较高，地面沉降大且不均匀沉降，则应采用钢筋混凝土地沟。电缆沟另一个容易进水的地方，是室外电缆沟或电缆预埋管进入室内处，如果没有充分的密封，雨水往往会由此进入室内，甚至引起设备的破坏。因此，室内外电缆沟在没有采取充分的防水措施时，不宜直接连通，宜采用预埋电缆套管。电缆套管与钢筋混凝土壁之间，宜采用止水翼环防水，电缆套管与电缆之间，外加防水油膏。另外，在变配电室的土建设计中，电缆沟盖板一般由结构做钢盖板。但是在实际使用中，由于施工等方面的原因，钢盖板通常都制作粗糙、参差不齐，而且与水磨石或地砖等楼地面装修不匹配，影响室内的整齐美观。所以，在二期工程变配电室的设计中，电缆沟盖板采用钢筋混凝土盖板，表面加做现浇水磨石面层，很好地满足了使用要求。

在几乎所有的迁钢工程设计中，为了全厂建筑形式的统一和建筑物的美观，变配电室通常设女儿墙而不设挑檐。然而，在电气标准图中，变压器室要求屋面宜设挑檐，一方面是为了防止阳光直晒，另一方面是为了防止雨水飘入。其实，高、低压配电室、电容器室及电气设备较多的房间，也宜设置挑檐。因此，在变配电室建筑设计中须把握好建筑形式与功能的统一，挑檐处理好了也能体现出建筑美，还能给全厂建筑形式带来变化，起到标新立异、创新独特的效果。

在变配电所设计规范中，要求高压配电室宜设固定采光窗，一方面是为了安全，另一方面也是为了防止雨水飘入。在南方，在最需要通风的夏季，暴风雨突然来临，为了管理方便，如果没有设置大的防雨外廊，为了确保雨水不会飘入而酿成事故，这部分窗户可不计入通风面积。同时可将通风用的百叶窗设为防雨通风大百叶窗。为防止雨水通过百叶窗溅入室内，下部的通风百叶窗离地面应有一定距离，屋面落水管位置与通风百叶窗在平面上也应有一定距离。

当采用机械通风时，轴流风机处是雨水容易飘入的地方，应采取防雨措施。

采光通风窗上附加钢板网、门口设防鼠挡板（防火板）等，是防止蛇、鼠类小动物进入变配电室内

的重要措施。

通过技术考察和与业主交流,迁钢二期供配电工程轧区 110 kV 电站的高低压配电室等房间门的入口均增设了 500 mm 高的防鼠挡板,轴流风机洞口外侧增设了防雨百叶。

5 结语

网络化、信息化、智能化时代的到来,对变配电室建筑设计提出了新的要求。变配电室的综合性功能越来越强,业主的要求也千差万别,人们的工作环境和精神状态在提高企业效率方面起着越来越关键的作用。因此,在满足变配电室特有建筑功能的条件下,还要顺应时代潮流,研究新时代变配电室建筑的新功能、新环境、新特点、新模式,如何在满足建筑功能和业主要求的前提下,以人为本,创造具有时代特色、人性化的变配电室建筑新形象,为现代化、国际化企业形象和城市景观增辉添色。

(原文发表于《设计通讯》2006 年第 1 期)

首秦 4300mm 宽厚板工程主厂房的建筑结构设计与研究

王德平　　王兆村

（北京首钢国际工程技术有限公司，北京 100043）

摘　要：结合秦皇岛首秦板材有限公司 4300mm 宽厚板轧机工程主厂房的建筑、结构设计及施工、使用实践，总结了在建筑整体构思、采光通风、结构形式、材料等方面的设计及施工经验，探讨了当代工业建筑的经济美观与人性化相结合、传统门式刚架和框排架结构结合，降低钢材量指标的设计思路，对多连跨大型工业厂房的建筑结构设计进行了初步的创新性研究与实践。

关键词：建筑设计；采光通风；人性化；结构设计

Design and Research of Main Factory Building of Shouqin 4300mm Plate Mill

Wang Deping　　Wang Zhaocun

(Beijing Shougang International Engineering Technology Co., Ltd., Beijing 100043)

Abstract：In combination with the main workshop building structure design and construction practice using of 4300mm heavy plate rolling machine engineering in Shouqin material limited company of Qinhuangdao, this article summed up the building design and construction experience during in the whole idea , lighting ventilation, structural forms materials and so on, discussed the design ideas of contemporary industrial building combination the economic, beautiful with humanized, the traditional portal frame with frame structure, reduced the amount of steel index design, carried on the preliminary research and practice of the industrial factory building structure with multiple connected across.

Key words：architectural design; lighting and ventilation; human nature; structure design

1　引言

首秦 4300mm 宽厚板工程是首钢搬迁、结构调整重点项目，属于大型冶金工业建筑。该工程是多连跨大面积钢结构厂房，建筑设计重点考虑建筑防火、地下室防水、采光通风等方面以及与首秦厂区建筑风格相协调，结构设计采用传统门式刚架和框排架结构结合，降低了钢材量指标。取得了良好的经济效益和社会效益，设计水平达到了国内同类设计的领先水平。

2　工程背景

"十五"期间首钢石景山厂区将根据北京市经济发展的要求，以"升级、转移、压产、环保"为目标，进行结构调整。为了保证秦皇岛首钢板材公司的持续发展，不断适应市场需求，在秦皇岛首秦金属材料有限公司建设一个从原料、烧结、炼铁、炼钢到连铸的板坯生产基地，形成年产钢水 260 万吨的大型钢铁联合企业。确定在轧钢区布置一套 4300mm 宽厚板轧机来生产最大宽度 4100mm 宽厚板，产品在国内既有较强竞争力，又能取得较好的经济效益和社会效益。

首秦 4300mm 宽厚板工程项目厂址位于秦皇岛市抚宁县杜庄乡，距秦皇岛市中心约 8km。工程分二期实施，一期年产量为 120 万吨，最终年产量为 180 万吨。主厂房占地长 762m，宽 205m，总建筑面积 132315m²，包括加热炉跨、主轧跨、精整跨、成品跨、磨辊间、预留热处理跨、主电机室。主厂房 ±0.00 相当绝对标高 37.00m，室外坪土标高36.70m，室内外高差 300mm。采用封闭式设计，厂房采用全钢结构，基本柱距 18m、24m，局部抽柱处为 48m（49m、36m、37m）。

3　主厂房建筑设计

3.1　建筑设计的整体构思

主厂房主要围护墙体、屋面采用单层彩色涂层钢板（磨辊间、主电机室采用双层彩色涂层钢板复合保温板）；外墙勒脚部位（高度为 600mm）采用240 厚优质蒸压灰砂砖墙砌筑；屋面采取有组织（内天沟）排水，考虑到主厂房为七连跨，横向宽度205m，按常规设计需要考虑设置内天沟以减少雨水管汇水面积；但设置内天沟会带来雨水怎么排出去的问题，由于车间工艺设备多且复杂，基础埋深一般都较大，雨水干管走地下的方法行不通，如果改走屋架下弦，车间内必然增加很多横穿厂房的雨水干管，结构构件也必然增加。综合考虑各种因素后，设计决定采用双坡屋面，解决了内天沟的问题，由于单坡排水长度 100 多米，因此屋面坡度没有取最小值 1/20，而是定为 1/15，有利于屋面雨水顺利排走，虽然钢结构上柱高度比较大，但车间内结构构件统一整齐，减少了零星构件、雨水管等。根据五年期雨水流量和屋面汇水面积，经过计算，确定天沟的宽度 800~950mm，深度 450~550mm，雨水管采用直径为 200mm 或 250mm 钢管。

主厂房大门采用彩色涂层钢板电动卷帘门、推拉门，其余小门采用彩板钢门，除磨辊间、主电机室等需要保温的房间采用彩板钢窗（窗户采光材料采用 4mm 厚不着色聚碳酸酯采光板即阳光板）外，进风窗采用立转彩色涂层钢板百叶窗。磨辊间、主电机室采用灰色耐油耐磨高强型环氧自流平地面，主厂房轧机区域为灰色耐磨高强型环氧自流平地面，成品区等其余地面为钢筋混凝土地面，面层做3mm 厚 FH 耐磨型硬化地面，整个车间地面颜色明快，干净整洁，给人们创造了一个舒适的工作环境。

3.2　主厂房的采光通风

主厂房为多跨厂房，最多处 6 连跨，最少处也是 3 连跨，因此主厂房的自然采光、通风极为不利。通风天窗是工业建筑利用自然通风、采光的一个重要组成部分。它对于改善车间内部环境，保证安全生产、改善工人劳动条件、节约能源起着重要作用。通过多

方考察、比较，设计决定主厂房屋面采用流线型横向采光通风天窗，天窗维护结构采用彩色涂层钢板和透明色阻燃玻璃钢采光板相结合，3m 等间距设置，既使主厂房有良好的自然通风条件，又保证了很好的自然采光。根据工艺专业提供的发热量、厂房的剖面形式及屋面形式，通过采光通风计算，除变形缝处以外，主厂房大约每隔一个柱距设置一个横向天窗。在工程施工及竣工后的生产使用中，为了有效地避免雨、雪的飘入，根据各种不利的雨雪飘入角度，结合采光通风良好的实际情况，对圆弧形通风天窗进行了合理的改进，在上部出风口的中间部位增设了一道小的挡雨片，完善了横向天窗，保证了产品质量，自制天窗的采用不仅美化了厂房，而且节省了投资，极大地提高了项目的社会经济效益。

图 1　主厂房远景

图 2　主厂房一角

在主厂房外墙底部设水平带形立转彩板进风窗，高度为 3m，上部设竖向白色透明玻璃钢采光带。墙面与屋面的采光通风相结合，很好地满足了主厂房的工艺生产、员工劳动要求。在主厂房与主电室之间，留出了 11m 宽的夹道作为采光通风通道，在其上部设置了透明的玻璃钢防雨篷，都有利于主轧跨的采光和通风。

磨辊间对采光、温度、湿度及防尘要求较高，需采用保温彩板墙面及屋面。通过召开专家会议，

综合考虑工程造价、实用性、经济性等因素，决定墙面、屋面设置双层保温型玻璃钢采光板，满足采光要求，同时墙面设置高度 2100mm 的水平带形采光窗，满足通风换气的要求。

图 3　主厂房内景

3.3　主厂房的人性化设计

主厂房立面、体型及色彩设计必须充分考虑人的因素以及与周围环境的协调。

由于主厂房体量大，在立面处理上以竖向划分为主，外墙面底部设水平带形进风窗、上部设竖向带形玻璃钢采光板，整齐、规律，体现了当代大工业生产的有序性。主厂房外墙面主色调为银灰色，檐口部位高度 1m 为海蓝色，辅以海蓝色彩板钢大门、窗及白色玻璃钢采光带，给人以清新、明快、舒适之感，与厂区周围绿化、环境融为一体。

在主厂房的室内设计中，充分体现了人性化的设计理念。室内色彩运用充分考虑职工劳动环境的舒适性及安全性，主色调为银灰色墙面和屋面，钢结构构件为深豆绿，地面为灰色自流平地面或耐磨硬化整体地面，人行通道为绿色通道和黄色警戒边线，安全栏杆为中黄色，扶手为黄黑相间色（间距约 150mm），机器设备、管道等均有相应的警戒色与安全色。室内操作室、调度室等人员常驻场所，

图 4　主厂房操作室

电气等设备对环境的要求也比较高，基本上采用了朝外侧倾斜 17°的轻钢结构形式，窗户采用中间无骨架的落地式拼接大块钢化玻璃（距室内地面 300mm），安全栏杆采用不锈钢管，宽敞通透，清新明亮，视野开阔，有利于操作人员即时监控设备的运行情况，改善精神面貌，提高工作效率。

4　结构设计研究

4.1　结构形式

传统重型冶金厂房屋面系统一般采用屋架和托架相结合的屋面结构形式，根据屋架与上柱的连接形式，相应的厂房排架计算模型可分为上柱与屋架铰接、固接。此两种结构形式计算理论比较成熟，但结构杆件众多，会延长屋面结构的制作、安装、涂装周期，不利于现代厂房的美观要求。

本工程建设周期仅 15 个月，为满足建设单位对工程进度的控制要求，通过对宝钢、武钢等国内相关轧钢厂的考察并结合总公司及首秦公司的讨论意见，最终确定采用门式刚架与框排架结构组合体系。

4.2　柱网布置

在采用门式刚架与框排架结构组合体系的基础上，本工程采用了三种柱距的比较优化：12m、18m、24m。

（1）12m 柱距：用钢量较少，约为 202kg/m²，对于 4300mm 中板厂需要抽柱的位置不太多，基本满足工艺生产要求。整个厂房的整体刚度较好，结构布置合理，可节省大量钢材，但柱子和基础数量多，影响整个厂房的使用空间，同时由于结构构件增多，会延长施工工期。

（2）24m 柱距：柱子和基础数量相应减少，施工进度快，厂房整齐、美观，但对于 4300mm 中板厂需要抽柱的位置并未减少。整个厂房的整体刚度差，且会增加厂房用钢量，用钢量约为 270kg/m²。

（3）18m 柱距，用钢量及结构合理性均介于上述二者之间，用钢量约为 220kg/m²。

通过对投资、结构及工程进度等方面的总体考虑，18m 柱距比较合理。结合工艺要求，最终采用了以 18m 柱距为主，结合 24m 柱距的方案。

4.3　厂房的纵向分区及柱间支撑布置

柱系统平面布置图如图 5 所示。通过设置双柱将厂房纵向分为五个独立的结构区段，长度分别为 210m、124m、136m、150m、136m，厂房 1～12 轴线之间长度为 210m，由于工艺要求不允许设置温度

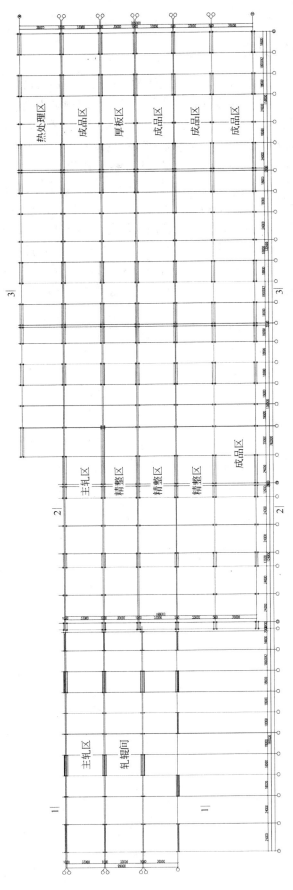

图 5　柱网平面布置图

缝，超过《钢结构设计规范》规定的温度（缝）区

段长度设置要求，因此，柱间支撑的计算考虑了温度作用的影响，此段在纵向接近 1/3 处设置下柱支撑，共两道，与下柱支撑对应处及此段两端设置上柱支撑，共四道，其余柱间设置柱顶压杆。其他区段中部设置上柱、下柱柱间支撑，每区段两端设上柱支撑，将山墙风荷载、吊车水平纵向刹车力及地震水平力传至基础。

下柱支撑均采用螺旋焊钢管，两片斜杆之间不设缀条，以便工艺管道布置。上柱支撑根据上柱高度的不同，采用人字型、八字型、十字交叉型支撑，柱顶压杆是由双槽钢组成的格构式受压构件。

4.4　托梁、屋面梁、檩条及屋面支撑布置

屋面系统对厂房整体刚度及水平力的传递起着十分重要的作用，屋面系统布置应根据厂房的结构形式、柱距、屋面坡度、天窗形式等因素确定。屋面采用双坡排水，坡度为 1/15，天窗采用横向通长的通风帽，喉口宽度 6m，高度 4.8m，通风帽采用轻钢结构。由于厂房跨数多、跨度大、柱距不统一，屋面系统主要承重结构采用焊接 H 型钢。柱距为24m、25m 处增设两道屋面梁，间距 8m，且采用连续梁形式，增设的屋面梁下设托梁，每轴线一道，托梁两端与上柱铰接，兼顾柱顶压杆和垂直支撑的作用，屋面梁叠接于托梁上。托梁将柱距较大的两榀框排架有效地连在一起，增加了厂房的纵向刚度，减小檩条跨度，从而减小檩条截面。

根据压型钢板型号，檩条间距设为 3.5m，檩条采用轧制窄翼缘 H 型钢，在与屋面梁连接处通过变截面处理。由于屋面坡度较小，檩条间未设拉条等构件，通过檩托与屋面梁可靠地连接在一起。

由于屋面梁采用实腹钢梁，稳定性好，且与上柱刚接，故屋面支撑只设置水平支撑，每个温度区段与上柱支撑对应处设横向水平支撑，每轴线处设一道纵向水平支撑，水平支撑构件均采用角钢，通过节点板与屋面梁连接。檩条端部设置隅撑，保证屋面梁下翼缘稳定。

4.5　吊车梁系统结构布置

吊车梁长度由柱距确定，最短 6m、最长 48m，由于吊车梁直接承受动力荷载作用，且吊车起重量大，重级工作制（A7），因此，吊车梁选用钢材为Q345-C，吊车梁的制动结构、辅助桁架、水平支撑和垂直支撑均采用 Q235-B 钢制作。吊车梁系统的用钢量占整个厂房用钢量的 25%左右，其中吊车梁的用钢量是主要部分，对吊车梁的优化设计，是节

约用钢量的重要途径。

5 设计的主要创新点

（1）根据多连跨大型工业厂房的使用功能要求，采取双坡大屋面形式，解决了内天沟的排水难题；屋面设横向自然通风天窗，解决了大面积厂房的自然采光和通风问题。

（2）根据建设单位对工程进度的控制要求以及对现代厂房的美观要求，主厂房采用门式刚架与框排架结构组合体系。通过多种方法比较及理论分析，对组合结构形式中柱计算长度，找出了合理的计算方法。

（3）厂房横向伸缩缝的节点设计采用了双辊支座节点，有效地保证了结构的横向伸缩和竖向力的

传递。

6 结论

首秦4300mm轧机工程主厂房上部钢结构，经过精心优化设计，整个厂房的单位用钢量比国内同类厂房降低约50kg/m²，整个厂房节约钢材约6500t。由于采用门式刚架与框排架结构组合体系，大大减少了施工的制作安装量，使得整个13万平方米的厂房从基坑开挖到工程竣工投产仅用了15个月，为产品尽快走向市场赢得了宝贵时间。主厂房的建筑形式，完全满足生产工艺的使用要求，简洁明快，赢得了各方面的好评。该工程自2006年10月投产以来，已经有多方人士前去参观、学习与交流。主厂房的建筑、结构设计取得了良好的社会经济效益。

（原文发表于《世界金属导报》2012-08-07）

首钢 HRB400 钢筋在苹果园四区 9 号高塔住宅楼 工程中的设计和应用

赵嘉康　丁呈祥

（北京首钢国际工程技术有限公司，北京 100043）

摘　要：本文作者亲身参与苹果园四区 9 号高塔住宅楼工程的设计，采用新的技术和材料，通过对比总结和研究分析，证明了新Ⅲ级（HRB400）钢筋具有高质量、高强度、高延性的特性，能够取得更好的经济和社会效益，为新技术、新材料的推广与应用提供了参考和依据。

关键词：HRB400 钢筋；新材料；剪力墙；高塔住宅

The Design and Application of Shougang HRB400 Rebar for No. 9 Tall–tower Residential Building Project in the Pingguoyuan 4th District

Zhao Jiakang　Ding Chengxiang

(Beijing Shougang International Engineering Technology Co., Ltd., Beijing 100043)

Abstract：By using new technologies and materials for No.9 tall-tower residential building project in the Pingguoyuan 4th District, the author proved that the new Ⅲ grade (HRB400) rebar with high-quality, high-strength, high ductility of features can improve the economic and social benefits by comparing ,summarizing and analyzing. And the article provided reference and basis for the promotion and application of new technologies and new materials.

Key words：HRB400 rebar; new material; shear wall structure; tall-tower residential building

1　引言

新Ⅲ级（HRB400）钢筋是建设部在 1998 年 10 月提出《建筑业 10 项新技术》中用于建筑结构的新型钢筋，也是建设部、国家冶金局于 1999 年 5 月在北京联合召开的建筑用钢技术协调组成立暨钢筋混凝土结构用钢技术发展研讨会上，用于调整我国钢筋品种结构、提高工程质量、加快建筑技术进步重点开发的高效钢筋。

首钢总公司积极落实"建设部、国家冶金工业局建筑用钢技术协调组成立暨钢筋混凝土结构用钢技术发展研讨会纪要"的有关精神，将 HRB400 钢筋的研制生产、推广应用作为企业科技进步的重要内容。立即成立有科研、设计、施工等部门和单位参加的攻关组，组织开展高质量、高强度、高延性、高黏性的适应建筑结构技术发展需要的 HRB400 钢筋的推广应用工作。结合首钢的实际情况，决定首钢自建苹果园四区住宅小区（地处北京石景山区）的 9 号楼作为 HRB400 钢筋应用示范工程。从 1999 年 9 月，首钢设计院完成了 HRB400 钢筋应用工程立项及示范工程的实施方案。修改首钢苹果园四区住宅小区 9 号楼的设计图纸（全部采用 HRB400 钢筋代替 HRB335 钢筋）等一系列工作。2000 年 10 月，HRB400 钢筋应用示范工程正式开工。

1.1　应用工程技术依据

1.1.1　首钢研制生产 HRB400 钢筋的主要技术指标

首钢 HRB400 钢筋是采用微合金化工艺研制生

产的，其各项力学性能和化学指标均好于 GB1499—1998 标准，特别是在强度提高的同时，延性不降低，伸长率 δ_5 达到 16%~31%（优于现行国标中 HRB400 钢筋的值）；钢筋实测抗拉强度与实测屈服点之比不小于 1.25。

1.1.2 主要设计参数

首钢苹果园住宅四区 9 号塔楼，地下 2 层，地上 18 层，层高 2.8m，总高度约 60m。总建筑面积 13689m²。

基础形式为箱型，上部为剪力墙结构，外墙 200mm 厚，内墙 180mm 厚，采用 C30 混凝土，抗震设防烈度为 8 度，抗震等级为Ⅱ级现浇剪力墙结构，拟建场地上为Ⅱ类。基底持力层为砂卵石层，地基承载力标准值 f_k = 600kPa。

1.2 专家技术论证

为了确保首钢 HRB400 钢筋应用示范工程的安全性、可行性和科学性，达到应用推广的目的。1999 年 10 月，我公司专门组织召开了首钢 HRB400 钢筋应用示范工程技术论证会。邀请了冶金部建筑研究总院、北京市工程建设质量管理协会等单位的专家，论证首钢的 HRB400 钢筋应用示范工程。

与会专家对工程应用的微合金化 HRB400 钢筋试制结果和工程结构设计等方面进行技术分析论证，一致认为首钢在苹果园四区 9 号高塔楼进行的 HRB400 钢筋应用示范工程技术上可行，是首钢为积极落实《建设部、国家冶金工业局建筑用钢技术协调组成立暨钢筋混凝土结构用钢技术发展研讨会纪要》精神所做的一件实事。

2 工程设计

为推广新Ⅲ级钢（HRB400），我们在已完成 9 号楼全部设计图纸的基础上，又进行了二次结构设计，进行了抗震计算分析。

2.1 计算结果分析

用新Ⅲ级钢筋（HRB400）代替Ⅱ级钢筋（HRB335）。由Ⅰ级钢筋和Ⅱ级钢筋组合改为由Ⅰ级钢筋和Ⅲ级钢筋组合。新Ⅲ级钢筋强度设计值为：360N/mm²，钢筋弹性模量为 2.0×10⁵N/mm²。

按"多层及高层建筑结构三维分析与设计软件"（TAT）进行抗震计算分析。其结果为结构的自振周期 T_x = 0.67s，T_y = 0.71s，均小于 T_1=(0.04~0.06)n = 0.72~1.08，在正常范围之内。

地震剪力和弯矩分别为：

M_{ox}=409472kN·m　Q_{ox}=10981kN　Q_{ox}/G_e=5.87%

M_{oy}=387678kN·m　Q_{oy}=10539kN　Q_{oy}/G_e=5.63%

F_{ek}=（0.03~0.06）G

x 方向、y 方向均小于 6%，地震荷载作用下，地震力属正常值，属正常结构。

顶点最大位移 14.3mm，D_{max}/H_{max}=1/4436，小于《钢筋混凝土高层建筑结构设计与施工规程》（JGJ3—1991）规定的 1/1100 值。

最大层间位移为 0.92mm，d/h=1/3363，小于《钢筋混凝土高层建筑结构设计与施工规程》（JGJ3—1991）规定的 1/1000 的要求。

从计算结果分析，使用新Ⅲ级钢筋完全满足剪力墙抗震结构的要求。

2.2 首钢 HRB400 新Ⅲ级钢筋在设计中的主体钢筋地位

在 9 号高塔住宅楼的设计中，我们按照剪力墙结构的要求，除了必须保证有足够的强度、抗震留有充分余地外，尚应保证有足够的延性。对剪力墙的每一部分、包括墙肢、连系梁、暗柱、端柱和节点等，都要求有良好的延性，对钢筋的选材予以足够的重视。原Ⅲ级钢的可焊性、冷弯性能不佳，时限性也不太好，同时，轧制应力释放的结果造成了屈服强度的降低（约 10kPa 左右）。新Ⅲ级钢增加了微合金元素（钛、钒、氮）等，提高了轧制钢筋的强度；轧制采用低温控轧，进一步提高了晶粒的细化作用，使强度提高的同时，塑性降低很小或基本不降低。

伸长率是反映钢筋的塑性和抗断裂的一个重要指标，而钢筋在使用中是不能断裂的。因此，我们要求新Ⅲ级钢筋延伸率按Ⅲ级钢筋的要求大于等于 16%，可使钢筋在最大力作用下有较大的变形而不断裂，可更有效地保证建筑物的抗震性能。

9 号高塔楼剪力墙，箱基结构中的主体钢筋全部采用 HRB400 新Ⅲ级钢筋代替 HRB335 钢筋，在上部剪力墙墙体端柱、暗柱、连系梁中也采用了 HRB400 新Ⅲ级钢筋。采用新Ⅲ级钢筋，不仅可进一步改善结构性能，还可以缓解节点部位配筋过密的现象，便于保证质量。

2.3 在设计中板类受弯钢筋的选用

在 9 号高塔住宅楼工程中，作为板类受弯构件楼板，在设计计算过程中，是以楼板刚度成裂缝抗裂要求作为控制条件的，还有许多构造要求（钢筋直径、间距）等影响因素，意味着板的厚度、混凝土的强度等级、施工质量起着主导作用，这类构件配筋大部分为构造配筋，这类构件的破坏属延性破坏，对钢筋的要求主要是配筋率和构造（直径、间距）等，而不是伸长率的大小。通常可根据板的跨度、功能要求的不同选配不同类型、不同强度级别、不同构造要求的钢筋。按目前首钢生产的钢筋种类，从适用性、灵活性、经济性、施工方便等因素考虑，选用Ⅰ级钢筋是可行的。

随着结构可靠度的提高，板类构件最小配筋率也将提高，构造要求进一步强化，塑性好的优越性也将进一步淡化，因而板类和剪力墙的受力主筋宜综合考虑钢筋的性能指标、使用范围和施工条件、构选要求以及经济性等因素选用不同级别和品种的钢筋。在板类结构中建议今后宜采用钢筋焊接网混凝土结构技术，可专业化生产钢筋网，大幅度提高钢筋的加工效率和改善现场施工条件，加快工程建设进度。

3 工程施工

在9号高塔楼应用首钢HRB400钢筋工程中，为较好地解决HRB400钢筋的施工问题，经研究决定基础及主体1~15层16~22mm直径的钢筋接头采用套筒挤压连接；16~18层暗、端柱竖向钢筋接头采用电渣压力焊连接；16mm直径以下的钢筋采用搭接连接。为此，施工单位针对HRB400钢筋的电渣压力焊、钢筋现场成型加工等问题，组织力量进行了专题技术攻关，通过在该工程中应用HRB400钢筋的实践、积累了很多施工经验，为其进一步推广应用奠定了基础。

3.1 HRB400钢筋加工

HRB400钢筋加工严格执行《混凝土结构工程施工及验收规范》（GB50204—1992）中对Ⅲ级钢筋加工的相关规定，并注意HRB400钢筋在弯折加工时与HRB335钢筋的区别。HRB400钢筋加工弯曲直径不小于钢筋直径的5倍（HRB335钢筋为4倍）。

3.2 HRB400钢筋套筒挤压连接

钢筋套筒挤压连接是通过使用专用挤压机具，使钢套筒产生塑性变形后与钢筋横肋紧密咬合而形成的钢筋接头，是钢筋机构连接中最成熟、应用最广的连接技术，具有适应性强、连接质量可靠、操作简便、无明火和不受气候影响等优点，所以套筒挤压连接技术是此次应用HRB400钢筋连接的首选技术。

3.3 HRB400钢筋电渣压力焊接

钢筋电渣压力焊是钢筋竖向对接形式，由于HRB400电渣压力焊，目前国家、行业标准尚未列入，

为使首钢自产的HRB400钢筋采用工艺成熟、工效快、节约钢筋、容易操作的电渣压力焊技术早日在工程中得以应用。根据《混凝土结构400MPaⅢ级钢筋应用技术规程》（YB9072—1993）条文说明并征求市建委有关部门意见，确定进一步试验，合格后方可在工程中应用的精神，施工单位组织开展了HRB400钢筋电渣压力焊接试验研究，编制了工作安排和HRB400钢筋电渣压力焊接试验方案，对首钢生产的HRB400钢筋进行了大量的电渣压力焊试验。

在经过反复试验、分析总结及工艺评定的基础上，汇编了"HRB400钢筋全自动电渣压力焊接技术操作规程"和"HRB400钢筋电渣压力焊接验收规程"两项企业标准。该工程采用电渣压力焊共施工5226个接头，现场共抽取试件检测30组，经接头拉伸试验，均呈延性断裂。断裂处距焊缝30~180mm不等，接头抗拉强度为575~670MPa，全部合格。应用证明，HRB400钢筋可以采用电渣压力焊接技术，接头质量和Ⅱ级钢筋一样是完全有保障的，电渣压力焊具有质量好、效率高、成本低等诸多优点，值得在HRB400钢筋应用中推广。

从HRB400钢筋施工质量检查情况来看，无论是钢筋加工，还是钢筋连接，不管是采用套筒挤压接头还是电渣压力焊，HRB400钢筋与HRB335钢筋相比其接头质量都同样可靠，工程抽检全部合格。

4 经济分析

在9号高塔住宅楼工程中，采用HRB400新Ⅲ级钢筋代替HRB335Ⅱ级钢筋，由Ⅰ级钢筋（φ12以下）和Ⅱ级钢筋（≥φ12以上)组合改为由Ⅰ级（φ12以下)钢筋和新Ⅲ级钢筋组合，用钢量情况分析对比如下。

4.1 Ⅰ级钢筋和Ⅱ级钢筋组合

地下部分Ⅰ级和Ⅱ级钢筋组合表见表1。

表1　Ⅰ级和Ⅱ级钢筋组合表（地下部分）

Ⅰ级钢筋		Ⅱ级钢筋	
直径/mm	质量/t	直径/mm	质量/t
6	1.918	12	34.856
8	8.911	14	39.747
10	3.954	16	4.711
12	0.610	18	34.479
		20	37.264
		22	8.678
		25	103.606
Σ15.393		Σ263.341	
总计：278.734t			

地上部分Ⅰ级和Ⅱ级钢筋组合表见表2。

表2　Ⅰ级和Ⅱ级钢筋组合表（地上部分）

Ⅰ级钢筋		Ⅱ级钢筋	
直径/mm	质量/t	直径/mm	质量/t
6	14.263	12	91.543
8	90.234	14	3.967
10	160.983	16	7.247
12	1.627	18	159.299
		20	119.627
		22	6.873
		25	2.794
	Σ 267.107		Σ 391.350
总计：658.457t			

Ⅰ级、Ⅱ级组合总用钢量（此外要求含2.5%材料损耗量）：

$$278.734+658.457=937.191t$$

4.2　Ⅰ级钢筋和新Ⅲ级钢筋组合

地下部分Ⅰ级和Ⅲ级钢筋组合表见表3。

表3　Ⅰ级和Ⅲ钢筋组合表（地下部分）

Ⅰ级钢筋		Ⅲ级钢筋	
直径/mm	质量/t	直径/mm	质量/t
6	1.918	12	23.934
8	8.911	14	29.072
10	3.954	16	3.652
12	0.610	18	27.285
		20	27.603
		22	6.840
		25	79.10
		连接套筒	1.747
	Σ 15.393		Σ 199.234
总计：214.627t			

地上部分Ⅰ级和Ⅲ级钢筋组合表见表4。

表4　Ⅰ级和Ⅲ钢筋组合表（地上部分）

Ⅰ级钢筋		Ⅲ级钢筋	
直径/mm	质量/t	直径/mm	质量/t
6	14.263	12	63.643
8	90.234	14	2.912
10	160.983	16	5.653
12	1.627	18	124.758
		20	93.831
		22	5.697
		25	2.162
		连接套筒	1.215
	Σ 267.107		Σ 299.871
总计：566.978t			

Ⅰ级和Ⅲ级钢筋总用钢量（已包含接头套筒重量且钢筋按9m定尺考虑接头）：

$$214.627+566.978=781.605t$$

4.3　分析对比

用新Ⅲ级钢筋节省钢筋量为：

$$937.19-781.605=155.600t$$

$$68.5-57.1=11.4kg/m^2$$

折合每平方米节省钢筋为：$11.4kg/m^2(13689m^2)$

节省钢筋率为：16.6%

地下部分（箱形基础）节省钢筋：278.734-214.627=64.107t

节省钢筋率为：23%

地上部分节省钢筋：658.457-566.978=91.479t

节省钢筋率为：13.9%

其中，墙体端柱、暗柱节省钢筋量29.193t

节省钢筋率为：14.3%

墙体连梁节省钢筋量：16.192t

节省钢筋率为：18.6%

楼板梁节省钢筋量：2.94t

节省钢筋率为：16.5%

楼板节省钢筋量：22.22t

节省钢筋率为：13.6%

端体节省钢筋量11.31t

节省钢筋率为：6.8%

其余楼、电梯间及女儿墙等节省钢筋量：9.6t

总计节省钢筋投资约38万元。

5　结语

通过苹果园四区9号高塔住宅楼采用HRB400新Ⅲ级钢筋代替HRB335Ⅱ级钢筋的工程设计中，我们体会到，利用高强、高延性及连接方式广泛的钢筋，是今后工程设计中的发展方向，新Ⅲ级钢筋完全可以代替Ⅱ级钢筋使用，并可节约钢筋。特别是对混凝土的主体钢筋，大直径的新Ⅲ级钢筋可改善结构性能、减少节点钢筋过密的问题。

在9号楼工程中，为了保证钢筋接头质量，对大直径钢筋采用机械连接，增加钢套筒2.962t费用较高，施工过程复杂。

目前，9号楼已通过由建工部组织的由中国钢铁工业协会、北京市建设委员会、中国建筑科学院、冶金部建筑研究院、中国建筑标准设计研究院、山东建筑设计研究院、湖南新技术推广中心等专家、教授组成的鉴定委员会的通过，专家一致认为：在9号应用首钢 HRB400 钢筋技术可行，效果良好，经济、社会效益显著，处于领先水平，有关领导同志也认为推广应用 HRB400 Ⅲ级钢筋是个战略性问题，是一次基础产业的改革。

相信随着高质量、高强度、高延性的首钢 HRB400 新Ⅲ级钢筋在混凝土结构中的应用、设计标准的进一步规范和补充完善，新Ⅲ级钢筋会有更加广泛的应用。

（原文发表于《设计通讯》2002 年第 1 期）

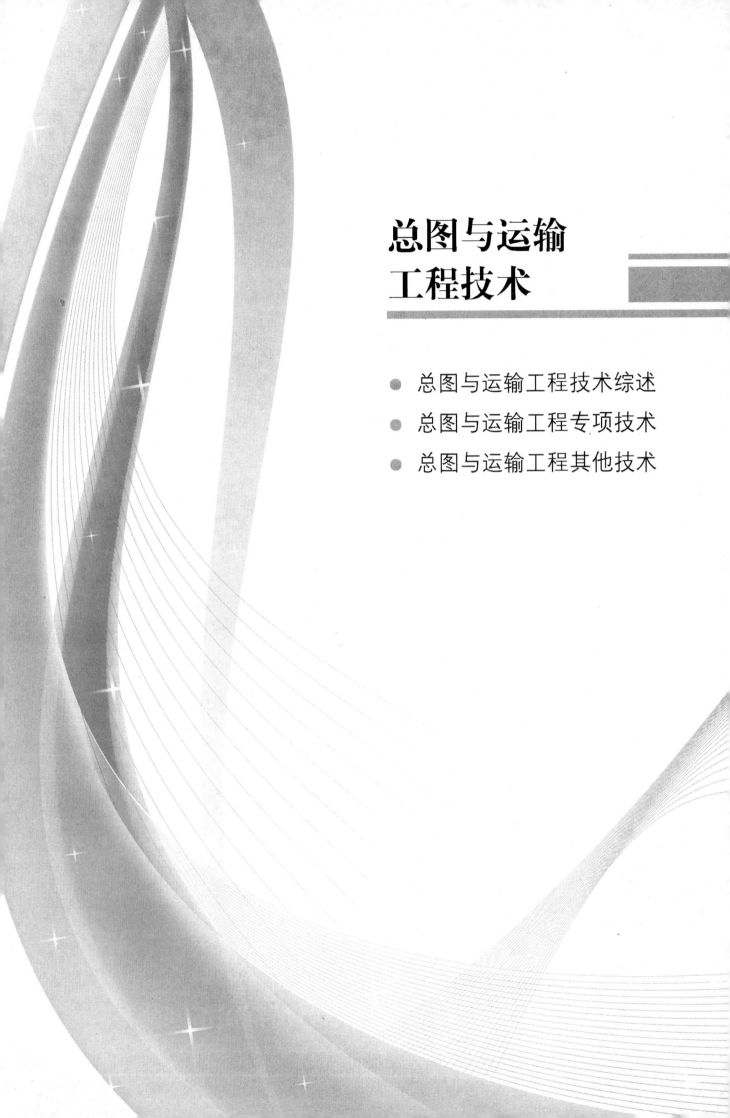

总图与运输工程技术

- 总图与运输工程技术综述
- 总图与运输工程专项技术
- 总图与运输工程其他技术

➤ **总图与运输工程技术综述**

首钢国际工程公司总图专业技术历史回顾、现状与展望

向春涛　刘　雷

(北京首钢国际工程技术有限公司,北京 100043)

摘　要：本文对首钢国际工程公司总图专业 40 年历程进行了横向、纵向两方面的回顾，通过以往工程业绩的描述，阐述了总图专业的技术特点、综合实力，并对专业未来进行展望，提出了打造钢铁流程总工艺的宏伟目标。

关键词：总图专业; 回顾; 展望; 总工艺

Retrospect, Present and Prospect of General Layout and Transportation Technology in Beijing Shougang International Engineering Technology Co., Ltd.

Xiang Chuntao　Liu Lei

(Beijing Shougang International Engineering Technology Co., Ltd., Beijing 100043)

Abstract: This paper reviews the development of general layout and transportation discipline comprehensively, subject characteristics and comprehensive strength of this discipline are reflected through elaborating the project performance that gained before, moreover, prospecting the future of this discipline, a goal of establishing a commander-in-crafts discipline in steel production process is proposed.

Key words: general layout and transportation; review; prospect; commander-in-crafts

1 引言

2013 年，首钢国际工程公司经过近四十年的改革创新，已完成从企业设计院到为全球钢铁企业服务的国际型工程公司的转型。总图专业在这四十年中，勇于创新、追求卓越，积极提升技术水平、持续拓展业务范围、强化人才储备、创新科学管理，自身综合技术实力得到了跨越式提升。总图专业也从四十年前专业单一的总图科一举发展成如今国内专业齐全的综合性部室。在如今日趋严峻的钢铁市场环境下，总图专业解放思想、提高认识、钻研业务、苦练内功，向着更高的目标不断前进。

2 专业技术历史回顾

2.1 专业范畴的发展历程

总图专业的发展同首钢国际工程公司的发展是密不可分的，1973 年建院之初，总图专业下设厂区组、矿山组、民用组三个设计组和一个总图管理组，专业范畴主要涵盖钢铁厂总图设计、矿山总图设计、民用总图设计、道路设计、铁路设计、工程测量、总图管理等领域。随着时间的推移，特别是公司改制以来，为提高市场竞争力，总图专业扩大专业范畴，在坚持钢铁冶金总图运输设计的基础上，拓展民用、市政市场，通过合作设计、引进并培养专门

的设计人才等多种方式，现已发展为涵盖工业总图运输设计、民用市政设计、道路桥梁设计、铁路站场设计、园林景观、城镇规划、园区规划、道路桥梁、交通规划等多个领域。

2.2 钢铁冶金总图运输的发展历程

从首钢的企业设计院，到目前的国际型工程公司，钢铁冶金总图运输设计一直是总图专业最重要的一部分，在这四十年的时间里，钢铁冶金总图运输技术经历了从小到大、从大到强的发展过程。

20世纪70年代至90年代末，首钢设计院主要服务对象就是首钢。在首钢老区从原来的60万吨/年规模改造扩建到800万吨/年规模的过程中，总图专业参与了其中全部的改、扩建设计，在钢铁单工序总图设计、公辅设施总图设计、铁路站场设计、道路设计等方面积累了丰富的经验。但是，在综合钢铁厂整体规划设计方面，技术实力还比较薄弱，与业内同行还有不小的差距。

21世纪初，为成功举办2008年奥运会创造良好环境，促进华北和环渤海地区钢铁布局调整，首钢进入搬迁调整、实施产业结构优化升级阶段，先后在河北省秦皇岛、迁安、曹妃甸建设国内技术领先的钢铁厂，形成"一业多地"发展新格局。首钢设计院紧抓这前所未有的历史机遇，肩负起首钢搬迁调整规划设计的历史责任，总图专业坚定信心、大胆进取，先后独立承担了首秦金属材料有限公司260万吨/年工程、首钢迁安钢铁有限责任公司800万吨/年工程的整体规划设计，在综合钢铁厂总体规划设计方面积累了实践经验。随后，国家级重点工程——首钢京唐钢铁厂进入全面实施阶段，总图专业通过对国内外先进钢铁厂总图运输特点的分析研究，采用全新的理念和创新型的思维完成了京唐钢铁厂的规划设计，通过首钢搬迁三大工程的实践，具备了大型钢铁联合企业总体规划设计的综合能力，专业技术实力得到了跨越式的提升。

2008年公司辅业改制至今，公司坚持"立足首钢、服务首钢、面向国内、走向海外"的市场战略，为了面对日趋严峻的钢铁市场，总图专业在充分总结吸收首钢搬迁三大工程成功经验的基础上，结合专业特点，重新定位，紧紧围绕"纵向求精、横向做强"的专业发展思路，继续服务主业，学习掌握工艺知识，开展对钢铁物料流程、工序界面衔接的深度研究，以达到主动控制工艺设施合理布局，引导工艺流程的优化，正逐步实现总图向钢铁流程总工艺的提升和转变。

3 工程业绩及技术创新

3.1 老厂改、扩建方面

总图专业在老厂改、扩建方面积累了丰富的实践经验，技术优势明显，善于结合现场条件处理和解决各种复杂的工程问题。

我国是一个钢铁大国，粗钢产量近10亿吨，产能严重过剩。但目前相当一部分钢铁企业工艺落后、布局凌乱，不符合国家目前钢铁产业政策，属于淘汰落后、改造升级之列。可见，老厂改、扩建项目将会是日后各个工程设计公司的主要业务对象。近年来，先后承担过河北钢铁集团宣钢公司（800万吨/年）、首钢水城钢铁公司（500万吨/年）、首钢长治钢铁公司（750万吨/年）、首钢通化钢铁公司（550万吨/年）改、扩建工程的总体规划设计。总图专业通过多年的探索与实践，在老厂改、扩建方面具有独到、实用、可靠的方法和手段。特别是在通钢钢铁公司新建烧结工程、球团工程、焦化工程、棒材工程等老厂区内部单工序总图设计中，通过多次进行现场踏勘、调研，充分掌握老厂总平面布置、工艺流程、运输系统的详细情况。结合现有条件，调整理顺全厂总平面布置，使之符合全厂总工艺流程及物料流向；充分利用现有建、构筑物及运输条件，改造主要生产车间及辅助设施布局，改善全厂生产、生活条件；做好既有部分与改建部分良好衔接，减少对现有生产的影响；兼顾阶段、分步实施，以确保项目具有良好的投入产出比，产生良好的经济效益。

3.2 综合钢铁厂总体规划方面

总图专业在实现钢铁厂总体设计的布局紧凑、流程优化、技术先进、循环经济、环境保护方面有独到的技术优势和丰富的实践经验。

近年来，先后承担首秦金属材料有限公司260万吨/年工程、首钢迁安钢铁有限责任公司800万吨/年工程、首钢京唐钢铁厂1000万吨/年工程、首贵特钢200万吨/年工程、霍邱铁矿深加工项目300万吨/年工程等多个不同规模的钢铁联合企业的总体设计项目。其中，首秦钢铁厂被誉为"冶金工程艺术品"，首钢京唐总图运输系统工程设计获"冶金行业全国优秀工程设计一等奖"。

首钢京唐钢铁厂以构建新一代钢铁制造流程为目标，充分体现工艺技术现代化、设备大型化、生产集约化、流程简捷化、资源和能源循环经济化的设计理念，是具有国际先进水平的大型综合钢铁企业。在规划设计过程中，围绕钢铁厂的总平面布局、物流运输、厂区绿化美化等方面进行的深入研究和创新，通过对国内外先进钢铁厂总图运输特点的分析研究，形成独特、高效的钢铁厂总图运输系统。

京唐总平面布置特点：

（1）体现了沿海型钢铁厂的特点，采用钢铁厂与港口码头联合的"新型一线型"布置形式，布局紧凑、集约、联合和多层的总平面布置形式。布局紧凑合理，能源资源耗散小、占地指标先进，一期0.9m²/t钢，二期形成后0.72m²/t钢。

（2）以"流"为核心，优化流程路径，降低运输功耗，充分实现了钢铁制造流程"在线运输、在线生产、持续运行"的短流程界面衔接，工艺流程短捷、高效、使物质流、能源流、信息流统一协调。

1）铁、钢工序之间采用在标准轨距上运输异型300t铁水罐车的"一罐到底"技术；

2）热、冷轧钢工序之间采用双排托盘运输专利技术；

3）铁前工序之间短捷、高效的胶带机运输系统；

4）物流信息实时跟踪的铁路二级调度系统；

5）运输设备大型化、专业化。

（3）经济实用的沿海盐碱地绿化技术。首钢京唐钢铁厂已经成为现代沿海新建钢铁厂的示范基地，总图运输系统创新的成功应用对未来沿海钢铁厂的建设有很好的设计借鉴和参考作用。

3.3 山地建厂方面

随着首钢战略结构调整，对水钢、贵钢的重组兼并，以及首钢国际向西南市场的延伸，总图专业先后历经了首钢水城钢铁公司500万吨/年总体规划项目、首黔资源开发有限公司"煤（焦、化）—钢—电"一体化循环经济工程、首贵新特材料循环工业基地200万吨/年工程等山地项目的锻炼和实践，在利用自然高差、缩短工艺流程、减少土石方工程量、平面布置与竖向布置充分结合等方面，具有较为丰富的设计经验。

近年来，先后承担霍邱铁矿深加工项目300万吨/年工程总体规划设计，四川攀枝花钛联240万吨/年球团工程、四川攀枝花钛联新中钛240万吨/年球团工程、云南昆钢会理120万吨/年球团工程、四川华腾120万吨/年焦化工程、四川华坪120万吨/年焦化工程等多项自然地形复杂，竖向高差较大的单工序的方案设计。

在山地建厂项目中，对厂址自然地形、外部运输条件的充分分析是项目成败的关键，总图专业运

用专门软件绘制色带图对地形图进行处理，利用卫星图片及现场调研对地形图进行验证，全方位的对自然条件进行分析；根据外部运输条件、工艺流程、物料流向，进行平面布置；结合工艺设施接口标高，合理的利用高差，确定竖向布置形式；通过对土石方工程量反复计算，对平面布置、竖向布置进一步调整优化；满足工艺流程的前提下，做到节约用地，土石方量最小，从而降低工程投资，增加经济效益。

3.4 钢铁厂界面技术研究方面

遵循工厂总图以"物流为核心"的先进设计理念，以实现"在线运输、在线生产"的短界面和"零"界面为目标，深入开展钢铁冶金流程五大界面研究，通过对每个界面工艺流程、物料流向、运输方式、运输设备的研究总结，根据不同的工程特点，确定合理的总平面布置、界面衔接方式。在首钢京唐钢铁厂的规划、设计、建设实践中，通过五大界面研究形成了布局紧凑、流程优化的总图运输系统。

（1）料场与原料制备。采用港口运输、铁路运输、道路运输、胶带机运输多种方式组合，实现短捷、稳定的原燃料的装、卸、储、运及多种运输方式的合理驳接。

（2）原料制备与炼铁。采用胶带机运输，通过合理优化胶带机路由、调整工序布置，缩短工序间距离，使球团、烧结、焦化的大宗原、燃料胶带机运输系统与高炉上料系统合理衔接，大大缩短胶带机长度，实现一次性投资和生产运营成本的双盈目标。

（3）炼铁与炼钢。铁、钢工序界面之间采用"一罐到底"工艺，通过对300t异型大容量铁水罐结构形式、动力学性能、运输线路技术条件（轨距、轨型、道岔、安全限界、路基）等方面进行深入研究、实验，实现1435mm标准轨距上运输额定载重300t异型大容量铁水罐的"一罐到底"运输方式。通过对铁、钢之间电动平车直线往返运输方式的系统研究及模拟仿真演算。掌握铁、钢界面电动平车直送铁水的"一罐到底"运输技术，简化作业过程，缩短工艺流程；降低铁损，降低能源消耗；减少烟尘污染，利于清洁生产。

（4）连铸与轧钢。通过优化连铸机、加热炉、轧机三者的平面布置，实现热装热送，降低能耗，增加效益。

（5）热轧与冷轧。采用双排托盘运输专利技术，把外部运输变为车间内部运输，把间断运输变为连续运输，缩短了运输距离，取消了运输装、卸、

储、运过程，实现了在线连续运输，降低了运营成本。

3.5 市政民用方面

总图专业具有居住区、市政、工业园区、园林景观、道路桥梁设计等领域的规划设计能力和实践经验。

近年来，先后承担过首钢生活区、唐海渤海家园、迁钢生活区等居住区的规划设计；青岛体育运动学校、安哥拉体育馆、首钢篮球中心及科教大厦等公共设施的规划设计；首钢工业园区、陕西省商南县生态科技工业园区、苏钢钢铁物流园区等园区规划设计；河北辛中驿镇城镇规划设计；长安街西延改造、石景山区道路改造等市政工程设计；京唐厂区绿化、松林公园、迁钢崔庄绿化、酒钢污水处理厂等绿化工程设计；迁钢鸽子湾道路桥设计、贵州水城南开乡镇道路设计等道桥设计。

其中，陕西省商南县生态科技工业园区规划充分发挥了总图运输、城市规划、风景园林、道路交通、采矿专业等专业综合技术优势，以循环经济为核心，注重农业与工业的可持续发展，在合理的产业布局及空间结构下，打造了陕西省精品工业园区，荣获陕西省优秀设计二等奖。

4 设计理念与管理

4.1 先进的专业设计理念

先进的设计理念是决定工程项目建设成败的关键，是设计的精髓所在。总图专业广泛吸收国内外工程的先进设计经验，不断提炼升华，逐渐形成了布局紧凑、流程优化的设计理念。

（1）紧凑布局、疏密有致、合理用地。各主工序之间、工序内部设施之间按"工艺流程和物流运距短捷化"的原则进行布置；公辅设施按"介质性质相同或相近，且靠近负荷中心"的原则进行集中布置；生产辅助配套系统按"使用功能相同，合理合并设置"的原则进行联合（合并）布置；生活、办公设施采用多层、集中的布置形式。节约用地的同时，缩短了工艺流程，减少能源和资源耗散、节省了工程投资，降低了运营成本。

（2）以"流"为核心，"三流"合一。追求以"流"为核心，优化流程路径，降低运输功耗，工艺流程短捷、高效，使物质流、能源流、信息流"三流"协调统一。

（3）深化钢铁五大界面研究，实现"在线运输，在线生产"的短界面或"零"界面衔接。深化钢铁五大界面的研究，运输方式、运输设备的选择研究，实现钢铁制造流程"在线运输、在线生产"的短流程界面衔接，实现流程高效、成本低耗、产品优良、环境良好的综合效益。

4.2 创新科学管理

创新科学管理包括设计流程规范化、设计过程可控化、设计成果标准化。

（1）设计流程规范化。制定并完善方案设计"五步法"，现场调研—标书解读（基本条件、物流能源接口关系、设计范围、设计标准、客户要求）—条件分析（项目背景、项目特性、场地条件、外部配套条件、项目自身工艺特点）—规划立意（室级研究）—成果评审（室级评审）。每一项目的总图方案形成之前都是按此程序进行，确保设计成品的技术经济合理性和客户满意度。

（2）设计过程可控化。制定施工图会签两级复核制度，设计人对其他专业的施工图进行会签，主管设计师对其进行复核，并填写会签记录留底备查，提高了会签质量，实现设计过程可控化。

（3）设计成果标准化。强化制度、质量管理，制定了一系列强制性和指导性的室级标准和规定，以提高设计效率和设计质量。

1)《钢铁厂项目总图运输子项划分、套图分解和报价标准定额》；

2)《总图专业方案汇报提纲及制图标准》；

3)《总图专业施工图设计内容深度及制图规定》。

5 专业展望

5.1 打造钢铁流程总工艺

继续开展工艺物料流程研究、界面衔接研究、先进运输方式和运输设备选择的研究，主动控制工艺设施的合理布局，引导工艺流程优化，做精做强总图设计，逐步实现总图向钢铁流程总工艺的转变。

开展总图方案的技术经济性评价研究，重点围绕建设成本、运营成本及管理成本进行系统研究，逐步实现总图方案技术经济性评价由定性评价向定量评价转变。

成立总图三维设计团队，结合工程项目，合理选择应用软件，逐步实现总图场地三维设计。

5.2 市政民用设计能力持续提升

在发挥工业总图运输优势的基础上，充分挖掘现有民用设计资源，广泛学习和研究社会成熟的设计成果和经验。以多种形式（讲座交流、项目实操、案例分析、成果验证、外出考察）提高民用规划设计技术水平，由单一工厂设计向多领域（园区规划、道桥设计及园林景观等）的适度扩展，适应市场的竞争，逐步扩大市场份额，提升社会影响力，培育民用市政规划的专业品牌。

6 结语

回顾过去四十年，总图专业经过几代人不断奋斗，通过首钢搬迁改造、结构调整过程中几大综合钢铁厂工程的历练，形成了先进的设计理念，创新了科学的管理制度，打造了复合型设计团队，专业技术实力得到了跨越式提升。展望未来，总图专业将继续勇于创新，不断追求卓越，服务钢铁主业，做好客户顶层设计、市场技术营销及实施项目的专业支撑，逐步实现总图向钢铁流程总工艺的转变。同时发挥专业特性，适度扩大专业范畴，拓展民用、市政市场，真正实现总图专业的多元化发展。

首钢国际工程公司民用市政规划历史回顾、现状与展望

涂　愍　盛开锋

（北京首钢国际工程技术有限公司，北京　100043）

摘　要：首钢国际民用市政规划历经 40 年的发展，依托公司钢铁主业，不断引进人才，拓展业务。业务范围从服务首钢向服务市场进行转变，努力提升专业的竞争力和影响力；专业能力从原来的单一民用总图规划发展成了集城市规划、道路桥梁、风景园林等多专业协作、一专多能的专业体系，专业发展更加多元化。

关键词：民用市政规划；专业拓展；多元化

Retrospect, Present and Prospect of Civil Municipal Planning in Beijing Shougang International Engineering Technology Co.,Ltd.

Tu Min　Sheng Kaifeng

(Beijing Shougang International Engineering Technology Co., Ltd., Beijing 100043)

Abstract：Based on the main business in iron and steel industry consulting service, civil municipal planning in BSIET promotes introduction of talent and expansion of business constantly during the development history about 40 years. Operation philosophy changed from serving Shougang to serving the market, kept enhancing the competence and influence of civil municipal planning business, the scope of business has covered city planning、road bridge engineering and landscape architecture, a system that compound talents with speciality cooperate closely was established, which diversified professional development.

Key words：civil municipal planning; expansion of business; diversity

1　引言

首钢国际工程公司从 1973 年建院，到 1996 年分立为首钢全资子公司，再到 2008 年完成辅业改制，发展成为今天的国际型工程公司，完成了蜕变和飞跃。其中，民用市政规划作为公司钢铁主业外的另一重要组成部分，随着公司的发展也不断寻求改革与突破，通过专业人才的引进和培养，业务范围的持续拓展，专业技术水平逐步提升，具备了一定的市场竞争力。

2　民用市政规划的历史沿革

自 1973 年建院之初，为配合首钢内部民用设施的设计需要，在总图室设立了民用组，主要负责首钢厂区和首钢生活区相关民用总图的规划和设计。之后，由于专业调整和部门整合，总图室的专业和人员几经变动，民用组也随之取消，但是民用总图规划业务一直作为总图室的重要组成部分而存在，民用设计人员也不断增加，设计水平逐步提升。

改制前，民用总图规划"依托首钢、服务首钢"，先后完成了首钢古城、老山、模式口、苹果园、金顶街、黄南苑等生活区的规划设计，以及首钢厂内外办公生活设施的设计。在风景园林方面完成了首钢松林公园、百里长安街（首钢段）亮丽工程的设计。同时，配合北京市石景山区政府完成了 30 余条市政道路的设计。

此时的首钢设计院作为"企业设计院",其宗旨是以企业内部规划建设服务为主。民用市政规划停留在首钢内部办公生活设施的规划设计,园区规划、风景园林、市政桥梁、交通规划等领域涉及甚少,专业技术水平及人力资源都相对薄弱。可以说,此时的民用市政规划主要为民用总图规划,业务范围和专业水平受到限制。

随着公司 2008 年完成辅业改制,民用市政规划也需要谋求自己的发展。因为,改制后公司面对的不仅是首钢,而是外部更大的市场和挑战,面对残酷的市场竞争,必须要有自己的专业人才和优势。尤其是 2011 年,公司获得"工程设计综合甲级资质",敲开了各行业设计的大门,民用市政规划作为其中重要的组成部分,必须实施专业拓展,进一步发挥相关专业优势,真正做到多元化的发展。

3 民用市政规划的发展现状

实施专业拓展以来,总图室通过人才引进、人才培养、业务拓展,不断在民用市政规划方面寻求突破和进步。2008 年至今,先后完成了陕西省商南县生态科技工业园区规划、阜石路西延首钢管线切改总包工程、阜石路户外广告设施规划、迁安市崔庄小区园林景观设计、酒钢污水处理厂绿化、河南洛阳小区绿化、迁钢鸽子湾道路桥设计、贵州水城南开乡镇道路设计、苏钢钢铁物流园区规划设计等民用市政规划方面的项目。

这些项目涉及面广,甚至有些项目从未涉足,但是,通过内部学习和外部交流,掌握关键技术,领悟设计要点,规范设计流程,重视经验的积累和成果的整理。经过 4 年的发展,民用市政规划在园区规划、风景园林、道路桥梁等方面有了较大进步,专业拓展已经初见成效,特别在园区规划及园林景观方面取得了突破性进展。

3.1 园区规划

在工厂总体规划,尤其是综合型钢铁企业总体规划方面,总图室经过 40 年的积累,具备行业内领先的设计水准。而园区规划却不相同,要根据城市和区域的总体规划及现状,结合社会、经济、人口、资源等对区域的产业定位、用地布局、交通运输、基础设施、环境资源等进行科学的可持续发展的总体规划。通过陕西省商南县生态科技工业园区规划、苏钢钢铁物流园区规划等项目的实施,并发挥总图室多专业的综合设计能力,总图室在园区规划方面形成了特色优势。

3.1.1 陕西省商南县生态科技工业园区规划

陕西省商南县生态科技工业园区规划项目位于陕西省商南县,占地面积 42.8 km²,是陕西省重点工业园区规划项目之一。通过对商南县区位交通、自然条件、资源环境、社会经济、基础设施等条件的分析,提出了依托"一园一区",突出叠加优势、整合矿产资源,促进协调发展、强调区位优势,构建物流节点等四大空间发展战略,同时确定了工业园区的规模与产业,对园区的用地布局进行规划,同时对给排水、电力、电信、供热、燃气等市政工程以及环保、卫生、防洪、消防等专项进行规划。

该项工业园区规划以循环经济为核心,注重农业与工业的可持续发展,在合理的产业布局及空间结构下,打造了陕西省精品工业园区,获得陕西省优秀设计二等奖。同时,通过对该项目的总结,并对国内外类似工业园区规划设计进行分析,总结出了一些现代化园区规划经验。

(1)合理的产业定位与环境协调发展。园区的规划和建设在促进地方经济发展的同时,应当降低对园区周边环境的影响。在进行园区的产业定位时,除了考虑支柱产业的作用,也考虑引入新型产业和周边产业,贯彻循环经济的理念。遵从循环经济的"减量化(reduce)、再利用(reuse)、再循环(recycle)"原则,实现产业内循环体系和产业间循环体系。

(2)配套仓储物流中心,发挥现代物流优势。随着市场竞争的加剧和生产的规模化,各行业对现代物流"第三利润源"的认识越来越明确,加之交通基础设施的完善和整个物流业的蓬勃发展,园区规划时应根据具体情况,建设含交易、仓储、装卸、加工、配送等一体的物流中心,推动园区经济发展。

(3)注重园区规划的可操作性和可实施性。针对园区规划的近远期目标,合理安排用地和开发进度,对投资和经济效益进行分析,将规划与实际有效地结合,真正发挥规划对园区建设和经济发展的指导性作用。

3.1.2 苏钢钢铁物流园区规划

苏钢钢铁物流园区规划为苏钢集团利用产业转型为契机进行的钢铁物流园区规划。项目位于苏州市高新技术产业开发区浒墅关镇北,占地面积约 0.67 km²,距苏州市区 10 km。苏州位于长江三角洲中部,东临上海,西傍无锡,南接浙江,北依长江,区位优势明显,交通十分便利。项目充分利用苏钢优越的地理位置、便利的外部交通、有利的行业政策等条件,对苏钢老厂区重新进行功能定位、内部交通改造、设备设施修配改，以及信息、金融、服务等配套设施的完善，打造苏州地区的现代化钢铁物流中心。

该项目作为苏钢集团产业转型的第一步，目的在于为下一步全面转型打下基础，将老区闲置的设备设施重新利用，作为产业转型的"试验田"。因此，规划必须与现状紧密结合，依托苏钢淘汰落后产能后闲置的资源，并准确定位其运输及仓储能力，最大限度地发挥设备设施的价值，建设专业化的钢铁物流园区，为产业转型提供科学依据。园区以"钢铁"为载体，以"物流"为运作，以"信息"为核心，集钢材贸易、电子商务、三方物流为一体，资金流、信息流、物流相互促进、相互融合，构建全方位、多元化的苏钢物流园区，涵盖了交易、仓储、剪切加工、配送、信息服务、金融服务、生活配套服务等功能。

3.2 风景园林

改制前，由于首钢内部绿化项目基本依托首钢绿化公司进行设计，公司在风景园林方面设计能力较为欠缺。然而，随着社会经济的发展和注重环境的观念深入人心，在工业和民用总体规划中，业主对于园林绿化提出了较高的要求。而且，园林绿化作为民用市政规划的重要组成部分，是专业多元化发展的方向之一。

自2007年起，总图室先后引进两名风景园林设计人员。在工厂设计方面注重园林绿化设计，各项工程均要求形成完整的绿化文本和绿地规划图纸。通过首钢京唐钢铁厂绿化、河北钢铁集团宣钢公司工厂环境综合整治、酒钢污水处理厂绿化等园林绿化工程的设计和总结，形成了成熟的工厂绿化设计模式。由于工厂绿化不同于普通的城市绿化，需要以满足生产为前提，创造优美的环境，因此，工厂绿化注重经济、环保、以人为本，要做到有主有次，合理种植，发挥植物的净化功能，更要结合工厂的空间特性，创造独特的工业景观。同时，还承揽了迁安崔庄小区绿化、河南洛阳小区绿化等居住区园林绿化项目，利用先进的园林造景手法，力求打造精品园林，具备从园林绿化方案到施工图设计的能力。

3.2.1 首钢京唐钢铁厂盐碱地绿化

2009年，总图室完成了首钢京唐钢铁厂盐碱地绿化方案，一期总体绿化面积约2.2km²。由于京唐钢铁厂位于曹妃甸工业区，场地为吹沙填海而成，具有土壤沙化严重、含盐量高、地力瘠薄、保水保墒差等生态因子不足的特点。通过近两年的考察、专家论证、绿化实验，针对京唐绿化时间紧、面积大、资金少的特点，在土壤改良的方法上，通过直

接铺设碎石层、土工布并回填种植土，代替铺设盲管、隔离层等方法，降低工程成本，简化施工程序，节省施工周期，取得了良好的效果，一期节省投资约11000万元，经济效益十分明显。为邻海、沿海、填海建厂开展绿化，进行生态治理，建设园林绿化环境系统，提供了参考和科学依据。

3.2.2 居住区园林绿化

居住区园林绿化不同于工厂绿化，目的是创造优美的景观环境和舒适的活动空间。居住区园林绿化要做到因地制宜，在工程投资的控制下，最大限度地创造丰富的景观空间和休闲小品，合理进行绿化种植。

迁安崔庄小区占地面积约0.365km²，绿化面积约0.13km²，结合建筑方案和品质要求，力求打造层次丰富，独具特色的园林景观。小区引入了"岛"的概念，将核心区与周边的住宅用水系和种植进行隔离，使其成为一个独立的区域，既提升了核心区域的品质，又增加了整个小区的环境景观。然后，将"岛"四周的区域依据种植的特色划分为四个主题园，并在公共部分设置了中心广场、儿童活动区、健身休闲区等，形成了小区"一岛、一核、四园"的景观结构。为了提升小区品质，整个园区的水系延伸至住宅前，楼前都是小桥流水，通过木桥进入住宅，创造了优美的宅前景观。

河南洛阳小区占地面积约0.16 km²，绿化面积约0.055 km²，整个小区地势高差约4 m。景观设计时，充分利用小区的地形特点，营造坡地和微地形景观。由于小区整体采用地下停车位的形式，实现了人车分流，在小区道路的设置上采用了隐形车道的处理方式，以满足消防通道的要求，最大限度的弱化了车行道，提升了小区的环境品质。

4 民用市政规划的发展思路

随着公司提出开展"专业化、职业化、正规化"建设，全面提升企业综合竞争力的要求，总图室在做强钢铁主业的同时，适度发展民用市政规划，将专业拓展和人才储备纳入了部室的总体规划。目前，首钢国际民用市政规划已经进入了多元化发展时期，要赢得市场，发挥分层能级的作用和优势，应当继续进行人才储备和专业拓展。

4.1 人才引进的多元化

自2007年，总图室逐步招聘了民用市政规划相关专业毕业生和具备工作经验的专业人才，含城市规划、园林景观、道路桥梁、交通规划等专业人员共5人，基本涵盖了民用市政规划主要业务范围，初步实现了专业的完整性。

然而,要在民用市政规划方面有所突破,必须依据专业需求和业务拓展程度,合理安排人员招聘计划,继续适度地进行人才引进。实现人才引进的多元化。

4.2 人才培养的复合化

一个专业从无到有,从弱到强需要进行长期的人才培养。在钢铁为主业的原则下,结合公司的业务特点合理培养人才,是发挥人才能力的重要环节。因此,必须坚持"一专多能"的人才培养计划,培养工业及民用规划设计的复合型人才。所谓"一专",是指相关专业的人才进入总图室后,首先学习总图运输知识,从事总图设计,要对"总图"有深刻的认识。而"多能"是指在掌握了总图运输相关知识的基础上,发挥各自的专业特长。

通过这种培养方式,现有多名设计师既可在工业总图运输,又可在园区规划、风景园林、道路桥梁等多重领域施展自己的才华,实现了人才的复合化发展。

4.3 业务范围的综合化

培养一名优秀的设计人员,要通过具体工程实践得到锻炼和成长。由于公司主要以钢铁相关业务为主,民用市政规划项目相对单一,主要为钢铁厂配套办公生活设施及绿化项目,要实现民用市政规划各专业在实践中练兵,就要求总图室在完成公司各项任务的同时,进行多专业的业务扩展。

一方面,依托公司内部项目,发掘潜在资源,将原来外委的园林绿化、桥梁等设计项目改成自主设计;另一方面,利用各种社会资源,参与市场竞争,寻求外部民用市政规划项目,在实战练兵的基础上,逐步提升民用市政规划设计的综合能力。

4.4 人力资源的协调化

由于民用市政规划的各个专业独立性较强,存在较大差异,项目的分配和专业之间的沟通容易出现问题,多专业的发展存在更大的市场压力和人力资源分配的问题。

因此,民用市政规划要发挥各专业的协同设计能力,充分利用专业互补,突出团队优势。例如:在陕西省商南县生态科技工业园区的规划项目中,就充分发挥了总图运输、城市规划、风景园林、道路交通、采矿工程等各专业综合技术优势,以城市规划专业为主体,发挥各相关专业的技术优势,实现了规划的指导性、合理性、可实施性。通过该项目的锻炼,也顺利迈出了民用市政规划在园区规划方面的第一步。

5 民用市政规划的展望

公司成立40周年,已经逐步走向国内外市场,也提出了全面提升企业综合竞争力的要求,这对于民用市政规划而言,既是机遇也是挑战。2008年经济危机爆发,对我国钢铁行业冲击较大,面对严峻的形势,我们苦练内功,积极拓展市场,取得了一定的成绩。与此同时,在国家积极稳妥推进城镇化、完善基础设施建设的目标下,城市规划、园区规划、环境景观、道路交通等方面市场潜力巨大。对于总图室来说,在做强总图运输,服务钢铁主业的基础上,应适度发展民用市政规划,争取公司在民用市政规划方面的多元化发展,提高综合能力和抗风险能力。

(1)城市规划。利用园区规划方面积累的相关经验,向城市规划发展。继续引进城市规划专业设计人员,拓展业务范围,具备城市总体规划和各种专项规划编制、详细规划编制、集镇和村庄规划编制等方面的业务能力。

(2)风景园林。做强、做大风景园林专业,业务范围向城市公园绿地规划设计、风景名胜区及其他游憩地规划等更加专业和综合的方向拓展,提升景观设计理念,规范设计流程,形成完整的人员体系,打造一支专业的风景园林设计团队。

(3)道路桥梁。在实现工业企业桥梁自主设计的同时,逐步拓展在城市道路、高速公路等方面的业务,并向桥梁设计延伸,引进先进的设计手段和工具,具备道路和桥梁两方面的设计能力,结束原来"只能做路不能做桥"的历史。

(4)交通规划。继续深入、系统地研究钢铁厂运输交通组织,并向城市交通规划方向发展,引入智能交通,具备交通信号控制系统、交通监控系统、智能识别检测系统的工程咨询与设计能力。

6 结语

40年来,民用市政规划实现从无到有,从小到大,依托的是不断地创新发展。目前,民用市政规划正处于起步发展阶段,基本实现了专业的完整性,具备了综合设计能力,形成了自己的特色。但这是一个发展蓄力的过程,还需要付出更多的时间和努力进行完善。结合公司的战略发展目标,总图室将继续加大人才的培养和储备,力求在城市规划、风景园林、道路桥梁、交通规划等方面培养出更多优秀人才,打造高水准的设计团队,真正提升公司的综合实力,适应市场的竞争,逐步扩大市场份额,提升社会影响力,培育民用市政规划的专业品牌,真正实现多元化发展。

首钢国际工程公司有轨铁水运输技术的发展历程

范明皓　尚国普

(北京首钢国际工程技术有限公司，北京 100043)

摘　要：本文根据我国钢铁行业发展历程，归纳出有轨铁水运输从复杂的铁路运输系统到简单的直线往返运输、从单一的运输过程到结合冶炼工艺与一体在线生产的 4 个阶段，体现了铁水运输技术的不断创新；同时展现了不但在钢铁冶炼工艺主流程环节对降能耗、低碳排、确环保等方面追求，而且铁水运输这一细小的环节，设计已采取了源头削减、过程控制和末端治理的措施，并对我国现阶段新建和改造钢铁厂，提出了建设性的意见。

关键词：轨道运输；铁水运输；发展历程

Rail Transportation Technology Development History of Molten Iron in Beijing Shougang International Engineering Technology Co., Ltd.

Fan Minghao　Shang Guopu

(Beijing Shougang International Engineering Technology Co., Ltd., Beijing 100043)

Abstract: According to the iron and steel industry development in our country, summarized the molten iron rail transportation system from complex railway transportation system to the simple linear return transport, from a single transport process combined with the smelting process and integration of online production of four stages, reflected the molten iron transport technology innovation; At the same time shows not only in the iron and steel smelting process link to drop energy consumption, low carbon row, environmental protection and so on that pursuit, and molten iron transport this tiny link, the design has taken the source reduction, process control and terminal treatment measures, and to present new steel and transformation, and puts forward some constructive suggestions.

Key words: railway; molten iron transportation; development process

1　引言

钢铁厂的生产过程是一个以"铁素"为核心的物质流动过程，在能量的驱动和作用下作动态有序的运行[1]，其被称为"钢铁厂的生命大动脉"铁水运输系统，尽管在物流总量中占极小部分，却是钢铁厂的生命线。

在钢铁企业近 40 年的快速发展中，随着钢铁冶炼技术的不断进步、新型材料的研发创新、运输设备的持续改进、自动化程度的稳步提高、自然环境对钢铁发展的客观要求，有轨铁水运输技术经历了4 个发展阶段。在首钢集团，总图专业团队已经相继完成了一、二、三代铁水运输技术研发与设计，正在研究开发第四代铁水运输技术并应用于生产实践。

2　铁水运输技术的发展历程

2.1　第一代铁水运输技术

第一代铁水运输技术是在钢铁厂生产大型规模化以后，形成了高炉—受铁罐—混铁炉—兑铁包—转炉的铁水运输模式[2]，这一安全可靠的铁水运输技术，使钢铁厂的生产规模能够迅速扩大，首钢国际工程公司独立完成设计的首钢石景山厂区一炼钢车间就是该运输模式的一个典范，并且国内外部分小型钢铁厂目前依然采用该模式。

2.2 第二代铁水运输技术

由于受到混铁炉的限制，炼钢转炉的公称很难再提高；取消混铁炉，采用高炉—鱼雷罐车—兑铁包—转炉的运输模式为第二代铁水运输技术；该模式是目前国内外大中型钢铁厂普遍采用的生产运输模式之一，首钢国际工程公司独立完成设计的迁钢公司、首秦公司均为该运输模式。

第二代铁水运输技术是在普通敞口罐铁水运输方式的基础上发展起来的一种先进的鱼雷罐车运输铁水方式。该模式不但具有机动性、操作性、连贯性、灵活性、保温性、稳定性等优点，而且还具有铁水预处理、保持铁水温度以及缓冲等功能，同时取消了混铁炉及其配套设施，因此，得到了普遍的推广。尽管该模式优点很多，但与现代冶金工艺所追求的高效益、低能耗目标相比仍然存在差距。一方面，鱼雷罐车虽具有三脱（脱硫、脱磷、脱硅）的功能，但不能实现全量三脱。另一方面，需建设倒罐站，增加铁水倒罐环节，工序流程增多，投资大，生产效率低。再者，作业环境条件没有得到根本改善，能耗仍然较高。

2.3 第三代铁水运输技术

环境优先，促进经济发展与环境保护高度融合设计理念，不但体现在冶金全流程的各个工序中，而且已经深入在铁水运输技术等的每个细小环节，通过系统分析鱼雷罐车运输铁水各种不利因素，并成功开发了取消鱼雷罐、使用铁水罐，即高炉—铁水罐—转炉的运输模式。该铁水罐与第一代铁水运输技术的本质区别在于利用铁水罐进行冶金工艺处理，并且具备直接向转炉兑铁水的功能，同时能够根据转炉冶炼的需要提供精准单罐铁水量。

该技术是采用一种具备铁水的承接、运输、缓冲贮存、铁水预处理、转炉兑铁、铁水保温等功能的罐，将高炉生产的铁水，在经过必要工艺流程处理后，以不更换铁水罐的生产组织模式，直接兑入转炉内进行冶炼的工艺流程，此冶金流的运输过程被称为第三代铁水运输技术，即"一罐到底"铁水运输技术。该运输模式已在首钢京唐和沙钢等钢铁厂进行应用。目前部分改造和新建且有铁路运输条件的钢铁厂基本采用该"一罐到底"运输模式。

2.4 第四代铁水运输技术

为了克服常规铁路运输铁水技术需设置作业车站、股道和道岔数量多，倒调作业组织繁琐，线路和信号维护量大，运输距离长，建设投资大等弊端，进一步降低运输过程中的能耗。专业通过专题研究开发，充分利用现代自动控制信息技术，改变铁水运输的组织方式，将常规准轨铁路平面布置的三角折返式铁水运输技术，改为电平车直线往返式铁水运输技术，同时在动力设备上取消传统的铁路机车，该技术为第四代铁水运输技术。

与第三代铁水运输技术的最大区别在于取消了铁路运输铁水包车配罐、集结、解编等生产组织的中间环节，最大限度地压缩铁水在运输途中的滞留时间，减少了铁水温降，该铁水运输技术在运输组织模式、环保、节能、工程投资等方面与前三代存在本质的区别。该铁水运输技术在首贵特钢和首矿大昌钢铁厂中已被采用。

3 第一、二代铁水运输技术在钢铁厂的应用

第一代铁水运输技术由于铁水罐容量较小，运输过程能耗较高，混铁炉需要不停烘烤等局限性已列入淘汰范畴，本文不再详细论述。

第二代铁水运输技术形成于 20 世纪七八十年代，与第一代技术比较，其铁水容量较大，方便了高炉的出铁组织；铁水可以直接从鱼雷罐进入与转炉匹配的兑铁包，方便了转炉的冶炼组织；取消了混铁炉，减少一次铁水倒运过程，有效地保证了铁水温度。该技术广泛地应用于 2005 年以前建设的钢铁厂中。

4 第三代铁水运输技术在京唐钢铁厂的研究与应用

4.1 "一罐到底"的研究背景

在京唐钢铁厂采用"一罐到底"铁水运输技术之前，国内已有 1435mm 标准轨距上运输 180t 铁水罐的技术，国外已有在 1676mm 轨距上运输 280t 铁水罐的技术。按照铁水运输设备与转炉当量相匹配的原则，京唐钢铁厂运输铁水采用了额定载重 300t，满包铁水总重达到 450t 的铁水罐，如果采用宽轨（轨距大于 1435mm）将引起一系列问题，如内燃机车和铁水包车轮对、铁路轨枕、路基结构等均需要研发，备品备件、日常维护等成本也较高。因此，经过技术专家反复论证，要求必须 60kg/m 钢轨宽 1435mm 标准轨距运输才具有实用性和经济性。

4.2 "一罐到底"铁水运输技术的研发过程

2005 年 6 月 8 日，首钢京唐钢铁厂经过多次研究论证后决定铁水运输采用"一罐到底"工艺技术；随后，首钢国际成立《曹妃甸钢铁厂铁水实现"一包到底"运输设计》课题组。之后分别开展车辆、

轨道、路基、道岔的研究设计和测试。

4.2.1 300t 铁水车的研究

根据 300t 铁水罐的外形尺寸、质量等参数，开展铁水车的设计，共两种方案。一种方案是配置 12 轴铁水车，其主要结构特点是大车架较高，该铁水车优点是长度较短；缺点是重心太高，运行稳定性较差，轴重较大。另一种方案是配置 16 轴铁水车，其主要结构特点是大车架较低，其优点是重心较低，运行稳定性较好，轴重较小；缺点是铁水车的长度较长。

利用计算机模拟技术，分别对两种车型进行受力、运行稳定性等模拟分析，结果显示配置 16 轴铁水车主要指标优于 12 轴铁水车。因此，采用配置 16 轴铁水车方案。

4.2.2 轨道、路基、道岔的研究

针对首钢京唐钢铁厂的海沙吹填地基，设计采用换填路基，增厚级配碎石的方法确保路基的稳定性；为了降低机车车辆通过时对道岔的冲击磨损，设计采用了特殊的道岔导曲线，通过数字模拟试验，该道岔非常适合低速重载列车通过。

在路基、轨道、道岔施工期间，总图专业团队现场指导，并沿线预埋了 500 多组测试点，用于观测路基的变形、沉降等；在道岔、曲线上等多个部位设置了 30 多组轨道、道岔测试点，用于观测轨道、道岔的受力和疲劳强度等计算参数。经过试验阶段的测试以及投产后正式运营，路基基本没有出现变形、沉降现象，轨道、道岔满足生产运输的要求，这是大家共同劳动的结晶。

4.2.3 铁水运输组织系统的研究

在铁水车、路基、轨道、道岔均能满足生产的情况下，对运输生产组织和无线遥控机车开展细致的系统分析，特别是在线脱硫、脱磷、脱硅以及铁水包进入炼钢车间后工艺处理，这些生产环节的增加，并未对运输组织造成影响，因此该铁水运输技术满足生产的需要。第三代铁水运输技术平面布置如图 1 所示。

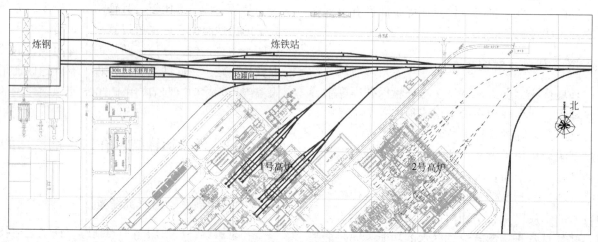

图 1 第三代铁水运输技术布置

4.3 "一罐到底"铁水运输技术主要技术特点

按照京唐钢铁厂的总体布置，高炉生产的铁水，通过铁水罐车运输大约 20min 即可到达炼钢车间，较大程度地控制了铁水自然冷却的时间，有效地保证了铁水温度。

铁水罐车进入炼钢车间后，直接在铁水罐内进行脱硫、脱磷、脱硅，减少了铁水生产倒运环节，有效地控制了铁水温降和铁素耗散。

采用"一罐到底"铁水运输技术也充分体现了短界面衔接、在线运输、在线生产的理念。

4.4 "一罐到底"铁水运输技术创造世界新纪录

该技术创造了在 1435mm 标准宽轨距上，运输炼铁与炼钢之间最大直径 5190mm，最大高度 6150mm 异型大容量铁水包车的世界新纪录。

5 第四代铁水运输技术在首贵特钢的研究与应用

随着冶炼技术的日新月异、钢铁厂设计系统集成不断创新以及界面技术的拓展，铁水运输技术不再局限于运输过程，而冶炼工艺结合，力求铁水温降最小。

按照目前高炉和转炉的冶炼技术，高炉生产铁水质量不能直接供转炉炼钢，必须经过脱硫、脱渣等工序处理后才能进入转炉，因此，第三代铁水运输技术在该流程环节上已达到最优，第四代在技术创新方面只能通过压缩铁水路途走行时间来改变温降。

5.1 第四代铁水运输技术的研究背景

常规的铁路运输铁水过程一般为"人"字形，采用"一去、一停、一折返"的运输模式，按照铁水运输技术规范，至少需要 30min，铁水罐才能从高炉下运输至转炉车间，而这种运输模式的各个技术指标已发挥到极限。

在首贵钢铁厂设计采用"直线往返"铁水运输技术之前，国内已有"直线—横移—直线"三个吊卸、运输铁水罐环节的铁水运输模式，尽管该模式取消了铁路运输技术的束缚，可广泛应用于地形高低起伏较大的山地，但是铁水途中走行时间上，大约需要 30min，中间环节相对复杂，综合效益优势不够明显。因此，必须研发新的铁水运输技术。

5.2 第四代铁水运输技术的研发过程

为了使第三代铁水运输技术最短的 30min 行程时间压缩在 10min 之内，设计提出高炉直线进入转炉的第四代铁水运输技术。即高炉下运输铁水罐车的轨道直线进入炼钢车间铁水跨，采用单车自驱动的模式，运载铁水罐于高炉转炉间。

根据铁水运输设备与转炉必须匹配的原则，首贵特钢采用额定载重 100t 铁水罐，按照目前的铁水罐车技术装备水平，该设备在宽轨距上运行的安全性、稳定性非常可靠。但需研究其工艺建筑限界和运输组织过程。

5.2.1 工艺建筑限界的研究

首贵特钢铁水运输技术采用的起重轨，运输车辆为专题研发的电动平车，铁水罐为本铁水运输技术专题研发的铁水罐。因此，《钢铁企业总图运输设计规范》中规定铁水线的建筑限界无法满足首贵特钢铁水运输技术的要求，为了经济合理确定出铁场高度、高炉柱间距、炼钢车间铁水跨高度和跨度、铸铁机铁水吊运跨等的尺寸，必须确定工艺建筑限界。设计参照《钢铁企业总图运输设计规范》A.2 建筑限界有关规定，结合铁水罐车的外型尺寸，考虑到罐体挂渣厚度、罐体不复零位倾斜量、车辆走行横向摆动偏移量以及安全余量等因素，确定了工艺建筑限界的净宽；考虑到铁水罐车最大高度、防辐射热空间、顶部挂渣厚度和安全余量等因素确定了工艺建筑限界的净高，最终进行综合研究，确定车辆、铁水罐及铁水线建筑限界的一系列参数。

5.2.2 铁水运输组织过程的研究

该铁水运输技术中的铁水罐车运动轨迹非常简单，每台铁水罐车全部运动轨迹均在同一条直线上，根据冶炼生产组织和高炉出铁的需要，铁水罐车相应运行、停靠在同一条直线不同的接铁、兑铁等停车点和区间上。由于每条线上设置 3 台铁水罐车，各台罐车按照一定的原则进入高炉出铁口下接铁，考虑到空铁水罐的温降限度因素、上次出铁后留下的半罐铁水排队等待接铁问题等，对于整个铁水运输系统的各个铁水罐、车等所处的各种状态、工况等形成一个智能信息系统的专家判断系统，智能信息系统按照一定的时间间隔，进行自动计算，判断出需要调配最经济合理铁水罐、车等，由此得到一种经济合理运输生产组织模式。

因此，在系统研究过跨车运行的基础上，结合专业已有生产组织经验，提出该系统控制系统理论，并与多家自动化控制公司、电平车设备制造公司共同研究其生产组织工程，目前从设计方面已通过触电器、轨道电路、红外以及 PLC 工控机等技术实现自动化生产的目标，正等待实际生产的检验。

5.3 第四代铁水运输技术主要技术特点

根据温降曲线参数表，铁水延时 1min，铁水温降 1℃计算，高炉生产的铁水，通过该铁水罐车直线进入炼钢车间，至少可以提高铁水 15℃。

按照理论计算、数字模拟和计算机仿真等测试，该铁水运输技术的应用将为钢铁厂的总体效益、社会效益和环境效益创造更大的空间。

6 各代铁水运输经济特点及效益

6.1 第一代铁水运输技术的效益

第一代铁水运输技术的最大效益在于钢铁厂生产规模的壮大和安全性的提高，特别是利用混铁炉的缓冲以后，在多个小高炉与转炉之间搭起铁水连接的桥梁，有效地保证了铁水的温度；在此之前的调运铁水方式大多采用人工直接搬运，铁水的温度无法有效保持，并且存在安全隐患，同时作业环境更是脏乱差。

6.2 第二代铁水运输技术的效益

迁钢公司、首秦公司的生产实践验证，第二代铁水运输技术，设备运行稳定可靠，同比第一技术，由于取消了混铁炉，减少一次铁水倒运过程，减少铁损 0.5%～0.7%，经济效益可观，转炉车间的环境在一定程度上得到了改善。

6.3 第三代铁水运输技术的效益

京唐钢铁厂的生产实践验证，第三代铁水运输技术，设备运行稳定可靠，其各种运输设备的性价比均非常高，同第二代比较，具有显著的经济效益、社会效益和环境效益。

（1）工程投资，采用"一罐到底"铁水运输技术，从取消了炼钢车间倒罐站、抬高高炉出铁场平台、减少铁路运输设备、铁路线路等方面进行综合系统比较，一次性节约工程投资大约 1500 万元。

（2）生产运行费用，采用"一罐到底"铁水运输技术，炼钢车间减少鱼雷罐旋转、铁水罐提升，以及倒罐站除尘风机运行等设施，每年减少生产运营费用约 4220 万元。

（3）减少定员，此运输模式可减少倒罐站定员以及机车定员等大约 70 人。

（4）环境效益，根据现场实测数据，"一罐到底"铁水运输技术，脱硫之前铁水温度为 1430 ± 20 ℃，同比迁钢鱼雷罐运输铁水，经倒罐站注入铁水罐的铁水温度为 1360 ± 10℃，提高铁水温度 70℃。按照年产 898 万吨铁水量计算，每年可节约 16.85 万吨标煤。

（5）由于取消了铁水倒罐作业，每年可减少烟尘排放约 4700t，基本解决炼钢厂内的石墨飞尘污染，环保效益显著。

6.4 第四代铁水运输技术的效益

贵钢公司的初步设计验证，第四代铁水运输技术，设备投资和工程造价呈直线下降，经济效益、社会效益和环境效益更加显著。

（1）工程投资方面，与同规模钢铁厂比较，铁路线路、信号控制、机车和包车等投资大幅度减少。

（2）生产运行费用，第四代铁水运输技术，主要能耗电动平车的运行电耗，同比机车运行成本以及信号、道岔控制系统的电耗，几乎可忽略不计。

（3）减少定员，高炉下仅有 1 人即可完成全部电动平车运行，同比铁路机车运输，至少减少 56 人。

（4）节能效益，铁水温度提高 15℃，按照 200 万吨/年铁水量计算，每年可节约成本 500 万元。

（5）维护成本，第四代铁水运输技术采用混凝土整体道床式轨道，50 年内免维护。

7 铁水运输技术的未来发展方向预测

随着钢铁冶炼技术的不断进步、新型材料的研发创新、运输设备的持续改进、自动化程度的稳步提高、自然环境对钢铁发展的客观要求，铁水运输技术会随着科学技术的进步而不断发展创新。

（1）未来随着无轨运输设备稳定性、安全性和可靠性的不断提高，以及设备大型化和专业化快速发展，更加机动灵活的无轨运输，将是铁水运输的一个重要方式。

（2）随着计算机信息网络技术的快速发展，自动控制技术和智能管理的不断提高，未来可能出现根据转炉冶炼的要求、高炉出铁的要求和铁水罐车调配的要求，将实现一种从受铁、运输、在线脱硫、兑铁、配罐等全过程的智能控制生产组织模式。

参考文献

[1] 殷瑞钰. 关于"流"、"网络"与"程序"的本质及其与流程制造业"耗散结构"的关系[R]. 北京首钢国际学术报告, 2010.

[2] 唐晓进, 唐武斌, 李勇. 铁水运输"一包到底"技术的应用和探讨. 设计通讯（内部资料）. 北京首钢设计院.

论总图运输的学科特征、专业关系及其发展

兰新辉

(北京首钢国际工程技术有限公司，北京 100043)

摘　要：本文阐述了总图运输的学科特征，包括学科属性和范畴，论述了总图与运输、总图与工艺以及总图与其他专业的相互关系。提出了总图运输学科发展的框架体系及相应的研究课题。

关键词：总图运输；学科特征；专业关系；发展框架

Subject Characteristic, Specialty Relationship and on Development General Layout and Transportation

Lan Xinhui

(Beijing Shougang International Engineering Technology Co., Ltd., Beijing 100043)

Abstract：This paper expatiates on subject characteristic, including subject attribute and category. Mutual relationship between general layout and process, and connection with other specialites is discussed. Frame system of system of subject development on general layout and transportation, as well as its corresponding research task is presented.

Key words：general layout and transportation; subject characteristic; specialty relationship; development frame

1　引言

总图运输学科于 20 世纪 50 年代由前苏联引入我国，伴随着国民经济的发展，在不断学习和总结国内外理论和经验的基础上，结合我国工业企业新建和改、扩建的具体实践，逐步形成了反映我国国情的总图运输学科体系。它是一门应用工程学科，也是一门涉及生产工艺、运输和建筑多方面因素的边缘科学。由于创建时间短，对学科理论尚需进一步研究、探索，以指导实践。也由于相关学科和学术成果的大量涌现，更需要不断地吸收、补充，以促使其发展。根据目前情况，总图运输学科的工作主要是工程设计（包括总图管理）、工业企业运输生产管理和教学科研三大类，其中大部分是工程设计。因此，本文从设计工作出发进行论述。

2　总图运输的学科特征

2.1　学科属性

总图运输学科是一门以研究厂址选择、企业场地的相互配置及其间交通和能源联系，场地内各建筑物、构筑物、管线、交通运输设施等空间配置，企业内、外部运输为研究对象的学科，是通过系统的方法，将自然科学和社会科学融合在一起，又吸收和利用数学和哲学学科知识的综合性学科。

2.2　学科范畴

总图运输学科的研究对象涉及工程建设的诸多方面，其工作范畴也是一样，渗透于整个工程。具体包括：

（1）建设场地选择；

（2）建设区域规划；

（3）工程总体平面布置；

（4）内、外部运输网络及运输线路的规划、设计；

（5）居住区及生活福利设施规划布局；

（6）竖向及排雨水设计；

（7）各种工程管线的规划布置；

（8）绿化美化设计；

（9）施工基地规划；

（10）人防及消防规划；

（11）总图管理。

从工作范畴可以看出，总图运输学科把握着工程建设的总体，关系着企业投产后能否顺利发展，是企业建设和生产过程中极其重要的组成部分。

2.3 学科特征

根据总图运输学科的属性和工作范畴，结合工程实践，归纳出总图运输学科的基本特征。

2.3.1 政策性

如前所述，总图运输学科是自然科学和社会科学两类科学的交叉与综合。在社会科学中要运用政治经济学，并贯彻国家建设的方针、政策、法律、法规。事实上，国家的政策法令不仅影响而是直接关系着建设的布局和企业的总体规划与设计。厂址选择要考虑国家的经济发展战略和工业布局要求；征地、用地要贯彻国家的土地法规，1992 年颁布的国有土地使用权出让及转让的有关政策对建设项目的技术经济评价、用地规划等均有较大影响；总平面布置要符合国家环保、绿化等要求。

2.3.2 总体性

总图运输学科以工程总体为研究对象，以优化为目的。工程总体指每一项工程都是由若干功能独立的单体或局部组成；优化指总体必须最优，在总体和全局最优的前提下去争取单体和局部的优化。工程总体是相对的，但总体必须最优是绝对的。一个钢铁联合企业，应该在总图运输上做到原燃料基地、主厂区、生活区、渣场等最优配置；而相对于主厂区则应使铁、钢、轧、焦、烧等做到优化布置，还可依次分解。总体性是总图运输学科的主要特征，因为总体及全局的合理和优化才是对工程从基本建设、生产、运营、管理等诸多方面的综合评价和最终要求。

2.3.3 综合性

总图运输学科的综合性是指，一方面对各种自然条件如地形、地质、地貌、风向等要综合运用，对工程内、外运输及风、水、电、气的衔接，与城镇规划的关系要综合平衡；另一方面对各专业提出的设计资料及工程要求要综合分析、对比决策。就一项具体工程而言，主体专业按照工艺需要进行车间内部综合，而总图运输专业则在满足各专业要求的前提下进行更大范围的车间以外的综合。由此，要求总图运输的设计人员要有认真、主动、超前的工作作风。否则，综合工作就容易出现问题，影响

质量，延误进度。

2.3.4 实践性

总图运输学科研究的对象必须结合工程厂址及其相关的主、客观条件来进行。除少数局部而具体的工作可以标准化外，大部分工作不能照搬或标准化。目前，总图运输的学科理论尚处在定性指导实践的阶段，需要按实际条件设计，并受实践检验。因此，总图运输学科是实践性很强的学科。

2.3.5 一定程度的优先性

总图运输的最终目标之一，是寻求工程设施的最合理空间位置。要做到这一点，限制因素很多，土地是主要限制因素之一，特别是老厂改造，拆迁边界范围、用地内保留的旧有建、构筑物等均由总图专业牵头确定。各建、构筑物应该满足场地的要求，否则，总图专业应根据场地条件提出调整意见。如面积不够，可采用联合集中布置及多层建筑。由于土地不可再造的唯一性，形成了总图运输专业一定程度的优先性。

3 总图运输设计应处理好几个关系

总图运输学科的属性、范畴及特征基本反映了该学科的全貌。实践证明，总图运输设计必须处理好以下几个关系才能在工作中更好地发挥作用。

3.1 处理好总图与运输的关系

总图是将所有的工程内容在空间进行定位，而运输则是工程中各种物料的输送，其运输方式有铁路、道路、水路、辊道、胶带机、管道等。其中铁路、道路由总图专业为主体工艺。应该说，铁路和道路运输从性质上看与其他运输方式是并列等同的关系，也可以认为铁路和道路运输设计是整个工程设计中许多专业中的两个专业，总图要定位的内容也包括铁路和道路。那为什么总图和运输合成一个专业呢？因为任何生产过程都是对输入物质（生产资料）再加工的过程，特别是冶金等原料加工工业，生产所需物料数量庞大，品种繁杂，受技术条件限制，铁路和道路是当时企业内部主要的运输方式，换言之，铁路和道路是企业物流的主要环节。据统计，其建设费用和运营费用在整个工程投资和产品成本中均占 10% 以上。正是由于总图要综合局部或分支系统的生产活动以达到总体的最优，而运输又是全厂生产活动的经络，所以总图和运输合成一个专业便于综合局部，把握总体。特别铁路运输的技术条件如转弯半径、纵坡等局限性大。这样，可使运输优先总图，总图修正运输，综合运输及其他专业的工程内容，最终达到物流短捷顺畅，总图布置

合理的目标。我们只有从理论上把握了总图与运输的关系，做到总图布置以物流（运输）为中心，才能做好总图运输规划，进而优化总图运输设计。

3.2 处理好总图运输与工艺的关系

在实际工作中，工艺专业是主体专业，而总图运输专业则往往以从属的角色出现，有时被动地满足了工艺要求，却难以达到项目总体的最优。因此，处理好总图运输与工艺的关系很重要。事实上，工艺流程决定着物流方向，工艺水平决定着物流强度。工艺流程和工艺水平极大地影响着总图布置，而物流的方向和强度也很大程度上左右着运输的过程。因此，总图运输专业不能只简单地服从工艺专业，而应与工艺专业密切配合，将工艺设计作为总体设计中的重要的局部内容来分析、研究，在综合其他专业的过程中对其提出修改建议，以达到总体最优。要处理好总图运输与工艺的关系，除了搞清二者的联系，更要求总图运输设计人员很好地研究工艺流程及工艺水平，掌握工艺搬运设备的性能及生产能力，才能很好地衔接运输，设计出布局合理、投资节约、符合客观的总图运输成果。

3.3 处理好总图运输专业与其他专业的关系

总图运输专业与其他专业的关系，最重要的仍然是相互间主动协调、积极配合，以达到总体目标最优。但目前我国各设计单位专业分工过细，使完整的物流系统分割成多个互不相关的局部，总图运输设计人员很难做到根据物流来优化总图布置。以下两种情况总图运输的综合就更为困难。一是老厂改造，需要考虑新旧物流或运输系统的衔接，要考虑周边及场地内地下、地上管线、建构筑物情况，还要考虑施工条件及生产过渡。这些都要求总图运输设计人员充分理解优先性特征，统筹安排，精心协调。二是工艺单一、辅助"复杂"的情况。例如，要建一座锅炉房，要求汽车运输，连续上煤。工艺过程为汽车运输—煤场—原煤处理—胶带机输煤—锅炉房—除灰—灰渣运输。涉及的专业有总图、机修、热力、暖风、水道等。由于场地小，煤场方案被否定，而运煤（汽车）、贮煤、输煤（胶带）、用煤分别由不同的专业承担，各专业只管自己那一部分，难以统筹。从实际情况看，工艺对由于场地不满足需要而建设煤库引发的上煤系统的变化及设施布置难以处理。这时，总图可以在满足工艺和其他专业要求的前提下，从全局的角度提出煤库、整体运输衔接、总图布置的方案构想，协调各专业最后完成方案。在综合的原料输送系统、多种运输方

式合理衔接及物流总体构想上，总图运输专业往往可以起到综合总体、把握全局的作用。在和其他专业的工作配合上，总图运输设计人员要有战略眼光和全局观念，还要具备多专业学科知识并熟练运用常规的运输及搬运技术，特别是装卸方式及装卸设备。实践表明，在与其他专业的关系上，总图运输专业应该起到不是主体、胜似主体的综合工艺专业的作用。只有具备丰富的经验和广博的知识，才能解决各种复杂的问题。

4 总图运输学科的发展

总图运输学科是一门应用工程学科，也是一门边缘科学，国家的建设事业需要总图运输学科不断发展，而相关学科的最新成果又促进总图运输学科理论的不断深入。

4.1 学科发展的回顾与评价

自20世纪50年代总图运输学科引入我国，奋斗在这一领域的科技工作者就不断在理论上进行探索，在实践中进行总结，使学科的发展满足了国家经济建设的需要。这期间，各种计算参数的确定，各种计算方法的研究，很快丰富了总图运输的常用计算；运筹学的运用，解决了部分具体问题的优化；近年来，计算机技术的迅猛发展和应用数学的崛起，使方案评价、方案优化等定量分析技术和计算机辅助设计得以发展；物流技术的兴起又引起了总图运输学科理论的广泛研讨。从实际情况看，总图运输学科的发展存在着不平衡的倾向。其一是对学科发展的框架体系认识不足。对学科发展的基础、方法、方向、目标及课题等归纳和预测不够，使学科的发展缺乏方向和有序性。其二是成果应用不平衡。方案评价、厂址选择评价等已经成熟的定量分析技术实际应用不理想。方案优化有一些成果，但实际应用的也不多。而物流技术尚无成熟的成果。其三是学科发展的组织协调不平衡。近些年各单位学科间交流减少，发展缺乏统筹性。一方面各单位忙于生产任务，另一方面老一代工作者退休，形成了新老交替时的技术过渡阶段。综上所述，应该很好地研究学科发展框架，促进成果应用，推动学科的健康发展。

4.2 学科发展的框架体系

4.2.1 学科发展框架体系关系

总图运输学科分为总图布置及优化和运输设计及优化两部分。总图部分的平面、竖向、管线、厂址和运输部分的结构（包括运输方式选择）、组织（包括管理）、设备（包括装备）、工程都按顺序

进行方案评价、方案优化和计算机辅助绘图。总图管理、应用数学、计算机技术是三者的基础，而系统工程的理论则是三者的科学法。总图运输学科发展框架体系关系如图1所示。

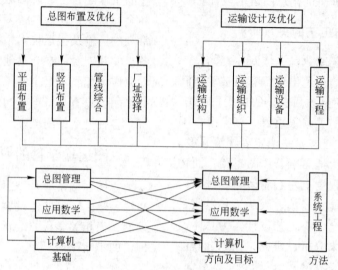

图1 总图运输学科发展框架体系关系

4.2.2 学科发展框架体系具体课题的描述

（1）平面布置：以物流理论为基础，研究总平面布置的合理性；研究项目各设施与周边环境的关系及空间组合；研究绿化美化。

（2）竖向布置：从宝钢实际出发，研究其排水系统与传统排水在理论和实际做法上的异同，改善现行的排水设计方法；研究散装料场及厂内铁路等地区的暗管排水技术。

（3）管线综合：研究采用计算机技术进行管线综合"碰撞"检查。

（4）厂址选择：研究厂址选择的量化评价技术。

（5）运输结构：根据输送物料的数量、物理特征研究工厂物流中除工艺以外的多种运输方式，并组成合理优化的综合运输结构。

（6）运输组织（包括管理）：运用计算机和数学成果研究运输组织及管理自动化的技术。包括：

1）机车及车辆跟踪管理系统；

2）计划编制系统。包括货运计划、机车作业计划、车辆调配计划、解体计划、编组计划、装卸计划、取送计划、特种运输计划等；

3）运输统计系统。

（7）运输设备（包括装备）：运输设备主要研究适合物料特征的专用设备及配套装卸设备。而运输装备则包括控制系统（微机连锁、机车遥控、进路控制、驼峰溜放控制）和监测监督系统（主要是信号监测、调度监督）。

（8）运输工程：运输工程是总图和运输的结合点，在运输优化的前提下实施运输工程，在运输工程优先的前提下合理布置总图。

（9）方案评价：作者认为方案评价中综合评价、模糊聚类分析、比较矩阵等主要技术均已成熟，只需进一步规范化、标准化、推广普及。

（10）方案优化：

1）厂内铁路、道路平纵断面优化；

2）用物流理论（紧密度）及计算机辅助手段优化总图布置；

3）用计算机动态模拟方法优化车站股道数量及设备数量计算；

4）用人工智能（专家系统）优化矿山采矿开拓运输系统及运输设备计算。

（11）辅助绘图：在现有众多技术成果的基础上进一步开发智能化辅助绘图功能。如铁路、道路在给定参数后自动生成，调用或新制作图形元件自动成图等。旨在提高绘图的质量与速度。

（12）总图管理：将地形底板图全部采用计算机分层管理，采用数字化技术利用键盘和全站仪辅助成图系统输入地形图，并建立相应的地理信息系统，以适应设计过程全部计算机化的要求。

5 结语

总图运输是工程建设中的重要学科，虽然国外除前苏联等极少数国家外发达国家不设这一学科，但其工作范畴却同样存在。引入我国后，曾引起过设置与否的讨论，而且创建十年后，在文化大革命期间又中断十年，1977年恢复至今，学科建设与研究逐步走上正轨，为国家的经济发展作出了贡献。

但由于其宽广的业务领域，政策性、总体性、综合性、实践性等特征及其边缘科学的属性，特别是以前数学和计算机技术的局限，在很宽的范围只从事着简单的设计工作，使广大专业技术人员缺乏对专业理论和专业关系深入、系统的认识，对学科的发展也缺少统筹考虑。本文主要从首钢设计院的实际出发，对前述学科问题进行了论述，旨在促进学科发展，推动设计工作不断迈上新台阶。由于作者理论水平和实践经验的局限，文中有些观点或结论可能不妥，也可能错误，敬请批评指正。

（原文发表于《首钢科技》2005 年第 3 期）

首钢京唐钢铁厂总图运输系统的创新及应用

尚国普　　向春涛　　范明皓

（北京首钢国际工程技术有限公司，北京 100043）

摘　要：本文结合现代钢铁厂临海建厂高水平、高要求的发展趋势，重点阐述了首钢京唐钢铁厂在总体布局紧凑；工序间短界面衔接；物质流、能源流的流程优化；经济实用的盐碱地绿化等方面的研究、创新及应用。

关键词：钢铁厂；总图运输；新型一线型布置；一罐到底

Innovation and Application on General Layout and Transportation System for Shougang Jingtang Iron & Steel Plant

Shang Guopu　　Xiang Chuntao　　Fan Minghao

(Beijing Shougang International Engineering Technology Co., Ltd., Beijing 100043)

Abstract：With combination of high level and high requirement development trend for building of modern iron and steel plant at coastal region, this paper elaborates emphatically research, innovation and application is aspects of compact general layout, short interfaces between working procedures, optimization of material flow and energy flow, economical and practical greenery of saline alkali soil, etc. for Shougang Jingtang Iron & Steel Plant.

Key words：iron and steel plant; general layout and transportation; new one-line arrangement; one-ladle-through

1 引言

首钢京唐钢铁厂项目是 2005 年 2 月国家发改委以发改工业（2005）273 号文批复"首钢实施搬迁、结构调整和环境治理方案"，同意首钢按照循环经济的理念，结合首钢搬迁和唐山地区钢铁产业调整，在曹妃甸建设一个具有国际先进水平的钢铁联合企业。项目建设的指导思想是：全面落实科学发展观，充分发挥当地临港、资源、区位优势，利用国内、国际两种资源，积极采用当今世界一流水平、一流业绩的成熟先进工艺装备，现代大型钢铁厂具有设备大型化、流程短简化、技术集成化、循环经济化等特点。做到工艺现代化、设备大型化、生产集约化、资源和能源循环化、经济效益最佳化，按照循环经济理念，走出一条科技含量高、经济效益好、资源消耗低、环境污染少、人力资源优势得到充分发挥的新型工业化道路，把首钢京唐钢铁联合有限责任公司建设成为当今世界先进的、具有竞争力的大型钢铁企业。

面对如此高要求、高目标的历史使命，只有采用全新的理念和创新型的思维去完成每一个细节，才能实现这一伟业。机遇和挑战给了每一个参与此工程的人，也给了我们总图人这一历史重任。项目总图运输集成创新主要围绕钢铁厂的总平面布局、物流运输、厂区绿化美化等方面进行深入研究和创新，通过对国内外先进钢铁厂总图运输特点分析研究的基础上，形成独特、高效的钢铁厂总图运输系统。

2 "新型一线型"的总平面布局形式

钢铁厂总平面布局是整个钢铁厂总体设计的一个重要组成部分，是各工艺技术水平的集中表现，反映一个厂的综合性技术水平，对钢铁厂的建设速度、建设投资、生产操作、产品成本及远景发展、节约用地等都有很大的影响。

目前对国内沿海钢铁厂的总体工艺流程研究，主要有串联（"一"线型）和并联（"U"型）两种形式，韩国光阳厂（见图1）、意大利的塔兰托厂是典型的沿海"一"线型布置形式，日本君津厂（见图2）、韩国浦项 POSCO 厂是典型的沿海"U"型布置型式，根据对两种形式沿海钢铁厂的流程研究，

总体流程布局主要与原料码头、成品码头的布局有直接关系，按照首钢京唐钢铁厂的设计理念，结合曹妃甸航道分布、码头的建设规划及用地形状，总体流程布局从这两种形式进行深入细致的研究比较。如对目前沿海先进钢铁厂的代表韩国光阳厂和日本君津厂进行了详细的研究。

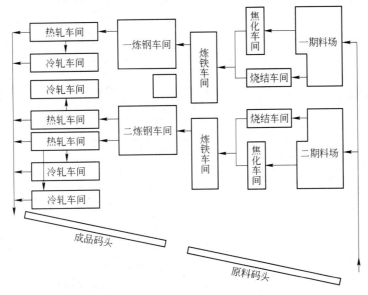

图1　光阳厂"一"线型布置形式

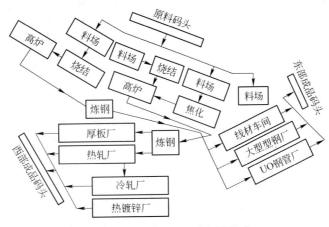

图2　君津厂"U"型布置形式

首钢京唐钢铁厂的码头布局及用地形状与韩国光阳厂比较相似，近、远期规模相近，且光阳厂整体的工艺流程比较合理，物流短捷顺畅，无折返，故"一"线型布置是比较理想的选择。为证明方案

"一"线型布置的优越性，本工程就两种布置方式进行了方案规划并进行了详细的比较（见表1），主要物料运输距离、运输功对比见表2。

表1　方案比较

序号	比较内容	"一"线型	"U"型
1	远期发展	远期发展条件较好，功能分区明确，厂区美观整齐	远期发展条件较差，厂区通道不顺直，分期建设干扰较大
2	物料运输功	运输功小、运营费低，详见表2	虽成品至码头运距明显缩短，但综合运输功大，运营费高，详见表2
3	全厂公辅布置	就近集中布置，且近期衔接较好	"U"型方案总体集中，但部分公辅距主体设施较远
4	厂区主管网	管线短捷顺直，耗散小	管线折返多，耗散大

表2 主要物料运输距离、运输功对比

序号	项 目	物料运距/m				年运量		物料运输功（万吨千米）			
		"U"型方案		"一"线型方案		万吨/年		"U"型方案		"一"线型方案	
		近期	远期	近期	远期	近期	远期	近期	远期	近期	远期
1	码头—矿石料场	2700	2230	1350	1950	1545.70	1545.70	4173.39	3446.91	2086.70	3014.12
2	料场—烧结	780	3570	445	2700	1197.20	1197.20	933.82	4274.00	532.75	3232.44
3	烧结—高炉料仓	445	410	550	1590	1093.40	1093.40	486.56	448.29	601.37	1738.51
4	料场—球团	865	700	855	1665	439.20	439.20	379.91	307.44	375.52	731.27
5	球团—高炉料仓	315	3460	885	1980	249.28	249.28	78.52	862.51	220.61	493.57
6	翻车机—煤料场	450	1510	750	750	350.20	350.20	157.59	528.80	262.65	262.65
7	码头—煤料场	2700	2700	2700	2700	169.60	169.60	457.92	457.92	457.92	457.92
8	料场—高炉喷煤	1350	2850	1500	2895	199.60	199.60	269.46	568.86	299.40	577.84
9	料场—焦化	850	1650	850	1800	519.80	519.80	441.83	857.67	441.83	935.64
10	焦化—高炉料仓	840	1050	700	525	273.60	273.60	229.82	287.28	191.52	143.64
11	料场—高炉料仓	1515	3870	1180	4515	202.33	202.33	306.53	783.02	238.75	913.52
12	翻车机—白灰窑	870	2430	1200	1305	135.93	135.93	118.26	330.31	163.12	177.39
13	白灰窑—炼钢	450	450	360	900	55.59	55.59	25.02	25.02	20.01	50.03
	合 计	14130	26880	11975	25275	6431.43	6431.43	8058.63	13178.03	5892.15	12728.54
1	成品—码头	450	1650	1650	4500	452.85	452.85	203.78	747.20	747.20	2037.83
2	铁水运距	900	1770	900	700	898.15	898.15	808.34	1589.73	808.34	628.71
	合 计	1350	3420	2550	5200	1351.00	1351.00	1012.12	2336.93	1555.54	2666.53
	总 计	15480	30300	14525	30475	7782.43	7782.43	9070.75	15514.96	7447.68	15395.07

经过对上述两个方案的系统比较，"一"线型方案从物料运距、运输功、远期预留发展、公辅的集中管理、功能分区等均优于"U"型方案。

韩国光阳厂是目前世界最先进的钢铁厂之一，但铁、钢工序之间是传统的鱼雷罐车运输铁水的方式，流程中增加了倒罐环节，增加了能耗和污染，偏离现代冶金工艺所追求的高效益、低能耗、环境友好的目标。故首钢京唐钢铁厂在高炉—转炉界面技术上重点研究了"一罐到底"技术，代替了传统鱼雷罐车，在60kg/m钢轨宽1435mm标准轨距上运输额定载重300t异型大容量铁水罐的"一罐到底"运输方式，在充分研究大容量铁水罐车运对铁路路基稳定及铁路线路合理线形的基础上，认为传统的"一"线型方案中铁水运输需要经过一个反向曲线从炼铁进入炼钢，不利于300t铁水罐车的运行。为优化铁水运输线形，缩短铁水运输距离，总平面布置在传统的"一"线型布置形式的基础上再次优化、论证，将炼铁至炼钢车间改为串联布置形式，铁水线直线进入炼钢，炼钢与轧钢垂直布置。由此，形成目前独特的钢铁厂与港口码头联合的"新型一线型"布置形式（见图3），其特点表现在"紧凑、联合、集中和多层"布置理念。

（1）紧凑。首钢京唐钢铁厂各主工序之间、工序内部设施之间按"工艺流程和物流运距最短捷化"的原则进行布置。煤料场与焦化厂、矿石料场与烧结、球团厂相邻紧密布置；烧结成品筛分间至高炉料仓的运距仅为550m；焦化厂筛焦楼至高炉料仓的运距仅为600m；炼铁厂的铁水经45°转角后直进炼钢厂；炼钢与热轧紧贴布置，实现连铸坯的热装热送。两座5500m³高炉的中心距仅为320m；两座500m²烧结主厂房之间的距离仅为81m；两座400万吨/年球团主厂房贴建布置。紧凑型布置极大的缩短了工艺流程，降低了投资强度，节省了生产运营成本。

（2）集中。首钢京唐钢铁厂公辅设施按"介质性质相同或相近，且靠近负荷中心"的原则进行集中布置。全厂的高炉、转炉、焦炉煤气柜，制氧站，2×220kV变电站，原水处理站，套筒窑，污水处理站等公辅系统集中布置在负荷中心地带。充分体现出"集中、高效、节能、环保"的设计理念。

（3）联合（合并）。首钢京唐钢铁厂生产辅助配套系统按"使用功能相同，合理合并设置"的原则进行联合（合并）布置。2×5500m³高炉的料仓、鼓风机房、中心控制室、高炉制粉喷煤设施联合布置；2×500m²烧结厂配料系统、成品筛分系统联合布置；2×400万吨/年球团厂的配料系统、成品筛分系统联合布置；4×7.63m焦化厂的配煤、粉碎和筛焦系统联合布置。

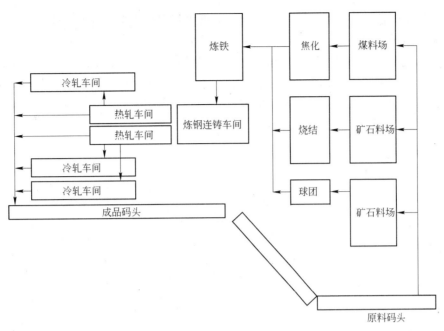

图 3　"新型一线型"布置形式

（4）多层。首钢京唐钢铁厂生活、办公设施采用多层、集中的布置形式。

总平面布置采用钢铁厂与港口码头联合的"新型一线型"布置形式，布局紧凑合理，节约了大量土地资源和造地工程投资，各种能源介质管线及工艺流程相应缩短，能源资源耗散小，钢铁厂吨钢占地指标：一期 0.9m²/t 钢，二期形成后 0.72m²/t 钢，占地指标先进。充分体现了集中管理、减员增效、减少设施备用数量、降低了工程投资和工序间的运输成本、能兼顾远期的发展等多方面优势，其经济效益是巨大的。世界大型先进钢铁厂用地指标对比见表 3。

表 3　世界大型先进钢铁厂用地指标对比

序号	企业名称	阶段	规模	用地面积	单位用地面积	备注
			万吨/年	万平方米	m²/t 钢	
1	首钢京唐	一期	970	873	0.90	沿海
		二期	2000	1440	0.72	
2	南方某钢铁厂		2000	2800	1.40	沿海
3	日本新日君津厂		1000	1020	1.02	沿海
4	日本福山厂		914	900	0.98	沿海
5	日本川崎水岛厂		1200	1171	0.98	沿海
6	韩国浦项光阳厂		1720	1370	0.80	沿海
7	意大利塔兰托厂	二期	1100	1100	1.00	沿海

3　"连续、在线、短界面衔接"的物流系统

根据冶金流程工程学理论，冶金过程的总体目标是追求流程连续化、紧凑化和动态有序运行，追求工序功能的最佳优化组合，实现流程高效率、低成本（低消耗）、产品质量优良、生产环境良好的高水平运行。各衔接界面、空间架构和钢铁厂的结构模式，来综合考虑钢铁厂的整体设计合理性、空间结构与平面布置等静态结构以及时间与运行等动态结构方面的协调优化；运用工序间的界面技术来实现钢铁厂高效、优质、低耗的目标。

首钢京唐钢铁厂在铁前工序界面、铁、钢工序界面、热轧、冷轧工序界面进行了大量的研究，追求以"流"为核心，优化流程路径，降低运输功耗，实现钢铁制造流程"在线运输、在线生产、连续运行"的短流程界面衔接，工艺流程短捷、高效，使物质流、能源流、信息流统一协调。

3.1　铁、钢工序之间"一罐到底"的短界面衔接

铁水运输是钢铁厂运输的一个重要环节，在冶炼过程中，铁水的温度、成分、重量的波动直接关系到产量、产品的质量和工序能源消耗等。不同的铁水运输设备所具备的功能不同，其运输组织方式也有所区别，且对铁水的温度和铁水成分以及重量的控制也将会产生不同的影响，正因如此，高炉-转炉界面之间的铁水运输技术一直是冶金界的重点研究对象。

目前鱼雷罐车铁水运输方式（见图 4）是一种普遍的、成熟可靠的运输方式。具有机动性能好、操作连贯、灵活、保温性能好、稳定性好等优点，而且还具有铁水预处理、调整铁水温度、成分、重量以及缓冲等功能，取消了混铁炉。尽管该运输方式有很多优点，但与现代冶金工艺所追求的高效益、低能耗目标比仍然存在差距。一方面，鱼雷罐车运输方式虽具有三脱的功能，但不能实现全量三脱，三脱效果较差，效率低。另一方面，需建设倒罐坑，增加倒包工序环节，工序环节多，投资大，生产效率低。再则是环境条件没有得到根本的改善，能耗仍然较高。

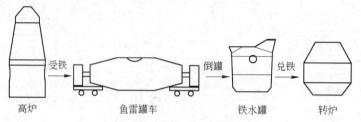

图 4　鱼雷罐车铁水运输模式

针对鱼雷罐车铁水运输方式的缺陷，对当今国内外钢铁厂"一罐到底"（见图 5）技术进行了充分的研究，国内某钢铁厂、日本和歌山钢铁厂、日本 JFE 福山厂已经应用了"一罐到底"铁水运输技术，且具有一共同的优点，即取消了传统鱼雷罐车，直接采用炼钢铁水罐运输铁水，将高炉铁水承接、运输、缓冲贮存、铁水预处理、转炉兑铁、容器快速周转及铁水保温等功能集为一体。取消了炼钢车间倒罐坑，减少一次铁水倒罐作业，具有缩短工艺流程、紧凑总图布置等特点，可降低能耗、减少铁损、减少烟尘污染，具有较大的经济和社会效益。

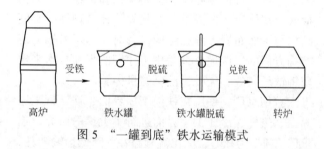

图 5　"一罐到底"铁水运输模式

上述优点充分证明"一罐到底"铁水运输技术是铁、钢工序衔接的发展方向，针对这一方向，对国内外钢铁厂"一罐到底"现状进行分析，寻求适合京唐钢铁厂自身的"一罐到底"技术。

（1）国内已有 1435mm 标准轨距上运输 180t 铁水罐的技术，但由于铁水罐容积较小，铁水罐车高度和宽度也相对较小，重心较低，在标准轨距铁路线路上运行比较稳定。首钢京唐钢铁厂采用 300t 铁水罐运输铁水，铁水罐车超高、超宽，在标准轨距上运行对罐车的稳定性、铁路线路的稳定性要求较高，技术水平先进。

（2）日本和歌山制铁所采用三轨套线运输，机车走行 1067mm 窄轨，210t 铁水罐车走行 1435mm 标准轨，且每次只运输 1 个铁水罐；京唐钢铁厂采用 1435mm 双轨运输，一次运输 3 个铁水罐，技术水平先进，运行和维护费用低。

（3）日本 JFE 福山厂采用"一罐到底"技术运输 280t 铁水罐，但是是在 1676mm 宽轨上运行，京唐钢铁厂在 1435mm 标准轨距上运输 300t 铁水罐，工艺技术先进，技术参数合理，与国内标准轨距兼容，通用性强，在国内推广价值高。

通过对上述钢铁厂"一罐到底"现状的充分研究比较，确定罐型与转炉相匹配的 300t 铁水罐；轨道线路与国内标准轨距兼容的 1435mm 标准轨距的研发课题。重点从 300t 异型大容量铁水罐结构形式、动力学性能、运输线路技术条件（轨距、轨型、道岔、安全限界、路基）等方面进行了深入的研究、实验。攻克了 60kg/m 钢轨宽 1435mm 标准轨距上运输额定载重 300t 异型大容量铁水罐的"一罐到底"运输方式的课题。

铁、钢工序界面之间采用"一罐到底"工艺的创新与实践，推动了科学技术的进步，开辟了标准轨距上运输异型大容量铁水罐车（300t）的先例，在钢铁厂铁、钢之间的短界面衔接技术方面起到了推动和示范作用；其创新点如下：

（1）省去铁水倒罐作业工序、简化生产作业，缩短工艺流程；

（2）减少一次倒运，降低铁损、铁水温度损失小、降低能源消耗；

（3）避免倒罐带来的烟尘污染，减少烟尘量 96 万 m³/h，有利于清洁生产。

3.2　热轧、冷轧工序之间采用连续、在线的鞍座托辊运输

轧钢系统从热轧至冷轧的原料采用鞍座托辊运

输技术，把外部运输变为车间内部运输，缩短了运输距离，提高了工艺装备水平，减少了运营成本，双排式托盘运输系统是在双层式托盘运输基础上进行研究，具有设备基础浅、设备质量轻、制造检修和维护方便、自动化控制方式更为灵活可靠、车间整洁美观、投资少、运行成本低等突出优点，热轧与冷轧车间之间的鞍座托辊运输技术是短界面、在线运输的充分体现。

表 4　大型钢铁厂大宗物料胶带机长度对比

序号	项 目		单位	君津	中钢	光阳	京唐
		生产规模	万吨/年	1000	1060	1000	1000
1	物料运距	料场出口—焦化配煤室	m	850	1000	760	400
2		料场出口—烧结料仓	m	520	500	380	360
3		料场出口—高炉料仓	m	805	875	1200	960
4		焦化—高炉料仓	m	1475	725	560	610
5		烧结筛分—高炉料仓	m	465	650	660	530
合　计			m	4115	3750	3560	2860

3.3　铁前工序之间短捷、高效的胶带机连续运输

胶带机运输是钢铁厂厂内物流量最大的运输方式，也是体现钢铁厂运营成本高低的主要因素，因此追求钢铁厂各工序间的胶带机短捷、顺畅，是物质流研究的主要目标之一。经过对国内外大型钢铁厂大宗物料胶带机运输系统的详细研究，结合工程的布置特点，深入优化胶带机路由、调整工序布置，缩短工序间距离，达到胶带机运输系统流程合理、运输短捷顺畅。实现一次性投资和生产运营成本的双赢目标。

与当今世界同等规模先进的沿海钢铁厂相比，大宗物料胶带机长度大大缩短，实现一次性投资和生产运营成本的双赢目标。

3.4　物流信息实时跟踪的铁路二级调度系统

信息中心作为控制枢纽，将生产计划编制、生产系统管理以及供应、销售、质量、财务等系统紧密集成，形成信息化管理模式。铁路物流信息系统及时、准确统计出各台机车、车辆的纯运行时间、单机走行和等待时间等，优化运输生产组织过程，减少日常机车出班数量。利用该系统中的机车综合信息平台，将原冶金企业铁路运输的三级调度（部调、站调、区调），升级二级调度（部调、站调），减少调度人员，节约了命令传达时间，提高了机车使用效率。

4　经济实用的沿海盐碱地绿化技术

首钢京唐钢铁厂场地是利用曹妃甸岛区域的沙源进行填海造地而成，立地条件具有土壤沙化严重，含盐量高，淡水资源稀少，蒸发量大，地力瘠薄，保水保墒差，调控水、肥、气、热等生态因子不足

的特点。据测定分析，这种"海沙土壤"的全盐含量大于 0.6%，pH 值接近 9，氮、磷等营养成分少。另外，全年不小于 7 级风的出现频率为 4.9%，最大风速 25 m/s，空气中水分含盐量高；年最冷月平均最低温度-8.6℃。因此，在如此恶劣的环境上进行大面积绿化，不仅要保证植树种草能成活生长，并且要达到良好的生态环境标准，同时要最大限度地解决降低成本，节省淡水资源等诸多问题。因此，曹妃甸钢铁生产基地的生态环境建设，是一个复杂的系统工程问题。

针对京唐钢铁厂如此大面积吹沙填海造地的场地绿化，必须寻求一种见效快、投资省、施工简洁、成活率高的盐碱地绿化措施，综合考虑经济性、可实施性和最终效果，在植被选择、土壤处理工程措施方面进行了反复试验比较，最终确定：

（1）采用了铺设碎石层-土工布-客土（见图 6）替代传统的铺设盲管-铺设隔离层-换土（见图 7）的创新型绿化工程措施，局部客土抬高地面（见图 8），利用高差进行排水淋盐，达到改土脱盐的目的，同时也增强景观效果的经济合理的工程技术措施。取消盲管铺设、减少换土厚度等，缩短了施工周期，降低了工程投资。

（2）引种优选抗盐生植物。对引种优选的盐生植物在不同的盐碱土壤、不同的土壤改良措施（如

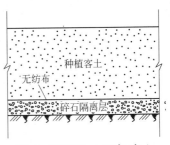

图 6　碎石层-土工布-客土

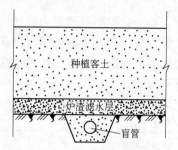

图 7　盲管-隔离层-换土

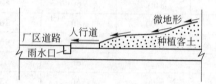

图 8　局部抬高微地形

换土、建排水沟渠、铺设隔离层、造设地形、淡水洗盐、向盐碱地掺杂石膏、黑矾等物质，使其中和土壤中的碱性）下进行栽培试验，选育出适宜不同盐碱类型的盐生植物。

首钢京唐钢铁厂因地制宜，经济实用的绿化设计创造了舒适、优美、协调的厂区生态环境，为生产的顺利进行提供了良好的环境保障。

5　结束语

首钢京唐钢铁厂总图运输系统全面研究开发了我国钢铁厂与港口码头联合的"新型一线型"紧凑、集约、联合和多层的总平面布置，创造了"中国第一个沿海吹沙造地、中国第一个一次性建设规模最大、总图运输系统自主规划设计、自主集成创新的大型综合性钢铁厂"的成功实践及应用。本工程自 2009 年 5 月 21 日 1 号高炉点火送风，2009 年 5 月 23 日高炉出铁，标志着首钢京唐公司钢铁厂总图运输工程全线联动试生产圆满成功，经过近两年的生产运行，各项生产指标运行良好，总图运输指标均已达到了设计水平，充分体现了"布局紧凑、流程优化"的先进性。且产生了良好的经济效益和环境效益。该项目荣获 2010 年度冶金行业优秀设计一等奖、首钢科技一等奖。

首钢京唐钢铁厂总图运输系统创新的成功应用对未来沿海钢铁厂的建设有以下几点启示：

（1）钢铁厂与码头紧密结合的"紧凑、合理"的总平面布局；

（2）铁、钢工序间采用"一罐到底"短界面衔接；

（3）经济实用的盐碱地绿化技术。

该工程已经成为现代沿海新型钢铁厂的示范基地，具有较高的设计借鉴作用和推广应用价值。

参考文献

[1] 殷瑞钰. 冶金流程工程学[M]. 北京: 冶金工业出版社, 2004.

[2] 傅永新, 彭学诗, 等. 钢铁厂总图设计手册[M]. 北京: 冶金工业出版社, 1996.

[3] 雷明. 工业企业总平面设计[M]. 西安: 陕西科学技术出版社, 1998.

（原文发表于《中国冶金》2012 年第 8 期）

论首钢迁安钢铁厂建设总图布置的选择

文　彬　向春涛　王金美　盛开锋

(北京首钢国际工程技术有限公司，北京　100043)

摘　要：目前，首钢迁安钢铁厂一期工程已经建成投产，形成年产 200 万吨钢的生产能力。从有效利用"两种资源"，合理选择建设位置；从充分利用现有生产设施和条件，合理选择建设地点；从生产工艺流程和未来生产发展，合理确定平面布置三个方面，阐述了首钢迁安钢铁厂建设的总图布置，并对我国现阶段现有钢铁厂改造，提出了建设意见。

关键词：钢铁厂；总图布置；合理选择

Reasonable Choice of General Layout of Shougang Qian'an Steel Works

Wen Bin　Xiang Chuntao　Wang Jinmei　Sheng Kaifeng

(Beijing Shougang International Engineering Technology Co., Ltd., Beijing 100043)

Abstract：Recently, this project with production of 2 Mt/a for the first phase of Shougang Qian'an Steel Works has been completed and put in operation. This paper describes general layout of the steel works and presents some constructive suggestions about the reconstruction of the existing steel works in our contry from three aspects, the reasonable choice of construction position in the case of the effective use of two kinds of resources, concerning the full use of the equipment facilities and conditions to select the constrction places and taking account of the technology process and production development in the future to determine the logical plan disposition.

Key words：steel works; general layout; reasonable choice

1　引言

首钢迁安钢铁基地是首钢钢铁生产的重要原料供给基地，拥有国内最大的采矿和选矿生产能力，以及配套的球团和烧结生产线。根据首钢钢铁产业总体发展规划，将分阶段逐步压缩北京地区的钢铁生产规模，调整钢铁产业的品种结构及空间布局结构。目前，首钢迁安钢铁厂一期工程已经建成投产，形成年产 200 万吨钢的生产能力。本文结合我国现阶段钢铁厂建设的实际条件，阐述首钢迁安钢铁厂建设空间布局和总图布置的合理选择。

2　建设规模及主要工艺装备

2.1　建设规模

根据首钢钢铁产业发展规划，落实北京市城市建设"国家首都、国际城市、历史名城、宜居城市"的战略定位和发展目标，同时，积极为把 2008 年北京奥运会办成一个"科技奥运、人文奥运、环保奥运、绿色奥运"创造条件，首钢将按照国家和北京市的要求，分阶段压缩北京地区的钢铁生产规模，逐步调整钢铁产业的空间布局，最终停止在北京地区的钢铁冶炼生产。

因此，根据首钢在 2008 年压缩北京地区 400 万吨钢铁生产能力的实施方案，新建钢铁厂的建设规模确定为年生产能力 400～450 万吨钢。按照总体规划，分步实施的原则，分期进行建设。其中，一期建设规模为 200 万吨；二期达到 400～450 万吨规模。

2.2　主要工艺装备

根据建设规模，钢铁厂的主要工艺装备为：

炼铁：2 座 2650m³ 高炉（一、二期各 1 座），3

台 7000m³/min 高炉鼓风机（一期1台，二期2台）。

炼钢：3座210t顶底复合吹炼转炉（一期2座，二期1座）；2台八流方坯连铸机（一期），2台双流板坯连铸机（二期）；2座500m³白灰套筒窑（一、二期各1座）。

轧钢：2160mm热带轧机生产线一条（二期）。

制氧：1套23000m³/min制氧机（一期），1套35000m³/min制氧机（二期）。

3 区域位置选择

3.1 我国钢铁工业建设的发展方向

目前，我国现有的大多数钢铁厂都是靠近国内原料产地，或靠近城市建设，其优点是可以大大缩短大宗原、燃料以及成品销售的运输距离，减少钢铁厂的生产成本和运输成本。但是，随着我国矿产资源的逐渐减少，很多钢铁厂需要进口大量的原、燃料来保证钢铁的持续生产，单纯地考虑靠近国内原、燃料产地，或者靠近产品主要销售地点建设钢铁厂，已不适应钢铁工业生产发展的要求。2005年，我国钢铁厂进口铁矿石2.75亿吨，占全球铁矿石海运贸易量的40%多。因此，在发展我国钢铁工业的道路上，钢铁厂区域位置的选择就有了"资源型"和"港口型"两种建设思路。

在沿海港口建设钢铁厂，最大的优点是能够充分利用"两种资源"，特别是利用国外的矿产资源，缩短原料的运输距离，降低原料的运输成本。但是，在沿海建设钢铁厂需要配套建设港口码头，相应的铁、公路运输线路，以及公辅系统和市政设施，甚至需要围海造地和开挖港池。因此，在沿海建设钢铁厂具有建设周期长、投资大，建设配套设施多的缺点。

根据我国钢铁工业现状和我国港口资源条件，我们不可能将所有钢铁厂都建设在沿海，只能将一些符合国家钢铁产业政策，符合国家钢铁工业布局，具有建设规模大的大型钢铁厂建设在沿海。因此，现阶段我国钢铁工业建设的发展方向，仍然要坚持走"资源型"和"港口型"两种建设道路。

3.2 迁安矿区建设钢铁厂的有利条件

（1）首钢在迁安矿区建有自己的原料生产基地，有大石河、水厂两座铁矿，年采矿能力2800万吨。每个铁矿都有各自的选矿厂，选矿能力与采矿能力相互配套，其中大石河1000万吨，水厂1800万吨。同时在唐山地区也有丰富的煤炭资源——唐山开滦煤矿，以及钢铁生产所需的各种辅料，如石灰石、萤石、白云石等，满足钢铁厂80%的大宗原、燃料需求，为钢铁厂的建设提供了一定的资源条件。

（2）首钢在大石河矿区建有年生产能力320万吨的球团厂，年生产能力700万吨的烧结厂，近期又合资建设了年生产能力220万吨的焦化厂。炼铁所需的球团矿、烧结矿和焦炭均可全部依托现有生产厂供给，不用建设球团、烧结、焦化和大型原、燃料堆场，及相应配套的公辅设施。同时钢铁生产每年产出的高炉渣、转炉渣，各种含铁、含碳、含钙除尘灰，及高炉返矿、返焦等都可以作为球团、烧结原、燃料使用，各种除尘灰可作为再生资源依托球团、烧结厂进行消纳，充分利用各种资源，发展循环经济。焦化生产除能满足高炉生产所需焦炭外，还可供应钢铁厂所需的优质气体燃料——焦炉煤气。

（3）任何一座钢铁厂的建设都需要外部铁路运输系统的支持，以满足钢铁生产运输需要。首钢迁安矿区地理位置优越（见图1），已经形成了完善的铁路运输网络，拥有自己的铁路专用线和铁路站场，并与国家铁路干线——京秦线和京山线相接，东距秦皇岛港90km，南距京唐港125km，一些原、燃料和部分产品可利用现有港口进出，使钢铁厂既能使用当地资源，也能充分使用进口资源。

（4）迁安矿区有比较好的供电条件，电力资源丰富。区域内有新庄、刘东庄和赵店子3座220kV变电站。钢铁厂可分别由新庄、刘东庄和赵店3座变电站引入电源，外部供电满足钢铁厂用电需要。

（5）迁安矿区有比较好的供水条件。迁安矿区位于滦河流域，是水资源条件相对较好的地区。近期可以利用现有滦河流域的张官营地下水源地设施，远期可以开发滦河流域西里铺地下水源地，水资源满足钢铁厂用水需要。

（6）在迁安矿区建设钢铁厂，符合迁安市"依托首钢，建设中等城市、钢铁迁安"的总体规划设想，得到当地各级政府的支持，并可享受一定的优惠政策。

综上所述，首钢压缩北京地区钢铁生产规模，转移到迁安矿区建设是合理的，具有了"资源型"和"港口型"的双重建厂条件。原料供应主要依靠首钢的原料生产基地，不足时，可通过短途运输从港口进口国外资源。钢铁厂生产的成品也可辐射京、津、唐地区，市场空间比较广阔。

4 建设地点选择

建设地点的选择是一项经济性和技术性很强的综合性工作，其选择的优与劣，将对钢铁厂的建设投资、建设工期、生产运营、未来发展等产生重大影响。

根据迁安矿区的自然条件，现有各种生产设施

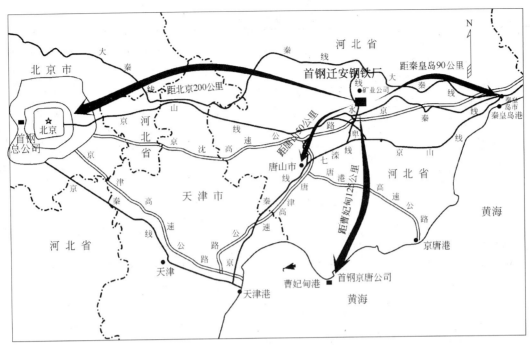

图 1　首钢迁安钢铁厂地理位置图

分布，经过多方案比较，最终选择两个比较好的建设地点，从三个方面进行比选。

4.1　技术条件比较

厂址一位于刘东庄村南部，野鸡坨-兴城公路的东侧，场地为农田，西距首钢迁安矿区球团厂、烧结厂 4.0km。厂址二位于车辕寨村南部，卑家店-杨店子公路的东侧，场地为河滩，西距首钢迁安矿区球团厂、烧结厂 0.2km。

两个厂址的建设位置如图 2 所示，技术条件比较见表 1。

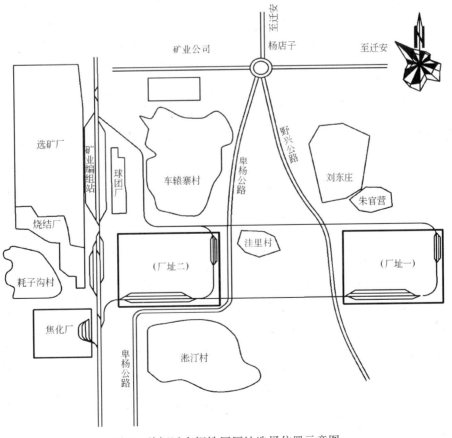

图 2　首钢迁安钢铁厂厂址选择位置示意图

表1 技术条件比较

序号	技术条件		厂址方案	
			I	II
1	厂址位置（建设地点）		刘东庄村南	车辕寨村南
2	厂区用地	用地面积/万 m²	228	228
		发展条件	不受限制	有一定局限
3	厂区地势	地势走向	西高东低	东北高西南低
		地势高差/m	3（最大）	15（最大）
4	防洪、排涝工程		—	改移西沙河
5	土地类别		农田	河滩
6	地质条件	土壤种类	粉质黏土	粉质黏土
		地下水深度/m	1~15	0.3~12.8
7	铁路接轨	接轨条件	一个接轨站	两个接轨站
		接轨线长度/km	4.6	0.6
8	公路连接	连接条件	野兴公路（好）	卑杨公路（好）
		连接线长度/km	长度短（紧靠厂区）	长度短（紧靠厂区）
9	拆迁（除）工程量/万元		—	9814
10	土石方填、挖工程量/万 m³		挖方180，填方170	挖方233，填方566
11	给水条件		具备	具备
12	排水条件		差	好
13	供电条件		好	好
14	依托现有生产设施条件		条件差	条件好

通过技术比较，两个厂址均可满足建设条件。厂址一占地基本是农田，地形开阔平坦，有足够的发展空间，但距现有球团厂、烧结厂远，原、燃料运输距离长，依托条件差，铁路接轨条件差，只有一个接轨站，接轨线路长。厂址二占地基本是河滩，地形比较狭窄，预留发展空间受限，但距现有球团厂、烧结厂近，原、燃料运输距离短，依托条件好，铁路接轨条件好，有两个接轨站，接轨线路短。

4.2 建设费用比较

厂址一地形开阔平坦，土石方工程量少，拆迁工程量少；但占地基本是农田，征地费高，距现有球团厂、烧结厂远，原、燃料运输距离长，配套设施建设投资高。

厂址二地形高差较大，土石方工程量和地基处理工程量大，拆迁工程量大，需对现有的西沙河，以及卑杨公路进行改移；但占地基本是河滩，征地费低，距现有球团厂、烧结厂近，原、燃料运输距离短，配套设施建设投资少。

两个厂址的建设费用见表2。

4.3 运营成本比较

厂址一距现有球团厂、烧结厂远，原、燃料运输距离长，运营成本高。厂址二距现有球团厂、烧结厂近，原、燃料运输距离短，运营成本低。

两个厂址的运营成本比较见表3。

表2 建设费用比较

项目	工程费用名称		单位	厂址一			厂址二		
				数量	单价/万元	金额/万元	数量	单价/万元	金额/万元
场地开拓工程	土地购置		亩	3846	5.5	21153	3240	3.5	11340
	西侧排洪沟改造		m				1600	0.7375	1180
	卑杨公路改移		km				3.96	317.68	1258
	西沙河改移		m				2690	2.06	5546
	鸽子湾排洪沟改造		m				824	0.415	342
	民房拆迁		户				186	8	1488
	土方工程量	挖方	万 m³	180	15	2700	233	15	3495
		填方	万 m³	170	10	1700	566	10	5660

项目	工程费用名称	单位	厂址一			厂址二		
			数量	单价/万元	金额/万元	数量	单价/万元	金额/万元
运输工程	铁路接轨线	km	4.6	300	1380	0.6	300	180
	联络公路（兼管架检修道）	km	4	300	1200			
	焦化至高炉运送焦炭胶带机	m	4740	1.1	5214	740	1.1	814
	高炉返矿胶带机	m	4000	1.1	4400	200	1.1	220
	烧结至高炉运送烧结及球团矿胶带机	m	4000	1.1	4400	200	1.1	220
煤气工程	架设焦炉煤气管道	m	4740	0.2	948	740	0.2	148
	架设高炉煤气管道	m	4740	0.35	1659	740	0.35	259
其他	地基处理	万元			5000			10000
合　计		万元			49754			42150

表3　运营成本比较（按最终规模计算）

序号	名　称	厂址一			厂址二		
		运量/万吨	运距/km	运费/万元	运量/万吨	运距/km	运费/万元
1	胶带机运烧结矿	612	4	1468.80	612	0.2	122.4
2	胶带机运球团矿	108.9	4	261.36	108.9	0.2	13.07
3	胶带机运焦炭	174.5	4.74	496.28	174.5	0.74	77.48
4	胶带机运返矿	89	4	213.6	89	0.2	10.68
5	汽车运返焦	19.7	4	55.16	19.7	0.2	2.76
6	汽车运瓦斯灰	6.6	4	18.48	6.6	0.2	0.92
7	汽车运除尘灰	10.92	4	30.74	10.98	0.2	2.20
8	汽车运红泥	24.75	4	69.30	24.75	0.2	3.47
9	火车运钢渣	54	25.6	276.48	54	17.0	183.60
10	火车运石灰石	72	36.6	527.04	72	28	403.20
11	火车运水渣	150	25.6	768.00	150	17.0	510.00
12	运营费合计/万元	4185.24			1329.78		
13	运营费差值/万元	2855.46					

注：胶带运营费按 0.6 元/(t·km)计算；汽车运营费按 0.7 元/(t·km)计算；火车运营费按 0.2 元/(t·km)计算。

通过三个方面的比较表明：虽然厂址一的场地技术条件略优于厂址二，但依托现有生产设施的条件较差，因而在建设费用、运营成本方面劣于厂址二，其建设费用相差 7604 万元、运营成本相差 2855.46 万元。因此，方案二是钢铁厂建设的实施方案。

5　平面布置方案选择

选定的钢铁厂厂址位于车辕寨村南部，坐落在原有西沙河的河滩地上，其西侧为首钢矿区球团厂、烧结厂，矿区卑水铁路专用线和铁路编组站；南与淞汀村毗邻，东侧紧靠洼里村。厂址地形东北高，西南低，海拔标高在 72~88m 之间，最大高差约 16m，自然地面坡度在 1%~5% 之间。在厂址中部，有西沙河，以及卑杨公路由北向南穿过。

根据厂址周边环境和外部设施条件，总平面布置力求与现有生产系统紧密联系，紧靠现有原、燃料生产基地，确保物流运输短捷、顺畅、高效。根据原、燃料供应和铁路接轨方向，总平面布置考虑了两个方案，并从两个方面进行比较。

5.1　工艺衔接比较

方案一平面布置采用南北向串联布置方式，将两座高炉南北向布置在厂区南侧，然后按冶金工艺流程由南向北依次布置炼钢、轧钢工序。方案二平面布置采用西东向并联布置方式，将两座高炉南北向布置在厂区西侧，然后按冶金工艺流程由西向东依次布置炼钢、轧钢工序。两个方案的平面布置分别如图3和图4所示。

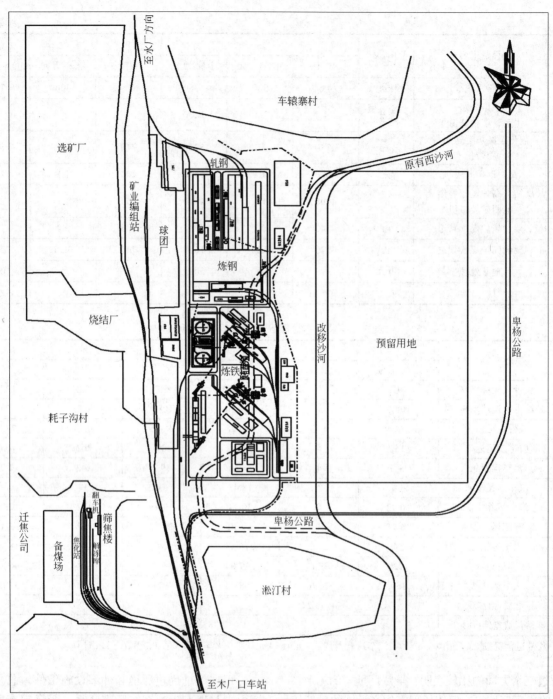

图 3　首钢迁安钢铁厂南北向布置方案示意图

方案一将炼铁、炼钢、轧钢各生产系统紧靠球团、烧结布置，南部作为原料进口，北部作为成品出口，但后部轧钢系统布置用地明显不足，工艺衔接形成折返运输。方案二将炼铁生产系统紧靠球团、烧结布置，西部作为原料进口，东部作为成品出口，后部轧钢系统布置用地宽敞，工艺衔接顺畅、合理。

5.2　未来发展比较

方案一将厂址东部作为预留发展用地，远期生产设施的布置比较困难，场地比较狭窄，且与已经形成的各工序之间的衔接不畅，特别是球团、烧结与炼铁之间，炼铁与炼钢之间的衔接不畅，物料运距较远，预留发展条件不好。方案二将厂址北部作为预留发展用地，远期生产设施的布置比较容易，场地比较宽敞，且与已经形成的各工序之间的衔接顺畅，特别是球团、烧结与炼铁之间，炼铁与炼钢之间的衔接顺畅，物料运距较近，预留发展条件较好。

综上所述，从工艺衔接角度，特别是从今后的发展条件和物流的顺畅角度考虑，方案二具有较明显的优势，因此我们采用了东西向并联的平面布置形式。

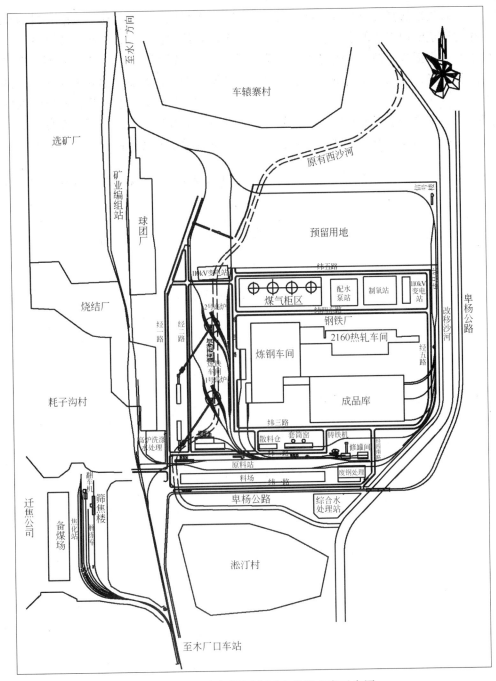

图4　首钢迁安钢铁厂东西向布置方案示意图

6　结语

首钢迁安钢铁厂的总图布置，是经过区域位置、建设地点及平面布置三个方面的充分论证，多方案比选和分析后而确定的总图布置设计方案，其特点：一是用地面积小，占地面积235万 m²，吨钢占地面积为 0.52m²，如果将球团厂、烧结厂、焦化厂用地面积统一计算，吨钢占地 0.70m²，具有相当先进的水平。二是物流运距短捷、顺畅，运营成本低，运输效率高，吨钢运输指标先进。三是总图布置整齐，功能分区明确，预留发展条件好。从目前钢铁厂的生产运行来看，各项生产技术指标和经营指标正常。

综上所述，首钢迁安钢铁厂的总图布置是科学合理的，钢铁厂的建设是成功的。

随着我国钢铁企业产能的不断扩大，铁矿、煤炭等不可再生资源的逐步减少，以及现代城市规模的逐渐扩张，城市中的钢铁厂往往受到用地、资源、环境、运输等方面的严重制约。钢铁企业如何进行技术改造和产品升级，寻求发展空间，进一步提高产品竞争力，是各钢铁企业需要认真研究和探讨的课题。首钢迁安钢铁厂在依托现有生产设施基础上建设的成功经验，对国内现有钢铁厂的改建或扩建，有如下几点启示：

（1）钢铁厂建设区位的选择，要充分研究资源的有效利用，科学合理地选择建设区域。对于没有固定或有一定相对稳定资源来源的企业，都应当研究资源的有效供给。根据资源条件，进行适度规模的改造，进行产品升级，提高产品竞争力，不应盲目地增产扩能。

（2）钢铁厂厂址的选择和平面布置，应充分遵循物流的顺畅、短捷、高效的设计原则，尽量靠近原、燃料供应基地，避免大宗物料的长距离运输，努力降低运输成本，提高产品效益。

（3）随着冶金生产工艺的不断进步、产品质量的不断升级，产业结构的不断调整，钢铁厂都不可避免的要进行后期改扩建，所以钢铁厂设计一定要充分考虑今后的发展空间，在总平面布置时要留有足够的预留发展用地。

（原文发表于《工程建设与设计》2006年第1期）

试论首秦钢铁厂总图布置的创新设计

高善武　文　彬　马伟强　王金荣

(北京首钢国际工程技术有限公司，北京 100043)

摘　要：首秦钢铁厂是一个采用传统工艺、长生产流程的现代化钢铁厂。通过设计理念上的创新，设计方法的创新，优化工艺流程，优化工艺布局，实现钢铁厂平面布置紧凑、顺畅、整齐、美观，实现物料运输清晰、流畅、短捷、高效，成为冶金生产常规工艺流程紧凑式总图布置的示范性工厂。本文详细、系统地阐述了首秦钢铁厂总图布置的特点，为我国中小型钢铁厂的设计提供了典型经验。

关键词：钢铁厂；紧凑式；总图布置；先进性

On Innovation Design Property of General Layout of Shouqin Iron and Steel Plant

Gao Shanwu　Wen Bin　Ma Weiqiang　Wang Jinrong

(Beijing Shougang International Engineering Technology Co., Ltd., Beijing 100043)

Abstract：Shouqin Iron and Steel Plant is such an Iron and Steel Plant to adopt a traditional process and a long production process for production. The said Plant, due to its creative design concept and method, optimized process flow and layout, realizes the target of a compact, smooth, orderly and beautiful layout plan of the Plant, reaches the purpose of a clear, smooth, short and high-efficient material transport so as to become an exemplary plant with a compact general layout of conventional process flow in metallurgical production. The present article describes in detail and systematically the advanced property of general layout of Shouqin Iron and Steel Plant and provides a typical experience for design of medium-sized and small-sized iron and steel plants in our country.

Key words：iron and steel plant; compact type; general layout; advanced property

1　引言

钢铁工业是我国所需的支柱产业，也是高投入、高能耗、高污染的行业。钢铁生产如何实现资源利用最大化和环境污染最小，走循环经济的发展道路，一直是我们从事冶金钢铁企业设计的理论工作者和实践工作者在努力探索的重大问题。

首秦钢铁厂在设计过程中，对常规钢铁厂设计中存在的种种弊端进行了反思，创立了新的设计思想，创造性地设计并建设出了冶金生产常规工艺流程紧凑式总图布置的示范性工厂。

2　钢铁厂平面布置

2.1　生产工艺配置

首秦钢铁厂是一个设计有原料、烧结、炼铁、炼钢、连铸、轧钢的长流程钢铁厂，是在首钢秦皇岛中板厂的基础上，进行工艺技术、生产装备、产品产能升级和提高的配

套改造工程，按照一次规划、分期建设的发展模式进行设计和建设，一期工程达到年产板坯 100 万吨能力，二期工程通过进一步工艺优化和配套建设，实现年产板坯 260 万吨规模。

主要生产工艺配置有：

原料：大型多功能全封闭集成料库。

烧结：2套170m²环冷烧结机。

炼铁：1座1200m³高炉；1座1780m³高炉。

炼钢：3座100t转炉。

连铸：2台板坯连铸机。

轧钢：1条4300mm中板生产线。

2.2 平面布置

首秦钢铁厂位于我国著名的海滨旅游城市——秦皇岛市西北方向6km处。坐落在汤河流域东、西支流间的河滩地上，东距秦皇岛—青龙公路1km，距秦皇岛—杜庄地方铁路1.5km。厂区用地东西长1498m，南北宽1140m，工程占地面积1.7km²。根据厂区自然地形，以及物料运输方向，平面布置工程以功能—结构—效率的系统优化为原则，通过对钢铁生产流程"界面技术"的分析和研究，在对各单元工序和单元过程进行优化的基础上，对整个生产工艺流程进行系统优化。总图布置以"流"为核心，体现工序之间的物质流、能源流、信息流"在线"生产过程理念，力求钢铁生产工艺流程在动态运行过程中有序、简捷、高效、协调，体现新一代钢铁厂总图布置的特点，平面采用了"U"型布置形式（见图1）。

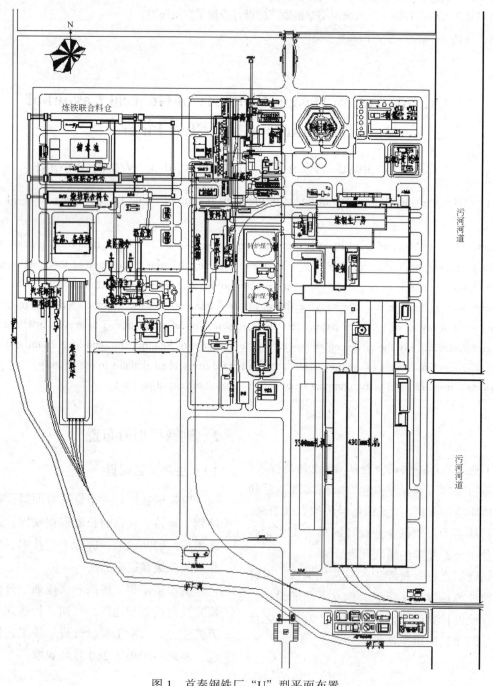

图1　首秦钢铁厂"U"型平面布置

钢铁厂铁路编组场布置在南部，原料经铁路运至南侧翻车机，卸后经胶带机由南向北进入烧结联合料仓和炼铁联合料仓；炼铁原材料、燃料经炼铁联合料仓胶带机直接进入高炉，铁水用鱼雷罐车运至炼钢车间，经过炼钢、连铸、轧钢，最后成品由南部出厂，整个物料的流程呈"U"字型，各工序之间按照工艺的要求进行衔接，使流程紧凑、短捷、高效，实现了物料在生产中的运输。

钢铁厂布置整齐美观、功能分区明确，分为东、中、西三区。西区为原料和烧结区，由南向北依次布置汽车卸料间和翻车机设施、烧结联合料仓、烧结车间、炼铁联合料仓；中区为炼铁区，由北向南依次布置高炉、铁路冶车站和煤气柜设施；东区为钢轧区，由北向南依次布置炼钢、连铸、轧钢。各区通过优化工艺流程，使工艺流程更紧凑，总体布置合理，占地面积小，吨钢占地 0.65m²，与国内外先进钢铁厂相比，占地指标达到先进水平（见表1）。

表1 首秦钢铁厂占地指标对比

名称	国外某大型钢铁厂 （规模：1500 万吨/年）		国内某大型钢铁厂 （规模：1500 万吨/年）		首秦钢铁厂 （规模：260 万吨/年）	
	占地面积 /万 m²	单位用地 /m²·t⁻¹	占地面积 /万 m²	单位用地 /m²·t⁻¹	占地面积 /万 m²	单位用地 /m²·t⁻¹
料场	193	0.129	189	0.126	22×10⁴	0.085
焦化	67	0.045	137	0.091	—	—
烧结	40	0.027	62	0.041	7.03×10⁴	0.027
炼铁	116	0.077	120	0.080	14.6×10⁴	0.056
炼钢	351	0.234	231	0.154	14×10⁴	0.054
轧钢			403	0.269	27.42×10⁴	0.105
其他	233	0.155	1044	0.696	83.55×10⁴	0.321
合计	1000	0.667	1860	1.240	168.6×10⁴	0.648

3 总图布置的创新设计

3.1 优化物料流程，实现原料"在线"运输

现代大中型钢铁厂的料场布置通常采用露天料场、机械化露天料场、机械化露天料堆与料库、料仓的联合料场三种基本方式，是集储存、供料、计量、混匀、破碎、筛分、配料、运输等各个环节为一体的综合系统。设计上需大面积占用场地布置相应的物料堆存、混匀场地；破碎、筛分设施；配套大量的运输皮带、转运站、堆取料设备等，其特点是料场占地面积大，堆存利用系数小，生产过程繁琐，系统管理复杂，环境污染治理困难，形成料场"四多"现象，即占用土地资源多、粉尘无组织排放多、原料消耗损失多、装卸倒运次数多。

随着生产技术和信息通信技术的不断进步，物流运输观念不断演进的趋势下，物料储运应当追求一种过程简单化、生产高效化、管理最佳化、利益最大化。为创新原料系统设计，扬弃传统料场工艺流程，克服常规料场布置方式的缺陷，首秦钢铁厂采用了一种占地面积小，堆存系数大，物料存取灵活方便，环境污染能够控制的新型自动化料库——大型多功能全封闭集成料库（见图2）。

大型集成料库从原材料、燃料进入翻车机、汽车卸料间卸料后，直接经皮带运至烧结精矿库、煤库、配料仓、炼铁联合料仓，供料系统只需经过一次转运，物料一次到位，没有往复运输。整个系统完成原材料、燃料的卸车、储存、计量、混匀、破碎、筛分、配料、供料及除尘，实现物料全封闭、高效率、数字化"在线"运输。其设计思路是对物料进行不落地的运输生产管理，将翻车机系统、汽车卸料间、烧结料仓精矿库、烧结料仓配料室、焦丁破碎间和炼铁联合料仓 6 个子系统进行集成，形成一个全封闭的生产环境，达到生产集中管理，环境集中治理的效果，为生产管理整体自动化、运行完全数字化创造条件。无论是受料流程还是供料流程，减少中间环节，最大限度利用下道工序的"在线"设备——料仓，采用一次性大容量贮仓加上直接供料的方式完成整个原料准备及生产过程。由于取消常规料场配备的大量堆取料机、混匀机及相应的皮带运输系统，减少大量的物料转载和辅助配套设施，节约了大量工程投资；由于最大限度地减少中间运输环节，减少了生产运行成本；由于取消庞大的露天料场，节省了大量的工程用地（按露天料场标准需占地 53.33 公顷）。

我们对首秦钢铁厂大型多功能全封闭集成料库与国内同等规模的露天料场之间进行了指标对比

（见表2）。可以看出，大型多功能全封闭集成料库，除了存贮时间短外，在其他指标上均占优势，尤其是在节约土地资源、节约能源、环境保护和提高劳动生产率等方面有明显的优势。

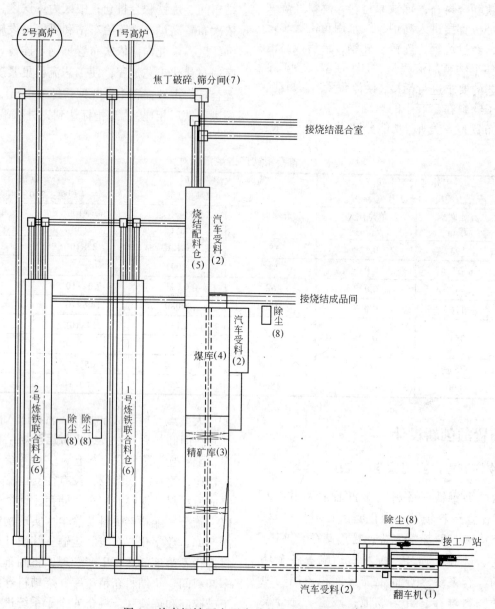

图2　首秦钢铁厂大型多功能全封闭集成料库

表2　首秦钢铁厂大型多功能全封闭集成料库与国内同规模露天料场指标对比

序号	指　标	首秦原料库	国内同规模原料场
1	料场形式	全封闭大型料库	露天堆场
2	来料方式	火车+汽车+罐车	船+火车+汽车
3	来料条件	合格来料，不设筛分	合格来料，不设筛分
4	年来料量/t	220×10^4	280×10^4
5	火车卸料方式	翻车机	链斗卸车机
6	主要料种存贮时间/d	8～25	40～60
7	工艺设备质量/t	1500	2200
8	工艺装机容量/kW	2000	3000
9	胶带机数量/台	13	37
10	工艺设备投资估算/万元	2400	3000
11	工人劳动定员/人	60	115

3.2 合并相关工艺设施，优化工序衔接

常规钢铁厂的料仓大都按照贮料、配料、供料独立设置，相关工艺各成系统。首秦钢铁厂的料仓设计和平面布置，是在对工序功能认真分析、分解的基础上，优化工序衔接，合并相关工艺设施，设计出联合料仓，使整个系统流程短捷、紧凑。

烧结联合料仓将烧结精矿仓和配料仓的功能集于一体，合并布置。精矿库既可直接接受翻车机和汽车卸料间的来料，通过胶带机上的重型卸料车直接卸到指定存料部位，也可直接接受自卸汽车运来的矿粉、煤粉或焦粉，起到与胶带机上料系统互补的作用。所有入库的矿粉均由两台桥式抓斗吊送到库内的配料仓中，供配料使用。配料仓与精矿仓呈一列式布置，出口用一条胶带机连接，将精矿粉、熔剂燃料等原料一次配齐后运出，最大限度地减少了物料的周转。

炼铁联合料仓采用"三位一体"创新设计，即将贮料、配料、供料三种功能集于一体，直接接受、存贮高炉炼铁所需要的焦炭、烧结矿、球团矿、杂矿等全部原材料、燃料，仓下还能直接替代高炉炉前料仓配、供料。炼铁联合料仓的受料部分，设两条 1.2m 宽带重型卸料车的胶带机，可直接接受翻车机和汽车卸料间运来的物料，并向下部贮仓卸料。在联合料仓的一端设有专用烧结成品矿贮仓，接受烧结成品矿胶带机输送来的成品烧结矿。仓下配料胶带机与高炉上料胶带机合二为一，直接上料，减少转运。

3.3 改变工序衔接，优化工艺流程

在传统的烧结生产工序中，一次混合与二次混合厂房都是分开布置，两者之间采用胶带机连接。首秦钢铁厂在烧结一次混合与二次混合的平面布置中，创造性地将一次混合与二次混合联合布置在一个厂房内（见图3），利用竖向空间，采用一次混合在上、二次混合在下，两者之间使用溜槽直接连接的形式，既满足工艺要求，又优化了工艺流程。这种自主创新设计的紧凑型烧结工艺平面布置，从配料室—混合室—烧结主厂房—成品筛分—炼铁联合料仓，各工序之间只用一条胶带机连接，整个烧结区域只有一个转运站，使得总图布置更加简洁、紧凑、高效。采用这种紧凑型平面布置后，不仅胶带机通廊数量减少一半，占地面积也比同等规模的常规烧结厂减少一半，大大降低了建设成本和生产成本。

3.4 集中公辅系统，紧凑总图布置

钢铁厂的供水系统历来是占地面积大，设施分

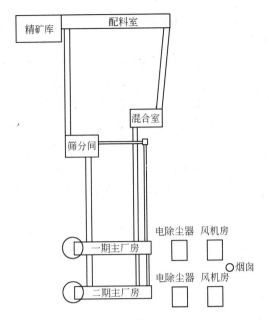

图3　首秦钢铁厂烧结车间平面布置

散多，各生产系统相互独立，自成体系。在首秦钢铁厂供水系统的总图设计中，根据各生产用水水质、水压、用水制度情况，将烧结、炼铁、炼钢、连铸各车间对用水水质、水压要求类似的各循环水系统进行合并，集中设置一个全厂性的联合泵站；将转炉烟气净化用水、烧结混料、冲洗用水等设置一个浊环水系统，使分散、复杂的水处理系统变得集中、简单和便于管理。

联合泵站设计成新颖别致的六角形，将炼铁、炼钢、连铸等重要用户的泵组，分别布置在紧靠各自车间方向的子泵房内。泵站首层布置水泵及加药设备，屋面布置冷却设施，吸水池上面布置旁滤设施；各系统供水管线通过地下管廊呈放射状由中心向四周用户供水，回水管线通过地下管廊由各车间先向泵站汇集，分别上塔冷却后进入供水吸水池，再由不同泵组向各车间加压循环使用。

首秦钢铁厂供水系统设计，没有按照各车间分散布置、条形布局的设计思路和方法，创造性的将各车间循环供水系统集中设置在一个六角形联合泵站内，由此，使给排水建构筑物和设施紧凑、集中，管线交叉少，布置合理，充分体现出"集中、高效、节能、环保"的设计理念。

4　结束语

首秦钢铁厂建设在环境优美的海滨城市——秦皇岛，其独特的地理位置，使我们从开始设计时，就刻意追求一种全新的设计理念，在保证技术先进的基础上，突破传统冶金生产长流程工艺布置的局限，在优化物流运输、优化工艺流程、优化公辅配

置三个方面，采用新工艺和新技术，实现总图布置的最优化。

首秦钢铁厂的设计充分体现了"紧凑型、高效型、循环型、节能型、清洁型、环保型、数字型"的设计理念，最终将首秦钢铁厂建设成布局紧凑、节能高效、清洁环保、可持续发展的现代化钢铁厂。世界钢铁业资深专家、冶金行业旗帜性企业——美国纽柯公司 Castrip Co.总经理在参观首秦一期工程后发出感慨："从未见过如此漂亮的钢厂。首秦钢铁厂不管在工艺设置上，还是在总平面布置上完全优于纽柯公司，这不是工厂，而是一座艺术品。"可以说，首秦钢铁厂的设计和建设在我国钢铁行业树立了一面新的旗帜。

首秦钢铁厂自 2003 年 5 月开始建设，于 2004 年 6 月一期工程建成投产，达到年产钢 $100×10^4$t 设计规模。通过两年来的生产实践，工艺生产及设备运行正常，各项技术、经济、环保指标均持续稳定达到设计要求，取得了显著的经济效益和社会效益。

（原文发表于《工程建设与设计》2006 年第 1 期）

铁水运输"一包到底"技术的应用和探讨

唐晓进　唐武斌　李　勇

（北京首钢国际工程技术有限公司，北京　100043）

摘　要：通过分析各种传统铁水运输技术的优缺点，得出了现代大型钢铁厂采用"一包到底"技术运输铁水具有突出优势的结论。经过广泛深入的研究和探讨，阐述了该技术在首钢京唐钢铁厂实际应用的可行性，对今后新建钢铁厂具有指导意义。

关键词：铁水运输；一包到底；界面技术；应用

Discuss of the Application of One-ladle-through Technology in Molten Iron Transportation

Tang Xiaojin　Tang Wubin　Li Yong

(Beijing Shougang International Engineering Technology Co., Ltd., Beijing 100043)

Abstract: Through the analysis of various advantages and disadvantages of traditional molten iron transportation technology, it is concluded that the modern large iron and steel plant has huge advantage when "One-ladle-through" technology is adopted. After extensive research and discussion, the practical application feasibility of this technology in Shougang Jingtang Iron and Steel Plant is elaborated, which has a guiding significance for the new steel plant.

Key words: molten iron transport; one-ladle-through; interface technology; application

1　引言

根据冶金流程工程学理论，结合首钢京唐钢铁厂工程，设计从各衔接界面、空间架构和钢铁厂的结构模式，来综合考虑钢铁厂的整体设计合理性、空间结构与平面布置等静态结构以及时间与运行等动态结构方面的协调优化；运用工序间的界面技术来实现京唐钢铁厂高效、优质、低耗的目标。铁水运输是钢铁厂各工序间的一项重要界面技术。由于不同的铁水运输技术所具备的功能不同，且其运输组织方式也有所区别，因此对入炉铁水的温度、成分、质量都将直接产生影响，这不仅关系到产量和工序能源消耗等，而最关键的是将影响到产品质量。正因如此，铁水运输界面技术的研究得到了国内外冶炼专家的广泛关注，专家们分别从不同的角度提出新的要求，并把铁水运输纳入工艺的一部分统筹考虑。

2　钢铁厂传统铁水运输技术的分析

目前，钢铁厂铁水运输方式有汽车运输、沟槽运输、轨道运输三种。

2.1　汽车运输形式

铁水采用汽车运输形式起源于西方国家。当时，西方汽车运输业相当发达，由于汽车运输形式可直接采用炼钢工艺铁水罐，既减少了工艺环节，又具有灵活性，因此在一些中、小型高炉、转炉采用了该种方式。随着高炉的大型化，汽车运输形式逐渐被淘汰。

2.2　沟槽运输形式

沟槽运输铁水形式又称"嘴对嘴"方式，是冶金界普遍追求的理想化运输方式。该运输形式是通过沟槽将铁水从高炉直接送到炼钢车间混铁炉。由于该方式可取消轨道运输或汽车运输这一中间环节，不仅使铁水运输距离更短捷，而且因减少了铁水运输的中间环节，从而真正实现了铁-钢间的短界面衔接。但由于沟槽运输铁水形式不能实现多个炼钢车间的铁水调换，且多铁口大高炉的沟槽布置较困难。因此，实际应用沟槽形式运输铁水的钢厂却寥寥无几。

2.3 轨道运输形式

轨道运输形式分为两种，一种是常规铁路运输形式，另一种是渡车运输形式。渡车运输形式类似"嘴对嘴"方式，所不同的是用轨道渡车替代沟槽。该运输方式不仅具有沟槽运输方式的特点，而且轨道布置比沟槽布置更具有灵活性。

常规铁路运输形式是钢铁厂广泛采用的一种方式。该运输形式按照承载铁水容器的不同又分为普通敞口罐运输、鱼雷罐车运输方式。

2.3.1 普通敞口罐运输形式

普通敞口罐运输方式起源最早，且适合各种规模的钢铁厂，是国内外钢铁厂应用最为广泛的传统运输方式之一。该运输方式与混铁炉配合，将完成铁水的运输、缓冲和铁水温度、成分、重量的调剂，

是一种安全、可靠、成熟的铁水运输方式。由于该运输方式能耗高、工艺环节多、环保效果差，因此逐渐被淘汰。

2.3.2 鱼雷罐车运输形式

鱼雷罐车运输方式是在普通敞口罐运输方式的基础上发展起来的一种先进的运输方式。由于该方式具有机动性能好、操作连贯、灵活、保温性能好、稳定性好等优点，而且还具有铁水预处理、调整铁水温度、成分、重量以及缓冲等功能，取消了混铁炉，因此受到了冶金界的青睐。尽管该运输方式有很多优点，但与现代冶金工艺所追求的高效益、低能耗目标比仍然存在差距。一方面，鱼雷罐车运输方式虽具有三脱（脱硫、脱磷、脱硅）的功能，但不能实现全量三脱，三脱效果较差，效率低。另一方面，需建设倒罐坑，增加倒包工序环节，工序环节多，投资大，生产效率低。再则是环境条件没有得到根本的改善，能耗仍然较高。

传统铁水运输方式可归纳为以下四种模式（见图1）：

（1）高炉—受铁罐—混铁炉—兑铁包—转炉模式；

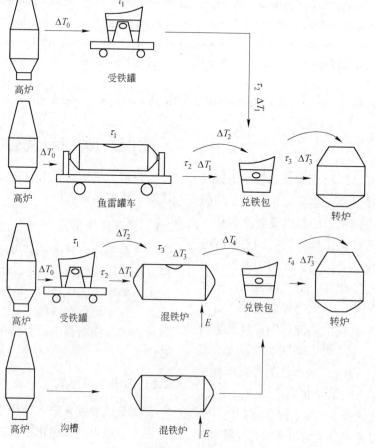

图1 传统铁水运输运行模式

（2）高炉—受铁罐—混铁炉—兑铁包—转炉模式；

（3）高炉—受铁罐—兑铁包—转炉模式；

（4）高炉—鱼雷罐车—兑铁包—转炉模式。

第一、二种模式都适用中小转炉流程，如承德钢厂、济钢等。该模式存在以下问题：

（1）铁水温度降低达 50℃；

（2）铁水在炉内一般平均等待时间为 1h，不仅增加了热量损失，而且容易出现铁水回硫现象，如济钢的平均回硫达 0.005%；

（3）环境污染大，烟尘搜集困难；

（4）混铁炉需要加热保温（燃料为煤气、天然气等），能源消耗较大。

第三种模式是受铁罐和转炉容量不匹配时，需要将铁水从受铁罐倒入兑铁包。如日本 JFE 福山厂，我国也有类似情况，一般属于老厂改造。由于该模式缺少缓冲调节功能，因此属于淘汰模式。

第四种模式是目前大中型高炉-转炉流程较为普遍采用的传统模式，如宝钢等。

3 铁水运输"一包到底"运行模式的特点

铁水运输"一包到底"运行模式又称铁-钢界面技术，是指取消传统的鱼雷罐车，直接采用炼钢铁水罐运输铁水，将高炉铁水的承接、运输、缓冲贮存、铁水预处理、转炉兑铁、容器快速周转及铁水保温等功能集为一体。应用该技术可取消炼钢车间倒罐坑，减少一次铁水倒罐作业，具有缩短工艺流程、总图布置紧凑等特点，可降低能耗、减少铁损、减少烟尘污染，具有较大经济和社会效益。

"一包到底"运行模式为：高炉—炼钢铁水包—预处理（脱硫）—转炉。该运行模式具有以下特点：

（1）承接、运输铁水；进行铁水预处理，并向转炉直接兑铁；

（2）铁水运输线路短捷、顺畅；便于科学组织，合理调度，快速；

（3）周转机车车辆；

（4）铁水运输工艺环节少，生产高效；

（5）铁水运输设备大型化，运行安全可靠；

（6）保温效果好，节能降耗；

（7）准确控制铁水兑入量，满足智能炼钢的要求；

（8）对高炉与转炉生产的波动具有一定的调节功能；

（9）清洁环保；

（10）当今世界冶金工艺所追求的最终目标是快捷、高效、优质，以实现企业的最佳经济效益。而该模式的特点正与现代大型钢铁厂工艺特点相适应，因此研究该技术意义重大。

4 "一包到底"模式运输铁水的技术分析

4.1 减少铁水温降 30～50℃，降低能耗

从高炉运输到炼钢车间的铁水温降主要有两部分：第一部分满罐铁水温降，第二部分为空罐砖衬降温而引起的下次出铁时的温降。设计于 2006 年 8 月对首钢二炼钢厂的 260t 鱼雷罐和 200t 铁水罐进行了铁水温降试验。260t 鱼雷罐正常周转，罐龄为 379 罐，鱼雷罐装铁量为 246t，静置测温 7.5h，平均铁水温降为 0.21℃/min（见图 2）。

对 210t 铁水罐在铁水表面一次性加 200kg 保温剂的条件下进行铁水温降试验。铁水罐龄为 882 罐，铁水装入量为 190t，静置测温 8h，平均温降为 0.14℃/min（见图 3）。

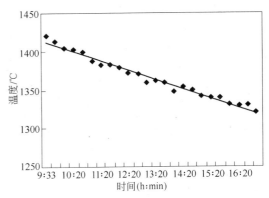

图 2　鱼雷罐运输铁水温降曲线

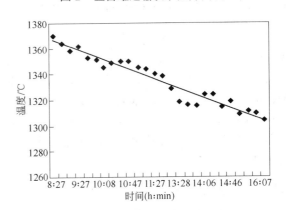

图 3　铁水罐运输铁水温降曲线

宝钢测试了 320t 鱼雷罐在静止状态下铁水温降为 0.2～0.23℃/min，在运动状态下温降为 0.27～0.4℃/min；测试 300t 铁水罐不加盖（加稻壳覆盖）在静止状态下温降为 0.1～0.12℃/min。经分析，首钢二炼钢的温降试验结论与宝钢测试的数据相接近。

设计于 2005 年 11 月的首钢迁钢公司 210t 铁水

罐在不加盖的条件下进行了温度测量。即空罐在环境温度为 0℃的条件下从兑完铁时 925℃起经过 74min 后，可降至 600℃。日本 NKK 福山厂 300t 敞开式铁水罐进行加盖和不加盖试验，从空罐加盖和不加盖的温降曲线可知，900℃空罐经 5h，加盖空罐降温至 620℃，不加盖空罐降温至 490℃，即加盖的空包内衬砖温度比不加盖约高 130℃，且提高铁水温度 8℃。北京科技大学对宝钢 320t 鱼雷罐铁水温降的研究表明：鱼雷罐空置 4.5h 加盖与不加盖引起的铁水温降相差 15℃之多。

根据上述测试结论可推算，300t 铁水包车按照"一包到底"方式运行（空置 3h）在不加盖的条件下从兑完铁时起至开始受铁止的内衬温度约为 500℃左右，而加盖后引起铁水的温降则低于鱼雷罐车引起的温降。按满罐铁水运行 3h 计算，"一包到底"模式温降比鱼雷罐车运输模式温降减少为：

$(0.21\sim0.14℃)\times180+30℃=42.6℃$，其中 30℃为一次倒罐的温降。铁水温度越高，越利于 KR 脱硫处理，可多加废钢，降低铁耗，提高产量。

日本京滨厂从 1976 年建厂开始就采用铁水罐运输铁水，但由于铁水罐与转炉容量不匹配等因素，因此铁水需要二次倒入转炉兑铁包。近年来通过铁水罐扩容到 298t 等一系列技术改造，实现了"一包到底"运输模式，可获得 53℃的温度效益。经对温度测试，铁水敞口罐存放一天，总降温为 100～150℃，平均每分钟降温 0.069～0.1℃。

4.2 缩短工艺流程、简化生产作业

采用"一包到底"技术，取消了倒罐站，省去铁水倒罐工序，简化生产流程，加快了生产节奏，使车间布置更紧凑，更易实现流程的动态匹配和有序运行。"一包到底"工艺流程详见图 4。

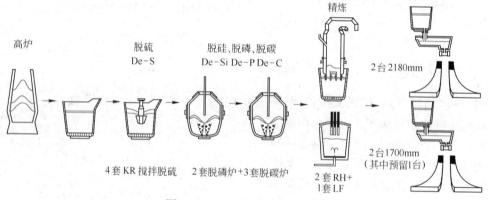

图 4 "一包到底"工艺流程

4.3 便于三脱处理，构筑洁净钢生产平台

铁水采用"一包到底"运输技术便于在运输过程中在线往包内加入还原剂等材料，从而更有效地除去铁水中各种有害杂质，以调整稳定铁水中的成分，优化铁水质量。该技术的运行模式便于与转炉双联冶炼工艺组合，进行铁水三脱深处理，以构筑洁净钢生产平台，为企业生产高附加值产品创造先决条件。

4.4 缩短吊运时间

由于取消了倒罐坑，可使加料跨450t铸造天车主钩吊运铁水的起升高度减少 10m，天车主钩平均运行速度为 8m/min，天车吊运一次铁水罐可节省时间 2.5min，有利于减少天车占用，加快生产节奏，提高生产效率。

4.5 降低环境污染

采用传统鱼雷罐车运输铁水时，因铁水倒罐而带来的烟尘总风量为 0.96 km³/h。如采用"一包到底"技术运输铁水，可避免因铁水倒罐而带来的烟尘污染，则有利于清洁生产，保护环境。

5 "一包到底"技术在首钢京唐钢铁厂的应用分析

5.1 罐车轨距的确定

铁水罐车轨距有两种方案：一种是标准轨距铁水包车，另一种是非标准轨距铁水包车。通过研究确定首钢京唐钢铁厂铁水运输轨距为标准轨距。

5.2 铁水罐车进炼钢厂方向的确定

铁水罐车进炼钢厂方向对"一包到底"运行模式影响较大。铁水罐车进炼钢厂有垂直、平行两个方向，结合首钢京唐钢铁厂工程，将两个方向的优缺点比较见表1。

经对表 1 分析比较可知，铁水罐输送方向采用平行炼钢厂房柱列线方向优势明显，故确定该方向

为京唐钢铁厂铁水进入方向。

表1 垂直、平行进炼钢厂优缺点比较

方向	平行车间柱列线进铁	垂直车间柱列线进铁
铁罐车/m	约22.9	约24
每列可运送铁水罐数量	2罐或3罐会让站不需要编组，炼钢车间不需摘钩、挂钩	2罐会让站可能需要编组，炼钢车间需要摘钩、挂钩
厂房面积/m²	减少7050	比平行方式多8200
铁路	铁路为直线，不易掉道，铁路占地面积小	铁路有90°弯道，易掉道，占地面积大
铁水运行距离/km	1.35	1.8
在线检罐间条件	有	没有
生产组织	多数铁水进脱磷炉加料跨，有利于全三脱	多数铁水进脱碳炉加料跨，不利于全三脱

5.3 罐车方案的确定

通过研究，京唐钢铁厂铁水罐车采用前后支撑的方式，设三轴转向架，前后共12个轴。大连交通大学对该车在动力学性能影响较大的因素做出符合实际的模拟条件下建立数学模型，在铁水罐车装铁水达350t的条件下，运行速度为5~10km/h，曲率半径为150m，采用动力学分析计算软件进行计算，其计算指标均满足要求。

倾覆系数　　0.509(< 0.8 =

脱轨系数　　0.303(< 1.0 =

浮心高度/m　19.1(> 2.0)

5.4 铁水计量和控制方案的确定

采用铁水"一包到底"技术对高炉出铁过程铁水量的准确计量和控制有严格要求。由于在出铁场接铁位的轨道上安装轨道衡方式具有连续称重、台数少、投资省、信号通讯简单等优点，故确定该计量方式进行连续称量。

5.5 高炉平台方案的确定

由于铁水罐车超宽超高，致使高炉出铁场平台抬高、加宽，主胶带延长。

5.6 运输组织方案的确定

根据高炉出铁制度和转炉炼钢的冶炼周期，初步计算出铁水罐车数量为39辆，其中运行为24辆。为加铁水罐车的周转，一般情况按2罐运输组织，也可按3罐组织。

5.7 投资效益分析

"一包到底"技术在首钢京唐钢铁厂实际应用后，按提高温度30℃计算，降低能耗为7.22kg标煤/吨钢，每年可降低生产运营费约6355.79万元，并节约一次性投资约4103.87万元。

5.8 环保效益

首钢京唐钢铁厂实际应用"一包到底"技术后，避免了铁水倒罐作业；每年可减少烟尘排放约4700t，基本解决炼钢厂内的石墨飞尘污染。

6 结论和下一步研究的工作

通过分析，"一包到底"技术更适应现代大型钢铁厂设备大型化、流程短捷化、技术集成化、循环经济化的特点，是切实可行的方案，且其经济效益和社会效益显著，应加速推广采用。下一步研究工作的重点为：

（1）大型鱼雷罐和铁水罐传热行为的深入分析；

（2）"一包到底"模式物流参数的解析、优化，提高铁水罐的日周转次数；

（3）发挥"一包到底"模式优势，消除对相关工序的影响；

（4）开展轨道结构和路基处理的研究，适应300t铁水车集中荷载的要求；

（5）开展铁水罐车动态模拟调度的研究，进行科学管理与组织。

"一包到底"技术在首钢京唐钢铁厂的应用初步成果是"一包到底"课题研究小组集体智慧的结晶。张福明对本文进行了审核，并给予了精细的指导和帮助。王力群、张德国、文彬、彭月芬、高善武、周颂明、范明皓等课题组研究人员对本文的撰写给予了大量的帮助，在此对上面提到的人士一并致以深深的谢意。

参考文献

[1] 殷瑞钰. 冶金流程工程学[M]. 北京: 冶金工业出版社, 2004.
[2] 川濑治. 铁与钢[J]. Vol.71, 12(1985), S950.
[3] 傅永新, 彭学诗, 等. 钢铁厂总图设计手册[M]. 北京: 冶金工业出版社, 1996.
[4] 田茂勋. 冶金企业运输组织[M]. 北京: 冶金工业出版社, 1987.

（原文发表于《设计通讯》2006年第2期）

异型大容量铁水罐车运输线路与输送稳定性研究

范明皓　　尚国普

（北京首钢国际工程技术有限公司，北京　100043）

摘　要：首钢京唐公司炼铁至炼钢的铁水运输及预处理采用"一罐到底"技术，设计采用最大直径为 5190 mm、最大高度为 6150 mm、额定载重为 300t 的异型大容量铁水罐在 1435mm 标准轨距上运输方案。生产实践表明，该方案经济效果显著。本文详细阐述了首钢京唐公司铁水运输系统的设计方案，并对铁路轨距、轨道、道岔、路基与铁水输送的稳定性进行了研究。

关键词：异型大容量铁水罐车；铁路；轨距；轨道；路基

The Research of Transportation Line and the Stability of Delivery of the Special Large Capacity Molten Iron Tanker Car

Fan Minghao　　Shang Guopu

(Beijing Shougang International Engineering Technology Co., Ltd., Beijing 100043)

Abstract: The "a tanker car from the beginning to the end" technology is used in the transportation between iron-marking and steel-making process and pretreatment process in Shougang Jingtang steel company. The designed special large capacity molten iron tanker car with the maximum diameter of 5190mm, maximum height 6150mm, capacity 300t runs in the standard 1435mm gauge. The production practice demonstrates the remarkable economic benefits. This paper describes the design plan of Jingtang molten iron transport system, and the railway gauge, track, turnouts, roadbed and the stability of molten transportation are studied.

Key words: special large capacity molten iron tanker car; railway; gauge; track; embankment

1　引言

2005 年 2 月 18 日，国务院正式批准首钢实施压产搬迁、结构调整和环境治理方案，在河北省唐海县曹妃甸工业区建设一座现代化的大型钢铁联合企业——首钢京唐钢铁联合有限责任公司（简称首钢京唐公司）。首钢京唐公司是首钢钢铁产业结构及空间布局结构调整建设的新钢铁厂，一期工程建设规模为年产钢 1000 万吨。根据曹妃甸工业区城市总体规划，首钢京唐公司建在工业区的南部，东靠疏港公路和铁路，隔路为规划的石化工业区；西濒内港池；南临曹妃甸南站、港区矿石堆场和矿石码头；北邻曹妃甸电厂。

首钢京唐公司的建设按照党中央和国务院的要求，以科学发展观为指导，坚持"高起点、高标准、高要求"和"先进可靠、节省高效、系统优化、集成创新"的指导思想，努力建设一个科技含量高、经济效益好、资源消耗低、环境污染少和人力资源优势得到充分发挥的新型工厂。首钢京唐公司必将成为产品一流、技术一流、环境一流、效益一流的具有 21 世纪国际先进水平的精品板材生产基地，循环经济和自主创新的示范基地。

首钢京唐公司的建设按照上述总体理念，炼铁至炼钢的铁水运输采用了异型大容量铁水罐（最大直径为 5190 mm、最大高度为 6150 mm、额定载重为 300 t）在 1435 mm 标准轨距上运输技术——"一罐到底"铁水运输技术。目前，该铁水罐车已经创造了标准轨距铁路运输异型大容量铁水罐车世界新纪录。

2 研究背景

在首钢京唐公司采用"一罐到底"铁水运输技术之前，国内已有在 1435 mm 我国标准轨距上运输 180 t 铁水罐的技术，国外已有在 1676 mm 轨距上运输 280 t 铁水罐的技术。首钢京唐公司采用 300 t 铁水罐运输铁水，若采用宽轨（轨距大于 1435 mm），则将引起一系列问题，如内燃机车轮对、铁水包车轮对、铁路轨枕、道岔和路基结构等均需要研发，备品备件和日常维护等成本也较高。论证结果为，适合首钢京唐公司铁水运输的最佳方案是采用线载荷为 60 kg/m 和轨距为 1435 mm 铁路线。

3 研究过程

铁路机车车辆运行的过程非常复杂，影响其运行稳定性的因素很多，为确保异型大容量铁水罐车在 1435 mm 轨距上安全、稳定地运行，本文着重阐述铁路轨距、轨道、道岔和路基等几个方面与铁水输送稳定性的研究过程及应用效果。

3.1 铁路轨距

根据国内外铁路轨距的不同，首钢京唐公司铁水罐车初步考虑了中国标准轨距（1435 mm）铁水罐车、英制标准轨距（1676 mm）铁水罐车和三轨套线铁水罐车的等三种方案。其中，英制标准轨距铁水罐车在日本 JFE 京滨厂已成功应用；三轨套线铁水罐车在日本和歌山的钢水包运输线上已成功应用。根据曹妃甸的外部条件，中国标准轨距铁水罐车更适合首钢京唐公司采用，主要体现以下几个方面：

（1）我国国家铁路均采用 1435 mm 标准轨距铁路，各企业为了能与国家铁路接轨，均采用标准轨距铁路。

（2）我国现有机车及车辆厂生产的机车和车辆几乎都是 1435 mm 标准轨距，且我国大部分企业的机车和车辆的大修均委托铁路部门承担，而从修理机车、车辆能力、设备和运输方式看，我国铁路部门只能承接标准轨距的机车和车辆。

（3）如果采用三轨套线铁水罐车，即铁水罐车走行宽轨，机车走行标准轨距，虽然机车和铁水罐车走行部件的问题都得到了解决，但宽轨与标准轨距的套线道岔设计困难，维护更难。

（4）日本京滨厂采用英制 1676 mm 轨距也有其特殊性，该厂的铁水 KR 脱硫预处理是在运输线上进行操作的，特别是铁水罐车的倾翻扒渣，对罐车的稳定性要求非常高。

由上述分析可见，首钢京唐公司异型大容量铁水罐运输采用我国 1435 mm 标准轨距铁路符合我国国情。

3.2 轨道

首钢京唐公司异型大容量铁水罐车，最大直径为 5190 mm、最大高度为 6150 mm、额定载重为 300 t、最大轴荷载为 37.5 t。根据铁水罐车的动静荷载系统分析，结合目前国内钢轨性能参数，首钢京唐公司铁水运输轨道采用线载荷为 60 kg/m 钢轨即可。

3.3 道岔

为确保机车车辆转向时侧应力的要求，道岔设计应具备以下技术要求：

（1）道岔钢轨采用 U75 V 型淬火轨，轨底铺设橡塑板，转辙器内侧设置刚性扣压，外侧设置轨撑。

（2）道岔按 a（岔前长度）长 13.839 m、b（岔后长度）长 15.730 m 设计，导曲线半径按 180 m 设计。

（3）道岔尖轨按矮型特种断面轨设计。

（4）辙岔心轨采用爆破工艺加工制造，辙岔采用高锰钢整铸。

（5）扣件采用分离式连接扣件（Ⅱ型弹条扣件），由钻孔式高强度螺栓连接。

（6）道岔增设迎头护轨，导曲线内侧加护轨，护轨处的基本轨外轨设置轨撑。

3.4 路基

路基是轨道的基础，是线路的重要组成部分，其在直接承受轨道重量的同时，还承受着机车、车辆及其荷载的压力和冲击力。路基在其本身重力作用下的沉陷量和在机车车辆动力作用下的弹性和塑性不均匀变形均可直接影响机车车辆运行的安全稳定性。针对异型大容量铁水罐车，最大线荷载为 46.875t/m，平均线荷载为 24t/m，远大于铁路常规线荷载 7.5t/m。为此，针对铁路线路区间、道岔区域不同的路基要求，经理论计算，初步确定方案如下：

（1）区间路线路基：采用 60cm 级配碎石，路基厚度为 90cm。

（2）岔区路基：采用掺水泥的级配碎石，基床底层采用 A 组填料（优质填料）+ 中粗砂垫层，基底以下为土层，其基本承载力应不小于 180kPa。

4 应用效果

4.1 路基和道岔测试试验

针对首钢京唐公司的海沙吹填地基，设计采用了全面强夯与碎石桩结合的路基处理方式，增加了路基的稳定性。为降低机车车辆通过时对道岔的冲击磨损，设计采用了特殊的圆曲线道岔、扣件、轨枕及钢轨连接件等。模拟试验表明，该道岔非常适合低速重载列车通过。

在路基、轨道和道岔施工期间，沿线预设了多组测试点，用于观测路基的变形和沉降等。同时，在道岔和圆曲线路段等多个部位设置了多组轨道和道岔测试点，用于观测轨道和道岔的受力和疲劳强度等。试验阶段的测试以及投产后的正式运营结果均表明路基的变形和沉降量等均在设计容许范围内，轨道的道岔能够满足生产运输的要求。

2008 年 1 月首钢京唐公司在铁水罐车铁路专用线（7 号线载荷为 60 kg/m 的道岔和圆曲线半径为 150 m 的线路）上进行了路基的动静力学性能试验，结果表明，路基的地基基本稳定。

4.2 铁水罐车模拟测试和稳定性试验

4.2.1 铁水罐车稳定性模拟计算

按照工艺要求，首钢京唐公司需要配置 300 t 铁水罐车，由于没有成熟的经验，首钢国际工程公司与大连重工起重集团有限公司着手研究"一罐到底"的运输车，分别对 12 轴和 16 轴两种车型进行设计和验算，考虑铁水罐车大底架的结构，通过系统比较，16 轴车型在安全和限界等方面更有优势，为此进行了标准轨距为 1435 mm 的 300 t 铁水罐倾覆稳定性及动力学分析。该分析结合了铁水罐车的结构特点，在对动力学性能影响较大的因素尽可能做出符合实际的模拟条件下建立数学模型，采用动力学分析计算软件进行计算，其计算指标均满足要求。

假定条件如下：

载荷质量：480 t；

总质量：570 t；

车辆的整车合成重心距轨面高度：3180 mm；

风压力：400 N/m²；

横向振动加速度：0.04 m/s²；

轨距：1435 mm；

车辆运行速度：不大于 10 km/h；

最大外轨超高：20 mm；

最小圆曲线半径：100 m；

线路水平差：20 mm。

计算结果如下：

倾覆系数：0.509（临界值为 0.8）；

脱轨系数：0.303（临界值为 1）；

浮心高度：19.1 m（临界值为 2m）。

4.2.2 300 t 铁水罐车现场模拟测试

2008 年 1 月首钢京唐公司在 7 号道岔（线载荷为 60kg/m）和圆曲线半径为 150 m 的线路上对 300 t 铁水罐车进行了动力学性能测试。试验结果表明，300 t 铁水罐车，在各速度等级下的横向平衡性指标、垂向平衡性指标、横向加速度、垂向加速度，各工况下的脱轨系数、轮重减载率、轮轴横向力和转向架的倾覆系数等均满足相关规范要求。

5 结语

首钢京唐公司炼铁至炼钢的铁水运输及预处理采用了最大直径为 5190 mm、最大高度为 6150 mm、额定载重为 300 t 的异型大容量铁水罐车在标准轨距为 1435 mm 轨道上运输的设计方案。3 年多的生产实践表明，该方案能够满足生产运输的需要，经济效益显著。随着我国钢铁企业产能的不断扩大、冶金生产工艺的不断进步、产品质量的不断升级、产业结构的不断调整，新建或后期改扩建钢铁厂将不可避免，异型大容量铁水罐车运输对钢铁企业新建或后期改扩建钢铁厂具有重要参考意义。

（原文发表于《首钢科技》2012 年第 1 期）

浅谈首钢迁安钢铁基地建设的可行性与必要性

王雪岩

（北京首钢国际工程技术有限公司，北京 100043）

摘　要：本文通过对迁安钢铁基地的厂址、规模等设计情况的分析，简要地论证了工程建设的可能条件及建设的必要性。

关键词：钢铁；工厂；规划；介绍

Concise Remarks on the Possibility and Necessity of Construction of Shougang Qian'an Iron and Steel Base

Wang Xueyan

(Beijing Shougang International Engineering Technology Co., Ltd., Beijing 100043)

Abstract：This paper analyses the choice of plant location and plant scale of Qian'an iron and steel base, with a concise discourse on the possibility and necessity of engineering construction.

Key words：iron and steel; factory; introduction; planning

1　引言

迁安钢铁基地的建设是首钢党委从首都经济建设、环境建设的要求和首钢自身生存与发展的需要，所作出的一个重大抉择。过去，我国特大型钢铁企业的建设大都是依靠国外的帮助，再由我们自己通过技术改造而发展起来，真正完全靠我们自己的力量建设起来的为数不多，能参加迁安钢铁基地建设的设计工作，机会非常难得。由于我们过去作的设计工作多为单一工艺工厂的设计，所以本次迁钢工程的设计我们是一次边学习边实践的过程，如果现在就想对它作一个完整的评价为时尚早，笔者在此只想从设计角度就首钢部分钢铁生产能力转移建设的由来；迁安钢铁基地建设的提出；迁安钢铁基地建设的利弊条件等分析，对迁钢工程的建设作一个简要的介绍。由于个人对情况了解的局限性，所以，论述中难免有不够全面和不够客观之处，请批评指正。

2　首钢部分生产能力转移建设的由来

首钢是一个具有 80 多年历史的老企业，它位于首都北京西郊，地处美丽的石景山山脚下、永定河畔。解放后，经过了三年国民经济和九个五年计划的建设，特别是经过了 30 多年来的改革开放，已经从一个少铁无钢的炼铁厂改造成为具有 800 万吨规模的特大型现代化钢铁联合企业。由于历史的原因给企业带来了诸多先天不足，它原本距离城市中心就不足 20km，由于这些年来城市的飞速发展，工厂已与城市连成一片，企业的发展无一不与城市息息相关，由于钢铁企业需要消耗大宗原、燃料的自身特点，给城市的铁、公路运输造成了巨大的压力；钢铁厂位于城市主导风向的上风侧，又处于城市水系的上游，更增加对企业环保条件的苛求等等；虽然在第九个五年计划期间，首钢通过加大对环境治理和调整产业结构、能源结构的投资力度，淘汰落后的工艺设施，已基本完成了北京市下达的主要污染物排放的总量控制及工业污染源达标排放的任务，厂区环境也有了根本的改观，将工厂基本建成了一座钢铁大公园。只是由于企业规模发展的初期，环境意识尚不成熟，钢铁工厂在人们头脑里已形成了傻大黑粗的固有概念，给企业的进一步发展带来

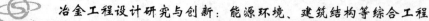

了较大的困难。2001 年 7 月 13 日是全国人民申奥成功的大喜的日子，当我们和全国人民一起沉浸在无比喜悦中的时候，"首钢怎么办？"一个严峻的问题摆在了每一名首钢职工的面前，为了要把北京 2008 年奥运会办成一个科技奥运、人文奥运、环保奥运、一个绿色的奥运，社会要求我们"在第十个五年计划期间压缩 200 万吨生产规模，并保留了今后进一步压产的可能"。首钢作为一个传统的国有企业，包袱重，富余人员多，劳动生产率低，集团盈利不高，钢铁业压缩 200 万吨规模后，将有几万职工需要重新安置，在第十个五年计划期间，我们还要继续投入 12.5 亿元资金强化环境的工作，按照《北京市环境污染防治的目标与对策》的要求，使厂区环境质量与北京市区同步达到国家二级标准，首钢还要在钢铁生产压缩规模的同时，加快技术改造、技术进步的步伐，以替代进口、扩大出口为目标，初步实现工艺升级、产品换代，以提高国际、国内市场的竞争能力，但是这些都要靠钢铁业的支撑。所以，为确保首都和首钢的安定与稳定，实现生产能力的转移是解决首钢目前面临的多种矛盾，继续保持稳定发展的关键措施和唯一的选择。

3 迁安钢铁基地的提出

面临首钢战略转移的生死抉择，社会上一直流传着各种各样的说法，确实，面对如何转移，向哪转移，我们可选择的方案也是多种的。在这个关键时刻，河北省迁安市适时地提出"依托首钢、建设中等城市、钢铁迁安"的总体设想，两者一拍即合，迁安钢铁基地的建设方案再次提到了我们的议事日程上。在我国发展钢铁工业的道路上，存在着"资源型"和"港口型"两种建厂思想。过去，我们一直认为我国是一个矿产资源富饶的国家，在自力更生思想指导下，靠近原、燃料生产地的"资源型"建厂思想，长期主导着我国钢铁工业的发展。20 世纪 60~70 年代，完全靠我们自己力量建设的两个大型钢铁联合企业，即攀枝花钢铁公司和酒泉钢铁公司，就是这种建厂思想的典型实例，它们的主要特点是靠山隐蔽，在靠近自己的铁矿石基地的山区隐蔽建厂；因此工程建设的土石方工程量较大、交通十分不便等。改革开放以来，我们开始认识到我国的铁矿石资源实际上不是很丰富，靠近某一个矿石基地建厂，资源总有枯竭的时候，而对钢铁厂来说却是百年大计，这样它靠近原料的优势条件就没有了。而西方国家发展钢铁工业所依赖的庞大的国际铁矿石市场，我们也是完全可以利用的，现如今已是卫星、航天时代，隐蔽建厂对一座大型钢铁企业毫无意义。

所以，一种沿用西方在海运方便的大型港口地区建厂的"港口型"钢铁厂建厂思想逐渐被人们认识和接受，20 世纪 70 年代末，上海宝山钢铁公司的建设就是它成功的典范。探讨这种建厂可行性的事例就更多了，如曹妃甸港、日照港、宁波港等等，由于靠近海岸，一般存在着防洪防潮、填海造地工程量大，以及软地基处理等难题。20 世纪 80 年代，由于首钢钢铁业在北京地区的发展受到局限，为了向外地拓展，首钢曾考虑到在冀东地区铁矿石资源丰富而集中的迁安矿区建设钢铁基地，加之附近还有大型煤矿生产基地——唐山开滦煤矿，而且该地区距秦皇岛港较近，可以说兼顾了"资源型"和"港口型"的双重建厂条件，只是由于种种原因迁安钢铁基地的设想未能最终实现。当时首钢发展钢铁是四处出击，主动权在我们手里，我们不但有较大的选择余地，而且我们也有充裕的选择时间，但是我们却没有抓住时机。时过境迁，现在可以给我们选择的时间已不多了，尽管曹妃甸港口建厂的一些好的方案仍然存在，但平地起家，一切都需要从零开始，无论从时间上还是投资费用上，我们承担都有较大的困难，而迁安基地却有着其他地方所不具备的，又正是我们所迫切需要的资源、人力、交通等依托条件。

4 迁安钢铁基地依托建厂的利与弊

4.1 有利条件

首钢迁安矿区从 1959 年开始建矿，先后已建成大石河、水厂两座铁矿，每个铁矿拥有各自的选矿厂，共有 33 个磁选系列，目前，采选矿综合能力为 2000 万吨/年左右，而选矿能力实际 2700 万吨/年。在大石河矿区现有球团厂和烧结厂各一座。球团厂已建成 120 万吨/年和 200 万吨/年生产能力的链箅机—回转窑氧化球团生产线各一条，烧结厂有六台机上冷却烧结机，生产能力可达 700 万吨/年，迁安钢铁基地在首钢矿业公司大石河矿区依托建厂高炉生产需要的 48 万吨/年球团矿和 242 万吨/年烧结矿可全部依托矿业公司供应。位于矿业公司烧结厂南侧合资建设的迁安焦化厂，最终可生产 220 万吨/年冶金焦，除满足迁钢高炉生产需要的 71 万吨/年焦炭外，还可供应钢铁厂所需要的优质气体燃料——焦炉煤气。迁钢可以不用占用大量的土地和花费巨资再建设烧结厂、球团厂和焦化厂以及大型原燃料场和与之配套的公辅设施，只建几条皮带通廊就解决了迁钢近 80% 的原、燃料供应，这就是为什么迁钢在只有 2.28km² 的占地面积上（折合吨钢占地指标只有 0.52m²）就完成了一般 200 万吨钢铁厂需要的 4 km²（规范吨钢占地指标按下限 2.0m² 取值）的总平面设计的重要原因之一。迁钢在生产过程中伴随成品钢材的生产每年还将产生大量的废弃物，如 65 万吨高炉水渣、25 万吨转炉钢渣，以及约 20 万吨各种含铁、含碳、含钙除尘灰，还有高炉筛下 89 万吨返矿、19.7 万吨返焦，返矿、返焦可作为矿业公司烧结厂、球团厂原料、燃料使用；各种除尘灰可作为再生资源依托矿业公司烧结厂和球团厂消纳；高炉水渣和转炉钢渣都可依托矿业公司进一步深加工综合利用。任何一座钢铁厂都需要建有一套庞大的厂内、外铁、公路运输系统，这部分投资相当可观。由于近 80% 的大宗原燃料都靠依托解决，大大地减轻了钢铁厂铁、公路运输的压力，同时矿业公司既有的卑水线铁路，以及木厂口车站、选矿站和沙河驿铁路交接站铁路系统都可为钢铁厂依托服务，从而使钢铁厂的铁路运输系统变得更加简单，而且矿业公司可依靠自己的力量担负迁钢全部汽车运输和维护修理工作，省去了钢铁厂花大量投资配备几百辆汽车的汽运队伍。矿业公司经过多年来的生产经营和建设，已形成的较为完整的钢铁原料生产、机械设备修理和加工、汽车修理、机车车辆修理以及供水、供电、动力和生活后勤系统都可为迁钢基地建设和生产提供服务，钢铁厂一期工程所需要的 1630m³/h 原水就是依托矿业公司现在已有的张官营水源地和 36000m³/h 供水能力稍加改造解决的，而且其中 350m³/h 用水量靠用钢铁厂污水处理后的回用水置换出来的。首钢转移钢铁能力的建设工作，得到了河北省及迁安市各级政府的支持，并可享受一定优惠政策。

4.2 不利因素

4.2.1 占地面积狭窄

为了充分发挥迁钢对矿业公司的依托优势，减少大宗原、燃料的运输成本和胶带机的投资，迫使钢铁厂要尽可能的靠近烧结厂和球团厂布置，而该地区能够提供钢铁厂建设的用地，因为受到周围车辕寨和淤汀村庄以及西沙河改移后河道的局限，只有不足 2.5km²，所以迁钢厂区占地面积小，除了烧结、球团、焦化等设施不在厂区内布置等原因外，由于受地形条件的限制，我们不得不采用紧凑型布置和能不在厂区内布置的设施尽可能依托矿业公司在厂外布置，也是重要的原因。

4.2.2 地质条件差，地基处理费用高

根据 2001 年 12 月中冶地质勘察基础工程有限公司提供的厂址地区《岩土工程地质勘察报告分析（初勘）》分析结果表明，厂址位于麓向平原地带过渡的滦河 Ⅱ 级阶地上，"其地貌单一、地层结构较简单、属于工程地质条件简单、不均匀场地、抗震不利地段"，根据中国地震区划图（1990—河北地区）；"地震烈度为Ⅶ度"、"场地存在可液化层"、"场地为中软场地土，Ⅱ 类建筑场地"等地的地质条件对建设钢铁厂重型厂房及设备基础不是十分有利，对荷重大的结构要采用桩基，荷重相对较轻的以及辅助设施均采用天然地基或复合地基。另外，由于场地地势低洼，回填较深，回填土地段要求采取强夯处理，致使钢铁厂的地基处理费用较高。

4.2.3 拆迁及土石方工程量大

厂址地处西沙河河滩，地势低洼，场地地形为东北高，西南低，最高标高为 88m，最低为 72m，最大高差 16m。为确保钢铁厂雨季安全生产，厂区防洪标准按附近河流百年一遇洪水设计，通过对厂址地区西沙河历史上洪水情况的了解，以及对厂址现场的形态调查，西沙河历史上最高洪水淹没线绝对标高为 76.5m，厂区北侧地坪按 78m 设计，本着工程填挖方尽量平衡和尽量少填方工程量的原则，厂区平土由北向南逐次降低，最南侧平土标高为 77m。这样，厂区最大填方高度也达 5～6m，钢铁厂土方工程量总计 799 万 m³，其中填方量为 591 万 m³，其中有 42 万 m³ 表层耗植土不能作为回填土方使用，同时还要增加 16 万 m³ 清除河道淤泥也不能作为回填土方使用。

由于迁钢厂址正处在西沙河河道上，需改移河道长 2690m，挖土方 196 万 m³，填方 61 万 m³，浆砌石 2.7 万 m³，干砌石 1.74 万 m³，混凝土 5.14 万 m³。

为解决鸽子湾地区洪水排入新改移西沙河内，需治理原河道 500m，新开挖河道 824m，挖土方 4.16 万 m³，填方 4.03 万 m³，浆砌石 1.57 万 m³，回填毛石 0.18 万 m³，混凝土 576m³。迁钢厂区切断了卑家店至杨店子地方公路，需改移公路 3.96km，路基宽 12m，行车道宽 8m，两侧各设 2m 宽硬路肩，沿路设 9 孔l-13m 沙河桥一座，圆管涵 23 座。

建、构筑物及管线拆迁有加油站一座，民房 238 户，110kV 高压线 4 条，35kV 高压线 1 条，10kV 高压线 5 条，6kV 电力线 2 条。

5 迁安钢铁基地的设计规模和主要设备

5.1 设计规模

迁安钢铁基地工程按 200 万吨/年设计，并预留了较大地发展条件。铁水 200 万吨/年；钢水 206 万吨/年；钢坯 200 万吨/年（方坯）。

5.2 主要设备

炼铁：2650m³ 高炉 1 座；7000m³/min 高炉电动鼓风机 1 台。

炼钢：210t 顶底复合吹炼转炉 2 座；八流方坯连铸机 2 台；500 m³ 白灰套筒窑 1 座；23000 m³/min 制氧机组 1 套。

与主工艺配套的其他公辅设施。

6 结语

当前，在冀东大地上机器轰鸣，迁安钢铁基地正在加快建设。由于初期改河、拆迁和地基处理等工程异常艰苦和复杂，引起了对厂址选择合理性的质疑，我们认为这是可以理解的。但任何一个工厂的设计，它的厂址选择都是根据一定的前提条件而确定的，迁安钢铁基地的厂址选择也不例外，它的前提条件是依托矿业公司烧结、球团原料供应基地，如果离开矿业公司数公里以外选厂址，虽然占地等一些条件可能会比现在厂址条件有所改善，但同时也会失去其他许多依托建厂的条件，离开了依托建厂的前提而去论证迁钢厂址的合理性，也就没有什么意义了。所以在综合考虑了各方面因素后，我们认为迁安钢铁基地建厂条件是基本符合总公司投入小、产出快的低成本建厂战略的指导思想的。迁安钢铁基地建设条件是艰巨的，而我们的目标也是明确的，既然我们已经坚定地迈出了第一步，就必须义无反顾地走下去，我们期待着在那铁水奔流、钢花四溅的时刻再来认认真真地总结我们的得与失。

（原文发表于《设计通讯》2004 年第 1 期）

工业铁路编组站解体勾计划数学模型的探讨

兰新辉

(北京首钢国际工程技术有限公司，北京 100043)

摘　要：随着计算机技术的快速发展和应用数学技术的推广，分析认为传统的工业铁路编组站作业效率较低，通过建立勾计划数学模型和车站信息管理系统，能够将既有编组站解编能力扩大 1.5～1.8 倍，极大地解决了铁路编组站瓶颈的问题。本文按照编组站的到—解—编—发的作业流程，系统分析各个环节的作业法则，通过数学模型的运算，实时指导作业流程的解体勾计划，具有一定的推广意义。

关键词：编组站；数学模型；勾计划

Discuss of Mathematical Model of Industrial Railway Marshalling Station Disintegration Hook Plan

Lan Xinhui

(Beijing Shougang International Engineering Technology Co., Ltd., Beijing 100043)

Abstract: With the rapid development of computer technology and promotion of applied mathematics technology, analysis that the traditional industrial railway marshalling station operation efficiency is low, through the establishment of hook plan mathematical model and the station information management system, both the marshalling station solution knitting ability is enlarged 1.5-1.8 times, which solves the bottleneck problem of railway marshalling station. According to the marshalling station: arrival—disintegrate—marshalling—issue process, this paper analysis rules of each link operation systematically, guiding the working flow of the disintegration of hook plan simultaneously by the operation of mathematical model which has certain significance for popularization.

Key words: marshalling station; mathematical model; hook plan

1 引言

工业铁路编组站是企业物流的主要出入口，也是企业与国家铁路运输系统接轨的主要生产设施。我国是陆域国家，很多大型的工业企业，特别是冶金企业地处内陆，其内外运输还主要依靠铁路。因此，作为企业物流进出咽喉的编组站就非常重要，其能力的大小，是否与企业内部铁路和外部路网相匹配，直接关系到企业的生产与发展。目前，国内相当一部分冶金企业的编组站与内外运输不匹配，制约着企业的正常生产。

编组站作为运输生产中的重要环节，其产品是货物的分类、重组和位移，而不产生新的物质产品。其生产的前提是具备线路和牵引动力等设施、设备，而其生产的核心则是大量的管理工作，这些工作的特点是信息量大，实时性强，需要统计、分析、计算、决策。很明显，管理工作的好坏对运输生产有着非常大的影响。

据了解，湖南株洲北编组站由于受场地限制无法扩建，为强化生产组织管理，提高效率，研制成功车站信息管理系统，投入使用后，使该站日处理车数由原来的 7000 辆猛增到 12000 辆。因此，运用近代数学理论和计算机技术强化生产管理，投入少、产出快，是提高编组站综合作业能力的有效手段。

本文仅就建立编组站管理信息系统必须解决车列解体问题的数学模型进行初步的探讨和论证。

2 解体作业过程的分析及物理模型的建立

解体作业是编组站最主要的业务活动，也是到达列车进入编组站后进行的主要作业之一。其目的在于为编组新的列车或向货物装卸或车辆检修地点送车作好准备。以驼峰解体作业为例，具体作业分三个步骤：从到达场将车列牵出—推峰—溜放。从作业计划的编制来看也经过了三步：确定到达场要推峰的车列—将车列分解为调车勾—为每一调车勾分配股道，其中最主要的是第 3 步。概括起来得到解体过程的物理模型，如图 1 所示。

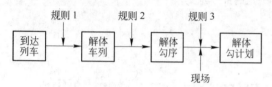

图 1 解体过程的物理模型

2.1 到达场推峰车列的挑选

挑选推峰车列实际上是根据企业自身的生产实际制定一系列规则，运用这些规则对到达场内的车列排出推峰顺序。通常主要考虑的规则有（1）到达时间；（2）车流接续；（3）企业生产要求；（4）大宗快货。

对于"到达时间"，一般是先到先解，这样可以减少车辆在站停留时间，也可尽快腾空到达场股道。"车流接续"指的是要解体的车列中有多少车辆，包括在按运行图的要求并在解体作业允许的时间内，最早要出发的列车编组计划之中，数量越多越应先解。"企业生产要求"的含义是如果厂内生产急需某种物料，而编组场和其他地方均没有或不够，即使货场有，但装车也来不及时，驼峰调度将查看到达存车，当发现某列车中有此物料时，调度员就会立刻要求解此车列，对这一要求的处理是绝对满足。对于"大宗快货"，主要指既容易卸（如煤、矿粉等）又是大组，在作业地点，装卸机械移动一次可连续作业较长时间。不难理解，大宗快货比重越大的车列越应先解。

2.2 调车勾的划分

由于冶金企业车站少，运输网络相对简单。因此，调车勾划分的基本规则是：（1）重车按到站或作业地点划分；（2）空车按车种划分。

2.3 为车组分配股道

此项工作首先应该考虑现场情况：（1）股道存车数；（2）股道存车方向；（3）股道状态；（4）转线情况。"股道存车"反映如下事实，当某股道满线时，车组需按一定规则转线，如在解体开始，则不能安排此股道。"股道存车方向"是给出如下事实，某时刻，某股道存放着到某某站的车辆。因此，不管股道是固定使用还是灵活运用，在任何时刻，都能找到现场股道与存车方向之间的一个特定关系，它是编制解体勾计划的首要条件。"股道状态"中的"状态"指的是某些二值关系。包括：（1）封锁与非封锁；（2）满线与非满线；（3）空道与非空道。"转线情况"的含义是：从纵向看，是第几次转线；从横向看，是因满线而转线，还是因为隔离原因或编组挑选车辆而转线。因此，转线情况应反映一个立体关系，既要反映转线次数又要反映转线原因。

其次考虑"真正"的解体规则：（1）对重车，寻找同一到站或作业地点；对空车，寻找同一车种。（2）如果重车没有相同的到站或作业地点，空车没有相同的车种，则为车组选择"空道"。（3）当两个以上股道车辆的到站或作业地点与车组的到站或作业地点相同时，分为两种情况：如因编组满足或位置不够而转线，则选用转线后的股道，如因隔离或编组挑选车辆而转线，则选用转线前的股道。（4）当因满线等原因需要转线时，首先检查有无到同站的车辆在另一股道上，若有且符合使用条件则入选，否则选择空道。其中"空道"的概念如下：现场实际空闲的线路；停有很少车辆的线路；集结过程已完成可立即外发的线路；某道虽有车但据预报可知本班内不再来车的线路。

3 建立解体模型的数学基础

解体勾计划的编制存在很多不确定性的问题，需要比较、选优。此外，其编制过程不是通常的数学逻辑运算，而是各方面的数据依照一定的规则进行分类、组合。因此，解体勾计划的数学模型，主要应用模糊数学和离散数学的相关理论。

3.1 模糊数学

运用模糊数学就是通过其综合评判的理论解决不确定性问题。所谓综合评判，就是对多种因素所影响的事务或现象做出总的评价。即对评判对象的全体，根据所给的条件，给每个对象赋予一个非负实数——评判指标，再据此排序择优。基本过程归纳如下：

（1）给出评判的对象集：$X = \{x_1, x_2, \cdots, x_n\}$；

（2）给出判据集：$U = \{u_1, u_2, \cdots, u_m\}$；

（3）找出评判矩阵：$R = XU \rightarrow [0,1]$，其中，$r_{ij} = R(x_i, u_j) \in [0,1]$。$r_{ij}$ 是对象 x_i 在因素 u_j 上的特性指标。显然，x_i 的特性向量为：$R|x_i = (r_{i1}, r_{i2}, \cdots, r_{im}) \in [0,1]^m$；

（4）确定各因素的权集：$A = (a_1, a_2, \cdots, a_m)$；

（5）确定评判函数 $f: [0,1]^m \rightarrow R$，（全体实数集）$D = f(Z_1, Z_2, \cdots, Z_m)$；

（6）计算评判指标：$D(x_i) = f(r_{i1}, r_{i2}, \cdots, r_{im})(i \leq m)$；

（7）将 $D(x_1), D(x_2), \cdots, D(x_n)$ 按大小排序，按序择优即可。

3.2 离散数学

离散数学顾名思义是研究离散对象的数学。在本文讨论的问题中，主要运用"关系"及其基本运算的一些概念解决大量数据的分类及组合。

（1）"关系"的含义。按照严格的数学定义：笛卡儿积 $A_1 \times A_2 \times \cdots \times A_n$ 任意一个子集称为 $A_1, A_2, \cdots, A_n$ 上的一个 n 元关系。因此，"关系"的本质是一个集合，而这一集合的每一个元素是一个有序元组。

例如：$A = (a, b)$，$B = (c, d)$，则 $\rho_1 = \{(a,c), (a,d), (b,c), (b,d)\}$ 是由 $A \rightarrow B$ 的一个关系。

反过来，$\rho_2 = \{(c,a), (c,b), (d,a), (d,b)\}$ 则是由 $B \rightarrow A$ 的一个关系。

在计算机技术中，我们通常把一个"关系"看作一个二维表。

（2）关系的运算。由于关系的实质是集合。因此，可对其进行集合之间的运算——关系代数和关系演算。在下面的讨论中，我们将构造出 3 种关系运算：关系联结、关系合并和条件联结。

4 数学模型的建立

4.1 初步分析

勾计划编制的第一步相对简单，它是多个对象，多个因素的评价问题。可以运用模糊数学中的综合评判理论来解决。但应使数学模型满足如下特性：企业的"生产要求"具有绝对优先性。没有"生产要求"时，四者的竞争转化为其他三者的竞争。否则是四者的竞争，但要求"生产要求"是优胜者。

第二步工作是根据固定的规则，通过关系内部的运算，将车组划分出来。所用的原始资料是第一步的工作成果，而所用"规则"则成了运算法则。

第三步工作较为困难，其规则虽然是固定的，但另一决定因素"现场"却时刻在变化着，在下落

每一个车列之前都应采用最新的现场（不管车组实际上是否已溜放）。因此，第二步是关系内部的运算，而第三步则是关系之间的运算。原始关系是第二步的成果关系和最新的现场关系，最终成果是解体勾计划。解体勾计划的编制过程如图 2 所示。

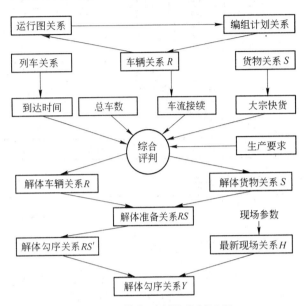

图 2　解体勾计划的编制过程

4.2 解体勾计划编制过程中各关系数据结构的描述

解体勾计划编制过程中，除已标出的各种关系外，运算中还有一些中间关系，一并列出。

车辆关系 R：

顺号	车号	车种	自重	换长	载重	发站	到站	特征	计数
$A1$	$A2$	$A3$	$A4$	$A5$	$A6$	$A7$	$A8$	$A9$	$A10$

货物关系 S：

运单号	货主	品名	隔离	禁溜	质量	性质	件数
$B1$	$B2$	$B3$	$B4$	$B5$	$B6$	$B7$	$B8$

装载关系 E：

车　号	运单号	限到时间
$C1$	$C2$	$C3$

解体准备关系 RS：

顺号	车号	车种	到站	特征	计数	运单号	禁溜
$A1$	$A2$	$A3$	$A8$	$A9$	$A10$	$B1$	$B5$

解体勾序关系 RS'：

车号	车种	到站	计数	特征	禁溜
$A2$	$A3$	$A8$	$A10$	$A9$	$B5$

现场关系 H：

车种	到站	转线	状态	存车	容车	股道
$H1$	$H2$	$H3$	$H4$	$H5$	$H6$	$H7$

解体勾序计划关系 Y：

车号	股道	计数	特征	禁溜
$A2$	$H7$	$A10$	$A9$	$B5$

列车关系：

车次	到达方向	到达时间	发出方向	发车时间
总车数	重车数	空车数	总质量	列车长度

运行图关系：

车次	到时	发时	到站	发站

编组计划关系：

车次	到站	换长	自重	总重	辆数

4.3 数学模型的建立

有了物理模型和数学基础理论，建立数学模型的具体作法就是把物理过程中的每一事务及其性质用定量的方法表达出来，便于用数学方法进行处理。

（1）到达场推峰车列的挑选。

对象集：$X = \{x_1, x_2, \cdots, x_n\} = \{$列车 1，列车 2，$\cdots$，列车 $n\}$。

判断集：$U = \{u_1, u_2, u_3, u_4\} = \{$到达时间，车流接续，大宗快货，生产要求$\}$。

下面来确定评判矩阵，方法如下：

u_1 为到达时间特性。$u_1 = \dfrac{1}{T}$，其中 T 为到达时间，对 u_1 应进行取大运算。

u_2 为车流接续特性。$u_2 = \dfrac{m_1}{N}$，其中 N 为即将解体的列车的总车数；m_1 为在允许解体作业完成的时间内，该解体车列中存在的可以编组到最近将发出车列中的车辆数。也应进行取大运算。

u_3 为大宗快货特性。$u_3 = \overline{N}$，N 同上。m_2 为大宗快货数量，也应进行取大运算。

u_4 为生产要求特性。$u_4 = 0$（无生产要求）或 1（有生产要求）。这样，针对具体的现场情况，就可得到如下矩阵。

$$\overline{R} = \begin{matrix} & \begin{matrix} u_1 & u_2 & u_3 & u_4 \end{matrix} \\ \begin{matrix} X_1 \\ X_2 \\ X_3 \\ \vdots \\ X_n \end{matrix} & \begin{vmatrix} r_{11} & r_{12} & r_{13} & r_{14} \\ r_{21} & r_{22} & r_{23} & r_{24} \\ r_{31} & r_{32} & r_{33} & r_{34} \\ \vdots & \vdots & \vdots & \vdots \\ r_{n1} & r_{n2} & r_{n3} & r_{n4} \end{vmatrix} \end{matrix}$$

为因素集确定权集如下：$a_1 = a_2 = 0.15$，$a_3 = 0.1$，$a_4 = 0.6$。因为每次只有一个生产要求，即 u_4 中只有一个 1，其余均为 0，如果第 i 列有生产要求，则 $D_{j\max} = 0.4 (j \neq i)$，$D_{j\min} = 0.6 (j = i)$。所以，只要某列车有生产要求，则其一定被选上。否则，此因素实际不参加评判，故不影响其他因素的竞争。

所选评判函数为：

$$D = \sum_{i=1}^{\infty} a_i Z_i \quad (a_i \geqslant 0, \ i \leqslant m)$$

此处，再确定大宗快货的表达方法。"大宗快货"的含义是"比较容易卸的大组车"，其判断也是一个模糊问题。对象是车组，判据是"易卸"和"大组"，二者权重相等，不考虑权集。对于"易卸"的程度 Y 可以按货物性质简单地规定为从 0~1 之间的不等的数值。而"大组"的程序 D 则定义为 $\dfrac{m}{M}$，m 为易卸车组的车数，M 为标准列车车数，例如可取为 50。这样就能找到每列车中众多车组中的"大宗快货"车组。

（2）解体车列调车勾的划分。解体调车勾的划分原则上是重车按到站或作业地点，空车按车种。此处作些补充，对于特殊的车辆（如大轮车、保温车等）或装有禁溜货物的车辆单独划分为一组。划分的依据是车辆关系中的"特征"项和货物关系中的"禁溜"项。因为这些车必须提醒作业人员。否则，会出事故。具体作法分两步：第一步对已经得到的车辆关系、货物关系和装载关系进行关系联结运算，得到相应的解体准备关系。然后对解体准备关系进行关系合并运算，得到第二阶段的最终成果勾序关系。下面用关系代数的形式描述关系之间的运算。

设有任意 3 个关系 R、S、E。

$R = \text{REL}(A_1, A_2, \cdots, A_m)$，$m = 1, 2, \cdots$，对应其属性的元组集合为 $r = \{(a_{1i}, a_{2i}, \cdots, a_{mi}) | i = 1, 2, \cdots\}$

$S = \text{REL}(B_1, B_2, \cdots, B_n)$，$n = 1, 2, \cdots$，对应其属性的元组集合为 $s = \{(b_{1j}, b_{2j}, \cdots, b_{nj}) | j = 1, 2, \cdots\}$

$E = \text{REL}(C_1, C_2, \cdots, C_k)$，$k = 1, 2, \cdots$，对应其属性的元组集合为 $e = \{(c_{1f}, c_{2f}, \cdots, c_{kf}) | f = 1, 2, \cdots\}$

其中 A、B、C 表示 R、S、E 的属性；m，n，k 为属性个数；i，j，f 为元组个数。

1）关系联结。对于关系 R 和 S，经过第三个关系 E 对其进行关系联结 $\Omega: R \overset{E}{\infty} S$，运算后得到一新关系 RS。$RS = \text{REL}(\{Au\} \cup \{Bv\})$，$Au$、$Bv$ 由投影运算 δ：$\Gamma Au \to R, Bv \to S$ 取得。其元组集合 rs 则根据条件 ξ：$\prod \{[\prod_m(A_{mi})] \rho_1 [\prod_n(B_{nj})] \rho_2 [\prod_k(C_{fk})] QG\}$ 来给定。其中 $R \overset{E}{\infty} S$ 为联结命令，Γ 为投影命令，$\prod$ 为逻

辑运算符，$\prod_m$、$\prod_n$、$\prod_k$ 为运算函数，ρ_1、ρ_2 为一般运算符，Q 为比较运算符，G 为比较条件。

$$rs = \begin{cases} \{(\{a_{ui}\} \bigcup \phi)\}\xi & \text{不满足} \\ \{(\{a_{ui}\} \bigcup \{b_{vj}\})\}\xi & \text{满足} \end{cases}$$

运算过程为：$\delta: \Gamma Au \rightarrow R, Bv \rightarrow S$；$\xi: \prod\{[\prod_m(A_{mi})]\rho_1[\prod_n(B_{nj})]\rho_2[\prod_k(C_{fk})]QG\}$，$\Omega: R \overset{\infty}{\in} S$。

2）关系合并。对于关系 R，经过合并运算后产生一新关系 R'。$R'=\text{REL}(\{Au\})$，Au 由投影运算 $\delta: \Gamma Au \rightarrow R$ 获得。其元组集合则根据一组条件 $\xi x: \prod\{[\prod_m(A_{mi})]QG\}$ 按 x 从小到大的优先顺序取得，$x=1$，$2,\cdots$，其中 Av 包含在 Au 中。

$$r' = \begin{cases} \{a_{ui}\}\xi_{1\sim d} \text{同时满足 } 1 \leqslant d \leqslant X \\ \{\{a_{up}\} - \{a_{vp}\} \bigcup \{\rho(a_{vi})\}\}\xi_{1\sim d} \end{cases}$$

不同时满足 i、p 由 $\xi d-x$ 中依次独立地最先满足的条件所决定。其中 ρ 为综合运算符，其余符号同上。

运算过程为：$\delta: \Gamma Au \rightarrow R$，$\xi x: \prod\{[\prod_m(A_{mi})]QG\}$。

（3）为车组分配股道。此工作的关键是现场关系。该关系的记录数等于编发场股道的数量。"容车"表示股道的最大存车数，"存车"表示实际存车数，"车种"和"到站"表示的是某股道最后一辆车的类型和去向，车辆类型用于空车解体，而到站则用于重车解体，"状态"项中有 0、1、2、3 几个数值，0 表示一般状态，即股道上有车、但仍可进车；1 表示满线，该股道车满，不能进车；2 表示封锁，是空道，不能进车；3 表示空道，即该道无车、可进车。"转线"项中有 0、n_1，n_2 的 3 种数值，0 表示没有转线，n_1 表示第 n 次转线，因挑选车辆；n_2 表示第 n 次转线，因为编组满足或满线等原因。这些都对车组的下落有直接的影响，要求在勾序关系和现场关系之间经过条件联结运算后，得到最终的解体勾计划关系。

条件联结：设有关系 R 和 S，经过条件联结运算后产生一新关系 RS，$RS = \text{REL}(\{Au\} \bigcup \{Bv\})$，$Au$、$Bv$ 由投影运算 $\delta: \Gamma Au \rightarrow R, Bv \rightarrow S$ 取得。其元组集合则根据一组条件 $\xi x: \prod\{[\prod_m(A_{mi})]\rho[\prod_n(B_{nj})]QG\}$ 按 x 从小到大的优先顺序取得，$x=1,2,\cdots$，则 $rs=\{(\{A_{ui}\} \bigcup \{B_{vj}\})\}$，$i,j$ 由 ξ_i 中独立地最先满足的条件所决定。运算符号含义同上。

运算过程为：$\delta: \Gamma Au \rightarrow R, Bv \rightarrow S, \xi x: \prod\{[\prod_m(A_{mi})]\rho[\prod_n(B_{nj})]QG\}$。

车组下落对"空道"的选择应按以下顺序进行：（1）现场实际空闲的线路；（2）停有少量车辆的线路；（3）集结过程已完成可立刻外发的线路；（4）某道虽然有车，但据预报可知本班内不再来车的股道。其中（1）和（4）为确定性问题，而（2）和（3）则是模糊问题。此处用最简单的方法来描述。规定 $m/M \leqslant n$ 的股道为停有少量车辆的"空道"，并且 n 值越小，则股道越"空"，m 为停车数，M 为股道容车数，n 为给定的数值。规定集结完毕能在 N 分钟内发出的车辆（以运行图和编组计划为准）的股道为集结过程已完成可以立刻外发的"空道"，N 为给定的数值。

5 结语

编组站的生产特点、运量不断增加、资金及现场条件制约、计算机技术的普及应用，使编组站管理信息系统的研制建立势在必行。国外从 20 世纪 50 年代已开始了这方面的开发，我国近几年也发展很快，大型编组站如郑北、南仓、南翔、丰西、株北等陆续投入使用，取得了良好的经济效益和社会效益。所谓管理信息系统就是将管理工作纳入计算机管理。具体到编组站，就是将最原始的数据（每列车的编组表）和车站自然信息资料存入计算机，由原编组表开始编制作业计划、现车跟踪、机车管理、各项统计，最后生成新的编组表，实现实时动态管理。整个过程，解体作业是重要一环，也比较复杂。本文给出了解决该问题的主要思路，基本框架。旨在为编组站管理信息系统的建设提供一些参考。

（原文发表于《首钢科技》2001 年第 2 期）

关于首钢京唐钢铁厂铁路物流系统的思考

范明皓[1]　张海云[2]

(1. 北京首钢国际工程技术有限公司，北京　100043;
2. 首钢京唐钢铁联合有限责任公司，唐山　063200)

摘　要：阐述首钢京唐钢铁联合有限责任公司的规划原则：在总图布置上，充分考虑降低运行成本的各种因素；在铁路总体规划中，体现以物质流为核心的理念。在此基础上，结合铁路运输系统的特点，分别对钢铁厂原料站、焦化站、成品站、炼铁站布置形式进行研究。实践证明，合理的铁路布置形式可以降低运营成本、提高运输效率，并对我国现阶段新建钢铁厂和现有钢铁厂改造提出建议。

关键词：钢铁厂；铁路系统；总体规划；物流

The Railway Logistics System of Shougang Jingtang Iron and Steel Plant

Fan Minghao[1]　Zhang Haiyun[2]

(1. Beijing Shougang International Engineering Technology Co., Ltd., Beijing 100043;
2. Shougang Jingtang Iron and Steel United Co., Ltd., Tangshan 063200)

Abstract: The Planning principle of Beijing Shougang Jingtang Integrated Iron and Steel Co., Ltd., in general layout planning, full consideration is gived to the factors that caused operating costs; In the overall planning of railway, the concept of material flow is embodied. On this basis, combining with the characteristics of railway transport system respectively, the arrangement form of steel raw material station, coking station, finished product station, ironmaking station is fully researched. Practice has proved, reasonable arrangement form of the railway gives great contributions to reducing operating costs and improving transport efficiency, in addition, make suggestions to the new steel plant and the existing steel plant transformation.

Key words: iron and steel plant; general layout and transportation; overall planning; logistics

1 引言

首钢京唐钢铁联合有限责任公司（以下简称首钢京唐钢铁厂）是因首钢钢铁产业结构及空间布局结构调整建设的钢铁厂，本工程厂位于河北省东北部，唐山市滦南县境内，渤海湾西北部曹妃甸岛上。根据曹妃甸工业区城市总体规划，首钢京唐钢铁厂设置在曹妃甸工业区的南部，东靠疏港公路和铁路，隔路为规划的石化工业区；西濒内港池；南临曹妃甸南站、港区矿石堆场和矿石码头；北邻曹妃甸电厂。按照现代钢铁厂的总体规划的理念，除重视规模、技术、质量、管理、销售等方面的改进和完善以外，还将重点转向生产前后的延伸领域，如采购、运输、装卸、储存、包装、加工配送等物流环节。

为了实现"高起点、高标准、高要求"的建厂方针和"产品一流、技术一流、环境一流、效益一流"目标要求，首钢京唐钢铁厂在规划之初，充分考虑了如下因素：

（1）在总图布置上，充分考虑降低运行成本的各种因素。首钢京唐钢铁厂总平面布置按照料场—焦化—烧结—球团—炼铁—炼钢—热轧—冷轧的冶金工艺流程依次顺序布置的"独特的短界面紧凑型、串垂联合"总平面布置形式，使物料流、能源流、信息流协调一致。其中，炼铁与炼钢采用串联布置，铁水运输实现"一包到底"直线进厂，炼钢与轧钢采用垂直联合布置，工序衔接短捷、顺畅、合理。

（2）在铁路总体规划中，体现以物质流为核心的理念。根据首钢京唐钢铁厂各工艺的特点和物流量，铁路线路分别进入原料卸车系统、焦化系统、炼铁系统，以及成品车间装车线等，在规划中优化流程路径，降低运输功耗，做到流程路由短、做功小、耗能少，并以铁路自动化控制系统——计算机微机联锁作为运行的技术保障，中间穿插铁路计量、取样等铁路在线工艺，最终形成现代化钢铁厂的铁路物流系统。

2 首钢京唐钢铁厂铁路物流系统组成

根据曹妃甸工业区铁路系统总体规划，为适应首钢京唐钢铁厂厂外铁路运输物质流向，本项目将曹妃甸南站和曹妃甸站设置为该厂的两个铁路接轨站。钢铁厂原料站与曹妃甸南站连接，成品站与曹妃甸站连接。按照首钢京唐钢铁厂的总体规划，结合铁路运输系统的特点，钢铁厂设置了原料站（到达兼交接场、编组场、翻车机场、成品发车场）、焦化站、炼铁站、成品站，各个车站之间分别设置联络线连接，首钢京唐钢铁厂铁路系统示意图如图1所示。

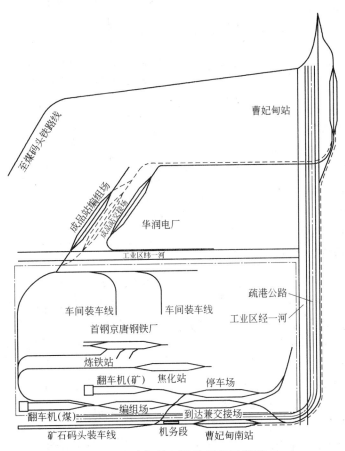

图1 京唐钢铁厂铁路系统示意图

3 首钢京唐钢铁厂铁路物流系统的研究

3.1 原料站

按照国家发展和改革委员会批复，首钢京唐钢铁厂一期工程建设规模1000万吨/年。经测算，其厂外运输量为5046.03万吨/年，其中水路运输量为2251.5万吨/年；铁路运输量为2056.6万吨/年；公路运输量为737.928万吨/年。铁路运输量均来自迁曹线迁安方向，其中到达总量为1674.16万吨/年，发送总量382.4万吨/年。按照63车/列计算，考虑

1.2的不均衡系数，到达量折合为15.3列/天；发送量折合为3.3列/天。按照卸重车，利用返空车装成品的作业模式考虑，富裕空车外排量为12.0列/天。

3.1.1 到达兼交接场

进入首钢京唐钢铁厂厂区的全部货位均需要在到达兼交接场进行作业，根据既有迁曹铁路路由和曹妃甸南站的地理位置，到达兼交接场设置在钢铁厂南部东端，接轨点设于曹妃甸南站迁安北方向端咽喉区外为最经济合理，按照铁路运输规定的作业办法，以及铁路到发线股道数量计算公式，计算出

到达兼交接场股道配置规模。

$$m_{到发} = (N_{无改}t_{无改} + N_{解体}t_{解体} + N_{编发}t_{编发})/(1440 \times \alpha) + b$$

其中

$$t_{无改} = t_{接} + t_{停} + t_{发}$$

$$t_{解体} = t_{接} + t_{停} + t_{调}$$

$$t_{编发} = t_{发} + t_{停} + t_{调}$$

式中　$m_{到发}$——到发线股道数量；

$N_{无改}$——到达无需改编列车数；

$t_{无改}$——到达无需改编列车的作业时间；

$N_{解体}$——到达解编列车数；

$t_{解体}$——到达改编列车等待及作业时间；

$N_{编发}$——编组及发送列车数；

$t_{编发}$——编组及发送列车等待及作业时间；

$t_{接}$——到达列车接车过程的作业时间；

$t_{停}$——列车在场内停车等待过程的作业时间；

$t_{调}$——列车在场内进行调车过程的作业时间；

$t_{发}$——列车发车过程的作业时间；

$\alpha = 0.75$，为利用系数；

$b = 1$，一般包括机车走行线。

由上述公式计算出，需要设置到达兼交接场 5 股道，有效长满足 1050 m，由于迁曹线已经开行了万吨列车，为了满足长大列车接车的需要，设置有效长满足 1700 m 的 3 条铁路交接线作为接车股道，一期工程到达兼交接场共设置 8 股道。

3.1.2 编组场

按照物流方向，为了缩短物流运距，将交接完的货物不折返运输，且顺直短捷，在交接场的西侧设置编组场，呈纵列式布置。按照冶金工艺技术需要和企业管理的要求，全部进出厂货物必须进行计量、取样、制样、检验、化验作业等，为将这些作业与钢铁厂物质流结合统一，将用于计量的轨道衡设置交接场的西咽喉。为了便于取样，以及零担车的编组作业，将取样作业设置在编组场内。考虑全断面取样机的作业效率及自身合理的作业范围，首钢京唐钢铁厂采用"跨三取五"（门式天车跨 3 条铁路线，有效取样范围为 5 条铁路线）全断面取样形式，取样机有效走行距离为 950 m，结合零担货物的编组作业，经过计算，首钢京唐钢铁厂一期工程编组场需要设置 14 股道。

3.1.3 翻车机场的研究

翻车机场的设置，同样也按照物流方向，为了缩短物流运距，将计量、取样后的货物不折返运输，且顺直短捷，在编组场的西侧设置翻车机场，同样形成纵列式布置。根据其他钢铁厂统计的运输成本

比较，对于大宗散料，皮带运输成本最高，道路运输次之，铁路运输成本最低。因此，在充分考虑原料卸车点（翻车机、受料槽等）皮带爬坡高度允许的前提下，在满足各种通廊穿越铁路、道路等净空的条件后，翻车机应尽可能靠近原料场。按照首钢京唐钢铁厂的总体规划，将翻车机布置在原料场的西南端，便于与码头到达的皮带统一管理，同时满足钢铁厂原料站到达兼交接场、编组场和翻车机场呈纵列式布置。

理论上翻车的作业效率为 2.5 ~ 3.0 min 具备翻 1 车次的能力，生产过程统计的数据为 4.5 ~ 5.0min 才可以翻 1 车次，根据目前成熟的翻车机装备技术，双车翻车机的优势比单车翻车机更加明显。因此，首钢京唐钢铁厂采用了双车翻车机，在空重车线具备 63 车位有效长的条件下，每台日翻车约 400 车。因此，一期工程设置 3 台双车翻车机，远期预留 2 台翻车机的位置。

为了充分发挥翻车机的作业效率，每台双车翻车机全部设置 2 条重车线、2 条空车线，以便在翻车机作业的过程中，进行机车牵引重车的对位作业、重车的列检作业和空车的列检作业、调车作业等，因此，3 台翻车场共设置 12 股道。

3.2 焦化站

根据焦炉系统推焦机经济合理的作业范围，考虑到 2 座 5500 m³ 高炉需求的焦炭量，最终首钢京唐钢铁厂确定配置 4 座 70 孔 7.63 m 复热式焦炉最为经济合理，由此造成焦炭富裕 120 万吨/年，全部采用铁路运输，同时，还有 40 万吨/年化工产品需要采用铁路运输，按照危险货物装卸、运输管理规定，焦化站共设置 5 股道，另外设置 3 条化工产品装车线和一条焦炭装车线。

3.3 成品站

考虑到成品热轧卷、冷轧卷倒运 1 次，至少需要增加 2 次吊装过程，而每次吊装均对热轧卷、冷轧卷造成一定程度的破损，同时还消耗一定的资源，增加一定数量的操作、管理人员。为了尽可能减少成品热轧卷、冷轧卷的倒运，将采用铁路运输的成品热轧卷、冷轧卷，装车地点延伸到各个车间内，考虑到每个车间的装车量相对较小，以及装车货位的限制，在车间的后部设置成品编组站，按照测算的成品铁路外发量，共需设置 6 股道编组站和 4 股道交接线。

3.4 炼铁站

随着钢铁厂生产规模的扩大，尤其是高炉、转

炉的容积变大，以及由此引起的占地面积变大，从而使炼铁、炼钢车间中心距变大，造成高炉生产的铁水需要较长的距离和时间才能运输至炼钢车间，给铁水造成了较大的温降，不利于节能。为了减少铁水在运输过程中的温降，同时确保运输调车的安全，对首钢京唐钢铁厂炼铁站的设计进行了比较、优化，最终确定高炉采用半岛式布置，铁水运输经过一个45°转角后，直线进入炼钢。最大走行距离1300 m，最大限度地保证了运输的安全和减少了铁水温降。按照集结、编组计量的运输作业过程，炼铁站共设置7股道。

4 首钢京唐钢铁厂铁路物流系统的应用

首钢京唐钢铁厂2008年12月开始接卸铁路

到达的各类煤，截至2009年10月已经累计到达各类煤约200万吨，由于目前只是1号高炉投产，仅仅达到一期建设规模的一半工程，因此，整个铁路运输系统能力都比较富裕，但短截顺畅的铁路布置形式所发挥的优势已经非常明显，整列重车从进厂至卸空后出厂厂内路停时间最少只有6h，平均只有7.5h，最大限度地提高了铁路车辆的周转率。

铁水运输优势更加明显，根据1号高炉投产以来的统计数据显示，高炉下的1～8号铁水运输线（简称铁1线～铁8线），至炼钢车间的1～3号钢水运输线（简称钢1线～钢3线）运行时间见表1。

表1数据显示，炼铁站已经达到了设计的预期目标。

表1　高炉至铁水脱硫预处理站重车走行时间　　　　　　　　　　　　　　　(min)

运输线	铁1线	铁2线	铁3线	铁4线	铁5线	铁6线	铁7线	铁8线
钢1线	15.9	15.888	15.324	15.336	16.548	16.536	17.124	17.136
钢2线	15.912	15.9	15.336	15.348	16.56	16.548	17.136	17.148
钢3线	15.828	15.816	15.492	15.504	16.716	16.704	17.292	17.304

5 结语

首钢京唐钢铁厂铁路总体规划，物流运距短捷、顺畅，运营成本低，运输效率高，使物质流、能源流、信息流统一协调，充分体现钢铁制造流程"连续运行、在线运输、在线生产"可获得长期的经济运行效果的总体理念。

随着我国钢铁企业产能的不断扩大，冶金生产工艺的不断进步、产品质量的不断升级，产业结构的不断调整，不可避免地要新建或后期改扩建钢铁厂。因此在钢铁厂设计时，不能只考虑铁路物流，还应与道路物流、皮带物流、辊道物流、管道物流统一考虑，在钢铁厂生产中发挥各自的优势。

（原文发表于《铁道运输与经济》2010年第11期）

浅析改、扩建工程的总平面布置

刘　青

(北京首钢国际工程技术有限公司, 北京　100043)

摘　要：改、扩建工程的总平面布置是在老厂的基础上进行的，势必受到老厂各方面原有条件的制约。本文在分析改、扩建工程三种途径的同时，就几年来参与改、扩建工程的体会，阐述了在改、扩建工程中应该注重考虑的几个问题，提出了总平面布置的合理与否，直接影响到改、扩建厂投产以后的经济效益、社会效益，只有对总平面布置进行不断地完善，使之更加合理，才能实现现有工厂改、扩建工程预期的目的。

关键词：改扩、建工程; 总平面布置

Study on the General Layout Planning of Plant Renovation and Expansion

Liu Qing

(Beijing Shougang International Engineering Technology Co., Ltd., Beijing 100043)

Abstract：Plant renovation and expansion has close links with the existing plant and will have various constraints from the existing plant. Through the analysis of three different approaches applied in the plant renovation and expansion and summary of lessons gained in the implementation of retrofit or expansion projects, this article elaborates the key issues to be addressed in the plant general layout planning in order to achieve the project economic and social benefits.

Key words：renovation, expansion; general layout

1　引言

我国是一个钢铁大国，现有的一批中、小型钢铁厂，是"全民大炼钢铁"的产物，其生产工艺十分落后，设备陈旧，厂房破烂，工厂布置拥挤、零乱。后虽经多次改造扩建，生产规模不断扩大，但其生产工艺和设备仍处于 20 世纪 50~60 年代水平，总平面布置基本没有得到改善，甚至有的还有恶化的趋势。因此，改造和扩大现有冶金企业，达到更新生产工艺、提高产品质量和扩大生产规模，以增强产品在市场上的竞争能力，是有效、高速地发展我国经济的重要途径。改造和扩建现有冶金企业，必须制定出一套完善的改扩建计划，而要论证改、扩建工程制定目标的可行性，首先需要论证的就是改、扩建厂的总平面布置。

改、扩建厂不同于新建厂，改、扩建厂总平面布置是在老厂的基础上进行的，这样势必受到老厂各方面原有条件的制约。因此，进行改、扩建厂的总平面布置时，不仅要考虑新建厂的总平面布置原则及有关要求，而且还必须考虑改、扩建厂的现状及总平面布置的特殊要求。在进行改、扩建厂的总平面布置时，不仅要认真学习改、扩建任务书和有关文件，了解任务书中对该厂改、扩建的内容、项目、规模，深入理解改、扩建的精神实质，还要对改、扩建厂现状进行周密的调查，了解现有厂的生产规模、生产情况；现有生产厂房、生产设备、各种运输线路、工程管线及厂区内场地等可供利用情况；原有企业总平面布置情况，特别是原、燃料堆场、运输线路、工程管线、工厂绿化的布置；综合利用及厂区污染；企业预留发展情况等。

总结我国一些改、扩建厂的实践经验，改、扩建厂总平面布置应遵守的原则是：作好全厂总体规划，调整理顺全厂总平面布置系统，使之符合生产工艺流程和物料流向，改善主要生产车间和辅助设施的布局；考虑综合利用和环境保护，改善工厂生产和生活条件；尽量保留并合理利用现有建、构筑物、运输线路及管网等设施；尽量少影响或不影响现有主要生产车间和设施的生产；新建生产车间与现有生产车间在生产工艺和运输上有良好的衔接与联系；原有企业通过改、扩建逐步实现设备大型化、生产连续化、操作管理自动化的现代化企业。在改、扩建厂总平面布置中，如不能满足有关规程、规范的要求时，应采取必要的技术措施，同时，报请有关领导部门批准。

下面结合近几年参与有关改、扩建工程的具体工作，谈谈自己的体会。

2 改、扩建工程总平面布置的三种途径

通过对我国多个改扩、建工程进行分析、了解，改、扩建工程的总平面布置，按其与原有企业的所处位置，一般有以下三种途径：

（1）在原有企业场地内进行改、扩建。这种形式又分两种情况：一是场地上不增加新的建筑物，而在车间内增加设备或设备挖潜或强化生产手段，通过提高生产操作技术和企业管理水平来达到扩大生产的目的，如首钢特殊钢有限公司锻钢车间改造等；二是扩大原有的厂房或增加新的厂房。

（2）在原有企业场地外的扩建。这种形式也分两种情况：一是紧靠原有企业场地边缘扩建。若地形、地质条件好、场地开阔，在此处扩建工艺流程合理，新、旧厂生产、运输联系又较方便，又能满足生产规模的要求，这样的厂址最为合理；二是当扩建规模大、原有企业场地边缘又不能满足扩建要求时，可在距原有企业稍远处或独立成区自成系统。

（3）企业场内和场外都改、扩建。这种形式实质上是上述改扩建形式的不同组合，即改、扩建时首先考虑场内，当场内不能满足要求时再补以场外进行。首钢矿业公司球团二系列工程就是采用的这种扩建形式，即在矿业公司球团厂场内建设主工艺和成品系统，在场外建设原料工艺的翻车机系统。

3 改、扩建工程要遵从全厂规划、逐步实施的总体布局

一般来说，改、扩建工程设计是从全局到局部的过程，即先有总体规划，再进行局部改扩建工程项目的设计。而实施总体规划则是从落实局部项目的改、扩建措施开始，逐步推向全厂。总平面布置既定系统的落实也是如此。因此，在局部改、扩建工程项目总图运输设计中，按总体布局意图研究和落实总平面布置是关键所在，在把握全局条件下，着眼于现状调查，摸透情况，寻找和解决主要矛盾，才能得到最佳的总平面布置方案。

通常情况下，局部的最佳总图方案是和全局一致的，但在偶然情况下，有可能局部总平面布置方案并不是最优的。

改、扩建工程，从局部开始到全局实施需要有一个过程，要重视改、扩建工程和现有生产设施衔接处的技术处理，尽量避免形成瓶颈。

首钢矿业公司球团二系列工程作为首钢公司的重点项目，受到许多业内人士的重视。此工程是在原球团厂场内场外进行改扩建。该厂以生产酸性球团为主，原有规模100万吨/年，经过改扩建后规模增加200万吨/年，最后形成300万吨/年的规模。该厂现有总平面布置紧张，通道窄，增加二系列后，总平面布置更为紧张、拥挤，通道更窄，管线、道路布置紧张，施工难度也大，但是从全局规划角度考虑，其工艺流程合理、技术先进。

4 改、扩建工程要着眼于理顺工艺流程和物料流向

总平面布置的基础是物流，实际上就是工艺流程。按照物料流程顺序布置各生产设施，可以得到最短捷的流程。过去，曾出现过"跳跃式"布置，重钢于20世纪60年代新建的转炉炼钢车间，越过轧钢布置在其他地区，造成物流长期不合理。

改、扩建厂物流技术与场地特征（形状、地貌等）、现有外部运输方式和设计运输方式与改、扩建工程总平面布置是相互制约，他们互为因果，又相互矛盾。通常，先按照工艺流程，结合场地特征完成总平面布置，再根据场地特征所发生的各种费用，求得物料流动的最小运营费用，从而完善总平面布置和选取最佳运输方式。

研究局部总平面布置设计方案时，要在全厂物流运输技术的基础上研究局部物流运输技术。攀钢和重钢改扩建工程运输改造规划就是对现有运输系统，通过采取调整各种方式的比例，减少铁路运输，增加其他运输方式，调整运输设施等技术措施，以缩短运距，加快周转，降低成本和优化运输指标来达到总平面布置规划时制定的计划目标。

5 改、扩建工程要重视节约用地

无论是新建厂还是改扩建厂，都应纳入合理布

局的轨道，逐步将原有企业转变成统筹规划、合理分工、优势互补、协调发展的大好局面。使每一片土地都充分发挥其作用。在少占土地的情况下，生产出较多的产品，这就是节约用地。

工厂的规模与占地有内在联系，一般来说，工厂规模越大占地越多，但并不完全成比例关系。首钢矿业公司球团厂原占地 12.60 万 m²，其中一系列占地 6.50 万 m²，规模为年产酸性球团矿 100 万吨，而二系列改造工程投产后，规模为 200 万吨，其实际占地为 6.10 万 m²。二系列生产工艺布置紧凑，经多方比较，总平面布置中各建、构筑物之间均能满足运输、消防、安全及卫生要求。实践证明，在改、扩建工程总平面布置中要做到节约用地。第一，要求总图专业人员必须了解工艺流程，以便要求工艺专业提供适宜的建筑物外形，使之与场地相适应，就可使场地得到充分利用。第二，在工艺上生产连续作业的工序之间，要采取厂房集中或合并布置，使工序之间的外部运输，部分的改为车间内部运输。公用辅助设施的建、构筑物，应尽量合并或与生产车间布置统一考虑，以减少占地面积。如二系列工程中三大主机：链箅机—回转窑—环冷机工艺流程合理，作业工序十分紧密，根据球团厂实际情况，将其呈"一"线形紧密布置在一系列主厂房的东侧，其他辅助设施如联合泵站、6kV 配电室等都与原辅助设施合并建设，以减少占地面积。第三，要充分利用场地，合理确定各建、构筑物之间和原有生产车间之间的距离，采用合理的通道宽度。建、构筑物、运输线路、各种管线均力求平行布置，以减小三角地带的面积。对有特殊要求的建、构筑物，如油库、氧气站等，布置在老厂的边缘地带，这样能使厂区内的土地得到最大限度的合理利用。第四，要巧妙地利用改扩建厂原有自然地形，能不挖的则不挖，因势利导，以达到节约用地的目的。

6　改、扩建工程要保持现有生产设施正常运行

老厂改造最大特点，是在改、扩建期间不降低经济效益。要做到这一点，必须在技改的同时，确保现有主要车间的生产。在改、扩建工程实施过程中，要确保现有生产设施的正常生产，就要研究改、扩建工程的实施条件，如：改、扩建项目和现有生产设施在施工和生产的搭接配合；分期拆迁现有生产设施，处理好改、扩建项目与原有生产的相互关系；临时过渡措施的可能性和施工过程中相互干扰，以及施工和生产共同需要采取的技术措施等。

在进行改、扩建厂的总平面布置时，要充分发挥和最大限度地合理利用原有的建、构筑物、运输线路、工程管线等设施，能不拆的就不拆，但当不拆迁将带来长期使用或运营上的不合理现象时，也不必迁就，应合理拆迁，以防后患。

改、扩建工程是一个兼顾阶段、分步实施的过程，因此改、扩建工程总平面布置是逐步形成的。这就要认真研究和妥善处理改、扩建过程中总平面布置方面的问题。在球团二系列工程中体现较为明显。球团二系列工程是在现有球团厂一系列生产的基础上进行改、扩建，如何协调两者的关系，第一，需要总图、工艺与其他专业紧密配合，共同研究相互适应和满足的各项条件，实现迁建与新建、生产与基建的相互协调。第二，要妥善解决拆迁和新建两种设施的物料运输，并以新建项目为主。第三，新建和拆除项目是随时间而变化的，总平面布置的各设施要尽可能一步到位，不要造成新的拆迁。第四，新建设施的总平面布置可能受场地面积、既有布置等限制，需采取各种有效措施才能得以实现。第五，在山区，要巧妙地利用地形，善于在夹缝中找出解决问题的方法，扩大场地面积、节省土石方量。

球团二系列工程新建车间较多，工艺流程较长，为减少拆迁给一系列生产带来的影响，总平面布置时尽量避免与一系列建、构筑物发生矛盾。如成品仓位置的设置，在进行总平面布置时就考虑了几个方案：有的布置在一系列成品仓南侧，且呈一线式布置；有的布置在一系列成品仓北侧；有的布置在一系列成品仓西侧，且呈并列式布置。经多方案比较，确认布置在一系列成品仓西侧的方案较佳。一方面在施工过程中不影响一系列成品仓的正常生产，另一方面又可根据工艺需要扩大新成品仓的数量，以满足新增 200 万吨成品的储量的需要。

7　改、扩建工程要进行多方案比较

从设计实践认识到，一个方案的提出到发出施工图之前，要经过多次反复，设计才能完善。同时认识到，设计要提出一个正确方案，首先要集中各方面意见，扩大思路，做多方案比较才能得出一个优化的总平面布置方案。

局部改扩建工程项目，通常可能在不同的场地上进行建设，如二系列工程中的原料及焙烧系统最初就有两处以上可供选择的场地，孰优孰劣，需要通过多方案评价和比选，寻求最优方案。

进行多方案比选时，应从系统的整体布局、物料流程出发，决策才不致导入歧途。矿业公司球团厂二系列改造工程作了两个不同的总平面布置方案。方案一，原料及焙烧系统布置在原有二系列主

厂房地带，西侧紧靠一系列主厂房；方案二，原料及焙烧系统布置在球团厂东侧地带。在对这两个方案进行方案比较前，设计人员也作了大量的工作，如熟悉现场地形、地物、地质、生产设施的用途及现有生产运输情况，对一系列和二系列造球室等关键部位或衔接点进行核实；分析球团厂一系列生产的现状，找出生产中存在的矛盾；分析、研究解决矛盾的切实可行的技术措施，如厂区用地不够所采取的技术措施，厂内外运输系统运输能力不足所采取的技术措施，现有总平面布置系统中生产流程和物流不顺的生产车间的位置的调整等。充分分析这些技术措施后，确定总平面布置各个局部设计方案，如原、燃料系统，熔剂准备系统，焙烧系统，成品系统等各个单项的布置方案。

通过以上研究工作，确定影响改、扩建总图布置的主要因素，如工艺流程是否合理；物料输送是否短捷、顺畅；是否节约用地；是否需要重新购地；是否需要大量拆迁工作等。最后，通过技术经济分析、比较两个方案的优缺点，确定方案一作为二系列改造工程总平面布置优化设计方案。

由此可以看出，重视基础设计资料的收集、分析和鉴定，对总平面布置设计过程中提出的问题，采取技术措施，并形成多个总平面布置设计方案，之后再进行系统设计评价，做出技术经济比较，依此优化设计程序推荐的方案才是最优设计方案。

改、扩建工程总图布置是与多方面联系而相互制约的，方案不可能满足各方面的要求，受既有条件的限制，在某些方面满足得较好，而某些方面则不能完全满足。只要总体上优点多于其他方案，缺点少于其他方案，即可作为推荐方案。

8　结语

对于老厂改扩建工程，总图运输设计任务繁重、难度较大。总平面布置的合理与否，直接影响到改、扩建厂投产以后的经济效益、社会效益，只有对总平面布置进行不断完善，使之更加合理，才能实现企业改、扩建工程预期的目的。

参考文献

[1] 傅永新, 等. 钢铁厂总图运输设计手册[M]. 北京: 冶金工业出版社, 1996.

[2] 井生瑞. 总图设计[M]. 北京: 冶金工业出版社, 1988.

[3] 储幕东, 等. 冶金运输[R]. 中国金属学会, 1995.

（原文发表于《设计通讯》2003 年第 1 期）

现代居住理念与居住区规划

张玉逊

(北京首钢国际工程技术有限公司,北京 100043)

摘 要：随着国民经济的不断发展和居民生活水平的逐步提高，人们的居住理念发生了深刻变化。广大居民已从解决最低的住宿需求发展到强调住宅平面布局与内部功能分区，从注重居住区内部居住环境发展到关注居住区外部的周边环境。这反映了居民生活品质和精神文化品位的提高。因此，成功的居住区规划应在充分理解和尊重现代居住理念的基础上，努力开发现代居住文明的内涵，创造符合现代生活模式的新型居住社区。

关键词：居住区规划；设施；居住理念；环境设计

The Modern Concept of Living and Residential Area Planning

Zhang Yuxun

(Beijing Shougang International Engineering Technology Co., Ltd., Beijing 100043)

Abstract：Along with the uninterrupted development of national economy and gradual improvement of living standards of dwellers, the dwelling philosophies of people changed profoundly. Needs of the mass dwellers have evolved from solution to the minimum dwelling conditions to the emphasis on plane layout of houses and internal functional sectorization, as well as from habitating environmental development to the surrounding environment outside the dwelling regions, which just reflects the improvement of life quality and spiritual and cultural tastes of the dwellers. Hence, successful residential area planning shall be exercised on the basis of full comprehension and respect of modern residential concepts, efforts on exploitation of intention of modern residential civilization, creation of new dwelling communities in conformity with modern life mode.

Key words：residential area planning; facilities; live a principle; environment design

1 引言

随着社会的不断进步，居民生活水平的不断提高，人们的居住观念发生了深刻变化，从长期被动地适应福利分配的住宅，到主动地选择住宅，人们对住宅选择的余地越来越大，对住宅功能与品质的要求越来越高。在住宅市场化条件下，如何适应这种变化，满足不同的居住需求？什么样的住宅才是理想的住宅？未来住宅设计究竟要解决哪些问题？这些越来越为人们所关注。

为及时了解和把握居民对住房与居住环境现实的和潜在的要求，纠正和填补目前住宅和居住区建设中的不足和空白，满足人们日益增长的物质和精神生活的需求，作者通过几年来对居住区规划设计的实践总结，认为在居住区规划与住宅设计中要积极推进"以人为核心"的设计观念和"可持续发展"方针，通过规划设计的创新活动，创造出具有时代感、设备完善、达到 21 世纪水平现代居住标准的居住环境。

本文结合现代居住理念的转变更新，就居住区规划设计谈谈自己的几点看法。

2 居住区规划应以"人"为本，积极倡导为"人"服务

随着经济的发展和社会的进步，人们对居住质量有了新的追求。我国的住房制度正由福利型体制

向商品型体制转变，居住水平也由温饱型向小康型过渡，为"人"服务这一基本宗旨也在不断地发展与深化。

首先，人们对住宅的需求不再局限于生理上和物质上的满足，住宅规划还应考虑从人的心理上和精神上的需求。

其次，随着社会的进步，人们的家庭生活方式也在发生变化。由于居民的职业、年龄、文化水平、性别特征、兴趣爱好和艺术素养等存在差异，而且这种差异将越来越大，因此在居住区的规划设计上，要充分考虑与这种差异性相适应的个性空间。从宏观的角度看，家庭规模与结构的发展，更增加了对居住环境质和量的需求。

第三，人们在居住区内居住和生活，人需要什么，规划设计就要满足人们的这些需求，同时要把居住区的规划设计，作为城市的一个组成部分来考虑，使之与周围环境结合起来，要从单调的平面布置，转向居住空间和周边环境相协调的居住区规划，并逐渐向立体化过渡。

具体地说，居住区规划要创造出一个方便、安静、安全、舒适的良好居住生活环境，首先应有严密的构思，这种构思不是冥想，也不能凭灵感，而是结合居住区的性质、对象、地点、环境和规划要求做深入细致的分析，要"设身处地、身临其境"——假设你住在这个居住区，你是怎样生活活动的？这也就是规划所谓的"组织生活、组织功能、组织交通、组织空间"，只有将这几者有机地组合在一起，并融会贯通，才能更好地满足人们对居住的需求，并引发他们的归宿感和自豪感。

我们已步入信息社会，人们的工作和生活方式正在发生深刻的变化。如弹性工作时间和双休日的实行，人们留在家里的时间越来越多。据统计城市居民的一生中约有 2/3 以上的时间是在居住区内度过的，因而居住区的规划设计必须研究居民的行为轨迹与活动要求，综合考虑居民对物质与文化、生理和心理的需求及确保居民安全的防灾、避灾措施，以便为居民创造良好的居住生活环境。又比如随着居民文化水准的不断提高，居民对文化生活的要求也越来越丰富，故住宅与居住区的各项功能必须满足人们对高品质生活的种种需求。

还有一点值得关注的是居住人口的年龄结构及健康情况。人口老龄化，人口年龄结构中老年人口比例逐步增长和残疾人占有一定比例，是我国在相当长时期内的现实状态。老年人的活动范围随年龄增大而逐年减少，是人生的自然规律；残疾人的活动范围不如健康的人，是生理缺陷所致。因而，为

残疾人就近提供工作条件，为老年人和残疾人提供活动、社交的场所，以及相应的服务设施和方便、安全的居住生活条件，使老人能安度晚年，使残疾人能与正常人一样享受国家、社会给予的生活保障，应是居住区规划设计中不容忽视的重要问题。因此，在《城市居住区规划设计规范》修订版中就明确了在小区内宜安排一定比例的老年人居住建筑，同时提出老年人居住建筑相比一般住宅应有更高的日照标准，即老年人住宅不应低于冬至日照 2h 的标准，另外考虑到老年人的一般独立出行的适宜距离小于300m，故提出了老年人居住建筑宜靠近相关服务设施和公共绿地。为满足乘轮椅人和盲人的出行需要，规划在商业服务中心、文化娱乐中心、老年人活动站及老年公寓等主要地段要设置无障碍通行设施。

以首钢金顶街居住区为例，该小区位于石景山区，其住房主要面向首钢工薪阶层，工人在紧张忙碌了一天后需要回到居住区内共享天伦之乐。故小区规划将住宅与主要街道、公共活动场所保持一定距离，以便创造一个安静、没有噪声干扰的良好环境，并增设居民散步、休憩、活动的空间和场所。另外考虑到家庭人口的变化，居住区社会化服务要更加贴近家庭，小区规划了能提供家政钟点工服务等项目的社区服务设施。为满足人们不断提高的生活需求，按每两户一个车位的比例规划有地上、地下车库，考虑到 21 世纪人口老龄化的问题，规划中还强调了为老年人服务的重要性，建设了一系列老人活动设施。

3　不断完善居住区各项功能服务设施

随着我国人民生活水平向"小康"迈进，社会、经济、技术和体制领域正经历着广泛和深远的改革，这无疑会影响到居住生活方式，对于居住服务设施提出新的需求形态，表现在设施类型、设施标准和设施分布三个方面。

3.1　设施类型

拥有完善的配套设施是现代社区的一项基本要求，服务设施不配或少配会给居民生活带来不便。在居住区规划中，要掌握好居民的生活规律，分门别类地安排好各项公共设施，满足居民的多种生活需求。

原国家建委 1980 年颁发的《城市规划定额指标暂行规定》中将居住区服务设施分成教育、经济、医卫、文体、商业服务、行政管理、其他等七类，但在实际运用中不规范，也不统一，于是《城市居住区规划设计规范》（1993 年版）在此基础上，将

市政公用设施从其他一类中独立出来，而把防空地下室等归入其他类而成八类，并在分类的名称上，根据习惯直观地把商业、饮食、服务、修理称为商业服务类，把医疗、卫生、保健称为医疗卫生类，把邮电、银行称为金融邮电类，把电话机房、变电室、高压水泵房等称为市政公用类，把不能归类的项目合并为一类。随着配套项目的发展和 20 世纪90 年代社区建设的推进，在居住区规划设计规范修订版中，又把居委会、社区服务中心、老年设施等归纳成社区服务类，把其他类与行政管理合称为行政管理及其他类，调整后分成教育、医疗卫生、文体、商业服务、金融邮电、社区服务、市政公用、行政管理及其他八类。

3.2 设施标准

居住区内公共服务设施的控制标准，以"千人指标"为主，同时对其所占住宅建筑面积的比重作为校核，这样既考虑了现状，又有利于发展。

随着我国社会人口老龄化、家庭核心化、生活闲暇化，经济领域零售连锁商业的发展，以及家用电器的普及，信息技术的应用，营利性服务设施（指商业服务和金融邮电）的配置标准明显地低于国家标准，而公益性服务设施的配置标准都普遍地接近国家标准的上限值，也就是说公益性设施的需求趋势强于营利性设施。在公益性设施中，教育设施的需求以提升质量为主，人均建筑和用地面积趋近了现行国家规范的上限值，老人设施和社区设施的需求也越来越显突。在营利性设施中，服务性商业设施的需求趋势将会强于零售型商业设施，并出现了休闲服务和信息服务等新的需求类型。因此在居住区规划设计中，应充分考虑到上述各种因素，合理布局，统筹安排。

3.3 设施分布

根据不同项目的使用性质和居住区的规划布局形式，居住区配套公建项目应采用相对集中与适当分散相结合的方式合理布局，并应充分发挥设施效益，方便经营管理、使用并减小干扰。

各类配套设施都有其功能要求，规划时应联系到人们的活动规律，逐次地进行细致的分析，以满足住户的需要。比如菜场以每天使用为主，超市以每周使用为主，其他设施以每周使用为主，大部分住户认为这些居住服务设施都是重要的，其中菜场、托幼和小学最为突出。就可达时距而言，大多数居民认为应该在 5~10min 之间，如果步行速度取4km/h，则服务半径约为 300~500m。也就是说在规划这些基层服务设施时应尽可能方便居民，满足服务半径的要求。

从近年示范小区规划设计实践中可以看出商业服务设施的空间分布多采取沿街的带状分布和集中在入口处的块状分布，或者是两者相结合，即以入口为节点沿着街道一侧或两侧伸展。有些规划设计方案还把入口处的商业中心与整个小区的公共绿地体系结合起来，不仅满足了经济效益和使用方便的原则，而且塑造了亲切宜人的外部环境。而商业服务设施集中于小区中央的内向式空间布局已经不能适应市场经济下土地资源配置的最大效益原则，相反采用将商业服务中心集中于小区的入口处，并且沿街伸展的外向式空间布局，既可以满足小区内部的居民需求，又能够吸引更多的过路顾客。

合理的公共服务设施布局是与规划布局结构、组团划分、道路和绿化反复调整、相互协调后的结果。布局因规划用地所处的周围物质条件、自身的规模、用地的特征等因素而各具特色。首钢金顶街居民区在规划时也较好地贯彻了这种设计理念，即将大型百货商店、大型文体活动中心以及金融邮电项目集中放于小区的入口处，并采用沿街伸展的外向式空间布局，而将便民店、自行车棚、托幼等项目适当分散，满足服务半径、交通方便、安全等要求。另外规划将居委会、综合便民店、三产、变电站、水泵房、热交换站、电信交接间等项目，组合在一个综合体（楼）内，一方面利于综合经营、方便居民，另一方面又节约用地，保持户外适宜的活动空间。

4 营造安全、宁静的交通环境

随着国民经济的发展，改善城市生活环境已成为大家日益关注的课题。深受交通车祸、环境污染及噪声干扰之苦的居民，都渴望有个安全、安宁的居住生活环境，因此居住区交通规划的目标应追求动静分区、人车分流。

居民对居住道路布置，一方面希望能顺利地进入城市道路，另一方面又不愿意无关的车辆与人流进入居住区，干扰他们的居住环境，影响他们的安全，对必须进入的车辆要迫使它们不得不降低速度，所以居住区道路的布置原则应是"顺而不穿，通而不畅"，主要有三方面的意思：

（1）要求道路的线型应尽可能通畅，不要出现生硬弯折，以方便消防、救护、搬家、清运垃圾等机动车辆在居住区内通行，但对内外联系道路要通而不畅，以避免过境车辆穿越居住区。

（2）要使住宅楼的布局与内部道路有密切联

系，以利于道路的命名及有规律地编排楼门号，这样能有效地减少外部人员在寻亲访友中往返奔波。

（3）良好的道路网应该是在满足交通功能的前提下，尽可能地使道路长度和道路用地减少到最低限度。因为方便的交通并不意味着必须有众多横竖交叉的道路，而是需要一个既符合交通要求又简明方便的路网。

上述居住区道路布置原则在金顶街居住区道路规划中得以充分的体现。

（1）将车行道与人行道分开，车流与人流分开。除了居住区与城市道路相接处设置必要的消防出入口，允许有机动车辆行驶外，其余入口均采用隔而不断的"入口"模式，形成一种象征性的界限，给外部车辆以心理上的障碍，甚至在道路出入口设置步行道、机动车道等各种标识，从而最大限度地保障内部交通的安全及居住环境的安宁。

（2）将车库出入口布置在小区入口处，进入小区的小汽车很快就能进入地下车库，而不致穿越邻里单位和小区内部，以保障居民的安静与安全。

（3）社区广场与中心公园之间设管制性消防紧急通道，路面铺装与广场一致，使两者之间自然亲近。消防紧急通道与主干道形成环状道路系统，便于紧急救护、消防或搬家等机动车辆的顺利通行。

（4）小区入口附近设地面车位，便于来访客人车辆和临时停车。

（5）为体现对少年儿童的关怀，小区内部配备相应规模的小学、幼儿园和托儿所，道路网布置时应使他们不穿过小区外道路，并在没有大人陪同下，自己去学校和幼儿园而不致受外来的车辆威胁。

5 关注"绿色住宅"，追求高品位的社区环境

随着环境意识的普遍增强，居民在选择居所时，越来越把室外环境，包括日照间距、建筑容积率、房屋的高低、院落的布局、绿地等因素综合加以考虑，这也是在居住区规划设计中需要特别重视的。

所谓"绿色住宅"，应当是健康、有益、节能、低能耗和低污染的住宅。它的基点应是从住户的切身利益出发，营造健康、安全、文明的居住环境，提高住户的居住质量，营造文明的居住环境。"绿色住宅"是涵盖了生态环境和可持续发展的一个新的概念。

"绿色住宅"不仅注重住宅和居住区等硬件设计，更重视人们文明生活方式的软件建设。它强调人和自然环境和谐共生，有效地利用自然，回归自然，提倡重复利用，努力减少污染，保护自然，以创造一个绿色生活环境。

未来居住区规划的首要目标，应是营造"绿色住宅"，服务于"绿色住宅"，以"绿色住宅"这个硬件支撑"绿色生活"这个软件。对于自然生态环境，采取妥善保护、适当选择、合理改进、充分利用的措施，对于人工环境则采取科学规划、注意控制、配套建设、逐步实现的措施。

譬如说，为给居民创造宁静、优美、宜人的休息和交往空间，可把建筑顶层做成屋顶花园，缀以各式植物、绿地、建筑小品等。为了满足人们文化，精神上深层的需要，密切人与建筑的对话，规划设计应把光、影、色彩、楼群等巧妙地组合在一起，同时安排喷水池和各种盆栽绿化，形成一种动静交织、形态各异、富有艺术魅力的区域环境。在组织绿化空间时，也要结合居民的活动轨迹，为居民提供宽松的交际场所，宅间空地应适宜于幼年儿童游戏，组团绿地适宜于老年人打拳、练功、聊天和少年儿童游戏，而居住区绿地更要适合成年人和青年人的休息交谈。

下面结合首钢金顶街居住区，谈谈居住区的环境规划设计。

（1）注重结合绿化来构筑生活区的休闲系统。通过铺设彩色通道，兴建观赏水池、戏水池，设置座凳、花坛、小品等，使整个社区形成一种适宜交往、娱乐、休憩的空间氛围。为了满足儿童嬉戏的需求，庭院中还设置草坪、花架、灌木、沙坑、石桌等，既为儿童创造了一个舒适、安全的活动场所，又可适应不同层次居民的休闲需求。

（2）环境设计以贴近人为宗旨，强调回归自然的感受，有意赋予各种空间以良好的观赏性、可达性和实用性，由于小区主干道机动车辆较少。因此，公园、广场和环形道路均可成为人们晨练、散步的好去处。

（3）居住区内集中绿地的布置活泼多样，结合各种建筑小品，绿地的布置灵活多变，各具特色。

（4）规划注意掌握绿地和各项公共设施，包括各种小品的尺度，使它们平易近人，即让居民在绿地内感到亲密与和谐。当绿地向一面或几面开敞时，在开敞的一面用绿化等设施加以围合，使人免受外界视线和噪声等的干扰。当绿地为建筑所包围产生封闭感时，则采用"小中见大"的方法，造成一种软质空间，"模糊"绿地与建筑的边界。

6 结语

居住区规划设计是一项复杂的、综合的系统工程。它远远超越了单纯的工程技术的范畴，而涉入

到社会、经济、生态、文化、心理、行为等领域。它是满足居民的居住、工作、休息、文化教育、生活服务、交通等方面要求的综合性的建设规划，在一定程度上反映了一个国家不同时期的社会政治、经济、思想和科学技术发展的水平。

随着国民经济的不断提高和人民生活水平的逐步提高，人们的居住理念也在不断地发生变化，为了适应这一变化，居住区的规划设计应及时了解和把握居民对住房和居住环境现实的和潜在的要求，纠正和填补原先住宅和居住区建设中的不足和空白，满足人们日益增长的物质和精神生活的需求，建立"以人为主，物为人用"的观点，切实解决人们对各种功能设施、交通组织及居住环境的需求，为人民提供方便、安静、安全、舒适的良好居住生活环境。

居住区规划不但要企图解决当前存在的各种矛盾，而且要着眼于满足人们未来的、更高的生活质量需求。随着人类文明的发展，城市居住生活的概念范畴也随之在变化，相应地城市居住用地的规范理论与方法在不断地改变之中，只要我们不断地从客观的历史演变中吸取有益的经验，努力探索，切实工作，我们的家园明天会更好。

参考文献

[1] 本书编委会编写, 霍晓卫主编. 居住区与住宅规划设计实用全书[M]. 北京: 中国人事出版社, 1999.
[2] 白德懋. 居住区规划与环境设计[M]. 北京: 中国建筑工业出版社, 1993.
[3] 中华人民共和国建设部主编. 城市居住区规划设计规范 [M]. 北京: 中国建筑工业出版社, 2002.
[4] 朱建达. 当代国内外住宅区规划实例选编[M]. 北京: 中国建筑工业出版社, 1996.

（原文发表于《设计通讯》2003年第2期）

采矿权评估中技术经济指标的核定

张　新

(北京首钢国际工程技术有限公司, 北京　100043)

摘　要：企业的技术经济指标一般受自然条件、技术水平和人员及管理三方面因素的制约。自然条件、技术水平方面的因素属于硬件性质, 对采矿权价值的影响相对固定。而人员素质、管理水平等非技术性因素属于软件性质, 是影响采矿权价值波动的重要因素。应该参照行业平均水平对矿山各项技术经济指标进行核定, 剔除不合理因素的影响, 以便能比较真实地反映采矿权的价值。

关键词：采矿权; 评估; 指标核定

Assessment of Technical and Economic Metrics during Mining Rights Evaluation

Zhang Xin

(Beijing Shougang International Engineering Technology Co., Ltd., Beijing 100043)

Abstract：Technical and economic metrics of an enterprise is normally bounded by natural condition, technical capacity and human resource management. Natural condition and technical capacity are more static. Their impact to mining rights evaluation is relatively fixed. Personnel and management competence level belong to non-technical aspects and they are more volatile, but they are important factors behind mining rights value fluctuation. The right approach to assess the value of mining rights is to compare multiple economic and technical metrics against industry average and exclude unreasonable outliers.

Key words：mining rights; valuation; the index approve

1　引言

　　近年来, 随着矿业市场的活跃, 采矿权评估工作也日渐增多, 并有进一步发展的趋势。本文试图通过对采矿权评估工作中的经验、体会进行总结, 以便今后对同类矿山的评估工作有所帮助。

　　采矿权评估中采用最多的是贴现现金流量法。这种方法的基本思路是算出矿山开采期间各年的净现金流量, 经贴现后求出现值之和作为矿业权价值。贴现现金流量法的计算公式为：

$$W_P = \sum_{i=1}^{n} \left[(W_{ai} - W_{bi}) \frac{1}{(1+r)^i} \right]$$

式中　W_P——采矿权转让价值;

　　　W_{ai}——年剩余利润额=年销售收入-年经营成本-年资源补偿费-资源税-其他税金;

　　　W_{bi}——年行业平均收益 (W_{bi}=年销售收入× 行业销售收益率);

　　　r——折现率;

　　　n——计算年限 ($i = 1,2,3,\cdots,n$)。

　　矿山生产的现金流量涉及产品产量、价格、成本、工效等许多技术经济指标。技术经济指标先进与否, 与采矿权价值的大小有密切关系。其中矿石价格属于外部因素, 除了少数垄断性企业之外, 一般企业无法左右。而企业内部的技术经济指标一般受自然条件、技术水平和人员与管理三方面因素的制约。矿山的地质条件、矿石品位及可选性属于自然条件, 矿床生成以后, 无论优劣一般都无法改变。矿山开拓方式、装备水平、生产能力等属于技术因素, 矿山建成以后, 除非再投资进行技术改造, 否

冶金工程设计研究与创新：能源环境、建筑结构等综合工程
——北京首钢国际工程技术有限公司成立四十周年暨改制五周年科技论文集

则也不易改变。对矿山而言，这两方面的因素属于硬件性质，对采矿权价值的影响相对固定。而人员素质、管理水平、经营方式等非技术性因素属于软件性质，人为因素所占比重很大，指标的变动与再投资没有必然联系，但却是影响采矿权价值波动的重要因素。

对已投产的矿山，受上述三方面因素的影响，各矿山的各项技术经济指标往往参差不齐，差距较大。特别是第三类因素——人为因素可能引起采矿权价值的波动。在采矿权价值计算中，如果按照矿山实际指标直接取用，计算结果将不能真实反映采矿权的价值。因此，应该参照行业平均水平对矿山各项技术经济指标进行核定，排除人为因素的影响。指标核定往往成为矿业权评估中费时最多的工作。下面以 ZY 锰矿为例，谈谈在技术经济指标的选取和核定中应当注意的几个原则。

2 矿山概况

ZY 矿区处于高原山地，海拔高度在 800~1050 m 之间。属海相沉积矿床。矿床东西走向长 4.1 km，南北宽 800m，面积 3.28 km²，矿体向南倾斜，倾角 21°~45°，埋深 0~400 m，为一中型规模的沉积矿床。通过三次地质勘探，达到详勘程度。矿床地质构造比较简单，矿体呈单层产出，厚度在 0.5~4.5 m 之间，平均厚 1.98 m。一般无可剔除的夹层，矿层稳定，利于开采。该矿地质勘探控制程度较高，储量可靠性高。地质条件变化对生产能力和采矿权评估结果的影响很小。

该矿矿石属于低磷高铁贫碳酸盐锰矿石。矿石平均品位 23.65%，属于贫矿；矿石类型简单，易于洗选加工。

该矿 1958 年开工建设，1974 年 2 月建成投产，原设计能力 45 万吨/年。矿井为竖井-平硐联合开拓，采矿方法为房柱法和浅孔留矿法；实际年生产能力在 9~14 万吨左右。该矿采矿生产目前每年亏损 400 万元以上，用销售富锰渣的盈余弥补一部分，全矿总体仍然处于亏损状态。

3 矿井生产能力核定

该矿投产以来，上级管理部门从未对其进行过生产能力核定。该矿 2000 年采出矿石 13.53 万吨，生产精矿 6.83 万吨。该矿地质条件比较简单，矿体赋存稳定，储量可靠性高，生产工艺成熟。经核算，矿井提升、运输、通风、排水等主要环节生产能力均在 30~45 万吨/年之间。

目前达不到设计能力的主要原因是：

（1）人力不足。目前该矿从事采掘生产的职工约 500 人，其中正式职工 307 人。而按该矿设计，达到年产 15 万吨时应有采掘工人 895 人；按全国冶金地下矿山平均水平，45 万吨/年矿井应有 900 人。

（2）采矿方法落后及采掘失调。该矿目前主要采用房柱法开采，其产量约占总产量的 70%。这种方法巷道掘进率高，手工作业多，不易使用大型机械，生产效率低下，回收率低。采掘失调表现在评估基准日的准备矿量为 0，开拓矿量仅有 1 年。明显低于 6 个月和 2.5 年的行业标准。这也属于管理方面的问题。

（3）多年民采干扰。该矿矿层埋藏较浅，沿走向近 3 km 均有矿体露头，因此农民、个体采矿点众多，对矿井巷道和矿产资源的破坏很大。该矿每年要用大量的人力物力对付附近农民乱采滥挖对矿井巷道和采场造成的破坏，以防止发生透水、漏风、炮烟毒气进入井下等重大事故。这个问题不是该矿自身能解决的，但今后随着国家对个体私有矿山的整顿，以及该矿采区向深部发展，干扰将会减少。

（4）管理方面落后。这可以从部分技术经济指标与全国地下金属矿山的平均水平对比中看出，见表 1。全员工效低的重要原因是管理人员过多。另外，管理费用在矿石成本中所占比例过高，也说明管理不善。而矿井产量太低，设备能力不能充分发挥，又是造成企业亏损的重要原因。

表 1 部分经济技术指标对比

项 目	单位	全国地下金属矿平均	ZY 锰矿	百分比/%
全员工效	吨/人·年	720	272	37.78
电力消耗	kW·h/t	20.44	36	176.13
机车效率	万吨/年	10.86	4.52	41.62

分析以上原因，该矿达不到设计能力，主要不是地质条件、生产设备、技术缺陷等系统硬件方面难以克服的原因造成的，存在的问题主要是人员素质、管理水平等人为因素造成的。可以通过一段时间的工作加以解决。另一方面，如果按照当前 14 万吨/年的水平核定生产能力，将与矿井储量不相匹配，矿井服务年限将大大超过合理年限。这与采矿权评估的原则不符。因此，矿井生产能力可以比目前水平适当提高。经综合考虑，矿井生产能力确定为 25 万吨/年是适宜的。考虑到给企业留有改进的时间，安排 5 年达产。扣除 11% 贫化率，评估按成品矿石产量 22.25 万吨/年计算。

4 管理费核定

该矿近 5 年平均总管理费用为 856.28 万元，

· 678 ·

摊入矿石成本中的管理费为 422.27 万元,其他费用为 397.91 万元,两项合计 820.18 万元。与程潮铁矿和梅山铁矿的成本分析对比中可以看出,矿石成本中管理费和其他费用所占比例太高。

该矿有三种主要产品:锰矿石、富锰渣和焙烧矿,各产品的产量和销售情况见表 3。从表 3 中可以看出,由于价格差距较大,虽然锰矿石的产量是富锰渣和焙烧矿产量之和的 5~7 倍,销售额却不到全矿的一半。经了解近几年该矿的管理费是按三种主要产品的产量分摊的,因此锰矿石分摊的比例过高,使得管理费在矿石成本中的比例失调。

表 2　生产成本对比

序号	项　目	单位	程潮铁矿	梅山铁矿	本矿实际	评估核定
1	矿石成本	元/吨	66.033	49.91	115.56	110.8
2	材料费百分比	%	7.73	7.59	6.33	9.03
3	电力费百分比	%	10.35	7.91	2.75	11.37
4	工资福利	%	24.8	39.75	7.94	11.76
5	维简费	元	9	9	9	9
6	其他费百分比	%	22.17	21.58	82.98	34.66
	其中管理费	%			41.43	19.4

注:程潮、梅山为 1996 年值,本矿为 2000 年值。

表 3　主要产品产销量对比

产品名称	单价/元·吨⁻¹	产量/万吨	销售量/万吨	销售额/万元	产量比例/%	销售额比例/%
锰矿石	80.41	13.53	12	964.92	86.56	46.08
富锰渣	590.38	1.59	1.67	985.93	10.17	47.08
焙烧矿	275.17	0.59	0.52	143.09	3.77	6.84
合　计		15.63	14.19	2093.94		

经过分析,我们认为应当按产品的销售额分摊管理费用。考虑到该矿焙烧矿即将停产,因此以后各年按两种产品分摊,锰矿石销售额所占比例定为 45%。据此确定每吨矿石分摊管理费为 21.50 元。

虽然核定值比 2000 年实际成本降低了不少,仍然高于梅山和程潮两矿 50% 左右。应该说通过提高管理水平,这部分费用有大幅度降低的潜力。例如目前用于对付民采干扰的费用,随着开采深度的增加,和国家对个体矿山的整顿以及对矿产资源管理的加强,将会有明显下降。但如果一次降低太多,企业将难以承受。

5　工资福利费用核定

该矿成本中工资福利费所占比重与同行业平均水平比偏低,但考虑到该矿所在地区职工总体工资水平较低,核定时没有与平均水平拉平。而是采取核定日工资水平(从发展着眼,比当地目前水平稍高)的办法,然后结合企业全员工效和福利费计算得出。

计算公式:

$$40 \ 元 \times 1.14 \div 3.5 = 13.03 \ 元/吨$$

式中,人均日工资 40 元(当地一般 20~30 元),全员工效 3.5 t/d,福利费为工资总额的 14%。

6　企业其他指标核定

采区回收率和贫化率属于技术指标,参照该矿生产实际和行业平均水平核定。成本中电力费按核定吨矿电力消耗乘以电价算出。对固定资产折旧、贷款利息等指标,将近几年的平均值按矿石销售额在全矿总销售额中所占比例进行分摊。矿山生产技术经济指标参数核定见表 4。

表 4　技术经济指标核定

序号	名　称	单位	1996 年	1997 年	1998 年	1999 年	2000 年	平均	核定	备　注
1	矿石产量	万吨	7.29	9.225	7.48	10.92	13.565	9.70	25	成品矿石 22.25
2	采区回收率	%				66.3	66.75		66	设计 81.6%
3	贫化率	%				11.43	11.8		11	设计 8%
4	原矿成本	元/吨	51.62	196.99	61.4	139.33	115.56	112.98	110.8	

续表4

序号	名　称	单位	1996 年	1997 年	1998 年	1999 年	2000 年	平均	核定	备　注
5	原矿售价	元/吨	59.82	76.08	104.5	81.45	80.41	80.45	120.0	小矿近年平均 120
6	管理费	元/吨		106.66		45.867	47.824	47.876	21.50	按 45% 分摊
7	材料费	元/吨	3.746	10.304	9.778	12.272	7.306	8.68	10.0	
8	耗电量	度/吨	48	51	41	41	36	43.40	42	电价按 0.30 元计
9	工资福利	元/吨	2.96	15.095	9.108	7.04	9.167	8.674	13.03	40 元÷3.5×1.14
10	贷款利息	元/吨	74.23	24.76	15.2	1.48		13.81	6.22	按 45% 分摊

7　矿石价格核定

矿石价格对企业来讲属于外部因素，除了少数垄断性企业之外，一般不是企业自身所能左右的。但是在采矿权评估中涉及的价格必须是市场价格，否则计算结果不能反映采矿权的市场价值。该矿所报近年矿石售价在 80 元/吨左右，此为该公司内部结算价格，不宜作为评估依据。该矿所处地区品位相近的锰矿市场价格在 120 元/吨左右。为了正确确定评估基准日锰矿价格，我们对该地区前三年矿产品外销的实际情况进行了分析，并对周围地区锰矿市场的需求进行调研，上网查询了国际国内锰矿石市场的走势。预计未来数年内锰矿价格可能有小幅上扬，不会有太大波动，因此确定锰矿价格为 120 元/吨（不含增值税）。

综上所述，如果对该矿的技术经济指标直接取用，即年产量 14 万吨，矿石成本 112.98 元/吨，矿石价格 80 元/吨等等，计算出的采矿权价值是负值，这不能反映采矿权的真实价值。经过对技术经济指标进行核定以后，矿石成本中管理费用和其他费用比现在下降了 50% 以上，全矿达到盈亏平衡并略有盈余。采矿权价值为 292.55 万元。应该说这个值仍然偏低，但是已经大幅度减少了人为因素的干扰。

排除人为因素影响后，该矿采矿权价值偏低主要是因为该矿矿石品位低，价格上不去。ZY 锰矿的矿石属于贫矿，采出品位在 18%~20% 左右，价格为 120 元/吨。根据测算，如果采出品位达到 25%，价格将达到 150 元/吨。而开采成本不变，扣除所得税等随同增长因素，采矿权价值将达到 589 万元。

8　结语

总结 ZY 锰矿采矿权评估过程，在采矿权评估核定技术经济指标时，应遵循以下原则：

（1）采矿权评估的有关技术经济参数指标，主要参考该矿山近 5 年的实际指标进行核定。

（2）对于先进矿山企业，在留有余地的前提下，可以采用企业的实际指标。对于一般矿山的技术经济指标，可与全国同行业平均水平进行比较，看其是否合理。

（3）对与全国同行业平均水平差距较大的指标，经过分析，找出差距产生的原因，剔除其中不合理因素的成分，进行适当调整。对于因管理水平低等人为原因导致的指标落后，从发展的角度着眼，在考虑矿山承受能力的前提下，适当提高。以减少矿山企业人为因素对采矿权价值的影响。

（原文发表于《设计通讯》2002 年第 2 期）

平硐溜井开拓方式的应用及改进

张　新

（北京首钢国际工程技术有限公司，北京　100043）

摘　要：本文通过矿山设计实例，论述了平硐溜井开拓方式用在地形复杂的矿山，可以大幅度缩短汽车运距，降低矿石连续运输，而采用胶带机斜井代替平硐电机车运输矿石，使间断运输改为连续运输，系统的爬坡提升角度大幅度提高，因而可以进一步降低采场内溜井底部标高，使平硐溜井开拓方式的适用范围从山坡露天开采扩大到封闭圈以下。可以说是平硐溜井开拓方式的一项重要改进。

关键词：露天采矿；平硐溜井；胶带机运输；改进

Application and Improvement of Adit-Pass Development Mode

Zhang Xin

(Beijing Shougang International Engineering Technology Co., Ltd., Beijing 100043)

Abstract：Adit-pass development method, when used in topographically complex mines, can greatly shorten the truck hauling distance so as to reduce the ore hauling cost, which are illustrated by several mine design cases in the paper. The belt conveyer decline is used instead of adit-electric locomotive to turn the intemittent hauling to continuous hauling can greatly raise the climbing lifting angle of he system, so that the level of pass bottom in the pit can be further reduced, thus expanding the application range of adit-pass development mode from slope open-pit mining to under the enclosed circle, which can be considered as an important improvement on adit-pass development mode.

Key words：open-pit mining; adit-pass; belt conveyer hauling; improvement

1　引言

平硐溜井开拓方式可以说是矿井开采技术在露天矿山的成功应用，已经在我国各类矿山使用多年。主要用在地形复杂、采场与选矿厂高差较大的山坡露天矿。

这种开拓方式的特点是：垂直溜井布置在采场境界内或境界外，溜井底部与平硐相连，平硐采用轨道电机车运输。矿石通过溜井下放到平硐内，直接装矿车运至选矿厂。由于使用电机车运输，支硐与主平硐的连接，必须采用曲线巷道。如果运量较大，平硐内需要铺设双轨，巷道断面相应增大。如果运距较长，还要设置井下调车场，运距短时调车场可以设在地面。这种开拓方式的主要优点是利用矿石自重下放，缩短汽车爬坡运距。近年来，一些

矿山在实际应用中已经把平硐中的电机车运输改为胶带机运输。境界内溜井可以随着开采深度的下降进行降段，以减少运矿汽车的爬坡运距。境界外溜井可以减少降段的次数，或不降段，但是运矿汽车爬坡的距离要长一些，一般用在平面尺寸较小的采场。

下面结合我院 2004 年设计的辽宁翁泉沟硼铁矿和太钢尖山铁矿的实例，谈谈平硐溜井开拓方式的应用和改进。

2　翁泉沟硼铁矿平硐溜井开拓方式的应用

2.1　矿山概况

首钢矿业公司与辽宁省丹东市和凤城市地方企业合资开发的翁泉沟硼铁矿是一个大型硼铁矿田，并含有镁、铀等金属元素。位于辽宁省凤城市东北40 km 处。

翁泉沟硼铁矿地形起伏大，相对高差在 250～300 m 之间。含铁、硼矿体为向斜褶曲控制，呈马蹄形环带，东段和南段翘起，向西敞开并倾没。主要矿体东西走向长约 3000 m，南北幅宽 1500 m，一般厚度 30～50 m，个别地段厚度达 100 m。矿体的东段和南段翘起部分适合露天开采。

采用浮锥法圈定了两个露天采场：东采场南北长 1900 m，东西宽 750 m；西采场东西长 1650 m，南北宽 650 m，两个采场地表边界相连。采场封闭圈标高 322 m，露天底标高均为 226 m。采场边界距离选矿厂直线距离 2.5 km。

根据采场地形地质条件和矿体赋存情况，有两种开拓方式可供选择：全公路开拓和平硐溜井开拓。业主方面倾向于采用传统的公路开拓。为了选定更加经济合理的开拓方式，我们从投资和运营费用两方面进行了计算比较。

2.2 方案一：汽车运场外破碎站方案

由于破碎站布置在采场之外，两个采场可以共用一个。初步选择将破碎站布置在南部两采场之间、地形较缓的山沟里，标高 375 m。距采场边界约 700 m，距东采场出入沟口直线距离 1.2 km，距西采场出入沟口直线距离约 1.1 km。由于地形起伏大，从东西采场出入沟口到破碎站的公路只能绕山坡布置，公路长度均为 4.8 km，并且有上坡。加上采场内的运输距离，矿石的汽车运输距离将达到 7.5 km，比平硐溜井方案平均长 6.15 km。

破碎站至选矿厂的胶带机绕开山头布置，两段共长 1.8 km。

设备投资：破碎机按甲方要求采用首钢矿业公司利旧的 $\phi 1.2$ m 旋回破碎机 1 台，两方案相同，投资不列入方案比较。由于汽车运输距离长，本方案比平硐溜井方案增加 42 t 运矿汽车 34 台，投资 4760 万元。胶带机 1.8 km，投资 461 万元。投资合计 5221 万元。

2.3 方案二：平硐溜井方案

溜井布置在采场以内，卸矿平台标高可以随着开采水平的延深而降低，因此可以最大限度地缩短采场内的汽车运矿距离。根据采场境界圈定情况，东西采场各设置一条溜井，矿石由汽车运至溜井翻卸。汽车运距在 1.2～1.5 km 之间，平均 1.35 km。根据溜井的布置原则，最低卸矿平台标高以下到露天底，矿石最大运距控制在 1.5～2 km 以内。最终卸矿平台标高定为 298 m，298 m 以下矿石的最大运距为 1.4 km，平均为 1 km。

溜井底部布置破碎机，东西采场各 1 台。破碎后的矿石通过安装在平硐里的胶带机运至选矿厂。溜井直径 6 m，断面积 28.27m^2。东采场 1 号溜井顶部标高 410 m，井底 260m，最大井深 150 m；西采场 2 号溜井顶部标高 430 m，最大井深 170 m，两条溜井的建井工程量共 9046 m^3。

平硐巷道宽 3.5 m，断面积 11.11 m^2，起点标高为 256 m，出口标高根据选矿厂的布置要求确定为 280 m，坡度 1.09%。从东采场到选矿厂的主平硐长 2.2 km，西采场的支平硐长 1.3 km，总长度 3.5 km。加上破碎机硐室 3900 m^3，平巷工程量合计 42785 m^3。

本方案投资：井巷工程投资，竖井造价为 1000 元/m^3，平硐造价为 500 元/m^3。合计为 3043.8 万元。

设备投资：1 台破碎机采用矿业公司利旧的 $\phi 1.2$m 旋回破碎机，另一台选择 PJ1200×1500 型颚式破碎机（生产能力为 350t/h，折合 175 万吨/年，完全满足西采场的生产），投资约为 280 万元，配备板式给料机 1 台，投资 150 万元。胶带机选择 $B = 1.2$ m，长度 2200 + 1300 m，投资 896 万元。设备投资合计 1326 万元。

总投资：3044 + 1886 = 4370 万元。

2.4 方案比较

投资比较：方案一比方案二投资高 851 万元。

运营费用比较：矿石破碎费用两方案相同，不参与计算比较。计算参数：胶带机运费 0.3 元/(t·km)，汽车运费 1.5 元/(t·km)。

方案一：矿石运输成本：7.5×1.5+0.3×1.8 = 11.79 元/吨

方案二：矿石运输成本：1.35×1.5+0.3×2.2 = 2.685 元/吨

每吨矿石成本差：11.79–2.685 = 9.105 元/吨

采用平硐溜井方案比汽车运至破碎站方案每年节省运输成本：9.105×300 = 2731.5 万元。

通过以上计算比较，平硐溜井方案无论是建设投资方面，还是运营成本方面都比全汽车运输方案具有较大优势。因此，业主方面接受了我们的推荐意见，同意采用平硐溜井方案。但仍担心井巷工程进度慢，影响建设工期。

2.5 建设工期比较

为打消甲方顾虑，我们又计算比较了建设工期。矿井施工速度参照国内中上等水平，定为：竖井 45 米/月，平巷 60 米/月。施工进度安排如下：

1 号、2 号溜井深度分别为 150 m 和 170 m，同时施工，3.8 个月可以全部完成。

1 号平硐长 2200 m，前 4 个月从南端开始施工，完成 240 m。第 4 个月溜井完工，第 5 个月开始，1 号、2 号平硐（1300 m）从溜井底部同时开始施工，三头掘进。1 号、2 号平硐连接点打通后四头同时掘进，16.3 个月完成。合计工期 21 个月。3 个月进行设备安装和调试，总工期 2 年。

而采场上部剥岩时间为 2.5 ~ 3 年，井巷工程的工期短于剥岩时间。至此，业主方面打消了顾虑，完全接受了我们的方案。

2.6 小结

总结本例可以看到，在地形复杂的矿山，平硐溜井开拓方式比全汽车运输方式有较大的优势。由于溜井利用矿石自重下放，同时平硐走向不受复杂地形的限制，因此可以最大限度地缩短汽车爬坡运距，降低矿石运输成本。虽然建设期增加了部分井巷工程，但由于减少了汽车数量，总的投资额并没有增加，在本例中反而减少。因此，在条件适合的矿山，应当优先考虑采用平硐溜井开拓方式。

3 尖山铁矿平硐溜井开拓系统的改进

3.1 矿山概况

尖山铁矿位于吕梁山区，山峦起伏，沟壑纵横，地形复杂，高差较大。矿区西北部海拔标高 1800 多米，东南部最低标高 1400 m，比高 400 m 左右。地势西高东低。矿体发育呈槽状向斜，向斜槽沿走向方向倾斜，平均坡度 22.7°。本次扩建，采场境界向东偏南方向扩展了 950 m，倾向宽度达到 940 m。扩展区封闭圈标高为 1470 m，露天底为 1080 m。

尖山铁矿原设计规模为年产矿石 300 万吨，1995 年投产。采用平硐—溜井、电铲—汽车开拓方式。连接采场和选矿厂的主平硐起点标高 1460m，出口终点标高 1430 m，长 4.8 km，装备带宽为 1.2 m 的胶带机。1 号、2 号溜井已投入使用，原设计的 3 号溜井位于 68 勘探线附近，尚未开凿。采场现已开采到 1656 m 水平。2003 年矿石产量达到 500 万吨，本次扩建规模要求达到年产矿石 900 万吨。

3.2 开拓方式比较和选定

该矿体的特点是前期为山坡露天开采，后期为深凹露天开采，封闭圈以下深度在 250 ~ 390 m 之间，开采深度较大。虽然采场走向长 2200 m，但因地形起伏多、高差大，而且矿体沿走向向东偏南方向倾斜，东西两端露天底高差将近 300 m，因此不适合采用铁路开拓、运输。

采场距选矿厂的直线距离为 4.8 km，如果全程采用汽车运输，由于地形复杂，公路运距将达 5.5 ~ 6 km，超过了汽车的合理运距，运输成本过高。因此也不适宜全部采用汽车开拓运输方式。

结合该矿采场地形、地质条件的特点，比较理想的开拓方式是扩建的东区仍然采用主平硐作为矿石的主要运输通道，充分发挥已建成的胶带机平硐的生产能力。前提是主平硐的胶带机运输能力能够满足扩建后的需要。经验算，主平硐 1 号、2 号胶带机保持目前的运行速度，提高满载率，就能够满足标书要求的 1600 t/h、年运输 900 万吨矿石的要求。但需要更换功率更大的电机。因此，确定采用平硐—溜井和电铲—汽车的开拓方式。

3.3 溜井位置确定的原则

分析现有平硐溜井的情况可以看出，该系统虽然在平硐中用胶带机取代了电机车运输，但并没有把胶带机比电机车提升坡度大的优势完全发挥出来，系统仍然局限在山坡露天开采的范围以内。而扩建的东区矿体标高比现生产区下降了 200 多米，有超过一半的矿量在封闭圈以下，生产中期就将进入深凹露天开采。如果仍按照原设计思路，将溜井的最低卸矿平台设置在平硐标高以上，则大部分矿石都需要用汽车上运至 1460m 以上。运距将达到 4 ~ 6 km，远远超出汽车的合理运距。体现不出平硐溜井开拓方式的优势。因此我们确定，最低卸矿平台尽量下放，再采用胶带机斜井将矿石提升到平硐标高。

为充分发挥采场内溜井减少汽车爬坡运输、大幅度缩短矿石汽车运距的优势，溜井布置的原则应该是：

（1）确定最低卸矿平台标高，使该水平以下到露天底的矿石最大运距控制在 1.5 ~ 2 km 以内。

（2）靠近溜井服务区域内的矿石储量中心，以使矿石的平面运输距离相对最短。

3.4 3 号溜井位置调整

本着上述原则，我们对东西区溜井的分布进行了分析：2 号溜井最低卸矿平台标高为 1500 m，而东区主要矿量都在 1470 m 以下；2 号溜井距离 4 号溜井近 1 km，汽车水平运距和爬坡的距离都比较远。因此，2 号溜井的服务范围很难扩展到东区。如果在 2 号溜井以东的广大区域内只建 1 条溜井，那么在 2 号溜井结束以后相当长的时间内，将只有 1 条溜井生产，这对保证特大型矿山的稳定生产是不利的。因此，在 2 号和 4 号溜井之间应当保留原设计有而尚未建设的 3 号溜井，但原设计 3 号溜井最低卸矿平台 1476m 偏高，卸矿平台以下水平的矿石运距超过 3 km，大于汽车的合理运距。经计算我们将 3 号溜井的最低卸矿平台标高调整为 1420 m，平面位置相应向南移动约 60 m。这样，在该井的服务范围内，最低卸矿平台以下水平的矿石运距可以缩短到 2 km 以内。该井地表标高 1650 m，井底 1390m，井深 260 m。

3.5　4 号溜井位置选择

保留 3 号溜井的同时在 80 勘探线附近布置 4 号溜井。位于采场内，距离 3 号溜井约 600 m，距离东部境界约 500 m，大致处于东区的储量中心。地面标高 1554 m，井底标高 1200m，井深 354 m。溜井卸矿平台随着开采水平的降低而下降，最低卸矿平台标高为 1230。1230 m 水平以下的矿石，汽车最大运距在 2.0 km 以内。溜井最小高度为 25 m，最小贮存量为 1760 t。

矿山生产的前期，采场内 3 条溜井同时生产，中期和后期为 3 号、4 号两条溜井同时生产。根据国内露天矿山的经验，每条溜井的生产能力可以达到 500 ~ 1000 万吨/年。因此，2 或 3 条溜井都能满足 900 万吨/年矿石生产能力的要求。

3.6　3 号、4 号溜井与主平硐的连接

3 号溜井底部标高 1390 m，4 号溜井底部标高 1200 m。而主平硐位置较高，标高 1460 ~ 1430 m，比溜井底部高 60 ~ 260 m。因此溜井与主平硐如何连接，成为开拓方案的重要问题。我们在设计中比较了胶带机斜井和箕斗斜井两个方案。下面以 4 号溜井为例进行计算比较，其中溜井底部破碎机硐室相同，工程量未列入投资比较。

方案一：胶带机斜井连接。采用 1.0 m 宽胶带机，提升高度 250 m，坡度 14°，斜井长度 1030m。巷道宽度按 3.5 m 计算，断面积为 11.11 m^2，掘进工程量为 11443.3 m^3。工程单价按 600 元/m^3 计算，造价为 685.6 万元。

胶带机带宽 1 m，带速 3.15 m/s，电机功率 3×480 kW，设备费 685 万元。总投资 1370.6 万元。

方案二：箕斗斜井连接。根据年运输量，需要采用 10 m^3 双箕斗，绳速 6m/s，年提升量 512.3 万吨。考虑上部卸载站的高度，提升高度为 280m，坡度 60°，斜井长 323.3 m；断面宽度 6m，断面积 21.34 m^2，掘进工程量为 6899.2 m^3。另考虑箕斗卸载仓、绞车房 1400 m^3，总掘进工程量为 8300 m^3。工程单价按 700 元/m^3 计算，造价为 581 万元。井筒装备

3m 多绳提升机，功率 1200kW。设备费估算 700 万元。总投资 1281 万元，比方案一低 90 万元。

比较结论。两个方案各有优势。虽然箕斗斜井坡度加大，比胶带机斜井短 706m；但由于巷道断面增大了近一倍，坡度陡施工难度也更大一些，总投资比胶带机斜井只低 90 万元，差距不大。电机功率也相差不大。考虑到在日常运营中，胶带机比箕斗可靠性高，且更容易管理。因此推荐方案一。

尖山铁矿由于是利用现有平硐进行扩建，所以采取坡度较大的胶带机斜井，连接溜井和平硐。如果是相同条件下新建矿，可以采用胶带机斜井从溜井底部直接连到选矿厂出口，距离约 3.8 km，提升高度 240 m，平均坡度 6.3%。

3.7　关于矿石的反向重复运输问题

采用溜井—斜井—平硐的开拓方式后，由于溜井底部标高低于主平硐，形成矿石的流向是先下放到 1200 m，再用胶带机斜井提升到 1450 m。表面上看带来了矿石的反向重复运输，实际上由于大幅度缩短了汽车运距，降低了运营成本。下面以 4 号溜井为例进行计算比较。

计算参数：胶带机运费 0.3 元/(t·km)（2003 年首钢水厂铁矿西部排岩胶带机系统实际为 0.262 元/(t·km)），汽车运费 1.2 元/(t·km)（2003 年首钢水厂铁矿 77t 矿车实际为 1.034 元/(t·km)）。

采用溜井下放、胶带机斜井提升方案：胶带机斜井长 1.03 km，运营成本为：0.3×1.03 = 0.31 元/t。

不采用溜井下放方案：考虑到溜井需保持一定的储矿、卸矿高度，最低卸矿平台标高为 1476 m，则 1476 ~ 1230 m 之间的矿石只能采用汽车运输，提升高度为 1476–1230 = 246 m。按采场内公路的平均坡度 6% 计算，公路最大长度为 4100 m，平均长度取 2.2 km。运营成本为：1.2×2.2 = 2.64 元/t。

溜井下放比汽车直运方案每吨矿石节约运输成本：2.64–0.31=2.33 元。按年生产能力 900 万吨矿石计算，平均每年可节约运输成本 2097 万元。因此，采用溜井—斜井—平硐开拓方式，即使出现局部的反向重复运输，总体上还是合理的。

3.8　平硐运输用胶带机代替电机车的优缺点

总结本例可以看出，平硐运输方式由轨道电机车运输改为胶带机运输，有以下几个显著的优点：

（1）由间断运输改为连续运输，在不扩大巷道断面的前提下，运输能力显著增加。

（2）可以爬坡提升，胶带机的爬坡提升角度可达 15°，折合坡度 26.8%，而电机车的坡度一般不

超过 2%，最大 3%。

（3）由于平硐出口标高一般由选矿厂的地形决定，不可随意改变，因而上述优点带来的主要好处是可以降低采场内溜井底部标高，进而最大限度地缩短采场内汽车爬坡的运距。因而可以使平硐溜井开拓方式的适用范围从山坡露天开采扩大到封闭圈以下。

（4）对于生产能力大、运输量大的平硐，电机车必须设置双轨，巷道断面较大。而胶带机巷道的断面相对较小，可以减少井巷工程量。

（5）无需设置井下或地面的调车场和联络曲线，减少井巷工程量。

（6）胶带机系统比电机车系统用人少，便于管理，更易于实现程控自动化管理。

因此，可以说用胶带机代替电机车运输，扩大了平硐溜井开拓方式的适用范围，是一项比较重要的改进。

缺点：

（1）井下需设破碎站，高大硐室施工有一定难度。

（2）如果采用提升运输，胶带机出口高于溜井底部，巷道涌水不能顺坡外流，积水需要采用动力排水。但在北方地区，一般井下涌水量不大，这个

问题不难解决。本文所述两个矿山，位于干旱、半干旱山区，且水文地质条件简单，井下涌水量很少。只要在溜井底部附近设置小水仓，汇集巷道涌水，用水泵排出即可。

4 结语

平硐溜井开拓方式用在地形复杂的矿山，可以大大地缩短汽车爬坡运距，降低矿石运输成本。比全汽车运输方式有较大的优势。在条件适合的矿山，应当优先考虑采用。

采用胶带机斜井代替平硐电机车运输矿石，使间断运输改为连续运输，在不增大巷道断面的前提下，运输能力显著增加；系统的爬坡提升角度从电机车的 2% 提高到胶带机的 25% 以上。这些优点可以进一步降低采场内溜井底部标高，最大限度地缩短采场内汽车爬坡的运距。因而可以使平硐溜井开拓方式的适用范围从山坡露天开采扩大到封闭圈以下。这是平硐溜井开拓方式的一项重要改进。此外，这项改进还取消了调车场和联络曲线，减少了初期建设工程量；同时还具有占用人力较少，易于实现程控自动化管理等优势。因此，山坡露天矿以外的露天矿山也可以考虑应用。

（原文发表于《2004 年全国矿山信息化建设成果及技术交流会论文集》）

首钢宜昌火烧坪铁矿开采方法论证

张　新

（北京首钢国际工程技术有限公司，北京　100043）

摘　要：根据火烧坪铁矿的地质条件和矿床特点，经分析论证，确定采用地下开采、平硐开拓方式、长壁陷落法对该矿进行开采。

关键词：铁矿井；开采方法；平硐开拓；长壁陷落法；论证

Study on Mining Methods of Shougang Iron Mine in Yichang Huoshaoping

Zhang Xin

(Beijing Shougang International Engineering Technology Co., Ltd., Beijing 100043)

Abstract：The geologic condition and characters of the deposit in Huoshaoping iron mine differ from many iron mines in China. After analyse and study, this paper shows that underground mining, level mine development and long face fall mining should be used in mining.

Key words：iron mine; mining methods; level mine development; long face fall mining; study

1　引言

新首钢资源控股有限公司宜昌火烧坪铁矿区位于湖北省西部的宜昌市长阳县火烧坪乡。矿区东西长约 30 km，南北宽 2~3 km，南距清江约 20 km，北面 32 km 处有 318 国道和新建的宜（昌）万（州）铁路通过，宜万铁路预计 2007 年底通车。火烧坪东南方向经鸭子口至长阳县城 92 km 为柏油公路，其余为简易乡村公路连接南北公路干线，交通较为方便。

火烧坪铁矿区于 1961 年以前已进行地质勘探，基本查清矿床构造、储量和开采技术条件。多年来由于高磷赤铁矿的选矿、脱磷技术没有解决，一直未进行开发利用。最近几年，我国赤铁矿选矿技术取得了较大突破，采用强磁加浮选的方法对该区高磷赤铁矿进行了选矿试验，已经取得了精矿品位 57%、含磷下降到 0.3% 以下、铁金属回收率 65% 的较好成果，首钢的选矿脱磷和冶炼脱磷技术已达到可以投入工业生产的水平。另一方面，21 世纪以来，由于铁矿石和铁精矿的价格大幅度上涨，使钢铁企业足以承受复杂选矿工艺导致的成本升高，从而在技术和经济上都为高磷赤铁矿资源的开发利用创造了条件。因此，开发利用宜昌火烧坪铁矿资源的时机已经成熟。

2　矿产资源概况

火烧坪铁矿区地处华南地台川湘凹陷东北端，渔峡口向斜北翼，为一单斜构造，地层总体走向南东，倾向南西，倾角 15°～30° 之间，平均 22° 左右。区内地层全部为沉积岩，矿床赋存于上泥盆纪黄家磴组与写经寺组中。岩性主要有页岩、石英砂岩、炭质页岩、石灰岩和泥质灰岩等。

开采范围内地层褶曲较为开阔，西部处于打磨厂背斜和涨水坪向斜之间，大部分矿体基本呈单斜状态。区内断层有十几条，但大部分走向较短，断距在 30m 以下，对矿体开采影响不大。只有 F8、F9 和 F10 三条断层断距较大，对矿体开采有影响。矿床有如下几个特点：

（1）矿区位于高山区，山高谷深，地形起伏剧烈，海拔高度在 300 ~ 2000 m 之间。火烧坪井田区海拔高度在 1200 ~ 1900 m 之间，山势沿东西走向坡度较缓，南北高度差悬殊，矿区北侧多为悬崖绝壁。山坡植被比较茂密。多数地区人口密度较大，农田分布范围广。

（2）矿体为浅海相层状沉积型铁矿，发育为较稳定的层状，不同于占我国多数的鞍山式铁矿床。矿体随地层向南偏东方向倾斜，平均倾角 22°。矿石平均地质品位 38.25%，含磷 0.772%，为高磷低硫富钙少硅、中品位赤铁矿石。

（3）矿层较薄、覆盖层厚度大。可开采的 3 号矿层厚度为 1.54 ~ 3.40m，平均厚度为 2.40 m，内含一层夹石。矿体上部覆盖的岩土层厚度在矿区北部为 70 ~ 95 m 左右，平均为 85m；在矿区南部覆盖层厚度达到 300~700m。根据地质储量核实报告，本井田矿石地质储量为 12421.4 万吨。

（4）矿石硬而顶底板岩石较软。铁矿石硬度系数为 8~13，顶底板为泥质页岩、石灰质页岩和薄层石灰岩等沉积岩硬度系数为 3~5，明显比矿石软。预计矿石开采后，顶板容易垮落，无需崩落放顶。

（5）矿区水文地质条件属于简单类型，地下水主要为垂直循环带裂隙水，因地表山高谷深，排泄条件良好，对开采的影响比较有限。

这些特点对于矿山开拓方式和采矿方法的选择和确定具有决定性影响。

3 矿井开拓方式的选择

3.1 矿床的开采方式和建设规模

根据矿体层状发育，可采条件为矿层平均厚度 2.40 m，矿体上部岩土覆盖层厚度为 85 ~ 700 m。如果采用露天开采，剥采比至少在 1:(20 ~ 30) 以上，超过了经济合理的程度。另一方面，该地区气候温和湿润，雨量充沛，地表植被茂密。露天开采的采场和排土场占地面积比矿井开采大几十倍，对地表环境的破坏也严重得多。而且该地区人口密度较大，农田分布范围广。露天开采对涉及地区的征地、搬迁补偿费要高得多。

综上所述，露天开采方式不合理，只能采用地下开采方式。

根据井田储量和矿层较薄、工作面生产能力受到一定限制的特点，矿井井型不宜过大。经与业主方研究，确定矿井设计生产能力为 260 万吨/年。

3.2 开拓运输方案论证及厂址的选择

3.2.1 开拓方式选择论证

设计中比较了斜井和平硐两个开拓方案。

（1）斜井开拓。结合矿体呈较均匀层状、倾角比较稳定的特点，可以采用沿矿层布置斜井开拓的方案。但是矿层向南倾斜，北部高端处于海拔 1800 ~ 1900 m 的山顶部位，矿体北侧地表多为悬崖绝壁，高差悬殊，很难找到适合布置工业广场的平地；而山路陡峭，设备、物资的运输和选矿厂用水都很困难，放在山顶必然增加运营成本。另一方面，采用这种开拓方式要将矿石全部提升到山顶，之后还要再运到山下，实际上是重复运输，显然不合理。综合以上原因，否定了斜井开拓方案。

（2）平硐开拓。根据矿体赋存特点和地形条件，本矿井适宜采用平硐—上下山开拓方式。根据地形特点，平硐口选在矿体中部南侧约 3.2 km 处，平硐口标高 1400 m。这样大部分矿石开采后都是向下运输，避免了重复提升的缺点。生产初期平硐兼备主、副井的功能：断面净宽 6m，右侧布置胶带机，带宽 1m；左侧作为材料、设备和行人的运输通道。主平硐装备胶带机运输矿石，平硐尽头设井下破碎站，装备 C140 地下颚式破碎机 1 台。

平硐见矿后，沿矿体倾斜方向布置中央上下山。1450 m 水平以上的矿体采用上山开拓，直至 1690 m 水平。1450 m 水平以下的矿体后期采用下山开拓，提升至平硐水平。中央上山与平硐和各中段运输大巷相连，作为行人、运送材料和通风的通道。中段高度 80 m，倾斜长 236 m。各中段大巷的标高为 1450 m、1530 m、1610 m、1690 m。每个中段沿走向向东西两翼布置 1 条运输大巷和 1 条回风大巷。

各中段运输大巷采用 20 t 电机车牵引 10 t 矿车运输矿石，在中央上山附近，通过各水平的矿石溜井下放到 1450 m 水平，再通过 1450 m 水平主运输至石门，用电机车将矿石拉到破碎站破碎，然后上胶带机运往选矿厂。

通风方式采用中央边界抽出式。主平硐为进风通道之一，为解决进风距离过长的问题，在平硐与中央上山交点附近打进风竖井，地面标高 1815 m，井下标高 1410 m，井深 407 m（角度为 83.66°），向主平硐与中央上山接点附近供风，这样可以缩短进风距离 3 km。进风井内设爬梯，兼作矿井第二安全出口。回风井设在中央上山尽头附近，1770 m 水平。火烧坪铁矿开拓系统剖面示意图如图 1 所示。

3.2.2 采矿工业广场和选矿厂址的选择与布置

由于矿区现场山高谷深、地形复杂，矿井工业广场和选矿厂厂址选择比较困难。根据矿井开拓方案和现场地形条件，采矿工业广场和选矿厂厂址选在田家坪村东侧、平硐口前的场地上。与附近的高

山深沟地形相比，该场地比较开阔，坡度相对较缓，有利于建构筑物的布置。场地紧靠火烧坪至资丘的

公路干道，交通方便。平硐口西侧作为采矿工业广场，存放材料设备，平硐口东侧布置选矿厂。

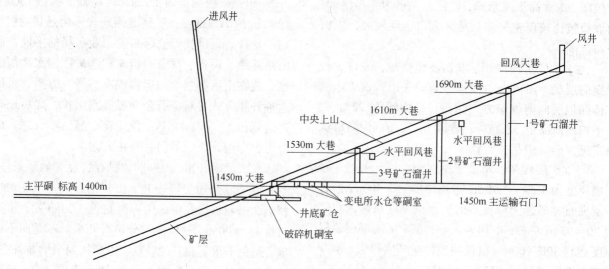

图 1　火烧坪铁矿开拓系统剖面示意图

废石场布置在工业广场的东南侧涂家湾南侧的沟中，沟两侧山势较陡，可以减少占地面积。废石场距离平硐口 1.2 km，距离较近，方便废石的运输。废石场占地面积 0.1005km²，可以堆存废石 1559.38 万吨。按矿井年生产能力 260 万吨计算，预计矿井每年产生废石 31 万吨，可以服务 50 年。

尾矿库选在工业广场东边的干沟里，距离选矿厂 3.5 km。干沟两侧山势较陡，利于蓄水；两侧山坡上基本没有民居和农田，可以少占耕地，减少搬迁量。库址西侧 250 m 就是杨家岭西沟，两沟并行，便于将山间溪水和雨季洪水引导绕过尾矿库，向下游排放。一方面减少本工程对下游农民用水和环境的干扰，另一方面保证洪水期尾矿库的安全。尾矿库收容量 4480 万立方米，折合 12100 万吨，可以服务到矿山开采完毕。

4　矿床开采方法的确定

4.1　矿区开采顺序和首采地段的选择

矿井开采顺序为沿矿体走向从中央上山向东、西方向推进，沿矿体倾向从高水平向低水平开采。首采地段选在中央上山两侧，东侧 1530 m 水平和西侧 1690 m 水平。该地段勘探控制程度较高，均为 B 级储量；矿体呈单斜状态，断层较少，地质构造比较简单，开采条件相对较好。首先投产上山东翼 1530 m 水平、F8 断层东侧的 1 个工作面，以缩短矿井建设时间。3 年以后增加 1690 m 水平上山东翼的 2 个工作面。

4.2　采矿方法选择论证

金属矿山常用的崩落法、空场法等采矿方法适用于矿体较厚、倾角大、围岩硬，矿石开采后顶底板不易冒落的条件。这些方法的特点是工作面的矿石多采用溜井垂直运输，以降低成本。

火烧坪矿区的矿体呈较均匀层状，矿层较薄且较稳定；但倾角较小，不易采用垂直运输，否则需要增加大量岩巷；矿层硬度大而顶板岩性较软、开采后易冒落。这些特点不适合采用崩落法、空场法等采矿方法。另一方面，由于铁矿石经济价值较低，如果采用成本较高的充填法开采，将导致企业亏损，得不偿失。

根据矿体的上述特点，推荐采用长壁陷落法开采。这种采矿方法在我国金属矿山应用较少，只在宣钢龙烟铁矿、贵州遵义团溪锰矿等几座矿井采用，但却是我国大多数缓倾斜煤矿最常用的采矿方法，也是一种成熟的采矿方法。

这种方法的优点主要是采准巷道布置简单，生产能力大，劳动生产率高，可以及时处理采空区，通风条件好，有利于实现机械化作业。缺点主要是支护工作劳动强度较大，顶板管理比较复杂。

要在首钢火烧坪铁矿采用长壁陷落法开采，需要落实以下两个问题：

（1）矿层开采后，顶板能否自然冒落，无需人工放顶。长壁式采矿法是采取陷落采空区、释放地压的方法，以消除地压活动对采矿工作面的威胁，保证工作面的作业安全。矿石开采后顶板能否自行

冒落，是长壁式采矿方法能否成功的标志。火烧坪铁矿层的顶板岩性为沉积形成的页岩、炭质页岩、泥质灰岩和少量的薄层石灰岩。岩性较软，硬度系数为 3~5。这种顶板的岩性决定了悬顶达到一定长度时，能够自行垮落。

为证实这一点，设计人员对附近地区与火烧坪铁矿属于同一矿层的松木坪铁矿进行了考察。在井下看到，该矿的铁矿层厚度、顶底板岩性均与火烧坪铁矿相类似。该矿采用房柱法开采，一般情况下不让顶板冒落；但仍可以看到，当悬顶面积超过 5m×5.5 m 时，顶板即发生垮落。这证实了火烧坪铁矿的顶板能够随着工作面的推进而自行冒落，无需人工强制放顶。

（2）顶板支护间距能否满足采矿设备的工作空间要求。在工作面采用点柱支护时，支柱间距能否满足采矿设备作业要求，也是长壁陷落法能否成功的条件之一。业主方确定的建矿方针是适当提高矿井装备水平，减轻工人劳动强度。在对松木坪铁矿的考察中看到，该铁矿层的直接顶是页岩，矿层开采后的暴露面平整光滑，完整性较好。采用点柱支护时，悬顶宽度可以达到 4.5 ~ 5.5 m 左右。而火烧坪铁矿采矿工作面选用的 Toro 400LP 铲运机的净宽小于 3 m，如果需要，厂家可以进一步缩小驾驶室

和铲斗的宽度，使设备净宽小于 2.8 m。而 Reef shark 井下推土机的宽度只有 1.6 m，凿岩台车的宽度也只有 1.65 m。即使个别地段柱距达到 2 m 左右，也可以穿行作业。因此，工作面可以采用单体液压支柱和金属顶梁支护，柱距和排距采用 4 ~ 4.5 m。在满足支护要求的同时，也可以满足铲运机和推土机铲装作业的要求。

根据以上对火烧坪铁矿井下条件的分析，结合对附近同层位矿井的考察结果，说明使用长壁陷落法开采是可行的。

4.3 采矿工作面布置

工作面两侧的顺槽与水平运输大巷相连，回采方向沿矿层倾向由高向低推进。工作面采用凿岩台车钻孔，铲运机配合井下推土机出矿。顺槽采用铸石溜槽放矿。初步确定采用单体液压支柱和金属顶梁支护，以减少木材消耗。柱距和排距 4 ~ 4.5 m，三排柱控顶距共 12 m。为减少工作面顶板压力，随着工作面的推进，后排（靠近采空区）柱加密，柱距小于 1 m，用密集支柱切顶放顶。放顶步距 6~8 m。采用 15 kW 回柱绞车回撤液压支柱复用。火烧坪铁矿采矿方法标准图如图 2 所示。

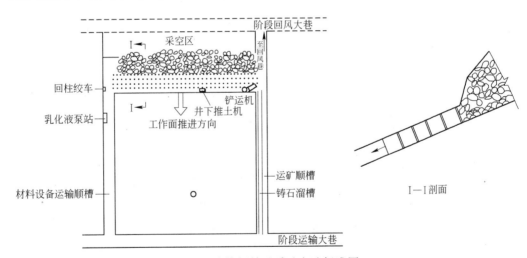

图 2　火烧坪铁矿采矿方法标准图

4.4 主要采掘设备

掘进设备选择 Boomer 282 凿岩台车 8 台，Toro 301D 铲运机 10 台，以及锚杆机和喷浆机。采矿设备选择 Boomer 281 凿岩台车 4 台，出矿采用 Toro 400 LP 铲运机 4 台，配合 Reef shark 井下推土机 4 台，每个工作面各配备 1 台，每个工作面另配备乳化液泵 1 台、回柱绞车 2 台。矿井装备 20 t 电机车 6 台。

其中 Reef shark 井下推土机是国际上近年新出

现的井下设备，宽度只有 1.6 m，高 0.85 m，小巧灵活，可以遥控操作，能够进出窄小空间，很适合长壁式工作面的特点。与铲运机配合使用，可以提高铲装作业效率。

4.5 推荐的生产能力验证

（1）工作面个数及生产能力。采用长壁陷落式采矿方法，4 个采矿工作面，其中 1 个备用。工作面长度为 80 m（沿矿体走向方向），沿倾向推进长

度为 220 m，靠近大巷侧留 15 m 矿柱，待本水平开采结束后回收。

（2）验证计算。矿山工作制度：采矿和掘进年工作日均为 330 d；每日 3 班，每班 8 h。2 班生产，1 班检修。每个工作面日产 2 600 t，每班产 1 300 t。工作面长度 80 m，矿体平均厚度 2.40 m，每班进度 2 m，可以达到。每个工作面年产 85 万吨，每个阶段（水平）最多可以布置 3 个工作面。根据长壁陷落式采矿方法生产能力验证公式，验证计算如下：

$$A = \frac{nNq\phi}{1-Z} = \frac{1 \times 3 \times 85 \times 1}{1-10\%} = 283.3 (万吨/年)$$

式中　A——矿井生产能力，万吨/年；

　　　n——同时回采的阶段数，本设计取最小值 1；

　　　N——阶段内同时回采的矿块数，本设计为 3；

　　　q——矿块生产能力，根据采用的设备和进度计算为 85 万吨/年；

　　　ϕ——矿块备用系数，为 1；

　　　Z——副产矿石率，为 10%。

计算结果证明，一个阶段（水平）生产能力可以达到 283 万吨/年，超过 260 万吨/年的设计能力。

（3）工作面进度。按工作面日推进 4 m 计算，沿倾向长度为 220 m 时，平均每 2 个月采完 1 个工作面（1 个矿块）。每个工作面运矿和运料的上下顺槽及开切眼共长 520 m，每个掘进头掘进速度 150 m/月，双头掘进，1.73 个月可以完成。小于工作面推进速度，能够保证工作面接续。

5　结语

火烧坪铁矿的地质条件和矿床特点不同于国内多数铁矿，针对矿床特点和地质条件进行了分析，经过方案比较、论证，确定本矿采用地下开采、平硐开拓方式。通过对矿层顶板岩性的分析论证，并结合附近开采相同层位矿井的实地考察，得出结论：顶板悬顶面积超过一定限度时，顶板即冒落；而采用点柱支护时，支柱间距能够满足采矿设备作业要求。因此确定采矿方法采用长壁陷落法是可行的。

（原文发表于《首钢科技》2007 年第 6 期）

浅谈半连续运输工艺在首钢深凹露天矿的应用

王金美

(北京首钢国际工程技术有限公司，北京 100043)

摘 要：本文通过对首钢迁安矿区目前各采场现状的分析，举例论证了半连续运输排岩工艺与汽车直排两个不同运输方案的指标比较，提出了半连续运输工艺是解决迁安矿区生产技术问题的有效途径，阐明了半连续运输工艺在首钢迁安矿区深凹露天矿应用的必要性。

关键词：半连续运输工艺；汽车直排；首钢迁安矿区深凹露天矿

Study on the Application of Combined Transport Process in Deep Strip Pit Operation

Wang Jinmei

(Beijing Shougang International Engineering Technology Co., Ltd., Beijing 100043)

Abstract: Through the analysis of operational status of strip pits in Qian'an iron ore field and comparison of the technical and economical index of two ore transport modes-combined (semi-continuous) transport and truck transport, this article recommends that the combined (semi-continuous) transport mode is a feasible solution to improve the transport efficiency in strip pits operation.

Key words: combined (semi-continuous) transport; truck transport; Qian'an strip pit

1 引言

在露天矿开采作业中，矿石和岩石的运输是一项非常复杂而繁忙的工作，不但费用高，而且运输组织管理也相当复杂。工程实践表明：运输设备投资占整个采矿设备投资的 50% 以上，花费的劳力占 50%～60%，运输费用占开采成本的 40%～60%。随着露天采矿的发展，开采深度增加，运输距离不断加长，运输作业显得更加困难。因此，在深凹露天矿开采中，矿石和岩石的运输是整个采矿生产最突出的矛盾。

国内、外各个矿山的生产实践表明，深凹露天矿采用单一的铁路运输或单一的汽车运输方式已不能满足生产要求，必须发展各种联合运输方式。如："汽车—破碎机—胶带机—排土机"的间断—连续运输就是联合运输方式中的一种（通常简称半连续运输）。这种运输方式的主要特点是充分利用汽车

运输和胶带机运输的各自优势。采场外（即从破碎站开始向外）采用胶带机运输，可充分发挥胶带机爬坡能力（最高可达到 14°）、连续输送的优势及运量大、成本低、技术指标先进的优点。采场内（即从采矿工作面至破碎站）采用汽车运输，可充分发挥汽车短距离运输机动灵活、通过曲线半径小、循环快等特点，并能满足分层采、运的生产要求。国内、外各个矿山目前汽车的燃料和轮胎消耗以及生产、运输管理水平表明，汽车的合理运距一般为 1.5～2.5km，最大运距不超过 3km。采用胶带机运输，比高大于 100m 以上时，它与汽车运输相比，可节省大量的燃油，运输费用也大幅度下降。

据有关资料介绍，美国早在 20 世纪 60 年代末期就在双峰铜矿和西雅里塔铜矿采用了半连续运输工艺系统，到 1988 年 2 月，又在世界上最深的美国盐湖宾汉姆铜矿采用了半连续运输工艺系统。前苏联于 1960 年开始研究，现已有 17 个大型露天矿采

用这种运输工艺系统。此外，尚有智利、巴西、南非和西班牙等国家都已先后采用半连续运输工艺系统。

目前我国许多深凹露天矿也已采用半连续运输工艺系统，如抚顺煤矿、云南小龙潭煤矿、东鞍山铁矿、大孤山铁矿、石人河铁矿等。在多年的使用过程中也积累了不少的经验，产生了可观的经济效益。据国内、外资料介绍，深凹露天矿采用半连续运输工艺以后，运输费用减少 15% ~ 28%，采矿成本降低 20% ~ 30%，汽车数量减少 20% ~ 30%，劳动生产率提高 30% ~ 50%。由于半连续运输工艺能带来显著的经济效益和社会效益，因此，受到国内、外普遍重视，并应用于生产，已成为当前深凹露天矿运输中的主要发展方向。

2 首钢迁安矿区目前各采场现状

首钢迁安矿区全部为露天开采，主要有杏山采矿场、大石河采矿场、二马采矿场、柳河峪采矿场、水厂采矿场等，这些采矿场均系 20 世纪 60 ~ 70 年代建成投产，当时设计选用的开拓运输方式都是单一的汽车开拓运输或单一的铁路开拓运输。经过几十年的生产，已全部进入深凹露天开采，过去的运输设备老化严重，大部分趋于报废。加之采场开采水平不断延深，导致各采矿场均存在类似的问题：

（1）原设计的开拓运输方式已不适应；

（2）汽车运距随着开采水平的不断延深而逐步增长，运输设备猛增，运营费用提高；

（3）生产效率低，采矿成本高，特别是杏山采矿场和水厂采矿场，由于排土场受到当地规划的限制，现有排土场顶标高高，距采场工作面比高大，运距远，已达 5km，生产组织非常困难。

3 半连续运输工艺是解决迁安矿区生产技术问题的有效途径

由于以上几个方面的问题，要提高经济效益，必须采取措施，采用先进的联合运输方式以提高劳动生产率，降低采矿成本。

现以杏山采矿场为例论述半连续开拓运输在首钢迁安矿区深凹露天矿的应用前景。

杏山采矿场是首钢的主要原料（铁矿石）生产基地之一，该采矿场位于河北省迁安县沙驿乡白龙港村西北侧，北距首钢大石河选矿厂约 4km，东距卑水铁路约 1.8km，西距北京约 220km。该采矿场设有专用的准轨铁路通往大石河选矿厂。该采场设计规模矿石 70 万吨/年，剥离岩石 230 万吨/年，采剥比为 1:3.28。采场最高开采水平标高为 +207m，露天底标高为 +15m，最大比高为 192m，采矿境界封闭口为 +123m。采出的矿石用 27t 贝拉斯汽车运至矿石倒装站卸车后，用 4m³ 电铲倒装到准轨铁路自翻车后运至大石河选矿厂粗破站，破碎后的矿石供给选矿厂，剥离出来的岩石，用汽车直接运至排土场排弃。1981 年建成投产以来，露天开采水平不断延深，排土场的排土标高逐步增高，汽车的排土运距随之加长。目前采矿场开采水平为 +99m，排土场的最高排土标高为 +300m，比高 201m。从目前的排土现状看，汽车运距长达 4km 以上，已超出了合理运距范围，导致汽车常年重车上坡、生产效率低、耗油量大、运营费高。该矿根据首钢九五规划要求，需将原设计规划矿石 70 万吨/年扩建到 100 万吨/年规模，扩建后剥离岩石增加到 300 万吨/年，采场露天底标高降到 +3m，最大比高 204m。根据目前采矿场的开拓运输状况和今后的采矿扩建规模，采场开采水平还需不断下降，运输量会不断增加，运输距离也随之延长。如果还继续延用原设计的单一汽车开拓运输方式，势必造成运输设备猛增，运营费用上升，采矿成本急增的后果。鉴于这种情况，按照扩建规模的要求，根据矿山地形地貌及目前排土场排土现状，规划设计在排岩运输方式上考虑了两个方案供比较，择优选用。

（1）方案 I。该方案为半连续运输排岩工艺方案。废石由采矿场工作面用汽车运至破碎站，破碎后转入胶带运输机运至排土场由排土机排弃。此方案充分发挥胶带机及汽车各自的优势。将胶带机布置在采场外，以最大的爬坡倾角，迅速地爬到 300m 标高的排土场顶部，大大缩短了岩石运输距离。采场内采用汽车运输，运距短，周转快，运输效率高。

该方案最关键的是破碎站位置的选择，其合理性直接影响汽车运输效率、运营费用和采矿成本以及建设投资等，所以，在选择破碎站位置时应考虑以下几个原则：

1）破碎站位置应尽可能布置在矿石、岩石中心的附近，并使生产费用最低。

2）破碎站位置应设在工程量少的地段，工程准备应适应采矿进度要求，建设周期应短，且在建设期间不影响生产。

3）破碎站位置尽可能布置在固定帮的平台上，且不能影响采场今后扩建发展，并兼顾将来扩建时使用。

4）应能保证汽车运输合理，汽车数量均衡。

根据上述原则，对现场有可能建站的位置进行调研，结合采掘工艺分别从平面位置、水平标高等方面进行了分析，经比较，最后确定破碎站布置在采场出入口附近+123m标高的水平上。

该位置的优点：

1) 充分利用采矿固定边帮的空间平台，采矿扩建大、小境界兼顾。从破碎站到排土场的胶带机路由均有良好的天然岩石，基建工程量小，胶带机运距短，从排土场至破碎站高差117m，胶带机运距仅1.714km。

2) 从采场内各水平工作面至破碎站的汽车平均运距仅1.75km，保持在合理运距范围内。

该方案的主要设备有Px900/160旋回式破碎机一台，B=1000mm宽的钢芯胶带机一套，PL-1000m³/h排土机一台及27t贝拉斯汽车15台。总投资估算为2373.72万元，年运营费590.03万元（见表1）。

表1 设备、工程量、投资估算及运营费比较

序号	项目名称		方案Ⅰ（半连续运输方案）		方案Ⅱ（汽车运输方案）	
			数量	投资/万元	数量	投资/万元
一	设备费用					
1	破碎站/座		1	428.25		
2	胶带机、排土机/套		1	956.72		
3	27t贝拉斯汽车/台		15	525	33	1155
二	工程量费用					
1	联络道路路面/万 m²		18.83	174.18		
2	联络道路路基挖方/万 m³		12.5	85.45		
3	联络道路路基填方/万 m³		25	112.47		
4	破碎站挖方/万 m³		1.8	2.15		
5	排土机初始工作平台填方/万 m³		3.5	16.75		
6	胶带机路基挖方/万 m³		4.2	10.79		
7	胶带机路基填方/万 m³		14	52.98		
8	排土道路路面/万 m²				48.75	438.16
9	排土道路路基挖方/万 m³				14	64.51
10	排土道路路基填方/万 m³				30.07	80.14
三	投资合计			2373.72		1715.84
四	投资差值		857.88			
五	年运营费用					
1	胶带运输机	运距/km	1.714	205.73		
		运量/万吨·年⁻¹	300			
2	破碎费/万吨·年⁻¹		300	69.30		
3	汽车年运费	运距/km	1.75	315	5.5	990
		运量/万吨·年⁻¹	300		300	
六	年运营费合计			590.03		990
七	运营费差值		399.97			
八	还本期		657.88/389.97=1.64（年）			

（2）方案Ⅱ。该方案为汽车直排方案。废石由汽车从采场工作面装车后，直接运至排土场排弃。其运输距离，在采场内与半连续运输方案相同为1.75km，在采场外从排土场顶部+300m标高至采坑出入口+123m标高，高差177m。矿山道路设计规范规定，道路技术标准为：汽车单向交通量小于25辆/时，选用三级露天矿山道路，计算行车速度20km/h，路面宽度11m，路肩宽度1.75m，最小曲线半径15m，不设超高最小曲线半径100m，停车视距20m，会车视距40m，最小回头曲线半径15m，最大纵坡9%，缓和坡度最小长度60m，竖曲线最小半径200m。按照规范要求，从采坑边至排土场的排岩道路设计布线总长3.75km，采场内、外的汽车运距共5.5km，经进行设备计算需要33台27t贝拉斯汽车。总投资1115.84万元，年运营费990万元（见表1）。

以上两个方案的汽车设备、总投资、年运营费用，经计算，半连续运输方案采用的汽车数量比汽车运输方案少 18 台，总投资比汽车运输方案多 657.88 万元，但每年的运营费用比汽车运输方案少 399.97 万元，运营 1.64 年就可收回比汽车运输方案多出的投资（见表 2）。

表 2　其他指标比较

序号	名　称	方案 I	方案 II	差值	百分比/%
1	年耗油量/kg	369940	1155000	795080	68.84
2	年轮胎消耗/条	39	122	83	88.03
3	年运营费/万元	590.03	990	399.97	40.40
4	运输年占吨矿石成本/元	8.9713	13.308	8.3387	47.62
5	汽车数量/台	15	33	18	54.55
6	汽车运输效率/万吨·（年·台）$^{-1}$	20	9.09	10.91	54.55

杏山采矿场的技术经济指标的比较结果表明，采用半连续运输排岩工艺以后，年耗油量减少 68.84%，年轮胎消耗量减少 68.03%，年运营费减少 40.40%，采矿成本降低 47.62%，汽车数量减少 54.55%，汽车运输效率提高 54.55%。

4　结论

通过两个方案的设备、工程量、投资估算及运营费等指标的比较，不难看出，采用半连续运输方案经济效益特别显著，它在首钢迁安矿区深凹露天矿应用非常必要。建议尽快在各个露天矿逐步采用。

（原文发表于《设计通讯》1999 年第 2 期）

三维动态模拟仿真设计技术

- 三维动态模拟仿真设计技术综述
- 三维动态模拟仿真设计技术专项技术

➤ **三维动态模拟仿真设计技术综述**

关于工程公司三维设计技术应用
若干问题的分析与研究

颉建新

(北京首钢国际工程技术有限公司,北京 100043)

摘 要：通过分析国内外设计技术发展的历史、现状和趋势，提出了工程公司应用三维设计技术的总体思路和三维设计工作应划分的 4 个阶段，包括实现三维建模、进行实物模型浏览和碰撞检查，实现三维设计和二维出图，实现自动协同设计和集成协同设计，调整专业岗位设置、重组机构和拓展市场空间。工程公司应针对三维设计技术应用的 4 个阶段，制定明确的阶段目标，进行分步实施和稳步推进，既保障实施效果，又最大限度地降低实施风险。

关键词：工程公司；三维设计技术；应用；分析与研究

Analysis and Research on Some Problems of Application of
3-D Design Technique in Engineering Company

Xie Jianxin

(Beijing Shougang International Engineering Technology Co., Ltd., Beijing 100043)

Abstract：The history, present situation and trend of domestic and international 3-D design technique have been analyzed in the paper. The general idea of the application of 3-D design technique was put forward for the engineering company. The 3-D design work should be divided into four stages. The first step is to realize 3-D modeling, browsing physical model and collision check. The second is to achieve 3-D design and 2-D drawing. The third is to achieve automatic collaborative and integrated collaborative design and the last step is to adjust the professional post settings, reorganize the organization and expand the market share. The goals for each stage should be made clear and be carried out steadily step by step, thus not only ensuring the implementation effect, but also reducing the risk.

Key words：engineering company; 3-D design technique; application; analysis and research

1 引言

随着计算机和信息技术的不断发展，从手工绘图设计到计算机二维绘图设计和计算机三维绘图设计，设计手段在不断进步。三维绘图设计相对于前两种绘图设计，最本质的特点在于以实体造型为基础形成三维模型，设计工作在一个虚拟三维空间中进行，能够清晰、直观地表现出每个设计元件之间的空间关系。三维绘图设计能够提高设备布置、管道综合及各工种接口处理的质量和效率，便于从建立好的三维模型中切出二维的各个平面和剖面图，能准确统计材料量，实现三维、动态、模拟与仿真设计，还可进行有限元分析和流体分析，实现精准计算和优化设计。因此，计算机三维绘图设计必将是未来设计方式的发展方向[1,2]。

2 国内设计技术发展的历程

国内设计技术的发展经历了从铅笔、橡皮、削笔刀、图板、三角尺和计算尺阶段到使用绘图架、计算器和穿孔计算机，又经过个人计算机的引入、普及和应用阶段，做到利用 PC 机代替图板进行人机交互式绘图，逐步甩掉了图板。同时，各专业领域为了提高工作效率，充分利用计算机代替设计人员完成一些可程序化的计算工作，开始引进或自行开发一些计算软件和简单的自动绘图软件。

目前，这类软件所覆盖的专业面和领域正迅速拓宽，软件的功能和水平进一步加强。但是，这些传统的功能全部基于二维设计，大多数专业或领域的软件之间都是相互独立的，集成性能较差或基本未考虑集成。因此，工作效率的提高仅限于本专业或本领域，对于一个需多专业配合协同设计的工程来说，各专业之间的合成仍需人工完成。由于在编制专业软件时没有考虑相关专业软件的集成，因此各软件的工作成果不能通过计算机网络技术共享，限制了工作效率的进一步提高，不能为提高设计综合水平提供先进手段，体现在工程中则使施工单位按设计单位提供的图纸进行施工时错、漏、碰和缺等通病屡屡发生，给工程建设带来损失。由于这些设计问题普遍存在，使公众认为是"不可避免的"，也就成为提高设计质量中无法逾越的障碍。设计人员所进行的方案优化和构思是在二维图纸的基础上，在大脑中独立生成三维实物模型，根据每位设计人员自己的印象来优化，因此没有可视模型的概念。这种工作模式存在很大的人为因素，缺乏视觉效果上直观并可定量的模型基础，影响工作成效[3~5]。

由于各专业间基础信息不能通过计算机网络实现自动共享，使工程建设的其他阶段所需的资料信息需由人工进行重新提取和组合，如设备和材料的采购批次，不同工号备料批次，备品备件储备信息，建设期间管理信息和运行后管理信息，运行后设备状况跟踪和记录、改造范围和记录等。因此，传统设计技术所能提供的设计产品难以适应业主对现代化企业制度和管理水平的要求[6,7]。

3　国外设计技术现状及发展趋势

国际上一些著名的工程公司十分重视设计技术的发展，甚至不惜斥巨资并投入大量的人力、物力进行本公司设计技术的研发，如美国的 Bechtel 公司、FlourDannel 公司、BVI 公司、Raytheon 公司和 FosteWheelerEnergy 公司，日本的 Hitachi、欧洲 ABB 公司和 Siemens 公司等都经历了这样的过程。这些公司根据内部资源情况，大多通过两个途径实现其计算机设计技术的发展：若公司内部配有足够的具备较强自行开发能力的软件编程人员和少量的工程

人员，则自行研发符合本公司习惯和组织的软件包，如 Bechtel 公司和 BVI 公司经过近 20 年自行开发了集成度较高的多专业协同设计软件包，并在此基础上进一步实现了数据库共享，使设计部门、采购部门、工程施工管理部门、工程费用控制部门和公司高层管理职员之间的信息传输实现了全计算机化和网络化，而开发出的以数据库为核心、网络为支撑的集成软件系统则成了各部门运行的中枢，若公司内部没有足够的开发人员或公司认为自行开发在投入上大于软件公司开发，则多采取与软件公司联合开发的办法，公司提出数学模型及流程分析要求，由软件公司实现，同样可以达到集成的目的[8,9]。

目前，国外较先进的软件系统是把功能定位在考虑工厂整个寿命期的过程管理，而不仅仅是建设期间的管理，在这种理念下，设计过程可能只占整个管理周期的 5%，建设过程可能只占整个周期的 11%，大量的工作是建成后的营运、维护和检修管理直至退役，但大多数基础数据和信息仍是由工程公司在设计阶段产生并在数据库中保留下来的数据，后者都必须基于这个基础数据库才能利用计算机和网络开展后续工作。否则，建成后的工厂在建立自己的信息系统时，需要花费很大力气将建设期留在纸介质上的数据和信息再输到计算机中重新建立基础数据库，而有些信息还会因为流失而不可追溯[10,11]。

4　国内设计技术现状

我国从 20 世纪 80 年代中期就提出三维设计的构想，电力和石化设计系统较早地引进了国外三维管道设计软件并成功应用于工程实践，但由于系统和设备厂商的更迭致使系统在 90 年代初期便遭淘汰。随后，石化系统又开始引进新的三维设计系统——美国 Integraph 公司的 PDS 软件，他们在应用和消化软件的基础上对原有的设计流程进行了重组，并将应用逐步从设计阶段过渡到了工程项目总承包，取得了良好效果。与此同时，电力系统则由于经费问题没能够再次引进国外软件，而是由 36 个设计院组织成了软件开发基金会，并于 1995 年底与国内东大阿尔派公司合作开发三维设计软件 AutoPDS，1998 年开发项目完成后，有 16 家设计院引进并使用，但由于种种原因，软件继续完善工作处于搁浅状态，功能有限，未能形成生产力。之后，中南电力设计院在与德国 GEALSTOM 公司合作中引进了 PDS 系统，随后，部属院以及浙江、山东和河北等省院也在规划院的组织下购买了 PDS 软件。有些设计院根据涉外工程的需要，也购买了少

量与配合的国外公司相同的软件,以实现与外方的数据传输。其他各省院根据自己的情况,经过长时间的调研分析,各自选择了适合自己的三维设计软件系统,如较早选用的 Integraph 公司的 PDS 软件及后来选用的美国 Bentley 公司的 PlantSpace 软件,Cadcentre 公司的 PDMS 软件。目前,仍有部分设计院正在选择采购过程中[12,13]。

目前,国内部分设计院已实现利用软件建立三维模型,有的设计院已将三维软件应用到可以部分抽取二维施工图,但尚无一个设计院把三维设计的方法真正贯穿于整个设计过程中,而且从二维设计思路向三维设计理念转变过程的进展缓慢。

5　工程公司应用三维设计技术的总体思路

首先,应对三维设计工作进行合理定位;其次,要确定开展三维设计工作的基本路径和方式,将三维设计工作划分不同的阶段进行分步实施,并针对这些问题进行系统、深入研究,结合自身具体情况分步推进,促进三维设计工作顺利开展。

由于国内绝大多数工程公司(或设计院所)提供服务的对象是国内的项目筹建单位、施工单位和运营人员,因此,在考虑三维设计发展时必须基于这一国情,适当考虑与国外公司合作的可能。通过对三维设计工作进行分析与研究,将三维设计工作划分为实现三维建模和进行实物模型浏览和碰撞检查,实现三维设计和二维出图,实现自动协同设计、集成协同设计以及调整专业岗位设置、重组机构和拓展市场空间 4 个阶段。

5.1　实现三维建模,进行实物模型浏览和碰撞检查

三维建模是把工程所包括的每个专业设计的实物模型同时建立在一个总模型中,如在钢铁厂某一工序主厂房内,把工艺及装备、电气、结构、建筑、水道、热力、暖通、氧气和燃气等专业的内容同时建立于一个模型中,然后利用此模型实现主厂房内各专业设计内容的碰撞检查,通过计算机三维模型的浏览可以检查设计范围的完整性,预览布置方案的合理性,优化总体布置。由于建立的模型都带有定量的属性,而且软件具有自动统计同类设备和材料的功能,因此方案比较可以基于较为准确定量的基础,更具说服力,改变了传统的定性数据多、定量数据缺乏的方案论证办法,显著提高了设计水平。

实现建模功能,可以用于传统设计的可行性研究、初步设计阶段和全厂总布置图阶段。尤其是全厂总布置图阶段,可以通过规划全厂总布置图、建

模、检查碰撞、修改、再检查和再修改把全厂总布置图细化并真正起到全厂总布置图的作用,在全厂总布置图阶段尽可能地消除布置中的问题,加快施工图分册设计速度,保证分册设计和专业间接口设计的质量。要实现这一步,在现有软件的基础上需要做的二次开发工作量不大,但需把工程所采用的各种设备、材料和部件库建立起来[13,14]。

三维建模实现计算机碰撞检查,只能解决简单的硬膨胀检查,而实际大量的“软”碰撞(如安装空间、检修空间、人员通道、管道间距和设备间距等)检查,计算机是不能代替的,任何软件都无法全部解决,只有按规范和经验进行人工检查。但在三维建模环境下,技术人员更直观、更容易实现“软”碰撞检查,这也是三维设计操作员不能代替设计人员的重要原因之一。

5.2　实现三维设计和二维出图

实现三维设计和二维出图仅应是引进三维软件的一个阶段性目标,国际著名工厂设计软件供应商对其软件实现这一功能也只是定位为中间成果和作为所有后续功能得以实现的基础,据此建立起工程需要的基础数据库,为后续功能使用奠定基础。

目前,三维软件包基本上都具有三维设计和二维出图的功能,但要进行不同程度的二次开发以适应中国国情,汉化问题是一个首要问题,因为绝大多数项目筹建单位和施工单位不能接受未汉化的设计文件。另外,由于中国传统的设计、筹建、土建施工和安装施工队伍分工与国外分工范围不同,项目建设的模式也不同。因此,在选择软件供应商时,除了解软件本身已具备的功能外,还应十分重视供应商对后续开发工作所能提供的技术培训和技术支持的承诺。

实现三维设计和二维出图就能通过优化好的三维模型,以较少的人力投入,根据分册的划分,按需抽取不同范围的二维施工布置图和管线轴测图、设备安装图、支吊架图和材料统计等,通过二维系统图和三维模型的联动实现系统图和布置图的相互校对,将大批设计人员从繁重的二维施工图制图工作中解放出来,显著提高劳动生产力,为工程公司(或设计院)开拓更宽的市场领域提供人力基础。

5.3　实现自动协同设计和集成协同设计

实现第一阶段目标,包含了多专业协同设计的概念,建立完整模型必须由所有相关专业输入本专业全部模型,碰撞检查则处理专业内部和专业间的协调问题。实现自动协同设计必须满足以下条件:

（1）不同专业内部的一些计算软件与模型实现自动关联。

（2）所有专业的绝大多数软件全部实现自动关联。

（3）各专业能在建模的基础上，在同样的软件包系统环境下利用已有的数据库基础进行专业内部的详细设计。

根据所能集成专业软件的多少，实现集成协同设计的程度也不同，目前国际上著名工程公司集成的范围也有不同，软件供应商把这种集成作为近期开发的重要任务之一。实现了集成协同设计，可以进一步提高工程设计速度，实现整体设计配合确认和专业设计确认联动，实现工程综合质量和专业设计质量的动态联合优化，全方位优化和提高设计水平。

由于实现建模所能提供的信息量有限，因此，通过较高水平的集成协同设计，可以把各专业设计完整的相关信息增加到同一个数据库中，为后续功能提供较完整的共享资源，为上层软件提供坚实的基础，这也是软件供应商把集成作为重要任务的原因之一。如果没有集成化功能，不能把工程信息较全面地存储于统一的数据库中，上层软件就不能共享到应提取或需要的全部资料，使上层软件的作用得不到良好发挥，影响软件市场，造成使用者的管理工作不能软件化，影响工程公司（或设计院）先进管理手段的应用及管理水平的不断提高。对于转变为工程公司的企业来说，无法方便地随时提取采购、施工管理、项目费用控制、风险分析和进度控制所需的基础信息，影响整个公司高效、准确地运营，这也是国际著名工程公司不惜花重金力争在集成上领先的原因。

目前，部分三维设计软件供应商已经实现了部分专业的软件集成工作，如管道应力计算等，尚有部分专业软件正在集成过程中，如土建结构设计软件等。实现协同设计的一个非常重要的基础工作是建立完整的工厂设备和元件编码系统，因为在协同设计情况下，每一个元件必须在模型中有唯一的识别号码与其在模型中只能存在于唯一位置的特性相对应。如果不建立完整的编码系统，则无法正常运行软件包，并且由软件自动提供的资料信息可能出现不真实，提供的统计报表也不能反映真实情况。

5.4 调整专业岗位设置、重组机构和拓展市场空间

如果前几个阶段的目标基本达到，则现有的岗位设置和设计流程就需要重新调整，由于许多传统

设计流程中的人工作业都可以由软件来完成，如部分校审、互提资料、会签和抽取二维施工图等。因此，施工详细设计需要的人员会适当减少。部分原有的三级、四级和五级的校审把关工作由计算机自动完成，因此校审制度需要相应修改，工程设计重点移到方案的不断优化上，人员和机构随着工作方式的改变、工作流程的变化而相应调整，由于工作效率、工作质量的全方位提高，在工程项目总量不增加的前提下，设计人员部分富裕，为设计院开拓新的市场，增加工程公司的总体经济收入提供了人力资源基础。

由于工程公司掌握了完整的工程建设全过程所需的基础数据库，因此，很容易在此基础上利用现有软件包提供以下功能：

（1）随时自动提取任意规定范围的设备、材料详表和汇总表，为设备材料分批订货、施工备料管理提供依据和手段。

（2）进行施工进度模拟，可以集成或结合工程计划管理软件，实现工程进度和计划的可视化管理，使传统的二维图表上的计划管理提高到不同阶段，定义提取出三维实物模型的直观管理水平，并可随即提供定义模型所需的各种设备、材料清单，准确确定工程量，便于科学合理的安排施工力量的投入，更有效地组织施工。

（3）可以模拟重要施工工序，优化施工方案，避免施工中可能出现的重大方案失误。

（4）提前进行备品备件管理，并可实现检修过程模拟，为运行部门提供有力的管理依据和手段，为运行人员提前了解掌握工程全貌提供手段，提高生产准备水平。由于三维模型便于动态整体工程模型管理，因此，为竣工时资料完整、准确地移交提供可信手段。

（5）基于完整的工程基础数据库，实现对工程造价的适时动态跟踪控制，同时可以动态分析不同阶段的费用风险，实现具有实际意义的工程造价跟踪控制。

（6）根据工程进度计划，利用基础数据库，制定出工程资金投入计划表、现金流控制表，为工程合理分批投入资金提供科学依据，最大限度地降低建设期利息，降低工程造价。

（7）利用三维软件包中层和上层软件，实现多工程或本单位承担全部工程的数据库管理，利用远程浏览软件和国际互联网向不同用户发布需要信息。

由于工程公司利用三维设计软件包很容易实现上述功能，因此，可为其开拓与上述功能有关的业务市场提供强有力的工具。可以承担从设计到采购、

施工和交钥匙全过程的工程总承包，更有效地进行工程进度、质量和费用的控制，为投资方节省时间和费用，为运行提供更好的生产准备条件和全部生产需要的信息资料。可以进行项目建设管理咨询服务，包括项目进度控制服务、项目费用控制服务、项目资料控制服务、项目资金流管理服务和项目采购服务等，为实现从传统的工作业务范围到现代化企业制度下的工程公司、咨询公司过渡提供有力的手段保证。

6 结语

借鉴发达国家建设行业发展经验，结合我国投资方式多元化及体制改革的实践，工程总承包建设模式将会越来越多地被投资方所采用。特别是中国加入 WTO 后，国内工程公司（或设计单位）和国外公司合作的机会越来越多，因此，国内工程公司抓住机遇，脚踏实地地尽快发展三维设计技术势在必行。

工程语言从二维向三维转变、计算机辅助绘图向计算机辅助设计转变，数字化设计向虚拟设计、智能设计发展。用三维模型表达产品设计理念，不仅更为直观、高效，而基于包含了质量、材料和结构等物理、工程特性的三维功能模型，更可以实现真正的虚拟设计和优化设计。

三维设计技术是新一代数字化、虚拟化和智能化设计平台的基础，是培育创新型人才的重要手段。在当前制造业全球化协作分工的大背景下，广泛、深入地应用三维设计技术、加大三维创新设计教育已是大势所趋。三维技术普及化已是必然趋势，三维培训必须全面铺开。

三维设计技术的应用工作应尽早实现前 3 个阶段目标，努力开展第 4 阶段工作，通过在新业务领域里充分利用三维软件包中上层软件所提供的功能，向用户提供更好、更快和更廉价的服务，在新的市场竞争和重组中拓宽业务面，实现设计水平、数据传输方式和内容与国际惯例接轨，增加与国外工程公司、商贸公司、设备成套公司和投资公司的合作机会，在进入 WTO 后能迅速适应新形势要求，跨入国际一流水平公司。

冶金工程公司开展三维设计技术应用工作，必须结合公司具体情况，在保证现有工作秩序稳定运行的条件下，针对三维设计技术应用的 4 个阶段，制定明确的阶段目标，进行分步实施和稳步推进，既要保障实施效果，又要最大限度地降低实施风险。

就软件技术发展而言，三维设计只是设计工作的中间工具，而工程公司更应关注设计分析软件的应用，如设备专业应用的 ANSYS 软件、结构专业应用的 SAP2000、管道专业应用的 CEASERII 以及大型仿真设计软件等；技术人员应关注和掌握如何对工程项目进行分析和计算，注重设计前期工作的方案设计，这些是工程公司的核心竞争力，只有掌握这些核心技术环节，才有可能技术创新，在技术水平上超越竞争对手，争取到更多的市场份额。

参考文献

[1] 庞可，张先俊. 电厂三维设计技术及数字化电厂管理的实现[J]. 河南电力，2003(1): 8~12.

[2] 张鹤. 三维设计软件在工程设计中的应用[J]. 燃料与化工，2011(2): 28~29.

[3] 周乃军. 工厂全生命周期土建三维设计流程探索[J]. 工业建筑，2011(增刊): 149~154.

[4] 钱海平. 发电设计技术创新及三维设计管理研究[D]. 北京：华北电力大学，2009.

[5] 曾亮. 三维设计技术在国内电厂设计中的研究及应用[D]. 长沙：中南大学，2010.

[6] 赵曜. 基于SolidEdge的加热炉三维设计软件的开发[D]. 沈阳：东北大学，2008.

[7] 庄叶凯. Bentley 三维工厂软件在工程设计中的应用[J]. 有色冶金设计与研究，2009(6): 108~109.

[8] 潘诚，张健. ORACLE 数据库在三维工厂设计软件[J]. PLANTSPACE 中的应用. 郑州大学学报：工学版，2002(6): 54~56, 82.

[9] 阎震. SmartPlantReview 软件在三维工厂设计中的应用[J]. 石油化工设计，2007(4): 34~36.

[10] 黄为，谭玲玲. 电力工程设计中应用三维工厂设计系统的探讨[J]. 山东电力技术，2009(2): 78~80.

[11] 吴云峰，邱华，姜晓玉. 三维工厂布局规划平台设计与应用研究[J]. 中国制造业信息化：学术版，2011(6): 1~3, 7.

[12] 朱明，何莹. 三维工厂设计系统在电力设计工程中的应用特点[J]. 广东电力，2002(8): 39~41, 44.

[13] 袁泉，李炳益. 三维工厂设计中结构设计流程的探讨[J]. 武汉大学学报：工学版，2007(增刊): 1~4.

[14] 向华. 大型钢铁工程公司三维设计软件发展方向的探讨[J]. 科技资讯，2011(12): 10~12.

（原文发表于《首钢科技》2012 年第 3 期）

➤ 三维动态模拟仿真设计技术专项技术

有限元法分析计算在大型高炉无料钟系统设计中的研究和应用

蒋治浩　苏　维　张　建

（北京首钢国际工程技术有限公司，北京 100043）

摘　要：本文用有限元法分析计算首钢京唐钢铁联合有限责任公司钢铁厂 5500m³ 高炉无料钟炉顶设备阀箱的应力和变形，对其结构进行优化。

关键词：有限元法；阀箱；应变；应力；变形

Study and Application of Finite Element Method Analysis and Calculation in the Blast Furnace Bell-less Top System Equipment Designing

Jiang Zhihao　Su Wei　Zhang Jian

(Beijing Shougang International Engineering Technology Co., Ltd., Beijing 100043)

Abstract：Analysis and calculating the strain, stress and displacement of valve casing using finite element method for Shougang Jingtang United Iron and Stell Co.,Ltd. 5500 m³ blast furnace 2-hopper bell-less top charging system. According to the analysis and calculation, optimizations were made for the valve casing's structure.

Key words：finite element method; valve casing; strain; stress; displacement

1　引言

高炉炉顶装料设备是用来装料入炉并使炉料在炉内合理分布，同时要起炉顶密封作用的设备。曹妃甸工程 5500m³ 高炉采用无料钟炉顶设备，它主要由换向溜槽、受料漏斗、上密封阀、料罐、阀箱、料流调节阀、下密封阀、中间漏斗、波纹伸缩器及内部耐磨环、短节、布料装置（含水冷气密箱、行星差动减速机、布料溜槽倾动减速机、中心喉管、布料溜槽转角、摆角指示器等）、布料溜槽、布料溜槽更换装置等组成。无料钟炉顶设备优点突出但系统结构复杂，它的工作环境极其恶劣，其布料器转速、料仓容积、料流调节阀内径和中心喉管内径等基本参数可通过传统的计算方法进行确定。为了保证无料钟炉顶设备工作安全、可靠，其各个部件的

工程结构设计相当重要，必须要计算分析它们的变形、应力以及动力学特性。在有限元法出现之前，把这些部件结构简化为梁、桁架、刚架或板，采用材料力学、结构力学或弹性力学的方法来进行计算。虽然这些力学方法是建立在严密理论基础之上的，是科学的，但是为了便于计算作了很多简化，由于这种简化与实际结构之间有很大的差异，因而计算结果与实际情况不可避免地会有很大的差异。这样，设计时为了"保险"，不得不采用很大的安全系数，致使结构笨重。

有限元法是一种采用电子计算机求解结构静、动态力学特性等问题的数值解法。有限元法具有精度高、适应性强以及计算格式规范统一等优点，已成为现代机械产品设计中的一种重要工具。本文对 5500m³ 高炉无料钟炉顶设备阀箱采用有限元法作

静力学分析。

2 有限单元法分析过程概述

2.1 结构的离散化

把实际结构划分（或离散）为一个个的"单元"，而单元与单元之间仅在"节点"处相连，这样就把由无限个相互连接的质点所组成的真实结构，用有限个节点相连的离散单元组合体的有限元网络计算模型所近似代替。这样的计算模型比较接近于真实结构。有限单元法离不开计算机，随着计算机技术的不断发展，计算机容量的不断扩大，计算速度不断加快，单元可以划分得越来越小。网格可以划分得越来越密，节点越来越多。使有限元计算模型及其计算结果与真实结构越趋于接近，使工程结构设计得既安全又轻巧、合理。

2.2 选择位移模式

为了能用节点位移表示单元体的位移，应变和应力，假设单元体位移分布是坐标的某种简单的函数，普遍用多项式作位移模式。

$$\{f\} = [N]\{\delta\}^e$$

式中　$\{f\}$——单元内任一点位移列阵；

$[N]$——形函数阵；

$\{\delta\}^e$——单元节点位移列阵。

2.3 形成单元刚度矩阵

利用几何方程（用节点位移表示单元应变关系），物理方程（节点位移表示单元应力关系）和虚功原理（建立单元应力与应变关系）可以对单元力学特性进行分析，形成单元刚度矩阵。

$$[k] = \iiint [B]^T [D][B] \mathrm{d}x\mathrm{d}y\mathrm{d}z$$

2.4 计算等效节点力

单元离散后，是假定力通过节点之间相互传递的。而实际的连续体，力是从单元的公共边界相互传递的，故作用在单元边界上的表面力与体力必须等效移置到节点上，也就是用等效节点力替代所有作用在单元上的力。具体过程略（原理是单元力与等效节点力虚功等效原则）。

2.5 建立整体平衡方程

形成总刚度矩阵，即建立整体平衡方程：

$$[K]\{\delta\} = \{R\}$$

求解未知节点位移和计算单元力。

3 有限元软件概述

有限元分析计算从最初的人工编制程序，到SAP 系列，经过几十年的发展，现在有很多的成熟商业软件，比较通用的有以下几种：ANSYS、IDEAS、MSC\NASTRAN、MSC\MARC、ABAQUS、ALGOR。

ANSYS 是最为通用和有效的商用有限元软件之一。ANSYS 拥有丰富和完善的单元库，材料模型库和求解器，能分析各类静力、动力、振动、线性和非线性问题，稳态和瞬态热分析及热—结构耦合问题，静态和时变电磁场问题，压缩和不可压缩流体力学问题，以及多场耦合问题，声场分析，压电分析等等。还可以进行概率设计，优化设计等等。并为用户提供了良好的二次开发平台及各种类型的数据转换接口。

4 阀箱静力学初步分析

4.1 问题描述

阀箱是无料钟炉顶设备的重要部件之一，是一个由不同厚度的钢板焊接成的对称箱形结构。它由四根立柱支撑在高炉炉体上。阀箱的上平台和两个料罐相连接，下板与下部波纹管连接。阀箱内部安装有节流阀和料罐的下密封阀，节流阀控制高炉炉料的流量，下密封阀起密封作用。

此外，箱体上还有用于支撑、增加箱体刚度及吊装的部分，如上、下侧立柱，筋板，加强筋，上、下吊耳等。

在阀箱的上平台和每个料罐的接口法兰之间装有三个用于称量的传感器，传感器的触点互成120°平均分布；上平台与料罐接口法兰由 12 个平均布置的螺栓和弹簧连接，安装时对弹簧施加预紧力，使料罐由于均压产生浮力时，仍有足够的力使其紧固在阀箱上。

4.2 计算力（受力情况简化）

当一个料罐内装有最大批矿，另一个料罐内没有批料时，阀箱受力情况最不利，变形也应该最大。空料罐内部的压力按放散前 0.3MPa 计算，满料罐侧的三个压头的压力各为 125t，空料罐侧的三个压头的压力各为 30t，弹簧预紧压力各为 7.35t，中间漏斗质量按13t 考虑，阀箱内部压力按 0.3MPa 考虑，阀箱内部温度按 150℃考虑。

计算中所取的材料机械性能参数为：

钢的密度 ＝ 7.85E-6 kg/mm³；

弹性模量(杨氏模量 Young's) = 2.068E5 MPa；

泊松比= 0.3；

重力加速度(Gravity) = 9.81 m/s^2。

4.3 GUI 方式分析过程

第一步：指定分析标题并设置分析范畴；

第二步：定义单元类型；

第三步：定义材料性能；

第四步：输入阀箱的实体模型；

第五步：指定网格划分密度并网格划分；

第六步：对模型施加约束；

第七步：加载；

第八步：求解；

第九步：后处理。

4.4 初步分析和局部改进

根据阀箱最坏的载荷工况对模型进行了以上有限元分析，计算结果应力偏大。应力偏大位置为：底板上（下密封阀座附近）圆弧为 $R = 100$mm 处、底板与三角筋的连接处、上盖板（调节阀吊架）拐角处。

由于应力偏大对模型局部结构进行了修改，根据实际应用情况和受力状况，在考虑整体结构装配关系的情况下，把底板上（下密封阀座附近）应力集中处附近的模型边界外移，使其截面积增大 6000mm^2。对修改过后的结构进行有限元分析，计算结果显示此处应力有明显降低。

接下来处理底板与三角筋的连接处应力较大的问题。在上步修改过后模型的基础上再进行修改：在下立柱和底板之间添加一块筋板，考虑到焊接过程中的可操作性，此块筋板和其他两块筋板的尺寸不同；并在三块筋板的端面添加了一块堵板。通过有限元计算后可知，通过此措施使此处的应力大为降低。附加的对两种堵板的形状和焊接形式进行了对比，表明堵板的形状和焊接形式对实际结构应力影响很小。

接下来对上盖板（调节阀吊架）拐角处应力较大的问题进行分析。由于在最坏载荷工况下，载荷给予阀箱的是一种弯曲作用，且在此处上盖板截面积变小，所以造成此处应力较大，但此处零部件装配关系复杂，在可能的情况下，此处添加了 100mm 的 45°倒角，且在上盖板的下底面添加了一块补板对此处进行加厚处理。经过这样处理后，用有限元进行计算、验证，此处应力有明显降低。附加的对补板的另一种添加形式进行了分析，即在侧板上添加补板，补板的上表面和上盖板的底面相连，经有限元计算，此种情况下，拐角处应力降低不明显。

由于只是对模型局部结构进行的修改，对于阀箱的整体刚度影响不大，致使每次对模型局部结构进行修改过后的有限元计算结果中，左右三个压头的垂向位移为：空罐三个压头的相对位移为 0.9mm，满料料罐三个压头的相对位移为 4.2mm。由于应力和变形不理想，需要对四根立柱的尺寸规格和阀箱的整体刚度进行较大的改进才能满足工程设计需要。

4.5 阀箱尺寸变更情况

阀箱二维平面图参看我院资料图：称量支架图（T302B5-85）。

件号 22 底板由 60mm 厚改为 75mm，r450mm 改为 r475mm，加厚方向为下表面；

件号 2、21、36 立柱壁厚由 20mm 改为 25mm，即尺寸改为 ϕ700mm × 25mm；

件号 16、17、35 上、下侧板板厚由 40mm 改为 50mm，在外侧面增厚；

中间压头下面的钢板变化：件号 29 由 40mm 增厚为 50mm，在两个压头下面各增加一块小筋板（同件号 28）；

件号 5 上盖板三个孔上面加材料的形式作成一样，都加一圈钢板，再加齿边板，中间孔长度方向的尺寸由 1400mm 改为 1200mm；

四根大立柱钢管由 ϕ700mm × 60mm 改为 ϕ700mm × 50mm。

5 阀箱静力学详细分析

5.1 模型的建立

阀箱的有限元模型如图 1 和图 2 所示。

5.2 阀箱的载荷

以阀箱最危险工况做有限元分析，即单边承受最大载荷，另一边承受最小载荷，且承受最小载荷的一边内部有最大煤气压力 0.3MPa。载荷情况如图 3 所示。

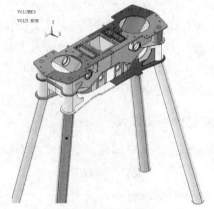

图 1 阀箱有限元计算模型

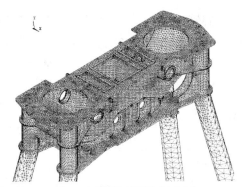

图 2　阀箱模型网格划分图

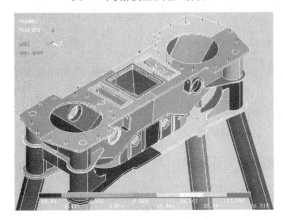

图 3　阀箱模型载荷图

5.3　阀箱的变形分析

阀箱的位移如图 4~图 6 所示。

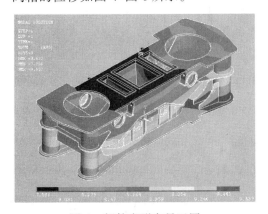

图 4　阀箱变形向量云图

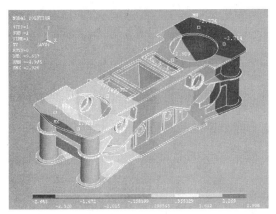

图 5　结构应力造成的压头垂向位移值（UY）

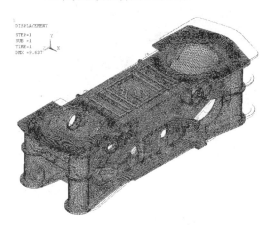

图 6　阀箱变形位移

六个压头位置的位移见表 1。这六个节点的位置分别与 6 个压力传感器的位置相对应，其中节点 1、2、3 位于重料罐下，节点 4、5、6 位于空料罐下，节点 3、4 靠近阀箱的中心线。

表 1　电子秤传感器各触点位移

位移 节点	总体 USUM	触点各方向位移		
		UX	UY	UZ
1(#81300)	8.4677	−0.37371E-01	−2.8331	7.9797
2(#78223)	8.4724	0.47400E-01	−2.8406	7.9818
3(#78233)	8.3159	−0.10285E-01	−2.3014	7.9911
4(#67207)	8.0249	−0.74705E-02	0.46347	8.0116
5(#67195)	8.1943	−0.97543E-02	1.6369	8.0291
6(#75367)	8.1941	−0.26923E-02	1.6373	8.0288

从表 1 结果可以看出，阀箱在载荷作用下，产生的位移有如下现象：

（1）阀箱整体向空料罐方向位移，位移量从重料罐一边到空料罐一边逐渐减小。

（2）阀箱重料罐一边被压，空料罐一边向上翘起，绝对位移量相当。

阀箱上板的空罐三个压头的相对位移为 1.17mm，满料料罐三个压头的相对位移为 0.54mm。

5.4　阀箱的应力分析

阀箱的应力如图 7 和图 8 所示。

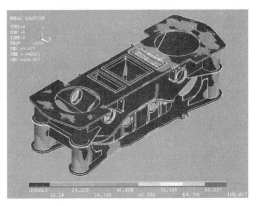

图 7　阀箱应力云图

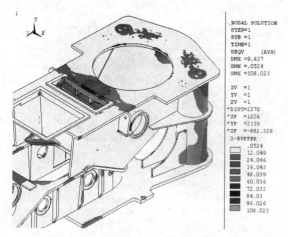

图 8　阀箱应力云图局部放大图

由图 7 和图 8 可见阀箱的整体应力水平不大，仅在与重料罐靠近阀箱中心线的传感器相接触的部位有局部应力集中，应力值为 108.9MPa，如果选取 Q345 为主要材料，安全系数=275/108.9=2.5。

6　结论

通过以上有限单元法分析计算，可以看出：

（1）由于四根立柱较长（每根 10.8m 左右），阀箱整体位移较大（位移向量值 9.63mm）。钢管尺寸为 $\phi700mm \times 50mm$，通过有限元再分析和结构优化，钢管的尺寸可以向小的方向变化。

（2）阀箱各单元节点的应力水平与材料的机械性能相比可以满足要求，安全系数为 2.5。如果调整安全系数，阀箱的主要钢板可以适当调整厚度或降低次要材料的机械性能，使阀箱的结构更加合理。

（3）阀箱上板与压力传感器相接触的局部面域，满料罐一侧三个压头的相对位移为 0.54mm，空料罐一侧三个压头的相对位移为 1.17mm，对满料罐的称量可满足要求。

要使称量尽量准确，阀箱整体及阀箱上板的位移要尽量减小以外，电子秤的精度要适应较大的位移变化（比如在 1.5mm 内），电子秤的安装等问题也要引起足够的重视，以及电子秤底座要有足够的刚度等。使用过程中，建议对传感器的安装环境做进一步的检查：传感器的横向力过滤装置及垂直自位装置；料罐下部 12 个弹簧预紧力的均匀和准确，工作中是否松动。

参考文献

[1] 严允进主编. 炼铁机械[M]. 北京: 冶金工业出版社, 1981.
[2] 徐士良. C 常用算法程序集[M]. 北京: 清华大学出版社, 1993.
[3] 成大先主编. 机械设计手册(第 5 版)[M]. 北京: 化学工业出版社, 2008.
[4] 小飒工作室. 最新经典 ANSYS 及 Workbench 教程[M]. 北京: 电子工业出版社, 2004.

（原文发表于《2007 中国钢铁年会议文集》）

三维软件在高炉喷煤工艺设计中的应用

王维乔　孙　国　李翠芝　孟祥龙

(北京首钢国际工程技术有限公司，北京　100043)

摘　要：首钢国际工程技术有限公司通过引进三维设计软件，对高炉喷煤系统工艺部分进行了三维建模，从中直接提取施工图，用于指导施工安装，三维设计的成功应用也为新技术开发作好铺垫。本文主要阐述并总结了高炉喷煤系统采用三维软件设计的应用情况。从中可以看出三维设计的应用，对设计和施工中提高效率、节省成本和提升整体质量等都起到了积极的作用。

关键词：高炉喷煤；三维；设计

Application of 3-D Software in Designing of Pulverzied Coal Injection for Blast Furnace

Wang Weiqiao　Sun Guo　Li Cuizhi　Meng Xianglong

(Beijing Shougang International Engineering Technology Co., Ltd., Beijing 100043)

Abstract：Beijing Shougang International Engineering Technology Co., Ltd. (BSIET) applied the 3-D software in process engineering of Pulverized Coal Injection for Blast Furnace. The software can output directly the detail drawing using in contruction phase, and the success of this application is a new base for technology development of BSIET. This paper summarize the application procedure of the software, through which we could see the benefit for designing and construction in efficiency increasing, cost saving and quality improving.

Key words：pulverized coal injection for blast furnace; three-dimensional; process engineering

1　引言

喷煤技术已成为高炉炼铁的重要组成部分，它可以代替部分焦炭，从而它节省了焦炭资源，并且减少了对炼焦设施的投资建设，更降低了炼焦过程中对环境的污染；它可以扩展风口前的回旋区，缩小呆滞区，从而改善了炉缸的工作状况，有利于高炉稳定顺行。它可以降低风口前的理论燃烧温度，因而有利于提高风温和使用富氧鼓风，特别是喷吹燃料和富氧鼓风相结合，在节焦和增产两方面都能取得非常好的效果；它可以提高一氧化碳的利用率；它还可以提高炉内煤气含氢量，改善还原过程等等。

因高炉喷煤技术在大幅降低焦比和生铁成本方面的显著作用，近年来得到了迅速的发展。随着高炉喷煤系统精细化设计，精准化操作要求的不断提高，以及一些新工艺的开发应用，普通的二维设计软件已不能满足设计水平提升的需要。例如，为使高炉喷吹煤粉时，高炉每个风口的鼓风动能一致和炉缸热量分配均匀，以促使高炉生产顺行和喷煤量提高，进而煤焦置换比得到提高，我们通常会考虑所有喷煤支管道等阻损设计，而在二维设计环境下，很难准确表达出，因而有可能会造成现场施工偏差较大。由于喷煤系统的管线繁多且错综复杂，管线与管线间或管线与土建钢结构间现场发现相互干涉的情况在所难免，这样在现场安装施工时，不但需要返工增加费用，而且延误了施工工期。

为了将喷煤系统的设计做到更高效、更精准，首钢国际工程技术有限公司引入了 PlantSpace 三维工厂设计软件。PlantSpace 是 Bentley 公司开发的以 Microstation 为操作平台，集智能化建模、碰撞检查、出图及报表、全厂漫游等功能于一体的三维工厂设计软件。

此次三维软件应用到喷煤系统设计的目标是建立系统主要工艺模型，实现模拟工厂浏览，完成模型间的碰撞检查，生成二维施工图来直接指导现场施工安装，并为下一步的高炉喷煤新工艺开发作好准备。

2 具体应用情况

2.1 制定设计依据

确定基本设计参数，用以选择系统工艺和设备能力。喷煤系统主要参数见表 1。

表 1 喷煤系统选定参数

项 目	值
高炉有效容积/m^3	5500
利用系数/$t\cdot(m^3\cdot d)^{-1}$	2.3
正常煤比/$kg\cdot t^{-1}$	220

续表 1

项 目	值
最大煤比/$kg\cdot t^{-1}$	250
正常喷煤量/$t\cdot h^{-1}$	121
最大喷煤量/$t\cdot h^{-1}$	137.5

2.2 制定系统工艺流程及设备选型

按工艺需要制定本系统工艺流程，并统计主要材料和设备信息，为数据库建立做好准备。

2.3 建立数据库

如果数据库不完整（未包含设计中用到的设备或材料），需要新建或增加单元库。数据库编制如图 1 所示。

```
49 //       P_ST                                                    /* 应力加强系数 */
50 //======================================================================
51 */
52
53 DELETE_FROM pipe_pbrn "where STNDRD = 'GBJB' and CATNO = 'GB/T12459'"
54
55 INSERT_INTO pipe_pbrn
56
57 DATA_BLOCK_BEGIN
58
59 /* 等径三通    A系列*/
60 "TEE","BW","#","BW","#","BW","#",0.5,0.5,0.5,"GBJB","PN1.6A","#","#",25,25,25,0,0,0,"MM","等径三通","GB/
61 "TEE","BW","#","BW","#","BW","#",0.5,0.5,0.5,"GBJB","PN2.5A","#","#",25,25,25,0,0,0,"MM","等径三通","GB/
62 "TEE","BW","#","BW","#","BW","#",0.5,0.5,0.5,"GBJB","PN4.0A","#","#",25,25,25,0,0,0,"MM","等径三通","GB/
63 "TEE","BW","#","BW","#","BW","#",0.5,0.5,0.5,"GBJB","PN6.3A","#","#",25,25,25,0,0,0,"MM","等径三通","GB/
64 "TEE","BW","#","BW","#","BW","#",0.5,0.5,0.5,"GBJB","PN10.0A","#","#",25,25,25,0,0,0,"MM","等径三通","GB
65 "TEE","BW","#","BW","#","BW","#",0.75,0.75,0.75,"GBJB","PN1.6A","#","#",29,29,29,0,0,0,"MM","等径三通","GB/
66 "TEE","BW","#","BW","#","BW","#",0.75,0.75,0.75,"GBJB","PN2.5A","#","#",29,29,29,0,0,0,"MM","等径三通","GB/
67 "TEE","BW","#","BW","#","BW","#",0.75,0.75,0.75,"GBJB","PN4.0A","#","#",29,29,29,0,0,0,"MM","等径三通","GB/
68 "TEE","BW","#","BW","#","BW","#",0.75,0.75,0.75,"GBJB","PN6.3A","#","#",29,29,29,0,0,0,"MM","等径三通","GB/
69 "TEE","BW","#","BW","#","BW","#",0.75,0.75,0.75,"GBJB","PN10.0A","#","#",29,29,29,0,0,0,"MM","等径三通","GB
70 "TEE","BW","#","BW","#","BW","#",1,1,1,"GBJB","PN1.6A","#","#",38,38,38,0,0,0,"MM","等径三通","GB/T12459
71 "TEE","BW","#","BW","#","BW","#",1,1,1,"GBJB","PN2.5A","#","#",38,38,38,0,0,0,"MM","等径三通","GB/T12459
72 "TEE","BW","#","BW","#","BW","#",1,1,1,"GBJB","PN4.0A","#","#",38,38,38,0,0,0,"MM","等径三通","GB/T12459
73 "TEE","BW","#","BW","#","BW","#",1,1,1,"GBJB","PN6.3A","#","#",38,38,38,0,0,0,"MM","等径三通","GB/T12459
74 "TEE","BW","#","BW","#","BW","#",1,1,1,"GBJB","PN10.0A","#","#",38,38,38,0,0,0,"MM","等径三通","GB/T1245
75 "TEE","BW","#","BW","#","BW","#",1.25,1.25,1.25,"GBJB","PN1.6A","#","#",48,48,48,0,0,0,"MM","等径三通","
```

图 1 数据库编制

2.4 建立坐标系

设定坐标原点，并建立轴线。坐标系建立后，所有模型均应按此坐标系布置就位。

2.5 三维非标设备模型

建立设备模型 PlantSpace 中的设备模型有机械设备及电气设备两大类。该三维设计软件及其平台都提供了建立设备模型的手段。Microstation 建立的设备模型对模型的细节及详细程度没有限制，可建成非常逼真的三维模型，然后可将其转变为带属性的设备单元。而 PlantSpace 则提供了更为快捷方便的参数化建模，虽然所建设备模型不够逼真，但其总的外形尺寸、接口定位尺寸等都完全满足三维设计对接口、对总体空间布置的要求。为满足对视觉效果的需求，在本次三维设计中，设备建模以第一种方法为主。本模型均按 1:1 比例建立。图 2 所示为喷煤罐三维模型。

2.6 建立土建结构模型

在建立设备模型的同时也应开展土建结构的建模。这样就可方便对设备和管道进行布置、就位。土建模型必须按照实际的梁高和柱宽等建立。

土建框架为全钢结构设计。图 3 所示为土建主要钢结构三维模型局部视图。

2.7 管道的布置

在完成土建梁、柱、楼板等建筑物和建筑物模型以及设备就位后就可以开始布置管道了。这一步应遵循先主要管道后次要管道的原则。

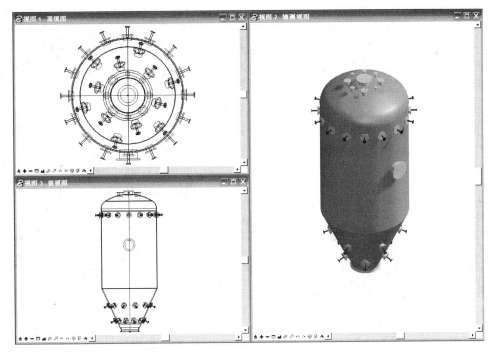

图 2　喷煤罐三维模型

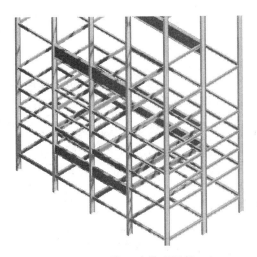

图 3　三维土建模型局部

2.8　模型组装

先建立一个局部区域全厂模型组装空文件,将该区域内的所有专业模型以子文件形式参考到该组装文件中即可。在 PlantSpace 环境中生成各参考文件的 JSM（对象模型）文件,再将这些 JSM 文件调入到设计审查漫游软件 Navigator 中即可对全厂模型进行漫游、任意查询模型的详细属性、对各模型进行审查、标记。图 4 所示是喷煤工艺管道组装后的效果图,图 5 所示是工艺管道及土建框架组装后效果图。

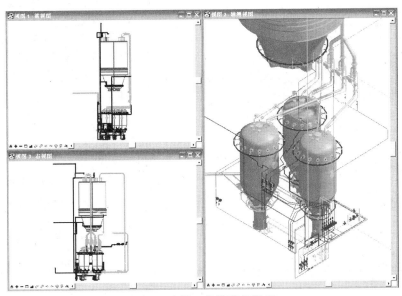

图 4　喷煤工艺管道组装图

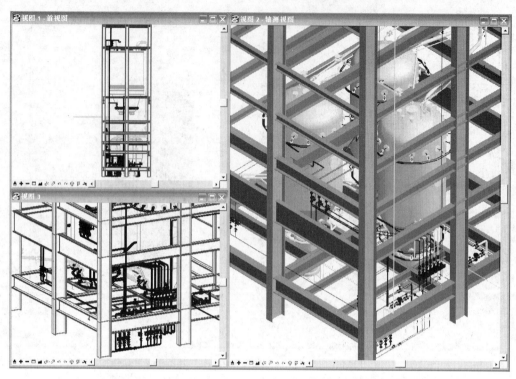

图 5 喷煤工艺管道及土建框架组装图

2.9 碰撞检查

在 PlantSpace 环境中对以上组装的局部区域或全厂模型进行碰撞检查，既可检查出各模型间的直接碰撞（称为硬碰撞），也可查出各模型与预留空间（如检修起吊空间、保温层等）的碰撞（称为软碰撞）。这项功能使我们在设计中避免了许多不必要的现场修改工作量，不仅可提高建设效率、还可大大降低施工过程中由于现场修改引起的费用。

2.10 生成施工图

在三维模型全厂组装图基础上可方便地抽取任一截面的平面、剖面图。对于管道，有向国际接轨的趋势，即只出轴测图，不出平面、剖面布置图。随着对国际工程的参与不断增多，这对设计单位和安装单位来说都是可以接受的。图 6 所示为软件生成的管线 ISO 图。

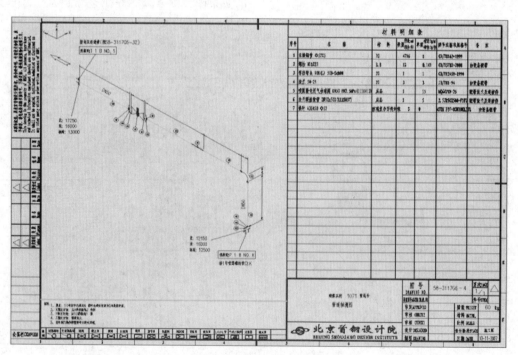

图 6 生成的管线 ISO 图

3 总结

本次在完成了喷煤系统的三维模型基础上，生成了所有管线的 ISO 图，可直接应用于指导施工安装。通过此次应用，充分证明了三维工厂设计软件可以成功并且高效的应用于喷煤系统设计中，这也为下一步喷煤新技术开发作好了铺垫。

目前，国内各设计工程公司（设计院）都争相引进并迅速推广三维设计软件在其工程项目中的应用，其原因是不言而喻的。它不但可以作为设计创新和技术革新的新手段，而且在提高工作效率和设计质量的同时，节约了施工费用，把以往施工过程中才能发现的碰撞等问题消灭在设计阶段，因而三维软件的应用也体现了一个公司的设计技术水平。就像计算机二维制图代替手工制图一样，计算机三维制图最终也将会取代二维制图，这也是发展的趋势和必然结果。

基于 CATIA 的矫直机机架的有限元分析

姜巍青　赵　亮

（北京首钢国际工程技术有限公司，北京 100043）

摘　要：对某热轧带钢矫直机机架进行受力分析，应用 CATIA 软件建立了机架有限元分析计算模型，并分析计算了单机架的应力场、位移场，并按照设计标准对计算结果进行检验，为机架的设计和优化提供依据。

关键词：CATIA；矫直机；机架；有限元分析

FEA for the Leveler Lramework Based on CATIA

Jiang Weiqing　Zhao Liang

(Beijing Shougang International Engineering Technology Co., Ltd., Beijing 100043)

Abstract：In this paper, the force of the leveler framework of hot strip mill unit is analyzed, and the finite element analysis model of roll housing is established in CATIA. The authors have analyzed and counted the stress field and displacement field to the single framework by the CATIA program. Then above results are compared with the design standard, which can offer the proof of design scheme and optimization.

Key words：CATIA; leveler; framework; finite element analysis

1 引言

矫直机机架是矫直机工作机座的重要部件，矫直辊轴承座及矫直辊辊缝调整装置等都安装在机架上。机架要承受矫直力，必须有足够的强度和刚度。由于矫直机机架结构复杂，传统的强度计算常采用材料力学方法，选取较大的安全系数，以保证机架的强度和刚度。随着计算机技术和有限单元法的发展，利用有限单元法对机架进行分析，把机架离散为有限个单元，计算出每个单元的应力和应变，从而得到机架各个部位的受力和变形情况，可及时发现不合理之处，为机架的优化设计提供依据。

CATIA 软件是法国达索公司（DassaultSystem）推出的高级计算机辅助设计、制造和分析软件，可以进行复杂的三维零件的特征参数化造型和有限结构分析，广泛应用于航空航天、机械制造和汽车交通等领域。本文根据某 2100 热轧带钢的五辊矫直机机架基于 CATIA 进行三维精确建模，并运用其分析模块对模型进行有限元分析计算。

2 机架模型的建立

机架结构一般是由多个零件或部件通过一定的连接方式组成，常见的连接方式有焊接和螺栓连接。对于焊接结构，焊缝处可以近似认为是刚性连接，因此可以把装配体看成一个整体来进行有限元分析。

首先，在 CATIA 里建立机架的三维模型。此机架是由四部分组成，包括上横梁，左立柱，右立柱，下横梁。上、下横梁与左右立柱之间是通过带有足够的预紧力的螺栓连接起来。由于机架为近似的对称结构，取结构的单侧机架建立三维模型，如图 1 所示。

根据机架材质，设置材料属性：弹性模量 $E = 2.1 \times 10^{11} \text{N/m}^2$，泊松比 $\mu = 0.29$，密度 $\rho = 7860 \text{kg/m}^3$，屈服强度 $\sigma_s = 250 \text{MPa}$。

3 有限元分析

3.1 网格划分及细化

网格划分及细化是有限元分析最重要的一步，

所选用的网格类型和划分大小，直接关系到分析结果是否正确，若网格所划分的单元格过大，分析出结果远离其真实性，失去分析意义，若单元格过小，计算机所花费时间太长，因此本文采取合理的网格大小划分以及对变形集中部位采取网格细化相互结合，网格单元类型选用四面体二次单元，划分网格后，单元总数为 32557 个，节点总数为 61481 个，如图 2 所示。

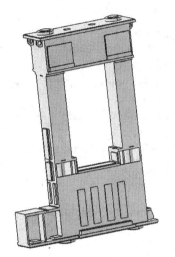

图 1　机架三维实体模型

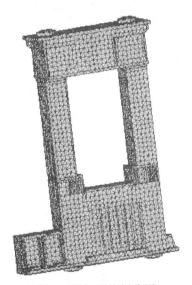

图 2　机架网格划分图

3.2　施加载荷与约束

（1）矫直机在矫直过程中，机架的受力很复杂，包括矫直力、摩擦力、附加力、冲击力等，但以矫直力为最大，其他力远小于矫直力，因此，忽略其他力的影响，只取矫直力为外载荷。在正常工作时，此机架所受的最大矫直力为 8000kN，每片机架承受一半，即 4000kN。按均布载荷方式作用于压上螺母孔台阶面及下横梁轴承座承压面上，各为 2000kN。

（2）根据机架的安装情况，机架底部与基础为固定连接，因此在机架底面施加固定约束，在下表面施加 Y 方向的约束。施加载荷和约束后的有限元模型如图 3 所示。

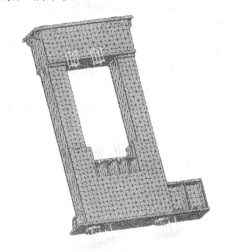

图 3　施加载荷和约束后模型

3.3　有限元求解

经过分析求解得到机架的 Von mises 应力云图（见图 4）和位移云图（见图 5）。

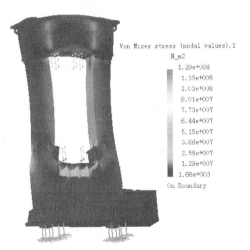

图 4　机架应力云图

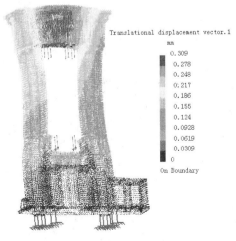

图 5　机架位移云图

4 结果分析

由应力分析可知，该机架最大等效应力129MPa，位于机架底部与地面连接部位，适当增加该部位的过渡圆角，可有效降低等效应力值，横梁和立柱部位的等效应力为30MPa左右，而机架材料的抗拉强度 $\sigma_b \geqslant 500$MPa；屈服极限 $\sigma_s \geqslant 250$MPa，因此该机架能较好地满足应力强度条件。最大位移为0.309mm，位置在上横梁中部，由于两侧立柱的型变量也至少 0.15mm，所以上横梁的纯型变量至多0.2mm 左右，足以满足矫直机机架上横梁中部负载时形变量不大于 0.25mm 的条件。因此该机架能较好地满足设计需要。

5 结论

在对矫直机架受力分析的基础上，建立了机架有限元分析计算模型，应用 CATIA 软件分析计算了机架的应力场、位移场，证明了机架设计的合理性，对机架强度和刚度的分析计算表明：机架的最大应力位于机架底部与地面连接部位，应该适当增大该部位过渡圆角，可有效地降低该部位应力值。本文主要对首钢迁钢 2 号热带横切机组中 1 号矫直机设备主要参数的确定方法做了一个总结，同时也为设计工作提供了充分的理论依据。不仅对本项目有着重要的现实作用，也对确定类似矫直机参数提供了一种参考方法。

参考文献

[1] 邹家祥. 轧钢机械[M]. 北京: 冶金工业出版社, 2000.

[2] 曾庆辉, 王俊芳. 基于Cosmos/works的开式机架的有限元分析[J]. 冶金设备, 2007(特刊): 11~12, 107.

[3] 姜世平, 许崇勇. 1500mm 冷轧机组机架有限元分析计算[J].重型机械, 2007(1): 49~52.

[4] 孙占刚, 韩志凌. 轧机闭式机架的有限元分析及优化设计[J]. 冶金设备, 2004(6): 1~3.

[5] 徐庆才, 梅丽华. 二辊轧机机架有限元分析[J]. 一重技术, 2003(4).

[6] 韩波. 1500 轧机机架的有限元仿真优化[J]. 重工与起重技术, 2006(3): 2~3.

大型步进式板坯加热炉炉内传热的数值模拟

解长举　苗为人　陈迪安

（北京首钢国际工程技术有限公司，北京 100043）

摘　要：本文以步进式加热炉的燃烧系统和热交换为主要研究内容，采用 κ-ε 湍流双方程模型、PDF 燃烧模型和 P-1 辐射传热模型，建立了加热炉内燃料燃烧、炉气流动和钢坯加热的数学模型，得到了炉内炉气温度的详细分布，并利用该模拟结果对加热炉内钢坯的加热过程进行了数值模拟，通过对该加热炉的炉气温度和钢坯出炉温度的跟踪实测，实测结果与数学模型数值模拟结果基本相符，验证了数学模型是可靠的，数值模拟结果是基本可信的，为该加热炉的优化设计和优化操作提供了重要的理论依据。

关键词：加热炉；燃料燃烧；热过程；数学模型

Numeric Simulation of Heat Transfer in Reheating Furnace

Xie Changju　Miao Weiren　Chen Di'an

(Beijing Shougang International Engineering Technology Co., Ltd., Beijing 100043)

Abstract：The paper researches the fuel combustion system and heat transfer in the reheating furnace. It established the mathematical model of gas flow, fuel combustion and heating billet of the furnace, using κ-ε turbulence model, PDF combustion model, P-1 radiation model, got a detailed conclusion on temperature and velocity distribution of the furnace gas, then applied the result to simulate heating process of the billet and get the temperature of the billet, the difference in temperature in break surface and the time of out-put the billet. In order to check the reliability and the factuality of the numerical results of mathematical model, the paper has made measure to the gas temperature of the heating furnace. The numerical results of the mathematical model were compared with the measure of gas temperature, which verified the factuality and reliability of the mathematical model. The result sets important theory support to optimize the designing and operating.

Key words：reheating furnace; fuel combustion; thermal process; mathematical model

1　引言

轧钢加热炉是轧钢厂加热工序中的一个重要设备。它的任务是加热钢坯，使钢坯表面温度及其温度分布满足轧制要求，以便轧制质量合格的成品钢材。本文针对某钢铁公司新建的平焰烧嘴-侧烧嘴相结合多点供热、燃料燃烧方式为非预混火焰燃烧的步进式加热炉的炉内热过程进行数值模拟，研究此种类型的步进式加热炉炉内的燃烧情况及炉内的温度分布情况，为该种类型的加热炉的优化设计和操作提供理论支持。

2　加热炉简介

本文模拟所针对的某钢铁公司步进式加热炉炉型为端部装、出料，均热段上部采用全平焰炉顶，其余供热段采用两侧调焰烧嘴的炉型结构，加热炉示意图如图 1 所示，两侧调焰烧嘴形式如图 2 所示。主要生产普碳钢、优质碳素钢、低合金钢等品种带钢卷。钢坯出钢温度为 $1250 \pm 20\,^{\circ}\!C$。加热炉产量为 250t/h。

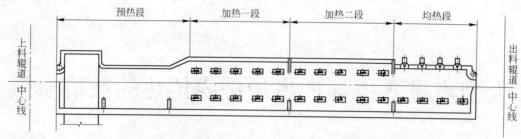

图 1　加热炉示意图

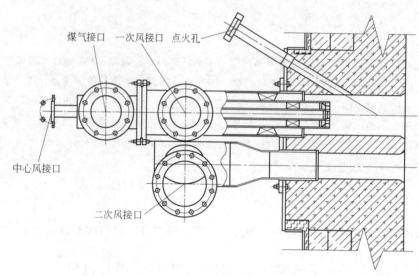

图 2　两侧调焰烧嘴示意图

3　加热炉热过程数学模型

加热炉热过程是一个复杂的质量、能量传输过程，涉及燃烧、传热、传质、动量传输等现象，它包括加热炉燃料燃烧过程、炉内炉气流动与传热过程、钢坯加热等过程[1]。建立合理而比较接近实际的加热炉热过程多模型耦合的数学模型，并进行计算机数值模拟，是加热炉生产工序优化的基础。本文针对某钢铁公司的步进式加热炉热过程进行数学模拟。

3.1　加热炉热过程数学模型的建立

步进式加热炉热过程数学模型是以炉内传热模型为核心，由燃烧模型、炉内炉气流动与炉内传热模型、钢坯加热模型耦合而成，这些模型与它们的定解条件构成全部的数学模型及其求解问题。

3.2　基本假设条件

加热炉炉内传热实际过程比较复杂，考虑到数学模型的计算机数值求解的可行性和数学模型的可靠性，对加热炉炉内传热过程进行了如下假设：

（1）炉内传热处于稳态工况下；

（2）火焰与炉气均为灰气体；

（3）辐射换热有关物性参数 ε、ρ、k 等为常数；

（4）火焰与炉气的其他物性参数只是温度的函数；

（5）不考虑其他化学反应与变化；

（6）炉头、炉尾没有逸气和吸风；

（7）钢坯在炉内以均匀步长运动，而且钢坯相邻的侧面之间无间隙。

3.3　基本方程

3.3.1　质量守恒方程

质量守恒方程通常被称为连续方程。任何流动问题都必须满足质量守恒定律。连续方程的张量形式是[2]：

$$\frac{\partial \rho}{\partial t} + \frac{\partial (\rho u_j)}{\partial x_j} = 0 \qquad (1)$$

式中　ρ——流体密度；

t——时间；

j——代表 1，2，3；

u——速度矢量；

x——坐标。

3.3.2　动量守恒方程

动量守恒定律也是任何流动系统都必须满足的基本定律。该定律实际上是牛顿第二定律。其张量形式为[3]：

$$\frac{\partial(\rho u_i)}{\partial t} + \frac{\partial(\rho u_j u_i)}{\partial x_j} = -\frac{\partial p}{\partial x_i} + \frac{\partial}{\partial x_j}\left\{\mu_{\text{ef}}\left[\frac{\partial u_i}{\partial x_j} + \frac{\partial u_j}{\partial x_i}\right]\right\}$$
（2）

3.3.3　能量守恒方程

能量守恒定律是包含有热交换的流动系统必须满足的基本定律。该定律实际上是热力学第一定律。其张量表达式[2]如下：

$$\frac{\partial \rho H}{\partial t} + \frac{\partial}{\partial x_j}(\rho u_j H) = \frac{\partial}{\partial x_j}\left(\Gamma_{\text{h}}\frac{\partial}{\partial x_j}H\right) + \frac{\partial p}{\partial t} + Q_{\text{rad}} + Q_{\text{R}}$$
（3）

式中　H——包括动能的总热焓，它是由静态热焓 h 的表达式给出的：

$$H = h + \frac{1}{2}u^2$$
（4）

Q_{rad}，Q_{R}——分别为辐射和化学反应热源项；

Γ_{h}——热交换系数，其定义为：

$$\Gamma_{\text{h}} = \frac{\lambda_{\text{e}}}{c_{\text{p}}}$$
（5）

λ_{e}——有效导热系数；

c_{p}——定压比热。

3.3.4　组分质量守恒方程

加热炉炉膛系统中，存在着多种化学组分，每一种组分都需要遵守组分质量守恒定律。对于一个确定的系统而言，组分质量守恒定律可表述为：系统内某种化学组分质量对时间的变化率，等于通过系统界面净扩散流量与通过化学反应产生的该组分的生产率之和。

根据组分质量守恒定律，可写出组分 s 的组分质量守恒方程[4]：

$$\frac{\partial(\rho c_s)}{\partial t} + \text{div}(\rho c_s) = \text{div}(D_s\text{grad}(\rho c_s)) + S_s$$　（6）

式中　c_s——组分 s 的体积浓度；

ρc_s——该组分的质量浓度；

D_s——该组分的扩散系数；

S_s——系统内部单位时间内单位体积通过化学反应产生的该组分的质量，即生产率。

3.3.5　湍流流动数学模型

在本文中选用标准 k-ε 模型。标准 k-ε 模型是个半经验公式，主要是基于湍流动能和扩散率。k 方程是个精确方程，ε 方程是个由经验公式导出的方程。

湍流动能方程 k[2]：

$$\frac{\partial}{\partial t}(\rho k) + \frac{\partial}{\partial x_j}(\rho k u_j) = \frac{\partial}{\partial x_j}\left(\mu_{\text{ef}}\frac{\partial k}{\partial x_j}\right) +$$

$$\mu_{\text{t}}\frac{\partial u_i}{\partial x_j}\left(\frac{\partial u_j}{\partial x_i} + \frac{\partial u_i}{\partial x_j}\right) - C_{\text{D}}\rho k^{3/2}/l$$
（7）

湍流扩散方程 ε[2]：

$$\frac{\partial}{\partial t}(\rho\varepsilon) + \frac{\partial}{\partial x_j}(\rho\varepsilon u_j) = \frac{\partial}{\partial x_j}\left(\mu_{\text{ef}}\frac{\partial\varepsilon}{\partial x_j}\right) +$$

$$\frac{C_1\varepsilon}{k}\mu_{\text{t}}\frac{\partial u_i}{\partial x_j}\left(\frac{\partial u_j}{\partial x_i} + \frac{\partial u_i}{\partial x_j}\right) - C_2\rho\varepsilon^2/k$$
（8）

式中　ρ——密度，kg/m³；

t——时间，s；

x_j——直角坐标系 j 方向的坐标；

u_j——直角坐标系 j 方向上的速度，m/s；

p——压力，Pa；

μ_0——分子黏性系数，Pa·s；

μ_{t}——湍流动力黏性系数，Pa·s，$\mu_{\text{t}} = C_\mu\rho k^2/\varepsilon$；

μ_{ef}——湍流有效黏性系数，Pa·s，$\mu_{\text{ef}} = \mu_0 + \mu_{\text{t}}$；

k——湍流脉动动能；

C_μ——系数，$C_\mu = 0.09$；

C_{D}——系数，$C_{\text{D}} = 0.08\sim0.38$；

l——湍流的脉动普朗特混合长度；

ε——湍流脉动动能耗散系数；

C_1——系数，$C_1 = 1.44$；

C_2——系数，$C_2 = 1.92$。

湍流流动的 k-ε 双方程模型在实际工程应用中取得了巨大的成就，给出了大批与实验吻合的数值解，使越来越多的科技人员认识到湍流 k-ε 双方程模型的可靠性和实用性，是目前应用最广泛的工程模型，完全适用于加热炉炉内炉气流动过程。

3.3.6　湍流燃烧数学模型

本文中所模拟的加热炉的燃烧方式为湍流扩散燃烧方式，即把气体燃料与空气分别送入炉内，在两者的接触面上进行扩散、混合，形成反应层，同时进行燃烧。

本文的燃烧模型选择简化的 PDF 模型[5]。简化的 PDF 模型方法是基于快速燃烧反应模型假设，认为湍流燃烧中反应速率主要受控于湍流流动的物理过程，它的主要特点是化学反应可以用单步不可逆反应来表达，燃料、氧化剂和产物之间的质量的变化满足：

1kg 燃料+i kg 氧化剂 ——→ (1+i)kg 产物　（9）

反应的混合分数 f 可定义为：

$$f = \frac{x - x_{\text{o}}}{x_f - x_{\text{o}}}$$
（10）

式中，$x = m - m_{\text{o}}/i$，m 为质数分数，下标 f 和 o 分别表示燃料和氧化剂，f 的平均值 F 使得守恒传输方程满足以下形式：

$$\frac{\partial \rho F}{\partial t} + \nabla \cdot (\rho U F) - \nabla \cdot [(\frac{\mu_T}{\sigma_T} + \frac{\mu}{\sigma_L})\nabla F] = 0 \quad (11)$$

式中　ρ ——流体密度；

　　　U ——平均流速；

　　　μ, μ_T ——分子黏度和湍流黏度；

　　　σ_L, σ_T ——等效普朗特数。

混合燃烧模型假设燃料和氧化剂在瞬间不能并存，瞬间的质量分数以下列关系式由瞬间的混合分数给出，当 $f > F_{ST}$ 时，混合物由燃料和产物组成，即：

$$m_F = \frac{f - F_{ST}}{1 - F_{ST}}, \quad m_o = 0, \quad m_p = 1 - m_F \quad (12)$$

当 $f < F_{ST}$ 时，混合物由氧化物和产物组成：

$$m_F = 0, \quad m_o = 1 - \frac{f}{F_{ST}}, \quad m_p = 1 - m_o \quad (13)$$

式中，下标 p 指产物。

燃料、氧化剂、产物的平均质量分数通过使用一个混合物分数的概率密度函数的假设形式，从混合物分数 G 的平均值和方差得到。这里，它被假设为一个双 delta 函数。

$$p(f) = A\delta(f - F_+) + B\delta(f - F_-) \quad (14)$$

式中　$F_+ = F + \alpha$，$F_- = F - \alpha$；

　　　A、B 及 α 由 F 和 G 决定。

燃料、氧化剂和产物的平均质量分数为：

$$m_F = \int_0^1 \max(\frac{f - F_{ST}}{1 - F_{ST}}, 0) p(f) df \quad (15)$$

$$m_o = \int_0^1 \max(1 - \frac{f}{F_{ST}}, 0) p(f) df \quad (16)$$

$$m_P = 1 - m_F - m_o \quad (17)$$

为了使用双 delta，有必要知道混合物分数 G 的方差，所用的方程建模形式为：

$$\frac{\partial \rho G}{\partial t} + \nabla \cdot (\rho U G) - \nabla \cdot [(\frac{\mu_T}{\sigma_T} + \frac{\mu_L}{\sigma_L})\nabla G]$$

$$= C_{g1}\mu_T(\nabla F)^2 - C_{g2}\rho\frac{\varepsilon}{k}G \quad (18)$$

式中　C_{g1}、C_{g2} ——模型常数；

　　　k ——湍流动能；

　　　ε ——耗散速率。

3.3.7　辐射换热模型

在工业燃烧设备中，辐射换热是最主要的换热方式。本文针对炉膛内辐射换热的模拟选取 P-1 辐射模型[6]。P-1 辐射模型是 P-N 模型中最简单的类型。P-N 模型的出发点是把辐射强度展开成为正交

的球谐函数。设介质内在 r 处的辐射强度场 $I(r,s)$ 是以 r 为中心的单位圆球表面的标量函数值。此函数可以表示为二维广义傅里叶级数的形式：

$$I(r,s) = \sum_{l=0}^{\infty} \sum_{m=-l}^{l} I_l^m(r) Y_l^m(s) \quad (19)$$

式中　$I_l^m(r)$ ——与位置相关的系数；

　　　$Y_l^m(s)$ ——规范化的球谐函数

$$Y_l^m(s) = (-1)^{(m+|m|)/2} \left[\frac{(l-|m|)!}{(l+|m|)!}\right]^{1/2} e^{im\phi} P_l^{|m|}(\cos\theta)$$

$$(20)$$

　　　θ, ϕ ——分别为描述单位方向矢量 s 的天顶角和圆周角；

　　　$P_l^{|m|}(\cos\theta)$ ——（ m 阶 l 次）第一类连带勒让德多项式。

当 $l = 0, 1$ 时，球谐函数法称为 P-1 近似，此时

$$I(r,s) = I_0^0 Y_0^0 + I_1^{-1} Y_1^{-1} + I_1^0 Y_1^0 + I_1^1 Y_1^1 \quad (21)$$

当 $l = 0, 1, 2, 3$ 时，称为 P-3 近似；依此类推，$l = 0, 1, \cdots, N$ 时，称为 P-N 近似。随着近似阶数 N 的增大，解的精度不断缓慢提高，当 $N \to \infty$ 时，趋近于精确解。然而随着近似阶数的增大，数学上复杂性也急剧增加。而低阶近似如 P-1 和 P-3 近似，数学上相对简单，并且也有较好的精度，所以在辐射传热计算中应用也比较广泛。

3.3.8　钢坯加热数学模型

钢坯加热过程实际三维导热过程，其数学模型控制方程为三维非稳态导热方程[7]：

$$\rho c \frac{\partial t}{\partial \tau} = \frac{\partial}{\partial x}\left(\lambda\frac{\partial t}{\partial x}\right) + \frac{\partial}{\partial y}\left(\lambda\frac{\partial t}{\partial y}\right) + \frac{\partial}{\partial z}\left(\lambda\frac{\partial t}{\partial z}\right) \quad (22)$$

式中　ρ ——钢坯的密度；

　　　c ——钢坯的比热；

　　　λ ——钢坯的导热系数；

　　　τ ——时间；

　　　t ——钢坯的温度。

4　加热炉的模拟过程及结果分析

4.1　加热炉的结构模化

本文所涉及的加热炉是以炉膛中心线为中心的对称结构，所以选取半个加热炉炉膛为研究对象，物理模型如图 3 所示。

在 GAMBIT 软件平台上进行结构空间建模，图 4 所示为该软件生成的用于仿真计算的三维体系网格。

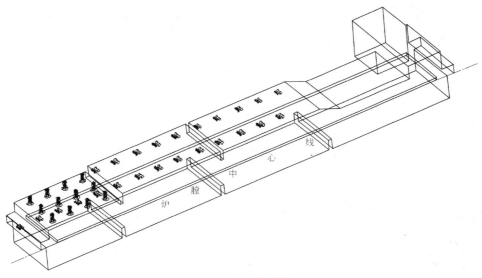

图 3 物理模型图

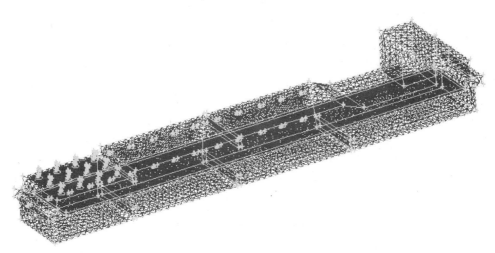

图 4 网格划分图

本次模拟针对物理模型结构，创建了四面体网格元素的结构网格，共生成 127637 个网格。

4.2 数值模拟的初始条件

（1）煤气成分。该加热炉燃料为高、焦炉混合煤气，高、焦煤气的混合比例为 4:6，其低位发热量为 2344×4.18 kJ/m³（标准）。

（2）预热温度。空气：500℃；煤气：280℃。

（3）气体的物性参数。混合煤气的密度：0.947 kg/m³；空气的密度：1.293 kg/m³。

（4）空、煤气入口速度。空、煤气入口速度计算公式为：

$$v = \frac{V_0 \rho_0 (273 + t_1)/273}{3600A} \qquad (23)$$

式中 v ——气体入口速度，m/s；

V_0 ——气体的体积流量，m³/h；

ρ_0 ——气体密度，kg/m³；

t_1 ——气体预热温度，℃；

A ——气体入口面积，m²。

（5）热流边界条件。

预热段热流密度为：800kJ/（m²·s）；

第一加热段热流密度为：2000 kJ/（m²·s）；

第二加热段热流密度为：1700 kJ/（m²·s）；

均热段热流密度为：1100kJ/（m²·s）。

（6）压力条件。加热炉在运行过程中，炉内压力保持为微正压，设定炉内压力为 7 Pa。

4.3 模拟结果及分析

本文采用FLUENT软件对加热炉内温度分布情况进行模拟分析，根据该钢厂加热炉生产实际情况，针对炉膛内炉气温度和出炉钢坯表面温度，通过实际测量，对加热炉热过程数学模型数值计算结果进行了验证，以检验数学模型的可靠性和计算结果的可信性。

4.3.1 炉气温度检测点的分布

根据加热炉数学模型的网格控制体位置，在炉

腔高度为 $Z = 700mm$（距钢坯上表面 470mm）和 $Z = -370mm$（距钢坯上表面 370mm）处，沿长度方向

布置了 4 排，沿炉膛宽度和高度方向各布置了 2 排共计 18 支抽气式热电偶，如图 5 和图 6 所示。

图 5　热电偶沿加热炉宽方向布置平面图

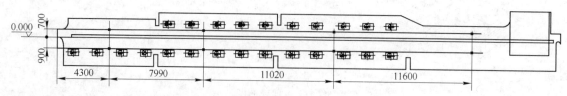

图 6　热电偶沿加热炉高度方向布置平面图

4.3.2　温度场分析

图 7 所示是一、二次风量配比合理时，该加热炉沿炉宽方向、钢坯上表面附近截面的温度分布。

图 8 所示是一、二次风量配比合理时，该加热炉沿炉宽方向、钢坯下表面附近截面的温度分布。

分析温度分布从图7~图9可以看出，合理的一、二次风配比，能够使空气与燃料在边混合边燃烧的过程中，增加火焰长度，使得湍流火焰扩散到炉膛中心，这样，将燃料燃烧所放出的热量更多地带到炉膛中心处，使得炉膛方向的温度更加均匀，可以满足钢坯加热的要求。

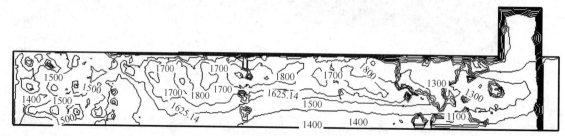

图 7　炉膛上方检测面温度分布

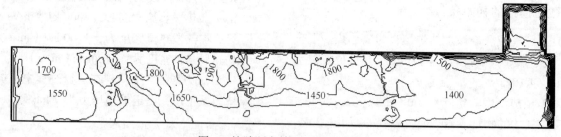

图 8　炉膛下方检测面温度分布

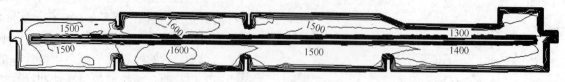

图 9　炉膛中心面温度分布

该加热炉炉膛内各温度测点的数值模拟值见表 1。

当一、二风量配比合理时，钢坯出炉时各参数

的数值模拟值见表 2。

从表 2 可以看出，通过用该数学模型对钢坯加

热过程进行数值模拟,钢坯上表面温度的模拟值 1510K 能够满足钢坯出炉温度设定值 1523±20K 的要求,同时,断面温差模拟值为 15K 也满足轧制的要求。

4.3.3 炉气温度分布的验证

当一、二次风配比处于合理比例时,加热炉炉宽方向的温度分布能够满足钢坯加热的要求,根据加热炉计算结果,对现场生产数据进行测定,此部分测定主要用于验证计算模型的正确性和了解加热炉的热工性能,从测定数据与计算数据的结果比较看,计算模型基本上是比较符合生产实际的,详细计算值与测量值见表 3~表 10。

表 1 炉膛内温度测点数值模拟值

热电偶位置			炉气温度数模计算值/K	热电偶位置			炉气温度数模计算值/K
X = 4300	Y = 3200	Z = 700	1554	X = 4300	Y = 3200	Z = −900	1554
X = 12290	Y = 3200	Z = 700	1625	X = 12290	Y = 3200	Z = −900	1628
X = 23310	Y = 3200	Z = 700	1481	X = 23310	Y = 3200	Z = −900	1481
X = 34910	Y = 3200	Z = 700	1260	X = 34910	Y = 3200	Z = −900	1407

表 2 钢坯出炉各参数数值模拟值

加热时间/min	钢坯上表面温度/K	钢坯中心温度/K	断面温差/K
160	1510	1495	15

表 3 均热段上部测量值与计算值的比较

测量次数	炉气温度测量值/K	炉气温度数模计算值/K	炉气温度测量值与计算值的相对误差/%
热电偶位置	X = 4300 Y = 3200 Z = 700		
1	1555	1554	0.06
2	1588	1554	2.1
3	1522	1554	2.1
4	1526	1554	1.8
5	1582	1554	1.8
6	1550	1554	0.26
平均值	1553	1554	0.06

表 4 均热段下部测量值与计算值的比较

测量次数	炉气温度测量值/K	炉气温度数模计算值/K	炉气温度测量值与计算值的相对误差/%
热电偶位置	X = 4300 Y = 3200 Z = −900		
1	1593	1554	2.4
2	1551	1554	0.02
3	1520	1554	2.2
4	1591	1554	2.3
5	1538	1554	1.0
6	1524	1554	2.0
平均值	1553	1554	0.06

表 5 二加热段上部测量值与计算值的比较

测量次数	炉气温度测量值/K	炉气温度数模计算值/K	炉气温度测量值与计算值的相对误差/%
热电偶位置	X = 12290 Y = 3200 Z = 700		
1	1598	1625	1.7
2	1605	1625	1.2
3	1597	1625	1.8
4	1590	1625	2.2
5	1594	1625	1.9
6	1616	1625	0.6
平均值	1600	1625	1.6

表6 二加热段下部测量值与计算值的比较

测量次数	炉气温度测量值/K	炉气温度数模计算值/K	炉气温度测量值与计算值的相对误差/%
热电偶位置	X = 12290	Y = 3200 Z = −900	
1	1579	1628	3.1
2	1584	1628	2.8
3	1592	1628	2.3
4	1576	1628	3.3
5	1581	1628	3.0
6	1588	1628	2.8
平均值	1584	1628	2.8

表7 一加热段上部测量值与计算值的比较

测量次数	炉气温度测量值/K	炉气温度数模计算值/K	炉气温度测量值与计算值的相对误差/%
热电偶位置	X = 23310	Y = 3200 Z = 700	
1	1491	1481	0.7
2	1468	1481	0.9
3	1482	1481	0.06
4	1508	1481	1.8
5	1449	1481	2.2
6	1499	1481	1.2
平均值	1482	1481	0.06

表8 一加热段下部测量值与计算值的比较

测量次数	炉气温度测量值/K	炉气温度数模计算值/K	炉气温度测量值与计算值的相对误差/%
热电偶位置	X = 23310	Y = 3200 Z = −900	
1	1445	1481	2.5
2	1438	1481	3.0
3	1427	1481	3.8
4	1431	1481	3.5
5	1441	1481	2.8
6	1421	1481	4.2
平均值	1434	1481	3.3

表9 预热段上部测量值与计算值的比较

测量次数	炉气温度测量值/K	炉气温度数模计算值/K	炉气温度测量值与计算值的相对误差/%
热电偶位置	X = 34910	Y = 3200 Z = 700	
1	1230	1260	2.4
2	1216	1260	3.6
3	1235	1260	3.2
4	1241	1260	2.0
5	1222	1260	3.1
6	1208	1260	4.3
平均值	1225	1260	2.9

表10 预热段下部测量值与计算值的比较

测量次数	炉气温度测量值/K	炉气温度数模计算值/K	炉气温度测量值与计算值的相对误差/%
热电偶位置	X = 34910	Y = 3200 Z = −900	
1	1368	1407	2.9
2	1401	1407	0.4
3	1363	1407	3.2
4	1359	1407	3.5
5	1350	1407	4.2
6	1407	1407	0
平均值	1375	1407	2.3

把加热炉炉气温度的测量结果与计算机数值模拟结果进行比较，可以看出，数值模拟计算结果与实测平均值的相对误差完全符合工业热工设备计算误差不大于5%的要求。这表明该加热炉炉内传热数学模型基本符合加热炉实际热过程真实情况，数学模型计算结果与实测炉气温度基本相符。因此，本文建立的炉内传热数学模型是可靠的，数值计算结果能够反映加热炉生产实际情况。

5 结论

本文经过对某钢铁公司步进式轧钢加热炉炉内热过程的研究，从燃料燃烧、加热炉炉膛内的炉气燃烧规律及热量交换规律入手，深层分析了加热炉炉膛内的热过程规律，所建立的数学模型较好地描述了炉气在炉膛内的燃烧规律。模型计算结果表明：

（1）模型计算的理论数据与实际工况数据非常接近，基本反映了该加热炉热过程的运行工况。

（2）通过加热炉热过程辐射换热数学模型及其数值计算的研究，对加热炉生产中的炉气分布规律

有了基本的了解，这对加热炉今后的技术改进和现场操作提供了可靠的理论依据。

（3）通过对钢坯出炉时上表面温度验证，结果表明，本文针对钢坯所建立的数学模型是可靠的，是接近钢坯加热过程实际工况的。

参考文献

[1] 孟建忠. 步进底式加热炉热过程数学模型的建立与验证[D]. 西安: 西安建筑科技大学, 2004.

[2] 王福军. 计算流体动力学分析[M]. 北京: 清华大学出版社, 2004.

[3] 李义科, 李保卫, 任雁秋, 等. 加热炉热过程数学模型与燃烧过程计算机控制的研究[J]. 包头钢铁学院学报, 2002, 21(2): 138～143.

[4] 张凯举, 邵诚, 朱晖. 步进式加热炉炉温优化算法的改进与计算机仿真[J]. 系统仿真学报, 2006, 18(3): 794～796.

[5] 郭治民, 张会强, 王希麟, 等. 湍流燃烧的简化的联合 PDF 模拟[J]. 清华大学学报, 2001, 41(8): 75～78.

[6] 李保卫, 贺友多, 丁立刚, 等. 辐射换热的输运模拟研究[J]. 工程热物理学报, 1996, 17(2): 239～243.

[7] 杨世铭, 陶文铨. 传热学(第 3 版)[M]. 北京: 高等教育出版社, 1998.

（原文发表于《辽宁科技大学学报》2007 年第 7 期）

在工业炉工程中应用三维设计
实现精细化的尝试及实践

刘　磊　苗为人　陈迪安　王惠家

（北京首钢国际工程技术有限公司，北京　100043）

摘　要：本文介绍了在工业炉工程中，在工厂设计阶段对炉区布置及在详细设计阶段对单体非标设备设计采用三维工具，实现精细化设计的尝试，并对其部分技术特点做了阐述。

关键词：工业炉；三维；精细化设计

Attempt on Accurate Design Using 3-D Softwares in Industrial Furnace Projects

Liu Lei　Miao Weiren　Chen Di'an　Wang Huijia

(Beijing Shougang International Engineering Technology Co., Ltd., Beijing 100043)

Abstract: This paper introduces the attempt on using 3-D softwares to achieve accurate design in many industrial furnace projects, during plant design period toward furnace area and detail design period toward single nonstandard equipment. Some technique characteristic also introduced.

Key words: industrial furnace; 3-D; accurate design

1　引言

工业炉广泛应用于冶金、化工、机械等工业部门中，在物料的加热、热处理、干燥和融化环境中起着重要的作用，而且对产品的产量、质量、消耗、成本和环境污染都有着重要的影响，因此，为了使产品质量和产量符合要求，燃料和能源消耗量低，降低建炉和运行费用，同时减少污染物排放量，减少操作人员，优化劳动条件，对工业炉的设计提出了更高的要求。

CAD 技术在工业炉设计领域的应用已有十多年的历史，以 AutoCAD 为代表的二维绘图软件逐步成为主流，在推进制图的规范化、高效化方面发挥了积极的作用。近年来，随着市场竞争的日趋激烈和企业对 CAD 技术要求的提高，二维 CAD 已逐渐显露其弊端。如何能够进一步缩短设计周期、提高设计质量、实现精细化设计成为企业面临的首要问题。CAD 技术发展的趋势之一是从二维绘图逐渐向三维设计过渡[1]。如果能把三维 CAD 引入到工业炉的设计过程中，将会进一步提升其设计水平。三维设计的优越性主要体现在如下几个方面：

（1）三维 CAD 可实现参数化设计，以零部件的外形尺寸及装配特征为基础，可对其实现参数化设计，采用参数化建立的模型可以很好地在将来重用于类似的工程项目，避免了二维绘图中反复重绘图形带来的繁琐劳动，大大提高设计效率。

（2）在炉体尺寸确定后经常需要使用分析软件对炉内热工参数进行模拟，为确保模拟结果接近真实情况，在施加边界条件之前要尽量准确的重建炉体模型，如果在设计时采用三维建模，模型可以直接应用到计算中。另外，设计过程中常常需要对钢结构、承重设备等进行应力分析以确定其薄弱处是否需要加强，应用三维设计可以即时得到部件的应力分析结果，对实现精细化设计具有重大的意义。

（3）对于空间结构比较复杂的装配体，如各介质管道，由于在空间中分布复杂，极易与设备或结构发生碰撞，应用三维设计可以直观的发现干涉情况，并具有全数据相关功能，一旦局部被修改，其相应参数立即在装配图中得到修正，无需进行多次修改，大大减少了设计错误发生的几率。

2 在工厂设计阶段的三维设计应用

碰撞问题一直是工程设计在现场遇到的老问题，这里有一组首钢设计院《质量简报》上的变更分析数据：2006 年 4 月为 1/7，2006 年 6 月为 8.4%，2006 年 7 月为 8.45%，2006 年 9 月为 7.9%。

从首钢设计院设计更改分析看，现场的碰撞引起更改占当月设计院自身原因造成的增加投资的 1/7；从 2006 年 6 月设计更改分析看，现场的碰撞引起更改占当月设计院自身原因造成的增加投资的 8.45%；而从 2006 年 9 月设计更改分析看，现场的碰撞引起更改占当月设计院自身原因造成的增加投资的 7.9%[2]。

所有这些充分表明，工程设计中设备、管道、结构等相互碰撞是一个仅靠二维设计难以及时发现和避免的问题。同时首钢迁钢 2160mm 热轧、首钢

京唐 2250 热轧工程两座加热炉在设计上采用了国际水平的炉型结构，为满足高的工艺要求，充分利用燃料资源和本炉的余热，采用了国际上的先进燃烧器，使气体管路相当庞杂，炉底结构采用汽化冷却方案，不仅提高了加热质量，而且节约了热能资源和水资源，这种当今最可靠的节能措施，使燃料消耗达到国内先进水平，配合先进的自动化控制，进一步提高了炉子加热质量，总之，这两座加热炉工艺要求高，涉及专业面广，各方面影响多，技术难度大，空间结构紧凑复杂，设计中稍有不慎，极易发生碰撞。因此，为了提高本专业的设计质量，提高设计水平，以进一步节约成本，增加效益，我公司分别开展了 2160 加热炉区和 2250 加热炉区的三维设计工作。本项目以加热炉为中心，包括加热炉主体、机械设备、钢结构及管道系统等等，进行三维建模设计。从方案阶段开始，使用 Bentley Plantspace 软件对加热炉的管道系统走向进行了优化，并使用 Bentley Structure 对钢结构进行了优化。在详细设计阶段，使用 Pro/E 及 Autodesk Inventor 对加热炉设备进行了整体优化（见图 1~图 3）。

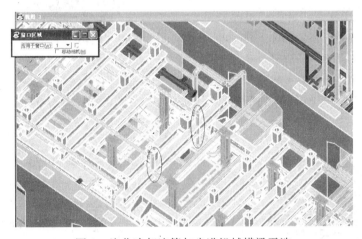

图 1 汽化冷却连管与步进机械横梁干涉

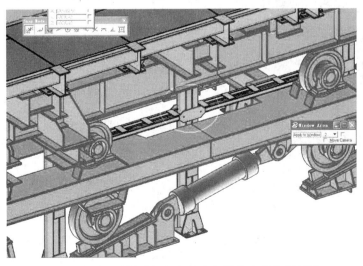

图 2 步进机械提升框架与炉底钢结构立柱拉梁干涉

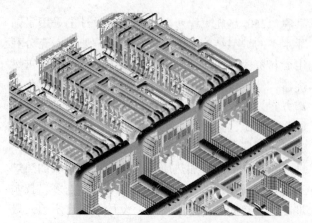

图3　炉区三台加热炉总装配图

在本项目中，进行了大规模的"顺行的"三维设计，并进行了动态的，参数化的设计。通过该项目我们较大规模地培养和锻炼了人才，为日后开展三维设计工作打下了基础。

3　对 HDRI 高温直接还原铁储料罐进行应力分析

HDRI 技术是一种高温直接还原铁技术，高温原料进入储料罐后根据需要送往电炉进行直接还原。该储罐由壳体和支撑座组成。由于储罐结构复杂，受力情况多变，因此采用了三维设计，并应用 Midas 对壳体和支座进行了应力分析，在控制成本的前提下确保了设备的可靠运行，实现了精细化设计（见图 4~图 6）。

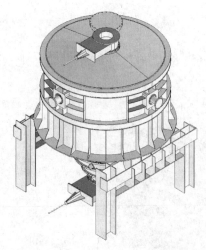

图4　HDRI 高温直接还原铁储料罐三维模型

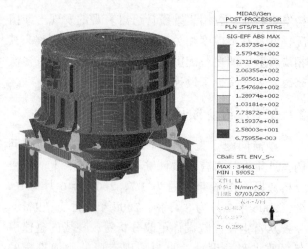

图5　HDRI 高温直接还原铁储料罐整体应力分析结果

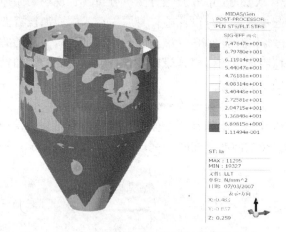

图6　HDRI 高温直接还原铁储料罐壳体提起时
应力分析结果

4　结论

在工业炉工程项目中采用三维设计实现精细化是一个长期的工作，我们的工作仅仅是一个开始，虽然在很多项目中都应用了三维设计，但是二维设计依然是主流，在推进三维设计的工作中还有很多的问题需要去探索。谨以此文抛砖引玉，希望在三维设计工作中有经验的同志能不吝赐教，将三维设计工作推进下去。

参考文献

[1] 王其芳. 三维 CAD 技术对机械设计的影响[J]. 煤矿机械, 2007, (4): 94~95.

[2] 王建涛, 张严. 应用三维设计推进冶金工程设计的尝试及探讨[J]. 设计信息化, 2009, (2): 95~100.

喷淋式饱和器的三维参数化设计及其内部流场模拟

穆传冰　王庆丰　章　平　李顺弟

(北京首钢国际工程技术有限公司，北京　100043)

摘　要：本文介绍利用三维参数化机械设计软件对喷淋式饱和器进行参数化建模设计，与传统的二维设计相比做到精确表达尺寸和直观反映其结构特点，利用关键参数控制模型尺寸，可以依据化工工艺专业的需要进行快速精准设计，基于该三维模型的设计成果利用流体分析软件对喷淋式饱和器的内部流场进行数值模拟并对其结果进行讨论。

关键词：喷淋式饱和器；三维参数化；有限元；数值模拟

Three-dimensional Parametric Design and Internal Flow Field Numerical Stimulation of Spray Saturator

Mu Chuanbing　Wang Qingfeng　Zhang Ping　Li Shundi

(Beijing Shougang International Engineering Technology Co., Ltd., Beijing 100043)

Abstract：Introduced parametric modeling of Spray Saturator by three-dimensional design software, precision and intuitionist expressed dimension, and structure-characteristic compare with traditional two-dimensional drawing, dispensed with complex calculation by controlling model dimension used key-parameter, precision and rapid design according to the requirement of technique and engineering, carrying on numerical stimulation by using hydrodynamic analysis software according to this three-dimensional parametric model.

Key words：spray saturator; three-dimensional parametric; FEM; numerical stimulation

1　引言

　　喷淋式饱和器是焦炉煤气净化过程中半直接法生产硫酸铵的主要设备，自 20 世纪 90 年代由法国引进后，得到广泛应用，其材质一般选用 316L 超低碳不锈钢焊接制造，对于母液循环喷洒部分一般采用 904L 超级不锈钢制作，具有设备使用时间长、煤气系统阻力小，结晶颗粒大，硫酸铵质量好，工艺流程短，易操作等诸多优点[1]。但是由于其结构较为复杂，采用传统二维图纸对其结构的表达不够清晰和直观。在设备制造过程中，其复杂零件尺寸控制的问题也一直困扰着设备制造单位。

　　随着计算机技术的发展，三维参数化机械设计软件逐渐得到广泛应用，利用简单的几何约束关系和关键参数驱动就能完成设备的三维设计，并快速给出工程图，省去了传统二维制图复杂的投影关系

的转换和尺寸计算，特别适用于喷淋式饱和器这种形状特殊复杂的结构设计。本文以某煤气净化回收工程设计的喷淋式饱和器为例进行三维参数化设计，并对其内部流场进行数值模拟与探讨。

2　喷淋式饱和器的结构

　　喷淋式饱和器一般分为上段和下段，上段为吸收室，下段为结晶室。两室间采用锥形封头隔开，吸收室又分为前室、环形区域和后室三部分，结晶室由外筒体和降液管组成，通过降液管与吸收室相连。在吸收室内置除酸器，除酸器为旋风分离器结构，由内外套筒两部分组成，外套筒开切线方向的方孔与吸收室的后室相连通[1]。喷淋式饱和器的结构如图 1 所示。

　　由图 1 可以看出，使用二维工程图设计的喷淋式饱和器并不能清晰的表达其结构，二维工程图一

般采用局部剖切视图等方法来分视图表达内部结构，但是往往效果不明显，过多的剖切视图会增加制造者按图施工的难度，特别是结晶室的后室与除酸器的外筒的连接部分更加难以清晰表达，对于设计单位和制造厂家而言都造成了困难，而且不能直观的表达出设备各部分准确位置关系。

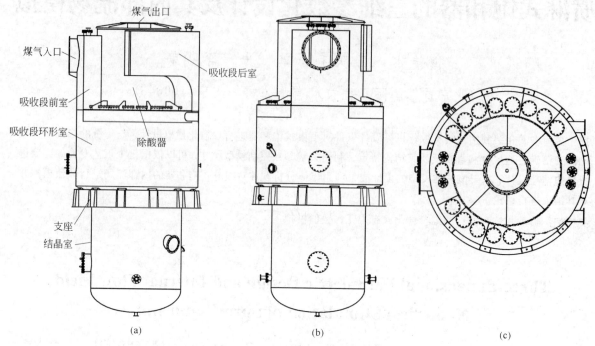

图1 喷淋式饱和器的结构
(a)主视图；(b)左视图；(c)俯视图

3 喷淋式饱和器的三维参数化设计

3.1 设计参数的确定

三维参数化设计软件进行喷淋式饱和器的设计，首先需要找出该设备的主要几何参数和设备各部分的几何约束关系，由于设备的复杂性导致参数过多，表1中只列出设备外形尺寸的关键参数。

表1 喷淋式饱和器外形尺寸关键参数

名　　称	外径 D/mm	壁厚 t/mm	长度 L/mm
煤气出口	1220	8	250
喷淋室	4616	8	2785
除酸器外筒体	3116	8	5335
除酸器内筒体	1220	8	3875
降液管	666	8	3875
锥体	4616/666	8	1145

利用上述关键参数再结合各零部件之间几何约束关系和定位尺寸，使用拉伸和旋转等常规建模方式将设备的这几部分模型率先建立，饱和器结构最复杂的吸收室的后室与除酸器的外筒的连接部分是不规则曲面体，这部分的建模采用常规建模和三维曲面切割实体的方法得到，保证了后室的曲面与除酸器外筒体的相切，真实表达了该部分的结构。设备上的接管等零部件可以通过各自的几何参数和定位尺寸较为简单的生成，在建模过程中还要充分考虑各参数之间的关联关系，把握好参数间的关联才能真正做到参数化设计。

3.2 三维参数化设计的结果

经过上述步骤，可以得到图2所示的三维参数化模型。

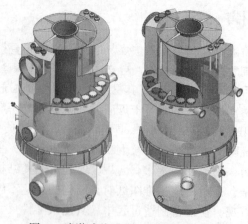

图2 喷淋式饱和器三维参数化模型

3.3 有关结果的讨论

从图2可以看出，利用三维设计软件的装配透视功能，设备内部的复杂结构可以得到清晰的表达，该模型可以通过参数的修改快速得到不同尺寸的模型结果，以满足化工工艺专业根据不同规模工程的设计选型的需求。和传统二维设计相比，设计精度更容易得到保证，基于该模型的工程图的尺寸和标注也可跟随参数的变化做相应调整，省去了繁琐的尺寸修改和标注过程，因此设计效率也得到很大提高。

在设备制造过程中，可以将三维参数化模型中的各零部件分别输出，快速给出工程图尺寸，作为设备零部件的下料尺寸，保证了制造精度。在设备零部件安装过程中，该模型可以进行爆炸分解，可以起到安装指导的作用。需要指出的是，该三维参数化模型未考虑零部件焊接尺寸的影响，为此在设计时留有尺寸裕量。在实际制造过程中需要制造单位依据相应的焊接标准规范等对焊接坡口尺寸进行设计和加工。

4 喷淋式饱和器内部流场的数值模拟

4.1 工艺参数的确定

根据工艺计算结果和实际生产条件确定了工艺参数，见表 2。

表 2 喷淋式饱和器的工艺参数

名 称	数 值
煤气入口速度/$m \cdot s^{-1}$	15
煤气出口压强/Pa	2×10^4
参考压强/Pa	1×10^5
煤气温度/℃	70

焦炉煤气各组分的含量见表 3。

表 3 焦炉煤气的组成

名 称	H_2	CH_4	其他（CO、CO_2、O_2等）
体积百分含量/%	60	30	10

4.2 内部流场模型的建立

为准确进行内部流场数值模拟，首先要了解煤气在设备内的流动过程，煤气预热后进入喷淋式饱和器吸收段前室，分成两股沿饱和器水平方向进入吸收段环形室做环形运动，然后汇合进入吸收段后室，再以切线方向进入内置除酸器，然后通过设备中心出口管离开饱和器[2,3]。

由于饱和器内部有复杂的相交曲面结构，传统的专业有限元软件的建模功能难以胜任，为保证建模效果，本次模拟将利用三维设计软件的设计结果得到流场模型，导入有限元软件进行相应调整，进行划分网格，定义边界条件，得到的流场模型结果如图 3 所示。

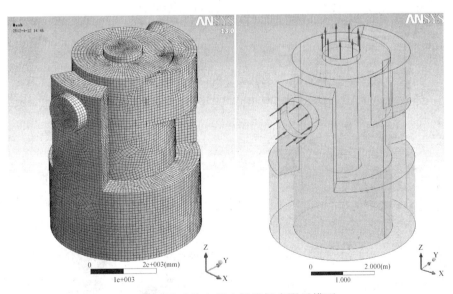

图 3 喷淋式饱和器内部流场有限元模型

需要指出的是，本模型只包含喷淋式饱和器的吸收段，主要模拟煤气在吸收段的流动情况，并做了以下几个简化和假设：

（1）模型的下部边界是以喷淋式饱和器的水封高度为依据确定；

（2）除煤气出入口以外，所有界面均为刚性光滑表面；

（3）不考虑喷洒液体对煤气流动的影响；

（4）省略了喷洒管、接管等附属结构；

（5）焦炉煤气组分仅为 H_2 和 CH_4 组分。

模拟采用稳态模式（不考虑时间对结果的影响），煤气入口采用速度初始条件，煤气出口采用平均压强初始条件，这样的设置更容易得到收敛的结果[4,5]。

4.3 数值模拟的计算结果

经过有限元软件计算得到煤气在设备内的流体轨迹线、速度、压强等结果。为直观的显示饱和器内部流场的结果，选取三个截面，分别是 YZ 截面，对应于 X 方向；XZ 截面，对应于 Y 方向；XY 平面在环形区域的平行截面，对应于 Z 方向，分别赋予流体轨迹、线速度、压强等结果，如图 4~图 6 所示。

（1）流体轨迹线。由流体轨迹线的三向视图可以得到焦炉煤气在喷淋式饱和器吸收段的流动情况，首先在环形室分成两股流，在后室汇合后以切线方向进入内置除酸器，沿外筒壁面向下做旋转运动，最后进入内置除酸器内筒以螺旋流动的方式从顶部出口流出。

（2）速度分布。由速度分布图 X、Y 向视图可知，流体在环形室中的流动速度较慢，这样更利于煤气与循环喷洒液的充分接触，以利于氨的吸收，在煤气进入除酸器后流速明显加快，最大流速出现在除酸器内筒入口处，而在除酸器外筒底部中心部位流速很慢甚至出现速度为零的区域，从 Z 向图中可以看出煤气在环形室的流动并不呈现对称分布的形态。

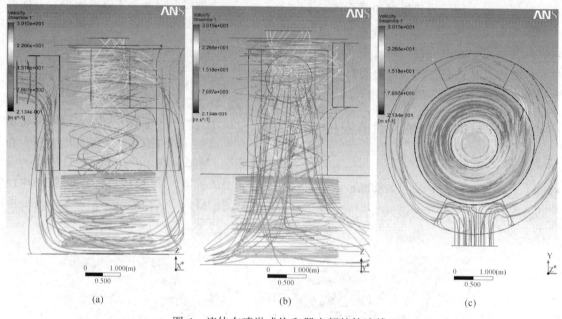

图 4　流体在喷淋式饱和器内部的轨迹线
(a) X 向轨迹线; (b) Y 向轨迹线; (c) Z 向轨迹线

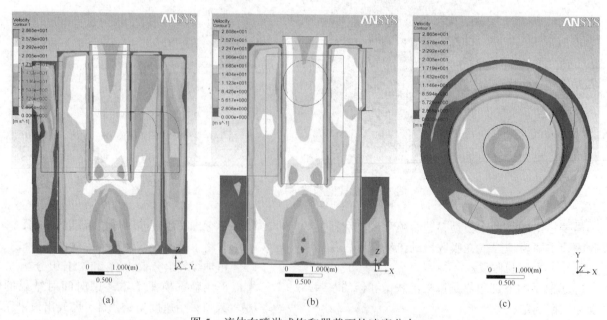

图 5　流体在喷淋式饱和器截面的速度分布
(a) X 向截面速度分布; (b) Y 向截面速度分布; (c) Z 向截面速度分布

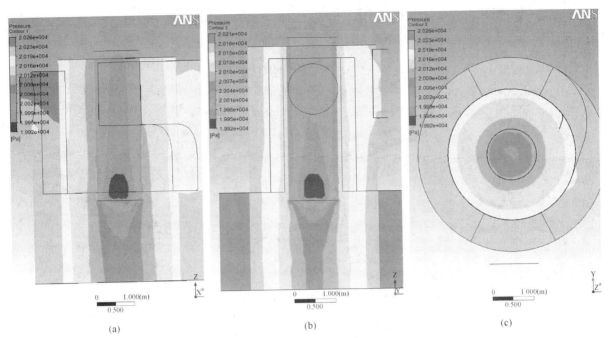

图 6　流体在喷淋式饱和器截面的压强分布

(a) X 向截面压强分布; (b) Y 向截面压强分布; (c) Z 向截面压强分布

（3）压强分布。由压强分布图可以看出，在煤气入口、环形室、除酸器外筒体近壁面处压强较大，环形室部分压强分布较为均匀。除酸器内部压强沿径向梯度分布，外筒边缘压强最大，最小压强出现在除酸器内筒进口部位。

（4）有关结果的讨论。

1）沿径向（Y）的分布情况。以 YZ 面为基础平面选取距除酸器底部 $Z = 0.25m$、$0.5m$、$0.75m$、$1.0m$ 四个位置，分别赋值速度和压力结果，得到图 7 所示的结果。

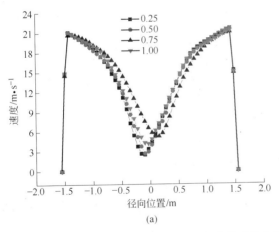

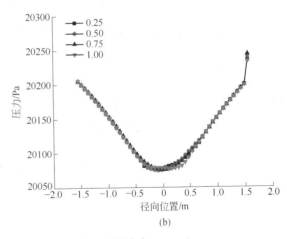

图 7　流体在喷淋式饱和器 YZ 截面的速度和压强分布

(a)煤气在不同 Z 向位置的速度分布; (b)煤气在不同 Z 向位置的压强分布

通过图 7 所示的速度结果可以看出，在除酸器内部中心部位的速度最慢；沿着直径方向速度不断增加，在近壁面位置速度迅速下降为零；4 个位置的速度最小值都不在设备中心，说明流体的旋转流动呈现偏心现象，在实际的运动过程中还会出现不断摆动的现象，符合实际流体的流动规律。

通过图 7 所示的压强结果可以看出，在除酸器内部中心部位的压力最小；沿着直径方向压力不断增加，在近壁面位置压力值最大；4 个位置的压力变化不大，说明流体在除酸器内部流动的阻力比较小。

2）沿轴向（Z）的分布情况。以 YZ 面为基础平面选取距除酸器中心 $Y = 0m$、$0.15m$、$0.3m$、$0.5m$ 四个位置，分别赋值速度和压力结果，得到图 8 所示的结果。

通过图 8 所示的速度结果可以看出，沿着 Z 方向速度不断增加，在中心出口管位置速度开始下降，$r = 0.5m$ 位置的速度下降最为明显；4 个位置的速度最大值都出现在中心出口管进口位置。

通过图 8 所示的压强结果可以看出，压力沿 Z 向先逐渐下降，最大的压力降出现在中心入口管位

置，随后压力又出现小幅增加，最后在进入中心出口管后趋于稳定。

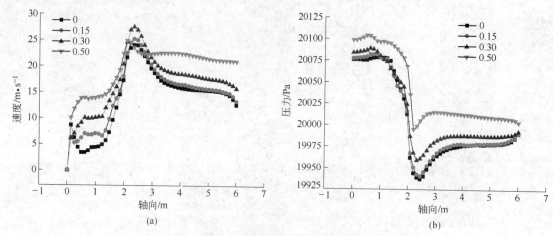

图 8　流体在喷淋式饱和器 YZ 截面的速度和压强分布
(a) 煤气在不同 Y 向位置的速度分布；(b) 煤气在不同 Y 向位置的压强分布

5　结语

　　喷淋式饱和器自20世纪90年代从国外引进以来，已经经历了近 20 年发展，其设计和制造经验已经相当丰富，但是利用三维参数化设计手段精准设计和焦炉煤气在其内部流动状态的研究模拟还存在着不足。

　　随着计算机技术的发展，三维参数化设计和计算流体力学等设计手段和研究方法的不断进步可以推动对其研究的不断深入。通过三维参数化设计手段的运用可以更直观的了解喷淋式饱和器的结构特点，可以通过改变关键参数来快速得到三维模型结果，了解各个参数的变化对模型外形尺寸的影响规律；利用流体计算软件可以得到煤气在设备内部的流动状态，掌握煤气的流动规律，为设备结构的改进提供理论依据。

　　由于篇幅所限，本文的喷淋式饱和器内部流场

的模拟只是针对吸收段进行的，得到了初步的计算结果并进行了讨论。但对于并未考虑喷洒液体对气体流动的影响，对计算结果还缺乏深入探讨，今后，还将在其基础之上不断改进，如采用两相流计算模型，优化除酸器结构等，在模型应用的普遍性、快捷性方面取得更好的结果。

参考文献

[1] 何建平, 李辉. 炼焦化学产品回收技术[M]. 北京: 冶金工业出版社, 2006: 68~69.

[2] 丁玲. 喷淋式饱和器法煤气脱氨生产中问题分析[J]. 冶金动力, 2009, 134(4): 37~42.

[3] 杨永利, 张管, 陈涛. 煤气中氨脱除喷淋式饱和器的改进[J]. 煤化工, 2009, 144(5): 49~52.

[4] 张亚军. CFD 技术在化工机械设计中的应用[J]. 贵州化工, 2006, 31(3): 47~50.

[5] 封跃鹏, 姜大志. 旋风分离器在结构上的改进[J]. 燃料与化工, 2009, 40(2): 9~11.

（原文发表于《工程与技术》2012 年第 2 期）

旋流板捕雾器的三维参数化设计与应用

穆传冰

（北京首钢国际工程技术有限公司，北京 100043）

摘　要：本文介绍了利用三维设计软件对旋流板捕雾器进行了参数化建模，与传统二维图纸设计相比做到了精确表达尺寸关系，直观的反映其结构特点。利用关键参数控制模型尺寸，省去了繁杂的公式计算过程，其设计尺寸与理论公式计算结果基本吻合，并且可以依据工艺专业的需要进行快速精准设计，满足了工程设计的需要。

关键词：旋流板捕雾器；三维参数化；设计；应用

Three-dimensional Parametric Design and Application of Cyclone Spray-catcher

Mu Chuanbing

(Beijing Shougang International Engineering Technology Co., Ltd., Beijing 100043)

Abstract：Introduced parametric modeling of cyclone spray-catcher by three-dimensional design software, precision and intuitionist expressed dimension and structure-characteristic compare with traditional two-dimensional drawing, dispensed with complex calculation by controlling model dimension used key-parameter, the design dimension is basic equal to the calculational result, precision and rapid design according to the requirement of technique and engineering.

Key words：cyclone spray-catcher; three-dimensional parametric; design; application

1　引言

旋流板技术是 20 世纪 70 年代末由浙江大学化工原理教研组首创的技术，有负荷量大、压降低、传热和传质强度大等诸多优点，其气液接触时间较短，适合于气相扩散控制的过程，如气液直接接触传热、快速反应吸收、捕雾和除尘操作等。广泛应用于石油化工、化工、冶金、环保等工业领域。其最早应用于喷射型塔板洗涤器，作为中小型氮肥厂气体处理装置使用，经过 30 多年的研究和改进，该技术日益发展成熟。

旋流板有外向板、径向板、内向板三种结构。叶片开缝线（即叶片边缘）与半径之间的夹角称为叶片径向角，如图 1 所示。

当开缝线 AB 与半径 AO 重合时（即 $\beta=0$），称为径向板；开缝线 AC 于 AO 夹角 $\beta>0$ 时，气流通过此叶片时有向心分速度，离心力与径向板相比为小，液滴的运动路程长（如图 1 中 CC' 曲线），气液接触的时间延长，称为内向板，多用于传热和传质操作；开缝线 AD 于 AO 夹角 $\beta<0$ 时，气流通过此叶片时有离心分速度，离心力与径向板相比为大，

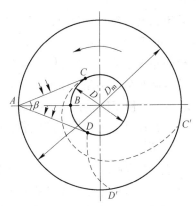

图 1　旋流板叶片的径向角

液滴的运动路程短（如图 1 中 DD' 曲线），气液接触的时间缩短，称为外向板，多用于捕雾和除尘操作[1]。

目前，基于计算流体动力学的计算机模拟技术的不断发展和试验手段不断完善，对于旋流板结构的工艺计算已经日渐成熟。但对于其结构的特殊性，特别是旋流叶片的几何结构的精确表达一直存在缺陷，文献[1]中采用的计算公式均为 20 世纪 70 年代末推导的，存在一些误差。在 20 世纪 80 年代初，文献[4~6]中对旋流板的几何参数设计计算进行了详细的论述。20 世纪 90 年代以后，文献[7~8]中又对文献[4~6]中推导的计算公式提出了一些质疑，并给出了新的计算方法，但这些方法均存在着假设和近似条件不合理、计算方法繁琐、与实际情况不吻合等缺点，成为旋流板设计中的一个难题。

进入 21 世纪以来，随着计算机技术的发展和进步，三维参数化机械设计和计算机辅助几何设计（CAGD）广泛的运用于工程设计领域，利用简单的几何关系和关键参数驱动就能完成设备的三维设计，并快速给出施工图，省去了传统二维制图复杂的投影关系的转换和尺寸计算，特别适用于旋流板这种形状特殊复杂的结构设计。本文以我单位为某煤气净化回收工程设计的旋流板捕雾器为例进行三维参数化设计，并对设计结果与理论公式的计算结果进了对比研究和探讨。

2 旋流板捕雾器的三维设计

旋流板捕雾器的设计与一般传热传质的旋流塔板不同，捕雾的过程目的是将雾滴收集起来，要求在较短的时间内迅速沉降；过程中要保持较大的离心力；旋流板持液量小；压降较大等[2]。所以用于捕雾操作的旋流板有以下特点：

（1）采用外向旋流板结构，缩短雾滴沉降的距离；

（2）捕雾持液量小，可以简化集液槽和溢流管等附属结构；

（3）采用大盲板结构，可以进一步缩短离心沉降的距离，一般采用 $D_m/D \geqslant 0.4$；

（4）径向角 β 尽量小，防止二次夹带；

（5）适当减少叶片数量（$m=12 \sim 18$），可以减少雾滴分散程度，便于回收；

（6）出气管设计成内伸管或喇叭管，防止液流上爬进入出气管[3]。

依据上述选型原则经过化工工艺专业计算，本工程设计的旋流板捕雾器的主要参数见表 1。

利用表 1 中的几何参数对设备进行三维软件进

行参数化建模，旋流板的几何尺寸由表 1 中 5 个关键参数确定，旋流板捕雾器建模结果如图 2 所示。

表 1 旋流板捕雾器的主要尺寸参数

参　数	数　值	关　键
设备内径 D_i/mm	1800	否
设备长度 L/mm	4000	否
筒罩内径 D/mm	1620	是
筒罩长度 L/mm	230	是
盲板外径 D_m/mm	700	是
叶片倾角 α/(°)	40	是
叶片个数/个	18	是

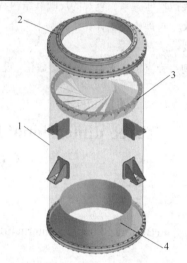

图 2　旋流板捕雾器三维建维模型图
1—筒体; 2—进气管; 3—旋流板; 4—出气管

旋流板建模是本设备设计的关键，利用关键控制参数和空间几何约束关系可以精确得出模型结果，如图 3 所示。

根据三维参数化设计的结果可以得出旋流叶片的尺寸（需指出上述模型未考虑焊接尺寸的影响）如图 4 所示。

旋流板在实际制造中主要有两种方法：

（1）叶片和盲板整体下料，将每片的开缝线切开，再按照指定角度折弯，再将叶片外缘与筒罩内壁焊接。

（2）各叶片分别下料，再按照规定角度将各叶片分别于筒罩和盲板焊接[4]。

第一种方法制造相对简单，但此法制造的旋流板的重叠度 ε 略小于零，即旋流叶片的水平投影无重叠且有缝隙。对于捕雾和除尘操作而言，要求重叠度 ε 略大于零，即旋流叶片的水平投影有重叠且无缝隙。所以本设备的制造必须采用第二种方法进行制造，但第二种方法的制造相对困难，对零件下料的精确度和组装焊接的要求都很严格，在制造中经常出现尺寸偏差，造成焊接困难，甚至零件报废的情况[9~11]。

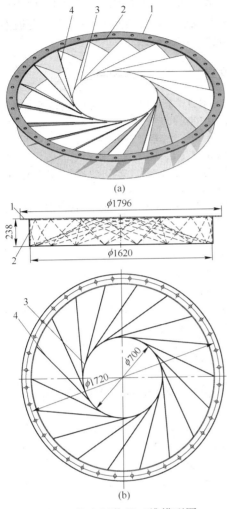

图 3 旋流板装置三维模型图
(a)旋流板装置轴测图; (b)旋流板装置主/俯视图
1—支撑圈; 2—筒罩; 3—盲板叶片; 4—叶片

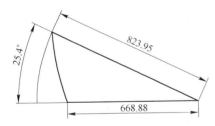

图 4 旋流板叶片下料尺寸

旋流板叶片与筒罩之间的相交线是一段三维曲线，在旋流板叶片平面图中表现为近圆弧曲线，一般通过圆弧近似来进行划线，只要控制好其他三个尺寸就可以得到较好的结果，这对于精度要求不高的场合已经足够。

3 建模尺寸与理论计算的比较

通过三维参数化设计后，可以认为旋流板的主要控制参数为表 1 中的 5 个关键参数。根据前人的研究成果可知这五个参数互相制约，互为函数的关

系，加大了计算难度，就造成文献[6~8]中的计算均有试算的过程，并且采用比较抽象的投影平面重叠度 ε 和当量叶片数 m_d 作为计算的控制参数，不够直观简便。对于给定的筒罩内径 D 和盲板外径 D_m，旋流板的另一个重要参数叶片径向角 β 可以通过公式唯一确定，此公式计算结果得到了文献[4~8]的一致肯定。为了验证模型的准确性，保持其余 4 个参数不变，将盲板外径 D_m 分别赋值 500mm、600mm、700mm、800mm、900mm，利用三维软件 CAGD 功能计算叶片径向角 β，并与公式计算的结果进行比较，见表 2。

表 2 不同 D_m 条件下叶片径向角 β 的结果

β/D_m	500	600	700	800	900
CAGD	17.98	21.74	25.60	29.59	33.75
理论	18.20	22.02	25.94	30.00	34.22
误差/%	1.23	1.27	1.32	1.36	1.37

从表 2 中可以看出，两者的计算结果误差很小，这说明利用 CAGD 可以精确地计算旋流板叶片径向角 β。由于旋流板叶片的其他参数均由叶片径向角 β 参与决定，说明三维参数化模型的准确性可以得到保证。

两个旋流叶片在水平平面上的投影情况如图 5 所示。

图 5 旋流板叶片平面投影图

从图 5 可以看出叶片 1 和叶片 2 水平投影之间没有重合的部分，在三维模型中对投影结果进行测量，在 $D_m = 700$mm 条件下两叶片间的最大间距 $d_{max} = 0.497$mm。

通过上述计算结果表明：通过调整 5 个关键参数的数值，本模型可以在保证投影平面重叠度 $\varepsilon \approx 0$ 的情况下，即当量叶片数 $m_d \approx$ 实际叶片数 m，可以快捷地得到理想的计算结果，省去了繁杂的公式计算过程。

4 结语

旋流板装置自 20 世纪 70 年代末开始出现，已

经经历了 30 多年发展，工程设计和研究的手段和方法不断的进步推动了对其研究的不断深入。通过三维参数化设计手段的运用可以更直观的了解旋流板装置的结构特点，可以改变关键参数来快速得到三维模型结果，了解各个参数的变化对模型外形尺寸的影响规律。本文的三维参数化模型是以外向板方式建立的，得到了以下观点：

（1）旋流板装置的 5 个关键控制参数在保证 3 个数值不变的情况下，通过协调另两个参数的大小来得到 $\varepsilon \approx 0$（即 $m_d \approx m$）的结果。

（2）对于内向板、外向板、径向板旋流板装置而言，通过三维参数化建模结果，均可以得出（1）中的有关结论。

（3）不论采用多么精确的尺寸和约束条件，由于直线和圆弧不可重合的特点，旋流板叶片与盲板之间的连接肯定存在间隙（除非叶片个数无穷大）。

（4）在实际制造时可以通过轻微折弯或者焊接处理等方法来控制盲板与叶片板微小间隙的问题。

由于篇幅所限，本文的旋流板结构只是对于工程的特定旋流板结构进行了三维参数化建模，指出了 5 个关键控制参数，但对于各参数间的相互关系还缺乏深入探讨，在应用普遍性方面还存在一定问题。而对于工程设计本身而言，在设备制造时采用本图纸设计的尺寸，得到了较好的制造精度和质量，

说明采用三维参数化设计的图纸的精度已经达到要求，满足了工程实际的需要。今后，还将在其基础之上不断改进，在三维模型的应用的普遍性、快捷性方面取得更好的结果。

参考文献

[1] 化工设备设计全书编委会. 塔设备设计[M]. 北京: 化学工业出版社, 2004: 100～102.
[2] 彭献敏. 泡沫洗涤塔旋流板捕雾器的设计与应用[J]. 化工机械, 1993(6): 35~37.
[3] 刘慎, 等. 捕雾除尘用旋流塔的结构设计特点[J]. 化工设备设计, 1992(5): 60～61.
[4] 王志雅. 对旋流板开孔面积计算的浅见[J]. 化工设备设计, 1981(1): 4～8.
[5] 王志雅. 对旋流板开孔面积计算的浅见补篇[J]. 化工设备设计, 1982(2): 27～28.
[6] 王志雅. 旋流板几何参数的设计计算[J]. 化工设备设计, 1996(4): 16～19.
[7] 刘俊林, 旋流塔板罩筒高度计算分析[J]. 化工设备设计, 1990(3): 9～19.
[8] 刘俊林, 旋流塔板罩筒高度的准确计算[J]. 化工设备设计, 1998(3): 18～22.
[9] 王志雅. 旋流板叶片落料图的画法[J]. 化工机械, 1979(6): 38.
[10] 刘俊林, 旋流板叶片落料图的画法讨论[J]. 化工设备设计, 1993(2): 31.
[11] 杨红兵, 旋流板叶片落料图的画法的进一步讨论[J]. 化工设备设计, 1994(1): 60.

（原文发表于《化工设备与管道》2012 年第 2 期）

从工程实际探讨工厂三维设计的意义

何　为　孙德英　寇彦德

(北京首钢国际工程技术有限公司，北京　100043)

摘　要：工厂三维设计相比传统的二维设计更加立体化、高效化、智能化、自动化、数字化。本文将通过对工厂三维设计的应用，与二维设计比较利弊，浅析三维设计发展的必要性和应用的潜在价值。

关键词：三维；管道；冶金

Discuss the Application of Plant 3-D Design

He Wei　Sun Deying　Kou Yande

(Beijing Shougang International Engineering Technology Co., Ltd., Beijing 100043)

Abstract：Compare to traditional plant 2-D design, plant 3-D design is more efficient, intelligent, automated, and digital. This article will analyze plant 3-D design, through project examples, research the potential value and the necessity for development of plant 3-D design.

Key words：3-D; piping; stress analysis

1　引言

我国的设计行业（尤其是冶金行业）在很长一段时间内，设计人员都局限于二维设计，因为二维设计已经基本能够满足大部分人大部分工程的设计要求，也直接导致了现今设计师缺乏从二维向三维转变的动力，然而为数不多的三维设计却突显出了其独特的优势、潜力和价值。

把三维模型带入施工现场，组建成为一项实时更新的动态三维设计，不仅能在施工过程中及时更新设计，对材料、成本达到精确的控制，同时对今后类似项目持续优化创新。

2　三维设计简介

2.1　工厂三维设计软件

工厂三维设计的软件较多，目前应用比较广泛的有美国 Intergraph 公司的 PDS（Plant Design System）、SmartPlant3D，英国 AVEVA 公司开发的 PDMS（Plant Design Management System），美国 Bentley 软件公司的 PSDS（PlantSpace Design Series）等等。

2.2　制约冶金行业工厂三维设计发展的因素

（1）三维设计在设计阶段所需的时间或许更长；

（2）三维设计对设计人员软件应用能力的要求更高；

（3）现有的二维设计所带来的不足，被当前产业和市场所容忍，而三维设计的收益和成本还未被良好的评估或未被市场所认可；

（4）部分三维设计软件未在运行速度和功能上达到良好平衡。

2.3　工厂三维设计要素

2.3.1　数据库的建立

工厂三维设计软件在逻辑结构上是以三维模型为信息载体，以数据库为后台支持。三维模型以文件的形式储存，模型中的元件属性信息存储在数据库中。数据库是三维设计的基础和重点，三维设计是完全依赖于数据库的设计，没有数据库的支持根本无法完成一项三维设计。

2.3.2 项目定制

由于三维软件没有针对具体项目，加上项目的差异性，每项三维设计的项目都需要单独定制，因此必须结合本项目的具体需求进行相应的定制。项目定制需要完成底层数据库定制、管线号表达方式的定制、逻辑支吊架类型及表达方式定制、ISO 图种子文件定制、材料清单定制、ISO 图中管件表达样式及管件符号属性定制、ISO 续图及分支表示方式的定制、综合材料报表定制等近百项定制。

2.3.3 施工图阶段

一套完整的三维模型大致包括钢结构、设备模型、管道模型、电缆桥架等部分组成。

大多数工程公司对于钢结构的设计基本都是采用二维模式，但是三维模型中却不能缺少钢结构，包括厂房、管道支架、管廊、平台等等，这些都应该尽可能地展现在三维模型中，有助于避免管道设计时与结构发生冲突。

工厂三维设计中的设备模型不需要像设备设计制造中的那么详细，只需要大致的外形和详细的接口位置口径等信息，在管道设计中不会与管道发生冲突的部分可以忽略。

管道的管径、壁厚、材质等参数都已在建模时期加入数据库，在管道设计中，设计人员需要做的仅仅只是选择相对的类型，然后根据起点、终点、路由、标高等，输入管线号等参数进行敷设。

三维管道的设计是出 ISO 图的关键，依赖于数据库的帮助，三维管道的设计相比二维设计更加严谨，不容易因设计人的不同出现不同的成品。

每张 ISO 基本上都是采用 A3 的版面，在 ISO 图的右侧有本张图纸的详细材料表，计算机能够自动精确计算材料。

电缆桥架是三维建模中经常被忽略的对象，但是却又经常与管道发生碰撞的部分。因此，电缆桥架应该尽可能地在三维建模中体现出来，避免设计的施工图将来与电缆桥架发生碰撞而导致返工。

3 三维模型在施工现场的应用

3.1 三维模型在现场的作用

传统的设计代表入驻现场都是携带纸制或者电子版的二维图纸，对于非本人设计的部分，经常需要花费时间在设计人员与施工人员的沟通交流中，经常因为沟通的不及时影响了施工决策和进度。设计代表入驻施工现场也带有监督施工的责任，若是设计人员仅有二维的图纸，很难发现施工中与设计不符的地方；但是通过三维模型的协助，设计人员

很直观地可以看出施工与设计不符的地方，可及时修改过来，避免造成更大的损失，即使对非本人设计的部分也完全不是问题。

三维模型进驻施工现场就带来了极大的好处。一套完整的三维模型基本囊括了施工中的所有关键要素，不仅能给施工人员带来最直观的立体视觉享受，而且在施工人员不明情况的时候通过三维模型指导其施工。

据不完全统计，在施工中因为施工单位的施工方式等问题浪费材料的现象很严重，而通过修改三维模型出的材料表，能够相当精确地统计出材料的增减，杜绝施工单位浪费材料，能够严格控制材料成本。

3.2 三维模型入驻现场的管理方式

三维模型入驻现场需要三维软件和文件管理平台协作的方式。

由于三维的数据库都比较庞大，一般都采用直接在施工现场设置一台局域网服务器承载三维数据库，这样设计代表就能够在现场直接修改因为设计问题或者现场调整所带来的设计变更，效率极高，而且对于今后需要出竣工图更带来了极大的方便。依赖于三维模型的帮助，现场仅需要一位管道设计代表，即便是非本专业的管道，设计代表也可以很轻松的在相关设计人员的指导下以最快的速度协助施工修改，有效节约了人力成本。

那么，如果采用传统的方式，设计代表先是把问题反馈给设计人员，然后设计人员再根据要求修改图纸、材料表（排除其中沟通有误的影响），工作量至少是现场设计代表直接按照要求修改模型，直接在现场出 ISO 图的 5 倍以上。由于现场所需变更往往比较详细、紧急，如果沟通不是特别明确，导致现场拿到图纸后发现与原意图有出入，极易造成返工。再者，设计人员不是固定一直在办公室的，包括国内外时差的关系，联系起来难度也比较大，效率非常低，常常是比手动修改 ISO 图的效率还要低。

那么有了三维模型进驻现场就够了吗？如果仅仅只是修改了现场的三维模型，变更了现场的设计，那是不够的，公司的文件通过什么方式及时更新获取呢？这里就需要文件管理平台了。

目前应用最广泛的是 ProjectWise 文件管理平台。通过互联网连接到了公司网络，现场的文件与公司内部同步，所有工程需要的文件都是在 ProjectWise 上共享，包括文件的更新替换等，不会造成文件的紊乱，查阅也非常方便。在 ProjectWise

上的每位用户都有不同的管理权限，设计人员只能对本人部分进行修改，不会造成被错误修改的情况。

在最后的竣工阶段，得益于现场实时更新的三维模型，整套图纸都成为了一套完整的竣工图，工程公司所需要做的仅仅是一次计算机抽取 ISO 图纸的过程，大大地节省了人力物力，还能增加产值。

4 三维设计应用的实际意义

4.1 设计理念的创新——预知的工厂建设

图 1 和图 2 分别是北京首钢国际工程技术有限公司氧气专业设计的越南化肥空分单元工厂三维模型（见图 1）和实际建成的工厂照片（见图 2）。从图中可以看出建成的工厂与预知的工厂两者高度统一。

工厂三维设计使原本在平面图纸上布置工厂的设备和设施，改为在一个虚拟的三维空间中"建造"工厂。应用网络平台的优势，使各专业有机地结合在一起，允许项目的每个设计人员根据自己的专业相应地"建造"工厂的各部分，包括"土建、结构、建筑、爬梯、平台、电缆桥架、设备、管道、支吊架等，全透明的设计模式使设计人可以一目了然地看到各部分的变化，极大地方便了设计更新。

图 1　越南化肥空分单元工厂三维模型

图 2　越南化肥空分单元工厂实际建成的工厂照片

4.2 设计的高度统一

依赖于数据库和项目定制的帮助，使用工厂三维设计能够使整个项目的设计高度统一，规范材料的材质、规格等所有参数，完全杜绝不同设计人的设计成品的不同。

4.3 自动生成施工图

相比传统的施工图，三维设计软件可以帮助设计人由计算机自动生成平面图、管道轴测图、材料表等，不仅节省了设计工作量，而且使不同设计人设计的图纸标准、美观，节省了人力、物力。

4.4 碰撞检查

三维软件自带的碰撞检查可以检测设计成品是否有不该出现的碰撞，极大地减少了设计误差以及施工可以遇到的碰撞，使得三维设计成为真正意义上的"无碰撞"工厂。对降低施工成本，缩短工期有重大意义。

4.5 材料成本的控制

由于三维设计的材料都是计算机自动生成，每一张施工图都附有详细的材料表，有效避免了认为统计材料的误差，大大提高了材料统计的精确性。

4.6 设计与施工、运营的协作

工厂施工中若有三维模型的协助，能起到如虎添翼的效果。三维模型在现场的实时更新更是为了今后的竣工图及设计优化创新提供帮助，可以避免类似的工程中犯同样的错误。

4.7 国际市场的认可

从国际市场看，目前的化工、电力等行业都广泛认可轴测图为施工图，使得三维设计成为一个国际竞争中不可或缺的重要部分，具备三维设计能力的国际工程公司可以有效提高国际竞争力。

5 结语

工厂三维设计有着其独特的优势，是工程设计的趋势，是与国际接轨的桥梁，是展现公司设计能力的工具。成熟的工厂三维设计能力能够有效地提高设计效率，减少设计错误，精准控制材料、成本，良好的设计管理等，对于工程总包的工程公司来说更是提高生产力必然的发展趋势。

参考文献

[1] 刘家仓. 三维管道设计系统的研究与开发[D]. 大连: 大连理工大学, 2005.

三维协同设计技术在工程项目中的实践

王 岩

（北京首钢国际工程技术有限公司，北京 100043）

摘 要：公司于 2008 年在国内首个自主设计的迁钢 1580mm 热轧地下室综合管网布置的设计任务中首次应用了三维协同设计技术。通过三维协同设计技术的应用，不仅提高了该设计项目的设计质量，并成功实现了国内首个复杂热轧地下综合管网项目的自主设计，而且通过该项目的实施初步摸索出了一套符合我公司设计特点的三维协同设计模式，有效地提高了管理审核效率和设计质量，降低了管理成本和施工成本，保障了整个设计项目保质保量地按期完工。

关键词：三维；系统设计；协同设计；工厂设计

Adopt 3-D Collaborative Design Technology in Design Works

Wang Yan

(Beijing Shougang International Engineering Technology Co., Ltd., Beijing 100043)

Abstract：In 2008, our company firstly adopted 3-D collaborative design technology in the design works of the integrated pipeline network inside the cellar of Qian'gang 1580mm hot mill, which project was the first self-designed in China. By way of using 3-D collaborative design, not only raised the design quality of this project, but also achieved success on complicate integrated pipeline network inside the cellar of hot mill in China firstly. After this project, we gained the way of actualization 3-D collaborative design on BSIET, promoted the efficiency of management and auditing, Reduced the cost of management and construction, ensured the entire design project completed on schedule.

Key words：3-D; system design; collaborative design; plant design

1 引言

1.1 三维协同设计概述

三维协同设计是围绕着三维设计所开展的一种协同工作方式，是一种项目实施的流程，是信息流转、利用的过程。了解三维设计的设计特点是组织开展三维协同设计的关键因素。众所周知，长久以来，我国冶金设计行业的设计方式主要采用二维设计。二维设计的设计图在展现细节方面具有其优势，但随着冶金行业的整体发展，越来越多的项目在精准设计、碰撞检查、材料统计、模拟进度施工等方面都提出了更高的要求，而传统的二维设计在面对这些需求时往往无力解决。

面对这些挑战，三维设计的手段随之应运而生，三维设计可以通过全信息三维模型的创建更好的满足碰撞检查、材料统计、施工进度模拟等需求，同时这些全信息三维模型还可以随时按需转化为传统的二维工程图，为制作满足国家标准的二维施工图的绘制打下基础。

通过协同设计平台可以将每个专业的三维设计成果根据权限实时展现在所有参与本项目的相关人员面前。项目的管理人员、设计人员均可以根据当前设计情况实时优化设计方案，提高了项目的整体设计质量。审核人员还通过三维协同设计带来的可视化实时设计审核，大幅提高了设计审核工作的精准性及审核效率，从源头避免设计错误的产生。

1.2 迁钢 1580mm 热轧地下室综合管网设计对设计技术的需求

首钢迁钢 1580mm 热轧工程，是以建成具有国际先进技术水平的热轧生产线为目标，自主集成的设计项目。首钢国际工程公司作为该工程的设计单位，在地下室综合管网设计中，存在着地下室空间有限、涉及管线布置的系统多、管线长度长、控制设备众多、各类管线及设备出现碰撞的几率大等问题造成的种种设计困难，同时业主对施工准确性、部分材料的统计精确性、厂房布置美观、检修安装空间和通道充足、系统控制流程显示清晰、设备管理更加系统、便捷、清晰和直观等方面提出了更高的要求。传统的二维设计无论是从设计手段上还是设计工期上均无法克服这些困难、满足业主要求，为了顺利的完成本设计项目，项目组果断采取设计手段和设计理念的革新，抛弃了以往工程设计中经常采用的二维设计手段，决定通过应用三维协同设计来保障本项目按期保质完工。

1.3 项目的目标

1.3.1 项目的总体目标

迁钢 1580mm 热轧项目希望通过应用三维协同设计技术，实现有限地下室空间的复杂综合管网布置设计，提高设计精准性。设计过程中应用三维协同设计技术既可以避免各类管线的碰撞、精确统计部分材料的使用量，还可以第一时间发现处理设计过程中出现的问题，有效缩短施工周期，提高设计质量。以此初步探索出符合我公司实际情况的三维设计组织开展模式。

该项目属于我公司第一个正式全面开展的三维协同设计项目，面临着各专业三维软件的掌握深度不同，协同设计组织实施、三维设计成品验收无经验可循，三维设计的后续衍生产品缺乏应用范例等一系列现实困难，故该项目没有尝试一步到位的全三维协同设计模式。经综合考虑，项目组最终决定采取各专业结合自身专业特点、项目要求以及软件应用实际情况，按专业特点开展深度不同的三维协同设计模式。设计管理部门则通过管理三维协同设计对各种三维工程信息进行汇总，划分功能控制不同层次参与人员权限和信息，最终实现我公司首个三维协同设计项目的顺利实施完成。

1.3.2 三维协同设计的参与专业及各专业目标

（1）设计管理：应用全流程三维协同设计的组织开展模式；

（2）液压、暖通：应用从三维模型到二维施工图的全流程顺行三维协同设计模式；

（3）电力、压缩空气：应用先生成基本三维模型，之后指导二维施工图开展的三维协同设计模式；

（4）给排水：应用随二维施工图同步绘制三维模型的并行三维协同设计模式；

（5）建筑、结构：应用二维施工图绘制完毕后，使用三维模型进行校验的逆行三维协同设计模式；

（6）信息网络：协调和组织全流程三维协同设计的各组成软件的使用方式及软件管理方式应用。

1.3.3 三维协同设计平台的软件及制度

（1）软件平台的选取。迁钢 1580mm 热轧项目是以综合管网布置为主的工厂设计项目，项目要求实现从数字化三维模型的建立到设计过程中碰撞检查直至生成二维施工图、抽取材料表的全流程三维协同设计。结合具体软件特点我们在统一软件平台后分别选取 Bentley 公司的 PlantSpace V8 2004（以下简称 PSDS）版软件作为与管道及管道相关设备专业的三维设计软件；选取 Bentley Building Mechanical Systems V8 2004（以下简称 HAVC）版软件作为暖通专业的三维设计软件；选取 Bentley Architecture V8 2004 及 Bentley Structural V8 2004 版软件作为建筑及结构专业的三维设计软件；选取 Bentely Redline V8 2004 版软件作为项目管理、审核人员的三维模型管理软件。

因本项目所选取的三维设计软件均属于 Bentley 公司产品，故在协同设计平台的选取过程中为了保障更好的兼容性，选取了该公司的 ProjectWise V8 2004（以下简称 PW）版软件作为此次协同设计开展的软件平台。

（2）软件技术的应用。面对项目组所采用如此多的三维设计软件，项目支持小组先后解决了软件项目运行环境定制、数据库结构及数据录入模板的定制、各类材料报表的定制、生成二维工程图的定制等诸多项目定制工作。在此基础上我们还实现了各类管线按管线号自动分层这个功能，突破了软件厂家原有的按序号标注管线号的软件功能限制。通过将管线号变更为"介质代字 + 区号 + 子区号 + 管线排序号 + 钢管规格"并按名称分层存储这一符合我公司设计人员设计习惯的命名方式的改造，使得各类管道更易在三维模型中识别、管理，为三维碰撞检查工作的顺利开展打下了坚实基础。

在完成了项目级软件应用定制的工作后，这些三维软件与 PW 协同设计系统的集成又成为了新的需要解决的技术难题。虽然这些软件均来自一个厂家，但每个软件均针对项目做了项目化的定制，而不同专业需要在 PW 系统中直接使用本专业的三维软件按项目配置打开。为了让各个软件真正的集成到 PW 系统中来，项目支持小组进行了大量的平台集成兼容调试、测试工作。对于例如面对同一 DGN 格式的三维数据文件不同专业人员用各自专业三维软件自动打开问题、PW 自身权限管理功能使用问题、PSDS 在 PW 系统中手动按项目配置打开以及建筑、结构软件与 PSDS、HAVC 管道三维软件的模型数据管理等问题，项目支持团队以项目文档的方式下发到了相关项目人员手中，保障了项目协同设计工作的顺利开展。

在调试各类三维协同设计软件的同时，为了让设计人员更好的掌握相关三维软件的使用，我公司信息网络部与 Bentley 公司通力合作为相关专业人员进行了三维设计软件、三维协同设计平台软件、三维审核软件以及数据库录入平台的使用培训。这些培训让相关项目人员真正的掌握了三维协同设计软件的软件使用技术，为三维协同设计的人力资源储备建设奠定了基础。

仅仅掌握三维软件的使用技术，没有对应的三维材料库、设备库的支撑，开展三维协同设计就是一纸空谈。为了保障三维协同设计的顺利开展，在项目开始前，相关项目技术保障人员通过之前定制的模板化的数据表格组织相关设计人员建设 PSDS 管道三维软件的资源库，专业负责人对相关专业设备的三维模型进行工程攻关，最终确保 PSDS 管道设计软件有对应数据可用，三维设计项目的开展有标准元件、设备库进行支撑。

为了提高项目协同设计平台使用的易用性及保障三维全信息模型数据一致性，在项目开展前期信息网络部相关人员会同设计管理人员、主要设计人员对诸如 PW 协同设计平台目录结构、设计平台的视图结构、项目权限结构、文件组成结构、文件编码体系、文件版本管理、PSDS 软件色表、各个三维软件绘图图层、三维软件间的衔接结构、各设计模型之间的参考关系、各类复杂管件及复杂设备的处理及统计等问题进行了讨论并将各类问题模板化、项目化，确保了项目参与人员绘制的三维模型可在一个统一的平台中进行无缝衔接。

在项目开展过程中，项目组又发现了若干影响三维协同设计全流程开展软件功能弱项。为了确保本项目的顺利开展，信息网络部组织相关人员对特殊材料抽取与统计、抽取二维图辅助标注等功能进行了功能二次开发，进一步降低了设计人员的工作强度，确保了项目按期完工。

（3）制定三维协同设计管理制度。推动三维协同设计在工程设计中的应用，仅有软件的支持和工程人员的热情是远远不够的，相关的管理制度必须

要做到及时配套。新的设计开展方式和设计组织管理手段必须通过配套制度的规范才能使其在具体的工程设计中发挥最大作用，从而真正实现开展精准设计、提高设计组织管理水平。

为了完成这一目标，项目组制定了《迁钢及京唐 1580mm 热轧三维协同设计 PW 使用基本要求》、《PW 系统使用工作流程》、《PW 协同设计平台应用管理规定》、《关于迁钢及京唐 1580mm 热轧三维设计的规定》等一系列设计规定、项目管理及软件应用要求。这些项目化的规定和要求配合着公司原有的各类设计规章制度最终合力保障了三维协同设计这个新生事物的顺利开展。

2 三维协同设计的开展

2.1 PW 协同设计项目平台的搭建

为了在本项目中应用三维协同设计，搭建协同设计环境自然是项目开展的首要任务。通过应用 PW 协同设计管理系统，我们搭建了以"文件类别-设计区域-专业"的三级目录结构，分别用于存储设计文件、项目公用资料、各类三维软件的标准化配置文件、柱网文件、设计单元库及各专业总装文件。

（1）在设计目录中我们对各设计专业需要对外发布的三维模型存储文件按子区域编码加专业代字的方式命名并进行统一创建，之后将其分类存储在对应的设计区域目录里，由协同设计管理员进行统一的文件管理。

（2）对于不需要对外专业发布的专业内部交流信息，我们采取了在大区域下建立专业目录进行存储，该区域内文件仅对其专业内部可见。并且对该专业目录下的设计文件不再进行统一创建，由该专业的管理人员进行文件管理。

（3）对于各类项目的公用信息、配置文件等公用文件交由协同设计管理员统一发布。项目管理所用的项目组装文件则由项目负责人及专业负责人自行创建管理并按层级进行模型组装。

（4）在协同设计平台的权限管理方面我们采取了公共内容区域内相互可见但修改权限具体到人，专业私有目录文件对其他专业不可见的权限管理思路。通过下发《PW 设计人员授权登记表》及《PW 管理人员授权登记表》将权限的分配模板化，该做法不仅方便了各个专业的管理人员落实每个模型文件的具体人员权限，而且方便了协同设计管理员对这些权限的管理。

通过对协同设计平台进行目录、文件、权限设置，并且将各类三维软件集成与协同设计平台之中，

配套相应的三维协同设计的项目制度、规范以及各类三维软件模板化的配置、各类基础数据信息的录入，最终成功实现了三维协同设计平台的搭建，为项目下一步的开展打下了坚实的基础。

2.2 三维协同设计的开展

在经历了前期的大量讨论及技术准备后，迁钢1580mm热轧三维协同设计项目于2008年6月正式启动。

为了保障项目的正常开展，协同设计管理员按前期技术准备的要求在协同设计平台上将项目信息初始化，对项目目录、权限、各类公共信息进行创建。

在项目协同设计工作环境搭建完毕后，项目设计人员、管理人员具备了开展三维协同设计的基本条件。但因项目初始阶段相关人员对于三维设计、协同设计的掌握和认识程度均较低，缺乏有效的三维设计应用方式以及三维协同设计的管理模式，造成项目初期开展进度较为缓慢。为了保障项目的按期完成，相关设计项目支持人员直接到设计人员工位，现场解决三维协同软件使用中遇到的各类技术问题。对于常见问题，通过整理标准操作法的方式进行分发；对于需要制作和统计数量的异型管件PSDS软件无法绘制和统计的问题，项目支持组采取了先使用CELL单元库存储管件单元进行绘制，后期通过软件二次开发进行统计的手段予以解决；对于设计人员、管理人员反映的软件使用不便的地方，项目支持小组通过修改项目定制、联系软件厂家提供解决方案、二次开发等多种手段综合解决了项目应用前期的各类软件问题。

伴随着项目的全面开展，各个专业间协同设计文件的有效性确认又成为了新的问题。因为协同设计的特点，项目组成员在开展设计时总会参考到其他专业人员的文件作为设计依据，但往往被参考的文件会因各种原因在设计过程中产生变更，这些变更不可避免的对整个项目产生连锁影响，对协同设计的开展产生困扰。为了解决这一问题，我们采取了文件版本控制配合定期设计文件审核的设计方式，通过将审核工作的提前确保了设计文件有效性确认的提前。在具体实施时，我们充分利用了PW平台的版本控制功能，通过版本区分设计过程版和定稿版。设计人员只负责绘制设计过程版，审核人员通过协同设计平台定期审核并发布定稿版，这种方式最终克服了协同设计准确性确认这一难题。

为了更好的开展三维协同设计，让三维设计文件更方便的被各级项目人员利用，三维设计文件的图层管理是必须要面对的一个问题。为此项目组在项目开展前期对本项目的设计图层做出了分层要求，对需要手动分层的部分，项目管理人员定期予以检查；对可以通过技术手段自动分层的PSDS软件，通过修改PSDS软件的各类参数配置，克服了软件不足，成功实现了按我公司编码规则的管线号填写并命名分层。这一系列工作大幅减轻了相关审核人员的审核难度以及专业间相互参考设计的难度，有效地提高了项目开展的效率。

在项目开展的中后期，面对越来越复杂的三维设计模型，三维软件的运行速度越来越慢。为了解决这一困扰，项目组决定采取绘制两套设备模型的方案提高设计软件运行速度的方案。对于外专业需要进行空间定位的设备，采取绘制低精度的占位模型并对外发布；对于本专业需要进行配管的模型，将对外发布的低精度模型替换为高精度的设备模型进行复杂专业内管线设计。这一方案不仅保障了设计项目的高效开展，同时确保了相关高精度设计的进行，使得设计的效率和精度同时得以兼顾。

在设计人员不断加深对三维协同设计了解的同时，管理人员对于项目的管理思路也发生了改变。项目负责人逐渐调整了以前的定期组织项目会议听取项目汇报的管理模式，项目各层级管理人员通过协同设计平台可以深入到设计项目开展的过程中去，每天仅对进行项目新增部分的三维模型进行检查与确认。这样不仅让设计中产生的问题、缺陷提前暴露，具备了实时确认当前的设计进度的能力，而且将设计审核工作大幅提前，有力的保障了最终设计项目的按期完成。

因该项目不同专业的三维设计深度不同，部分专业需要从三维模型中抽取二维工程图并转化为符合国标的二维施工图，甚至个别专业还需要对部分材料、管件进行数量统计。为了解决这一难题，项目组技术支持人员广泛听取了软件厂家各软件支持组的建议和解决方案。在吸收软件厂家的解决方案优点后，项目组技术支持团队提出了使用三维模型切割平面工程图，再对其修改制作二维施工图的三维设计转化为二维设计方案。对于该方案中存在的PSDS软件切割管线缺乏国标所需中心线的难题，通过与厂家通力合作，自主定制、改造软件功能最终解决了这个难题；对于设备模型二维切割结果与施工图要求偏差较大的问题，通过删除三维模型切割出来的设备投影，并在该投影位置直接粘贴厂家设备样本图进行替换的方式较好的实现了对设备模型二维化的处理；通过对软件进行二次开发增加软件功能减轻了管线标注的工作量。

最终，通过各个相关专业的通力配合，三维协同设计在迁钢 1580mm 热轧项目中得以成功应用。

3 三维协同设计应用的一些经验及思考

3.1 在本项目中三维协同设计的经验

在本项目中探索了逆行协同、并行协同、顺行协同三种三维协同设计模式。在这三种设计模式中，涉及到的协同设计管理以及设计质量管理方式均有所区别。

（1）逆行协同设计模式。在本模式下，二维设计文件先于三维设计生成，三维设计的目标仅仅是验证二维设计的合理性并检查其设计缺陷。

对于项目管理人员而言，此种协同设计模式不仅需要管理好原有的二维设计，还需要管理对应三维设计并协调好两者之间的关系，事实上造成了管理者需要付出额外的工作量。

对于设计人员而言，三维设计人员不直接参与本项目的二维设计。两部分设计人员的差异造成三维模型在绘制过程中易出现造成导致二、三维设计不一致。甚至还出现了二维设计发出设计变更后，因二维设计人员对与三维设计人员衔接的新设计流程不熟悉，未能及时与三维设计人员沟通，导致该专业三维设计模型与现场情况不一致连带影响下游三维设计专业设计准确性。

对于审核人员而言，不仅需要审核原有的二维设计是否被正确无误的转化为了三维模型更要通过三维模型验证原有二维设计的合理性，工作量较之以前有较大增加。

但此种方式与原有设计流程衔接性最好，在三维设计力量较薄弱的专业应用效果较好。

（2）并行协同设计模式。在并行协同设计模式下，因为二维设计与三维设计基本同步开展，两者之间相互指导相互印证。该种设计模式既保留了三维协同设计的优点，又满足了二维施工图绘制进度的要求。

对于项目管理人员，在此种模式下面临的困难与逆行协同设计模式类似，但其增加了实时沟通二、三维协同设计团队的管理工作。

对于设计人员而言，三维设计人员间接参与到二维设计中去，二维设计人员通过三维设计团队的支持确定具体的设计方案，并通过三维设计团队实时验证其设计布置合理性。这种要求导致三维设计人员不仅要懂得三维建模的手段还要具备一定的设计能力，保证与二维设计人员的实时沟通理解无障碍，存在着对人力资源要求较高且浪费的情况。

对于审核人员而言，因为三维设计人员深入到了设计过程中去，一般不会出现二、三维设计不一致的情况。而且因为采用了三维设计技术，客观上基本杜绝了设计失误的可能性，审核人员可以仅关注施工图图面准确性即可，工作量与原有二维设计基本一致。

这种设计模式适合人力资源相对充足、三维设计力量有保障且设计周期紧张，需要快速出施工图的设计项目或专业。

（3）顺行协同设计模式。在顺行协同设计模式下，三维设计先于二维设计展开。因专业目标不同，我们采取了两种实施模式：即部分专业实施全流程的三维顺行设计，二维施工图直接由三维模型切割而来；部门专业仅开展基本设计的三维设计，二维施工图的绘制受三维设计模型的指导。

对于项目管理人员而言，因开展顺行三维协同设计的专业设计进度受到了非顺行三维设计专业的制约，使得其无法有效预估三维设计转换为二维施工图的工期，项目进度管理的难度较大。

对于设计人员而言，因其绘制施工图需要该专业三维设计成品的指导甚至直接由三维模型切割而来，一旦出现设计变更对三维设计成品进行调整，所有已完成的二维施工图均需要重新绘制，对设计人员的工作量及设计工期均有较大影响。而且，因现有三维软件的局限性，不能实现直接从三维模型中切割并标注出符合国家标准的二维施工图，图面上的不足之处都需要设计人员手工去一个个解决，制作符合国标的二维施工图还需要耗费设计人员较大的工作量。

对于审核人员而言，因为三维设计天生具备的直观性，设计不合理之处很容易被第一时间发现，提高了审核人员的工作效率。

这种工作模式对设计人员的三维设计能力要求较高，适用于设计难度较大且设计周期相对较宽松的设计项目。

（4）三维协同设计对项目带来的益处。尽管协同设计模式可以有多种模式，但无论采用哪种协同设计模式，设计人员和管理人员都能在第一时间获取到自己所需要的信息，并且在第一时间把需要发布出去的信息进行发布。通过三维协同设计技术带来的信息共享，设计人员不仅能更好的优化自己的设计方案并且可以更准确的对自己设计所用的材料量进行统计；审核人员可以更直观的发现设计过程中出现的各种碰撞、设计缺陷、设计失误，在不增加设计周期的前提下大幅提高了设计质量；设计管理人员可以更准确的了解当前项目的整体设计进度以及设计难点，这样就可以更有针对性的掌控整个设计项目，更科学合理的调配各种资源用于保障设计进度的按期完成。

3.2 在本项目中三维协同设计中存在的问题

虽然设计项目按期顺利完成，但在实施三维协同设计过程中还是出现了若干预料之外的问题。

（1）项目设计组织管理人员缺乏组织三维协同设计的经验。由于前期对三维协同设计的部分专业缺乏有效管理模式，部分开展逆行协同设计专业三维设计前期进度拖期，同时对顺行协同设计专业开展三维协同设计的难度预估不足，最终导致部分专业工期紧张。

（2）开展逆行协同设计的专业对于三维模型与二维施工图一致性的检查经验不足，造成设计开展中期发现部分三维模型失真与已发出的二维施工图不符，影响了其他专业的设计工作的开展。与此同时，因开展逆行设计专业的部分施工图已于三维协同设计开始前发至施工现场，造成三维模型中检查出来的错误无法修改，降低了三维协同设计的价值。

（3）开展并行协同设计的专业因为其二维设计人员为主要设计人员，三维设计人员的工作仅作为验证设计结果和确定设计思路之用。在项目伊始没有要求这部分人员所绘制的三维模型采用精确的全信息三维模型绘制方式，该部分模型中仅包含基本的管件信息，造成后期在统计材料量时，相关部分的三维设计无法精确统计材料，部分统计结果仅能供二维设计人员参考之用。

（4）开展顺行协同设计的专业因为对从三维模型抽取二维工程图然后修改为二维施工图的工作量预估不足，直接导致相关设计人员在项目开展中后期工作强度极高。

（5）在项目总装阶段，因受到计算机设备、软件环境的制约，在项目开展的大部分时间里，项目模型无法进行整体装配。而设计管理人员和设计审核人员为了真实了解设计进度及设计质量，均需要对项目整体模型进行浏览。为了保障他们能顺利完成工作，项目保障组只能拿出需付出工作量较大的"项目模型分段审核配合按系统分层审核"的审核工作解决方案。这个方案不仅大幅增加了相关人员的额外工作量，还留下了因总装方案缺陷导致无法有效审核三维设计系统结合部的隐患。虽然在项目中后期通过升级审核软件版本的方式实现了项目总装模型的实时浏览，但因项目当时已完成过半，部分相关人员的主要工作已基本完成，相关软件升级带来的益处没能覆盖到项目组的每一个管理、审核人员。

（6）三维协同设计整体上与现存的二维设计流程差异过大，造成现有的二维设计管理流程无法与之有效匹配。因部分现有设计流程在三维协同设计中已经消失或弱化，相关设计、审核人员为了满足当前设计流程要求，在填写相关工作信息时均采取了变通的方式，未能真实反映项目开展的相关情况。

4 结语

多专业三维协同设计较完善完成了所要达到的设计目标和内容。特别是在以迁钢 1580mm 热轧项目为代表的工程应用中，设计过程中涉及的各类人员都可以通过该技术更直观的了解工程设计开展的方方面面，特别适合冶金工程多专业协同设计及复杂的冶金工程项目，必将推动冶金工程设计水平的提高。

参考文献

[1] 张雪. 迁钢1580mm热轧工程地下管网三维设计创新[N]. 世界金属导报，2011-8-5(1).

三维技术在越南制氧项目中的应用

张 严

(北京首钢国际工程技术有限公司，北京 100043)

摘 要：海外越南制氧项目是冶金系统第一次采用 Bentley 公司三维设计技术全过程应用进行精确工程设计与管理的项目。实现由 3D 工厂模型—碰撞检查—2D 平面图—ISO 图—材料报表的全设计过程，也是第一次在设计、施工工程中实施三维设计和管理的应用。通过项目的设计实施过程，探索海外工程项目三维设计的实施方法和模式。

关键词：三维设计技术；PSDS；制氧；数据库

The Application of Three-dimensional Design Technology in Vietnam Air Separation Project

Zhang Yan

(Beijing Shougang International Engineering Technology Co., Ltd., Beijing 100043)

Abstract：Vietnam air separation project is the first one in metallurgical industry to apply Bentley's three-dimensional design technology in the whole process for project management, realizing the whole process from 3-D plant model — collision checking — 2-D plan — ISO drawing — bill of material, and it is also the first one in metallurgical industry to apply 3-D design and management in the whole process of design and construction. Through the process of implementation of 3-D design in this project, the implementation method and mode of 3-D design for overseas project has been explored.

Key words：three-dimensional design technology; plantspace design series; air separation; database

1 引言

越南制氧项目是为越南化肥项目提供配套的 35000m³/h 空分装置的设计、制造及仪表空压站设计的项目，我公司承担空分空压单元及仪表空压站的工厂设计任务，是采用三维设计技术进行精确的工程设计和管理（计算、采购、工程进度等）的项目。

该项目是我公司承揽的海外项目中首次使用三维设计，且是首次实现由 3D 工厂模型—碰撞检查—2D 平面图—ISO 图—材料报表的全过程，在冶金系统也是第一次全过程实施三维设计和管理在设计、施工工程中的应用。

通过越南制氧项目的设计实施过程，探索了海外工程项目三维设计的实施方法和模式。项目采用 BENTLEY 公司的 PSDS（PlantSpace Design Series）软件进行三维设计并配合施工。PSDS 目前是国际上优秀的三维工厂设计软件之一，其主要功能包括：

（1）创建三维工厂模型：管道布置、设备布置、电缆桥架布置等；

（2）碰撞检查：对工厂模型进行干涉检查；

（3）生成平面布置图：从三维模型中抽取平、立、剖面图；

（4）生成 ISO 图：从三维模型中抽取 ISO 图及材料清单；

（5）生成综合材料报表：从三维模型中提取综合材料报表。

应用 PSDS 软件进行工程设计的工作流程如图 1 所示。

在越南制氧项目的整个设计、实施过程中，根据项目要求建立了项目数据库、完成了工厂模型布置、抽取了 ISO 图、2D 平面图、综合材料报表，并进行了全程现场施工配合。

2 建立数据信息

根据外方提供的项目技术资料，按照软件的要求提取 3D 设计所需的相关数据。

2.1 技术资料

技术资料包括：管道等级表、管线清单、P&ID 流程图、设备图纸、阀门图纸等。其中：

（1）管道等级表：包括 6 个压力等级，13 大类管道等级，9 大项管道、管件、阀门及附件等详细数据。

（2）管线清单：包括各管线管径、介质、管线

号、设计压力、设计温度、工作压力、工作温度、管线起止点、保温保冷要求、试压参数、射线探伤、管道清洁度等详细数据。P&ID 流程图是整体流程设计文件，是 3D 设计的指导性文件。

（3）设备图纸：包含多套动设备和静设备外形以及参数等详细图纸（不包括阀门等小型设备）。

（4）阀门资料：包括各类标准、非标准、国产、进口、定制的手动、电动、气动阀门图纸及样本，疏水器、过滤器、流量计等图纸资料。

2.2 提炼项目数据信息

从外方提供的数以万计的技术资料中提炼出适用于本项目 3D 设计的有效数据，剔除与本项目无关的数据，总共提炼 500 多页有效管道等级表，600 多行有效管线清单，以及 600 余套阀门数据等信息。

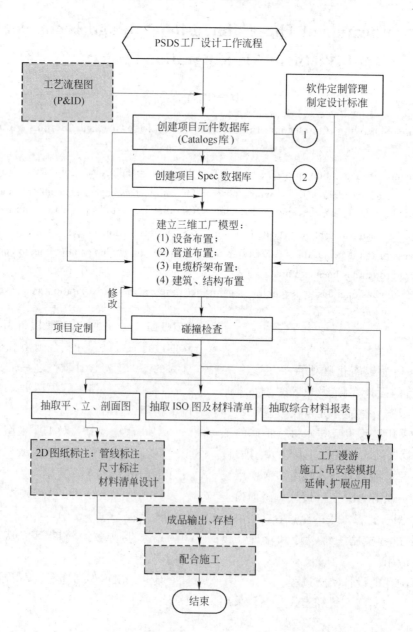

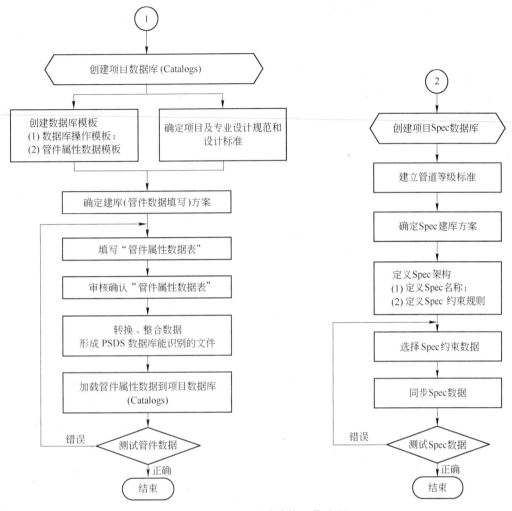

图 1　PSDS 工厂设计的工作流程

3　建立项目数据库

该项目采用 Bentley 公司的 PSDS 软件进行 3D 设计，PSDS 软件采用三维图形平台+工程数据库的方式，元件数据库中记录着管道的直径、压力等级、端面连接方式、管子的壁厚、材质、管件标准、质量、生产厂家等等一系列管道元件属性参数，正是由于有了项目数据库中管件属性参数的支持，才使得在三维模型中每一个管件都带有相应的属性信息，从而才能从数据库中抽出相应的单管 ISO 图及材料报表等产品。因此要应用好该软件必须首先建立强大的项目数据库。

3.1　建立管道元件数据模板和数据库操作模板

为了实现标准化建库，根据项目的需要分别建立了数据库操作模板、管道元件数据模板和属性说明表，其中管道元件数据模板以 Excel 形式提供给专业设计人员，用以填写管道元件数据信息，在模板文件中以中英文对照的方式描述数据表列的属性，这样不仅极大的方便了设计人员填写数据表，

而且非常便于各级领导进行审核、确认数据的正确性。项目共建立了 40 多个模板和属性说明表。

PSDS 软件提供的创建管件数据信息的方法是向数据库中加载特殊格式的数据文件，在这个特殊格式的数据文件中包括两部分内容，一部分是用以实现对 SQL Server 数据库进行各种操作的 SQL 语句，另一部分是用来填写管道元件属性数据信息的数据块。

这样为提高建库的标准化程度，把建立数据库工作也划分成两部分内容分别建立模板文件，其中一部分是 SQL Server 数据库操作模板，其内容由计算机专业人员负责填写和管理，另一部分是管件属性数据模板，用以填写管道元件数据信息，其内容由专业设计人员填写。这种以模板的方式建立数据库的方法，既方便、快捷、规范，同时也是标准化管理的具体体现，提高了数据库管理的标准化水平。

3.1.1　建立数据库操作模板

通过按照不同的管件分类，分别建立了 20 多种管件的数据库操作模板文件，在这些模板中根据管件类型和所关联的数据库表，逐一书写出所需要的

SQL 语句和变量属性定义，把分散的数据表管理做到了标准化管理。

3.1.2 建立管件属性数据模板

对于需要设计人员填写的管件属性数据部分，要求管件信息的正确性、唯一性和完整性，技术人员填写完管件属性信息后还要经过各级领导的审核、确认，才能作为管件标准数据加载到 PSDS 的 Catalogs 数据库中，而软件对管件数据库表的填写有着严格的格式要求，数据格式如图 2 所示。

图 2 所示格式的数据信息，视觉上密密麻麻，让设计人员填写起来很不方便，尤其是当属性列数据错位或遗漏时，很难检查出来，领导审核数据就更困难了。故专门设计了用于填写各种管件信息的管件属性数据模板文件，这些模板文件以非常易于编辑、查看的 Excel 格式提供给专业技术人员，模板的表头记录还以中英文对照的方式给出管件信息所代表的含义。Excel 格式的数据表样式如图 3 所示。

```
/* Pipe(A,20) */
0.375,"#","GBJB","sch80","STL","#","BW","BW","#",17,3.5,"MM","SMLS.","GB/T8163-2008","Φ17X3.5","20",1.171,"#","H501"
0.5,"#","GBJB","sch80","STL","#","BW","BW","#",22,4,"MM","SMLS.","GB/T8163-2008","Φ22X4.0","20",1.724,"#","H501"
0.75,"#","GBJB","sch80","STL","#","BW","BW","#",27,4,"MM","SMLS.","GB/T8163-2008","Φ27X4.0","20",2.282,"#","H501"
1,"#","GBJB","sch80","STL","#","BW","BW","#",34,4.5,"MM","SMLS.","GB/T8163-2008","Φ34X4.5","20",3.274,"#","H501"
1.5,"#","GBJB","sch80","STL","#","BW","BW","#",48,5,"MM","SMLS.","GB/T8163-2008","Φ48X5.0","20",5.394,"#","H501"
2,"#","GBJB","sch40","STL","#","BW","BW","#",60,4,"MM","SMLS.","GB/T8163-2008","Φ60X4","20",5.61,"#","H502"
2,"#","GBJB","sch80","STL","#","BW","BW","#",60,5.5,"MM","SMLS.","GB/T8163-2008","Φ60X5.5","20",6.888,"#","H501"
2.5,"#","GBJB","sch80","STL","#","BW","BW","#",76,7.5,"MM","SMLS.","GB/T8163-2008","Φ76X7.5","20",7.184,"#","H501"
2.5,"#","GBJB","sch40","STL","#","BW","BW","#",76,5.5,"MM","SMLS.","GB/T8163-2008","Φ76X5.5","20",9.674,"#","H502"
3,"#","GBJB","sch80","STL","#","BW","BW","#",89,7.5,"MM","SMLS.","GB/T8163-2008","Φ89X7.5","20",8.46,"#","H501"
3,"#","GBJB","sch40","STL","#","BW","BW","#",89,5.5,"MM","SMLS.","GB/T8163-2008","Φ89X5.5","20",11.428,"#","H502"
4,"#","GBJB","sch80","STL","#","BW","BW","#",114,8.5,"MM","SMLS.","GB/T8163-2008","Φ114X8.5","20",10.99,"#","H501"
4,"#","GBJB","sch40","STL","#","BW","BW","#",114,6,"MM","SMLS.","GB/T8163-2008","Φ114X6.0","20",14.91,"#","H502"
5,"#","GBJB","sch80","STL","#","BW","BW","#",140,11,"MM","SMLS.","GB/T8163-2008","Φ140X11","20",13.52,"#","H501"
5,"#","GBJB","sch40","STL","#","BW","BW","#",140,7,"MM","SMLS.","GB/T8163-2008","Φ140X7","20",21.57,"#","H502"
6,"#","GBJB","sch80","STL","#","BW","BW","#",168,11,"MM","SMLS.","GB/T8163-2008","Φ168X11","20",20.34,"#","H501"
6,"#","GBJB","sch40","STL","#","BW","BW","#",168,7,"MM","SMLS.","GB/T8163-2008","Φ168X7","20",31.95,"#","H502"
8,"#","GBJB","sch80","STL","#","BW","BW","#",219,13,"MM","SMLS.","GB/T8163-2008","Φ219X13","20",31.85,"#","H501"
8,"#","GBJB","STD","STL","#","BW","BW","#",219,8,"MM","WELDED","GB/T9711.2-1999","Φ219X8","20",42.07,"#","H504"
8,"#","GBJB","sch40","STL","#","BW","BW","#",219,8,"MM","SMLS.","GB/T8163-2008","Φ219X8","20",42.07,"#","H502"
10,"#","GBJB","sch80","STL","#","BW","BW","#",273,15,"MM","SMLS.","GB/T8163-2008","Φ273X15","20",46.39,"#","H501"
10,"#","GBJB","sch40","STL","#","BW","BW","#",273,9.5,"MM","SMLS.","GB/T8163-2008","Φ273X9.5","20",52.82,"#","H502"
10,"#","GBJB","STD","STL","#","BW","BW","#",273,9.5,"MM","WELDED","GB/T9711.2-1999","Φ273X9","20",59.19,"#","H504"
12,"#","GBJB","sch40","STL","#","BW","BW","#",325,10,"MM","SMLS.","GB/T8163-2008","Φ325X10","20",78.2,"#","H502"
12,"#","GBJB","STD","STL","#","BW","BW","#",325,10,"MM","WELDED","GB/T9711.2-1999","Φ325X10","20",78.2,"#","H504"
14,"#","GBJB","sch40","STL","#","BW","BW","#",356,11,"MM","SMLS.","GB/T8163-2008","Φ356X11","20",89.1,"#","H502"
14,"#","GBJB","STD","STL","#","BW","BW","#",356,10,"MM","WELDED","GB/T9711.2-1999","Φ356X10","20",86.1,"#","H504"
16,"#","GBJB","sch40","STL","#","BW","BW","#",406,13,"MM","SMLS.","GB/T8163-2008","Φ406X13","20",100.1,"#","H502"
16,"#","GBJB","STD","STL","#","BW","BW","#",406,10,"MM","WELDED","GB/T9711.2-1999","Φ406X10","20",98.76,"#","H504"
18,"#","GBJB","sch40","STL","#","BW","BW","#",457,14,"MM","SMLS.","GB/T8163-2008","Φ457X14","20",100.45,"#","H502"
18,"#","GBJB","STD","STL","#","BW","BW","#",457,10,"MM","WELDED","GB/T9711.2-1999","Φ457X10","20",111.36,"#","H504"
20,"#","GBJB","sch40","STL","#","BW","BW","#",508,15,"MM","SMLS.","GB/T8163-2008","Φ508X15","20",111.88,"#","H502"
20,"#","GBJB","STD","STL","#","BW","BW","#",508,10,"MM","WELDED","GB/T9711.2-1999","Φ508X10","20",124.07,"#","H504"
```

图 2 源数据格式

A	B	C	D	E	F	G	H	I	J	K	L	M	N	O	P	Q	R	S
size_1	Schedul	STNDRD	Code	mat_na	reihe	eprep1	Eprep2	Face	P1_PAR	P2_PAR	PAR_UNIT	COMP_NAM	CATNO	COMP_SPE	COMP_MAT	COMP_WG	MANUFACT	COMP_NOT
公称直径	壁厚系列名	标准	代码	材料名称		端部1形式	端部2形式	端面形式	管子外径	管子壁厚	测量单位	元件名称	catalog号	元件spec	管件材料	管件重量	制造厂家	备注
0.375	"#"	"GBJB"	"sch80"	"STL"	"#"	"BW"	"BW"	"#"	17	3.5	"MM"	"SMLS."	"GB/T8163-2008"	"Φ17X3.5"	"20"	1.171	"#"	"H501"
0.5	"#"	"GBJB"	"sch80"	"STL"	"#"	"BW"	"BW"	"#"	22	4	"MM"	"SMLS."	"GB/T8163-2008"	"Φ22X4.0"	"20"	1.724	"#"	"H501"
0.75	"#"	"GBJB"	"sch80"	"STL"	"#"	"BW"	"BW"	"#"	27	4	"MM"	"SMLS."	"GB/T8163-2008"	"Φ27X4.0"	"20"	2.282	"#"	"H501"
1	"#"	"GBJB"	"sch80"	"STL"	"#"	"BW"	"BW"	"#"	34	4.5	"MM"	"SMLS."	"GB/T8163-2008"	"Φ34X4.5"	"20"	3.274	"#"	"H501"
1.5	"#"	"GBJB"	"sch80"	"STL"	"#"	"BW"	"BW"	"#"	48	5	"MM"	"SMLS."	"GB/T8163-2008"	"Φ48X5.0"	"20"	5.394	"#"	"H501"
2	"#"	"GBJB"	"sch40"	"STL"	"#"	"BW"	"BW"	"#"	60	4	"MM"	"SMLS."	"GB/T8163-2008"	"Φ60X4"	"20"	5.61	"#"	"H502"
2	"#"	"GBJB"	"sch80"	"STL"	"#"	"BW"	"BW"	"#"	60	5.5	"MM"	"SMLS."	"GB/T8163-2008"	"Φ60X5.5"	"20"	6.888	"#"	"H501"
2.5	"#"	"GBJB"	"sch80"	"STL"	"#"	"BW"	"BW"	"#"	76	7.5	"MM"	"SMLS."	"GB/T8163-2008"	"Φ76X7.5"	"20"	7.184	"#"	"H501"
2.5	"#"	"GBJB"	"sch40"	"STL"	"#"	"BW"	"BW"	"#"	76	5.5	"MM"	"SMLS."	"GB/T8163-2008"	"Φ76X5.5"	"20"	9.674	"#"	"H502"
3	"#"	"GBJB"	"sch80"	"STL"	"#"	"BW"	"BW"	"#"	89	7.5	"MM"	"SMLS."	"GB/T8163-2008"	"Φ89X7.5"	"20"	8.46	"#"	"H501"
3	"#"	"GBJB"	"sch40"	"STL"	"#"	"BW"	"BW"	"#"	89	5.5	"MM"	"SMLS."	"GB/T8163-2008"	"Φ89X5.5"	"20"	11.428	"#"	"H502"
4	"#"	"GBJB"	"sch80"	"STL"	"#"	"BW"	"BW"	"#"	114	8.5	"MM"	"SMLS."	"GB/T8163-2008"	"Φ114X8.5"	"20"	10.99	"#"	"H501"
4	"#"	"GBJB"	"sch40"	"STL"	"#"	"BW"	"BW"	"#"	114	6	"MM"	"SMLS."	"GB/T8163-2008"	"Φ114X6.0"	"20"	14.91	"#"	"H502"
5	"#"	"GBJB"	"sch80"	"STL"	"#"	"BW"	"BW"	"#"	140	11	"MM"	"SMLS."	"GB/T8163-2008"	"Φ140X11"	"20"	13.52	"#"	"H501"
5	"#"	"GBJB"	"sch40"	"STL"	"#"	"BW"	"BW"	"#"	140	7	"MM"	"SMLS."	"GB/T8163-2008"	"Φ140X7"	"20"	21.57	"#"	"H502"
6	"#"	"GBJB"	"sch80"	"STL"	"#"	"BW"	"BW"	"#"	168	11	"MM"	"SMLS."	"GB/T8163-2008"	"Φ168X11"	"20"	20.34	"#"	"H501"
6	"#"	"GBJB"	"sch40"	"STL"	"#"	"BW"	"BW"	"#"	168	7	"MM"	"SMLS."	"GB/T8163-2008"	"Φ168X7"	"20"	31.95	"#"	"H502"
8	"#"	"GBJB"	"sch80"	"STL"	"#"	"BW"	"BW"	"#"	219	13	"MM"	"SMLS."	"GB/T8163-2008"	"Φ219X13"	"20"	31.85	"#"	"H501"
8	"#"	"GBJB"	"STD"	"STL"	"#"	"BW"	"BW"	"#"	219	8	"MM"	"WELDED"	"GB/T9711.2-1999"	"Φ219X8"	"20"	42.07	"#"	"H504"
8	"#"	"GBJB"	"sch40"	"STL"	"#"	"BW"	"BW"	"#"	219	8	"MM"	"SMLS."	"GB/T8163-2008"	"Φ219X8"	"20"	42.07	"#"	"H502"
10	"#"	"GBJB"	"sch80"	"STL"	"#"	"BW"	"BW"	"#"	273	15	"MM"	"SMLS."	"GB/T8163-2008"	"Φ273X15"	"20"	46.39	"#"	"H501"
10	"#"	"GBJB"	"sch40"	"STL"	"#"	"BW"	"BW"	"#"	273	9.5	"MM"	"SMLS."	"GB/T8163-2008"	"Φ273X9.5"	"20"	52.82	"#"	"H502"
10	"#"	"GBJB"	"STD"	"STL"	"#"	"BW"	"BW"	"#"	273	9.5	"MM"	"WELDED"	"GB/T9711.2-1999"	"Φ273X9"	"20"	59.19	"#"	"H504"
12	"#"	"GBJB"	"sch40"	"STL"	"#"	"BW"	"BW"	"#"	325	10	"MM"	"SMLS."	"GB/T8163-2008"	"Φ325X10"	"20"	78.2	"#"	"H502"
12	"#"	"GBJB"	"STD"	"STL"	"#"	"BW"	"BW"	"#"	325	10	"MM"	"WELDED"	"GB/T9711.2-1999"	"Φ325X10"	"20"	78.2	"#"	"H504"
14	"#"	"GBJB"	"sch40"	"STL"	"#"	"BW"	"BW"	"#"	356	11	"MM"	"SMLS."	"GB/T8163-2008"	"Φ356X11"	"20"	89.1	"#"	"H502"
14	"#"	"GBJB"	"STD"	"STL"	"#"	"BW"	"BW"	"#"	356	10	"MM"	"WELDED"	"GB/T9711.2-1999"	"Φ356X10"	"20"	86.1	"#"	"H504"
16	"#"	"GBJB"	"sch40"	"STL"	"#"	"BW"	"BW"	"#"	406	13	"MM"	"SMLS."	"GB/T8163-2008"	"Φ406X13"	"20"	100.1	"#"	"H502"
16	"#"	"GBJB"	"STD"	"STL"	"#"	"BW"	"BW"	"#"	406	10	"MM"	"WELDED"	"GB/T9711.2-1999"	"Φ406X10"	"20"	98.76	"#"	"H504"

图 3 Excel 格式的数据表样式

这种 Excel 格式的数据表，格式清晰、管件信息的含义一目了然，设计人员可以方便的将设计手册中的管件数据填写到 Excel 表中，这样不仅极大地方便了设计人员填写管件数据表，同时 Excel 形式的数据表格也非常便于各级领导审核、确认管件数据的正确性。

最后，计算机专业人员对设计人员填写的 Excel 格式的管件数据表进行转换处理，并与数据库操作模板整合，形成 PSDS 软件可识别的特殊格式的文件，统一加载到 PSDS 的 Catalogs 数据库中，形成项目数据库。

实践证明使用 Excel 模板填写数据库表有以下几个方面的好处：

（1）数据记录格式清晰，便于设计人员填写管件数据；

（2）便于领导审核管件数据；

（3）建模过程中出现问题时便于利用 Excel 表进行检查；

（4）便于数据存档和再利用；

（5）提高了数据库管理的标准化水平。

3.2 确定 Catalogs 数据库表的填写规则（Catalogs 方案）

根据项目需要，结合管件数据模板的要求制定合理的管件数据表的填写方案。管件数据表的填写规则不仅直接影响到建模时管件的外形尺寸，还会影响到后期从模型中抽取的产品信息，如 ISO 图、材料清单、综合材料报表以及各种需要从数据库中提取的信息。

3.3 填写管道元件数据表

专业技术人员根据数据模板和外方提供的技术资料，分别填写了管道、螺栓、支管、管帽、弯头、法兰、法兰盖、垫片、管嘴、变径管、阀门等十几大类 3000 多个管件的属性数据。

3.4 建立 Catalogs 数据库

计算机专业人员对管件数据表进行编辑、校验、转换、加载、测试等环节，形成可对 SQL Server 数据库进行编辑操作的数据文件，并加载到 PSDS 的 Catalogs 数据库中，从而建立起该项目的项目数据库（Catalogs 数据库）。

建立的项目数据库中包括国标、美标、化标、基标在内的 15 类管件管材、33 种介质、40 余种类型，共计 3200 多个管道元件及相关材料数据。

3.5 建立 Spec 数据库

为简化设计步骤、规范设计标准，在 Catalogs 数据库的基础上，结合外方技术要求制定了 Spec 定义规则，并建立该项目的 Spec 数据库，共计建立了包括 6 大类 12 种 236 项、91 个等级，共计 10200 多个数据记录。

4 项目定制

越南（煤头）化肥工程 35000m³/h 空分、空压站项目是我公司首次全过程应用 Bentley 三维 PSDS 软件完成的海外项目工厂设计。对于一个通用的 3D 工厂设计软件要应用到具体的工程项目中，必须结合本项目的具体需求进行相应的定制。该项目共完成底层数据库定制、管线号表达方式的定制、逻辑支吊架类型及表达方式的定制、ISO 图种子文件定制、材料清单定制、ISO 图中管件表达样式及管件符号属性定制、ISO 图续图及分支表示方式的定制、综合材料报表的定制等近百项定制开发，从而实现了按项目要求自动抽取 ISO 图、自动提取管道材料清单、自动填写工程名称、子项名称、图纸图名、图号、页次等功能。增强了抽取 ISO 图的自动化水平，并实现综合材料报表的自动抽取和分类汇总。

4.1 底层数据库及系统定制

由于该项目对管线号、螺栓、支吊架等元件有明确的技术要求，原始的 PSDS 软件无法满足其需求，如管线号的字母数字混合应用、逻辑支吊架的应用等，这些都需要对 PSDS 底层数据库进行修改、定制。包括 ATTRDEFN、ATTR_GBJB、ams_user.lib、bolts.lib、lisocomp 等数据库的定制。

4.2 ISO 图及材料清单定制

对于抽取 ISO 图的技术要求非常严格，需要大量的定制工作，主要包括 ISO 与 PW 的集成、ISO 图种子文件、图框样式、图名图号及续图分页、"续图（连接图）"的表示形式、文本样式、管件在 ISO 图上的表达方式、ISO 图坐标系、ISO 图坐标及标高的表达方式、管件及设备的标注样式、坡度阴影线密度、ISO 材料清单的表达方式及取值、ISO 图符号库等近百项定制内容。

这些定制开发工作实现了按项目要求自动抽取 ISO 图、自动提取管道材料清单、自动填写工程名称、子项名称、图纸图名、图号、页次等。增强了抽取 ISO 图的自动化水平。

4.3 2D 图定制

PSDS 软件从模型中剖切出的 2D 图纸不带任何标注，而项目对于 2D 图的管线标注要求是按 SIZE1-SYSTEM-LINENO.-SPEC 的样式标注，为减少设计人员花费大量时间按要求进行手工标注操作，简化、提高标注速度，通过严谨的定制做到了半自动化标注，即操作时只需选中管线和位置就能自动标注管线信息 SIZE1-SYSTEM-LINENO.-SPEC，从而提高了 2D 图纸标注的自动化程度。

4.4 综合材料报表定制

综合材料报表是材料选购和控制的重要依据，是对整个项目管件材料进行综合统计和分类汇总。该项目按照项目要求对不同管件的类库进行了分类定制，从而实现了用于材料采购及控制的"按管件分类汇总"和用于施工配合的"按管线号分类汇总"。

5 创建工厂模型

在越南（煤头）化肥 35000m³/h 空分装置的设计、制造及仪表空压站设计项目中，我公司承担了空分空压单元及仪表空压站的三维设计任务，并完成了这部分的全部三维模型设计和应力分析。其中：

设备布置模型设计：完成 50 多套设备（不包括小型设备）的总体布置及模型设计。

动力管道、工艺管道布置模型设计：完成 3000 多段 6000 多米工艺管道、动力管道等布置及模型设计。

建筑、结构模型设计：完成两个厂房和一个控制楼约 3650m²，管廊 120m 双层（宽 6m），操作平台 30 余个，钢结构支架 40 余个，设备基础 50 余个的建筑、结构模型设计。

其他模型：电缆桥架：560m，地管沟：80m。

6 应力分析

根据管线应力要求，使用 AutoPipe 软件进行了必要的应力分析。以校核所设计的三维模型和厂家设备口应力要求，选用合适的弹簧架、膨胀节等管道元件，并修改完善三维模型设计。共完成了工艺管道的应力分析计算十余项，应力分析报告 15 份。

7 碰撞检查

通过检查硬碰撞和软碰撞，承担了一部分图纸会审的功能。即前者是指被检查模型之间的直接碰撞或位置重合，该碰撞会导致不可施工的后果；后者是指模型之间的空间是否符合相关规范和业主的要求，比如管道间距、检修通道、桁架标高等。

在该项目中共发现并解决硬碰撞 500 余处，软碰撞 200 余处，从而使所有碰撞问题尽可能在设计阶段得以解决。

8 设计审核模式

该项目审核中外方主要是对设计模型进行审核。

8.1 模型审核

模型经过外方 20%、60%、90%、100% 四次详细审核，对于提出的修改要求和意见再进一步细化、完善模型设计。

8.2 ISO 图审核及版本控制

分阶段送审了 3 版电子版 ISO 图，最终提交 ISO 图成品是经过我公司书面三级审核签字，以满足甲方对于版本要求的控制。

9 抽取施工图

该项目施工图以 ISO 图为主，2D 为辅。共抽取 3 版 ISO 图；抽取 20 张 A1 平面图。

10 抽取材料报表

从模型中抽取的材料报表包括 ISO 图的材料清单和综合材料报表。材料清单统计了当前 ISO 图中的管道元件材料报表。综合材料报表完成整个项目管道元件的材料汇总，主要用于材料采购及控制。

该项目主要采用两种方式进行材料分类汇总，一是按管道元件分类统计，主要用于材料采购及控制，为采购提供精确的数据，包括管道、管件、阀门、法兰、垫片、螺栓等。二是按管线号分类统计，主要用于配合现场施工，此类报表是专为配合现场施工管道涂漆的计算提供依据，并应用于配合施工中。

按管件分类汇总的材料是整个项目同类管件的综合汇总，也是为方便施工配合特别设计的分类统计功能。

11 图纸输出

11.1 图纸输出版本控制

越南（煤头）化肥工程 35000m³/h 空分、空压站三维工厂设计以最终的 ISO 图（轴测图）材料清单、综合材料报表为设计成品。审核阶段的所有送审资料均为电子版资料，最终输出一版成品图纸。

11.2 图纸批量打印输出定制

为简化图纸输出操作步骤，专门为该项目图纸输出设计了批量打印输出程序，极大地简化了操作步骤，提高了出图的自动化水平。

12 施工配合模式

越南（煤头）化肥工程 35000m³/h 空分、空压站现场施工配合比起国内现场施工配合有很大的不同，这个项目是一个标准的 EPC 海外工程，我公司承揽了其中的空分空压单元的设计工作，并配合这部分工作的海外施工管理。

在越南（煤头）化肥工程 35000m³/h 空分、空压站配合施工，只带了 PSDS 三维模型和原设计文件去现场，由于没有数据库，不能及时修改三维模型进行现场变更，需要与国内沟通才能解决，时差问题容易导致问题解决不及时。

而将三维模型和数据库带入现场，施工中遇到不清楚的地方可直接参见三维模型，使得施工更加便捷。而有数据库变更的图纸可在现场直接修改模型出 ISO 图，避免与不在现场的设计人员沟通不明确导致返工，有助于成本的控制和记录。并能够及时通知施工单位修改。

在现场如能设置远程 PW 管理，对于现场三维

模型变更就更加方便，可及时调整设计时未考虑到的现场因素，并有助于三维设计文档的规范版本管理和存档。

13 项目小结

越南（煤头）化肥工程 35000m³/h 空分、空压站是我公司承揽的第一个海外三维设计项目，对于我公司来说承担了几个"第一次"的工作内容，第一次在实际工程中全面采用三维设计、第一次的海外项目的三维设计、第一次跨行业执行化工行业标准的三维设计。

13.1 工厂设计的三维设计流程

通过使用三维软件的工作流程最大区别在于设计管理流程的不同。三维设计流程图如图 4 所示。

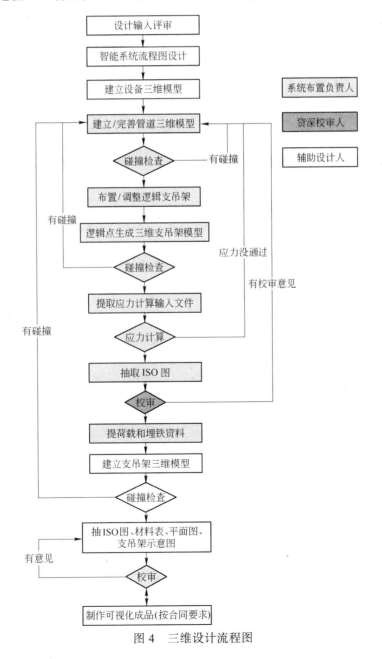

图 4　三维设计流程图

13.2　规范数据库定制

规范的基础数据库和 SPEC 数据库，形成了三维设计的基础数据，特别是 SPEC 定制和设计成品的提取定制，把之前的设计成果规范化。可达到在今后的制氧项目中有效地节省人员成本，高效率的应用三维设计软件的目的。

13.3　三维施工图设计定制

越南（煤头）化肥工程 35000m³/h 空分、空压站设备工程三维施工图设计，要求更复杂数据库支持，更精确的模型设计校核、更全面的项目定制，使得设计成品更加全面、成熟、精确。以最终的 ISO 图（轴测图）、材料表、综合材料清单为设计成品。

13.4　工艺管道的应力分析计算

根据业主协议及工艺要求，对空气压缩机相连管道，分子筛纯化系统管路，冷箱顶部管道，后备系统工艺管道，均进行了应力分析校核，使管系的布置既满足工艺要求，又符合管道应力要求。使用 Autopipe 软件将管系计算结果导入三维模型，节省了大量管道应力计算的建模时间。

13.5　有待完善的问题

（1）国外项目最好通过 VPN 连接公司项目数据库和 P W 管理平台，方便实时修改三维设计文件。以避免现场手动修改 ISO 图纸及材料表（工作量是计算机出图的 5 倍以上）。对于合同规定的竣工图，如果原变更是通过手动修改 ISO 图解决的，那么竣工图阶段就等于重复一遍现场变更的修改模型及出图工作。不宜文件的规范管理。

（2）由于与其他公司采用的三维设计软件不同，在设计阶段就要明确解决涉及的接口问题，这项工作很多都是在现场调整的，需要我公司设计人员在今后的工作中引起重视。

（3）现场文件管理要规范，因文件更新速度和频率往往比较快，因此很容易造成新旧文件不明的失误。

（4）需明确现场配合人员的现场义务和责任，解决人员轮转问题。

14　结语

三维设计的有效应用是一个很大的课题。越南（煤头）化肥工程 35000m³/h 空分、空压站项目的三维设计充分反映了国外工程公司工程实施和管理的一种理念和经验。围绕三维模型贯穿项目的各个阶段，如设计审核、抽取 ISO 图、抽取 2D 图、抽取综合材料报表、现场施工配合等，即满足了从设计到施工全过程的需要，同时进行了精准材料控制、成本控制与管理等，对工程总承包的工程公司来说更是提高生产力必然的发展趋势。

参考文献

[1] 孙德英, 周张炯. 三维工厂设计在大型制氧工程中的应用[J]. 深冷技术, 2010, (3): 29~35.

[2] 朱淑悦. 在三维工厂设计实践中积累行业标准元件数据库[J]. 工程与技术, 2009, (1): 43~48.

建筑结构三维设计软件在工厂设计中的应用

刘　光

(北京首钢国际工程技术有限公司，北京　100043)

摘　要：本文结合北京首钢国际工程技术有限公司的几年来的工程应用情况，就建筑结构三维设计软件在工程中的应用等技术进行了探讨，提出了建筑结构三维设计软件在北京首钢国际工程技术有限公司实际工程中的应用思路。

关键词：三维；工厂设计；建筑；结构

1　引言

土建专业在一个以冶金设计为主的综合设计院，几乎是所有工程项目和专业不可或缺的重要支撑专业。无论是传统的铁、烧、焦、钢、轧，还是动力、电力等公辅专业，土建专业的设计产品都是其必不可少的载体和承托。土建专业在我公司按用途分为工业和民用两大部分；按内部专业划分为建筑和结构两个子专业。2006年，我公司开始在全院范围内探索三维工厂设计，作为工厂设计的重要组成部分，土建专业自然也需要进行相应的三维设计，以实现对相应专业的三维技术承托。我公司于2007年引进了Bentley Building系列软件建筑结构三维设计软件。

2　三维建筑结构软件的选型

2.1　建筑结构专业三维设计软件的现状

从工程使用上看，相对于机械这样整体成熟并已应用多年的三维软件而言，建筑结构软件整体并不成熟：

首先，从专业性质来看，建筑结构是两个既独立又相互关联统一的专业，即使结构专业下面还包括不同的详图设计要求，比如钢结构、混凝土等。

而从软件上看建筑、结构虽然也有不少配套的三维软件，但这些软件多数也只能负责其中一部分，比如只做计算、只做建筑、只做结构、或就是详图设计，相互之间兼容性差、转换结果无法让人满意，给人的感觉总有点儿各自为战，成不了系统。更甚者，有些软件其实只是服务于效果图，与工程基本不搭边。

从发展上看，目前整个国际上建筑结构设计软件都处于二维向三维转换的阶段，国内建筑结构领域在对国际趋势的把握上并不落后。但从实际应用情况来看，国内的软件在开发和应用方面，处于相对封闭的状态。软件的开发和应用，基本局限于国内，软件在计算、操作、应用、用户体验等方面还存在有较大差距，国外业主方面对此的接受程度不高，甚至存在我们用自己的软件计算做完的产品，还必须要再按业主要求，用国际比较通行的软件再重新表述和检验的情况。用一句通俗的话讲，就是国内软件完成的设计，国外不认可。

从我公司的情况来看，跨出国门，创建国际型工程公司，是我们致力的目标。这也就意味着，我们的管理技术、设计成果、工程管理、工厂应用等各方面都要以国际工程公司为蓝本。作为CAD技术支撑的建筑结构软件，也需要在这方面尽可能地与国际通行情况相适应。

2.2　三维建筑结构软件选型的主要依据

（1）适应当前建筑结构专业工程需要；

（2）支持国际通行计算软件的应用；

（3）对未来建筑结构专业需求具备一定的支持能力；

（4）满足工厂设计专业协同工作的需要；

（5）符合国际通行的软件应用，方便国际交流和管理；

（6）软件具有较强的生命力和发展能力；

（7）软件技术支持能力较强。

按照这样的原则，我们对目前国内建筑结构三维软件进行了调研，最终我们选定采用 Bentley Building 系列软件作为我公司的三维建筑结构配套软件。我们不是说哪个产品就一定好或一定不好，只是从我公司的情况来看，这个软件目前更适合我公司的工厂设计应用。

首先，我公司是以 Bentley 产品作为基础应用平台的，各个三维设计都是依托于这个平台，不同专业的三维设计产品在兼容性方面不存在技术困难，这有利于工厂设计过程中的协同设计，满足了全院三维设计统筹管理的现实需要；其次，在数据库的组织和数据传递方面，具有一定的通用性，适合我公司的情况，可以为不同专业参考使用；第三，有国际通行的计算软件的输出接口，可以满足业主要求的计算软件的输入输出的要求；第四，有后续配套的详图设计软件，如钢结构、混凝土配筋等，而且文件格式具有统一性，不存在兼容和转换等问题，有利于数据的传递、格式的统一和安全性管理。

3 三维建筑结构软件的特点

我们目前采用的 Bentley Building 产品采用基于绘图平台的软件建模方法，生成的数据，可以同时具备模型属性和数据属性，而且这些数据属性还可以定制。依据这个特点，为我们提供了解决方案设计和初步设计阶段、非标与外购设备等比较难于用三维方式表述或统计计算的问题（如无法进行详细的三维设计描述，因产品描述不准确，而无法统计真实质量等问题）的重要思路和方法。

Bentley Building 系列软件主要包括以下三部分：建筑 architecture、structural、设备 mechanical（在 V8i SS3 版本中，整合成统一的 Building）。

与之配套的钢结构详图设计为 Pro-Structural（这是目前版本的名称，以前的名称为 Pro-Steel）；

配套的混凝土设计软件为 Bentley Concrete；

配套的配筋设计软件为 Bentley Rebar；

计算方面则有 STAAD 计算软件。

这些软件组成了从计算开始，到建筑和结构设计，再到详图的相对完整的土建设计产品，而这些产品最大的特点，几乎全部基于 DGN 格式（STAAD 不是 DGN 格式），可以被我公司其他专业包括管道的 PSDS 工厂设计、工艺设备等的 MicroStation 基础三维平台直接参考使用。

表1 土建专业三维设计软件规划布局

施工图					
MicroStation 二维应用					
建 筑 结 构			详 图 设 计		
architecture	structural	Mechanical	Pro-Structural	Concrete	Rebar
工程管理配套模型及数据					
MicroStation 平台三维应用					
计算软件：STAAD 等					

4 三维建筑结构软件的应用

4.1 我公司建筑结构专业三维工程的应用概况

我公司三维建筑结构软件的应用是与全公司三维工程的应用密不可分的。受制于传统设计和管理模式，以及用户的使用习惯：毕竟传统的二维 CAD 软件（比如天正）等在符号化以及制图习惯等方面更适应国内标准以及施工图的设计要求。三维建筑结构软件的独立应用并不广泛。除了民用在首钢科技中心大楼、铸造村集资建房等不太需要其他部门配合的项目中有自主应用外，其他的应用更多地集中在工厂项目中。当然这也与我们最早选择和应用的目标（支持与服务于工厂设计、实现工程项目的协同管理）是相一致的。

经过几年的实践，从最早的京唐综合管网配套设计开始，我们先后组织进行了京唐综合管网、京唐 2250 热轧地下室（见图1）、迁钢 1580 热轧地下室、京唐 7.5 万立方米制氧车间（见图2）、京唐 500m² 烧结车间一、二期（见图3）、长治 20 万立方米高炉煤气新型柜、巴西 VBS 球团（见图4）等三维 CAD 设计工程。作为工程必不可少的组成部分，三维建筑结构以及详图设计，在其中发挥了重要作用：从早期的三维外委设计、单纯手工建模、到参与工厂设计检查，再发展到后期的设计人员全程参与应用、

图1 京唐 2250 热轧工程地下室土建结构一角

图2 京唐 7.5 万立方米制氧气气罐区域一角

图3 京唐 500m² 烧结厂烧结机区域一角

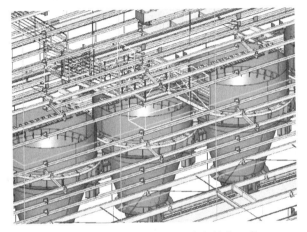

图4 巴西 VBS 球团厂造球室料仓一角

与相关专业间的交互协同，以至后期的按土建专业和

项目需求进行的定制开发。三维设计软件的应用开始逐渐走向成熟。

在这些三维工厂设计项目的应用中，我们的成员也从工程项目最早还需外聘，逐渐发展成为由 CAD 技术支持人员、设计人员、建模人员等组成的分工明确、组织日渐完善的团队化方向发展。

4.2 建筑结构专业三维工程应用的典型流程

作为工厂设计的重要组成部分，三维建筑结构软件在实际应用中，除了基本建模要求外，还需要考虑不同专业的深化要求，比如在 BOM 报表过程中，除了常用的体积计算、质量计算，还要考虑不同的表面计算，如墙体的内外表面、涂漆面积等；也要考虑统计的需求，能够提供不同型材、不同规格的详细数据、甚至包括下料尺寸等。

对此我们通过数据库技术的应用解决了建筑、结构和定制设备的统计计算问题，使墙体计算、涂漆、散水、坡道、不同型材的计算等基本可以满足相关专业的要求。

通过开发，解决了系统中无中国紧固件标准的定制问题，使节点设计可以直接使用中国紧固件标准。

通过合理的专业划分以及模型参考与引用，解决建筑结构实际工程图纸中，建筑结构专业模型划分与建模工作分解等问题，避免漏项或重复计算的发生。典型工程项目的三维工程设计流程如图5所示。

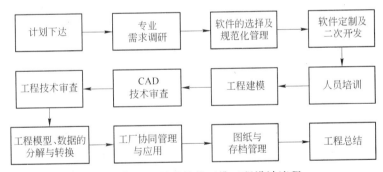

图5 典型工程项目的三维工程设计流程

在这个流程中，我们在人员培训方面，除了传统的软件应用培训外、还增加了特别针对于软件定制的操作级培训和针对于工程项目本身的项目级培训，这两项培训的开展，极大地改善了工程应用状况，特别是在大量使用建模人员进行三维项目的建模中，这种效果更为突出。

在工程项目的管理方面，我们强调基于 CAD 技术管理的审核机制，确保三维设计过程与 CAD 技术要求以及定制管理等方面相吻合，使得通过计算机技术完成的数据结果真实可靠。

在工厂协同管理应用方面，我们试图探索基于框架模型的协同管理模式以解决以图形技术为平台的软件普遍面临的超大型数据处理难题，提出了基于结构计算模型的工厂协同管理应用方法，减少二次重复工作量和数据中间转化，避免模型体量优化过程中数据不精准、专业性差等问题。建筑结构专业协同数据流模型如图6所示。

通过管理和软件两种手段的综合应用，建筑结构三维设计基本上满足了现阶段工厂协同管理的需要，其模型和数据的应用具备了满足工厂工艺布

置、碰撞检查等工作的需要；而且具备了一定的数据协同支持能力，开始具备为概算、预算部门提供

一些基础数据（如钢材，木材，水泥等材料数据）的能力。

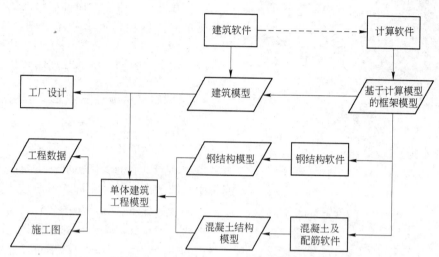

图6 建筑结构专业协同数据流模型

但是我们也必须看到，目前的应用，还停留在局部、停留在单一工程中，管理、定制、开发、应用等工作在点上做得多，面上的做得相对比较少。这样在工程组织管理通用性、适应性方面还存在着不足，甚至是一些不可预见的困难，这些工作不是一个两个单体工程就能解决的，需要整体上的统筹考虑，特别是结合公司不同的专业条件和工程特点，摸索出适应不同专业工程特点、具有共性的东西。

另一方面，在人才、管理和技术标准的制定方面，冶金行业还处于空白。人才、管理和标准上的不完善，不仅不利于工程的组织管理、也使软件应用、二次开发等处于无据可依的状态，对三维技术未来的综合应用产生不利的影响。

5 结语

三维建筑结构系列软件的应用，在我公司已经有几年的历史了，从早期的探索性应用到现在开始逐渐成为工程设计管理和应用的组成部分，我们的认识也同样经历着逐渐深入的过程。但软件毕竟只是工具和手段，服务工程并以适当的方式影响工程，为工程项目创造更多的便利，才是其生命力之所在。三维建筑结构软件的发展也确实正在朝着这个方向努力。这种努力体现在两个重要的趋势上：一个是向下的深化，一个是向上的融合。向下的深化，更多地表现在更多地关注设计过程和细节性的内容，比如加大详图设计的开发力度，集成相关模块；解决软件的兼容性和数据通用性。向上的融合，则更

多地体现在对工程项目管理的支持上，比如支持进度管理、施工过程模拟，更主要地是对BIM的支持。这一点对于我们这样的工程公司显得更为重要。基于数据流的进度和成本控制技术，对于工程项目的建设和总包管理，可以大幅减少人工和管理成本，同时使所有材料和产品具有可追溯性，为工程建设、成本控制和质量监督提供了帮助。而在对工程管理的支持这点上，在国内同行业中，已经有不少单位开始关注和研究，并且已经取得了一些阶段性的成果。这些技术成果在生产中的应用，已经越来越多地显示出三维设计不可比拟的综合优势。特别是在随着三维设计对工程管理流程的介入，使过去不太好实现的工程全过程的量化管理，正在变为可能。这种可能性，为工程决策和组织管理提供了更精准的依据，是目前工程组织和管理的重要发展方向。

作为一个国际型的工程公司，未来无论是在市场营销、还是工程组织管理中，掌握这种技能都是有百利而无一害的。而目前，在这个领域中，我们与国内的其他同行是站在同一起跑线上，也不存在技术差距和技术壁垒，大家面临的都是谁组织的好，谁就先起跑、谁就跑到前面的问题。跑在前面的，无疑会拥有这一领域的更多的技术优势、甚至是标准的制定权。这样的企业必然会在未来的市场上有更多的发言权。我们也将会在公司的支持下，大力开展相关方面的技术工作，力争使我公司在该技术领域取得更多的成果，为早日实现国际工程公司的目标努力。

在三维工厂设计的实践中积累行业标准元件数据库

朱淑悦

（北京首钢国际工程技术有限公司，北京 100043）

摘　要：本文阐述了项目元件数据库在三维工厂设计中的重要作用，着重介绍了标准化建库和对项目数据库的定制管理。针对冶金行业设计标准种类繁多的特点，结合我公司三维工厂设计项目，阐述如何在三维工厂设计的应用实践中积累行业标准元件数据库。

关键词：项目数据库；三维设计；标准化；定制

Accumulate Database of Industrial Standard Component in 3-D Plant Design

Zhu Shuyue

(Beijing Shougang International Engineering Technology Co., Ltd., Beijing 100043)

Abstract：Elaborates the important role of project component database in 3-D plant design, stresses on the standardized development of database and customized management of project database. Directing at the variety of design standards in metallurgical industry and combining the 3-D plant design by our company, explained how to accumulate the industrial standard component database during the process of 3-D plant design.

Key words：project database; 3-D design; standardization; customization

1 引言

目前，人们对 CAD 的认识正在逐步深化，从过去单纯的把 CAD 当成一个计算机绘图的工具转变为现在的计算机辅助设计，设计的成分占了主导地位。以往的应用已经证明，二维 CAD 软件在工程项目整个周期的设计环节中起到了举足轻重的作用。

在二维绘图工具的效率发挥到极致的今天，三维设计已经被越来越多的设计者所关注，如石油石化、电力、化工、机械等领域，已经在三维工厂设计及三维产品设计领域做了比较成功的尝试。如今随着三维 CAD 软件技术的不断完善，从工厂模型—碰撞检查—提取施工图—提取材料报表—施工进度模拟的工程项目周期全过程的管理中，三维 CAD 软件的应用显示出了越来越明显的优势。

三维工厂设计在逻辑结构上是以三维模型为信息载体，以数据库为后台支持。3D 模型以文件的形式储存，元件属性信息存储在数据库中。通过建立真实比例的模型，使模型与数据库里的数据信息保持一致。通过三维模型，可以进行碰撞检查、安装模拟、漫游模拟；可以抽取平立面布置图、ISO 图等，而数据库在我们的使用过程中不仅能够帮助我们较快地抽取出各种不同的断面图，而且可以抽取精确的材料报表。应该指出的是，这种根据三维模型抽出的平、立、剖面图及材料报表与一般二维设计的区别在于，它非常准确，不受设计者主观的影响。在逻辑结构上讲，三维设计是符合信息化要求的。

2 项目元件数据库在三维设计中的作用

三维工厂设计之所以能够率先在石油石化、电力、化工等行业取得成功的应用，其主要原因除了三维工厂设计软件本身的强大功能外，还有另外一个重要的原因，那就是他们建立起了规范化的行业标准元件数据库。因为这些行业在应用三维软件之前就有自己行业内的非常规范的行业设计标准和行业编码规则，因此在建立行业标准元件数据库时有章可循，有规范和标准可用，而冶金行业没有自己统一的行业设计标准及编码规则，使用的设计标准常常是跨行业的，相对而言比较杂乱。针对冶金行业设计标准繁多的特点，我们不能坐等行业标准的形成，而应该面对现实，积极想办法，因此我们采用了逐步积累的方式，即在三维工厂设计的应用实践中不断积累行业标准管件数据库。

首先我们在京唐厂区（地上、地下）综合管网三维工厂设计、京唐 2250 mm 热轧地下综合管网三维工厂设计、京唐 2250 mm 热轧加热炉三维工厂设计和京唐制氧站三维工厂设计等项目中，应用 PlantSpace Design Series（以下简称 PSDS）软件进行了三维工厂设计的尝试，主要完成了三维工厂的模型设计和碰撞检查，在京唐制氧站三维工厂设计项目中还有效地抽取了平面图。尽管这些三维设计项目大多是用于进行碰撞检查，但它为建立冶金行业标准元件数据库提供了宝贵经验。在此基础上，我们又在迁钢 1580 mm 热轧项目中实施了三维设计，在这个项目中我们的应用又加深了一步，除了建立三维模型和完成碰撞检查外，还提取了平、立、剖面图及相应的材料报表。在迁钢 1580 mm 热轧项目中之所以能够实现从建立工厂模型—碰撞检查—提取 2D 施工图—抽取材料报表的过程，是由于我们建立了迁钢 1580 mm 热轧项目的元件数据库。

PSDS 三维工厂设计软件采用三维图形平台+工程数据库的方式，具备强大的三维模型创建和数据管理能力，三维工厂设计软件之所以能够实现由工厂模型—2D 平面图—材料报表的高度一致性，是因为其背后有一个强大的项目元件数据库作支持。数据审查的核心应该是数据库，这个元件数据库中记录着管道的直径、压力等级、端面连接方式、管子的壁厚、材质、管件标准、质量、生产厂家等等一系列管件属性参数，正是由于有了这些管件属性参数的支持，才使得在三维模型中每一个管件都带有相应的属性信息，从而才能从数据库中抽出相应的 2D 图及材料报表。

3 标准化建库

由于冶金行业没有自己统一的行业设计标准及编码规则，再加之我们的项目大都是时间紧任务重，不能够预先集中建立起较为完整的项目数据库，因此我们采用了逐步积累的方式，即在三维工厂设计项目的应用实践中用到哪些管件就建立哪些管件的

数据信息，这样就可以不断积累、丰富我们的冶金行业标准管件数据库内容。目前我们的数据库中已经积累了一定数量的管件数据信息。

PSDS 是国际上广泛应用的三维工厂设计软件，软件自带的元件数据库都是国外标准（如 ANSI、EDS、JIS 等），因此我们必须建立自己的国标元件数据库，才能够适用于我国的工厂设计需要。PSDS 软件提供的创建管件数据信息的方法是向数据库中加载特殊的数据文件，在这个特殊的数据文件中包括两部分内容，一部分是用以实现对 SQL Server 2000 数据库进行各种操作的 SQL 语句，另一部分是用来填写管件属性数据信息的数据块。

为了加快建库速度，提高建库的标准化程度，我们把建立数据库工作划分成两部分内容，分别建立模板文件，其中一部分是 SQL Server 2000 数据库操作模板，其内容由计算机人员填写，另一部分是管件属性数据模板，其内容由专业设计人员填写，这种以模板的方式建立数据库的方法，既方便、快捷、规范，同时也是标准化管理的具体体现，提高了数据库管理的标准化水平。

3.1 建立数据库操作模板

我们按照不同的管件分类，分别建立了 20 多种管件的数据库操作模板文件，在这些模板中根据管件类型和所关联的数据库表，逐一书写出所需要的 SQL 语句和变量属性定义，把分散的数据表管理做到了标准化管理。数据库操作模板样例见表 1。

3.2 建立管件属性数据模板

我们对需要用户填写的管件属性数据部分进行了认真分析，因为建立管件数据库要求管件信息的正确性、唯一性、完整性，技术人员填写完管件属性信息后还要经过各级领导的审核、确认，才能作为管件标准数据加载到 PSDS 的 Catalog 数据库中，而软件对管件数据库表的填写有着严格的格式要求，管件属性数据表样例见表 2。

要想将管件属性信息加载到 PSDS 数据库中，必须首先形成如表 1 所示的那种格式的数据块信息，而这种形式的数据信息视觉上密密麻麻，让设计人员填写起来很不方便，尤其是当属性列数据错位或遗漏时，很难检查出来，领导审核数据就更困难了。为此我们专门设计了用于填写各种管件数据信息的模板文件，这些模板文件以非常易于编辑、查看的 Excel 格式提供给专业技术人员，模板的表头记录还以中英文对照的方式给出管件信息所代表的含义。Excel 格式的数据表样式见表 3。

表1 数据库操作模板样例

```
/*
管件种类：pipe
建立日期：
TABLE_BEGIN
set_uniq_index    size_1       NUMBER 7,3     /* size 1 nominal diameter*/
set_uniq_index    schedule     CHAR 6         "check (schedule = upper(schedule))"     /* schedule  */
set_uniq_index    STNDRD       CHAR 4         "check (stndrd = upper(stndrd))"         /* pipe specification */
set_uniq_index    code         CHAR 12        "check (code = upper(code))"             /* specification number */
set_uniq_index    mat_name     CHAR 25        "check (mat_name = upper(mat_name))"     /* material name   */
set_uniq_index    reihe        CHAR 2         "check (reihe = upper(reihe))"           /* row for wall thickness */
set_uniq_index    eprep1       CHAR 2         "check (eprep1 = upper(eprep1))"
set_uniq_index    eprep2       CHAR 2         "check (eprep2 = upper(eprep2))"
set_uniq_index    face         CHAR 2         "check (face = upper(face))"    /* facing      */
                  P1_PAR       NUMBER 10,4    "not NULL"    /* pipe outside diameter   */
                  P2_PAR       NUMBER 10,4    "not NULL"    /* wall thickness */
                  PAR_UNITS    CHAR 2         "not NULL"
                  COMP_NAM     CHAR(30)                     /* Component chinese Name        */
                  CATNO        CHAR(30)                     /* Component Catalog             */
                  COMP_SPE     CHAR(60)                     /* Component Specification        */
                  COMP_MAT     CHAR(30)                     /* Component Material             */
                  COMP_WGT     NUMBER                       /* Component Weight               */
                  MANUFACT     CHAR(40)                     /* Component MANUFACT name        */
                  COMP_NOT     CHAR(40)                     /* Component note                 */
TABLE_END
*/
DELETE_FROM pipe_pipe "where STNDRD = 'GBJB' and ……"
INSERT_INTO pipe_pipe
DATA_BLOCK_BEGIN
    …… pipe 属性参数
DATA_BLOCK_END
```

表2 管件属性参数数据

```
DATA_BLOCK_BEGIN
0.5,"#","GBJB","PN1.6","STL","#","BW","BW","#",21.3,2.5,"MM","不锈钢无缝钢管",
"GB/T14976-2002","Φ21.3X2.5","0Cr18Ni9",1.171,"#","PipA0Cr"
0.5,"#","GBJB","PN2.5","STL","#","BW","BW","#",21.3,3,"MM","不锈钢无缝钢管",
"GB/T14976-2002","Φ21.3X3","0Cr18Ni9",1.368,"#","PipA0Cr"
0.5,"#","GBJB","PN4.0","STL","#","BW","BW","#",21.3,3,"MM","不锈钢无缝钢管",
"GB/T14976-2002","Φ21.3X3","0Cr18Ni9",1.368,"#","PipA0Cr"
0.5,"#","GBJB","PN6.4","STL","#","BW","BW","#",21.3,3.5,"MM","不锈钢无缝钢管",
"GB/T14976-2002","Φ21.3X3.5","0Cr18Ni9",1.552,"#","PipA0Cr"
0.5,"#","GBJB","PN10.0","STL","#","BW","BW","#",21.3,4,"MM","不锈钢无缝钢管",
"GB/T14976-2002","Φ21.3X4.0","0Cr18Ni9",1.724,"#","PipA0Cr"
0.75,"#","GBJB","PN1.6","STL","#","BW","BW","#",26.9,2.5,"MM","不锈钢无缝钢管",
"GB/T14976-2002","Φ26.9X2.5","0Cr18Ni9",1.52,"#","PipA0Cr"
0.75,"#","GBJB","PN2.5","STL","#","BW","BW","#",26.9,3,"MM","不锈钢无缝钢管",
"GB/T14976-2002","Φ26.9X3","0Cr18Ni9",1.786,"#","PipA0Cr"
0.75,"#","GBJB","PN4.0","STL","#","BW","BW","#",26.9,3.5,"MM","不锈钢无缝钢管",
"GB/T14976-2002","Φ26.9X3.5","0Cr18Ni9",2.04,"#","PipA0Cr"
0.75,"#","GBJB","PN6.4","STL","#","BW","BW","#",26.9,4,"MM","不锈钢无缝钢管",
"GB/T14976-2002","Φ26.9X4","0Cr18Ni9",2.282,"#","PipA0Cr"
0.75,"#","GBJB","PN10.0","STL","#","BW","BW","#",26.9,4.5,"MM","不锈钢无缝钢管",
"GB/T14976-2002","Φ26.9X4.5","0Cr18Ni9",2.511,"#","PipA0Cr"
……
DATA_BLOCK_END
```

表3 Excel 格式的管件属性参数数据

size_1	Schedule	STNDRD	Code	mat_name	reihe	eprep1	Eprep2	Face	P1_PAR	P2_PAR	PAR_UNITS	COMP_NAM	CATNO	COMP_SPE	COMP_MAT	COMP_WGT	MANUFACT	COMP_NOT
公称直径	壁厚系列	标准	代码	材料名称		端部1形式	端部2形式	端面形式	管子外径	管子壁厚	测量单位	元件名称	catalog 号	元件 spec	管件材料	管件质量	制造厂家	备注
0.5	#	GBJB	PN1.6	STL	#	BW	BW	#	21.3	2.5	MM	不锈钢无缝钢管	GB/T14976-2002	Φ21.3X2.5	1Gr18Ni9Ti	1.17i	#	PipA1Cr
0.5	#	GBJB	PN2.5	STL	#	BW	BW	#	21.3	3	MM	不锈钢无缝钢管	GB/T14976-2002	Φ21.3X3	1Gr18Ni9Ti	1.368	#	PipA1Cr.
0.5	#	GBJB	PN4.0	STL	#	BW	BW	#	21.3	3	MM	不锈钢无缝钢管	GB/T14976-2002	Φ21.3X3	1Gr18Ni9Ti	1.368	#	PipA1Cr
0.5	#	GBJB	PN6.4	STL	#	BW	BW	#	21.3	3.5	MM	不锈钢无缝钢管	GB/T14976-2002	Φ21.3X3.5	1Gr18Ni9Ti	1.552	#	PipA1Cr
0.5	#	GBJB	PN10.0	STL	#	BW	BW	#	21.3	4	MM	不锈钢无缝钢管	GB/T14976-2002	Φ21.3X4.0	1Gr18Ni9Ti	1.724	#	PipA1Cr

续表3

size_1	Schedule	STNDRD	Code	mat_name	reihe	eprep1	Eprep2	Face	P1_PAR	P2_PAR	PAR UNITS	COMP_NAM	CATNO	COMP_SPE	COMP_MAT	COMP WGT	MANU FACT	COMP_NOT
0.75	#	GBJB	PN1.6	STL	#	BW	BW	#	26.9	2.5	MM	不锈钢无缝钢管	GB/T14976-2002	Φ26.9X2.5	1Gr18Ni9Ti	1.52	#	PipA1Cr
0.75	#	GBJB	PN2.5	STL	#	BW	BW	#	26.9	3	MM	不锈钢无缝钢管	GB/T14976-2002	Φ26.9X3	1Gr18Ni9Ti	1.786	#	PipA1Cr
0.75	#	GBJB	PN4.0	STL	#	BW	BW	#	26.9	3.5	MM	不锈钢无缝钢管	GB/T14976-2002	Φ26.9X3.5	1Gr18Ni9Ti	2.04	#	PipA1Cr
0.75	#	GBJB	PN6.4	STL	#	BW	BW	#	26.9	4	MM	不锈钢无缝钢管	GB/T14976-2002	Φ26.9X4	1Gr18Ni9Ti	2.282	#	PipA1Cr
0.75	#	GBJB	PN10.0	STL	#	BW	BW	#	26.9	4.5	MM	不锈钢无缝钢管	GB/T14976-2002	Φ26.9X4.5	1Gr18Ni9Ti	2.511	#	PipA1Cr

……

这种 Excel 格式的数据表，格式清晰、管件信息的含义一目了然，设计人员可以方便的将设计手册中的管件数据填写到 Excel 表中，这样不仅极大的方便了设计人员填写管件数据表，同时 Excel 形式的数据表格也非常便于各级领导审核、确认管件数据的正确性。

最后，计算机人员对用户填写的 Excel 格式的管件数据表进行加工处理，形成由可以操作 SQL Server 2000 数据库的 SQL 语句和管件数据块组成的特殊文件，统一加载到 PSDS 的 Catalog 数据库中，形成企业项目标准管件数据库。

实践证明使用 Excel 模板填写数据库表有以下几方面好处：

（1）数据记录格式清晰，便于设计人员填写管件数据；

（2）便于领导审核管件数据；

（3）建模过程中出现问题时便于利用 Excel 表进行检查；

（4）用于数据存档和再利用；

（5）提高了数据库管理的标准化水平。

4 对数据库的定制管理

建立、积累企业标准元件数据库，为应用三维工厂设计软件建立工厂模型奠定了坚实的基础，而要实现从模型中抽取的平面图及材料报表符合企业标准，还需要对数据库信息进行配置、定制、管理工作，从而满足企业图纸标注及材料报表的格式要求，从这个意义上讲企业元件数据库与企业内部的标准化管理工作是紧密相连的。

为了满足迁钢 1580 mm 热轧项目的建模要求、2D 图纸的标注要求以及材料报表的格式要求，我们对数据库作了如下的定制、配置工作：

（1）管线号（Lineno）的定制。在 PSDS 软件初始的属性设定里，Lineno 的属性为整型，而我们的项目中要求管线号是数字与英文字母混合应用的，为了解决这一问题，我们通过对 PSDS 数据库中底层数据库表的定制，实现了管线号按"字母和数字"的混合应用要求。定制 Lineno 属性的程序如下：

```
/*
将数据库中与 LINENO 属性相关的数据类型由 INTEGER 改为 CHAR，以满足在管线号中出现字符的要求。
2008-8-12 Modify by zhushuyue
level_1, level_2, level_3, level_4, level_5
attr_name, units, case, attr_type, lbl_pos, col_width, lbl_width, dec_places,
description, box_order, default_value,
input_method,
override_allowed, valid_mask, graphics_par,
write_privilege, read_privilege, app_flags, user_flags
*/

DELETE_FROM attrdefn "where level_1 = 'PIPE' and attr_name ='lineno'"
DELETE_FROM attrdefn "where level_1 = 'EQUIP' and attr_name ='lineno'"
DELETE_FROM attrdefn "where level_1 = 'HGR' and attr_name ='lineno'"

INSERT_INTO attrdefn

DATA_BLOCK_BEGIN
  PIPE,,,,,\
  LINENO,,U,CHAR,121,10,,,\
  "Line No.",18,"000",\
  KEYIN,\
  Y,"999",N,,,,

  EQUIP,PNOZ,EQP,,,\
  LINENO,,U,CHAR,127,10,,,\
```

```
"Line No. <1,2,3,...>", 27, "000",\
 KEYIN,\
 Y,,N,,,,

 HGR,PSUP,,,,\
 LINENO,,U,CHAR,16,3,,,\
 "Piping Line No.",8,"0",\
 KEYIN,\
 Y,"999",N,,,BCEM,
DATA_BLOCK_END
```

上述程序中除了对管道的 Lineno 属性进行了定制以外，我们还对与之相关的设备、管道支吊架等管件中的 Lineno 属性进行了定制，从而确保了 PSDS 软件的完整性。

（2）材料表的定制。通过对 PSDS 数据库中类库信息的定制，结合项目要求实现了从数据库中按系统号、管线号、压力等级、管件名称、规格、标准号、材料、质量、长度、生产厂家等信息进行材料表提取，生成 Excel 格式的材料报表，材料报表定制程序如下：

```
Rpt_Name: QG_1580
CLASS("PIPE_PIPE")OR CLASS("PIPE_PELB")OR
CLASS("PIPE_PBRN")OR CLASS("PIPE_PBND")OR
CLASS("PIPE_PFLG")OR CLASS("PIPE_PCRD")OR
CLASS("PIPE_PRED")`
File_Base: QG
 系统号
  `SYSTEM`
 管线号
  `LINENO`
 压力等级
  `CODE`
 名称
  `COMP_NAM+"    "`
 规格
  `COMP_SPE`
 标准号
  `CATNO`
 材料
  `COMP_MAT`
 重量（单）
  `COMP_WGT`
 长度
  `SNP_LENGTH`
 生产厂家
  `MANUFACT`
 备注
  `COMP_NOT`
```

材料报表结果见表4。

（3）2D 图管线标注样式定制。通过对 PSDS 数据库中标注库的定制，实现了对抽取的平、立、

表 4   材料报表

系统号	管线号	压力等级	名 称	规 格	标准号	材 料	质量(单)	长度	生产厂家	备注
GR1	H0004	PN31.5	90°弯头	90E(L) 100A-Sch160	GB/T12459—90	1Cr18Ni9Ti	8.36	304.00	STAUFF	ElbA90L
GR1	H0004	PN31.5	90°弯头	90E(L) 100A-Sch160	GB/T12459—90	1Cr18Ni9Ti	8.36	304.00	STAUFF	ElbA90L
GR1	H0004	PN31.5	90°弯头	90E(L) 100A-Sch160	GB/T12459—90	1Cr18Ni9Ti	8.36	304.00	STAUFF	ElbA90L
HY4	00703	PN31.5	等径三通	T(S) 100A-Sch160	GB/T12459—90	1Cr18Ni9Ti	38.67	315.00	#	BraAS
HY4	00701	PN31.5	异径接头	R(C) 100X50A-Sch160	GB/T12459—90	1Cr18Ni9Ti	38.67	102.00	STAUFF	RedA
HY4	00701	PN31.5	异径接头	R(C) 40X32A-Sch160	GB/T12459—90	1Cr18Ni9Ti	38.67	64.00	STAUFF	RedA
HY6	00710	PN4.0	等径三通	T(S) 150A-Sch40	GB/T12459—90	1Cr18Ni9Ti	31.57	429.00	#	BraAS
HY6	00715	PN1.6	异径接头	R(C) 150X125A-Sch40	GB/T12459—90	1Cr18Ni9Ti	26.04	140.00	#	RedA
SO1	00R001	PN4.0	异径接头	R(C) 80X50A-Sch40	GB/T12459—90	1Cr18Ni9Ti	8.38	89.00	#	RedA
SO2	00R001	PN1.6	异径接头	R(C) 150X100A-Sch40	GB/T12459—90	1Cr18Ni9Ti	31.57	140.00	#	RedA
SO3	00R001	PN4.0	异径接头	R(C) 125X80A-Sch40	GB/T12459—90	1Cr18Ni9Ti	26.04	127.00	#	RedA

······

剖面图按"系统号-管线号-通径"的标注要求。管线标注样式定制如图1所示。

管线标注结果如图2所示。

总之，在 PSDS 的应用过程中我们根据不同项目的技术要求，对元件数据库进行了各种规范化的定制和配置管理，从而实现对材料报表、2D 图标注等方面的设计要求。

5   结语

企业元件数据库建设与企业标准化管理工作是紧密结合的，是三维工厂设计软件得以很好应用的基础。建立企业标准元件数据库不是通过一个或几个项目就能一蹴而成的，它是一个持续不断的总结、积累、完善的过程。在三维工厂设计软件的应用实践中逐步积累、丰富企业标准元件库，进而形成冶金行业标准管件数据库，这也是企业财富积累过程中的一个重要组成部分。

三维设计带来的价值，绝非仅仅是一个好看的三维模型，而更多地表现在：提高设计质量、提高设计效率、营造协同工作环境、实现设计规范化、

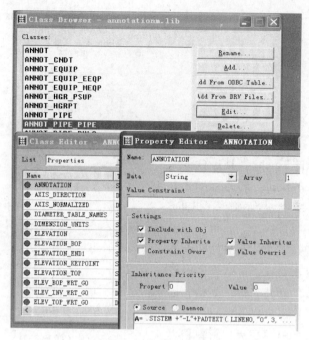

图 1　标注样式定制

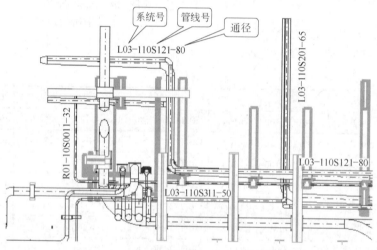

图 2　管线标注结果

使设计具有更大的增值服务空间、增强与国际接轨的竞争力，需要强调的是三维设计还将带来设计流程的一场变革。而要真正实现上述三维工厂设计带来的价值，最基础且最重要的工作是要建立起行业国标元件数据库，同时实现对数据库的各种规范化定制管理。

参考文献

[1] PlantSpace Design Series 2004 Edition Administrator Guide.
[2] PlantSpace Design Series 2004 Edition Reference Guide for Administrators.

（原文发表于《工程与技术》2009 年第 1 期）

首钢京唐钢铁厂 2×75000 m³/h 制氧机组三维工厂设计

孙德英　　周张炯

（北京首钢国际工程技术有限公司，北京 100043）

摘　要：在首钢京唐钢铁厂 2×75000 m³/h 制氧工程工艺部分的工厂设计中，开发应用我公司引进美国 Bentley 工程软件系统公司的三维工厂设计软件，有效地提高了设计的精准度，节约投资，提高设计效率。本文通过在实际工程中三维设计软件的开发应用，提出三维设计软件对于专业设计水平的提高是不可或缺的设计辅助工具。

关键词：三维设计；开发；应用

3-D Plant Design for 2×75000 m³/h Air Separation Unit

Sun Deying　　Zhou Zhangjiong

(Beijing Shougang International Engineering Technology Co., Ltd., Beijing 100043)

Abstract：In plant design of process of Shougang Jingtang 2×75000 m³/h air separation project, develop and apply 3-D plant design software of American Bentley engineering software system Co. imported by our company, effectively raised the design accuracy, saved investment and promote design efficiency. This paper proved by development and application of 3-D design software in actual project that 3-D design software is an indispensable design aid to promote professional design level.

Key words：3-D design；development；application

1　引言

随着首钢国际工程技术有限公司的科技进步以及国内外市场的拓展，公司对于计算机辅助设计软件更新换代和先进设计工具的引进投入不断加大，同时，大力提倡、引导专业设计中开发应用先进的设计软件。在京唐钢铁厂建设项目中，根据首钢京唐钢铁联合有限责任公司的建设规模和建设水平，氧气生产设施引进两套林德公司具有国际先进水平的 75000 m³/h 制氧机组，该机组的流程先进性与规模大型化均为国内冶金行业的首次应用。为努力达到首钢公司对于京唐钢铁厂建设的高标准要求，氧气专业以先进的工艺设施配以合理规范的工厂设计、建设一座现代化的制氧厂的设计理念，开发应用公司引进的美国 Bentley 工程软件公司的三维工厂设计软件系统，有效地提高了工厂设计的精准度，节约了投资，提高了设计效率。三维设计与二维设计相比较体现出了明显的优势。

2　三维工厂设计的前期开发与应用

京唐钢铁厂 2×75000 m³/h 制氧工程能够在施工图设计阶段进行"顺行"三维工厂设计，得益于专业设计人员的前期开发投入。自 2005 年底开始，动力室即在公司信息网络部的组织下参加了与多家软件公司三维设计软件的应用技术交流及培训，针对制氧工程的设计需要，开展大量工作包括数据库的开发、传统设计理念的革新、团队合作模式的探索等，在此基础上，2006 年 5 月以首钢氧气厂及迁钢氧气分厂制氧站为课题，应用三维工厂设计软件完成了初步的建模测试（见图 1 和图 2）。

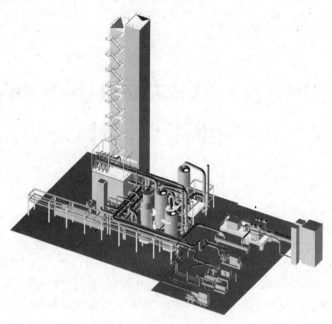

图 1　首钢氧气厂 35000 m³/h 制氧机组三维效果

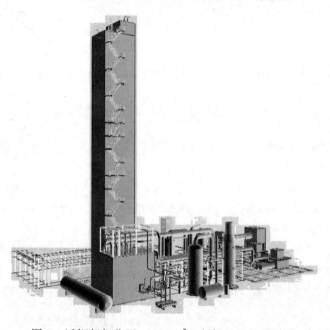

图 2　迁钢氧气分厂 35000 m³/h 制氧机组三维效果

3　首钢京唐公司制氧工程的三维工厂设计

首钢京唐公司制氧工程的工厂设计中，氧气专业首次应用 Bentley 的 PSDS 工厂设计软件与二维设计同步开展三维工厂设计，根据林德公司专业设计标准、国内相关的技术规范要求，采取建库与设计同时进行的方式完善数据库 40000 余条，建立了 ADAL1A 等 6 个管道等级以及全系列管道直径的数据库，独立完成非标设备建模 30 余台，并对林德公司提供的三维参考模型进行转化改进设计。2 × 75000m³/h 制氧工程厂区的三维工厂设计包括氧氮氩气体输配系统、制氧各工艺系统和土建建筑、结构以及厂区电缆布置（见图 3）。在压缩机厂房内设

备管道连接、分子筛纯化系统、空气预冷系统、冷箱外工艺管道系统、放散防护系统的设计中，三维设计软件的应用极大地提高了施工图设计的深度和准确性；对于厂区综合管网的三维设计，氧气专业根据土建专业的二维设计完成三维建模设计，通过工艺管道设计反复修改、调整管道布置及管道支吊架位置，有效地解决了与土建结构的碰撞问题。

3.1　压缩机管系设计

气体压缩系统的管道设计，利用 PSDS 布置的管道模型配合 Bentley Autopipe 应力分析软件，调整支架 HZ07 位置和压缩机出口膨胀节的选型参数，满足了空压机设备管口的受力要求，见图 4。

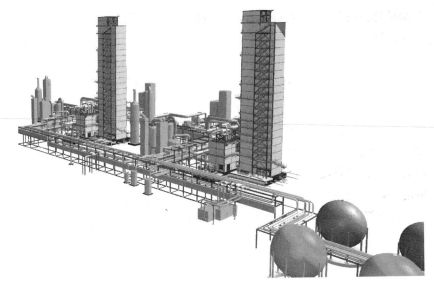

图 3　2×75000m³/h 制氧工程厂区

3.2　分子筛纯化系统管道设计

分子筛纯化系统的管系是制氧机组最复杂的管道配置单元之一，管径范围涉及从 DN25 到 DN1200，并且由于管道介质和流动方向均为切换工作，管系复杂。在以往的设计中，设计人员为了清楚地表达管道的安装位置，需要从不同侧面分别画出各向视图、断面图等，工作量极大，本项目中，三维设计仅需完成设计建模，即可抽出各种视图，并且提取设备、管道设计效果图，满足施工要求的同时也为业主的生产、管理、改造等带来极大的方便（见图 5）。不仅提高了工作精度，更大大提升了设计成品的使用率。

图 4　压缩机三维效果

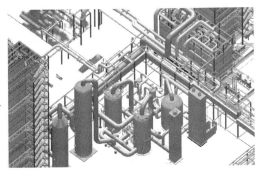

图 5　分子筛纯化系统三维效果

3.3　板式冷箱外部管道设计

板式冷箱是空分冷箱内的低温介质与外部的常温介质的所有接点界区。在相关联的一根管道上，操作温度变化从 -196℃ 到环境温度，应力变化的设计计算也是制氧机组中最复杂的管道配置单元之一，应力的消除主要依靠板式冷箱上部支吊架和外部的管系设计（见图 6）。这部分的设计计算在之前的一个制氧项目中，我们的设计人员与设备供货商的设计人员共同工作约一个月，其中管系建模和反复的修改就占用约一半的时间。在本项目中，我们借助三维设计模型直接导入应力计算软件，对于此部分由林德公司完成的设计计算进行校核计算，仅一周时间完成了这部分的应力校核计算。

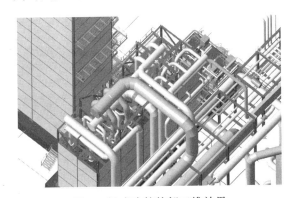

图 6　板式冷箱外部三维效果

京唐钢铁厂 2×75000m³/h 制氧工程采用 Bentley PSDS 工厂设计软件对制氧厂的工艺设备管道、土建建筑与结构、电缆槽架等的总图和管网布置进行综合、全面、协同的三维设计，避免了施工过程的各种软硬碰撞干涉，节省了人力与物力。在管网设计中，通过修正碰撞设计，碳钢管材节省约 35t，不锈钢管材节省约 30t；三维设计建模结合应用 Autopipe 管道应力分析软件计算，使工艺及相关专业节省材料估算为 20t。

4　结语

本项工程中应用三维设计，使设计精准度和设计深度大大优于以往的二维设计，从三维建模提取效果图、ISO 图、材料表等，这仅仅是对于三维设计软件的初步开发应用。在开发设计过程中，我们体会到三维设计软件，对于复杂管网的设计乃至后期施工组织、管理及生产运行都有着强犬的系统支撑平台。应用 Bentley PSDS 三维设计软件，利用其与 Autopipe 应力计算软件的兼容性，可省略应力计算的建模设计，利用其一次设计成图特性，可以在短时间内任意提取各种二维图等，极大地提高了设计效率，与应力计算配套完成的施工图设计，能够有效地降低设计计算工作量，并提高设计精准度，同时，在设计阶段就有效地解决了施工中常出现的碰撞问题。

总之，三维工厂设计可以使我们的设计工作又上一个台阶，三维工厂设计将给用户直观、全新的感觉，这对于提升我院的对外形象、提高市场竞争力也可以起到有效的推动作用。

（原文发表于《工程与技术》2009 年第 2 期）

科技管理理论与应用

- 科技管理理论与应用综述
- 科技管理理论与应用专题

➤ **科技管理理论与应用综述**

首钢国际工程公司"十一五"以来科技管理工作回顾与展望

颉建新

（北京首钢国际工程技术有限公司，北京 100043）

摘　要：本文系统回顾了"十一五"以来首钢国际工程公司在技术创新体系构建、科技开发投入、典型科技开发项目研究与应用、专利、科技成果方面的主要成就，并提出了未来科技管理工作的发展展望。

关键词：科技管理工作；回顾与展望

The Scientific and Technological Management Work of Shougang International was Reviewed the Past and Looked forward to the Future since 2005

Xie Jianxin

(Beijing Shougang International Engineering Technology Co., Ltd., Beijing 100043)

Abstract：The main success of Shougang international in technology innovation system, scienticfic and technological exploitation input, research and application of typical scientific and technological exploitation item, patent, scientific and technological achievements were reviewed the past in this paper. The scientific and technological management work was looked forward to the future.

Key words：the scientific and technological management work; reviewing the past and looking forward to the future

1 引言

北京首钢国际工程技术有限公司始创于 1973 年，是由原北京首钢设计院改制成立、首钢集团相对控股的国际型工程公司，注册资本 15000 万元，员工 1200 余人。提供冶金、市政、建筑、节能环保等行业的规划咨询、工程设计、设备成套、项目管理、工程总承包等技术服务。获得国家住房与城乡建设部颁发的工程设计综合甲级资质，是国家科技部批准的高新技术企业，通过 ISO9001 质量体系、GB/T 24001—2004 环境管理体系和 GB/T 28001—2001 职业健康安全管理体系认证。作为全国知名的钢铁制造全流程工程技术服务商，可提供从百万吨级到千万吨级钢铁联合企业及其配套项目的工程技术服务。在钢铁厂总体设计，原料场、焦化、烧结、球团、炼铁、炼钢、轧钢、工业炉、节能环保单项设计，冶金设备成套等方面具有独到的技术优势和丰富的实践经验。

"十一五"以来我公司科技管理工作取得了显著成绩，主要概括为如下几个方面。

2 "十一五"以来初步形成了较完善的技术创新体系

2.1 建立合理的科技开发结构

结合公司发展战略定位，合理安排基础研究、应用研究、试验发展、成果应用和科技服务开发的比例，支持和超前部署对应用研究的追踪，注重加强试验发展的开发研究，促进科技成果的转化与推广应用。

2.2 统筹协调科技开发力量

统筹协调好主体专业与公辅专业、工艺专业与设备专业的科技开发活动，体现全面、协调、可持续发展的要求。支持专业和专业之间合作的科技开发模式，完善和提升重点专业的整体创新能力和竞争能力。

2.3 有效科技开发交流与合作机制

建立开放、互补、协作的科技开发机制，以公司技术开发战略为导向，推动公司与科研机构、高等院校、生产企业在科技创新和人才培养方面的交流与合作，促进资源共享，形成了合理的科技开发布局。逐步形成"以我为主，多方参与，互利共赢；为我所用，统筹集成，支撑创新"的科技合作新态势。

2.4 实现了重点领域取得重大突破和跨越发展

立足于公司经营与技术发展的紧迫需求，结合重大工程设计和建设，强化自主创新和引进—消化—吸收—再创新，把炼铁、炼钢、轧钢等关键专业领域的重大技术开发放在突出位置，攻克一批具有全局性和带动性的重大关键技术，开发一批具有行业先进水平的重大产品和技术，取得了重大突破和跨越发展。

3 "十一五"以来典型科技开发项目研究与应用情况

3.1 以建设21世纪示范钢铁厂理念规划设计了首钢京唐钢铁厂

作为京唐钢铁厂项目的总体设计单位，项目主要技术特点：建立了高效、低成本、稳定生产的洁净钢生产体系，建立了21世纪新一代可循环的钢铁制造流程；其功能不仅是具有先进的钢铁产品制造功能，同时具有高效的能源转换和消纳社会废弃物及资源化的功能，具有为社会提供有效能源、资源的功能；体现了新世纪科技发展方向的精品制造、高效连续化、节能环保和生产洁净钢的先进技术；其流程特点是可循环的钢铁制造流程，即高效化的生产制造流程、高效能源转换的流程和循环经济的制造流程。各项技术指标

达到国际领先水平。

3.2 长寿高效集约型冶金煤气干法除尘技术的研究开发与应用

项目主要技术特点：（1）全世界第一座 $5500m^3$ 特大型高炉采用脉冲反吹煤气全干法除尘技术，完全取消湿法煤气除尘备用系统，在国内、外属于首创；（2）国内首座 $5500m^3$ 特大型高炉采用全干式 TRT 工艺技术；（3）首次制订的国家标准《高炉煤气干法袋式除尘设计规范》，首次对高炉煤气干法除尘进行了统一的相关设计技术要求，填补国家行业标准空白，各项技术指标达到国际先进水平。

3.3 高炉高风温技术的研究开发与应用

项目主要技术特点：（1）世界首座 $4000m^3$ 以上特大型高炉采用新型顶燃式热风炉技术，稳定实现了 $1300℃$ 超高风温；（2）开发应用空煤气低温预热+助燃空气高温预热技术，实现单烧低热值高炉煤气获得 $1300℃$ 高风温的目标；（3）开发应用新型顶燃式热风炉燃烧器，燃烧方式为扩散式燃烧，对空气和煤气流量、温度的适应范围宽，煤气在炉内燃烧充分；（4）计算机数值模拟、三维设计、管系应力计算等先进技术的应用确保设计先进、可靠、合理。各项技术指标达到国际先进水平；（5）建立实验平台，通过物理测试、工业冷态试验、工业热态试验研究开发新一代高效长寿高风温热风炉技术，各项技术指标达到国际先进水平。

3.4 高效长寿集约型高炉炼铁生产工艺及设备综合技术的研究开发与应用

项目主要技术特点：（1）国内自主设计并投产应用的第一座 $5500m^3$ 特大型高炉，开创了我国特大型高炉自主设计的先河；（2）国内首座 $5500m^3$ 以上特大型高炉采用国产化的并罐无料钟炉顶设备；（3）全世界首座 $4000m^3$ 以上特大型高炉采用新型顶燃式热风炉技术，实现了 $1300℃$ 超高风温；（4）世界第一座 $5500m^3$ 以上特大型高炉采用脉冲反吹煤气全干法除尘技术，完全取消湿法煤气除尘备用系统，在国内外属于首创；（5）国内首座 $5500m^3$ 以上特大型高炉采用全干式 TRT 工艺技术，各项技术指标达到国际先进水平。

3.5 海水淡化生产系统综合技术的研究开发与应用

项目主要技术特点：（1）充分利用低温低压

乏汽和其他富余中压蒸汽资源，大幅度降低海水淡化制水成本，增大造水比，提高产水量，实现多工况运行,增加 LT-MED 装置的运行灵活性;（2）节省凝汽器的一次性设备投资以及为凝汽器设置海水直流冷却或循环冷却等配套设施的一次性投资，完成的首钢京唐钢铁厂海水淡化装置，总产水能力 50000m³/d，各项技术指标达到国际先进水平。

3.6 焦化干熄焦综合技术的研究开发与应用

项目主要技术技术特点：（1）熄焦惰性气体通过循环气体系统的工艺管道和设备循环使用;（2）装焦过程中产生的粉尘，通过移动式集尘管道与环境除尘系统连成一体，减少环境污染;（3）为了保证设备本身的正常运转，设置干熄槽放散管、一次除尘器紧急放散管;（4）采用高温高压自然循环锅炉可比中温中压锅炉纯凝发电工况下可以多发电 12%~15%，节能效果显著。首钢京唐焦化厂采用了 2 套 260t/h 的大型干熄焦装置，是迄今为止国内外技术水平最高、单套处理能力最大的装置，各项技术指标达到国际先进水平。

4 "十一五"以来完成科技开发课题和科技投入情况

4.1 "十一五"以来科技开发课题完成情况

"十一五"以来共完成科技开发课题 257 项，如图 1 所示。

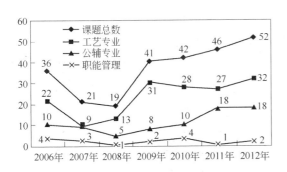

图 1 "十一五"以来科技开发课题数量统计图

4.2 2006 年至 2011 年科技投入情况

公司加大研究与开发投入，研究与开发经费投入情况：2006 年 7032.56 万元，2007 年 7146.22 万元，2008 年 7951.96 万元，2009 年 7233.96 万元，2010 年 7072.14 万元，2011 年 8552.15 万元，累计投入 44988.99 万元人民币，每年科技投入资金大于公司全年营业收入额的 3%。

5 "十一五"以来专利获得的情况

5.1 "十一五"以来申请专利数量持续增长

"十一五"以来共申请专利 175 件，其中，实用新型专利 113 件，发明专利 62 件。2006 年企业申请专利只有 10 件，2010 年申请专利达到 33 件，五年时间增加三倍，呈现出高增长势头。如图 2 所示。

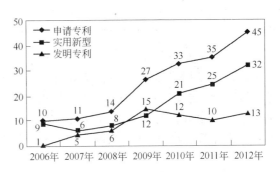

图 2 "十一五"以来申请专利统计图

5.2 "十一五"以来发明专利比重逐次提高

2006 年申请发明专利只有 1 件，占申请专利的 10%，2010 年申请发明专利 12 件，占申请专利的 36%，表现出专利申请在数量增长的基础上质量得到进一步提高和发展。

5.3 "十一五"以来专利技术应用产生效益

"十一五"以来，公司重视专利技术的推广应用，努力实现专利技术的产品化。目前，以"高炉煤气干法除尘"、"一种带卷运输托盘"等为代表的专利已经形成产品，成功应用在迁钢、首秦和京唐等工程中，同时推广到国内其他钢铁厂，产生了较大经济和社会效益。

6 "十一五"以来科技成果获得情况

"十一五"以来科技成果管理工作，以突出公司重点工程业绩为核心，申报并获得省（部）级以上奖 133 项，见表 1。

7 公司科技管理工作展望

"源自百年首钢，服务世界钢铁"，今后我公司将以"提升钢铁企业品质、推进冶金技术进步"为使命，奉行"开放、创新、求实、自强"的企业精神和"以人为本、以诚取信"的经营理念，践行"敢于承诺、兑现承诺，为用户提供增值服务"的服务理念。积极参与社会公益事业，践行企业公民的责任与义务；

实现企业与员工共荣、与客户共赢、与社会和谐共　　存，引领绿色钢铁未来。

表 1　"十一五"以来科技成果获奖统计表　　　　　　　　　　　（项）

序号	获奖种类	2006 年	2007 年	2008 年	2009 年	2010 年	2011 年	2012 年	合　计
1	科技进步奖	5	2	4	3	0	4	5	23
2	优秀设计奖	12	12	6	10	11	12	10	73
3	优秀咨询奖	0	0	2	0	0	1	0	3
4	优秀总包奖	2	0	3	0	4	0	9	18
5	企业新纪录	2	2	0	12	0	0	0	16
	合　计	21	16	15	25	15	17	24	133

公司科技管理工作将以"完善创新体系、提升创新能力、满足用户需求、追求技术领先、实现跨越发展"为科技管理指导方针，以"先进性与实用性并举、技术开发与技术储备并行、技术开发与成果转化并重"为科技开发课题立项总的原则，以工程项目和市场需求引导科技开发项目立项，以科技开发项目研究提升工程项目的技术水平和市场竞争力，实现钢铁行业关键技术和共性技术的突破，以科技创新为驱动力，引领公司实现跨跃式发展。

首钢设计院科技进步的分析与对策

兰新辉

(北京首钢国际工程技术有限公司，北京 100043)

摘　要：文章阐述了首钢设计院的发展定位，论述了科技进步的概念及遵循的原则，重点介绍了科技进步的相关对策，特别强调技术创新及技术成果的推广，初步提出了首钢设计院科技进步实施的战略步骤。

关键词：发展定位；科技进步；技术创新；技术成果推广

1　引言

首钢设计院的产品有两大类，一是规划、咨询、设计；二是工程总承包。生产过程为：在搞清业主要求的基础上，充分运用院里的软件(专利、成果、标准、已成功实践的图纸等)和硬件(计算机、复印机、晒图机等)资源，在一定的时间和空间内，相关专业及人员参加，周密组织和协调，经过一系列的步骤和程序，首先通过技术人员的智力劳动形成设计产品，进而通过项目部各岗位人员策划、管理等智力劳动形成总承包产品。可以说，设计院是知识、技术、人才密集型单位，工程设计是将科技成果转化为现实生产力的最前沿行业，也是科学技术为第一生产力的最典型的行业。鉴于此，科学技术对首钢设计院的发展起着至关重要的作用，必须狠抓科技进步，不断增强首钢设计院技术实力和综合竞争能力。

2　科技进步的概念及遵循的原则

科技进步是在生产过程中所带来的单位投入产出变化。一般的产出大于投入，为企业带来经济效益的变化，称之为科技进步，具体地说，是在生产中使用效率更高的劳动手段、更先进的工艺方法，不断推动生产力发展的过程。科技进步分为劳动节约型、资金节约型和劳动与资金不变型三种。其中劳动与资金不变型表示在投入生产过程中的劳动力和资金不变的情况下，通过改善劳动手段、工艺、生产组织、管理水平等增加经济效益的过程。依据上述概念和具体实践，首钢设计院的科技进步应遵循下列原则：

（1）科技进步应紧紧围绕强化企业创新能力、提升总体技术实力和综合市场竞争能力、最终提高企业(或系统)经济效益来开展。

（2）科技进步应以正确的理论做指导，特别是有关生产力的理论。从劳动者、劳动工具和劳动对象三方面推进技术进步。

（3）不能将科技进步等同于技术创新，不能为创新而创新，技术创新是科技进步的一部分，技术创新必须紧紧围绕科技进步来开展。

（4）科技进步是企业永恒的主题，必须紧紧围绕企业目标不断开展创新活动，通过科技进步不断促进企业的发展。

3　首钢设计院发展的目标定位

首钢设计院长期为首钢服务，以首钢集团为依托，具有融资、制造、施工、培训、试生产直至达产护航的综合优势。首钢设计院的发展定位为国际型工程公司，即以设计为龙头，以技术(特别是专有技术)为核心，大力实施工程总承包。因此，首钢设计院的科技进步必须从发展生产力的理论紧紧围绕这一定位和目标来开展。

4　科技进步的相关对策

4.1　关于劳动者

设计行业生产力要素中的劳动者指的就是广大工程设计人员，是设计院最宝贵，最重要的资源，是科技进步的主体和推动者。劳动者要素分为个体和群体两大类。

4.1.1　个体

提高劳动者个体的素质，主要从积极性、创造性、劳动技能三方面进行：

（1）积极性。积极性属于主观的范畴，也就是常说的责任心、责任感、主动性。主要通过适合的工作(包括提干)、发挥长处、避开短处、合理的报酬、开放的环境(包括观念)、良好的事业来不断促进并保持。关键是适合的工作、合理的报酬。在首钢设计院，岗位很多，但大量是设计岗位，在岗位确定的情况下，积极性就与报酬直接挂钩了，需要说明的是此处的报酬是广义的、动态的，既有正的，也有负的；既有物质的，也有精神等其他方面的。此外，报酬调动积极性还应注意两个问题，一是，报酬应同行业水平相当；二是，如果不与行业比较，内部一定要强化管理，在同岗同酬的原则下，通过工作量、工作质量、劳动态度等考核细划分配。要细划分配，必须强化管理，因此，首钢设计院的工薪制度应逐步向岗薪制过渡，适当加大固定收入，减少奖金收入，对固定收入实施动态考评，加入全院劳资管理及均衡的因素，使劳动与报酬更趋合理。

（2）创造性。创造性的前提是积极性和个人素质，个人素质是多方面的，包括学历及学识水平、工作方法、个性、心理特征等。根据首钢设计院实际，最主要还是学历、学识水平和工作方法影响着个体的创造性。应有计划地提高全院技术人员的学历及学识水平，通过调出、调入、院内低学历人员自身的提高等方法使学历水平在一定时间内达到规定的目标，个人素质涉及全院大多数技术人员，在平时的具体工作中反映不突出，但在综合、前沿、开创和科研工作中有明显不足，对院里长久发展有不利影响。

（3）劳动技能。劳动技能是最直接的生产力，劳动技能的提高主要靠实际工作和再教育，实际工作应注意新老搭配，敢于起用新人，使重要工作让有技术发展前途的人多承担，院及各专业应确定各方面人才梯次，经过有计划的锻炼提高，多培养出国内知名专家、设计大师甚至工程院士，进一步带动全院劳动者技能的提高。

关于再教育，院里必须强化执业注册的管理，加大注册人员比例，通过注册强制进行再教育。此外，加强对外的学术交流和考察，根据经营情况每年确定一定的资金用于学术会议，发表论文及各种对外学术交流活动。

4.1.2 群体

每一个设计任务都是由若干专业和人员共同参与完成的，相对于生产线的加工业或制造业等其他行业而言，设计行业中生产力的劳动者要素群体协调配合的整体作用不可忽视。科学的管理和高效的生产组织显得尤为重要。

首先，对现有设计生产流程进行分析解剖，对薄弱和存在问题的环节进行调整。根据目前建设市场情况推行并完善"开天窗"设计流程，解决好设备资料与设计进度的矛盾。同时，根据创建国际型工程公司的目标要求，确定全院的组织机构及确定相关的专业、部门、岗位。然后，对全院所有专业技术人员进行分层、分类，按照确定的岗位因人施用，对号入座，这是科学管理和高效生产组织的前提。最后，落实专业分工和岗位职责，建立健全相关制度，对人员及各项工作实施动态管理。

4.2 关于劳动工具

设计行业直接用于一线生产的劳动工具，有两大类，一类是标准、规程、规范；一类是计算机局域网络(包括软件)。标准及规程、规范的要求是确保有效，确保要用的标准及规程、规范能及时得到，做到查阅快捷方便。目前首钢设计院与超星公司联合开发的数字图书馆已很好地解决了上述问题，满足了要求，节约了大量资金，这是技术创新的结果。计算机局域网属设计工作的支持平台，首钢设计院局域网未来将具备经营管理、工程管理、办公自动化、图纸资料管理及决策支持五大子系统，最终目标是将设计院的生产和各项管理工作全部纳入计算机网络系统。今年计算机中心编制了计算机图纸格式及标准，并开发了自动录入程序，解放了每一位设计人员计算机存图的信息录入工作，年初购置了新型计算机出图机，其自动排队功能解决了设计人员出图查询问题。目前，设计人员在自己的计算机上设计完毕可直接传至计算机中心，计算机中心的服务器自动采集出图信息后自动存档，而图纸排队情况设计人员在自己的计算机上就能一目了然，这些都属于劳动工具上的创新，都很好地提高了生产效率。

4.3 关于劳动对象

设计工作的劳动对象是明确的。例如，客户要建设一个烧结厂，那么烧结厂的设计过程即是设计工作的劳动对象。但是，设计院劳动对象的概念不仅仅如此，其内容非常丰富，可以认为，设计院的科技进步主要反映在劳动对象的技术创新上。

4.3.1 技术创新的指导思想及原则

（1）根据院里的技术发展目标，紧紧围绕提高技术实力和市场竞争能力来开展技术创新，优先开发新工艺、新技术。

（2）实践证明，首钢集团是首钢设计院发展的重要优势，首钢设计院的技术创新要把首钢引进的先进技术消化吸收再创新作为技术创新的重要内容。

（3）坚持技术创新多元化、社会化。特别是技术成果的掌握，可以是自主开发，可以是合作开发，可以是委托开发，还可以是技术许可、技术买断，甚至通过合作设计来达到掌握成果的目的。充分调动和利用社会资源，多层次、多途径地开发和掌握成果，加快技术创新的步伐。

（4）结合工程设计开展技术创新。

4.3.2 技术创新的目标

总体目标是采取多种措施，通过进一步的努力，近期使首钢设计院的优势技术保持或基本达到国内同行业先进水平。

首钢设计院已经掌握的优势技术主要是炼铁、烧结、焦化、中厚板、高速线材、型材、蓄热式加热炉、环保除尘等方面的专有技术。

有望进一步突破的技术有炉外精炼、铁水预处理、干熄焦、污水处理、焦化生化水处理、彩涂及镀锌、高炉余压发电、焦炉煤气脱硫、高炉干法布袋除尘等。

非钢领域要重点进行钢结构、高强度钢筋应用、市政设施的研究与开发。

科研课题的安排按三个层次把握，一是面向市场，技术含量高，能够创造好的经济效益并具有自主知识产权的课题；二是面向市场，技术含量高，能够创造好的经济效益，但不能形成自主知识产权的课题；三是业务建设及标准化、系列化，主要面向生产组织、规范设计、提高质量、提高效率。例如，炼铁系统标准化、系列化，特别是通过计算机辅助设计，就能使首钢设计院能够同时承担多项炼铁设计，大大提高生产效率。

4.3.3 技术创新的资金及组织模式

技术创新的资金首先由院按营业收入的一定比例专项安排，比例一般为低档3%，中档5%，高档8%，几年前，重庆赛迪公司即安排800万元资金用于科技开发，而到2003年则要求科技开发活动要完成3000万元的资金指标，可见力度很大。其次是政府专项科研经费，鞍山焦耐院干熄焦一项即获取国家1100万元科技经费，2003年又获得国家有关部门130万元的开发经费。目前市有关部门在经费方面只对首钢，不对子公司，下一步应积极争取，努力走通政府专项科研经费这一途径。再次是利用民营资本，当然知识产权由双方共有，总之，解决资金要全方位、多渠道。

技术创新的最佳组织模式是课题负责制，在技术开发骨干有限，而同时生产任务又很重的情况下，作为开发人员可以利用业余或工作间歇开展技术研发，发挥一人多能，一人多用的作用。当然，开发

资金与产值分开，封闭运行。自2002年初，国家科技部也正式下文，要求技术创新必须采用课题制，确保开发人员的积极性，确保开发任务按质按量完成。首钢设计院自2002年初实施课题制组织技术开发以来，全院技术人员的积极性得到很大提高，技术创新也取得了一些好的成果。需注意的是，这种组织模式初次尝试，管理过程还存在一些不足，应该尽快改进。

在课题制的基础上，尽量利用工程资金或工程外的资金随工程设计开展技术创新，对于院总包的项目，可以很快应用到生产实践，开发工作具有不用或少用资金，开发成果很快得到生产检验的特点。近期首钢设计院开展的抚宁高炉干法布袋除尘项目的开发即是如此。

由于首钢集团的优势以及首钢集团领导的支持，要加大首钢引进项目技术消化吸收再创新的研发力度，提前介入技术谈判、设备到后立即测绘、参与生产调试等来掌握新技术、新工艺。

注重新工艺、新技术开发，注重技术完成。总结几年来的实践，首钢设计院总包研制的棒材打捆机从性能上是不错的，但每一台首钢设计院仅提取知识产权费8万元，按照设计院的性质，对设计生产力无明显提高，对经济效益也无明显增长。而链算机—回转窑—环冷机新工艺球团生产线的成功，在于我们掌握了工艺，开展了总成。120万吨规模生产线做的好，200万吨规模的生产线一样好。此外，作为原国家经贸委重大国产化装备技术攻关项目的首钢中厚板厂工艺升级改造成功，也说明了新工艺、技术总成的重要意义。

4.3.4 技术推广及成果战略

技术成果分为新工艺、新技术、新设备、新材料四大类，成果的表现形式主要有专利和专有技术。目前，我们国家专利不少，技术含量高的原创性专利不多，专利和专有技术对现实生产力的转化率更低。因此，技术成果的推广是技术创新的一个重要内容。技术成果随时间其价值不断贬值，必须尽早推广，而推广会给拥有者带来效益，会进一步推动技术创新工作。但技术成果的推广必须解决发明人的权益问题，按照知识产权惯例，成果被应用产生的经济效益应按一定比例分配给发明人，这样不但调动发明人的积极性，而且促使发明人进行推广、跟踪、技术改进、升级，不断创新、不断完善已有技术。

技术推广属于成果战略，但成果战略的又一层含义是应大力开展技术贸易，采用合资合作、技术许可、技术买断、合作设计等多种方式掌握和运用

成果，提高企业的基本生产力和综合竞争力。通过成果战略掌握工艺，开展总成。

4.4 关于国际型工程公司

国际型工程公司的目标属于生产关系或上层建筑的范畴，但生产关系反作用于生产力，国际型工程公司应主要从事工程总承包业务，那么国际型工程公司的最佳模式是什么呢?是产、学、研一体化，具有专有技术及研发、试验能力，不断保持技术领先，以核心技术开展工程总承包。试想一下，如果首钢设计院具有研发和一定的设备制造能力，就能够解决研发速度和高端切入、技术成果保密、总包关键设备供货、总包经济效益及进度目标等一系列问题。因此，首钢设计院应朝着产、学、研一体化，集设计、施工、科研试(实)验、关键设备供货为一体的综合性工程公司发展，真正成为国际型工程公司。

5 结语

科技进步是一个较为复杂的概念，具有经济性、技术性、政策性、系统性等特点，如何搞好设计院的科技进步呢?在当前情况(技术底子薄，资金有限)下，首先应从理论的高度全面审视、分析设计院的科技优势及劣势，进行策划和规划，突出重点，整体推进。企业以盈利为目的，科技进步应首先关注基本生产力，然后才是综合竞争能力，一个体弱多病的人很难与人竞争。科技进步最主要的概念就是产出大于投入，理想就是投入最少，产出最多，科技进步强调企业整体生产力的提高，注重各方面、各环节的创新，技术创新只是科技进步的一部分。试想一下，当年海上运输在基本没有投入的情况下发明了集装箱，解决了海上运输运量及运输安全、装卸等一系列难题，集装箱的科技含量在哪里?一些与首钢设计院同等规模的设计院能够干出的工作量，首钢设计院却干不出来，人家靠的是什么?是标准化、系列化、计算机。这些属于基本生产力的概念，从这里不难看出，科技进步无止境，企业系统的各方面、各环节必须不断地优化创新、改进。但一个企业要想保持不败并不断发展，最终还要靠技术创新。如奔驰汽车、同仁堂、诺基亚等，靠企业综合竞争能力。

首钢设计院科技进步的实施战略应该是优先发展基本生产力，同时或适时发展综合竞争能力。

（原文发表于《设计通讯》2004年第1期）

国内外冶金工程设计现状及发展趋势的分析与研究

颉建新

（北京首钢国际工程技术有限公司，北京 100043）

摘　要：本文分析了国内外冶金工程设计的生存环境、现状、发展趋势，指出了国内冶金工程设计存在的主要问题和制约因素，并提出了国内冶金工程公司提高冶金工程设计能力应采取的措施和方法，对提高企业自主创新能力具有重要的参考价值。

关键词：冶金；工程设计；现状；发展趋势；分析与研究

Analysis and Research of Present Situation and Development Trend of Metallurgy Engineering Design both at Home and Abroad

Xie Jianxin

(Beijing Shougang International Engineering Technology Co., Ltd., Beijing 100043)

Abstract: The living environment , present situation and development trend of metallurgy engineering design both at home and abroad was analyzed in the paper. The main problems and restricted factors in domestic metallurgy engineering design are pointed out. The step and method are put forward on improving ability of metallurgy engineering design in domestic metallurgy engineering companies. Hasing important reference value for improving independent innovation ability of enterprise.

Key words: metallurgy；engineering design；present situation；development trend；analysis and research

1　国内外冶金工程设计生存环境分析

1.1　冶金工程设计涉及的主要业务领域

冶金工程设计涉及的主要业务领域为：钢铁和有色金属加工工业提供金属冶炼、轧制、铸造等生产专用设备和技术。包括了矿山、烧结、焦化、冶炼、压力加工等，如矿山设备中的挖掘机、大型轮式装载机、井下铲运机、破碎和筛分设备，以及磁选设备等；冶炼设备中的高炉、转炉、电炉；轧制铸造设备中的大型薄板冷热连轧成套设备、大型轧制板带精整生产线设备，以及大型宽厚板坯连铸成套设备等。

1.2　国外冶金工程公司工程设计近年所面临的市场情况

近年来，全球钢铁产量持续快速增长，

2003~2007 年连续 5 年增长率超过 7%。钢铁规模的持续扩大和投资的不断增加。全球领先冶金工程公司——意大利达涅利集团（Danieli）发布的研究报告显示，2007 年全球冶金工程市场规模达到 150 亿美元，其中，50%是扁平材设备，45%是长材设备，5%为其他设备（如钢管设备等）。伴随着全球钢铁及有色金属产量及消费量的持续上升，世界冶金装备工业的市场规模也将不断提升。统计数据显示，韩国铁钢协会 33 家会员钢企 2008 年在生产设备领域的计划投资金额超过 74 亿美元，同比大幅增长63%；近年来，日本主要大型钢铁企业投资生产设备的金额大幅增长，其中，新日铁、JFE、住友金属和神户制钢 4 家企业在 2006~2008 年 3 年期间的设备投资额高达 18240 亿日元，较前 3 年增长了 75%。

1.3　国外冶金工程公司从事的产业分布情况

从 20 世纪末开始，全球冶金工程公司经历了一系列的兼并重组，目前产业分布已高度集中。世界上具有完整冶金设备生产线制造能力的厂商主要有三个，分别是：以德国为基础的 SMS 集团公司（SMS Group）；以德国为基础的西门子奥钢联集团公司（Siemens-VAI，2005 年德国西门子公司收购了奥地利奥钢联公司）；以意大利为基础的达涅利集团。达涅利的研究报告显示，全球 50%以上的市场份额由上述三大冶金设备公司所控制（其中，意大利达涅利占 15%、德国西门子奥钢联占 18%、德国 SMS 占 18%），且三大公司均在欧洲；另外，日本公司也占据了 9%的全球市场份额，而剩余的 40%为各国中小型专业冶金设备公司所瓜分，它们基本只能提供单体设备。除三大企业外，世界主要的冶金设备制造企业还有：意大利德兴（Techint）集团的 Tenova 公司、日本三菱日立制铁株式会社（Mitsubishl-Hitachi Metals Machinery, Inc.），以及日本钢铁设备技术公司（JP Steel Plantech）等。

1.4 国外冶金工程公司全程维护服务成为趋势

目前世界主要冶金设备制造商都能针对不同地区的客户需求提供不同层次的服务。对于中国、印度、俄罗斯和巴西等新兴工业化国家，将新建大量的钢厂，设备制造商主要是提供设备以满足其产能扩张的需要；而对于美国、欧洲等发达国家，主要是依靠现有产能的现代化改造来扩大生产，设备制造商可以提供服役期全程维护服务。一般来讲，一家钢厂的服役期为 30 年，在现有设备上应用新方法和新工艺技术以及自动化方案，将有助于企业在即使新建设备数量减少的情况下仍然满足对于钢铁日益增长的需求。未来一段时间后，冶金设备投资将趋缓，而服役期全程维护服务将不断发展壮大。以西门子公司为例，预计到 2010 年，该服务的销售额将占到西门子冶金技术部总销售额的三分之一。

1.5 中国成为推动全球冶金工程公司市场繁荣的主要力量

中国已经成为世界最大的钢铁生产国，2007 年粗钢产量为 4.89 亿吨，同比增长 15.7%，占全球总产量的 36.4%；钢铁工业的发展带动了对冶金设备的强劲需求，目前中国已成为全球最大的冶金设备市场，占全球市场份额的三分之一以上。统计数据显示，2007 年，中国冶金设备制造行业总产值达到 603.42 亿元，同比增长 37.9%。同时，中国冶金设备市场的繁荣吸引了几乎全球所有冶金设备制造商来华拓展业务，据不完全统计，2000~2006 年间我国引进冶金设备资金达 71.06 亿美元，相当于国内

冶金装备总产值的 28.5%，德国 SMS 集团、西门子奥钢联、意大利达涅利集团在中国冶金设备市场特别是高端市场占有较大的份额。2008 年，中国钢铁产量将保持 10%左右的增长速度，同时又将淘汰落后产能，加大兼并重组力度，将大大带动中国冶金设备市场的发展。

2 国外冶金工程设计的现状、发展趋势

2.1 国外冶金工程设计的现状分析

国外冶金工程公司一般都拥有核心设计技术和核心制造技术能力，具备产品功能性设计的功能，只是在钢铁行业内的业务领域各有所长，其主要技术特点如下：

（1）能够满足钢铁企业对设备可靠性和稳定性的第一要求。

（2）很多技术和工艺是固化在其出售的设备上的，如控制系统、辊系、辊型。

（3）掌握操作技术，而且一般要求技术和产品同时引进。

（4）设计人力资源方面，一是人员整体素质高、实际经验丰富；二是人员结构合理，年龄上形成梯队；三是人员组成具有国际化特征，不局限某个国家；四是工作敬业，责任心强，普遍具有良好的职业道德；五是注重创新，技术创新意识、能力较强；六是市场意识强，形成了技术开发的宗旨是满足用户需求的设计理念。

（5）设计硬件资源方面，一是具备完备的计算机硬件平台；二是具备完备的产品试验、试制条件；三是具备完备的产品测试手段；四是具备完备的产品中试试验条件；五是具备完备的产品工业化试验条件；六是具有完备的企业研发中心。

（6）设计软件资源方面，一是具备完整的计算机辅助设计工作平台；二是具有完备 CAD/CAM/CAE 计算机正版软件，且不断升级；三是具备完备的科技情报检索手段；四是设计相关的技术资料系统、完备，具有长期积累。

（7）设计管理资源方面，一是具有明确的技术开发战略；二是具有完备的科技管理制度；三是具有明确的知识产权发展战略。

（8）设计环境资源方面，一是国外政府相关管理部门、行业协会为工程公司发展创造了良好的软环境；二是国外政府相关管理部门注重用市场方式鼓励企业技术开发投入；三是国外大学、研究机构、企业在研究开发方面各有分工，比较明确，讲诚信，协作较好。

（9）设计资源理论支撑方面，一是国外大学在设计资源理论研究方面深入，在理论上有力支撑了企业技术开发工作；二是国外设计资源理论研究与实际应用结合的较好，相互促进，推动企业不断发展。

2.2 国外冶金工程设计发展趋势

为提高在中国市场的竞争力，近年，世界知名冶金工程技术企业和设备制造商纷纷开始进行在华战略拓展，如西马克—德马格股份公司自 1983 年和 1984 年就开始在北京和上海设立代表处，并相继在武汉、上海、北京分别设立了合资公司和独资公司。达涅利集团于 2004 年和 2007 年在中国设立了子公司达涅利冶金设备（北京）有限公司和常熟达涅利冶金设备有限公司。西门子—奥钢联也在江苏太仓设立了自己的设备制造公司，在中国进行市场拓展。

国外冶金工程设计有向国内制造分包、本土化生产的发展趋势。

3 国内冶金工程设计的现状、发展趋势

3.1 国内冶金工程设计的现状分析

3.1.1 国内冶金装备国产化发展主要阶段

第一阶段为 1964 年以前。当时依靠苏联技术。以购买苏联装备、学习苏联技术为主。我国第一阶段冶金装备国产化以仿制苏技术装备为基础。

第二阶段为 1965~1974 年。冶金装备国产化以建设当时重大的"40 工程"（即攀钢）为依托，重型装备制造企业与包建钢铁企业（以鞍钢为主）、工艺设计院（重钢院、鞍山焦耐院、长沙矿院等）紧密合作，提供了新建的攀枝花钢铁公司的全部成套国产化装备（1200m³ 高炉、130m² 烧结装备、120t 转炉、大型轨梁轧机等）和众多的单体设备，整个攀钢的建设投产全部依靠我国自己的技术力量和装备，可以说是冶金装备国产化工作实施最好的阶段。

第三阶段为改革开放后至 1994 年时期。本阶段国家成立了国务院重大办，对重大装备国产化实施了强有力的行政干预。冶金重大装备以建设宝钢二期工程为依托。当时外商技术总负责，国内装备制造企业参与合作设计、合作制造的方式引进了冶金重大成套装备，这一阶段由于国务院重大装备办公室对引进重大装备进行全面协调，装备制造企业参加了引进装备的合作设计和消化吸收，故冶金装备制造企业基本掌握了大型成套装备的设计和制造技术。出色完成了 450 m² 烧结成套设备、1900 mm 板坯连铸机成套装备、1900 mm 热连轧成套设备和 2090 mm 冷连轧成套装备等的合作设计和合作制造，总体来说，这一阶段对我国装备制造业的技术水平提高了一个很大的台阶，对钢铁企业的生产工艺技术和管理水平有更大的提高，为我国钢产量上亿吨奠定了基础。

第四阶段为 1994~2005 年。这一阶段撤销了国务院重大办。重大装备引进以业主（用户）为主，外商不但对工程技术总负责，并对工程所需的工艺装备总包。相对于进去，国家有关部门失去了对重大装备引进消化的干预和体现国家意志的控制职能。装备制造企业失去了制造承包的机会，彻底沦为外商的打工仔。这就出现了中国装备制造业 80% 的产品只获得 20% 产品价值的钱，外商干了 20% 的产品却拿到 80% 的产品价值的钱。例如在 1995~1999 年期间，装备制造业既无能力考虑企业技术改造，更无能力考虑新产品研制和推进冶金装备国产化工作，直到 1999 年国家实施积极的财政政策，拉动内需，而且把钢铁产业作为首位发展对象，出现了国有、民营钢铁企业发展的局面。这才带动了冶金装备制造业的复苏。加之国外冶金装备企业（如日本三菱重工、德国德马克和西马克公司）进行调整，才有了国内冶金装备制造企业今日的快速发展。

"十五"以来国民经济稳定高速发展推动了重型机械行业的发展以及大型冶金装备国产化的进程，"十五"以来，在国民经济整体稳定高速发展的环境下，我国原材料工业、能源、交通运输和基础建设等也得到了快速增长，特别是钢铁产量由"十五"前的 1 亿吨增长到 2006 年的 4.2 亿吨，这极大地带动了重型机械的发展以及冶金装备的国产化进程。

3.1.2 国内冶金装备国产化发展总体情况

国内钢铁工业已经进入需要依靠技术进步提升核心竞争力的阶段，但是长期以来过分依靠对国外技术装备的引进，并没有让国内冶金技术自主创新能力获得较大提升。我国冶金重大装备从 1950 年代依靠苏联援助，到 1980 年代进口国外二手设备，再到 1990 年代高价引进国外较为先进的生产线，由于没有注重对技术的消化吸收，一直难以形成自主创新能力。中国钢铁工业协会 2005 年的一项统计显示，"十五"前 4 年，我国重点大中型钢铁企业共支出 175.07 亿元用于引进国外先进技术，但是消化吸收引进技术的支出只有 8.6 亿元，只相当于引进费用的 4.9%。近年来国家发改委等部门虽然规定一些生产线在引进时国产化率应当达到 50%~70% 的比率，但是很多企业将这一比例的国产化装备主要集

中在中低端技术工艺上，在关键部位仍然形不成自己的创新能力。"事实表明，越是国外对中国封锁的技术，我们经过自主创新，越是能掌握自主知识产权的核心技术；越是国外反复向中国推销的技术工艺，我们热衷于重复引进，越是形不成自主创新能力。"近来海外冶金企业对我国的技术封锁更加严格，也让自主创新变得更加困难。目前，海外一些企业除了不向中国输出无取向硅钢等最先进的冶金生产线外，在一些输出生产线的关键部位也作了处理，防止中国企业对其学习、模仿和再创新。如鞍钢公司 1990 年代从日本三菱引进 1780 mm 热连轧生产线时，外方对关键部位还提供了图纸和计算机原程序，这对鞍钢的再创新起到了基础性作用。相比之下，2003 年日本三菱向华北一家企业输出同类生产线时，其关键部位都用技术"黑匣子"加以代替。这种"黑匣子"的特点是，生产线能在设定的标准下正常运行，但是关键部位不能打开，引入方更不能了解和学习里面的工作原理，这样的封锁已经成为一种普遍现象，这让国内企业很难再从引进的成套装备上学到关键技术，给自主创新设置了障碍。

3.1.3 国内冶金工程技术引进与国产化的主要形式

一是以国外先进钢厂为样板，全面引进成套先进设备和生产技术；二是按项目引进成套设备，基本上由国外厂家供应成套设备；三是按项目引进，由国外公司技术总负责，并提供设备设计，国内外分工合作制造；四是项目由国内单位技术总负责，按需引进，其他部分国内设计制造；五是项目由国内总承包供货，只引进个别设备；六是引进国外技术，项目全部由国内设计制造；七是工艺及机械设备由国内技术总负责，电气和仪控设备引进。

中国改革开放后经历了冶金设备从引进到国产化的发展过程，但关键技术和设备仍掌握在国外厂商手中。

3.2 国内冶金工程设计发展趋势

（1）国内冶金工程技术企业正在调整生存策略，倡导国际化生存模式，实施"走出去"战略，积极面对竞争，拓展生存空间。

（2）国内冶金工程技术企业，如中冶京诚、中冶赛迪、中冶南方等，纷纷成立技术中心、中试基地、控股制造厂，走拥有核心设计技术+核心制造技术的道路，实现产品功能性的转变，努力成为国际型工程公司。

（3）国内冶金工程设计取得的典型实例。近年来，国内冶金设备自主研发取得了不少新的突破，如"首钢和二重合作研制成功 3500 mm 中厚板轧机"、"宝钢与西安重机研究所联合研制成功钢液 RH 真空精炼设备"、"北京钢研总院和燕山大学联合研制成功有关轧机板型控制技术"、"西安重机研究所与山东民营企业合作研制成功冶金行业所需的万吨油挤压机"等。

4 国内冶金工程设计存在的主要问题和制约因素

通过对国内外冶金工程设计现状、发展趋势进行对比分析，国内冶金工程设计存在的主要问题和制约因素有：

（1）从运作模式来看，中国的情况是设计与制造分离，工艺与设备分离，成套设计能力较差，因此需要联合研发。国外的情况是设计、制造一体化，但随着制造业向低成本地区的转移，也出现制造分包、本土化生产的趋势。

（2）从机械制造来看，中国制造成本低，但加工精度尚有差距，轴承等关键部件仍靠进口。国外制造成本较高，出现转移、分包到中国生产的趋势。

（3）在电气方面，中国本土产的电气元件质量较差，如测厚仪等关键部件仍靠进口。而国外电气元件质量较好。

（4）在液压方面，如密封件等关键部件中国高度依赖进口，而国外液压部件质量好。

（5）在控制软件方面，中国对操作工艺的理解不深，软硬件易脱节，但本身的编程能力并不差，而国外对操作工艺的理解较深，软硬件结合紧密。

5 国内冶金工程公司提高工程设计能力应采取的主要措施和方法

针对国内冶金工程设计存在的主要问题和制约因素，国内冶金工程公司提高工程设计能力应采取的主要措施和方法：

（1）倡导国际化生存模式，从企业战略到运营的全方位以国际化为标杆，不仅仅将眼光局限于国内，而是在经济全球化的大背景下，以国际化的视野看待和分析企业经营中的问题，接轨国际化的商业模式，接轨国际化的工程技术，提升管理效率，建立适应工程项目要求的国际化项目管理模式，积极实现从区域市场向国际市场的拓展。

（2）从理念上、管理上、技术上全方位顺应国际化趋势，以国际化的方式求得生存和发展。

（3）从研究、设计、制造、电气、自动化等全方位打造国际型工程技术公司，走拥有核心设计技术+核心制造技术的道路。

（4）企业外部环境方面，必须建立以政府为主导、市场为导向、企业为主体、"产、学、研、用"有机结合的冶金工程设计技术创新体系，理顺我国高校、科研院所、企业在冶金工程设计的地位及相互关系，发挥各方面所长，形成我国冶金工程设计技术创新的整体优势。

6 结论

（1）国内冶金工程公司必须倡导国际化生存模式，从理念上、管理上、技术上全方位顺应国际化

趋势，以国际化的方式求得生存和发展；

（2）国内冶金工程公司必须积极实现产品功能性设计的转型，走拥有核心设计技术和核心制造技术的道路，具备产品功能性实现的功能，才能真正与国外冶金工程公司一比高低。

参考文献

[1] 自动化博览编辑部. 世界冶金设备工业发展综述[J]. 自动化博览，2008，(9)：6.

[2] 杜敏. "十一五"开局两年以来，大型冶金装备自主化发展情况[J]. 中国重型装备，2008，6(2)：2~3.

[3] 汪建业，邓丽. 冶金装备发展状况及振兴建议[J]. 机械工业标准化与质量，2008，(12).

[4] 翁谙. 从冶金设备招标看世界冶金装备制造走向[J]. 中国招标，2008，(42).

[5] 王梧. 冶金动态[J]. 冶金管理，2007，(9).

➤ **科技管理理论与应用专题**

关于企业开展科技开发与产品开发若干问题的探讨

颉建新

（北京首钢国际工程技术有限公司，北京 100043）

摘　要：本文分析了科技开发与产品开发的内容、类型、途径及影响因素，针对企业开展科技开发与产品开发存在的问题和不足，提出了企业开展技术创新工作应采取的方式、方法，对企业如何开展技术创新工作具有一定指导意义。

关键词：科技开发；产品开发；技术创新；企业；方法；意义

Discussion on Some Problems of Development of New Technology and New Products in Enterprises

Xie Jianxin

(Beijing Shougang International Engineering Technology Co.,Ltd., Beijing 100043)

Abstract：The contents, types, ways and influencing facts of development of new technology and new products are analyzed in this paper. Aiming at the problems or shortage in enterprises while developing new technology and new products, it points out some methods or ways, which should be taken for technology innovation in enterprises. The idea may have some significance for technology innovation in enterprises.

Key words：technology development; products development; technology innovation; enterprise; way; significance

1 引言

众所周知，企业制造和销售的产品是企业赖以生存和发展的基础，是企业生产系统的综合产出。企业的各种目标如市场占有率、利润等都依附于产品之上。一个企业如果有了好的、深受市场欢迎的产品，企业就会迅速发展；否则，企业就会走下坡路，甚至遭受灭顶之灾。

任何时候、任何企业所拥有的产品优劣都是只是相对的，暂时的。究其原因，原有的产品逐渐消失是主要原因。在科学技术迅速发展的今天，在国际化的市场竞争愈趋激烈的现代，任何现存的市场份额都不是安全的，任何一个产品的寿命周期都是非常有限的。企业所能拥有的产品优势越来越短暂，一切都处于激烈的竞争中。因此，科技开发与产品开发对企业来说具有非同寻常的意义，它是着眼于未来的发展变化，改善企业的产品结构和经营状况的一项战略任务。

如何开展技术创新工作，首先应明确科技开发与产品开发的内容、类型、途径及影响因素，结合企业自身特点给自己一个准确的定位。要认识企业自身存在的问题和不足，采取相应措施，制定明确的新产品开发战略。使企业逐渐步入可持续发展的良性循环。

2 科技开发

2.1 科技研究与科技开发

2.1.1 科技研究

科学技术研究一般包括基础研究、应用研究、开发研究三个阶段。

科技开发研究要建立在基础研究、应用研究的基础之上，三个阶段相互联系、相互作用，形成一个统一的整体。

2.1.2 科技开发及其内容

科技开发是将科技的成果应用于生产实践，把科技发明转化为现实生产力，把科技这种潜在的生产能力转化为企业实际生产能力的过程。

科技开发的主要内容有：

（1）开发新技术、新产品、新工艺、新材料、新设备、新规范等。

（2）围绕新产品、新工程的设计，试验、改进生产制造工艺等。

（3）生产前的试验、研究、从技术上保证生产的正常进行。

2.2 科技开发的类型、途径及影响因素

2.2.1 科技开发的主要类型

（1）技术革新。技术革新有如下两种形式：

1）对现有技术进行小规模的改进，这种形式花费时间和费用少，见效快，便于依靠和发动群众；

2）在原有技术原理结构等不变的基础上，对技术进行局部的改进和创新。这种形式是企业开展技术开发中所应采取的重要形式。

（2）技术发明的运用。这是运用新技术发明的原理开辟新的生产技术领域，或具有较高创造性的一项新的生产技术。

2.2.2 科技开发的途径

（1）独创性开发。企业通过运用自身的力量，根据实际需要确定目标方向，进行研究，取得研究成果，然后将成果用于生产实际，获取样品，进行试生产，最后加以全面推广。独创性开发方式整个过程周期长，要求企业研究、技术力量雄厚，花费大，开发要承担一定的风险，开发难度大。

（2）引进技术开发。引进技术开发是企业通过多种形式将国内外的先进科学技术成果引入，进行试制和生产。引进技术可分为直接引进，即不加创新而直接用于生产和引进样机、样品和技术经消化吸收后，在此基础上加以创新两种类型。前一种属于仿制型，后一种为吸收开拓型，企业在引进技术开发时，应尽量采用后一种类型。

（3）合作攻关。一些大型成套技术开发项目，涉及技术面广、难度较大，可由科研、设计、生产、施工和使用单位协作、共同攻关，完成开发项目。

2.2.3 影响技术开发的因素

影响企业技术开发的因素有企业外部及企业内部两个方面：

（1）企业外部因素：

1）企业所处客观环境的科学技术水平；

2）市场上用户、消费者需求水平；

3）科学技术政策、经济政策及管理体制。

（2）企业内部因素：

1）企业各级领导对技术开发的重视程度；

2）企业内部科技队伍素质和管理水平，资金、技术、设备等客观条件。

2.3 科技开发的可行性研究

对准备进行技术开发的项目，在开发前要认真进行可行性研究，以保证开发后的社会效益和经济效益。

可行性研究要从社会、经济、技术等方面进行调查研究，结合企业自己的各方面条件，对可取的各种方案进行对比，以便求得技术上先进、科学、合理；经济上合算，企业实行时又可行。

技术开发可行性研究的步骤如下：

（1）确定技术开发项目，调查研究收集有关信息、资料。

（2）对收集的信息、资料进行整理，确定技术开发的各种方案，并归集各种方案下的资料、数据。

（3）对各种方案从技术上、经济上加以评价、论证，综合分析，确定应采取的方案，这个方案必须结合企业实际，是可行的。

（4）作出可行性研究报告，在进行技术开发可行性研究中要注意技术方案确定的有效性，收集信息、资料、数据的真实、可靠性；在进行方案比较时，注意方法的科学性；从而保证最终方案的可行性。

2.4 技术改造

（1）技术改造的内容：

1）为发展名优新特产品、国家急需配套产品和社会急需产品；

2）改造影响产品质量的基础工艺、基础机械、基础零部件；

3）节约能源、原材料，努力降低消耗；

4）改造厂房建筑，适应现代化生产的需要；

5）综合治理"三废"，保护环境等等。

（2）技术改造的组织工作：

1）制定围绕产品改革、产品结构更新为中心的技术改造规划；

2）为了实现技术改造规划，应相应建立一个强有力的指挥系统，组织技术改造的职工队伍，加强技术教育、培训；

3）要确保技改资金到位，以及设备、材料的及时购置；

4）建立严格的经济责任制。

3 产品开发

3.1 产品开发及其分类

产品开发是围绕产品研究、改进和发展而开展的一系列有组织的活动。它是基于社会需求和技术发展而进行的。产品开发是企业重大的战略性决策，对适应经济建设发展、满足人们物质文化生活水平逐步提高的客观要求，增强在国内外市场上的竞争能力，以及在市场经济下，适应产业结构和产品结构调整等，都将起到重要作用。

产品开发包括新产品开发和老产品改造两方面。新产品是指与正在生产经营的产品比较，在产品结构、性能、材质、技术特征等某一方面或几方面，有显著改进、提高和创新，并在一定范围内是第一次试制用于生产并销售的产品。仅在外观、表面装饰、包装装潢等方面做些改进，而无实质性变化的产品，不应视为新产品。

3.2 产品的经济寿命周期

产品经济寿命周期一般可分为导入期、成长期、成熟期（或饱和期）和衰退期。

随着时间的推移而带来销售量变化的产品，其经济寿命曲线，如图1所示。

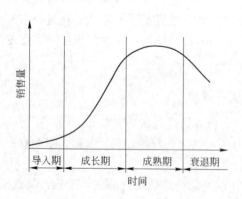

图 1　产品寿命周期曲线

通过产品寿命周期及其曲线的分析、研究，可以对处于不同寿命周期阶段的产品分别做出开发、生产、销售方面的决策。

导入期：处于导入期产品，结构不够完善，工艺还不成熟，用户还不了解，此时应加强技术研究，改善性能，做好广告宣传，渗入市场。

成长期：产品基本定型，工艺趋于稳定，销售量上升快，成本下降快。这时应抓住时机，大力生产，扩大销售。

成熟期：这是产品全盛时期，产品销售量大，成本最低，利润高，技术成熟，但市场同类产品将可能竞争激烈。这个阶段应提高产品质量、改进结构、增加功能、改进包装，以提高竞争能力，巩固市场占有率。

衰退期：产品趋于老化，消费者转向新的产品，销售量下降。这时应看准时机，有计划、有步骤地减少生产或停止生产。对一些可更新的产品，应使其进入新的寿命周期。

按照产品寿命周期的规律，企业决策者应当在一种产品完成试制进入市场后，就应组织力量，及时转入下一代产品的开发，努力做到制造一代、试制一代、研制一代、展望一代。此外，还应采取措施有效地延长产品的寿命周期。

4 当前企业存在的问题和不足及应采取的措施

4.1 当前企业存在的问题和不足

（1）观念与市场经济不适应。观念是创新的先导。观念的更新与领先决定着企业的命运，没有思路，就没有出路。作为企业领导和员工都存在一个转变观念问题。

（2）对科技开发与产品开发的内容、类型、途径及影响因素缺乏深入研究。以至于在从事技术创新工作中，作为企业缺乏宏观控制和引导，作为技术人员在从事研究开发活动中带有很大的盲目性和随意性。很难逐步形成企业的核心技术创新能力。

（3）对制定企业新产品开发战略认识不足。新产品开发是一项错综复杂的活动，投资多、风险大、周期长，影响面广。因此，为了降低新产品开发的风险，提高开发的成功率，企业就必须确定其新产品开发战略，指导新产品的开发活动，为新产品的开发导航引路。当前企业主要存在的问题。表现在：1）学习和知识积累不够；2）重视程度不够；3）投入力量不够；4）缺乏长远考虑，短期行为较多。

（4）未建立起科学的研究开发机制。有的企业甚至把大生产的科研开发活动演变成只能搞短平快小项目的课题个体户，从而丢失了企业凝聚力与整体优势，使得内耗不断，效益流失。

4.2 当前企业应采取的方式、方法

（1）要有明确的新产品开发战略。企业进行新产品开发的基本目的是满足现实的市场要求，发掘潜在的市场需求和开拓未来的市场需求。企业就必

须建立一个有效的开发机制，为企业新产品的开发提供思路，途径和组织保证。新产品开发战略是企业在市场条件下，根据企业环境及可取得资源的情况，为求得企业生存和长期稳定地发展，对企业新产品开发目标，达成目标的途径和手段的总体谋划，它是企业新产品开发思想的集中体现。具体到企业，首先应从大环境中去分析自己实力的优势，根据现有人力资源状况，技术储备状况给自己一个明确的市场定位。在项目开发中要以应用技术的研究开发为主，注意利用各方面已有的成果来进行综合集成和二次开发，形成自己的产品。

（2）发挥新产品开发战略的作用，限制转向，抓住哪些机会，抵御各种诱惑，应属于战略决策问题，要注意发挥自身长处，坚持在原来熟悉的领域发展，一方面要限制企业把资源投向不适合本企业参与的开发方向，以及发展潜力小的机会；另一方面，要鼓励企业开拓特别适合本企业的具有良好潜力的机会。并指导企业新产品开发全过程。

（3）加强"产、学、研"合作。充分利用合作伙伴的知识技能和资源，发挥自己的优势，补充自己的不足，有利于迅速获取技术，减少成本和风险。在合作中应注意，首先要明确研究开发项目的组织形式，分清责、权、利。还要明确研究开发的主要内容，注意研究开发与工程设计的有机结合，防止研究开发项目演变成一般工程设计。

（4）善于发现市场的"盲点"，来确定研究开发项目。市场总是存在一些被人们忽视的东西，这些东西其实很多就是市场的"盲点"。要善于寻找和利用市场的盲点。一是要从产品身上寻找盲点。用户需求是不断变化的，并且个性化需求会越来越突出。企业如果能够注意到这一点，就能发现很多盲点，创造出新的市场卖点来。二是在产品价格上寻找盲点。不同企业生产的同类产品，有时会因为企业的市场定位不同而形成价格上的盲点。企业如果能找出这些价格盲点，也大有文章可作。三是从产品创新上克服盲点。产品创新是克服产品盲点的有效手段，新技术、新产品的发展，会不断暴露出产品的盲点，这也为产品创新创造了条件。四是从安全消费中找盲点。随着人们对环境污染的认识和对健康的渴望，人们对消费安全十分重视，所以被用户认可的安全产品应成为市场的盲点。从市场的"盲点"中确定研究开发项目，一旦开发成功，立即会赢得用户。

（5）建立健全技术创新体系、技术创新机制，围绕培养技术创新能力开展工作。体系建设是创新工程的保证，机制建设是创新工程的核心，能力建设是实施创新工程的目的。抓住这三个关键环节，就能从整体上推动技术创新工程的不断深入。

5　结论

（1）企业在开展技术创新工作时要明确科技开发与产品开发的内容、类型、途径及影响因素，给自身一个准确的定位。

（2）开展技术创新工作要注意自身存在的问题和不足，扬长避短，注意整合企业内、外部科技资源，为我所用。

（3）要善于发现市场的"盲点"，来确定研究开发项目，提高研究开发项目的成功率。

（4）企业开展技术创新工作要有明确的新产品开发战略，指导新产品开发活动，为新产品开发导航引路。

（5）要建立健全技术创新体系、技术创新机制，围绕培养技术创新能力开展工作。

参考文献

[1] 《机械工程手册》编辑委员会.机械工程手册（综合技术与管理）（第二版）[M]. 北京:机械工业出版社,1996:8.
[2] 甘华鸣,等. MBA 新产品开发[M]. 北京: 中国国际广播出版社,1999: 11.
[3] 北京市科技干部局编.创造学及其应用[M]. 北京: 科学普及出版社,1998:5.

（原文发表于《首钢科技》2002 年第 1 期，2002 年曾获第六届北京工业企业优秀科技论文二等奖）

关于企业科技开发成果推广应用
若干问题的分析与研究

颉建新

（北京首钢国际工程技术有限公司，北京 100043）

摘　要：分析了企业科技开发成果推广应用存在的问题，提出了科技开发成果推广应用存在问题的解决方法和措施。科技成果必须尽快推广应用，取得经济效益，才能实现企业可持续发展，为企业创造更大的经济效益。

关键词：科技开发；成果；推广应用；问题；方法和措施

Analyse and Research on Some Problems of General Application of Technology Development Production in Enterprises

Xie Jianxin

(Beijing Shougang International Engineering Technology Co.,Ltd., Beijing 100043)

Abstract：The existent problems of general application of technology development production in enterprises are analyzed in the paper. The solution and measures of application problems about technology development achievements are mentioned. The technology development production must be used as soon as possible. The economy benefit be gained. The continuous development can be better realized in enterprise. The more economy benefit can be created in enterprise.

Key words：technology development; achievement; general application; problem; methods and measures

1　引言

中国加入世界贸易组织后，国内企业直接参与世界经济竞争，并成为市场竞争的主体。在全球经济一体化下，外部世界发生任何变动，都会导致国内发生变化。在市场经济高度发达、竞争日趋激烈的工业化国家，企业为求得生存和发展，均千方百计地研究技术开发战略来提高其全球竞争能力，而科技开发成果的推广应用是企业技术开发战略的重要环节之一。

作为以市场为依托生存的企业，其科技开发的目的是为了进一步获取有价值的定单，实现企业的可持续发展。所以，必须将科技成果尽快推广应用并取得经济效益，才能实现企业的可持续发展，也才有可

能进一步加大对科技开发项目的资金投入。因此，企业必须加强对科技开发成果推广应用的管理工作。

2　企业科技开发成果推广应用存在的问题

2.1　对科技开发成果推广应用的认识和方式存在的问题

对科技开发成果推广应用的认识和方式存在的问题主要有：

（1）缺乏对科技开发成果推广应用的全面认识。

（2）缺乏对建立科技开发成果推广应用方式的系统策划。

（3）未明确科技开发成果推广应用的方式，主动开展此方面工作的意识不强。

（4）目前，企业一般对获不同等级科学技术进

步奖的项目，根据不同级别和获奖等级给予一次性奖励，对获专利的项目授理和授权给予一次性奖励，但对科技成果的进一步推广应用的奖励还很少形成相应的制度。

（5）目前，企业完成的科技开发成果涉及专业多，大部分科技成果仅是工程项目的一部分，由此单独核算出科技开发成果给企业带来的利润难以准确、合理，科技开发成果的奖励基数较难确定，奖励尺度较难把握。

2.2 影响科技开发成果推广应用的内在因素

影响科技开发成果推广应用的主要内在因素有：

（1）缺乏创新。有些成果不能广泛推广应用的重要原因之一是缺乏创新，由于从开始就是模仿国内外在市场上已有很大销量的产品和技术，因此即使完成项目后，在技术上也无法与市场成熟技术竞争。

（2）成熟性较差。有些技术成熟性较差，仅适用于某些特定场合。

（3）相关技术不配套。一些起点高、难度大的技术成果的实施往往既涉及本技术领域的纵向关系，又涉及相关技术领域的横向关系，常因为生产设备不配套而使成果难以实施。

（4）生命周期短。新技术产品的生命周期是指产品的市场寿命，它不同于使用寿命。一项新技术产品的生命周期越长，则其推广应用的前景越好。相反，有些新技术，其产品尚未投入市场就已老化。

2.3 影响科技开发成果推广应用的外在因素

科技成果的推广应用是一项复杂的系统工程，人、财、物都是实现这个过程的制约因素。影响科技开发成果推广应用的主要外在因素有：

（1）科技成果的价值和价格脱节。我国自 1984 年 10 月 10 日国务院决定开放技术市场以来，不仅技术交易额快速上升，每项合同的平均金额也在大幅上升，从"七五"期间的仅 2.46 万元/项增加到 2000 年的 27 万元/项，但合同量增加不大，甚至有所下降，如 2000 年比 1999 年下降了 8.88%，这一事实说明科技成果价格背离价值的现象已大为改观，但科技成果的价值和价格脱节现象仍未从根本上解决，与从国外引进一项技术相比，还不到其价值的 1/10（国际上，技术输出的平均价值为 35~70 万美元/项）。企业科技成果进行技术交易的项目一般还很少，个别项目技术交易金额也很低。

（2）科技成果转化资金投入不足。近年来，虽然全社会科技投入总量绝对值每年都在增加，但政府对研究与开发的资金投入占国民生产总值的比重却呈下降趋势。应当指出，研究开发投入不包括"科技成果转化"投入，所以科技成果转化资金投入还要少。

（3）缺乏成果转化的动力和能力。以经济责任制为主的企业运行机制在一定程度上刺激了部分企业对产值和利税等硬性指标的追求，而对科技成果转化则往往采取急功近利的做法，缺乏战略眼光。对当今的企业来说，科技正成为企业运行中不可缺少的一个重要支柱，国际上一般认为，科技开发基金如占企业产品销售额的 2%，只能勉强维持企业生存，而占产品销售额 5% 以上的企业才有竞争力。工业发达国家技术开发经费占产品销售额的比例达 5%~10%，有的更高，如德国的西门子公司高达 14%，而在我国的企业中，科技资金投入占企业销售额的比重不足 1%，即便如此也常被挤占或挪用。在企业开支困难的时候，首先被消减的开支往往是科技资金投入。由此造成的后果，则是使企业的科技经费仅照顾急需的问题都应接不暇，长期的、带有一定风险的技术投入就更无从谈起，严重制约了企业接受科技成果转化的能力。

（4）新技术开发与生产关系不顺，缺乏工业性试验场地和资金。虽然国家制定了加强中试环节措施，但目前与成果转化的需求相比仍供不应求。

（5）政府对科技成果转化缺乏强有力的管理。目前，国家虽然已推出"科技成果重点推广计划"、"火炬计划"和"星火计划"等多项科技成果转化计划，为引导和支持成果转化提供了政策环境和一定的资金保障，产生了巨大的经济效益，但由于各种计划衔接不够，没有完善的转换机制和与之相适应的法律体系，资金投入也未能形成"拳头"，因而也未能使科研成果真正成为新兴产业的孵化器。对于企业科技开发成果推广应用工作，一般未系统考虑如何用好国家科技成果转化的相关政策，待挖掘的工作内容还很多。

3 解决科技开发成果推广应用存在问题的方法和措施

3.1 重视对科技开发成果推广应用的认识，明确科技开发成果推广应用的方式

解决科技开发成果推广应用的方式主要有：

（1）科技开发成果推广应用是把某项成熟技术在有关领域和部门全面普及、广泛应用的一种技术开发形式，其工作过程是：发现典型技术成果—进

行可否推广应用的可行性分析—试点取样—制订推广应用工作计划—宣传教育—人员培训及具体实施。所以，必须充分认识到科技开发成果推广应用是一项系统工作，只有充分考虑到影响科技开发成果推广应用的各种因素，进行系统策划，才能做好这项工作。

（2）完善企业《科技开发项目管理办法》，明确科技开发成果推广应用方式，由科技开发成果技术所有人和企业市场部共同开展科技开发成果推广应用工作。

（3）针对企业科技开发成果的特点，制定具有可操作性的相应激励办法，纳入企业《科技开发项目管理办法》，奖励措施可基于以下几个方面：

1）科技开发课题投入主要解决技术人员的基本保障，技术人员得到的更多收益要从科技开发成果的不断推广应用给企业带来的收益中提取，让技术人员在关注课题研究本身的同时，还要关注科技开发成果的不断推广应用，促使技术人员在课题立项和研发过程中，把满足用户需求放在首位，这样也更有利于企业实现可持续发展。

2）对申请专利申报授理、授权和获得国家、省市、行业专利发明奖或科学技术进步奖等奖项的科技开发项目成果的奖励，执行国家、省市、行业有关科技成果奖励办法。

3）对可以独立计算或作为单项科技开发项目成果再次推广应用的奖励，可比照《专利法实施细则》或《北京市技术市场条例》的规定，在每次实施取得收入后发给专利发明人或设计人专利技术实施许可报酬，专利发明人或设计人的许可报酬总额不低于净收入的 20%，对科技开发项目完成人员进行奖励，其中主要完成人奖励额度不低于总奖励额度的60%。

4）对不能独立计算或不能作为单项的科技开发项目成果再次推广应用的奖励，比照《专利法实施细则》中规定的"专利技术许可他人实施"进行奖励。按最少不低于授权专利奖励的最高标准计算，对科技开发项目完成人员进行奖励，其中主要完成人奖励额度不低于总奖励额度的 60%。

3.2 针对影响科技开发成果推广应用的内在因素所采取的措施

内因是变化的根据，外因是变化的条件，外因通过内因起作用。在成果推广应用中，技术成果本身是否具备了可推广应用的基本条件是起主导作用的因素，需考虑的方面主要有：技术上的先进性、成熟性，经济上的合理性和工业化生产的可行性。

因此，从内在因素考虑所采取的措施有：

（1）加强科技开发立项的管理工作，确保立项准确性高。引导技术人员开发拥有自主知识产权的产品和技术，把创新性作为科技开发成果的主要评价指标。

（2）科技开发成果的推广应用工作要考虑以下几个问题：

1）成果所处的阶段；

2）该成果解决了什么技术问题，适用范围及其与国内外相邻、相近技术相比具有的优、劣势；

3）实现推广应用需要的条件；

4）有一个简单的市场预测。

（3）在综合考虑上述因素后，重点要抓住成果所有者这个关键环节，成果所有者对其成果转化的信心和积极性可较准确地反射出该成果转化的前景，也是解决相关技术配套、技术寿命周期短的基础和前提条件，抓住了这个主要矛盾就抓住了问题的本质。科技开发成果推广管理应围绕成果生产者这个主要矛盾，千方百计地创造条件，使成果生产者最大限度地发挥出其主观能动性，生产出符合社会需要、具有市场前景配套的可转化成果。有了成果完成者的积极性就有了使成果完善、配套的基础，也有了解决成果寿命周期短的原动力——成果完成者对成果的不断改进和创新是抵消技术成果无形磨损的根本保证。

3.3 针对影响科技开发成果推广应用的外在因素所采取的措施

影响科技开发成果推广应用外在因素采取的措施主要有：

（1）单一的科技开发成果技术交易所得对企业发展的支撑力度太小，要有意识地考虑把科技开发成果固化在工程项目和成套设备供应中，用科技开发成果提升企业承担工程项目和成套设备的整体水平及市场核心技术竞争力，提高企业总的营业收入额和利润率，形成企业强有力的技术支撑。

（2）制定企业技术开发战略，把科技开发投入作为重要的考虑因素，力争在较短时间内达到工业发达国家的技术开发经费占产品销售额 5%~10%的水平。

（3）建立企业科技开发成果的工业性试验场地。

（4）加强对国家有关科技开发成果推广政策的研究，最大限度地用好国家相关政策，有意识地将企业科技开发成果纳入区、市及国家科委有关"科技成果重点推广计划"、"火炬计划"和"星火计划"等多项科技成果转化计划中，从而促进企业科技开发成果推广应用的管理工作。

4 科技开发成果推广应用实例分析

以北京首钢国际工程技术有限公司高炉煤气干法脉冲布袋除尘技术推广应用为实例进行分析。

4.1 技术简介

高炉煤气干法脉冲布袋除尘技术克服了现有湿法除尘和反吹风大布袋除尘技术的缺点和不足，采用的是一种新型的煤气全干法除尘净化设备。高炉煤气干法脉冲布袋除尘系统包括脉冲除尘器箱体、煤气升降温装置和输灰装置等，其特点为：除尘器箱体采用脉冲布袋除尘；煤气升降温装置采用多种方式，其中升温装置采用热管、列管和蒸汽加热方式，降温装置采用热管换热器；输灰装置采用气力输灰装置。

高炉煤气全干法脉冲布袋除尘技术在国内和国际均处于领先水平，共申请、授权基本专利和相关专利 15 项。

4.2 技术特点及效果

4.2.1 技术特点

脉冲除尘是滤袋反吹清灰的一种除尘方式。滤袋采用荒煤气自外向内的外滤方式，煤气灰被滤于外表面，当灰层增厚到一定程度时喷吹管向滤袋内喷射高速氮气流，使滤袋急速膨胀、抖动，将外表面灰层抖落到灰斗，完成清灰过程，使滤布恢复过滤性能。

4.2.2 技术效果

与传统湿法除尘相比，采用高炉煤气干法除尘可以节约大量水电消耗。同时与高炉煤气干法除尘配套的 TRT（高炉煤气余压透平发电装置）吨铁发电量比湿法除尘增加 30%，吨铁发电量可以达到 40 kW·h，因此可降低炼铁能耗和成本，对提高钢铁企业市场竞争力具有至关重要的作用。干法除尘处理后的煤气含尘量低于 5mg/m³，煤气热值高，能够提高热风温度，降低焦比，节约炼焦煤资源。

4.3 主要业绩

4.3.1 应用项目

高炉煤气干法脉冲布袋除尘系统应用情况：首钢内部市场 6 项；国内市场 8 项；海外市场 1 项；如 2006 年应用于首钢迁钢公司 2 号 2650m³ 高炉，2009 年应用于首钢京唐公司 1 号 5500m³ 高炉，2010

年应用于首钢迁钢公司 3 号 4000m³ 高炉，宣钢新 2 号 2500m³ 高炉，宣钢 8 号 2000m³ 高炉改造工程和首钢京唐公司 2 号 5500 m³ 高炉等。

4.3.2 应用情况

2004 年北京首钢国际工程技术有限公司总承包的秦皇岛首秦金属材料有限公司 1200m³ 高炉煤气干法除尘工程，2006 年首钢迁钢炼铁厂 2 号 2650 m³ 高炉煤气脉冲布袋除尘工程和 2009 年首钢京唐公司 5500 m³ 高炉煤气脉冲布袋除尘工程均获得了当时国内投产最大高炉煤气干法除尘工程中国企业新纪录。北京首钢国际工程技术有限公司设计和总承包的高炉煤气干法除尘工程，其处理后的煤气含尘量低于 5mg/m³，配套 TRT 吨铁发电量可以达到 40 kW·h 以上，首钢京唐公司 5500 m³ 高炉可以达到 50 kW·h。

4.4 对技术发展的启示

北京首钢国际工程技术有限公司高炉煤气干法脉冲布袋除尘技术的推广应用对技术发展的启示作用主要有：

（1）科技开发课题立项必须以市场需求为导向才会有市场价值。

（2）北京首钢国际工程技术有限公司从 2003 年开始，先后进行科技开发课题立项：2003 年课题"1200 m³ 高炉煤气干法除尘技术"、2005 年课题"高炉煤气干法除尘研究"、2007 年课题"长寿集约型冶金煤气干法除尘工艺技术开发"、2007 年课题"冶金煤气干法除尘技术国家课题"，科技开发研究经历了由浅入深、逐步发展的过程。

（3）从早期跟踪、消化、吸收和掌握国内外 1000 m³ 以下干法除尘技术，到首次开发 1000 m³ 以上高炉干法除尘技术，再到首次开发 5500 m³ 高炉干法除尘技术，技术发展达到国际先进水平，实现了低成本及自主研发设计的集成创新。

（4）要具有产品功能性实现的能力，能够提供市场需求的独特技术，才能开拓新的市场。

（5）只要所开发的技术综合性强，不断改进和提高，就能始终保持技术的先进性。

从上述高炉煤气干法脉冲布袋除尘技术推广应用的过程可以看出，科技开发成果推广应用必须全方位、多角度、综合考虑各方面影响因素，并且不断克服不利因素，才能取得更好的效果。

5 结论

（1）科技开发的目的是为了提高企业的技术实

力和市场竞争能力，实现企业的可持续发展。将科技成果尽快推广应用并取得经济效益，才能实现企业的可持续发展，也才有可能进一步加大对科技开发项目的资金投入。因此，必须加强对科技开发成果推广应用的管理工作。

（2）必须从对科技开发成果推广应用的认识、方式和影响科技开发成果推广应用的内在因素和外在因素等全方位、多角度进行分析，才能找出科技开发成果推广应用存在的问题。

（3）针对科技开发成果推广应用存在的问题，从对科技开发成果推广应用的认识、方式和影响科技开发成果推广应用的内在因素和外在因素等环节

入手，制定相应措施，并真正给予落实，就能全面推进科技开发成果推广应用管理的工作水平。

（4）加强对国家有关科技开发成果推广政策的研究，最大限度地用好国家相关政策，才能促进企业科技开发成果推广应用的管理工作。

（5）高炉煤气干法脉冲布袋除尘技术推广应用实例具有重要的参考价值。

参考文献

[1] 刘月娥. 知识产权保护与技术创新[M]. 北京: 知识产权出版社, 2002.

[2] 《机械工程手册》编辑委员会. 机械工程手册（综合技术与管理）（第二版）[M]. 北京: 机械工业出版社, 1996.

（原文发表于《首钢科技》2010年第4期）

关于企业科技开发课题立项若干问题的分析与研究

颉建新

(北京首钢国际工程技术有限公司，北京 100043)

摘　要：分析了企业科技开发课题立项存在的问题，提出了科技开发课题立项存在问题的解决方法和措施。在科技开发课题立项正确性的基础上，开展科技开发课题的研究工作，满足用户需要，提高技术人员的创新能力，实现企业可持续发展，为企业创造更大的经济效益。

关键词：科技开发；课题；立项；解决措施

Analysis and Research on Some Problems of Topic Establishment of Technology Development in Enterprise

Xie Jianxin

(Beijing Shougang International Engineering Technology Co.,Ltd., Beijing 100043)

Abstract: The existent problems of topic establishment of technology development in enterprises are analyzed in the paper, and the countermeasures are put forward. On the correctness of topic establishment of technology development, the research work of technology development topic is carried out, the requirement of users are satisfied, the sustainable development can be better realized in enterprise, and more economy benefit will be created in enterprise.

Key words: technology development; topic; establishment; countermeasure

1　引言

在全球经济一体化背景下，企业直接参与世界经济范畴竞争，并成为市场竞争主体。外部世界发生任何变动，都会导致国内发生变化。在市场经济高度发达、竞争日趋激烈的工业化国家，企业为求得生存和发展，都在千方百计地研究技术开发战略来提高全球竞争力，而科技开发立项工作是企业技术开发战略的重要环节之一。

在科技管理中，科技开发课题立项是一项相当重要的工作。从科学技术研究系统来看，所谓的立项，是将观察对象纳入科技开发研究范围，而项目的完成与否、水平高低，更多的是与研究方法和技术手段有关。由此可见，科技开发课题立项是进行科技开发研究的先决条件，也是决定科技开发研究起点高低的重要因素。正是由于这个缘故，才有"立

项成功了，项目就完成了一半"公认的说法。因此，必须加强对科技开发课题立项的管理工作。

2　企业科技开发课题立项存在的主要问题

2.1　科技开发课题来源存在的问题

目前，企业科技开发课题来源主要由基层技术人员自行申报。由此可知，科技开发课题来源存在的主要问题有：

（1）科技开发课题来源比较单一，局限性较大，不能准确、全面反映出用户和市场的真正需求。

（2）企业未建立起系统的、科学的科技开发课题选择渠道。

2.2　科技开发课题选择存在的问题

目前，企业科技开发课题的选择，主要由基层技术人员自行选择课题申报，其中存在的主要问题

有：

（1）对科技开发课题的选择缺乏结合自己专业特点、技术积累情况进行系统的科技查新和专利检索，对背景技术缺乏全面、深入和细致的研究，未认识到科技查新和专利检索的重要性和战略意义。

（2）对所选科技开发课题缺乏深入的技术性和经济性的分析与筛选。

（3）科技开发课题选择的水平，取决于基层技术人员对技术的理解和对用户需求的把握，课题选择局限性较大，没有规范的市场调研报告的支撑，因此说服力不够。

（4）技术人员在选择科技开发课题时，没有明确的课题立项原则加以引导，所选课题有时会偏离企业发展要求。

（5）技术人员对企业技术开发战略的理解不够深入，围绕企业技术开发战略进行课题选择的意识还不强。

（6）技术人员对什么样的技术问题可以作为科技开发课题理解不够深入。

2.3 科技开发课题立项申报书填写存在的问题

科技开发课题立项申报书填写主要存在格式、技术和审查等3个方面的问题：

（1）格式。科技开发课题申报书填写形式不符合要求，未真正理解填写说明所提要求。

（2）技术。科技开发课题申报书的填写内容、深度和广度不够，对申报书所要求的各项内容理解不深，分析不到位。

（3）审查。基层单位上报企业科研管理部门前审查不到位。

2.4 科技开发课题立项评审存在的问题

科技开发课题立项评审主要存在基层单位对课题立项初步审查不到位，企业科研管理部门课题立项评审流程和相关制度也需进一步完善。

3 解决科技开发课题立项问题的措施

3.1 建立课题的渠道

解决科技开发课题立项问题的措施主要包括建立用户信息反馈和市场部信息反馈，征集市场需求信息，以此作为科技开发课题立项依据。建立课题的渠道主要包括：

（1）每年定期向用户发放《用户疑难问题意见反馈表》。该反馈表主要包括科技难题或需求项目名称及主要说明、基本要求、预期要达到指标、涉及范围、需求方式、时间要求和计划投资等内容。

（2）每年定期向企业市场部门发放《市场需求意见反馈表》。该反馈表主要包括的内容同《用户疑难问题意见反馈表》。

（3）基层技术人员每年参加行业学术年会，要求提交参会总结，并要求总结中包含相关专业技术发展趋势和用户需求的信息。

（4）企业各种工程项目总结中，应包括有关设计、制造、安装和调试中存在的问题。

（5）在企业局域网设立"技术疑难问题"专栏，随时征集科技开发课题。

3.2 方法和措施

3.2.1 科技开发课题立项科技查新工作

（1）作用。科技开发课题立项科技查新工作的作用主要有为科技开发课题立项提供客观依据，为科技成果的鉴定、评估、验收、转化和奖励等提供客观依据及为科技人员进行研究开发提供可靠而丰富的信息。具体作用如下：

1）为科技开发课题立项提供客观依据。科技开发课题在论点、研究开发目标、技术路线、技术内容、技术指标和技术水平等是否具有新颖性，在正式立项前，首要的工作是全面地、准确地掌握国内外有关情报，查清该课题在国内外是否已研究开发并已发表相关文献。通过查新可以了解国内外有关科学技术的发展水平和研究开发方向，可以了解是否已研究开发或正在研究开发、研究开发的深度及广度、已解决和尚未解决的问题等等，为所选课题是否具有新颖性的判断提供客观依据。以此可防止因重复研究开发而造成人力、物力、财力的浪费和损失。

2）为科技成果的鉴定、评估、验收、转化和奖励等提供客观的文献依据，保证科技成果的科学性和可靠性。在这些工作中，若无科技查新部门提供可靠的查新报告作为文献依据，只凭专家小组的专业知识和经验，难免会有不公正之处，可能得不出确切的结论，这既不利于调动科技人员的积极性，又妨碍成果的推广应用。高质量的查新，结合专家丰富的专业知识，便可防止上述现象的发生，从而保证鉴定、评估、验收、转化和奖励等的权威性和科学性。

3）为科技人员进行研究开发提供可靠而丰富的信息。随着科学技术的不断发展，学科分类越来越细，信息源于不同的载体已成为普遍现象，这给获取信息带来了一定的难度。有关研究表明，技术人员查阅文献所用时间，约占其工作量的 50%,若通过专业查新人员查新，则可以大量节省科研人员查阅文献的时间。查新机构一般具有丰富的信息资源和完善的计算机检索系统，能提供从一次文献到二次文献的全面服务，可检索科技、经济和商业等资料的数据库，内容涉及各种学术会议和期刊的论文、技术报告、学位论文、政府出版物、科技图书、专利、标准与规范、报纸和通告等，保证信息的回溯性和时效性，基本能满足科研工作的信息需求。

（2）格式要求。科技开发课题技术文献查新汇总表见表1。

表1　科技开发课题技术文献查新汇总表

序号	课题相关技术文献名称	技术主要发展经历和技术特点	应用领域和范围	（文献发表刊物及刊号）
	文献篇数			
1				
2				
⋮				
结论				

3.2.2　科技开发课题立项有关专利检索

（1）作用。据世界知识产权组织及有关部门的调查资料表明，研究工作中经常查阅专利文献可以缩短研究时间 60%。假设一项科学研究的经费为 100，则引进该项技术成果的费用为 10，而通过情报检索获得该技术的费用为 1。

据专利局抽样调查，科研单位、大专院校和企业分别有 52.0%、33.6%、63.0% 的成果不具备"三新"。专利文献可提供以下三方面素材：

1）以技术为中心进行分析，提供某一技术领域的重点、空白点、对其他领域的影响和替代技术。

2）以申请人和发明人为中心进行分析，提供技术开发的形势和组织，甚至可以提供多个企业共同开发情况。

3）以时间为中心进行分析，提供某项技术的来龙去脉。

有了这些素材系统的统计分析，不仅可以开阔眼界，而且能从中得到启发，可以站在巨人的肩膀上，提出新的发明创造。

（2）格式要求。在科技开发课题申报书中，

提出课题立项有关专利检索的格式具体要求，见表2。

表2　科技开发课题相关专利检索汇总表

序号	课题相关专利名称	技术主要发展经历和技术特点	应用领域和范围	（专利号）
	课题相关专利项数			
1				
2				
⋮				
结论				

3.3　考虑的主要因素

科技开发课题选择要从 "三性"（创新性、经济性和可行性）的角度对所要研究的问题进行考察：

（1）创新性。创新是科技进步的根本。如果科研工作没有创新而进行重复劳动，就失去了科研工作的真正内涵，也是一种科研资源的浪费，毫无价值可言。

（2）经济性。经济性是企业科研工作的目的所在。如果一个项目创新成分再多，而经济效果不好，就没有立项的必要。

（3）可行性。可行性是指在现有资源(人力、财力、物力和信息等)条件下，完成科研项目的可能程度。如果这个程度过低，失败的概率就很大。充分重视研究的可行性，就是把有限的科研资源进行更合理的分配。

科技开发课题立项需考虑基本原则、技术开发战略和关键技术及共性技术等主要因素：

（1）基本原则。企业科技开发课题立项的基本原则是先进性与实用性并举、技术开发与技术储备并行、技术开发与成果转化并重。技术人员必须在课题立项原则的指导下，开展科技开发课题立项工作，从而形成企业技术核心竞争力。

（2）技术开发战略。企业现今身处在一个"唯一不变就是变化"的不确定性时代，航行在茫茫的大海上的企业，如果没有明灯的导航、罗盘的指引，随时都可能发生触礁和搁浅等各种突发事件，而技术开发战略在很大程度上弥补了这一空缺。结合企业发展实际和未来发展需要的企业技术开发战略能够清晰地告诉企业领导和员工"我们现在在哪里"、"我们将向何处去"以及"我们如何到达目的地"。套用一句俗语，"企业技术开发战略不是万能的，但是没有技术开发战略却是万万不能的"。否则，企业科技开

发工作就会失去方向。

因此，企业必须制定明确的技术开发战略，并加强技术开发战略规划的宣传，技术人员必须在企业技术开发战略的指导下，开展科技开发课题立项工作，从而，形成企业技术核心竞争力。

（3）关键技术及共性技术。所谓关键技术是指在行业生产流程中技术关联度大，对结构影响力大的技术；所谓共性技术是指行业中绝大多数企业都用得上的先进技术或实用先进技术。科技开发课题一旦获得成功，不仅有较大的市场需求，而且能有力推动行业科技进步的发展，提高企业在行业中的影响力，企业既提高市场竞争力，又实现可持续发展。因此，科技开发课题立项时要善于选择行业中关键技术和共性技术。

4 加强科技开发课题立项的管理工作

4.1 申报书填写的培训

结合科技开发课题立项，开展课题申报书填写的培训工作，主要有以下 6 项培训内容：

（1）科技开发课题立项理由。立项理由主要包括研究目的，即你想做什么；研究意义和立论依据，即你为什么要做。其具体内容包括：项目在国内科技与经济发展、企业技术进步中的地位和作用；国外有关技术发展的概况；国内有关产品与技术的现状；国内已取得的最新阶段成果；已达到了哪一年代的国内或国际的技术水平（如国内先进水平、国际水平或国际先进水平）；说明经开发将达到什么水平等；预测开发成果推广应用情况和市场前景。

（2）科技开发课题内容与方式。科技开发课题内容与方式是指课题的研究方案，即你如何去做。其具体内容包括：用文字详细说明开发项目的技术特点；要解决的关键技术和工艺；有些项目应附外观形状图和原理图；说明是自主开发、消化吸收或合作等哪种开发方式；在与现有产品和技术对比的基础上，说明开发项目的设计特点、技术路线和工艺流程等。

（3）科技开发课题技术与经济目标。开发的产品（装备）或技术应达到的技术性能并与现有产品（装备）或技术进行比较，采用的技术标准、国产化程度、产品批量、产值、利润、税金、创汇、节汇、成本及社会效益等。

（4）科技开发课题进度与完成期限。

（5）科技开发课题取得过哪一阶段的成果等。

（6）承担单位及协作单位的概况及条件，也即

是研究基础，即你以前做过什么。

4.2 立项评审流程和相关制度

企业要建立科学并有效的课题立项评审流程和相关制度，主要包括以下四个方面：

（1）完善企业科技开发项目管理办法，明确科技开发课题立项时基层单位初审和企业科研管理部门组织专家进行审查的具体要求。

（2）建立企业科技开发课题立项的基本流程。该流程为：技术人员多渠道筛选课题—填写课题申报书—基层单位组织申报书格式和技术初步审查—企业科研管理部门首先对申报书进行格式形式审查并组织修改—企业科研管理部门组织技术专家进行综合评审—报企业技术委员会审批。

（3）建立企业科研开发课题立项评估专家意见表。该意见表主要包括申报材料内容填写齐全性、技术的可支持性、实施条件评估、市场前景、立项投资价值、课题综合评估分类及主要评估结论等。

（4）应加强对科技开发课题立项经费预算的审查，由于课题立项既存在申报人对课题经费实际需求额度估算不准的因素，也存在课题申报人往往虚报课题经费需求额度的因素，因此，必须合理确定科技开发课题经费额度，一方面要保证满足完成科技开发课题的经费需求，另一方面又要千方百计提高科技开发课题经费的有效利用率，企业应结合自身实际情况建立科技开发课题经费核算体系，统一核定标准，并不断总结实际运行存在的各种问题加以改进和完善。

5 结论

（1）科技开发课题立项是进行科技开发研究的先决条件，也是决定科技开发研究起点高低的重要因素，因此，必须加强对科技开发课题立项的管理工作。

（2）必须从科技开发课题立项来源、选题方式、申报书填写和评审等全方位、多角度分析，才能找出课题立项存在的问题。

（3）针对科技开发课题立项存在的问题，从课题立项来源、选题方式、申报书填写和评审等环节制定相应措施，并真正给予落实，就能全面提高科技开发课题立项管理的工作水平。

（4）要善于选择行业中关键技术和共性技术作为科技开发课题立项，科技开发课题一旦开发成功，不仅要有较大的市场需求，而且还要有推动行业科技进步的发展、提高企业在行业中的影

响力。

（5）在科技开发课题立项正确性的基础上，开展科技开发课题的研究工作，满足用户需要，提高技术人员的创新能力，以更好地提高企业市场竞争力，实现可持续发展，为企业创造更大的经济效益。

参考文献

[1] 刘月娥.知识产权保护与技术创新[M].北京：知识产权出版社，2002.

[2] 《机械工程手册》编辑委员会.机械工程手册(综合技术与管理)（第二版）[M]. 北京：机械工业出版社，1996.

[3] 殷瑞钰. 冶金流程工程学（第二版）[M]. 北京：冶金工业出版社，2009.

（原文发表于《工程与技术》2010 年第 2 期）

附　录

附录1　北京首钢国际工程技术有限公司发展历程

第一阶段：整合创建期（1952 年~1972 年）

从石景山钢铁厂设计组到设计处，几经演变和创业积累，首钢设计院已现雏形。

1952 年 12 月，石景山钢铁厂总机械师室设计组成立；

1956 年 4 月，设计组改称为设计科；

1958 年 12 月，设计科改为基建设计处。

第二阶段：发展壮大期（1973 年~1995 年）

在首钢规模向 1 千万吨年产能迈进的扩大再生产进程中，承担全部工程设计任务的首钢设计院，人员规模、技术能力进一步发展壮大。

1973 年 2 月，首都钢铁公司设计处与北京冶金设计公司合并，成立首钢公司设计院；

1981 年 10 月，更名为首都钢铁公司设计研究院；

1984 年 6 月，更名为首钢公司设计院；

1992 年 7 月，更名为首钢设计总院；

1995 年 7 月，更名为北京首钢设计院。

第三阶段：调整提升期（1996 年~2007 年）

北京首钢设计院成为具有独立法人资格的首钢全资子公司，开始进入社会市场，并在全国勘察设计行业率先开展工程总承包业务，服务领域逐步实现从首钢拓展到国内，并延伸到国际市场。

1996 年 5 月，北京首钢设计院注册成立，正式分立为具有独立法人资格的首钢全资子公司；

2003 年 9 月，与日本新日铁公司合资组建北京中日联节能环保工程技术有限公司；

2003 年 11 月，与比利时 CMI 公司合资组建北京考克利尔冶金工程技术有限公司；

2007 年 1 月，整体辅业改制工作全面启动。

第四阶段：改制转型期（2008 年至今）

改制后，首钢国际工程公司全面面向市场，投资方式从国有全资公司转变为国有控股的多元投资企业，经营方式从设计为主转变为以工程总承包为主的工程公司，服务范围从以首钢为主的企业院转变为面向全球客户。

2008 年 2 月，北京首钢设计院完成辅业改制，注册成立北京首钢国际工程技术有限公司，注册资本 1.5 亿元，其中：首钢总公司控股 49%，经营者团队及技术骨干占 51%；

2009 年 12 月，重组贵州水钢设计院，成立贵州首钢国际工程技术有限公司，其中：首钢国际工程公司控股 51%；

2010 年 11 月，重组山西长钢设计院，成立山西首钢国际工程技术有限公司，其中：首钢国际工程公司控股 51%；

2011 年 3 月 25 日，经中华人民共和国住房和城乡建设部批准获工程设计综合资质甲级；

2011 年 11 月 21 日，经中华人民共和国科技部批准，认定为国家高新技术企业。

附录 2 北京首钢国际工程技术有限公司简介

【性质规模】北京首钢国际工程技术有限公司（中文简称首钢国际工程公司，英文简称 BSIET）始创于 1973 年，是由原北京首钢设计院改制成立、首钢集团相对控股的国际型工程公司，注册资本 15000 万元，员工 1200 余人。提供冶金、市政、建筑、节能环保等行业的规划咨询、工程设计、设备成套、项目管理、工程总承包等技术服务。

首钢国际工程公司拥有山西首钢国际工程技术有限公司、贵州首钢国际工程技术有限公司、北京麦斯塔工程有限公司、北京首设冶金科技有限公司等 9 家投资公司，并与新日铁公司合资成立中日联节能环保工程技术有限公司，与比利时 CMI 公司合资成立北京考克利尔冶金工程技术有限公司。

【资质能力】首钢国际工程公司获得国家住房与城乡建设部颁发的工程设计综合甲级资质，是国家科技部批准的高新技术企业，通过 ISO9001 质量管理体系、GB/T 24001—2004 环境管理体系和 GB/T 28001—2001 职业健康安全管理体系认证。

作为全国知名的钢铁制造全流程工程技术服务商，首钢国际工程公司能够提供从百万吨级到千万吨级钢铁联合企业及其配套项目的工程技术服务。在钢铁厂总体设计，原料场、焦化、烧结、球团、炼铁、炼钢、轧钢、工业炉、节能环保单项设计，冶金设备成套等方面具有独到的技术优势和丰富的实践经验。

【技术优势】首钢国际工程公司注重技术研发和自主创新，拥有 300 余项专利和大批具有竞争优势的专有技术。是国家"十一五"科技支撑计划——"新一代可循环钢铁制造流程"课题的承担单位，主编或参编了《高炉煤气干法袋式除尘设计规范》、《高炉炼铁工艺设计规范》、《高炉喷吹煤粉设计规范》、《钢铁行业低温多效蒸馏海水淡化技术规范》等多项国家和行业标准。借助高炉炉顶、热风炉、球团、自动化等多个专业实验室推进冶金新工艺、新技术、新设备的研发和应用；借助模拟仿真、有限元技术、三维设计等多种先进手段不断提升设计质量与效率。

【工程业绩】首钢国际工程公司完成项目 6500 余项，其中大型总承包项目百余项，在全国勘察设计企业营业收入排名一直位居前列。工程业绩覆盖武钢、太钢、包钢、济钢、唐钢、重钢、新钢、宣钢、承钢、湘钢等 60 余家钢铁企业及巴西、秘鲁、印度、马来西亚、越南、孟加拉、菲律宾、韩国、沙特、阿曼、津巴布韦、安哥拉等 20 多个国家。承担了国家"十一五"重点项目、代表中国钢铁工业 21 世纪发展水平的首钢京唐钢铁厂的总体设计。

【荣誉奖项】近年来，首钢国际工程公司获得国家科学技术奖和全国优秀设计奖等 50 余项，获得冶金行业和北京市优秀设计及科技进步奖 300 余项，有多个项目创造中国企业新纪录。先后获得全国建筑业企业工程总承包先进企业、全国冶金建设优秀企业、全国优秀勘察设计院、中国企业新纪录优秀创造单位、全国企业文化优秀单位、全国建筑业信息化应用示范单位等殊荣，并连续多年荣获北京市"守信企业"称号。

【企业文化与社会责任】首钢国际工程公司以"提升钢铁企业品质、推进冶金技术进步"为使命，奉行"开放、创新、求实、自强"的企业精神和"以人为本、以诚取信"的经营理念，践行"敢于承诺、兑现承诺，为用户提供增值服务"的服务理念。积极参与社会公益事业，践行企业公民的责任与义务；实现企业与员工共荣、与客户共赢、与社会和谐共存，引领绿色钢铁未来。

附录3　北京首钢国际工程技术有限公司科技成果一览表

序号	获奖年度	项目名称	获奖类别及等级
1	1978	75吨吊车电子称系统	全国科技大会奖
2	1978	首钢高炉水渣池余热利用设计	北京市优秀设计
3	1978	首钢新二号高炉大型顶燃式热风炉设计	北京市优秀设计
4	1978	首钢新二号高炉喷吹无烟煤粉技术设计	北京市优秀设计
5	1978	首钢新二号高炉无料钟炉顶装置设计	北京市优秀设计
6	1978	首钢高炉煤气洗涤水的循环利用	北京市优秀设计
7	1979	首钢高炉水渣池余热利用	北京市科技成果三等奖
8	1979	DJ300球环补偿器	北京市科技成果三等奖
9	1979	首钢新二号高炉喷吹煤粉技术设计	国家发明二等奖
10	1980	转炉污水处理	北京市科技成果二等奖
11	1981	首钢高炉煤气洗涤水的循环利用	冶金科技成果二等奖
12	1981	首钢二号高炉无料钟炉顶装料装置	冶金科技成果二等奖
13	1981	首钢二号高炉自动控制系统	冶金科技成果三等奖
14	1982	首钢二号高炉煤气取样机	科技研究三等奖
15	1982	矮式液压泥炮	冶金科技成果四等奖
16	1982	水冷渣口内套和冷却渣沟	冶金科技成果四等奖
17	1982	铁水摆动溜槽	冶金科技成果四等奖
18	1982	惯性共振式概率筛的研制	冶金科技成果三等奖
19	1982	冶金建筑抗震加固技术研究	冶金科技成果二等奖
20	1982	首钢二高炉炉前设备	冶金科技成果四等奖
21	1983	螺栓连接的边距和端距的试验研究	冶金科技成果四等奖
22	1983	YOIC-800液力偶合器	北京市科技成果二等奖
23	1983	首钢二高炉出铁场除尘系统	冶金科技成果三等奖
24	1984	首钢烧结厂一烧车间大修改造环保治理工程	国家优秀设计金质奖
25	1984	首钢四高炉改建性大修工程	国家优秀设计金质奖
26	1984	引进消化压差发电设备	北京市科技成果一等奖
27	1984	首钢烧结新技术	北京市科技成果一等奖
28	1985	首钢四号高炉改造大修工程新技术设计	北京市科技进步三等奖
29	1985	管式胶带输送机	北京市优秀技术开发项目三等奖
30	1985	管式胶带输送机	北京市科技进步三等奖
31	1985	新型大跨度加热炉炉顶的研究和应用	冶金科技成果二等奖
32	1985	LZS2575冷矿振动筛的研制	国家科技进步三等奖
33	1985	首钢新二高炉先进技术	国家科技进步一等奖
34	1985	惯性共振式概率筛的研制	国家科技进步三等奖
35	1985	惯性共振式概率筛的研制	先进科协成果奖

序号	获奖年度	项目名称	获奖类别及等级
36	1985	北京市日供煤气工程	先进科协成果奖
37	1985	φ150 毫米管式胶带运输机	先进科协成果奖
38	1985	新型大跨度加热炉炉顶	先进科协成果奖
39	1985	双线立体交叉活套控制装置项目	先进科协成果奖
40	1985	MODICON PC-584 应用于酒钢无料钟自动上料系统	先进科协成果奖
41	1985	一烧结网络 90 编程及应用	国家优秀技术开发项目奖
42	1985	桥式起重机称量传感装置	先进科协成果奖
43	1985	90 平方米烧结机	冶金科技成果二等奖
44	1985	高炉喷煤粉新工艺	国家发明二等奖
45	1986	二、三、四高炉 PC-584 编程及应用	国家优秀技术开发项目奖
46	1986	首钢九总降 35kV 双母线手车式配电装置	北京市第二次优秀设计三等奖
47	1986	首钢烧结厂一烧结车间大修改造环保治理工程	北京市第二次优秀设计一等奖
48	1986	首钢四高炉大修改造工程	北京市第二次优秀设计一等奖
49	1986	首钢焦化厂精苯搬迁工程	北京市第二次优秀设计二等奖
50	1986	首钢初轧厂增产小方坯φ650 技术改造工程	北京市第二次优秀设计二等奖
51	1986	小型切分主交导槽等技术开发	冶金科技成果二等奖
52	1986	小型切分主交导槽等技术开发	北京市科技进步一等奖
53	1986	磁团聚重选新工艺	全国第二届发明展览会金奖
54	1986	新型大跨度加热炉炉顶的研究与应用	国家科技进步三等奖
55	1986	四高炉改造性大修工程新技术设计	北京市科技进步三等奖
56	1987	首钢第二线材厂工程设计	北京市第三次优秀设计三等奖
57	1987	酒泉钢铁公司一高炉设计（无料钟炉顶）	北京市第三次优秀设计一等奖
58	1987	首钢带钢厂冷轧带钢车间搬迁工程设计	北京市第三次优秀设计三等奖
59	1987	首钢 850 初轧厂技术改造	国家优秀设计银质奖
60	1988	首钢自备电站 130 平方米电收尘器	冶金科技进步四等奖
61	1988	综述《光阳的启示》	北京市科技情报三等奖
62	1988	样本情报服务促进了设计质量的提高	北京市科技情报三等奖
63	1989	首钢自备电站工程设计	北京市第四次优秀设计一等奖
64	1990	JOSG 土建工程概算系统软件	第一次全国工程造价管理优秀应用软件一等奖
65	1990	首钢设计院计算机室被评为 VAX 机协会北京地区优秀用户	中国计算机用户 VAX 机协会优秀奖
66	1990	首钢三万立方米/时制氧工程技术的消化与创新	北京市科技进步一等奖
67	1991	首钢三万立方米/时制氧工程设计	北京市第五次优秀设计一等奖
68	1991	JOSG 建筑工程概算系统软件	中国人民解放军总后勤部一等奖
69	1991	首钢三万立方米/时制氧工程国内部分设计	国家优秀设计铜质奖
70	1991	首钢二线材后部工序改造措施	北京市第五次优秀设计二等奖
71	1991	首钢一炼钢小板坯连铸工程设计	北京市第五次优秀设计三等奖
72	1991	二炼钢八流方坯连铸机工程设计	北京市第五次优秀设计表扬奖
73	1991	电气专业 CAD 综合软件	北京市优秀技术开发项目三等奖

序号	获奖年度	项 目 名 称	获奖类别及等级
74	1991	装配整体式钢筋混凝土框架 CAD 程序	北京市优秀技术开发项目二等奖
75	1991	长柱明牛腿混凝土绘图软件包	北京市科技成果二等奖
76	1991	动力设计 CAD 应用软件包设计	市勘察设计行业第二届工程设计软件二等奖
77	1991	TD-75 型胶带输送机总装配图 CAD 程序	市勘察设计行业第二届工程设计软件三等奖
78	1992	水厂铁矿露天矿边坡工程研究	冶金部科技进步二等奖
79	1992	袋装石墨自动拆包脉冲输送定位称量生产线	劳动部科技进步三等奖
80	1993	首钢二号高炉大修改造工程	国家优秀设计奖
81	1993	首钢二号高炉大修改造工程	北京市第六届优秀设计一等奖
82	1993	首钢一钢厂煤气回收改造	北京市第六届优秀设计二等奖
83	1993	印尼马士达棒材车间	北京市第六届优秀设计二等奖
84	1993	首钢三号焦炉移地大修改造	北京市第六届优秀设计一等奖
85	1993	首钢高炉无料钟炉顶多环布料工艺	北京市优秀技术开发项目二等奖
86	1993	首钢二号高炉 30/5 吨环形桥式起重机	冶金部科技进步四等奖
87	1993	管式通廊	冶金部科技进步四等奖
88	1993	水厂铁矿露天矿边坡工程研究	国家科技进步三等奖
89	1994	国产脱水设备在首钢转炉洗气水污泥处理中的应用	北京市优秀技术开发项目二等奖
90	1994	首钢四高炉无料钟炉顶多环布料及多位往复布料研究	北京市科技进步一等奖
91	1995	首钢新三号高炉移地大修工程设计	冶金部第七届优秀设计一等奖
92	1995	首钢第三线材厂四线轧机技术改造	冶金部第七届优秀设计二等奖
93	1995	首钢新三号高炉移地大修工程设计	北京市第七届优秀设计一等奖
94	1995	首钢第三线材厂四线轧机技术改造	北京市第七届优秀设计二等奖
95	1995	秦皇岛首钢板材有限公司项目	北京市第七届优秀设计三等奖
96	1995	顶燃式热风炉大功率短焰燃烧器	冶金部科技进步三等奖
97	1995	首钢炼铁系统自动化控制	冶金部科技进步二等奖
98	1995	首钢 7000 立方米/分高炉鼓风机用 36.14MW 同步电动机驱动及其变频启动	冶金部科技进步四等奖
99	1995	无中继站高炉上料系统新工艺	冶金部科技进步三等奖
100	1995	顶燃式热风炉大功率短焰燃烧器	北京市科技进步二等奖
101	1995	SGK-1 遥控全液压开铁口机	北京市科技进步三等奖
102	1996	首钢新三号高炉移地大修工程	全国优秀设计银质奖
103	1996	首钢焦化厂焦炉焦侧除尘新技术	北京市科技进步二等奖
104	1997	首钢密云铁矿竖炉车间恢复一期工程设计	冶金部第八届优秀设计三等奖
105	1997	首钢水厂选矿厂挖潜改造工程设计	冶金部第八届优秀设计二等奖
106	1997	首钢三焦炉原地大修工程设计	冶金部第八届优秀设计二等奖
107	1997	首钢一号高炉移地大修工程设计	冶金部第八届优秀设计一等奖
108	1998	首钢机冷烧结机废气余热利用	北京市科技进步二等奖
109	1998	北京市房改售房管理信息系统	北京市科技进步三等奖
110	1999	邯钢 4 号高炉扩容大修热风炉改造	冶金行业第九次部级优秀设计一等奖
111	1999	首钢转炉溅渣护炉工程	冶金行业第九次部级优秀设计二等奖

序号	获奖年度	项目名称	获奖类别及等级
112	1999	首钢张仪村车站二期改造工程	冶金行业第九次部级优秀设计三等奖
113	1999	露天矿半连续排岩系统机电设备设计研究	国家机械工业局科技进步二等奖
114	2000	首钢1号高炉热压炭砖—陶瓷杯组合炉缸内衬技术设计与应用	北京市科技进步二等奖
115	2000	首钢总公司转炉溅渣护炉研究与应用	北京市科技进步一等奖
116	2000	首钢综合利用厂钢渣加工技术改造工程	北京市第八次优秀设计二等奖
117	2000	首钢烧结厂机冷烧结机废气余热利用	北京市第八次优秀设计二等奖
118	2001	邢台钢铁公司轧钢技改高线工程	冶金行业第十次部级优秀设计一等奖
119	2001	首钢第三线材厂斯太尔摩控冷线工程	冶金行业第十次部级优秀设计二等奖
120	2001	首钢矿业公司球团厂截窑改造工程	冶金行业首次优秀工程咨询三等奖
121	2001	烧结机机冷余热回收装置	中国专利优秀奖
122	2001	SGBD/800-Ⅰ型棒材打捆机	北京市科技进步三等奖
123	2001	SGBD/800-Ⅰ型棒材打捆机	冶金行业技术进步三等奖
124	2001	SGBD/800-Ⅰ型棒材打捆机	第六批中国企业新纪录
125	2001	机冷烧结机余热回收装置	第六批中国企业新纪录
126	2001	钢渣综合利用生产线	第六批中国企业新纪录
127	2002	百里长街延长线整治提高工程（古城—首钢东门）	第八届首都规划建筑设计汇报展城市设计方案奖
128	2002	首钢三炼钢厂VD真空精炼炉工程	北京市第十届优秀工程设计三等奖
129	2002	首钢炼铁厂四制粉车间改造工程可行性研究报告	北京市优秀工程咨询成果一等奖
130	2002	包钢淘汰平炉建转炉工程可行性研究报告	北京市优秀工程咨询成果二等奖
131	2002	转炉自产汽供真空精炼炉使用技术	北京市科技进步二等奖
132	2002	转炉自产汽供真空精炼炉使用技术	冶金科学技术三等奖
133	2002	包钢二炼钢优秀工程总承包	全国优秀工程总承包奖
134	2003	首钢炼铁厂2号高炉技术改造工程设计	冶金行业第十一次部级优秀设计一等奖
135	2003	首钢矿业公司球团厂截窑改造工程设计	冶金行业第十一次部级优秀设计二等奖
136	2003	宣化钢铁集团有限公司开坯技改高速线材工程设计	冶金行业第十一次部级优秀设计二等奖
137	2003	首钢炼铁厂煤制粉及喷煤系统技术改造工程设计	冶金行业第十一次部级优秀设计二等奖
138	2003	首钢第二耐火材料厂500m³活性石灰套筒窑工程设计	冶金行业第十一次部级优秀设计三等奖
139	2003	首钢篮球中心工程设计	冶金行业第十一次部级优秀设计一等奖
140	2003	首钢炼铁厂2号高炉技术改造工程可研报告	北京市优秀工程咨询成果二等奖
141	2003	链箅机—回转窑—环冷机法生产球团矿新工艺	冶金科学技术一等奖
142	2003	链箅机—回转窑—环冷机法生产球团矿新工艺	北京市科学技术进步二等奖
143	2003	首钢中厚板圆盘剪机组剪切厚度及宽度	第八批中国企业新纪录（10月）
144	2003	链箅机—回转窑—环冷机系统生产球团矿新工艺	第八批中国企业新纪录（10月）
145	2003	一种棒材捆扎机	中国专利优秀奖
146	2004	承德新新钒钛股份有限公司烧结厂改造	冶金行业2004年度优秀工程总承包奖
147	2004	首钢3500mm中厚板轧机核心轧制技术和关键设备研制	冶金科学技术一等奖
148	2004	大型高炉紧凑型长距离制粉喷煤技术工艺开发与设计研究	冶金科学技术二等奖
149	2004	首钢第二炼钢厂铁水脱硫扒渣工程可研报告	北京市优秀工程咨询一等奖

序号	获奖年度	项目名称	获奖类别及等级
150	2004	首钢中厚板厂技术改造工程可研报告	北京市优秀工程咨询二等奖
151	2004	承德钢铁股份公司烧结厂扩建项目可研报告	北京市优秀工程咨询三等奖
152	2004	首钢一、三高炉煤气余压发电工程可研报告	北京市优秀工程咨询三等奖
153	2004	首钢炼铁厂2号高炉技术改造工程设计	全国优秀设计铜奖
154	2004	首钢炼铁厂煤制粉及喷煤	第九批中国企业行业新纪录（10月）
155	2004	十字型异型钢的热轧方法	第九批中国企业行业新纪录（10月）
156	2004	承德新新钒钛股份有限公司烧结厂改造	全国工程总承包铜钥匙奖
157	2005	首钢1号、3号高炉干湿两用TRT压差发电技术	冶金科学技术三等奖
158	2005	首钢1号、3号高炉干湿两用TRT压差发电技术	北京市科技进步三等奖
159	2005	首秦金属材料有限公司联合钢厂工程设计	冶金行业第十二次部级优秀设计一等奖
160	2005	湘钢炼铁厂4号高炉工程设计	冶金行业第十二次部级优秀设计一等奖
161	2005	首钢中厚板厂技术改造工程设计	冶金行业第十二次部级优秀设计二等奖
162	2005	首钢污水处理厂工程设计	冶金行业第十二次部级优秀设计二等奖
163	2005	首钢焦化厂焦炉煤气脱硫改造工程设计	冶金行业第十二次部级优秀设计二等奖
164	2005	昆钢80万吨全连轧棒材建设工程设计	冶金行业第十二次部级优秀设计二等奖
165	2005	霍州中冶焦化有限责任公司60万t/a焦化工程设计	冶金行业第十二次部级优秀设计三等奖
166	2005	首钢一、三高炉压差发电（TRT）工程设计	冶金行业第十二次部级优秀设计三等奖
167	2005	首钢厂区110kV电网改造工程设计	冶金行业第十二次部级优秀设计三等奖
168	2005	首钢第二炼钢厂铁水脱硫扒渣工程设计	冶金行业第十二次部级优秀设计三等奖
169	2005	承德新新钒钛股份公司4号烧结机工程设计	冶金行业第十二次部级优秀设计三等奖
170	2005	首钢中厚板轧钢厂2号加热炉蓄热式燃烧改造工程设计	冶金行业第十二次部级优秀设计三等奖
171	2005	首钢3500mm中厚板轧机核心轧制技术和关键设备研制	国家科技进步二等奖
172	2005	铜冷却壁制造与应用	冶金科技进步一等奖
173	2005	铜冷却壁制造与应用	北京市科技进步一等奖
174	2006	铜冷却壁制造与应用	国家科技进步二等奖
175	2006	首钢3500mm中厚板轧机核心轧制技术和关键设备研制	北京市科技进步二等奖
176	2006	首秦现代化钢铁厂新技术集成与自主创新	冶金科技进步二等奖
177	2006	武汉钢铁（集团）公司1号、2号焦炉干熄焦总承包工程	冶金行业优秀工程总承包奖
178	2006	济南钢铁有限公司3号1750m³高炉煤气干法除尘工程	冶金行业优秀工程总承包奖
179	2006	首钢迁钢400万t/a钢铁厂炼铁及炼钢一期工程设计	冶金行业部级优秀工程设计一等奖
180	2006	首钢迁钢自备电站（2×25MW）工程设计	冶金行业部级优秀工程设计一等奖
181	2006	辉煌时代大厦钢结构工程设计	冶金行业部级优秀工程设计一等奖
182	2006	北京首钢设计院综合管理信息系统V3.0	冶金行业部级优秀工程设计一等奖
183	2006	首钢迁钢23000m³/h制氧机工程设计	冶金行业部级优秀工程设计二等奖
184	2006	承钢高速线材工程设计	冶金行业部级优秀工程设计二等奖
185	2006	首钢富路仕彩涂板工程设计	冶金行业部级优秀工程设计二等奖
186	2006	首钢第二炼钢厂1800mm板坯连铸机工程设计	冶金行业部级优秀工程设计二等奖
187	2006	首钢中厚板轧钢厂1号加热炉蓄热式燃烧改造工程设计	冶金行业部级优秀工程设计二等奖
188	2006	大型LF精炼炉动态无功补偿工程设计	冶金行业部级优秀工程设计三等奖

序号	获奖年度	项目名称	获奖类别及等级
189	2006	首钢高线厂浊环系统水质改造工程设计	冶金行业部级优秀工程设计三等奖
190	2006	首钢金顶街一期集资建房工程设计	冶金行业部级优秀工程设计三等奖
191	2006	首钢一、三高炉压差发电技术	第十一批中国企业新纪录（10 月）
192	2006	首秦金属材料有限公司炼铁 1 号高炉煤气脉冲布袋除尘技术	第十一批中国企业新纪录（10 月）
193	2006	首秦现代化钢铁厂新技术集成与自主创新	北京市科技进步二等奖
194	2006	首钢 2 号高炉高温预热工艺及装置开发与研究	北京市科技进步三等奖
195	2007	首秦金属材料有限公司联合钢厂工程设计	全国优秀设计铜奖
196	2007	首钢迁钢 400 万 t/a 钢铁厂炼铁及炼钢一期工程设计	全国优秀设计铜奖
197	2007	首钢迁钢新建板材工程工艺技术装备自主集成创新	冶金科技进步二等奖
198	2007	首钢迁钢新建板材工程工艺技术装备自主集成创新	北京市科技进步一等奖
199	2007	首秦金属材料有限公司联合钢厂工程（二期）设计	冶金行业部级优秀工程设计一等奖
200	2007	首秦 4300mm 宽厚板轧机工程设计	冶金行业部级优秀工程设计一等奖
201	2007	承德信通首承矿业有限责任公司球团工程设计	冶金行业部级优秀工程设计一等奖
202	2007	首钢 35000Nm³/h 制氧机工程设计	冶金行业部级优秀工程设计一等奖
203	2007	北京首钢板材有限责任公司冷轧板材深加工工程设计	冶金行业部级优秀工程设计二等奖
204	2007	首钢第二炼钢厂 2 号 LF 钢包精炼炉设计	冶金行业部级优秀工程设计二等奖
205	2007	首钢厂区外排水回收利用工程设计	冶金行业部级优秀工程设计二等奖
206	2007	首钢第一线材厂二车间技术改造工程设计	冶金行业部级优秀工程设计三等奖
207	2007	首钢高强度机械制造用钢生产线工程设计	冶金行业部级优秀工程设计三等奖
208	2007	首钢迁钢 110kV 变电站工程设计	冶金行业部级优秀工程设计三等奖
209	2007	迁钢 2650 m³ 高炉煤气全干法布袋除尘项目	第十二批中国企业新纪录（10 月）
210	2007	迁钢 2160mm 热轧工程箱型设备基础设计	第十二批中国企业新纪录（10 月）
211	2008	红钢 80 万吨棒材工程	冶金行业优秀工程总承包奖
212	2008	济南信赢煤焦化有限公司 150t/h 干熄焦工程	冶金行业优秀工程总承包奖
213	2008	迁钢 2 号高炉煤气干法除尘工程	冶金行业优秀工程总承包奖
214	2008	秦皇岛首秦金属材料有限公司可行性研究报告	北京市优秀工程咨询成果一等奖
215	2008	首钢迁钢 210t 转炉炼钢自动化成套技术	冶金科技进步一等奖
216	2008	高速线材轧机关键设备国产化集成与创新	冶金科技进步二等奖
217	2008	首钢迁钢公司给排水系统工艺研究与创新	冶金科技进步三等奖
218	2008	新型顶燃式热风炉燃烧技术研究	冶金科技进步三等奖
219	2008	首钢迁钢 400 万 t/a 钢铁厂炼铁及炼钢二期工程设计	冶金行业部级优秀工程设计一等奖
220	2008	首钢迁钢 2160mm 热连轧生产线工程设计	冶金行业部级优秀工程设计一等奖
221	2008	北京昌平燕平体育馆工程设计	冶金行业部级优秀工程设计一等奖
222	2008	首钢迁钢 2 号 35000m³/h 制氧机工程设计	冶金行业部级优秀工程设计二等奖
223	2008	太钢 1800 m³ 高炉工程设计	冶金行业部级优秀工程设计二等奖
224	2008	济南信赢煤焦化有限公司 150t/h 干熄焦工程设计	冶金行业部级优秀工程设计二等奖
225	2008	秦皇岛首秦金属材料有限公司可行性研究报告	全国优秀工程咨询成果三等奖
226	2008	新型顶燃式热风炉燃烧技术研究	北京市科技进步三等奖
227	2009	首钢迁钢 400 万 t/a 钢铁厂炼铁及炼钢二期工程设计	全国优秀设计银奖

序号	获奖年度	项目名称	获奖类别及等级
228	2009	首秦 4300mm 宽厚板轧机工程设计	全国优秀设计银奖
229	2009	首钢Ⅲ型无料钟炉顶装备技术	冶金科技进步三等奖
230	2009	首钢Ⅲ型无料钟炉顶装备技术	北京市科技进步三等奖
231	2009	首钢热镀锌生产线工程设计（1号、2号合并）	冶金行业全国优秀工程设计一等奖
232	2009	首钢京唐钢铁厂全厂供电系统设计	冶金行业全国优秀工程设计一等奖
233	2009	红钢 80 万吨棒材工程设计	冶金行业全国优秀工程设计一等奖
234	2009	首钢技术研究院科研基地科研综合楼工程设计	冶金行业全国优秀工程设计一等奖
235	2009	邢钢精品钢工程设计	冶金行业全国优秀工程设计二等奖
236	2009	首钢工学院、首钢高级技工学校综合教学楼工程设计	冶金行业全国优秀工程设计二等奖
237	2009	昆钢 120 万吨球团工程设计	冶金行业全国优秀工程设计三等奖
238	2009	山西中阳钢厂二高线工程设计	冶金行业全国优秀工程设计三等奖
239	2009	首钢京唐 2250mm 热轧主传动电机冷却风机采用变频风机	第十四批中国企业新纪录（9月）
240	2009	首钢京唐异型大容量包车运输铁水一包到底	第十四批中国企业新纪录（9月）
241	2009	首钢京唐 5500 m³ 2 座高炉共用一座联合料仓	第十四批中国企业新纪录（9月）
242	2009	首钢京唐 5500 m³ 高炉应用 BSK 顶燃式热风炉	第十四批中国企业新纪录（9月）
243	2009	首钢京唐地下混凝土工程创冶金单项工程规模最大	第十四批中国企业新纪录（9月）
244	2009	首钢京唐 5500 m³ 高炉国内最大容积炉壳结构设计	第十四批中国企业新纪录（9月）
245	2009	首钢京唐 5500 m³ 高炉煤气全干法布袋除尘	第十四批中国企业新纪录（9月）
246	2009	首钢京唐 5500 m³ 高炉国内设计及投产最大高炉炉容	第十四批中国企业新纪录（9月）
247	2009	首钢京唐 2250mm 热轧供配电、功率因数、高次谐波治理	第十四批中国企业新纪录（9月）
248	2009	首钢京唐 2250mm 热轧全线辅传动变频调速系统结线方式	第十四批中国企业新纪录（9月）
249	2009	首钢京唐 500m² 烧结机配套大型化	第十四批中国企业新纪录（9月）
250	2009	首钢京唐软土地基处理系统工程	第十四批中国企业新纪录（9月）
251	2010	首钢京唐 1 号 5500m³ 高炉工程设计	冶金行业全国优秀工程设计一等奖
252	2010	首钢京唐 2250mm 热轧工程设计	冶金行业全国优秀工程设计一等奖
253	2010	首钢京唐 1 号 500m² 烧结机工程设计	冶金行业全国优秀工程设计一等奖
254	2010	首钢京唐 260t 干熄焦工程设计	冶金行业全国优秀工程设计一等奖
255	2010	首钢京唐软土地基工程设计	冶金行业全国优秀工程设计一等奖
256	2010	首钢京唐总图运输系统工程设计	冶金行业全国优秀工程设计一等奖
257	2010	首钢京唐 1 号 75000 m³/h 制氧机工程设计	冶金行业全国优秀工程设计一等奖
258	2010	首钢京唐低温多效海水淡化工程设计	冶金行业全国优秀工程设计一等奖
259	2010	首钢迁钢生活小区一期工程设计	冶金行业全国优秀工程设计二等奖
260	2010	吉林天池矿业有限公司 120 万 t/a 球团工程设计	冶金行业全国优秀工程设计三等奖
261	2010	首钢京唐信息化系统工程设计	冶金行业全国优秀软件二等奖
262	2010	首秦龙汇矿业有限公司 200 万 t/a 氧化球团工程	冶金行业全国优秀工程总承包一等奖
263	2010	首钢京唐 1×260t/h 干熄焦本体工程	冶金行业全国优秀工程总承包二等奖
264	2010	宣钢 10 号高炉煤气干法除尘&TRT 工程	冶金行业全国优秀工程总承包三等奖
265	2010	首钢京唐 1 号高炉煤气干法除尘工程	冶金行业全国优秀工程总承包三等奖

序号	获奖年度	项 目 名 称	获奖类别及等级
266	2011	2×500m² 烧结厂工艺及设备创新设计与应用	冶金科技进步一等奖
267	2011	首钢高炉高风温技术研究	冶金科技进步一等奖
268	2011	首钢京唐 5500m³ 高炉煤气全干法脉冲布袋除尘技术	冶金科技进步二等奖
269	2011	首钢京唐钢铁公司能源管控系统	冶金科技进步二等奖
270	2011	首钢京唐钢铁厂项目可行性研究报告	北京市优秀咨询一等奖
271	2011	首钢高炉煤气全干法脉冲布袋除尘技术	石景山科技进步一等奖
272	2011	首钢京唐钢铁厂工程技术创新	北京市科技进步一等奖
273	2011	2×500m² 烧结厂工艺及设备创新设计与应用	北京市科技进步二等奖
274	2011	首钢京唐 5500m³ 高炉煤气全干法脉冲布袋除尘技术	北京市科技进步二等奖
275	2011	首钢高炉高风温技术研究	北京市科技进步三等奖
276	2011	首钢迁钢 3 号 4000 m³ 高炉工程设计	冶金行业全国优秀工程设计一等奖
277	2011	首钢迁钢第二炼钢厂工程设计	冶金行业全国优秀工程设计一等奖
278	2011	首钢迁钢 1580mm 热轧工程设计	冶金行业全国优秀工程设计一等奖
279	2011	唐钢青龙 200 万 t/a 氧化球团工程设计	冶金行业全国优秀工程设计一等奖
280	2011	首钢迁钢配套完善综合水处理中心工程设计	冶金行业全国优秀工程设计一等奖
281	2011	首钢京唐燃气系统工程设计	冶金行业全国优秀工程设计一等奖
282	2011	首钢迁钢 360m² 烧结机工程设计	冶金行业全国优秀工程设计二等奖
283	2011	首钢迁钢 600 t/d 活性石灰套筒窑工程设计	冶金行业全国优秀工程设计二等奖
284	2011	新余钢铁集团中厚板厂 3000mm 中板工程设计	冶金行业全国优秀工程设计二等奖
285	2011	首钢京唐能源管理中心工程设计	冶金行业全国优秀工程设计二等奖
286	2011	首钢京唐生产指挥中心办公楼及文体活动中心工程设计	冶金行业全国优秀工程设计三等奖
287	2011	首钢京唐钢铁厂 1 号 5500m³ 高炉工程设计	全国优秀设计金奖
288	2011	首钢京唐钢铁联合有限责任公司一期原料及冶炼（烧结、焦化、炼铁、炼钢）工程	国家优质工程金质奖
289	2011	唐钢青龙 200 万 t/a 氧化球团工程	国家优质工程银质奖
290	2012	水钢棒（线）材生产线工程	冶金行业全国优秀工程总承包一等奖
291	2012	四川德胜 240 m² 烧结工程	冶金行业全国优秀工程总承包一等奖
292	2012	首钢迁钢 4000 m³ 高炉煤气干法除尘系统	冶金行业全国优秀工程总承包一等奖
293	2012	宣钢 8 号 2000m³ 高炉工程	冶金行业全国优秀工程总承包二等奖
294	2012	宣钢 360m² 烧结机工程	冶金行业全国优秀工程总承包二等奖
295	2012	昆钢 120 万 t/a 氧化球团工程	冶金行业全国优秀工程总承包二等奖
296	2012	承钢 2、3 号 360m² 烧结机工程	冶金行业全国优秀工程总承包二等奖
297	2012	宣钢公司 100 万吨球团工程	冶金行业全国优秀工程总承包三等奖
298	2012	昆钢 300 m² 烧结机工程	冶金行业全国优秀工程总承包三等奖
299	2012	首钢京唐 2 号 5500 m³ 高炉工程设计	冶金行业全国优秀工程设计一等奖
300	2012	首钢京唐 1580mm 热轧工程设计	冶金行业全国优秀工程设计一等奖
301	2012	首钢迁安 1450mm 冷轧电工钢工程设计	冶金行业全国优秀工程设计一等奖
302	2012	首钢京唐 400 万吨带式焙烧机球团工程设计	冶金行业全国优秀工程设计一等奖
303	2012	首钢京唐 2 号 500m² 烧结机工程设计	冶金行业全国优秀工程设计一等奖
304	2012	宣钢 8 号高炉 2000 m³ 高炉工程设计	冶金行业全国优秀工程设计二等奖

序号	获奖年度	项　目　名　称	获奖类别及等级
305	2012	水钢精品棒线材工程设计	冶金行业全国优秀工程设计二等奖
306	2012	宣钢 2 号 360 m^2 烧结机工程设计	冶金行业全国优秀工程设计二等奖
307	2012	首钢京唐 4×500 m^3 套筒窑工程设计	冶金行业全国优秀工程设计二等奖
308	2012	首钢长治 100 万 t/a 棒材工程设计	冶金行业全国优秀工程设计三等奖
309	2012	首钢京唐公司水资源优化利用技术研究	冶金科技进步二等奖
310	2012	特大型超高风温热风炉关键技术研究与应用	北京市科技进步一等奖
311	2012	特大型无料钟炉顶设备开发研制与产业化应用	北京市科技进步二等奖
312	2012	300t 转炉煤气干法除尘关键技术研究与应用	北京市科技进步二等奖
313	2012	首钢京唐公司水资源优化利用技术研究	北京市科技进步二等奖
314	2012	首钢京唐钢铁厂项目可行性研究报告	全国优秀咨询奖

后　记

　　《冶金工程设计研究与创新》一书是对北京首钢国际工程技术有限公司四十年冶金工程设计的系统回顾与总结，是首钢国际工程公司四十年技术实践与理想追求的真实写照，她折射出首钢国际工程公司全体员工"开放、创新、求实、自强"不倦追求的精神，体现了首钢国际工程公司全体员工为中国冶金工程设计事业挥洒汗水、倾注心血、无私奉献的高尚品格。

　　《冶金工程设计研究与创新》正文采用倒叙法，论文排序按发表时间从现在向前排序；论文选自首钢国际工程公司技术人员在《中国冶金》、《钢铁》等国内专业期刊以及《设计通讯》、《工程与技术》和各种专业学术会议上发表及纪念公司成立四十周年新撰写的论文，重点选取了近十年发表的论文，反映了首钢国际工程公司专业技术的历史、现状及发展，优先选取在国内公开期刊发表的、并能反映一定时期有技术代表性的论文。全书分冶金与材料工程和能源环境、建筑结构等综合工程两册。其中，冶金与材料工程分册包括：炼铁工程技术、炼钢工程技术、轧钢工程技术、烧结球团工程技术、焦化工程技术，主要反映了这几方面工艺及设备关键技术的研究成果。能源环境、建筑结构等综合工程分册包括：工业炉工程技术、电气与自动化工程技术、动力工程技术、土建与建筑工程技术、总图与运输工程技术，主要反映了这几方面关键技术的研究成果；三维动态模拟仿真设计技术主要反映了运用现代设计方法的研究成果；科技管理理论与应用主要反映了技术开发战略的总体谋划以及对科技开发课题研究的宏观指导。本书是公司全体工作人员共同创作、集体智慧的结晶。

　　感谢首钢总公司、各相关协作单位及领导四十年来给予首钢国际工程公司的大力支持！感谢老一代冶金工程技术人员对首钢国际工程公司冶金工程事业的无私奉献！感谢所有编写人员、论文作者的辛勤劳动！感谢冶金工业出版社谭学余社长和工作人员为本书出版付出的心血和努力！感谢各界朋友对首钢国际工程公司的支持与帮助！

　　由于全书内容涉及面广、时间跨度大、技术性强、参与部门多、时间紧迫，如有疏漏，敬请广大读者谅解、批评指正。

《冶金工程设计研究与创新》编委会

2013 年 2 月